AF598327

Gmelin Handbuch der Anorganischen Chemie

Achte völlig neu bearbeitete Auflage

Main Series, 8th Edition

Gmelin Handbuch der Anorganischen Chemie

BEGRÜNDET VON

Leopold Gmelin

Achte völlig neu bearbeitete Auflage

ACHTE AUFLAGE

begonnen im Auftrage der Deutschen Chemischen Gesellschaft
von R. J. Meyer
E. H. E. Pietsch und A. Kotowski

fortgeführt von
Margot Becke-Goehring

HERAUSGEGEBEN VOM

Gmelin-Institut für Anorganische Chemie
der Max-Planck-Gesellschaft zur Förderung der Wissenschaften

Springer-Verlag
Berlin · Heidelberg · New York 1975

Gmelin-Institut für Anorganische Chemie
der Max-Planck-Gesellschaft zur Förderung der Wissenschaften.

KURATORIUM (ADVISORY BOARD)

Dr. J. Schaafhausen, Vorsitzender (Hoechst AG, Frankfurt/Main-Höchst), Dr. G. Breil (Ruhrchemie AG, Oberhausen-Holten), Prof. Dr. R. Brill (Lenggries), Prof. Dr. G. Fritz (Universität Karlsruhe, Karlsruhe), Prof. Dr. E. Gebhardt (Max-Planck-Institut für Metallforschung, Stuttgart), Prof. Dr. W. Gentner (Max-Planck-Institut für Kernphysik, Heidelberg), Prof. Dr. O. Glemser (Universität Göttingen, Göttingen), Prof. Dr. Dr. E. h. O. Haxel (Heidelberg), Prof. Dr. Dr. E. h. H. Hellmann (Chemische Werke Hüls AG, Marl), Prof. Dr. R. Hoppe (Universität Gießen, Gießen), Stadtkämmerer H. Lingnau (Frankfurt am Main), Prof. Dr. R. Lüst (Präsident der Max-Planck-Gesellschaft, München), Prof. Dr. H. Schäfer (Universität Münster, Münster)

DIREKTOR

Prof. Dr. Dr. E. h. Margot Becke

LEITENDE MITARBEITER (SENIOR MANAGEMENT)

Dr. W. Lippert, stellvertretender Direktor
Dr. K.-C. Buschbeck, ständiger Hauptredakteur

Verwaltungsleiter: W. Busch

HAUPTREDAKTEURE (EDITORS IN CHIEF)

Dr. K. v. Baczko, Dr. H. Bergmann, Dr. H. Bitterer, Dr. R. Keim, Dipl.-Ing. G. Kirschstein, Dr. E. Koch, Dipl.-Phys. D. Koschel, Dr. I. Kubach, Dr. H. K. Kugler, Dr. E. Schleitzer, Dr. A. Slawisch, Dr. K. Swars

MITARBEITER (STAFF)

Dipl.-Chem. V. Amerl, Z. Amerl, I. Banysch, D. Barthel, I. Baumhauer, R. Becker, Dr. K. Beeker, Dr. L. Berg, Dipl.-Chem. E. Best, Dipl.-Phys. E. Bienemann, M. Brandes, N. Bremer, E. Brettschneider, E. Cloos, Dipl.-Phys. G. Czack, I. Deim, L. Demmel, Dipl.-Chem. H. Demmer, I. Dölz, R. Dombrowsky, Dipl.-Chem. A. Drechsler, Dipl.-Chem. M. Drößmar, M. Engels, V.-F. Fabrizek, I. Fischer, Dr. I. Flachsbart, J. Füssel, Dipl.-Ing. N. Gagel, Dipl.-Chem. H. Gedschold, G. Grabowski, Dipl.-Phys. D. Gras, Dr. V. Haase, E. Hamm, H. Hartwig, B. Heibel, Dipl.-Min. H. Hein, G. Heinrich-Sterzel, H. W. Herold, U. Hettwer, Dr. I. Hinz, Dr. W. Hoffmann, Dipl.-Chem. K. Holzapfel, Dr. L. Iwan, Dipl.-Ing. A. Junker, Dr. W. Kästner, Dipl.-Chem. W. Karl, H.-G. Karrenberg, Dr. H. Katscher, Dipl.-Phys. H. Keller-Rudek, H. Klein, H. Koch, Dipl.-Chem. K. Koeber, H. Köppe, Dipl.-Chem. H. Köttelwesch, R. Kolb, E. Kranz, L. Krause, Dipl.-Chem. I. Kreuzbichler, Dr. U. Krüerke, Dr. P. Kuhn, Dr. I. Leitner, M.-L. Lenz, Dr. A. Leonard, Dipl.-Chem. H. List, E. Meinhard, Dr. P. Merlet, K. Meyer, M. Michel, Dr. A. Mirtsching, A. Moulik, M. Sc., K. Nöring, C. Pielenz, E. Preißer, I. Rangnow, Dipl.-Phys. H.-J. Richter-Ditten, Dipl.-Chem. H. Rieger, E. Rudolph, G. Rudolph, Dipl.-Chem. S. Ruprecht, Dipl.-Chem. D. Schneider, Dr. F. Schröder, Dipl.-Min. P. Schubert, Dipl.-Ing. H. Somer, E. Sommer, Dr. P. Stieß, Prof. Dr. W. Stumpf, M. Teichmann, Dr. W. Töpper, Dr. B. v. Tschirschnitz-Geibler, Dipl.-Ing. H. Vanecek, Dipl.-Chem. P. Velić, Dipl.-Ing. U. Vetter, Dipl.-Phys. J. Wagner, Dr. R. Warncke, Dipl.-Chem. S. Waschk, Dr. G. Weinberger, Dr. H. Wendt, H. Wiegand, Dipl.-Ing. I. v. Wilucki, I. Winkler, K. Wolff, Dr. A. Zelle, U. Ziegler, G. Zosel

FREIE MITARBEITER (CORRESPONDENT MEMBERS OF THE SCIENTIFIC STAFF)

Dr. A. Bohne, Dr. G. Hantke, Dr. H. Lehl, Dr.-Ing. M. Lehl, Dipl.-Berging. W. Müller, Dipl.-Ing. K. Riesche, Dr. L. Roth, Dr. K. Rumpf, Dr. U. Trobisch

AUSWÄRTIGE WISSENSHCHAFTLICHE MITGLIEDER
(CORRESPONDENT MEMBERS OF THE INSTITUTE)

Prof. Dr. Dr. A. Haas, Sc. D. (Cantab.)
Prof. Dr. Dr. h. c. E. Pietsch

Gmelin Handbuch der Anorganischen Chemie

Achte völlig neu bearbeitete Auflage

Mangan

Teil C 3

Verbindungen des Mangans mit Sauerstoff und Metallen der 3. bis 6. Gruppen des Periodensystems. Mangan-Stickstoff-Verbindungen

Mit 140 Figuren

HAUPTREDAKTEUR DIESER LIEFERUNG (CHIEF EDITOR) Edith Schleitzer-Steinkopf

REDAKTEURE DIESER LIEFERUNG (EDITORS) Lieselotte Berg, Hartmut Katscher, Gerhard Kirschstein, Edith Schleitzer-Steinkopf

WISSENSCHAFTLICHE MITARBEITER (AUTHORS) Lieselotte Berg, Georg Denk, Hiltrud Hein, Hartmut Katscher, Hans Karl Kugler, Ursula Trobisch

System-Nummer 56

Springer-Verlag
Berlin · Heidelberg · New York 1975

ENGLISCHE FASSUNG DER STICHWÖRTER NEBEN DEM TEXT:
ENGLISH HEADINGS ON THE MARGINS OF THE TEXT:
T. G. MAPLE, WOODSIDE, CALIF.

DIE LITERATUR IST BIS ENDE 1974 AUSGEWERTET
IN ZAHLREICHEN FÄLLEN DARÜBER HINAUS

LITERATURE CLOSING DATE: UP TO END-1974
IN MANY INSTANCES MORE RECENT DATA HAVE BEEN CONSIDERED

Die vierte bis siebente Auflage dieses Werkes erschien im Verlag von Carl Winter's Universitätsbuchhandlung in Heidelberg

Library of Congress Catalog Card Number: Agr 25-1383

ISBN 3-540-93 299-2 Springer-Verlag, Berlin · Heidelberg · New York
ISBN 0-387-93 299-2 Springer-Verlag, New York · Heidelberg · Berlin

Wiesbadener Graphische Betriebe GmbH, Wiesbaden

Vorwort

Anschließend an den 1973 erschienenen Teil C1 über Manganoxide und den im Frühjahr dieses Jahres fertiggestellten Teil C2, in welchem Oxomanganionen und -säuren sowie entsprechende Verbindungen mit Metallen der 1. und 2. Gruppen des Periodensystems behandelt sind, werden im vorliegenden Band Verbindungen und Phasen des Mangans mit Sauerstoff und Metallen der 3. bis 6. Gruppen des Periodensystems gebracht. Die unterschiedliche Anordnung der zahlreichen Verbindungen und Mischkristalle nach Strukturtypen oder Oxidationsstufen der Metalle innerhalb der großen Kapitel (Kennziffer 2.11.5 bis 2.11.11) wird jeweils am Anfang dieser Kapitel in einer Übersicht erläutert und begründet. Diese Abschnitte sind zum besseren Verständnis für ausländische Benutzer auch in englischer Sprache abgefaßt. Sie enthalten ferner Angaben über die wichtigsten Verbindungen. Interessant und deshalb eingehend untersucht sind vor allem die magnetischen und elektrischen Eigenschaften der Verbindungen und Phasen, z. B. bei den Verbindungen mit Seltenerdmetallen.

Der zweite Teil dieses Bandes umfaßt die Mangan-Stickstoff-Verbindungen. Hier werden außer den Nitriden und Aziden auch wasserstoff- und sauerstoffhaltige Verbindungen (Amide, Nitrite, Nitrate usw.) sowie die zahlreichen Systeme und Doppelsalze mit Stickstoffverbindungen von Metallen der 1. bis 6. Gruppen des Periodensystems behandelt. Auch bei den Mangan-Stickstoff-Verbindungen finden sich am Anfang jedes größeren Abschnittes Übersichtskapitel in deutscher und englischer Sprache.

Beide Teile des Bandes enthalten Hinweise auf entsprechende Verbindungen mit Metallen, die nach dem Gmelin-Prinzip der letzten Stelle (s. hinterer Einbanddeckel) bereits in anderen Gmelin-Bänden behandelt sind.

Für den vorliegenden Band wurde die Literatur bis Ende 1974 ausgewertet, in vielen Fällen auch darüber hinaus. Weitere Gmelin-Bände über Manganverbindungen mit Halogenen, Schwefel, Selen und Tellur sind in Bearbeitung.

Frankfurt/Main, November 1975

Edith Schleitzer

Preface

Subsequent to part C1 about manganese oxides published in 1973 and part C2 completed this spring, in which oxomanganese ions and acids as well as respective compounds with metals of the first and second groups of the periodic system are dealt with, the present volume begins with compounds and phases of manganese with oxygen and metals of the third to sixth groups of the periodic system. The differing arrangement of the numerous compounds and solid solutions as to type of structure and the state of oxidation of the metals within the major chapters (see 2.11.5 to 2.11.11) is explained in a short review at the beginning of each chapter. For a better understanding of foreign users, these parts have been printed also in English. Furthermore, they include some informative remarks on the most important compounds. Of special interest and therefore extensively studied are above all the magnetic and electrical properties of the compounds and phases, see e. g. compounds with rare earth metals.

The second part of this volume comprises compounds of manganese with nitrogen. Herein, besides nitrides and azides, also compounds containing hydrogen and oxygen (amides, nitrites, nitrates, etc.) as well as the numerous systems and double salts with nitrogen compounds of metals belonging to the Main and Subgroups 1 to 6 of the periodic system are discussed. Also in this part each main chapter begins with introductory remarks, both in English and German.

In both parts reference is made to respective compounds with metals which according to the Gmelin system of the last position (see inner page of the back cover) have already been presented in other Gmelin volumes.

For the present volume the literature has been evaluated until the end of 1974, in many cases even more recent publications have been considered. Further Gmelin volumes on manganese compounds with halogens, sulfur, selenium and tellurium are in the state of preparation.

Frankfurt/Main, November 1975

Edith Schleitzer

Inhaltsverzeichnis

(Table of Contents see page VII)

Seite

2.11.5 Verbindungen des Mangans mit Sauerstoff und Metallen der 3. Hauptgruppe ... 1

Vorbemerkung ... 1

Verbindungen des Mangans mit Sauerstoff und Aluminium ... 1

Das System Al_2O_3-Manganoxide ... 1

$MnAl_2O_4$ ... 2

Mischkristalle vom Spinell-Typ ... 6

Weitere aluminiumhaltige Verbindungen ... 9

$(Mn_{1-x}Al_x)_2O_3$ ... 9

$Al_2LiMn_3O_9 \cdot 3H_2O$ ... 9

Hydroxoverbindungen ... 10

Verbindungen des Mangans mit Sauerstoff und Gallium ... 11

$MnGa_2O_4$ ... 11

Mischkristalle vom Spinell-Typ ... 11

$(Mn_{1-x}Ga_x)_2O_3$ ... 13

Verbindungen des Mangans mit Sauerstoff und Indium ... 14

$MnIn_2O_4$ ... 14

$(Mn_{1-x}In_x)_2O_3$ ... 14

Mit Indium und weiteren Metallen ... 14

Verbindungen des Mangans mit Sauerstoff und Thallium ... 14

2.11.6 Verbindungen des Mangans mit Sauerstoff und Metallen der 3. Nebengruppe ... 15

Übersicht ... 15

Verbindungen des Mangans mit Sauerstoff und Scandium ... 16

Das System Sc_2O_3-Manganoxide ... 16

$ScMnO_3$ ... 16

Verbindungen des Mangans mit Sauerstoff und Yttrium ... 17

Verbindungen des Mangans mit Sauerstoff und Lanthan ... 17

$LaMn_2O_4$ ... 17

$LaMnO_{3+\delta}$ ... 17

Bildung und Herstellung ... 17

Kristallographische Eigenschaften ... 19

Monokline Modifikation ... 19

Rhombische Modifikation ... 19

Rhomboedrische Modifikation ... 20

Dichte, thermische Ausdehnung ... 21

Magnetische Eigenschaften ... 21

Elektrische Eigenschaften ... 24

Optische Eigenschaften ... 25

Katalytische Aktivität ... 25

Seite

$LaMn_7O_{12}$ ... 26

$LaMn_2O_5$ ... 26

Verbindungen des Mn mit O, La und weiteren Metallen ... 26

$La_{1-x}M_xMnO_3$ (M=Ca, Sr, Ba, Cd) ... 26

Herstellung ... 26

Polymorphie ... 28

Kristallstruktur ... 29

Thermische Eigenschaften ... 32

Magnetische Eigenschaften ... 32

Elektrische Eigenschaften ... 36

Katalytische Aktivität ... 40

$(Sr,La)_2MnO_4$, $(Sr,La)_3Mn_2O_7$ und $(Sr,La)_4Mn_3O_{10}$ ... 40

La_2MgMnO_6 ... 41

$LaMn_{1-x}Ga_xO_3$ ... 41

Verbindungen des Mangans mit Sauerstoff und Lanthaniden ... 43

Verbindungen der Zusammensetzung $MMnO_3$ (M = Ce, Pr, Nd, Sm, Eu, Gd, Tb, Dy) ... 43

Herstellung ... 43

Kristallographische Eigenschaften ... 43

Magnetische Eigenschaften ... 44

IR-Spektrum ... 47

Verbindungen der Zusammensetzung $MMnO_3$ (M = Y, Ho, Er, Tm, Yb, Lu) ... 47

Herstellung ... 47

Kristallographische Eigenschaften ... 48

Dichte ... 52

Magnetische Eigenschaften ... 52

Hexagonale Phasen ... 52

Rhombische Phasen ... 55

Elektrische Eigenschaften ... 57

Optische Eigenschaften ... 61

Verbindungen der Zusammensetzung MMn_7O_{12} (M=La, Nd) ... 62

Verbindungen der Zusammensetzung MMn_2O_5 (M=Y oder Lanthanid) ... 62

Verbindungen mit Lanthaniden und Erdalkalimetallen ... 65

$Ca_{2-x}M_xMnO_4$ ... 65

$Nd_{1-x}M_xMnO_3$ (M=Ca, Sr, Ba) ... 66

2.11.7 Verbindungen des Mangans mit Sauerstoff und Metallen der 4. Hauptgruppe ... 67

Übersicht ... 67

Verbindungen des Mangans mit Sauerstoff und Germanium ... 68

Seite

$MnGeO_3$ ... 68
$MnGeO_3 \cdot 2H_2O$ ... 71
Das System $MnGeO_3$-GeO_2 ... 72
Mn_2GeO_4 ... 72
Verbindungen des Mn mit O, Ge und weiteren Metallen ... 76
Li_2MnGeO_4 ... 76
Na_2MnGeO_4 ... 76
$MgMnGeO_4$ ... 76
$ZnMnGeO_4$ ... 76
Mn_2GeO_4-Mn_2ZnO_4-Mischkristalle ... 77
Verbindungen mit Granat-Struktur ... 78
$Ca_3Mn_2Ge_3O_{12}$ ... 78
$Cd_3Mn_2Ge_3O_{12}$ ... 80
$Mn_3Al_2Ge_3O_{12}$ ... 80
$Cd_xMn_{3-x}Al_2Ge_3O_{12}$ ... 81
$Mn_3Ga_2Ge_3O_{12}$ ... 82
$Mn_3Al_{2-x}Ga_xGe_3O_{12}$ ... 82
Verbindungen des Typs $M^{2+}X_2^{3+}Mn_2Ge_3O_{12}$ ... 83
$Gd_3Mn_2GaGe_2O_{12}$ ... 83
Mangandigermanate ... 84
Manganpolygermanate ... 84
Verbindungen des Mangans mit Sauerstoff und Zinn ... 84
(Mn,Sn)O-Mischkristalle ... 84
$MnSnO_3$ ... 85
$Mn[Sn(OH)_6]$ ... 86
Mn_2SnO_4 ... 87
Mn_2SnO_4-Mn_3O_4-Mischkristalle ... 88
Verbindungen des Mn mit O, Sn und weiteren Metallen ... 89
$(Mn,Mg)_2SnO_4$-Mischkristalle ... 89
$(Mn,Zn)_2SnO_4$-Mischkristalle ... 90
$ZnMn_2O_4$-Zn_2SnO_4-Mischkristalle ... 90
Zn_2SnO_4-Mn_3O_4-Mischkristalle ... 91
$Mn_2Sn_{0.875}Ge_{0.125}O_4$ ... 91
$Mg_{0.25}Mn_{1.75}Sn_{0.875}Ge_{0.125}O_4$ ... 91
Verbindungen des Mangans mit Sauerstoff und Blei ... 91
$MnPbO_3$ und $[Mn(H_2O)_2][Pb(OH)_6]$ ... 91
$PbMn_2O_4$ (?) ... 92
$Pb(MnO_4)_2 \cdot 3PbO$ ... 92
$PbMnO_2(OH)$ (Quenselit) ... 93
Verbindungen des Mangans mit O, Pb und weiteren Metallen ... 93
$(Ca_{1.72}Pb_{0.28})(Mn_{0.77}Pb_{0.23})O_4$ ... 93
$La_{1-x}Pb_xMnO_3$-Mischkristalle ... 94
$Pr_{1-x}Pb_xMnO_3$ und $Nd_{1-x}Pb_xMnO_3$ ... 97

2.11.8 Verbindungen des Mangans mit Sauerstoff und Metallen der 4. Nebengruppe ... 98

Übersicht ... 98
Verbindungen des Mangans mit Sauerstoff und Titan ... 99

Seite

Das System Mn-Ti-O ... 99
Phasenbereich Mn_3Ti_3O bis Mn_2Ti_4O ... 100
MnO-TiO-Mischkristalle ... 101
$MnTi_2O_4$ ... 103
Mn_2TiO_4 ... 104
Mn_2TiO_4-$MnTi_2O_4$-Mischkristalle ... 106
Mn_2TiO_4-Mn_3O_4-Mischkristalle ... 108
$MnTiO_3$ ... 108
$Mn_2Ti_3O_8$ ... 114
$MnTi_2O_5$ (?) ... 115
Verbindungen des Mangans mit O, Ti und Alkalimetallen ... 115
Li_2MnTiO_4 ... 115
$Li_2MnTi_3O_8$ ... 115
$LiMnTiO_4$ ... 115
$Na_4Mn_4Ti_5O_{18}$ ... 115
Das System $RbMnO_2$-TiO_2 ... 116
$Rb_xMn_xTi_{2-x}O_4$ ... 117
$Rb_xMn_xTi_{4-x}O_8$ ... 117
$Cs_xMn_xTi_{2-x}O_4$ ... 117
Verbindungen des Mn mit O, Ti und Metallen der 2. Haupt- und Nebengruppe ... 118
$Mg_xMn_{1-x}TiO_3$ ... 118
$MgMnTiO_4$ ... 118
Phasen im System $SrTiO_3$-Manganoxide ... 118
Phasen im System $BaTiO_3$-Manganoxide ... 119
$BaMnO_3$-$BaTiO_3$-Mischkristalle ... 120
$ZnMnTi_3O_8$ ... 121
$Zn_2Mn_2MgTiO_8$ ... 122
Verbindungen des Mn mit O, Ti und Metallen der 3. Haupt- und Nebengruppe ... 122
Das System $MnTiO_3$-Al_2O_3 ... 122
$MMnTiO_5$, (M = Pr, Nd, Sm, Eu, Gd) 122
$CaLa_{1-x}Y_xMnTiO_6$ ... 123
$Sr_{1-4}Ca_xLaMnTiO_6$ ... 123
$Ba_xLa_{1-x}Mn_{1-x}Ti_xO$ ... 123
$Ba_{1-x}Sr_xLaMnTiO_6$ ... 125
$Sr_{0.3}La_{0.7}MnO_3$-$BaTiO_3$-Mischkristalle 125
$LaMnO_3$-$CdTiO_3$-Mischkristalle ... 126
Weitere manganhaltige Titanatphasen ... 126
$(1-x)PbTiO_3 \cdot xMnO_2$ ... 126
$(1-x)PbTiO_3 \cdot xLaMnO_3$ ... 127
$(1-x)PbTiO_3 \cdot x(Sr_yLa_{1-y})MnO_3$ ... 128
Verbindungen des Mangans mit Sauerstoff und Zirkon ... 130
Das System MnO-ZrO_2 ... 130
MnO-ZrO_2-Mischkristalle ... 130
Das System Mn_2O_3-ZrO_2 ... 131
Das System Mn_3O_4-ZrO_2 ... 131
MnO-CaO-ZrO_2-Mischkristalle ... 132
Manganhaltige ZrO_2-Y_2O_3-Mischkristalle 132
Manganhaltige Titanat-Zirkonat-Phasen 133

Seite

2.11.9 Verbindungen des Mangans mit Sauerstoff und Metallen der 5. Hauptgruppe ... 134
Übersicht ... 134
Verbindungen des Mangans mit Sauerstoff und Antimon ... 134
$MnSb_2O_4$ ... 134
$Mn_3Sb_2O_6$ ... 134
$MnSb_2O_6 \cdot nH_2O$ ... 135
$MnSbO_4$ (?) ... 135
Verbindungen des Mn mit O, Sb und weiteren Metallen ... 135
$K_2Mn_5Sb_3O_{16}$ ... 135
$SrMn_{0.5}Sb_{0.5}O_3$ und $BaMn_{0.5}Sb_{0.5}O_3$ 135
$InMn_2SbO_6$ ... 136
$LaMn_{0.67}Sb_{0.33}O_3$ ... 136
Verbindungen des Mangans mit Sauerstoff und Wismut ... 136
$Bi_2O_3 \cdot nMnO$ ... 136
$BiMnO_3$ ... 137
$Bi_2Mn_4O_{10}$ ... 138
Basische Wismutpermanganate ... 140
Mischkristalle des $BiMnO_3$ mit weiteren Oxoverbindungen ... 141
$BiMnO_3$-$CaMnO_3$ ... 141
$BiMnO_3$-Ca_2MnO_4 ... 144
$BiMnO_3$-$SrMnO_3$ ... 145
$BiMnO_3$-$CaMnO_3$-$SrMnO_3$ und $BiMnO_3$-$CaMnO_3$-$BaMnO_3$ ... 145
$BiMnO_3$-$YMnO_3$ ... 145
$BiMnO_3$-$CaMnO_3$-$LaMnO_3$ und $BiMnO_3$-$SrMnO_3$-$LaMnO_3$ ... 145
$BiMnO_3$-$CaMnO_3$-$PbMnO_3$ ... 147
$BiMnO_3$-$PbTiO_3$ ... 147
Weitere Mischkristallsysteme ... 148

2.11.10 Verbindungen des Mangans mit Sauerstoff und Metallen der 5. Nebengruppe ... 149
Übersicht ... 149
Verbindungen des Mangans mit Sauerstoff und Vanadium ... 150
Das System MnO-VO-O ... 150
Verbindungen mit Mn^{II} und V^{II} ... 150
(Mn,V)O-Mischkristalle ... 150
$(Mn,V)Al_2O_4$-Mischkristalle ... 151
Verbindungen mit Mn^{II} und V^{III} ... 152
Das System MnO-V_2O_3 ... 152
MnV_2O_4 ... 152
Mischkristalle des MnV_2O_4 mit anderen Oxoverbindungen ... 155
Verbindungen mit Mn^{II} und V^{IV} ... 158
Mn_2VO_4 (?) ... 158
$MnVO_3$ ... 159
MnV_3O_7 (?) ... 160

Seite

Verbindungen mit Mn^{II} und V^{V} ... 160
$Mn_3(VO_4)_2$ ... 160
$LiMnVO_4$ und $NaMnVO_4$ ... 160
$Mn_2V_2O_7$ ... 160
$(MnOH)_3VO_4 \cdot 3H_2O$ und $(MnOH)_4V_2O_7 \cdot 4H_2O$ ... 161
MnV_2O_6 ... 161
$MnV_2O_6 \cdot 4H_2O$ ... 162
Isopolyvanadate(V) ... 162
Weitere Verbindungen mit Mn^{II} und V^{V} (Granat-Typ) ... 163
Verbindungen mit Mn^{IV} und V^{V} ... 164
Tetravanadomanganate(IV) ... 164
11-Vanadomanganate(IV) ... 165
13-Vanadomanganate(IV) ... 166
Verbindungen mit Mn^{V} und V^{V} ... 167
Verbindungen des Mangans mit Sauerstoff und Niob ... 167
$MnNb_2O_{3.67}$ ... 167
$Mn_3Nb_{10}O_{28}$ ... 167
$MnNb_2O_6$ ... 168
$Mn_7Nb_{12}O_{37} \cdot nH_2O$ ... 171
$Mn_4Nb_2O_9$ ... 171
$MnNbO_4$ (?) ... 172
$MnNb_{12}O_{38}^{12-}$ ... 173
Verbindungen des Mn mit O, Nb und weiteren Metallen ... 173
$Li_2Mn_{0.5}Nb_{0.5}O_x$ (mit x = 2.75 bis 3.0) 173
Heteropoly-12-niobomanganate(IV) . 174
$MMn_xNb_{1-x}O_3$ (M = Ca, Sr, Ba) ... 175
Das System MnO-Nb_2O_5-$BaTiO_3$ ... 176
Das System $MnNb_2O_6$-$YTiNbO_6$ ... 176
$PbMn_{0.33}Nb_{0.67}O_3$ ... 177
$PbMn_{0.5}Nb_{0.5}O_3$ ... 177
$PbM_xMn_yNb_{0.5}O_3$ (M = Li, Mg, Zn, Cd) ... 179
Das System $PbMn_{0.5}Nb_{0.5}O_3$-$PbTiO_3$ 180
$Pb_{1-x}La_xMnNb_{0.5-x}Ti_xO_3$ ... 181
Verbindungen des Mangans mit Sauerstoff und Tantal ... 181
Das System Mn-Ta-O ... 181
Mn_3Ta_3O ... 181
Mn_2TaO_3 ... 182
$MnTa_2O_6$ ... 182
$Mn_{1.4}TaO_{3.9}$ ... 184
$Mn_4Ta_2O_9$ ... 184
$Mn_6Ta_2O_{11}$ ... 184
$Mn_{1.4}TaO_{4.2}$ ... 184
$MnTaO_4$ (?) ... 184
Verbindungen des Mn mit O, Ta und weiteren Metallen ... 185
$Li_2Mn_{0.5}Ta_{0.5}O_x$ ... 185
$MMn_xTa_{1-x}O_3$ (M = Ca, Sr, Ba) ... 185
Phasen im System MnO-Ta_2O_5-$BaTiO_3$ 185
Das System $MnTa_2O_6$-$YTiTaO_6$ ... 186
$PbMn_{0.5}Ta_{0.5}O_3$ ... 186

Seite

$PbM_xMn_yTa_{0.5}O_3$ (M = Li, Mg, Ca, Sr, Zn, Cd, Ti) ... 186
$Na_{12}Mn(Nb,Ta)_{12}O_{38} \cdot 50H_2O$ ... 187
Die Systeme $MnNb_2O_6$-$YTiTaO_6$ und $MnTa_2O_6$-$YTiNbO_6$ ... 188

2.11.11 Verbindungen des Mangans mit Sauerstoff und Metallen der 6. Nebengruppe ... 188
Übersicht ... 188
Verbindungen des Mangans mit Sauerstoff und Chrom ... 189
Das System Mn-Cr-O ... 189
$Mn_{1+x}Cr_{2-x}O_4$ ... 190
$MnCr_2O_4$ ... 190
Mn_2CrO_4 ... 194
Mn_2O_3-Cr_2O_3-Mischkristalle ... 194
MnO_2-CrO_2-Mischkristalle ... 195
Manganchromate ... 196
Verbindungen des Mn mit O, Cr und weiteren Metallen ... 197
Mangandoppelchromate mit Alkalimetallen und Ammonium ... 197
$K_2Mn(CrO_4)_2 \cdot 2H_2O$ ... 197
$K_2Mn_2(CrO_4)_3 \cdot 4H_2O$ (?) ... 197
$KMn_2(CrO_4)_2OH \cdot H_2O$ ... 197
$Cs_2Mn_2(CrO_4)_3$ ... 198
$(NH_4)_2Mn_2(CrO_4)_3$ ... 198
$NH_4Mn_2(CrO_4)_2OH \cdot H_2O$ ... 198
Verbindungen und Mischkristalle vom Spinell-Typ ... 199
$LiMnCrO_4$ ... 199
Mn_3O_4-$MgCr_2O_4$ ... 199
$MgMn_2O_4$-$MgCr_2O_4$ ... 190
$ZnMnCrO_4$ ... 200
$LiZn_{0.5}Mn_{1.5}O_4$-$LiMnCrO_4$-$ZnCr_2O_4$ 200
$MnCr_2O_4$-$MnAl_2O_4$ ... 201
Mn_3O_4-$MgAlCrO_4$ ... 201
$MnCr_2O_4$-Mn_2TiO_4 ... 201
Weitere Mischkristalle ... 202
$YMnO_3$-$YCrO_3$ ... 202
$LaMnO_3$-$LaCrO_3$ ... 202
$HoMnO_3$-$HoCrO_3$ ... 202
$YbMnO_3$-$YbCrO_3$ ... 203
$Mn_3Cr_2Ge_3O_{12}Mn_3Al_xCr_{2-4}Ge_3O_{12}$, $Mn_3Ga_xCr_{2-x}Ge_3O_{12}$ ... 203
Verbindungen des Mangans mit Sauerstoff und Molybdän ... 204
Mn_3Mo_3O ... 204
$Mn_2Mo_3O_8$ ... 204
Das System MnO-MoO_3 ... 204
$MnMoO_4$ ... 205
Wasserhaltige Manganmolybdate ... 208
Sr_2MnMoO_6 ... 208
Das System $MnMoO_4$-$ZnMoO_4$ ... 208
Heteropoly-Molybdomangansäuren und deren Salze ... 209

Seit

6-Molybdomanganate(II) ... 209
9-Molybdomanganate(IV) ... 210
12-Molybdomanganate(IV) ... 211
$GeMn^{II}Mo_{11}O_{40}^{8-}$ ... 212
Verbindungen des Mangans mit Sauerstoff und Wolfram ... 212
Das System Mn-W-O ... 212
Mn_3W_3O ... 212
$Mn_2Mo_3O_8$-$Mn_2W_3O_8$-Mischkristalle ... 212
$MnWO_4$ ... 213
Wasserhaltige Manganwolframate ... 218
Das System $MnWO_4$-Na_2WO_4 ... 218
$Mg_xMn_{1-x}WO_4$ ... 218
Sr_2MnWO_6 ... 219
$LaSrMnWO_6$ ... 219
$PbM_xMn_yW_zO_3$ ... 220
Das System $MnWO_4$-NbO_2 ... 222
Das System $MnWO_4$-$MnMoO_4$-$ZnWO_4$-$ZnMoO_4$ ... 223
Heteropolywolframomangansäuren und deren Salze ... 223
11-Wolframomanganate(III)-säure ... 223
Pentawolframomanganate(IV) ... 224
12-Wolframomanganate(IV) ... 225
Heteropolyverbindungen vom Typ $MMn^{II}W_{11}O_{40}^{x-}$ (M = Zn, Ga, Ge) ... 225
Heteropolyverbindungen vom Typ $MMn^{III}W_{11}O_{40}^{x-}$ (M = Zn, Ge) ... 226
Verbindungen des Mangans mit Sauerstoff und Uran ... 226
Das System MnO_2-UO_2 ... 226
MnU_2O_6 und andere Fluoritphasen ... 226
$MnUO_{3.84}$ und $MnUO_{3.70}$ ... 227
$MnUO_4$ ... 227
MnU_3O_{10} ... 228
Perowskit-Typ-Phasen $MMn_xU_{1-x}O_3$ mit M = Sr, Ba ... 229
Sr_2MnUO_6 ... 229
$Ba_3MnU_2O_9$ ... 229
Ba_2MnUO_6 ... 229
$Ba_3Mn_2UO_9$ ... 230
$Ba_2Mn_{1-x}In_xUO_6$ ... 230
$Mn(UO_2)_2(VO_4)_2 \cdot nH_2O$ ... 230

2.11.12 Verbindungen des Mangans mit Sauerstoff und Metallen der 7. und 8. Nebengruppen ... 230

3 Mangan und Stickstoff ... 231

3.1 Das System Mn-N ... 231
Vorbemerkung ... 231
3.1.1 Beobachtete Phasen und feste Lösungen ... 231
3.1.2 Schmelze ... 234

3.2 Mangannitride ... 235

	Seite
3.2.1 Allgemeine Darstellungsmethoden	235
Aus den Elementen	235
Aus Mangan und NH_3	236
Aus Mn-Amalgam und N_2 oder NH_3	236
Technische Darstellung	236
3.2.2 Feste Lösungen (δ-Phase)	238
3.2.3 Mn_4N (ε-Phase)	238
Darstellung	238
Thermodynamische Daten der Bildung	239
Physikalische Eigenschaften	239
Kristallstruktur	239
Bindung	240
Thermodynamische Funktionen	241
Elektronenbänder, magnetische Struktur	241
Kernmagnetische Resonanz	242
Sättigungsmagnetisierung	243
Curie-Temperatur	244
Magnetische Suszeptibilität	244
Chemisches Verhalten	244
3.2.4 Mn_5N_2 bzw. Mn_2N (ζ-Phase)	245
Darstellung	245
Thermodynamische Daten der Bildung	245
Struktur und Bindung	246
Mechanische und thermische Eigenschaften	247
Magnetische Eigenschaften	247
Chemisches Verhalten	248
3.2.5 Mn_3N_2 (η-Phase)	248
Darstellung	248
Thermodynamische Daten der Bildung	249
Physikalische Eigenschaften	249
Chemisches Verhalten	250
3.2.6 Mn_6N_5 (ϑ-Phase)	250
3.3 Mangandoppelnitride	251
3.3.1 Vorbemerkung	251
3.3.2 Doppelnitride mit Metallen der 1. Haupt- und Nebengruppe	253
Lithiummangannitride	253
$LiMnN$	253
Li_3MnN_2	253
Li_7MnN_4	253
Doppelnitride mit Cu, Ag, Au	253
3.3.3 Doppelnitride mit Metallen der 2. Haupt- und Nebengruppe	254
Mit Magnesium	254
Mit Zink	254
Mn_3ZnN	254
$Mn_{4-x}Zn_xN_{1-x/4}\square_{x/4}$	255
Mit Quecksilber	255
3.3.4 Doppelnitride mit Metallen der 3. Hauptgruppe	255
Mit Aluminium	255
Mit Gallium	255
Mn_3GaN	255
$Mn_{4-x}Ga_xN$	256
$Mn_3GaN_{1-x}\square_x$	257
$Mn_3Ga_{1-x}Zn_xN$	257
Mit Indium	257
$Mn_{4-x}In_xN$	257
3.3.5 Doppelnitride mit Metallen der 3. Nebengruppe	258
Mit Lanthan oder Lanthaniden	258
Mit Aktiniden	258
3.3.6 Doppelnitride mit Metallen der 4. Hauptgruppe	258
Mit Germanium	258
$Mn_{3+x}Ge_{1-x}N_y$	258
$MnGeN_2$	258
$Mn_{72.9}Ge_{24.3}N_{2.8}$	259
$Mn_{1+x}GeN_2O_x$	259
Mit Zinn	260
Mn_3SnN	260
$Mn_{4-x}Sn_xN$	260
3.3.7 Doppelnitride mit Metallen der 5. Haupt- und Nebengruppe	260
Mit Antimon	260
Mn_3SbN	260
Mit Tantal	261
3.3.8 Doppelnitride mit Chrom	261
3.3.9 Doppelnitride mit Metallen der 8. Gruppe	261
3.4 Manganazide	262
3.4.1 $Mn(N_3)_2$	262
3.4.2 MnN_3OH	262
3.5 Azidomanganate	263
3.5.1 Tetraazidomanganate(II)	263
3.5.2 Monoazidomanganat(III)	263
3.6 Imidomanganate(II)	264
3.7 Manganamid $Mn(NH_2)_2$	264
3.8 Tetraamidomanganate(II) $M_2[Mn(NH_2)_4]$	264
3.9 Mangannitrit $Mn(NO_2)_2$	265
3.10 Nitritomanganate(II)	266
$[Mn(NO_2)_n]^{2-n}$	266
$Cs_2[Mn(NO_2)_4]$	267
$[(CH_3)_4N]_2[Mn(NO_2)_4]$	267
$M[Mn(NO_2)_4]$	267
$Cs_3[Mn(NO_2)_5]$	267
3.11 Mangannitrate	267
Übersicht	267

Seite

3.11.1 Mangan(II)-nitrat 268
$Mn(NO_3)_2$ 268
Allgemeine Eigenschaften 268
Bildung und Darstellung 268
Thermodynamische Daten der Bildung 269
Physikalische Eigenschaften 269
Chemisches Verhalten 270
Das System $Mn(NO_3)_2$-H_2O 271
$Mn(NO_3)_2 \cdot xH_2O$ 274
Vorbemerkung 274
Darstellung 274
Thermische Zersetzung 276
Verhalten gegen Elemente und Verbindungen 277
$Mn(NO_3)_2 \cdot 6H_2O$ 278
$Mn(NO_3)_2 \cdot 4H_2O$ 279
$Mn(NO_3)_2 \cdot 3H_2O$ (?) 280
$Mn(NO_3)_2 \cdot 2H_2O$ 280
$Mn(NO_3)_2 \cdot 1.5H_2O$ 281
$Mn(NO_3)_2 \cdot H_2O$ 281
$Mn(NO_3)_2 \cdot 0.5H_2O$ 281
Wäßrige Lösung von Mangan(II)-nitrat 281
Bildungsdaten 281
Lösungswärmen. Verdünnungswärmen 282
Konstitution der Lösung 282
Mechanische und thermische Eigenschaften 284
Magnetische und elektrische Eigenschaften 286
Optische Eigenschaften 287
Elektrochemisches Verhalten 288
Chemisches Verhalten 289
Das System $Mn(NO_3)_2$-HNO_3-H_2O ... 292
Löslichkeit 292
Dampfdruck 293
Nichtwäßrige Lösungen von $Mn(NO_3)_2$ 293
Wäßrige Harnstofflösungen 294
Mangan(II)-hydroxidnitrate 295
Nitratomanganate(II) 295
Systeme, Lösungen und Doppelverbindungen von $Mn(NO_3)_2$ mit anderen Metallnitraten 297

Seite

Das System $Mn(NO_3)_2$-KNO_3-H_2O .. 297
Wäßrige $Mn(NO_3)_2$-KNO_3-Lösungen 298
$Mn(NO_3)_2$-$LiNO_3$-KNO_3-Schmelze .. 298
Das System $Mn(NO_3)_2 \cdot 6H_2O$-$Mg(NO_3)_2 \cdot 6H_2O$ 298
$Mn(NO_3)_2 \cdot Mg(NO_3)_2 \cdot 12H_2O$ ... 299
Das System $Mn(NO_3)_2$-$Mg(NO_3)_2$-H_2O($-HNO_3$) 299
Das System $Mn(NO_3)_2$-$Ca(NO_3)_2$-H_2O 299
Das System $Mn(NO_3)_2$-$Ba(NO_3)_2$-H_2O 300
Wäßrige $Mn(NO_3)_2$-$Ba(NO_3)_2$-Lösungen 300
Das System $Mn(NO_3)_2 \cdot 6H_2O$-$Zn(NO_3)_2 \cdot 6H_2O$ 300
Das System $Mn(NO_3)_2 \cdot 6H_2O$-$Cd(NO_3)_2 \cdot 4H_2O$ 300
Das System $Mn(NO_3)_2$-$Al(NO_3)_3$-H_2O($-HNO_3$) 301
Das System $Mn(NO_3)_2$-$Ba(NO_3)_2$-$Al(NO_3)_3$-H_2O 301
Das System $Mn(NO_3)_2$-$Ce(NO_3)_3$-H_2O 301
Wäßrige $Mn(NO_3)_2$-$Ce(NO_3)_3$-Lösungen 301
Doppelnitrate mit Seltenerdmetallen $3Mn(NO_3)_2 \cdot 2M(NO_3)_3 \cdot 24HO_2$ (M = La, Ce, Pr, Nd, Sm) .. 302
$[Mn(H_2O)_6][Th(NO_3)_6] \cdot 2H_2O$ 304
Das System $Mn(NO_3)_2$-$Pb(NO_3)_2$-H_2O($-HNO_3$) 305
$3Mn(NO_3)_2 \cdot 2Bi(NO_3)_3 \cdot 24H_2O$ .. 305
$3Mn(NO_3)_2 \cdot 2BiONO_3$ 305

3.11.2 Mangan(III)-nitrat $Mn(NO_3)_3$ 305

3.11.3 Nitroniumtetranitratomanganat(III) $[NO_2][Mn(NO_3)_4]$ 306

3.11.4 Manganoxidnitrat $MnONO_3$ 307

3.11.5 MnO_3NO_3 (?) 307

3.11.6 Kaliummangan(III)-nitrat 307

Table of Contents

(Inhaltsverzeichnis s. S. I)

Page

2.11.5 Compounds of Manganese with Oxygen and Metals of Main Group 3 1
Preliminary Remark 1
Compounds of Manganese with Oxygen and Aluminum 1
The Al_2O_3-Manganese Oxides System . . 1
$MnAl_2O_4$ 2
Solid Solutions of Spinel Type 6
Other Compounds Containing Aluminum 9
$(Mn_{1-x}Al_x)_2O_3$ 9
$Al_2LiMn_3O_9 \cdot 3H_2O$ 9
Hydroxo Compounds 10
Compounds of Manganese with Oxygen and Gallium 11
$MnGa_2O_4$ 11
Solid Solutions of Spinel Type 11
$(Mn_{1-x}Ga_x)_2O_3$ 13
Compounds of Manganese with Oxygen and Indium 14
$MnIn_2O_4$ 14
$(Mn_{1-x}In_x)_2O_3$ 14
With Indium and Other Metals 14
Compounds of Manganese with Oxygen and Thallium 14

2.11.6 Compounds of Manganese with Metals of Subgroup 3 15
Review 15
Compounds of Manganese with Oxygen and Scandium 16
The Sc_2O_3-Manganese Oxides System 16
$ScMnO_3$ 16
Compounds of Manganese with Oxygen and Yttrium 17
Compounds of Manganese with Oxygen and Lanthanum 17
$LaMn_2O_4$ 17
$LaMnO_{3+\delta}$ 17
Formation. Preparation 17
Crystallographic Properties 19
Monoclinic Modification 19
Rhombic Modification 19
Rhombohedral Modification 20
Density. Thermal Expansion 21
Magnetic Properties 21
Electrical Properties 24

Page

Optical Properties 25
Catalytic Activity 25
$LaMn_7O_{12}$ 26
$LaMn_2O_5$ 26
Compounds of Mn with O, La, and Other Metals 26
$La_{1-x}M_xMnO_z$ (M = Ca, Sr, Ba or Cd) 26
Preparation 26
Polymorphism 28
Crystal Structure 29
Thermal Properties 32
Magnetic Properties 32
Electrical Properties 36
Catalytic Activity 40
$(Sr,La)_2MnO_4$, $(Sr,La)_3Mn_2O_7$, and $(Sr,La)_4Mn_3O_{10}$ 40
La_2MgMnO_6 41
$LaMn_{1-x}Ga_xO_3$ 41
Compounds of Manganese with Oxygen and Lanthanides 43
Compounds of Composition $MMnO_3$ (M = Ce, Pr, Nd, Sm, Eu, Gd, Tb, Dy) 43
Preparation 43
Crystallographic Properties 43
Magnetic Properties 44
IR Spectrum 47
Compounds of Composition $MMnO_3$ (M = Y, Ho, Er, Tm, Yb, Lu) 47
Preparation 47
Crystallographic Properties 48
Density 52
Magnetic Properties 52
Hexagonal Phases 52
Rhombic Phases 55
Electrical Properties 57
Optical Properties 61
Compounds of Composition MMn_7O_{12} (M = La, Nd) 62
Compounds of Composition MMn_2O_5 (M = Y or Lanthanide) 62
Compounds with Lanthanides and Alkaline Earth Metals 65
$Ca_{2-x}M_xMnO_4$ 65
$Nd_{1-x}M_xMnO_3$ (M = Ca, Sr, Ba) 66

2.11.7 Compounds of Manganese with Oxygen and Metals of Main Group 4 67
Review 68

Page

Compounds of Manganese with Oxygen and Germanium 68
$MnGeO_3$ 68
$MnGeO_3 \cdot 2H_2O$ 71
The $MnGeO_3$-GeO_2 System 72
Mn_2GeO_4 72
Compounds of Mn with O, Ge, and Other Metals 76
Li_2MnGeO_4 76
Na_2MnGeO_4 76
$MgMnGeO_4$ 76
$ZnMnGeO_4$ 76
Solid Solutions of Mn_2GeO_4 with Mn_2ZnO_4 77
Compounds with Garnet Structure 78
$Ca_3Mn_2Ge_3O_{12}$ 78
$Cd_3Mn_2Ge_3O_{12}$ 80
$Mn_3Al_2Ge_3O_{12}$ 80
$Cd_xMn_{3-x}Al_2Ge_3O_{12}$ 81
$Mn_3Ga_2Ge_3O_{12}$ 82
$Mn_3Al_{2-x}Ga_xGe_3O_{12}$ 82
Compounds of the $M^{2+}X_2^{3+}Mn_2Ge_3O_{12}$ Type 83
$Gd_3Mn_2GaGe_2O_{12}$ 83
Manganese Digermanates 84
Manganese Polygermanates 84

Compounds of Manganese with Oxygen and Tin 84
Solid Solutions of (Mn,Sn)O 84
$MnSnO_3$ 85
$Mn[Sn(OH)_6]$ 86
Mn_2SnO_4 87
Solid Solutions of Mn_2SnO_4 with Mn_3O_4 88
Compounds of Mn with O, Sn, and Other Metals 89
Solid Solutions of $(Mn,Mg)_2SnO_4$ 89
Solid Solutions of $(Mn,Zn)_2SnO_4$ 90
Solid Solution of $ZnMn_2O_4$ with Zn_2SnO_4 90
Solid Solutions of Zn_2SnO_4 with Mn_3O_4 91
$Mn_2Sn_{0.875}Ge_{0.125}O_4$ 91
$Mg_{0.25}Mn_{1.75}Sn_{0.875}Ge_{0.125}O_4$ 91

Compounds of Manganese with Oxygen and Lead 91
$MnPbO_3$ and $[Mn(H_2O)_2][Pb(OH)_6]$ 91
$PbMn_2O_4$ (?) 92
$Pb(MnO_4)_2 \cdot 3PbO$ 92
$PbMnO_2(OH)$ (Quenselite) 93
Compounds of Manganese with O, Pb, and Other Metals 93
$(Ca_{1.72}Pb_{0.28})(Mn_{0.77}Pb_{0.23})O_4$ 93
Solid Solutions of $La_{1-x}Pb_xMnO_3$ 94
$Pr_{1-x}Pb_xMnO_3$ and $Nd_{1-x}Pb_xMnO_3$ 97

Page

2.11.8 Compounds of Manganese with Oxygen and Metals of Subgroup 4 98

Review 98

Compounds of Manganese with Oxygen and Titanium 99
The Mn-Ti-O System 99
Phase Region Mn_3Ti_3O to Mn_2Ti_4O 100
Solid Solutions of MnO with TiO 101
$MnTi_2O_4$ 103
Mn_2TiO_4 104
Solid Solutions of Mn_2TiO_4 with $MnTi_2O_4$ 106
Solid Solutions of Mn_2TiO_4 with Mn_3O_4 108
$MnTiO_3$ 108
$Mn_2Ti_3O_8$ 114
$MnTi_2O_5$ (?) 115
Compounds of Manganese with O, Ti, and Alkali Metals 115
Li_2MnTiO_4 115
$Li_2MnTi_3O_8$ 115
$LiMnTiO_4$ 115
$Na_4Mn_4Ti_5O_{18}$ 115
The $RbMnO_2$-TiO_2 System 116
$Rb_xMn_xTi_{2-x}O_4$ 117
$Rb_xMn_xTi_{4-x}O_8$ 117
$Cs_xMn_xTi_{2-x}O_4$ 117
Compounds of Mn with O, Ti, and Metals of Main and Subgroup 2 118
$Mg_xMn_{1-x}TiO_3$ 118
$MgMnTiO_4$ 118
Phases in the $SrTiO_3$-Manganese Oxides System 118
Phases in the $BaTiO_3$-Manganese Oxides System 119
Solid Solutions of $BaMnO_3$ with $BaTiO_3$ 120
$ZnMnTi_3O_8$ 121
$Zn_2Mn_2MgTiO_8$ 122
Compounds of Mn with O, Ti, and Metals of Main and Subgroup 3 122
The $MnTiO_3$-Al_2O_3 System 122
$MMnTiO_5$ (M = Pr, Nd, Sm, Eu, Gd) 122
$CaLa_{1-x}Y_xMnTiO_6$ 123
$Sr_{1-x}Ca_xLaMnTiO_6$ 123
$Ba_xLa_{1-x}Mn_{1-x}Ti_xO_3$ 123
$Ba_{1-x}Sr_xLaMnTiO_6$ 125
Solid Solutions of $Sr_{0.3}La_{0.7}MnO_3$ with $BaTiO_3$ 125
Solid Solutions of $LaMnO_3$ with $CdTiO_3$ 126
Other Titanate Phases Containing Manganese 126
$(1-x)PbTiO_3 \cdot xMnO_2$ 126
$(1-x)PbTiO_3 \cdot xLaMnO_3$ 127
$(1-x)PbTiO_3 \cdot x(Sr_yLa_{1-y})MnO_3$ 128

Page

Compounds of Manganese with Oxygen and Zirconium 130
The MnO-ZrO_2 System 130
Solid Solutions of MnO with ZrO_2 . . . 130
The Mn_2O_3-ZrO_2 System 131
The Mn_3O_4-ZrO_2 System 131
Solid Solutions of MnO with CaO and ZrO_2 132
Solid Solutions of ZrO_2 with Y_2O_3 Containing Manganese 132
Titanate-Zirconate Phases Containing Manganese 133

2.11.9 Compounds of Manganese with Oxygen and Metals of Main Group 5 134

Review 134

Compounds of Manganese with Oxygen and Antimony 134
$MnSb_2O_4$ 134
$Mn_3Sb_2O_6$ 134
$MnSb_2O_6 \cdot nH_2O$ 135
$MnSbO_4$ (?) 135
Compounds of Mn with O, Sb, and Other Metals 135
$K_2Mn_5Sb_3O_{16}$ 135
$SrMn_{0.5}Sb_{0.5}O_3$ and $BaMn_{0.5}Sb_{0.5}O_3$ 135
$InMn_2SbO_6$ 136
$LaMn_{0.67}Sb_{0.33}O_3$ 136

Compounds of Manganese with Oxygen and Bismuth 136
$Bi_2O_3 \cdot nMnO$ 136
$BiMnO_3$ 137
$Bi_2Mn_4O_{10}$ 138
Basic Bismuth Permanganates 140
Solid Solutions of $BiMnO_3$ with Other Oxocompounds 141
$BiMnO_3$-$CaMnO_3$ 141
$BiMnO_3$-Ca_2MnO_4 144
$BiMnO_3$-$SrMnO_3$ 145
$BiMnO_3$-$CaMnO_3$-$SrMnO_3$ and $BiMnO_3$-$CaMnO_3$-$BaMnO_3$ 145
$BiMnO_3$-$YMnO_3$ 145
$BiMnO_3$-$CaMnO_3$-$LaMnO_3$ and $BiMnO_3$-$SrMnO_3$-$LaMnO_3$ 145
$BiMnO_3$-$CaMnO_3$-$PbMnO_3$ 147
$BiMnO_3$-$PbTiO_3$ 147
Other Solid Solution Systems 148

2.11.10 Compounds of Manganese with Oxygen and Metals of Subgroup 5 149

Review 149

Compounds of Manganese with Oxygen and Vanadium 150
The MnO-VO-O System 150

Page

Compounds with Mn^{II} and V^{II} 150
Solid Solutions of (Mn,V)O 150
Solid Solutions of $(Mn,V)Al_2O_4$ 151
Compounds with Mn^{II} and V^{III} 152
The MnO-V_2O_3 System 152
MnV_2O_4 152
Solid Solutions of MnV_2O_4 with Other Oxocompounds 155
Compounds with Mn^{II} and V^{IV} 158
Mn_2VO_4 (?) 158
$MnVO_3$ 159
MnV_3O_7 (?) 160
Compounds with Mn^{II} and V^{V} 160
$Mn_3(VO_4)_2$ 160
$LiMnVO_4$ and $NaMnVO_4$ 160
$Mn_2V_2O_7$ 160
$(MnOH)_3VO_4 \cdot 3H_2O$ and $(MnOH)_4V_2O_7 \cdot 4H_2O$ 161
MnV_2O_6 161
$MnV_2O_6 \cdot 4H_2O$ 162
Isopolyvanadates(V) 162
Other Compounds with Mn^{II} and V^{V} (Garnet Type) 163
Compounds with Mn^{IV} and V^{V} 164
Tetravanadomanganates(IV) 164
11-Vanadomanganates(IV) 165
13-Vanadomanganates(IV) 166
Compounds with Mn^{V} and V^{V} 167

Compounds of Manganese with Oxygen and Niobium 167
$MnNb_2O_{3.67}$ 167
$Mn_3Nb_{10}O_{28}$ 167
$MnNb_2O_6$ 168
$Mn_7Nb_{12}O_{37} \cdot nH_2O$ 171
$Mn_4Nb_2O_9$ 171
$MnNbO_4$ (?) 172
$MnNb_{12}O_{38}^{12-}$ 173
Compounds of Mn with O, Nb, and Other Metals 173
$Li_2Mn_{0.5}Nb_{0.5}O_x$ (with x = 2.75 to 3.0) 173
Heteropoly-12-niobomanganates(IV) 174
$MMn_xNb_{1-x}O_3$ (M = Ca, Sr, Ba) . . . 175
The MnO-Nb_2O_5-$BaTiO_3$ System . . . 176
The $MnNb_2O_6$-$YTiNbO_6$ System 176
$PbMn_{0.33}Nb_{0.67}O_3$ 177
$PbMn_{0.5}Nb_{0.5}O_3$ 177
$PbM_xMn_yNb_{0.5}O_3$ (M = Li, Mg, Zn, Cd) 179
The $PbMn_{0.5}Nb_{0.5}O_3$-$PbTiO_3$ System 180
$Pb_{1-x}La_xMnNb_{0.5-x}Ti_xO_3$ 181

Compounds of Manganese with Oxygen and Tantalum 181
The Mn-Ta-O System 181
Mn_3Ta_3O 181

	Page
Mn_2TaO_3	182
$MnTa_2O_6$	182
$Mn_{1.4}TaO_{3.9}$	184
$Mn_4Ta_2O_9$	184
$Mn_6Ta_2O_{11}$	184
$Mn_{1.4}TaO_{4.2}$	184
$MnTaO_4$ (?)	184
Compounds of Mn with O, Ta, and Other Metals	185
$Li_2Mn_{0.5}Ta_{0.5}O_x$	185
$MMn_xTa_{1-x}O_3$ (M = Ca, Sr, Ba)	185
Phases in the MnO-Ta_2O_5-$BaTiO_3$ System	185
The $MnTa_2O_6$-$YTiTaO_6$ System	186
$PbMn_{0.5}Ta_{0.5}O_3$	186
$PbM_xMn_yTa_{0.5}O_3$ (M = Li, Mg, Ca, Sr, Zn, Cd, Ti)	186
$Na_{12}Mn(Nb,Ta)_{12}O_{38} \cdot 50\,H_2O$	187
$MnNb_2O_6$-$YTiTaO_6$ and $MnTa_2O_6$-$YTiNbO_6$ Systems	188
2.11.11 Compounds of Manganese with Oxygen and Metals of Subgroup 6	188
Review	188
Compounds of the Manganese with Oxygen and Chromium	189
The Mn-Cr-O System	189
$Mn_{1+x}Cr_{2-x}O_4$	190
$MnCr_2O_4$	190
Mn_2CrO_4	194
Solid Solutions of Mn_2O_3 with Cr_2O_3	194
Solid Solutions of MnO_2 with CrO_2	195
Manganese Chromates	196
Compounds of Mn with O, Cr, and Other Metals	197
Manganese Double Chromates with Alkali Metals and Ammonium	197
$K_2Mn(CrO_4)_2 \cdot 2\,H_2O$	197
$K_2Mn_2(CrO_4)_3 \cdot 4\,H_2O$ (?)	197
$KMn_2(CrO_4)_2OH \cdot H_2O$	197
$Cs_2Mn_2(CrO_4)_3$	198
$(NH_4)_2Mn_2(CrO_4)_3$	198
$NH_4Mn_2(CrO_4)_2OH \cdot H_2O$	198
Compounds and Solid Solutions of Spinel Type	199
$LiMnCrO_4$	199
Mn_3O_4-$MgCr_2O_4$	199
$MgMn_2O_4$-$MgCr_2O_4$	199
$ZnMnCrO_4$	200
$LiZn_{0.5}Mn_{1.5}O_4$-$LiMnCrO_4$-$ZnCr_2O_4$	200
$MnCr_2O_4$-$MnAl_2O_4$	201
Mn_3O_4-$MgAlCrO_4$	201
$MnCr_2O_4$-Mn_2TiO_4	201
Other Solid Solutions	202
$YMnO_3$-$YCrO_3$	202
$LaMnO_3$-$LaCrO_3$	202
$HoMnO_3$-$HoCrO_3$	202
$YbMnO_3$-$YbCrO_3$	203
$Mn_3Cr_2Ge_3O_{12}$, $Mn_3Al_xGe_{2-x}Ge_3O_{12}$, $Mn_3Ga_xCr_{2-x}Ge_3O_{12}$	203
Compounds of Manganese with Oxygen and Molybdenum	204
Mn_3Mo_3O	204
$Mn_2Mo_3O_8$	204
The MnO-MoO_3 System	204
$MnMoO_4$	205
Water-containing Manganese Molybdates	208
Sr_2MnMoO_6	208
The $MnMoO_4$-$ZnMoO_4$ System	208
Heteropoly-Molybdomanganese Acids and Their Salts	209
6-Molybdomanganates(II)	209
9-Molybdomanganates(IV)	210
12-Molybdomanganates(IV)	211
$GeMn^{II}Mo_{11}O_{40}^{8-}$	212
Compounds of Manganese with Oxygen and Tungsten	212
The Mn-W-O System	212
Mn_3W_3O	212
Solid Solutions of $Mn_2Mo_3O_8$ with $Mn_2W_3O_8$	212
$MnWO_4$	213
Manganese Tungstates Containing Water	218
The $MnWO_4$-Na_2WO_4 System	218
$Mg_xMn_{1-x}WO_4$	218
Sr_2MnWO_6	219
$LaSrMnWO_6$	219
$PbM_xMn_yW_zO_3$	220
The $MnWO_4$-NbO_2 System	222
The $MnWO_4$-$MnMoO_4$-$ZnWO_4$-$ZnMoO_4$ System	223
Heteropoly Tungstomanganese Acid and Its Salts	223
11-Tungstomanganates(III)	223
Pentatungstomanganates(IV)	224
12-Tungstomanganates(IV)	225
Heteropoly Compounds of the $MMn^{II}W_{11}O_{40}^{x-}$ Type (M = Zn, Ga, Ge)	225
Heteropoly Compounds of the $MMn^{III}W_{11}O_{40}^{x-}$ Type (M = Zn, Ge)	226
Compounds of Manganese with Oxygen and Uranium	226
The MnO_2-UO_2 System	226
MnU_2O_6 and Other Fluorite Phases	226
$MnUO_{3.84}$ and $MnUO_{3.70}$	227
$MnUO_4$	227

	Page
MnU_3O_{10}	228
Perovskite Type Phases $MMn_xU_{1-x}O_3$ with M = Sr, Ba	229
Sr_2MnUO_6	229
$Ba_3MnU_2O_9$	229
Ba_2MnUO_6	229
$Ba_3Mn_2UO_9$	230
$Ba_2Mn_{1-x}In_xUO_6$	230
$Mn(UO_2)_2(VO_4)_2 \cdot nH_2O$	230
2.11.12 Compounds of Manganese with Oxygen and Metals of Subgroups 7 and 8	
3 Manganese and Nitrogen	231
3.1 The Mn-N System	231
Preliminary Remark	231
3.1.1 Observed Phases and Solid Solutions	231
3.1.2 Melt	234
3.2 Manganese Nitrides	235
3.2.1 General Preparation Methods	235
From the Elements	235
From Manganese and NH_3	236
From Mn Amalgam and N_2 or NH_3	236
Industrial Preparation	236
3.2.2 Solid Solutions (δ-Phase)	238
3.2.3 Mn_4N (ε-Phase)	238
Preparation	238
Thermodynamic Data of Formation	239
Physical Properties	239
Crystal Structure	239
Bonding	240
Thermodynamic Functions	241
Electron Bands. Magnetic Structure	241
Nuclear Magnetic Resonance	242
Saturation Magnetization	243
Curie Temperature	244
Magnetic Susceptibility	244
Chemical Reactions	244
3.2.4 Mn_5N_2 or Mn_2N (ζ-Phase)	245
Preparation	245
Thermodynamic Data of Formation	245
Structure and Bonding	246
Mechanical and Thermal Properties	247
Magnetic Properties	247
Chemical Reactions	248
3.2.5 Mn_3N_2 (η-Phase)	248
Preparation	248
Thermodynamic Data of Formation	249
Physical Properties	249
Chemical Reactions	250
3.2.6 Mn_6N_5 (ϑ-Phase)	250

	Page
3.3 Manganese Double Nitrides	251
3.3.1 Preliminary Remarks	251
3.3.2 Double Nitrides with Metals of Main and Subgroup 1	253
Lithium Manganese Nitrides	253
LiMnN	253
Li_3MnN_2	253
Li_7MnN_4	253
Double Nitrides with Cu, Ag, Au	253
3.3.3 Double Nitrides with Metals of Main and Subgroup 2	254
With Magnesium	254
With Zinc	254
Mn_3ZnN	254
$Mn_{4-x}Zn_xN_{1-x/4}\square_{x/4}$	255
With Mercury	255
3.3.4 Double Nitrides with Metals of Main Group 3	255
With Aluminum	255
With Gallium	255
Mn_3GaN	255
$Mn_{4-x}Ga_xN$	256
$Mn_3GaN_{1-x}\square_x$	257
$Mn_3Ga_{1-x}Zn_xN$	257
With Indium	257
$Mn_{4-x}In_xN$	257
3.3.5 Double Nitrides with Metals of Subgroup 3	258
With Lanthanum or Lanthanides	258
With Actinides	258
3.3.6 Double Nitrides with Metals of Main Group 4	258
With Germanium	258
$Mn_{3+x}Ge_{1-x}N_y$	258
$MnGeN_2$	258
$Mn_{72.9}Ge_{24.3}N_{2.8}$	259
$Mn_{1+x}GeN_2O_x$	259
With Tin	260
Mn_3SnN	260
$Mn_{4-x}Sn_xN$	260
3.3.7 Double Nitrides with Metals of Main and Subgroup 5	260
With Antimony	260
Mn_3SbN	260
With Tantalum	261
3.3.8 Double Nitrides with Chromium	261
3.3.9 Double Nitrides with Metals of Group 8	261
3.4 Manganese Azides	262
3.4.1 $Mn(N_3)_2$	262
3.4.2 MnN_3OH	262
3.5 Azido Manganates	263
3.5.1 Tetraazido Manganates(II)	263

Page

3.5.2 Monoazido Manganate(III) 263

3.6 Imido Manganates(II) 264

3.7 Manganese Amide $Mn(NH_2)_2$ 264

3.8 Tetraamido Manganates(II) $M_2[Mn(NH_2)_4]$ 264

3.9 Manganese Nitrite $Mn(NO_2)_2$ 265

3.10 Nitrito Manganates(II) 266

$[Mn(NO_2)_2]^{2-n}$ 266

$Cs_2[Mn(NO_2)_4]$ 267

$[(CH_3)_4N]_2[Mn(NO_2)_4]$ 267

$M[Mn(NO_2)_4]$ 267

$Cs_3[Mn(NO_2)_5]$ 267

3.11 Manganese Nitrates 267

Review 268

3.11.1 Manganese(II) Nitrate 268

- $Mn(NO_3)_2$ 268
  - General Properties 268
  - Formation. Preparation 268
  - Thermodynamic Data of Formation . . 269
  - Physical Properties 269
  - Chemical Reactions 270
- The $Mn(NO_3)_2$-H_2O System 271
- $Mn(NO_3)_2 \cdot xH_2O$ 274
  - Preliminary Remark 274
  - Preparation 274
  - Thermal Decomposition 276
  - Reactions with Elements and Compounds 277
  - $Mn(NO_3)_2 \cdot 6H_2O$ 278
  - $Mn(NO_3)_2 \cdot 4H_2O$ 279
  - $Mn(NO_3)_2 \cdot 3H_2O$ (?) 280
  - $Mn(NO_3)_2 \cdot 2H_2O$ 280
  - $Mn(NO_3)_2 \cdot 1.5H_2O$ 281
  - $Mn(NO_3)_2 \cdot H_2O$ 281
  - $Mn(NO_3)_2 \cdot 0.5H_2O$ 281
- Aqueous Solution of Manganese(II) Nitrate 281
  - Formation Data 281
  - Heats of Solution and Dilution 282
  - Nature of Solution 282
  - Mechanical and Thermal Properties . . 284
  - Magnetic and Electrical Properties . . 286
  - Optical Properties 287
  - Electrochemical Behavior 288
  - Chemical Reactions 289

Page

- The $Mn(NO_3)_2$-HNO_3-H_2O System . . . 292
  - Solubility 292
  - Vapor Pressure 293
- Nonaqueous Solutions of $Mn(NO_3)_2$ . . 293
  - Aqueous Urea Solutions 294
- Manganese(II) Hydroxide Nitrates 295
- Nitratomanganates(II) 295
- Systems, Solutions, and Double Compounds of $Mn(NO_3)_2$ 297
  - The $Mn(NO_3)_2$-KNO_3-H_2O System . . 297
  - Aqueous $Mn(NO_3)_2$-KNO_3 Solutions 298
  - $Mn(NO_3)_2$-$LiNO_3$-KNO_3 Melt 298
  - The $Mn(NO_3)_2 \cdot 6H_2O$-$Mg(NO_3)_2 \cdot 6H_2O$ System 298
  - $Mn(NO_3)_2 \cdot Mg(NO_3)_2 \cdot 12H_2O$ 299
  - The $Mn(NO_3)_2$-$Mg(NO_3)_2$-H_2O(-HNO_3) System 299
  - The $Mn(NO_3)_2$-$Ca(NO_3)_2$-H_2O System 299
  - The $Mn(NO_3)_2$-$Ba(NO_3)_2$-H_2O System 300
  - Aqueous $Mn(NO_3)_2$-$Ba(NO_3)_2$ Solutions 300
  - The $Mn(NO_3)_2 \cdot 6H_2O$-$Zn(NO_3)_2 \cdot 6H_2O$ System 300
  - The $Mn(NO_3)_2 \cdot 6H_2O$-$Cd(NO_3)_2 \cdot 4H_2O$ System 300
  - The $Mn(NO_3)_2$-$Al(NO_3)_3$-H_2O(-HNO_3) System 301
  - The $Mn(NO_3)_2$-$Ba(NO_3)_2$-$Al(NO_3)_3$-H_2O System 301
  - The $Mn(NO_3)_2$-$Ce(NO_3)_3$-H_2O System 301
  - Aqueous $Mn(NO_3)_2$-$Ce(NO_3)_3$ Solutions 301
  - Double Nitrates with Rare Earth Metals
    - $3Mn(NO_3)_2 \cdot 2M(NO_3)_3 \cdot 24H_2O$ (M = La, Ce, Pr, Nd, Sm) . . 302
  - $[Mn(H_2O)_6][Th(NO_3)_6] \cdot 2H_2O$ 304
  - The $Mn(NO_3)_2$-$Pb(NO_3)_2$-H_2O(-HNO_3) System 305
  - $3Mn(NO_3)_2 \cdot 2Bi(NO_3)_3 \cdot 24H_2O$ . . 305
  - $3Mn(NO_3)_2 \cdot 2BiONO_3$ 305

3.11.2 Manganese(III) Nitrate $Mn(NO_3)_3$. 305

3.11.3 Nitroniumtetranitratomanganate(III) $[NO_2][Mn(NO_3)_4]$ 306

3.11.4 Manganese Oxide Nitrate $MnONO_3$ 307

3.11.5 MnO_3NO_3 (?) 307

3.11.6 Potassium Manganese(III) Nitrate . 307

Mangan und Sauerstoff

(Fortsetzung)

2.11.5 Verbindungen des Mangans mit Sauerstoff und Metallen der 3. Hauptgruppe

Compounds of Manganese with Oxygen and Metals of Main Group 3

Vorbemerkung. In diesem Kapitel wäre eine strenge Einteilung der Verbindungen nach der Wertigkeit des Mangans wenig sinnvoll. Deswegen werden im Anschluß an das System Al_2O_3-Manganoxide zunächst der Manganspinell $MnAl_2O_4$ und die nach dem Gmelin-System (s. Innenseite des hinteren Einbanddeckels) zugehörigen Mischkristalle, die ebenfalls dem Spinell-Typ angehören, abgehandelt. Daran schließen sich die festen Lösungen $(Mn_{1-x}Al_x)_2O_3$, die sich von α-Mn_2O_3 ableiten, und die Hydroxoverbindungen an. Entsprechend ist die Einteilung in den Abschnitten mit Gallium und Indium, wo jedoch keine Systemuntersuchungen vorliegen und Hydroxoverbindungen nicht bekannt sind. Die Verbindungen $Mn^{II}M^{III}InO_4$(M^{III} = Al oder Ga) mit Schichtenstruktur beenden den Abschnitt der In-haltigen Verbindungen. Thallium mit seinem viel größeren Ionenradius bildet Verbindungen mit Pyrochlor-ähnlicher Struktur.

Preliminary Remark. In this chapter, a strict classification of the compounds according to the oxidation state of manganese would not be very appropriate. For that reason, following the system Al_2O_3-manganese oxides, the manganese spinel $MnAl_2O_4$ and its solid solutions which likewise belong to the spinel type, are treated first, the latter ones in the sequence of the Gmelin system (see inside of back cover). Solid solutions of the composition $(Mn_{1-x}Al_x)_2O_3$, derived from α-Mn_2O_3, and hydroxo compounds join then. A corresponding arrangement has been applied to the sections with the elements Ga and In, for these, however, system studies and the existence of hydroxy compounds have not been reported. $Mn^{II}M^{III}InO_4$ compounds (M^{III} = Al or Ga) with layer structure conclude the section on In-containing compounds. Thallium, with its much larger ionic radius, forms compounds with pyrochlor-like structure.

2.11.5.1 Verbindungen des Mangans mit Sauerstoff und Aluminium

Compounds of Manganese with Oxygen and Aluminum

2.11.5.1.1 Das System Al_2O_3-Manganoxide

The Al_2O_3-Manganese Oxides System

Im System Al_2O_3-MnO tritt als einzige Verbindung $MnAl_2O_4$ auf, welche etwa 59 Gew.-% Al_2O_3 enthält. MnO (Schmelzpunkt 1842°C) bildet nach röntgenographischen, mikroskopischen und thermischen Untersuchungen mit $MnAl_2O_4$ (Schmelzpunkt 1850 ± 15°C) ein Eutektikum bei 1520 ± 10°C und 24 Gew.-% Al_2O_3, Hay u. a. [1], Lenev, Novokhatskii [2]. Das Peritektikum wird bei 1770 ± 15°C und 73 Gew.-% Al_2O_3 beobachtet [2]; s. hierzu auch Belov u. a. [3]. Bei früheren Untersuchungen mit MnO, dessen Schmelzpunkt bei 1780°C lag, wurde kalorimetrisch 1720°C als peritektische Temperatur ermittelt, Oelsen, Heynert [4]. $MnAl_2O_4$ bildet nach Yamaguchi [5] mit Al_2O_3 feste Lösungen; ihr Existenzfeld ist sehr schmal, s. Figur im Original [5].

Mit höheren Manganoxiden bildet Al_2O_3 keine Verbindung, sondern nur feste Lösungen. In **Fig. 1**, S. 2, sind die röntgenographisch und mikroskopisch ermittelten Gleichgewichtsbeziehungen an der Luft (p_{O_2} = 0.21 atm) im Temperaturbereich von 800 bis 1765°C dargestellt. Es werden folgende drei isobare invariante Punkte beobachtet (Gesamt-Manganoxidgehalt als Mn_2O_3 berechnet; Angaben in Gew.-%): Bei 881 ± 5°C steht tetragonales Mn_3O_4 (91 Mn_2O_3, 9 Al_2O_3) mit Mn_2O_3 (85 Mn_2O_3, 15 Al_2O_3) und Al_2O_3, bei 990 ± 5°C tetragonales Mn_3O_4 (84 Mn_2O_3, 16 Al_2O_3) mit kubischem Mn_3O_4 (62 Mn_2O_3, 38 Al_2O_3) und Al_2O_3 und bei 1740 ± 10°C Schmelze (37 Mn_2O_3, 63 Al_2O_3) mit kubischem Mn_3O_4 (27 Mn_2O_3, 73 Al_2O_3) und Al_2O_3 im Gleichgewicht. Bei dem erwähnten Sauerstoffpartialdruck löst sich in Al_2O_3 weniger als 2% Mn_2O_3, Ranganathan u. a. [6]. Aus chemischen und spektralanalytischen Untersuchungen an Mn-haltigen Korund-Einkristallen leitet Baumgaertel [7] 0.56 bis 0.87 Mol-% MnO als Grenzkonzentration für den isomorphen Ersatz von Al^{3+} durch Mn^{3+} ab. Die geringe Mn^{3+}-Konzentration wird durch ähnliche Untersuchungen von Kleber u. a. [8] bestätigt; s. hierzu auch Untersuchungen von Keski,

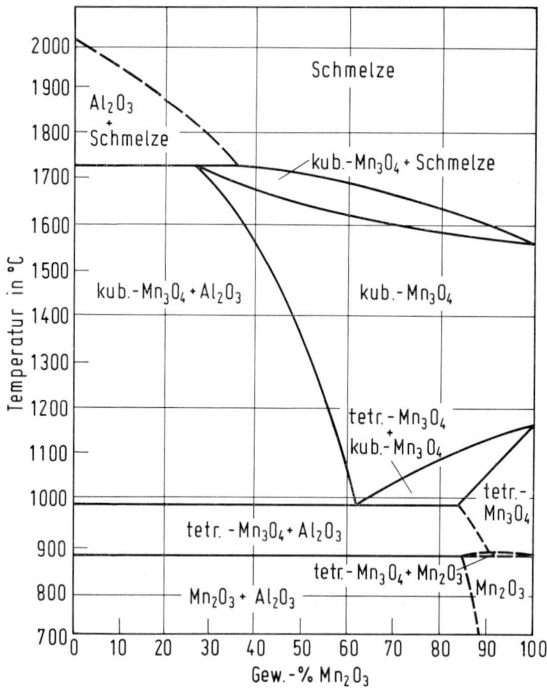

Fig. 1

Das System Al_2O_3-Manganoxide.

Cutler [9] über den Sinterprozeß von Al_2O_3 in Gegenwart von Manganoxid. Der maximale Gehalt an Al_2O_3 in Mn_2O_3 und tetragonalem Mn_3O_4 läßt sich röntgenographisch nicht exakt bestimmen; die entsprechenden Kurven in Fig. 1 sind deshalb gestrichelt gezeichnet. Die Temperatur, bei der sich kubisches Mn_3O_4 in tetragonales umwandelt (1160 ± 5°C), wird durch einen Gehalt von 38 Gew.-% Al_2O_3 auf 990 ± 5°C erniedrigt. Kubische Proben mit 25 Gew.-% Al_2O_3 und mehr erleiden beim Abschrecken keine Symmetrieerniedrigung, Ranganathan u. a. [6].

Literatur:

[1] R. Hay, A. B. McIntosh, J. R. Rait, J. White (J. West Scot. Iron Steel Inst. **44** [1937] 85/92, 86; C. **1938** II 2908). — [2] L. M. Lenev, I. A. Novokhatskii (Izv. Akad. Nauk SSSR Metally **1966** Nr. 3, S. 73/8; Russ. Met. **1966** Nr. 3, S. 40/1). — [3] B. F. Belov, I. A. Novokhatskii, L. M. Lenev, L. N. Rusakov, A. V. Gorokh (Eksp. Issled. Mineraloobrazov. Sukhikh. Okisnykh Silikat. Sist. **1972** 83/7 nach C. A. **78** [1973] Nr. 76537). — [4] W. Oelsen, G. Heynert (Arch. Eisenhüttenw. **26** [1955] 567/75, 574). — [5] G. Yamaguchi (J. Ceram. Assoc. Japan **61** [1953] 594/9).

[6] T. Ranganathan, B. E. MacKean, A. Muan (J. Am. Ceram. Soc. **45** [1962] 279/81). — [7] R. Baumgaertel (Chem. Tech. [Leipzig] **13** [1961] 615). — [8] W. Kleber, H. Peibst, I. Reinhold (Z. Physik. Chem. [Leipzig] **216** [1961] 98/117). — [9] J. R. Keski, J. B. Cutler (J. Am. Ceram. Soc. **51** [1968] 440/4).

$MnAl_2O_4$

2.11.5.1.2 $MnAl_2O_4$ Manganspinell („Galaxit")

Vorkommen und Eigenschaften des in der Natur auftretenden Manganspinells („Galaxit") werden in einer Lieferung des Teils A über Manganmineralien behandelt.

Preparation from MnO and Al_2O_3

Herstellung

Reiner farbloser bis fahlweißer Spinell bildet sich bei genügend hoher Temperatur nur in absolut O_2-freier Atmosphäre. Zu seiner Herstellung aus grünem MnO und farblosem Al_2O_3 wird das stöchiometrische Gemenge, beispielsweise 3.5465 g MnO und 5.0790 g Al_2O_3, in N_2-Atmosphäre auf eine Korngröße von etwa 1 μm gemahlen, dann unter einem Druck von 1000 kg zu Tabletten gepreßt und in einem Sinterkorund-Rohr in absolut O_2-freiem H_2-Strom bei 1000°C gesintert, Burkhardt [1]. Innerhalb 2 h bei 1000°C erfolgt nach Krause, Thiel [2, S. 114] Spinell-Bildung bei einem molaren Ausgangsverhältnis MnO : Al_2O_3 von 1 : 1, 2 : 1 oder 0.5 : 1 in reduzierender Atmosphäre zu weniger als 25%. Deshalb erhitzen Greenwald u. a. [3] die aus dem pulvrigen Oxidgemisch durch Vermischen mit H_2O in einer Steinmühle gerollten und getrockneten Kügelchen in He-Atmosphäre zweimal 1 h auf 1000°C, unterbrochen durch eine Zerkleinerung des Materials auf eine Korngröße <75 μm. Das Produkt wird dann noch 1 bis 2 h bei 1400°C gehalten und anschließend mit einer Geschwindigkeit von 1 K/min abgekühlt. — Als hellgelbes Kristallpulver fällt $MnAl_2O_4$ an, wenn ein Gemisch aus 100 Teilen Al_2O_3 und 230 Teilen Mn_3O_4 3 Minuten im elektrischen Ofen (1000 A, 60 V) erhitzt und dann mit heißer Salzsäure behandelt wird [4].

$MnAl_2O_4$

Preparation from Other Mn and Al Compounds

Zur Herstellung aus den Nitraten werden die wäßrigen Lösungen am besten unter einer weißglühenden Lampe zur Trockne verdampft, das Produkt zur Zersetzung bei 500°C vorerhitzt und das anschließend gepreßte Pulver in N_2,H_2-Atmosphäre auf 1200°C erhitzt und langsam abgekühlt [5]. Aus $MnCO_3$ und $Al(OH)_3$ bildet sich $MnAl_2O_4$ beim 24stündigen Erhitzen auf 1300°C [6]. Über die gelegentlich beobachtete unerwünschte Bildung am Alumelteil eines Chromel/Alumelthermopaares in oxidierender Atmosphäre s. Hughes, Burley [7].

Einkristalle. Weder bei der Züchtung von Einkristallen noch bei der Bildung der Einkristalle nach den folgenden Methoden wurde die Oxidationsneigung des $MnAl_2O_4$ von den jeweiligen Autoren genügend berücksichtigt. Nach der Flammenschmelzmethode stellt Scott [8] 2 bis 5 cm lange Einkristalle in der Knallgasflamme eines Bunsenbrenners aus den Oxiden her, welche als flockige Pulver (fluffy powder) vorliegen; die scharfe gerichtete Flamme begrenzt den Durchmesser der Einkristalle auf 8 mm. Ebelmen [9] schmilzt 1848 bei der ersten $MnAl_2O_4$-Darstellung Al_2O_3 (3.30 g) und MnO (2.27 g) unter Zusatz von B_2O_3 (2.25 g). Es bilden sich kleine, je nach ihrer Dicke braune bis schwarze Spinell-Oktaeder an den breiten Lamellenblättern der braunschwarzen blasigen Masse. KCl als Flußmittel benutzen Krause, Thiel [2, S. 117], erreichen aber während 2.5 h bei 1000°C im Platintiegel nur unvollständigen Umsatz. Aus der Gasphase bilden sich am Deckel des Tiegels schwarze 0.1 bis 0.2 mm lange Oktaeder neben plättchenförmigem Al_2O_3, wenn eine bei 600°C 4 bis 6 h im offenen Platintiegel vorgeglühte Charge aus KF, SiO_2, Al_2O_3 und etwa 2% MnO dann zugedeckt in einem vorerhitzten elektrischen Silitofen bei 1200°C geschmolzen wird [10].

Preparation of Single Crystals

Literatur:

[1] R. Burkhardt (Diss. Bonn 1957, S. 15, 98). — [2] O. Krause, W. Thiel (Ber. Deut. Keram. Ges. **15** [1934] 111/27). — [3] S. Greenwald, S. J. Pickart, F. H. Grannis (J. Chem. Phys. **22** [1954] 1597/600). — [4] E. Dufau (Compt. Rend. **135** [1902] 963/4). — [5] F. C. Romeijn (Philips Res. Rept. **8** [1953] 321/42, 322).

[6] H. E. Swanson, M. I. Cook, T. Isaacs, E. H. Evans (Natl. Bur. Std. [U. S.] Circ. Nr. 539, Bd. 9 [1960] 35/6). — [7] P. C. Hughes, N. A. Burley (J. Inst. Metals **91** [1963] 373/6). — [8] E. J. Scott (J. Chem. Phys. **23** [1955] 2459). — [9] Ebelmen (Ann. Chim. Phys. [3] **22** [1848] 211/44, 225). — [10] V. A. Timofeeva, I. I. Yamzin (Tr. Inst. Kristallogr. Akad. Nauk SSSR **12** [1956] 67/72).

Thermodynamische Daten der Bildung

Thermodynamic Data of Formation

Bildungsenthalpie ΔH und freie Enthalpie der Bildung ΔG in kcal/mol.

Bei der Bildung gemäß Mn (fest) + 2 Al (fest) + 2 O_2 (gasförmig) → $MnAl_2O_4$ (fest) beträgt $\Delta H° = -501.4 \pm 1.4$ und $\Delta G° = -475.2 \pm 1.6$ bei 298 K sowie $\Delta H° = -507.4 \pm 1.6$ und $\Delta G° = -382.8 \pm 1.8$ bei 1273 K. Für Mangan im flüssigen Zustand wird $\Delta H° = -511.2 \pm 1.8$ und $\Delta G° = -322.8 \pm 2.0$ bei 1873 K ermittelt. Bei der Bildung aus MnO und α-Al_2O_3 beträgt ΔH° bei 298, 1273 bzw. 1873 K -9.0 ± 1.1, -11.5 ± 0.8 sowie 12.2 ± 0.7. ΔG ändert sich in diesem Temperaturbereich gemäß $\Delta G_T^\circ = -12.190 + 0.0023\,T$ bei einer Genauigkeit von ±0.700, L. M. Lenev, I. A. Novokhatskii (Izv. Akad. Nauk SSSR Metally **1966** Nr. 3, S. 73/8; Russ. Met. **1966** Nr. 3, S. 40/1).

Kristallstruktur

Crystal Structure

Raumtemperaturphase

$MnAl_2O_4$ kristallisiert kubisch im Spinell-Gitter, Raumgruppe O_h^7-Fd3m (vgl. „Aluminium" A1, S. 126; Strukturbericht, Bd. 1, 1913/28 [1931], S. 350). Die Kationenverteilung ist teilweise invertiert gemäß der Strukturformel $Mn^{2+}_{1-2\lambda}Al^{3+}_{2\lambda}[Mn^{2+}_{2\lambda}Al^{3+}_{2-2\lambda}]O_4$, wobei λ den Inversionsgrad

$MnAl_2O_4$

Crystal Structure

bedeutet und die Ionen vor der Klammer Tetraederlagen, die in der Klammer Oktaederlagen besetzen [1]. Der Inversionsgrad hängt von der Herstellungsmethode ab. An einer in N_2-H_2 (2 : 1)-Atmosphäre hergestellten Probe wird mit Neutronenbeugung λ (gemittelt) = 0.042 ± 0.022 von Roth [1], an einer von 1400°C in Luft abgeschreckten Probe λ = 0.145 ± 0.04 und an einer in He-Atmosphäre langsam abgekühlten Probe λ = 0.17 ± 0.04 röntgenographisch von Greenwald u. a. [2] ermittelt; s. auch Murthy u. a. [3], welche mit Neutronenbeugung 100 · λ = 9% finden.

Die Gitterkonstante von reinem fahlweißem $MnAl_2O_4$ ist a = 8.202 Å nach Gorter [4], 8.205 Å nach Edwards [5], 8.207 Å nach Roth [1] und a = 8.206 kX nach Burkhardt [6]. Für eine in He-Atmosphäre langsam abgekühlte Probe wird a = 8.241 Å, für eine in Luft von 1400°C abgeschreckte (möglicherweise Mn_3O_4-haltige) Probe a = 8.200 Å gefunden [2]. Aus den Gitterkonstanten anderer Aluminate (M^{II} Al_2O_4) wird für $MnAl_2O_4$ a = 8.233 kX extrapoliert [7]. Die Gitterkonstante von mehr oder weniger dunkelfarbigem $MnAl_2O_4$ (weil in nicht genügend reduzierender Atmosphäre hergestellt) schwankt zwischen a = 8.25 und 8.29 Å, s. Holgerson [8], Clark u. a. [9], Krause, Thiel [10], Swanson u. a. [11].

Atomparameter. In der Raumgruppe Fd3m-O_h^7 besetzen 8(1−2λ)Mn^{2+}- und 16λAl^{3+}-Ionen die tetraedrische Lage 8(a), 16(2−2λ)Al^{3+}- und 32λ Mn^{2+}-Ionen die oktaedrische Lage 16(d) und 32 Sauerstoff-Ionen die Lage 32(e) mit x = u = 0.3907 ± 0.0005 Å für eine in N_2-H_2-Atmosphäre dargestellte Probe mit λ = 0.042 [1].

Tieftemperaturphase

Unterhalb der Néel-Temperatur wird die Struktur durch die Raumgruppe F$\bar{4}$3m-T_d^2 beschrieben. Die tetraedrisch koordinierten Mn- und Al-Ionen besetzen die Punktlagen 4(a) und 4(c), die oktaedrisch koordinierten die Lage 16(e) mit x = $^5/_8$. Die O-Ionen besetzen zweimal die Lage 16(e), einmal mit x = u und einmal mit x = $^1/_4$−u, Roth [1].

Literatur:

[1] W. L. Roth (J. Phys. [Paris] **25** [1964] 507/15). — [2] S. Greenwald, S. J. Pickart, F. H. Grannis (J. Chem. Phys. **22** [1954] 1597/600). — [3] N. S. S. Murthy, L. M. Rao, S. I. Youssef, M. G. Natera (Proc. 14th Nucl. Phys. Solid State Phys. Symp., Roorkee, India, 1969 [1970], Bd. 3, S. 526/9). — [4] E. W. Gorter (Philips Res. Rept. **9** [1954] 295/320, 314). — [5] P. L. Edwards (Bull. Am. Phys. Soc. [2] **3** [1958] 43).

[6] K. Burkhardt (Diss. Bonn 1957, S. 13). — [7] V. I. Mikheev (Dokl. Akad. Nauk SSSR **101** [1955] 343/6, 345). — [8] S. Holgersson (Acta Univ. Lund. [2] **23** [1927] 22/112). — [9] G. L. Clark, A. Ally, A. E. Badger (Am. J. Sci. [5] **22** [1931] 539/46). — [10] O. Krause, W. Thiel (Ber. Deut. Keram. Ges. **15** [1934] 111/27, 114).

[11] H. E. Swanson, M. I. Cook, T. Isaacs, E. H. Evans (Natl. Bur. Std. [U. S.] Circ. Nr. 539, Bd. 9 [1960] 35/6).

Mechanical and Thermal Properties

Mechanische und thermische Eigenschaften

Die Dichte wird von Dufau [1] an hellgelbem, synthetischem Kristallpulver pyknometrisch zu D = 4.12 g/cm^3 bei 20°C bestimmt.

Hellgelbes synthetisches $MnAl_2O_4$ ist härter als Quarz, Ebelmen [2]; s. auch Dufau [1].

Der Schmelzpunkt liegt bei 1850 ± 15°C, s. System, S. 1. Die molare Wärmekapazität (in cal · mol^{-1} · K^{-1}) ergibt sich bei 25°C experimentell zu C_p = 30.2, mit Hilfe zweier empirischer Gleichungen zu C_p = 26.2 bzw. 28.4, Landiya [3].

Literatur:

[1] E. Dufau (Compt. Rend. **135** [1902] 963/4). — [2] Ebelmen (Ann. Chim. Phys. [3] **22** [1848] 211/44, 225). — [3] N. A. Landiya (Zh. Fiz. Khim. **27** [1953] 495/501, 498).

Magnetic Properties

Magnetische Eigenschaften

$MnAl_2O_4$ ist unterhalb der Néel-Temperatur antiferromagnetisch. Die Gauß-Verteilung der unelastischen Kleinwinkelstreuung von Neutronen, die unterschiedliche Größe der Néel- und der paramagnetischen Curie-Temperatur und die ferrimagnetische Komponente des Suszeptibilitätsverlaufs werden damit erklärt, daß selbst bei geringem Inversionsgrad die Austauschwechselwirkung zwischen tetraedrisch und oktaedrisch koordinierten Mn-Ionen (J_{AB}) wesentlich stärker ist als diejenige zwischen Mn-Ionen auf benachbarten Tetraederplätzen (J_{AA}) [2]. Die Werte $J_{AA} = -0.21$ K, $J_{AB} = -16$ K leiten Murthy u. a. [2] aus unelastischer Neutronenstreuung bei 85 K mit Hilfe eines Molekularfeldausdrucks und $T_N = 18$ K für eine Probe mit $\lambda = 0.09$ ab. Aus ähnlichen Untersuchungen bei 45 K ergibt sich $J_{AA} = 2.2$ K ohne Berücksichtigung des Inversionsgrads der Probe ($\lambda = 0.042$), Friedman, Goland [1]. $J_{AA} = 0.3$ K erhält man mit $T_N = 6.4$ K, Roth [3]; s. hierzu weiter unten.

Die magnetische Struktur von $MnAl_2O_4$, in **Fig. 2** dargestellt, ist ähnlich der von Co_3O_4. Die Momente der Mn^{2+}-Ionen in der Punktlage 4 (a) sind denjenigen der Mn^{2+}-Ionen in der Punktlage 4 (c) entgegengerichtet. In einer Probe mit $\lambda = 0.042$ trägt jedes tetraedrisch koordinierte Mn^{2+}-Ion bei 4.2 K das magnetische Moment 3.58 μ_B, Roth [3].

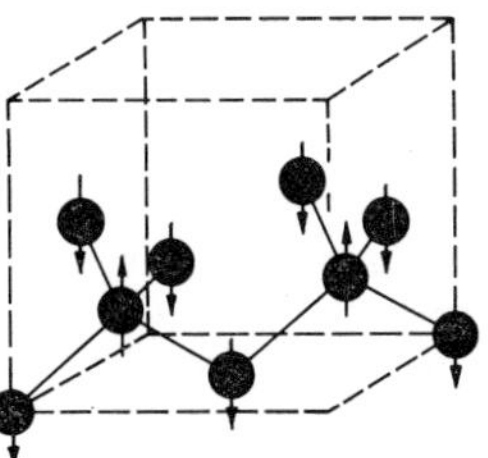

Fig. 2

Magnetische Struktur von $MnAl_2O_4$ (Anordnung der Momente der Mn^{2+}-Ionen in A-Lagen).

Die spezifische Magnetisierung σ (in $G \cdot cm^3/g$) nimmt in einer Probe mit $\lambda = 0.042$ bei 10 kOe von $\sigma \approx 2.5$ bei 4.2 K auf ≈ 1.3 bei 30 K und ≈ 0.6 bei 300 K ab. Bei Berücksichtigung der Inversion ergibt sich das magnetische Moment 3.91 μ_B je Mn^{2+}-Ion in Tetraederlage; dies entspricht einer Sättigung von 78.2% bei 4.2 K. σ ändert sich in Abhängigkeit vom Magnetfeld linear zwischen 40 und 300 K [3].

Die Néel-Temperatur $T_N \approx 18.5$ K einer Probe mit $\lambda = 0.042$ ergibt sich aus Neutronenbeugungsuntersuchungen zwischen 5 und 75 K [1]. Diesen Wert ($T_N = 18$ K) übernehmen Murthy u.a. [2]. Für die gleiche Probe leitet Roth [3] aus dem magnetischen Sättigungsgrad $T_N \approx 6.4$ K ab (s. oben), jedoch deutet der Suszeptibilitätsverlauf (s. unten) darauf hin, daß T_N in der Nähe von 20 K liegt.

Die reziproke spezifische Suszeptibilität $1/\chi$ einer Probe mit $\lambda = 0.042$ steigt zwischen 1.8 und 40 K, ohne ein Maximum zu durchlaufen, schnell an und folgt oberhalb dieser Temperatur bis 300 K der Curie-Weiss-Geraden mit C = 4.57 (entsprechend dem effektiven Moment 5.13 μ_B) und $\Theta_p = -153$ K; $1/\chi \approx 1.7 \times 10^4$ g/cm^3 bei 300 K. Von diesen χ-Werten, die von J. S. Kouvel, C. C. Hartelius bei Roth [3] aus den oben erwähnten σ-Werten berechnet wurden, unterscheiden sich die direkt, von Greenwald u. a. [4] an einer Probe mit $\lambda = 0.17$ ermittelten nicht. Nach diesen Autoren [4] weicht jedoch $1/\chi$ unterhalb der Raumtemperatur vom Curie-Weiss-Gesetz ab und folgt oberhalb dieser bis 1300°C der Geraden mit C = 4.08. Das gyromagnetische Moment dieser Probe ergibt sich zu g = 1.94 [4].

Literatur:

[1] E. A. Friedman, A. N. Goland (Phys. Rev. [2] **147** [1966] 457/62). — [2] N. S. S. Murthy, L. M. Rao, R. J. Begum, M. G. Natera, S. I. Youssef (J. Phys. [Paris] **32** [1971] Suppl. Nr. 2/3, Bd. 1, S. C1-318/C1-319). — [3] W. L. Roth (J. Phys. [Paris] **25** [1964] 507/15). — [4] S. Greenwald, S. J. Pickart, F. H. Grannis (J. Chem. Phys. **22** [1954] 1597/600).

Optische Eigenschaften

$MnAl_2O_4$

Optical Properties

Reines $MnAl_2O_4$ ist farblos bis fahlweiß; zunehmender Oxidationsgrad von Mn^{2+} macht sich durch zunehmende Braunfärbung bemerkbar. So ist $Mn^{2.43+}Al_2O_{4.217}$ rotbraun, $Mn^{2.56+}Al_2O_{4.294}$ dunkelbraun und $Mn^{2.8+}Al_2O_{4.4}$ schwarzbraun, Burkhardt [1]. Violetthellbraune bis dunkelfleischfarbene Töne beobachten Krause, Thiel [2] an ihren Proben. — Der Brechungsindex von reinem $MnAl_2O_4$ ist $n_D \approx 1.848$; natürlicher Galaxit hat wegen der mehr oder weniger großen Fe-Gehalte [3] ähnlich wie Mn_3O_4-haltige Mischkristalle [4] einen höheren n-Wert.

Fahlweißes $MnAl_2O_4$ hat zwischen 13000 und 20000 cm^{-1} eine Extinktion von etwa 20%; die beiden für das Mn^{2+} charakteristischen Maxima liegen bei 22000 und 23350 cm^{-1} [1]; vgl. „Mangan" B, S. 185.

Literatur:

[1] R. Burkhardt (Diss. Bonn 1957, S. 15, 24). — [2] O. Krause, W. Thiel (Ber. Deut. Keram. Ges. **15** [1934] 111/27, 114). — [3] D. E. Lee (Stanford Univ. Publ. Univ. Ser. Geol. Sci. **5** [1955] 1/64, 37). — [4] A. A. Omar, S. D. Chetverikov (Vestn. Mosk. Univ. Geol. **20** Nr. 5 [1965] 77/80 nach C. A. **64** [1966] 9279).

$MnAl_2O_4$

Chemical Reactions

Chemisches Verhalten

Stabilität. $MnAl_2O_4$ ist stabiler als Fe-, Co-, Ni-, Be- oder Cd-Aluminat, aber weniger stabil als Mg-, Zn- oder Ca-Aluminat, zur Strassen [1]. Es zersetzt sich bei 1600°C nach $2MnAl_2O_4 \rightarrow 2Mn(\text{flüssig}) + 2Al_2O_3 + O_2$; die zugehörigen Enthalpieänderungen sind $\Delta H = 217.8 \pm 1.5$ kcal/mol und $\Delta G = 131.4 \pm 1.8$ kcal/mol. Der Sauerstoff-Partialdruck ändert sich gemäß $\lg p(O_2) = -47600/T + 10.07$ und ΔG gemäß $\Delta G_T = 217780 - 46.09T$ cal/mol (T in K), Lenev, Novokhatskii [2].

Verhalten gegen Elemente. Die Zersetzung durch Wasserstoff gemäß $MnAl_2O_4 + H_2 \rightarrow Mn(\text{fest}) + \alpha\text{-}Al_2O_3 + H_2O$ ist bei 1000°C mit der Enthalpieänderung $\Delta H = 45.5 \pm 0.6$ kcal/mol und $\Delta G = 38.4 \pm 0.6$ kcal/mol verbunden; weitere Werte s. Original [2]. — In sauerstoffhaltiger Atmosphäre oxidiert sich $MnAl_2O_4$ leicht oberflächlich beim Erhitzen [3] und kann wegen der dabei auftretenden Farbänderung von farblos nach mehr oder weniger intensivem Braun oberhalb 500°C zum Nachweis von O_2-Spuren verwandt werden [4]. Dabei ändert sich die Oxidationszahl des Mangans von 2.0 auf 2.558 bei 500°C, 2.80 bei 800°C und 2.434 bei 1000°C. Röntgenographische Untersuchungen lassen vermuten, daß auf die Zersetzung $3MnAl_2O_4 + 2O_2 \rightarrow Mn_3O_4 + 3Al_2O_3$ bei 1000°C Mischkristallbildung nach $Mn_3O_4 + xMnAl_2O_4 \rightarrow Mn_{3+x}Al_{2x}O_{4+4x}$ erfolgt, während bei tieferen Temperaturen wahrscheinlich Mischkristalle von Mn_3O_4 mit $\gamma\text{-}Al_2O_3$ gebildet werden [5].

Mit Fluor reagiert reines $MnAl_2O_4$ bei Rotglut unter Glüherscheinungen; von Brom und Jod wird es auch bei hohen Temperaturen nicht angegriffen, ebenso nicht von Schwefel [3].

Verhalten gegen Verbindungen. Hellgelbes Kristallpulver wird von HF leicht angegriffen, ist aber in HCl unlöslich. Von HNO_3 und besser noch von H_2SO_4 wird synthetisches $MnAl_2O_4$ leicht angegriffen. Von Chloraten wird es leicht oxidiert. Mit Schmelzen aus K_2CO_3 und Na_2CO_3 oder Alkalinitraten reagiert es unter Bildung von Alkalialuminat und -manganat [3].

Literatur:

[1] H. zur Strassen (Z. Elektrochem. **41** [1935] 476/8). — [2] L. M. Lenev, I. A. Novokhatskii (Izv. Akad. Nauk SSSR Metally **1966** Nr. 3, S. 73/8; Russ. Met. **1966** Nr. 3, S. 40/1). — [3] E. Dufau (Compt. Rend. **135** [1902] 963/4). — [4] O. Schmitz-DuMont, K. Brokopf, K. Burkhardt (Z. Anorg. Allgem. Chem. **295** [1958] 7/35, 13). — [5] K. Burkhardt (Diss. Bonn 1957).

Solid Solutions of Spinel Type

2.11.5.1.3 Mischkristalle vom Spinell-Typ

$Li_{0.5}Mn_xAl_{2.5-x}O_4$. In dieser Reihe treten einphasige, kubische Verbindungen vom Spinell-Typ auf, wenn $x \leqq 0.25$ ist, oder im Bereich $0.50 < x \leqq 1.55$ liegt. Bei dazwischenliegenden Mangangehalten werden zwei Spinell-Phasen beobachtet; auch der Bereich $x \geqq 1.75$ ist zweiphasig, Blasse [1]. Zur Herstellung der Verbindungen wird Li_2CO_3 mit Mn_2O_3 und (bei 1200°C entwässertem) Al_2O_3 im entsprechenden Mengenverhältnis gemischt, 2 h im Achatmörser zerkleinert, zu Tabletten gepreßt und in CO_2-Atmosphäre 24 h bei 750°C gehalten. Anschließend wird noch dreimal wiederholt zerkleinert, gepreßt und auf steigende Reaktionstemperatur (letztes Glühen bei 1100°C) erhitzt bis das Produkt röntgenographisch einphasig ist. Zur Verbesserung der Kristallinität wird 2 Wochen bei 500 bis 550°C angelassen und dann auf Raumtemperatur abgeschreckt. Werden alle Arbeiten in CO_2-Atmosphäre ausgeführt, so bleibt der Li-Verlust unter 3%. Die Gitterkonstante der kubischen Spinell-Phase steigt von a = 7.901 Å in $Li_{0.5}Al_{2.5}O_4$ auf die Werte 7.948 Å (x = 0.1) und 7.970 Å (x = 0.2) sowie 7.988 Å (x = 0.3) und beträgt 7.987 Å für x = 0.4 und x = 0.5 bei einem Fehler von ± 0.002 Å. In diesem Mangangehalt-Bereich ($x \leqq 0.5$) liegen alle Li^+-Ionen in Oktaederlücken, wenn $x \leqq 0.25$ ist, und es gilt die Strukturformel $Al^{3+}[Li^{+}_{0.5}Mn^{3+}_{x}Al^{3+}_{1.5-x}]O_4$ für die Kationenverteilung, wonach die Al^{3+}-Ionen vor der Klammer Tetraederlücken, diejenigen in der Klammer Oktaederlücken besetzen. Die Li : (Al, Mn)-Ordnung 1 : 3 auf den Oktaederplätzen wird bei $x \approx 0.25$ zerstört. Bei höheren Mangangehalten liegt ein Teil der Li^+-Ionen und ein geringerer Teil der Al^{3+}-Ionen auf Tetraederplätzen. Außerdem wird die Bildung von Mangan-Clustern angenommen. Die Kationenwanderung in diesen Verbindungen beim Anlassen erfolgt auffallend langsam, Rogers u. a. [2].

Solid Solutions of Spinel Type

$LiAlMnO_4$. Die kubische Verbindung vom Spinelltyp bildet sich durch 24stündiges Sintern eines Gemisches aus Li_2CO_3, Al_2O_3 und $MnCO_3$ unter einem O_2-Druck von mindestens 1 atm; ist $p(O_2)$ nur 1 atm, so enthält die Substanz Mn^{3+} und hat die Gitterkonstante a = 8.12 Å. Die Kationenverteilung entspricht der Formel $Li^+[Al^{3+}Mn^{4+}]O_4$, Blasse [4], vgl. S. 6.

$Li_{1.25}Al_{0.25}Mn_{1.5}O_4$. Für diese Substanz gibt Blasse [3] die Gitterkonstante a = 8.15 Å und die Kationenverteilung $Li^+[Li^+_{0.25}Mn^{4+}_{1.5}Al^{3+}_{0.25}]O_4$, vgl. S. 6, an.

$Mn_{1-x}Mg_xAl_2O_4$. Der isomorphe Ersatz von Mn^{2+} durch Mg^{2+} vollzieht sich lückenlos unter Kontraktion des Gitters entsprechend der Vegard-Regel. Die Mischkristalle sind farblos, wenn die Endglieder unter O_2-Ausschluß gesintert werden, und mehr oder weniger intensiv braun, wenn die Atmosphäre Spuren von O_2 enthält, Schmitz-DuMont [5].

$MgAl_{2-2x}Mn_{2x}O_4$. Die Mischkristalle werden trockenchemisch aus $MgMn_2O_4$ und $MgAl_2O_4$ entsprechend denen der Zusammensetzung $(Mn_3O_4)_{1-x}(MgAl_2O_4)_x$ s. unten, hergestellt [6]. Auf naßchemischem Weg erhält man sie durch Verdampfen einer Lösung, die Mn-Acetat und $AlCl_3 \cdot 6H_2O$ enthält, und anschließendes 6- bis 10stündiges Erhitzen auf 1300°C [7]. Die Mn-reichen Glieder mit $x \geqq 0.875$ sind tetragonal, die Al-reicheren kubisch. In der folgenden Tabelle sind die Gitterkonstanten a' ($\hat{=} a_{tetr.} \cdot \sqrt{2}$, s. unten), c und a, die Molsuszeptibilität χ_m bei 300 K, die paramagnetische Curie-Temperatur Θ_p, das effektive magnetische Moment μ_{eff}, die experimentelle und berechnete Curie-Konstante C, der spezifische Widerstand ρ bei 300 K und die Aktivierungsenergie ΔE im Bereich von 700 bis 900 K aufgeführt:

x	a', a in Å	c in Å	χ_m (300 K) in 10^{-4} cm³/mol	Θ_p in K	μ_{eff} in μ_B	C(exp.) in mol⁻¹	C(ber.) in mol⁻¹	ρ (300 K) in $\Omega \cdot$ cm	ΔE in eV
1.0	8.09	9.31	41.2	− 48	4.54	2.85	3.48	4×10^5	1.03
0.95	8.14	9.18	43.2	−454	5.08	3.2	3.31	10^7	0.87
0.90	8.13	9.04	44.8	−375	4.83	2.93	3.13	4×10^5	0.99
0.80	8.28	—	52.6	−248	4.77	2.85	2.78	10^9	0.79
0.60	8.25	—	63.0	−196	4.83	3.07	2.09	10^9	0.59
0.40	8.19	—	71.9	−165	5.11	3.3	1.39	10^{12}	0.88
0.20	8.12	—	100.0	− 82	5.11	3.3	0.70	10^{13}	1.61
0	8.06	—	—	—	—	—	—	—	—

Keer u. a. [8]. Bei früheren Untersuchungen wird für x = 0.94 a' = 8.11, c = 8.94 Å und für x = 0.875 a = 8.32 Å angegeben [6]. Die Verbindungen sind im untersuchten Temperaturbereich von 80 bis 340 K [9] bzw. 77 bis 400 K [10] paramagnetisch. Untersuchungen des Seebeck-Koeffizienten zeigen, daß sie p-leitend sind [8].

$(Mn_3O_4)_{1-x}(MgAl_2O_4)$. Zur Herstellung der Mischkristalle wird eine entsprechende Mischung aus den Endgliedern Mn_3O_4 und $MgAl_2O_4$ in einem Achatmörser zerkleinert, zu Tabletten gepreßt und in einem Pt-Tiegel unter Atmosphärenbedingung etwa 72 h bei 1200°C gehalten [9]. Die langsam abgekühlten Mischkristalle vom Spinell-Typ kristallisieren in der tetragonalen Raumgruppe $I4_1/amd-D^{19}_{4h}$ [6] wenn der $MgAl_2O_4$-Gehalt unter 39 Mol-% liegt [9], sonst in der kubischen Raumgruppe $Fd3m-O^7_h$ [6]. Die Gitterkonstante ändert sich in Abhängigkeit von der Zusammensetzung im kubischen und im tetragonalen Bereich, wo sie durch $V^{1/3}$ charakterisiert wird, gemäß der Vegard-Regel und im Übergangsbereich sprunghaft (V = Volumen der flächenzentrierten Pseudozelle mit den Konstanten a' und c, wobei $a' = a\sqrt{2}$ ist und a zur innenzentrierten Zelle gehört). Die Werte von Keer u. a. [9] in der Tabelle auf S. 8 liegen etwas höher als die älteren von Irani u. a. [6]. Aus Pulverdaten wird abgeleitet, daß in das Mn_3O_4-Gitter eintretende Mg^{2+}- und

Solid Solutions of Spinel Type

Al^{3+}-Ionen bis mindestens 21 Mol-% $MgAl_2O_4$ nur Oktaederlücken besetzen (entsprechend einem Mischungsverhältnis von $Mn_3O_4 : MgAl_2O_4 = 12.6 : 3.4$) und spätestens bei einem $MgAl_2O_4$-Gehalt von 31 Mol-% (Mischungsverhältnis 11 : 5) auch Tetraederlücken. Des weiteren sollen die Mischkristalle kubisch sein, wenn der Anteil der Mn^{3+}-Ionen in Oktaederlücken auf unter 59% sinkt [6].

Die ferrimagnetische Curie-Temperatur T_c von Mn_3O_4 (vgl. „Mangan" C1, S. 86) wird infolge der immer schwächer werdenden ferrimagnetischen Nahordnung bei $MgAl_2O_4$-Zusatz erniedrigt (s. Tabelle). Gleichzeitig wird die Wechselwirkung zwischen den antiparallel angeordneten Momenten der Mangan-Ionen in den Oktaederlücken begünstigt und ist in Proben mit 20 Mol-% Mn_3O_4 oder weniger ausschließlich wirksam, so daß diese bei tiefen Temperaturen antiferromagnetisch sind. Dies wird aus dem Verlauf der molaren Suszeptibilität χ_m zwischen 80 und 340 K abgeleitet. Die $1/\chi_m$-T-Kurven der Mn_3O_4-reichen Proben beschreiben Néel-Hyperbeln, die Kurve der Probe mit 20 Mol-% Mn_3O_4 ist eine relativ steile Gerade. Werte für χ_m bei 300 K, die experimentell ermittelten Curie-Konstanten C und paramagnetischen Curie-Temperaturen Θ_p s. Tabelle. Die Curie-Konstanten der tetragonalen Proben stimmen besser mit den theoretischen Werten überein, wenn für Mn^{2+} ein niedriger Spinzustand angenommen wird; in den kubischen Proben liegt demnach Mn^{2+} im hohen Spinzustand vor; weitere Konstanten s. Original [9].

Mn_3O_4-Gehalt in Mol-%	a (a') in Å	c in Å	$V^{1/3}$ in Å	χ_m (300 K) in 10^{-4}cm³/mol	C	Θ_p in K	ρ (300 K) in Ω · cm	ΔE in eV	ΔG in eV
100	5.75 (8.13)	9.40	8.53	123.2	6.4	−230	8×10^8	0.77	0.97
90	5.73 (8.10)	9.33	8.49	107.7	6.0	−262	6×10^6	1.07	1.23
80	5.73 (8.11)	9.36	8.50	100.0	6.0	−294	4×10^6	0.97	1.05
70	5.74 (8.12)	9.10	8.43	94.3	5.8	−313	2×10^7	0.72	0.81
60	8.25	—	8.25	88.0	5.6	−328	10^{13}	1.00	1.05
40	8.20	—	8.20	82.3	4.7	−273	10^{13}	0.95	1.05
20	8.16	—	8.16	54.9	2.4	− 91	10^{13}	1.56	1.72
0	8.06	—	8.06	—	—	—	—	—	—

An keramischen Proben, die mehrere Stunden bei 1000°C an der Luft gesintert wurden und durchweg p-leitend sind, werden die ebenfalls in der Tabelle angegebenen Werte für den spezifischen Widerstand ρ bei 300 K gefunden. Die spezifische Leitfähigkeit ϰ ändert sich mit der Temperatur für die einzelnen Proben unterschiedlich wie die lg (ϰ · T)−1/T-Kurven in **Fig. 3** zeigen. Aus dem linearen

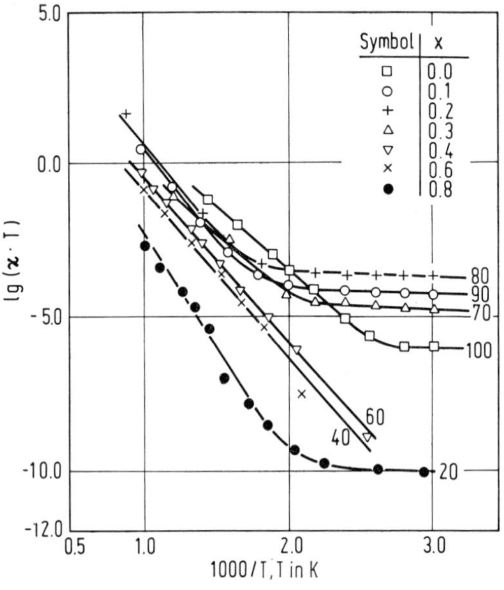

Fig. 3

Temperaturabhängigkeit des Produkts aus der spezifischen Leitfähigkeit ϰ und der Temperatur T von $(Mn_3O_4)_{1-x}(MgAl_2O_4)_x$-Proben (Zahlen an den Kurven geben den Mn_3O_4-Gehalt in Mol-% an).

Kurventeil zwischen 600 und 800 K werden die in der Tabelle S. 8 angegebenen Aktivierungsenergien ΔE aus dem lg $\varkappa$–1/T-Verlauf und die freien Aktivierungsenergien ΔG aus dem lg ($\varkappa \cdot T$)–1/T-Verlauf abgeleitet [9].

$Mn_{0.5}Zn_{0.5}Al_2O_4$. Diese holzbraune Spinell-Typ-Phase bildet sich quantitativ aus den entsprechenden Nitratlösungen im vorgegebenen Mengenverhältnis bei 1100°C in oxidierender Atmosphäre, Krause, Thiel [11].

Literatur:

[1] G. Blasse (Philips Res. Rept. **20** [1965] 528/55, 546/7). — [2] D. B. Rogers, R. W. Germann, R. J. Arnott (J. Appl. Phys. **36** [1965] 2338/42). — [3] G. Blasse (J. Inorg. Nucl. Chem. **26** [1964] 1473). — [4] G. Blasse (Philips Res. Rept. Suppl. Nr. 3 [1964] 1/139, 18, 121/39). — [5] O. Schmitz-DuMont, K. Brokopf, K. Burkhardt (Z. Anorg. Allgem. Chem. **295** [1958] 7/35, 12/3).

[6] K. S. Irani, A. P. B. Sinha, A. B. Biswas (Phys. Chem. Solids **17** [1960] 101/11). — [7] A. Cormos, E. Varzaru (Rev. Chim. [Bucharest] **20** [1969] 105/6). — [8] H. V. Keer, M. G. Bodas, A. Bhaduri, A. B. Biswas (J. Phys. D **7** [1974] 2058/62). — [9] H. V. Keer, M. G. Bodas, A. Bhaduri, A. B. Biswas (J. Inorg. Nucl. Chem. **37** [1975] 1605/7). — [10] C. Ghizdeanu, I. Nicolae (Studii Cercetari Fiz. **24** [1972] 11/4 nach C. A. **77** [1972] Nr. 67836).

[11] O. Krause, W. Thiel (Ber. Deut. Keram. Ges. **15** [1934] 111/27, 122).

2.11.5.1.4 Weitere aluminiumhaltige Verbindungen

Other Compounds Containing Aluminum

$(Mn_{1-x}Al_x)_2O_3$. Bei der Elektrolyse einer Mischung von $MnCO_3$ und Al_2O_3 (Verhältnis 20 : 1 bis 1 : 1) in einer Na-Polywolframatschmelze bei etwa 750°C an Luft bilden sich bei einer Stromstärke von 90 mA in 40 bis 120 h an der Anode Kristalle der Zusammensetzung $(Mn_{0.9}Al_{0.1})_2O_3$. Die Elektrolyse wird in einem Tonerdetiegel unter Verwendung einer Pt-Kathode und Pt/Rh-Anode ausgeführt; als Schmelze dient die eutektische Mischung 80 Mol-% Na_2WO_4-20 Mol-% WO_3, Kostiner [1], Banks, Kostiner [2]. Einkristalle mit x = 0.004 bis 0.17 werden von Espinosa [3] aus einem PbF_2-$PbCl_2$-Schmelzfluß in einem bedeckten Pt-Tiegel (100 ml) gezogen. Dazu wird der beschickte Tiegel etwa 6 h auf 800 bis 850°C erhitzt und dann mit Hilfe eines Luftstroms ein Temperaturgefälle für 50 bis 150 h hergestellt. Die gebildeten $(Mn_{1-x}Al_x)_2O_3$-Kristalle lassen sich mechanisch abtrennen. Sie sind kubisch und haben β-Mn_2O_3-Struktur (Raumgruppe Ia3); die Gitterkonstante der elektrolytisch hergestellten Probe (x = 0.1) beträgt a = 9.379 Å, Kostiner [1], die der Einkristalle mit x = 0.004, 0.03 oder 0.17 9.412, 9.397 bzw. 9.315 Å, Espinosa [3]. — Nach Suszeptibilitätsuntersuchungen verhält sich elektrolytisch hergestelltes $(Mn_{0.9}Al_{0.1})_2O_3$ unterhalb etwa 70 K antiferromagnetisch. Aus der Curie-Weiss-Geraden zwischen etwa 100 und 300 K wird das effektive magnetische Moment μ_{eff} = 4.80 μ_B je Mn^{3+}-Ion (theoretischer Nur-Spin-Wert 4.90 μ_B) und die paramagnetische Curie-Temperatur Θ_p = –140 K abgeleitet; bei Raumtemperatur ist $\chi \approx 7 \times 10^{-5}$ cm^3/g, Kostiner [1], Banks, Kostiner [2].

$Al_2LiMn_3O_9 \cdot 3H_2O$. Die in der Natur als Lithiophorit bekannte Verbindung (s. hierzu auch spätere Lieferung über Manganmineralien) wird von Giovanoli u. a. [4] aus einer Mischung (1 g) von γ-$Al(OH)_3$, $Mn_7O_{13} \cdot 5H_2O$ (δ-MnO_2) und $LiOH \cdot H_2O$ in einer gefalteten Goldfolie im Autoklaven mit 200 ml H_2O in 48 h bei 300°C und 90 bis 130 atm hergestellt. Das Produkt wird mit entionisiertem H_2O gewaschen und bei 50°C getrocknet. Röntgenographisch und elektronenoptisch reiner Lithiophorit bildet sich nur, wenn das Ausgangsgemisch stöchiometrische Zusammensetzung hat. Bei der Herstellung in Gegenwart von Na^+ oder Zn^{2+} werden diese Fremdionen nur in der Größenordnung von Dotierungen eingebaut. Gelegentlich wird für natürliches Material die vereinfachende Schreibweise $(AlLi)(OH)_2MnO_2$ vorgezogen, s. Wadsley [5] und Strunz [6].

Lithiophorit kristallisiert monoklin [5] und nicht, wie früher [7] angegeben, hexagonal. Röntgenographische Untersuchungen ergeben für natürliche Einkristalle die Gitterkonstanten a = 5.06, b = 2.91, c = 9.55 Å (alle ± 0.01 Å) und β = 100°30' ± 20' [5] und ähnliche Werte für synthetische [4]. Bei Untersuchungen an synthetischen [4] und natürlichen Pulverproben [8] mit Röntgenstrahlen und an synthetischen Einkristallen mit Elektronenstrahlen werden jedoch zusätzliche Reflexe gefunden, welche zu einer dreimal so großen Zelle führen: a = 5.06, b = 8.70, c = 9.61 Å (alle ± 0.01 Å) und β = 100°7' ± 20' [4]; nach Wilson u. a. [8] ist b = 8.73 Å.

Die ältere Strukturbestimmung an natürlichem Einkristall ergab die Raumgruppe C_{2h}^3-C2/m; Z = 2 bei der Zusammensetzung $Al_{0.68}Li_{0.32}Mn_{0.17}^{II}Mn_{0.82}^{IV}O_3 \cdot 1\,H_2O$ und folgende Punktlagenbesetzung: Mn in 2a (0,0,0), Al und Li statistisch verteilt in 2d (0,1/2,1/2), O und OH in 4i (x,0,z) mit x = 0.696, z = 0.103 für O und x = 0.794, z = 0.397 für OH. Der Atomabstand Mn-O beträgt danach 1.93 (4x) und 1.97 Å (2x), weitere Angaben s. Original [5]. Die neueren Untersuchungen mit Elektronenstrahlen zeigen jedoch eine geordnete Al,Li-Verteilung an [8]. In der Doppelschichtstruktur sind die Zwischenschichten als Schicht-Ionen $[Al_2Li(OH)_6]^+[Mn_{2.5}^{IV}Mn_{0.5}^{II}O_6]^-$ ausgebildet [5]; zum Vergleich mit anderen Doppelschichtstrukturen s. Allmann [9]. Alle Kationen sind von OH bzw. O oktaedrisch koordiniert. Jedes Oktaeder hat mit benachbarten sechs Kanten gemeinsam. Die O^{2-}- und OH^--Ionen benachbarter Schichten liegen einander gegenüber; letztere werden durch Hydroxylbindungen zusammengehalten, s. Figur im Original [5].

Beim Erhitzen des Minerals beobachtet Naganna [10] in der DTA-Kurve einen intensiven endothermen Peak bei 350°C, welcher der Dehydratation entspricht, und zwei kleinere endotherme Peaks bei 650 und 950°C. Aus der Höhe des Gewichtsverlusts bei 550°C von 14.6% schließt DasGupta [11] auf die Bildung einer spinellähnlichen Phase vom Typ des γ-Al_2O_3. Nach einer weiteren Umwandlung bei 650°C liegt wahrscheinlich inverse Spinell-Struktur vom Typ des Mn_3O_4 vor. Die Bildung von Li- und Al-haltigem Mn_3O_4 wurde schon von Fleischer, Faust [12] bei einer auf 1000°C erhitzten Probe vermutet. Weitere Untersuchungen s. Wilson u. a. [8].

Hydroxo Compounds Containing Mn and Al

Hydroxoverbindungen. Verbindungen mit einem Homogenitätsbereich von $[Mn_{3.3}Al_{0.7}(OH)_{7.3}O_{0.7}]Al(OH)_3$ bis $[Mn_2Al_2(OH)_6O_2]Al(OH)_3$ (=40 bis 66 Atom-% Mn) bilden sich beim Fällen 0.1 molarer Lösungen von $MnCl_2$ und $AlCl_3$ im gewünschten Verhältnis mit überschüssiger 0.2 normaler NaOH-Lösung unter mäßigem Rühren [13, 14]. Bei sehr intensivem Rühren entstehen nach Ribi [13] nur Doppelhydroxide mit 50 bis 60 Atom-% Mn. Bei Fällung der Salzlösungen unter O_2 mit Lauge und Weiteroxidation mit O_2 erhalten Feitknecht, Marti [15] ebenfalls Verbindungen mit unterschiedlicher Zusammensetzung.

Ausbildungsformen und Struktur. Die unter mäßigem wie unter intensivem Rühren frisch gefällte Substanz besteht aus kristallinen Teilchen, die im Mittel 100 Å lang sind. Bei Alterung der unter mäßigem Rühren hergestellten Produkte bilden sich polydisperse dünne Plättchen (Durchmesser bis zu 1 μm) mit hexagonaler Begrenzung und rhomboedrischer Symmetrie. Daraus schließt Ribi [13] auf eine Struktur, die sich vom C19-Typ ableitet wie die entsprechende Mg-Al-Verbindung; d. h. rhomboedrisch übereinanderliegende Hauptschichten aus geordnetem $Mn(OH)_2$ sind voneinander durch Zwischenschichten aus (ungeordnetem) amorphem $Al(OH)_3$ getrennt [13]. Aus Stabilitätsgründen ist vermutlich ein Teil der Mn^{2+}-Ionen in der Hauptschicht durch Al^{3+}-Ionen ersetzt [13, 16]. Ribi [13] nimmt weiterhin an, daß $Al(OH)_3$ in der Hauptschicht als AlOOH vorliegt. Die unter intensivem Rühren hergestellten Produkte bilden bei Alterung Kriställchen mit Basis- und Prismenflächen. Bei diesen [13] und auch auf andere Weise unter geeigneten Kristallisationsbedingungen hergestellten Kriställchen sind die Zwischenschichten im Mn-armen Teil des Homogenitätsbereiches ungeordnet [17, S. 687/96]. Bei den Verbindungen mit etwa 60 Mol-% Mn treten jedoch, an Überstrukturlinien im Röntgendiagramm erkennbar, größere Bereiche mit geordneter Atomverteilung in den Zwischenschichten auf; die rhomboedrische Symmetrie wird dabei aufgehoben [13, 14]. Der Schichtabstand ändert sich bei den Verbindungen innerhalb des Homogenitätsbereiches um ungefähr 0.2 Å, während die Abstände der Mn-Atome in den Hauptschichten praktisch konstant bleiben. Als mittlere Werte werden a = 3.19 und c' = 7.9 Å erhalten [13].

Bis zu 0.5 mm dicke, gut ausgebildete hexagonale Kristallplättchen eines Ca-Al-Hydroxopermanganats bilden sich bei OH^--Überschuß nach der Diffusionsmethode aus Lösungen von Na-Aluminat, Na- und Ca-Permanganat [18]. Es kristallisiert hexagonal und ist isomorph mit entsprechenden Hydroxochlorat- und -Perchloratverbindungen [17, S. 736]. Es hat eine Doppelschicht-Struktur: Zwischen den $Ca(OH)_2$-Schichten, in denen jedes dritte Ca-Ion fehlt, liegt jeweils eine Schicht mit Al^{3+}, MnO_4^- und H_2O; die Gitterkonstanten betragen a = 11.50, c = 9.6 Å. Ein Teil des Wassergehaltes kann zeolithartig abgegeben werden. Bei weiterer Entwässerung tritt eine diskontinuierliche Abnahme des Schichtenabstandes parallel der c-Achse ein. — In einem luftdicht abgeschlossenen niedrigen Schälchen erfahren Kristallplättchen, die mit 1 molarer NaCl-Lösung überschichtet sind, von den Kristallrändern her parallel zu den Schichten kontinuierlichen Ersatz ihrer MnO_4^--Ionen durch Cl^--Ionen [18].

Literatur:

[1] E. S. Kostiner (Diss. Polytech. Inst. Brooklyn 1966; Diss. Abstr. B **27** [1966] 1798). — [2] E. Banks, E. Kostiner (J. Appl. Phys. **37** [1966] 1423/4). — [3] G. P. Espinosa (J. Cryst. Growth **10** [1971] 323/6). — [4] R. Giovanoli, H. Bühler, K. Sokolowska (J. Microscopie [Paris] **18** [1973] 271/84). — [5] A. D. Wadsley (Acta Cryst. **5** [1952] 676/80).

[6] H. Strunz (Mineralogische Tabellen, Leipzig 1970, S. 162). — [7] A. D. Wadsley (Am. Mineralogist **35** [1950] 485/99, 486, 491/5). — [8] M. J. Wilson, M. L. Berrow, W. J. McHardy (Mineral. Mag. **37** [1970] 618/23). — [9] R. Allmann (Chimia [Aarau] **24** [1970] 99/108). — [10] C. Naganna (Proc. Indian Acad. Sci. A **58** [1963] 16/28, 24/5).

[11] D. R. DasGupta (Z. Krist. **126** [1968] 330/8). — [12] M. Fleischer, G. T. Faust (Schweiz. Mineral. Petrog. Mitt. **43** [1963] 197/216, 208). — [13] E. Ribi (Diss. Bern 1951, S. 11/5). — [14] W. Feitknecht (Helv. Chim. Acta **25** [1942] 555/69). — [15] W. Feitknecht, W. Marti (Helv. Chim. Acta **28** [1945] 149/56).

[16] W. Feitknecht (Bull. Soc. Chim. France **1949** D 31/D 36). — [17] W. Feitknecht (Fortschr. Chem. Forsch. **2** [1951/53] 670/757, 687/96, 736). — [18] W. Feitknecht, H. W. Buser (Helv. Chim. Acta **34** [1951] 128/42, 130, 135, 137, 140).

2.11.5.2 Verbindungen des Mangans mit Sauerstoff und Gallium

Compounds of Manganese with Oxygen and Gallium

2.11.5.2.1 $MnGa_2O_4$

Die kubische Verbindung vom Spinell-Typ wird aus einem stöchiometrischen Gemenge von Ga_2O_3 und MnO, welches in N_2-Atmosphäre innig vermahlen und gepreßt wird, durch 12stündiges Sintern bei 1100°C in einem Korundrohr im Hochvakuum hergestellt. Unter einem Druck von 10^{-4} Torr fällt sie infolge spurenweiser Oxidation des Mn^{2+} hellgelbbraun anstatt weiß an mit der Gitterkonstanten a = 8.461 Å [1]. Von Lensen, Michel [2] wird a = 8.435 ± 0.005 Å angegeben. Die Kationenverteilung ist teilweise invers. Röntgenographisch wird ein Inversionsgrad von 20% ermittelt [2]. Nach Neutronenbeugungsuntersuchungen besetzen nur etwa 13% der Ga^{3+}-Ionen Tetraeder- (A-Lagen), die restlichen Oktaederlücken (B-Lagen) entsprechend der Strukturformel $Mn_{0.87\pm0.02}Ga_{0.13\pm0.02}[Mn_{0.13\pm0.05}Ga_{0.87\pm0.05}]O_4$. Diese Verteilung und der Sauerstoff-Parameter u = 0.3885 ergeben mit 17 Reflexintensitäten einen Zuverlässigkeitsfaktor von 4.1% [3].

Unterhalb 33 K ist $MnGa_2O_4$ antiferromagnetisch. Zur Erklärung der Neutronenbeugungsintensitäten ist eine magnetische Struktur anzunehmen, in der die Mn^{2+}-Ionen in den A-Lagen zwei flächenzentrierte antiferromagnetische Untergitter bilden und das magnetische Moment 3.60 μ_B tragen.

Die Momente sind entlang der [111]-Achse ausgerichtet. Aus dem Temperaturverlauf der Suszeptibilität χ bei und unterhalb der Néel-Temperatur T_N wird geschlossen, daß sich die Mn^{2+}-Ionen in den B-Lagen unterhalb T_N paramagnetisch verhalten. — Zur Drehung der magnetischen Momente in die [110]-Richtung ist ein parallel der vierzähligen Achse wirkendes Magnetfeld von mindestens 6 kG nötig. Daraus wird die Anisotropiekonstante $K = -4.1 \times 10^4$ erg · cm^{-3} abgeleitet. Die $1/\chi$-T-Kurve weist bei T_N kein Minimum auf und fällt unterhalb T_N steil ab. Die lineare Abhängigkeit zwischen etwa 100 und 700 K wird durch die Beziehung $\chi = C/(T + \Theta_p) + C'/T$ mit C = 0.0008, C' = 0.0163 cm^3 K/g (Curie-Konstanten für die Mn^{2+}-Ionen in den A- und B-Lagen) und der paramagnetischen Curie-Temperatur $\Theta_p = -154$ K gut wiedergegeben. Durch Extrapolation wird $\Theta_p = -128$ K ermittelt, Boucher u. a. [3].

Literatur:

[1] P. F. Bongers (Diss. Univ. Leyden 1957, S. 1/58, 34, 101 [holländisch]; N. S. A. **12** [1958] Nr. 11345). — [2] M. Lensen, A. Michel (Compt. Rend. **246** [1958] 1997/8). — [3] B. Boucher, A. G. Herpin, A. Oles (J. Appl. Phys. **37** [1966] 960/1).

2.11.5.2.2 Mischkristalle vom Spinell-Typ

Solid Solutions of Spinel Type

$Li_{0.5}Mn_xGa_{2.5-x}O_4$. Die Mischkristalle werden ähnlich wie die entsprechenden Verbindungen mit Aluminium, s. S. 6, aus Li_2CO_3, Ga_2O_3 und Mn_2O_3 in CO_2-Atmosphäre bei 850°C hergestellt. Im untersuchten Konzentrationsbereich $0 \leqq x \leqq 0.7$ sind diese spinellähnlichen Verbindungen kubisch.

Die Gitterkonstante a hängt nicht von der thermischen Vorbehandlung der Probe ab. Es werden folgende Werte mit einer Standardabweichung von ±0.002 angegeben:

x	0	0.1	0.15	0.20	0.25	0.262	0.30	0.50	0.70
a in Å	8.203	8.204	8.211	8.213	8.248	8.253	8.259	8.273	8.287

Die sprunghafte a-Änderung zwischen x = 0.20 und 0.25 wird auf die Bildung von Mn^{3+}-Ionen-Cluster zurückgeführt Die Mischkristalle mit $x \lessapprox 0.26$ weisen in den Oktaederlagen die Kationenordnung Li : (Ga,Mn) ≈ 1 : 3 auf entsprechend der Strukturformel $Ga^{3+}_{1-y}Li^{+}_{y}[Li^{+}_{0.5-y}Mn^{3+}_{x}Ga^{3+}_{1.5-x+y}]O_4$; diese ist bei höheren Mn-Konzentrationen zerstört [1].

$Li_{1+x}Mn_{1+2x}Ga_{1-3x}O_4$. Die aus Li_2CO_3, Ga_2O_3 und $MnCO_3$ durch 24stündiges Erhitzen auf 750°C hergestellte Verbindung $GaLiMnO_4$ weist eine geringe Mn^{3+}-Verunreinigung auf, wenn ein O_2-Druck von nur 1 atm angewandt wird. Die Verbindung kristallisiert kubisch im Spinell-Typ, hat die Gitterkonstante a = 8.23 Å und eine Kationenverteilung, die der Strukturformel $Li^{+}_{0.5}Ga^{3+}_{0.5}$-$[Li^{+}_{0.5}Mn^{4+}Ga^{3+}_{0.5}]O_4$ entspricht, Blasse [2].

Für $Li_{1.25}Mn_{1.5}Ga_{0.25}O_4$ wird a = 8.19 Å und die Kationenverteilung $Li^{+}[Li^{+}_{0.25}Mn^{4+}_{1.5}Ga^{3+}_{0.25}]O_4$ gefunden, Blasse [3].

$MgMn_xGa_{2-x}O_4$. Die aus den Endgliedern $MgGa_2O_4$ und $MgMn_2O_4$ durch Reaktion im festen Zustand bei 1100°C hergestellten Mischkristalle haben oberhalb 850°C alle (x = 0 bis 2) kubische Spinell-Struktur. Beim Abschrecken behalten diejenigen Glieder mit $x \leqq 1.80$ ihre Symmetrie bei, während die Mn-reicheren bei Zimmertemperatur wie $MgMn_2O_4$ tetragonal sind. Durch Anlassen der Mischkristalle bei einer Temperatur zwischen 350 und 800°C wird das in **Fig. 4** gezeigte Phasendiagramm erstellt; danach tritt im Bereich $x \geqq 1.25$ ein Zweiphasengebiet auf [4]. In den von 1000°C abgeschreckten kubischen Proben ändert sich die Gitterkonstante in Abhängigkeit vom Mn-Gehalt innerhalb der Meßgenauigkeit ($\pm 7 \times 10^{-4}$ Å) gemäß dem Vegard-Gesetz [5]. Für $MgMnGaO_4$ wird a = 8.35 Å von Bongers [7] angegeben. Der Sauerstoff-Parameter ändert sich von x = 0.255 in den kubischen Proben $MgMn_{\leq 1}Ga_{\geq 1}O_4$ auf x = 0.261 in $MgMn_{1.8}Ga_2O_4$ [4]. Der Gesamtinversionsgrad dieser Mischkristalle nimmt von 75% in $MgGa_2O_4$ auf 55% in $MgMn_{1.8}Ga_{0.2}O_4$ ab. Röntgenographisch und mit Neutronenbeugung wird folgende Kationenverteilung (s. S. 11) je Elementarzelle (welche 8 Mg^{2+}, 16 (Ga^{3+}, Mn^{3+}) und 32 O^{2-} enthält) bestimmt:

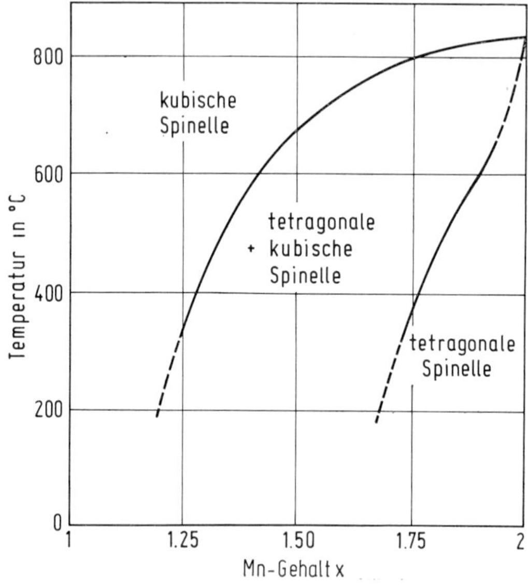

Fig. 4

Phasendiagramm für die Verbindungsreihe $MgMn_xGa_{2-x}O_4$.

Solid Solutions of Spinel Type

Formel	x	A Mg	A Mn	A Ga	[B] Mg	[B] Mn	[B] Ga
$Mg_8Ga_{16}O_{32}$	0	2.0	0.0	6.0	6.0	0.0	10.0
$Mg_8Mn_3Ga_{13}O_{32}$	0.37	2.4	1.0	4.6	5.6	2.0	8.4
$Mg_8Mn_8Ga_8O_{32}$	1	2.6	1.7	3.7	5.4	6.3	4.3
$Mg_8Mn_{11}Ga_5O_{32}$	1.37	3.0	2.2	2.8	5.0	8.8	2.2
$Mg_8Mn_{13}Ga_3O_{32}$	1.63	3.2	2.4	2.4	4.8	10.6	0.6
$Mg_8Mn_{14.5}Ga_{1.5}O_{32}$	1.80	3.6	2.9	1.5	4.4	11.6	0.0

Die bei Raumtemperatur stabilen tetragonalen Phasen mit $x \geqq 1.80$ haben einen geringeren Inversionsgrad, beispielsweise wird für $MgMn_{1.80}Ga_{0.20}O_4$ 18% ermittelt. — Die Temperatur, bei der tetragonales $MgMn_2O_4$ in kubisches transformiert (≈850°C), nimmt mit steigendem Ga-Gehalt ab und liegt für $MgMn_{1.75}Ga_{0.25}O_4$ bei etwa 700°C, Grenot [4].

Die reziproke Molsuszeptibilität von $MgMnGaO_4$ folgt im untersuchten Temperaturbereich von 200 bis 700 K dem Curie-Weiss-Gesetz mit der Curie-Konstanten C = 3.00 und der paramagnetischen Curie-Temperatur $\Theta_p = -112$ K; bei 291 K ist $\chi_m = 7.44 \times 10^{-3}$ mol/cm³, Bongers [7].

$ZnMn_xGa_{2-x}O_4$. Nach O'Keefe [8] sollen die Mischkristalle kubische Spinell-Struktur haben, wenn x > 1.25 ist, und bei kleineren Mangangehalten tetragonal sein. Für $ZnMnGaO_4$ werden die Gitterkonstanten a = 8.23, c = 8.64 Å angegeben. Nach neueren Untersuchungen hat diese Verbindung jedoch kubische Symmetrie, a = 8.32 ± 0.02 Å. Die Kationenverteilung ist normal, $Zn^{2+}[Mn^{3+}Ga^{3+}]O_4$, Bhalerao u. a. [9]. $ZnMn_{0.5}Ga_{1.5}O_4$, welches aus ZnO, $MnCO_3$ und Ga_2O_3 durch 4stündiges Glühen an der Luft bei 1150°C und Abschrecken in H_2O hergestellt wurde, weist einen aktiven Sauerstoffgehalt von 1.54% auf. Die Molsuszeptibilität dieser Probe befolgt zwischen 80 und 1300°C das Curie-Weiss-Gesetz mit der Curie-Konstanten C = 1.48 und der paramagnetischen Curie-Temperatur $\Theta_p = -60$ K. An einer langsam abgekühlten Probe wird C = 1.50 und $\Theta_p = -95$ K bestimmt. Der unterschiedliche Θ_p-Wert wird mit Cluster-Bildung durch Mn^{3+}-Ionen erklärt [10].

Literatur:

[1] D. B. Rogers, R. W. Germann, R. J. Arnott (J. Appl. Phys. **36** [1965] 2338/42). — [2] G. Blasse (Philips Res. Rept. Suppl. Nr. 3 [1964] 1/139, 18, 121, 139). — [3] G. Blasse (J. Inorg. Nucl. Chem. **26** [1964] 1473). — [4] M. Grenot (Bull. Soc. Chim. France **1967** 2043/50). — [5] M. Grenot, M. Huber (Compt. Rend. **256** [1963] 3074/7).

[6] M. Grenot, M. Huber (Compt. Rend. **261** [1965] 5124/7). — [7] P. F. Bongers (Diss. Univ. Leyden 1957, S. 25). — [8] M. O'Keefe (Phys. Chem. Solids **21** [1961] 172/8). — [9] P. D. Bhalerao, D. K. Kulkarni, V. G. Kher (Pramana **1** [1973] 230/4 nach C. A. **80** [1974] Nr. 53299). — [10] G. Blasse (Philips Res. Rept. **20** [1965] 528/55, 534/40).

2.11.5.2.3 $(Mn_{1-x}Ga_x)_2O_3$

Compounds of $(Mn_{1-x}Ga_x)_2O_3$ Type

Die Mischkristalle werden durch Reaktion im festen Zustand bei höheren Temperaturen in O_2-Atmosphäre hergestellt, Geller, Espinosa [1]. Einkristalle lassen sich nach dem bei $(Mn_{1-x}Al_x)_2O_3$, S. 9 beschriebenen Temperaturgradienten-Verfahren aus einer PbF_2-$PbCl_2$-Schmelze in einem gut verschlossenen Pt-Tiegel ziehen. Molare Ausgangsverhältnisse und Erhitzungstemperaturen s. Original, Espinosa [2]. Die untersuchten Mischkristalle mit x = 0.01 bis 0.27 sind wie α-Mn_2O_3, s. „Mangan" B, S. 104, bei Raumtemperatur kubisch. Der Übergang zu rhombischer Symmetrie findet bei 270 K, wenn x = 0.02 ist, und bei 180 K statt, wenn x = 0.04 ist. Proben mit x = 0.06 sind noch bei 80 K und solche mit x > 0.06 vermutlich bis zum absoluten Nullpunkt kubisch. Die Gitterkonstante der kubischen Proben nimmt linear von a = 9.412 Å (x = 0.01) auf 9.369 Å (x = 0.27) bei 298 K ab. Für rhombisches $(Mn_{0.98}Ga_{0.02})_2O_3$ ist beispielsweise bei 253 K a = 9.408, b = 9.426 und c = 9.387 Å. Die Phasen sind bei tiefen Temperaturen antiferromagnetisch. Aus der Temperaturabhängigkeit der Suszeptibilität unterhalb 100 K, s. Diagramm im Original, werden folgende magnetische Umwandlungstemperaturen T_{N1} abgeleitet:

x	0	0.01	0.02	0.032	0.04	0.06	0.08	0.13	0.20	0.27
T_{N1} in K . .	≈80	78	76.5	71	67	55	48	39	24	16

Ähnlich wie in α-Mn_2O_3 bei 25 K findet in der Probe mit x = 0.01 bei 26 K und in den Proben mit x = 0.02 und 0.032 bei 30 K eine weitere magnetische Umwandlung statt. An den Ga-reicheren Mischkristallen wird diese nicht beobachtet, Geller, Espinosa [1].

Literatur:

[1] S. Geller, G. P. Espinosa (Phys. Rev. [3] B **1** [1970] 3763/9). — [2] G. P. Espinosa (J. Cryst. Growth **10** [1971] 323/6).

Compounds of Manganese with Oxygen and Indium

2.11.5.3 Verbindungen des Mangans mit Sauerstoff und Indium

2.11.5.3.1 $MnIn_2O_4$

Die Verbindung vom Spinell-Typ wird aus den gemeinsam gefällten Hydroxiden durch Rösten bei etwa 1300°C hergestellt. Trotz seines großen Ionenradius (r = 0.81 Å) besetzt In^{3+} hauptsächlich die Oktaederlücken der Struktur; der Inversionsgrad beträgt nur 8%. Die dadurch bedingte beträchtliche Deformation des Sauerstoff-Netzwerks drückt sich in dem Sauerstoff-Parameter u = 0.391 (gegenüber dem Idealwert u = 0.375) aus. Atomabstände s. Original. $MnIn_2O_4$ ist unter normalen Bedingungen stabil und hat stöchiometrische Zusammensetzung. Es bildet beispielsweise mit $MnFe_2O_4$ eine lückenlose Mischkristallreihe, B. I. Pokrovskii, A. K. Gapeev, K. V. Pokholok, L. N. Komissarova, I. V. Igonina, A. M. Babeshkin (Kristallografiya **17** [1972] 793/8; Soviet Phys.-Cryst. **17** [1972] 696/700).

2.11.5.3.2 $(Mn_{1-x}In_x)_2O_3$

Aus den Nitraten durch Tempern bei 800°C und Glühen bei 1200°C hergestellte Proben, die röntgenographisch und mit Neutronenbeugung untersucht werden, zeigen eine Löslichkeit von 6 Mol-% Mn_2O_3 in In_2O_3. Bei 700 bis 800°C vermag α-Mn_2O_3 nur 3 Mol-% In_2O_3 zu lösen, W. Hase, K. Kleinstück, G. E. R. Schulze (Z. Krist. **124** [1967] 428/51); s. hierzu auch ältere Untersuchungen von F. Ensslin, S. Valentiner (Z. Naturforsch. **2b** [1947] 5/7).

With Indium and Other Metals

2.11.5.3.3 Mit Indium und weiteren Metallen

Durch Glühen des feingepulverten Gemisches aus $2\,MnCO_3 + In_2O_3 + Al_2O_3$ bildet sich die Al-haltige Verbindung bei 1530°C in 30 Minuten und ist wegen Mn^{3+}-Verunreinigung grauschwarz. Die olivschwarze Ga-haltige Verbindung entsteht entsprechend bei 1480°C in 20 Minuten. Beide Phasen kristallisieren rhomboedrisch mit den Gitterkonstanten a = 3.319 ± 0.001, c = 26.21 ± 0.01 Å ($MnAlInO_4$) und a = 3.338 ± 0.001, c = 26.52 ± 0.01 Å ($MnGaInO_4$) für die hexagonale Zelle. Die Verbindungen sind wahrscheinlich mit $CuAlInO_4$ isomorph, für welches die Raumgruppe C_{3v}^5-R3m und Schichtenstruktur beobachtet wird. Wird das Ga-haltige Ausgangsgemisch bei 1100°C gesintert, so bildet sich eine schwarzblaue hexagonale Substanz mit a = 3.34, c = 11.85 Å, O. Schmitz-DuMont, H. Kasper (Z. Anorg. Allgem. Chem. **341** [1965] 252/68).

Compounds of Manganese with Oxygen and Thallium

2.11.5.4 Verbindungen des Mangans mit Sauerstoff und Thallium

Unter normalem Druck bildet sich aus Tl_2O_3 und Mn_2O_3 durch 1stündiges Erhitzen bei 400 bis 500°C und anschließend 500 bis 800°C eine Mischung aus einer Phase mit Pyrochlor-Typ-Struktur und einer unbekannten Verbindung. Auch unter 30 kbar bei 600°C entsteht die kubische Pyrochlor-Phase mit der Gitterkonstanten a = 21.10 Å. Wird der Druck auf 60 kbar erhöht, so bildet sich bei der gleichen Temperatur in 15 Minuten triklines $TlMnO_3$, A. S. Viskov, E. V. Zubova, K. P. Burdina, Yu. N. Venevtsev (Kristallografiya **15** [1970] 1071/3; Soviet Phys.-Cryst. **15** [1970] 932/4).

2.11.6 Verbindungen des Mangans mit Sauerstoff und Metallen der 3. Nebengruppe

Compounds of Manganese with Oxygen and Metals of Subgroup 3

Übersicht. Bei den in diesem Kapitel beschriebenen Verbindungen handelt es sich ausschließlich um Oxide. Im Anschluß an das System Sc_2O_3-Manganoxide und die einzige Sc-haltige Verbindung $ScMnO_3$ werden (abweichend vom Gmelin-System, s. Innenseite des hinteren Einbanddeckels) zunächst La-haltige Verbindungen beschrieben. Da die bekannten Y-haltigen Verbindungen $YMnO_3$ und YMn_2O_5 sich ähnlich verhalten wie die entsprechenden Verbindungen mit Lanthaniden, werden sie mit diesen gemeinsam besprochen, s. S. 47, 62.

Bei den La-haltigen Oxiden $LaMn_2O_4$, $LaMnO_{3+\delta}$, $LaMn_2O_5$ und $LaMn_7O_{12}$, sowie auch den Verbindungen mit La und weiteren Metallen (s. S. 26), haben die Perowskit-ähnlichen der Zusammensetzung $LaMnO_{3+\delta}$ und $La_{1-x}M_x^{2+}Mn_{1-y}^{3+}Mn_y^{4+}O_z$ mit M = Ca, Sr, Ba oder Cd großes Interesse gefunden und sind am besten untersucht. Diese meist nichtstöchiometrischen Verbindungen bilden in Abhängigkeit vom Mn^{4+}- und gegebenenfalls M^{2+}-Gehalt und der Temperatur zahlreiche Modifikationen. Die ausschließlich La-haltigen Verbindungen sind bei niedrigen, die La- und M^{2+}-haltigen bei niedrigen und hohen Mn^{4+}-Gehalten antiferromagnetisch. In dem restlichen relativ engen Bereich wird ferromagnetisches Verhalten und bei den M^{2+}-haltigen Verbindungen metallische Leitfähigkeit beobachtet. Die wenigen Angaben über das chemische Verhalten dieser Verbindungen betreffen die katalytische Aktivität und Selektivität.

Auch von den anschließenden Verbindungen mit Lanthaniden, $MMnO_3$, MMn_2O_5 (M = Lanthanid oder Y) und MMn_7O_{12} (M = La oder Nd) haben die erstgenannten ($MMnO_3$) das größte Interesse gefunden. Sie lassen sich in zwei Gruppen unterteilen; Doppeloxide mit Lanthaniden, deren Ionenradius größer als derjenige von Y^{3+} ist, haben stets rhombisch verzerrte Perowskit-Struktur. Diese tritt bei den übrigen Oxiden sowie $YMnO_3$ (zweite Gruppe) erst bei hohen Drücken auf; unter normalen Bedingungen haben diese Verbindungen eine hexagonale Struktur und sind ferroelektrisch. Bei tiefen Temperaturen ordnen sich sowohl die Momente der Mn^{3+}- als auch diejenigen der Lanthanid-Ionen M^{3+} antiferromagnetisch.

Review. The substances of this chapter consist exclusively of oxides. Deviating from the Gmelin system (see inside back cover), compounds containing La are described subsequently to the systems Sc_2O_3-manganese oxides and $ScMnO_3$ as the sole compound with Sc. Compounds containing Yttrium, $YMnO_3$ and YMn_2O_5, are discussed in common with corresponding lanthanide compounds because of their similar behaviour, see p. 47 and 62.

Among the oxides with La ($LaMn_2O_4$, $LaMnO_{3+\delta}$, $LaMn_2O_5$, $LaMn_7O_{12}$) and also the oxides with La and other metals (see p. 26) the perovskite-like compounds $LaMnO_{3+\delta}$ and $La_{1-x}M_x^{2+}Mn_{1-y}^{3+}Mn_y^{4+}O_z$ with M = Ca, Sr, Ba, or Cd are most interesting and have been best studied. These mostly nonstoichiometric substances form numerous modifications depending on the content of Mn^{4+}, possibly also Mn^{2+}, and the temperature. Compounds containing La exclusively are antiferromagnetic at a low content of Mn^{4+}, the other ones with La and M^{2+} at both low and high content of Mn^{4+}. In the remaining relatively narrow range one observes ferromagnetic behaviour and besides this metallic conductivity in compounds containing M^{2+}. The sparse data on the chemical properties concern the catalytic activity and selectivity.

Among the compounds with lanthanides, $MMnO_3$, MMn_2O_5 (M = lanthanide or Y) and MMn_7O_{12} (M = La or Nd), the first type has found the greatest interest. It may be subdivided into two groups. Double oxides with lanthanides whose ionic radius is larger than that of Y^{3+} always have a rhombically distorted perovskite structure. With the remaining oxides as well as $YMnO_3$ (second group) this structure occurs only at high pressures; under normal conditions these compounds have a hexagonal structure and are ferroelectric. At low temperatures, the moments of both Mn^{3+} and the lanthanide ions M^{3+} are antiferromagnetically ordered.

Compounds of Manganese with Oxygen and Scandium

2.11.6.1 Verbindung des Mangans mit Sauerstoff und Scandium

The Sc_2O_3-Manganese Oxides System

2.11.6.1.1 Das System Sc_2O_3-Manganoxide

Röntgenographische, thermogravimetische und magnetische Untersuchungen an Proben, die aus gemeinsam gefälltem Sc- und Mn-Hydroxid oder aus Sc_2O_3 und Mn_2O_3 (aber nicht Mn_3O_4) durch Anlassen (25 h) in Pt-Schiffchen zwischen 700 und 1500°C hergestellt wurden, führen zu dem in **Fig. 5** dargestellten Zustandsdiagramm. Danach treten in diesem System außer der einzigen Verbindung $ScMnO_3$ drei Arten von festen Lösungen auf mit den kubischen Hauptkomponenten Sc_2O_3, Mn_2O_3 (<900°C) bzw. Mn_3O_4 (>1100°C): Im gesamten Existenzbereich liegt in den Sc_2O_3-reichen Lösungen Mangan als Mn^{3+} vor. Die Löslichkeit von Mn_2O_3 in Sc_2O_3 steigt zwischen 800 und 1500°C von 16.0 auf 20.8 Mol-% an. Mn_2O_3 hingegen löst bei 800°C bis zu 23.0 Mol-% Sc_2O_3. Während tetragonales Mn_3O_4, welches zwischen 900 und 1100°C auftritt, höchstens 2 bis 3 Mol-% Sc_2O_3 zu lösen vermag, nimmt kubisches Mn_3O_4 bei 1200°C 10.5, bei 1500°C 30 Mol-% Sc_2O_3 auf. Mit MnO reagiert Sc_2O_3 nicht. Die Gitterkonstante von Sc_2O_3 verringert sich bei Zusatz von 20.8 Mol-% Mn_2O_3 von 9.84 auf 9.78 Å, diejenige von Mn_2O_3 nimmt von 9.42 auf 9.49 Å bei 23.0 Mol-% Sc_2O_3 zu. Reines Mn_3O_4 transformiert bei 1160°C, Mn_3O_4 mit etwa 3 Mol-% Sc_2O_3 bereits bei 1100°C von der tetragonalen in die kubische Modifikation, L. N. Komissarova, B. I. Pokrovskii, I. S. Shaplygin (Izv. Akad. Nauk SSSR Neorgan. Materialy **2** [1966] 275/80; Inorg. Materials [USSR] **2** [1966] 236/40).

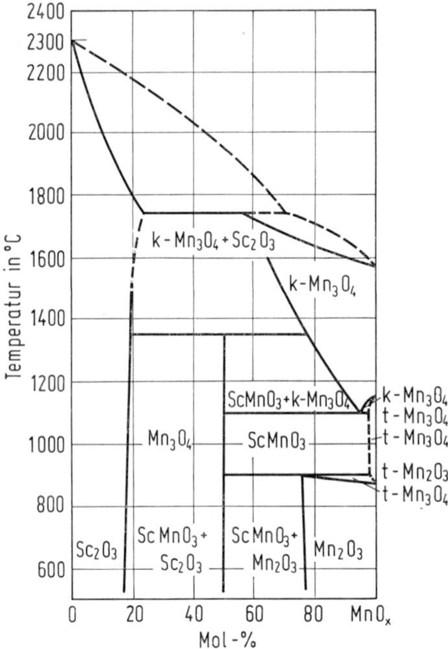

Fig. 5

Phasendiagramm Sc_2O_3-Manganoxide; k = kubisch, t = tetragonal.

2.11.6.1.2 $ScMnO_3$

In Form eines mikrokristallinen Pulvers fällt $ScMnO_3$ an, wenn eine Lösung mit äquimolaren Mengen an Sc^{III}- und Mn^{III}-Verbindungen in HNO_3 zur Trockene verdampft, und der Rückstand bei 725°C, Koehler u. a. [1], bis 800°C in Luft erhitzt wird, Norrestam [2]. Einkristalle erhält man nach einem Verfahren von Yakel u. a. [3] im Pt-Tiegel durch 48stündige Reaktion stöchiometrischer Mengen von Mn_2O_3 und Sc_2O_3 in einer Bi_2O_3-Schmelze (Molverhältnis $Bi_2O_3:Sc_2O_3 = 12:1$) bei etwa 1100°C beim langsamen Abkühlen auf Raumtemperatur [2]. $ScMnO_3$ kristallisiert hexagonal im $LuMnO_3$-Typ [2], s. S. 50, in der Raumgruppe $P6_3cm$-C_{6v}^3. Die Gitterkonstanten sind a = 5.830 ± 0.001, c = 11.179 ± 0.002 Å nach Norrestam [2], a = 5.826, c = 11.18 Å, c/a = 1.919 nach Koehler u. a. [4]; a = 5.826 ± 0.005, c = 11.18 ± 0.01 Å, d-Werte s. Original [5].

Die Dichte wird pyknometrisch zu D = 4.35 g/cm³, röntgenographisch zu D = 4.48 g/cm³ ermittelt [5].

Unterhalb 120 K verhält sich $ScMnO_3$ antiferromagnetisch. Die Neutronenbeugungsintensitäten von Proben geringer Reinheit lassen sich mit dem (am $YMnO_3$, s. S. 53) viel diskutierten Dreiecksmodell für die Momentanordnung der Mn^{3+}-Ionen innerhalb der a-b-Ebenen erklären; jedoch sind die Momente nicht genau parallel zu den Achsen gerichtet. Die Spinrichtung des Bezugs-Mn^{3+}-Ions in x00 bildet bei 4 K mit der hexagonalen Achse einen Winkel von 24°, Koehler u. a. [1, 4].

Literatur:

[1] W. C. Koehler, H. L. Yakel, E. O. Wollan, J. W. Cable (Proc. 4th Conf. Rare Earth Res., Phoenix, Ariz., 1964 [1965], S. 63/75). — [2] R. Norrestam (Acta Chem. Scand. **19** [1965] 1009/10). — [3] H. L. Yakel, W. C. Koehler, E. F. Bertaut, F. Forrat (Acta Cryst. **16** [1963] 957/62). — [4] W. C. Koehler, H. L. Yakel, E. O. Wollan, J. W. Cable (Phys. Letters **9** [1964] 93/5). — [5] L. N. Komissarova, B. I. Pokrovskii, I. S. Shaplygin (Izv. Akad. Nauk SSSR Neorgan. Materialy **2** [1966] 275/80; Inorg. Materials [USSR] **2** [1966] 236/40).

2.11.6.2 Verbindungen des Mangans mit Sauerstoff und Yttrium

Compounds of Manganese with Oxygen and Yttrium

Wegen der Ähnlichkeit mit den entsprechenden Manganverbindungen der Lanthanide werden $YMnO_3$ und YMn_2O_5 zusammen mit diesen Verbindungen auf S. 47 bzw. 62 beschrieben.

2.11.6.3 Verbindungen des Mangans mit Sauerstoff und Lanthan

Compounds of Manganese with Oxygen and Lanthanum

2.11.6.3.1 $LaMn_2O_4$

Zur Darstellung der Verbindung werden La_2O_3, Mn_2O_3 und MnO in einem Achatmörser zerrieben, das Pulvergemisch zu Tabletten gepreßt und 10 Tage in Ar-Atmosphäre bei 800°C getempert (bei höheren Temperaturen wandelt sich Mn_2O_3 in Mn_3O_4 um, was nicht erwünscht ist). — $LaMn_2O_4$ kristallisiert in der rhombischen, nicht zentrosymmetrischen Raumgruppe $Bm2_1b$ im $CaFe_2O_4$-Typ mit den Gitterkonstanten a = 3.88, b = 10.09, c = 10.05 Å. — Für die Suszeptibilität gilt nach Messungen zwischen 95 und 800 K das Curie-Weiss-Gesetz mit $\Theta_p = -6$ K; das effektive magnetische Moment ist bei 293 K $\mu_{eff} = 7.2\ \mu_B$, J. Sieler, J. Kaiser (Z. Anorg. Allgem. Chem. **377** [1970] 316/20).

2.11.6.3.2 $LaMnO_{3+\delta}$

Im Gegensatz zu den Doppeloxiden $LnMnO_3$ (Ln = Y, Ce bis Lu, s. Kap. 2.11.6.4.1/2, S. 43/47) hat $LaMnO_3$ einen ausgeprägten nichtstöchiometrischen Charakter. Die Existenz von Mn^{4+}- neben den Mn^{3+}-Ionen, die durch die Formel $LaMn^{3+}_{1-x}Mn^{4+}_xO_{3+x/2}$ mit $x < 0.46$ ausgedrückt wird, ist die Ursache für verschiedene Modifikationen und bestimmt den magnetischen Charakter der Verbindung. Die Bestimmung des Mn^{4+}-Gehalts erfolgt direkt nach der Bunsen-Methode oder indirekt manganometrisch.

Bildung und Herstellung

$LaMnO_{3+\delta}$

Formation. Preparation

Ausgehend von gemeinsam gefälltem, an der Luft 6 h bei 100°C getrocknetem La^{III}- und Mn^{III}-Hydroxid ist $LaMnO_{3+\delta}$ röntgenographisch nach Anlassen bei 600°C oder einer höheren Temperatur nachweisbar. Beim Erhitzen der Hydroxide (10 K/min) tritt in der DTA-Kurve der entsprechende exotherme Effekt bei 680°C auf [1]. Die Bildung aus La_2O_3 und Mn_2O_3, welche unter Äthanol gemischt, 4 h bei 200°C, 6 h bei 600°C getrocknet und schließlich bei einer höheren Temperatur angelassen werden, erfolgt ab etwa 700°C. Der in 6 h gebildete Anteil α beträgt bei 700, 800, 1000 und 1200°C 2, 25, 75 bzw. 95% bei äquimolarer Ausgangsmischung und beispielsweise 4, 34, 91 bzw. 99%, wenn $Mn_2O_3 : La_2O_3$ im Molverhältnis 1 : 2 vorlag. In den ersten 30 bis 60 min hat der Bildungsprozeß bei 800°C kinetischen Charakter und zwischen 900 und 1100°C Diffusionscharakter. Die Geschwindigkeitskonstante ändert sich in diesem Temperaturbereich nach einer Arrhenius-Gleichung. Die scheinbare Aktivierungsenergie E_a beträgt 55 kcal/mol [2], hingegen nur 27 bis 32 kcal/mol bei der Bildung aus den Hydroxiden zwischen 675 und 800°C an der Luft [1].

LaMnO$_{3+\delta}$

Formation. Preparation

Polykristalline stöchiometrische und nichtstöchiometrische Proben werden nach üblichen keramischen Verfahren hergestellt; sie sind durchweg schwarz. Dafür wird die unter H_2O oder Äthanol 0.5 h oder länger gemahlene stöchiometrische Mischung aus La_2O_3 und MnO_2, $MnCO_3$ [3] oder $MnC_2O_4 \cdot 2H_2O$ [4] nach Trocknen unter einer IR-Lampe mehrere Stunden bei etwa 1000°C an Luft vorgeglüht. Bei dieser Temperatur findet, wie oben erwähnt, erheblicher Umsatz statt. Nicht so hohe Brenntemperaturen sind für Fällungsprodukte erforderlich, die aus gemischten Nitratlösungen mit NH_3-Lösung, $(NH_4)_2CO_3$ und H_2O_2 oder einer Lösung von Na_2CO_3 erhalten wurden. Nach dieser Vorglühung wird die Probe wieder gemahlen, getrocknet [3], gegebenenfalls mit einem Binder vermischt [5], gepreßt und endgeglüht. Glühtemperatur und -atmosphäre bestimmen die Zusammensetzung der Probe [3]. Im allgemeinen läßt man die Proben im Ofen bei gleicher Atmosphäre abkühlen; bei den Versuchen möglichst stöchiometrisches $LaMnO_3$ herzustellen, wurde abgeschreckt, s. im folgenden.

Stöchiometrisches $LaMnO_3$ bildet sich aus $MnC_2O_4 \cdot 2H_2O$ und La_2O_3 (Reinheitsgrad beider 99.99%), wenn die Endglühung bei 1350°C in einer CO_2-H_2-Atmosphäre unter einem Sauerstoffpartialdruck p $(O_2) < 1.5 \times 10^{-8}$ atm erfolgt und die Probe dann schnell auf Raumtemperatur abgeschreckt wird. Beispielsweise erhält man monoklines $LaMnO_3$ bei $p(CO_2)/p(H_2) = 1$ entsprechend $p(O_2) \approx 1.3 \times 10^{-10}$ atm und rhombisches, ebenfalls stöchiometrisches $LaMnO_3$ bei $p(CO_2)/p(H_2) = 12.5$ entsprechend $p(O_2) \approx 1.3 \times 10^{-8}$ atm. Hingegen bildet sich rhombisches Mn^{4+}-haltiges $LaMnO_3$ bei $p(CO_2)/p(H_2) = 230$ bei 1400°C entsprechend $p(O_2) = 1.0 \times 10^{-5}$ atm, Matsumoto [4]. Zur Herstellung der stöchiometrischen (rhombischen) Probe wählt Lotgering [6] eine Atmosphäre von CO_2, Ar und H_2 (90 : 9 : 1) während der sechsstündigen Endglühung bei 1350°C, kühlt ebenfalls schnell ab und befreit die Probe von einer möglichen reoxidierten Oberflächenschicht.

Bei der Herstellung von nichtstöchiometrischen Proben wurden (außer bei der oben erwähnten Verbindung; ohne Angabe des Mn^{4+}-Gehalts) teilweise tagelange Endglühungen vorgenommen. Wold, Arnott [7] erzielen einen Mn^{4+}-Gehalt von 2% in N_2, das an Cu gereinigt wurde, bei 1300°C nach 18 h und einen von 30% in O_2 bei 1100°C nach 72 h; die Herstellung der Proben mit dazwischen liegendem Mn^{4+}-Gehalt erfolgt aus diesen „Endgliedern" zwischen 1100 und 1514°C in O_2 durch Gleichgewichtseinstellung. Zur Verbesserung des Kristallisationsgrades werden diese Proben dann noch in einer verschlossenen Vycor-Kapsel 72 h bei 800°C angelassen. Wahrscheinlich um maximal erreichbare Mn^{4+}-Gehalte handelt es sich bei den Angaben von Jonker, van Santen [3], die Proben mit 3% Mn^{4+} in N_2 + 1% O_2 bei 1400°C und Proben mit 14% Mn^{4+} bei 1350°C, mit 21% bei 1250°C, mit 25% bei 1150°C und 29.5% bei 1000°C in Luft herstellen. Nach Yakel [8] enthalten die bei 1100 bis 1400°C in Luft oder N_2 + 1% O_2-Atmosphäre bis zu 25 h lang angelassenen Proben nur 8 bis 10% Mn^{4+}, während Proben, die nur 2 h und länger bei 1000°C in reinem O_2 angelassen wurden, bis zu 35.3% Mn^{4+} enthalten können. In einer Atmosphäre von 99.9% N_2 und 0.1% O_2 bildet sich nach Iserentant [9] $LaMnO_3$ mit 8% Mn^{4+} bei 1200°C in 30 h und mit 15% Mn^{4+}, wenn anschließend noch bei 800°C 72 h nachbehandelt wird. Bei gleicher Nach- aber kürzerer Vorbehandlung (15 h) bei 1200°C enthält die Probe 11% Mn^{4+}. Eine Probe mit 37.1% Mn^{4+} stellt Watanabe [10] im Hochfrequenzinduktionsofen her, wo das gepreßte Produkt aus La_2O_3 und $MnCO_3$ in einem Tonerdetiegel, welcher wiederum in einem Graphittiegel liegt, in Atmosphäre 30 min bei 1300°C angelassen wird. Harwood [11] erhält nach Vorerhitzen bei 1000°C, Zerkleinern und erneutem Mischen und 3.5- bis 4stündigem Anlassen bei 1250 bis 1400°C in O_2 Proben mit 44 bis 46% Mn^{4+} entsprechend der Formel $LaMnO_{3.23}$.

Literatur:

[1] S. A. Prokudina, Ya. S. Rubinchik, M. M. Pavlyuchenko (Izv. Akad. Nauk SSSR Neorgan. Materialy **10** [1974] 488/92; Inorg. Materials [USSR] **10** [1974] 416/9). — [2] Ya. S. Rubinchik, S. A. Prokudina, M. M. Pavlyuchenko (Izv. Akad. Nauk SSSR Neorgan. Materialy **9** [1973] 1951/6; Inorg. Materials [USSR] **9** [1973] 1732/6). — [3] G. H. Jonker, J. H. van Santen (Physica **16** [1950] 337/49). — [4] G. Matsumoto (J. Phys. Soc. Japan **29** [1970] 606/15). — [5] E. O. Wollan, W. C. Koehler (Phys. Rev. [2] **100** [1955] 545/63).

[6] F. K. Lotgering (Philips Res. Rept. **25** [1970] 8/16). — [7] A. Wold, R. J. Arnott (Phys. Chem. Solids **9** [1959] 176/80). — [8] H. L. Yakel (Acta Cryst. **8** [1955] 394/8). — [9] C. M. Iserentant (Verhandel. Koninkl. Vlaam. Acad. Wetenschap. Belg. Kl. Wetenschap. **30** Nr. 102 [1968] 1/91, 63/87; C. A. **70** [1969] Nr. 32256). — [10] H. Watanabe (J. Phys. Soc. Japan **16** [1961] 433/9).

[11] M. G. Harwood (Proc. Phys. Soc. [London] B **68** [1955] 586/92).

Kristallographische Eigenschaften

LaMn$O_{3+\delta}$

Polymorphie. LaMnO_3 mit stöchiometrischer Zusammensetzung kristallisiert bei Raumtemperatur monoklin. Bei höheren Temperaturen findet ein Übergang zu rhombischer und schließlich bei 502 ± 25°C zu kubischer Symmetrie statt, Matsumoto [1]. Nichtstöchiometrische Proben mit einem Mn^{4+}-Gehalt unter 21 % nach Wold, Arnott [2] und < 25.5 % nach H. L. Yakel laut Wollan, Koehler [3] kristallisieren bei Raumtemperatur rhombisch. Dies ergeben die neueren Neutronenbeugungsuntersuchungen von G. Will, D. E. Cox laut Matsumoto [1] an einer Probe mit nicht näher definiertem Sauerstoffgehalt und von Elemans u. a. [4] an einer Probe mit 3.3 Gew.-% aktivem Sauerstoff. Damit wird die alte Frage nach monokliner oder rhombischer (s. beispielsweise Yakel [5]) oder gar kubischer Symmetrie (s. beispielsweise Harwood [6]) als gelöst betrachtet. Bei höheren Temperaturen werden diese Verbindungen rhomboedrisch. Die bei Wold, Arnott [2] abgebildete Kurve, welche die röntgenographisch ermittelte Umwandlungstemperatur t_u in Abhängigkeit vom Mn^{3+}-Gehalt der Proben zeigt, ist gegen diese (% Mn^{3+})-Achse geneigt; t_u sinkt von etwa 600°C in einer Probe mit 0.02% Mn^{4+} über 500°C bei 9% auf etwa 200°C bei 19.8%; eine Probe mit etwa 21% Mn^{4+} ist bei Raumtemperatur (gerade) rhomboedrisch. Für eine Probe mit 2% Mn^{4+} ermittelt H. L. Yakel bei Wollan, Koehler [3] ebenfalls röntgenographisch eine Symmetrieänderung bei etwa 485°C (im Original monoklin → kubisch). In der Temperaturabhängigkeit der thermischen Ausdehnung wird eine starke Anomalie bei 415, 260 bzw. 220°C für Proben mit 8, 11 bzw. 15% Mn^{4+} beobachtet, Iserentant [7]. Wenn bei diesen Temperaturen die Umwandlung von rhombischer zu rhomboedrischer Symmetrie stattfindet, so ergibt sich daraus ein ganz anderer Kurvencharakter, es sei denn, die Übergangstemperatur oder der Mn^{4+}-Gehalt der Probe mit 11% Mn^{4+} ist nicht zutreffend (die Temperatur liegt um etwa 100°C zu niedrig).

Crystallographic Properties

Polymorphism

Bei höherem Mn^{4+}-Gehalt der Proben (> 21 bis 25%) macht sich der Umstand, daß das Mn^{4+}-Ion einen um 0.1 bis 0.2 Å kleineren Radius als das Mn^{3+}-Ion hat (s. „Mangan" B, S. 104/5) bemerkbar; daher kristallisieren diese Verbindungen bei Raumtemperatur rhomboedrisch [2, 3], bei genügend tiefen Temperaturen rhombisch. Das nach Wold, Arnott [2] rhomboedrische LaMn$O_{3+\delta}$ mit 24% Mn^{4+} erfährt eine martensitische Umwandlung im Temperaturbereich von +175 bis −45°C; die Tieftemperaturphase ist rhombisch. Nach den gleichen Autoren [2] nimmt t_u mit steigendem Mn^{4+}-Gehalt von etwa 25°C bei 21% Mn^{4+} auf etwa −95°C bei 30% Mn^{4+} linear ab.

Kristallstruktur. Die stöchiometrischen und nichtstöchiometrischen Proben kristallisieren mit verzerrter Perowskit-Typ-Struktur.

Crystal Structure

Monokline Modifikation

Monoclinic Modification

Für stöchiometrisches LaMnO_3 (Endglühung bei 1350°C unter $p(O_2)$ = 1.3 × 10^{-10} atm) gibt Matsumoto [1] den monoklinen Winkel β = 90°46', aber keine weiteren Konstanten an.

Rhombische Modifikation

Rhombic Modification

Die bei gewöhnlicher Temperatur rhombischen Proben kristallisieren wie GdFeO_3, s. [8], in der Raumgruppe D_{2h}^{16}, G. Will, D. E. Cox laut Matsumoto [1], Elemans u. a. [4]. Die Achsenzuordnung geschieht meistens entsprechend Pnma und seltener entsprechend Pbnm.

In Unkenntnis der tatsächlichen Symmetrie legten früher Autoren ihren Gitterkonstanten eine monokline flächenzentrierte B-Zelle zugrunde, die gegenüber der rhombischen Zelle den Vorzug hat, daß ihre Achsen denen der unverzerrten Perowskit-Zelle entsprechen. Die im folgenden angegebenen Parameter gelten für die B-zentrierte Zelle, die 16 Formeleinheiten enthält; sie ergeben sich bei Berücksichtigung weniger sehr schwacher Reflexe, die aber nur von einigen Autoren beobachtet werden (s. beispielsweise Yakel [5]) und in den neueren Neutronenbeugungsdiagrammen [1, 4] und dem Röntgenbeugungsdiagramm von Elemans u. a. [4] nicht auftreten. Dieser verminderten Reflexanzahl entspricht eine Zelle, die nur 4 Formeleinheiten enthält. Die zugehörige (tatsächliche) Zelle mit rhombischer Symmetrie (und Z = 4) läßt sich aus der oben beschriebenen monoklinen ableiten: sie hat mit dieser die b-Achse gemeinsam und als a- und c-Achse die halben Diagonalen der B-Fläche [5].

Gitterkonstanten. a = 5.743 ± 0.002, b = 7.695 ± 0.002, c = 5.537 ± 0.001 Å (Pnma) bei 293 K nach Elemans u. a. [4] für Proben mit 3.3 Gew.-% aktivem O_2. a = 5.529, b = 5.662, c = 7.713 Å

(Pbnm) bei Raumtemperatur nach Gilleo [9] für Proben mit relativ geringem Mn^{4+}-Gehalt. In der Literatur angegebene Zellkonstanten für die monokline B-zentrierte und die rhombische Zelle in der Achsenzuordnung entsprechend Pnma:

Mn^{4+}-Konzentration in % (≙ 100 × 2 δ)	monokline Pseudozelle a = c (in Å)	b (in Å)	β	rhombische Konstanten*) a (in Å)	c (in Å)	Lit.
0.02	7.961	7.699	91°56′	5.72	5.54	[2]
2.0	7.973	7.693	92° 7′	5.74	5.58	[3]
8.7	7.895	7.744	90°57′	—	—	[2]
8.9	7.960	7.698	91°52′	5.72	5.53	[5]
9.6	7.888	7.746	90°54′	—	—	[2]
12.0	7.891	7.737	91° 9′	5.58_5	5.52_5	[3]
12.4	7.865	7.768	90°28′	—	—	[2]
19.8	7.804	7.790	90°20′	—	—	[2]
20.0	7.809	7.782	90°12′	5.53	5.50_5	[3]
25.4**)	7.812	7.794	90°13′	5.53	5.51_3	[5]

*) b wie in der monoklinen Zelle; **) nach Wold, Arnott [2] bereits rhomboedrisch.

Die a- (und c)-Konstante von Wold, Arnott [2] ist kleiner, die b-Konstante größer als die von Yakel [5] und H. L. Yakel bei Wollan, Koehler [3]. Weitere Einzelangaben s. bei Watanabe [10] und Iserentant [7].

Bei Untersuchungen zwischen 80 und 93 K wird bei den Proben mit 2, 12 und 20% Mn^{4+} keine, bei der Probe mit 9% Mn^{4+} sehr geringe (zusätzliche) Röntgenreflexaufspaltung beobachtet, H. L. Yakel bei Wollan, Koehler [3]. Für die Probe mit 3.3 Gew.-% aktivem O_2 wird bei 4.2 K a = 5.742 ± 0.002, b = 7.668 ± 0.002, c = 5.532 ± 0.001 Å (Pnma) gefunden, Elemans u. a. [4].

$LaMnO_{3+\delta}$

Structure of Rhombic Modification

Struktur. Neutronenuntersuchungen an Proben mit 3.3 Gew.-% aktivem O_2 zeigen folgende Atomverteilung (Aufstellung Pnma): 4 Mn besetzen die Punktlage 4a (000 usw.), und 4 La die Lage 4c (x 1/4 z usw.) mit x = 0.550, z = 0.009 bei 293 K und x = 0.549, z = 0.010 bei 4.2 K. Die Sauerstoffe verteilen sich auf zwei Punktlagen: 4 O_I liegen auf 4c (x 1/4 z usw.) mit x = −0.011, z = −0.071 bei 293 K und x = −0.014, z = −0.070 bei 4.2 K, und 4 O_{II} in allgemeiner Lage auf 8d mit x = 0.309, y = 0.039, z = 0.225 bei 293 K und x = 0.309, y = 0.039, z = 0.224 bei 4.2 K; die Abweichung beträgt in allen Fällen ± 0.001. Aus diesen Parametern ergeben sich folgende Atomabstände Mn-O (Standardabweichung in Klammern) und Bindungswinkel O-Mn-O in dem verzerrten MnO_6-Oktaeder bei 4.2 K bezogen auf das Manganatom in (000):

Mn-O_I (xyz)	1.959(1) Å,	O_I (xyz)-Mn-O_{II}(xyz)	90.7° ± 0.2°
Mn-O_{II}(xyz)	2.187(5) Å,	O_I (xyz)-Mn-O_{II}($1/2-x, \bar{y}, 1/2-z$)	91.1° ± 0.3°
Mn-O_{II}($1/2-x, \bar{y}, z-1/2$)	1.905(6) Å,	O_{II}(xyz)-Mn-O_{II}($1/2-x, \bar{y}, 1/2-z$)	90.5° ± 0.1°

Elemans u. a. [4]. Auch G. Will, D. E. Cox laut Matsumoto [1] finden an einer Mn^{4+}-armen Probe, daß das MnO_6-Oktaeder nicht nur verzerrt, sondern auch gegen die b-Achse (Aufstellung Pnma) bzw. c-Achse (Aufstellung Pbnm) um etwa 1.2° geneigt ist. Die Bindungswinkel δ (Mn-O-Mn) ergeben sich zu 156.5° und 154.2°, Elemans u. a. [4]. Nach seinem Modell der starren Oktaeder, wonach unterhalb eines kritischen Mn-O-Abstandes nur Deformation und erst darüber zusätzliche Oktaederdrehung eintreten soll, berechnet Havinga [11] für diese Winkel 172° und 148°.

Rhombohedral Modification

Rhomboedrische Modifikation

Die Mn^{4+}-reichen Proben kristallisieren bei Raumtemperatur in der Raumgruppe D_{3d}^6-R$\bar{3}$c; die Elementarzelle enthält 2 Formeleinheiten, Tofield, Scott [12].

Gitterkonstanten bei Raumtemperatur für eine Probe mit 24% Mn^{4+}: a = 7.784 Å und α = 90°36′ [2] (kristallisiert nach Yakel [5] rhombisch), mit 26.6%: a = 7.777 Å und α = 90°35′, mit 30%: a = 7.777 Å und α = 90°35′, Wold, Arnott [2] sowie mit 35.3%: a = 7.769 Å und α = 90°35′, Yakel [5]. Ähnliche Konstanten findet auch Harwood [6], welcher der Zellbeschreibung die einfache Perowskit-Pseudo-Zelle zugrundelegt: a = 3.885 Å und α = 90°34.8′ bei 34% [12], a = 3.881 Å und $\alpha = 90°38'$ bei 37.1% [10], a = 3.879 Å und $\alpha = 90°33.0'$ bei 44% und a = 3.878 Å, $\alpha = 90°31.8'$ bei 46% Mn^{4+} in der Probe [6]. — Untersuchungen mit Neutronenstrahlen ergeben, daß eine Probe der Zusammensetzung $LaMnO_{3.12}$ in Wirklichkeit ein La-Defizit aufweist und ihr die Strukturformel $(La_{0.94\pm0.02}\square_{0.06\pm0.02})(Mn^{3+}_{0.745}Mn^{4+}_{0.235}\square_{0.02})O_3$ zukommt, in welcher Leerstellen durch $\square$ gekennzeichnet sind [12].

Literatur:

[1] G. Matsumoto (J. Phys. Soc. Japan **29** [1970] 606/15). — [2] A. Wold, R. J. Arnott (Phys. Chem. Solids **9** [1959] 176/80). — [3] E. O. Wollan, W. C. Koehler (Phys. Rev. [2] **100** [1955] 545/63, 557/8). — [4] J. B. A. A. Elemans, B. van Laar, K. R. van der Veen, B. O. Loopstra (J. Solid State Chem. **3** [1971] 238/42). — [5] H. L. Yakel (Acta Cryst. **8** [1955] 394/8).

[6] M. G. Harwood (Proc. Phys. Soc. [London] B **68** [1955] 586/92). — [7] C. M. Iserentant (Verhandel. Koninkl. Vlaam. Acad. Wetenschap. Belg. Kl. Wetenschap. **30** Nr. 102 [1968] 1/91, 63/87; C. A. **70** [1969] Nr. 32256). — [8] Structure Reports, Bd. 20, 1956, S. 273/4. — [9] M. A. Gilleo (Acta Cryst. **10** [1957] 161/6). — [10] H. Watanabe (J. Phys. Soc. Japan **16** [1961] 433/9).

[11] E. E. Havinga (Philips Res. Rept. **21** [1966] 432/45, 443). — [12] B. C. Tofield, W. R. Scott (J. Solid State Chem. **10** [1974] 183/94).

Dichte, thermische Ausdehnung

$LaMnO_{3+\delta}$

Density. Thermal Expansion

Für eine Probe mit 0.02 Gew.-% Mn^{4+} ergibt sich aus den Gitterkonstanten a = 5.72, b = 7.699, c = 5.54 Å die Dichte D = 6.57 g/cm³.

Die relative Längenänderung von $LaMnO_{3+\delta}$ mit 8, 11 und 15% Mn^{4+} zwischen 100 und 600°C ist in **Fig. 6** abgebildet. Danach tritt im Bereich der kristallographischen Umwandlung Materialschrumpfung auf; diese ist bei größerem Mn^{4+}-Gehalt weniger ausgeprägt. Im Bereich der magnetischen Umwandlung bei etwa −150°C wird eine nur geringe Anomalie beobachtet, C. M. Iserentant (Verhandl. Koninkl. Vlaam. Acad. Wetenschap. Belg. Kl. Wetenschap. **30** Nr. 102 [1968] 1/91, 81/4; C. A. **70** [1969] Nr. 32256), C. M. Iserentant, G. G. Robbrecht (Proc. 4th Intern. Conf. Sci. Ceram., Maastrich 1968, S. 465/76).

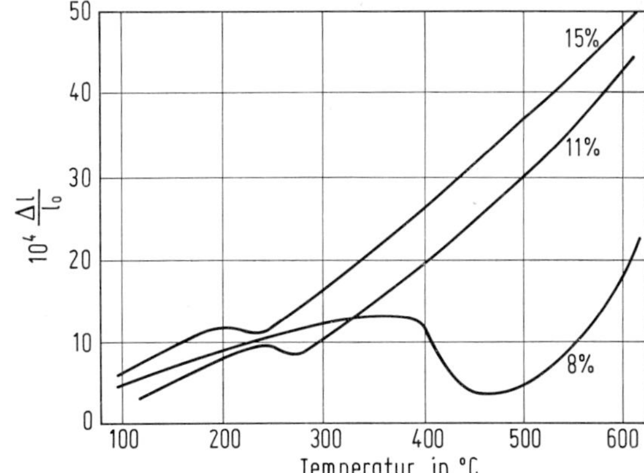

Fig. 6

Relative Längenänderung $\Delta l/l_0$ von $LaMnO_{3+\delta}$ mit 8, 11 und 15% Mn^{4+} in Abhängigkeit von der Temperatur.

Magnetische Eigenschaften

Magnetic Properties

Allgemeine Literatur:

J. B. Goodenough, Magnetism and the Chemical Bond, New York-London 1963, S. 168/80, 221/31.

J. B. Goodenough, J. M. Longo, Crystallographic and Magnetic Properties of Perovskite and Perovskite-related Compounds, Landolt-Börnstein, Neue Serie, Gruppe III, Bd. 4, Tl. a, 1970, S. 126/314, 207/11.

Austauschwechselwirkungen, magnetische Struktur

Die Systematik, die Wollan und Koehler [1] für die Typen magnetischer Strukturen entwerfen, beruht auf einem Achsensystem, das mit dem der kristallographischen Achsen nicht immer übereinstimmt. Im Strukturtyp A werden die Netzebenen, in denen die Momente ferromagnetisch gekoppelt sind, als ab-Ebene — oder (001) — bezeichnet; zwischen benachbarten (001)-Ebenen besteht antiferromagnetische Kopplung. Zu diesem Typ gehören, wie Neutronenbeugungsuntersuchungen [1] ergeben, nichtstöchiometrische $LaMnO_{3+\delta}$-Proben mit 2 bis 20% Mn^{4+}, wobei in Proben mit mindestens 9% Mn^{4+} zusätzlich ein ferromagnetischer Bestandteil festgestellt wird. Da dieser bei 2% Mn^{4+} nicht zu beobachten ist, wurde zunächst angenommen, daß genau stöchiometrisches $LaMnO_3$ rein antiferromagnetisch sein müsse. Diesem Befund dienten die ersten Deutungsversuche, bei denen die Anisotropie der Austauschwechselwirkung — ferromagnetisch in (001)-Ebenen, antiferromagnetisch in [001]-Richtung — aus der Elektronenkonfiguration der Mn-Ionen abgeleitet wurde [2 bis 5]. In diesen Arbeiten, die auch Angaben über (La,Ca)MnO_3 und andere Mn^{4+}-haltige Doppeloxide enthalten, erscheint stöchiometrisches $LaMnO_3$ als ein Grenzfall, der von einem befriedigenden Modell für Doppeloxide mit Mn^{3+} und Mn^{4+} auch erfaßt werden muß. Die Untersuchung von exakt stöchiometrischem $LaMnO_3$ zeigt jedoch [6], daß die magnetischen Momente der Mn^{3+}-Ionen nicht genau in der ab-Ebene (Aufstellung Pbnm) liegen, sondern auch eine Komponente in Richtung der c-Achse haben. Möglicherweise sind sie auch nicht parallel zur b-Achse, jedoch ist die Komponente in a-Richtung zu schwach, um nachweisbar zu sein. Die Ordnung der Komponenten in c-Richtung ist vom F-Typ, s. **Fig. 7**; somit weist auch rein stöchiometrisches $LaMnO_3$ parasitären Ferromagnetismus, wie z. B. α-Fe_2O_3 (s. „Eisen" D, 2. Erg.-Bd., „Magnetische Werkstoffe" S. 442/8), auf. Da die Magnetisierung nur zwischen 140 und 77 K gemessen wurde, konnte die Größe des Moments, insbesondere seine Komponente in c-Richtung, zunächst nicht auf 0 K extrapoliert werden. — Neuere Neutronenbeugungsuntersuchungen ergeben für die antiferromagnetische Komponente innerhalb der ab-Ebene 3.7 ± 0.1 μ_B und für die ferromagnetische Komponente in Richtung der c-Achse 0 ± 0.5 μ_B [7].

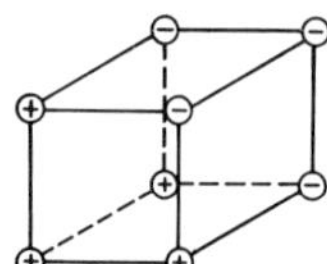

Fig. 7

Anordnung der magnetischen Momente der Mn^{3+}-Ionen beim magnetischen F-Typ; die mit ⊕ und ⊖ bezeichneten Momente sind einander entgegengerichtet.

In nichtstöchiometrischem $LaMnO_{3+\delta}$ wird vermutlich, wie auch in den Doppeloxiden mit zweiwertigen Metallen (s. S. 32), das magnetische Verhalten durch die gleichzeitige Anwesenheit von Mn^{3+}- und Mn^{4+}-Ionen bestimmt. Die zur Deutung der magnetischen Eigenschaften dieser Oxide entwickelten Modelle gehen davon aus, daß zwischen Mn^{3+}-Ionen (Elektronenkonfiguration $t_{2g}^3e_g^1$) und Mn^{4+}-Ionen (t_{2g}^3), die durch ein O^{2-}-Ion getrennt sind, zunächst Superaustauschwechselwirkung (180°-Mn-O-Mn-Wechselwirkung) besteht. Zusätzlich zum Superaustausch ist nach der von Goodenough [2] entwickelten Modellvorstellung in $LaMnO_{3+\delta}$ und $La_{1-x}Ca_xMnO_3$ auch semikovalenter Austausch anzunehmen, der später als sogenannter Korrelations-Superaustausch zusammen mit dem Delokalisierungs-Superaustausch mehrfach diskutiert wurde; s. hierzu auch die auf S. 21 angegebene allgemeine Literatur.

Danach ist in den genannten Verbindungen, in denen statische Jahn-Teller-Verzerrung die zweifache e_g-Orbitalentartung des Mn^{3+}-Ions unterhalb der kristallographischen Transformationstemperatur (< 700 K) aufhebt, die Wechselwirkung antiferromagnetisch, wenn die zu beiden Seiten auf das O^{2-}-Ion weisenden, sich überlappenden Orbitale halb besetzt sind; sie ist ferromagnetisch, wenn das eine Orbital halb besetzt, das andere unbesetzt ist. Nach Matsumoto [6] wirkt in der Richtung der antiferromagnetischen Wechselwirkung noch ein antisymmetrischer Austausch (Dzyaloshinskii-Moriya-Wechselwirkung); dieser kann, wie eine ebenfalls in Betracht gezogene Einzelionen-Anisotropie, den beobachteten parasitären Ferromagnetismus erklären. Oberhalb der kristallographischen Transformationstemperatur, wo keine statische Jahn-Teller-Verzerrung auftritt, liegt isotroper ferromagnetischer Superaustausch über dynamische Jahn-Teller-Korrelationen vor. Neben diesem tritt wahrscheinlich [5] wie in nichtstöchiometrischem $LaMnO_{3+\delta}$ bei tiefen Temperaturen ferromagnetischer Doppelaustausch auf. Dieser kommt dadurch zustande, daß die bei Wechselwirkung zwischen Mn^{3+}- und Mn^{4+}-Ionen entstehenden beweglichen Elektronen beim Springen ihre Spinorientierung beibehalten. Beide Wechselwirkungen zusammen führen zu einer Spinverkantung, die mit abnehmendem Superaustausch (zunehmendem Mn^{4+}-Gehalt) schließlich in eine reine ferromagnetische Spinanordnung übergeht; s. hierzu die indirekten Angaben bei Magnetisierung im folgenden.

LaMnO$_{3+\delta}$

Magnetic Properties

Magnetisierung

Spezifische Magnetisierung σ in G · cm³/g; magnetisches Moment μ_f. — Das in gewöhnlichen antiferromagnetischen $LaMnO_{3+\delta}$-Proben beobachtete ferromagnetische Verhalten wird mit zunehmender Abweichung von der stöchiometrischen Zusammensetzung deutlicher und wurde deshalb als ein Effekt der überschüssigen Oxidation (d. h. des Mn^{4+}-Gehaltes) angesehen, bis Matsumoto [6] und F. K. Lotgering laut Elemans u. a. [7] ein schwaches ferromagnetisches Moment auch in stöchiometrischem, Mn^{4+}-freiem $LaMnO_3$ nachweisen konnten. Die Magnetisierung hängt von der Feldstärke H gemäß $\sigma = \sigma_0 + \chi \cdot H$ ab, wobei χ die spezifische Suszeptibilität bedeutet [8]. In einer solchen Probe ist $\sigma_0 \approx 2$ bei 4.5 K [8] bzw. $\mu_f \approx 0.03\ \mu_B$ bei 77 K [6]. Die spontane Magnetisierung verschwindet bei der Néel-Temperatur zwischen 141 und 150 K [6, 8]. An einer nichtstöchiometrischen Probe, hergestellt bei 1400°C und $p(O_2) = 1.0 \times 10^{-5}$ atm, wird $\mu_f \approx 0.07\ \mu_B$ bei 77 K ermittelt [6]. In einer Probe mit 26.4% Mn^{4+} erreicht μ_f 97% des theoretischen Wertes (wenn alle Spins parallel liegen) [8]; dieser beträgt bei 30% Mn^{4+} 3.7 μ_B [9].

Anisotropie

Bei 77 K werden an polykristallinen stöchiometrischen $LaMnO_3$-Proben, welche in einem Magnetfeld von 10.6 kOe auf diese Temperatur abgekühlt worden waren, bei Feldstärken von 2.4 bis 14.4 kOe Kurven für die stationäre Verdrehung als Funktion des Winkels Θ erhalten, die sinusförmig sind und unidirektionale Anisotropie ($K_{ud} \cdot \sin \Theta$) zeigen. Die Anisotropiekonstante K_{ud} steigt dabei von $K_{ud} \approx 2.7 \times 10^{-3}$ bei H = 5 über 5.0×10^{-3} auf 7.0×10^{-3} erg/g bei 10 und 15 kOe an [6].

Umwandlungstemperaturen

Aus Suszeptibilitätsdaten ergibt sich für stöchiometrisches monoklines $LaMnO_3$ die Néel-Temperatur $T_N = 141$ K, Matsumoto [6], desgleichen (140 K) für eine im Vakuum bei 1500°C endgeglühte Probe, Watanabe [10]. $T_N = 150$ K findet jedoch Lotgering [8] an einer ebenfalls Mn^{4+}-freien Probe, die 6 h lang bei 1350°C in CO_2-Ar-H_2-Atmosphäre (90 : 9 : 1) behandelt wurde. Dieser abweichende Wert kann nicht damit erklärt werden, daß diese Probe vielleicht doch nicht Mn^{4+}-frei gewesen sein könnte, da nichtstöchiometrische Proben im allgemeinen eine niedrigere Néel-Temperatur aufweisen. Neutronenbeugungsuntersuchungen zufolge liegt T_N bei 100 K für eine Probe mit 2% Mn^{4+}, bei 140 K für eine mit 10 oder 18% Mn^{4+} und bei 160 K für eine mit 20% Mn^{4+}, Wollan, Koehler [1]. Matsumoto [6] bestimmt aus dem Suszeptibilitätsverlauf einer Probe, die bei 1400°C unter $p(O_2) = 1.0 \times 10^{-5}$ atm behandelt wurde, $T_N = 141$ K. Aus der schwachen Anomalie der thermischen Ausdehnung in Abhängigkeit von der Temperatur ergibt sich $T_N \approx 133$ K für Proben mit 8 oder 11% Mn^{4+} [11].

Die ferromagnetische Curie-Temperatur fällt in stöchiometrischem $LaMnO_3$ mit der Néel-Temperatur zusammen; $T_C = 150$ K extrapoliert Lotgering [8] aus dem Verlauf der σ^2-T-Kurve. — Neutronenbeugungsuntersuchungen führen zu $T_C = 170$ K für Proben mit 18 und 20% Mn^{4+} [1]. Harwood [12], der zur Herstellung seiner Proben dreierlei MnO_2 benutzt, kommt zwar zu verschiedenen Curie-Temperaturen bei gleichem Mn^{4+}-Gehalt der Proben, stellt aber für jede der drei Meßreihen fest, daß für Proben mit weniger als 30% Mn^{4+} T_C bei 160 K liegt, für Proben mit 30 bis 40% Mn^{4+} auf etwa 210 K ansteigt und für Proben mit höherem Mn^{4+}-Gehalt (bis 46% Mn^{4+}) wieder auf etwa 160 K abfällt.

Hysterese

Wenn $LaMnO_3$ in einem Magnetfeld unter die Néel-Temperatur abgekühlt wird, so sind die Hystereseschleifen längs der Magnetisierungsachsen je nach Richtung des Abkühlungsfeldes nach oben oder unten verschoben; beträgt dessen Stärke 10 kOe, so ergeben sich bei 85 bzw. 77 K die in **Fig. 8**a und b, S. 24, wiedergegebenen Kurven [6].

Fig. 8

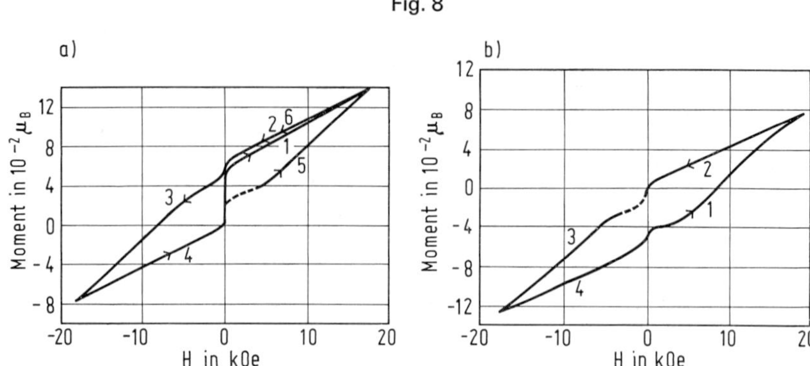

Hystereseschleifen einer bei 1350°C und 1.3×10^{-8} atm O_2 geglühten $LaMnO_3$-Probe nach Abkühlung in einem Magnetfeld von 10 kOe, das der anfänglichen Meßrichtung gleich (Fig. a bei 85 K) bzw. entgegengerichtet ist (Fig. b bei 77 K).

Molsuszeptibilität χ_m, paramagnetische Curie-Temperatur Θ_p

Bei monoklinem $LaMnO_3$ mit stöchiometrischer Zusammensetzung steigt χ_m von etwa 1×10^{-4} cm³/mol bei Raumtemperatur langsam auf etwa 2.3×10^{-4} cm³/mol bei 150 K an und nach Durchlaufen eines scharfen Maximums am Néel-Punkt weiter auf etwa 3.8×10^{-4} cm³/mol bei 77 K. Mit zunehmender Abweichung von der stöchiometrischen Zusammensetzung wird das Maximum abgerundet; χ_m steigt schließlich unterhalb T_N nicht mehr an, beispielsweise für eine Probe, die bei 1400°C unter $p(O_2) = 1.0 \times 10^{-5}$ atm endbehandelt wurde [6]. Wie bereits Jonker [13] fand, ist $1/\chi_m$ sowohl für die (monokline oder rhombische) Tieftemperaturphase als auch für die (rhomboedrische oder kubische) Hochtemperaturphase eine lineare Funktion der Temperatur. Die Steigung der Geraden entspricht dem effektiven Moment 3 μ_B bei der kubischen Phase [8]. Den durch den Phasenübergang bedingten Knick im $1/\chi_m$-T-Verlauf beobachtet Lotgering [8] an einer stöchiometrischen Probe zwischen 650 und 750 K und damit im gleichen Temperaturbereich wie Watanabe [10] an einer Probe, die bei 1500°C 30 min im Vakuum endgeglüht wurde. Für diese wird $\Theta_p = 65$ K für die monokline und $\Theta_p \approx 225$ K für die kubische Phase bestimmt. An einer ebenfalls Mn^{4+}-freien Probe, die 6 h lang bei 1350°C in CO_2-Ar-H_2-Atmosphäre (90 : 9 : 1) behandelt wurde, wird entsprechend $\Theta_p = 50$ bzw. 270 K gefunden. Für die Hochtemperaturphase steigt Θ_p mit zunehmender Abweichung von der stöchiometrischen Zusammensetzung; $\Theta_p \approx 325$ K bei 10.4% Mn^{4+} und 355 K bei 37.1% Mn^{4+} [10]. Für die Tieftemperaturphase ermittelt Jonker [13] $\Theta_p = 20$ bis 50 K, wenn der Mn^{4+}-Gehalt höchstens 3% beträgt.

Literatur:

[1] E. O. Wollan, W. C. Koehler (Phys. Rev. [2] **100** [1955] 545/63). — [2] J. B. Goodenough (Phys. Rev. [2] **100** [1955] 564/73). — [3] A. Wold, J. Arnott, J. B. Goodenough (J. Appl. Phys. **29** [1958] 387/9). — [4] J. B. Goodenough, A. Wold, R. J. Arnott, N. Menyuk (Phys. Rev. [2] **124** [1961] 373/84). — [5] J. B. Goodenough (J. Appl. Phys. **37** [1966] 1415/22).

[6] G. Matsumoto (J. Phys. Soc. Japan **29** [1970] 606/15). — [7] J. B. A. A. Elemans, B. van Laar, K. R. van der Veen, B. O. Loopstra (J. Solid State Chem. **3** [1971] 238/42). — [8] F. K. Lotgering (Philips Res. Rept. **25** [1970] 8/16). — [9] R. Pauthenet, C. Veyret (J. Phys. [Paris] **31** [1970] 65/72, 65). — [10] H. Watanabe (J. Phys. Soc. Japan **16** [1961] 433/9).

[11] C. M. Iserentant (Verhandel. Koninkl. Vlaam. Acad. Wetenschap. Belg. Kl. Wetenschap. **30** Nr. 102 [1968] 1/91, 63/8; C. A. **70** [1969] Nr. 32256). — [12] M. G. Harwood (Proc. Roy. Soc. [London] B **68** [1955] 586/92). — [13] G. H. Jonker (Physica **22** [1956] 707/22).

$LaMnO_{3+\delta}$

Electrical Properties

Elektrische Eigenschaften

$LaMnO_{3+\delta}$ ist ein p-Leiter. Nach Untersuchungen an der Mischkristallreihe $La_{1-x}Ba_xMnO_3$ ist bei 290 K für x = 0 der spezifische Widerstand ρ von der Größenordnung $10^3\ \Omega \cdot cm$ [1]. In einer ähnlichen $LaMnO_3$-Probe, die unter CO_2 mit 5% H_2 geglüht wurde, nimmt lg ρ zwischen 290 und 450 K linear von etwa 4 auf 1.5 ab, ändert sich dann langsamer, nimmt bei etwa 670 K sprungartig von etwa Null auf lg $\rho = -1$ ab und beträgt bei 1000 K −1.2 [2]. Für $LaMnO_{3+\delta}$ mit 17% Mn^{4+} wird bei 473, 773 sowie 973 K bei 1 kHz und $p(O_2)$ = 150 Torr die spezifische Leitfähigkeit $10^3\ \varkappa$ = 46.80, 93.30 sowie 105.90 $\Omega^{-1} \cdot cm^{-1}$ gefunden. Bei Änderung des $p(O_2)$ (d. h. des Mn^{4+}-Gehalts) ändert sich auch $\varkappa$ unterhalb 570 K erheblich [3]. Metallische Leitfähigkeit wird aber selbst in Proben mit 26.4% Mn^{4+} nicht beobachtet, für welche lg ρ = 3.5 bei 100 K ist [1].

Ionen tragen zur Leitfähigkeit oberhalb 570 K nur sehr wenig bei. Der lg $\varkappa - 1/T$-Verlauf zwischen Raumtemperatur und 1000 K ist für die Probe mit 17% Mn^{4+} in Fig. 31, S. 60, dargestellt. Daraus ergibt sich für die rhombische Verbindung unterhalb 560 K die Aktivierungsenergie E_a = 0.13 eV und für die rhomboedrische Hochtemperaturphase E_a = 0.04 eV, ferner eine drift-Beweglichkeit von etwa $2 \times 10^{-4}\ cm^2 \cdot V^{-1} \cdot s^{-1}$, Rao u. a. [3]. Die von Goodenough u. a. [4] untersuchte Probe mit nicht näher definiertem Mn^{4+}-Gehalt und E_a = 0.33 eV unterhalb 740 K sowie 0.25 eV oberhalb 900 K enthält, wie auch die Übergangstemperatur zeigt, weniger Mn^{4+}, wahrscheinlich etwa 10%, vgl. S. 19.

Die im Vergleich zu $YMnO_3$ und $HoMnO_3$ (s. S. 60) geringe Aktivierungsenergie bei Mn^{4+}-haltigem $LaMnO_{3+\delta}$ erklärt sich daraus, daß $LaMnO_{3+\delta}$ ein Halbleiter mit gemischten Wertigkeiten für Mn ist. Wie bei $YMnO_3$ liegt auch bei $LaMnO_{3+\delta}$ keine Eigenleitung, sondern Polaronen-Leitung vor; die Ladungsträger sind an die Mn^{4+}-Lagen gebunden. Der Transport der Ladungsträger erfolgt wahrscheinlich durch das Hüpfen positiver Löcher zwischen den lokalisierten Elektronenniveaus. Oberhalb der kristallographischen Umwandlungstemperatur verhält sich $LaMnO_{3+\delta}$ mit 17% Mn^{4+} fast wie ein entarteter Halbleiter, in dem sich $\varkappa$ kaum noch mit der Temperatur ändert, Rao u. a. [3].

Der Seebeck-Koeffizient von Mn^{4+}-freiem $LaMnO_3$ beträgt bei Raumtemperatur α = 770 μV/K [1].

Literatur:

[1] F. K. Lotgering (Philips Res. Rept. **25** [1970] 8/16). — [2] G. H. Jonker (J. Appl. Phys. **37** [1966] 1424/30). — [3] G. V. S. Rao, B. M. Wanklyn, C. N. R. Rao (J. Phys. Chem. Solids **32** [1971] 345/58). — [4] J. B. Goodenough, J. Kafalas, D. B. Rogers laut J. B. Goodenough (J. Appl. Phys. **37** [1966] 1415/22).

Optische Eigenschaften

$LaMnO_{3+\delta}$ Optical Properties

Im IR-Spektrum werden Reflexionsmaxima bei 385, 425, 481 und 491 cm^{-1} beobachtet, die vermutlich der Deformation von O-Mn-O-Gruppen zuzuordnen sind [1]. Im Absorptionsspektrum ist eine Bande bei 410 cm^{-1} zu beobachten, die der La-O-Mn-Gruppe zugeschrieben wird [2]. Zwischen 450 und 600 cm^{-1} findet Matsumoto [3] außer dem Maximum bei etwa 490 cm^{-1} zwei Schultern bei 510 und 545 cm^{-1}. Eine weitere Absorptionsbande wird bei 590 cm^{-1} gefunden [4], die vielleicht ebenso wie die Reflexionsmaxima bei 608, 623 und 670 cm^{-1} den Mn-O-Valenzschwingungen zugeordnet werden kann [1]. Bei 610 cm^{-1} tritt auch eine Absorptionsbande auf [2].

Zwischen den Termen $^5T_2$ und ^5E, in die der ^5D-Term des Mn^{3+}-Ions (vgl. „Mangan" B, S. 191) aufspaltet, liegen in $LaMnO_3$ die Terme $^3T_1(^3H)$ sowie $^1T_2(^1I)$ und $^1E(^1I)$. Dem Übergang $^5E \rightarrow {}^3T_1$ dürfte das bei etwa 2800 cm^{-1} beobachtete Absorptionsmaximum entsprechen [3].

Literatur:

[1] G. V. S. Rao, C. N. R. Rao, J. R. Ferraro (Appl. Spectry. **24** [1970] 436/45). — [2] S. A. Prokudina, Ya. S. Rubinchik, M. M. Pavlyuchenko (Izv. Akad. Nauk SSSR Neorgan. Materialy **10** [1974] 488/92; Inorg. Materials [USSR] **10** [1974] 416/9). — [3] G. Matsumoto (J. Phys. Soc. Japan **29** [1970] 606/15). — [4] Ya. S. Rubinchik, S. A. Prokudina, M. M. Pavlyuchenko (Izv. Akad. Nauk SSSR Neorgan. Materialy **9** [1973] 1951/6; Inorg. Materials [USSR] **9** [1973] 1732/5).

Katalytische Aktivität

Catalytic Activity

Der homomolekulare Austausch $^{16}O_2 + {}^{18}O_2 \rightleftharpoons 2\,{}^{16}O^{18}O$ wird an $LaMnO_{3+\delta}$ (hergestellt durch Erhitzen der gemeinsam gefällten La- und Mn-Carbonate im O_2-Strom bei 800 bis 900°C und anschließend in reinem N_2-Strom bei 1300°C) mit einer spezifischen Oberfläche von 0.5 m^2/g untersucht. Unterhalb 500 K erfolgt die Reaktion an einer Probe, die 5 h in O_2 und 9 h im Vakuum bei 500°C vorbehandelt, im Vakuum abgekühlt und 15 h bei Raumtemperatur vor dem Versuch belassen wurde (Probe I) schneller als an einer Probe II, welche durch neunstündige Behandlung bei 500 oder 700°C bei $p(O_2)$ = 10 Torr und Abkühlen auf Raumtemperatur einen Gleichgewichts-Sauerstoffgehalt an der Oberfläche erreicht hat. Der Austausch verläuft aber an Probe I immer noch langsamer als an La_2O_3, bei 250 K und $p(O_2)$ = 0.1 Torr mit einer Geschwindigkeit k = 0.63 × 10^{12} Molekel/cm^2 · s und einer Aktivierungsenergie E = 3.0 kcal/mol. Das (relative) Maximum der katalytischen Aktivität, welches nur an Probe I auftritt, liegt um etwa 100 K höher als in La_2O_3, bei 393 bis 403 K; k (393 K) = 5.9 × 10^{12} Molekel/cm^2 · s. Oberhalb 500 K erfolgt der Austausch in Probe I und II mit etwa gleicher Geschwindigkeit (k_I (751 K) = 110 × 10^{12}, k_{II} (756 K) = 120 × 10^{12} Molekel/cm^2 · s) und Aktivierungsenergie (E_I = 20.0, E_{II} = 21 kcal/mol). Diese Ergebnisse werden so gedeutet, daß die katalytische Aktivität des Austausches bei hohen Temperaturen durch das Mn^{3+}-Ion und bei tiefen Temperaturen durch das La^{3+}-Ion bestimmt wird, L. A. Sazonov, Z. V. Moskvina, E. V. Artamonov (Kinetika i Kataliz **15** [1974] 120/6; Kinetics Catalysis [USSR] **15** [1974] 100/5). Zur Aktivität von $LaMnO_{3+\delta}$ bei der Oxidation von NH_3, wobei sich viel N_2O und N_2 und relativ wenig NO bildet, s. S. 40.

2.11.6.3.3 $LaMn_7O_{12}$

Diese Verbindung ist zusammen mit $NdMn_7O_{12}$ auf S. 62 beschrieben.

2.11.6.3.4 $LaMn_2O_5$

Die Verbindung gehört zu der Reihe MMn_2O_5 mit M = Y, La, Nd bis Lu, s. S. 62. Sie wird aus Nitratlösungen mit einem Verhältnis Mn : La > 2 : 1 nach Zersetzen bei 1000°C erhalten [1]. Einkristalle lassen sich aus Bi_2O_3-Schmelze züchten [2]. $LaMn_2O_5$ kristallisiert wie die anderen Verbindungen dieser Reihe rhombisch mit a = 7.67, b = 8.66, c = 5.72 Å, S. Quezel-Ambrunaz, E. F. Bertaut, G. Buisson nach Bertaut u. a. [2].

Literatur:

[1] S. Quezel-Ambrunaz, F. Bertaut, G. Buisson (Compt. Rend. **258** [1964] 3025/7). — [2] E. F. Bertaut, G. Buisson, A. Durif, J. Mareschal, M. C. Montmory, S. Quezel-Ambrunaz (Bull. Soc. Chim. France **1965** 1132/7).

Compounds of Mn with O, La, and Other Metals

2.11.6.3.5 Verbindungen des Mn mit O, La und weiteren Metallen

2.11.6.3.5.1 $La_{1-x}M_xMnO_3$ (M = Ca, Sr, Ba oder Cd)

$LaMnO_3$ bildet mit $CaMnO_3$ eine lückenlose Mischkristallreihe mit verzerrter Perowskit-Struktur. Beschränkte Mischbarkeit tritt mit $SrMnO_3$ (bis 70% $SrMnO_3$) und mit $BaMnO_3$ (bis 50% $BaMnO_3$) auf; bei höherem Erdalkaligehalt bilden sich zwei Phasen, G. H. Jonker (Physica **22** [1956] 707/22). Von einer Cd-Verbindung (x = 0.3) haben G. H. Jonker, J. H. van Santen (Physica **16** [1950] 337/49) nur einige magnetische Eigenschaften untersucht, s. hierzu „Eisen" D, 2. Erg.-Bd. „Magnetische Werkstoffe", S. 457. — Mit Pb^{2+} bilden sich ähnliche Mischoxide; Näheres hierzu s. S. 94.

Preparation

Herstellung

$La_{1-x}Ca_xMn^{3+}_{1-y}Mn^{4+}_yO_z$. Zur Herstellung stöchiometrischer Proben mit $x \leqq 0.3$ und z = 3, in welchen also y = x ist, wird La_2O_3 mit $MnC_2O_4 \cdot 2H_2O$ und $CaCO_3$ im gewünschten Verhältnis gemischt, 2 Tage an Luft bei 800°C, dann dreimal an Luft bei 1300°C 4 h gehalten und schließlich in CO_2-H_2-Atmosphäre unter einem der folgenden Sauerstoff-Partialdrücke $p(O_2)$ endgeglüht und in dieser Atmosphäre auf Raumtemperatur abgeschreckt.

Zusammen- setzung x = y	$p(O_2)$ in atm	Gasverhältnis $p(CO_2)/p(H_2)$	Zusammen- setzung x = y	$p(O_2)$ in atm	Gasverhältnis $p(CO_2)/p(H_2)$
0.005	1.8×10^{-10}	1.15	0.125	2.4×10^{-7}	38
0.02	4.5×10^{-10}	1.8	0.15	1.0×10^{-6}	76
0.04	1.5×10^{-9}	3.3	0.175	5.0×10^{-6}	167
0.07	9.0×10^{-9}	8.0	0.2	2.2×10^{-5}	340
0.1	5.0×10^{-8}	18	0.3	1.0×10^{-2}	—

Matsumoto [1]. Zur Herstellung seiner nichtstöchiometrischen Proben ($z > 3$) verwendet Iserentant [2] als Mn-Ausgangskomponente $MnCO_3$. Das stöchiometrische Gemenge wird 4 h unter Äthanol in einem Achatmörser gemischt, unter einer IR-Lampe getrocknet, 20 h in Luft bei 950°C vorgesintert, gemahlen, gepreßt und wie folgt nochmals oberhalb 800°C behandelt und schließlich bei 800°C bis zur Gewichtskonstanz gebacken. Dabei werden folgende Mn^{4+}-Gehalte in den Proben erzielt:

Ca-Gehalt x	Mn^{4+}-Gehalt y	Sintertemperatur und -atmosphäre
0.2	0.35	40 h bei 1400°C, 90 h bei 800°C, beide 99.9% N_2 + 0.1% O_2
0.4	0.67	40 h bei 1400°C, 86% N_2 + 14% O_2, dann 90 h bei 800°C, 99.9% N_2 + 0.1% O_2
0.6	0.77	40 h bei 1400°C, 99% O_2, dann 90 h bei 800°C, Luft
0.8	0.94	30 h bei 1200°C, 72 h bei 800°C, beide 99% O_2

Iserentant [2].

Compounds of Mn with O, La, and Other Metals

Preparation

$La_{1-x}Sr_xMn^{3+}_{1-y}Mn^{4+}_yO_z$. Verbindungen mit relativ geringem Mn^{4+}-Gehalt bilden sich, wenn die nach keramischen Verfahren hergestellten Proben zuletzt noch 30 min in einem Hochfrequenz-Vakuum-Induktionsofen zwischen 1000 und 1600°C angelassen werden. Die Proben lagern in einem Tonerdetiegel, der seinerseits in einen Graphittiegel eingebracht ist und haben nach Abkühlen im Ofen folgende Zusammensetzung (Sr-Gehalt x, Mn^{4+}-Gehalt y, Sauerstoffgehalt z, Anlaßtemperatur t):

x	y	z	t in °C	x	y	z	t in °C
0.1	0.201	3.05	1100	0.5	0.497	3.00	1100
0.2	0.099	2.81	1500	0.5	−0.08*)	2.7	1600
0.3	0.364	3.03	1500	0.6	0.076	2.75	1600
0.4	0.399	3.00	1100	0.7	0.063	2.65	1600
0.4	0.188	2.70	1600	0.8	0.473	2.8	1300
				0.9	0.400	2.75	1400

*) Kein Mn^{4+}-, sondern Mn^{2+}-Gehalt.

Eine Probe mit $x = 0.9$, $y = 0.61$ und folglich $z = 2.85$ erwies sich röntgenographisch als ein Gemenge aus einem kubischen $La_{1-x}Sr_xMnO_{3+\delta}$ und $SrMnO_3$. Mn^{4+}-reichere Proben bilden sich an Luft bei 1300°C:

x	y	z	x	y	z
0.1	0.360	3.23	0.3	0.53	3.11
0.2	0.451	3.12	0.4	0.607	3.11

Watanabe [3]. Viel geringere Mn^{4+}-Gehalte erzielen Jonker, van Santen [4] beim Anlassen in Luft bei 1350°C. Proben mit $x = 0.5$, $y = 0.711$ und folglich $z = 3.12$ sowie mit $x = 0.6$, $y = 0.82$ und folglich $z = 3.11$ stellen ein Gemenge aus rhomboedrischem $La_{1-x}Sr_xMnO_{3+\delta}$ und $SrMnO_3$ dar [3].

$La_{1-x}Ba_xMn^{3+}_{1-y}Mn^{4+}_yO_z$. Zur Herstellung der Ba-haltigen Verbindungen mit etwa stöchiometrischer Zusammensetzung ($z \approx 3$) wählt Lotgering [5] folgende Bedingungen für die Endbehandlung der Proben:

Ba-Gehalt x	Mn^{4+}-Gehalt y	Sinterbedingungen
0.05	0.054	6 h bei 1350°C in CO_2-Ar-H_2 (95 : 4.5 : 0.5)
0.10	0.098	16 h bei 1350°C in CO_2
0.10	0.112	4 h bei 1350°C in CO_2-Ar-H_2 (95 : 4.5 : 0.5)
0.15	0.152	19 h bei 1200°C in CO_2
0.15	0.156	6 h bei 1200°C in Luft
0.20	0.182	19 h bei 1200°C in CO_2
0.20	0.186	6 h bei 1200°C in Luft
0.25	0.254	19 h bei 1200°C in CO_2
0.25	0.254	6 h bei 1200°C in Luft

Literatur:

[1] G. Matsumoto (J. Phys. Soc. Japan **29** [1970] 615/22, 616). — [2] C. M. Iserentant (Verhandel. Koninkl. Vlaam. Acad. Wetenschap. Belg. Kl. Wetenschap. **30** Nr. 102 [1968] 1/91, 63/87; C. A. **70** [1969] Nr. 32256). — [3] H. Watanabe (J. Phys. Soc. Japan **16** [1961] 433/9). — [4] G. H. Jonker, J. H. van Santen (Physica **16** [1950] 337/49). — [5] F. K. Lotgering (Philips Res. Rept. **25** [1970] 8/16).

Compounds of Mn with O, La, and Other Metals

Polymorphism

Polymorphie

$La_{1-x}Ca_xMn^{3+}_{1-y}Mn^{4+}_yO_z$. Die stöchiometrischen Mischkristalle $La_{1-x}Ca_xMnO_3$ sind bei Raumtemperatur monoklin, wenn x < 0.04, und rhombisch, wenn 0.04 ≦ x < 0.125 ist. Bei höheren Ca-Gehalten (bis x = 0.3 untersucht) wird kubische Symmetrie gefunden. Das rhombische Phasenfeld verengt sich mit steigender Temperatur immer stärker, wie **Fig. 9** zeigt, während das monokline Feld bis etwa 700 K fast konstant bleibt, Matsumoto [1]. Für die nichtstöchiometrischen Verbindungen, die einen höheren y(Mn^{4+})- als x(Ca^{2+})-Gehalt haben, werden von verschiedenen Autoren sehr unterschiedliche Angaben gemacht. Nach Jonker [2] sind bei Raumtemperatur die Verbindungen mit y < 0.16 monoklin (oder rhombisch) und bei höherem y-Gehalt (bis etwa y = 0.65 untersucht) kubisch. Hingegen werden nach H. L. Yakel bei Wollan, Koehler [3] die Verbindungen erst bei y ≈ 0.25 kubisch; beispielsweise werden aber Proben mit y = 0.435 und 0.712 tetragonal und mit y = 0.564 monoklin oder rhombisch befunden. Auch Iserentant [4] gibt für eine Probe mit y = 0.35 tetragonale und für y ≧ 0.67 kubische Symmetrie an. Nach Bokov u. a. [5] ist jedoch eine Probe mit y ≈ x = 0.4 kubisch. Für die (tetragonale) Probe mit y = 0.35 und x = 0.2 deuten Anomalien in der thermischen Ausdehnung auf Phasenänderungen bei −23°C (tetragonal → rhombisch?) und 445°C (tetragonal → kubisch?); ähnlich ergibt sich für die Proben mit y = 0.67, x = 0.4 und y = 0.77, x = 0.6 eine Phasenänderung bei −40°C, Iserentant [4]. Nach Bokov u. a. [5] sind bei 80 K Proben

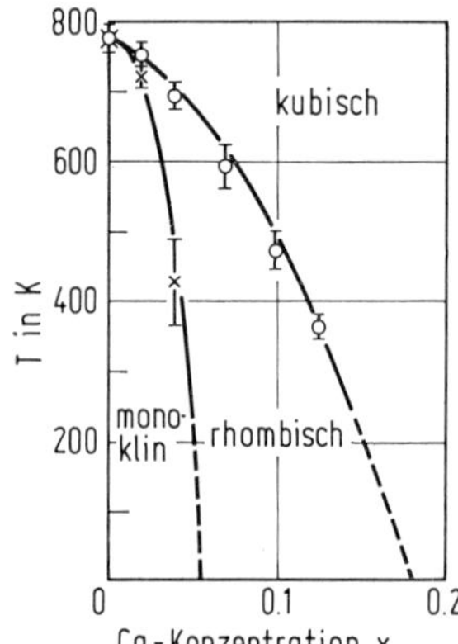

Fig. 9

Phasentransformationstemperaturen von $La_{1-x}Ca_xMnO_3$.

mit $y \approx x = 0.4$ kubisch, mit $x = 0.6$ rhomboedrisch und mit $x = 0.8$ rhombisch. Diese Symmetrien werden als sinnvoller angesehen, als die von Wollan, Koehler [3] ermittelte tetragonale Symmetrie für Proben mit $x \leqq y = 0.58$ bis 0.80.

$La_{1-x}Sr_xMn^{3+}_{1-y}Mn^{4+}_yO_z$. Untersuchungen an Verbindungen mit einem Sr-Gehalt zwischen $x = 0.1$ und 0.9 und einem Mn^{4+}-Gehalt zwischen $y = 0.063$ und 0.821 ergeben im wesentlichen kubische Symmetrie für $x > y$ und rhomboedrische Symmetrie für stöchiometrische Proben mit $x = y = 0.4$ und 0.5 sowie für $x < y$. Bei einem Sr-Gehalt von $x = 0.3$ dehnt sich der kubische Bereich über die Gerade $x = y$ der stöchiometrischen Verbindungen hinweg ins rhomboedrische Feld aus; eine Probe mit $x = 0.3$ und $y = 0.36$ ist kubisch, Watanabe [6]. Nach den älteren Untersuchungen von Jonker [2] sind Verbindungen mit $x = y$ und weniger als 12% Mn^{4+} monoklin (oder rhombisch); kubische Symmetrie wird im Bereich von $y \approx 0.12$ bis 0.17 und oberhalb $y \approx 0.45$, rhomboedrische Symmetrie bei den dazwischenliegenden Zusammensetzungen gefunden; zu ähnlichen Ergebnissen kommt auch Harwood [7].

$La_{1-x}Ba_xMn^{3+}_{1-y}Mn^{4+}_yO_z$. Neutronen- und Röntgenbeugungsuntersuchungen an einer nahezu stöchiometrischen Pulverproben mit einem Ba-Gehalt von $x = 0.05$ ergeben für diese rhombische Symmetrie, Elemans u. a. [8]. Nach älteren röntgenographischen Untersuchungen von Jonker [2] sind die Verbindungen mit $x \lesssim 0.08$ monoklin (oder rhombisch; vgl. $LaMnO_3$, S. 19), im Bereich um $x \approx 0.09$ und oberhalb $x \approx 0.35$ bis $x \approx 0.50$ kubisch und bei dazwischenliegender Zusammensetzung rhomboedrisch. Verbindungen mit $x = 0.10$ bis 0.25 sollen nach Lotgering [9] tetragonal sein.

Literatur:

[1] G. Matsumoto (J. Phys. Soc. Japan **29** [1970] 615/22). — [2] G. H. Jonker (Physica **22** [1956] 707/22). — [3] E. O. Wollan, W. C. Koehler (Phys. Rev. [2] **100** [1955] 545/63). — [4] C. M. Iserentant (Verhandel. Koninkl. Vlaam. Acad. Wetenschap. Belg. Kl. Wetenschap. **30** Nr. 102 [1968] 1/91, 63/87; C. A. **70** [1969] Nr. 32256). — [5] V. A. Bokov, N. A. Grigoryan, M. F. Bryzhina, V. V. Tikhonov (Phys. Status Solidi **28** [1968] 835/47).

[6] H. Watanabe (J. Phys. Soc. Japan **16** [1961] 433/9). — [7] M. G. Harwood (Proc. Phys. Soc. [London] B **68** [1955] 586/92). — [8] J. B. A. A. Elemans, B. van Laar, K. L. van der Veen, B. O. Loopstra (Solid State Chem. **3** [1971] 238/42). — [9] F. K. Lotgering (Philips Res. Rept. **25** [1970] 8/16).

Kristallstruktur

Compounds of Mn with O, La, and Other Metals

Crystal Structure

Die Verbindungen der Reihen $La_{1-x}M^{2+}_xMn^{3+}_{1-y}Mn^{4+}_yO_z$ mit $z \approx 3$ und M = Ca, Sr, Ba kristallisieren in einer mehr oder weniger verzerrten Perowskitstruktur, Jonker [1]. Für die rhombischen Verbindungen der fast idealen Zusammensetzung $La_{0.95}Ca_{0.05}MnO_3$ und $La_{0.95}Ba_{0.05}MnO_3$ wird durch Neutronen- und Röntgenbeugung die Raumgruppe D^{16}_{2h}-Pnma bestimmt (manche Autoren bevorzugen die Aufstellung Pbnm). Die Elementarzelle enthält 4 Formeleinheiten, Elemans u. a. [2].

Gitterkonstanten

$La_{1-x}Ca_xMn^{3+}_{1-y}Mn^{4+}_yO_z$. In den streng stöchiometrischen Verbindungen ändern sich die Gitterkonstanten in der Aufstellung Pbnm mit zunehmendem Ca-Gehalt bei 290 K gemäß **Fig. 10**, S. 30, nach Matsumoto [3]. Bei den monoklinen Proben liegt der Winkel β zwischen der a- und b-Achse. Für die rhombische Probe mit $x = 0.05$ finden Elemans u. a. [2] eine kleinere Zelle, s. Fig. 10, nämlich a = 5.666, b = 7.712, c = 5.535 Å bei 293 K in der Aufstellung Pnma; die gleichen Konstanten bestimmt Yakel [4] an einer Probe mit $x = 0.07$. Wie bereits Wollan, Koehler [5] anhand der Ergebnisse von Yakel [4] feststellen, ist für die Änderung der Gitterkonstanten bei nicht stöchiometrischen Proben nicht nur der $x(Ca^{2+})$-, sondern der $y(Mn^{4+})$-Gehalt entscheidend. Aus Untersuchungen an $LaMnO_3$ und Ca-haltigen Proben mit überschüssigem Mn^{4+}-Gehalt sowie an $CaMnO_3$ mit mehr oder weniger hohe Mn^{3+}-Gehalt wie die in **Fig. 11**, S. 30, gezeigte Kurve abgeleitet, vgl. hierzu S. 19. In diese Figur ist auch die Kurve von Jonker [1] eingezeichnet, nach welcher die Konstanten kleiner sind und die kubische Symmetrie bei niedrigerem Mn^{4+}-Gehalt beobachtet wird (für $y > 0.16$). Der monokline Winkel β soll für diese Proben von etwa 92° bei $y \approx 0$ auf 91° bei $y \approx 0.1$ abnehmen. Die Einzelwerte

Fig. 10

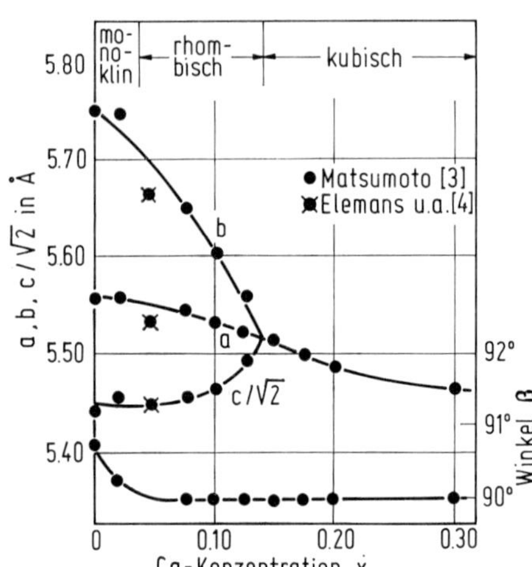

Gitterkonstanten von $La_{1-x}Ca_xMnO_3$ in Abhängigkeit vom Ca-Gehalt.

Fig. 11

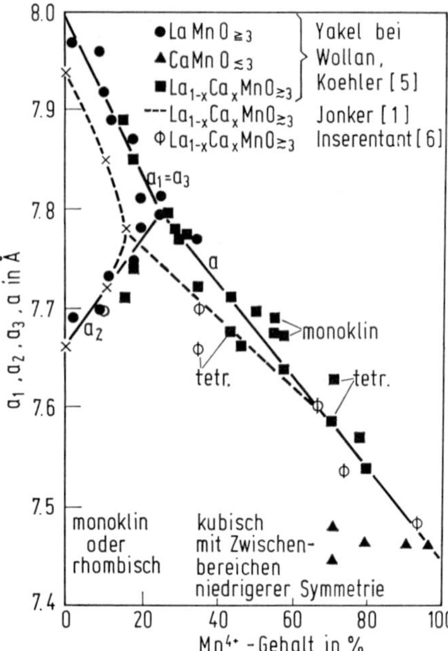

Gitterkonstanten von $LaMnO_{3+\delta}$, $La_{1-x}Ca_x$-$MnO_{3+\delta}$ und $CaMnO_{3-\delta}$ in Abhängigkeit vom Mn^{4+}-Gehalt.

von Iserentant [6] weichen mit Ausnahme derer für die tetragonale Probe (y = 0.35) nicht besonders ab. Parameter der rhomboedrischen Zelle im Bereich y = 0.5 bis 0.7 und der rhombischen Zelle für y > 0.7 bei 80 K, s. Figur im Original [8]. Bei 4.2 K ist eine Probe mit x = 0.05 und y ≈ x ebenfalls rhombisch, die Konstanten sind a = 5.673, b = 7.676, c = 5.528 Å (Aufstellung Pnma), Elemans u. a. [2].

$La_{1-x}M_xMn^{3+}_{1-y}Mn^{4+}_yO_z$ (M = Sr oder Ba). Die Elementarzelle der Sr-haltigen Verbindungen wird in der Literatur der Einfachheit halber unter Verwendung der Achsen der einfachen Perowskitzelle beschrieben. Wenn man davon ausgeht, daß diese Verbindungen eine etwa gleich große Elementarzelle haben wie die Ca- oder Ba-haltigen, so ist eine der Perowskitachsen zu verdoppeln. Für die rhomboedrischen stöchiometrischen Proben mit x = y = 0.4 und 0.5 wird a = 3.87 bzw. 3.86 Å und $\beta \gtrapprox 90°$ gefunden; bei den nichtstöchiometrischen Proben mit x < y ändert sich a praktisch nicht; a = 3.88 Å, β = 90°32′ in einer Probe mit x = 0.1, y = 0.36 und a = 3.87 Å, β = 90°13′ in einer mit x = 0.3, y = 0.53. Für die kubischen Proben mit x > y wird a = 3.88 Å (x = 0.2), 3.86 (x = 0.4), 3.87 Å (x = 0.5), 3.86 Å (x = 0.6) und a = 3.85 Å (x = 0.7) bestimmt, Watanabe [7]. Die älteren Ergebnisse von Jonker [1], die für die Sr-haltigen Verbindungen noch nicht stichhaltig widerlegt wurden, und für die Ba-haltigen Verbindungen außer für x = 0.05 bis 0.25 die einzigen Daten darstellen, sind in **Fig. 12** gezeigt. Diese enthält zum Vergleich auch die bereits diskutierten Konstanten der Ca-haltigen Verbindungen. Für die Ba-haltige Verbindung mit x = 0.05 und x ≈ y bestimmen Elemans u. a. [2] mit Neutronenbeugung rhombische Symmetrie; a = 5.638, b = 7.737, c = 5.548 Å bei 293 K und a = 5.648, b = 7.695, c = 5.548 Å bei 4.2 K.

Wenn für die Verbindungen mit geringerem Ba- und auch Sr-Gehalt doch (wie für die Ca-haltigen) monokline Konstanten gelten, so ist der Winkel β von Jonker [1] in Fig. 12 in Anbetracht des für monoklines $LaMnO_3$ gefundenen (90°46′) wahrscheinlich zu groß.

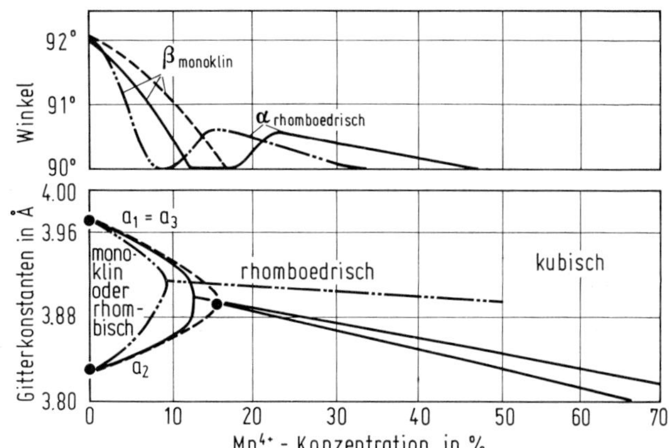

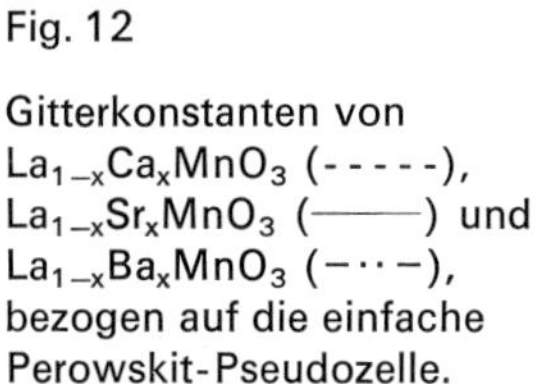
Fig. 12

Gitterkonstanten von $La_{1-x}Ca_xMnO_3$ (- - - - -), $La_{1-x}Sr_xMnO_3$ (———) und $La_{1-x}Ba_xMnO_3$ (–··–), bezogen auf die einfache Perowskit-Pseudozelle.

Struktur

In der Aufstellung Pnma ist die Punktlage 4a (000 usw.) von Mn besetzt; 4c (x $^1/_4$ z, usw.) von La und M sowie O_I und 8d (x y z, usw.) von den restlichen O_{II}. Für die stöchiometrischen Proben $La_{0.95}Ca_{0.05}MnO_3$ und $La_{0.95}Ba_{0.05}MnO_3$ werden folgende Ortsparameter bestimmt:

		$x(La_{0.95}M_{0.05})$	$z(La_{0.95}M_{0.05})$	$x(O_I)$	$z(O_I)$	$x(O_{II})$	$y(O_{II})$	$z(O_{II})$
M = Ca	293 K	0.541	0.007	−0.011	−0.069	0.301	0.038	0.224
	4.2 K	0.541	0.008	−0.013	−0.065*)	0.303	0.038	0.225
M = Ba	293 K	0.535	0.004	−0.008	−0.067	0.295	0.037	0.228
	4.2 K	0.538	0.006	−0.008	−0.065	0.297	0.036	0.228*)

*) Abweichung ±0.002, alle anderen ±0.001.

Mit diesen Parametern werden folgende Bindungsabstände (in Å) und -winkel (in °) im MnO_6-Oktaeder zwischen Mn in (000) und O in der angegebenen Lage bei 4.2 K berechnet (Abweichungen in Klammern):

	$La_{0.95}Ca_{0.05}$	$La_{0.95}Ba_{0.05}$		$La_{0.95}Ca_{0.05}$	$La_{0.95}Ba_{0.05}$
Mn-O_I(xyz)	...1.956 (1)	1.960 (2)	O_I(xyz)-Mn-O_{II}(xyz)	...90.7 (2)	89.8 (3)
Mn-O_{II}(xyz)	...2.144 (6)	2.120 (7)	O_I(xyz)-Mn-O_{II} ($^1/_2$-x, $\bar{y}$, z-$^1/_2$)	...91.1 (3)	90.7 (3)
Mn-O_{II} ($^1/_2$-x, $\bar{y}$, z-$^1/_2$)	...1.910 (7)	1.920 (8)	O_{II}(xyz)-Mn-O_{II} ($^1/_2$-x, $\bar{y}$, z-$^1/_2$)	...90.5 (1)	90.9 (1)

Elemans u. a. [2]. Die beträchtliche Deformation des MnO_6-Oktaeders kann im wesentlichen mit dem Modell von Goodenough [9] erklärt werden, obwohl die Oktaeder nicht nur deformiert, sondern auch aus der idealen Lage gedreht sind [2].

Literatur:

[1] G. H. Jonker (Physica **22** [1956] 707/22). — [2] J. B. A. A. Elemans, B. van Laar, K. R. van der Veen, B. O. Loopstra (J. Solid State Chem. **3** [1971] 238/42). — [3] G. Matsumoto (J. Phys. Soc. Japan **29** [1970] 615/22). — [4] H. L. Yakel (Acta Cryst. **8** [1955] 394/8). — [5] E. O. Wollan, W. C. Koehler (Phys. Rev. [2] **100** [1955] 545/63).

[6] C. M. Iserentant (Verhandel. Koninkl. Vlaam. Acad. Wetenschap. Belg. Kl. Wetenschap. **30** Nr. 102 [1968] 1/91, 63/87; C. A. **70** [1969] Nr. 32256). — [7] H. Watanabe (J. Phys. Soc. Japan **16** [1961] 433/9). — [8] V. A. Bokov, N. A. Grigoryan, M. F. Bryzhina, V. V. Tikhonov (Phys. Status Solidi **28** [1968] 835/47, 838). — [9] J. B. Goodenough (Phys. Rev. [2] **100** [1955] 564/73).

Compounds of Mn with O, La, and Other Metals

Thermal Properties

Thermische Eigenschaften

Die relative Längenänderung $\Delta l/l_0$ ist in $La_{1-x}Ca_xMnO_3$-Proben mit x = 0.2 bis 0.8 unterhalb Raumtemperatur etwas kleiner und oberhalb dieser Temperatur (bis 700°C untersucht) größer als in $LaMnO_{3+\delta}$; vgl. S. 21. Im Bereich der magnetischen Übergangstemperatur (für x = 0.2 und 0.6 bei −150°C vermutlich) treten schwache, bei den kristallographischen Umwandlungstemperaturen (für x = 0.2 bei −23 und +445°C, für x = 0.6 bei −40°C) stärker ausgeprägte Anomalien auf, C. M. Iserentant (Verhandel. Koninkl. Vlaam. Acad. Wetenschap. Belg. Kl. Wetenschap. **30** Nr. 102 [1968] 63/87, 86; C. A. **70** [1969] Nr. 32256).

Die molare Wärmekapazität C_p von $La_{0.7}Sr_{0.3}MnO_3$ steigt zwischen 90 und 275 K von etwa 10 auf 31 cal · mol^{-1} · K^{-1} und oberhalb der Curie-Temperatur (etwa 340 K) zwischen 350 und 400 K von etwa 33 auf 35 cal · mol^{-1} · K^{-1} an. Zwischen 340 und 350 K nimmt C_p um 4.0 cal · mol^{-1} · K^{-1} ab, J. Volger (Physica **20** [1954] 49/66, 50).

Magnetic Properties

Magnetische Eigenschaften

Ergebnisse von magnetischen Untersuchungen vor 1956 wurden bereits in „Eisen" D, 2. Erg.-Bd. „Magnetische Werkstoffe" S. 455/7 mitgeteilt. Diese beinhalten im wesentlichen, daß die spezifische Sättigungsmagnetisierung σ_s in Abhängigkeit vom Mn^{4+}-Gehalt bei 20.4 K Werte erreicht, die in $(La,Ca)MnO_3$ mit 15 bis 40% Mn^{4+} ($\sigma_s \approx 90$ bis 97 G · cm^3/g), in $(La,Sr)MnO_3$ mit 12 bis etwa 45% Mn^{4+} ($\sigma_s \approx 85$ bis 90 G · cm^3/g) und in $(La,Ba)MnO_3$ mit etwa 10 bis 40% Mn^{4+} ($\sigma_s \approx 80$ bis 87 G · cm^3/g) nahe bei den Werten liegt, die sich unter der Annahme, daß alle Manganionen nur mit ihren Elektronenspins zur Sättigungsmagnetisierung beitragen, berechnen lassen. Bei 5% Mn^{4+} wurde $\sigma_s < 30$ G · cm^3/g in den Ca-haltigen und $\sigma_s < 10$ G · cm^3/g in den Sr-haltigen Proben gemessen und bei 60 bis 70% Mn^{4+} entsprechend ≈2 und 35 bis 30 G · cm^3/g. In den Ba-haltigen Proben ist $\sigma_s < 30$ und an der Perowskitphasengrenze bei 50% Mn^{4+} $\sigma_s \approx 75$ G · cm^3/g. — Etwa in demselben Konzentrationsbereich wie σ_s erreicht auch die ferromagnetische Curie-Temperatur T_C maximale Werte; $T_C \approx 275$ K in $La_{0.7}Ca_{0.3}MnO_3$, $T_C \approx 400$ bzw. 345 K für die Sr- bzw. Ba-haltigen Verbindungen mit 30 bis 40% Mn^{4+}. — Vergleiche hierzu auch die auf S. 21 angegebene allgemeine Literatur.

Austauschwechselwirkungen

Wie bei $LaMnO_{3+\delta}$ (S. 22) tritt auch in den Mischoxiden mit Ca, Sr und Ba Superaustausch auf. Die von Matsumoto [1] an $La_{1-x}Ca_xMnO_3$ im Bereich $0.1 < x < 0.3$ und von Jacobs, Roth [2] an $La_{1-x}Ba_xMnO_3$ im gleichen Bereich nachgewiesene Spinverkantung ist möglicherweise nicht mit Doppelaustausch zu erklären. Dieser wurde von Zener [3] für Sprünge zwischen je zwei Ionen in äquivalenten Lagen abgeleitet und ist demgemäß durch $b \cdot \cos(\Theta_{ij}/2)$ repräsentiert (b = Transfer-Energie, Θ = Verkantungswinkel). Auf $La_{1-x}Ca_xMnO_3$ wurde er von de Gennes [4] angewandt, genügt aber nicht zur Deutung der späteren experimentellen Befunde von Matsumoto [1] und Lotgering [5]. Nach Matsumoto [1] ist das Elektronenloch bei kleiner Ca-Konzentration ($x < 0.1$) fest an die acht äquivalenten Mn-Lagen (in der magnetischen Zelle) um ein Ca^{2+}-Ion gebunden. Das so gebildete ferromagnetische „Molekül" tritt mit entsprechenden anderen nicht in Wechselwirkung. Eine solche beginnt erst bei höherer Ca-Konzentration ($x > 0.1$) infolge Ausbildung eines d-Bandes. Sie ist ferromagnetisch und wird mit zunehmendem x (und Mn^{4+}-Gehalt) immer stärker, da sich die Elektronenlöcher schließlich in dem ganzen Kristall über die den Ca^{2+} benachbarten Mn-Lagen bewegen können. Hierzu muß nach Goodenough [6] mindestens x = 0.31 sein. Lotgering [5] kommt bei Untersuchungen an Ba-haltigen sowie an Mn^{4+}-freien, Ba^{2+}- und Ti^{4+}-haltigen Proben (s. S. 123) zu dem Schluß, daß die lokalen Spinverzerrungen, die zu einem ferromagnetischen Moment führen, auch ohne Doppelaustausch erklärbar sind.

Magnetische Struktur

In der Reihe $La_{1-x}Ca_xMnO_3$ bleibt die magnetische Struktur von $LaMnO_3$ (s. S. 22) bis $x \approx 0.1$ erhalten. Bei höherem Ca-Gehalt verkanten die parallel zur b-Achse (Aufstellung gemäß Pbnm) antiferromagnetisch angeordneten Spins der Mangan-Ionen zunehmend in Richtung der c-Achse, bis sie bei x = 0.3 zu dieser parallel verlaufen; s. hierzu den ϑ-Verlauf in **Fig. 13** nach Matsumoto [1]. Damit werden für den genannten Konzentrationsbereich die Ergebnisse von Wollan, Koehler [7] aus Neutronenbeugungsuntersuchungen bestätigt. Nach diesen kommt eine ferromagnetische Spin-

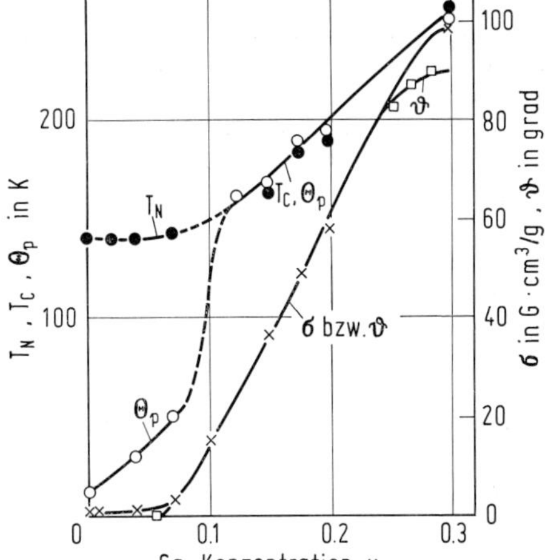

Fig. 13

Néel-Temperatur T_N, ferromagnetische und paramagnetische Curie-Temperatur T_C bzw. Θ_p, spontane Magnetisierung σ und Winkel ϑ der Spinverkantung gegen die b-Achse von $La_{1-x}Ca_xMnO_3$ in Abhängigkeit vom Ca-Gehalt x.

ausrichtung nur bei $x < 0.5$ zustande; diese ist bei $x < 0.25$ und $x > 0.40$ von einer antiferromagnetischen Spinausrichtung, die bei $x > 0.5$ allein existiert, überlagert. Goodenough [6] nimmt in Übereinstimmung damit an, daß sich die Mn^{3+}- und Mn^{4+}-Ionen ordnen und daß in der vollständigen Mischoxidreihe (bis x = 1) fünf verschiedene Ordnungstypen existieren, von denen in vier Zwischenbereichen je 2 gleichzeitig vorliegen.

An $La_{1-x}Ba_xMnO_3$ ergibt sich aus Neutronenbeugungsuntersuchungen, daß die magnetischen Momente bei x = 0.18 einen Winkel von 72° einschließen (d. h. ϑ = 54°) und bei x = 0.30 parallel gerichtet sind [2].

Compounds of Mn with O, La, and Other Metals

Magnetic Properties

Magnetisierung

Untersuchungen mit Neutronenstrahlen bei 4.2 K führen zu einem antiferromagnetischen Moment (je Formeleinheit) entlang der a-Achse (Aufstellung Pnma) von $\mu_{af} = 3.4 \pm 0.1\ \mu_B$ in $La_{0.95}Ca_{0.05}MnO_3$ bzw. $\mu_{af} = 3.2 \pm 0.1\ \mu_B$ in $La_{0.95}Ba_{0.05}MnO_3$ sowie zu einem ferromagnetischen Moment (je Formeleinheit) entlang der b-Achse von $\mu_f = 0.9 \pm 0.1\ \mu_B$ in der Ca-haltigen und $\mu_f = 1.0 \pm 0.1\ \mu_B$ in der Ba-haltigen Probe, Elemans u. a. [8]. Magnetische Messungen ergeben geringere Werte, s. unten. In $La_{1-x}Ca_xMnO_3$-Proben mit $0 < x \leqq 0.3$ bleibt nach Messungen mit einem Pendel-Magnetometer bei 77 K im Bereich $x \lessapprox 0.07$ die spontane Magnetisierung σ unterhalb 2 G · cm³/g. Im Bereich $x > 0.07$ steigt σ linear an und beträgt in $La_{0.7}Ca_{0.3}MnO_3$ etwa 100 G · cm³/g, s. Fig. 13 nach Matsumoto [1].

An $La_{1-x}Sr_xMn^{3+}_{1-y}Mn^{4+}_yO_z$ zeigen bereits Jonker, van Santen [9], daß die Sättigungsmagnetisierung σ_s in nichtstöchiometrischen Proben $(x < y)$ größer ist als in stöchiometrischen Proben mit gleichem Sr-Gehalt, aber kleiner als in stöchiometrischen Proben mit gleich hohem Mn^{4+}-Gehalt; beispielsweise wiıd für x = y = 0.10 $\sigma_s \approx 75$ G · cm³/g, für x = y = 0.28 $\sigma_s \approx 91$ G · cm³/g und für x = 0.10, y= 0.28 $\sigma_s \approx 87$ G · cm³/g gefunden. Mit abnehmender Temperatur soll σ_s in $La_{1-x}Sr_xMnO_3$ mit $x > 0.4$ nicht wie sonst üblich zunehmen. Beispielsweise wird an Proben mit x = 0.6 bis 0.7 bei etwa 210 K ein flaches Maximum ($\sigma_s \approx 27$ G · cm³/g) beobachtet; $\sigma_s \approx 10$ und ≈ 19 G · cm³/g bei 290 bzw. 90 K [9]. Diese Beobachtung macht allerdings Watanabe [10] nicht.

Bei $La_{0.95}Ba_{0.05}MnO_3$ wird aus der σ-H-Kurve für $H \rightarrow 0$ bei 4.2 K $\sigma \approx 14$ G · cm³/g, also $\mu_f = 0.6\ \mu_B$ je Formeleinheit extrapoliert. Analog ergibt sich bei einem Ba-Gehalt zwischen x = 0.1 bis 0.25 μ_f = 4.0 bis 3.9 μ_B (entspricht dem Nur-Spin-Wert) in Übereinstimmung mit früheren Ergebnissen, s. Einleitung, S. 32. In den Proben mit x = 0.10 bis 0.25 tritt Sättigung in einem Magnetfeld von etwa 15 kOe auf, hingegen wird in Proben mit x = 0.05 selbst bei 30 kOe noch keine Sättigung erreicht. Untersuchungen an $La_{0.85}Ba_{0.15}MnO_3$ ergeben eine Magnetisierung in genügend hohem Feld auch oberhalb der ferromagnetischen Curie-Temperatur T_C; beispielsweise erreicht σ bei

260 K (also 30 K oberhalb T_C) in einem Feld von 20 kOe den Wert 16 G · cm^3/g (etwa 1/4 des Wertes bei T = 0 K). Die σ-H-Kurve ist leicht gekrümmt, aber eine Remanenz wurde (natürlich) nicht beobachtet, Lotgering [5].

Compounds of Mn with O, La, and Other Metals

Magnetic Properties

Umwandlungstemperaturen

Néel-Temperatur T_N, ferromagnetische Curie-Temperatur T_C. Über die Bereiche, in denen T_C in Ca-, Sr- oder Ba-haltigen Proben in Abhängigkeit vom Mn^{4+}-Gehalt maximale Werte erreicht, s. Einleitung, S. 32.

Für die stöchiometrischen Verbindungen $La_{1-x}Ca_xMnO_3$ mit $0 < x \leqq 0.3$ ergibt sich aus Magnetisierungsuntersuchungen, daß T_N, wenn $x < 0.07$ ist, den gleichen Wert (141 K) hat wie in $LaMnO_3$. T_C steigt von etwa 160 K bei x = 0.1 auf etwa 260 K bei x = 0.3 an, s. Fig. 13 nach Matsumoto [1], S. 33. An Proben mit überschüssigem Mn^{4+}-Gehalt werden in der thermischen Ausdehnung schwache Anomalien bei etwa 123 K für x = 0.2, 0.4 und 0.6 sowie bei etwa 118 K für x = 0.8 und $CaMnO_3$ beobachtet und einem magnetischen Übergang zugeordnet, Iserentant [11].

Für Sr-haltige Proben mit überschüssigem Mn^{4+}-Gehalt liegt T_C höher als für die hinsichtlich des M^{2+}-Gehalts stöchiometrischen Proben und niedriger als für die hinsichtlich des Mn^{4+}-Gehalts stöchiometrischen Proben. Dies zeigen bereits Jonker, van Santen [9] an $La_{1-x}Sr_xMn^{3+}_{1-y}Mn^{4+}_yO_z$; beispielsweise ist $T_C \approx 210$ K für x = y = 0.10, $T_C \approx 260$ K für x = 0.10, y = 0.28 und $T_C \approx 360$ K für x = y = 0.28. T_C = 356 K bestimmen Matsumoto, Iida [12] für $La_{0.7}Sr_{0.3}MnO_3$. Die von Volger [13] untersuchte Probe mit x = 0.3 weist in der Temperaturabhängigkeit der Wärmekapazität eine Anomalie bei 340 K auf.

In praktisch stöchiometrischen $La_{1-x}Ba_xMnO_3$-Proben steigt T_C von etwa 160 K bei x = 0.05 auf etwa 310 K bei x = 0.25 an, s. hierzu **Fig. 14** nach Lotgering [5].

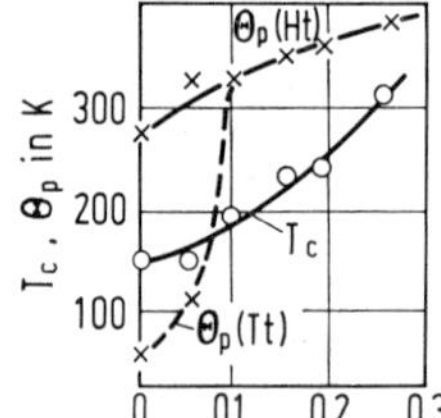

Fig. 14

Ferromagnetische (T_C) und paramagnetische Curie-Temperatur Θ_p der Tieftemperatur (Tt) und Hochtemperatur (Ht)-Phase von $La_{1-x}Ba_xMnO_3$ in Abhängigkeit vom Mn^{4+}-Gehalt.

Anisotropie

In einem statischen Magnetfeld (10.6 kOe) von Raumtemperatur auf 77 K abgekühlte polykristalline $La_{1-x}Ca_xMnO_3$-Proben zeigen bei Drehmomentuntersuchungen wie $LaMnO_3$ einen unidirektionalen Anisotropiecharakter ($K_{ud} \cdot \sin\Theta$), wenn x < 0.1 ist, dagegen uniaxialen Anisotropiecharakter ($K_{ua} \cdot \sin\Theta$) bei höherem Ca-Gehalt (bis x = 0.3 untersucht). Die Änderung von K_{ud} und K_{ua} in Abhängigkeit vom Ca-Gehalt zeigt **Fig. 15** für 77 K; die einachsige Anisotropiekonstante ist am größten für die Probe mit x = 0.175, Matsumoto [1].

Spezifische Suszeptibilität χ, paramagnetische Curie-Temperatur Θ_p

In den stöchiometrischen Verbindungen $La_{1-x}Ca_xMnO_3$ steigt Θ_p von etwa 10 K bei x = 0 auf etwa 50 K bei x = 0.07 an und fällt, wenn x > 0.1 ist, praktisch mit der ferromagnetischen Curie-Temperatur zusammen, s. Fig. 13 nach Matsumoto [1], S. 33. Bei höheren Mn^{4+}-Gehalten y finden Bokov u. a. [14] eine Abnahme von $\Theta_p \approx 300$ K bei x = 0.5 auf $\Theta_p \approx 260$ K bei x = 0.8 und $\Theta_p \approx 160$ K bei x = 0.9. In Sr-haltigen Proben mit 0.2 < x < 0.4 ändert sich χ in Abhängigkeit von der Temperatur gemäß dem Curie-Weiss-Gesetz, während für höheren Sr-Gehalt gelegentlich gekrümmte Kurven beobachtet werden; s. zahlreiche Figuren im Original [10]. Aus Daten oberhalb 600 K ergeben sich für die Hochtemperaturphase von Sr-reichen Proben mit geringem Mn^{4+}-Gehalt positive Θ_p-Werte,

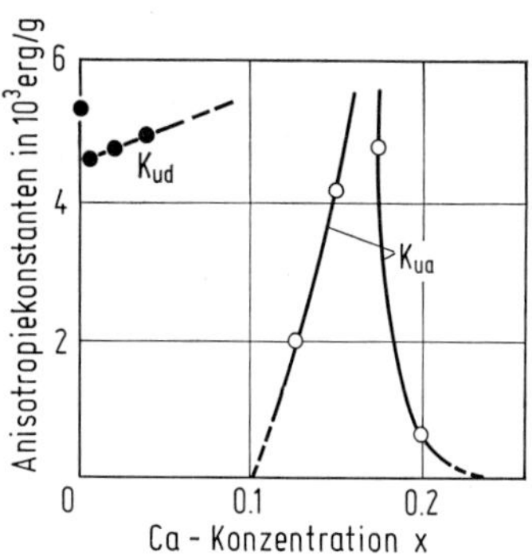

Fig. 15

Anisotropiekonstanten K_{ud} und K_{ua} von $La_{1-x}Ca_xMnO_3$ bei 77 K in Abhängigkeit vom Ca-Gehalt x.

wenn $x < 0.6$ ist, und eine lineare Änderung von $\Theta_p \approx 0$ K bei x = 0.6 auf etwa −350 K bei x = 0.95. Für Proben mit großem Mn^{4+}-Überschuß lassen sich aus den Diagrammen [10] beispielsweise die Werte $\Theta_p \approx 425$ K für x = 0.2, y = 0.45, $\Theta_p \approx 375$ K für x = 0.3, y = 0.53 und $\Theta_p \approx 300$ K für x = 0.6, y = 0.82 entnehmen.

Bei praktisch stöchiometrischen $La_{1-x}Ba_xMnO_3$-Proben mit $0 < x \leqq 0.3$ folgt die Suszeptibilität aller Proben oberhalb etwa 500°C (untersucht bis 1100°C) dem Curie-Weiss-Gesetz mit den in Fig. 14, S. 34, nach Lotgering [5] dargestellten Θ_p-Werten. Die Steigungen der Geraden ergeben die Curie-Konstanten $C_m = 3.8$ bis 4 und sind damit für alle Proben etwa genau so groß wie der berechnete Nur-Spin-Wert. Für die Tieftemperaturmodifikation der Probe mit x = 0.05 gilt unterhalb etwa 400 K das Curie-Weiss-Gesetz mit $\Theta_p \approx 110$ K, Lotgering [5].

Compounds of Mn with O, La, and Other Metals

Magnetic Properties

Kernmagnetische Resonanz

Bei Untersuchungen an stöchiometrischen $La_{1-x}Ca_xMnO_3$-Proben mit der Spin-Echo-Methode werden zwischen 280 und 700 MHz an Proben mit $x \leqq 0.1$ bis hinab zu 1.4 K keine ^{55}Mn-Resonanzen beobachtet. Bei 4.2 K tritt an Proben mit x = 0.175 ein breiter intensiver Peak um 400 MHz (350 bis 435 MHz) für $^{55}Mn^{3+}$ und ein kleiner Peak um 323 MHz für $^{55}Mn^{4+}$ auf; dagegen ist an Proben mit x = 0.125 (wegen der geringeren Spin-Echo-Abklingzeit des $^{55}Mn^{3+}$ von wenigen μs) nur der schwache Peak um 323 MHz bei 1.4 K, an Proben mit x = 0.2 und 0.3 bei 4.2 K nur der intensive um 378 MHz zu beobachten. Letzterer wird der Resonanz von $^{55}Mn^{4+}$ mit beweglichen Elektronen zugeschrieben. Die Breite der $^{55}Mn^{3+}$-Resonanz wird auf die anisotrope Hyperfeinwechselwirkung des ^{55}Mn-Kerns zurückgeführt, Matsumoto [1].

An $La_{0.7}Sr_{0.3}MnO_3$ beobachten Matsumoto, Iida [12] schon vorher die intensive Resonanz für $^{55}Mn^{4+}$ mit beweglichen Elektronen bei 372.8 MHz und die weniger intensive $^{139}La^{3+}$-Resonanz bei 385.0 MHz in einem statischen Magnetfeld von 2.6 kOe bei 78 K. Bei $La_{0.7}Ba_{0.3}MnO_3$ tritt außer diesen beiden Resonanzen noch eine schwache bei 320 MHz auf, die nicht auf Mn^{4+}, sondern auf ^{135}Ba und ^{137}Ba zurückgeführt wird.

Hyperfeinfeld

An $La_{0.7}Sr_{0.3}MnO_3$ ergibt sich aus der kernmagnetischen Resonanz bei 78 K das Hyperfeinfeld H am Ort des Mn-Ions zu −360 kOe. Demnach liegt Mangan als $Mn^{3.5+}$ vor, d. h. als Mn^{4+} mit beweglichen Elektronen. Am Ort des La-Ions ist das Feld ungewöhnlich hoch (639 kOe), wahrscheinlich (s. hierzu oben) auch am Ort des Ba-Ions (710 kOe) in $La_{0.7}Ba_{0.3}MnO_3$. Diese beiden Werte können damit erklärt werden, daß die ferromagnetische Superaustausch-Wechselwirkung über die La-Punktlage erfolgt und in diesen Verbindungen überwiegt [12].

Literatur:

[1] G. Matsumoto (J. Phys. Soc. Japan **29** [1970] 615/32). — [2] I. S. Jacobs, W. L. Roth (Bull. Am. Phys. Soc. [2] **8** [1963] 213). — [3] C. Zener (Phys. Rev. [2] **82** [1951] 403/5, **83** [1951] 299/301, **85** [1952] 324/8). — [4] P. G. de Gennes (Phys. Rev. [2] **118** [1960] 141/54). — [5] F. K. Lotgering (Philips Res. Rept. **25** [1970] 8/16).

[6] J. B. Goodenough (Phys. Rev. [2] **100** [1955] 564/73). — [7] E. O. Wollan, W. C. Koehler (Phys. Rev. [2] **100** [1955] 545/63). — [8] J. B. A. A. Elemans, B. van Laar, K. R. van der Veen, B. O. Loopstra (J. Solid State Chem. **3** [1971] 238/42). — [9] G. H. Jonker, J. H. van Santen (Physica **16** [1950] 337/49). — [10] H. Watanabe (J. Phys. Soc. Japan **16** [1961] 433/9).

[11] C. M. Iserentant (Verhandel. Koninkl. Vlaam. Acad. Wetenschap. Belg. Kl. Wetenschap. **30** Nr. 102 [1968] 1/91, 63/87, 85/6; C. A. **70** [1969] Nr. 32256). — [12] G. Matsumoto, S. Iida (J. Phys. Soc. Japan **21** [1966] 2734). — [13] J. Volger (Physica **20** [1954] 49/66). — [14] V. A. Bokov, N. A. Grigoryan, M. F. Bryzhina, V. V. Tikhonov (Phys. Status Solidi **28** [1968] 835/47).

Compounds of Mn with O, La, and Other Metals

Electrical Properties

Elektrische Eigenschaften

Ladungsträgerbeweglichkeit und Leitungsmechanismus

In den untersuchten Sr-haltigen Sinterproben mit 10 bis 60% Sr ist die effektive Beweglichkeit der Ladungsträger sehr klein. Die scheinbare Beweglichkeit wird auf höchstens 0.1 $cm^2 \cdot V^{-1} \cdot s^{-1}$ abgeschätzt, Volger [1, S. 62].

An $La_{1-x}Sr_xMnO_3$-Proben ergibt sich für x = 0.1 aus dem Vorzeichen des Hall-Effekts Elektronenleitung und aus dem der thermoelektrischen Kraft Löcherleitung. Demnach liegt bei x = 0.1 bereits gemischte Leitfähigkeit vor. Diese wird auch für x = 0.2 und 0.3 nachgewiesen. Bei x = 0.6 liegt nur noch Löcherleitung vor, Volger [1, S. 60/2].

Spezifischer Widerstand ρ in Ω·cm

In den Verbindungen $La_{1-x}M_x^{2+}Mn_{1-y}^{3+}Mn_y^{4+}O_z$ (M = Ca, Sr oder Ba) mit z ≈ 3 ist die Leitfähigkeit etwa in demselben y-Konzentrationsbereich wie die Magnetisierung und Curie-Temperatur besonders hoch und der Temperaturkoeffizient klein, van Santen, Jonker [2]. Entsprechend wird für nichtstöchiometrische Proben mit überschüssigem Mn^{4+}-Gehalt (z > 3) eine höhere Leitfähigkeit gefunden als für stöchiometrische. Beispielsweise ist bei einer Probe mit 10% Ca bei 290, 90 und 77 K ρ = 0.13, 2.9 und 3.6, wenn diese in O_2, und ρ = 1.6, 2.0 × 10^4 und 11 × 10^4, wenn diese in N_2 zuletzt behandelt wurde, Volger [1, S. 52]. Bei neueren Untersuchungen an stöchiometrischen Proben mit x ≦ 0.3 werden von Matsumoto [3] die in **Fig. 16** dargestellten Kurven erhalten. Danach treten in den Proben mit 0.1 < x < 0.3 zwei Aktivierungsprozesse auf. Proben mit x = 0.3 weisen unterhalb der Curie-Temperatur T_C (≈ 250 K) metallische Leitfähigkeit auf, solche mit x < 0.1 sind halbleitend.

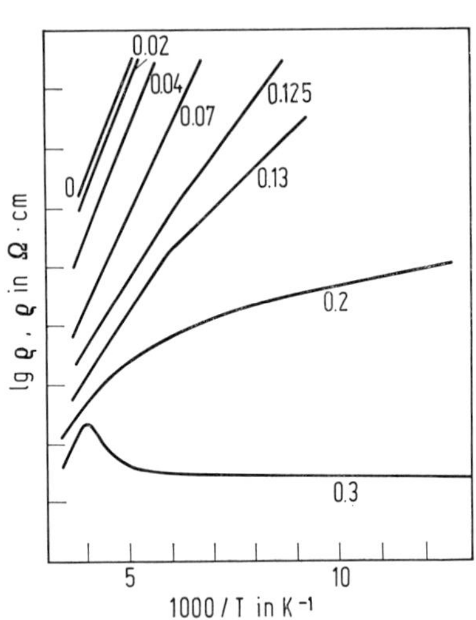

Fig. 16

Spezifischer Widerstand von $La_{1-x}Ca_xMnO_3$-Proben mit unterschiedlichem Ca-Gehalt x in Abhängigkeit von der Temperatur T.

In Sr-haltigen Proben mit z ≈ 3 (bei 1000°C 20 h getempert) nimmt lg ρ beispielsweise bei 100 K und 1 kHz von etwa +3 bei x = 0.1 auf etwa −2.5 bei x = 0.2 bis 0.4 ab und beträgt für x = 0.5 bis 0.7 etwa Null. Die lg ρ-1/T-Kurven dieser Proben (x = 0.1 bis 0.5) steigen zwischen

500 K und T_C linear für alle, unterhalb T_C nur für x = 0.1 ($T_C \approx 210$ K) weiterhin linear, aber langsamer und unterhalb etwa 140 K noch langsamer an. Bei x = 0.2 und 0.3 tritt bei T_C (≈ 335 bzw. 365 K) ein relativ scharfes, bei x = 0.4 und 0.5 ($T_C \approx 360$ bzw. 310 K) ein sehr breites flaches Maximum auf. Bei der Curie-Temperatur hat lg ρ etwa folgende Werte: +0.5 (x = 0.1), −1.5 (x = 0.2), −2.0 (x = 0.3), −1.8 (x = 0.4) und −0.5 (x = 0.5), van Santen, Jonker [2]. Bei 77 K wird an $La_{0.9}Sr_{0.1}MnO_z$ mit Mn^{4+}-Gehalten von 6.8, 11.8 oder 12.4% $\rho = 4.5 \times 10^2$, 52×10^2 bzw. 3.0×10^2 Ω · cm bestimmt, Volger [1, S. 57]. Bei einer Probe mit x = 0.3 tritt bei 20 K ein Minimum auf; $\rho \approx 2.25 \times 10^{-3}$ bei 80 K, 1.98×10^{-3} bei 20 K und 2.0×10^{-3} bei 13 K. Ein äußeres Magnetfeld von 1 kOe führt bereits zu einem temperaturunabhängigen (niedrigeren) Widerstand zwischen 30 und 10 K, Volger [1, S. 53].

Für nahezu stöchiometrische Ba-haltige Proben findet Lotgering [4] im Bereich $y \leqq 0.3$ bei 290 und 120 K die in **Fig. 17** gezeigte Änderung. Der Temperaturkoeffizient von ρ nimmt mit zunehmendem y ab. Der Übergang von Halbleitung zu metallischer Leitfähigkeit findet bei etwa y = 0.23 statt; eine Probe mit 25% Mn^{4+} ist zwischen Raumtemperatur und 4.2 K metallisch leitend; lg ρ = −0.92 bei 293 K, −1.25 bei 78 K und −1.28 bei 4.2 K, Lotgering [4]. Den Einfluß des Körnungsgrades im Material auf ρ weisen van den Brom, Volger [5] an $La_{0.85}Ba_{0.15}MnO_3$ nach, für welches bei 77 K ρ = 1.3 vor und (bei gleicher chemischer Zusammensetzung) ρ = 1.7 nach 70stündigem Sintern an der Luft bei 1400°C gefunden wird.

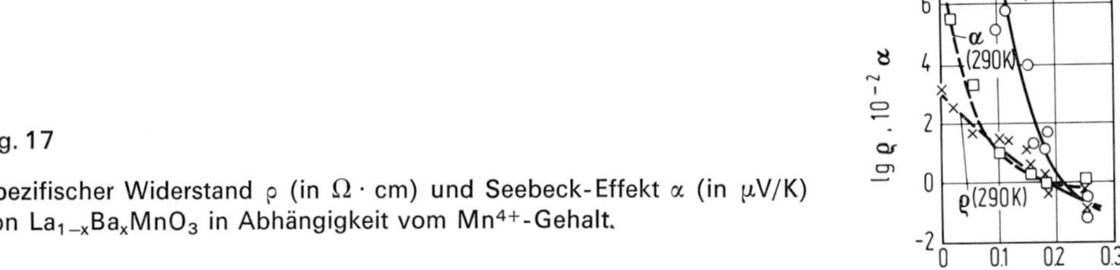

Fig. 17

Spezifischer Widerstand ρ (in Ω · cm) und Seebeck-Effekt α (in μV/K) von $La_{1-x}Ba_xMnO_3$ in Abhängigkeit vom Mn^{4+}-Gehalt.

Dispersion des spezifischen Widerstandes bei Wechselstrom

Eine Frequenzabhängigkeit für ρ (und für die Dielektrizitätskonstante, s. S. 40) bereits unterhalb ν = 100 kHz ergibt sich aus Untersuchungen der Impedanz für Proben mit genügend hohem Mn^{4+}-Gehalt. In einer $La_{0.9}Sr_{0.1}MnO_3$-Probe mit 6.8 Atom-% Mn^{4+} wird keine, in einer mit 11.8 Atom-% Mn^{4+} sehr wohl eine Dispersion von ρ bei 77 K bis 100 kHz beobachtet. Die ρ-ν-Kurven sind flacher als Debye-Kurven mit nur einer Relaxationszeit, s. **Fig. 18**, S. 38. An einer keramischen Sinterprobe von $La_{0.9}Ca_{0.1}MnO_3$ mit $\rho_0 = 96$ kΩ · cm (d. h. bei ν = 0) wird ρ = 2.803 kΩ · cm bei 100 kHz und für den Grenzwert bei hohen Frequenzen $\rho_\infty = 2.700$ kΩ · cm sowie die Relaxationsfrequenz $\nu_{1/2} = 400$ Hz bei 77 K bestimmt. Bei einer relativ porösen Probe von $La_{0.9}Sr_{0.1}MnO_3$ mit ähnlichem Mn^{4+}-Gehalt beträgt ρ_∞ hingegen ein Fünftel von ρ_0; **Fig. 19**, S. 38, zeigt, daß für ρ_0, ρ_∞ und $1/\nu_{1/2}$ der gleiche Temperaturkoeffizient gefunden wird. Für diese Probe und auch bei höherem Sr-Gehalt ist $\nu_{1/2} \gg 100$ kHz bei Raumtemperatur. Durch Verringerung der Probenporosität (etwa durch Anlassen) kann die Impedanz geändert werden, und zwar die Resistanz weniger (um höchstens 10%) als die Kapazitanz. Der gleiche Grenzwert, den ρ bei hohen Frequenzen anstrebt, wird auch bei hohen elektrischen Feldstärken erreicht [1].

Widerstandsänderung im Magnetfeld $-\Delta R/R$

In ferromagnetischen Proben wird der Widerstand in einem Magnetfeld erniedrigt [1]. An einer stöchiometrischen $La_{0.7}Ca_{0.3}MnO_3$-Probe wird in einem Feld von 10 kOe $-\Delta\rho/\rho \approx 20\%$ bei 4.2 K gefunden, Matsumoto [3]. Die Widerstandsänderung einer keramischen nichtstöchiometrischen $La_{0.8}Sr_{0.2}MnO_3$-Probe erreicht bei tiefen Temperaturen ($\lessapprox 175$ K) Sättigung bei H ≈ 2 kOe. Hingegen steigt $-\Delta R/R$ spätestens bei 273 K und höherer Temperatur noch bei $H \gtrapprox 2.5$ kOe linear

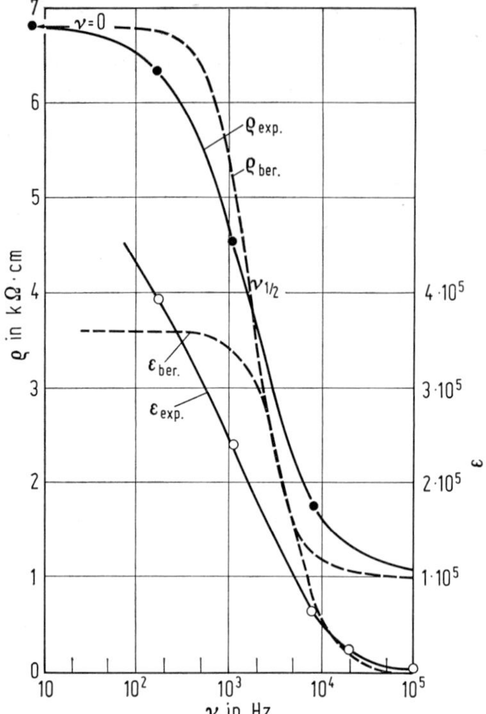

Fig. 18

Spezifischer Widerstand ρ und Dielektrizitätskonstante ε einer porösen $La_{0.9}Sr_{0.1}MnO_3$-Probe bei 77 K in Abhängigkeit von der Frequenz ν.

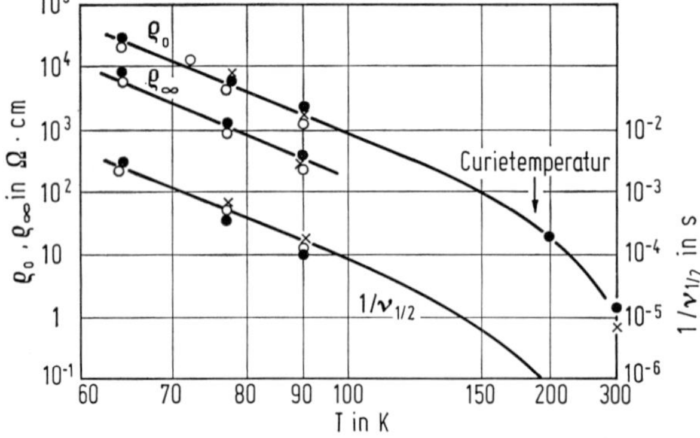

Fig. 19

Spezifischer Widerstand ρ_0 und ρ_∞ und Relaxationszeit $1/\nu_{1/2}$ von einer porösen $La_{0.9}Sr_{0.1}MnO_3$-Probe in Abhängigkeit von der Temperatur T.

mit dem Magnetfeld an. Mit steigender Temperatur nimmt $-\Delta R/R$ bei H = 3 kOe von 10% bei 77 K auf 2% bei 273 K linear ab, erreicht bei 294 K ein Maximum (8%) und verschwindet bei 340 K. Die Abhängigkeit von der Magnetisierung zeigt, daß bei Mn^{4+}-reichen Proben (beispielsweise mit 30% Sr) der größte Teil des Magnetwiderstandes bei 77 und 293 K auf Drehprozesse, bei Mn^{4+}-ärmeren Proben (beispielsweise mit 10% Ca) bei 90 K aber noch auf die zunehmende Ausrichtung der Momente zurückführbar ist, Volger [1].

Eine Dispersion der Widerstandsänderung (mit Wechselstrom in statischen Magnetfeldern gemessen) tritt nur an schlecht leitenden $La_{1-x}M_x^{2+}MnO_3$-Proben mit $x < 0.2$ auf und nur an solchen Proben, welche auch eine Dispersion für ρ zeigen. Der Hochfrequenzeffekt des Magnetwiderstandes mit Wechselstrom ist positiv und klein (und nicht wie der mit Gleichstrom negativ und groß). An

$La_{0.9}Ca_{0.1}MnO_3$ nimmt ρ_0 (bei $\nu = 0$) in Abhängigkeit vom Magnetfeld H um 1% je kOe linear ab. Bei 100 kHz nimmt ρ proportional H^2 zu, wenn H von 750 bis 1150 kOe erhöht wird; $\Delta\rho = \rho_\nu - \rho_\infty$ nimmt in diesem Bereich von 1 auf ≈20 Ω · cm zu. In stärkeren Feldern erfolgt eine langsame Zunahme. Der Magnetwiderstand verschwindet, wenn eine genügend hohe elektrische Spannung auf die Probe einwirkt, Volger [1].

Compounds of Mn with O, La, and Other Metals

Electrical Properties

Ferromagnetische Kontakte

Bei einem Kontakt von Ag auf polykristallinem feinkörnigem $La_{0.85}Ba_{0.15}MnO_3$ (sogenanntes Ag/Manganit) erreicht die Kontaktwiderstandsänderung $-\Delta R_C/R_C$ früher ein Maximum (200 K) als an einem solchen aus zwei zusammengepreßten grobkristallinen Manganit-Proben gleicher Zusammensetzung (233 K). In letzteren erniedrigt eine elektrische Spannung von 100 mV R_C um etwa 50% und erhöht $\Delta R_C/R_C$ von −3.25 (bei V = 0) auf −2.25%. Beide Größen zeigen im MHz-Bereich Dispersion. Während bei dem Ag/Manganit-Kontakt bei steigendem Magnetfeld ein Sättigungswert erreicht wird, ändert sich der Widerstand bei dem grobkörnigen Manganitkontakt bis H = 5.5 kOe linear, van den Brom, Volger [5].

Hall-Effekt

Der Hall-Koeffizient R_H von Sr-haltigen keramischen Sinterproben unterschiedlicher Zusammensetzung ist durchweg sehr klein; beispielsweise wird für $La_{0.9}Sr_{0.1}MnO_3$ im paramagnetischen Zustand bei Raumtemperatur $R_H \approx -10^{-9}$ V · cm · G^{-1} · A^{-1} gefunden. In den ferromagnetischen Proben mit mittleren Sr-Gehalten spielt nur der spontane Hall-Effekt eine Rolle; er ist bei allen Proben negativ und klein. Der normale Hall-Effekt, der dem spontanen überlagert ist, ist so klein, daß er nicht mehr beobachtbar ist, Volger [1, S. 61/2].

Seebeck-Effekt α

An stöchiometrischen $La_{1-x}Ba_xMnO_3$-Proben findet Lotgering [4], daß α mit steigendem Mn^{4+}-Gehalt abnimmt, bei Raumtemperatur von α = 770 μV/K für x = 0 auf unter 20 μV/K für x > 0.15 (untersucht bis x = 0.25); s. hierzu Fig. 17, S. 37. In Abhängigkeit von der Temperatur ändert sich α für Proben mit unterschiedlichem Sr-Gehalt gemäß **Fig. 20** [1, S. 60/2]. In diese Figur sind die Curie-Temperaturen der Proben mit x = 0.2 und 0.3 nach Jonker [6] eingezeichnet.

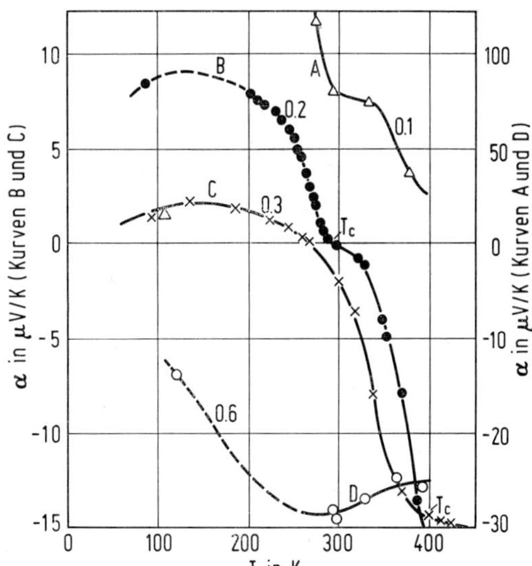

Fig. 20

Temperaturabhängigkeit der Thermokraft α von $La_{1-x}Sr_xMnO_3$-Proben bei verschiedenen Sr-Gehalten x (Zahlen an den Kurven).

Dielektrizitätskonstante ε

Untersuchungen an polykristallinem $La_{0.9}Sr_{0.1}MnO_3$ zeigen, daß ε stark von der Frequenz abhängt; bei 77 K nimmt ε linear von 4×10^5 bei etwa 0.1 kHz auf 1×10^5 bei etwa 5 kHz und dann langsamer bis 100 kHz auf etwa 9×10^4 ab, s. Fig. 18, S. 38. Etwa die gleiche Abnahme ist zu beobachten, wenn auf die Probe eine elektrische Feldstärke von 30 V/cm wirkt. Ein Magnetfeld hat nur geringen Einfluß auf den niederfrequenten ε-Wert; bei 160 Hz ist ε bei 5 kOe nur um 0.5% kleiner als ohne Feld, Volger [1, S. 56/9, 61].

Literatur:

[1] J. Volger (Physica **20** [1954] 49/66). — [2] J. H. van Santen, G. H. Jonker (Physica **16** [1950] 599/600). — [3] G. Matsumoto (Ferrites, Proc. Intern. Conf., Kyoto 1970 [1971], S. 578/80). — [4] F. K. Lotgering (Philips Res. Rept. **25** [1970] 8/16). — [5] E. van den Brom, J. Volger (Phys. Letters A **26** [1968] 197/8).

[6] G. H. Jonker (Physica **22** [1956] 707/22).

Compounds of Mn with O, La, and Other Metals

Catalytic Activity

Katalytische Aktivität

Bei der Oxidation von NH_3 zwischen 350 und 400°C entstehen an den La-reichen Katalysatoren (0 bis 25% Mn^{IV}) der Reihe $La_{1-x}Ca_xMnO_3$ hauptsächlich N_2O (50 bis 55% bei 400°C), viel N_2 (39 bis 48%) und wenig NO (5 bis 8%). An den Ca-reichen Verbindungen (50 bis 100% Mn^{IV}) überwiegt hingegen die Ausbeute an N_2 (51 bis 58%) und NO (24 bis 31%), während nur wenig N_2O (15 bis 21%) entsteht. Ausbeuten, die in der Mitte zwischen diesen Extremen liegen, werden mit Katalysatoren beobachtet, die etwa 40% Mn^{IV} enthalten, s. Figuren im Original. Die unterschiedliche Wirkungsweise wird darauf zurückgeführt, daß die La-reichen Verbindungen atomaren Sauerstoff an ihrer Oberfläche in hoher Konzentration adsorbiert haben, während der Sauerstoff der Ca- (und dadurch Mn^{IV}-)reichen Proben nicht reaktiv ist; ihre Probenoberfläche wirkt als Elektronenakzeptor [1]. Die Reduktion von NO in einem Gasgemisch mit CO und H_2 verläuft an $La_{0.7}Sr_{0.3}MnO_3$ bei 375 und 450°C 100%ig. Es bildet sich hauptsächlich N_2 und wenig (12 bzw. 26%) NH_3. In Abwesenheit von H_2 im Gasgemisch entsteht bei 200°C an $La_{0.7}Sr_{0.3}MnO_3$ und bei 375°C an $La_{0.7}Ba_{0.3}MnO_3$ hauptsächlich N_2 und etwas N_2O (22%),, aber kein NH_3 [2]. Die Oxidation von CO in einem Gasgemisch ($CO : O_2 = 2 : 1$ und p_O = 280 Torr) an $La_{0.65}Sr_{0.35}MnO_3$ genügt einer Gleichung erster Ordnung. Die Aktivierungsenergie beträgt zwischen 50 und 212°C (außer im Bereich der ferromagnetischen Curie-Temperatur um 375 K) 10.6 kcal/mol [3]. Die Oxidation von CO in einer Gasmischung (2% CO, 2% O_2 und 96% N_2; Strömungsgeschwindigkeit 24400 cm^3/h) an $La_{0.5}Sr_{0.5}MnO_3$ welches auf keramischen Cordierit aufgebracht ist, beginnt unterhalb 200°C. Sie erfolgt bei 450°C etwa genau so intensiv (etwa 60% Konversion) wie an $LaCoO_3$ und etwa dreimal intensiver als an $La_{0.5}Pb_{0.5}MnO_3$. Bei 700°C erfolgt die Konversion zu etwa 90% [4]. Durch Ätzen der Proben mit 5%iger Salpeter- oder Salzsäure wird die Aktivität stark erhöht und sinkt selbst beim Tempern bei 810°C (2 h an der Luft) nicht auf die der ungeätzten Probe ab. Bei gleicher Herstellungsweise einer Ca-, Sr- und Ba-haltigen Probe nimmt die Aktivität bei der Oxidation von 3% CO, welches der Luft beigemischt wurde, von Ca über Sr nach Ba zu. Die Oxidation von 1% Hexan, welches der Luft beigemischt wurde, erfolgt hingegen bei der Ca-, Sr- oder Ba-haltigen Probe mit etwa gleicher Aktivität [5].

Literatur:

[1] E. G. Vrieland (J. Catalysis **32** [1974] 415/28). — [2] R. J. H. Voorhoeve, J. P. Remeika, D. W. Johnson (Science [2] **180** [1973] 62/4). — [3] G. Parravano (J. Am. Chem. Soc. **75** [1953] 1497/8). — [4] P. K. Gallagher, D. W. Johnson, F. Schrey (Mater. Res. Bull. **9** [1974] 1345/52). — [5] D. W. Johnson, P. K. Gallagher (Thermochimica Acta **7** [1973] 303/9).

2.11.6.3.5.2 $(Sr,La)_2MnO_4$, $(Sr,La)_3Mn_2O_7$ und $(Sr,La)_4Mn_3O_{10}$

Zu den Phasen der allgemeinen Zusammensetzung $SrO[Sr_{1-x}La_x\,Mn^{4+}_{1-x}Mn^{3+}_xO_3]_{1\text{ bis }3}$ gehören die Mischkristallreihen $(Sr,La)_2MnO_4$, $(Sr,La)_3Mn_2O_7$ und $(Sr,La)_4Mn_3O_{10}$. Von diesen ist keine lückenlos; noch bevor Sr vollständig durch La ersetzt ist, tritt in jeder dieser Reihen eine zweite, mikroskopisch und röntgenographisch nachweisbare Phase auf. Die Verbindungen bilden sich aus einer Mischung von $SrCO_3$, Mn_2O_3 (oder $MnCO_3$) und La_2O_3, wenn diese jeweils etwa 12 h zweimal bei 1300°C und schließlich bei 1400°C oder etwas höherer Temperatur gebrannt wird. Sie sind tetragonal. Die Struktur besteht aus einer oder mehreren Perowskit-Lagen entlang der c-Achse, unterbrochen von Sr-O-Schichten. Der Verlauf der Magnetisierung σ in Abhängigkeit von der Temperatur zwischen 1.4 und 300 K ist anomal (terrassenförmig), wie **Fig. 21** für die im folgenden näher beschriebenen vier Verbindungen zeigt:

	a in Å	c in Å	Anomalien im σ-T-Verlauf
$Sr_{1.5}La_{0.5}MnO_{3.99}$	3.864	12.45	16 K (T_N?); oberhalb 100 K
$Sr_2LaMn_2O_{6.98}$	3.870	19.96	130 K; nahe Raumtemperatur
$Sr_{2.5}La_{1.5}Mn_3O_{9.98}$.	3.875	27.97	130 K (T_C?)
$Sr_{1.66}La_{1.33}Mn_2O_{7.12}$	3.875	20.11	130 K (T_C?); oberhalb Raumtemperatur (T_C?)

Während $Sr_{1.5}La_{0.5}Mn_{3.99}$ im wesentlichen antiferromagnetisches Verhalten zeigt, deutet der σ-T-Verlauf bei $Sr_{2.5}La_{1.5}Mn_3O_{9.98}$, welches ebenfalls etwa so viele Mn^{3+}- wie Mn^{4+}-Ionen enthält, auf ferromagnetische Ordnung. Bei $Sr_{1.66}La_{1.33}Mn_2O_{7.12}$, welches mehr Mn^{3+}- als Mn^{4+}-Ionen enthält, wird ein remanentes Moment von 3.2 μ_B je Mn-Ion bei 1.4 K beobachtet. Das bei höheren Temperaturen (oberhalb 130 K) immer noch relativ große Moment ist möglicherweise der Spinkorrelation über große Entfernungen zuzuschreiben; diese werden in schichtenförmigen Strukturen erwartet. Magnetische Sättigung wird bis oberhalb Raumtemperatur beobachtet, J. B. MacChesney, J. F. Potter, R. C. Sherwood (J. Appl. Phys. **40** [1969] 1243/5.

Fig. 21

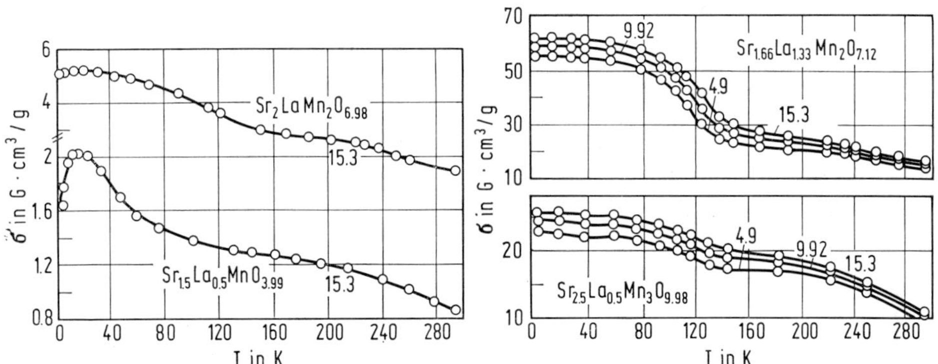

Temperaturabhängigkeit der spezifischen Magnetisierung von $SrO[Sr_{1-x}La_xMnO_3]_y$-Proben bei den angegebenen Magnetfeldstärken (in kOe).

2.11.6.3.5.3 La_2MgMnO_6

Beim Brennen der reinen Oxide oder Carbonate zwischen 1000 und 1250°C in O_2-Atmosphäre entsteht nach Abkühlung im Ofen ein Mischoxid, dessen Mn^{4+}-Gehalt 91 % des theoretischen Wertes ausmacht. Die Verbindung kristallisiert mit verzerrter Perowskit-Struktur. Aus dem Auftreten des (111)-Reflexes im Röntgendiagramm wird auf eine gewisse Ordnung zwischen den Mg^{2+}- und Mn^{4+}-Ionen geschlossen, G. Blasse (J. Phys. Chem. Solids **26** [1965] 1969/71).

2.11.6.3.5.4 $LaMn_{1-x}Ga_xO_3$

Zur Darstellung werden gemahlene Mischungen aus gereinigtem La_2O_3 und Ga_2O_3 (3 h bei 800°C und Abkühlen über P_2O_5) mit Mn_2O_3 zu Tabletten gepreßt und in einen Pt-Tiegel eingebracht, der in ein evakuiertes dickwandiges SiO_2-Rohr eingeschmolzen wird. Die Proben werden bei 800°C 2 Tage lang gebrannt, um jeglichen Angriff der Silica-Kapsel gering zu halten, dann 24 h bei 900, 1000 und zweimal bei 1100°C gebrannt und jeweils dazwischen zerkleinert. Sie enthalten dann (außer Mn^{3+}) weniger als 1 % Mn^{2+} und kein Mn^{4+}.

Compounds of Mn with O, La, and Other Metals

Die Proben kristallisieren alle rhombisch mit den in **Fig. 22** angegebenen Gitterkonstanten. Im Bereich $x \leqq 0.5$ ist $c/\sqrt{2} < a$ wie in $LaMnO_3$, bei höheren Konzentrationen ist $c/\sqrt{2} > a$. Die Angaben im Bereich x = 0.5 bis 0.85 sind wegen der schlechten Kristallisation der Proben ungenau.

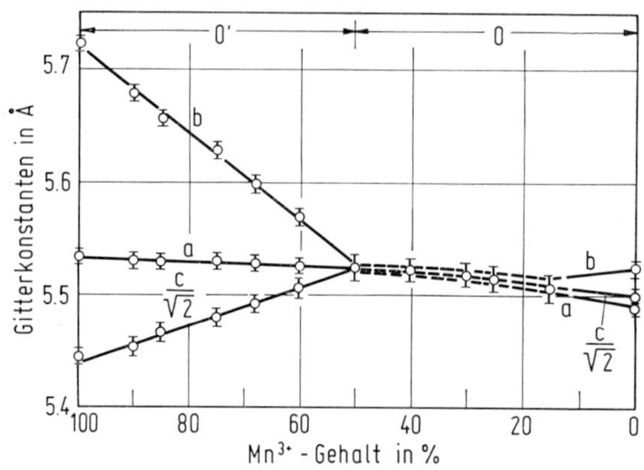

Fig. 22

Gitterkonstanten von $LaMn_{1-x}Ga_xO_3$ in Abhängigkeit vom Mn^{3+}-Gehalt.

In den ferrimagnetischen Proben ($x < 0.5$) treten vermutlich anisotrope Mn^{3+}-O^{2-}-Mn^{3+}-Wechselwirkungen auf, die in einigen Richtungen ferromagnetisch und in anderen antiferromagnetisch sind, ähnlich wie in $LaMnO_3$; außerdem ordnen sich die (diamagnetischen) Ga^{3+}-Ionen in das gleiche magnetische Untergitter ein. Das extrapolierte Sättigungsmoment μ_s bei 4.2 K in **Fig. 23** folgt, solange $x < 0.5$ ist, der gestrichelten sogenannten „ferrimagnetischen" Linie, die für die erwähnte Ga^{3+}-Ordnung und für einen Nur-Spin-Wert von 4 μ_B für Mn^{3+} gilt. Für $x > 0.5$ nähert sich μ_s dem Wert für ferromagnetische Ordnung aller Mn^{3+}-Momente. Die daraus abgeleitete Curie-Temperatur T_C sinkt von $T_C \approx 125$ K bei x = 0.1 auf ≈ 75 K bei x = 0.3 ab. Weiterer Ga-Einbau verursacht einen anomalen T_C-Anstieg, der bei 50% Ga ein Maximum erreicht; bei höherem Ga-Gehalt sinkt T_C schnell ab. Sowohl die Symmetrie als auch der T_C-x- und μ_s-x-Verlauf werden damit erklärt, daß in den $LaMn_{1-x}Ga_xO_3$-Kristallen, solange $x < 0.4$ ist, die Ga^{3+}-Ionen in alternierenden (001)-Ebenen angeordnet sind. Diese Ordnung bricht im Bereich $0.4 < x < 0.6$ zusammen. Im Bereich

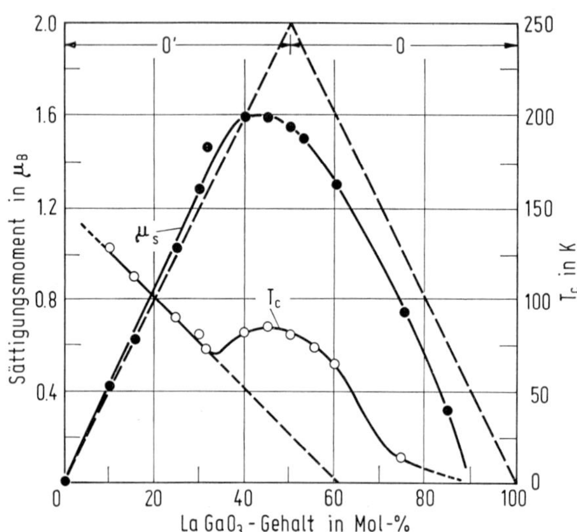

Fig. 23

Sättigungsmagnetisierung μ_s und Curie-Temperatur T_C für die Verbindungsreihe $LaMn_{1-x}Ga_xO_3$. Die gestrichelte Linie gilt theoretisch für ferrimagnetische (links) und ferromagnetische Ordnung (rechts), s. Text.

$0.6 < x \leqq 1.0$ enthalten die Verbindungen so viel Ga, daß nicht mehr alle Mn^{3+}-Ionen kooperativ gekoppelt sein können, J. B. Goodenough, A. Wold, R. J. Arnott, N. Menyuk (Phys. Rev. [2] **124** [1961] 373/84).

Compounds of Manganese with Oxygen and Lanthanides

2.11.6.4 Verbindungen des Mangans mit Sauerstoff und Lanthaniden

2.11.6.4.1 Verbindungen der Zusammensetzung $MMnO_3$ (M = Ce, Pr, Nd, Sm, Eu, Gd, Tb, Dy)

Compounds with Lanthanides of Composition $MMnO_3$ (M=Ce, Pr, Nd, Sm, Eu, Gd, Tb, Dy)

Preparation

Herstellung

Die (unter normalen Bedingungen) rhombischen Verbindungen werden (wie die pulverförmigen hexagonalen Verbindungen, s. S. 47) durch Verdampfen einer salpetersauren Lösung, die stöchiometrische Mengen der Lanthanidoxide M_2O_3 und Mangan enthält, hergestellt. Das Produkt wird anschließend unter einer IR-Lampe in reiner Ar-Atmosphäre 24 h bei 1550°C bis zur Trockne erhitzt [1]. Das trockenchemische Verfahren wenden Vickery, Klann [2] zur Herstellung von $PrMnO_3$, $NdMnO_3$ und $DyMnO_3$ an. Als Ausgangsverbindungen dienen Pr_6O_{11}, Nd_2O_3 bzw. Dy_2O_3 und $MnCO_3$ in unterschiedlichen Molverhältnissen (0.6 : 1.0 bis 1.2 : 1.0), die erst sorgfältig von Hand und anschließend 30 min automatisch gemischt werden. Die Perowskit-Phase $MMnO_3$ bildet sich im Pt-Tiegel in einer normalen Atmosphäre bei 1200°C bereits innerhalb 2 h und ist nach 20 h, unterbrochen zwecks Verkleinerung nach 2.4 und 12 h, stabilisiert. Bei 900°C findet in der gleichen Zeit nur geringe Reaktion statt. Wie die Raumtemperaturwerte der Suszeptibilität zeigen, haben die bei 1200°C hergestellten Proben bei unterschiedlichem molarem Verhältnis der Ausgangsverbindungen unterschiedliche (nichtstöchiometrische) Zusammensetzung. Die Bildung gemäß $M_2O_3 + 2\,MnO_2 \rightarrow 2\,MMnO_{(2.5+x)} + (1.0-x)O_2$ untersuchen McCarthy u. a. [3] durch Bestimmung des Gewichtsverlusts und röntgenographisch an der Nd-, Gd- und Dy-haltigen Verbindung zwischen 1200 und 1400°C. Die von 1400°C im Luftstrom abgeschreckten Proben haben danach die Zusammensetzung $NdMnO_{2.96}$, $GdMnO_{2.96}$ und $DyMnO_{2.94}$. Eine Ce-haltige Verbindung wird aus CeO_2 und einem der Manganoxide an der Luft nicht gebildet [3].

Literatur:

[1] S. Quezel-Ambrunaz (Bull. Soc. Franc. Mineral. Crist. **91** [1968] 339/43). — [2] R. C. Vickery, A. Klann (J. Chem. Phys. **27** [1957] 1161/3). — [3] G. J. McCarthy, P. V. Gallagher, C. Sipe (Mater. Res. Bull. **8** [1973] 1277/84).

Crystallographic Properties

Kristallographische Eigenschaften

Die Verbindungen kristallisieren wie die Hochdruckphasen der schwereren Verbindungen $MMnO_3$ (M = Ho, ..., Lu), s. S. 48, rhombisch (pseudokubisch) und haben eine deformierte Perowskit-Struktur; Raumgruppe Pbnm-D_{2h}^{16}; Z = 4 [1]. Aus den Oxiden hergestellte, im Luftstrom von 1400°C abgeschreckte und teilweise auf ihre nichtstöchiometrische Zusammensetzung (Sauerstoffdefizit) untersuchte Proben haben folgende Gitterkonstanten (Abweichungen in Klammern):

	$NdMnO_{2.96}$	$SmMnO_3$	$EuMnO_3$	$GdMnO_{2.96}$	$DyMnO_{2.94}$
a in Å	5.408 (3)	5.358 (2)	5.336 (2)	5.310 (2)	5.272 (2)
b in Å	5.788 (3)	5.825 (3)	5.842 (2)	5.840 (5)	5.792 (4)
c in Å	7.555 (3)	7.483 (2)	7.451 (1)	7.430 (3)	7.379 (2)

Obwohl b in der Eu-haltigen Verbindung ein Maximum erreicht, nimmt das Zellvolumen kontinuierlich von $NdMnO_3$ nach $DyMnO_3$ ab, McCarthy u. a. [2]. An von 1200°C abgeschrecktem $NdMnO_{2.97}$ wird a = 5.414, b = 5.811, c = 7.558 Å und an $GdMnO_{2.95}$ a = 5.316, b = 5.856, c = 7.434 Å gefunden [2].

Für aus Nitratlösung hergestellte (auf ihre Zusammensetzung nicht untersuchte) Proben gibt Quezel-Ambrunaz [3] folgende Werte an:

Compounds with Lanthanides of Composition $MMnO_3$

	$CeMnO_3$	$PrMnO_3$	$NdMnO_3$	$SmMnO_3$	$EuMnO_3$	$GdMnO_3$	$TbMnO_3$	$DyMnO_3$
a in Å . . .	5.537	5.545	5.380	5.359	5.338	5.313	5.297	5.275
b in Å . . .	5.557	5.787	5.854	5.843	5.842	5.853	5.831	5.828
c in Å . . .	7.812	7.575	7.557	7.482	7.453	7.432	7.403	7.375

Außer für $CeMnO_3$ weichen die von Bertaut, Forrat [1] früher angegebenen Parameter stark ab. Jedoch zeigen auch diese, daß die Deformation der Perowskit-Struktur, erkennbar an der unterschiedlichen Größe des a- und b-Parameters, mit abnehmendem Ionenradius ($r(Ce^{3+})$ = 1.18 Å, ..., $r(Dy^{3+})$ = 1.07 Å) immer ausgeprägter wird.

Für aus $MnCO_3$ und Pr_6O_{11}, Nd_2O_3 bzw. Dy_2O_3 hergestelltes $PrMnO_3$, $NdMnO_3$ bzw. $DyMnO_3$ mit nichtstöchiometrischer Zusammensetzung geben Vickery, Klann [4] näherungsweise die einfachen kubischen Parameter a = 3.82, 3.80 bzw. 3.70 Å an; a = 3.85 Å für $(Pr,Nd)MnO_3$ und a = 3.82 Å für $GdMnO_3$ mit 6.4% Mn^{4+}-Gehalt [5].

Zur Beschreibung der Struktur wird die Perowskit-Zelle so gewählt, daß Mn^{3+} auf die Punktlage 4b ($^1/_2$, 0, 0; $^1/_2$, $^1/_2$, 0; 0, 0, $^1/_2$; 0, $^1/_2$, $^1/_2$), M^{3+} und O_I auf 4c (x, y, $^1/_4$; $\bar{x}$, $\bar{y}$, $^3/_4$; $^1/_2-x$, $^1/_2+y$, $^3/_4$; $^1/_2+x$, $^1/_2-z$, $^1/_4$) und O_{II} auf die allgemeine Punktlage 8d zu liegen kommt. Für $PrMnO_3$, $NdMnO_3$ und $TbMnO_3$ geben Quezel-Ambrunaz [3] folgende Ortsparameter an:

	M^{3+}		O_I		O_{II}		
	x	y	x	y	x	y	z
$PrMnO_3$	0.008	0.064	0.075	0.476	−0.295	0.314	0.046
$NdMnO_3$.	0.006	0.064	0.068	0.473	−0.299	−0.331	0.046
$TbMnO_3$	−0.028	0.072	0.097	0.460	−0.296	0.337	0.056

Mn ist von sechs, M von zwölf O koordiniert. Jedes O hat vier M- und zwei Mn-Nachbarn.

Sauerstoff-Leerstellen gemäß der Formel $M^{3+}(Mn^{3+}_{1-2x}Mn^{2+}_{2x})O_{3-x}\square_x$ treten vermutlich in den Verbindungen mit Sauerstoff-Defizit auf. In den Ce-, Pr- und Tb-haltigen Verbindungen, in denen M sowohl im drei- als auch im vierwertigen Zustand auftreten kann, werden unter der Annahme, daß das Verhältnis M : Mn = 1 ist, auch Kationenleerstellen gemäß der Formel $(M^{3+}_{1-x}\square_x)(Mn^{3+}_{1-7x}$-$Mn^{4+}_{6x}\square_x)O_3$ angenommen, McCarthy u. a. [2].

Literatur:

[1] F. Bertaut, F. Forrat (J. Phys. Radium [8] **17** [1956] 129/31). — [2] G. J. McCarthy, P. V. Gallagher, C. Sipe (Mater. Res. Bull. **8** [1973] 1277/84). — [3] S. Quezel-Ambrunaz (Bull. Soc. Franc. Mineral. Crist. **91** [1968] 339/43). — [4] R. C. Vickery, A. Klann (J. Chem. Phys. **27** [1957] 1161/3). — [5] G. H. Jonker, J. H. van Santen (Physica **16** [1950] 337/49, 342).

Magnetic Properties

Magnetische Eigenschaften

Ähnlich wie bei $LaMnO_3$ hängen die magnetischen Eigenschaften von $PrMnO_3$ (und vermutlich auch von $CeMnO_3$) vom Mn^{3+}-Gehalt der Probe ab. Dies gilt nach Pauthenet, Veyret [1] jedoch nicht für die Verbindungen $NdMnO_3$ bis $DyMnO_3$. Diese sind bei hinreichend tiefen Temperaturen antiferromagnetisch oder ($TbMnO_3$ und $DyMnO_3$) metamagnetisch. Dem durch die Ordnung der Mn^{3+}-Momente bedingten Antiferromagnetismus ist ein schwacher Ferromagnetismus überlagert, der durch Austauschkopplung das Moment der Lanthanid-Ionen polarisiert [1]. Da sich die Momente der Mn-Ionen bei einer anderen Temperatur ordnen als die der Lanthanid-Ionen, werden zwei Néel-Temperaturen unterschieden, s. S. 45.

Magnetische Struktur

Unterhalb der Ordnungstemperatur der Momente der Mn^{3+}-Ionen T_{N1} (s. S. 45) ist die magnetische Zelle ebenso groß wie die kristallographische; dies zeigt Quezel-Ambrunaz [2] an $PrMnO_3$ und $NdMnO_3$, und dies gilt nach vorläufigen Untersuchungen von Quezel u. a. [3] auch für die Verbindungen $SmMnO_3$ bis $DyMnO_3$, bei denen die Momente der Mn^{3+}-Ionen kollinear angeordnet

Compounds with Lanthanides of Composition MMnO$_3$ (M = Ce, Pr, Nd, Sm, Eu, Gd, Tb, Dy)

Magnetic Properties

sind. In $PrMnO_3$ tragen die Mn^{3+}-Ionen das Moment 1.77 μ_B bei 1.5 K und sind, s. **Fig. 24**, innerhalb der einzelnen a-b-Ebenen ferromagnetisch, in aufeinanderfolgenden antiferromagnetisch angeordnet und wie in $LaMnO_3$ entlang der b-Achse ausgerichtet (A_y-Anordnung). In $NdMnO_3$ sind die Momente der Mn^{3+}-Ionen (1.71 μ_B bei 1.5 K) um den Winkel $\varphi \approx 36°$ in Richtung der c-Achse gegen die b-Achse geneigt (A_yA_z-Anordnung) wie Fig. 24 zeigt [2].

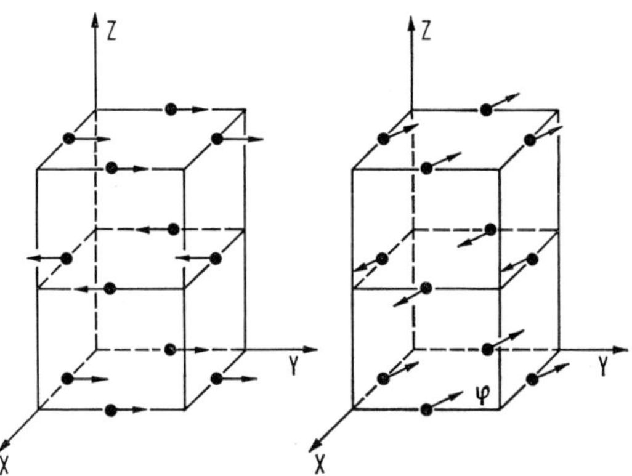

Fig. 24

Magnetische Struktur der Mn-Ionen in $PrMnO_3$ (links) und $NdMnO_3$ (rechts).

Pauthenet, Veyret [1] nehmen zur Erklärung des Suszeptibilitätsverlaufs in den Mangan-Perowskiten die Existenz von zwei antiferromagnetischen Untergittern (das eine von Mn^{3+}-Ionen, das andere von Lanthanid-Ionen M^{3+} gebildet) an, zwischen denen die Wechselwirkung gering ist.

Umwandlungstemperaturen

Die Ordnungstemperatur der Momente der Lanthanid-Ionen T_{N2} kann nach Neutronenbeugungsuntersuchungen in $PrMnO_3$ und $NdMnO_3$ erst unterhalb 1.5 K liegen; für $TbMnO_3$ ergibt sich T_{N2} zwischen 4.2 und 13.8 K, Quezel-Ambrunaz [2]. — Die Ordnungstemperatur der Momente der Mn^{3+}-Ionen T_{N1} ist nach magnetischen Untersuchungen diejenige Temperatur, bei welcher die spontane Magnetisierung des parasitären Ferromagnetismus verschwindet:

	$PrMnO_3$*)	$NdMnO_3$	$SmMnO_3$	$EuMnO_3$	$GdMnO_3$	$TbMnO_3$	$DyMnO_3$
T_{N1} in K	91	85	60	45	21	<2	<2

*) antiferromagnetische Probe

Pauthenet, Veyret [1]. Den gleichen T_{N1}-Wert für die Pr-, Nd-, Sm- und Eu-haltigen Verbindungen ermittelt schon Quezel-Ambrunaz [2] mit Neutronenbeugung. Unterhalb T_{N1} verhalten sich die Verbindungen antiferromagnetisch oder metamagnetisch ($TbMnO_3$, $DyMnO_3$) [1].

Eine $PrMnO_3$-Probe mit etwa 23% Mn^{4+} ist unterhalb T_C = 80 K ferromagnetisch [1].

Magnetisierung

Während $PrMnO_3$ bei ausreichendem Mn^{4+}-Gehalt (23%) echten Ferromagnetismus aufweist [1], ist in den anderen antiferromagnetischen Mangan-Perowskiten bei tiefen Temperaturen bis herauf zur Néel-Temperatur T_{N1} nur parasitärer Ferromagnetismus zu beobachten [1]. Die Isothermen der spezifischen Magnetisierung σ haben in Abhängigkeit vom Magnetfeld H ($\leqq$ 20 kOe) unterhalb T_{N1} zunächst reinen paramagnetischen Charakter und werden durch die Beziehung $\sigma = \sigma_s + \chi \cdot H$ beschrieben (χ = spezifische Suszeptibilität). Erst bei viel tieferen Temperaturen, für $NdMnO_3$ z. B. unterhalb etwa 20 K, tritt ein Sättigungseffekt ein, so daß die σ-H-Kurve gegen die H-Achse geneigt ist, s. **Fig. 25**, S. 46, nach Pauthenet, Veyret [1]. Das σ_s entsprechende spontane Moment je Formeleinheit nimmt ausgehend von $\mu_s = 0$ bei T_{N1} mit abnehmender Temperatur in $NdMnO_3$ beständig zu und hat bei 2 K den Wert 1.14 μ_B. In $SmMnO_3$ steigt μ_s unterhalb T_{N1} = 60 K zunächst bis 17 K ($\mu_s \approx 0.12\ \mu_B$) an und nimmt bis 2 K auf etwa 0.055 μ_B ab. In $EuMnO_3$ und $GdMnO_3$ ändert sich μ_s wie in $NdMnO_3$; μ_s = 0.21 bzw. 0.20 μ_B bei 2 K. In $TbMnO_3$ und $DyMnO_3$ sind die Momente der

Compounds with Lanthanides of Composition $MMnO_3$ (M = Ce, Pr, Nd, Sm, Eu, Gd, Tb, Dy)

Magnetic Properties

Mn^{3+}-Ionen bei 2 K noch nicht geordnet; schätzungsweise ist $\mu_s \approx 0.042$ bzw. $\approx 0.016\ \mu_B$. Diese Verbindungen sind um 2 K herum metamagnetisch; zur Umwandlung in den ferromagnetischen Zustand sind bei etwa 2 K, wie der σ-H-Verlauf in Fig. 25 zeigt, Magnetfelder von einigen kOe erforderlich [1]. An $GdMnO_3$ beobachten Belov u. a. [4] bei 4.3 K Hysterese mit linearem σ-H-Verlauf ($H \leqq 4$ kOe); die Koerzitivfeldstärke erreicht 250 Oe.

Molsuszeptibilität χ_m, spezifische Suszeptibilität χ, paramagnetische Curie-Temperatur Θ_p

An $PrMnO_3$ und $NdMnO_3$ wird bei 298 K je nach dem bei der Herstellung verwandten molaren Verhältnis der Ausgangssubstanzen Pr_6O_{11} oder Nd_2O_3 : $MnCO_3$ = 0.6 : 1.0, 1.0 : 1.0 und 1.2 : 1.0, $10^6\ \chi$ = 81.9, 65.9 oder 54.9 cm^3/g ($PrMnO_3$) bzw. 71.2, 64.5 oder 55.5 cm^3/g ($NdMnO_3$) bestimmt. In den vermutlich auch Mn^{4+} enthaltenden Proben gilt im untersuchten Temperaturbereich zwischen 150 und 675 K das Curie-Weiss-Gesetz mit Θ_p = 115 K, μ_{eff} = 4.90 μ_B ($PrMnO_3$) bzw. Θ_p = 112 K, μ_{eff} = 4.92 μ_B ($NdMnO_3$), Vickery, Klann [5]. Hingegen finden Pauthenet, Veyret [1] an einer bei tiefen Temperaturen stark ferromagnetischen $PrMnO_3$-Probe mit etwa 23% Mn^{4+} C = 5.2 (μ_{eff}=6.48μ_B) und Θ_p=75K, an einer antiferromagnetischen mit etwa 4%Mn^{4+} C=4.65 (μ_{eff}=6.09 μ_B) und Θ_p = 5 K. Bei $NdMnO_3$, dessen Suszeptibilität nicht von der Probenreinheit abhängt, nimmt $1/\chi_m$ ausgehend von 2 K zwar ständig zu bis 1500 K, hat jedoch bei der Néel-Temperatur T_{N1} (85 K) einen Knick und folgt erst zwischen 300 und 750 K dem Curie-Weiss-Gesetz mit C = 5 und Θ_p = 45 K. Bei höheren Temperaturen ist die $1/\chi_m$-T-Kurve gegen die T-Achse geneigt, s. **Fig. 26**. Bei $SmMnO_3$ und $EuMnO_3$, s. Fig. 26, durchläuft $1/\chi_m$ bei T_{N1} ein Minimum, ändert sich um 70 K linear (C $\approx$ 3.2, $\Theta_p \approx -15$ K bei $SmMnO_3$ und C $\approx$ 3.15, $\Theta_p \approx -20$ K bei $EuMnO_3$) und ist bei höheren Temperaturen stärker gegen die T-Achse geneigt als bei $NdMnO_3$. Diese Krümmung ist auf van Vleck-Paramagnetismus zurückzuführen, der bei den Lanthanid-Ionen dieser drei Verbindungen besonders ausgeprägt ist.

Fig. 25

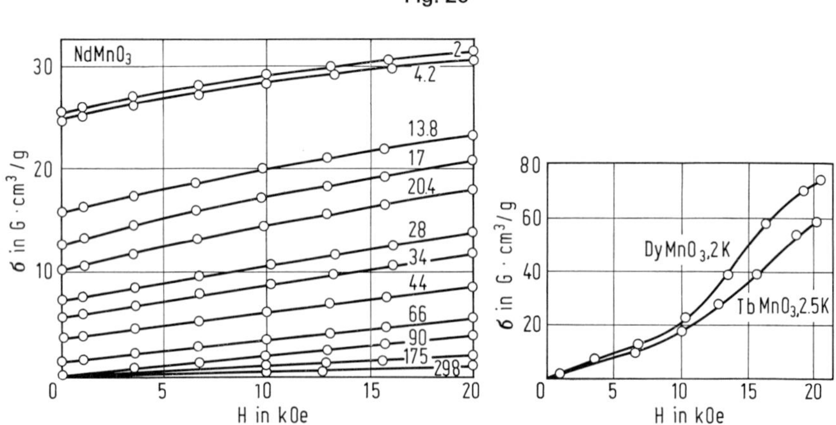

Spezifische Magnetisierung σ als Funktion der Feldstärke H bei verschiedenen Temperaturen (in K) in $NdMnO_3$, $DyMnO_3$ und $TbMnO_3$.

Bei $GdMnO_3$, $TbMnO_3$ und $DyMnO_3$ tendiert die $1/\chi_m$-T-Kurve nach Null für 0 K und ist bis etwa 300 K gegen die T-Achse geneigt, s. Fig. 26. Bei höheren Temperaturen gilt das Curie-Weiss-Gesetz mit C = 11.10, $\Theta_p = -44$ K ($GdMnO_3$), C = 14.65, $\Theta_p = -31$ K ($TbMnO_3$) und C = 17.23, $\Theta_p = -33$ K ($DyMnO_3$), Pauthenet, Veyret [1]. Ältere stark abweichende Ergebnisse für $DyMnO_3$ s. bei Vickery, Klann [5]. Die geringe Krümmung der $1/\chi_m$-T-Kurven bei hohen Temperaturen weist darauf hin, daß die Wechselwirkung zwischen Mn^{3+} und den Lanthanid-Ionen M^{3+} und zwischen den M^{3+}-Ionen untereinander gering sein muß. Das paramagnetische Verhalten dieser Verbindungen oberhalb T_{N1} wird allein durch die Mn^{3+}-Ionen bestimmt; daher erhält man, wenn man die Mol-

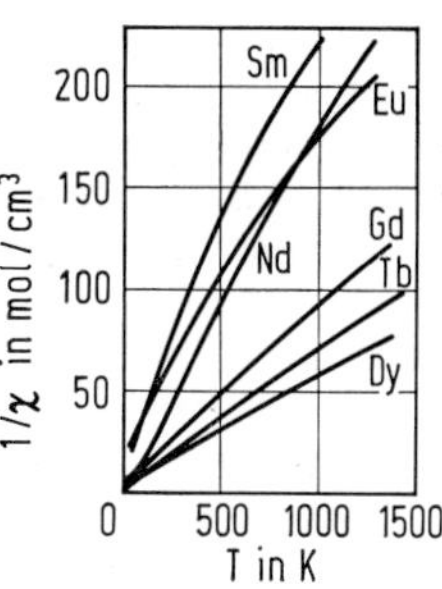

Fig. 26

Temperaturabhängigkeit der reziproken Molsuszeptibilität von $MMnO_3$, (M = Nd, Sm, Eu, Gd, Tb, Dy).

suszeptibilität um die paramagnetische Suszeptibilität des freien Lanthanid-Ions vermindert, für $NdMnO_3$, $SmMnO_3$ und $EuMnO_3$ spätestens oberhalb 200 K, für $GdMnO_3$ und $TbMnO_3$ oberhalb 400 bis 1000 K Curie-Weiss-Geraden mit etwa gleicher Steigung von C = 3.20 bis 3.36. Die Curie-Konstanten liegen also zwischen der des Mn^{3+}-Ions bei Berücksichtigung nur seiner Elektronenspins (C = 3.02) und derjenigen von $YMnO_3$ (C = 3.57), wo Mn^{3+} das einzige magnetische Ion ist. Die zugehörigen Θ_p-Werte nehmen von 50 K in $NdMnO_3$ auf −268 K in $TbMnO_3$ ab [1].

Literatur:

[1] R. Pauthenet, C. Veyret (J. Phys. [Paris] **31** [1970] 65/72), C. Veyret (Thesis Univ. Grenoble 1967). — [2] S. Quezel-Ambrunaz (Bull. Soc. Franc. Mineral. Crist. **91** [1968] 339/43). — [3] S. Quezel, J. Rossat-Mignod, E. F. Bertaut (Solid State Commun. **14** [1974] 941/5). — [4] K. P. Belov, M. A. Zaitseva, A. V. Ped'ko (Zh. Eksperim. i Teor. Fiz. **36** [1959] 1672/9; Soviet Phys.-JETP **9** [1959] 1191/6). — [5] R. C. Vickery, A. Klann (J. Chem. Phys. **27** [1957] 1161/3).

IR-Spektrum

IR Spectrum

Zwischen 200 und 700 cm^{-1} werden Absorptionsbanden bei 302, 390, 426, 490, 507, 585, 623 und 667 cm^{-1} an $PrMnO_3$ und bei 298, 372, 416, 512, 577 und 615 cm^{-1} an $NdMnO_3$ beobachtet. Die oberhalb 575 cm^{-1} gelegenen Banden werden wie bei $LaMnO_3$ vorläufig Valenzschwingungen der Mn-O-Bindung, die bei niedrigeren Frequenzen Deformationsschwingungen (O-Mn-O) zugeordnet, G. V. S. Rao, C. N. R. Rao, J. R. Ferraro (Appl. Spectry. **24** [1970] 436/45).

2.11.6.4.2 Verbindungen der Zusammensetzung $MMnO_3$ (M = Y, Ho, Er, Tm, Yb, Lu)

Compounds with Lanthanides of Composition $MMnO_3$ (M = Y, Ho, Er, Tm, Yb, Lu)

Herstellung

Preparation

Die hexagonalen Oxide fallen in Form eines schwarzroten mikrokristallinen Pulvers an, wenn eine salpetersaure Lösung mit stöchiometrischen Mengen von Mangan und Lanthanidoxid M_2O_3 unter einer IR-Lampe zur Trockne verdampft, das Produkt bei 200°C vorerhitzt und anschließend mehrere Stunden bei 1100°C gehalten wird [1]. Koehler u. a. [2], die nach der gleichen Methode arbeiten, finden (nur) im Fall von $TmMnO_3$ Beimengungen von Tm_2O_3 und eine weitere, röntgenographisch nicht identifizierbare Phase. Bei der Herstellung von $YMnO_3$, $HoMnO_3$ und $YbMnO_3$ verwenden Rao u. a. [3] als Lösungsmittel 8 normale HNO_3-Lösung, verdampfen bei 150°C zur Trockne, erwärmen das Produkt an Luft 12 h in einem Pt-Tiegel auf etwa 950°C, nach Feinmahlen nochmals 10 h bei 1250°C und lassen dann langsam abkühlen. Nach Wood u. a. [4] sollte jedoch 1175°C als Brenntemperatur nicht überschritten werden, da bei höheren Temperaturen gegebenenfalls Mn_3O_4-Bildung auftritt. Ebenfalls pulverförmig fallen diese Verbindungen beim Brennen von M_2O_3 mit MnO_2 in Luft an; $ErMnO_3$ und $LuMnO_3$ bei 1100°C [1], $YMnO_3$, $HoMnO_3$ und $YbMnO_3$ bei 1250 bis 1300°C in O_2 [4]. Nach McCarthy u. a. [5] weisen die untersuchten Proben von $YMnO_3$, $ErMnO_3$ und $YbMnO_3$, die an der Luft bei 1200 bis 1400°C hergestellt und in einem Luftstrom abgekühlt wurden, ein Sauerstoffdefizit von etwa 2% auf.

Zur Herstellung von Einkristallen wird im allgemeinen nur Bi_2O_3 als Flußmittel verwandt; über die Verwendung von Zusätzen s. unten. Einkristalle bilden sich im Pt-Tiegel durch 48stündige Reaktion stöchiometrischer Mengen von Mn_2O_3 und Lanthanidoxid M_2O_3 bei 1200°C in einer Bi_2O_3-

Compounds with Lanthanides of Composition $MMnO_3$ (M = Y, Ho, Er, Tm, Yb, Lu)

Schmelze bei einem Molverhältnis von $Bi_2O_3 : M_2O_3 = 12:1$ beim langsamen Abkühlen (12 bis 24 h) auf Raumtemperatur. Die Kristalle sind meistens tafelförmig und haben einen Durchmesser von 0.1 bis 0.5 mm in der Plättchenebene. Im Fall von $LuMnO_3$ sollen bei einem Versuch gut ausgebildete hexagonale Bipyramiden, abgestumpft durch Basalpinakoide, von 0.1 bis 1 mm Länge beobachtet worden sein (was mit der Kristallklasse nicht vereinbar ist), während sonst mehr lattenförmige Kristalle anfielen. Im Fall von $YMnO_3$ bilden sich auf diese Weise gelegentlich neben hexagonalem $YMnO_3$ auch rhombisch-prismatische Kristalle [1], wie schon Forrat [6] beobachtete; diese bilden sich sonst stabil aus der hexagonalen Phase unter Druck bei erhöhter Temperatur, s. S. 49. Bertaut u. a. [7, 8] lassen die an Mn_2O_3 und M_2O_3 übersättigte Bi_2O_3-Schmelze (Molverhältnis $Bi_2O_3 : M_2O_3 = 5:1$) langsam von 1400 auf 1000°C und danach schneller abkühlen. Ebenso gute Kristalle in Form von 20 μm bis 1 mm dicken, opaken, schwarzglänzenden Plättchen bilden sich, wenn eine Schmelze aus Mn_2O_3, M_2O_3 und Bi_2O_3 durch Verdampfen des Bi_2O_3 bei 1450°C erst bis zum ersten Auftreten von Kristallen übersättigt wird und die Abkühlung auf 1200°C mit 4 K/h und weiter bis Raumtemperatur mit 10 K/h erfolgt. In allen diesen Fällen fällt die Plättchennormale mit der polaren c-Achse zusammen.

Bei tieferer Ausgangstemperatur und gleichmäßiger Abkühlung um 10 K/h im gesamten Temperaturintervall bilden sich bei Verwendung gemischter Schmelzflüsse 10 bis 50 μm dicke schuppige Plättchen mit gelegentlich relativ großer Plättchenfläche:

Ausgangsmaterial (in g)				Ausgangs-temperatur (in °C)	Plättchen-fläche (in mm²)
$YMnO_3$	Bi_2O_3	PbO	BiF_3		
16	230	—	—	1200	sehr klein
16	186	22	—	1250	20
16	93	45	—	1250	30
16	—	110	—	1200	3
16	186	—	53	1200	3

Tamura u. a. [9].

Rhombisches $YMnO_3$, $HoMnO_3$ und $ErMnO_3$ erhält G. Szabo nach Quezel u. a. [10] durch Verdampfen der Citrate zur Trockne und Glühen des Produkts bei 350°C und anschließend bei 900°C. Zur Herstellung der rhombischen Hochdruckphasen s. S. 49.

Literatur:

[1] H. L. Yakel, W. C. Koehler, E. F. Bertaut, F. Forrat (Acta Cryst. **16** [1963] 957/62). — [2] W. C. Koehler, H. L. Yakel, E. O. Wollan, J. W. Cable (Proc. 4th Conf. Rare Earth Res., Phoenix, Ariz., 1964 [1965], S. 63/75). — [3] G. V. S. Rao, B. M. Wanklyn, C. N. R. Rao (J. Phys. Chem. Solids **32** [1971] 345/58). — [4] V. E. Wood, A. E. Austin, E. W. Collings, K. C. Brog (J. Phys. Chem. Solids **34** [1973] 859/68). — [5] G. J. McCarthy, P. V. Gallagher, C. Sipe (Mater. Res. Bull. **8** [1973] 1277/84).

[6] F. Forrat (Thesis Grenoble 1958). — [7] E. F. Bertaut, F. Forrat, Pao-Hsien Fang (Compt. Rend. **256** [1963] 1958/61). — [8] E. F. Bertaut, F. Forrat, Commissariat a l'Energie Atomique (F. P. 1302468 [1961/62]). — [9] H. Tamura, E. Sawaguchi, A. Kikuchi (Japan. J. Appl. Phys. **4** [1965] 621/2). — [10] S. Quezel, J. Rossat-Mignod, E. F. Bertaut (Solid State Commun. **14** [1974] 941/5).

Crystallographic Properties

Kristallographische Eigenschaften

Polymorphism

Polymorphie. Die Verbindungen $MMnO_3$ (M = Ho, Er, Tm, Yb, Lu), in denen das M^{3+}-Ion einen kleineren Ionenradius als Y^{3+} hat, kristallisieren unter normalen Druckbedingungen hexagonal [1]. $YMnO_3$ ist dimorph, s. unten. Bei der ferroelektrischen Curie-Temperatur T_C erfolgt die Umwandlung von einer nichtzentrosymmetrischen in eine zentrosymmetrische Struktur, wie Ismailzade, Kizhaev [2] für $YMnO_3$ und $YbMnO_3$ zeigen. Eine weitere Umwandlung in eine andere zentrosymmetrische Struktur findet in $YMnO_3$ bei etwa 1000°C [12] bis 1100°C [13] statt. Geht man davon aus, daß das Gitterkonstantenverhältnis c/a oberhalb T_C dann konstant bleibt, wenn oberhalb dieser Temperatur keine weitere Phasenumwandlung auftritt, so findet in $YbMnO_3$ oberhalb T_C nach Fig. 27, S. 50, vermutlich ebenfalls eine weitere Phasenumwandlung statt [3]. Für $YMnO_3$ erwähnt erstmals Forrat [4], später auch Yakel u. a. [1] die Existenz einer rhombischen neben der stabileren hexagonalen (ferroelektrischen) Phase bei Raumtemperatur. Dabei handelt es sich um die gleiche (deformierte Perowskit-)Phase, die aus der hexagonalen bei erhöhtem Druck und erhöhter Temperatur entsteht und sowohl nach Abschrecken wie auch nach langsamer Abkühlung bei Raumtemperatur stabil ist [5]. Auch für $MMnO_3$ (M = Ho, Er, Tm, Yb, Lu) existiert die rhombische Hochdruckphase, die bei langsamer Abkühlung jedoch in die hexagonale Phase zurücktransformiert [6].

Compounds with Lanthanides of Composition $MMnO_3$ (M = Y, Ho, Er, Tm, Yb, Lu)

Polymorphism

Ferroelektrische Curie-Temperatur T_C

Für einen $YMnO_3$-Einkristall ergibt sich aus der Temperaturabhängigkeit des pyroelektrischen Stroms T_C = 660°C, Ismailzade, Kizhaev [2]; bei polykristallinen Proben scheint T_C höher zu liegen (680°C), Rao u. a. [7]. Röntgenographisch [2] und aus dem σ-T-Verlauf wird 660°C gefunden. Bei 660°C verschwindet auch die dielektrische Hysterese [7]. Aus dem Temperaturverlauf der komplexen Dielektrizitätskonstante ε wird T_C = 640°C bestimmt, Coeuré u. a. [8]. Nach neueren röntgenographischen Untersuchungen an Einkristallen (aus Bi_2O_3-Schmelze) liegt T_C bei 550°C, wenn diese Bi_2O_3-frei sind, und bei 1000°C, wenn diese 10% Bi_2O_3 enthalten, Lissalde, Peuzin [13].

An polykristallinen $HoMnO_3$-Proben ergibt sich aus dem ε-T- [8] und aus dem σ-T-Verlauf T_C = 600°C [7]. — An polykristallinen $YbMnO_3$-Proben wird röntgenographisch T_C = 716°C gefunden [2], aus der Temperaturabhängigkeit des pyroelektrischen Stroms und aus dem Verschwinden der dielektrischen Hysterese 720°C; der σ-T-Verlauf führt zu 700°C [7], der ε-T-Verlauf zu T_C = 700 bis 725°C für $YbMnO_3$ und zu T_C = 560°C für $ErMnO_3$ [8]. Bei $YbMnO_3$ findet, wie an der sprunghaften Volumenänderung (s. Fig. 27, S. 50) zu erkennen ist, bei der Curie-Temperatur eine Umwandlung 1. Art [2], bei $YMnO_3$ vermutlich eine 2. Art statt [13].

Zwischen Raumtemperatur und T_C ergeben sich weitere Strukturänderungen bei $YMnO_3$ aus den Diskontinuitäten der Gitterkonstanten nahe 200°C [2] (nach späteren Angaben bei ≈175°C [3]) und bei 460°C [2]. Auch aus dem χ-T-Verlauf ist auf eine Strukturänderung bei 202°C zu schließen, Bokov u. a. [9], während der ρ-T-Verlauf auf eine solche bei 245°C in $YMnO_3$ und bei 265°C in $HoMnO_3$ hindeutet [7]. An $YbMnO_3$ tritt bei ≈570°C im Gitterkonstantenverlauf eine Anomalie auf [2], aber keine im σ-T-Verlauf [7].

Druck- und Temperaturbedingung (Hochdruckphase)

Systematische Untersuchungen über die Bildungsbedingungen der rhombischen Hochdruckphasen von $MMnO_3$ (M = Y, Ho bis Lu) aus den hexagonalen Phasen werden durch die Tatsache erschwert, daß die neugebildete rhombische Phase sich außer bei $YMnO_3$ [5] beim langsamen Abkühlen in die hexagonale Phase zurückverwandelt [6]. Von Waintal, Chenavas [5] werden folgende Bedingungen bei zweistündiger Druckeinwirkung für am besten befunden:

	$YMnO_3$	$HoMnO_3$	$ErMnO_3$	$TmMnO_3$	$YbMnO_3$	$LuMnO_3$
Druck in kbar	34	45	42	42	42	42
t in °C	650	950	675	780	700	750

$YMnO_3$ wurde anschließend 5 h bei 950°C, alle anderen Verbindungen 4 h bei 1000°C unter Atmosphärendruck gehalten. Die Bedingungen für $HoMnO_3$ untersuchten bereits Waintal u. a. [10]. Der Kristallisationsgrad ist unter den genannten Bedingungen außer bei $LuMnO_3$ gut; in $TmMnO_3$, $YbMnO_3$ und $LuMnO_3$ treten jedoch Verunreinigungen auf [6]. Nach Wood u. a. [11] sind für die Transformationen von $YMnO_3$, $HoMnO_3$ und $YbMnO_3$ in verschlossenem Pt-Tiegel in 2 h bei 1000°C 35, 35 bzw. 40 kbar erforderlich. Die unter Beibehaltung des Drucks abgeschreckten Proben enthielten keine zweite Phase. Bei $YMnO_3$ findet unter 42 kbar bei 20°C in 2 h keine, unter 45 kbar bei 900°C in 3 h eine Transformation in schlecht kristallisiertes rhombisches $YMnO_3$ statt [5].

Kristallstruktur. Unter normalem Druck kristallisieren diese Verbindungen unterhalb der ferroelektrischen Curie-Temperatur in der hexagonalen Raumgruppe $P6_3cm\text{-}C_{6v}^3$ im eigenen ($LuMnO_3$)-Gittertyp [1]. Bei Berücksichtigung des ferroelektrischen Charakters dieser Verbindungen ist röntgenographisch auch die Raumgruppe $P\bar{3}c1\text{-}C_{3v}^3$ möglich [1], der beobachtete Antiferromagnetismus fordert jedoch die erstgenannte Raumgruppenzuordnung, Wood u. a. [11]. Die Elementarzelle enthält 6 Formeleinheiten. Gitterkonstanten bei Raumtemperatur der von 1100°C abgekühlten Proben:

Crystal Structure

Compounds with Lanthanides of Composition $MMnO_3$

Crystal Structure

	$HoMnO_3$	$YMnO_3$	$ErMnO_3$	$TmMnO_3$	$YbMnO_3$	$LuMnO_3$
a in Å	6.136	6.125	6.115	6.062	6.062	6.042
c in Å	11.42	11.41	11.41	11.40	11.40	11.37
c/a	1.861	1.862	1.866	1.881	1.881	1.881

Der Fehler beträgt in a ± 0.001, in c ± 0.01 Å, Yakel u. a. [1]. An Proben, die bei 1400°C hergestellt und nach Abschrecken in einem Luftstrom teilweise auf ihre stöchiometrische Zusammensetzung untersucht wurden (Proben mit Sauerstoffdefizit), bestimmen McCarthy u. a. [14] folgende Gitterkonstanten:

	$HoMnO_3$	$YMnO_{2.93\pm0.02}$	$ErMnO_{2.95\pm0.02}$	$TmMnO_3$	$YbMnO_{2.93\pm0.02}$	$LuMnO_3$
a in Å. . .	6.134	6.137	6.111	6.081	6.059	6.035
c in Å. . .	11.41	11.41	11.41	11.38	11.36	11.36

Die Abweichung in a beträgt ± 0.002 und in c ± 0.01. Einzelwerte für $YMnO_3$- und $YbMnO_3$-Proben, die nicht auf ihre Zusammensetzung hin untersucht wurden, s. bei Ismailzade, Kizhaev [2] sowie – zusätzlich auch für $HoMnO_3$ – bei Wood u. a. [11].

Die Änderung der Gitterkonstanten in Abhängigkeit von der Temperatur bis 750°C ist in **Fig. 27** für $YMnO_3$ [12] und $YbMnO_3$ [2] dargestellt. Die sprunghafte Änderung von c bei der ferroelektrischen Curie-Temperatur T_C ist darauf zurückzuführen, daß die polare c-Achse sich in eine unpolare ändert. Bei früheren Untersuchungen an $YMnO_3$ wurde (ähnlich wie bei $YbMnO_3$) ein Ansteigen von c mit der Temperatur beobachtet [2], wofür keine Erklärung gefunden wird [13]. Weniger ausgeprägte Unstetigkeiten (auch bei a) werden bei etwa 175°C [3] — entspricht etwa 210°C in der früheren Veröffentlichung [2] — und 460°C für $YMnO_3$, bei 550 bis 570°C für $YbMnO_3$ beobachtet [2].

Fig. 27

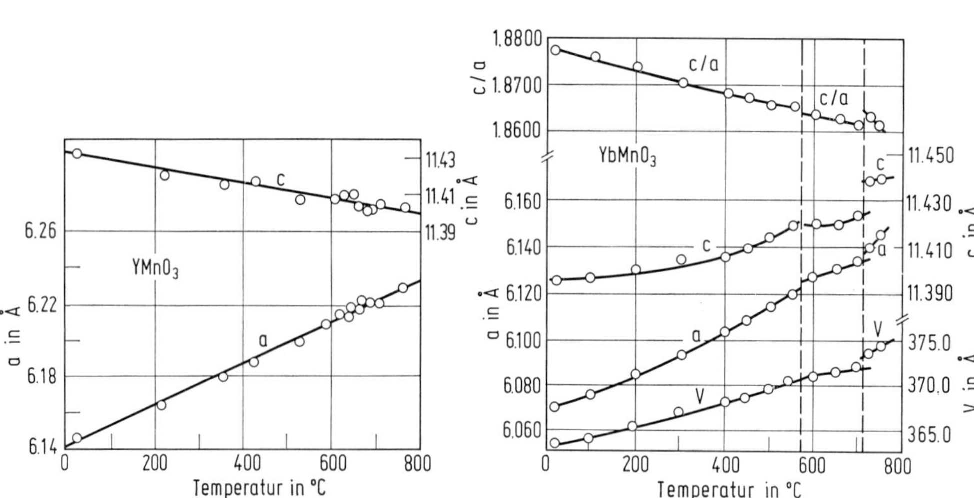

Gitterkonstanten von $YMnO_3$ und $YbMnO_3$ in Abhängigkeit von der Temperatur.

Die aus Bi_2O_3-Schmelze gelegentlich prismatisch auskristallisierenden $YMnO_3$-Kristalle sind rhombisch; a = 5.32, b = 5.51, c = 7.66 Å; Raumgruppe Pbnm-D_{2h}^{16}, Yakel u. a. [1].

Die an $LuMnO_3$ vorgenommene Strukturuntersuchung unter Verwendung anisotroper Temperaturfaktoren verlief nicht zufriedenstellend, da sich bei der Verfeinerung für einzelne Atome z. T. negative Temperaturfaktoren ergaben, für die keine Erklärung gefunden wurde. Die Verfeinerung führte zu folgenden (deshalb nur näherungsweise gültigen) Ortsparametern der einzelnen Punktlagen. Lu_I besetzt die Lage 4b ($^1/_3$, $^2/_3$, z; usw.) mit z = 0.2705, Lu_{II} die Lage 2a (0,0, z; 0, 0, $^1/_2$ + z) mit z = 0.2266, Mn, O_I und O_{II} die Lage 6c (x, 0, z; usw.) mit x = 0.3212, z = 0 für Mn; x = 0.3071, z = 0.1699 für O_I und x = 0.6328, z = 0.3397 für O_{II}. O_{III} liegt in 4b mit z = 0.0189 und O_{IV} in 2a mit z = 0.4836, Yakel u. a. [1]. Die Struktur kann, wie **Fig. 28** nach Bertaut u. a. [16] zeigt, als eine Stapelfolge der Schichten ABC ACB senkrecht zur c-Achse beschrieben werden. Die Sauerstoff-Ionen sind innerhalb der einzelnen Schichten nicht dicht gepackt. Jedes Mn-Ion ist von fünf O-Ionen umgeben; das Koordinationspolyeder stellt eine annähernd trigonale Bipyramide dar, welche mit benachbarten die Ecken der Pyramidenbasis gemeinsam hat. Jedes Lanthanid-Ion ist von sieben O-Ionen umgeben, von denen drei kürzere und die restlichen vier längere Abstände haben.

Compounds with Lanthanides of Composition $MMnO_3$ (M = Y, Ho, Er, Tm, Yb, Lu)

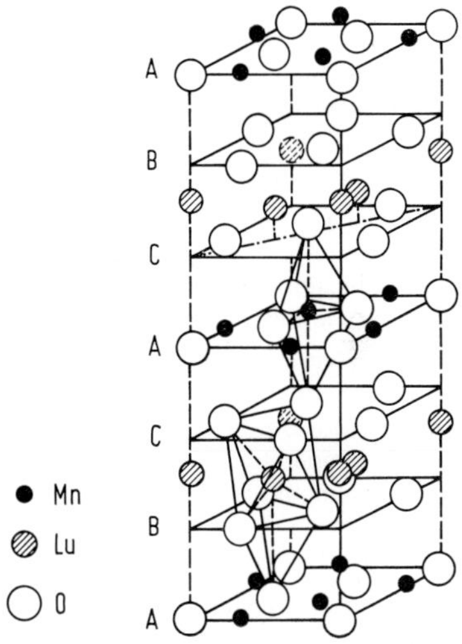

Fig. 28

Kristallstruktur von $LuMnO_3$.

Oberhalb T_C kristallisieren $YMnO_3$ und $YbMnO_3$ in der zentrosymmetrischen Raumgruppe $P6_3/mcm\text{-}D^3_{6h}$ [2]. Oberhalb 1000°C wird für $YMnO_3$ die Raumgruppe $P6_3/mmc\text{-}D^4_{6h}$ gefunden mit folgender Punktlagenbesetzung: Y in 2a (0, 0, 0; 0, 0, $^1/_2$), Mn in 2c ($^1/_3$, $^2/_3$, $^1/_4$; $^2/_3$, $^1/_3$, $^3/_4$), O_I in 2b (0, 0, $^1/_4$; 0, 0, $^3/_4$) und O_{II} in 4f ($^1/_3$, $^2/_3$, z; $^2/_3$, $^1/_3$, $\bar{z}$; $^2/_3$, $^1/_3$, $^1/_2$ + z; $^1/_3$, $^2/_3$, $^1/_2$ − z) mit z = 0.085 [12]. $YMnO_3$ ist dann isomorph mit $YAlO_3$ [15].

Die Hochdruckphasen von $YMnO_3$ [5] und $MMnO_3$ (M = Ho bis Lu) kristallisieren im deformierten Perowskit-Typ in der gleichen rhombischen Raumgruppe $Pbnm\text{-}D^{16}_{2h}$ wie die leichteren Verbindungen $MMnO_3$ (M = La, Ce bis Dy) und gelegentlich $YMnO_3$ (s. oben) unter normalen Bedingungen, s. S. 49, 50 und sind diesen isomorph [6]. Dies zeigen Waintal u. a. [10] für $HoMnO_3$. Die Elementarzelle enthält 4 Formeleinheiten. Folgende Gitterkonstanten und Volumina (= Elementarzellenvolumen/4) werden für die abgeschreckten Proben gefunden:

High-Pressure Phase

	$YMnO_3$	$HoMnO_3$	$ErMnO_3$	$TmMnO_3$	$YbMnO_3$	$LuMnO_3$
a in Å	5.26	5.26	5.24	5.23	5.22	5.205
b in Å	5.85	5.84	5.82	5.81	5.80	5.79
c in Å	7.36	7.35	7.335	7.32	7.30	7.31
V in Å^3	—	56.5	55.9	55.6	55.25	55.1

Angaben für $YMnO_3$ [5], für alle anderen Verbindungen [6]. Von Wood u. a. [11] werden die Konstanten für $HoMnO_3$ exakt bestätigt, an $YMnO_3$ und $YbMnO_3$ dagegen a = 5.24, b = 5.84, c = 7.36 Å bzw. a = 5.22, b = 5.81, c = 7.30 Å gefunden.

Compounds with Lanthanides of Composition $MMnO_3$ (M = Y, Ho, Er, Tm, Yb, Lu)

Literatur:

[1] H. L. Yakel, W. C. Koehler, E. F. Bertaut, F. Forrat (Acta Cryst. **16** [1963] 957/62). — [2] I. G. Ismailzade, S. A. Kizhaev (Fiz. Tverd. Tela **7** [1965] 298/301; Soviet Phys.-Solid State **7** [1965] 236/8). — [3] I. G. Ismailzade (Phys. Status Solidi B **46** [1971] K 39/K 41). — [4] F. Forrat (Diss. Grenoble 1958). — [5] A. Waintal, J. Chenavas (Compt. Rend. B **264** [1967] 168/70).

[6] A. Waintal, J. Chenavas (Mater. Res. Bull. **2** [1967] 819/22). — [7] G. V. S. Rao, B. M. Wanklyn, C. N. R. Rao (J. Phys. Chem. Solids **32** [1971] 345/58). — [8] P. Coeuré, P. Guinet, J. C. Peuzin, G. Buisson, E. F. Bertaut (Proc. Intern. Meeting Ferroelec., Prague 1966, Bd. 1, S. 332/40). — [9] V. A. Bokov, G. A. Smolenskii, S. A. Kizhaev, I. E. Mylnikova (Fiz. Tverd. Tela **5** [1963] 3607/9; Soviet Phys.-Solid State **5** [1963] 2646/7). — [10] A. Waintal, J. J. Capponi, E. F. Bertaut, M. Contré, D. François (Solid State Commun. **4** [1966] 125/7).

[11] V. E. Wood, A. E. Austin, E. W. Collings, K. C. Brog (J. Phys. Chem. Solids **34** [1973] 859/68). — [12] K. Lukaszewicz, J. Karut-Kalicinska (Ferroelectrics **7** [1974] 81/2). — [13] F. C. Lissalde, J. C. Peuzin (Ferroelectrics **8** [1974] 497/500). — [14] G. J. McCarthy, P. V. Gallagher, C. Sipe (Mater. Res. Bull. **8** [1973] 1277/84). — [15] E. F. Bertaut, J. Mareschal (Compt. Rend. **257** [1963] 867/70).

[16] E. F. Bertaut, G. Buisson, A. Durif, J. Mareschal, M. C. Montmory, S. Quezel-Ambrunaz (Bull. Soc. Chim. France **1965** 1132/7).

Density

Dichte

An hexagonalem $ErMnO_3$ wird die Dichte 7.20 ± 0.03 g/cm³ pyknometrisch und 7.282 g/cm³ röntgenographisch ermittelt, Yakel u. a. [1].

Das röntgenographisch ermittelte Volumen je Formeleinheit der Hochdruckphase (s. S. 51) ist, da hier in der Perowskit-Phase die Koordinationszahlen des Lanthanid-Ions und des Mn^{3+}-Ions größer sind, um etwa 9% geringer (die Dichte somit größer) als das der hexagonalen Phase bei Zimmertemperatur. Für hexagonales $YMnO_3$, $HoMnO_3$ und $YbMnO_3$ wird V (= $^1/_6$ des Elementarzellenvolumens) = 61.6, 62.0 bzw. 60.0 Å³ bestimmt, Wood u. a. [2].

Literatur:

[1] H. L. Yakel, W. C. Koehler, E. F. Bertaut, F. Forrat (Acta Cryst. **16** [1963] 957/62). — [2] V. E. Wood, A. E. Austin, E. W. Collings, K. C. Brog (J. Phys. Chem. Solids **34** [1973] 859/68).

Magnetic Properties of Hexagonal Phases

Magnetische Eigenschaften

Eigenschaften der rhombischen Phasen s. S. 55.

Hexagonale Phasen. Bei sehr tiefen Temperaturen sind sowohl die Momente der Mn^{3+}- als auch diejenigen der Lanthanid-Ionen M^{3+} antiferromagnetisch geordnet; die Ordnung der M^{3+}-Ionen verschwindet bei der Temperatur T_{N2}, diejenige der Mn^{3+}-Ionen erst bei der höheren Temperatur T_{N1}.

Austauschwechselwirkung, magnetische Struktur

Die magnetische Zelle der hexagonalen Verbindungen ist, wie an $YMnO_3$ durch Neutronenbeugung gezeigt wird, unterhalb der Néel-Temperatur T_{N1} bis mindestens zur Temperatur T_{N2} identisch mit der kristallographischen Zelle. Die Momente der Mn^{3+}-Ionen sind antiferromagnetisch in den a-b-Ebenen angeordnet und zwar so, daß jedes Moment parallel (s. weiter unten) zu einer der hexagonalen Achsen ausgerichtet ist, auf welchen die Mn^{3+}-Ionen liegen; die Momente in den Ebenen z = 0 und z = $^1/_2$ haben gleiche Orientierung [1, 2]. Ein anderes Strukturmodell (Momentorientierung senkrecht zu den hexagonalen Achsen und entgegengesetzte Orientierung in den Ebenen z = 0 und z = $^1/_2$), welches zusätzlichen schwachen Ferromagnetismus erlaubt [3], ist gegenstandslos, seitdem feststeht, daß der an $YMnO_3$-Pulver beobachtete Ferromagnetismus [4] auf Mn_3O_4-Verunreinigung zurückzuführen ist [5]. Die Neutronenbeugungsuntersuchungen von Koehler u. a. [6] ergeben, daß die Momente der Mn^{3+}-Ionen nur in $YMnO_3$ und $HoMnO_3$ genau parallel den Achsen gerichtet sind; bei den anderen Verbindungen bildet die Richtung des Moments des Bezugs-Mn^{3+}-Ions in x, 0, 0 mit der hexagonalen Achse einen Winkel α, der bei 4 K α = 70° ($ErMnO_3$), 45° ($TmMnO_3$) bzw. 55° ($LuMnO_3$) beträgt; die Probenreinheit war bei $TmMnO_3$ gering. In $HoMnO_3$ wechselt die Richtung des Moments nahe 50 K abrupt aus der vorherrschenden Richtung parallel zur hexagonalen c-Achse ($\alpha = 0$) in die senkrecht zur c-Achse ($\alpha = 90°$). Eine entsprechende Änderung scheint bei $ErMnO_3$ nicht aufzutreten [6]. Danach haben $YMnO_3$ und $HoMnO_3$ bei 4 K die magnetische Symmetrie P6'cm', $ErMnO_3$, $TmMnO_3$, $LuMnO_3$ sowie $HoMnO_3$ dagegen oberhalb 50 K nur die Symmetrie Pm. Eine weitere Abnahme der Symmetrie dürfte, wie das ferromagnetische Verhalten zeigt, bei der Ordnungstemperatur der M^{3+}-Ionen (T_{N2}) erfolgen; dies wird an $HoMnO_3$ diskutiert [7].

Die antiferromagnetische Ordnung der Momente der Mn^{3+}-Ionen innerhalb einer a-b-Ebene erfolgt in der sogenannten Dreiecksanordnung, s. **Fig. 29**. Die Momente von je 2 unmittelbar benachbarten Mn^{3+}-Ionen (Abstand a $\sqrt{3}/3$, ≈ 3.54 Å bei $YMnO_3$) bilden einen Winkel von 120°; somit sind die Momente in jedem Untergitter, das aus Ionen mit dem Abstand a (etwa 6.12 Å bei $YMnO_3$) besteht, parallel gerichtet, Bertaut, Mercier [3]. Wie die magnetischen Eigenschaften zeigen, besteht zwischen den Mn^{3+}-Ionen innerhalb einer Ebene eine starke, zwischen Mn^{3+}-Ionen verschiedener Ebenen wegen des großen Abstandes nur eine geringe Wechselwirkung. Diese Wechselwirkung ist aber ausreichend, um die Momente aller Mn-Ionen innerhalb jeder zur c-Achse parallelen Ebene parallel auszurichten [8]. Dies zeigen bereits die Neutronenbeugungsuntersuchungen von Bertaut u. a. [1] an $YMnO_3$. Im geordneten Zustand bei sehr tiefen Temperaturen ist das Austauschfeld an einem Mn^{3+}-Ion etwa 0.4 MOe, das an einem M^{3+}-Ion wegen des kompensierten Antiferromagnetismus des Mn-Gitters Null, Pauthenet, Veyret [8].

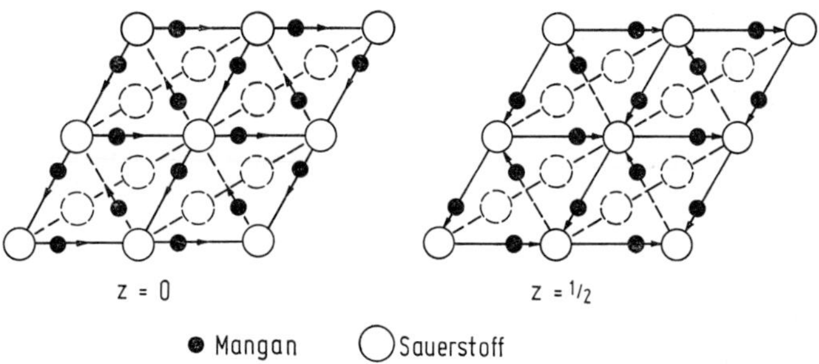

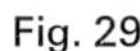
Fig. 29

Orientierung der Mn-Momente in den (001)-Schichten von hexagonalem $YMnO_3$.

Magnetisierung, Néel-Temperaturen

Hexagonales $YMnO_3$ ist unterhalb T_{N1} ein kompensierter Antiferromagnet, s. oben; bei tiefen Temperaturen tritt also kein Ferromagnetismus auf, Peuthenet, Veyret [8]. Für das eine der beiden Mn^{3+}-Untergitter berechnen Penney u. a. [9] die Sättigungsmagnetisierung $M_s = 201$ G bei 4 K; aus der Verschiebung der antiferromagnetischen Resonanz ergibt sich, daß die Änderung von M zwischen 8 und 40 K relativ zu seinem Wert bei 0 K proportional $T^{3.5}$ ist [9].

Im Gegensatz zu den leichten Lanthanid-Ionen M^{3+} in den Mangan-Perowskiten (s. S. 45) tragen die M^{3+}-Ionen in den hexagonalen Verbindungen $HoMnO_3$, $ErMnO_3$, $TmMnO_3$ und $YbMnO_3$ unterhalb T_{N1} nichts zur spontanen Magnetisierung bei, weil die auf den Mn^{3+}-Ionen beruhende schwache ferromagnetische Komponente wegen des größeren Abstandes der Mn^{3+}-Ionen (s. oben) zur Polarisation der Momente der M^{3+}-Ionen durch Austausch fehlt. Eine ferromagnetische Komponente kann deshalb höchstens bei der Ordnungstemperatur der Momente der M^{3+}-Ionen T_{N2} auftreten. Sie wird an $HoMnO_3$, $ErMnO_3$ und $YbMnO_3$, aber nicht an $TmMnO_3$ (bis 2 K) beobachtet; $\mu_s \approx 0.1$ bis 0.2 μ_B bei 2 K [8].

Die Ausrichtung der M^{3+}-Momente (T_{N2}) erfolgt, wie das Auftreten der spontanen Magnetisierung zeigt, in $HoMnO_3$ und $ErMnO_3$ zwischen etwa 5 und 2 K und in $YbMnO_3$ bei 3.8 K, Wood u. a. [10].

Die Ordnungstemperatur der Mn^{3+}-Momente T_{N1} ist in diesen Verbindungen um so kleiner, je größer die Gitterkonstante a ist. Mit Neutronenbeugung bestimmen Koehler u. a. [6] folgende Werte:

Compounds with Lanthanides of Composition $MMnO_3$ ($M = Y$, Ho, Er, Tm, Yb, Lu)

Magnetic Properties of Hexagonal Phases

	$HoMnO_3$	$ErMnO_3$	$TmMnO_3$	$LuMnO_3$
T_{N1} in K	76	79	86	91

Für $YMnO_3$ wird $T_{N1} = 80$ K interpoliert; die $TmMnO_3$-Probe war relativ unrein [6]. — Aus der Aufspaltung der Yb^{3+}-Spektrallinien in $YbMnO_3$ ergibt sich $T_{N1} = 87.3$ K [11].

Parallel zur polaren c-Achse liegt beträchtliche einachsige Anisotropie vor, welche durch die Anisotropiekonstante K_1 charakterisiert wird. Hingegen ist die Anisotropie in den Ebenen der Dreiecksanordnungen der Mn^{3+}-Spins wahrscheinlich sehr gering; die zugehörige Anisotropiekonstante ist K_2.

Zwischen K_1 und K_2 und den Frequenzen der antiferromagnetischen Resonanz $\omega_{2\pm}$, ω_1 bestehen in erster Ordnung die Beziehungen $\omega_{2\pm}/\gamma = (-K_1/\chi_{\perp c})^{1/2} \pm 0.5\,\lambda_{\chi \parallel c} \cdot H_z$ für ein Magnetfeld H parallel c und $\omega_1/\gamma = (6\,K_2/\chi_{\parallel c})^{1/2}$, worin λ der Molekularfeldparameter und χ die Suszeptibilität bedeuten. Außerdem besteht bei 0 K der Zusammenhang $\chi_{\parallel c}^{-1} = \lambda - 2\,K_1/9\,M_s^2$ und $\chi_{\perp c}^{-1} = \lambda + 4\,K_2/M_s^2$, worin M_s die Sättigungsmagnetisierung eines einzigen Untergitters ist. In der Annahme, daß K_2 sehr klein und für das Mn^{3+}-Ion im $^5D_0$-Grundzustand $g = 2.0$ ist, ergibt sich bei einem $YMnO_3$-Einkristall $K_1 = -3.2 \times 10^6\ J/m^3$. Diese große Anisotropie beruht nicht auf Dipol-Dipol-Wechselwirkung, sondern auf Einzelionen-Anisotropie der Mn^{3+}-Ionen, und zwar führt die Spin-Bahn-Wechselwirkung in zweiter Näherung zu einem anisotropen Term, der die Größe von K_1 im wesentlichen bestimmt [9].

Antiferromagnetische Resonanz

Für hexagonales $YMnO_3$ werden im antiferromagnetischen Zustand drei Resonanzschwingungen erwartet: zwei im Nullfeld entartete Schwingungen ω_2, deren Resonanz im wesentlichen durch die einachsige Anisotropiekonstante K_1 bestimmt wird, und eine dritte Schwingung ω_1, deren Resonanz durch die viel kleinere, in der Dreieckebene wirkende Anisotropiekonstante K_2 bestimmt wird, jedoch nicht beobachtet wurde. Vielmehr wird an einem Einkristall bei 4 K nur eine 0.5 cm^{-1} breite Absorptionslinie (ω_2) bei 43 cm^{-1} beobachtet. Ein parallel zur c-Achse angelegtes Magnetfeld spaltet diese Linie linear und symmetrisch auf (bei 53.6 kOe um 4.8 cm^{-1}) mit $g_{eff} = 1.9 \pm 0.1$ (dies führt zu $g = 1.95 \pm 0.1$; für Mn^{3+} im $^5D_0$-Grundzustand ist bei Vernachlässigung der Bahnentartung $g = 2.0$). Ein transversales Magnetfeld von 54 kOe bewirkt keine Linienaufspaltung, sondern nur eine Linienverbreiterung auf 1.5 cm^{-1}. Die Linie verschiebt sich mit steigender Temperatur zu niedrigerer Energie, wird dabei immer breiter und ist bei 40 K nicht mehr zu beobachten, Penney u. a. [9].

Molsuszeptibilität χ_m, spezifische Suszeptibilität χ, paramagnetische Curie-Temperaturen Θ_p

Die Suszeptibilität der hexagonalen Verbindungen weist beim Néel-Punkt T_{N1} keine Anomalie auf [12]. Bei polykristallinem $YMnO_3$ [8, 10] und $LuMnO_3$ [8], welche durch Verdampfen einer sauren Lösung von Mn und M_2O_3 hergestellt wurden, folgt $1/\chi_m$ oberhalb 150 K einer Curie-Weiss-Geraden; bei tieferen Temperaturen (bis 2 K [8] bzw. 4.2 K [10] untersucht) treten Abweichungen auf. Die Steigung der Curie-Weiss-Geraden (bis ≈ 400 K) entspricht bei $YMnO_3$, welches Mn_3O_4-frei ist, einem effektiven Moment von 5.37 μ_B und ergibt durch Extrapolation die paramagnetische Curie-Temperatur $\Theta_{p1} = -550$ K [10]. An einer Probe mit etwa 0.6 Gew.-% Mn_3O_4 wird $\mu_{eff} = 5.34\ \mu_B$ [10] entsprechend $C_m = 3.57$ aus Messungen bis etwa 1500 K und $\Theta_{p1} = -502$ K bestimmt; $1/\chi_m \approx 200$ mol/cm^3 bei 300 K und ≈ 412 mol/cm^3 bei 1000 K [8]. Für eine Probe mit höherem Mn_3O_4-Gehalt (hergestellt aus Bi_2O_3-Schmelze) finden Bertaut u. a. [4] $C_m = 3.16$, $\Theta_{p1} = -475$ K. Bei Untersuchungen nach der Faraday-Methode bei 8 kOe an Einkristallpulver ermitteln Bokov u. a. [13] an der erst oberhalb 475 K gültigen Curie-Weiss-Geraden eine Steigung, welche $\mu_{eff} = 5.0\ \mu_B$ entspricht. Bei 475 K beobachten diese Autoren einen Knick der $1/\chi$-T-Kurve, s. Polymorphie (weitere Strukturänderungen), S. 49. An einem $YMnO_3$-Einkristall leiten Kizhaev u. a. [12] aus der Temperaturabhängigkeit der spezifischen Suszeptibilität in Richtung der hexagonalen c-Achse $C_m = 4.15$ und $\Theta_{p1} = -700$ K ab. Würde das Moment von Mn^{3+} nur auf dem Spin beruhen, so wäre $C_m = 3.02$ [4] und $\mu_{eff} = 4.90\ \mu_B$ [10]. — Im antiferromagnetischen Bereich bei 4.2 K bestimmen Kohn, Tasaki [14] eine Anisotropie von $\chi_{\parallel c} - \chi_{\perp c} = 8.3 \times 10^{-6}\ cm^3/g$ und Kizhaev u. a. [12] $(\chi_{\perp c} - \chi_{\parallel c})/\chi_{\perp c} = 0.03$ (mit $\chi_{\parallel c} = 1.57 \times 10^{-4}\ cm^3/g$ nach Penney u. a. [9]). Mit dem aus der antiferromagnetischen Resonanz für die magnetische Anisotropiekonstante K_1/M abgeleiteten Wert wird $(\chi_{\perp c} - \chi_{\parallel c})/\chi_{\perp c} = 0.027$ vorausgesagt. Dieser Wert wird als genauer erachtet [9]. Ein anisotropes Verhalten in der a-b-Ebene wird zwischen 4.2 und 300 K nicht beobachtet [12]. — Bei $LuMnO_3$ mit etwa 0.1 Gew.-% Mn_3O_4 wird $C_m = 3.57$, $\Theta_{p1} = -654$ K gefunden; $1/\chi_m$ steigt von etwa 250 mol/cm³ bei 300 K auf etwa 450 mol/cm³ bei 1000 K [8].

Compounds with Lanthanides of Composition $MMnO_3$ (M = Y, Ho, Er, Tm, Yb, Lu)

Bei den Verbindungen $HoMnO_3$, $ErMnO_3$, $TmMnO_3$ und $YbMnO_3$ folgt $1/\chi_m$ unterhalb der Néel-Temperatur T_{N1} (76 bis 86 K) bis etwa T_{N2} einer Curie-Weiss-Geraden, deren Steigung durch das paramagnetische Verhalten der M^{3+}-Ionen bestimmt ist und zu Θ_{p2} führt. Die Steigung (Θ_{p2} in Klammern) beträgt $C_m = 14.06$ (−8 K) bei $HoMnO_3$, 14.42 (−10.5 K) bei $ErMnO_3$, 7.18 (−25 K) bei $TmMnO_3$ und 1.88 (−8 K) bei $YbMnO_3$. Die C_m-Werte weichen von den theoretischen Nur-Spin-Werten außer bei $YbMnO_3$ ($C_{theor} = 2.25$) nur wenig ab. Aus den Diagrammen im Original [8] ist abzulesen, daß bei 50 K $1/\chi_m \approx 5$ mol/cm³ in $HoMnO_3$ und $ErMnO_3$, ≈ 15 mol/cm³ in $TmMnO_3$ und ≈ 30 mol/cm³ in $YbMnO_2$ ist.

Im Bereich oberhalb T_{N1} führt die Extrapolation der Curie-Weiss-Geraden zu Θ_{p1}; die Curie-Konstanten sind C_m (theoretische Werte in Klammern) = 16.35 (17.06) bei $HoMnO_3$, 13.80 (14.47) bei $ErMnO_3$, 9.75 (10.15) bei $TmMnO_3$ und 5.68 (5.25) bei $YbMnO_3$. Die extrapolierten Θ_{p1}-Werte (in K) betragen: −35 ($HoMnO_3$), −41.5 ($ErMnO_3$), −74 ($TmMnO_3$) und −219 ($YbMnO_3$). Bei Raumtemperatur ist $1/\chi_m = 20$ ($HoMnO_3$), 25 ($ErMnO_3$), 37 ($TmMnO_3$) bzw. 90 mol/cm³ ($YbMnO_3$), Pauthenet, Veyret [8]. Nach der Methode von Honda-Owen korrigierte Suszeptibilitäten führen bei einer $HoMnO_3$-Probe, die durch Reaktion von MnO_2 mit Ho_2O_3 im festen Zustand hergestellt wurde, zu $\mu_{eff} = 11.1\ \mu_B$ sowie $\Theta_{p1} = -23$ K und bei einer $YbMnO_3$-Probe, die durch Verdampfen einer salpetersauren Lösung von Mangan und Yb_2O_3 hergestellt wurde, zu $\mu_{eff} = 6.43\ \mu_B$ und $\Theta_{p1} = -200$ K [10]; die oben angegebenen C_m-Werte ergeben hingegen die Werte 11.4 und 6.74 μ_B [8] nach [10]. Untersuchungen an $YbMnO_3$ in Form von Einkristallpulver zwischen 70 und 950 K führen oberhalb 190 K zu $\mu_{eff} = 6.6\ \mu_B$ (theoretischer Wert: 6.68 μ_B), Bokov u. a. [13]. Für diese Verbindungen läßt sich die paramagnetische Curie-Temperatur der Mn^{3+}-Ionen Θ_{Mn} aus den bekannten Werten in $YMnO_3$ und $LuMnO_3$, bei denen $\Theta_{p1} = \Theta_{Mn}$ ist, extrapolieren: Θ_{Mn} (in K) = −482 ($HoMnO_3$), −520 ($ErMnO_3$), −563 ($TmMnO_3$) und −618 ($YbMnO_3$), Pauthenet, Veyret [8].

Literatur:

[1] E. F. Bertaut, G. Buisson, A. Delapalme (Proc. Intern. Conf. Magnetism, London 1965, S. 275/84). — [2] E. F. Bertaut, J. Mareschal, R. Pauthenet, J. P. Rebouillat (Bull. Soc. Franc. Ceram. Nr. 73 [1966] 43/9). — [3] E. F. Bertaut, M. Mercier (Phys. Letters **5** [1963] 27/9). — [4] E. F. Bertaut, R. Pauthenet, M. Mercier (Phys. Letters **7** [1963] 110/1). — [5] E. F. Bertaut, R. Pauthenet, M. Mercier (Phys. Letters **18** [1965] 13).

[6] W. C. Koehler, H. L. Yakel, E. O. Wollan, J. W. Cable (Phys. Letters **9** [1964] 93/5; Proc. 4th Conf. Rare Earth Research, Phoenix, Ariz., 1964 [1965], S. 63/75). — [7] J. Sivardiere (Acta Cryst. A **26** [1970] 101/5, 104). — [8] R. Pauthenet, C. Veyret (J. Phys. [Paris] **31** [1970] 65/72). — [9] T. Penney, P. Berger, K. Kritiyakirana (J. Appl. Phys. **40** [1969] 1234/5). — [10] V. E. Wood, A. E. Austin, E. W. Collings, K. C. Brog (J. Phys. Chem. Solids **34** [1973] 859/63).

[11] K. Kritayakirana, P. Berger, R. V. Jones (Opt. Commun. **1** [1969/70] 95/8). — [12] S. A. Kizhaev, V. A. Bokov, O. V. Kachalov (Fiz. Tverd. Tela **8** [1966] 265/7; Soviet Phys.-Solid State **8** [1966] 215/6). — [13] V. A. Bokov, G. A. Smolenskii, S. A. Kizhaev, I. E. Mylnikova (Fiz. Tverd. Tela **5** [1963] 3607/9; Soviet Phys.-Solid State **5** [1963] 2646/7). — [14] K. Kohn, A. Tasaki (J.Phys. Japan **20** [1965] 1273).

Magnetic Properties of Rhombic Phases

Rhombische Phasen. Austauschwechselwirkungen, magnetische Struktur. An $YMnO_3$ (hergestellt aus den Citraten) wird mit Neutronenbeugung die in **Fig. 30**, S. 56, dargestellte Struktur bestimmt. Sie stellt einen helikalen (A-)Typ dar. Die Momente der Mn^{3+}-Ionen sind in den a-c-Ebenen antiferromagnetisch angeordnet; die helikale Drehung entlang der b-Achse von einer Ebene zur nächsten im Abstand b/2 beträgt 14°30′ [1]. Die nur auf Grund von Gitterstrukturdaten geäußerte Vermutung, daß die antiferromagnetische Ordnung vom G_y-Typ sei [2], trifft somit nicht zu. — Das magnetische Moment der Mn^{3+}-Ionen ergibt sich zu 3.1 ± 0.1 μ_B. Das überwiegende Austauschintegral J_{12}, welches den Superaustausch zwischen den in Fig. 30 mit 1 und 2 bezeichneten Mn^{3+}-Ionen (entsprechend im folgenden) beschreibt, ist (nach Untersuchungen an $LaMnO_3$ mit kollinearer Spin-Anordnung, s. S. 22) stark negativ. Die für die helikale Anordnung notwendige Bedingung, daß $(2J_{13}-J_{14})/2J_{1.1b}$ größer als Null aber kleiner als 1 ist, kann nur so erfüllt werden, daß $2J_{13}-J_{14}$

Compounds with Lanthanides of Composition $MMnO_3$ ($M = Y$, Ho, Er, Tm, Yb, Lu)

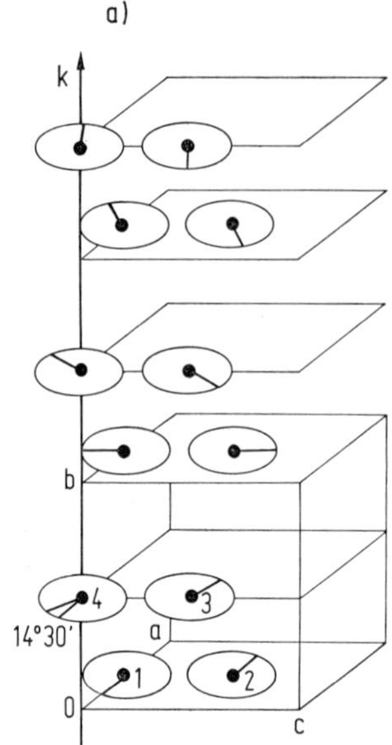

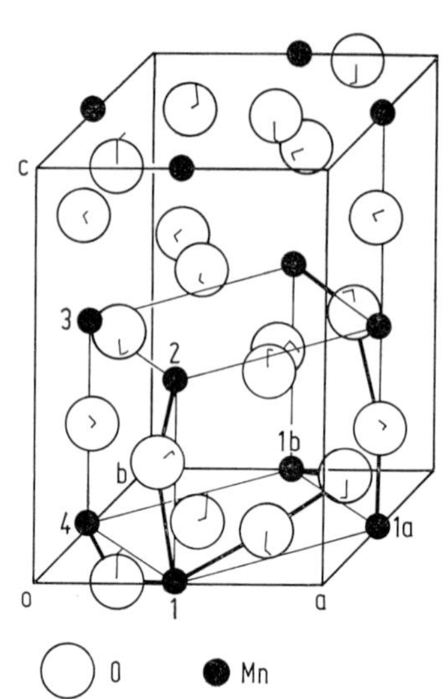

Fig. 30

Magnetische Ordnung (a) und Austauschwege (b) in rhombischem $YMnO_3$.

Magnetic Properties of Rhombic Phases

und $J_{1.1b}$ negativ sind. Bei J_{14} handelt es sich um einen Super-, bei J_{13} und $J_{1.1b}$ um einen Super-Super-Austausch. Vorläufige Untersuchungen an den anderen rhombischen schweren $MMnO_3$-Verbindungen zeigen, daß auch für diese eine helikale Struktur anzunehmen ist [1].

Die Ordnungstemperatur der M^{3+}-Momente T_{N2} liegt nach Suszeptibilitätsuntersuchungen in $HoMnO_3$ bei 9 ± 1 K und in $YbMnO_3$ bei etwa 2 K. Die Ordnungstemperatur der Mn^{3+}-Momente ergibt sich aus den gleichen Untersuchungen in $YMnO_3$ zu $T_{N1} = 42$ K; da die Probe Mn_3O_4-frei war, handelt es sich bei dem Wert nicht um die Curie-Temperatur von ferrimagnetischem Mn_3O_4 (s. „Mangan" C1, S. 86). Die Verbindungen sind oberhalb T_{N1} paramagnetisch und unterhalb T_{N2} antiferromagnetisch mit Ausnahme von $HoMnO_3$, welches metamagnetisch ist.

Die spezifische Magnetisierung von $HoMnO_3$ beträgt bei 4.2 K und $H = 10$ kOe $\sigma \approx 70\ G \cdot cm^3/g$, ist aber noch weit unterhalb der Sättigung [2].

Suszeptibilität χ in $10^{-6}\ cm^3/g$. Bei den Hochdruckphasen gelten nach Untersuchungen zwischen 4.2 und etwa 400 K im oberen Temperaturbereich Curie-Weiss-Geraden, deren Steigung einem effektiven Moment $\mu_{eff} = 4.98\ \mu_B$ bei $YMnO_3$, 11.3 μ_B bei $HoMnO_3$ bzw. 6.72 μ_B bei $YbMnO_3$ entspricht. Die extrapolierten paramagnetischen Curie-Temperaturen Θ_{p1} betragen −67 K ($YMnO_3$), −23 K ($HoMnO_3$) und −83 K ($YbMnO_3$). Zur Herstellung dieser $YbMnO_3$-Probe wurde auf naßchemischem Weg gewonnenes hexagonales $YbMnO_3$ verwendet; $\mu_{eff} = 6.70\ \mu_B$ und $\Theta_{p1} = -79$ K wird für eine Probe ermittelt, deren hexagonale Phase durch Festkörperreaktion aus weniger reinen Ausgangssubstanzen hergestellt wurde. Während bei $YMnO_3$ die Suszeptibilität stets einen antiferromagnetischen Zustand andeutet (χ steigt von dem Wert 109 bei 2 K auf 140 bei der Néel-Temperatur $T_N = 42$ K und sinkt auf 90 bis etwa 118 K ab), wird ein solcher in $HoMnO_3$ nur in schwachen Feldern (z. B. bei $H \approx 5.6$ kOe) bei 9 K beobachtet; $\chi \approx 5000$ bei 7 K, 6200 bei 9 K und etwa 1000 oberhalb 35 K. In Feldern von $H \gtrapprox 9$ kOe tritt keine Anomalie bei 9 K auf, weil $HoMnO_3$ metamagnetisch ist; $\chi \approx 4000$ für $H \lessapprox 3$ kOe und 6800 für $H \gtrapprox 9$ kOe bei 4.2 K. Eine weitere mögliche Anomalie bei höheren Temperaturen, verbunden mit der Ordnung der Mn^{3+}-Ionen, ist durch die große Suszeptibilität der Ho^{3+}-Ionen maskiert. In $YbMnO_3$ hat χ ebenfalls nur bei tiefen Temperaturen (≈ 2 K) ein Maximum; $\chi \approx 500$, 300 bzw. 150 bei 4.2, 20 bzw. oberhalb 60 K. In der rhombischen Verbindung ist χ unterhalb etwa 20 K kleiner und oberhalb dieser Temperatur größer als in der hexagonalen Verbindung [2].

Literatur:

[1] S. Quezel, J. Rossat-Mignod, E. F. Bertaut (Solid State Commun. **14** [1974] 941/5). — [2] V. E. Wood, A. E. Austin, E. W. Collings, K. C. Brog (J. Phys. Chem. Solids **34** [1973] 859/68).

Compounds with Lanthanides of Composition $MMnO_3$ (M = Y, Ho, Er, Tm, Yb, Lu)

Elektrische Eigenschaften

Electrical Properties

Dielectric Constant. Dielectric Loss Factor

Dielektrizitätskonstante ε, **dielektrischer Verlustfaktor** tan δ. In rhombischem $YMnO_3$ ist bei Raumtemperatur, wie Messungen bei 100 MHz zeigen, $\varepsilon < 3$ [1].

In hexagonalem $YMnO_3$ und $YbMnO_3$, welche aus Bi_2O_3-Schmelze kristallisierten, ergibt sich in Richtung der (polaren) c-Achse bei Raumtemperatur $\varepsilon \approx 20$, Bokov u. a. [2], Peuzin [3]; an einer aus PbO-haltiger Bi_2O_3-Schmelze kristallisierten $YMnO_3$-Probe bestimmen Tamura u. a. [4] $\varepsilon \approx 30$. Nach Messungen an $YMnO_3$ ($\varepsilon \approx 20$) besteht bei dieser Temperatur keine Frequenzabhängigkeit zwischen 50 Hz und 50 MHz. Hingegen fällt tan δ von etwa 0.1 bei 100 kHz auf < 0.01 bei 40 MHz. Von der Stärke des Gleichfeldes (bis 50 kV/cm) ist weder ε noch tan δ abhängig [3]. In einem Wechselfeld von 50 Hz gehen dagegen der Realteil der komplexen Dielektrizitätskonstante (ε') und tan δ durch ein Maximum bei der Feldstärke, bei der Hysterese beobachtet wird. Diese beträgt in $LuMnO_3$ etwa 10 kV/cm. Während ε' zwischen 30 und 80 kV/cm praktisch konstant ist, sinkt tan δ von etwa 1.25×10^{-2} bei 10 kV/cm über 3×10^{-3} bei 30 kV/cm weiter auf etwa 1.5×10^{-3} bei 80 kV/cm ab, Bertaut u. a. [5].

Dielektrische Untersuchungen bei höheren Temperaturen werden durch die erhöhte Leitfähigkeit erschwert [3]. Coeuré u. a. [6] berechnen eine Isolator-Zeitkonstante von etwa 4 ns bei 1000 K in $YMnO_3$, so daß zur Reduzierung des Widerstandverlustes bei DK-Messungen eine Frequenz von mindestens 40 MHz erforderlich ist. Nach Messungen bei 150 MHz folgen ε' und der Imaginärteil ε'' in Abhängigkeit von der Temperatur in $YMnO_3$, $HoMnO_3$, $ErMnO_3$ und $YbMnO_3$ keinem Curie-Weiss-Gesetz. Die starke Abnahme in ε' (zwischen 560°C in $ErMnO_3$ und 720°C in $YbMnO_3$) erfolgt in der Nähe der ferroelektrischen Curie-Temperatur, Coeuré u. a. [6]. Messungen bei 20 MHz ergeben bei $YMnO_3$ eine monotone Zunahme der Probenkapazität mit zunehmender Temperatur; bei 450 bis 500°C ist ε etwa doppelt so groß wie bei Zimmertemperatur. Ein Maximum (infolge einer Strukturänderung, s. S. 49) wird in diesem Temperaturbereich nicht beobachtet, Bokov u. a. [2].

Literatur:

[1] V. E. Wood, A. E. Austin, E. W. Collings, K. C. Brog (J. Phys. Chem. Solids **34** [1973] 859/68, 860). — [2] V. A. Bokov, G. A. Smolenskii, S. A. Kizhaev, I. E. Mylnikova (Fiz. Tverd. Tela **5** [1963] 3607/9; Soviet Phys.-Solid State **5** [1963] 2646/7). — [3] J. C. Peuzin (Compt. Rend. **261** [1965] 2195/7). — [4] H. Tamura, E. Sawaguchi, A. Kikuchi (Japan. J. Appl. Phys. **4** [1965] 621/2). — [5] E. F. Bertaut, F. Forrat, Pao-Hsien Fang (Compt. Rend. **256** [1963] 1958/61).

[6] P. Coeuré, P. Guinet, J. C. Peuzin, G. Buisson, E. F. Bertaut (Proc. Intern. Meeting Ferroelec., Prague 1966, Bd. 1, S. 332/40).

Ferroelectric Properties

Ferroelektrische Eigenschaften. In den hexagonalen Verbindungen verläuft die ferroelektrische Achse parallel der kristallographischen c-Achse, so daß die Domänen unterschiedlicher Polarisation immer antiparallel zueinander liegen [1]. Die Domänen sind in den Kristallen, die von oberhalb der ferroelektrischen Curie-Temperatur langsam (1 K/h) abgekühlt wurden, größer als in Kristallen, die innerhalb weniger Sekunden auf Raumtemperatur abgeschreckt wurden. Sie werden durch Ätzen mit 130 bis 160°C heißem konzentrierten H_3PO_4 in reflektiertem Licht sichtbar, Šafránková u. a. [2].

Spontane Polarisation P_s in $\mu C/cm^2$

An $YMnO_3$, $HoMnO_3$, $ErMnO_3$ und $YbMnO_3$ wird bei Raumtemperatur ferroelektrisch $P_s = 5.6 \pm 0.3$ bestimmt, Coeuré u. a. [3]. Auch die früheren Angaben für $YMnO_3$ von Bokov u. a. [4] (P_s = 4 bis 5) und Peuzin [5] ($P_s = 5.5$) liegen bedeutend höher als der erstmals von Bertaut u. a. [1] angegebene Wert $P_s = 2.5$, der später von Bertaut, Lissalde [6] erneut ($P_s \lessapprox 3.5$) gefunden wird. Die Änderung von P_s mit der Temperatur ist bei Kenntnis des (beispielsweise) Raumtemperaturwertes röntgenographisch bestimmbar, da P_s über die Beziehung $S_d = kP_s^2$ mit der spontanen De-

Compounds with Lanthanides of Composition $MMnO_3$ ($M = Y$, Ho, Er, Tm, Yb, Lu)

Ferroelectric Properties

formation S_d (definiert durch $S_d = (c/a)_{T < T_c} - (c/a)_{T \geqq T_c}$) verknüpft ist; k ist eine Konstante. Nachdem so von Ismailzade [7] bestimmten Verlauf von P_s (T) nimmt P_s von 4.5 bei Raumtemperatur auf etwa 3.5 und 2.2 bei 300 und 500°C ab. Pyroelektrischen Untersuchungen zufolge soll sich P_s zwischen Raumtemperatur und 150°C nur unwesentlich ändern und bei −190°C etwas größer sein als bei Raumtemperatur, Coeuré u. a. [3].

Polarisationshysterese

In Abhängigkeit von der Temperatur tritt bei $YMnO_3$ bei etwa 100 K Hysterese auf; Sättigung wird jedoch meistens erst bei Raumtemperatur erreicht [4]. Während bei $ErMnO_3$ geringe Hysterese erst bei 170 K beobachtet wird [1], erfolgt bei $YbMnO_3$ Sättigung bei niedrigeren Temperaturen als bei $YMnO_3$ [4]. Die Stärke des Sättigungsfeldes ist für 50 und 1000 Hz gleich groß; für 50 μm dicke $YMnO_3$-Kristalle ist eine Spannung von etwa 300 V [1], für etwa 100 μm dicke Kristalle eine solche von rund 400 V erforderlich [6]. Aus der Schmelze durch langsames Abkühlen (10 K/h) von 1250°C hergestellte, 20 bis 50 μm dicke $YMnO_3$-Kristalle zeigen bei Raumtemperatur bereits Hysterese, wenn sie einem Wechselfeld von 50 Hz nur 0.2 s lang ausgesetzt werden. Einfache rechteckige Hysterese wird beobachtet, wenn zur Herstellung 16 g $YMnO_3$, 186 g Bi_2O_3 und 22 g PbO verwendet werden, und symmetrische Doppelhysterese, wenn 16 g $YMnO_3$, 93 g Bi_2O_3 und 45 g PbO verwendet werden; an dieser Probe ist jedoch nach wenige Sekunden langem Anlegen eines Feldes von 32 kV/cm einfache Hysterese zu beobachten. Nach Wegnahme des Feldes erholen sich die Kristalle innerhalb von etwa 10 h zu ihrer Doppelhysterese-Form, Tamura u. a. [8]. Den Übergang von Doppelhysterese zu einfacher Hysterese in genügend hohem Feld beobachten auch Bertaut u. a. [1] an langsam aus PbO-freier Schmelze abgekühlten $ErMnO_3$-Kristallen. $YMnO_3$-Kristalle, die in einem Gleichfeld von 14 kV/cm 6 h lang polarisiert wurden, zeigen asymmetrische Doppelhysterese, welche im Lauf der Kristallalterung sich zur symmetrischen Doppelhysterese erholt. Dieses Verhalten ist mit der Entwicklung der polaren Anisotropie beim fortschreitenden Altern erklärbar [8].

Koerzitivfeldstärke E_c in kV/cm

Auf $YMnO_3$-Kristallen, die aus Bi_2O_3-Schmelze wachsen, bildet sich eine etwa 10 μm dicke, stark verunreinigte Oberflächenschicht aus, für welche $E_c = 20$ ist; hingegen ist $E_c = 5$ bei einem von der Schicht befreiten Kristall bei Raumtemperatur und 50 Hz [2]. Frühere Untersuchungen an ebenfalls aus Bi_2O_3-Schmelze gewachsenen Kristallen von $YMnO_3$ [5, 3], $HoMnO_3$, $ErMnO_3$ und $YbMnO_3$ [3] ergaben, daß sich E_c (bei konstantem Verhältnis zwischen der Maximalstärke des angelegten Wechselfeldes und E_c) in Abhängigkeit von der Kristalldicke d bei Raumtemperatur linear mit 1/d gemäß $E_c = E_{c,\infty} + V_{c,0}/d$ ändert; $E_{c,\infty} = 4$ kV/cm und $V_{c,0} = 120$ V findet Peuzin [5] an 50 bis 650 μm dicken $YMnO_3$-Kristallen; somit ist für einen 50 μm dicken Kristall $E_c \approx 24$. Coeuré u. a. [3] geben später $E_c = 18$ für $YMnO_3$-, 28 für $HoMnO_3$- sowie 34 für $ErMnO_3$- und $YbMnO_3$-Kristalle gleicher Dicke an. Für dünnere Proben ($d < 25$ μm) nähert sich die Koerzitivspannung von $YMnO_3$ dem konstanten Wert von etwa 40 V [5]. Bei dünnen Schichten aus $HoMnO_3$, $ErMnO_3$ oder $YbMnO_3$ steigt E_c auf höhere Werte [3].

Die Koerzitivspannung ändert sich in 50 μm dicken $LuMnO_3$-Kristallen bei 50, 500 und 1000 Hz bei niedriger angelegter Spannung (bis etwa 90 V) schneller als bei höherer [1]. In Abhängigkeit von der Temperatur nimmt E_c in $YMnO_3$ oberhalb Raumtemperatur (bis 450 K untersucht) schwach und unterhalb bis 120 K stark zu; die E_c-T-Kurve für 50 Hz wird durch die Gleichung $E_c/E_{c,0} = 590/T - 1.16$ beschrieben, in der $E_{c,0}$ die Koerzitivfeldstärke bei 0°C ist, Peuzin [5]. Bei $YbMnO_3$ ist $E_c \approx 70$ bis 80 bei 100 K, Bokov u. a. [4].

Literatur:

[1] E. F. Bertaut, F. Forrat, Pao-Hsien Fang (Compt. Rend. **256** [1963] 1958/61). — [2] M. Šafránková, J. Fousek, S. A. Kižaev (Czech. J. Phys. **17** [1967] 559/60). — [3] P. Coeuré, P. Guinet, J. C. Peuzin, G. Buisson, E. F. Bertaut (Proc. Intern. Meeting Ferroelec., Prague 1966, Bd. 1, S. 332/40). — [4] V. A. Bokov, G. A. Smolenskii, S. A. Kizhaev, I. E. Mylnikova (Fiz. Tverd. Tela **5** [1963] 3607/9; Soviet Phys.-Solid State **5** [1963] 2646/7). — [5] J. C. Peuzin (Compt. Rend. **261** [1965] 2195/7).

[6] E. F. Bertaut, F. Lissalde (Solid State Commun. **5** [1967] 173/5). — [7] I. G. Ismailzade (Phys. Status Solidi B **46** [1971] K 39/K 41). — [8] H. Tamura, E. Sawaguchi, A. Kikuchi (Japan. J. Appl. Phys. **4** [1965] 621/2).

Compounds with Lanthanides of Composition $MMnO_3$ (M = Y, Ho, Er, Tm, Yb, Lu)
Electrical Polarization Processes

Polarisationsvorgänge. Im folgenden ist E die angelegte elektrische Feldstärke, T die Impulsdauer, i_0 der Strom zur Zeit t = 0, i_m der maximale zu i_0 gehörende Umschaltstrom; dieser fließt nach der Zeit t_m. Die Umschaltzeit t_B ist nach Definition diejenige Zeit, nach welcher i_m auf den zehnten Teil abgesunken ist.

$YMnO_3$ hat eine Umschaltzeit, welche um eine Größenordnung kleiner ist als die der meisten anderen Ferroelektrika; beispielsweise wird von Merz [1] für $BaTiO_3$ 1 μs angegeben.

Zu Untersuchungen in konstantem Feld wird der Kristall einer Folge rechteckiger Spannungsimpulse wechselnder Polarität der gleichen Stärke und Dauer T unterworfen. Bei gleichen Zeitabständen zwischen den Impulsen spricht man von symmetrischer, andernfalls von asymmetrischer Impulsfolge. Ältere Untersuchungen unter Verwendung spitzer Spannungsimpulse s. bei Guinet [2].

Symmetrische Impulsfolge. Unterhalb des „wahren Schwellenwertes" E_s, der in 350 μm dicken $YMnO_3$-Kristallen etwa 2 kV/cm und in 20 μm dicken Kristallen etwa 5 kV/cm beträgt, ist ein Umklappen der elektrischen Dipole nicht möglich. Ist die angelegte Feldstärke etwas größer als E_s, aber kleiner als 15 kV/cm, so erfolgt die Polarisationsumkehr langsam und unvollständig. Bei E = 5 kV/cm erreicht sie etwa 5, 20 und 95%, wenn T = 10, 100 bzw. 1000 ms beträgt und nimmt bei längerer Impulsdauer wieder ab, Coeuré [3].

Ist E größer als etwa 20 kV/cm, aber höchstens halb so groß wie die Aktivierungsenergie (s. unten), so ändert sich t_B in den 8 bis 350 μm dicken Kristallen in Abhängigkeit von E gemäß $t_B = t_\infty \exp \alpha/E$, Coeuré [4, 5]. Für 50 μm dicke $YMnO_3$-, $HoMnO_3$-, $ErMnO_3$- und $YbMnO_3$-Kristalle beträgt t_∞ etwa 70 ns bei Raumtemperatur, Coeuré u. a. [6]. Ein analoges Gesetz gilt für $1/i_m$, $1/i_o$ und t_m [5]. Die Aktivierungsenergie α ist in diesen Verbindungen mehr als zehnmal so groß wie in $BaTiO_3$; für 50 μm dicke Kristalle ist α = 120 ($YMnO_3$), 180 ($HoMnO_3$) bzw. 230 kV/cm ($ErMnO_3$ und $YbMnO_3$), Coeuré u. a. [6]. Mit zunehmender Kristalldicke d nimmt α gemäß $\alpha = \alpha_o \cdot d^{-1/3}$, mit steigender Temperatur bis T ≈ 500 K linear mit 1/T ab. In $YMnO_3$ ändert sich α von etwa 400 auf 45 kV/cm, wenn die Probendicke von 5 auf 500 μm gesteigert wird, und in einem 20 μm dicken Kristall von α = 180 auf 125 kV/cm, wenn die Temperatur von 20 auf 220°C erhöht wird. Bei höheren Temperaturen verhält sich α wegen der relativ hohen Leitfähigkeit von $YMnO_3$ komplex. Die Abnahme von t_B zwischen 20 und 180°C wird graphisch dargestellt, Coeuré [4].

Ist E > α/2, so ändern sich i_m und $1/t_B$ in Abhängigkeit von E linear bis etwa E = α, bei höheren Feldstärken dann langsamer als linear [4].

Asymmetrische Impulsfolge. Werden asymmetrische Spannungsimpulse angelegt, so hängt die Form der i(t)-Kurve von der Zeit zwischen den Impulsen ab [4, 7].

Änderung des Scheinleitwertes. Bei Polarisationsumkehr unter sinusoidaler Spannung ändern sich die Kapazität C und der Wirkleitwert G beträchtlich. G ist, wie Peuzin [8] bei 50 Hz und Coeuré u. a. [6] für den Frequenzbereich von 200 kHz bis 200 MHz zeigen, grob proportional i_o, aber nicht gleich der Neigung des Kreisstromes I(V) in Abhängigkeit von i_o; deshalb ist $G = G' \cdot I$ zu setzen, wobei $G' \approx 0.05\ V^{-1}$ für einen 200 μm dicken $YMnO_3$-Kristall beträgt [8]. Zwischen 50 und 200 kHz nimmt die Änderung von G, ΔG, bei i_m in Abhängigkeit von der Frequenz etwas zu, während die Änderung von C, ΔC, in stärkerem Maße auf etwa Null abnimmt. Oberhalb 200 kHz sind ΔG (i_m) und ΔC (i_m) unabhängig von der Frequenz. Bei 50 kHz ist ΔG ≈ 3.5 und ≈ 5 $\mu\Omega^{-1}$ bei 200 kHz sowie ΔC ≈ 6 pF bei 50 kHz bei einem 140 μm dicken $YMnO_3$-Kristall, wenn i_o = 0.15 mA ist [6].

Deutung. Nach Coeuré [5] läßt sich der Prozeß der Polarisationsumkehr unter konstanter Feldstärke in diesen Einkristallen mit der Theorie von Fatuzzo [9] erklären. Bei geringer Feldstärke (E < α/2) herrscht Keimbildung, bei höheren Feldstärken Wandverschiebung der Domänen vor. Nach Peuzin [10] deuten sowohl die Dauer des Keimbildungsprozesses in konstantem Feld als auch die Änderung des Scheinleitwertes während des Umklappens in sinusoidalem Feld darauf hin, daß auch in den bis zur Sättigung polarisierten Kristallen noch Domänen mit entgegengesetztem Polarisationssinn existieren.

Literatur:

[1] W. J. Merz (Phys. Rev. [2] **95** [1954] 690). — [2] P. Guinet (Compt. Rend. **257** [1963] 90/2). — [3] P. Coeuré (Compt. Rend. B **263** [1966] 1100/3). — [4] P. Coeuré (Compt. Rend. **261** [1965] 4369/72). — [5] P. Coeuré (J. Phys. [Paris] **28** [1967] 339/43).

Compounds with Lanthanides of Composition $MMnO_3$ (M = Y, Ho, Er, Tm, Yb, Lu)

[6] P. Coeuré, P. Guinet, J. C. Peuzin, G. Buisson, E. F. Bertaut (Proc. Intern. Meeting Ferroelec., Prague 1966, Bd. 1, S. 332/40). — [7] P. Coeuré, J. C. Peuzin, G. Buisson, E. F. Bertaut (Rev. Gen. Elec. **77** [1968] 933/7). — [8] J. C. Peuzin (Compt. Rend. **261** [1965] 2195/7). — [9] E. Fatuzzo (Phys. Rev. [2] **127** [1962] 1999/2005). — [10] J. C. Peuzin (Solid State Commun. **5** [1967] 13/6).

Pyroelectric Current

Pyroelektrischer Strom. In hexagonalen $YMnO_3$-Kristallen steigt der pyroelektrische Strom entlang der [001]-Richtung von etwa 5×10^{-10} A bei 575°C auf etwa 27×10^{-10} A bei der ferroelektrischen Curie-Temperatur (660°C) an und beträgt bei 700°C 10×10^{-10} A. Beim Abkühlen der Kristalle wird der pyroelektrische Strom sehr schwach, weil der Kristall in Domänen zerfällt, I. G. Ismailzade, S. A. Kizhaev (Fiz. Tverd. Tela **7** [1965] 298/301; Soviet Phys.-Solid State **7** [1965] 236/8).

Electrical Conductivity. Thermoelectric Power

Elektrische Leitfähigkeit $\varkappa$, **Thermokraft** α. Untersuchungen der Leitfähigkeit in Abhängigkeit vom O_2-Druck und Messungen der Thermokraft kennzeichnen die hexagonalen Verbindungen $YMnO_3$, $HoMnO_3$ und $YbMnO_3$ als p-Leiter; Eigenleitung ist bis 1000°C nicht zu beobachten. Die elektrische Leitfähigkeit dieser Verbindungen ist höher als in den entsprechenden M_2O_3-Verbindungen und von der gleichen Größenordnung wie in α-Mn_2O_3 [1].

Ein $YMnO_3$-Einkristall hat bei Zimmertemperatur den spezifischen Widerstand $\rho \approx 10^{12}\ \Omega \cdot cm$ [2]. In keramischen Proben ist $\varkappa$ (in $10^{-3}\Omega^{-1} \cdot cm^{-1}$) bei 1 kHz und $p(O_2)$ = 150 Torr bei 200, 500 bzw. 700°C 0.08, 0.59 bzw. 2.75 bei $YMnO_3$, 0.01, 0.56 bzw. 1.51 bei $HoMnO_3$ und —, 0.31 bzw. 2.88 bei $YbMnO_3$. Die Änderung von $\varkappa$ zwischen 150 und 750°C ist für diese Proben ($YMnO_3$, $HoMnO_3$) sowie vergleichsweise für rhombisches $LaMnO_3$ (mit 17% Mn^{4+}) in **Fig. 31** dargestellt. Die in $YMnO_3$ bei 245 sowie 660°C und in $HoMnO_3$ bei 265 sowie 600°C auftretende Änderung in der Steigung ist auf eine feine strukturelle Änderung sowie die stärkere Änderung beim Übergang in den paraelektrischen Zustand bei der Curie-Temperatur zurückzuführen. Die Zahlen an den Kurven in Fig. 31 geben die zwischen diesen Temperaturen ermittelten Aktivierungsenergien E_a an [1]. An einem $YMnO_3$-Einkristall wird für den gesamten Temperaturbereich nur ein E_a-Wert (0.7 eV) ermittelt [2]. Bei der erwähnten keramischen $YbMnO_3$-Probe tritt im lg $\varkappa$-1/T-Diagramm nur ein Knick (bei 720°C) auf; E_a = 0.73 eV in der ferroelektrischen, E_a = 0.99 eV in der paraelektrischen Probe. Abschätzungen ergeben, daß Ionen zur Leitfähigkeit bei hohen Temperaturen in $YMnO_3$ nur wenig, jedoch erheblich in $HoMnO_3$ und $YbMnO_3$ beitragen [1]. Mit steigendem O_2-Druck nimmt $\varkappa$ unterhalb 550°C in $YMnO_3$ und $HoMnO_3$ ab; bei höheren Temperaturen wird fast keine $p(O_2)$-Abhängigkeit beobachtet [1].

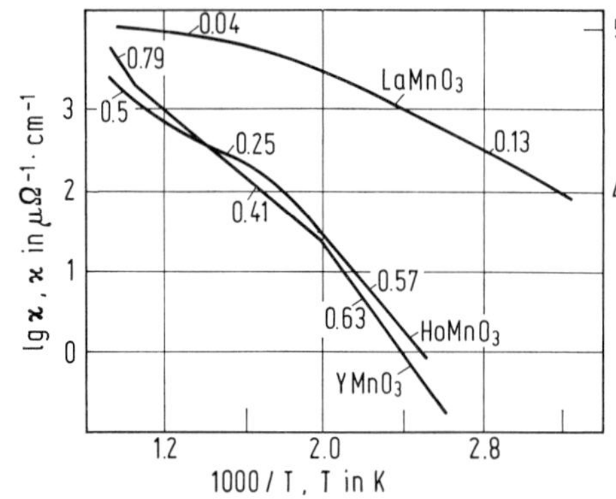

Fig. 31

Leitfähigkeit $\varkappa$ von $LaMnO_3$ (rechte Skala), $YMnO_3$ und $HoMnO_3$ (linke Skala) in Abhängigkeit von der Temperatur bei $p(O_2)$ = 150 Torr; Zahlen an den Kurven geben die Aktivierungsenergien (in eV) an.

Der Seebeck-Koeffizient α in $YMnO_3$ ändert sich zwischen Raumtemperatur und etwa 630°C nur wenig ($\alpha \approx$ 0.1 bis 0.25 mV/K), steigt dann plötzlich im Bereich der ferroelektrischen Curie-Temperatur auf etwa 1.6 mV/K bei 700°C an und beträgt bei 800°C etwa 2.0 mV/K. Diese Temperaturabhängigkeit könnte mit der dielektrischen Umwandlung zusammenhängen [1].

Die Konzentration der Ladungsträger ergibt sich für ferromagnetisches $YMnO_3$ aus dem Verlauf von α als nahezu konstant. Die drift-Beweglichkeit beträgt bei 500°C etwa 3×10^{-6} $cm^2 \cdot V^{-1} \cdot s^{-1}$ [1].

Compounds with Lanthanides of Composition $MMnO_3$ (M = Y, Ho, Er, Tm, Yb, Lu)

Die Ladungsträger (positive Löcher) sind an Mn^{4+}-Lagen lokalisiert, gehen aber mit verhältnismäßig kleiner Aktivierungsenergie sprungartig (hopping) auf benachbarte Ionen über. Bei niedrigen Temperaturen (weit unterhalb T_C) herrschen im Leitungsprozeß wahrscheinlich Ladungsträger vor, welche durch Abweichungen von der Stöchiometrie bedingt sind. Dicht unterhalb der ferroelektrischen Curie-Temperatur T_C, wo die Richtung der spontanen Polarisation verschiedener Domänen voneinander abweicht, spielen der Elektroneneinfang in Haftstellen und die Elektronenstreuung zugleich eine Rolle, während oberhalb T_C die Ladungsträgerstreuung überwiegt. Möglicherweise findet in diesen hexagonalen Verbindungen im Bereich der Curie-Temperatur ein Übergang zur Eigenleitung statt [1]; vergleiche hierzu die Angaben für $LaMnO_3$ auf S. 24/5.

Rhombisches $HoMnO_3$ (aus der hexagonalen Modifikation bei 950°C durch Kompression mit 45 kbar hergestellt) hat nach Abschrecken einen spezifischen Widerstand, welcher um etwa zwei Größenordnungen kleiner ist als derjenige der Ausgangsphase: $\rho \approx 10^6\ \Omega \cdot cm$, Waintal u. a. [3].

Literatur:

[1] G. V. S. Rao, B. M. Wanklyn, C. N. R. Rao (J. Phys. Chem. Solids **32** [1971] 345/58). — [2] J. C. Peuzin (Compt. Rend. **261** [1965] 2195/7). — [3] A. Waintal, J. J. Capponi, E. F. Bertaut, M. Contré, D. François (Solid State Commun. **4** [1966] 125/7).

Optische Eigenschaften

Optical Properties

Hexagonale, 1 bis 20 μm dicke plättchenförmige $MMnO_3$-Kristalle sind schwarzglänzend und opak [1]. Lattenförmiges (hexagonales) $LuMnO_3$ ist in planpolarisiertem Licht dichroitisch: rötlichschwarz, wenn der Schwingungsvektor parallel der Lattenachse (≙ c-Achse), und lichtgrün, wenn er senkrecht dazu liegt, Yakel u. a. [2]. Für hexagonales $YMnO_3$ wird im Bereich zwischen 15 und 50 cm^{-1} die Brechungszahl $n = 4 \pm 0.2$ aus Transmissions- [3] und $n \approx 4.5$ aus dielektrischen Untersuchungen abgeleitet [4]. An hexagonalem $LuMnO_3$ wird $n = 1.89 \pm 0.02$ parallel c und $n = 2.01 \pm 0.02$ senkrecht c gefunden [2].

An hexagonalem $YMnO_3$ beobachten Penney u. a. [3] bei 4 K bei etwa 43 cm^{-1} eine Bande, die bei 40 K verschwindet; sie wird antiferromagnetischer Resonanz zugeschrieben, s. S. 54. Zwischen 80 und 200 cm^{-1} werden bei Zimmertemperatur bei vorläufigen Untersuchungen keine Banden gefunden, die ferroelektrischen Schwingungen zugeordnet werden könnten [5]. In dem bei Zimmertemperatur untersuchten Phononenspektrum von hexagonalem $YMnO_3$, $HoMnO_3$ und $YbMnO_3$ treten bei kürzeren Wellenlängen (bis 4000 cm^{-1}) Absorptionsbanden im gleichen Wellenlängenbereich wie für γ-Mn_2O_3 (vgl. „Mangan" C1, S. 113) auf, die vorläufig folgenden Valenz- (ν) und Deformationsschwingungen (δ) zugeordnet werden (Angaben in cm^{-1}):

	δ_{O-Mn-O}		δ_{O-Mn-O}		ν_{Mn-O}	ν_{Mn-O}	
$YMnO_3$ . . .	305	395	430	485	594	620	670
$HoMnO_3$ . . .	300	398	429	485	590	640 614	670
$YbMnO_3$ . . .	297	393	433	487	594	628	670
γ-Mn_2O_3 . .	320	385 375	—	500	608	625	673

Weitere Banden werden in $YMnO_3$ bei 280, 265 und 210 cm^{-1} und in $HoMnO_3$ bei 250 und 225 cm^{-1} beobachtet, Rao u. a. [5].

Im Bereich zwischen etwa 700 und 10200 cm^{-1} sind die hexagonalen Verbindungen ($YMnO_3$, $TmMnO_3$, $YbMnO_3$) weitgehend transparent. Die Absorptionskante von $YMnO_3$-Einkristallen verschiebt sich von 10300 cm^{-1} bei Raumtemperatur nach 12500 cm^{-1} bei 4 K, Kritayakirana u. a. [6].

Literatur:

[1] E. F. Bertaut, F. Forrat, Pao-Hsien Fang (Compt. Rend. **256** [1963] 1958/61). — [2] H. L. Yakel, W. C. Koehler, E. F. Bertaut, F. Forrat (Acta Cryst. **16** [1963] 957/62). — [3] T. Penney,

P. Berger, K. Kritiyakirana (J. Appl. Phys. **40** [1969] 1234/5). — [4] V. A. Bokov, G. A. Smolenskii, S. A. Kizhaev, I. E. Mylnikova (Fiz. Tverd. Tela **5** [1963] 3607/9; Soviet Phys.-Solid State **5** [1963] 2646/7). — [5] G. V. S. Rao, C. N. R. Rao, J. R. Ferraro (Appl. Spectry. **24** [1970] 436/45).
[6] K. Kritayakirana, P. Berger, R. V. Jones (Opt. Commun. **1** [1969/70] 95/8).

Compounds with La or Nd of Composition MMn_7O_{12}

2.11.6.4.3 Verbindungen der Zusammensetzung MMn_7O_{12} (M = La, Nd)

Die monoklinen Perowskit-ähnlichen Verbindungen $[MMn_3^{3+}](Mn_4^{3+})O_{12}$ entstehen gut kristallisiert aus M_2O_3 mit 7fachem Mn_2O_3-Überschuß bei 1000°C unter 40 kbar für die La-haltige und 80 kbar für die Nd-haltige Verbindung. Die Gitterkonstanten betragen a = 7.516, b = 7.376, c = 7.516 Å, β = 91.30° ($LaMn_7O_{12}$) und a = 7.504, b = 7.366, c = 7.504 Å, β = 91.18° ($NdMn_7O_{12}$); Z = 2. Obwohl der a- und der c-Parameter gleich groß sind, handelt es sich um wahre monokline Symmetrie; Raumgruppe I2/m. Es werden folgende Punktlagen besetzt (Atomlagen gelten für die La-haltige Verbindung): 2a (0, 0, 0) von M^{3+}; 2b (0, 1/2, 0), 2c (0, 0, 1/2), 2d (0, 1/2, 1/2), 4e (1/4, 1/4, 3/4) und 4f (1/4, 1/4, 1/4) von Mn^{3+}; 4i (x, 0, z) mit x ≈ 0.31, z ≈ 0.18 von O_I sowie mit x ≈ 0.31, z ≈ −0.18 von O_{II}; 8j (x, y, z) mit x ≈ 0.0, y ≈ 0.18, z ≈ 0.31 von O_{III} sowie mit x ≈ 0.18, y ≈ 0.31, z = 0.0 von O_{IV}. Die Struktur wird von kubischem $NaMn_7O_{12}$ abgeleitet. Die monokline Verzerrung ist darauf zurückzuführen, daß alle Oktaederlagen (4e und 4f) von Mn^{3+} (anstatt jeweils zur Hälfte von Mn^{3+} und Mn^{4+}) besetzt sind. Die restlichen 3/7 der Mn^{3+}-Ionen (auf 2b, 2c und 2d) nehmen eine hochkoordinierte Punktlage ein. Sie sind von zwölf O-Ionen umgeben, jedoch in Form eines so stark verzerrten Polyeders, daß nur acht O-Ionen zur ersten Koordinationssphäre gerechnet werden können. Vier von diesen liegen eng benachbart und bilden ein Quadrat, die anderen ein Rechteck senkrecht zu diesem Quadrat, La ist von zwölf O-Ionen in Form eines leicht verzerrten Ikosaeders umgeben, B. Bochu, J. Chenavas, J. C. Joubert, M. Marezio (J. Solid State Chem. **11** [1974] 88/93).

Compounds with Yttrium or Lanthanides of Composition MMn_2O_5

2.11.6.4.4 Verbindungen der Zusammensetzung MMn_2O_5 (M = Y oder Lanthanid)

Preparation

Darstellung. Die pechschwarzen Verbindungen, s. [4], werden wie $LaMn_2O_5$ (s. S. 26) nach Zersetzen der Nitratlösungen (mit einem Verhältnis Mn : M > 2 : 1) bei 1000°C oder als Einkristalle aus einer Bi_2O_3-Schmelze hergestellt. Noch besser eignet sich ein Schmelzfluß aus 9.3 g M_2O_3, 11.5 g $MnCO_3$, 1 g B_2O_3, 36 g PbO, 54 g PbF_2 und 3.3 g PbO_2, der 18 h bei 1280°C gehalten und dann mit 2 K/h auf 900°C abgekühlt wird, Schieber u. a. [1].

Crystal Structure

Kristallstruktur. Wie Quezel-Ambrunaz u. a. [2] erstmals an $HoMn_2O_5$ zeigen, kristallisieren diese Verbindungen rhombisch in der Raumgruppe Pbam-D_{2h}^9. Die Elementarzelle enthält 4 Formeleinheiten. Es werden folgende Gitterkonstanten für Raumtemperatur angegeben:

	$PrMn_2O_5$	$NdMn_2O_5$	$SmMn_2O_5$	$EuMn_2O_5$	$GdMn_2O_5$	$TbMn_2O_5$
a in Å	7.54	7.54	7.41	7.37	7.36	7.34
b in Å	8.66	8.63	8.56	8.56	8.52	8.51
c in Å	5.70	5.70	5.70	5.70	5.69	5.69

	$DyMn_2O_5$	$HoMn_2O_5$	$ErMn_2O_5$	$TmMn_2O_5$	$YbMn_2O_5$	$LuMn_2O_5$
a in Å	7.34	7.33	7.24	7.24	7.23	7.23
b in Å	8.49	8.46	8.40	8.40	8.40	8.42
c in Å	5.69	5.68	5.66	5.67	5.67	5.66

S. Quezel-Ambrunaz, E. F. Bertaut, G. Buisson nach Bertaut u. a. [3]. An einem $DyMn_2O_5$-Einkristall wird a = 7.2940, b = 8.5551 und c = 5.6875 (jeweils ±0.0008) Å bei 25°C gefunden [4]. Bei tiefen Temperaturen ergibt sich a = 7.53, b = 8.63, c = 5.70 Å für $NdMn_2O_5$ bei 21 K; a = 7.34, b = 8.52, c = 5.69 Å für $TbMn_2O_5$ bei 18 K; a = 7.33, b = 8.49, c = 5.68 Å für $HoMn_2O_5$ bei 1.5 K; a = 7.27, b = 8.46, c = 5.66 Å für YMn_2O_5 bei 4.2 K und a = 7.29, b = 8.40, c = 5.66 Å für $ErMn_2O_5$ bei 20 K, Buisson [5].

Strukturuntersuchungen an $DyMn_2O_5$ führen bei Verwendung von anisotropen Temperaturfaktoren zu folgenden Atomparametern (Abweichungen in Klammern) bei 25°C; für Dy in 4g (x, y, 0; usw.) x = 0.13874 (4), y = 0.17169 (4), für Mn_I in 4f (0, 1/2, z; usw.) z = 0.2548 (2), für Mn_{II} in 4h (x, y, 1/2; usw.) x = 0.4119 (2), y = 0.3500 (1), für O_I in 4e (0, 0, z; usw.) z = 0.2741 (14), für O_{II} in 4g x = 0.1647 (7), y = 0.4452 (6), für O_{III} in 4h x = 0.1537 (7), y = 0.4354 (9) und für O_{IV} in 8i (x, y, z; usw.) x = 0.3951 (6), y = 0.2082 (4), z = 0.2414 (10) [4]. Atomparameter in $HoMn_2O_5$, die aus visuell geschätzten Weissenberg-Filmintensitäten abgeleitet werden und zum Teil erheblich von den obigen abweichen, s. Quezel-Ambrunaz u. a. [2]. Mn_{II} ist von fünf Sauerstoffen umgeben in Form einer leicht verzerrten tetragonalen Pyramide; zwei der basalen Mn-O Abstände betragen in $DyMn_2O_5$ 1.926 Å, die zwei anderen 1.911 Å; der Mn-O Abstand zur Pyramidenspitze ist 2.020 Å. Mn_I besetzt ein leicht gedrücktes Oktaeder; hier betragen die vier Mn-O Abstände in der Ebene 1.940 Å, die zwei anderen, senkrecht zu dieser Ebene, 1.873 Å. Diese oktaedrische Umgebung erinnert an die in β-MnO_2. Dy ist von einem etwas verzerrten, quadratischen, antiprismatischen Polyeder aus Sauerstoffen umgeben. Die Dy-O Abstände liegen zwischen 2.341 und 2.469 Å. Entlang der c-Achse verlaufen Ketten von MnO_6-Oktaedern, die über gemeinsame Kanten der Basis verknüpft sind, Abrahams, Bernstein [4].

Compounds with Yttrium or Lanthanides of Composition MMn_2O_5 Crystal Structure

Dichte D in g/cm³. Für $DyMn_2O_5$ wird D = 6.7 von Nowik u. a. [6] und D = 6.50 ± 0.06 von Abrahams, Bernstein [4] pyknometrisch ermittelt. Aus Röntgendaten werden folgende Werte abgeleitet (M in Klammern): 5.90 (Pr), 5.98 (Nd), 6.25 (Sm), 6.32 (Eu), 6.46 (Gd), 6.52 (Tb), 6.60 (Dy), 6.69 (Ho), 6.81 (Er), 6.90 (Tm), 6.94 (Yb) und 7.05 (Lu), S. Quezel-Ambrunaz, E. F. Bertaut, G. Buisson nach Bertaut u. a. [3].

Density

Magnetische Eigenschaften. Magnetische Struktur. Untersuchungen mit Neutronen zeigen, daß die magnetische Zelle gegenüber der kristallographischen in der a-Richtung gedoppelt ist. Es liegt eine helikale Momentanordnung der Mn^{3+}- und Mn^{4+}-Ionen vor. Die Momente der Mn-Ionen rotieren in der a-b-Ebene von einer Elementarzelle zur nächsten in der c-Richtung um 131.4° in $NdMn_2O_5$ bei 21 K, 110.26° in $TbMn_2O_5$ bei 18 K, 115.2° in YMn_2O_5 bei 4.2 K, 97.56° in $HoMn_2O_5$ bei 1.5 K und 88.92° in $ErMn_2O_5$ bei 20 K, Buisson [5]. Unter der Annahme, daß die Momente der Mn-Ionen in $NdMn_2O_5$, $TbMn_2O_5$ und $ErMn_2O_5$ auch bei 1.5 K helikal geordnet sind, führen Neutronenbeugungsdaten bei dieser Temperatur zu einer eher helikalen als sinusoidalen Anordnung der Momente der Nd^{3+}-Ionen und zu einer mit Sicherheit sinusoidalen der Momente der Tb^{3+}- und Er^{3+}-Ionen. Die magnetische Struktur von $NdMn_2O_5$ und diejenige von $TbMn_2O_5$ sind in **Fig. 32** dargestellt. Die darin aufgeführten Winkel haben folgende Bedeutung bezüglich der numerierten Ionen:

Magnetic Properties

Φ_1 = Winkel zwischen der X-Achse und dem Moment des Mn^{3+}-Ions 1,
Φ_2 = Winkel zwischen der X-Achse und der mittleren Richtung der Momente der Mn^{4+}-Ionen 5 und 6,
ω = Winkel zwischen der mittleren Richtung der Momente der Mn^{4+}-Ionen 5 und 6 und dem Moment des Mn^{4+}-Ions 5,
β = Winkel zwischen der X-Achse und der Richtung des magnetischen Moments der M^{3+}-Ionen 1' und 2',
α_1 = Phasenverschiebung des magnetischen Moments des M^{3+}-Ions 1'.

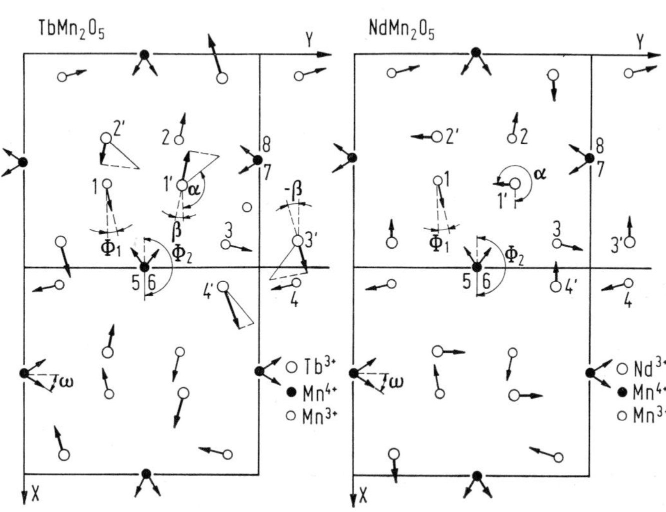

Fig. 32

Magnetische Struktur von $TbMn_2O_5$ (sinusoidal) und $NdMn_2O_5$ (helikal) in Projektion.

3+

Compounds with Yttrium or Lanthanides of Composition MMn_2O_5

Magnetic Properties

Für diese Winkel, für den Helixgang τ (charakterisiert durch den Ausbreitungsvektor $k = {}^1/_2\ 0\ \tau$) und für die magnetischen Momente μ (in μ_B) der einzelnen Ionen werden bei 1.5 K folgende Werte gefunden (bei helikaler Anordnung der Mn^{3+}-, Mn^{4+}- und Nd^{3+}-Ionen in $NdMn_2O_5$):

	Φ_1	Φ_2	ω	β	α_1	$\mu(Mn^{3+})$	$\mu(Mn^{4+})$	$\mu(M^{3+})$	τ
$NdMn_2O_5$ . . .	10°	180°	43.7°	—	270°	2.90	2.90	1.06	0.408
$TbMn_2O_5$ . . .	18°	180°	7.5°	−17°	130°	3.94	2.95	7.6	0.306
$ErMn_2O_5$. . . .	30°	180°	16.8°	−5°	143°	3.6	2.7	6.9	0.242

Buisson [7]. Während $TbMn_2O_5$ bei 18 K den gleichen Helixgang aufweist, beträgt er in $NdMn_2O_5$ 0.365 bei 21 K und in $ErMn_2O_5$ 0.247 bei 20 K; zugehörige Winkel und magnetische Momente s. Original [5]. In YMn_2O_5 ist die Ordnung der Momente der Mangan-Ionen durch $\Phi_1 = 0°$, $\Phi_2 = 180°$ und $\omega = 13.8°$ bei 4.2 K charakterisiert ($\mu(Mn^{3+}) = 3.25$, $\mu(Mn^{4+}) = 2.78\ \mu_B$), in $HoMn_2O_5$ durch $\Phi_1 = 3°$, $\Phi_2 = 180°$ und $\omega = 39.4°$ bei 1.5 K ($\mu(Mn^{3+}) = 3.38$, $\mu(Mn^{4+}) = 2.9\ \mu_B$). Weitere Winkel für die Y-, Nd-, Tb-, Ho- und Er-haltigen Verbindungen, die sich aus den Untersuchungen von Buisson [5, 7] ergeben, sind bei Bertaut [9] aufgeführt. In $LuMn_2O_5$ werden für die Momentanordnung der Mn-Ionen mehrere Ausbreitungsvektoren gefunden, s. Original [5]. Die Vorzeichen der Austauschwechselwirkungen der Mn^{4+}-Ionen untereinander und gegenüber den Mn^{3+}-Ionen hängen von ihrer genauen Lage ab. Die Mn^{3+}-Mn^{3+}-Wechselwirkung ist negativ, s. Diskussion im Original [5]. Auf die Bedeutung des Super-Super-Austausches weist Bertaut [9] hin.

Die Phasenvergleichsmethode, die Bertaut [9] auf diese Verbindungen anwendet, liefert Voraussagen, die im wesentlichen mit den experimentellen Ergebnissen von Buisson [5, 7] übereinstimmen. Danach sind Mn^{4+}-Ketten mit helikaler Momentanordnung miteinander durch Paare von Mn^{3+}-Momenten gekoppelt. Dieses helikale Mn-Spinsystem induziert bei tiefen Temperaturen eine Momentordnung der M^{3+}-Ionen; diese ist bei vernachlässigbarer Einzelionen-Anisotropie helikal, dagegen sinusoidal, wenn diese groß ist [9].

Spezifische Magnetisierung σ in $G \cdot cm^3/g$

In einem kleinen verzwillingten $SmMn_2O_5$-Kristall fällt σ, gemessen entlang der c-Achse bei 15.3 kOe, von 1.0 bei 1.4 K auf etwa 0.7 bei 50 K. Das $TbMn_2O_5$ ist sehr stark anisotrop; in Richtung der kristallographischen Achsen a, b und c wird bei H = 15.3 kOe $\sigma_a \approx 900$ ($\triangleq 7.8\ \mu_B$ im Vergleich zu 9 μ_B für das freie Ion), $\sigma_b \approx 125$ und $\sigma_c \approx 100$ bei 1.4 K gemessen, entsprechend $\sigma_a = 500$, $\sigma_b = 25$, $\sigma_c = 100$ bei 50 K. Die Feldabhängigkeit weicht bei tiefen Temperaturen vom linearen Verhalten ab. Diese Anisotropie wird damit erklärt, daß von den 13 Singuletts, in die der Grundterm ($^7F_6$) des Tb^{3+} in dem hier vorliegenden Kristallfeld aufspaltet, zwei sehr dicht beieinander liegen, Schieber u. a. [1]. An $DyMn_2O_5$ wird bei älteren Untersuchungen ein Maximum in der σ-T-Kurve und starke Anisotropie beobachtet; $\sigma_a \approx 43$, $\sigma_b \approx 33$ und $\sigma_c \approx 12$ bei 8 K und H = 14.24 kOe. Bei 4.2 K beträgt das Sättigungsmoment 16 μ_B, Nowik u. a. [6]. Auch $HoMn_2O_5$ zeigt stark anisotropes Verhalten; die leichte Richtung verläuft parallel der b-Achse. In einem Magnetfeld von 15.02 kOe wird $\sigma_a \approx 33$, $\sigma_b \approx 85$ und $\sigma_c \approx 15$ bei 1.4 K sowie $\sigma_a = 15$, $\sigma_b = 20$, $\sigma_c = 7$ bei 50 K gemessen. An einem $LuMn_2O_5$-Kristall, der frei rotierte (H = 15.3 kOe), ergibt sich $\sigma = 0.9$ bei 1.4 K und ≈ 0.5 bei 50 K. Der σ-T-Verlauf zwischen 1.4 und 300 K gibt keinen Anhaltspunkt für eine magnetische Umwandlung in den Sm-, Tb-, Ho- und Lu-haltigen Verbindungen, Schieber u. a. [1].

Umwandlungstemperatur

In $DyMn_2O_5$ könnte ein antiferromagnetischer Übergang auf Grund der magnetischen Messungen bei 8 K stattfinden. Das Mössbauer-Spektrum zeigt oberhalb 5 K jedoch paramagnetische Relaxation [6, 8].

Molsuszeptibilität χ_m

In $TbMn_2O_5$ gilt zwischen 5 und 75 K das Curie-Weiss-Gesetz mit $C_m = 26.61$ und $\Theta_p = -2.9$ K entlang der leichten Achse; $\chi_m \approx 0.5\ mol/cm^3$ bei 50 K, Schieber u. a. [1]. Die $1/\chi_m$-T-Kurve von $DyMn_2O_5$ hat bei 8 K ein Minimum [6]. In $HoMn_2O_5$ folgt die parallel der b-Achse gemessene Suszeptibilität oberhalb 20 K dem Curie-Weiss-Gesetz mit $C_m = 20.45$, $\Theta_p = 1.7$ K; $1/\chi_m \approx 14\ mol/cm^3$ bei 300 K. In $LuMn_2O_5$ verläuft $1/\chi_m$-T oberhalb 55 K geradlinig; $C_m = 6.76$ (theoretischer Wert 4.868) und $\Theta_p = -415$ K [1].

Spezifischer Widerstand ρ. $TbMn_2O_5$ hat bei tiefen Temperaturen (vermutlich bei 1.5 K) $\rho \approx 10^8\ \Omega \cdot cm$, Buisson [7].

Specific Resistance

Literatur:

[1] M. Schieber, A. Grill, B. M. Y. Wanklyn, R. C. Sherwood, L. G. van Uitert (J. Appl. Phys. **44** [1973] 1864/7). — [2] S. Quezel-Ambrunaz, F. Bertaut, G. Buisson (Compt. Rend. **258** [1964] 3025/7). — [3] F. Bertaut, G. Buisson, A. Durif, J. Mareschal, M. C. Montmory, S. Quezel-Ambrunaz (Bull. Soc. Chim. France **1965** 1132/7). — [4] S. C. Abrahams, J. L. Bernstein (J. Chem. Phys. **46** [1967] 3776/82). — [5] G. Buisson (Phys. Status Solidi A **16** [1973] 533/43).

[6] I. Nowik, H. J. Williams, L. G. van Uitert, H. J. Levinstein (J. Appl. Phys. **37** [1966] 970/1). — [7] G. Buisson (Phys. Status Solidi A **17** [1973] 191/8). — [8] H. H. Wickman, I. Nowik (J. Phys. Chem. Solids **28** [1967] 2099/103). — [9] E. F. Bertaut (J. Phys. [Paris] **35** [1974] 659/77).

2.11.6.4.5 Verbindungen mit Lanthaniden und Erdalkalimetallen

Compounds with Lanthanides and Alkaline Earth Metals

$Ca_{2-x}M_xMnO_4$

Feste Lösungen der Zusammensetzung $Ca_{2-x}M_xMnO_4$ mit $x \leqq 0.50$ und M = Pr und Nd bzw. $x \leqq 0.45$ und M = Sm, Eu und Gd bilden sich aus Mischungen von $CaCO_3$, M_2O_3 (bzw. Pr_6O_{11}) und Mn_2O_3, wenn diese zu Tabletten gepreßt in Luft zweimal 24 h lang bei 1250°C geglüht werden. $CaNdMnO_4$ läßt sich durch Substitution des Al in $CaNdAlO_4$ durch Mn unter einem Druck von 1 kbar nicht herstellen. Mit Ausnahme der Pr-haltigen Verbindungen, die wie Ca_2MnO_4 tetragonal kristallisieren, haben alle anderen rhombische Symmetrie. In Abhängigkeit von x ändern sich die Gitterkonstanten in der Pr- und Gd-haltigen Verbindung gemäß **Fig. 33**. Insgesamt werden für die einzelnen Grenzzusammensetzungen folgende Konstanten und Dichten D angegeben:

	a in Å	b in Å	c in Å	D(ber.)	D(beob.)	Z
Ca_2MnO_4	3.667	—	12.06	—	—	2
$Ca_{1.50}Pr_{0.5}MnO_4$	3.796	—	11.84	4.83	4.85	2
$Ca_{1.50}Nd_{0.5}MnO_4$	5.385	5.366	11.81	4.89	4.87	4
$Ca_{1.55}Sm_{0.45}MnO_4$	5.378	5.345	11.77	4.88	4.86	4
$Ca_{1.55}Eu_{0.45}MnO_4$	5.374	5.344	11.76	4.92	4.97	4
$Ca_{1.55}Gd_{0.45}MnO_4$	5.373	5.334	11.73	4.97	4.96	4

Der Fehler von a ist ± 0.002 bei den tetragonalen, ± 0.003 von a und b bei den rhombischen Verbindungen, der von c ist durchweg ± 0.01. Wahrscheinlichste rhombische Raumgruppe ist Fmm2-C_{2v}^{18}; (tetragonales) Ca_2MnO_4 kristallisiert in der Raumgruppe I4/mmm(D_{4h}^{17}); s. „Mangan" C2, S. 248. Der Einbau von M auf die Ca-Lagen erfolgt statistisch, A. Daoudi, G. Le Flem (J. Solid State Chem. **5** [1972] 57/61).

Fig. 33

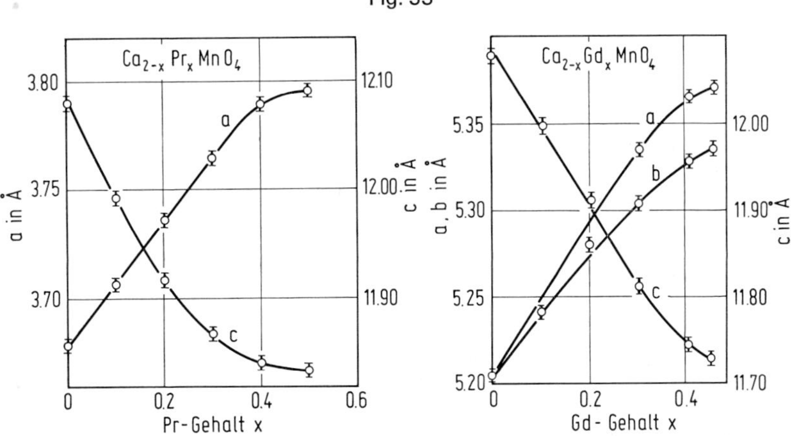

Gitterkonstanten der Verbindungsreihen $Ca_{2-x}Pr_xMnO_4$ und $Ca_{2-x}Gd_xMnO_4$.

Compounds with Lanthanides and Alkaline Earth Metals

$Nd_{1-x}M_xMnO_3$ (M = Ca, Sr, Ba)

Während der Ersatz des Nd durch Ca und Sr unbeschränkt möglich ist, ist er durch Ba auf x ≦ 0.4 beschränkt; vergleiche hierzu Angaben, S. 26. Für keramische Proben, die analog dem M^{II}-freien $NdMnO_3$, s. S. 43, hergestellt werden, sind die Gitterkonstanten in Abhängigkeit vom M^{II}-Gehalt bei 80 K in **Fig. 34** dargestellt. Ca-haltige Proben mit x = 0.4 bis 0.7 erleiden bei etwa 250 K (Θ_s in Fig. 35) eine Strukturtransformation von einer (wahrscheinlich) pseudokubischen (PK-)Phase in eine monokline M'-Phase ($c/\sqrt{2} < a < b$). Ähnliches gilt für die Sr-haltige Probe mit x = 0.5 bei etwa 150 K (O' ⇌ M'), wobei für die rhombische Phase O' die gleiche Konstantenbeziehung wie für M' gilt. Proben mit x = 0.4 und 0.6 haben bei Raumtemperatur und 80 K gleiche Symmetrie. Die rhombischen und die monoklinen Proben sind isostrukturell mit $GdFeO_3$, Bokov u. a. [1].

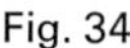

Fig. 34

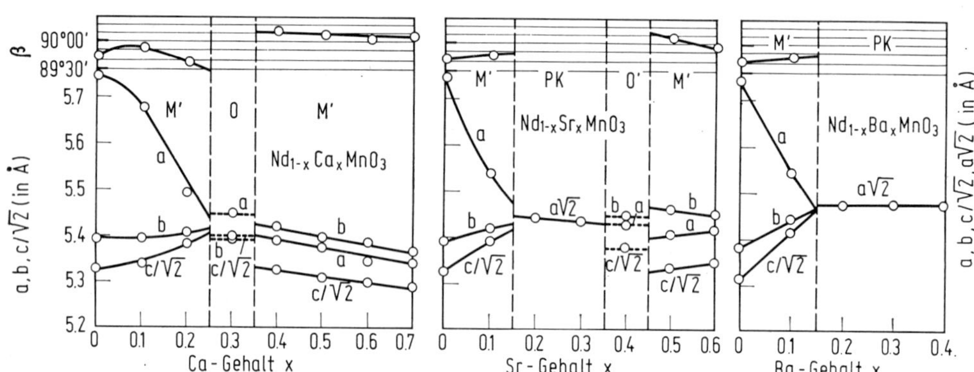

Gitterkonstanten a, b, c der Verbindungsreihen $Nd_{1-x}M_xMnO_3$, M = Ca, Sr oder Ba, bei 80 K.

Die spontane Magnetisierung σ_s bei 80 K, die aus dem σ-T-Verlauf extrapolierte Curie-Temperatur T_C und die aus Suszeptibilitätsuntersuchungen extrapolierte paramagnetische Curie-Temperatur Θ_p sind für diese Proben in **Fig. 35** dargestellt. Bei den Ca-haltigen Proben mit x = 0.5 bis 0.7 gilt für χ bei hohen Temperaturen das Curie-Weiss-Gesetz mit $\Theta_p > 0$; aus dem χ-T-Verlauf unterhalb der Anomalien bei Θ_S ergibt sich dagegen $\Theta_p < 0$ [1].

Fig. 35

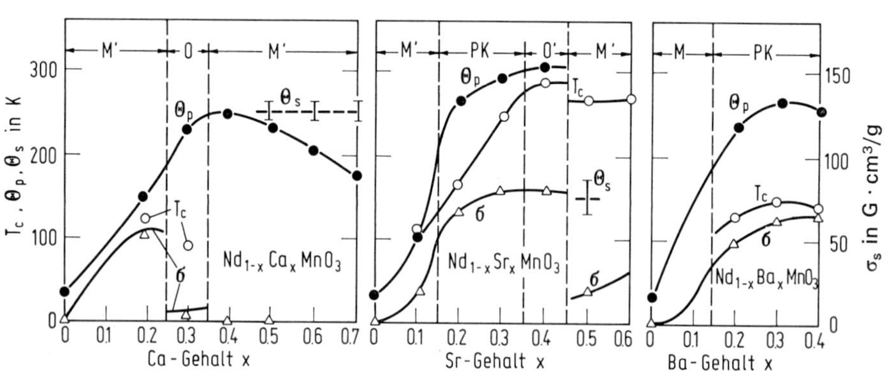

Spontane Magnetisierung σ_s, ferromagnetische und paramagnetische Curie-Temperatur T_C bzw. Θ_p und kristallographische Umwandlungstemperatur Θ_s der Verbindungsreihen $Nd_{1-x}M_xMnO_3$, mit M = Ca, Sr oder Ba.

Magnetisierungsuntersuchungen an $Nd_{0.85}Sr_{0.15}MnO_3$ in einem pulsierenden Magnetfeld bei 77 K lassen auf eine nichtkollineare magnetische Struktur schließen. Das magnetische Moment von Nd^{3+} friert in dem Kristallfeld ein; $\mu(Nd^{3+}) = 1.23\ \mu_B$ in einer Probe mit x = 0.15 und 1.26 μ_B in einer mit x = 0.50 bei 230 kOe und 4.2 K, Starovoitov u. a. [2]. Bei Proben mit x = 0.2 bis 0.4 steht σ_s bei 80 K im Einklang mit dem theoretischen Nur-Spin-Wert für ferromagnetische Kopplung zwischen Mn^{3+}- und Mn^{4+}-Ionen. Obwohl sich bei x > 0.4 der relativ hohe T_C-Wert und Θ_p kaum ändern, sinkt σ_s beträchtlich. Bei einer Probe mit x = 0.5 steigt σ_s zwischen T_C (≈250 K) und Θ_s (≈150 K) auf $\sigma_s \approx 27\ G \cdot cm^3/g$ an und sinkt bei weiterer Abkühlung auf $\sigma \approx 15\ G \cdot cm^3/g$ bei 100 K ab [1].

In den Ba-haltigen Proben liegt T_C relativ niedrig. Aus dem schnellen Anstieg von σ_s mit abnehmender Temperatur kann für die Proben mit x = 0.2 bis 0.4 geschlossen werden, daß σ_s sich bei $T \rightarrow 0$ dem Nur-Spin-Wert nähert [1].

Der spezifische Widerstand von $Nd_{0.3}Ca_{0.7}MnO_3$ und $Nd_{0.5}Sr_{0.5}MnO_3$ ändert sich in Abhängigkeit von der Temperatur gemäß **Fig. 36**. Bei Θ_s ändert sich die Aktivierungsenergie, aber ρ nicht erheblich. Die scharfe Änderung der Aktivierungsenergie kann durch eine Änderung der Breite der Energielücke zwischen dem Valenz- und Leitungsband erklärt werden, die aus der Gitterdeformation folgt, außerdem durch das Verunreinigungsband zwischen diesen beiden Bändern, welches hauptsächlich zur Leitfähigkeit bei tiefen Temperaturen beiträgt [1].

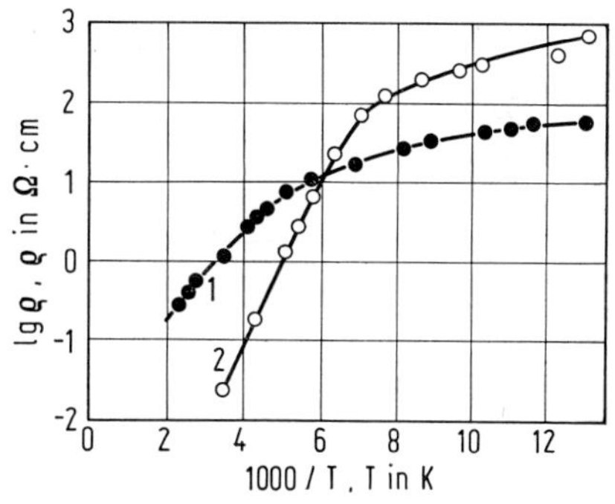

Fig. 36

Spezifischer Widerstand ρ von $Nd_{0.5}Sr_{0.5}MnO_3$ (1) und $Nd_{0.3}Ca_{0.7}MnO_3$ (2) in Abhängigkeit von der Temperatur T.

Allgemein sind die Eigenschaften im wesentlichen wie bei $La_{1-x}M_x^{II}MnO_3$ (s. S. 22, 32) mit der Elektronenkonfiguration am Mn^{3+}-Ion, den Jahn-Teller-Einflüssen und magnetischen Wechselwirkungen zu deuten [1].

Literatur:

[1] V. A. Bokov, N. A. Grigoryan, M. F. Bryzhina, V. V. Tikhonov (Phys. Status Solidi **28** [1968] 835/47). — [2] A. T. Starovoitov, V. I. Ozhogin, V. A. Bokov (Fiz. Tverd. Tela **11** [1969] 2153/8; Soviet Phys.-Solid State **11** [1969] 1740/4).

2.11.7 Verbindungen des Mangans mit Sauerstoff und Metallen der 4. Hauptgruppe

Compounds of Manganese with Oxygen and Metals of Main Group 4

Übersicht. In diesem Kapitel werden zunächst Verbindungen des Mangans mit Sauerstoff und Germanium behandelt. Unter Berücksichtigung des Gmelin-Prinzips der letzten Stelle sind auch Verbindungen des Mangans mit einbezogen, die außer Sauerstoff und Germanium weitere Metalle (d. h. Metalle der 1. bis 3. Gruppen des Periodensystems) enthalten. Die Einteilung erfolgt nach Verbindungstypen. Nach dem $MnGeO_3$ (Metagermanat) und dessen Dihydrat werden die Orthogermanate, nämlich Mn_2GeO_4, und analoge Verbindungen, in denen ein Mn-Atom durch Alkalimetalle oder auch Mg bzw. Zn ersetzt ist, besprochen. Daran schließen sich Germanate mit Granatstrukturen an. Zur Atomverteilung bei diesem Verbindungstyp der allgemeinen Zusammensetzung $X_3Y_2Ge_3O_{12}$ s. die Vorbemerkung auf S. 78. Nach den Orthogermanaten sind Di- und Polygermanate beschrieben.

Von den Verbindungen mit Zinn werden zunächst $MnSnO_3$, $Mn[Sn(OH)_6]$ und Mn_2SnO_4, danach Mischkristalle des Mn_2SnO_4 und andere Verbindungen des Mangans mit Sauerstoff und weiteren Metallen behandelt.

Verbindungen des Mangans mit Sauerstoff und Blei sind nur wenige bekannt. Außerdem ist ihre Zusammensetzung nicht immer eindeutig geklärt. Dagegen sind zahlreiche Mischkristalle mit weiteren Metallen, beispielsweise der Zusammensetzung $M_{1-x}Pb_xMnO_3$ (M = La, Pr, Nd) dargestellt und hinsichtlich Struktur und magnetischen Eigenschaften ausführlich untersucht. $La_{1-x}Pb_xMnO_3$-Mischkristalle eignen sich als Katalysatoren bei der Oxidation von CO und Kohlenwasserstoffen sowie auch bei der Reduktion von Stickoxiden.

Review. This chapter deals first with compounds of manganese containing oxygen and germanium. According to the Gmelin principle of the last position also manganese compounds with other metals in addition to O and Ge are incorporated here, i. e. metals of the groups 1 to 3 of the periodic system. The arrangement conforms to the compound types.

Subsequent to $MnGeO_3$ (metagermanate) and its dihydrate the orthogermanate, Mn_2GeO_4, will be treated, followed by analogous substances in which one Mn atom is replaced by alkali metals or also by Mg and Zn. The next section presents germanates with garnet structure. For details on the atomic distribution in this type of compounds having the general composition $X_3Y_2Ge_3O_{12}$ see the preliminary remarks on p. 68. Following the orthogermanates, di- and polygermanates are described.

Compounds containing oxygen and tin are arranged in the order $MnSnO_3$, $Mn[Sn(OH)_6]$, $MnSnO_4$ and its solid solutions, subsequently other manganese compounds with oxygen and further metals.

Only few manganese compounds containing oxygen and lead are known. Moreover, their composition has not always been clarified unambigously. However, a great many solid solutions with further metals, e. g. of the composition $M_{1-x}Pb_xMnO_3$ (M = La, Pr, Nd), have been prepared and investigated in detail as to their structure and magnetic properties. Solid solutions of the type $La_{1-x}Pb_xMnO_3$ are suitable catalysts for the oxidation of CO and hydrocarbons and also for the reduction of nitrogen oxides.

Compounds of Manganese with Oxygen and Germanium

2.11.7.1 Verbindungen des Mangans mit Sauerstoff und Germanium

$MnGeO_3$

2.11.7.1.1 $MnGeO_3$

Herstellung. Die Verbindung läßt sich auf ähnliche Weise wie das Mn_2GeO_4 (s. S. 72) nach der Keramik-Technik herstellen: $MnO + GeO_2 \rightarrow MnGeO_3$. Die im stöchiometrischen Verhältnis gemischten Komponenten werden zu Pastillen gepreßt, in N_2 oder im Vakuum (Quarzampullen) auf 1000°C erhitzt und abgeschreckt. Die ziemlich rasche Verbindungsbildung wird durch wiederholtes Zerkleinern und Pressen der Sinterprodukte während der Reaktion nicht beschleunigt. Zuerst entsteht Mn_2GeO_4, das unter Aufnahme von weiterem GeO_2 in $MnGeO_3$ übergeht, Royen, Forwerg [1]; eine ähnliche Herstellungsweise (12 h Erhitzen im Vakuum auf 1000°C) s. bei Sawaoka, Miyahara [2]. 8stündiges Erhitzen von MnO oder $MnCO_3$ mit GeO_2 auf 800 bis 1200°C oder 15 min Erhitzen mit GeO_2-Überschuß in Gegenwart von etwas Mn-Acetat auf 1180°C gibt Labbé [3] an. Die Verbindung entsteht auch innerhalb von 4 h beim Sintern einer stöchiometrischen, zu Tabletten gepreßten Mn_3O_4-GeO_2-Pulvermischung in Luft bei 1100°C, Ringwood, Seabrook [4]. $MnGeO_3$ bleibt bei der thermischen Entwässerung von $MnGeO_3 \cdot 2H_2O$ (s. S. 71) zurück. Die Hochdruckphase vom Ilmenit-Typ bildet sich aus Mn_2GeO_4 bei etwa 700°C oberhalb 60 kbar [4, 5].

Einkristalle lassen sich durch chemische Transportreaktion züchten. Das zusammengepreßte Oxidgemisch wird im Vakuum in Gegenwart von HCl-Gas (aus dem unreinen GeO_2 oder Zusatz von NH_4Cl) in einer Quarzampulle im Temperaturgefälle von 1000 → 650°C erhitzt. An den kälteren Stellen scheiden sich lange dünne Kristalle ab. Bei dieser Reaktion entsteht nebenher auch immer Mn_2GeO_4 in oktaedrischen Kristallen [1]. Relativ große Kristalle werden aus der Schmelze erhalten, welche im Pt-Rohr ungefähr 5 min lang in einem Induktionsofen bei 1600°C gehalten und danach mit Wasser abgeschreckt wird [4]. Bündel von Einkristallen mit einer Kantenlänge bis zu 3 mm entstehen aus der Schmelze im geschlossenen Pt-Rohr beim Abkühlen von etwa 1320°C mit 2.5 K/h, Tauber u. a. [6].

Physikalische Eigenschaften. Die hellvioletten $MnGeO_3$-Kristalle der Modifikation unter Normalbedingungen haben die Form flacher Nadeln. Bei Transportreaktionen erhaltene Kristalle sind polysynthetisch verzwillingt. Die Einzellamellen auf (010) sind maximal 1 μm breit. Morphologische Darstellung eines Kristalls (Zeichnung nach Mikroaufnahme) s. im Original [1]. Nach [6] sind die gelblichen bis rötlichen Kristalle meist prismatisch nach der c-Achse; gelegentlich werden lattenförmige Kristalle mit (210) als Lattenfläche und in Richtung der c-Achse verlängert beobachtet. Als Kristallformen werden die Prismen {210} und {110} sowie die Bipyramide {221} indiziert. An einem Kristall werden auch Anzeichen von {010} und {211} gefunden. Die Kristalle können in extrem spröden, prismatischen Bündeln auftreten [6]. Bevorzugte Spaltbarkeit wird parallel zur c-Achse beobachtet [1]. Leichte und gute Spaltbarkeit wird auch nach {210} gefunden; daraus ergeben sich Kristalle mit pseudo-orthogonalem Querschnitt [6]. $MnGeO_3$ Physical Properties

Unter Normalbedingungen ist $MnGeO_3$ mit dem rhombischen Pyroxen Enstatit ($MgSiO_3$) s. [7] isotyp [1, 4, 6]. Bei systematischen Untersuchungen zur Polymorphie bis etwa 1330°C entdecken Tauber u. a. [6] keine Anzeichen für eine Hochtemperaturmodifikation. Dagegen beobachten Ringwood, Seabrook [4], daß die unter Normalbedingungen rhombische Modifikation bei 700°C unter einem Druck von 15 bis 25 kbar eine Umwandlung in eine Phase mit Clinopyroxen-Struktur und bei weiterer Druckerhöhung oberhalb 30 kbar eine Umwandlung in eine Phase mit Ilmenit-Struktur (bei 60 kbar zu 70%) erfährt, wobei die Dichte um 18% zunimmt. Die Umwandlung in den Ilmenit-Typ bei 950°C und 55 kbar in 18 min beobachten auch Sawaoka u. a. [8]. Bei 1000°C und 50 kbar wird die Ilmenit-Phase von Tsuzuki u. a. [9] erhalten.

Gitterkonstanten für die unter Normalbedingungen vorliegende Orthopyroxen-Struktur in Å (teilweise umgestellt wegen anderer Achsenwahl im Original):

a . . .	19.25	19.228	19.325	19.29	19.267 ± 0.006	19.245 ± 0.005
b . . .	9.26	9.243	9.268	9.25	9.248 ± 0.003	9.228 ± 0.005
c . . .	5.41	5.458	5.478	5.48	5.477 ± 0.002	5.437 ± 0.005
Lit. . .	[1]	[2]	[4]	[6]	[10]	[11]

Z = 16; Raumgruppe D_{2h}^{15}-Pbca (Nr. 61) [6, 10, 11]; d-Werte s. [1, 6, 11]. Die Atome besetzen alle die allgemeine Punktlage 8c mit folgenden Parametern:

Atom	x	y	z
Mn (1)	0.1238 (2)	0.3465 (4)	0.3588 (5)
Mn (2)	0.3777 (2)	0.4819 (4)	0.3515 (5)
Ge (1)	0.4728 (1)	0.1631 (3)	0.2981 (3)
Ge (2)	0.2702 (1)	0.3438 (3)	0.0340 (3)
O (1)	0.0621 (8)	0.1575 (21)	0.1890 (26)
O (2)	0.0685 (8)	0.5161 (18)	0.1856 (26)
O (3)	0.4442 (8)	0.3098 (17)	0.1097 (24)
O (4)	0.1802 (6)	0.3356 (19)	0.0224 (21)
O (5)	0.1923 (8)	0.0083 (18)	0.0467 (24)
O (6)	0.3962 (7)	0.2787 (16)	0.3137 (24)

Die Struktur besteht aus Ketten von GeO_4-Tetraedern, die durch Oktaeder um die Mn-Atome verbunden sind. Mittlere Abstände: Ge-O = 1.75 Å, Mn-O = 2.21 Å. Der mittlere Ge-O-Abstand der Brücken ist mit 1.797 Å deutlich länger als der mittlere Abstand zwischen Ge und endständigem O mit 1.715 Å. Weitere Abstände und Winkel sowie berechnete und beobachtete Strukturfaktoren s. Original [10]. Mn befindet sich in erster Näherung in Schichten parallel zur (010)-Ebene (schematische Darstellung s. Original); diese Mn-Schichten sind durch 2 Sauerstoffschichten voneinander getrennt, zwischen denen sich die Ge-Ionen befinden. Die Mn-Ionen bilden zwei verschiedene Untergitter (s. Atomlagen, ferner bei magnetischen Eigenschaften S. 70) [11]. Die Struktur wurde bis zu R = 0.08 [10] bzw. R = 0.11 [11] verfeinert.

Die Dichte ergibt sich aus den Gitterkonstanten zu D = 4.777 g/cm³ [10]. Der Schmelzpunkt liegt bei 1290 ± 10°C [6]. Die Wärmekapazität zeigt zwischen 6.8 und 29 K den in **Fig. 37**, S. 70, dargestellten Verlauf. Das Maximum bei T_N = 10.8 ± 0.2 K ist durch die magnetische Umwandlung

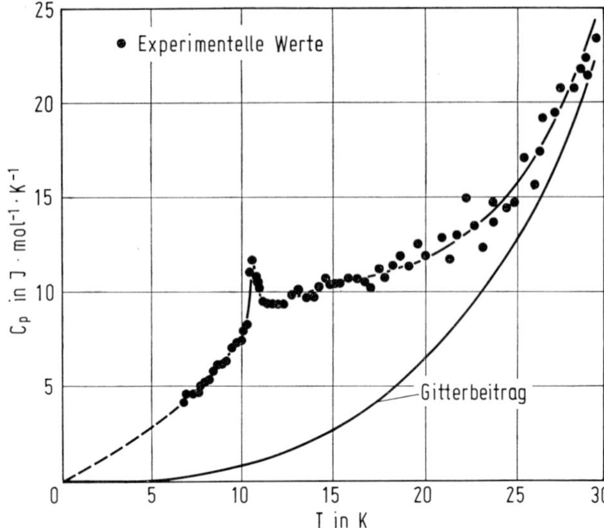

Fig. 37

Temperaturabhängigkeit der molaren Wärmekapazität C_p von $MnGeO_3$.

$MnGeO_3$ Physical Properties

(s. unten) bedingt; ferner scheint oberhalb T_N ein breites Maximum vorzuliegen, das ähnlich wie bei $CrCl_2$ und $CuCl_2$ mit der bestehenden Nahordnung zusammenhängen dürfte. Aus dem Verlauf zwischen 15.6 und 29 K ergibt sich die charakteristische Temperatur $\Theta_D = 230 \pm 5$ K. Von der magnetischen Entropie verschwinden 52.5% erst oberhalb T_N [12]. Die Néel-Temperatur, aus dem magnetoelektrischen Effekt zu 11.1 ± 0.3 K und aus der Wärmekapazität zu 10.8 ± 0.2 K bestimmt, beträgt $T_N = 10.9 \pm 0.1$ K [12]. Ebenfalls bei magnetoelektrischen Messungen wird $T_N = 11.0 \pm 0.2$ K gefunden [13]. Die Intensität einiger Reflexe im Neutronenbeugungsdiagramm verschwindet erst bei 16 K [11]. Unterhalb T_N sind die Momente der Mn-Ionen, die sich auf zwei Teilgitter verteilen (bei 4.2 und 1.1 K 4.27 und 4.37 μ_B in einem, 4.04 und 4.27 μ_B im anderen), antiparallel ausgerichtet; die magnetische Raumgruppe ist Pb′ca. Die magnetischen Momente liegen in (100)-Ebenen; in einer solchen sind die Anisotropiekonstanten $K_1 = 4.3 \times 10^4$, $K_2 = 2.4 \times 10^4$ erg/cm³ [11]. Von den Komponenten des magnetoelektrischen Tensors ergibt sich $\alpha_{zz} = 0$; danach muß $2\alpha_{xy} = \alpha_{12} = -\alpha_{21}$ sein. Bei 4.2 K wird $\alpha_{12} = (1.5 \pm 0.1) \times 10^{-6}$ el.m.E. gefunden [12]. Bei etwa 9 kOe (der kritischen Feldstärke) kann auch die durch Spin-Umklappen („spin flop") bedingte Komponente $|\alpha_{yz}| = |\alpha_{zy}| \approx 20 \times 10^{-6}$ el.m.E. gemessen werden [13]. Dicht oberhalb der Néel-Temperatur scheint eine magnetische Nahordnung noch bestehen zu bleiben [12]. Daher gilt das Curie-Weiss-Gesetz erst oberhalb 150 K. Aus dem Verlauf der $1/\chi$-T-Gerade ergibt sich das effektive Moment zu 5.48 μ_B und die Curie-Temperatur $\Theta_p = -46$ K [11]. Nach früheren Messungen, bei denen $\mu_{eff} = -6.0\ \mu_B$ und $\Theta_p = -54$ K gefunden wird, soll das Curie-Weiss-Gesetz schon ab etwa 50 K gelten [2].

Die Brechungsindizes werden von Royen, Forwerg [1] zu $n_\alpha = 1.826$, $n_\beta = 1.833$, $n_\gamma = 1.834$ ermittelt. Gleichzeitig finden auch Tauber u. a. [6] $n > 1.81$ und optische Auslöschung bei senkrecht und parallel zur c-Achse polarisiertem Licht. — Die zwischen 200 und 1000 cm⁻¹ liegenden IR-Banden von mehreren Germanaten mit kettenförmiger Struktur, darunter $MnGeO_3$, faßt Labbé [3] in einem Spektrogramm zusammen, ohne die Wellenzahlen der Maxima explizit anzugeben.

Für die Phase mit I l m e n i t - S t r u k t u r ($FeTiO_3$) werden die Gitterkonstanten der hexagonalen Zelle zu a = 5.013, c = 14.32 Å [4] und zu a = 5.015, c = 14.331 Å (Z = 6) ermittelt [8]. Aus Untersuchungen mittels Neutronenbeugung ergeben sich für die rhomboedrische Zelle (Raumgruppe C_{3i}^2-R$\bar{3}$, Nr. 148) die Gitterkonstanten a = 5.576 Å, $\alpha = 53.42°$; Z = 2. Kationenlagen in der rhomboedrischen Zelle s. Fig. 62, S. 110; Atomparameter s. in folgender Tabelle [9]:

Atom	Punktlage	x	y	z
Mn	2 c	0.6383	0.6383	0.6383
Ge	2 c	0.15694	0.15694	0.15694
O	6 f	0.56029	−0.04086	0.20396

Mössbauer-Untersuchungen an Ilmenit-Strukturen mit 2- und 4wertigen Kationen, darunter $MnGeO_3$, lassen erkennen, daß die Quadrupolaufspaltung ΔQ (= 2.04 bei $MnGeO_3$) mit dem Kristallachsenverhältnis c/a und mit der Differenz zwischen den Kationenradien zunimmt. Dies deutet auf eine Elongation der Sauerstoffoktaeder um ein Kation in Richtung der c-Achse. ΔQ nimmt auch mit sinkender Temperatur wesentlich zu. Die Isomerieverschiebung nimmt mit steigendem Ionenradius des zweiwertigen Kations zu, Syono, Ito [14].

Auch die rhomboedrische $MnGeO_3$-Modifikation ist bei tiefen Temperaturen antiferromagnetisch. Die Néel-Temperatur beträgt, wie das Minimum der reziproken Suszeptibilität erkennen läßt, $T_N \approx 120$ K. Die Momente liegen, wie Neutronenbeugungsuntersuchungen bei 4.2 K ergeben, parallel zur [111]-Rhomboederachse und sind (ebenso wie in $MnTiO_3$, s. S. 112) so wie in Fig. 62, S. 110 dargestellt orientiert. Zwischen unmittelbar benachbarten Mn-Ionen (Abstand 3.02 Å) ist die Austauschwechselwirkung antiferromagnetisch: $J_1 = 0.84 \pm 0.01$ meV. Die Austauschwechselwirkungen zwischen zweitnächsten Nachbarn (innerhalb einer (111)-Netzebene) $J_2^{(1)}$ oder zwischen benachbarten (111)-Netzebenen $J_2^{(2)}$, $J_2^{(3)}$, $J_2^{(4)}$, s. Fig. 62, S. 110, sind verschiedenartig. Die Parameter können nicht einzeln bestimmt werden, sondern nur ihr Mittelwert $\bar{J}_2 \approx -0.06$ meV. Jedes Mn-Ion hat das Moment $\mu = 4.6\ \mu_B$, das wegen des zweidimensionalen Charakters der magnetischen Ordnung etwas kleiner als das theoretische Moment (5.0 μ_B wegen des Spins 5/2) ist [9]. Über die Austauschwechselwirkungen in $MnGeO_3$ (90°-Superaustausch und direkte Wechselwirkung) s. bereits Motida, Miyahara [15].

Die $1/\chi$-T-Kurve verläuft erst oberhalb 300 K linear; zwischen 120 und 300 K liegen die Meßpunkte für $1/\chi$ oberhalb der Geraden, deren Verlauf durch $\Theta_p = -245$ K und $\mu_{eff} = 5.86\ \mu_B$ bestimmt wird [9]. Die Anomalie bei 120 K wird schon von Sawaoka u. a. [8, 16] beobachtet, die aus der Temperaturabhängigkeit von χ unterhalb 300 K auf $\Theta_p = -310$ K und $\mu_{eff} = 6.02\ \mu_B$ schließen.

Chemisches Verhalten. $MnGeO_3$ ist thermisch sehr beständig; es zeigt bis 1100°C keine Veränderung [3]. Aus der Schmelze kann es durch Abschrecken nicht als Glas erhalten werden [4, 6]. Mit NH_3 reagiert es bei etwa 850°C gemäß $MnGeO_3 + 2NH_3 \rightarrow MnGeN_2 + 3H_2O$ [17]. Zum Verhalten gegen GeO_2 s. das System $MnGeO_3$-GeO_2 auf S. 72.

$MnGeO_3$ Chemical Reactions

Literatur:

[1] P. Royen, W. Forwerg (Z. Anorg. Allgem. Chem. **326** [1963] 113/26, 118, 122; Naturwissenschaften **50** [1963] 41). — [2] A. Sawaoka, S. Miyahara (J. Phys. Soc. Japan **25** [1968] 1253/7, **19** [1964] 1254). — [3] J.-P. Labbé (Ann. Chim. [Paris] [13] **10** [1965] 317/44, 320, 329, 338; Mikrochim. Ichnoanal. Acta **1964** 298/316, 309, 312). — [4] A. E. Ringwood, M. Seabrook (J. Geophys. Res. **68** [1963] 4601/9; Nature **196** [1962] 883/4). — [5] A. D. Wadsley, A. F. Reid, A. E. Ringwood (Acta Cryst. B **24** [1968] 740/2).

[6] A. Tauber, J. A. Kohn, C. G. Whinfrey, W. D. Babbage (Am. Mineralogist **48** [1963] 555/64, 558). — [7] W. Lindemann (Neues Jahrb. Mineral. Monatsh. **1961** 226/33). — [8] A. Sawaoka, S. Miyahara, S.-I. Akimoto, H. Fujisawa (J. Phys. Soc. Japan **19** [1964] 1750/1). — [9] K. Tsuzuki, Y. Ishikawa, N. Watanabe, S.-I. Akimoto (J. Phys. Soc. Japan **37** [1974] 1242/7); vgl. auch N. Watanabe, Y. Ishikawa, K. Tsuzuki (Kakuriken Kenkyu Hokoku **5** Nr. 2 [1972] 106/14). — [10] J. H. Fang, W. D. Townes, P. D. Robinson (Z. Krist. **130** [1969] 139/47).

[11] P. Herpin, A. Whuler, B. Boucher, M. Sougi (Phys. Status Solidi B **44** [1971] 71/84, 71, 75, 83), B. Boucher, M. Sougi, A. Whuler (J. Phys. [Paris] **32** [1971] Suppl. Nr. 2/3, Bd. 1, S. C 1-853/C 1-854). — [12] G. Gorodetsky, R. M. Hornreich, B. Sharon (Phys. Letters A **39** [1972] 155/6). — [13] L. M. Holmes, L. G. Van Uitert (Solid State Commun. **10** [1972] 853/7), L. M. Holmes (Intern. J. Magn. **6** [1974] 111/20 117/9). — [14] Y. Syono, A. Ito (Kobutsugaku Zasshi **10** [1972] 475/80 nach C. A. **79** [1973] Nr. 7808). — [15] K. Motida, S. Miyahara (J. Phys. Soc. Japan **28** [1970] 1188/96, 1192).

[16] A. Sawaoka, S. Miyahara, S.-I. Akimoto, H. Fujisawa (J. Phys. Soc. Japan **21** [1966] 185). — [17] J. Guyader, M. Maunaye, J. Lang (Compt. Rend. C **272** [1971] 311/3).

2.11.7.1.2 $MnGeO_3 \cdot 2H_2O$

$MnGeO_3 \cdot 2H_2O$

Zur Herstellung wird eine Mn-Acetatlösung im Überschuß mit einer GeO_2-Lösung bei konstantem pH-Wert (ungefähr 6.4) möglichst ohne Erhitzen umgesetzt. Der Niederschlag kann sich beim wiederholten Waschen mit Wasser zersetzen [1]. Bei der Hydrothermalsynthese entsteht aus $MnCO_3$

und GeO_2 kein $MnGeO_3$-Hydrat [2]. — Im IR-Absorptionsspektrum der Verbindung finden sich neben den Banden bei etwa 3300 und 1630 cm^{-1}, die den H_2O-Schwingungen entsprechen, im Bereich der charakteristischen Anionenschwingungen (< 1000 cm^{-1}) ein Hauptmaximum bei etwa 810, ein kleineres Maximum bei 540 und ein weiteres starkes Maximum bei 350 cm^{-1}. In erster Näherung wird eine Schichtenstruktur wie bei den Phyllogermanaten gefolgert. Thermogravimetrische Untersuchungsergebnisse lassen vermuten, daß ein Teil des Wassers nur eingelagert ist (starker Kurvenabfall oberhalb Raumtemperatur), während ein anderer Teil stärker gebunden ist (weitere Änderung der Kurvenneigung bei etwa 150°C). Schließlich wird eine weitere Stufe im Kurvenverlauf (nahe 300°C) mit dem Verlust von Konstitutionswasser unter Zerstörung des Kristallgitters gedeutet, worauf oberhalb 700°C die Bildung von wasserfreiem $MnGeO_3$ erfolgt [1].

Literatur:

[1] J.-P. Labbé (Ann. Chim. [Paris] [13] **10** [1965] 317/44, 333, 337/40; Mikrochim. Ichnoanal. Acta **1964** 298/316, 307, 310/1). — [2] D. M. Roy, R. Roy (Am. Mineralogist **39** [1954] 957/75, 964, 970).

The $MnGeO_3$-GeO_2 System

2.11.7.1.3 Das System $MnGeO_3$-GeO_2

Untersuchungen des Systems $MnGeO_3$-GeO_2 oberhalb 700°C mittels thermischer, optischer und röntgenographischer Methoden führen zu dem in **Fig. 38** dargestellten Phasendiagramm. Neben den GeO_2-Phasen wird als einzige Verbindung $MnGeO_3$ mit Enstatit-Struktur (s. S. 69) gefunden. Bei GeO_2-Verlust wird eine 2. Phase mit Spinell-Struktur beobachtet. Im Liquidusbereich zeigt das Phasendiagramm 2 nicht mischbare Schmelzen, A. Tauber, J. A. Kohn, C. G. Whinfrey, W. D. Babbage (Am. Mineralogist **48** [1963] 555/64, 557).

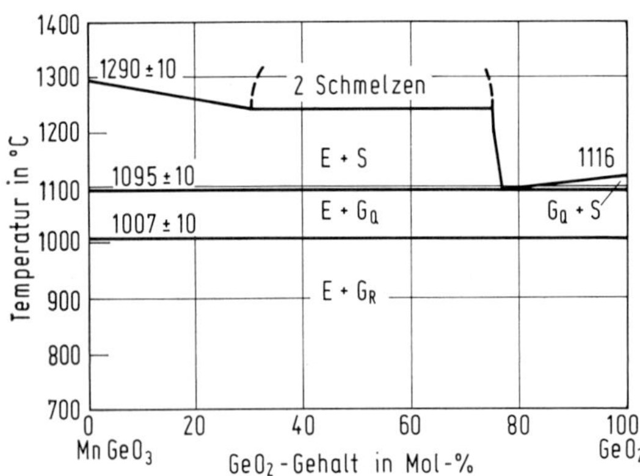

Fig. 38

Phasendiagramm des Systems $MnGeO_3$-GeO_2; E = $MnGeO_3$ (Enstatit-Form); G_R = GeO_2 (Rutil-Form); G_Q = GeO_2 (Quarz-Form); S = Schmelze.

Mn_2GeO_4

2.11.7.1.4 Mn_2GeO_4

Preparation

Herstellung. Die Verbindung wird durch Sintern stöchiometrischer Mischungen von GeO_2 und MnO bzw. $MnCO_3$ unter Inertatmosphäre [1, 2] oder im Vakuum [3, 4] bei etwa 1100°C in Pulverform hergestellt. Sie entsteht auch unter hydrothermalen Bedingungen aus GeO_2 und $MnCO_3$ bei 200°C [4] sowie aus $MnCl_2$ [5] oder Mn_2O_3 [6] und GeO_2 in KOH-Lösung. Bei dem in früheren Versuchen zur Herstellung wasserhaltiger MnO-GeO_2-Phasen durch Umsetzung von $MnCO_3$ mit GeO_2 (Quarzform) bei 200°C erhaltenen wasserfreien Produkt mit Olivintyp-Struktur („Germaniumtephroit") [7] handelt es sich vermutlich auch um Mn_2GeO_4.

Crystallographic Properties

Kristallographische Eigenschaften. Unter Normalbedingungen existiert Mn_2GeO_4 in einer rhombischen Modifikation, die als α-Phase bezeichnet wird. Diese wandelt sich bei Druck- und Temperaturerhöhung in eine andere rhombische Phase β-Mn_2GeO_4 um. In noch höherem Druckbereich wird eine 3. rhombische Modifikation δ-Mn_2GeO_4 gefunden, s. **Fig. 39**, S. 73, [8]. Bei 700°C scheint oberhalb 60 kbar ein Bereich zu existieren, in dem sich Mn_2GeO_4 in $MnGeO_3$ vom Ilmenit-Typ und eine weitere Phase zersetzt [11, 12]. Eine γ-Phase vom reinen Spinell-Typ wird im unter-

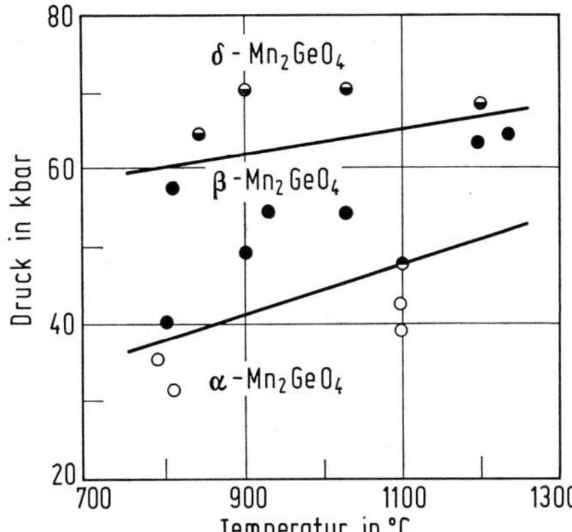

Fig. 39

Stabilitätsbereiche der Mn_2GeO_4-Phasen bei hohem Druck und hoher Temperatur.

suchten Bereich nicht gefunden [8, 9]. Aus den Spinellen M_2GeO_4 mit M = Fe, Co, Ni wird auf einen Mn_2GeO_4-Spinell mit der Gitterkonstante a = 8.5 Å extrapoliert [3, 10].

Mn_2GeO_4 Crystallographic Properties

α-**Mn_2GeO_4** kristallisiert im Olivin-Typ (Mg_2SiO_4 [13, 14]) mit Z = 4 und der Raumgruppe D_{2h}^{16}-Pnma (Nr. 62), s. beispielsweise [1, 3, 4, 8].

Gitterkonstanten in Å:

a . . .	5.05	5.05	5.04	5.061 ± 0.001
b . . .	10.70	10.71	10.7	10.719 ± 0.001
c . . .	6.28	6.28	6.26	6.295 ± 0.001
Lit. . .	[1]	[2]	[3]	[8, 9]

Tabelle der d-Werte s. [4]. Röntgendichte in g/cm³: 4.82 [3], 4.79 [8, 9].

In der Olivin-Struktur besetzen die zweiwertigen Kationen Oktaederplätze, die vierwertigen Tetraederplätze in einer angenähert dichtgepackten hexagonalen Anordnung der O-Ionen. Für α-Mn_2GeO_4 werden folgende Atomparameter gefunden:

Atom	Punktlage	x	y	z
Mn (1)	4 a	0	0	0
Mn (2)	4 c	0.275	0.25	−0.002
Ge	4 c	0.095	0.25	0.438
O (1)	4 c	0.088	0.25	0.770
O (2)	4 c	0.420	0.25	0.214
O (3)	8 d	0.156	0.046	0.291

Die Parameterwerte sind aus Röntgen- und Neutronenbeugungsaufnahmen ermittelt. Für die Röntgenbeugung ergibt sich R = 11% und für die Neutronenbeugung R = 10% [4].

Strukturuntersuchungen an β-**Mn_2GeO_4**-Einkristallen (bei 64 kbar und 1240°C aus α-Mn_2GeO_4 hergestellt) ergeben die Gitterkonstanten a = 6.025 ± 0.002, b = 12.095 ± 0.004, c = 8.752 ± 0.002 Å; Z = 8; Raumgruppe D_{2h}^{28}-Imma (Nr. 74). Folgende Atomparameter werden bestimmt:

Atom	Punktlage	x	y	z
Mn (1)	4 a	0	0	0
Mn (2)	4 e	0	0.25	−0.0316(3)
Mn (3)	8 g	0.25	0.1281(2)	0.25

Atom	Punktlage	x	y	z
Ge	8 h	0	0.1192(1)	0.6164(2)
O (1)	4 e	0	0.25	0.2123(14)
O (2)	4 e	0	0.25	0.7187(14)
O (3)	8 h	0	−0.0091(7)	0.2546(11)
O (4)	16 j	0.2588(9)	0.1223(8)	−0.0034(6)

R = 5.8%. Die Phase kristallisiert in einer modifizierten Spinell-Struktur und ist mit den β-Phasen von Mg_2SiO_4 und Co_2SiO_4 isotyp. Die O-Atome bilden eine annähernd kubisch-dichteste Anordnung, in der die Ge-Atome Tetraederlücken und die Mn-Atome Oktaederlücken besetzen. Abweichend vom Spinell haben je zwei GeO_4-Tetraeder ein gemeinsames O-Atom, woraus sich Ge_2O_7-Gruppierungen ergeben. Dafür ist O(1) nicht an Ge gebunden, sondern an 5 Mn-Atome, s. **Fig. 40**. Die durchschnittlichen Abstände Ge-O und Mn-O betragen 1.770 bzw. 2.189 Å. Innerhalb der Ge_2O_7-Gruppe sind die Ge-O-Abstände der Brücke mit 1.817 Å deutlich länger als die Abstände zwischen Ge und endständigen O-Atomen mit 1.746 und 1.758 Å. — Die berechnete Dichte ist 5.13 g/cm³. Das bedeutet eine Dichtezunahme gegenüber der α-Phase von 7.1% [8, 9].

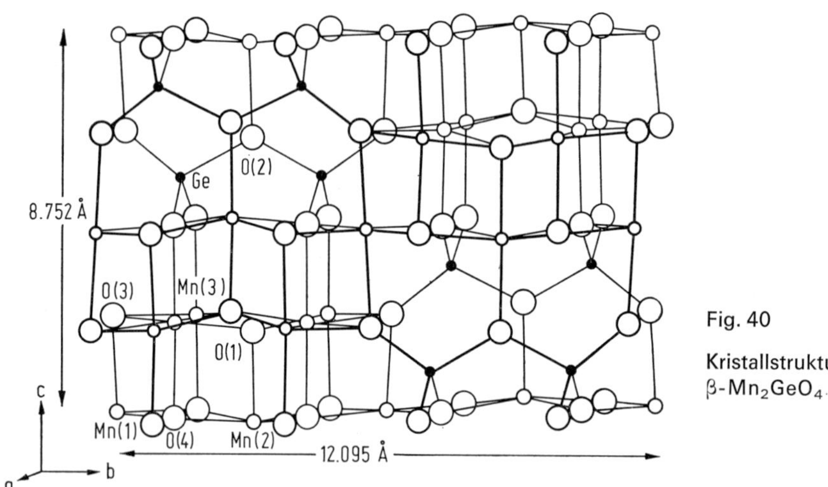

Fig. 40

Kristallstruktur von β-Mn_2GeO_4.

Mn_2GeO_4 Crystallographic Properties

δ-**Mn_2GeO_4** kristallisiert ebenfalls rhombisch mit den Gitterkonstanten a = 5.262 ± 0.001, b = 9.274 ± 0.001, c = 2.954 ± 0.001 Å [8, 9] bzw. a = 5.257 ± 0.005, b = 9.270 ± 0.005, c = 2.951 ± 0.005 Å; Z = 2, Raumgruppe D_{2h}^9-Pbam (Nr. 55). Die Kristallstruktur ist mit der von Sr_2PbO_4 (s. „Blei" C, S. 1195) isotyp [11]. Die spätere Strukturbestimmung von Morimoto u. a. [9] bestätigt die Ergebnisse von Wadsley u. a. [11] an Pulverpräparaten. Aus den Untersuchungen an Einkristallen (erhalten bei 840°C und 64 kbar) ergeben sich folgende Atomparameter:

Atom	Punktlage	x	y	z
Mn	4 h	0.0622(3)	0.3222(2)	0.5
Ge	2 a	0	0	0
O (1)	4 h	0.2295(14)	0.0433(7)	0.5
O (2)	4 g	0.3722(13)	0.3141(8)	0

R = 5.3%. Ge befindet sich in der Mitte von Oktaedern aus Sauerstoff, die über Kanten zu Ketten parallel zur c-Achse verknüpft sind; mittlerer Ge-O-Abstand 1.971 Å. Mn ist von 6 O-Atomen im Abstand zwischen 2.149 und 2.325 Å sowie einem entfernteren im Abstand von 2.732 Å umgeben [9],

s. auch [11], wo bereits für Mn eine ähnliche Koordination wie im Mn_5O_8 (s. „Mangan" C 1, S. 125) angegeben wird. Die Röntgendichte ist 5.68 [8, 9] bzw. 5.69 g/cm³ [11]; die Dichtezunahme beträgt gegenüber α-Mn_2GeO_4 17.3% [11], gegenüber β-Mn_2GeO_4 10.7% [8].

Magnetische, elektrische und optische Eigenschaften. Die magnetische Suszeptibilität, gemessen im Bereich von etwa 4 K bis Raumtemperatur, zeigt als reziproke Temperaturfunktion ein Minimum bei 24 ± 2 K (Néel-Punkt), oberhalb 60 K (weiterer Ordnungspunkt?) ein Verhalten gemäß Curie-Weiss mit μ_{eff} = 5.85 ± 0.06 μ_B und Θ_p = −162 ± 5 K. Zwischen 24 und 60 K wird ein im Vergleich mit anderen Antiferromagneten unerwartetes Verhalten beobachtet: Bei Annäherung an den Néel-Punkt von höherer Temperatur her sind die gemessenen Suszeptibilitätswerte höher (statt niedriger) als nach dem Curie-Weiss-Gesetz bei höherer Temperatur zu erwarten. Deshalb wird bei α-Mn_2GeO_4 oberhalb 24 K eine andere Art von Fernordnung angenommen als diejenige, die unterhalb 24 K auftritt. Zur Bestätigung dieser Beobachtungen wird das EPR-Spektrum von Mn^{2+} als Temperaturfunktion untersucht. Die Intensität des Signals nimmt im Bereich von 70 bis 30 K ab, bei 55 K wird die Hälfte ihres Wertes erreicht. Bei 20 K bleibt ein kleines Signal, möglicherweise durch superparamagnetische Effekte in der feinen pulverförmigen Probe bedingt. Unterhalb des Néel-Punktes verhält sich die Suszeptibilität nicht wie bei einem idealen Antiferromagneten (keine große Feldabhängigkeit der Magnetisierung). Magnetische Neutronenbeugungsuntersuchungen deuten auf eine komplizierte Spinstruktur mit spiralförmiger Komponente bei 4.2 K [4].

Mn_2GeO_4

Magnetic, Electrical, and Optical Properties

Die elektrische Leitfähigkeit der 3 Modifikationen des Mn_2GeO_4 wird im Druckbereich bis 77 kbar bei 300 bis 1200 K gemessen. Die Leitfähigkeit wächst bei konstantem Druck diskontinuierlich mit der Temperatur infolge der Umwandlungen von der Olivin-Struktur (α-Phase) zur modifizierten Spinell-Struktur (β-Phase) und zur Sr_2PbO_4-Struktur (δ-Phase). Die Änderung beträgt etwa $^1/_2$ Größenordnung beim Übergang $\alpha \rightarrow \beta$ und $^1/_3$ Größenordnung beim Übergang $\beta \rightarrow \delta$ bei 1200 K. Die Aktivierungsenergie sinkt allmählich mit steigendem Druck. Verunreinigung durch Fe-Ionen erhöht die Leitfähigkeit bei tiefer Temperatur, während bei hoher Temperatur kein Einfluß merkbar ist. Die Phasenumwandlung $\beta \rightarrow \delta$ (und damit auch eine Leitfähigkeitsänderung) wird auch in etwa 650 km Tiefe der Erdkruste angenommen [15].

Bei Untersuchungen der IR-Spektren einer Reihe von Silicaten und Germanaten mit Olivin-Struktur, darunter α-Mn_2GeO_4, sind 2 Bereiche deutlich unterscheidbar: Der erste von 1000 bis etwa 450 cm⁻¹ ist durch eine ziemlich gleichmäßige Kurvenanordnung charakterisiert. Die bei 784 und 698 cm⁻¹ beobachteten Banden werden der ν_3-Schwingung, die bei ungefähr 470 und 384 cm⁻¹ der ν_4-Schwingung der GeO_4-Tetraeder zugeordnet. Der zweite Bereich von 450 bis etwa 280 cm⁻¹ wird mehr oder weniger durch die Natur des Fremdkations beeinflußt. Im Fall des α-Mn_2GeO_4 wird jedoch eine bei 320 (?) cm⁻¹ beobachtete Bande der ν_2-Schwingung von GeO_4 zugeordnet. Es wird angenommen, daß sich MnO_6-Oktaederschwingungen möglicherweise erst unter 300 cm⁻¹ auswirken [16]. Die Farbe des reinen α-Mn_2GeO_4 wird als fast weiß bezeichnet [1], ein pulverförmiges Sinterprodukt als schwach graubraun [4].

Chemisches Verhalten. Mn_2GeO_4 reagiert mit NH_3 bei etwa 850°C gemäß $Mn_2GeO_4 + 2NH_3 \rightarrow MnGeN_2 + MnO + 3H_2O$ [17]. Zur Mischkristallbildung zwischen Mn_2GeO_4 und $ZnMn_2O_4$ s. S. 77.

Chemical Reactions

Literatur:

[1] D. G. Wickham, W. J. Croft (J. Phys. Chem. Solids **7** [1958] 351/60, 353). — [2] Lefebvre-Moreau (Bull. Soc. Roy. Sci. Liege **33** [1964] 373/9). — [3] A. Durif-Varambon (Bull. Soc. Franc. Mineral. Crist. **82** [1959] 285/314, 295/6, 298/9). — [4] J. G. Creer, G. J. F. Troup (Solid State Commun. **8** [1970] 1183/8). — [5] V. I. Vasil'ev (Sb. Nauchn. Stud. Obshchest. Geol. Fak. Mosk. Gos. Univ. Nr. 6 [1968] 235/74, 256/65; C. A. **73** [1970] Nr. 39463).

[6] I. M. Ismailzade, B. N. Litvin (Mater. Konf. Molodykh Uch. Inst. Neorgan. Fiz. Khim. Akad. Nauk Azerb. SSR, Baku 1968 [1969], S. 361/72 nach C. A. **75** [1971] Nr. 11324). — [7] D. M. Roy, R. Roy (Am. Mineralogist **39** [1954] 957/75, 964, 970). — [8] N. Morimoto, S.-I. Akimoto, K. Koto, M. Tokonami (Science [2] **165** [1969] 586/8; Phys. Earth Planet. Interiors **3** [1970] 161/5). — [9] N. Morimoto M. Tokonami, K. Koto, S. Nakajima (Am. Mineralogist **57** [1972] 62/75, 63, 67, 73). — [10] A. Durif-Varambon, E. F. Bertaut, R. Pauthenet (Ann. Chim. [Paris] [13] **1** [1956] 525/43, 526/7).

[11] A. D. Wadsley, A. F. Reid, A. E. Ringwood (Acta Cryst. B **24** [1968] 740/2). — [12] A. E. Ringwood, M. Seabrook (J. Geophys. Res. **68** [1963] 4601/9, 4608). — [13] J. D. Birle, G. V. Gibbs, P. B. Moore, J. V. Smith (Am. Mineralogist **53** [1968] 807/24). — [14] W. H. Baur (Am. Mineralogist **57** [1972] 709/31). — [15] T. Yagi, S.-I. Akimoto (Phys. Earth Planet. Interiors **8** [1974] 235/40).

[16] P. Tarte (Spectrochim. Acta **19** [1963] 25/47, 33/5, 38, 45; Acad. Roy. Belg. Classe Sci. Mem. [Collection 8] [2] **35** [1965] 1/260, 23, 69, 77, 127; C. A. **64** [1966] 9083). — [17] J. Guyader, M. Maunaye, J. Lang (Compt. Rend. C **272** [1971] 311/3).

Compounds of Mn with O, Ge, and Other Metals

2.11.7.1.5 Verbindungen des Mn mit O, Ge und weiteren Metallen

Li_2MnGeO_4

Die Verbindung wird durch Sintern von Li_2CO_3, MnO oder $MnCO_3$ und GeO_2 bei 820°C hergestellt. Ihre Struktur entspricht der rhombischen Tieftemperaturmodifikation des Li_3PO_4, Raumgruppe C_{2v}^7-$Pmn2_1$ (Nr. 31), in der alle Kationen tetraedrisch koordiniert sind, s. [1, 2]. Gitterkonstanten (vermutlich in Å): a = 6.45, b = 5.48, c = 5.05. Zwischen gemessenen und berechneten Netzebenenabständen besteht sehr gute Übereinstimmung [3].

Literatur:

[1] P. Tarte (J. Inorg. Nucl. Chem. **29** [1967] 915/23). — [2] C. Keffer, A. Mighell, F. Mauer, H. Swanson, S. Block (Inorg. Chem. **6** [1967] 119/25). — [3] P. Tarte, R. Cahay (Compt. Rend. C **271** [1970] 777/9).

Na_2MnGeO_4

Die Verbindung entsteht unter hydrothermalen Bedingungen aus MnO und GeO_2 bei Konzentrationen von über 25% NaOH, I. M. Ismailzade, B. N. Litvin (Azerb. Khim. Zh. Nr. 6 [1969] 135/40, 139; C. A. **74** [1971] Nr. 35424).

$MgMnGeO_4$

Gut kristallisierte Proben mit rhombischer Olivin-Struktur (wie Mn_2GeO_4, s. S. 73) entstehen aus der gepreßten Mischung der Oxidkomponenten MgO, Mn_3O_4 und GeO_2 im stöchiometrischen Verhältnis durch 24stündiges Sintern bei 1300°C, anschließendes Zermahlen und erneutes Glühen. Bei Behandlung unter Druck (2 h bei 35 kbar und 1200°C, danach rasche Abkühlung unter 100°C und Druckreduzierung) wird eine vollständige Umwandlung in eine kubische Spinell-Struktur erreicht. Dabei ändert sich das Molvolumen von 48.97 cm^3 (Olivin-Typ) auf 44.62 cm^3 (Spinell-Typ); Dichtezunahme 9.8%. Gitterparameter (±0.003) in Å: a = 4.982, b = 10.559, c = 6.181 (Olivin-Typ); a = 8.399 (Spinell-Typ). Ähnliche Umwandlungen unter Druck werden auch bei anderen (Fe-,Co-)Mangangermanaten beobachtet, A. E. Ringwood, A. F. Reid (J. Phys. Chem. Solids **31** [1970] 2791/3).

$ZnMnGeO_4$

Bei Untersuchungen des Systems Li_2O-ZnO-GeO_2-H_2O in Gegenwart geringer Manganmengen (als Aktivator) tritt $ZnMnGeO_4$ als ein Produkt der hydrothermalen Kristallisation auf. Die Verbindung kristallisiert rhombisch im Olivin-Typ (wie Mn_2GeO_4, s. S. 73) mit den Gitterkonstanten a = 5.03 ± 0.03, b = 10.76 ± 0.04, c = 6.30 ± 0.03 Å; Z = 4, Raumgruppe D_{2h}^{16}-Pnma (Nr. 62). Die Strukturverfeinerung liefert folgende Parameter (R = 7.8%) [1]:

Atom	Punktlage	x	y	z
Zn	4 a	0	0	0
Mn	4 c	0.280	0.25	0.988
Ge	4 c	0.096	0.25	0.433
O (1)	4 c	0.091	0.25	0.779
O (2)	4 c	0.447	0.25	0.219
O (3)	8 d	0.163	0.029	0.276

Bei dem Spinell von O'Keeffe [2] dürfte es sich statt um $ZnMn^{II}Ge^{IV}O_4$ wahrscheinlich um $ZnMn^{III}Ga^{III}O_4$ handeln.

Mit Mn aktivierte Kristalle $(Zn,Mn)_2GeO_4$ in trigonal-prismatischer Form werden bei der hydrothermalen Synthese im Autoklaven aus den Oxiden (400 bis 500°C, 1000 bis 1500 atm, 0.5 bis 12 Gew.-% wäßrige NaOH-Lösung, NaF als Kristallisationszusatz) [3] oder aus einer Schmelzlösung von GeO_2 erhalten, wobei 0.025% des Zn durch Mn ersetzt sind. Pulverpräparate mit einem Ersatz von 0.1 bis 10% werden aus den Oxiden durch Feststoffreaktion bei 1200°C innerhalb von 6 h hergestellt [4]. — Da Mn^{2+}-Ionen die Zn^{2+}-Ionen auf zwei verschiedenen Gitterplätzen ersetzen (wobei eine Platzart etwas bevorzugt erscheint), sind im ESR-Spektrum bei 77 K (≈9.6 GHz) zwei verschiedene Subspektren zu beobachten. Die Kristallfeldparameter für die beiden Fälle sind (in 10^{-4} cm^{-1}): D = 742, E = 192 und D = 481, E = 156 [4]. Solche Mn-aktivierten Kristalle fluoreszieren stark (grün-gelb) bei UV-Bestrahlung [3].

Literatur:

[1] V. I. Lyutin, E. A. Kuz'min, V. V. Ilyukhin, N. V. Belov (Dokl. Akad. Nauk SSSR **214** [1974] 320/3; Soviet Phys.-Dokl. **19** [1974] 10/1). — [2] M. O'Keeffe (Phys. Chem. Solids **21** [1961] 172/8, 174). — [3] B. N. Litvin, O. K. Mel'nikov (Rost Kristallov Akad. Nauk SSSR Inst. Kristallogr. **4** [1964] 168/70; Growth Crystals [USSR] **4** [1966] 139/40). — [4] D. W. Feldman (J. Chem. Phys. **58** [1973] 363/6).

Mn_2GeO_4-Mn_2ZnO_4-Mischkristalle

Solid Solutions of Mn_2GeO_4 with Mn_2ZnO_4

Zur Herstellung der Mischkristalle $Zn_x^{2+}Ge_{1-x}^{4+}Mn_{2-2x}^{2+}Mn_{2x}^{3+}O_4$ werden Mischungen von ZnO, GeO_2 und Mn_2O_3 in Luft auf 1150°C erhitzt. Für x > 0.5 ergibt sich eine rötlich-braune Spinell-Phase; für x > 0.6 wird eine tetragonale Verzerrung der Spinell-Struktur beobachtet. Proben, die nur auf Temperaturen unter 1100°C erhitzt wurden, bestehen aus 2 Phasen. Ergebnisse der röntgenographischen und magnetischen Messungen (Gitterkonstanten und Sättigungsmagnetisierung als Funktionen von x) sind in **Fig. 41** dargestellt. Es wird angenommen, daß Zn^{2+} und Ge^{4+} in der Spinell-Struktur Tetraederlagen besetzen und daß keine Redox-Reaktionen zwischen Zn oder Ge und Mn stattfinden. In der Phase mit x = 0.6 (a = 8.5 Å) wird die für Mn experimentell gefundene durchschnittliche Valenz durch 0.8 Mn^{2+}-Ionen und 1.2 Mn^{3+}-Ionen je Formeleinheit dargestellt. Deshalb kann diese Phase als $Zn_{0.6}^{2+}Ge_{0.4}^{4+}(Mn_{0.8}^{2+}Mn_{1.2}^{3+})O_4$ formuliert werden. Diese Konfiguration entspricht der kritischen Zusammensetzung, d. h. dem höchsten Mn^{3+}-Gehalt, bei dem die Spinell-Struktur der Phase bei Raumtemperatur gerade noch kubisch bleibt. Bei höherem Mn^{3+}-Gehalt erfolgt Umwandlung in eine tetragonale Hausmannittyp-Struktur (s. „Mangan" C 1, S. 82). — Die Sättigungsmagnetisierung (bei 4.2 K) nimmt mit steigendem x-Wert ab. Bei x-Werten zwischen 1.2 und 1.3 tritt ein Knick in der Kurve auf, der dem Beginn einer tetragonalen Verzerrung entspricht, Wickham, Croft [1] s. auch [2]. Zum Einfluß der Mn^{3+}-Ionen auf die strukturellen und magnetischen Eigenschaften bei Spinellen s. Goodenough [3].

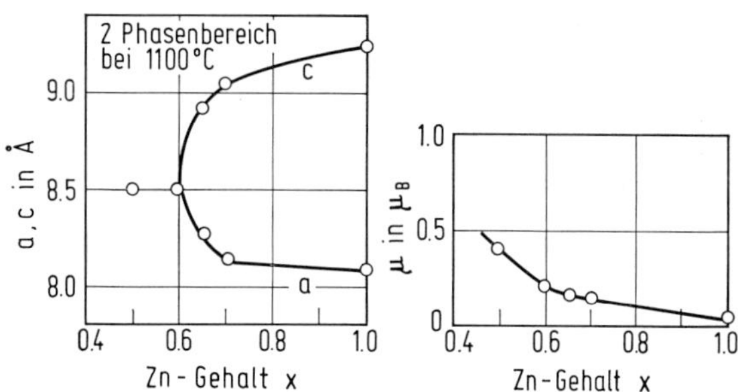

Fig. 41

Gitterkonstanten a, c und magnetisches Sättigungsmoment μ in Abhängigkeit vom Zn-Gehalt x in $Zn_xGe_{1-x}Mn_{2-2x}^{2+}Mn_{2x}^{3+}O_4$.

Literatur:

[1] D. G. Wickham, W. J. Croft (Phys. Chem. Solids **7** [1958] 351/60, 353/4). — [2] P. J. Wojtowicz (Phys. Rev. [2] **116** [1959] 32/45, 43/4). — [3] J. B. Goodenough (J. Phys. Radium [8] **20** [1959] 155/9).

Compounds with Garnet Structure

Verbindungen mit Granat-Struktur

Die im folgenden beschriebenen Granate der allgemeinen Zusammensetzung $\{X_3\}[Y_2](Ge_3)O_{12}$ kristallisieren kubisch, Raumgruppe O_h^{10}-Ia3d (Nr. 230); Z = 8. X besetzt die Punktlage 24c (1/8, 0, 1/4 usw.) und ist dodekaedrisch von 8 O-Atomen umgeben, Y besetzt die Punktlage 16a (0, 0, 0 usw.) mit oktaedrischer Koordination und Ge die Punktlage 24d (3/8, 0, 1/4 usw.) mit tetraedrischer Koordination. Der Sauerstoff besetzt die allgemeine Punktlage 96h. Mangan kann sich auf den Dodekaeder-, den Oktaederplätzen oder auf beiden zugleich befinden. Alle 3 Kationenlagen können von mehr als einer Kationenart besetzt werden. Weitere Granate vom Typ $\{Mn_3\}[Y_2](Ge_3)O_{12}$ mit Y = V und Cr werden auf S. 158 bzw. 203 beschrieben. Diese Granat-Strukturen sind wichtig für Austauschuntersuchungen zum Verständnis des Magnetismus in Oxiden, da die magnetischen Ionen die 3 verschiedenen Kationenlagen besetzen können. Die Lage der IR-Absorptionsbanden der GeO_4-Tetraeder wird durch die Gitterkonstanten beeinflußt. Es ist eine Zunahme der Frequenz der Ge-O-Bindung mit abnehmendem Ionenradius der Kationen X und Y zu beobachten.

Garnets of the general composition $\{X_3\}[Y_2](Ge_3)O_{12}$ described here crystallize in the cubic system, space group O_h^{10}-Ia3d (No. 230) with Z = 8. The atoms are in the following positions: X in 24c (1/8, 0, 1/4 etc.) with a dodecahedral environment of 8 O atoms, Y in 16a (0, 0, 0 etc.) with an octahedral coordination and Ge in 24d (3/8, 0, 1/4 etc.) with a tetrahedral coordination. Oxygen occupies the general position 96 h. Manganese can be on dodecahedral and octahedral sites or in both positions simultaneously. All 3 cationic sites may be occupied by more than one sort of cation. Other garnets of the type $\{Mn_3\}[Y_2](Ge_3)O_{12}$ with Y = V and Cr are described on p. 158 and 203, respectively. These garnet structures are important for investigations of exchange interactions for an understanding of the magnetism in oxides since the magnetic ions can be placed into the 3 different cationic sites. The lattice constants influence the infrared absorption bands of the GeO_4 tetrahedron. An increase of the Ge-O bond frequency with decreasing ionic radius of the cations X and Y has been observed.

$Ca_3Mn_2Ge_3O_{12}$. Die Verbindung wird nach der Keramiktechnik durch Sintern der im stöchiometrischen Verhältnis gemischten und in Tabletten- oder Nadelform gepreßten Ausgangskomponenten $CaCO_3$, MnO_2 oder $MnCO_3$ und GeO_2 bei 1000°C in 36 h [1] oder bei 1170°C in 8 bis 10 h [2] hergestellt. Sie entsteht auch unter hydrothermalen Bedingungen mit $CaCO_3$-Überschuß in NH_4Cl- oder in $CaCl_2$-Lösung bei 300 bis 550°C und 1300 atm [1].

Die rötlich-braunen Kristalle können bis zu 0.2 mm groß werden. Als hauptsächliche Begrenzungsflächen werden {110} und {211} sowie Kombinationen von beiden beobachtet [1]. Gitterkonstante a = 12.32 ± 0.01 Å [1], 12.315 ± 0.002 Å [2]. Mittels Neutronenbeugung werden für die O-Atome die Koordinaten $x = -0.038_7$, $y = 0.051_6$, $z = 0.159_8$ (R = 9.8%) [3] bzw. x = −0.034, y = 0.05, z = 0.15 (R = 5%) [4] bestimmt; die Atomverteilung ist $\{Ca_3\}[Mn_2](Ge_3)O_{12}$ [4]. Die Röntgendichte beträgt 4.540 g/cm³ [1].

Aus der im Temperaturbereich von 2 bis 26 K in Magnetfeldern bis zu 40 kOe gemessenen spezifischen Wärmekapazität, s. **Fig. 42**, wird die Néel-Temperatur von Belov u. a. [5] zu T_N = 13.85 ± 0.05 K ermittelt in Übereinstimmung mit früheren Angaben von Belov u. a. [2], wonach T_N = 13 K ist. In Feldern > 5 kOe wird nahe T_N ein zusätzliches Maximum von C_p gefunden und auf die Eigenarten im magnetischen Phasendiagramm, s. **Fig. 43**, zurückgeführt. Der Gitteranteil von C_p beträgt bei 20 K etwa 50% des magnetischen Anteils, unterhalb 5 K nur etwa 1%. Bei tiefer Temperatur ist $Ca_3Mn_2Ge_3O_{12}$ ein magnetischer Isolator. Die Debye-Temperatur wird zu Θ = 480 ± 20 K bestimmt. Die Gesamtänderung der magnetischen Entropie je Mn^{3+}-Ion ergibt sich in guter Übereinstimmung mit dem theoretischen Wert 1.61 R für den Spin S = 2 zu 1.63 R (R = Gaskonstante) [5].

Die Temperaturabhängigkeit der Molsuszeptibilität zeigt wie die anderer Granate mit 3d-Ionen (Fe-, Co-, Ni-Verbindungen) ein Maximum, das einer antiferromagnetischen Ordnung im a-Subgitter (Mn-Ionen auf Oktaederplätzen), s. oben, entspricht. Die Kurvenform mit dem besonders starken Maximum deutet auf einen metamagnetischen Zustand unterhalb der Néel-Temperatur. Damit würde auch erklärt, daß das anomale Verhalten der Temperaturabhängigkeit des Elastizitätsmoduls in einem genügend starken Feld verschwindet, s. dazu **Fig. 44** [2]. Mittels Neutronenbeugung wird die antiferromagnetische Struktur bestimmt. Dabei zeigt sich die wichtige Rolle der Super-Super-Austausch-

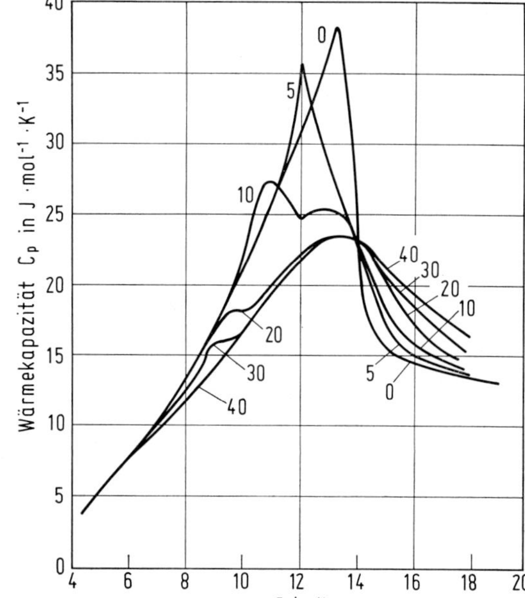

Fig. 42

Temperaturabhängigkeit der Wärmekapazität C_p von $Ca_3Mn_2Ge_3O_{12}$ bei verschiedenen Magnetfeldstärken in kOe (Zahlen an den Kurven).

Fig. 43

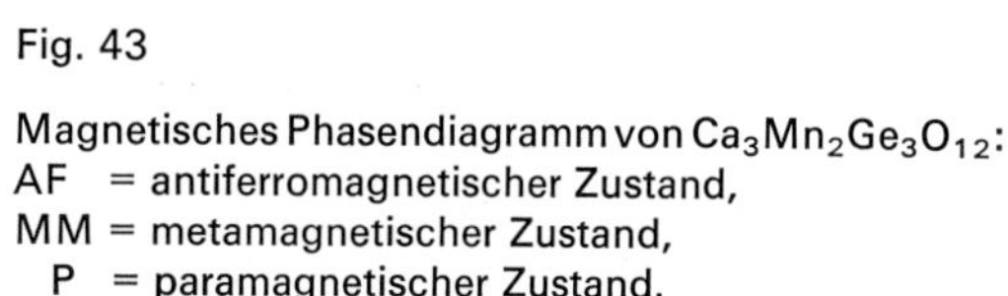

Magnetisches Phasendiagramm von $Ca_3Mn_2Ge_3O_{12}$:
AF = antiferromagnetischer Zustand,
MM = metamagnetischer Zustand,
P = paramagnetischer Zustand.

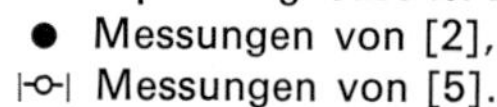

● Messungen von [2],
⊢o⊣ Messungen von [5].

Fig. 44

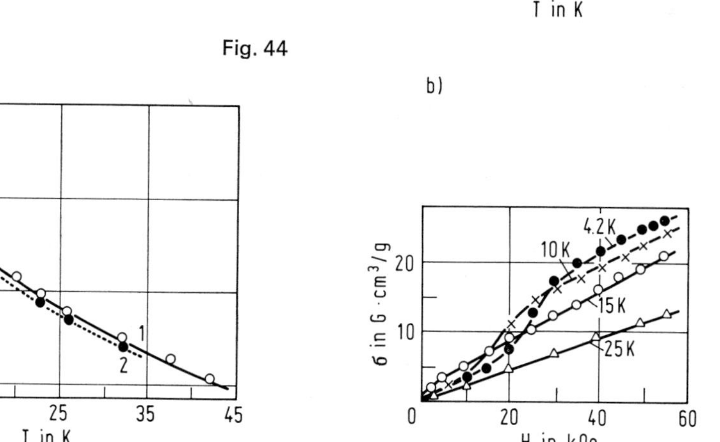

Elastische und magnetische Eigenschaften von $Ca_3Mn_2Ge_3O_{12}$:
a) Temperaturabhängigkeit des Elastizitätsmoduls bei H = 0 (1) und 40 (2) kOe,
b) Feldabhängigkeit der spezifischen Magnetisierung bei verschiedenen Temperaturen.

Compounds with Garnet Structure

wechselwirkungen vom Typ Mn=O=O=Mn oder Mn=O-Ge-O=Mn, durch die ein Ion an seine 6 zweitnächsten Nachbarn (im Abstand von etwa 6.16 Å) und an 6 seiner 8 erstnächsten Nachbarn (im Abstand von etwa 5.33 Å) gekoppelt wird, Plumier [4]. In der Magnetstruktur, s. **Fig. 45** nach Daten von [4], bestehen ferromagnetische Ketten längs einer Würfelachse ([001]) und die Spin-Richtungen sind bei der Translation längs [100] und [010] umgekehrt. Eine solche antiferromagnetische Ordnung wird auf eine tetragonale Verzerrung eines raumzentrierten Gitters, im Falle des $Ca_3Mn_2Ge_3O_{12}$ infolge des Jahn-Teller-Effekts, zurückgeführt. Die beste Näherung für die Struktur ergibt sich nach dem Modell der inäquivalenten Nachbarn in einem Heisenberg-Antiferromagneten [5]. Zur Berechnung des Austausch-Wechselwirkungsparameters J ($=J_{aa}/k$ = 5.3 K) s. [2]; neuere Berechnungen nach verschiedenen Gleichungen (nach Van Vleck J = 1.1 K, nach der Molekularfeldnäherung J = 0.89 K, nach Rushbrooke, Wood J = 0.82 K) s. bei [5].

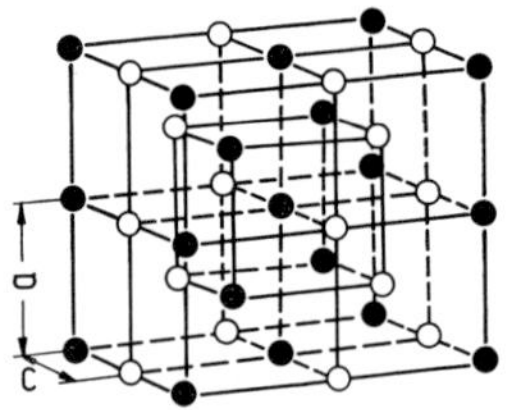

Fig. 45

Magnetische Struktur von $Ca_3Mn_2Ge_3O_{12}$ auf der Grundlage der Daten von Plumier [4] nach Belov u. a. [5]. Die schwarzen und die weißen Kreise stellen gegensätzlich ausgerichtete magnetische Momente der Mn^{3+}-Ionen dar.

Literatur:

[1] B. V. Mill' (Zh. Strukt. Khim. **6** [1965] 471/3; J. Struct. Chem. USSR **6** [1965] 452/3). — [2] K. P. Belov, B. V. Mill', G. Ronninger, V. I. Sokolov, T. D. Khien (Fiz. Tverd. Tela **12** [1970] 1761/4; Soviet Phys.-Solid State **12** [1970] 1393/6). — [3] Yu. V. Lipin, Yu. S. Nozik (Latvijas PSR Zinatnu Akad. Vestis Fiz. Teh. Zinatnu Ser. **1971** Nr. 6, S. 120/1 nach C. A. **76** [1972] Nr. 77645). — [4] R. Plumier (Solid State Commun. **9** [1971] 1723/5). — [5] K. P. Belov, T. V. Valyanskaya, L. G. Mamsurova, V. I. Sokolov (Zh. Eksperim. i Teor. Fiz. **65** [1973] 1133/40; Soviet Phys.-JETP **38** [1974] 561/4).

$Cd_3Mn_2Ge_3O_{12}$. Die Herstellung erfolgt analog wie bei $Ca_3Mn_2Ge_3O_{12}$ (s. S. 78) nach der Keramiktechnik durch Sintern der entsprechenden Mischung von $CdCO_3$ oder CdO, MnO_2 und GeO_2 bei 900°C in 100 h und langsames Abkühlen oder nach der hydrothermalen Methode in $CdCl_2$-Lösung oder in NH_4Cl-Lösung mit CdO-Überschuß bei 340 bis 550°C und 1300 atm. Dabei werden rötlich-braune, bis zu 0.2 mm große Kristalle erhalten, deren Begrenzungsflächen hauptsächlich {110}, {211} und Kombinationen von beiden sind. Aus der Gitterkonstante a = 12.27 ± 0.01 Å ergibt sich die Röntgendichte zu 6.162 g/cm³; pyknometrisch wird für ein bei 550°C erhaltenes Produkt D = 6.17 g/cm³ bestimmt, B. V. Mill' (Zh. Strukt. Khim. **6** [1965] 471/3; J. Struct. Chem. USSR **6** [1965] 452/3).

$Mn_3Al_2Ge_3O_{12}$. Zur Herstellung nach der Keramiktechnik werden Mischungen aus Mn_3O_4 [1], $MnCO_3$ [2 bis 4] oder MnC_2O_4 [5], Al_2O_3 und GeO_2 im stöchiometrischen Verhältnis gepreßt, 2 bis 25 h bei 1100 bis 1350°C in Luft gesintert und abgeschreckt. Statt der Oxide kann man auch die eingedampften Nitratlösungen oder die gemeinsam gefällten Hydroxide von Mn und Al mit GeO_2 erhitzen [1]. In den hocherhitzten Produkten wird häufig ein geringerer als der theoretische GeO_2-Gehalt festgestellt (woraus Defektstrukturen mit Leerstellen in tetraedrischen Gitterplätzen resultieren). Beispielsweise beträgt der GeO_2-Verlust nach 3 h Glühen bei 1200°C in Luft 2.6%, im Dampfstrom von 1 atm 9.5% [6]. Zur Vermeidung einer GeO_2-Verflüchtigung wird die Reaktion im geschlossenen Au- oder Pt-Rohr durchgeführt [7] oder GeO_2 im Überschuß eingesetzt [8]. Hydrothermal kann die Verbindung aus den Oxiden in Boraxlösung bei 550°C hergestellt werden [9], s. auch [7].

Röntgenographisch bestimmte Gitterkonstante a in Å: 11.895 [1], 11.88 [2], 11.896 ± 0.005 [3, 4], 11.901 ± 0.004 [6], 11.91 ± 0.01 [7], 11.902 ± 0.005 [8]. Aus Neutronenbeugungsaufnahmen bei Raumtemperatur ergibt sich die Gitterkonstante zu a = 12.087 Å. Die Sauerstoffkoordinaten werden zu x = −0.0314, y = 0.0497, z = 0.147 ermittelt, R = 7% [10]. Atomverteilung: $\{Mn_3\}[Al_2](Ge_3)O_{12}$ [6, 10]. — Die Röntgendichte ergibt sich zu 4.984 g/cm³ [2]. Von Hřichová, Lastovka [4] wird die Röntgendichte mit 4.96 g/cm³ angegeben, während experimentell ein Wert von 4.95 g/cm³ gefunden wird.

Die bei 1.05 K beobachteten magnetischen Reflexe der antiferromagnetischen Verbindung (Néel-Temperatur $T_N \approx 7$ K) können auf Grund des chemischen Gitters nach den gleichen Auschlösungsbedingungen indiziert werden. Im Gegensatz zu den isomorphen Granatverbindungen der Seltenerdelemente ist die Magnetstruktur rhomboedrisch. Darstellung der möglichen Magnetstrukturen s. in **Fig. 46**. Bei Betrachtung der energetischen Verhältnisse zeigt sich (wie im Falle der antiferromagnetischen Granatverbindungen vom Typ $Ca_3M_2Ge_3O_{12}$) die Bedeutung der Wechselwirkungen des Super-Superaustauschs vom Typ Mn=O=O=Mn oder Mn=O-Ge-O=Mn [10].

Fig. 46

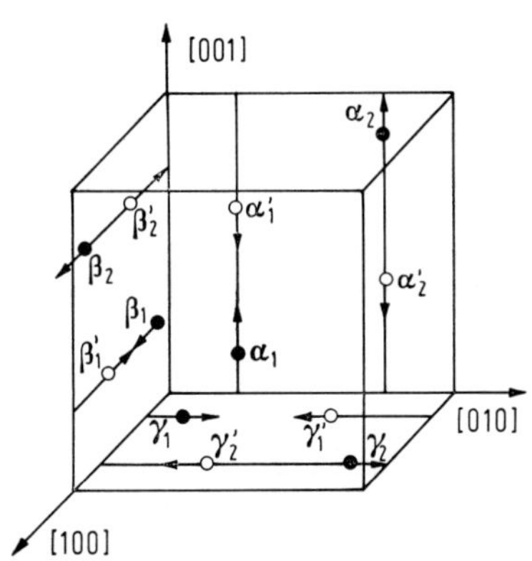

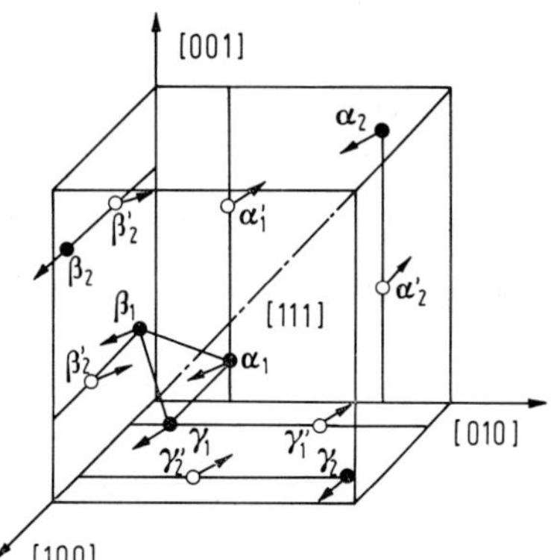

Mögliche Magnetstrukturen des $Mn_3Al_2Ge_3O_{12}$.

Als Farbe der Verbindung wird beige [1] bis braun [2] oder rosa-beige [6] angegeben. Brechungsindex n = 1.825 [2]. Im IR-Spektrum (Probe in KBr) werden 3 Banden bei 805, 755 und 720 cm⁻¹ beobachtet, welche der ν_3-Schwingung (Deformationsschwingung) des GeO_4-Tetraeders entsprechen. Beim Vergleich mit ähnlichen Granatverbindungen zeigt sich die Abhängigkeit der Schwingungsfrequenzen von der Gitterkonstante [3]. Der ν_4-Schwingung entsprechen 2 Banden bei 500 und 445 cm⁻¹ [4], s. dort auch Diskussion eines Modells zum Kationeneinfluß auf die antisymmetrische Deformationsschwingung ν_3 des GeO_4-Tetraeders (für die beiden Grenzfälle des freischwingenden und des festsitzenden Kations).

Literatur:

[1] A. Tauber, E. Banks, H. H. Kedesdy (J. Appl. Phys. **29** [1958] 385/7; Acta Cryst. **11** [1958] 893/4). — [2] H. Strunz, H. Freigang, B. Contag (Neues Jahrb. Mineral. Monatsh. **1960** 47/8). — [3] R. Hřichová (Kristallografiya **18** [1973] 847/8; Soviet Phys.-Cryst. **18** [1973] 534/5). — [4] R. Hřichová R. Lastovka (Sb. Vysoke Skoly Chem. Technol. v Praze Mineral. g **15** [1973] 53/76, 54/6, 64, 70/1; C. A. **80** [1974] Nr. 9897). — [5] P. Tarte (Acad. Roy. Belg. Classe Sci. Mem. [Collection 8] [2] **35** Nr. 4a [1965] 1/260, 23; C. A. **64** [1966] 9083).

[6] A. Tauber, C. G. Whinfrey, E. Banks (Phys. Chem. Solids **21** [1961] 25/32, 27, 30). — [7] A. L. Gentile, R. Roy (Am. Mineralogist **45** [1960] 701/11, 702/4). — [8] S. Geller, C. E. Miller, R. G. Treuting (Acta Cryst. **13** [1960] 179/86, 181). — [9] B. V. Mill' (Zh. Neorgan. Khim. **13** [1968] 1562/5; Russ. J. Inorg. Chem. **13** [1968] 819/21). — [10] R. Plumier (Solid State Commun. **12** [1973] 109/12).

Phases with Garnet Structure

$Cd_xMn_{3-x}Al_2Ge_3O_{12}$ (x = 1 und 2). Granatphasen dieser Zusammensetzung werden in Festkörperreaktionen durch 5stündiges Sintern bei 1050 bis 1200°C hergestellt. Für die Zusammensetzung $Cd_2MnAl_2Ge_3O_{12}$ ist a = 12.02_3 Å, für $CdMn_2Al_2Ge_3O_{12}$ ist a = 11.95_4 Å. — Zur Abhängigkeit der Lage

Phases with Garnet Structure

und Intensität der IR-Absorptionsbanden der GeO_4-Tetraeder von den Gitterkonstanten s. Original, R. Hříchová, J. Feixová (Sb. Vysoke Skoly Chem. Technol. v Praze Mineral. **13** [1971] 29/50; C. A. **76** [1971] Nr. 18879), s. auch R. Hříchová (Krist. Tech. **6** Nr. 2 [1971] K 21/K 23).

$Mn_3Ga_2Ge_3O_{12}$. Zur Herstellung nach der Keramiktechnik analog $Mn_3Al_2Ge_3O_{12}$ wird eine Mischung von Mn_3O_4 bzw. Mn-Oxalat oder -Carbonat, Ga_2O_3 und GeO_2 bei etwa 1200°C (7 h) bis 1350°C (5 h) gesintert, s. [1 bis 5]. Das bei der Verbindungsbildung beobachtete GeO_2-Defizit, bezogen auf eine stöchiometrische Zusammensetzung, kann nicht eindeutig erklärt werden; möglicherweise kommt eine Mischkristallbildung in Frage [1]. Hydrothermal kann die Verbindung nach [6] aus 6%iger NH_4Cl- oder 10%iger $MnCl_2$-Lösung gewonnen werden. Die untere Grenze für eine Verbindungsbildung liegt bei 500 bis 550°C, s. dazu [7].

Die Gitterkonstante wird experimentell zu a = 12.043 ± 0.004 Å [1], a = 12.00 Å [2], a = 12.053 ± 0.005 Å [4], s. auch [5], bestimmt und zu a = 12.046 Å aus der linearen Abhängigkeit der Gitterkonstanten von den Kationenradien berechnet [1]. — Die Röntgendichte beträgt 5.492 g/cm³ [2]; nach Hříchová, Lastovka [5] ist sie 5.42 g/cm³, während experimentell ein Wert von 5.40 g/cm³ gefunden wird. Die Mikrohärte wird an einer nach Mill' [6] hydrothermal hergestellten Probe zu 1050 kg/mm² (bei 50 g Belastung) gemessen. Dies entspricht einem Wert von 6.7 in der Mohs-Skala. Nach der Povarennykh-Formel, die auf meßbaren Gitterparametern wie interatomaren Abständen, Bindungsstärken und Valenzen basiert, wird sie zu 7.2 berechnet [7]. Die Farbe der Verbindung ist nach [1] beige, nach [2] braun. Im IR-Spektrum (Probe in KBr) werden 3 der ν_3-Schwingung (Deformationsschwingung) des GeO_4-Tetraeders zugehörige Banden bei 790, 740 und 705 cm^{-1} beobachtet. Vergleich mit ähnlichen Granatverbindungen s. Original [4], s. auch [5], wonach 2 Banden bei 440 und 405 cm^{-1} für ν_4 gefunden werden.

Literatur:

[1] A. Tauber, C. G. Whinfrey, E. Banks (Phys. Chem. Solids **21** [1961] 25/32, 27, 31). — [2] H. Strunz, H. Freigang, B. Contag (Neues Jahrb. Mineral. Monatsh. **1960** 47/8). — [3] P. Tarte (Acad. Roy. Belg. Classe Sci. Mem. [Collection 8] [2] **35** Nr. 4a [1965] 1/260, 23; C. A. **64** [1966] 9083). — [4] R. Hříchová (Kristallografiya **18** [1973] 847/8; Soviet Phys.-Cryst. **18** [1973] 534/5). — [5] R. Hříchová, R. Lastovka (Sb. Vysoke Skoly Chem. Technol. v Praze Mineral. g **15** [1973] 53/76, 54/6, 62, 70/1; C. A. **80** [1974] Nr. 9897).

[6] B. V. Mill' (Zh. Neorgan. Khim. **13** [1968] 1562/5, **11** [1966] 1533/8; Russ. J. Inorg. Chem. **13** [1968] 819/21, **11** [1966] 819/22). — [7] V. N. Vertoprakhov (Izv. Sibirsk. Otd. Akad. Nauk SSSR Ser. Khim. Nauk **1966** Nr. 2, S. 74/8; C. A. **66** [1967] Nr. 32573).

$Mn_3Al_{2-x}Ga_xGe_3O_{12}$ (x = 0.3 bis 1.5). Die Verbindungen werden nach der Keramiktechnik aus Al_2O_3, Ga_2O_3, $MnCO_3$ und GeO_2 durch 5 h Vorsintern der gepreßten stöchiometrischen Pulvermischungen bei 750°C und 6 bis 8 h Glühen in Luft bei 1100 bis 1170°C hergestellt [1], s. auch [2]. Die Gitterkonstanten (in Å) werden für x = 0.5 zu 11.976 [2], für x = 1 zu 11.975 ± 0.005 [1], 11.950 [2] und für x = 1.5 zu 11.920 [2] bestimmt.

Im IR-Spektrum (Proben in KBr) werden für die Deformationsschwingung ν_3 des GeO_4-Tetraeders und für ν_4 bei verschiedenen Zusammensetzungen folgenae Banden angegeben:

	ν_3 in cm^{-1}			ν_4 in cm^{-1}		Lit.
$Mn_3AlGaGe_3O_{12}$	807	755	716	—	—	[1]
$Mn_3AlGaGe_3O_{12}$	796	747	708	500	415	[2]
$Mn_3Al_{1.3}Ga_{0.7}Ge_3O_{12}$	806	755	715	485	432	[2]
$Mn_3Al_{1.7}Ga_{0.3}Ge_3O_{12}$	810	755	724	494	435	[2]

Zur Abhängigkeit der Schwingungsfrequenz von ν_3 von der Gitterkonstante (Vergleich mit ähnlichen Granatverbindungen) s. Figur im Original [1], s. auch [2], wo der Kationeneinfluß auf die Frequenz der Deformationsschwingung des GeO_4-Tetraeders für die beiden Grenzfälle freischwingender und festsitzender Kationen diskutiert wird.

Literatur:

[1] R. Hřichová (Kristallografiya **18** [1973] 847/8; Soviet Phys.-Cryst. **18** [1973] 534/5). — [2] R. Hřichová, R. Lastovka (Sb. Vysoke Skoly Chem.Technol. v Praze Mineral. g **15** [1973] 53/76, 54/6, 63, 70/1; C. A. **80** [1974] Nr. 9897).

Verbindungen des Typs $M^{2+}X_2^{3+}Mn_2Ge_3O_{12}$. Allgemeine Angaben zur Herstellung s. unter $Mn_3Al_2Ge_3O_{12}$ S. 80. Zusammensetzung, optimale Sintertemperatur t_s, Farbe der feinpulverigen Produkte und Gitterkonstanten a verschiedener Granate sind in folgender Tabelle nach Geller u. a. [1] zusammengestellt: Compounds of $M^{2+}X_2^{3+}$-$Mn_2Ge_3O_{12}$ Type

M^{2+}, X^{3+}		t_s in °C	Farbe	a in Å
Mn	Gd	1200	braun	12.482 ± 0.010
Mg	Gd	1380	graugelb	12.395 ± 0.010
Ca	Gd	1350	hellbraun	12.555 ± 0.005
Zn	Gd	1060	braun	12.427 ± 0.005
Cd	Gd	1250	hellbraun	12.473 ± 0.005
Mn	Y	1200	hellbraun	12.392 ± 0.010
Ca	Y	1250	hellbraun	12.475 ± 0.010

Gestützt auf kristallchemische Überlegungen und magnetische Messungen wird die Atomverteilung $\{M^{2+}X_2^{3+}\}[Mn_2](Ge_3)O_{12}$ angenommen [1].

In $\{CaGd_2\}[Mn_2](Ge_3)O_{12}$ ist die $\{Gd^{3+}\}$-O^{2-}-$[Mn^{2+}]$-Kopplung so schwach, daß die „Verdünnung" von Gd^{3+} durch Ca^{2+} ihre Beobachtbarkeit stark reduziert. Für die ferrimagnetische Verbindung ist die Néel-Temperatur etwa 6 K (die $1/\chi$-T-Kurve ist bei Temperaturen < 20 K konkav nach unten ausgedehnt). In diesem Fall wie auch bei der (zweifellos ferrimagnetischen) Verbindung $\{MnGd_2\}[Mn_2](Ge_3)O_{12}$ ist eine spontane Magnetisierung sogar bei 1.3 K schwierig abzuschätzen. Unterhalb der Néel-Temperatur ist die magnetische Suszeptibilität größer als in den vorherigen Fällen, vermutlich weil $\{Mn^{2+}\}$ bei den untersuchten Temperaturen paramagnetisch bleibt. Das magnetische Moment ist bei dieser Verbindung größer als bei der vorhergenannten Ca-haltigen Verbindung. Bei den Verbindungen $\{CaY_2\}[Mn_2](Ge_3)O_{12}$ und $\{MnY_2\}[Mn_2](Ge_3)O_{12}$ wird (bis 1.3 K) keine spontane Magnetisierung beobachtet. Die $1/\chi$-T-Kurve ist < 20 K konkav nach oben ausgedehnt (entsprechend einer geringen antiferromagnetischen $[Mn^{2+}]$-$[Mn^{2+}]$-Wechselwirkung, die aber größer als die zwischen $\{Gd^{3+}\}$-Ionen sein soll). Im Falle des $\{MnY_2\}[Mn_2](Ge_3)O_{12}$ wird eine sehr schwache Wechselwirkung $\{Mn^{2+}\}$-$[Mn^{2+}]$ beobachtet, Gilleo, Geller [2].

Literatur:

[1] S. Geller, C. E. Miller, R. G. Treuting (Acta Cryst. **13** [1960] 179/86, 181, 183). — [2] M. A. Gilleo, S. Geller (J. Appl. Phys. **30** [1959] 297 S/298 S; Phys. Chem. Solids **10** [1959] 187/90).

$Gd_3Mn_2GaGe_2O_{12}$. Die braune Verbindung wird nach der Keramiktechnik durch mehrmaliges Sintern der zusammengepreßten Oxide in N_2-Atmosphäre bei 1300°C und Zerreiben der Reaktionsprodukte hergestellt. Die Gitterkonstante beträgt a = 12.550 ± 0.003 Å. Gestützt auf kristallchemische Überlegungen und magnetische Messungen wird folgende Atomverteilung angenommen: $\{Gd_3\}[Mn_2](GaGe_2)O_{12}$. Der Durchschnittswert für die Wertigkeit des Mn wird zu 2.08 gefunden.

Messungen des magnetischen Moments als Funktion des Feldes (H) bei konstanter Temperatur (T) ergeben auch bei 12 kOe noch keine Sättigung. Die spontane Magnetisierung für H = 0 wird durch Extrapolation erhalten. Das sich ergebende Sättigungsmoment bei 0 K von 9.6 μ_B deutet klar auf einen Austausch durch die Gd^{3+}-O^{2-}-Mn^{2+}-Bindung; theoretisch wird ein Moment von 11 μ_B erwartet. Damit wird die Annahme, daß Mn^{2+} sich nur auf Oktaederplätzen befindet, gestützt. Die Néel-Temperatur der ferrimagnetischen Substanz ist etwa 8 K. Die $1/\chi$-T-Kurve (χ = magnetische Suszeptibilität) ist für T > 35 K linear; lineare Extrapolation ergibt $\Theta_p = -8$ K. Aus der Kurvenneigung wird die Curie-Konstante zu 5.62×10^{-3} μ_B K/Oe ermittelt. An $Gd_3Mn_2GaGe_2O_{12}$ wurde erstmals ein ferrimagnetischer Austausch zwischen dem magnetischen Subgitter eines Seltenerd-Ions und eines Übergangsmetall-Ions beobachtet; die Wechselwirkung ist wegen der ungünstigen geometrischen Verhältnisse nur schwach, S. Geller, C. E. Miller, R. G. Treuting (Acta Cryst. **13** [1960] 179/86, 181, 183), M. A. Gilleo, S. Geller (J. Appl. Phys. **30** [1959] 297 S/298 S; Phys. Chem. Solids **10** [1959] 187/90).

Manganese Digermanates

Mangandigermanate

$Na_2Mn_2Ge_2O_7$ bildet sich unter hydrothermalen Bedingungen aus MnO und GeO_2 bei Konzentrationen von NaOH im Bereich von 5 bis 25% [1].

$Sr_2MnGe_2O_7$ entsteht nach der Keramiktechnik durch 7stündiges Glühen einer berechneten Mischung aus $SrCO_3$, $Mn(COO)_2$ und GeO_2 bei Temperaturen zwischen 1150 und 1250°C [2], s. auch [3]. Die Verbindung besitzt eine Struktur vom Melilit-Typ, $(Ca,Na)_2(Mg,Al)(Si,Al)_2O_7$, s. [4]. Röntgenuntersuchungen ergeben für die tetragonale Zelle die Gitterkonstanten a = 8.24, c = 5.34 Å [2]. — In den IR-Spektren von Germanaten der Zusammensetzung $Sr_2M^{II}Ge_2O_7$ mit M = Mg, Zn, Co oder Mn macht sich (wie in den entsprechenden Silicaten) die unterschiedliche Natur von M^{II} nur im Bereich der Wellenzahlen unter 600 cm^{-1} bemerkbar. Für $Sr_2MnGe_2O_7$ werden die bei 863, 804, 778, 727, 530, 404 und etwa 340 cm^{-1} beobachteten Banden dem $Ge_2O_7^{6-}$ zugeordnet; 2 schwache Banden bei 597 und 490 cm^{-1} werden auf Mn in höherer Oxidationsstufe (also $Mn^{III}O_4$ oder $Mn^{IV}O_4$) zurückgeführt, eine Bande bei ungefähr 450 cm^{-1} auf isolierte $Mn^{II}O_4$-Tetraeder [3].

$Ba_2MnGe_2O_7$ wird analog der Sr-Verbindung hergestellt; die Gitterkonstanten der tetragonalen Zelle werden zu a = 8.52, c = 5.53 Å bestimmt [2].

Literatur:

[1] I. M. Ismailzade, B. N. Litvin (Azerb. Khim. Zh. Nr. 6 [1969] 135/40; C. A. **74** [1971] Nr. 35424). — [2] C. Brisi, F. Abbattista (Ann. Chim. [Rome] **50** [1960] 1786/90). — [3] P. Tarte (Acad. Roy. Belg. Classe Sci. Mem. [Collection 8] [2] **35** Nr. 4a [1965] 1/260, 23, 123/8; C. A. **64** [1966] 9083). — [4] J. V. Smith (Am. Mineralogist **38** [1958] 643/61).

Manganese Polygermanates

Manganpolygermanate

$Mn_2Ge_7O_{16} \cdot 16H_2O$. Eine zeolithische Verbindung der genannten Zusammensetzung wird durch Umsetzung von festem $(NH_4)_3HGe_7O_{16} \cdot 4H_2O$ mit einer Lösung von $Mn(CH_3COO)_2$ in einer Ionenaustausch-Reaktion gewonnen. — Das IR-Absorptionsspektrum, gemessen im Bereich von 1000 bis 200 cm^{-1}, zeigt wie bei allen zeolithischen Germanaten zweiwertiger Metalle eine charakteristische Bande nahe 790 cm^{-1}; vergleichende Darstellung der Spektren s. Original, J.-P. Labbé (Ann. Chim. [Paris] [13] **10** [1965] 317/44, 335/7, 341; Mikrochim. Ichnoanal. Acta **1964** 298/316, 302/3).

$K_2O \cdot 3MnO \cdot 6GeO_2 \cdot H_2O$. Eine Phase dieser Bruttozusammensetzung bildet sich unter hydrothermalen Bedingungen aus Mn_2O_3 und GeO_2 in KOH-Lösung, I. M. Ismailzade, B. N. Litvin (Mater. Konf. Molodykh Uch. Inst. Neorgan. Fiz. Khim. Akad. Nauk Azerb.SSR, Baku 1968 [1969], S. 361/72 nach C. A. **75** [1971] Nr. 11324).

Compounds of Manganese with Oxygen and Tin

2.11.7.2 Verbindungen des Mangans mit Sauerstoff und Zinn

Solid Solutions of (Mn,Sn)O

2.11.7.2.1 (Mn,Sn)O-Mischkristalle

MnO wird zu etwa 2.3% von SnO (NaCl-Struktur) unter Mischkristallbildung aufgenommen. Die Herstellung erfolgt durch Fällung als Hydroxid aus etwa 0.1 molarer $SnCl_2$-Lösung mit 1 val $MnCl_2$-Zusatz mittels NH_3, mehrstündiges Erhitzen auf dem Wasserbad und Reinigung durch Aufschlämmen mit Wasser, behandeln mit HNO_3 und nachfolgendes Waschen mit Wasser. Die Mn-haltigen blättchenförmigen Mischkristalle zeigen eine braunviolette Färbung und ein Röntgenpulverdiagramm, das wie die von entsprechenden Fe- und Cd-haltigen Mischkristallen mit dem des reinen SnO vollkommen übereinstimmt, E. Hayek (Monatsh. Chem. **66** [1935] 197/200).

2.11.7.2.2 $MnSnO_3$

Preparation and Properties of $MnSnO_3$

Die Verbindung bildet sich beim Erhitzen des Hydroxostannats $Mn[Sn(OH)_6]$, s. S. 86, bei 250 [1] bis 280°C [2]. Eine Hochdruckphase wird aus SnO_2 und MnO im äquimolaren Verhältnis unter Druck oberhalb 1000°C erhalten, s. das Temperatur-Druck-Diagramm **Fig. 47** [3]. — $MnSnO_3$ hat eine Korund-Struktur (Al_2O_3, s. „Aluminium" B, S. 80) mit willkürlich verteilten Mn^{2+}- und Sn^{4+}-Ionen. Sie kann auch als fehlgeordnete Ilmenit-Struktur aufgefaßt werden. $MnSnO_3$ ist mit der Hochdruckphase $MnTiO_3II$ (s. S. 56) isotyp. Die Parameter der rhomboedrischen Zelle sind a = 5.611 ± 0.001 Å und α = 57°14' ± 2'; Raumgruppe ist D^6_{3d}-$R\bar{3}c$ (Nr. 167). Der Parameter der Metall-Ionen wird zu x = 0.351 berechnet; der Sauerstoff-Parameter u wird mit seinem Idealwert 0.583 angenommen. Tabelle der d-Werte s. Original [3].

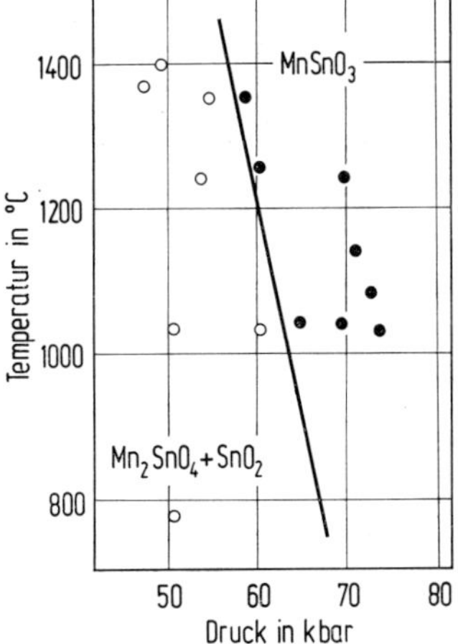

Fig. 47

Phasendiagramm von MnO + SnO_2 bei hohem Druck und hoher Temperatur.

Messungen der magnetischen Suszeptibilität im Bereich von 4.2 K bis Raumtemperatur in Magnetfeldern bis zu 8 kOe ergeben oberhalb 50 K eine Temperaturabhängigkeit nach dem Curie-Weiss-Gesetz, wobei die paramagnetische Curie-Temperatur $\Theta_p = -190$ K beträgt. Das effektive Moment ergibt sich daraus zu $\mu = 5.75\ \mu_B$; dies ist ein annehmbarer Wert für das Mn^{2+}-Ion. Unterhalb 50 K wird eine geringe Abweichung vom Curie-Weiss-Gesetz in ferromagnetischem Sinne beobachtet. Die Temperaturabhängigkeit der Suszeptibilität ähnelt der der Hochdruckphase $MnTiO_3II$. Eine frühere Annahme für die Ursache des dreidimensionalen Antiferromagnetismus in ungeordneten Ilmenit-Strukturen (Zunahme der Wechselwirkungen in den Zwischenschichten) kann auch auf $MnSnO_3$ angewendet werden [3]. Aus dem Hydroxostannat erhaltenes $MnSnO_3$ ist schwarz. Im IR-Absorptionsspektrum wird, wie für Metastannate erwartet, nur eine starke Bande bei 567 cm^{-1} beobachtet.

Beim Erhitzen auf 280°C beginnt bei der Herstellung aus $Mn[Sn(OH)_6]$ schon leichte Zersetzung, die bei etwa 950°C vollständig ist. Bei 620°C sind die Zersetzungsprodukte an der Luft SnO_2 und Mn_2O_3, oberhalb 900°C SnO_2 und Mn_3O_4 [1]. In N_2-Atmosphäre entsteht bei 560°C primär MnO und SnO_2 [2]. Bis etwa 300°C ist $MnSnO_3$ vollständig in HCl-Lösung löslich; bei Präparaten, die auf höhere Temperatur erhitzt wurden, bleibt ein Rückstand von SnO_2 [1], s. auch [4]. — Untersuchungen der Reaktionsprodukte mit $BaTiO_3$ ergeben bei einer Probe mit 1 Mol-% $MnSnO_3$ bei 25°C eine Dielektrizitätskonstante $\varepsilon = 1260$ bei 1 MHz und $\varepsilon = 1340$ bei 1 kHz. Sinterprodukte mit mehr als 1 Mol-% $MnSnO_3$ haben wegen zu starker Kristallisation eine ungenügende Dichte und sind daher für dielektrische Messungen nicht geeignet [5].

Literatur:

[1] T. Dupuis (Mikrochim. Ichnoanal. Acta **1965** 737/50, 737/40, 748). — [2] P. Ramamurthy, E. A. Secco (Can. J. Chem. **49** [1971] 2813/6). — [3] Y. Syono, H. Sawamoto, S. -I. Akimoto (Solid State Commun. **7** [1969] 713/6). — [4] I. K. Taimni, I. S. Ahuja (Anal. Chim. Acta **20** [1959] 119/21). — [5] W. W. Coffeen (J. Am. Ceram. Soc. **37** [1954] 480/9, 486/8).

Preparation and Properties of Manganese-hexahydrosostannate

2.11.7.2.3 $Mn[Sn(OH)_6]$

Die schon von Coffeen [1] als kakaofarbenes Pulver erhaltene Verbindung entsteht bei der Umsetzung von $K_2[Sn(OH)_6]$ mit $MnCl_2 \cdot 4H_2O$ in wäßriger alkalischer Lösung unter N_2 (zur Vermeidung der Oxidation von Mn^{II}). Das Produkt wird mit KOH-Lösung und Wasser gewaschen und bei 90°C getrocknet [2], s. auch [3, 4]. Hydrothermal entsteht die Verbindung aus $Na_2[Sn(OH)_6]$- mit $MnCl_2$- oder $Mn(NO_3)_2$-Lösung in einer geschlossenen Pyrex-Ampulle bei 180°C innerhalb 24 h. Bei längerer Behandlung einer $Na_2[Sn(OH)_6]$-Lösung in einer Hochdruckbombe aus Mn-haltigem Stahl (wobei sich die Probe selbst in einer Ag-Ampulle befindet) werden infolge Korrosion der Bombe Fe_3O_4 und $MnFe_2O_4$ neben einigen farblosen Kristallen von $Mn[Sn(OH)_6]$ beobachtet, die vielfach verzwillingt sind [5].

Die aus Pulveraufnahmen ermittelten Gitterkonstanten der kubischen Verbindung, a = 7.88 [2], a = 7.892 ± 0.002 [4], a = 7.885 (2) Å werden durch Untersuchungen an Einkristallen bestätigt [5]; d-Werte s. [1, 2]. Raumgruppe T_h^2-Pn3 (Nr. 201); Z = 4. Die Atome besetzen folgende Punktlagen:

Atom	Punktlage	x	y	z
Mn	4 b	0	0	0
Sn	4 c	0.5	0.5	0.5
O	24 h	0.081 (3)	0.930(3)	0.255(4)

R = 5.4%. Mn ist oktaedrisch von O im Abstand von 2.17 Å umgeben, ebenso Sn im Abstand von 2.10 Å. Die Struktur ist ähnlich der von $In(OH)_3$ (s. [11]) und vermutlich sind auch die nicht bestimmten H-Atome ähnlich wie in $In(OH)_3$ angeordnet, s. **Fig. 48** [5]. Die ursprüngliche Formulierung als $MnSnO_3 \cdot 3H_2O$ [1] kann nicht bestätigt werden [2].

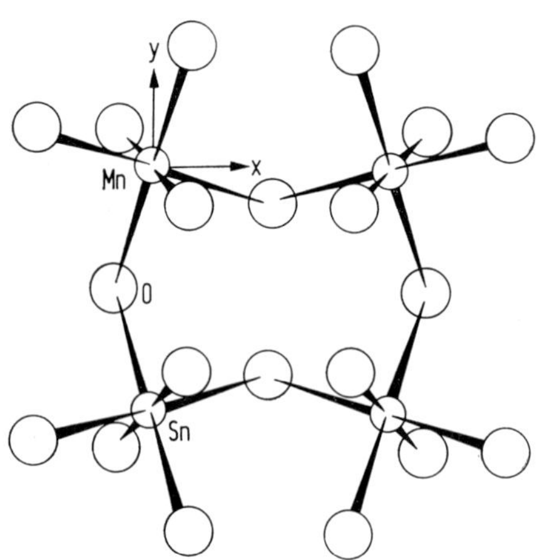

Fig. 48

Anordnung der MO_6-Oktaeder (M = Mn, Sn) in der Kristallstruktur von $Mn[Sn(OH)_6]$.

Röntgendichte D = 3.74 g/cm³ [9] nach [2], 3.79 g/cm³ [5]. — Die Verbindung ist bei 25°C ein Halbleiter [1].

Morgenstern-Badarau u. a. [8] zeigen mittels TGA-, DTA- und Röntgenbeugungsuntersuchungen, daß bei den Hydroxostannaten in Abhängigkeit von der Herstellungsweise ein mehr oder weniger großer Anteil an Einschlußwasser vorliegen kann, dessen Entfernung bei etwa 120°C zu einer Verringerung des Gitterparameters in der Größenordnung 15×10^{-3} Å führt. Dieses Einschlußwasser (nach chemischer Analyse $2.4 H_2O$, thermogravimetrisch $0.89 H_2O$) soll die thermische Zersetzung verzögern. Über eine Hypothese zum strukturellen Einbau dieses Wasser in Hohlräumen s. Original [8].

Beim Erhitzen zeigt die Thermolysekurve 2 endotherme Maxima: bei 129°C wird das Einschlußwasser abgegeben, bei 310°C beginnt schon die Zersetzung der Verbindung [1]. Nach Dupuis [6] verliert das Hydroxostannat bis 500°C Wasser. Ein deutlicher Knick in der Thermolysekurve bei etwa 250°C zeigt die Bildung von $MnSnO_3$ (s. S. 85) an, die auch durch chemische Analyse und IR-

Untersuchungen bestätigt wird. Der erste Zersetzungsschritt in N_2-Atmosphäre bei etwa 280°C ist die Dehydratation gemäß $Mn[Sn(OH)_6] \rightarrow MnSnO_3$(fest) + $3\,H_2O$(gas); anschließend erfolgt bei etwa 560°C die Zersetzung $MnSnO_3 \rightarrow MnO + SnO_2$. Die Zersetzungsenthalpie im Temperaturbereich von 190 bis 320°C wird kalorimetrisch zu $\Delta H = 7.09$ kcal/mol entstandenes H_2O bzw. zu 21.28 ± 0.31 kcal/mol der zersetzten Verbindung bestimmt. Im Bereich von 200 bis 250°C ergeben kinetische Untersuchungen eine Reaktion 1. Ordnung mit einer Aktivierungsenergie $E_a = 27.00 \pm 1.72$ kcal bis zu einem Zersetzungsgrad $\alpha \approx 0.9$ [7]. Der weitere Anstieg der Thermolysekurve (nach der Dehydratation) bis etwa 620°C entspricht der Oxidation zu Mn_2O_3 [6], s. auch [1].

Sinterkörper aus $Mn[Sn(OH)_6]$ (1 bis 11.5 Gew.-%) und $BaTiO_3$ werden von Coffeen [10] auf ihre keramischen und dielektrischen Eigenschaften untersucht.

Literatur:

[1] W. W. Coffeen (J. Am. Ceram. Soc. **36** [1953] 207/14, 209, 213). — [2] H. Strunz, B. Contag (Acta Cryst. **13** [1960] 601/3). — [3] I. Morgenstern-Badarau, Y. Billiet, A. Michel (F. P. 1501763 [1966/67]; C. A. **70** [1969] Nr. 39365). — [4] I. Morgenstern-Badarau, Y. Billiet, P. Poix, A. Michel (Compt. Rend. **260** [1965] 3668/9). — [5] A. N. Christensen, R. G. Hazell (Acta Chem. Scand. **23** [1969] 1219/24).

[6] T. Dupuis (Mikrochim. Ichnoanal. Acta **1965** 737/50, 737/9). — [7] P. Ramamurthy, E. A. Secco (Can. J. Chem. **49** [1971] 2813/6). — [8] I. Morgenstern-Badarau, C. Levy-Clement, A. Michel (Compt. Rend. C **268** [1969] 696/9). — [9] J. Trotter (Structure Reports, Bd. 24, 1960, S. 341). — [10] W. W. Coffeen (J. Am. Ceram. Soc. **37** [1954] 480/9, 486/8).

[11] A. N. Christensen, N. C. Broch, O. v. Heidenstam, Å. Nilsson (Acta Chem. Scand. **21** [1967] 1046/56).

2.11.7.2.4 Mn_2SnO_4

Mn_2SnO_4

Preparation

Herstellung. Reines Mn_2SnO_4 entsteht beim Erhitzen einer Mischung aus SnO und Mn_2O_3 in einer evakuierten Ampulle auf 700°C (2 h) und erneutem Erhitzen (nach Zerreiben des Rohprodukts) auf 800°C (3 h) und 900°C (3 h). Bei der Synthese aus MnO und SnO_2 wird immer SnO_2 als Nebenprodukt erhalten; auch ist der Sauerstoffgehalt höher als der stöchiometrischen Formel entspricht [1]. Frühere Herstellungsversuche aus MnO und SnO_2 bei 1150 bis 1300°C unter N_2 s. [2, 3]. Nur Spuren von SnO_2 bleiben übrig bei der Herstellung von Mn_2SnO_4 aus $2\,Mn_3O_4 + 2\,SnO + SnO_2$ bei 850°C (3 d) und anschließendem Tempern bei 950°C (8 d). Präparate ohne Sauerstoffüberschuß entstehen aus einem Mn_2O_3-Mn_3O_4-Gemisch und SnO durch Umsetzung bei 750°C (3 d) und anschließend bei 880°C (1 d). Aus gleichen Mengen MnO und SnO bildet sich bei 600°C Mn_2SnO_4 neben Sn und SnO_2 [1]. Mit NaF-Zusatz als Flußmittel werden MnO und SnO_2 in 8 bis 20 h bei 1130°C in N_2-Atmosphäre zu Mn_2SnO_4 umgesetzt [4, 5]. Zur Gleichgewichtsverteilung der Kationen wird 4 h bei 1000°C getempert und mit 30 K/h auf Raumtemperatur abgekühlt [5]. Bei hohen Temperaturen und Drücken entsteht aus stöchiometrischen Mengen MnO und SnO_2 eine Hochdruckmodifikation von Mn_2SnO_4 neben SnO_2, s. Fig. 47, S. 85 [6]. — Bis zu 1 mm große Einkristalle werden über Transportreaktionen hergestellt. Dazu wird eine stöchiometrische SnO_2-MnO-Mischung in einer stehenden Quarzampulle zusammen mit NH_4Cl etwa 1 Woche lang erhitzt. Die Temperatur am unteren Ende der Ampulle beträgt 900 bis 950°C, am oberen Ende ungefähr 150°C weniger. Bei diesem Verfahren werden stets auch kleinere SnO_2-Kristalle als Nebenprodukt erhalten [7].

Properties

Eigenschaften. Die über Transportreaktionen hergestellten, schwarz erscheinenden Einkristalle sind oktaedrisch ausgebildet; manchmal zeigen sie {110}-Formen [7]. Die Gitterkonstante der unter Normalbedingungen beständigen Modifikation mit Spinell-Struktur ergibt sich zu a = 8.880 ± 0.001 Å in guter Übereinstimmung mit dem aus den Ionenradien berechneten Wert, dem an einem stöchiometrischen Präparat gemessenen Wert a = 8.879 ± 0.002 Å [1] und dem für ein reines Produkt extrapolierten Wert a = 8.88 Å [2]. Bei aus MnO und SnO_2 gewonnenen Präparaten ist a = 8.860 [1]. Einen etwas abweichenden Wert von a = 8.77 Å finden Gupta, Mathur [5]. Der Sauerstoff-Parameter wird auf u = 0.383 ± 0.002 geschätzt. Auf dieser Grundlage ergibt sich der Inversionsgrad $\lambda = 0.50$, d. h., die Kationenverteilung ist invers: $Mn^{2+}(Sn^{IV}Mn^{2+})O_4$; R = 3.7% [1]. — Die unter hohem Druck oberhalb 700°C existierende Mn_2SnO_4-Phase ist rhombisch, hat die Gitterkonstanten a = 5.346 ±0.001, b = 9.655 ± 0.001, c = 3.124 ± 0.001 Å und ist mit der Hochdruckphase δ-Mn_2GeO_4 (s. S. 74) isotyp [6].

Mn_2SnO_4 zeigt einen variablen Paramagnetismus, der dem Curie-Weiss-Gesetz $1/\chi = (T-\Theta_p)/C$ gehorcht ($\Theta_p = -280$ K). Die Curie-Konstante ergibt sich mit 4.42 nahe dem theoretischen Wert (4.375) und bestätigt damit den Oxidationszustand des Mn^{II}. Bis 77 K wird keine Abweichung beobachtet, so daß ein Auftreten von Ferromagnetismus im Sinne der Néel-Theorie bei dieser Verbindung nur unterhalb dieser Temperatur angenommen werden kann [1]. An nicht ganz reinem Mn_2SnO_4 (durchschnittlicher Mn-Oxidationsgrad 2.12, Gitterkonstante 8.84 Å) wird die Néel-Temperatur zu $T_N = 58$ K ermittelt; das Sättigungsmoment je nomineller Formeleinheit, extrapoliert auf $T \rightarrow 0$, beträgt 0.35 μ_B (nach Korrektur zur Berücksichtigung des erhöhten Oxidationsgrades 0.37 μ_B). Während stöchiometrisches (antiferromagnetisches) Mn_2SnO_4 kein spontanes magnetisches Moment aufweist, wird bei Oxidation (vermutlich zu Mn^{III}) spontane Magnetisierung beobachtet. Zum Einfluß von Fremd-Ionen (teilweiser Ersatz des Mn durch Mg, Zn oder des Sn durch Ge) auf die magnetischen Eigenschaften s. Original [2]; s. ferner auch Mischkristalle S. 89, 90, 91. Weitere magnetische Untersuchungen liefern den Beweis für eine verkantete Spin-Anordnung in Mn_2SnO_4. Die Änderung des magnetischen Moments im Bereich von etwa 4 bis 60 K in einem Feld von 11 kOe zeigt bei einer Probe mit leicht erhöhtem Oxidationsgrad ein deutlich ferrimagnetisches Verhalten; die Sättigungsmagnetisierung entspricht 0.41 μ_B je Formeleinheit, Wickham u. a. [4].

Die Analyse des IR-Absorptionsspektrums von Mn_2SnO_4 im Vergleich zu analogen Stannaten mit inverser Spinell-Struktur gestattet die Zuordnung der im Bereich von 5 bis 40 μm beobachteten 3 Absorptionszonen (jeweils mehrere Banden) zur Valenzschwingung des Sn in Oktaederposition (bei 630, 565 und 515 cm^{-1}) und zu den Valenzschwingungen des Mn in Tetraeder- (bei 435 und 400 cm^{-1}) und in Oktaederlage (bei 335 und 310 cm^{-1}), Dupuis, Lorenzelli [3]. — Das Mössbauer-Spektrum, bei 25 und −194°C mit einer $^{119}SnO_2$-Quelle aufgenommen, ist dem von Mg_2SnO_4 (s. Darstellung im Original) ähnlich. Die Linienbreite beträgt 1.2 mm/s; die Isomerieverschiebung (bezogen auf SnO_2) ist bei 25°C $\delta = 0.25 \pm 0.04$ mm/s und bei −194°C $\delta = 0.20 \pm 0.04$ mm/s. Die erwartungsgemäße Quadrupolaufspaltung beträgt bei 25 und −194°C $\Delta = 0.75 \pm 0.08$ bzw. 1.10 ± 0.08 mm/s, Gupta, Mathur [5].

Literatur:

[1] M. Noguès, P. Poix (Ann. Chim. [Paris] [14] **3** [1968] 335/45; Compt. Rend. C **264** [1967] 2050/1). — [2] M. A. Gilleo, D. W. Mitchell (J. Appl. Phys. **30** [1959] 20S/21S; Phys. Chem. Solids **10** [1959] 182/6). — [3] T. Dupuis, V. Lorenzelli (Compt. Rend. B **262** [1966] 489/92; Ann. Chim. [Rome] **57** [1967] 391/401, 393, 395). — [4] D. G. Wickham, N. Menyuk, K. Dwight (Phys. Chem. Solids **20** [1961] 316/8). — [5] M. P. Gupta, H. B. Mathur (J. Phys. Chem. Solids **29** [1968] 1479/81).

[6] Y. Syono, H. Sawamoto, S.-I. Akimoto (Solid State Commun. **7** [1969] 713/6). — [7] M. Trömel (Z. Anorg. Allgem. Chem. **387** [1972] 346/8).

Solid Solutions of Mn_2SnO_4 with Mn_3O_4

2.11.7.2.5 Mn_2SnO_4-Mn_3O_4-Mischkristalle

Die Herstellung der Mischkristalle erfolgt nach dem Reaktionsschema $(1-x)[SnO + Mn_2O_3] + xMn_3O_4 \rightarrow Mn_{2+x}Sn_{1-x}O_4$ durch Erhitzen der Oxide im Vakuum auf 1100°C und Abschrecken (in Wasser) auf Raumtemperatur. Röntgenuntersuchungen ergeben für die Zusammensetzung $0 \leqq x \leqq 0.30$ eine kubische Spinell-Struktur (wie bei Mn_2SnO_4, s. S. 87) und für $0.40 \leqq x \leqq 1$ eine tetragonale Struktur vom Hausmannit-Typ (α-Mn_3O_4, s. „Mangan" C1, S. 82). Im Bereich $0.30 \leqq x \leqq 0.40$ treten beide Strukturen nebeneinander auf. Mit steigendem x fällt die Gitterkonstante linear von a = 8.879 Å bei x = 0 (Mn_2SnO_4) auf 8.77 Å an der Phasengrenze. Der Sauerstoff-Parameter bleibt im Bereich $0 \leqq x \leqq 0.2$ praktisch konstant 0.384 ± 0.003. Bei den Hausmannit-Phasen fällt a von 8.64 Å bei x = 0.4 annähernd linear auf den Wert des reinen α-Mn_3O_4 (etwa 8.14 Å, große F-Zelle), während c von 8.98 Å bei x = 0.4 mit steigendem x etwa linear anwächst. Die Sauerstoff-Parameter u, w nehmen in diesem Bereich mit steigendem x von $u = 0.232 \pm 0.003$ auf 0.228 ± 0.003 und von $w = 0.386 \pm 0.003$ auf 0.384 ± 0.003 ab (R = 5 bis 7%). Die Kationenverteilung in den Mischkristallen wird als $Mn^{2+}(Mn^{2+}_{1-x}Mn^{3+}_{2x}Sn^{IV}_{1-x})O_4$ formuliert. Die Substitution von $Mn^{2+} + Sn^{IV}$ durch $2Mn^{3+}$ erfolgt in der Spinell-Struktur nur auf den Oktaederplätzen, auf denen die Mn^{3+}-Ionen die Konfiguration $t^3_{2g}e_g$ und somit ein großes Moment („high spin") haben. Oberhalb einer bestimmten Mn^{3+}-Konzentration hat die Deformation der Sauerstoff-Oktaeder um Mn^{3+} eine direkt proportionale

Verformung der Elementarzelle, d. h. des Gitters, zur Folge (Jahn-Teller-Effekt). Einzelheiten wie interatomare Abstände und Verzerrung in Abhängigkeit von der Zusammensetzung s. Original [1].

Magnetische Untersuchungen bestätigen für Mn^{3+} den „hohen Spin"-Zustand in Übereinstimmung mit einem mitwirkenden Jahn-Teller-Effekt. Messungen der paramagnetischen Suszeptibilität und der Magnetisierung als Funktionen des Feldes und der Temperatur zeigen, daß alle Zusammensetzungen ebenso wie reines Mn_2SnO_4 ferrimagnetisch sind. Die Änderung der inversen Suszeptibilität mit der Temperatur folgt bei mittleren Temperaturen dem hyperbolischen Gesetz von Néel $1/\chi = T/C + 1/\chi_0 - \sigma/(T - \Theta)$, oberhalb 500 K jedoch dem Curie-Weiss-Gesetz. Die Magnetisierungskurven sind vom P- (möglicherweise Q-)Typ, s. dazu „Eisen" D, 2. Erg.-Bd. „Magnetische Werkstoffe", S. 347.

Gemessene und berechnete Sättigungsmomente n_B (in μ_B) für verschiedene Zusammensetzungen x (K = kubisch, T = tetragonal):

x	0	0.10	0.40	0.65	0.90	1
n_B (gemessen)	0.38	0.39_5	0.45_5	0.86_5	1.32	1.55
n_B (berechnet)	—	—	0.46	0.87	1.28	1.44
Struktur	K	K	T	T	T	T

Die Änderung der magnetischen Momente mit der Zusammensetzung der Mischkristalle entspricht der allgemeinen Formulierung der Kationenverteilung im Gitter. In allen untersuchten Fällen sind die Momente der Mn-Ionen auf Oktaederplätzen, wo das scheinbare Moment niedriger ist als auf den Tetraederplätzen, nicht kollinear ausgerichtet. Die Mn-Wechselwirkungen in den Subgittern sind stark antiferromagnetisch. Graphische Darstellungen der Funktionen und magnetische Konstanten für verschiedene Zusammensetzungen s. Original [2].

Literatur:

[1] M. Noguès, P. Poix (J. Solid State Chem. **9** [1974] 330/5). — [2] M. Noguès, P. Poix (Solid State Commun. **15** [1974] 463/70).

2.11.7.2.6 Verbindungen des Mn mit O, Sn und weiteren Metallen

Compounds of Mn with O, Sn, and Other Metals

$(Mn,Mg)_2SnO_4$-Mischkristalle

Solid Solutions of (Mn,Mg_2)-SnO_4 Solid

Zur Darstellung werden MnO, MgO und SnO_2 im N_2-Strom (unter Zusatz von 5 Gew.-% NaF als Flußmittel, das zum Schluß ausgewaschen wird) bei 1000°C geröstet, zerkleinert und erneut geglüht. Die Reaktion erfolgt in 8 bis 16 h, Wickham u. a. [1]. Gilleo, Mitchell [2] erhitzen beim zweitenmal auf 1250 bis 1300°C, s. auch Yamaguchi [3].

Die Bestimmung der Gitterkonstanten der kubischen Spinell-Phasen ergibt im Bereich $0 \leqq x < 0.12$ eine starke positive Abweichung vom Vegard-Gesetz, weil die Mg^{2+}-Ionen erwartungsgemäß bevorzugt die Oktaederplätze besetzen. Die Ionenverteilung lautet $Mn^{2+}(Mn^{2+}_{(1-x-b/2)}Mn^{3+}_bMg^{2+}_xSn^{4+}_{(1-b/2)})O_4$; b ist dabei der Oxidationsparameter (definiert als $b = 4(\bar{v}-2)/(4-\bar{v})$ mit $\bar{v}$ = Durchschnittswertigkeit des Mn) [1]. An Proben der Zusammensetzung $Mn_{0.75}Mg_{0.25}SnO_4$ werden die Gitterkonstanten zu a = 8.83 Å (für $\bar{v}$ = 2.14) und a = 8.81 Å (für $\bar{v}$ = 2.23) bestimmt [2]. Bei $MnMgSnO_4$ ist a = 8.66 Å [3].

Bei der teilweisen Substitution des Mn in Mn_2SnO_4 wird die Gleichverteilung der Mn^{2+}-Ionen auf Oktaeder- und Tetraederplätzen und damit die Subgittermagnetisierung gestört. In den neuen Phasen wird eine spontane Magnetisierung beobachtet. Die Sättigungsmagnetisierung der ferrimagnetischen Phasen nimmt mit steigendem Mg-Gehalt linear zu. Die Extrapolation auf x = 0.25 führt, in Übereinstimmung mit früheren Ergebnissen [2], zu einem resultierenden Moment von 0.81 μ_B je Formeleinheit [1]. Die Curie-Temperatur von $Mn_{1.75}Mg_{0.25}SnO_4$ (mit $\bar{v}$ = 2.14) liegt etwas niedriger (T_c = 53 K) als bei reinem Mn_2SnO_4 (58 K) [2]. Aus den experimentellen Ergebnissen im Zusammenhang mit theoretischen Betrachtungen folgern Wickham u. a. [1], daß das magnetische Moment eines A-Platzes (Tetraederposition) im Spinell-Gitter über ein Moment eines B-Platzes (Oktaederposition) dominiert; dies wiederum schließt eine verkantete Spin-Anordnung der Mn^{2+}-Ionen auf den B-Plätzen ein. Eine solche Spin-Konfiguration kann nur auftreten, wenn die Ionen auf den B-Plätzen konkurrierenden Austauschwechselwirkungen unterworfen sind (direkte

B-B-Wechselwirkung und indirekte A-B-Wechselwirkung). Dieses Modell zur Deutung des Ferrimagnetismus wird durch weitere Untersuchungen bestätigt [1]. Im IR-Spektrum einer Probe der Zusammensetzung $Mn_{1.2}Mg_{0.8}SnO_4$ werden die bei 662, 555 und 510 cm^{-1} beobachteten Banden der Sn-Valenzschwingung (im SnO_6-Oktaeder), die Banden bei 407 und 353 cm^{-1} der Mn-Valenzschwingung (im MnO-Tetraeder bzw. -Oktaeder) zugeordnet. Die bei etwa 455 cm^{-1} erwartete Bande der Mg-O-Schwingung (im MgO_4-Tetraeder) tritt nicht auf [4].

Literatur:

[1] D. G. Wickham, N. Menyuk, K. Dwight (Phys. Chem. Solids **20** [1961] 316/8). — [2] M. A. Gilleo, D. W. Mitchell (Phys. Chem. Solids **10** [1959] 182/6, J. Appl. Phys. **30** [1959] 20 S/21 S). — [3] G. Yamaguchi (Bull. Chem. Soc. Japan **26** [1953] 204/6); Structure Reports, Bd. 17, 1953, S. 407. — [4] T. Dupuis, V. Lorenzelli (Ann. Chim. [Rome] **57** [1967] 391/401, 398/9).

Solid Solutions of $(Mn,Zn)_2SnO_4$

$(Mn,Zn)_2SnO_4$-Mischkristalle

Ähnlich wie durch Mg^{2+} kann Mn^{2+} in Mn_2SnO_4 (s. S. 87) teilweise durch Zn^{2+} ersetzt werden. Zur Darstellung werden MnO, ZnO und SnO_2 in Stickstoffatmosphäre zunächst 16 h auf 1000°C und nach erneutem Vermahlen 2 bis 4 h auf 1150 bis 1300°C erhitzt. Bei der Zusammensetzung $Mn_{1.75}Zn_{0.25}SnO_4$ (mit durchschnittlicher Mn-Wertigkeit von 2.1) beträgt die Gitterkonstante a = 8.82 Å; die Curie-Temperatur ergibt sich zu 48 K und das Sättigungsmoment bei 0 K zu 0.50 μ_B. Vermutlich verringern Zn^{2+}-Ionen bei der Substitution die Energiedifferenz für die Besetzung der verschiedenen Gitterplätze stärker als die etwas kleineren Mg^{2+}-Ionen; Einzelheiten s. Original, M. A, Gilleo, D. W. Mitchell (Phys. Chem. Solids **10** [1959] 182/6; J. Appl. Phys. **30** [1959] 20 S/21 S).

Solid Solutions of $ZnMn_2O_4$ with Zn_2SnO_4

$ZnMn_2O_4$-Zn_2SnO_4-Mischkristalle

Zur Untersuchung der Substitution von 2 Mn^{III} durch Zn^{II} und Sn^{IV} in $ZnMn_2O_4$ (Hetaerolith, s. „Mangan" C 2, S. 285) werden Mischkristalle der Zusammensetzung $xZnMn_2O_4 \cdot (1-x)Zn_2SnO_4$ durch Sintern der Komponenten bei etwa 1100°C und Abschrecken in Luft hergestellt. Zur Stabilisierung werden die zerriebenen Produkte bei etwa 900°C getempert und erneut abgeschreckt. Röntgenuntersuchungen ergeben im Bereich $x < 0.40$ kubische Mischkristalle vom Spinell-Typ wie Zn_2SnO_4, zwischen 0.40 und 0.50 zwei Phasen und im Bereich $0.5 \leqq x \leqq 1$ tetragonale Mischkristalle vom Hausmannit-Typ wie $ZnMn_2O_4$. In der Struktur besetzt Zn neben Tetraederplätzen teilweise auch oktaedrische Plätze, so daß die Kationenverteilung durch die Formel $Zn^{2+}(Zn^{2+}_{1-x}Mn^{3+}_{2x}Sn^{4+}_{1-x})O_4$ wiedergegeben wird. Gitterkonstanten a, c der tetragonal-innenzentrierten Zelle, $a' = a\sqrt{2}$, $c' = c$ der flächenzentrierten tetragonalen Zelle, Achsenverhältnis c'/a', Metall-Sauerstoff-Abstände β_1 und β_2 im Oktaeder (in Å) und paramagnetische Curie-Temperaturen für verschiedene tetragonale Phasen sind in folgender Tabelle zusammengestellt:

x	a	c = c′	a′	c′/a′	β_1	β_2	Θ_p in K
1.0	5.722	9.236	8.090	1.141	1.935	2.217	−500 ± 15
0.8	5.787	9.117	8.181	1.114	1.982	2.218	−400 ± 10
0.65	5.850	9.003	8.272	1.088	2.020	2.200	−340 ± 10
0.50	5.939	8.858	8.398	1.054	2.060	2.180	−235 ± 10

Bei den Spinellen fällt die Gitterkonstante linear von a = 8.66 bei x = 0 auf a = 8.58 Å an der Phasengrenze. Parameter für die Sauerstoff-Atome in beiden Mischkristallreihen s. Original. Die Deformation der Sauerstoffoktaeder um die Metall-Ionen und die tetragonale Verzerrung der Elementarzelle werden auf den Jahn-Teller-Effekt der Mn^{3+}-Ionen zurückgeführt. Die Umwandlung der tetragonalen in die kubische Spinell-Struktur bei hohen Temperaturen soll ein Übergang 1. Ordnung sein. Bei einer Zusammensetzung $Zn_{1.5}MnSn_{0.5}O_4$ existieren im Bereich der (im Vakuum) reversiblen Umwandlung bei 550 bis 600°C sowohl tetragonale als auch kubische Phasen nebeneinander.

Die magnetische Suszeptibilität der Probe mit x = 0.8 zeigt bei tiefen Temperaturen ein schwach antiferromagnetisches Verhalten; bei den Proben mit x = 0.65 bzw. 0.5 folgt $1/\chi$ dem Curie-Weiss-Gesetz bereits bei 100 bzw. 293 K (tiefste untersuchte Temperatur). Die Steigung entspricht im Mittel einer Curie-Konstante C = 3.18 ± 0.05 (theoretischer Wert: 3.00). Bei hohen Temperaturen wird eine Anomalie beobachtet: für x = 0.8 bei 1100 K, für x = 0.65 bei 1000 K und für x = 0.5 bei 950 K. Die paramagnetischen Curie-Temperaturen Θ_p dieser Proben (s. S. 90) wurden durch Extrapolation erhalten, M. Noguès, P. Poix (Compt. Rend. C **271** [1970] 995/7; Ann. Chim. [Paris] [14] **7** [1972] 301/14, 308).

Zn_2SnO_4-Mn_3O_4-Mischkristalle

Solid Solutions of Zn_2SnO_4 with Mn_3O_4

Mischkristalle der Zusammensetzung $x Mn_3O_4 \cdot (1-x) Zn_2SnO_4$ werden durch mehrmaliges Glühen der Komponenten im Vakuum bei 1100°C und Abschrecken auf Raumtemperatur hergestellt. Ähnlich wie im Falle der Mischkristalle aus Mn_2SnO_4 und Mn_3O_4 (s. S. 88) oder aus $ZnMn_2O_4$ und Zn_2SnO_4 (s. S. 90) ergibt sich für $0.52 \leqq x \leqq 1$ ein Phasenbereich mit tetragonaler Struktur vom Hausmannit-Typ, für $0.50 < x < 0.45$ ein Zwei-Phasenbereich und für $x < 0.40$ ein kubischer Phasenbereich vom Spinell-Typ. In folgender Tabelle sind die Erhitzungszeiten für die Bildung der verschiedenen Phasen (in h), ihre Strukturen (T = tetragonal, K = kubisch) und Gitterkonstanten (in Å) angegeben:

x	0.80	0.60	0.55	0.52	0.40	0.30
Zeit	10	16	16	15	7	4
Struktur	T	T	T	T	K	K
$a'_T = a_T\sqrt{2}$ bzw. a_K	8.256	8.382	8.393	8.400	8.613	8.629
c_T	9.285	9.067	9.047	9.021		
c_T/a'_T	1.124	1.081	1.078	1.074		

Das Achsenverhältnis hängt mit dem Verhältnis der beiden Abstände in den Sauerstoffoktaedern zusammen, so daß sich eine Verzerrung dieser Oktaeder auch auf das Gitter auswirkt (kooperativer Jahn-Teller-Effekt). Sn befindet sich in allen Fällen auf Oktaederplätzen. Bei x = 0.8 besetzt das gesamte Zn Tetraederplätze, während sich bei x = 0.3 Zn und Mn in die Tetraederplätze teilen: $4(Mn^{2+}_{0.6}Zn^{2+}_{0.4})\,8[Mn^{2+}_{0.1}Mn^{3+}_{0.8}Sn^{IV}_{0.1}]O_{16}$ bzw. $8(Mn^{2+}_{0.3}Zn^{2+}_{0.7})\,16[Mn^{3+}_{0.3}Zn^{2+}_{0.35}Sn^{IV}_{0.35}]O_{32}$.

Für x = 0.8 betragen die Metall-Sauerstoff-Abstände im Tetraeder 1.98_5 Å und im Oktaeder 1.990 und 2.25_6 Å, für x = 0.3 im Tetraeder 1.97_6 Å und im Oktaeder 2.09_8 Å. Die Phasen sind ferrimagnetisch. Aus den (nicht angegebenen) Curie-Konstanten ist zu folgern, daß sich Mn^{3+} im hohen Spin-Zustand $t^3_{2g}e^1_g$ befindet, M. Noguès, P. Poix (Compt. Rend. C **277** [1973] 1117/9).

$Mn_2Sn_{0.875}Ge_{0.125}O_4$

In Mn_2SnO_4 kann ein Teil des Sn^{IV} durch Ge^{IV} ersetzt werden. Zur Darstellung werden entsprechende Mengen MnO, SnO_2 und GeO_2 in N_2 wiederholt auf 1000 bis 1300°C erhitzt. Bei der Spinell-Phase der obengenannten Zusammensetzung beträgt die durchschnittliche Mn-Wertigkeit 2.1. Die Gitterkonstante ergibt sich zu a = 8.82 Å und das magnetische Sättigungsmoment bei 0 K zu 0.40 μ_B, das etwas größer ist als bei reinem Mn_2SnO_4 (0.35 μ_B), M. A. Gilleo, D. W. Mitchell (Phys. Chem. Solids **10** [1959] 182/6; J. Appl. Phys. **30** [1959] 20S/21S).

$Mg_{0.25}Mn_{1.75}Sn_{0.875}Ge_{0.125}O_4$

In dieser Spinell-Phase, die analog zu $Mn_2Sn_{0.875}Ge_{0.125}O_4$ (s. oben) hergestellt wird, ist die durchschnittliche Oxidationsstufe des Mn 2.13. Die Gitterkonstante wird zu a = 8.81 Å bestimmt, die Curie-Temperatur (in einem Feld von 77 kOe) zu 49 K und das magnetische Sättigungsmoment bei 0 K zu 0.77 μ_B, das erwartungsgemäß größer ist als in reinem Mn_2SnO_4 und etwas kleiner als in Ge-freien, Mg-substituierten Mn-Stannaten; Einzelheiten s. Original, M. A. Gilleo, D. W. Mitchell (Phys. Chem. Solids **10** [1959] 182/6; J. Appl. Phys. **30** [1959] 20S/21S).

2.11.7.3 Verbindungen des Mangans mit Sauerstoff und Blei

Compounds of Manganese with Oxygen and Lead

2.11.7.3.1 $MnPbO_3$ und $[Mn(H_2O)_2][Pb(OH)_6]$

Das wasserfreie Manganplumbat wird durch Erhitzen unter Druck aus der aquotisierten Verbindung (s. S. 92) hergestellt. Die Verbindung besitzt Perowskit-Struktur und zeigt ferroelektrische Eigenschaften, Hayashi u. a. [1].

Die Verbindung $[Mn(H_2O)_2][Pb(OH)_6]$ wird durch Verreiben von feinteiligem $Na_2[Pb(OH)_6]$, s. „Blei" C, S. 1010, mit in 85%igem Äthanol gelöstem $Mn(NO_3)_2$, Waschen des bräunlichen Produkts mit Äthanol und Trocknen an der Luft hergestellt. Im Vakuum über $CaCl_2$ oder P_2O_5 oder beim Erhitzen auf 105°C werden 2 mol H_2O abgegeben. Nach Penfields Methode werden 3 mol Konstitutionswasser ermittelt. Die Verbindung zersetzt sich in konzentriertem HCl unter Chlorentwicklung, Spacu, Lupan [2]. Ein wasserhaltiges Manganplumbat entsteht auch bei der Reaktion einer wäßrigen Lösung von Alkaliplumbat mit einer wäßrigen Lösung von $MnCl_2$ oder $Mn(NO_3)_2$ bei 1000°C und 50 kbar in 20 bis 60 min in einem Graphitrohr [1].

Literatur:

[1] H. Hayashi, G. Nishiyama, N. Nakayama, K. Hasegawa (Japan. Kokai 7305696 [1971/73] nach C. A. **79** [1973] Nr. 46653). — [2] G. Spacu, S. Lupan (Acad. Rep. Populare Romane Bul. Stiint. Sect. Stiinte Teh. Chim. **4** [1952] 117/28 nach C. A. **1956** 14428).

2.11.7.3.2 $PbMn_2O_4$ (?)

Einkristalle eines Pb-Manganats der angenäherten Zusammensetzung $PbMn_2O_4$ (Mikrosonde) werden aus einer Lösung von $PbMn_{0.67}W_{0.33}O_3$ (s. S. 220) in einer PbO-PbF_2-Schmelze hergestellt. Sie haben die Form abgestumpfter hexagonaler Pyramiden von etwa 1 mm Höhe und 1.5 bis 2 mm Kantenlänge in der Grundfläche. Die hexagonale Struktur mit den Gitterkonstanten a = 10.01 und c = 13.58 Å wird auch durch die beobachtete magnetische Anisotropie in der Grundfläche bestätigt. Bei 63 K wird ein Übergang in einen schwach ferromagnetischen Zustand festgestellt. Das spontane magnetische Moment in der Grundebene des Kristalls kann in jeder der 6 um einen Winkel von 60° ± 1.5° differierenden Richtungen liegen. Zur Temperaturabhängigkeit des magnetischen Moments für verschiedene Feldstärken s. Figur im Original. Der tatsächliche Wert des spontanen magnetischen Moments erreicht einen Maximalwert bei einer Feldstärke von 4 bis 5 kOe. Diese Feldabhängigkeit steht in Zusammenhang mit einer Domänenbildung in der Probe. Unterhalb 39 K wird eine Änderung im Charakter der Magnetisierungskurven beobachtet (Fehlen einer Hystereseschleife). Außerdem tritt eine Verschiebung der Kurven ein. Das spontane magnetische Moment (dem ursprünglichen Moment entgegengerichtet) wird in einem Feld bis zu 20 kOe in eine neue Lage gebracht und kehrt in seine alte Position zurück, wenn das Feld nicht mehr vorhanden ist. Im Bereich von 39 bis 63 K kann ein magnetisches Feld in der Grundebene, das dem spontanen Moment entgegengerichtet ist, letzteres um einen Winkel von 60° aus seiner Richtung verschieben. Nach dieser Verschiebung bleibt der Kristall im Ein-Domänen-Zustand. Wird ein Feld im Winkel von 42° zur Grundfläche des Kristalls angelegt, kann bei 20 K das spontane Moment in der Grundebene um 60° und 120° verschoben werden. Bei einem Winkel $<110°$ findet in Feldern bis zu 20 kOe keine Momentverschiebung statt. Zur Abhängigkeit der Magnetisierungskurven von der Feldorientierung in bezug auf das spontane Moment (magnetische Umkehrungskurven) s. Figur im Original. Messungen der Dielektrizitätskonstanten (bei 1 kHz) ergeben keine wesentliche Änderung unterhalb 63 K, jedoch einen maximalen ε-Wert bei 250 K. Aus dem plötzlichen Auftreten einer Hystereseschleife in einem elektrischen Feld oberhalb einer kritischen Größe wird eine antiferroelektrische Ordnung im Kristall gefolgert. Die elektrische Ordnung ändert sich nahe 39 K. Unterhalb dieser Temperatur wird das spontane magnetische Moment durch innere antiferroelektrische Felder (Größenordnung 10^9 bis 10^{10} V/cm) in einer bestimmten Richtung gehalten, B. I. Al'shin, R. V. Zorin, L. A. Drobyshev, S. V. Stepanishchev (Kristallografiya **17** [1972] 562/5; Soviet Phys.-Cryst. **17** [1972] 489/91).

2.11.7.3.3 $Pb(MnO_4)_2 \cdot 3PbO$

Bleipermanganat kann nur kurzzeitig als verdünnte wäßrige Lösung erhalten werden. Dazu wird gemäß $2AgMnO_4 + PbCl_2 \rightarrow Pb(MnO_4)_2 + 2AgCl$ eine 10^{-3} molare $AgMnO_4$-Lösung in der Kälte unter Rühren mit der berechneten Menge einer $PbCl_2$-Lösung versetzt und das ausfallende AgCl abgetrennt. Die Permanganatlösung ist instabil und kann nicht aufbewahrt werden, s. „Mangan" C2, S. 51/2. Die Änderung des pH-Werts der Lösung, Leitfähigkeitsmessungen sowie die chemische Analyse des bei Zugabe von Alkalihydroxid ausfallenden Niederschlags deuten auf die Existenz eines basischen Salzes der Zusammensetzung $Pb(MnO_4)_2 \cdot 3PbO$ hin. Dieses Salz kann auch durch Umsetzung von $KMnO_4$ mit $Pb(NO_3)_2$ in 5×10^{-4} bis 1.2×10^{-2} molaren Lösungen hergestellt werden. Sein Löslichkeitsprodukt wird zu 1.35×10^{-19} bestimmt. Da $Pb(MnO_4)_2 \cdot 3PbO$ weniger löslich ist als $Pb(NO_3)_2 \cdot 3PbO$, kann es von einem Pb-Überschuß in Gegenwart von Aceton abgetrennt werden, B. Charreton (Bull. Soc. Chim. France **1956** 323/37, 333; Compt. Rend. **236** [1953] 606/7; Compt. Rend. 78ᵉ Congr. Soc. Savantes Paris Dept. Sect. Sci., Toulouse 1953, S. 339/44; C. A. **1955** 8671).

2.11.7.3.4 $PbMnO_2(OH)$, Quenselit

Diese Verbindung ist nur als Mineral bekannt, dessen Vorkommen und makroskopische Eigenschaften im später erscheinenden Band „Mangan" A beschrieben werden. Sie hat nach neueren Untersuchungen eine monokline Struktur mit den Gitterkonstanten a = 5.61, b = 5.70, c = 9.15 Å, β = 93.0°, Z = 4; Raumgruppe P2/a (andere Aufstellung von C_{2h}^4-P2/c, Nr. 13). In der bis zu R = 5.0% verfeinerten Struktur besetzen die Atome folgende Lagen:

Atom	Punktlage	x	y	z
Pb	4g	−0.0092	0.2464	0.3410
Mn(1)	2e	0.75	0.8725	0
Mn(2)	2e	0.75	0.3856	0
O(1)	4g	0.1121	0.3740	0.8788
O(2)	4g	0.9039	0.1322	0.1127
OH	4g	0.9044	0.1531	0.6289

Die Struktur besteht aus vier Schichten hexagonal dichtester Kugelpackungen parallel zu (001). Zwei benachbarte Schichten sind nur von O^{2-}-Ionen, die dritte ist von OH-Gruppen besetzt, während die Blei-Ionen die vierte Anionenlage nur angenähert einnehmen. Die benachbarten Sauerstoffschichten werden durch dazwischenliegende Mangan-Ionen zu einer Schicht ähnlich wie im Brucit ($Mg(OH)_2$) aus deformierten MnO_6-Oktaedern (Mn-O-Abstände im Mittel 2.05 und 2.07 Å) verbunden. Die beiden anderen Schichten bestehen aus Ketten von $PbO(OH)_3$-Pyramiden (Pb-O-Abstände zwischen 2.22 und 2.76 Å) ähnlich wie beim gelben PbO. Zwischen den Ketten und den brucitartigen Schichten bestehen schwache Wasserstoffbindungen. Weitere Abstände und Winkel, beobachtete und berechnete Strukturfaktoren sowie Vergleich mit ähnlichen Strukturen s. Original. Frühere Angaben zur Struktur von Byström [1] sind damit überholt, Rouse [2].

Literatur:

[1] A. Byström (Arkiv Kemi Mineral. Geol. A **25** Nr. 13 [1947] 1/26, 19, **19** Nr. 35 [1945] 1/9). — [2] R. C. Rouse (Z. Krist. **134** [1971] 321/32).

2.11.7.3.5 Verbindungen des Mangans mit O, Pb und weiteren Metallen

Compounds of Manganese with O, Pb, and Other Metals

$(Ca_{1.72}Pb_{0.28})(Mn_{0.77}Pb_{0.23})O_4$

Bei der Herstellung von Ca_2MnO_4-Einkristallen (s. „Mangan" C 2, S. 247) aus einer PbO-Schmelzlösung wird sowohl Ca als auch Mn teilweise durch Pb ersetzt. Einkristalle einer solchen Mischphase entstehen durch Erhitzen eines Gemisches von polykristallinem Ca_2MnO_4 mit PbO (im Verhältnis 1 : 14) im geschlossenen Pt-Tiegel auf 1400°C und Abkühlen mit einer Geschwindigkeit von 0.5 K/h auf 1000°C. Bei dieser Temperatur wird der flüssige Teil der Mischung abgegossen. In der im Tiegel verbleibenden kristallinen Masse finden sich schwarze Einkristalle (mit einem Volumen bis zu 0.5 cm³), die ein Röntgendiagramm zeigen, das dem der tetragonal raumzentrierten Struktur des K_2NiF_4 ähnelt (wie im Falle des reinen Ca_2MnO_4). Außerdem treten schwache Überstrukturreflexe einer größeren tetragonalen Zelle mit den Gitterkonstanten a = 5.189(1) und c = 24.156(8) Å auf; Z = 8, Raumgruppe D_{4h}^{20}-$I4_1$/acd (Nr. 142). Im Vergleich zur Struktur des reinen Ca_2MnO_4 sind in der substituierten Phase die Sauerstoff-Oktaeder um die Mn- oder Pb-Atome vergrößert und um die vierzählige Achse leicht verdreht (woraus die Überstrukturreflexe resultieren). Die Pb-Atome weisen keine besondere Ordnung in der Struktur auf; R = 6%. Die Struktur ist mit der von $Ca_{1.5}Pr_{0.5}MnO_4$, s. S. 65, verwandt. Strukturparameter, interatomare Abstände sowie Darstellung der Struktur s. Original, Moreau, Ollivier [1].

Bei einer früher in gleicher Weise hergestellten Probe, für die eine Zusammensetzung $Ca_{1.5}Pb_{0.5}MnO_4$ angegeben wird, deuten Messungen der Suszeptibilität in Abhängigkeit von der Temperatur in Feldern parallel und senkrecht zur c-Achse des Kristalls einen Übergang bei 110 K an und (im Falle $\chi \perp c$) ein Maximum bei 220 K. Mittels Neutronenbeugung wird die Néel-Temperatur zu $T_N = 111$ K bestimmt. Es werden zweidimensionale magnetische Ordnungsbeziehungen nachgewiesen, die ab etwa 220 K vernachlässigt werden können. Im Gegensatz zu K_2NiF_4 wird auch eine dreidimensionale Ordnung vermutet, Ollivier, Buisson [2].

Literatur:

[1] J. M. Moreau, G. Ollivier (J. Solid State Chem. **10** [1974] 51/5). — [2] G. Ollivier, G. Buisson (Solid State Commun. **9** [1971] 235/40).

Solid Solutions of $La_{1-x}Pb_x$-MnO_3

$La_{1-x}Pb_xMnO_3$-Mischkristalle

Preparation

Herstellung. Im Rahmen vergleichender Untersuchungen an gemischten Manganaten mit perowskitähnlichen Strukturen (vgl. S. 26) stellen Jonker, van Santen [1] Mischphasen des binären Systems $LaMnO_3$-$PbMnO_3$, darunter $La_{0.7}Pb_{0.3}MnO_3$ und $La_{0.6}Pb_{0.4}MnO_3$, nach der Keramiktechnik durch Sintern und Glühen der Metalloxid- oder Carbonatmischungen in berechnetem Verhältnis bei 1350 bis 1450°C her. Beispielsweise wird für $La_{0.7}Pb_{0.3}MnO_3$ eine Mischung aus 114 g $La_2(CO_3)_3 \cdot 3H_2O$, 80 g $PbCO_3$ und 115 g $MnCO_3$ einige Stunden in Luft bei 900 bis 1000°C gesintert, nach dem Abkühlen zerkleinert, in die gewünschte Form gepreßt und bei allmählich von 1100 auf 1300°C ansteigender Temperatur 3 h geglüht [3], s. auch [2]. Eine Probe der Zusammensetzung $La_{0.5}Pb_{0.5}MnO_3$ mit großer Oberfläche (zur Verwendung als Katalysator) wird durch rasche Abscheidung der Hydroxide aus wäßriger Lösung der Nitrate oder Acetate mit einer organischen Base, Trocknen des Niederschlags und Rösten in Luft oder O_2 bei 590°C hergestellt. Unterhalb 500°C ist die Umsetzung unvollständig, Voorhoeve u. a. [4], s. auch [1]. Einkristalle mit $0.25 < x < 0.45$ werden aus MnO_2 und La_2O_3 in PbO und PbF_2 als Schmelzlösung im Pt-Tiegel bei 1165 bis 1250°C innerhalb von 18 d hergestellt. Nach langsamer Abkühlung wird zur Entfernung der erstarrten Schmelze mindestens 100 h in Eisessig gekocht. Beste Ausbeuten werden beispielsweise mit 120 g PbO, 120 g PbF_2, 19.85 g La_2O_3 und 21.15 g MnO_2 oder mit 60 g PbO, 180 g PbF_2, 27.65 g La_2O_3 und 21.15 g MnO_2 erzielt. Die größten Kristalle haben ein Volumen von ungefähr 0.15 cm^3, Morrish u. a. [5]. Zur Darstellung von Einkristallen (bis zu 5 mm groß) der Zusammensetzung $La_{0.65}Pb_{0.35}MnO$ in einer PbO-PbF_2-Schmelzlösung s. Janes, Bodnar [6]. In Bleiborat als Schmelzlösung werden Einkristalle mit $x \approx 0.3$ beispielsweise aus 13.04 g La_2O_3, 9.48 g Mn_2O_3, 160 g PbO und 12 g B_2O_3 im Pt-Tiegel in 4 h bei 1250°C in Luft und Abkühlen mit 3 K/h gezüchtet [4], s. auch [7]. Geringe Einschlüsse des Flußmittels, die die Zusammensetzung in Oberflächennähe verändern, können durch Säuren (HCl, HNO_3) entfernt werden [7].

Properties

Eigenschaften. Die aus Schmelzlösungen hergestellten Einkristalle sind würfelförmig und manchmal verzwillingt [5]. Die Kristallstruktur läßt sich als leicht verzerrter Perowskit-Typ beschreiben [5, 8]. Gitterparameter der rhomboedrischen Zelle und Mn^{IV}-Gehalt (in % des gesamten Mn-Gehalts) für verschiedene Zusammensetzungen s. in folgender Tabelle:

Formel	a in Å	α	Mn^{IV}
$La_{0.74}Pb_{0.26}MnO_3$	7.799 ± 0.010	90°28′	31
$La_{0.69}Pb_{0.31}MnO_3$	7.798 ± 0.010	90°23′	36
$La_{0.62}Pb_{0.38}MnO_3$	7.815 ± 0.004	90°24′	31
$La_{0.60}Pb_{0.40}MnO_3$	7.801 ± 0.010	90°23′	38
$La_{0.57}Pb_{0.43}MnO_3$	7.776 ± 0.005	90°19′	44

d-Werte für x = 0.38 s. Original [5]. Zwischen 297 und 437 K nimmt bei $La_{0.62}Pb_{0.38}MnO_3$ die Gitterkonstante a mit steigender Temperatur gemäß $a = 7.7992 + 1.03 \times 10^{-5}(T-297)$ zu und die Abweichung δ (in min) von 90° gemäß $\delta = 28.3 - 0.0143\ (T-297)$ ab [8]. Die rhomboedrische Verzerrung der Struktur ist wie bei den entsprechenden Verbindungen mit Sr und Ba (s. S. 29) mit der ähnlichen Kationengröße zu erklären; die etwas größere Polarisierbarkeit des Pb^{2+}-Ions scheint dabei keine Rolle zu spielen [9].

Die Dichte von $La_{0.6}Pb_{0.4}MnO_3$ ergibt sich aus den Gitterkonstanten zu D = 7.532 g/cm^3; direkt wird D = 7.451 g/cm^3 gemessen [5]. Der Ausdehnungskoeffizient ist oberhalb der Curie-Temperatur ($T_C \approx 343$ K) größer als unterhalb; die Gitterkonstante a ändert sich unterhalb T_C um 7.2×10^{-5}, oberhalb T_C um 10.8×10^{-5} Å/K [9]. Damit ist der Befund von [8], wonach sich sowohl a als auch α zwischen 297 und 450 K linear ohne Unstetigkeit ändern, korrigiert.

Solid Solutions of $La_{1-x}Pb_x$-MnO_3

Die magnetischen Eigenschaften der $La_{1-x}Pb_xMnO_3$-Mischkristalle sind ähnlich wie diejenigen von $La_{1-x}M^{II}_xMnO_3$ (M^{II} = Ca, Sr, Ba), die auf Grund der unterschiedlichen Oxidationsstufen des Mn genauer als $La_{1-x}M^{II}_xMn^{3+}_{1-y}Mn_y{}^{4+}O_z$, s. S. 32, formuliert werden. Innerhalb eines bestimmten Bereichs der Pb-Konzentration sind die Mangan-Ionen ferromagnetisch ausgerichtet. Beispielsweise werden bei x = 0.3 und 0.4 die Curie-Temperaturen T_C = 361 bzw. 337 K gefunden; das auf $T \to 0$ extrapolierte resultierende Moment beträgt 2.88 bzw. 3.68 μ_B je Formeleinheit [1].

Magnetic Properties

Zur Deutung der Eigenschaften dieser Mischoxide, in denen La teilweise durch zweifach geladene Ionen ersetzt ist, so daß einige Mn^{3+}-Ionen in Mn^{4+}-Ionen übergehen, entwickelte Zener [10] das Modell des doppelten Austauschs (s. S. 32). Zur Prüfung dieses Modells untersuchen Morrish u. a. [5, 11, 12] Mischoxide mit x = 0.26 bis 0.44 und erhalten für die spezifische Sättigungsmagnetisierung σ_0 bei $T \to 0$ und für T_C (nach zwei Methoden bestimmt) folgende Werte:

x	0.26	0.31	0.38	0.40	0.44
σ_0 in G · cm³/g	80.4	78.8	77.6	77.2	74.8
T_C in K	328, 318.5	337, 330.5	346, 340	352, 348.5	355, 350

Bei 0 K stimmt die spezifische Magnetisierung innerhalb von 3% mit dem aus dem durchschnittlichen Moment je Formeleinheit erwarteten Wert überein. Die spontane Magnetisierung nimmt für $0.9 < T/T_C < 1$ schneller ab, als durch die Brillouin-Funktion für einen normalen Ferromagneten vorausgesagt wird [11]. Bei x = 0.35 finden Janes, Bodnar [6] T_C = 330 K und bei 77 K σ_s = 71 G · cm³/g; Extrapolation auf T = 0 führt zu σ_0 = 76.5 G·cm³/g. Die Temperaturabhängigkeit von σ_s, s. **Fig. 49**, weist direkt unterhalb T_C einen steilen Abfall auf [11]. Hieraus und aus den elektrischen Messungen (s. unten) schließen Searle, Wang [13], daß das Modell von Zener nicht ausreicht. Die Magnetisierungsdaten zeigen, daß der gesamte verfügbare Spin zum magnetischen Moment bei T = 0 beiträgt; dies schließt eine vollständige Spin-Polarisierung des Leitungsbandes bei T = 0 ein. Aus diesen experimentellen Tatsachen ist zu folgern, daß die durchschnittliche effektive Austauschenergie ΔE

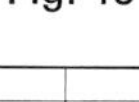

Fig. 49

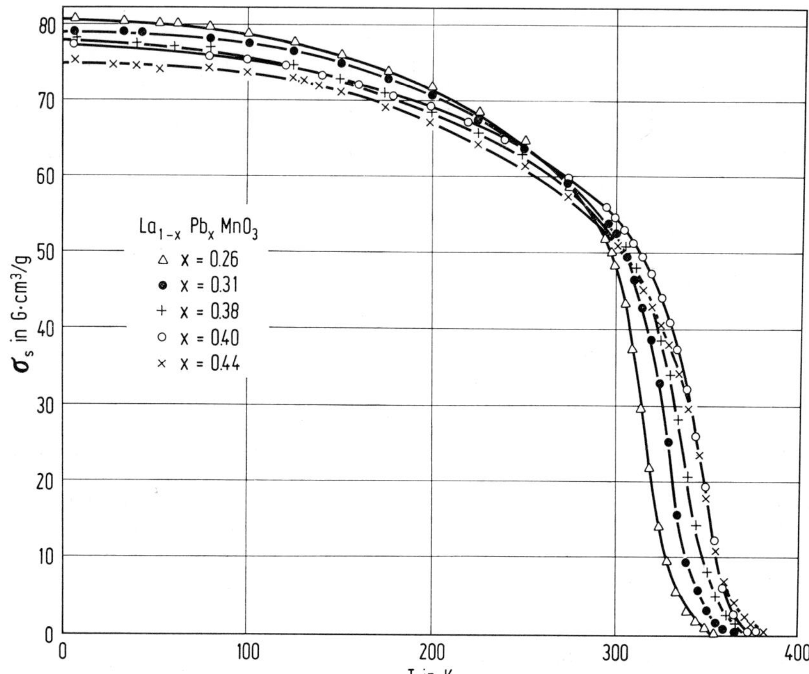

Temperaturabhängigkeit der spezifischen Sättigungsmagnetisierung σ_s von $La_{1-x}Pb_xMnO_3$.

Solid Solutions of $La_{1-x}Pb_x$-MnO_3

Magnetic Properties

größer als die Fermi-Energie E_F ist. Zur Beschreibung der (La,Pb)MnO_3-Mischkristalle als DE-Ferromagneten wird ein einfaches Modell auf der Grundlage der Molekularfeldnäherung vorgeschlagen [13]. Als Ursache für den Ferromagnetismus werden von Leung u. a. [11] primär die nicht lokalisierten d-Elektronen angesehen, die in einem engen Doppelaustauschband liegen; außerdem kann auch die Gitterverzerrung einen Einfluß haben, s. auch Morrish [12].

Untersuchungen der ferromagnetischen Resonanz an kugelförmigen Einkristallen mit $0.25 < x < 0.45$ im Bereich von 13 bis 25 GHz und 77 bis 430 K ergeben ein scharfes Minimum in der Linienbreite und eine isotrope Verschiebung in der Resonanzlinie bei einer kritischen Temperatur T_c; diese hängt von der Mn^{4+}-Konzentration ab und liegt um eine konstante Differenz (etwa 6 bis 7 K) oberhalb der Curie-Temperatur T_C. Die Zunahme der Linienbreite im paramagnetischen Bereich oberhalb T_c ist wahrscheinlich auf einen Raman- oder Orbach-Prozeß zurückzuführen. Die Zunahme unterhalb T_c wird mit der Einführung eines zusätzlichen, sehr wirksamen Relaxationsprozesses zu deuten versucht. Die Linienform ist bei hohen (etwa T_c) und tiefen Temperaturen (etwa 77 K) asymmetrisch, Searle, Wang [14]. Weitere Untersuchungen bestätigen, daß die Merkmale der ferromagnetischen Resonanz unterhalb T_c mit den Standardgleichungen für ferromagnetische Metalle beschrieben werden können, nach denen eine asymmetrische Linienform mit einer extremen Empfindlichkeit gegenüber einer Änderung des spontanen magnetischen Moments erwartet wird. An $La_{0.6}Pb_{0.4}MnO_3$ zeigt sich die Abhängigkeit der Kurvenasymmetrie von der Probengröße (bei T = 295 K und einer Winkelfrequenz $\omega = 9.4 \times 10^{10}$ rad/s). Die symmetrische Linienform wird bei einer polykristallinen Probe gefunden. Auch der bei Metallen als Antiresonanz bekannte Effekt (Minimum in der relativen Absorptionskurve kurz vor dem Hauptmaximum) tritt unter Bedingungen auf, die qualitativ der Theorie entsprechen, s. dazu **Fig. 50**, Wang, Searle [15].

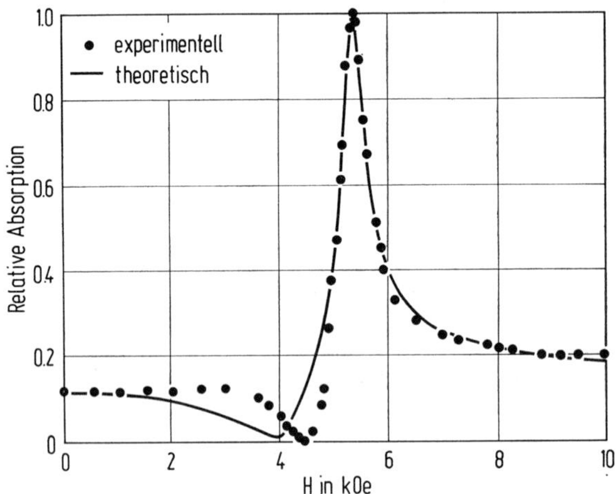

Fig. 50

Ferromagnetische Resonanzabsorptionskurve in der Nähe der magnetischen Ordnungstemperatur für $La_{0.6}Pb_{0.4}MnO_3$.

Im paramagnetischen Bereich steigt die reziproke Suszeptibilität $1/\chi$ mit der Temperatur wie bei metallischen Ferromagnetika an. Aus dem linearen Anstieg zwischen etwa 270 und 500°C kann auf den resultierenden Spin geschlossen werden; er fällt von 1.87 bei x = 0.26 auf 1.80 bei x = 0.44 in sehr guter Übereinstimmung mit den aus den Mn^{3+}-und Mn^{4+}-Konzentrationen berechneten Werten (1.87 bis 1.78) [11].

Für den spezifischen Widerstand ρ der $La_{1-x}Pb_xMnO_3$-Mischkristalle wird wie für die analogen Verbindungen mit Ca, Sr oder Ba zunächst die Größenordnung $10^2\ \Omega \cdot$ cm angegeben [1]. Genauere Messungen ergeben die in **Fig. 51** dargestellte Temperaturabhängigkeit von ρ. Die Abnahme von ρ in einem Magnetfeld ist besonders groß in der Nähe von T_C; bei 10 kOe ist z. B. für $La_{0.69}Pb_{0.31}MnO_3$ $\Delta\rho/\rho = -20\%$ bei T = 325 K. Die Temperatur dieses Maximums steigt ebenso wie T_C linear mit x an. Diese Eigenschaften sind (ebenso wie das magnetische Verhalten) mit einem Modell zu erklären, in dem die Spins der Elektronen im Leitungsband unterhalb T_C polarisiert sind [13]. — Bestrahlung von $La_{0.7}Pb_{0.3}MnO_3$ mit den von ^{22}Na emittierten Positronen zeigt, daß an ihrer Vernichtung nur einige der äußeren Elektronen der O-Ionen beteiligt sind [16].

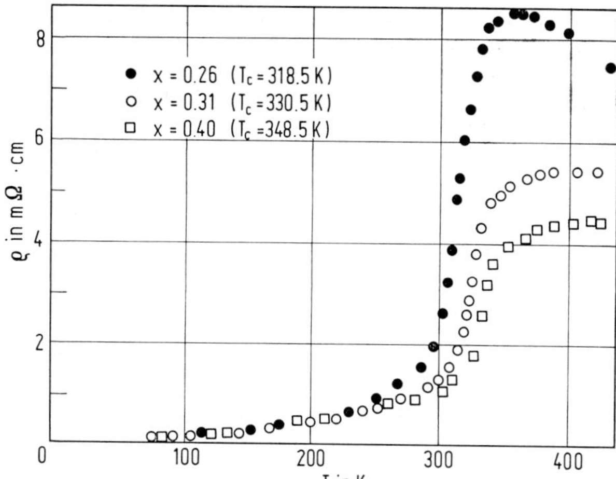

Fig. 51

Temperaturabhängigkeit des spezifischen Widerstandes ρ bei $La_{1-x}Pb_xMnO_3$-Mischkristallen.

Compounds of Manganese with O, Pb, and Other Metals

Längeres Erhitzen (etwa 20 h) von $La_{0.7}Pb_{0.3}MnO_3$-Einkristallen auf 1200°C bewirkt eine Wanderung von Pb-Einschlüssen aus dem Innern zur Oberfläche, wo Pb kurzfristig in erhöhter Konzentration vorliegt, bevor es sich bei längerer Erhitzungsdauer verflüchtigt [7]. — Die Mischkristalle lösen sich in verdünnter Schwefelsäure [5] und in konzentrierter Salzsäure [7], nicht dagegen in wäßriger Essigsäurelösung [15] oder siedendem Eisessig [5].

Solid Solutions

$La_{1-x}Pb_xMnO_3$-Mischkristalle mit x etwa 0.3 bis 0.5 eignen sich als Katalysator bei der Oxidation von CO und Kohlenwasserstoffen wie auch bei der Reduktion von Stickoxiden [4, 17]. Sie werden auch als elektrisches Widerstandsmaterial oder als magnetische Massekerne verwendet [2, 3].

Literatur:

[1] G. H. Jonker, J. H. van Santen (Physica **16** [1950] 337/49, 338, 346). — [2] N. V. Philips' Gloeilampenfabrieken, G. H. Jonker, J. H. van Santen, J. Volger (D. P. 808851 [1949/51]; C. A. **1953** 6284), N. V. Philips' Gloeilampenfabrieken (Belg. P. 493722 [1950/50]; C. **1953** 7626). — [3] G. H. Jonker, J. H. van Santen (U. S. P. 2677663 [1950/54]; C. A. **1954** 10959). — [4] R. J. H. Voorhoeve, J. P. Remeika, D. W. Johnson (Science [2] **180** [1973] 62/4). — [5] A. H. Morrish, B. J. Evans, J. A. Eaton, L. K. Leung (Can. J. Phys. **47** [1969] 2691/6).

[6] D. L. Janes, R. E. Bodnar (J. Appl. Phys. **42** [1971] 1500/1). — [7] T. Y. Kometani (Mater. Res. Bull. **8** [1973] 1449/58). — [8] M. J. Oretzki, P. Gaunt (Can. J. Phys. **48** [1970] 346/8). — [9] B. J. Evans, D. R. Peacor (J. Solid State Chem. **7** [1973] 36/9). — [10] C. Zener (Phys. Rev. [2] **82** [1951] 403/5).

[11] L. K. Leung, A. H. Morrish, C. W. Searle (Can. J. Phys. **47** [1969] 2697/702). — [12] A. H. Morrish (Ferrites Proc. Intern. Conf., Kyoto 1970 [1971], S. 574/7; C. A. **76** [1972] Nr. 92039). — [13] C. W. Searle, S. T. Wang (Can. J. Phys. **48** [1970] 2023/31). — [14] C. W. Searle, S. T. Wang (Can. J. Phys. **47** [1969] 2703/8). — [15] S. T. Wang, C. W. Searle (Can. J. Phys. **49** [1971] 387/90).

[16] S. Y. Chuang, B. G. Hogg (Phys. Status Solidi **20** [1967] 331/5). — [17] R. J. H. Voorhoeve, J. P. Remeika, P. E. Freeland, B. T. Matthias (Science [2] **177** [1972] 353/4).

$Pr_{1-x}Pb_xMnO_3$ und $Nd_{1-x}Pb_xMnO_3$

In gleicher Weise wie die Mischkristalle $La_{1-x}Pb_xMnO_3$ (s. S. 94) können auch mit Pr und/oder Nd perowskitartige Mischkristalle hergestellt werden, beispielsweise durch mehrstündiges Sintern der entsprechenden Carbonatmischungen in Luft bei etwa 1000°C und erneutes Glühen des zerkleinerten und in die gewünschte Form gepreßten Vorprodukts bei ungefähr 1400°C [1, 2]. Einkristalle der Zusammensetzung $Pr_{0.63}Pb_{0.37}MnO_3$, $Pr_{0.38}Nd_{0.36}Pb_{0.26}MnO_3$ und $Nd_{0.62}Pb_{0.38}MnO_3$ werden in einer Schmelzlösung aus PbO und PbF_2 im Pt-Tiegel bei 1150°C und langsames Abkühlen in Luft in Größen von 1 bis 5 mm erhalten [3]. Zur Züchtung von Kristallen der Zusammensetzung $x \approx 0.3$ mit PbO und B_2O_3 als Schmelzlösung s. [4].

Die Kristalle haben eine (wahrscheinlich rhomboedrisch) verzerrte Perowskit-Struktur. Die Gitterkonstanten betragen für alle 3 genannten Verbindungen 3.87 bis 3.89 Å [3]. — Magnetische Untersuchungen zeigen, daß diese Mischkristalle schwach ferromagnetisch sind. Oberhalb der Curie-Temperatur wird ein Verhalten gemäß Curie-Weiss beobachtet. Zwischen Pr^{3+} oder Nd^{3+} und den Mangan-Ionen scheint negative Kopplung zu bestehen. Die bei 77 K gemessene spezifische Sättigungsmagnetisierung σ_s, die ferro- und die paramagnetische Curie-Temperatur T_C bzw. Θ_p sowie die Curie-Konstante C haben folgende Werte:

Zusammensetzung	σ_s in G · cm³/g	T_C in K	Θ_p in K	C in K · cm³/mol
$Pr_{0.63}Pb_{0.37}MnO_3$	66	215	248	3.69
$Pr_{0.38}Nd_{0.36}Pb_{0.26}MnO_3$	61	185	235	3.61
$Nd_{0.62}Pb_{0.38}MnO_3$	58	175	225	3.71

Zur Temperaturabhängigkeit der Magnetisierung in einem Feld von 4.12 kOe im Vergleich mit einem La-haltigen Mischkristall s. **Fig. 52** [3]. Verwendet werden diese Mischkristalle als magnetische Massekerne [1], elektrisches Widerstandsmaterial [2], Katalysatoren für die Reduktion von Stickoxiden zu N_2 [4] oder für die Oxidation von CO zu CO_2, wobei im Vergleich zu den La- oder Pr-haltigen die Nd-Mischkristalle besonders aktiv sind [5].

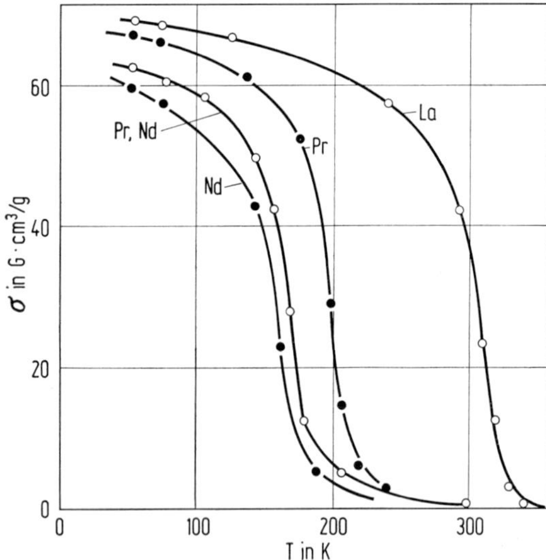

Fig. 52

Temperaturabhängigkeit der bei 4.12 kOe gemessenen spezifischen Magnetisierung σ der Mischkristalle $M_{1-x}Pb_xMnO_3$ (M = La, Pr, Nd, Pr + Nd).

Literatur:

[1] G. H. Jonker, J. H. van Santen (U. S. P. 2677663 [1950/54]; C. A. **1954** 10959). — [2] N. V. Philips' Gloeilampenfabrieken, G. H. Jonker, J. H. van Santen, J. Volger (D. P. 808851 [1949/51]; C. **1952** 1220). — [3] D. L. Janes, R. E. Bodnar (J. Appl. Phys. **42** [1971] 1500/1). — [4] R. J. H. Voorhoeve, J. P. Remeika, D. W. Johnson (Science [2] **180** [1973] 62/4). — [5] R. J. H. Voorhoeve, J. P. Remeika, P. E. Freeland, B. T. Matthias (Science [2] **177** [1972] 353/4).

2.11.8 Verbindungen des Mangans mit Sauerstoff und Metallen der 4. Nebengruppe

Compounds of Manganese with Oxygen and Metals of Subgroup 4

Übersicht. Von den verschiedenen Verbindungen und Phasen des Mangans mit Sauerstoff und Titan sind die MnO-TiO-Mischkristalle, die im Natriumchlorid- und Spinell-Typ kristallisieren, genauer untersucht. Ausführlich bearbeitet sind auch Mn_2TiO_4 und seine Mischkristalle. Das stärkste Interesse hat die Verbindung $MnTiO_3$, besonders wegen ihrer magnetischen Eigenschaften, gefunden. In den Mangantitanaten kann Mn durch Alkali- oder Erdalkalimetalle ersetzt werden. Phasen vom Perowskit-Typ, die außer den Erdalkalimetallen auch Lanthan enthalten, sind wegen ihrer magnetischen Eigenschaften eingehender untersucht. — Mit Zirkon und Sauerstoff bildet Mangan lediglich einige Mischkristallphasen, zum Teil unter Beteiligung von Metallen der 2. und 3. Gruppe des Periodensystems. Verbindungen mit Hafnium sind bisher nicht bekannt. — In neuerer Zeit werden insbesondere in der Patentliteratur zahlreiche Mischkristalle mit Mangan und den Elementen der 4. Nebengruppe, darunter auch Thorium, beschrieben, die sich von $PbTiO_3$ und $PbZrO_3$ ableiten und hinsichtlich ihrer piezoelektrischen Eigenschaften von Interesse sind. Diese Mischkristalle werden im Rahmen des Kapitels nur kurz erwähnt.

Review. Of the various compounds and phases of manganese with oxygen and titanium, the MnO-TiO solid solutions, which crystallize in the sodium chloride and spinell types have been the most closely studied. $MnTiO_4$ and its solid solutions have also been extensively treated. The compound $MnTiO_3$ has received the greatest interest, particularly on account of its magnetic properties. In the manganese titanates, Mn can be replaced by alkali or alkaline earth metals. Phases of the perovskite type, which contain lanthanum in addition to alkaline earth metals, have been extensively studied in view of their magnetic properties.

With zirconium and oxygen, manganese forms only some solid solution phases, to some extent together with metals of the 2nd and 3rd groups of the periodic system. Compounds with hafnium are not known so far. — Recently, especially in the patent literature, numerous solid solutions with manganese and the elements of the 4th subgroup, among them also thorium, have been described, which are derived from $PbTiO_3$ and $PbZrO_3$, and are of interest in view of their piezoelectric properties. These solid solutions are only briefly mentioned in this chapter.

2.11.8.1 Verbindungen des Mangans mit Sauerstoff und Titan

Compounds of Manganese with Oxygen and Titanium

2.11.8.1.1 Das System Mn-Ti-O

The Mn-Ti-O System

Bei 12 bis 14 Atom-% O und 900 bis 1100°C tritt eine Phase auf, deren Existenzbereich durch die Grenzzusammensetzungen Mn_3Ti_3O und Mn_2Ti_4O angegeben werden kann [1, 2, 3].

Von MnO ausgehend treten im System MnO-TiO mit steigendem Ti-Gehalt zunächst bis zur Zusammensetzung von etwa $Mn_{0.6}Ti_{0.4}O$ Mischkristalle vom NaCl-Typ auf. Daran schließt sich ein Zweiphasengebiet an. Ab $Mn_{0.5}Ti_{0.5}O$ bis etwa $Mn_{0.25}Ti_{0.75}O$ wird nur eine Phase mit Spinell-Struktur beobachtet; darauf folgt wieder ein Zweiphasengebiet. Im Bereich von $Mn_{0.15}Ti_{0.85}O$ bis TiO existieren Mischkristalle vom NaCl-Typ [1, 2], s. S. 101.

Im Teilsystem $MnO-Ti_2O_3$ existiert die Verbindung $MnTi_2O_4$ (s. S. 103), die mit Mn_2TiO_4 eine lückenlose Mischkristallreihe bildet (s. S. 106).

Untersuchungen des Teilsystems $MnO-TiO_2$ ergeben die in **Fig. 53** dargestellten Phasenbeziehungen [4]. Die kongruent schmelzende Verbindung Mn_2TiO_4 läßt sich auch durch EMK-Messungen an Schmelzen bei 1470°C erkennen [5]. Zu älteren Bestimmungen der Schmelzkurve s. [6]. Untersuchungen bei 1250°C bestätigen die Verbindungen Mn_2TiO_4 und $MnTiO_3$ [7]. $MnTiO_3$ kann einen Unterschuß an Mn von etwa 2% aufweisen, was durch eine entsprechende Oxidation ausgeglichen wird [8]. $Mn_2Ti_3O_8$ wird nicht bei der direkten Umsetzung von MnO und TiO_2 beobachtet; vermutlich wegen der geringen thermischen Stabilität der Verbindung, s. S. 114. $MnTi_2O_5$ ist nur in Form von Mischkristallen mit $CoTi_2O_5$ bekannt, s. S. 115.

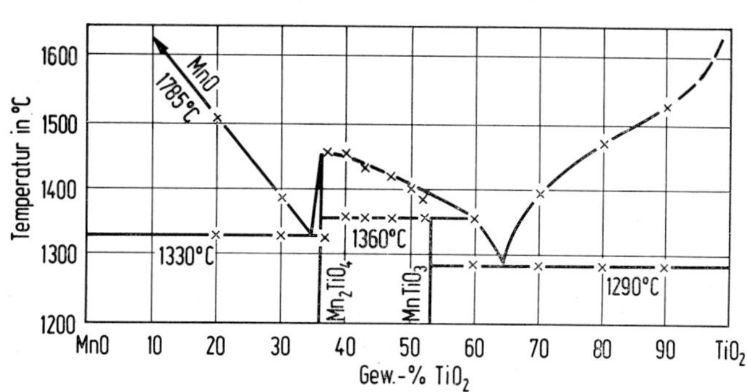

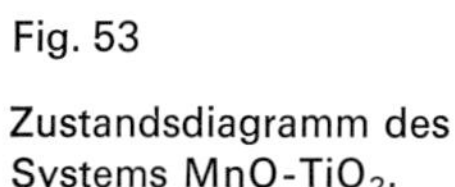

Fig. 53

Zustandsdiagramm des Systems $MnO-TiO_2$.

Mn_2TiO_4 bildet mit Mn_3O_4 eine vollständige Mischkristallreihe, s. S. 108.

Bei der Dotierung von TiO_2-Einkristallen (Rutil-Modifikation) mit etwa 50 ppm Mn wird Ti gegen Mn substituiert. ESR-Untersuchungen zeigen, daß bei Raumtemperatur Mn^{IV} vorliegt [9, 10]. Unterhalb 77 K treten jedoch zusätzliche Resonanzlinien von Mn^{III} auf [10, 11, 12], die zunächst für Linien des Mn^{II} gehalten wurden [13]. Vermutlich liegen gleiche Mengen an Mn^{IV} und Mn^{III} vor. Durch γ-Strahlen werden bei 77 K etwa 10% des Mn^{IV} zu Mn^{II} reduziert, das beim Erwärmen auf Raumtemperatur wieder in Mn^{IV} übergeht [10]. Das Mn zeigt starke kovalente Bindungsanteile [10, 13]. — Zum Einbau von 1 Mol-% MnO_2 werden $(NH_4)_2[TiO(SO_4)_2] \cdot H_2O$ und $Mn(NO_3)_2 \cdot 6H_2O$ in entsprechenden Mengen naß vermischt, getrocknet und 3 h bei 900°C getempert. Bei dieser Zusammensetzung tritt gegenüber reinem TiO_2 eine Kornvergrößerung auf und die Anatas→Rutil-Umwandlung läuft bei 900°C schneller ab [14].

Literatur:

[1] N. Karlsson (Nature **168** [1951] 558). — [2] M. V. Nevitt (Trans. AIME **218** [1960] 327/31). — [3] M. V. Nevitt (in: P. A. Beck, Electronic Structure and Alloy Chemistry of the Transition Elements Interscience Publ., New York–London 1963, S. 101/78, 131/2). — [4] J. Grieve, J. White (J. Roy. Tech. Coll. [Glasgow] **4** [1940] 660/70, 661). — [5] V. I. Musikhin, O. A. Esin (Zh. Fiz. Khim. **32** [1958] 1372/8; C. A. **1959** 1907).

[6] J. R. Crain (Chem. Met. Eng. **23** [1920] 879/82). — [7] L. G. Evans, A. Muan (Thermochimica Acta **2** [1971] 277/92, 278). — [8] G. Shirane, S. J. Pickart, Y. Ishikawa (J. Phys. Soc. Japan **14** [1959] 1352/60, 1358). — [9] H. G. Andresen (Phys. Rev. [2] **120** [1960] 1606/11). — [10] H. J. Gerritsen, E. S. Sabisky (Phys. Rev. [2] **132** [1963] 1507/12).

[11] W. Low (laut [13, S. 1096]). — [12] W. Low, R. Stahl Brada (laut [10, S. 1507]). — [13] H. G. Andresen (J. Chem. Phys. **35** [1961] 1090/6, 1095). — [14] Y. Iida, S. Ozaki (J. Am. Ceram. Soc. **44** [1961] 120/7, 121, 124).

Phase Region Mn_3Ti_3O to Mn_2Ti_4O

2.11.8.1.2 Phasenbereich Mn_3Ti_3O bis Mn_2Ti_4O

Zur Darstellung werden Ti und TiO_2 mit überschüssigem Mn im Lichtbogen dreimal aufgeschmolzen, bis durch Abdampfen der gewünschte Mn-Gehalt erreicht ist [1], s. auch [2]. Man kann auch entsprechende Pulvergemische in Mo-Folie gewickelt 72 h bei 10^{-6} Torr in Gegenwart von Zr-Spänen im geschlossenen Quarzrohr zusammensintern [1]. — Die Gitterkonstante der kubischen Phase steigt von a = 11.10 Å bei Mn_3Ti_3O auf 11.28 Å [3] bzw. 11.29 Å bei Mn_2Ti_4O [2]. Bei der Zusammensetzung (in Atom-%) von 42 Mn, 44 Ti und 14 O ist a = 11.229 ± 0.001 Å [1]. Die Phase kristallisiert im Fe_3W_3C-Typ (η-Carbid, $E9_3$-Typ [4]) [2, 3], wie analoge Phasen des Ta, Mo, W (s. S. 181, 204, 212). (Nevitt [1, 5] verwendet die Bezeichnung Ti_2Ni-Typ.) Raumgruppe Fd3m (Nr. 227); Z = 16 [3]. Bei der Zusammensetzung Mn_3Ti_3O besetzen die Atome folgende Lagen:

Atom	Punktlage	x	y	z
Mn(1)	32 e	−0.165	−0.165	−0.165
Mn(2)	16 d	$^5/_8$	$^5/_8$	$^5/_8$
Ti	48 f	0.185	0	0
O	16 c	$^1/_8$	$^1/_8$	$^1/_8$

Im Falle von Mn_2Ti_4O sind je 16 Ti- und Mn-Atome willkürlich auf der Lage 32e verteilt. Das Titan ist bei Mn_3Ti_3O oktaedrisch von 6 O-Atomen umgeben [3]. — Die experimentelle Dichte beträgt D = 6.14 g/cm³, die Röntgendichte bei einem Atom-%-Verhältnis Mn : Ti : O = 43 : 43 : 14 D = 6.08 und bei 42.5 : 42.5 : 15 D = 6.11 g/cm³ [1].

Literatur:

[1] M. V. Nevitt (Trans. AIME **218** [1960] 327/31). — [2] W. Rostoker (Trans. AIME **194** [1952] 209/10). — [3] N. Karlsson (Nature **168** [1951] 558). — [4] C. Gottfried, F. Schoßberger (Strukturbericht, Bd. 3, 1933/35 [1973], S. 71/3). — [5] M. V. Nevitt (in: P. A. Beck, Electronic Structure and Alloy Chemistry of the Transition Elements, Interscience Publ., New York–London 1963, S. 101/78, 131/2).

Solid Solutions of MnO with TiO

MnO-TiO-Mischkristalle

Zur Darstellung werden entsprechende Mengen $MnCO_3$ und TiO wiederholt vermahlen, verpreßt und im Vakuum mit Titanjodid als Getter bei 700°C getempert, zum Schluß bei 900 bis 1000°C [1, 2].

Die Gitterkonstante steigt mit zunehmendem Ti-Gehalt bei den Phasen vom NaCl-Typ zunächst von a = 4.445 Å bei MnO auf a = 4.459 Å bei $Mn_{0.88}Ti_{0.12}O$ mit Z′ (= Anzahl der Atome je Elementarzelle) = 7.80 und fällt dann auf a = 4.442 Å mit Z′ = 7.72 bei $Mn_{0.54}Ti_{0.41}O$. Auf der TiO-reichen Seite fällt a von 4.176 Å (Z′ = 6.42) bei $Mn_{0.10}Ti_{0.90}O$ auf a = 4.174 Å (Z′ = 6.44) bei $Mn_{0.05}Ti_{0.95}O$ [1 bis 4]. Bei den Phasen vom Spinell-Typ fällt a von 8.67 Å (Z′ = 56.0) bei $Mn_{0.44}Ti_{0.51}O$ auf a = 8.65 Å (Z′ = 56.9) bei $Mn_{0.25}Ti_{0.66}O$. Sie haben gegenüber dem reinen Typ AB_2O_4 einen Unterschuß an Sauerstoff. Möglicherweise gehört auch $MnTi_2O_4$ ($\hat{=}$ $Mn_{0.25}Ti_{0.5}O$), s. S. 103, zu diesem Homogenitätsgebiet [1, 2]. Aus dem Verhältnis der pyknometrischen zur röntgenographischen Dichte geht hervor, daß die Defekte in den NaCl-Typ-Phasen auf der TiO-Seite zahlreicher sind als auf der MnO-Seite [1 bis 4].

Die pyknometrische Dichte nimmt bei den NaCl-Typ-Phasen von D_{exp} = 5.28 g/cm³ bei $Mn_{0.93}Ti_{0.07}O$ auf 4.91 g/cm³ bei $Mn_{0.54}Ti_{0.41}O$ und von 4.78 g/cm³ bei $Mn_{0.10}Ti_{0.90}O$ auf 4.74 g/cm³ bei $Mn_{0.05}Ti_{0.95}O$ ab, entsprechend die Röntgendichte von D = 5.35 auf 4.96 g/cm³ bzw. von 5.96 auf 5.89 g/cm³ [2 bis 4]. Auch bei den Spinell-Phasen ist die pyknometrisch gemessene Dichte (4.77 bei $Mn_{0.44}Ti_{0.51}O$ bis 4.72 g/cm³ bei $Mn_{0.25}Ti_{0.66}O$) kleiner als die aus den Gitterkonstanten abgeleitete (5.31 bis 5.07 g/cm³) [2].

Die Gesamtwärmeleitfähigkeit λ (in mW · cm⁻¹ · K⁻¹) von Mischkristallen der drei Homogenitätsbereiche zwischen 100 und 1100 K ist in **Fig. 54** wiedergegeben. Der Elektronenanteil λ_e ist bei den Mn-reichen Phasen, z. B. noch bei der Spinell-Phase $Mn_{0.44}Ti_{0.51}O$, wegen der geringen elektrischen Leitfähigkeit bis 1100 K vernachlässigbar gering. Bei $Mn_{0.93}Ti_{0.07}O$ ist der Gitteranteil bei 300 K λ_g = 30. Bei dem metallähnlichen Mischkristall $Mn_{0.05}Ti_{0.95}O$ steigt λ_e von 4.2 bei 100 K auf 58.7 bei 1000 K, dagegen fällt λ_g von 65.8 bei 100 K auf 9.0 bei 800 K und steigt bis 1000 K auf 12.3 [3].

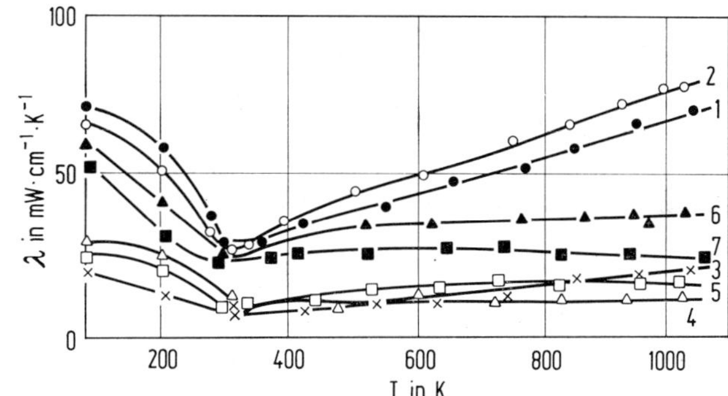

Fig. 54

Temperaturabhängigkeit der Gesamtwärmeleitfähigkeit λ von MnO-TiO-Mischkristallen
1) $Mn_{0.05}Ti_{0.95}O$,
2) $Mn_{0.25}Ti_{0.66}O$,
3) $Mn_{0.35}Ti_{0.60}O$,
4) $Mn_{0.44}Ti_{0.51}O$,
5) $Mn_{0.54}Ti_{0.41}O$,
6) $Mn_{0.74}Ti_{0.21}O$,
7) $Mn_{0.88}Ti_{0.12}O$.

Aus der Temperaturabhängigkeit der reziproken magnetischen Suszeptibilität $1/\chi$ geht hervor, daß die Mischkristalle auf der MnO-Seite antiferromagnetisch sind. Die Néel-Temperaturen der Proben zwischen $Mn_{0.93}Ti_{0.07}O$ und $Mn_{0.54}Ti_{0.41}O$ liegen im Bereich von T_N = 145 bis 160 K. $Mn_{0.1}Ti_{0.9}O$ zeigt unterhalb 55 K ebenfalls antiferromagnetische Eigenschaften, während in den Spinell-Phasen bei tiefen Temperaturen ferromagnetische Wechselwirkungen charakteristisch sind. Bei 300 K fällt χ im Bereich der Mischkristalle vom NaCl-Typ linear mit steigendem Ti-Gehalt, ist jedoch bei den Spinell-Phasen zu höheren Werten verschoben, s. **Fig. 55**, S. 102. χ folgt oberhalb T_N im Bereich der NaCl-Typ-Phasen dem Curie-Weiss-Gesetz (Werte von C und Θ s. Original), nicht aber bei den Spinellen, s. **Fig. 56**, S. 102. Unterhalb des Maximums bei T_N zeigt die Temperaturabhängigkeit noch ein Minimum. Der Abstand zwischen beiden Extrempunkten nimmt mit steigendem Ti-Gehalt ab. Das effektive magnetische Moment fällt von 4.76 μ_B bei $Mn_{0.93}Ti_{0.07}O$ auf 3.40 μ_B bei $Mn_{0.54}Ti_{0.41}O$ und beträgt 0.98 μ_B bei $Mn_{0.1}Ti_{0.9}O$ [1], s. auch [2].

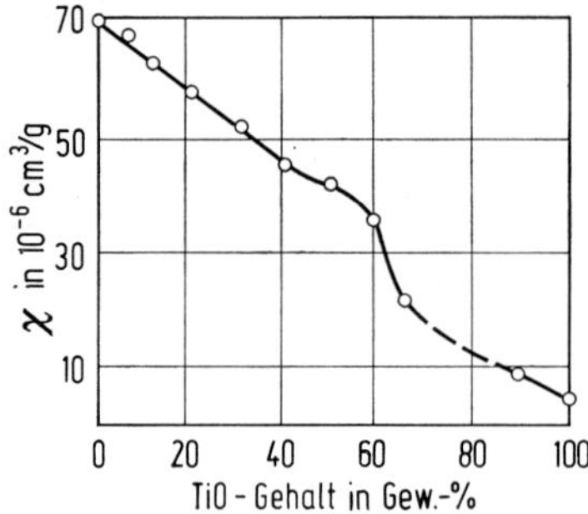

Fig. 55

Magnetische Suszeptibilität χ von MnO-TiO-Mischkristallen bei 300 K in Abhängigkeit von der Zusammensetzung.

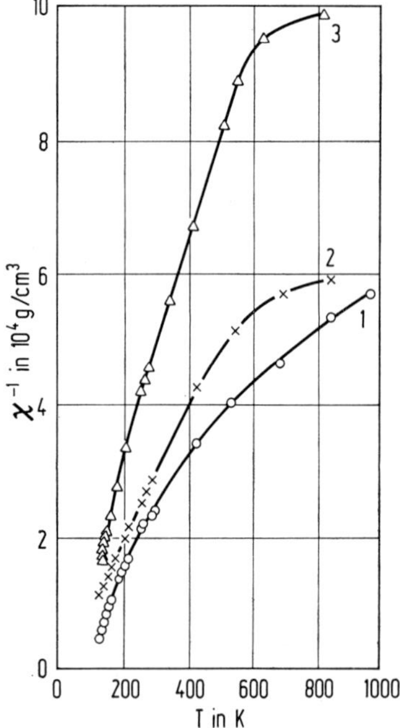

Fig. 56

Temperaturabhängigkeit der reziproken magnetischen Suszeptibilität χ^{-1} bei den Spinell-Typ-Phasen $Mn_{0.44}Ti_{0.51}O$ (1), $Mn_{0.35}Ti_{0.60}O$ (2) und $Mn_{0.25}Ti_{0.66}O$ (3).

Solid Solutions of MnO with TiO

Die Beweglichkeit der Ladungsträger steigt von $\mu = 0.22$ bei $Mn_{0.63}Ti_{0.31}O$ auf $\mu = 0.89$ cm$^2 \cdot$ V$^{-1} \cdot$ s^{-1} bei $Mn_{0.54}Ti_{0.41}O$ [4]. Die spezifische elektrische Leitfähigkeit (in $\Omega^{-1} \cdot$ cm^{-1}) steigt bei Raumtemperatur von $\varkappa = 1.0 \times 10^{-10}$ bei $Mn_{0.93}Ti_{0.07}O$ auf 0.17 bei $Mn_{0.54}Ti_{0.41}O$ sowie von 480 beim halbleitenden $Mn_{0.10}Ti_{0.90}O$ auf 2300 beim metallischen $Mn_{0.05}Ti_{0.95}O$ [4], s. auch [2]. In der Temperaturabhängigkeit von $\varkappa$ tritt bei den NaCl-Typ-Phasen im Bereich zwischen 100 und 1100 K ein Knick auf, der das Gebiet der Störstellenleitung bei tiefen Temperaturen von dem der Eigenleitung bei hohen Temperaturen trennt [4]. Bei $Mn_{0.05}Ti_{0.95}O$ steigt $\varkappa$ von 1590 bei 100 K auf 2250 bei 500 K und bleibt dann bis 1000 K konstant [3]. Die Aktivierungsenergie fällt im Tieftemperaturbereich monoton mit steigendem Ti-Gehalt von $E_1 = 1.72$ eV bei $Mn_{0.93}Ti_{0.07}O$ auf 0.34 eV bei $Mn_{0.54}Ti_{0.41}O$ und steigt von $E_1 = 0.02$ eV bei $Mn_{0.10}Ti_{0.90}O$ auf 0.48 eV bei $Mn_{0.05}Ti_{0.95}O$. Im Hochtemperaturbereich bleibt sie bis $Mn_{0.74}Ti_{0.21}O$ konstant $E_2 = 2.6$ eV wie bei MnO und fällt dann auf 0.9 eV bei $Mn_{0.54}Ti_{0.41}O$; bei $Mn_{0.10}Ti_{0.90}O$ ist $E_2 = 0.1$ eV [4]. Bei der Spinell-Phase $Mn_{0.44}Ti_{0.51}O$ bleibt $\varkappa \leqq 10$ bis zu hohen Temperaturen [3].

Der Hall-Koeffizient fällt bei Raumtemperatur von $R_H = -13.1$ bei $Mn_{0.63}Ti_{0.31}O$ auf -5.21 cm^3/C bei $Mn_{0.54}Ti_{0.41}O$. Bei Mn-reicheren Mischkristallen läßt sich R_H wegen der hohen elektrischen Leitfähigkeit nicht messen. Auf der Ti-reichen Seite steigt R_H von -0.52×10^{-4} bei $Mn_{0.10}Ti_{0.90}O$

auf −2.10 × 10^{-4} cm^3/C bei $Mn_{0.05}Ti_{0.95}O$ [2, 4]. Bei letzterer Zusammensetzung ist R_H unabhängig von der Temperatur [4].

Die Thermokraft (in μV/K) steigt bei Raumtemperatur von $\alpha = -64.6$ bei $Mn_{0.88}Ti_{0.12}O$ auf $\alpha = +16.1$ bei $Mn_{0.74}Ti_{0.21}O$ und fällt dann bis +10.4 bei $Mn_{0.54}Ti_{0.41}O$. Auf der Ti-reichen Seite fällt α von −4.5 bei $Mn_{0.10}Ti_{0.90}O$ auf −6.8 bei $Mn_{0.05}Ti_{0.95}O$ [2,4]. Die Temperaturabhängigkeit von α bei den Mn-reichen Mischkristallen ist in **Fig. 57** dargestellt [4]. Bei $Mn_{0.10}Ti_{0.90}O$ ist α zwischen 100 und 350 K praktisch temperaturunabhängig, fällt dann bis 800 K auf etwa −15 und bleibt bis 1500 K nahezu konstant. Ähnlich verläuft α bei $Mn_{0.05}Ti_{0.95}O$: oberhalb 800 K ist $\alpha \approx -13$ [3, 4].

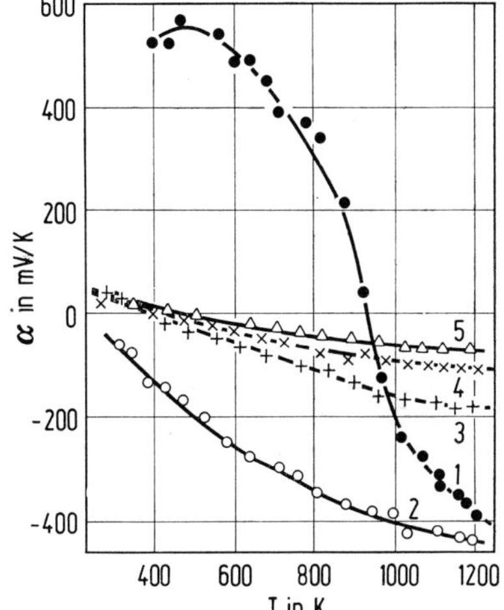

Fig. 57

Temperaturabhängigkeit der Thermokraft α bei MnO-TiO-Mischkristallen:
1) $Mn_{0.93}Ti_{0.07}O$,
2) $Mn_{0.88}Ti_{0.12}O$,
3) $Mn_{0.74}Ti_{0.21}O$,
4) $Mn_{0.63}Ti_{0.31}O$,
5) $Mn_{0.54}Ti_{0.41}O$.

Literatur:

[1] M. I. Aivazov, S. V. Gurov, A. G. Sarkisyan (Izv. Akad. Nauk SSSR Neorgan. Materialy **8** [1972] 853/7; Inorg. Materials [USSR] **8** [1972] 742/5). — [2] M. I. Aivazov, A. G. Sarkisyan, I. A. Domashnev, S. V. Gurov (Izv. Akad. Nauk SSSR Neorgan. Materialy **8** [1972] 1218/20; Inorg. Materials [USSR] **8** [1972] 1072/4). — [3] M. I. Aivazov, A. Kh. Muranevich, I. A. Domashnev (Teplofiz. Vysokikh Temperatur Akad. Nauk SSSR **11** [1973] 314/9; High Temp. [USSR] **11** [1973] 271/5). — [4] M. I. Aivazov, I. A. Domashnev, A. G. Sarkisyan (Izv. Akad. Nauk SSSR Neorgan. Materialy **10** [1974] 1075/80; Inorg. Materials [USSR] **10** [1974] 922/6).

2.11.8.1.4 $MnTi_2O_4$

$MnTi_2O_4$
Preparation. Properties

Zur Darstellung wird TiO_2 mit einem 6fachen Überschuß an Mn in Ar-Atmosphäre 5 h bei 1400°C umgesetzt. Das schwarze $MnTi_2O_4$ wird aus der erkalteten Schmelze mit verdünnter Salzsäure herausgelöst. Durch direkte Reaktion von MnO mit Ti_2O_3 gelingt die Darstellung nicht. — $MnTi_2O_4$ besitzt kubische Spinell-Struktur; Gitterkonstante a = 8.600 ± 0.002 Å; Z = 8, Raumgruppe Fd3m (Nr. 227) [1, 2]. Bei der Untersuchung der Mischkristalle aus $MnTi_2O_4$ und Mn_2TiO_4 (s. S. 106) wird für $MnTi_2O_4$ jedoch eine Gitterkonstante von $a \approx 8.63$ Å angegeben [3, 4]. Aus den Reflexintensitäten der Pulverdiagramme folgt, daß $MnTi_2O_4$ ein normaler Spinell ist: $Mn(Ti_2)O_4$. — Pyknometrische Dichte D = 4.37 ± 0.05 g/cm^3 [1, 2], Röntgendichte 4.48 g/cm^3 [5]. — $MnTi_2O_4$ wird von einer $K_2S_2O_7$-Schmelze zersetzt [1, 2].

Literatur:

[1] A. Lecerf (Ann. Chim. [Paris] [13] **7** [1962] 513/35, 530/4). — [2] A. Lecerf, A. Hardy (Compt. Rend. **252** [1961] 131/3). — [3] A. Lecerf, M. Rault, G. Villers (Compt. Rend. **261** [1965] 749/52). — [4] P. Hagenmuller, C. Guillard, A. Lecerf, M. Rault, G. Villers (Bull. Soc. Chim. France **1966** 2589/96, 2592). — [5] J. Trotter, T. C. W. Mak, D. G. Watson (Structure Reports, Bd. 26, 1961, S. 408).

Mn$_2$TiO$_4$

2.11.8.1.5 Mn$_2$TiO$_4$

Preparation

Darstellung. Die erste Darstellung von kristallinem Mn$_2$TiO$_4$, das jedoch mit MnTiO$_3$ verunreinigt war, gelang bereits Hautefeuille [1] durch Erhitzen von MnF$_2$ mit TiO$_2$. Reines hellrotes Mn$_2$TiO$_4$ entsteht bei der Umsetzung stöchiometrischer Mengen von MnCO$_3$ und amorphem TiO$_2$ in H$_2$-Atmosphäre, die bei Raumtemperatur mit H$_2$O gesättigt wurde. Nach der ersten Umsetzung bei 500°C wird das Gemisch nach erneutem Vermahlen wiederholt bei 1000 [2 bis 5] bis 1200°C getempert [6]. Die Reaktion läuft auch in feuchter N$_2$-Atmosphäre [2, 3] oder in gleichen Teilen CO und CO$_2$ innerhalb 30 bis 50 h bei 1100°C ab [7, 8, 9]. Als Ausgangssubstanz eignen sich außerdem die gemeinsam gefällten Hydroxide von Mn^{II} und Ti^{IV} [4]. Aus MnO und TiO$_2$ entsteht Mn$_2$TiO$_4$ innerhalb 8 bis 16 h bei 1000°C in NaF [10] oder innerhalb 4 bis 5 h bei 900°C in NaCl als Flußmittel [11].

Crystal Structure

Kristallstruktur. Beim langsamen Abkühlen von 1000°C auf Raumtemperatur entsteht tetragonales α-Mn$_2$TiO$_4$, während beim Abschrecken metastabiles kubisches β-Mn$_2$TiO$_4$ erhalten wird. Die Strukturen beider Modifikationen lassen sich auf den Spinell-Typ zurückführen. Die reversible Umwandlung findet bei $t_u \approx 770°C$ statt (DTA). Möglicherweise handelt es sich um eine sogenannte Order-Disorder-Umwandlung hinsichtlich der Verteilung der Kationen auf den Oktaederplätzen [2, 3, 4]. Beim Abkühlen von 1200°C auf Raumtemperatur innerhalb 2 h läßt sich eine weitere kubische Phase II erhalten, in der, wie das IR-Spektrum erkennen läßt, die Oktaederplätze je zur Hälfte mit Mn- und Ti-Ionen besetzt sind [6].

Für das tetragonale α-Mn$_2$TiO$_4$ werden die Gitterkonstanten zu a = 6.170 ± 0.003, c = 8.564 ± 0.003 Å bestimmt [12]. (Manchmal wird auch eine tetragonale F-Zelle mit $a\sqrt{2}$ = 8.726 ± 0.001, c = 8.567 ± 0.004 Å angegeben [2, 3, 4], s. auch [6], s. dazu „Mangan" C 2, S. 218/9.) Tabelle der d-Werte s. [3]; Z = 4, Raumgruppe P4$_3$22 (Nr. 95). Aus Neutronenbeugungsaufnahmen bei Raumtemperatur ergeben sich folgende Punktlagenbesetzungen:

Atom	Punktlage	x	y	z
Mn(A)	4c	0.241 ± 0.005	0.241 ± 0.005	$^5/_8$
Mn(B)	4a	0.242 ± 0.008	0	$^1/_4$
Ti	4b	0.247 ± 0.008	$^1/_2$	$^1/_4$
O(1)	8d	0.272 ± 0.003	0.011 ± 0.002	0.009 ± 0.003
O(2)	8d	0.292 ± 0.003	0.521 ± 0.002	0.015 ± 0.003

R = 8%. Mn(A) ist von O(1) und O(2) tetraedrisch im Abstand von 1.95 bzw. 1.93 Å umgeben, Mn(B) oktaedrisch mit Abständen von 2.08 bzw. 2.50 Å und Ti ebenfalls oktaedrisch mit Ti-O(1) und Ti-O(2) von je 2.03 Å [5]. Die Struktur entspricht einem verzerrten Spinell-Typ mit geordneter 1 : 1-Kationenverteilung auf den Oktaederplätzen gemäß Mn(MnTi)O$_4$ [5, 12].

Die für das kubische β-Mn$_2$TiO$_4$ zuerst von Holgersson, Herrlin [11] bestimmte Gitterkonstante a = 8.677 ± 0.004 Å wird später bestätigt [10]. Neuere Messungen ergeben a = 8.679 ± 0.001 Å [2, 3, 10] bzw. a = 8.680 Å [9]. Tabelle der d-Werte s. [3]. Die Struktur ist vom Spinell-Typ; Z = 8, Raumgruppe Fd3m (Nr. 227) [11]. Aus den Reflexintensitäten der Pulverdiagramme ergibt sich, daß β-Mn$_2$TiO$_4$ zu etwa 90% ein inverser Spinell ist [2, 3] in Übereinstimmung mit früheren Untersuchungen [10]. Magnetische Messungen ergeben vollständige Inversion [4]. Die Abweichung von der idealen Sauerstoffpackung beträgt $\delta = 0.006$. Die mittleren Abstände der Kationen auf den Tetraederplätzen bzw. auf den Oktaederplätzen zu den nächsten Sauerstoffatomen betragen 1.97 bzw. 2.07 Å [2, 3]. Wickham u. a. [10] nehmen an, daß 3% des Mangans als Mn^{III} vorliegen und sich auf den Oktaederplätzen befinden.

Density. Melting Point

Dichte. Schmelzpunkt. Die pyknometrische Dichte von auf Raumtemperatur abgeschrecktem β-Mn$_2$TiO$_4$ beträgt D = 4.482 ± 0.005 g/cm^3 [2, 3], die Röntgendichte 4.506 [2, 3] bzw. 4.49 g/cm^3 [11]. Der Übergang β-Mn$_2$TiO$_4$ → α-Mn$_2$TiO$_4$ ist mit einer Volumenkontraktion um 0.2% verbunden [2, 3, 4].

Der Schmelzpunkt von Mn$_2$TiO$_4$ beträgt 1450°C [13].

Mn_2TiO_4

Magnetic Properties

Magnetische Eigenschaften. α-Mn_2TiO_4 ist unterhalb 62 K ferrimagnetisch (Messung der Suszeptibilität) [5]. Als Curie-Temperatur wird auch 69 K angegeben [3, 14]. Neutronenbeugungsuntersuchungen bei 4.2 K ergeben eine rhombische magnetische Elementarzelle, die doppelt so groß wie die tetragonale chemische ist: $a_{rh} = 2a_{tetr}$, $b_{rh} = a_{tetr}$, $c_{rh} = c_{tetr}$. In der magnetischen Zelle ist die Lage der Mn-Ionen auf den Oktaederplätzen in 2 verschiedene Lagen B_1 und B_2 aufgespalten. Die magnetischen Momente auf der Lage B_1 sind antiparallel kollinear in x-Richtung angeordnet, während die auf den Lagen B_2 und A (Tetraederplätze) nicht kollinear sind, s. **Fig. 58** [5]. Der Verlauf des magnetischen Moments bei tiefen Temperaturen ist in **Fig. 59** wiedergegeben [2, 3].

Fig. 58

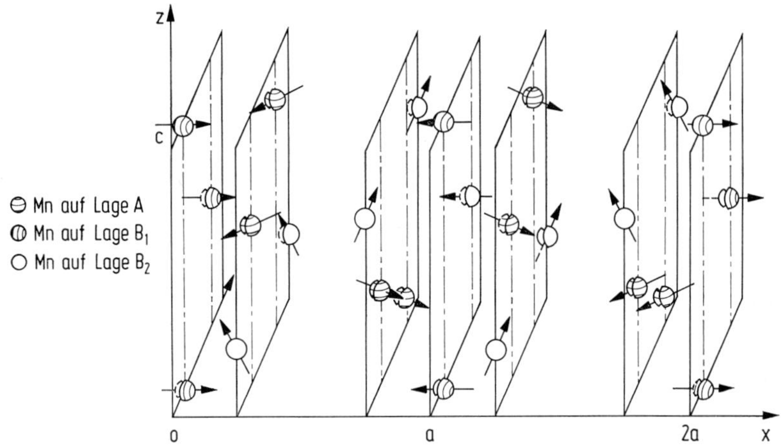

Anordnung der magnetischen Momente von Mn^{2+} in ferrimagnetischem α-Mn_2TiO_4.

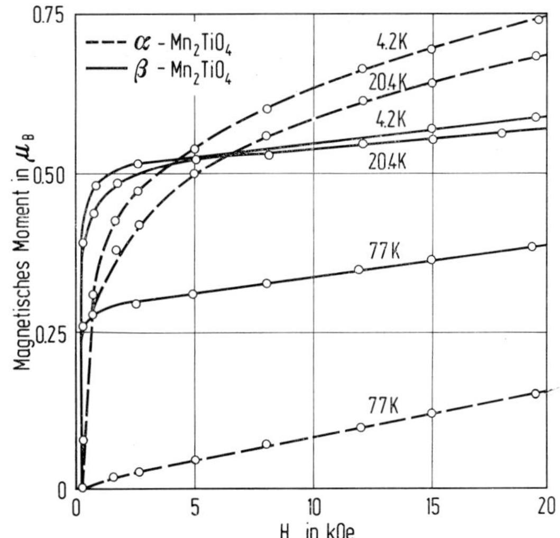

Fig. 59

Abhängigkeit des magnetischen Moments bei α- und β-Mn_2TiO_4 von der Stärke des äußeren Feldes H bei verschiedenen Temperaturen.

β-Mn_2TiO_4 ist ebenfalls ferrimagnetisch [10] mit $T_C = 78$ K [3, 14, 15]. Die magnetischen Momente der Mn-Ionen auf den Oktaederplätzen (B-Lagen) sind wahrscheinlich ebenfalls nicht kollinear [10]. Die Sättigungsmagnetisierung steigt unterhalb 20 K kaum noch an, s. Fig. 59 [2, 3]. An mehreren von 800, 1000 oder 1200°C auf 4 K abgeschreckten Proben wird ein Moment von etwa 0.5 μ_B gemessen [2, 3], vgl. auch [4, 10]. Bei linearer Extrapolation in der $MnTi_2O_4$-Mn_2TiO_4-Mischkristallreihe wäre für β-Mn_2TiO_4 das Moment Null zu erwarten [3, 4, 15].

Optical Properties

Optische Eigenschaften. Das IR-Absorptionsspektrum von β-Mn_2TiO_4 (auch als kubische Phase I bezeichnet) zeigt zwischen 200 und 700 cm^{-1} Banden bei etwa 300, 480 und 570 cm^{-1}, die infolge der statistischen Besetzung der Oktaederplätze durch Mn und Ti verbreitert sind. Die kubische Phase II (s. S. 104), bei der diese Kationen mindestens teilweise geordnet sind, weist ein linienreicheres Spektrum auf [6].

Chemical Reactions

Chemisches Verhalten. Abgeschrecktes β-Mn_2TiO_4 löst sich in konzentrierter Salzsäure, nicht dagegen in verdünnter [11, 16]. Bei 1150°C bilden sich in CO_2-Atmosphäre aus Mn_2TiO_4 und Fe_3O_4 Mischkristalle, die Spinell-Struktur besitzen [7]. Zur Mischkristallbildung mit Mn_3O_4 und $MnTi_2O_4$ s. S. 108 und unten. Mit Fe_2TiO_4 reagiert Mn_2TiO_4 bei 1100°C in einer CO-CO_2-Atmosphäre zu einer lückenlosen Mischkristallreihe mit Spinell-Struktur [13, 17], ebenso mit Co_2TiO_4 [18].

Literatur:

[1] P. Hautefeuille (Compt. Rend. **59** [1864] 732/5; Liebigs Ann. Chem. **134** [1865] 165/70). — [2] A. Hardy, A. Lecerf, M. Rault, G. Villers (Compt. Rend. **259** [1964] 3462/5). — [3] P. Hagenmuller, C. Guillard, A. Lecerf, M. Rault, G. Villers (Bull. Soc. Chim. France **1966** 2589/96, 2590/2). — [4] A. Lecerf, M. Rault, J. Portier, G. Villers (Bull. Soc. Chim. France **1965** 1208/12). — [5] E. F. Bertaut, H. Vincent (Solid State Commun. **6** [1968] 269/75).

[6] V. A. M. Brabers (Phys. Status Solidi A **12** [1972] 629/36). — [7] A. A. Shchepetkin, R. G. Zakharov, G. I. Chufarov (Zh. Fiz. Khim. **43** [1969] 3086/8; Russ. J. Phys. Chem. **43** [1969] 1734/6). — [8] A. A. Shchepetkin, R. G. Zakharov, É. A. Zinigrad, A. N. Men, G. I. Chufarov (Dokl. Akad. Nauk SSSR **184** [1969] 112/4; Dokl. Chem. Proc. Acad. Sci. USSR **184/189** [1969] 17/9). — [9] A. A. Shchepetkin, R. G. Zakharov, G. I. Chufarov (Zh. Neorgan. Khim. **15** [1970] 2627/32; Russ. J. Inorg. Chem. **15** [1970] 1362/5). — [10] D. G. Wickham, N. Menyuk, K. Dwight (Phys. Chem. Solids **20** [1961] 316/8).

[11] S. Holgersson, A. Herrlin (Z. Anorg. Allgem. Chem. **198** [1931] 69/78, 77). — [12] H. Vincent, J.-C. Joubert, A. Durif (Bull. Soc. Chim. France **1966** 246/50). — [13] J. Grieve, J. White (J. Roy. Tech. Coll. [Glasgow] **4** [1940] 660/70, 665). — [14] G. Villers, A. Lecerf, M. Rault (Compt. Rend. **260** [1965] 3017/20; Proc. Intern. Conf. Magnetism, Nottingham 1964 [1965], S. 639/41). — [15] A. Lecerf, M. Rault, G. Villers (Compt. Rend. **261** [1965] 749/52).

[16] W. Pukall (Silikat-Z. **2** [1914] 109/18, 111). — [17] A. A. Shchepetkin, V. K. Antonov, R. G. Zakharov, G. I. Chufarov (Izv. Akad. Nauk SSSR Metally **1970** Nr. 2, S. 144/6; gekürzte Übersetzung in: Russ. Met. **1970** Nr. 2, S. 79/82; C. A. **73** [1970] Nr. 19108). — [18] L. G. Evans, A. Muan (Thermochimica Acta **2** [1971] 277/92, 278).

Solid Solutions of Mn_2TiO_4 with $MnTi_2O_4$

2.11.8.1.6 Mn_2TiO_4-$MnTi_2O_4$-Mischkristalle

Die Spinelle $MnTi_2O_4$ und Mn_2TiO_4 bilden eine lückenlose Reihe von Mischkristallen, deren Zusammensetzung sich durch die allgemeine Formel $Mn_{1+x}Ti^{III}_{2(1-x)}Ti^{IV}_xO_4$ wiedergeben läßt. Zur Darstellung im Bereich $0 < x < 2/3$ werden $MnTiO_3$ und TiO_2 mit Mn bei 1100°C in Ar umgesetzt nach $2xMnTiO_3 + (2-3x)TiO_2 + (1-x)Mn \rightarrow Mn_{1+x}Ti^{III}_{2(1-x)}Ti^{IV}_xO_4$, im Bereich $2/3 < x < 1$ dagegen $MnTiO_3$ und Mn_2TiO_4 mit Mn gemäß $4(1-x)MnTiO_3 + (3x-2)Mn_2TiO_4 + (1-x)Mn \rightarrow Mn_{1+x}Ti^{III}_{2(1-x)}Ti^{IV}_xO_4$ [1, 2]. Überschüssiges Mn und eventuell gebildetes MnO werden mit Salzsäure herausgelöst [3, 4]. Die Mischkristalle entstehen auch, wenn man wie bei der Darstellung von Mn_2TiO_4 aus TiO_2 und $MnCO_3$ (s. S. 104) statt einer feuchten H_2-Atmosphäre technischen Wasserstoff, der etwas O_2 enthält, verwendet [5]. Die direkte Umsetzung von $MnTi_2O_4$ mit Mn_2TiO_4 ist zur Darstellung nicht geeignet [4].

Die unter verschiedenen Bedingungen getemperten Mischkristalle sind immer kubisch. Eine tetragonale Modifikation wie bei Mn_2TiO_4 (s. S. 104) wird nicht beobachtet [2, 5]. Die Gitterkonstanten verlaufen bei Raumtemperatur im Bereich von $x \approx 0.3$ bis $x \approx 0.7$ linear, weichen jedoch in der Nähe der Endglieder von der Vegardschen Regel etwas ab. Unterschiedliche Temperbehandlung wirkt sich auf die Gitterkonstanten nicht aus [5, 6], s. auch [1]. Die Intensitätsauswertung der Pulverreflexe bei $x = 0.48$ ergibt die Kationenverteilung $Mn(Mn_{0.48}Ti_{1.52})O_4$, wobei sich Mn **vor** der Klammer auf Tetraederplätzen und die Elemente **in** der Klammer auf Oktaederplätzen befinden. Die Verteilung $Mn(Mn_xTi_{2-x})O_4$ wird für alle Mischkristalle angenommen. Eine Differenzierung zwischen Ti^{III} und Ti^{IV} ist nicht möglich [2, 6]. Aus magnetischen Untersuchungen wird jedoch gefolgert, daß auch Ti in geringen Mengen die Tetraederplätze besetzen kann, s. unten.

Solid Solutions of Mn_2TiO_4 with $MnTi_2O_4$

Die Mischkristalle mit $x > 0.2$ sind bei tiefen Temperaturen ferrimagnetisch. Die Abhängigkeit der Curie-Temperatur von x zeigt **Fig. 60.** Bei langsam abgekühlten Proben mit $x \geqq 0.4$ wird bei einem äußeren Feld von 20 kOe magnetische Sättigung erreicht. Bei $x < 0.4$ sind dazu größere Feldstärken erforderlich. Die auf 0 K extrapolierten Sättigungsmomente sind in Abhängigkeit von x in **Fig. 61** wiedergegeben. Der lineare Abfall zwischen x = 0.5 und 0.75 beruht auf der Zunahme der Mn-Ionen auf den Oktaederplätzen mit wachsendem x. Die Extrapolation des Linearteils ergibt für x = 1 (Mn_2TiO_4) das Moment Null [5, 6]. In abgeschreckten Proben befinden sich Ti-Ionen auch auf den Tetraederplätzen $Mn_{1-\varepsilon}Ti^{IV}_{\varepsilon}(Ti^{III}_{2(1-x)}Mn_{x+\varepsilon}Ti^{IV}_{x-\varepsilon})O_4$, so daß μ beispielsweise bei x = 0.54 von 1.70 auf 1.40 μ_B verringert wird [1, 2, 4, 6].

Die Mischkristalle werden von geschmolzenem Borax [5, 6] und $K_2S_2O_7$ zersetzt [1].

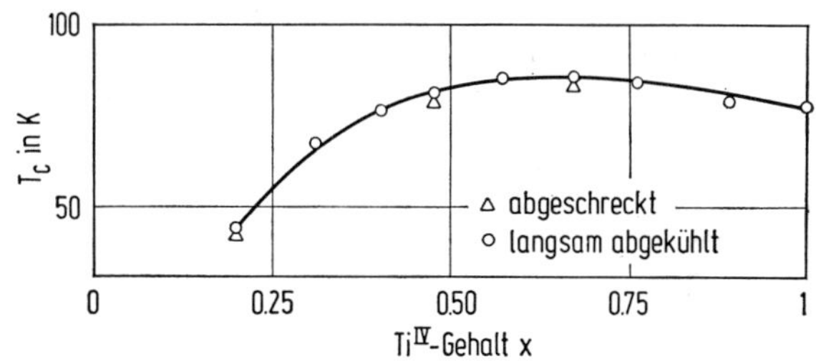

Fig. 60

Abhängigkeit der Curie-Temperatur T_C vom Ti^{IV}-Gehalt x bei Mischkristallen $Mn_{1+x}Ti^{III}_{2(1-x)}Ti^{IV}_xO_4$.

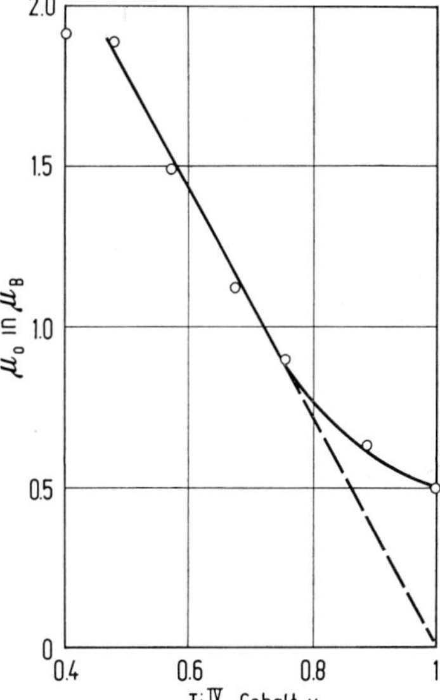

Fig. 61

Abhängigkeit des magnetischen Sättigungsmoments μ_0 vom Ti^{IV}-Gehalt der Mischkristalle $Mn_{1+x}Ti^{III}_{2(1-x)}Ti^{IV}_xO_4$ bei 0 K.

Literatur:

[1] G. Villers, A. Lecerf (Compt. Rend. **257** [1963] 1764/7). — [2] A. Lecerf, M. Rault, J. Portier, G. Villers (Bull. Soc. Chim. France **1965** 1208/12). — [3] A. Lecerf (Ann. Chim. [Paris] [13] **7** [1962] 513/35, 534). — [4] A. Lecerf, G. Villers (Compt. Rend. **256** [1963] 5073/5). — [5] P. Hagenmuller, C. Guillard, A. Lecerf, M. Rault, G. Villers (Bull. Soc. Chim. France **1966** 2589/96, 2590, 2592).

[6] A. Lecerf, M. Rault, G. Villers (Compt. Rend. **261** [1965] 749/52).

Solid Solutions of Mn_2TiO_4 with Mn_3O_4

2.11.8.1.7 Mn_2TiO_4-Mn_3O_4-Mischkristalle

Die Verbindungen Mn_2TiO_4 und Mn_3O_4 bilden eine vollständige Mischkristallreihe $(1-x)Mn_2TiO_4 \cdot xMn_3O_4$. Bei der Darstellung werden entsprechende Mengen $MnCO_3$, TiO_2 und Mn_3O_4 in Äthanol oder Wasser verrieben, verpreßt, 6 h bei 1000°C und nach erneutem Vermahlen 30 h bei 1100 bis 1200°C in CO_2-Atmosphäre getempert. Anschließend werden die Proben in H_2O abgeschreckt.

Die Mischkristalle sind im Bereich $0 < x < 0.2$ kubisch und im Bereich $0.2 < x < 1$ tetragonal. Die kubische Gitterkonstante fällt von a = 8.680 Å bei x = 0 (Mn_2TiO_4) auf 8.632 Å bei x = 0.2. Mit wachsendem x fällt a der tetragonalen Phasen linear über 8.360 Å bei x = 0.6 auf 8.144 Å bei x = 1 (Mn_3O_4), entsprechend steigt c linear über 9.075 Å bei x = 0.6 auf 9.442 Å bei x = 1; c/a steigt von 1 bei x = 0.2 auf 1.159 bei x = 1 [1, 2, 3]. $V^{1/3}$ weicht stark nach negativen Werten von der Vegardschen Regel ab. Da Mn^{III} und Ti^{IV} in Spinellen in der Regel die Oktaederplätze besetzen, wird für die kubischen Mischkristalle auf Kationenverteilung $Mn^{II}(Mn^{III}_{2x}Mn^{II}_{1-x}Ti^{IV}_{1-x})O_4$ geschlossen [1].

Die Mischkristalle werden bei 800 bis 1000°C von H_2 reduziert, wobei der Mn_3O_4-Anteil abnimmt und sich gleichzeitig MnO abscheidet. Die vollständige Reduktion ergibt Mn_2TiO_4 und MnO [1, 3]. Der Gleichgewichtsdruck des Sauerstoffs über den Mischkristallen nimmt bei 800°C von $\lg p(O_2) = -10.9$ (p in atm) bei x = 1 auf −14.0 bei x = 0.2 ab und fällt bis −16.7 in der Nähe von Mn_2TiO_4 (x = 0) [1].

Literatur:

[1] A. A. Shchepetkin, R. G. Zakharov, É. A. Zinigrad, A. N. Men, G. I. Chufarov (Dokl. Akad. Nauk SSSR **184** [1969] 112/4; Dokl. Chem. Proc. Acad. Sci. USSR **184/189** [1969] 17/9). — [2] A. A. Shchepetkin, R. G. Zakharov, M. I. Zinigrad, G. I. Chufarov (Kristallografiya **14** [1969] 889/94; Soviet Phys.-Cryst. **14** [1969] 761/4). — [3] A. A. Shchepetkin, R. G. Zakharov, G. I. Chufarov (Zh. Neorgan. Khim. **15** [1970] 2627/32; Russ. J. Inorg. Chem. **15** [1970] 1362/5).

$MnTiO_3$

2.11.8.1.8 $MnTiO_3$

Die Verbindung kommt in der Natur als Mineral Pyrophanit vor, s. hierzu den später erscheinenden Band „Mangan" A. Zur Existenz im System MnO-TiO_2 s. S. 99.

Preparation

Darstellung

Bei der Darstellung wird in den meisten Fällen TiO_2 mit äquivalenten Mengen MnO [1, 2, 3], Mn_3O_4 [4], MnO_2 [5] oder $MnCO_3$ [6, 7, 8] bei 950 bis 1300°C umgesetzt. Zur Homogenisierung werden die gelbgrünen Präparate wiederholt gemahlen, neu verpreßt und bei steigender Temperatur mehrere Stunden getempert, s. beispielsweise [1, 2]. Als Oxidationsschutz wird in He, Ar [9], CO_2 [1, 2, 8], einem CO-CO_2-Gemisch von 1 : 10 [1, 2] oder im Vakuum gearbeitet [1 bis 5]. Man kann auch äquimolare Mengen TiO_2-Hydrat, MnO und Weinsäure in kochendem H_2O lösen und mit überschüssigem Alkohol fällen. Der Niederschlag wird an der Luft zuerst auf 600°C erhitzt, wobei die organischen Anteile verbrennen; dann wird die Temperatur schnell auf 900°C gesteigert, da sonst das Mangan oxidiert wird [10]. Beim Zusammenschmelzen von TiO_2 mit $MnCl_2$ entsteht $MnTiO_3$ in Form gelbbrauner Plättchen [11], während mit MnF_2 auch Mn_2TiO_4 als Nebenprodukt entsteht [12].

Zur Züchtung von Einkristallen aus der (inkongruenten!) Schmelze s. [13, 14]. Sie lassen sich auch nach der Bridgman-Technik ziehen [14].

Durch Vergleich mit bekannten Titanaten, Carbonaten und Silicaten wird für die Bildung von $MnTiO_3$ $\Delta H^{\circ}_{298} = -320.4$ kcal/mol und $\Delta G^{\circ}_{298} = -301.8$ kcal/mol berechnet [15].

Literatur:

[1] G. S. Heller, J. J. Stickler, A. Wold (Proc. Colloq. AMPERE **11** [1962/63] 466/70; C. A. **60** [1964] 146). — [2] J. Stickler, S. Kern, A. Wold, G. S. Heller (Phys. Rev. [2] **164** [1967] 765/7). — [3] A. Sawaoka, S. Miyahara, S.-I. Akimoto, H. Fujisawa (J. Phys. Soc. Japan **21** [1966] 185). — [4] S. Shirane, S. J. Pickart, Y. Ishikawa (J. Phys. Soc. Japan **14** [1959] 1352/60, 1353). — [5] W. R. White (Mater. Res. Bull. **2** [1967] 381/94, 383).

[6] W. Pukall (Silikat-Z. **2** [1914] 109/18, 112). — [7] C. C. Stephenson, D. Smith (J. Chem. Phys. **49** [1968] 1814/8). — [8] Y. Syono, S.-I. Akimoto, Y. Ishikawa, Y. Endoh (J. Phys. Chem. Solids **30** [1969] 1665/72, 1665; Tech. Rept. ISSP Nr. 334 [1968] 1/23; Ref. Zh. Fiz. **1969** 8 E 1204). — [9] R. S. Roth (J. Res. Natl. Bur. Std. **58** [1957] 75/88, 78). — [10] Y. Saikali, J. M. Pâris (Compt. Rend. C **265** [1967] 1041/3).

[11] L. Bourgeois (Bull. Soc. Franc. Mineral. **15** [1892] 194/5). — [12] P. Hautefeuille (Compt. Rend. **59** [1864] 732/5; Liebigs Ann. Chem. **134** [1865] 165/70). — [13] R. G. Rudness, R. W. Kebler, Union Carbide Corp. (U. S. P. 3272591 [1959/66] nach C. A. **66** [1967] Nr. 6319). — [14] J. J. Stickler, G. S. Heller (J. Appl. Phys. **33** [1962] 1302/3). — [15] L. A. Zharkova (Zh. Fiz. Khim. **36** [1962] 1819/21; Russ. J. Phys. Chem. **36** [1962] 985/7).

Kristallstruktur

$MnTiO_3$ Crystal Structure

Neben der Modifikation $MnTiO_3$I, die unter Normalbedingungen stabil ist und im Ilmenit-Typ ($FeTiO_3$) kristallisiert, existiert eine Hochdruckmodifikation $MnTiO_3$II mit ungeordneter Ilmenit-Struktur. Sie entsteht bei 70 kbar und 900°C innerhalb 40 min, bei 53 kbar und 1300°C innerhalb 15 min. Die Phasengrenze verläuft in diesem Bereich gemäß $p = 110 - 0.044\,t$ mit p in kbar und t in °C. $MnTiO_3$II ist auf Normalbedingungen abschreckbar [1].

$MnTiO_3$I, das in Form von Plättchen [2] oder Nadeln [3] anfällt, kristallisiert rhomboedrisch [4]. Es werden folgende Gitterkonstanten der rhomboedrischen bzw. hexagonalen Elementarzelle gefunden:

a_{rh} in Å	α	a_h in Å	c_h in Å	Lit.
5.62	54°16′	5.126	14.333	[4, 5]
5.585 ± 0.001	54°57′	5.155	14.18	[5, 6]
5.610	54°30′	—	—	[7]
5.6096 ± 0.0005	54°30′ ± 1′	5.1374 ± 0.0002	14.284 ± 0.001	[1]

$Z_{rh} = 2$, $Z_h = 6$, Raumgruppe $R\bar{3}$ (Nr. 148) [4], Tabelle der d-Werte s. [1]. Der Ilmenit($E2_2$)-Typ wurde für $MnTiO_3$I schon auf Grund der äußeren Form der Kristalle erkannt [8, 9] und später röntgenographisch bestätigt [4]. In der rhomboedrischen Zelle besetzen Mn und Ti die Lage 2c, ± (x, x, x), und O die allgemeine Punktlage. Aus röntgenographischen Pulveraufnahmen ergibt sich für Mn $x = 0.357 \pm 0.002$ und für Ti $x = 0.143 \pm 0.002$ ($= {}^1/_2 - x_{Mn}$). Neutronenbeugungsaufnahmen bei 4.2 K und Raumtemperatur ergeben die Sauerstoffparameter $x = 0.560$, $y = -0.050$, $z = 0.220$. Mn und Ti sind oktaedrisch von O umgeben mit Abständen von 2.10 und 2.26 Å bzw. 1.86 und 2.12 Å [7]. In der vom Korund-Typ (Al_2O_3, s. „Aluminium" B, S. 80) ableitbaren Struktur sind die Sauerstoffatome hexagonal dicht gepackt, wobei ${}^2/_3$ der Oktaederlücken von den Kationen in der Weise besetzt werden, daß parallel zur hexagonalen Basisfläche die Schichtenfolge -Ti-Mn-□-Mn-Ti-□- entsteht (□ = unbesetzte Oktaederlücke), s. **Fig. 62**, S. 110. Durch die gegenseitige elektrostatische Abstoßung benachbarter Schichten werden die Kationen aus der Oktaedermitte in Richtung der hexagonalen c-Achse verschoben [10].

$MnTiO_3$II ist rhomboedrisch und hat bei Normalbedingungen die Gitterkonstanten $a_{rh} = 5.4666 \pm 0.0011$ Å, $\alpha = 56°52' \pm 2'$ bzw. bei hexagonaler Achsenwahl $a_h = 5.2051 \pm 0.0005$, $c_h = 13.699 \pm 0.003$ Å; Tabelle der d-Werte s. Original. Raumgruppe $R\bar{3}c$ (Nr. 167). Aus dem fehlenden 111-Reflex, der für die geordnete Ilmenit-Struktur typisch ist, wird gefolgert, daß die Kationen keine geordnete Verteilung besitzen [1]. $MnTiO_3$II ist isotyp mit $MnSnO_3$ (s. S. 85).

Mössbauer-Untersuchungen von Proben mit 1 Mol-% $^{57}FeTiO_3$ ergeben bei $MnTiO_3$I eine Isomerieverschiebung von $\delta = 1.29$ mm/s und eine Quadrupolaufspaltung von $\Delta = 0.83$ mm/s, bei $MnTiO_3$II ist $\delta = 1.22$ und $\Delta = 1.32$ mm/s (alle Werte bei Raumtemperatur) [1].

Die Temperaturabhängigkeit des effektiven inneren Feldes (s. S. 112) läßt sich gut durch die Brillouin-Funktion mit einem Spin $S = {}^5/_2$ wiedergeben [11, 12]. Nach Osmond [13] sind jedoch die Summen der magnetischen Momente der drei Ionenpaare Mn^{2+}-Ti^{4+}, Mn^{3+}-Ti^{3+} und Mn^{4+}-Ti^{2+} gleich, so daß kein Schluß auf die Ladung der Kationen gezogen werden kann. Bei Präparaten mit Ti-Überschuß gegenüber der stöchiometrischen Zusammensetzung kann das Ladungsdefizit durch höhere Wertigkeiten der Mn-Ionen ausgeglichen werden [7].

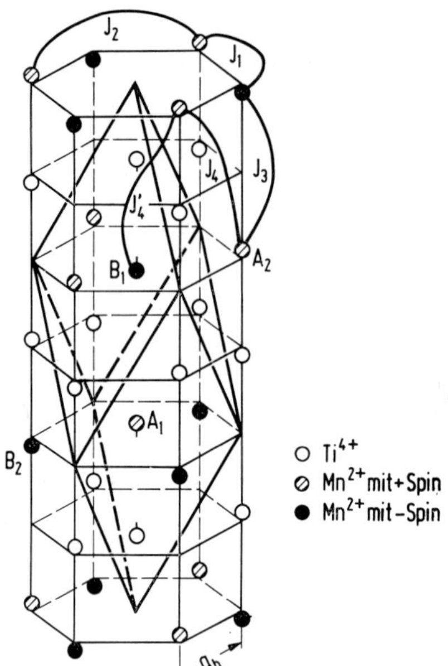

Fig. 62

Anordnung der Kationen in der Struktur von $MnTiO_3I$, bezogen auf die rhomboedrische und hexagonale Elementarzelle sowie die Austauschwechselwirkungen J.

Literatur:

[1] Y. Syono, S.-I. Akimoto, Y. Ishikawa, Y. Endoh (J. Phys. Chem. Solids **30** [1969] 1665/72; Tech. Rept. ISSP Nr. 334 [1968] 1/23; Ref. Zh. Fiz. **1969** 8 E 1204). — [2] L. Bourgeois (Bull. Soc. Franc. Mineral. **15** [1892] 194/5). — [3] K. Iwasé, U. Nisioka (Sci. Rept. Tohoku Imp. Univ. I **25** [1936] 504/9). — [4] E. Posnjak, T. F. W. Barth (Z. Krist. **88** [1934] 271/80, 275, 277). — [5] J. D. H. Donnay, H. M. Ondik (Crystal Data, Bd. 2, 3. Aufl., National Standard Reference Data System, JCPDS, 1973, S. H-262, H-265).

[6] R. S. Roth (J. Res. Natl. Bur. Std. **58** [1957] 75/88, 78). — [7] G. Shirane, S. J. Pickart, Y. Ishikawa (J. Phys. Soc. Japan **14** [1959] 1352/60, 1354, 1357). — [8] W. H. Zachariasen (Skrifter Norske Videnskaps-Akad. Oslo: Mat. Naturv. Kl. **1928** Nr. 4, S. 1/165, 149). — [9] V. M. Goldschmidt (Trans. Faraday Soc. **25** [1929] 253/83, 271). — [10] J. B. Goodenough, J. J. Stickler (Phys. Rev. [2] **164** [1967] 768/78, 768).

[11] G. S. Heller, J. J. Stickler, A. Wold (Proc. Colloq. AMPERE **11** [1962/63] 466/70; C. A. **60** [1964] 146). — [12] J. J. Stickler, G. S. Heller (J. Appl. Phys. **33** [1962] 1302/3). — [13] W. P. Osmond (Brit. J. Appl. Phys. **15** [1964] 1377/82).

$MnTiO_3$

M' hanica
ɹnd
Thermal
Properties

Mechanische und thermische Eigenschaften

Die pyknometrische Dichte beträgt 4.53 [1] bis 4.6 g/cm³ [2], die Röntgendichte 4.579 [3] und 4.604 g/cm³ [4] nach [5]. Die Volumina der Elementarzellen von $MnTiO_3I$ und $MnTiO_3II$ unterscheiden sich bei Raumtemperatur um 1.6% [6].

Aufgrund von Untersuchungen im System MnO-TiO_2 (s. S. 99) schmilzt $MnTiO_3$ inkongruent bei 1360°C [7]. Daneben werden auch kongruente Schmelzpunkte von 1404 [1] und 1420°C angegeben [8].

Die molare Wärmekapazität C_p (in cal · mol⁻¹ · K⁻¹) steigt von 1.71 bei 31 K auf ein Maximum bei der Néel-Temperatur (T_N = 62.3 K) von 7.18 und erreicht 23.93 bei 298.15 K, s. **Fig. 63** (linker Teil). Mit Hilfe von Debye- und Einstein-Funktionen läßt sich der Gitteranteil berechnen. Die Differenz zwischen den gemessenen Werten und dem Gitteranteil ist der magnetische Anteil C_m, dessen

Fig. 63

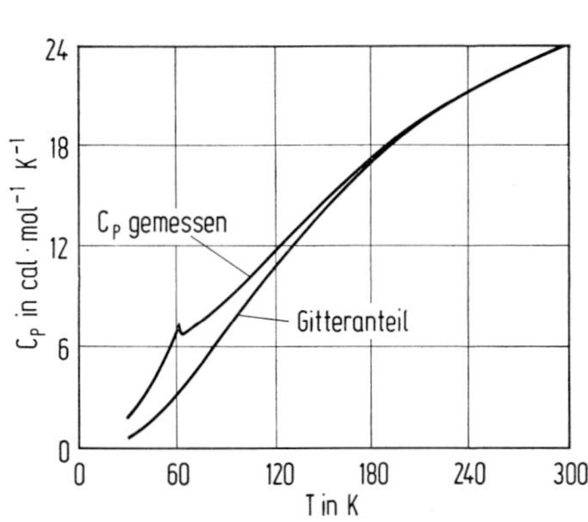

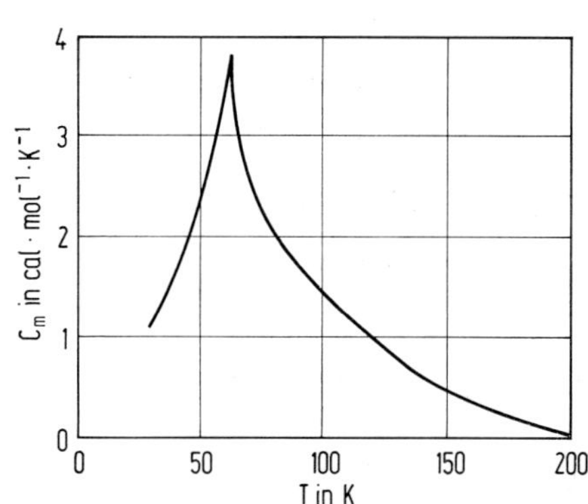

Temperaturabhängigkeit der gesamten Wärmekapazität C_p sowie des Gitter- (links) und magnetischen Anteils C_m (rechts) bei $MnTiO_3$I.

Temperaturabhängigkeit ein scharfes Maximum bei T_N aufweist, s. Fig. 63. Ausgewählte Werte für C_p, C_m, die Enthalpiefunktion $(H - H_0)/T$, die Entropie S und die magnetische Entropie S_m (alle in $cal \cdot mol^{-1} \cdot K^{-1}$):

T in K	31	35	40	50	60	62.3	65	70	80	100
C_p	1.71	2.15	2.79	4.36	6.57	7.18	6.66	6.87	7.69	9.66
C_m	1.18	1.40	1.68	2.38	3.51	3.85	3.01	2.59	2.14	1.47
$(H - H_0)/T$	0.48	0.64	0.87	1.41	2.07	2.25	2.44	2.74	3.31	4.38
S	0.67	0.90	1.23	2.01	2.99	3.25	3.54	6.87	5.00	6.93
S_m	0.50	0.65	0.86	1.30	1.83	1.97	2.11	2.32	2.62	3.03

T in K	120	140	160	180	200	230	260	290
C_p	11.72	13.63	15.50	17.15	18.59	20.52	22.13	23.63
C_m	1.02	0.61	0.41	0.24	0.08	0	0	0
$(H - H_0)/T$	5.43	6.46	7.48	8.46	9.41	10.73	11.95	13.09
S	8.87	10.82	12.76	14.69	16.57	19.30	21.92	24.42
S_m	3.25	3.38	3.44	3.49	3.50	3.51	3.51	3.51

Der für 31 K geschätzte Wert $S \approx 0.67$ beruht auf der Annahme, daß $S_m = 0.50$ ist. Der Gesamtbetrag von S_m, von dem unterhalb T_N nur etwa 55% erreicht werden, stimmt mit dem theoretischen Wert, der mit dem Spin $^5/_2$ des Mn^{2+} berechnet wird ($3.56\ cal \cdot mol^{-1} \cdot K^{-1}$), gut überein.

Die Umwandlungsentropie beim Übergang in die Hochdruckmodifikation $MnTiO_3$II errechnet sich nach Clausius-Clapeyron zu 0.5 [6]. Die mit der magnetischen Umwandlung verbundene Enthalpieänderung beträgt 223.5 cal/mol [9].

Literatur:

[1] S. Smolensky (Z. Anorg. Allgem. Chem. **73** [1912] 293/303, 300). — [2] L. Bourgeois (Bull. Soc. Franc. Mineral. **15** [1892] 194/5). — [3] E. Posnjak, T. F. W. Barth (Z. Krist. **88** [1934] 271/80, 277). — [4] R. S. Roth (J. Res. Natl. Bur. Std. **58** [1957] 75/88, 78). — [5] J. D. H. Donnay, H. M. Ondik (Crystal Data, Bd. 2, 3. Aufl., National Standard Reference Data System, JCPDS, 1973, S. H-262, H-265).

[6] Y. Syono, S.-I. Akimoto, Y. Ishikawa, Y. Endoh (J. Phys. Chem. Solids **30** [1969] 1665/72, 1666; Tech. Rept. ISSP Nr. 334 [1968] 1/23; Ref. Zh. Fiz. **1969** 8 E 1204). — [7] J. Grieve, J. White (J. Roy. Tech. Coll. [Glasgow] **4** [1940] 660/70). — [8] L. Kacsalova, A. K. Shirvinskaya (Epitoanyag **26** [1974] 241/4 nach C. A. **81** [1974] Nr. 111 892). — [9] C. C. Stephenson, D. Smith (J. Chem. Phys. **49** [1968] 1814/8).

MnTiO$_3$

Magnetic Properties

Magnetische Eigenschaften

MnTiO$_3$I ist bei tiefen Temperaturen antiferromagnetisch [1]. Während jedoch die Temperaturabhängigkeit der magnetischen Suszeptibilität χ ein breites Maximum um 100 K zeigt [2 bis 5], folgt aus Messungen der Wärmekapazität eine Néel-Temperatur von $T_N = 62.3 \pm 0.1$ K [6] bzw. 63.5 K [7], aus der antiferromagnetischen Resonanz an Pulverpräparaten von $T_N = 61$ K [2, 8] bzw. 63.5 K [4] und an verschiedenen Einkristallen von $T_N = 61.5$ bzw. 66 K [9]. Aus Neutronenbeugungsuntersuchungen ergibt sich $T_N = 64.04 \pm 0.01$ K [10, 11] in Übereinstimmung mit eigenen Messungen der Wärmekapazität [10]. $T_N/T_S = 1.22$, wobei $T_N = 63.5$ K und T_S die aus den magnetischen Momenten berechnete Umwandlungstemperatur ist [12]. Die Temperatur, bei der die Hochdruckmodifikation MnTiO$_3$II in den antiferromagnetischen Zustand übergeht, läßt sich aus der paramagnetischen Resonanzabsorption zu $T_N = 24 \pm 1$ K schätzen [5].

Neutronenbeugungsuntersuchungen bei 4.2 K ergeben, daß die magnetische Elementarzelle von MnTiO$_3$I die gleichen Abmessungen hat wie die chemische (s. S. 109) [13]. Magnetische Punktgruppe ist $\bar{3}'$ [14]. Die magnetischen Momente der Mn-Ionen sind nach $[111]_{rh}$ bzw. $[001]_h$ ausgerichtet, je nachdem, ob man die rhomboedrische oder hexagonale Elementarzelle wählt. Innerhalb der Mn-Schichten sind die Momente antiparallel angeordnet, s. Fig. 62, S. 110 [13]. Neutronenbeugungsuntersuchungen in der Umgebung von T_N zeigen eine dreidimensionale kritische Streuung in Richtung der hexagonalen c-Achse [10]. Im Bereich von 56 bis 64 K folgt das magnetische Moment des Mn-Untergitters einem $(T_N - T)^{\beta}$-Gesetz; der kritische Exponent beträgt $\beta = 0.32 \pm 0.01$ wie bei einem dreidimensionalen Antiferromagneten. Beim dreidimensionalen Heisenberg-Modell ist $\beta = 1/3$ [11], beim Ising-Modell $5/16$ [10]. Oberhalb T_N bleibt bis etwa $T_N + 16$ K [10] oder $2T_N$ [11] noch eine zweidimensionale Nahordnung erhalten. Mit der zweidimensionalen Ordnung wird das breite anomale Maximum im Temperaturverlauf von χ erklärt [10, 11], s. auch [12, 15]. — Aus Mössbauer-Untersuchungen an FeTiO$_3$-haltigem MnTiO$_3$II wird geschlossen, daß auch diese Modifikation bei 4.2 K eine geordnete magnetische Struktur ähnlich wie FeTiO$_3$ besitzt [5].

Das effektive magnetische Moment beträgt nur 4.55 μ_B statt theoretisch 5 μ_B für Mn^{2+}. Als Erklärung käme eine Unterbesetzung der Mn-Lage, ein Überschuß an Ti gegenüber der stöchiometrischen Formel oder auch eine teilweise Oxidation des Mn zu höheren Oxidationsstufen in Frage [13]. Die Ionenpaare Mn^{2+}-Ti^{4+}, Mn^{3+}-Ti^{3+} und Mn^{4+}-Ti^{2+} ergeben jedoch theoretisch immer das Gesamtmoment 5 μ_B [16]. Möglicherweise ist das effektive Moment durch einen Excitonenaustausch-Mechanismus verringert [17]. — Für MnTiO$_3$II wird aus Suszeptibilitätsmessungen 5.95 μ_B erhalten [5]; vgl. auch [1].

Aufgrund der magnetischen Struktur sollte es bei MnTiO$_3$I möglich sein, bei Reflexionsmessungen infolge gyrotropischer Doppelbrechung die antiferromagnetischen Bezirke als Ganze und nicht nur die Wände zu beobachten [14, 18, 19].

Antiferromagnetische Resonanz. Bei Pulverpräparaten von MnTiO$_3$I verschiebt sich bei 4.2 K die Absorptionskante mit steigender Stärke des äußeren Magnetfeldes von 142 GHz bei $H_0 \approx 3$ kOe nach 108 GHz bei $H_0 \approx 16$ kOe. Die auf $H \to 0$ extrapolierte Resonanzfrequenz steigt von 74.4 GHz bei 55 K auf 137 GHz bei 37 K [8] und wird auf 156 GHz bei 0 K extrapoliert [2, 4]. Das effektive innere Feld $(2H_E \cdot H_A)^{1/2}$, wobei H_E das Austauschfeld und H_A das Anisotropiefeld darstellen, beträgt bei Pulverpräparaten und einem nach der Bridgman-Technik dargestellten Einkristall 52 kOe [2, 8, 9], bei einem aus der Schmelze gezogenen Einkristall 41 kOe [9]. Der Anisotropieparameter $\alpha = H_A/H_E$ wird aufgrund der Daten von Stickler u. a. [4] zu 1.2×10^{-3} berechnet [10, 15] (korrigierter Wert gegenüber [12]). Bei Pulvern und dem Bridgman-Einkristall ist g = 2.1 [2, 8, 9] gegenüber 2.3 bei dem Einkristall aus der Schmelze [9]. Aus der Zeeman-Aufspaltung ergibt sich ein isotroper g-Faktor $g_{\parallel} = g_{\perp} = 2.01$ [17]. — Für MnTiO$_3$II folgt aus der paramagnetischen Resonanzabsorption bei Raumtemperatur g = 2.0; der Wert ist bis T_N temperaturunabhängig [5].

Die paramagnetische Absorption ist bei MnTiO$_3$I-Pulver zwischen 240 und 100 K etwa konstant, verschwindet jedoch rasch unterhalb T_N mit fallender Temperatur [4].

Spezifische Suszeptibilität χ in 10^{-6} cm^3/g. Oberhalb T_N folgt χ bei MnTiO$_3$I dem Curie-Weiss-Gesetz mit $C_m = 4.15$, $\Theta_p = -210$ K [1], bzw. $C_m = 4.36$, $\Theta_p = -219$ K [4]; der Nurspin-Wert ist $C_S = 4.38$ [20]. In diesem Temperaturbereich ist χ bis 10 kOe feldunabhängig [5]. Um 100 K zeigt die Temperaturabhängigkeit von χ das bereits erwähnte breite Maximum [2, 3, 4], s. **Fig. 64** [5], von $\chi = 80$ [2] bis 98 [11]. Aufgrund von Messungen an Einkristallen nimmt χ senk-

Fig. 64

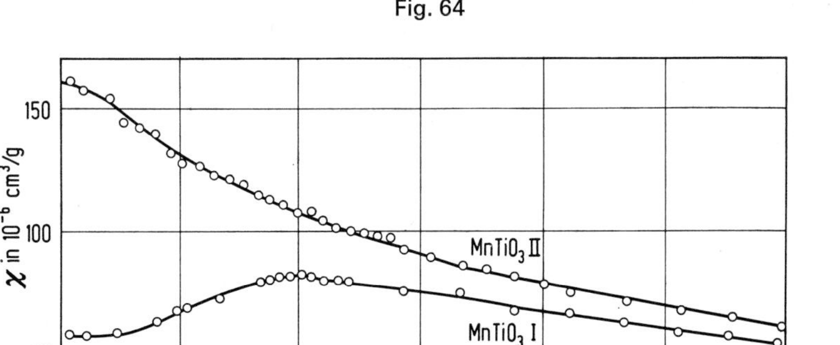

Temperaturabhängigkeit der magnetischen Suszeptibilität χ bei $MnTiO_3I$ und $MnTiO_3II$.

recht zur hexagonalen c-Achse unterhalb des Maximums einen anderen Temperaturverlauf als in paralleler Richtung, s. **Fig. 65** [11]. Die Extrapolation auf 0 K ergibt $\chi_\perp = 97$ [12, 15]. — Bei $MnTiO_3II$ gilt das Curie-Weiss-Gesetz bis mindestens 20 K mit $\Theta_p = -175$ K, s. Fig. 64 [5].

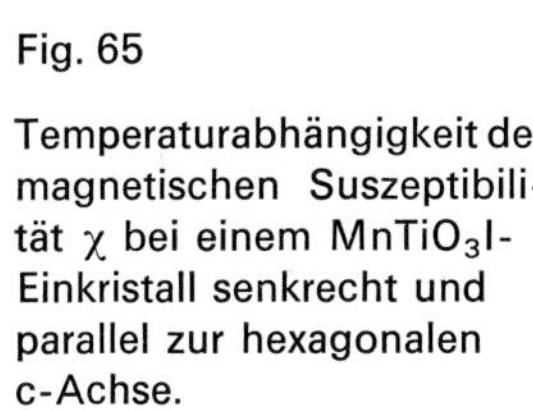
Fig. 65

Temperaturabhängigkeit der magnetischen Suszeptibilität χ bei einem $MnTiO_3I$-Einkristall senkrecht und parallel zur hexagonalen c-Achse.

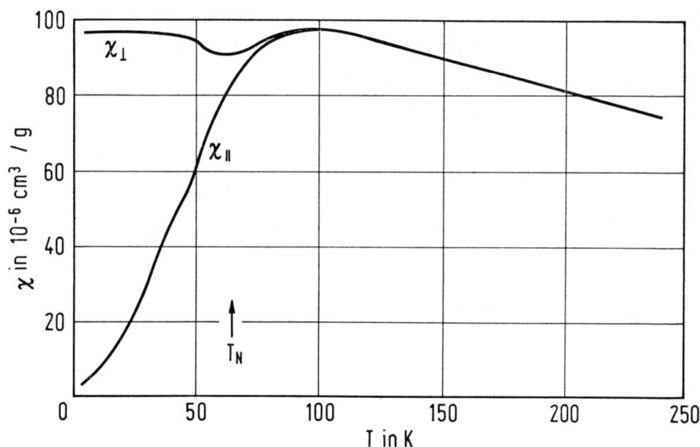

Literatur:

[1] Y. Ishikawa, S.-I. Akimoto (J. Phys. Soc. Japan **13** [1958] 1298/310, 1300). — [2] G. S. Heller (Proc. Intern. Conf. Magnetism, Nottingham 1964 [1965], S. 443/5). — [3] A. Sawaoka, S. Miyahara, S.-I. Akimoto, H. Fujisawa (J. Phys. Soc. Japan **21** [1966] 185). — [4] J. Stickler, S. Kern, A. Wold, G. S. Heller (Phys. Rev. [2] **164** [1967] 765/7). — [5] Y. Syono, S.-I. Akimoto, Y. Ishikawa, Y. Endoh (J. Phys. Chem. Solids **30** [1969] 1665/72; Tech. Rept. ISSP Nr. 334 [1968] 1/23; Ref. Zh. Fiz. **1969** 8 E 1204).

[6] C. C. Stephenson, D. Smith (J. Chem. Phys. **49** [1968] 1814/8). — [7] D. Smith (Diss. Massachusetts Inst. Technol. 1965 laut Stickler u. a. [4]). — [8] G. S. Heller, J. J. Stickler, A. Wold (Proc. Colloq. AMPERE **11** [1962/63] 466/70; C. A. **60** [1964] 146). — [9] J. J. Stickler, G. S. Heller (J. Appl. Phys. **33** [1962] 1302/3). — [10] J. Akimitsu, Y. Ishikawa (Solid State Commun. **15** [1974] 1123/7).

[11] J. Akimitsu, Y. Ishikawa, Y. Endoh (Solid State Commun. **8** [1970] 87/90). — [12] L. J. de Jongh, P. Bloembergen, J. H. P. Colpa (Physica **58** [1972] 305/14, 307, 310, 313). — [13] G.

Shirane, S. J. Pickart, Y. Ishikawa (J. Phys. Soc. Japan **14** [1959] 1352/60, 1358). — [14] W. F. Brown, S. Shtrikman, D. Treves (J. Appl. Phys. **34** [1963] 1233/4). — [15] L. J. de Jongh, A. R. Miedema (Advan. Phys. **23** [1974] 1/260, 88, 106/7, 130/1).

[16] W. P. Osmond (Brit. J. Appl. Phys. **15** [1964] 1377/82). — [17] J. B. Goodenough, J. J. Stickler (Phys. Rev. [2] **164** [1967] 768/78). — [18] R. M. Hornreich (J. Appl. Phys. **39** [1968] 432/4). — [19] R. M. Hornreich, S. Shtrikman (Phys. Rev. [2] **171** [1968] 1065/74, 1068). — [20] K. Motida, S. Miyahara (J. Phys. Soc. Japan **28** [1970] 1188/96, 1192).

$MnTiO_3$

Optical Properties

Optische Eigenschaften

Die gelbgrünen [1] oder gelbbraunen [2, 3] Kristalle sind optisch einachsig negativ [2]. Die Brechungszahlen $n_\omega = 2.481$, $n_\varepsilon = 2.210$ sind bei 589 nm von Larsen [4] an Pyrophanit gemessen worden und werden in der Sekundärliteratur nicht nur dem Mineral [5], sondern auch der Verbindung $MnTiO_3$ [6] zugeordnet.

Im IR-Spektrum treten zwischen 23 und 11 μm Banden bei 445, 538 und 685 cm^{-1} auf. In Übereinstimmung mit der geordneten Struktur wird keine Aufspaltung der Banden beobachtet [7].

Literatur:

[1] G. S. Heller, J. J. Stickler, A. Wold (Proc. Colloq. AMPERE **11** [1962/63] 466/70; C. A. **60** [1964] 146). — [2] L. Bourgeois (Bull. Soc. Franc. Mineral. **15** [1892] 194/5). — [3] K. Iwasé, U. Nisioka (Sci. Rept. Tohoku Imp. Univ. I **25** [1936] 504/9). — [4] E. S. Larsen (U. S. Geol. Surv. Bull. Nr. 679 [1921] 204). — [5] A. N. Winchell, H. Winchell (The Microscopic Characters of Artificial Inorganic Solid Substances, Academic Press, New York–London 1964, S. 80).

[6] S. Koritnig (in: Landolt-Börnstein, Bd. 2, Tl. 8, 1962, S. 43/285, 165). — [7] W. R. White (Mater. Res. Bull. **2** [1967] 381/94, 390).

Chemical Reactions

Chemisches Verhalten

Bei 1340°C wird $MnTiO_3$ an der Luft unter Bildung von Mn_2O_3 und TiO_2 zersetzt [1]. — Von Salzsäure wird die Verbindung nur schwer angegriffen [2, 3]. — Mit $MnSiO_3$ [4], $CaTiSiO_5$ [5] und Al_2O_3 [1] entstehen einfache eutektische Systeme s. S. 122. Mit $FeTiO_3$ [6], $CoTiO_3$ und $NiTiO_3$ [7] existieren lückenlose Mischkristallreihen, während das System mit α-Fe_2O_3 (Hämatit) von einer Mischungslücke zwischen 40 und 70 Mol-% $MnTiO_3$ unterbrochen wird [8].

Literatur:

[1] L. Kacsalova, A. K. Sirvinszkaya (Epitoanyag **26** [1974] 161/3, 241/4 nach C. A. **81** [1974] Nr. 111892, 157679). — [2] L. Bourgeois (Bull. Soc. Franc. Mineral. **15** [1892] 194/5). — [3] W. Pukall (Silikat-Z. **2** [1914] 109/18, 112). — [4] S. Smolensky (Z. Anorg. Allgem. Chem. **73** [1912] 293/303, 299). — [5] K. Iwasé, U. Nisioka (Sci. Rept. Tohoku Imp. Univ. I **25** [1936] 504/9).

[6] J. Grieve, J. White (J. Roy. Tech. Coll. [Glasgow] **4** [1940] 660/70, 665). — [7] L. G. Evans, A. Muan (Thermochimica Acta **2** [1971] 277/92, 278). — [8] Y. Ishikawa, S.-I. Akimoto (J. Phys. Soc. Japan **13** [1958] 1110/8, 1114).

2.11.8.1.9 $Mn_2Ti_3O_8$

Zur Darstellung wird $Li_2MnTi_3O_8$ (s. S. 115) mit einem großen Überschuß an $MnSO_4 \cdot H_2O$ eine Woche lang auf 310°C erhitzt. Entstehendes Li_2SO_4 und überschüssiges $MnSO_4$ werden durch intensives Waschen mit Wasser herausgelöst [1, 2]. Eine direkte Synthese aus den Oxiden ist nicht möglich vermutlich wegen der geringen thermischen Stabilität der Verbindung, s. S. 115 [2].

Die Verbindung kristallisiert kubisch, a = 8.48 ± 0.01 Å; Z = 4, Raumgruppe $P4_332$ (Nr. 212) oder $P4_132$ (Nr. 213). Die Atome besetzen folgende Punktlagen mit den ungefähren Parametern (Raumgruppe $P4_332$):

Atom	Punktlage	x	y	z
Mn	8 c	0	0	0
Ti	12 d	$^1/_8$	$^3/_8$	$-^1/_8$
O(1)	8 c	$^3/_8$	$^3/_8$	$^3/_8$
O(2)	24 e	$^1/_8$	$^1/_8$	$^3/_8$

$Mn_2Ti_3O_8$ besitzt wie die Ausgangsverbindung $LiMn(LiTi_3)O_8$ Spinell-Struktur, nur daß sich auf den Oktaederplätzen (in Klammern) an Stelle der Li-Ionen Lücken befinden: $Mn_2(\square Ti_3)O_8$ (die Lücken entsprechen der Punktlage 4b mit $^5/_8$, $^5/_8$, $^5/_8$ usw.) [1]. — Röntgendichte 4.05 g/cm³ [1].

Bei Raumtemperatur ist die Verbindung stabil, aber bereits oberhalb 130°C werden innerhalb von 2 Monaten etwa 50% zersetzt [2]. Bei 330°C läuft die thermische Zersetzung schnell ab [1, 2].

Literatur:

[1] J.-C. Joubert, A. Durif (Bull. Soc. Franc. Mineral. Crist. **87** [1964] 517/9). — [2] J.-C. Joubert (Bull. Soc. Franc. Mineral. Crist. **90** [1967] 598/602).

2.11.8.1.10 $MnTi_2O_5$ (?)

Die Verbindung $MnTi_2O_5$ ist nur in Form von Mischkristallen mit $CoTi_2O_5$ bis zu einem Gehalt von etwa 30 Mol-% $MnTi_2O_5$ bekannt. Für die hypothetische Reaktion $MnO + 2TiO_2 \rightleftharpoons MnTi_2O_5$ errechnet sich in Analogie zu verwandten Reaktionen bei 1250°C $\Delta G° = -6.3 \pm 0.8$ kcal und für $MnTi_2O_5 \rightleftharpoons MnTiO_3 + TiO_2$ $\Delta G° = -0.7$ kcal, L. G. Evans, A. Muan (Thermochimica Acta **2** [1971] 277/92, 278, 287).

2.11.8.1.11 Verbindungen des Mangans mit O, Ti und Alkalimetallen

Compounds of Manganese with O, Ti, and Alkali Metals

Li_2MnTiO_4

Die Verbindung entsteht durch Erhitzen stöchiometrischer Mengen der entsprechenden Oxide. Sie kristallisiert kubisch, a = 4.216 Å; ihre Struktur läßt sich von Li_2TiO_3 bzw. vom NaCl-Typ (s. „Titan" S. 381/2) mit ungeordneter Kationenverteilung ableiten. Die Dielektrizitätskonstante beträgt 14.7; der spezifische elektrische Widerstand des p-Halbleiters ist größer als $2 \times 10^8\ \Omega \cdot cm$ [1].

$Li_2MnTi_3O_8$

Zur Darstellung der Verbindung werden entsprechende Mengen Li_2CO_3, $MnCO_3$ und TiO_2 24 h auf 950°C in CO_2-Atmosphäre erhitzt. Der kubische Spinell, a = 8.44 Å, zeigt Anzeichen einer Überstruktur und besitzt die Kationenverteilung $LiMn(LiTi_3)O_8$ [2]. Durch längeres Erhitzen auf 310°C mit überschüssigem $MnSO_4 \cdot H_2O$ reagiert $Li_2MnTi_3O_8$ zu $Mn_2Ti_3O_8$ (s. S. 114) [3, 4].

$LiMnTiO_4$

Die Verbindung bildet sich beim Erhitzen entsprechender Mengen Li_2CO_3, $MnCO_3$ und TiO_2 auf 950 bis 1000°C in einer O_2-CO_2-Atmosphäre (80 : 20 bis 50 : 50) innerhalb 24 h. Der kubische Spinell, a = 8.30 Å, hat die Kationenverteilung $Li(MnTi)O_4$ [2, 5].

$Na_4Mn_4Ti_5O_{18}$

Die Verbindung bildet sich beim Erhitzen von Natriumoxalat, MnO_2 und TiO_2 im Verhältnis der Formel $NaMnTiO_4$. Die Zusammensetzung $Na_4Mn_4Ti_5O_{18}$ folgt aus der Strukturbestimmung an Einkristallen. Gut ausgebildete prismatische Kristalle lassen sich aus der Schmelze bei 1200°C gewinnen. Sie kristallisieren rhombisch, a = 9.268 ± 0.005, b = 26.601 ± 0.005, c = 2.888 ± 0.002 Å; Z = 2, D_{pyk} = 4.06 ± 0.15, $D_{rö}$ = 3.91 g/cm³; Raumgruppe Pbam (Nr. 55). Die Atome besetzen folgende Lagen:

Compounds of Manganese with O, Ti, and Alkali Metals

$Na_4Mn_4Ti_5O_{18}$

Atom	Ti (1)	Ti (2)	Ti (3)	Mn (1)	Mn (2)	Na (1)	0.5 Na (2)	0.5 Na (3)
Punktlage	2c	4h	4g	4g	4h	4g	4h	4g
x	0	0.3572	0.0142	0.0314	0.3618	0.2077	0.2064	0.1269
y	0.5	0.3061	0.1081	0.3066	0.0903	0.2051	0.4155	0.0051
z	0	0.5	0	0	0.5	0	0.5	0

O (1)	O (2)	O (3)	O (4)	O (5)	O (6)	O (7)	O (8)	O (9)
4g	4h	4g	4g	4g	4h	4h	4h	4g
0.3631	0.2223	0.0496	0.4181	0.1621	0.4100	0.3150	0.4999	0.4688
0.0049	0.0933	0.1610	0.1641	0.2833	0.2632	0.3562	0.0754	0.4354
0.5	0	0.5	0.5	0.5	0	0	0	0.5

Ti ist, wie bei Titanaten üblich, oktaedrisch von O im Abstand von 1.90 bis 2.07 Å umgeben. Mn (2) ist ebenfalls oktaedrisch koordiniert mit 5 O-Atomen in Abständen zwischen 1.94 und 2.03 Å und einem längeren zu O (1) von 2.27 Å. Mn (1) liegt ungefähr im Zentrum der Basis einer vierseitigen Pyramide mit Mn-O-Abständen zwischen 1.95 und 2.17 Å. Weitere O-Atome befinden sich im Abstand von 2.94 und 3.15 Å. Jeweils zwei TiO_6-Oktaeder sind über Kanten zu einer Ti-Ti-Gruppe verknüpft sowie 2 MnO_6-Oktaeder mit einem TiO_6-Oktaeder zu einer Mn-Ti-Mn-Gruppe. Diese sind über Ecken zu [Ti-Ti]-[Mn-Ti-Mn]-[Ti-Ti]-Blöcken verbunden. MnO_5-Pyramiden verknüpfen die Blöcke in der Weise, daß 2 Arten von Tunnels entstehen, in denen sich das Na befindet, s. **Fig. 66.** Im engeren Tunnel ist Na (1) von 9 O-Atomen umgeben, wobei 6 an den Ecken eines dreiseitigen Prismas sitzen, die anderen 3 außerhalb der Prismenflächen. Die 7 nächsten Na-O-Abstände liegen zwischen 2.38 und 2.66 Å, die 2 weiteren bei 2.89 und 2.98 Å. Im größeren, S-förmigen Tunnel ist Na (2) von 6 und Na (3) von 7 O-Atomen umgeben in ähnlicher Weise wie Na (1); die Abstände sind von gleicher Größenordnung. Na (2) und Na (3) besetzen ihre Lagen nur zur Hälfte. Bei voller Besetzung würde der kürzeste Na-Na-Abstand 2.2 Å betragen. Die Struktur wurde bis zu R = 12.34% verfeinert [6].

Fig. 66

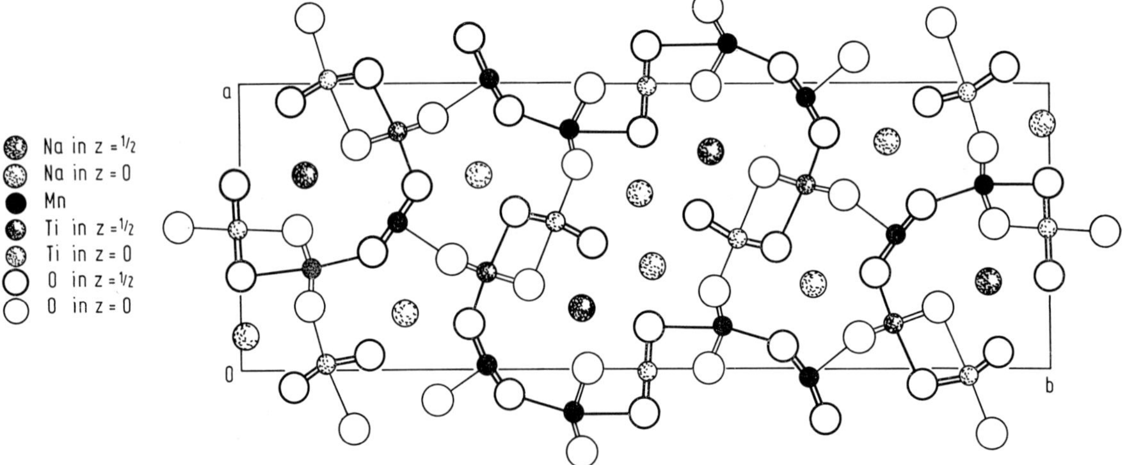

Kristallstruktur von $Na_4Mn_4Ti_5O_{18}$ (die doppelten Verbindungslinien deuten übereinanderliegende Sauerstoff-Atome an).

The $RbMnO_2$-TiO_2 System

Das System $RbMnO_2$-TiO_2

In diesem System treten zwei Verbindungen auf: „$RbMnTiO_4$" mit einer Phasenbreite $Rb_xMn_xTi_{2-x}O_4$ von $0.72 < x < 76$ und „$RbMnTi_3O_8$" mit der ungefähren Phasenbreite $Rb_xMn_xTi_{4-x}O_8$ von $0.6 < x < 0.9$, s. **Fig. 67** [7].

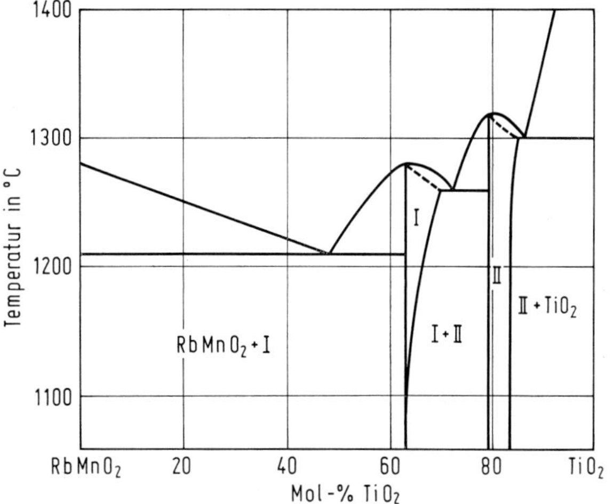

Fig. 67

Zustandsdiagramm des Systems $RbMnO_2$-TiO_2 (I = $Rb_xMn_xTi_{2-x}O_4$, II = $Rb_xMn_xTi_{4-x}O_8$).

$Rb_xMn_xTi_{2-x}O_4$ (x = 0.75)

Zur Darstellung dieser Phasen werden wasserfreies $RbMnO_4$ und TiO_2 (Anatas-Modifikation) langsam von 250 auf 800°C erhitzt, wobei Mn^{VII} in Mn^{III} übergeht. Nach erneutem Vermahlen wird 20 h bei 1000°C getempert. Aus der Schmelze kristallisieren beim Abkühlen braune, nach [100] gestreckte Plättchen. Sie kristallisieren rhombisch; Gitterkonstanten bei x = 0.75: a = 3.934 ± 0.003, b = 15.918 ± 0.010, c = 2.933 ± 0.003 Å; Z = 2, Röntgendichte 4.14 g/cm³; Raumgruppe Imm2 (Nr. 44). Die Atome besetzen folgende Lagen:

Atom	Punktlage	x	y	z
xRb	2a	0	0	0.000 (9)
(Mn,Ti)	4d	0	0.3126 (12)	0.625 (8)
O (1)	4d	0	0.386 (3)	0.098 (27)
O (2)	4d	0	0.222 (4)	0.164 (30)

Mn und Ti verteilen sich statistisch auf die gleiche Lage. Sie sind oktaedrisch von O im Abstand von 1.81 bis 2.14 Å (im Mittel 1.99 Å) umgeben. Diese Oktaeder sind über Kanten zu gewellten Schichten verknüpft, zwischen denen sich das Rb befindet, s. **Fig. 68**, S. 118. 8 O-Atome bilden um Rb ein vierseitiges Prisma mit Rb-O-Abständen von 2.93 und 3.20 Å sowie 2 weiteren bei 3.56 Å. Die kurzen Rb-Rb-Abstände von 2.93 und 3.93 Å werden für die Unterbesetzung gegenüber der idealen Zusammensetzung (x = 1) verantwortlich gemacht. Die Struktur wurde bis zu R = 10.1 % verfeinert. — $Rb_xMn_xTi_{2-x}O_4$ bildet mit folgenden isotypen Phasen Mischkristalle: $Rb_xSc_xTi_{2-x}O_4$ (x = 0.67), $Cs_xMn_xTi_{2-x}O_4$ (x = 0.70), $Cs_xMg_{x/2}Ti_{2-x/2}O_4$ (x = 0.70), $Cs_xAl_xTi_{2-x}O_4$ (x = 0.7), $Cs_xSc_xTi_{2-x}O_4$ (x = 0.67) und $Cs_xFe_xTi_{2-x}O_4$ (x = 0.67) [7].

$Rb_xMn_xTi_{4-x}O_8$ (0.6 < x < 0.9)

Die Zusammensetzung dieser Phase kann idealisiert als $RbMnTi_3O_8$ wiedergegeben werden. Sie kristallisiert tetragonal, Gitterkonstanten (der Rb-reichsten Grenzzusammensetzung?) a = 10.206, c = 2.957 Å, im Hollandit-Typ (s. „Mangan" C1, S. 183/4). Bei der obersten Grenzzusammensetzung sind die Kanäle zu 90% mit Rb ausgefüllt [7].

$Cs_xMn_xTi_{2-x}O_4$ (x = 0.70)

Die Verbindung wird wie die isotype Rb-Phase (s. oben) hergestellt, nur wird anstelle von $RbMnO_4$ entsprechend $CsMnO_4$ eingesetzt. Gitterkonstanten bei x = 0.70: a = 3.924 ± 0.003, b = 16.847 ± 0.006, c = 2.933 ± 0.002 Å. $Cs_xMn_xTi_{2-x}O_4$ bildet mit den bei der Rb-Verbindung genannten isotypen Phasen Mischkristalle [7].

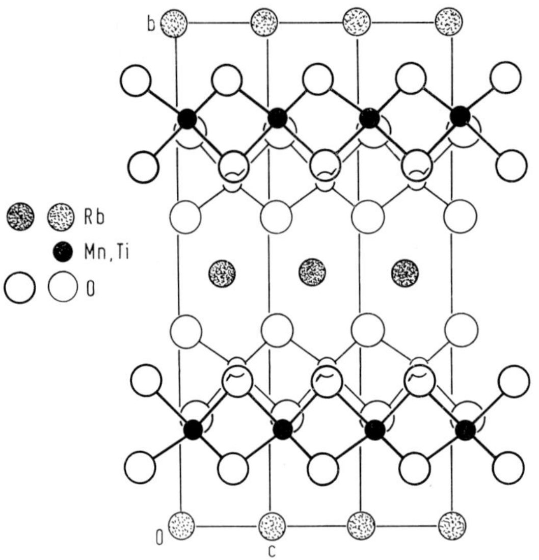

Fig. 68

Kristallstruktur von $Rb_xMn_xTi_{2-x}O_4$ (x = 0.75). Die dunkel bzw. hell gezeichneten Atome liegen in parallelen Ebenen im Abstand von a/2.

Literatur:

[1] L. H. Brixner (J. Inorg. Nucl. Chem. **16** [1960/61] 162/3). — [2] G. Blasse (Philips Res. Rept. Suppl. Nr. 3 [1964] 1/139, 123, 124). — [3] J.-C. Joubert, A. Durif (Bull. Soc. Franc. Mineral. Crist. **87** [1964] 517/9). — [4] J.-C. Joubert (Bull. Soc. Franc. Mineral. Crist. **90** [1967] 598/602). — [5] G. Blasse (J. Inorg. Nucl. Chem. **25** [1963] 743/4).

[6] W. G. Mumme (Acta Cryst. B **24** [1968] 1114/20). — [7] A. F. Reid, W. G. Mumme, A. D. Wadsley (Acta Cryst. B **24** [1968] 1228/33).

Compounds of Mn with O, Ti, and Metals of Main- and Subgroup 2

2.11.8.1.12 Verbindungen des Mn mit O, Ti und Metallen der 2. Haupt- und Nebengruppe

$Mg_xMn_{1-x}TiO_3$ ($0 < x < 0.075$)

Die Phasen sind wie $MnTiO_3$ (x = 0) bei tiefen Temperaturen antiferromagnetisch. Mit wachsendem x fällt T_N von 58 K bei x = 0.05 auf 54 K bei x = 0.075. Die Frequenz der antiferromagnetischen Resonanz, extrapoliert auf H = 0 und T = 0 K, fällt von 128 GHz bei x = 0.05 auf 108 GHz bei x = 0.075, J. J. Stickler, S. Kern, G. S. Heller (Phys. Rev. [2] **164** [1967] 765/7).

$MgMnTiO_4$

Die Verbindung läßt sich aus den entsprechenden Oxiden bei 1100°C darstellen. Sie kristallisiert im kubischen Spinell-Typ, a = 8.48 Å, G. Yamaguchi (Bull. Chem. Soc. Japan **26** [1953] 204/6); Structure Reports, Bd. 17, 1953, S. 407/8.

Phases in the $SrTiO_3$-Manganese Oxides System

Phasen im System $SrTiO_3$-Manganoxide

Werden entweder $SrTiO_3$ und MnO 1 h lang bei 1420°C gesintert [1] oder $SrCO_3$, TiO_2 und MnO_2 naß vermahlen und als Preßlinge in feuchtem H_2 (Taupunkt 20°C) auf 1400°C erhitzt [2], so entsteht ein Präparat mit 3 Mol-% MnO, das eine Dichte von 4.385 g/cm³ hat. Daraus folgt, daß die Elementarzelle 4.29 Atome enthält, die Mischkristalle also eine Lückenstruktur besitzen, wobei sich die Fehlstellen im Sr-Gitter befinden [1] und Sauerstoff im Unterschuß vorliegt [1, 2]. Auf Grund von ESR-Untersuchungen an Präparaten mit ursprünglich 7 Gew.-% MnO_2 (etwa 14 Mol-%), die in H_2-Atmosphäre hergestellt wurden, wird eine Substitution von Ti oder Sr gegen Mn^{2+} ausgeschlossen. Dessen Lage wird etwa in der Mitte von 4 TiO_6-Oktaedern angenommen, s. Figur im Original. Unterhalb 77 K spalten die Resonanzlinien auf [2], s. dazu S. 100. Die Dielektrizitätskonstante des Sinterpräparats mit 3 Mol-% MnO fällt bei 1.5 MHz von $\varepsilon \approx 1255$ bei −196°C auf $\varepsilon \approx 190$ bei +180°C. Bei 12 MHz steigt ε von etwa 800 bei $-196°C$ auf ein Maximum von $\varepsilon \approx 1000$ bei $-184°C$ und fällt dann auf $\varepsilon \approx 210$ bei $+180°C$. Der Verlustfaktor fällt bei 1.5 MHz von tan $\delta \approx 0.09$ bei $-196°C$ auf etwa 0.007 bei $+180°C$ und bei 12 MHz von tan $\delta \approx 0.02$ auf etwa 0.004 im gleichen Temperaturbereich [1].

Präparate mit Mn^{IV} lassen sich dadurch gewinnen, daß die oben genannten Ausgangsmaterialien statt in H_2 an der Luft auf 1360°C erhitzt werden [2]. Der Einbau von 0.01 Gew.-% MnO_2 (etwa 0.02 Mol-%) in einen $SrTiO_3$-Einkristall ist auch nach dem Verneuil-Verfahren möglich, wobei von SrO, TiO_2 und MnO_2 ausgegangen wird. Aus ESR-Messungen bei Raumtemperatur (kubische Modifikation) und 77 K (tetragonale Modifikation) wird gefolgert, daß Mn^{IV} die Plätze des Ti im Gitter besetzt [3]. Bei den an der Luft gewonnenen Pulverpräparaten mit 7 Gew.-% MnO_2 (etwa 14 Mol-%) wird die Elektronenspinresonanz derart gedeutet, daß Mn^{IV} ähnlich wie Mn^{II} (s. S. 118) zwischen 4 TiO_6-Oktaedern liegt, aber gegenüber dem Zentrum verschoben ist [2].

Literatur:

[1] E. V. Sinyakov, A. M. Solok (Izv. Akad. Nauk SSSR Ser. Fiz. **24** [1960] 132/5; Bull. Acad. Sci. USSR Phys. Ser. **24** [1960] 125/9). — [2] N. A. Meshcheryakov, G. I. Berdov, V. Z. Gindulina (Izv. Akad. Nauk SSSR Neorgan. Materialy **8** [1972] 290/2; Inorg. Materials [USSR] **8** [1972] 254/6). — [3] K. A. Müller (Phys. Rev. Letters **2** [1959] 341/3).

Phasen im System $BaTiO_3$-Manganoxide

Phases in the $BaTiO_3$-Manganese Oxides System

Mn wird in Konzentrationen von etwa 0.05 Atom-% als Mn^{II} in tetragonales bzw. kubisches $BaTiO_3$ eingebaut [1, 2, 3]. Nach Stafiichuk [4] sollen Mischkristalle bis zu 1 Mol-% MnO existieren. Spuren einer zweiten Phase neben tetragonalen $BaTiO_3$-MnO-Mischkristallen werden jedoch schon bei 1.11 Kation-% Mn gefunden und oberhalb 10.5 Kation-% Mn liegen kubische $BaTiO_3$-MnO-Mischkristalle und MnO nebeneinander vor [5]. Bei der Darstellung in oxidierender Atmosphäre [5, 6] oder bei Verwendung von MnO_2 als Ausgangsmaterial [7] wird Mn in höheren Oxidationsstufen in $BaTiO_3$ eingebaut. In Konzentrationen bis zu 1.11 Kation-% Mn entstehen tetragonale Mischkristalle, in denen das Mn eine mittlere Oxidationszahl von 3.4 besitzt. Bei steigendem Mn-Gehalt bis etwa $BaTiO_3 \cdot 0.28\ Mn_2O_3$ (22 Kation-% Mn) liegen hexagonale, tetragonale und eventuell auch kubische Mischkristalle nebeneinander vor. Durch Erhöhung der Temperatur und längeres Tempern nimmt der Anteil der hexagonalen Mischkristalle auf Kosten der tetragonalen und kubischen zu [5, 7], s. auch [6]. Während bei 1000°C innerhalb 5 h keine hexagonalen Mischkristalle nachzuweisen sind, bilden sie sich innerhalb dieser Zeit bei 2 Mol-% Mn zu 75% bei 1350°C und bei 10 Mol-% Mn zu 100% bei 1300°C [8]. Im Bereich von $BaTiO_3 \cdot 0.28\ Mn_2O_3$ bis etwa $BaTiO_3 \cdot Mn_2O_3$ (50 Kation-% Mn) existieren einphasige hexagonale Mischkristalle, in denen das Mn eine mittlere Oxidationsstufe von 3 besitzt [5, 6]. Bei höheren Gehalten an Mn fällt die Oxidationsstufe, möglicherweise scheidet sich Mn_3O_4 ab [5].

Zur Darstellung von Mischkristallen mit Mn^{II} werden entsprechende Mengen $BaCO_3$, TiO_2 (Anatas-Modifikation) und $MnCO_3$ bei 1100°C in H_2-Atmosphäre (oder auch in N_2 [1]) gesintert [5]. Höhere Oxidationsstufen beim Mn werden durch Erhitzen in Luft erreicht [5, 6]. Geeignet ist auch die Umsetzung von $BaTiO_3$ mit $MnCO_3$ an der Luft bei 1000 bis 1400°C [8] oder von $BaTiO_3$ mit MnO_2 bei 1380 bis 1430°C [7, 9]. Die Ausgangssubstanzen werden in einer wäßrigen Lösung von NH_3, Citronensäure und Tannin vermahlen und als Preßlinge vor dem Sintern mit Polyvinylalkohol als Bindemittel vermischt [7]. Während 0.1 Mol-% Gd_2O_3 den Einbau des Mn in $BaTiO_3$ erleichtert, reichert sich das Mn in Gegenwart von etwa 1.6 Mol-% SiO_2 an den Korngrenzen an [10]. Zum Einbau kleiner Mn-Mengen wird eine verdünnte eisgekühlte, salzsaure $TiCl_4$-Lösung mit einer $MnCl_2$-haltigen $BaCl_2$-Lösung sowie einer Oxalsäurelösung von 80°C umgesetzt, wobei $Ba[(Ti_{1-x}Mn_x)O](C_2O_4)_2 \cdot 4H_2O$ ausfällt. Der Niederschlag wird zunächst auf 700°C und nach erneutem Vermahlen an der Luft auf 1350 bis 1390°C erhitzt [11].

Durch den Einbau von Mn in $BaTiO_3$ wird die Umwandlungstemperatur der kubischen in die hexagonale Modifikation gegenüber reinem $BaTiO_3$ (1460°C) erniedrigt [6]. — Bei Präparaten mit Mn^{II} (Ausgangsmenge 5.32 Kation-% Mn) ist das c/a-Verhältnis der tetragonalen Mischkristalle gegenüber reinem $BaTiO_3$ erniedrigt. Bei höheren Mn-Gehalten liegt das Mn^{II}-haltige $BaTiO_3$ in kubischer Form neben dem überschüssigen MnO vor [5], s. auch [6]. ESR-Untersuchungen bestätigen das Vorliegen von Mn^{II} [1, 2, 3, 12, 13], doch bleibt unentschieden, ob Ba^{2+} oder Ti^{IV} durch Mn^{II} substituiert wird [1, 3], s. auch [4]. Bei Präparaten, die in oxidierender Atmosphäre gewonnen werden, ist bei einem Gehalt von 1.11 Kation-% Mn das c/a-Verhältnis der tetragonalen Phasen gegenüber reinem $BaTiO_3$ ebenfalls erniedrigt. Es wird eine Substitution von Ti^{IV} durch Mn^{IV} angenommen. Im Bereich von 5.32 bis 64.7 Kation-% Mn vermindert sich das Volumen der Elementarzelle der hexagonalen Mischkristalle, z. B. um 0.27% bei 5.32 und um 0.56% bei 64.7 Kation-% Mn [5, 6], s. auch [7]. Die Zellen der zum Teil koexistierenden kubischen Mischkristalle werden dagegen aufgeweitet [7]. Aus der Dichte von Mischkristallen mit 31 Kation-% Mn wird gefolgert, daß es sich nicht um eine Struktur mit Mn^{3+} und entsprechendem Sauerstoffunterschuß handelt [5, 7, 8, 13], sondern daß Ti^{IV} durch Mn^{IV} und gleichzeitig Ba^{2+} durch Mn^{2+} substituiert werden. Das Mn^{IV}/Mn^{2+}-Verhältnis beträgt bei den reinen hexagonalen Phasen 0.96 bis 1.07 [5].

Mit steigendem Mn-Gehalt nimmt die Dichte (in g/cm^3) ab: D = 5.3 bei $BaTiO_3 \cdot 0.001\ MnO_2$, D = 5.0 bei $BaTiO_3 \cdot 0.01\ MnO_2$, D = 4.7 bei $BaTiO_3 \cdot 0.1\ MnO_2$ und D = 4.2 bei $BaTiO_3 \cdot 1.0\ MnO_2$ [7]. Abweichend davon wird für Mischkristalle mit 31 Kation-% Mn D = 5.35 gemessen [5]. Im Unterschied zum brüchigen $BaTiO_3$ läßt sich $BaTiO_3 \cdot 1.0\ MnO_2$ plastisch deformieren [7].

Bei niedrigen Mn-Gehalten sind die Mischkristalle ferroelektrisch wie reines $BaTiO_3$, s. „Titan" S. 445. Die Curie-Temperatur bleibt bis zu 3 Atom-% Mn praktisch unabhängig vom Mn-Gehalt, $T_c \approx 125°C$ [7, 14]. Phasen wie $BaTiO_3 \cdot 0.1\ MnO_2$ und $BaTiO_3 \cdot 1.0\ MnO_2$ sind nicht mehr ferroelektrisch [4, 7]. Bei der Zusammensetzung $BaTiO_3 \cdot 0.01\ MnO_2$ beträgt die Dielektrizitätskonstante ε nur etwa ein Zehntel des Wertes von $BaTiO_3$. Bei $BaTiO_3 \cdot 1.0\ MnO_2$ steigt ε nahezu linear von etwa 137 bei 30°C auf etwa 253 bei 160°C [7], s. auch [4]. Der Verlustfaktor steigt von $\tan \delta \approx 0.2$ bei 30°C bis etwa 0.3 bei 70°C, wo der Verlauf einen Knick zeigt, und dann weiter auf etwa 0.5 bei 160°C. Die spezifische elektrische Leitfähigkeit steigt mit dem Mn-Gehalt von $\varkappa = 2.5 \times 10^{-9}$ bei $BaTiO_3 \cdot 0.001\ MnO_2$ auf $6.4 \times 10^{-9}\ \Omega^{-1} \cdot cm^{-1}$ bei $BaTiO_3 \cdot 1.0\ MnO_2$ [7].

Mit zunehmendem Mn-Gehalt tritt eine Farbvertiefung der Mischkristalle ein; während sie bei der Zusammensetzung $BaTiO_3 \cdot 0.001\ MnO_2$ hellgrau erscheinen, sind sie bei $BaTiO_3 \cdot 0.1\ MnO_2$ und höherem Mn-Gehalt schwarz [7]. Eine Farbvertiefung zeigt sich auch mit steigender Tempertemperatur, die auf einen zunehmenden Unterschuß an Sauerstoff zurückgeführt wird [8].

Beim Erhitzen der hexagonalen, Mn^{III}-haltigen Mischkristalle in H_2-Atmosphäre auf 1200 bis 1300°C wird das Mangan reduziert und zum Teil als MnO ausgeschieden; gleichzeitig wandeln sich die Mn-ärmeren Mischkristalle in die kubische Form um [6].

Literatur:

[1] H. Ikushima, S. Hayakawa (J. Phys. Soc. Japan **19** [1964] 1986). — [2] H. Ikushima, S. Hayakawa (J. Phys. Soc. Japan **20** [1965] 1517). — [3] H. Ikushima (J. Phys. Soc. Japan **21** [1966] 1866/72). — [4] E. A. Stafiichuk (Ukr. Fiz. Zh. **6** [1961] 277/9; C. A. **56** [1962] 1030). — [5] J. M. Herbert (Trans. Brit. Ceram. Soc. **62** [1963] 645/58).

[6] F. W. Ainger, J. M. Herbert (Trans. Brit. Ceram. Soc. **58** [1959] 410/28, 418). — [7] V. G. Bhide, M. S. Multani (Physica **29** [1963] 23/32). — [8] R. M. Glaister, H. F. Kay (Proc. Phys. Soc. [London] **76** [1960] 763/71, 767). — [9] E. G. Fesenko, O. P. Kramarov, V. D. Komarov, Ya. A. Shpolyanskii (Segnetoelektriki **1961** 96/100 nach C. A. **58** [1963] 7471). — [10] T. Murakami, M. Nakahara (Denki Tsushin Kenkyujo Kenkyu Jitsuyoka Hokoku **23** [1974] 735/43 nach C. A. **81** [1974] Nr. 110414).

[11] S. W. Derbyshire (U. S. P. 3472776 [1965/69] nach C. A. **72** [1970] Nr. 7283). — [12] M. Odehnal (Czech. J. Phys. B **13** [1963] 566/72, 569; C. A. **60** [1964] 10057). — [13] M. Nakahara, T. Murakami (J. Appl. Phys. **45** [1974] 3795/800). — [14] T. Sakudo (J. Phys. Soc. Japan **12** [1957] 1050).

Solid Solutions of $BaMnO_3$ with $BaTiO_3$

$BaMnO_3$-$BaTiO_3$-Mischkristalle

Zur Darstellung der Mischkristalle $BaMn_{1-x}Ti_xO_3$ werden entsprechende Mengen $BaCO_3$, MnO_2 und TiO_2 vermahlen, verpreßt und an der Luft zunächst über 10 h bei 800°C, dann 7 h bei 1200°C gehalten [1]. Bei x = 0.67 wird die Synthese auch aus BaO, MnO_2 und TiO_2 im Vakuum durchgeführt [2]. Zur Darstellung der Hochdruckphasen werden die Präparate im Stempelapparat zunächst Drucken bis zu 70 kbar ausgesetzt und dann bis 1100°C aufgeheizt. Nach 45 bis 120 min wird abgeschreckt und anschließend entspannt [1].

Die im Vakuum hergestellten hexagonalen Mischkristalle mit x = 0.67 haben mit a = 5.61, c = 13.8 Å (c/a = 2.46) [3] ähnliche Gitterkonstanten wie die von 40 kbar und 1100°C abgeschreckten mit a = 5.70, c = 13.99 Å (c/a = 2.46) [1]; Tabelle der d-Werte s. [3]. Die Kristalle sind mit dem hexagonalen $BaTiO_3$ (s. „Titan" S. 442) isotyp; Z = 6, Raumgruppe $P6_3/mmc$ (Nr. 194). Es wird angenommen, daß Ti durch Mn substituiert wird. Die Struktur ist durch dichtgepackte BaO_3-Schichten mit einer Folge ABCACB charakterisiert und wird kurz durch 6H (s. dazu „Mangan" C2, S. 240) gekennzeichnet [1]. Hardy [3] formuliert die Mischkristalle mit einem Sauerstoffunterschuß. Magnetische Messungen (s. unten) bestätigen, daß in $BaMn_{0.33}Ti_{0.67}O_{2.84}$ Mangan in der Oxidationsstufe 3 vorliegt (gegenüber 4 bei stöchiometrischer Zusammensetzung $BaMn_{0.33}Ti_{0.67}O_3$). Als weitere Hochdruckphasen treten beim Abschrecken neben 6H-Phasen auch solche vom 2H- und dem rhomboedrischen 9R-Typ (s. „Mangan" C2, S. 242), dem 4H-Typ sowie dem kubischen Perowskit-Typ (3C) auf, s. **Fig. 69.** Die Strukturen sind alle mit dem Perowskit-Typ verwandt und lassen sich als unterschiedliche Stapelfolgen von AO_3-Schichten auffassen. Mischkristalle der Zusammensetzung $BaMn_{0.5}Ti_{0.5}O_3$ besitzen nach Abschrecken von 60 kbar und 1100°C die 6H-Struktur mit den Gitterkonstanten a = 5.70, c = 14.08 Å. $BaMn_{0.33}Ti_{0.67}O_3$ kristallisiert bei 1100°C oberhalb 55 kbar im Perowskit-Typ mit a = 4.03 Å (bei Normalbedingungen gemessen); Tabelle der d-Werte s. Original. Bei Normaldruck wandelt sich diese Modifikation bei 1200°C innerhalb 8 h wieder in den 6H-Typ um, s. oben. Von 50 kbar und 1100°C abgeschrecktes $BaMn_{0.17}Ti_{0.83}O_3$ kristallisiert ebenfalls im Perowskit-Typ, a = 4.01 Å [1].

Solid Solutions of $BaMnO_3$ with $BaTiO_3$

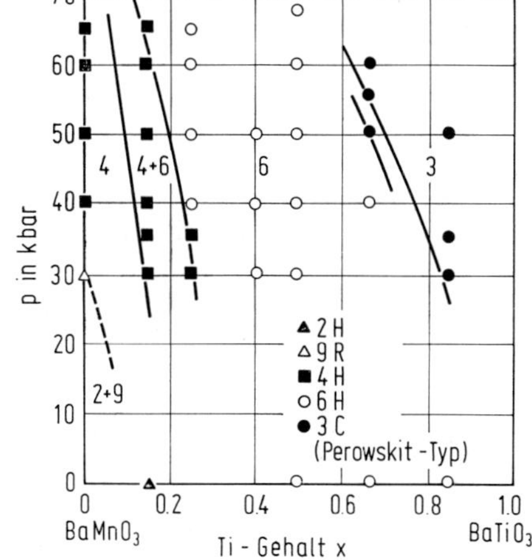

Fig. 69

Existenzbereiche der Modifikationen in Abhängigkeit vom Druck p und dem Titan-Gehalt x bei 1100°C von $BaMn_{1-x}Ti_xO_3$-Mischkristallen.

Die Messung der magnetischen Suszeptibilität zwischen 253 und 323 K bei x = 0.67 ergibt eine Curie-Temperatur von $\Theta_p = -180$ K und ein effektives Moment von 4.5 μ_B; offenbar enthält diese Phase Mn^{III}-Ionen mit vier 3d-Elektronen und ein entsprechendes O-Defizit [2].

Literatur:

[1] T. Ikeda, A. Nakaue, K. Inoue (Mater. Res. Bull. **9** [1974] 1371/7). — [2] J. G. Dickson, L. Katz, R. Ward (J. Am. Chem. Soc. **83** [1961] 3026/9). — [3] A. Hardy (Ann. Chim. [Paris] [13] **7** [1962] 281/301, 298).

$ZnMnTi_3O_8$

Zur Darstellung wird $Li_2ZnTi_3O_8$ mit einem hohen Überschuß an $MnSO_4 \cdot H_2O$ 1 Woche lang auf 480°C erhitzt. Das entstandene Li_2SO_4 und nicht umgesetztes $MnSO_4$ werden mit H_2O ausgewaschen [1, 2]. Wegen der geringen thermischen Stabilität (s. S. 122) ist eine direkte Synthese aus den Oxiden nicht möglich [2], s. auch [3, 4]. — Die Verbindung kristallisiert kubisch, a = 8.449 ± 0.005 Å, in einer geordneten Spinell-Struktur mit Lücken □ wie das isostrukturelle $Mn_2Ti_3O_8$ (s. S. 114) und kann durch $ZnMn(\square Ti_3)O_8$ wiedergegeben werden. Röntgendichte 4.21 g/cm³. Die bei Raumtemperatur stabile Verbindung beginnt sich bereits oberhalb 350°C langsam zu zersetzen und ist bei 550°C thermisch nicht mehr beständig [1, 2].

Literatur:

[1] J.-C. Joubert, A. Durif (Bull. Soc. Franc. Minéral. Crist. **87** [1964] 517/9). — [2] J.-C. Joubert (Bull. Soc. Franc. Minéral. Crist. **90** [1967] 598/602). — [3] G. Yamaguchi (Bull. Chem. Soc. Japan **26** [1953] 204/6; C. A. **1954** 6191). — [4] M. O'Keeffe (Phys. Chem. Solids **21** [1961] 172/8, 174).

$Zn_2Mn_2MgTiO_8$

Die Verbindung kristallisiert kubisch, a = 8.397 Å, im Spinell-Typ mit der Kationenverteilung $Zn_2[Mn_2^{III}(MgTi^{IV})]O_8$, M. O'Keeffe (Phys. Chem. Solids **21** [1961] 172/8, 174).

Compounds of Mn with O, Ti, and Metals of Main and Subgroup 3

2.11.8.1.13 Verbindungen des Mn mit O, Ti und Metallen der 3. Haupt- und Nebengruppe

The $MnTiO_3$-Al_2O_3 System

Das System $MnTiO_3$-Al_2O_3

In diesem System tritt bei 90 Gew.-% $MnTiO_3$ und 1320°C ein Eutektikum auf. Ein Gemisch von gleichen Gewichtsteilen der Komponenten beginnt ab 1100°C zu sintern und ab 1320°C zu schmelzen; der endgültige Schmelzpunkt beträgt 1600°C, L. Kacsalova, A. K. Shirvinskaya (Epitoanyag **26** [1974] 161/3, 241/4 nach C. A. **81** [1974] Nr. 111892, 157679).

$MMnTiO_5$ (M = Pr, Nd, Sm, Eu, Gd)

Zur Darstellung werden stöchiometrische Mengen M_2O_3 (M = Pr, Nd, Sm, Eu, Gd), Mn_2O_3 und TiO_2 verrieben und wiederholt getempert. Die Verbindungen haben nur einen engen Existenzbereich, s. **Fig. 70**, und sind schwierig rein zu erhalten. Der beste Temperaturbereich für die Reindarstellung liegt zwischen 1200 und 1300°C. — Die Verbindungen kristallisieren rhombisch mit folgenden Gitterkonstanten:

Seltenerdmetall M	Pr	Nd	Sm	Eu	Gd
a in Å	7.59	7.55	7.49	7.46	7.43
b in Å	8.72	8.69	8.65	8.60	8.56
c in Å	5.83	5.82	5.81	5.805	5.795

Sie sind mit $HoMn_2O_5$ (s. S. 62) isotyp, Raumgruppe Pbam (Nr. 55). Die Verteilung von Mn und Ti auf den Punktlagen 4f und 4h kann wegen des ähnlichen Streuvermögens weder röntgenographisch noch mittels Neutronenbeugung bestimmt werden. Auch nach der Kristallfeldtheorie ist Ti^{4+} auf beiden Lagen energetisch gleich wahrscheinlich. Vermutlich befindet sich Mn^{3+} auf 4h. Das Neutronenbeugungsdiagramm von $NdMnTiO_5$ ist bei 1.5 K das gleiche wie bei Raumtemperatur; die Mn^{3+}-Ionen sind demnach nicht magnetisch geordnet. — Beim Schmelzen zersetzen sich die Verbindungen unter Bildung von $MMnO_3$ (Perowskit-Typ) und TiO_2 bzw. $M_2Ti_2O_7$ (Pyrochlor-Typ) und Mn_3O_4, s. Fig. 70, G. Buisson (J. Phys. Chem. Solids **31** [1970] 1171/83).

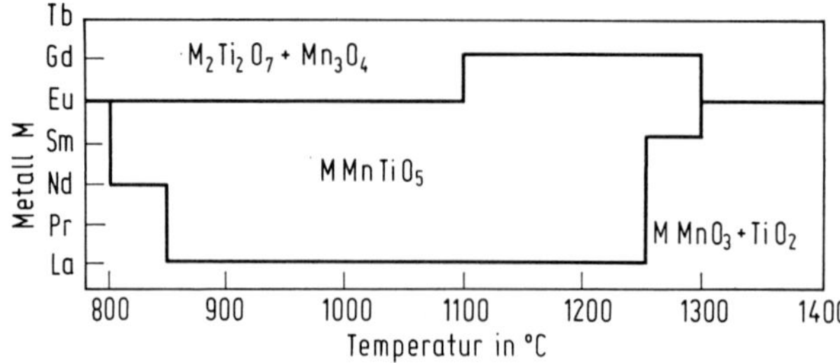

Fig. 70

Thermischer Stabilitätsbereich der Verbindungen $MMnTiO_5$.

$CaLa_{1-x}Y_xMnTiO_6$ (x = 0 bis 1)

Die Phasen werden, wie beim System $PbMn_{0.5}Nb_{0.5}O_3$-$PbTiO_3$ auf S. 180 beschrieben, aus den entsprechenden Carbonaten und Oxiden dargestellt und von 1200°C auf Raumtemperatur abgeschreckt. Die Präparate $CaLa_{0.25}Y_{0.75}MnTiO_6$ (x = 0.75) und $CaYMnTiO_6$ (x = 1) enthalten immer auch Y_2O_3 als Nebenprodukt. — Alle Phasen kristallisieren im Perowskit-Typ der allgemeinen Formel $A_2(MnTi)O_6$, haben jedoch keine kubische Symmetrie. $CaLaMnTiO_6$ (x = 0) ist rhomboedrisch mit a = 3.872 Å, $\alpha = 90.1_5^\circ$, alle anderen Phasen sind rhombisch mit folgenden, auf die Perowskit-Elementarzelle bezogenen Pseudozellen (in Å bei 25°C):

Zusammensetzung	a = c	b	β
$CaLa_{0.75}Y_{0.25}MnTiO_6$	3.87	3.85	90.3°
$CaLa_{0.5}Y_{0.5}MnTiO_6$	3.87	3.82	90.4°
$CaLa_{0.25}Y_{0.75}MnTiO_6$	3.85	3.80	90.9°
$CaYMnTiO_6$	3.84	3.77	92.2°

Röntgenographisch lassen sich keine Anzeichen für eine geordnete Verteilung der Kationen erkennen. — Die Phasen sind magnetisch geordnet. Die paramagnetische Curie-Temperatur (aus der Temperaturabhängigkeit der reziproken magnetischen Suszeptibilität) fällt von Θ_p = 100 K bei $CaLaMnTiO_6$ auf 95 K bei x = 0.25 und 0.50, auf 50 K bei x = 0.75 und beträgt bei $CaYMnTiO_6$ Θ_p = 10 K, E. E. Havinga (Philips Res. Rept. **21** [1966] 432/45, 436).

$Sr_{1-x}Ca_xLaMnTiO_6$ (x = 0 bis 0.67)

Die Phasen werden in analoger Weise wie die oben beschriebenen $CaLa_{1-x}Y_xMnTiO_6$ dargestellt. Sie kristallisieren ebenfalls im rhomboedrisch verzerrten Perowskit-Typ. Das rhomboedrische $SrLaMnTiO_6$ wandelt sich bei 700°C in eine kubische Modifikation um. Die Umwandlung entspricht einer höheren als 1. Ordnung. Bei 25°C haben die rhomboedrischen, auf die Elementarzelle des Perowskits bezogenen Pseudozellen folgende Abmessungen:

Zusammensetzung	a in Å	α
$SrLaMnTiO_6$	3.912	90.2_5°
$Sr_{0.67}Ca_{0.33}LaMnTiO_6$	3.900	90.1°
$Sr_{0.33}Ca_{0.67}LaMnTiO_6$	3.885	90.0_5°

Röntgenographisch lassen sich keine Anzeichen für eine geordnete Verteilung der Kationen erkennen. — Die Phasen sind ferromagnetisch. Die paramagnetische Curie-Temperatur sinkt von Θ_p = 105 K bei $Sr_{0.67}Ca_{0.33}LaMnTiO_6$ auf 100 K bei $Sr_{0.33}Ca_{0.67}LaMnTiO_6$. Bei $SrLaMnTiO_6$ weicht der Temperaturverlauf der reziproken magnetischen Suszeptibilität, vermutlich wegen der Umwandlung höherer Ordnung, stark von der Linearität ab, so daß Θ_p nicht bestimmt werden kann, E. E. Havinga (Philips Res. Rept. **21** [1966] 432/45, 436).

$Ba_xLa_{1-x}Mn_{1-x}Ti_xO_3$

Zur Darstellung der Phasen im Bereich $0 < x \leqq 0.25$ werden die Carbonate bzw. Oxide der Metalle zunächst an der Luft auf 1000°C erhitzt, vermahlen, verpreßt und in einer Atmosphäre aus CO_2, Ar und H_2 im Verhältnis 90 : 9 : 1 erneut 6 h auf 1350°C erhitzt; danach werden die Phasen auf Raumtemperatur abgeschreckt [1]. Die Darstellung von Präparaten mit größeren Werten von x erfolgt analog wie bei $CaLa_{1-x}Y_xMnTiO_6$, s. oben [2].

Die Phasen kristallisieren alle im Perowskit-Typ, sind jedoch im Bereich $0 < x < 0.1$ rhombisch verzerrt; bei höheren x-Werten sind sie kubisch. Bei x = 0.125 ist zwar keine Aufspaltung der Röntgenreflexe mehr zu erkennen, doch weisen Linienverbreiterung und einige Überstrukturreflexe noch auf rhombische Symmetrie hin [3]. Die rhombischen Phasen werden auch mit monoklinen [4] und pseudotetragonalen Zellen beschrieben [1]. Sie haben nach Röntgen- und Neutronenbeugungsuntersuchungen bei 293 und 4.2 K folgende Gitterkonstanten:

x	0.05	0.05	0.10	0.10	0.125	0.125
T in K	293	4.2	293	4.2	293	4.2
a in Å	5.682	5.685	5.618	5.632	5.570	5.567
b in Å	7.738	7.695	7.798	7.743	7.854	7.834
c in Å	5.560	5.548	5.571	5.565	5.574	5.569

Raumgruppe Pnma (Nr. 62); Z = 4. $(Mn_{1-x}Ti_x)$ besetzen die Punktlage 4a (0, 0, 0). Lagen und Parameter der Phasen mit x = 0.05 und 0.125 bei 293 und 4.2 K zeigt folgende Tabelle (Werte von $La_{0.90}Ba_{0.10}Mn_{0.90}Ti_{0.10}O_3$ s. Original):

Atom	Punktlage	x 293 K	x 4.2 K	y 293 K	y 4.2 K	z 293 K	z 4.2 K
$La_{0.95}Ba_{0.05}Mn_{0.95}Ti_{0.05}O_3$							
$(La_{1-x}Ba_x)$	4c	0.540	0.541	0.25	0.25	0.006	0.009
O(1)	4c	−0.009	−0.009	0.25	0.25	−0.067	−0.065
O(2)	8d	0.299	0.302	0.037	0.038	0.229	0.229
$La_{0.875}Ba_{0.125}Mn_{0.875}Ti_{0.125}O_3$							
$(La_{1-x}Ba_x)$	4c	0.521	0.525	0.25	0.25	0.000	0.003
O(1)	4c	−0.007	−0.004	0.25	0.25	−0.079	−0.065
O(2)	8d	0.278	0.277	0.029	0.036	0.240	0.226

Der Abstand $(Mn_{1-x}Ti_x)$-O(1) wächst bei 4.2 K von 1.958 bei x = 0.05 auf 1.991 bei x = 0.125, während der längere $(Mn_{1-x}Ti_x)$-O(2)-Abstand von 2.155 auf 2.011 Å fällt. Die Winkel O-$(Mn_{1-x}Ti_x)$-O sind nahezu 90° und lassen keine systematische Änderung mit x erkennen [3]. Von den rhombischen Phasen existieren Hochtemperaturmodifikationen mit kubischer Symmetrie, s. Figur im Original [1, S. 13]. Die Gitterkonstante der kubischen Phasen im Bereich von x = 0.10 bis 0.25 beträgt a = 3.92 Å [4] bis 3.95 Å [1]. Bei x = 0.5 ist a = 3.960 Å [2]. — Das Mangan liegt praktisch nur als Mn^{3+} vor, im Bereich von x = 0.05 bis 0.20 können 0.2 bis 2% davon als Mn^{2+} vorliegen [1]. Magnetische Untersuchungen ergeben keinen Hinweis auf Mn^{IV} [3].

Die Phasen sind bei tiefen Temperaturen ferromagnetisch [1]. Die paramagnetische Curie-Temperatur der rhombischen Tieftemperaturmodifikationen steigt von $\Theta_p \approx 74$ K bei x = 0.05 auf etwa 210 K bei x = 0.1, während bei den kubischen Hochtemperaturmodifikationen Θ_p von etwa 230 K bei x = 0.05 auf den Wert bei x = 0.1 abfällt. Bis x = 0.25 bleibt Θ_p etwa konstant 200 K [1]. Bei x = 0.5 ist Θ_p = 125 K [2]. Die ferromagnetische Curie-Temperatur ist wie bei $LaMnO_3$ (s. S. 23) auch im Bereich x ≦ 0.25 praktisch unabhängig von x (T_C = 140 K) [1]. — Neutronenbeugungsuntersuchungen der rhombischen Phasen bei 4.2 K ergeben eine magnetische Elementarzelle von gleicher Größe wie die chemische, Raumgruppe Pn'ma' [3]. Aus Magnetisierungsmessungen ergibt sich bei 4.2 K ein ferromagnetisches Moment μ_f, das von 0.2 μ_B bei x = 0.05 über 0.6 μ_B [3] bzw. 0.65 μ_B [1] bei x = 0.10 auf 2.9 μ_B bei x = 0.125 steigt. Aus Neutronenbeugungsuntersuchungen bei 4.2 K folgen für μ_f die Werte 0.0 ± 0.5, 1.2 bzw. 2.9 μ_B; außerdem ist noch eine antiferromagnetische Komponente der Größe 3.6, 2.9 bzw. 1.0 μ_B zu beobachten (alle Werte auf 1 Mn-Atom bezogen) [3]. Bei den kubischen Phasen mit x > 0.1 fällt μ_f mit wachsendem x wieder ab und beträgt etwa 1.7 μ_B bei x = 0.25 [1]. Die spezifische Sättigungsmagnetisierung σ (in G · cm³/g) steigt bei 20.4 K von 10 bei x = 0.05 steil auf etwa 65 bei 0.12 und fällt dann auf etwa 38 bei x = 0.25 [4]. Bei x = 0.1 und 15 kOe fällt σ von 19 bei 4.2 K auf etwa 6 bei T_C und weiter bis auf etwa 3 bei 190 K [1]. — Oberhalb 800 K ist bei den Proben mit x = 0.05 bis 0.25 das Curie-Weiss-Gesetz gültig. Die molare Curie-Konstante fällt linear von etwa 3.2 bei x = 0.05 auf etwa 2.5 bei x = 0.25 [1].

Alle Phasen zwischen x = 0.05 und 0.25 sind Halbleiter. Der spezifische elektrische Widerstand ρ (in Ω · cm) ist bei 190 und 290 K unabhängig von x, und zwar beträgt lg $\rho \approx$ 5.5 bzw. 3.0. Die Thermokraft fällt bei Raumtemperatur von $\alpha \approx 550$ bei x = 0.05 auf etwa 150 μV/K bei x = 0.25 [1].

Literatur:

[1] F. K. Lotgering (Philips Res. Rept. **25** [1970] 8/16). — [2] E. E. Havinga (Philips Res. Rept. **21** [1966] 432/45, 436). — [3] J. B. A. A. Elemans, B. van Laar, K. R. van der Veen, B. O. Loopstra (J. Solid State Chem. **3** [1971] 238/42). — [4] G. H. Jonker (Physica **22** [1956] 707/22, 715).

$Ba_{1-x}Sr_xLaMnTiO_6$ (x = 0.33, 0.67)

Die Phasen werden, wie beim System $PbMn_{0.5}Nb_{0.5}O_3$-$PbTiO_3$ auf S. 180 beschrieben, aus den entsprechenden Carbonaten und Oxiden dargestellt und von 1200°C auf Raumtemperatur abgeschreckt. Sie kristallisieren bei 25°C im rhomboedrisch verzerrten Perowskit-Typ mit den Gitterkonstanten der Pseudozellen, die der Perowskit-Zelle entsprechen, von a = 3.944 Å, $\alpha = 90.0^{\circ}_{5}$ bei x = 0.33 und a = 3.929 Å, α = 90.1° bei x = 0.67. Oberhalb 100 bzw. 400°C besitzen die Phasen kubische Symmetrie. Bei x = 0.67 ist die Umwandlung von höherer als 1. Ordnung, was auch in der Temperaturabhängigkeit der reziproken magnetischen Suszeptibilität zum Ausdruck kommt, die stark von der Linearität abweicht. Die paramagnetische Curie-Temperatur der ferromagnetischen Phasen läßt sich deshalb nur bei x = 0.33 zu Θ_p = 130 K bestimmen, E. E. Havinga (Philips Res. Rept. **21** [1966] 432/45, 436).

$Sr_{0.3}La_{0.7}MnO_3$-$BaTiO_3$-Mischkristalle

Solid Solutions of $Sr_{0.3}La_{0.7}$-MnO_3 with $BaTiO_3$

Zur Darstellung werden entsprechende Mengen $BaCO_3$, $SrCO_3$, La_2O_3, MnO_2 und TiO_2 1 bis 3.5 h an der Luft auf 850 bis 1350°C erhitzt. Die Mischkristalle, deren Struktur sich vom Perowskit-Typ ableiten läßt, sind bei Raumtemperatur bis 40 Mol-% $BaTiO_3$ rhomboedrisch verzerrt, von 40 bis etwa 99 Mol-% kubisch und oberhalb 99 Mol-% $BaTiO_3$ tetragonal. Bei den kubischen Phasen tritt bei 75 Mol-% $BaTiO_3$ eine Anomalie auf, die mit der Unstetigkeit in der elektrischen Leitfähigkeit zusammenfällt, s. **Fig. 71**. Das Verhältnis Mn^{III}/Mn^{IV} ist konstant 0.53 bis 0.58, unabhängig von der Substitution durch Ti.

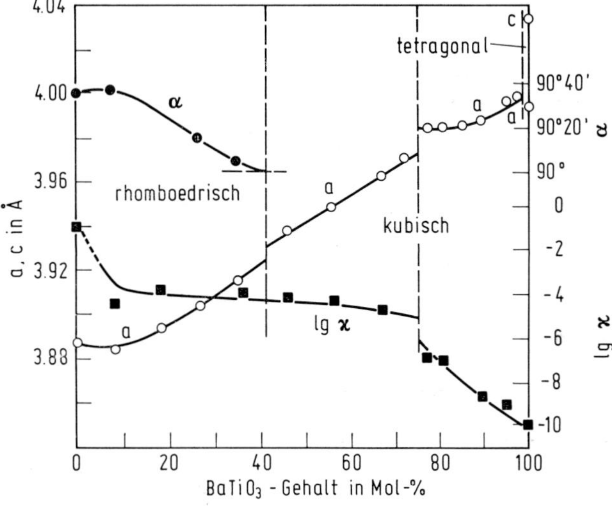

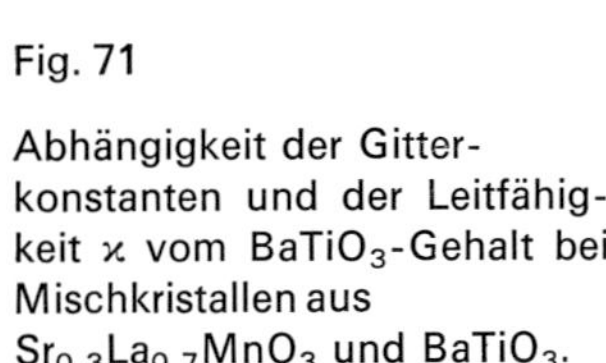
Fig. 71

Abhängigkeit der Gitterkonstanten und der Leitfähigkeit $\varkappa$ vom $BaTiO_3$-Gehalt bei Mischkristallen aus $Sr_{0.3}La_{0.7}MnO_3$ und $BaTiO_3$.

Im Bereich bis zu 89 Mol-% $BaTiO_3$ sind die Mischkristalle bei tiefen Temperaturen ferromagnetisch. Die Curie-Temperatur sinkt von T_C = 353 K für $La_{0.7}Sr_{0.3}MnO_3$ (s. S. 34) auf 193 K bei 89 Mol-% $BaTiO_3$. Bei höheren Konzentrationen an $BaTiO_3$ sind die Mischkristalle ferroelektrisch, T_C steigt von 193 auf 393 K beim reinen $BaTiO_3$ [1]. Zur Berechnung der elektrischen Polarisation s. Chupis und Plushko [2]. Zwischen 62 und 95 Mol-% $BaTiO_3$ tritt unterhalb 193 K ein Mischgebiet beider Eigenschaften auf. Mischoxide mit 87 bis 95 Mol-% $BaTiO_3$ sind ferrimagnetisch, s. **Fig. 72**, S. 126. Das spontane magnetische Moment wird durch steigende $BaTiO_3$-Konzentrationen stark vermindert. Bei 8 Mol-% $BaTiO_3$ ist die spezifische Magnetisierung σ_s = 5.0 G · cm³/g bei 295 K und bei 89 Mol-% $BaTiO_3$ σ_s = 0.06 G · cm³/g bei 130 K. Die reziproke magnetische Suszeptibilität folgt oberhalb T_C dem Curie-Weiss-Gesetz. — Die Dielektrizitätskonstante (gemessen bei 200 kHz) steigt im ferromagnetischen Bereich mit der Temperatur, z. B. von ε = 23 bei 160 K auf 77 bei 285 K. Mit wachsendem $BaTiO_3$-Gehalt wächst ε bis 85 Mol-% auf das etwa Zehnfache. Im

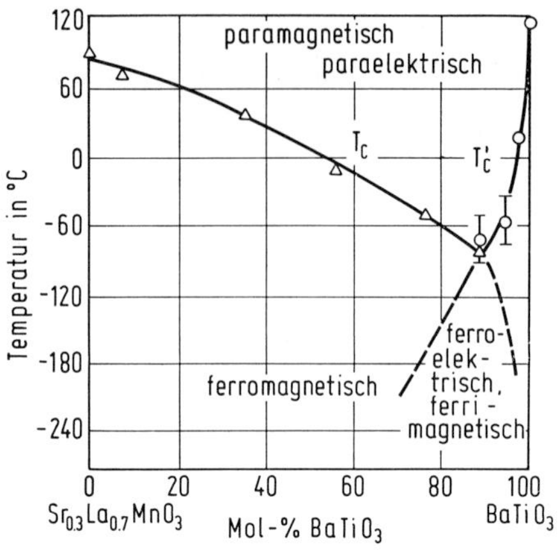

Fig. 72

Abhängigkeit der magnetischen T_C und der elektrischen Curie-Temperatur T'_C vom $BaTiO_3$-Gehalt bei Mischkristallen aus $Sr_{0.3}La_{0.7}MnO_3$ und $BaTiO_3$.

ferroelektrischen Bereich durchläuft die Temperaturabhängigkeit von ε ein breites Maximum bei T_C, z. B. bei 89 Mol-% $BaTiO_3$ von $\varepsilon = 270$ und bei 95 Mol-% $BaTiO_3$ von $\varepsilon = 1170$. — Der Verlauf der elektrischen Leitfähigkeit bei Raumtemperatur in Abhängigkeit von der Zusammensetzung ist in Fig. 71 eingetragen [1].

Literatur:

[1] Yu. Ya. Tomashpol'skii, Yu. N. Venevtsev (Kristallografiya **11** [1966] 731/5; Soviet Phys.-Cryst. **11** [1966] 626/9). — [2] I. E. Chupis, N. Ya. Plushko (Fiz. Tverd. Tela **14** [1973] 3444/5; Soviet Phys.-Solid State **14** [1973] 2907/8).

Solid Solutions of $LaMnO_3$ with $CdTiO_3$

$LaMnO_3$-$CdTiO_3$-Mischkristalle

Im Bereich von 0 bis 7 Mol-% kristallisieren die Mischkristalle im monoklin verzerrten Perowskit-Typ wie $CdTiO_3$, während sich zwischen 7 und 30 Mol-% $CdTiO_3$ ein heterogenes Gebiet mit monoklinem und kubischem Perowskit-Typ befindet. Die Mischkristalle in der Nähe von $LaMnO_3$ sind ferromagnetisch, in der von $CdTiO_3$ ferroelektrisch. Die Curie-Temperatur fällt von $T_C = 213$ K bei $LaMnO_3$ auf 108 K bei 40 Mol-% $CdTiO_3$, Yu. E. Roginskaya, L. I. Shvorneva, V. N. Lyubimov, A. S. Viskov, V. V. Ivanova, V. M. Petrov, Yu. N. Venevtsev, G. S. Zhdanov (Proc. Intern. Meeting Ferroelec., Prague 1966, Bd. 1, S. 250/7, 255 [englisch]; C. A. **67** [1967] Nr. 6727).

Other Titanate Phases Containing Manganese

2.11.1.8.14 Weitere manganhaltige Titanatphasen

$(1\text{-}x)PbTiO_3 \cdot xMnO_2$ ($x = 0.010$ und 0.025)

Um den Einfluß eines Mn-Zusatzes auf die piezoelektrischen und verwandten Eigenschaften von $PbTiO_3$ zu untersuchen, werden Sinterproben mit $x = 0.010$ und 0.025 bei 1140 bzw. 1180°C hergestellt, die im tetragonal verzerrten Perowskit-Typ kristallisieren. Die Dichte der grobkörnigen Produkte mit 7.74 und 7.75 g/cm³ entspricht 97.4 bzw. 97.7% des theoretischen Wertes. Die isotrope Dielektrizitätskonstante $\varepsilon^*/\varepsilon_0$ bei 1 MHz ist 155 bzw. 148, der Zerstreuungsfaktor D 0.0031 bzw. 0.0069. Zur Temperaturabhängigkeit dieser Parameter wie auch des (ziemlich niedrigen) elektrischen Widerstandes s. graphische Darstellung im Original, dort auch (nach 2 h Polung der Proben bei 55 kV und 200 bzw. 100°C) Werte für die dielektrischen Konstanten, Frequenzkonstanten, Kopplungsfaktoren, piezoelektrischen Spannungskonstanten und elastischen Konstanten. Der mechanische Qualitätsfaktor ergibt sich für die Probe mit $x = 0.010$ zu $Q = 1240$ und für $x = 0.025$ zu $Q = 700$; die Poisson-Zahl beträgt 0.22 bzw. 0.21. In den Mn-haltigen Phasen ist im Vergleich zu reinem $PbTiO_3$ die isotrope Dielektrizitätskonstante erniedrigt. Ferner resultieren kleine Zerstreuungsfaktoren und große mechanische Qualitätsfaktoren sowie kleine elastische Konstanten. Die grobkörnigen Proben können leicht gepolt werden und haben relativ große Kopplungsfaktoren. Dies wird auf Spannungsverminderung zwischen den Körnern, geringe Zwischenflächen-Polarisierung und große Bindungskräfte an den Korngrenzen zurückgeführt. Weitere Einzelheiten (Temperaturabhängigkeit verschiedener Konstanten, Temperaturkoeffizienten und Alterungsgeschwindigkeiten sowie Vergleich zu $PbTiO_3$-Phasen mit anderen Zusätzen) s. Original, I. Ueda (Japan. J. Appl. Phys. **11** [1972] 450/62).

(1−x)$PbTiO_3$ · x$LaMnO_3$

Im Rahmen von Untersuchungen zur Bildung von Verbindungen mit ferroelektrischen und ferromagnetischen Eigenschaften werden die Perowskit-Phasen nach der Keramiktechnik hergestellt. Dazu werden berechnete Mengen der Oxide oder Carbonate unter absolutem Alkohol gemischt, zu kleinen Briketts verpreßt und 14 h in Luft bei 850°C vorgesintert. Nach dem Zerkleinern wird das Vorprodukt unter 10^4 atm zu Scheibchen gepreßt, in Pt-Folie gewickelt, in CO_2 unter 1 atm bei 1100 bis 1250°C 14 h getempert und rasch abgekühlt. Wichtig ist hierbei die Wahl der richtigen Tempertemperatur, um eine zu starke Oxidation zu Mn^{4+} oder Reduktion zu Mn^{2+} oder eine Verdampfung von PbO zu vermeiden.

Die allgemein als $A_2(BMn)O_6$ formulierten Perowskit-Phasen sind im Bereich $x < 0.28$ tetragonal verzerrt, s. **Fig. 73.** Bei $x > 0.28$ wird die Struktur als rhomboedrisch bestimmt, für die Zusammensetzung $PbLa(TiMn)O_6$ beispielsweise mit den Gitterkonstanten a = 3.933 Å, α = 90.2°. Diese Phasen zeigen bei geringer Mn^{3+}-Konzentration ($x < 0.28$, d. h. im Bereich der tetragonalen Verzerrung) ferroelektrische Eigenschaften, jedoch keinen zusammenhängenden Ferromagnetismus, da das Spin-System zu verdünnt ist; es werden aber ferromagnetische Wechselwirkungen beobachtet. Die spontane Polarisierung liegt in der Größenordnung von 1 $\mu C/cm^2$. Maximalwerte ε_{max} der Dielektrizitätskonstante in Abhängigkeit von x s. in **Fig. 74.** Zur Abhängigkeit der Temperatur T_m, bei der die Dielektrizitätskonstante ihren Maximalwert erreicht, von x s. Darstellung im Original

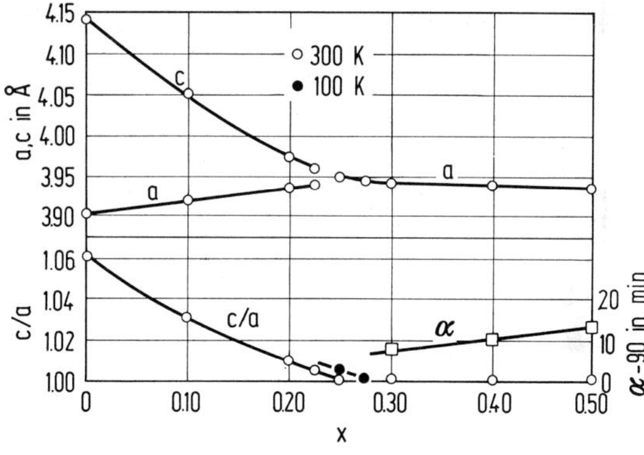

Fig. 73

Gitterkonstanten a, c, α und c/a-Verhältnis in Abhängigkeit von x in (1−x)$PbTiO_3$ · x$LaMnO_3$.

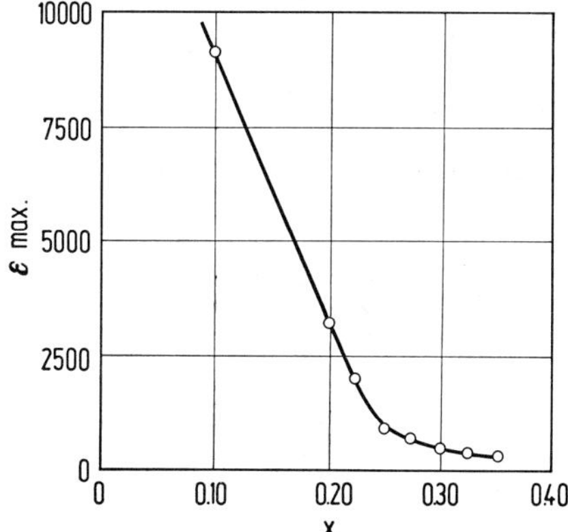

Fig. 74

Maximalwerte ε_{max} der Dielektrizitätskonstante in Abhängigkeit von x in (1−x)$PbTiO_3$ · x$LaMnO_3$.

Other Titanate Phases Containing Manganese

(für $x < 0.28$ ist die Abhängigkeit linear). Bei höherer Mn^{3+}-Konzentration ($x > 0.28$) verschwindet mit der tetragonalen Strukturverzerrung auch die Ferroelektrizität. Dies wird auf den Einfluß des Jahn-Teller-Effekts zurückgeführt. Das Fehlen ferroelektrischer Übergänge bei hohen x-Werten wird auch durch das Verhalten bei Substitution von Pb durch Sr gestützt, s. dazu weiter unten. — Nach der Molekularfeldtheorie sollen ungeordnet (zufällig) verdünnte ferromagnetische Systeme wie die gemischten Perowskit-Phasen bei hoher Temperatur das Curie-Weiss-Gesetz $\chi = C/(T-\Theta)$ befolgen, wobei die Curie-Konstante C (bezogen auf 1 mol der magnetischen Ionen) unabhängig vom Verdünnungsgrad ist. Aus der paramagnetischen Suszeptibilität, gemessen nach der Faraday-Methode bei 9 kOe im Bereich von 77 bis 1000 K, wird die paramagnetische Curie-Temperatur für $Pb,La(TiMn)O_6$ zu $\Theta_p = 105$ K extrapoliert. Die Abhängigkeit der paramagnetischen Curie-Temperatur von der Zusammensetzung bzw. von x (= Konzentration an Mn^{3+}-Ionen) in $(1-x)PbTiO_3 \cdot xLaMnO_3$ ist linear, s. Figur im Original. Messungen bei tiefen Temperaturen ergeben keine realen ferromagnetischen Curie-Punkte bei Mn^{3+}-Konzentrationen $x < 0.50$ [1].

Ein Sinterkeramikprodukt, dessen nominelle Zusammensetzung mit $0.965\,PbTiO_3 + 0.025\,LaO_{1.5} + 0.010\,MnO_2$ angegeben ist, wird aus PbO, TiO_2, La_2O_3 und MnO_2 durch 2stündiges Vorsintern der gepreßten Mischung bei 850°C und 1stündiges Tempern des zerkleinerten und erneut (mit 700 kg/cm^2) gepreßten Vorprodukts bei 1260°C in Luft hergestellt. Die Korngröße im Endprodukt beträgt 2 bis 3 μm.

Die Gitterkonstanten der tetragonalen Struktur ergeben sich zu a = 3.9072 und c = 4.1187 Å (a ist größer, c kleiner als bei reinem $PbTiO_3$). Das Produkt besitzt hohe mechanische Festigkeit. Die Dichte wird zu 7.87 g/cm^3 gemessen; theoretisch beträgt sie 7.99 g/cm^3, woraus eine Porosität von 1.5% folgt. Die Vickers-Härte wird zu 470 bestimmt, die Biegefestigkeit zu 2×10^7 kg/m^2 und die Kompressibilität zu 1.2×10^8 kg/m^2. Der Curie-Punkt liegt bei 470°C. Der elektrische Widerstand beträgt 2×10^{12} $\Omega \cdot cm$. Das Material ist piezoelektrisch und hat eine isotrope Dielektrizitätskonstante $\varepsilon^*/\varepsilon_0 = 210$. An diesem Material (in Form dünner Plättchen) werden nach 10 min Polung unter 60 kV bei 200°C folgende elektromechanische Konstanten (für Raumtemperatur) bestimmt. Dielektrizitätskonstanten (bei 1 kHz): $\varepsilon^T_{11}/\varepsilon_0 = 230$, $\varepsilon^S_{11}/\varepsilon_0 = 210$, $\varepsilon^T_{33}/\varepsilon_0 = 170$, $\varepsilon^S_{33}/\varepsilon_0 = 140$; Frequenzkonstanten (in Hz · m): $N_p = 2640$, $N_{31} = 2050$, $N_{33} = 2020$, $N_t = 2070$, $N_{15} = 1340$; Kopplungsfaktoren: $k_p = 0.07$, $k_{31} = 0.04$, $k_{33} = 0.46$, $k_t = 0.46$, $k_{15} = 0.28$; piezoelektrische Konstanten: $d_{31} = -4.4$, $d_{33} = 51$, $d_{15} = 53$ (jeweils $\times 10^{-12}$ C/N), $g_{31} = -2.9$, $g_{33} = 33$, $g_{15} = 27$ (jeweils $\times 10^{-3}$ V · m/N); elastische Konstanten (in 10^{-12} m^2/N): $s^E_{11} = 7.5$, $s^E_{12} = -1.5$, $s^E_{13} = -1.1$, $s^E_{33} = 8.0$, $s^E_{44} = 17.9$, $s^D_{11} = 7.5$, $s^D_{12} = -1.5$, $s^D_{13} = -1.1$, $s^D_{33} = 6.4$, $s^D_{44} = 16.5$, $s_{66} = 18.0$, $c^E_{33} = 13.1 \times 10^{10}$, $c^D_{33} = 16.6 \times 10^{10}$ N/m^2. Der Zerstreuungsfaktor ergibt sich zu D = 0.008, der mechanische Qualitätsfaktor zu Q = 1100 und die Poisson-Zahl zu 0.20. Temperaturkoeffizienten (zwischen −40 und +90°C) für verschiedene Konstanten:

Konstante	ε^T_{33}	k_{33}	k_t	N_{33}	N_t	N_{3t}
Temperaturkoeffizient in 10^{-6}/°C	+2200	+430	+380	−130	−110	−20

Auf Grund seiner Eigenschaften (niedrige Dielektrizitätskonstante, hohe Kopplungs- und mechanische Qualitätsfaktoren sowie große mechanische Stabilität und Temperaturbeständigkeit) wird dieses Material in elektromechanischen Vorrichtungen bei hohen Temperaturen und Frequenzen verwendet [2].

Literatur:

[1] E. E. Havinga (Philips Res. Rept. **21** [1966] 49/62, 52/7, 432/45, 436). — [2] S. Ikegami, I. Ueda, T. Nagata (J. Acoust. Soc. Am. **50** [1971] 1060/6).

$(1-x)PbTiO_3 \cdot x(Sr_yLa_{1-y})MnO_3$

Die Mischkristalle werden nach der Keramiktechnik aus MnO_2, TiO_2, $PbCO_3$ und $SrCO_3$ bei 850 bis 1350°C innerhalb 1 bis 3.5 h in Atmosphären von Sauerstoff, Stickstoff oder Luft hergestellt. Röntgenographische Untersuchungen bei Raumtemperatur ergeben die Bildung einer kontinuierlichen Mischkristallreihe zwischen $PbTiO_3$ und $Sr_{0.3}La_{0.7}MnO_3$ vom Perowskit-Typ. Von 0 bis zu einem Gehalt von 30 Mol-% $PbTiO_3$ ist die Struktur der Phasen rhomboedrisch, s. Feld I in **Fig. 75.** Im Bereich von 30 bis 70 Mol-% $PbTiO_3$ sind die Mischkristalle kubisch (Feld II in Fig. 75). Oberhalb 70 Mol-% wird die Struktur tetragonal, wobei das c/a-Verhältnis kontinuierlich bis auf 1.06 ansteigt,

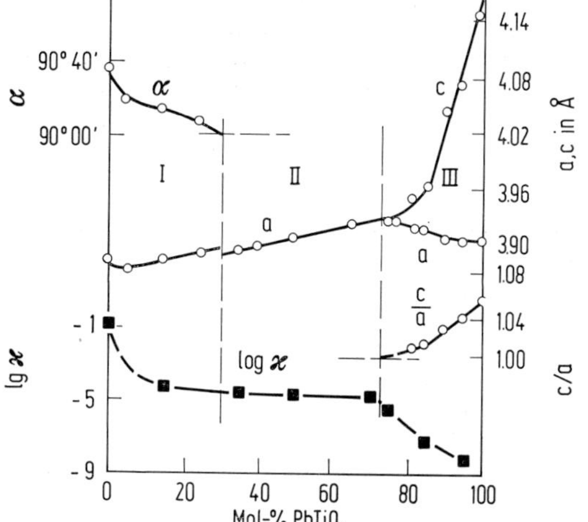

Fig. 75

Abhängigkeit der Gitterparameter (a, c, c/a, α) und des Logarithmus der Leitfähigkeit lg ϰ bei Raumtemperatur von der $PbTiO_3$-Konzentration im System $PbTiO_3$-$La_{0.7}Sr_{0.3}MnO_3$. I, II und III sind die Bereich eder rhomboedrischen, tetragonalen bzw. kubischen Phasen.

s. Feld III in Fig. 75. Der Sprung der Gitterkonstante bei 30 Mol-% $PbTiO_3$ hängt mit der Modifikationsänderung zusammen. Die Ursache des Sprungs bei 72 Mol-% $PbTiO_3$, die sich auch in einer Leitfähigkeitsänderung bemerkbar macht, wird in dem Auftreten ferroelektrischer Eigenschaften gesehen. Magnetische Messungen zeigen, daß im Bereich von 0 bis 92 Mol-% $PbTiO_3$ bei bestimmten Temperaturen ferromagnetische Eigenschaften auftreten. Mit steigendem $PbTiO_3$-Gehalt sinkt die ferroelektrische Übergangstemperatur schneller als die ferromagnetische, s. auch das Phasendiagramm, **Fig. 76**; weitere Einzelheiten wie Temperaturabhängigkeit der Dielektrizitätskonstante, der reziproken Suszeptibilität und des spontanen magnetischen Moments im Original. Insgesamt resultieren im Bereich von 0 bis 92 Mol-% $PbTiO_3$ ferromagnetische Eigenschaften und von 70 bis 100 Mol-% $PbTiO_3$ ferroelektrische Eigenschaften, während unterhalb Raumtemperatur im Bereich von 70 bis 92 Mol-% ferroelektrische und ferromagnetische Eigenschaften koexistent sind. Diese letzte Tat-

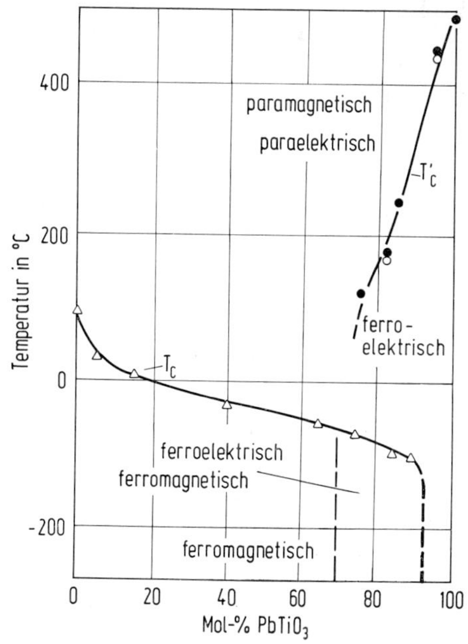

Fig. 76

Elektrisch-magnetisches Phasendiagramm des Systems $PbTiO_3$-$La_{0.7}Sr_{0.3}MnO_3$. T_C, T'_C sind die Temperaturen der ferromagnetischen bzw. ferroelektrischen Phasenübergänge.

sache wird auf die Bildung zufällig verteilter paramagnetischer Ionen-Aggregate zurückgeführt, da es sonst keine Erklärung für das Auftreten von Ferroelektrizität in Mischkristallen mit bis zu 10% paramagnetischem Ionengehalt gibt [1]. Geht man von $(1-x)PbTiO_3 \cdot xLaMnO_3$ aus, so hat eine Substitution von Pb durch Sr geringen oder gar keinen Einfluß auf das Elementarzellvolumen, jedoch verringert sich die Neigung zur Ferroelektrizität. Der ferroelektrische Übergangspunkt wird erniedrigt, weil die Polarisierbarkeit der Sr^{2+}-Ionen geringer als die der Pb^{2+}-Ionen ist. Infolge des lokalen Jahn-Teller-Effekts ist ein Ausbleiben der Ferroelektrizität schon bei geringerer Mn^{3+}-Konzentration als in $(1-x)PbTiO_3 \cdot xLaMnO_3$ zu erwarten. Dies wird durch Untersuchungen der Proben $(0.75-y)PbTiO_3 \cdot ySrTiO_3 \cdot 0.25LaMnO_3$ und $(0.73-y)PbTiO_3 \cdot ySrTiO_3 \cdot 0.27LaMnO_3$ bestätigt. Bei der erstgenannten Probe sinkt die ferroelektrische Übergangstemperatur linear mit steigendem Sr-Gehalt. Bei der zweiten Probe (die an der Grenze des ferroelektrischen Bereichs mit 28% Mn liegt) tritt Ferroelektrizität bis zu 10% $SrTiO_3$-Gehalt auf, d. h. bei Substitution von $PbTiO_3$ durch 10% $SrTiO_3$ wird die kritische Mn^{3+}-Konzentration, bei der die Ferroelektrizität verschwindet, von 28 auf 27% erniedrigt [2].

Literatur:

[1] Yu. Ya. Tomashpol'skii, Yu. N. Venevtsev, V. N. Beznozdrev (Fiz. Tverd. Tela **7** [1965] 2763/7; Soviet Phys.-Solid State **7** [1965] 2235/9). — [2] E. E. Havinga (Philips Res. Rept. **21** [1966] 49/62, 57/8).

Compounds of Manganese with Oxygen and Zirconium

2.11.8.2 Verbindungen des Mangans mit Sauerstoff und Zirkon

The MnO-ZrO_2 System

2.11.8.2.1 Das System MnO-ZrO_2

Für die Untersuchungen des Systems MnO-ZrO_2 werden die Ausgangskomponenten im Mn-gesättigten Platintiegel 12 h in Luft bei 1400°C geglüht. Die glasartigen Produkte werden zerkleinert, 48 h in Luft auf 1200°C und danach 48 h in reduzierender Atmosphäre auf 1150°C erhitzt, zu Pastillen gepreßt, in einer CO_2-CO-Atmosphäre 1 bis 2 h lang zur Gleichgewichtseinstellung getempert und auf Raumtemperatur abgeschreckt. Die Phasengleichgewichtsbeziehungen sind in **Fig. 77** wiedergegeben. Danach existiert im System ein Eutektikum bei 1532°C und 63 Gew.-% MnO (etwa 75 Mol-%). Die maximale Löslichkeit von MnO in ZrO_2 beträgt bei der eutektischen Temperatur 23 Gew.-% und von ZrO_2 in MnO 6 Gew.-% [1].

Eine metastabile kubische Mischkristallphase entsteht im System MnO-ZrO_2 beim Erhitzen der gemeinsam gefällten Hydroxide in H_2 auf 750°C mit einem Homogenitätsbereich von ungefähr 4

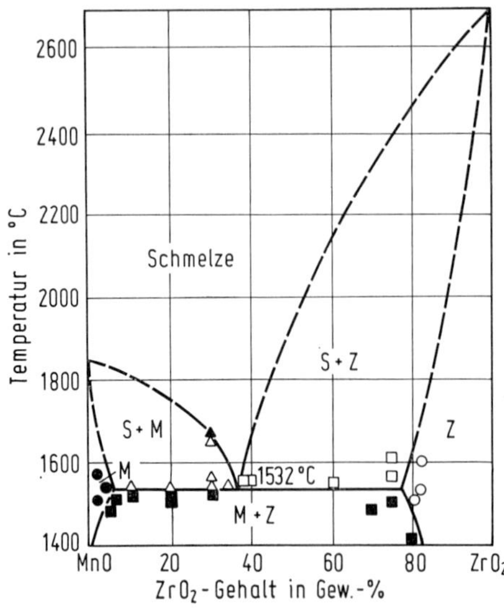

Fig. 77

Phasenbeziehungen im System MnO-ZrO_2 in einer CO_2-CO-Atmosphäre (im Verhältnis 32:1). S = Schmelze, M, Z = Mischkristalle von MnO bzw. ZrO_2.

bis 22 Mol-% MnO. Diese Phase zerfällt oberhalb 1000°C in monokline ZrO_2-Mischkristalle (mit maximal 8 Mol-% MnO) und MnO, das keinen nennenswerten Gehalt an ZrO_2 aufweist. Oberhalb 1200°C tritt wieder die kubische (Fluorittyp-)Phase auf, woraus auf einen eutektischen Punkt bei etwa 1180°C und 20 Mol-% MnO geschlossen wird. Bei noch höheren Temperaturen sind die Untersuchungen zu ungenau, da MnO von H_2 reduziert wird und in Ar zu stark verdampft [2, 3, 4]. Zusammenstellung der unter H_2 beobachteten Phasen zwischen 800 und 1200°C s. [2].

Eine beschränkte gegenseitige Löslichkeit (Mischkristallbildung) von MnO in ZrO_2 und von ZrO_2 in MnO (noch weniger löslich) ergibt sich auch aus der vergleichenden Darstellung der Löslichkeitsindizes verschiedener Metalloxide in bezug auf ZrO_2 nach Leonov [5]. Bereits Schönberg [6] findet bei seinen Untersuchungen an einer Reihe ternärer Phasen von Übergangsmetalloxiden ein kubisches Mischoxid von Zr und Mn mit einem weiten Homogenitätsbereich.

MnO-ZrO_2-Mischkristalle

Solid Solutions of MnO with ZrO_2

Zur Herstellung der kubischen Mischkristalle aus Lösungen werden die Komponenten als Hydroxide aus ammoniakalischer Lösung gemeinsam gefällt und die getrockneten amorphen Gele etwa 5 bis 10 min in H_2 auf 750°C erhitzt. Hierbei finden gleichzeitig 2 exotherme Prozesse statt: Die Kristallisation und eine Reduktion durch den Wasserstoff (Mn liegt im Niederschlag in einer höheren Wertigkeitsstufe als Mn^{II} vor). Die Bildung der festen Lösung zwischen ZrO_2 und MnO kann als Stabilisierung von kubischem ZrO_2 (s. hierzu „Zirkonium" S. 222, 229/30) durch MnO gedeutet werden [2], s. auch [3, 4].

Bis zu einem MnO-Gehalt von etwa 2 Mol-% ist die Struktur der Mischkristalle leicht tetragonal verzerrt wie bei reinem ZrO_2 oberhalb 1000°C (c/a = 1.016). Die kubischen Mischkristalle von ZrO_2 und MnO (> 2 Mol-%) haben eine Fluorit-Struktur. Die Gitterkonstante ändert sich nur wenig mit dem MnO-Gehalt und liegt mit 5.09 Å (Grenzmischkristall) nahe bei dem Wert, der sich durch Extrapolation auf reines, aber instabiles ZrO_2 ergibt (s. „Zirkonium" S. 222) [2, 3, 4], s. auch [6].

Literatur:

[1] R. L. Shultz, A. Muan (J. Am. Ceram. Soc. **54** [1971] 504/10, 506), R. L. Shultz (Diss. Pennsylvania State Univ. 1970, S. 1/116 nach Diss. Abstr. Intern. B **31** [1971] 5393). — [2] H. J. Stöcker (Ann. Chim. [Paris] [13] **5** [1960] 1459/502, 1468, 1471/6, 1481/3). — [3] R. Collongues, J. Stöcker, M. Moser (High Temp. Chem. 2nd Natl. Conf., Paris 1957 [1959], S. 23/37, 25, 30; N. S. A. **14** [1960] Nr. 14116), J. Stöcker, R. Collongues (Compt. Rend. **245** [1957] 695/7). — [4] J. Stöcker (Bull. Soc. Chim. France **1961** 78/9). — [5] A. I. Leonov (Zh. Neorgan. Khim. **16** [1971] 295/300; Russ. J. Inorg. Chem. **16** [1971] 155/8).

[6] N. Schönberg (Acta Chem. Scand. **8** [1954] 1347/50).

2.11.8.2.3 Das System Mn_2O_3-ZrO_2

The Mn_2O_3-ZrO_2 System

Ähnlich wie mit MnO bildet ZrO_2 auch mit kubischem Mn_2O_3 (s. dazu „Mangan" C1, S. 104) Mischkristalle beim Erhitzen der gemeinsam gefällten Hydroxide in Luft (5 min auf 600 bis 750°C). An einem Grenzmischkristall (mit etwa 20 Mol-% Mn_2O_3) wird die Gitterkonstante zu a = 5.07 Å bestimmt. Bei 2 h Erhitzen auf 1700°C tritt sowohl bei der Mischung mit 20 als auch bei einer mit 50 Mol-% Mn_2O_3 nur die kubische Phase auf. Beim Erhitzen unter O_2 (4 h auf 1250°C) ergibt die Mischung mit 20 Mol-% Mn_2O_3 eine monokline Phase (vgl. MnO-ZrO_2 s. oben) und Manganoxid; die Mischung mit 50 Mol-% Mn_2O_3 ergibt in O_2 die kubische Phase und Mn_3O_4, H. J. Stöcker (Ann. Chim. [Paris] [13] **5** [1960] 1459/502, 1472/3), J. Stöcker, R. Collongues (Compt. Rend. **245** [1957] 695/7), R. Collongues, J. Stöcker, M. Moser (High Temp. Chem. 2nd Natl. Conf., Paris 1957 [1959], S. 23/37, 30; N. S. A. **14** [1960] Nr. 14116).

2.11.8.2.3 Das System Mn_3O_4-ZrO_2

The Mn_3O_4-ZrO_2 System

Zur Untersuchung des Systems Mn_3O_4-ZrO_2 wird MnO_2 mit ZrO_2 gemischt und im Knallgasgebläse geschmolzen; das auf diese Weise erhaltene Schmelzdiagramm, s. **Fig. 78**, S. 132, zeigt bei 1620°C ein einfaches Eutektikum ohne Anzeichen einer Verbindungsbildung. Die Verdampfung des Mn_3O_4 ist oberhalb 1800°C sehr stark, so daß in diesem Temperaturbereich von den Autoren keine Untersuchung durchgeführt wurde, H. v. Wartenberg, W. Gurr (Z. Anorg. Allgem. Chem. **196** [1931] 374/83, 375).

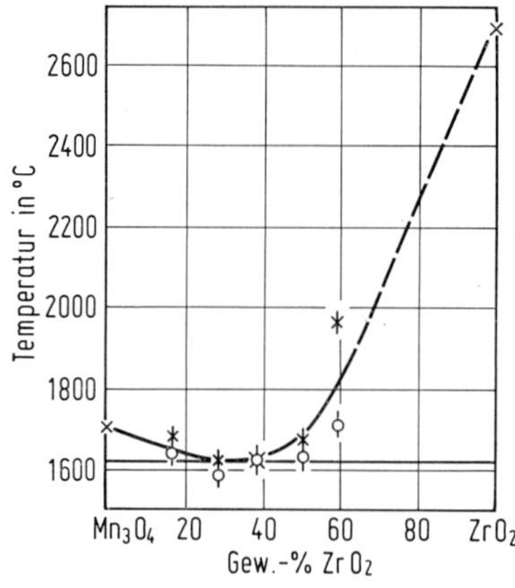

Fig. 78

Schmelzdiagramm des Systems Mn_3O_4-ZrO_2.

Solid Solutions of MnO with CaO, and ZrO_2

MnO-CaO-ZrO_2-Mischkristalle

Bei Untersuchungen der elektrischen Leitfähigkeit an sinterkeramisch hergestellten Mischkristallen dieses Systems wird in allen Fällen ein negativer Temperaturkoeffizient des Widerstands im Bereich von 20 bis 1000°C beobachtet, der Halbleitercharakter anzeigt. Die Leitfähigkeit steigt mit geringer MnO-Konzentration C_{MnO} an, um danach bei mittlerer MnO-Konzentration wieder abzunehmen. Für $C_{MnO} > 15$ Mol-% wird wieder eine leichte Zunahme beobachtet. MnO-Zusätze unter 1 Mol-% haben keinen Einfluß auf die Leitfähigkeit, sondern erniedrigen nur die Sintertemperatur, D. Becherescu, E. Ivan (Bul. Stiint. Teh. Inst. Politeh. Timisoara Ser. Chim. **18** Nr. 1 [1973] 15/22 nach C. A. **81** [1974] Nr. 42806).

Solid Solutions of ZrO_2 with Y_2O_3 Containing Manganese

Manganhaltige ZrO_2-Y_2O_3-Mischkristalle

Untersucht wird der Einfluß von Mn-Oxidzusätzen (2, 4, 9.9, 19.7, 43.7, 54.5, 64.4, 72.9 Mol-% $MnO_{1.33}$) auf Mischungen aus 90 Mol-% ZrO_2 und 10 Mol-% Y_2O_3, die als Mischkristalle eine sehr gute elektrische Leitfähigkeit besitzen. Die Proben werden nach der Keramiktechnik hergestellt. Mischungen der Oxidkomponenten in gewünschten Verhältnissen werden 1 h bei 1000°C gesintert, unter Alkohol zerkleinert und zu kleinen Kügelchen gepreßt in Luft bei 1350 bis 1400°C geglüht. In der 9 : 1-Mischung von ZrO_2 und Y_2O_3 löst sich Mn_3O_4 beträchtlich (10 bis 12 Mol-%). Durch den Mn_3O_4-Zusatz wird die Stabilisierung der kubischen Form des ZrO_2 (s. „Zirkonium" S. 229/30) begünstigt. Röntgendiagramme der Phasen mit 2 und 4 Mol-% $MnO_{1.33}$ zeigen nur Linien von Mischkristallen kubischer Struktur (Fluorit-Typ). Bei mehr als 9.9 Mol-% $MnO_{1.33}$ werden die Linien von nicht umgesetztem Mn_3O_4 beobachtet. Die Gitterkonstante der kubischen Mischkristalle nimmt mit steigendem $MnO_{1.33}$-Gehalt ab, und zwar von 5.134 Å der reinen ZrO_2-Y_2O_3-Mischkristalle auf 5.119 Å bei 9.9 Mol-% $MnO_{1.33}$-Zusatz [1]. Auch Untersuchungen, bei denen statt Mn_3O_4 das Oxid Mn_2O_3 eingesetzt wird, ergeben die charakteristische Bildung der Mischkristalle vom Fluorit-Typ, beispielsweise beim Glühen von Mischungen der Zusammensetzung 0.9 ZrO_2 + 0.1 (Y_2O_3 + Mn_2O_3) bei etwa 1500°C. Dabei besetzen die meisten Mn-Ionen Plätze im Kationengitter. Die Umwandlung von monoklinem ZrO_2 in die Modifikation mit tetragonal verzerrter Fluorit-Struktur beginnt in einer Mischung mit Y_2O_3 und Mn_2O_3 (bei einem Gehalt von 4 Mol-% Mn_2O_3) bei 900°C [2]. Die elektrische Leitfähigkeit, die in reinen ZrO_2-Y_2O_3-Mischkristallen ionischer Natur ist, nimmt bei Mn_3O_4-Zusatz ab, und zwar etwas mehr als bei einem vergleichbaren Fe_2O_3-Zusatz, bleibt aber bis zu 5 Mol-% Mn_3O_4 rein ionisch. Bei höherem Mn_3O_4-Gehalt nimmt sie noch weiter ab und wird bei 7 bis 9% Mn_3O_4 gemischt, d. h. ionisch-elektronischer Natur. Einzelheiten wie graphische Darstellungen der ionischen, elektronischen und gesamten Leitfähigkeit in Abhängigkeit von der Temperatur für verschiedene $MnO_{1.33}$-Zusätze s. Original [1]. Auch an Proben mit 2 und 4 Mol-% Mn_2O_3-Gehalt wird eine hohe ionische Leitfähigkeit (etwa 1 $\Omega^{-1} \cdot cm^{-1}$ bei 1000°C) beobachtet. Charakteristisch ist die gemischte ionisch-elektronische Leitfähigkeit für Phasen mit höherem Mn_2O_3-Gehalt [2].

Literatur:

[1] A. D. Neuimin, A. G. Kotlyar, S. F. Pal'guev, V. N. Strekalovskii, N. A. Batrakov (Tr. Inst. Elektrokhim. Akad. Nauk SSSR Ural'sk. Filial Nr. 12 [1969] 92/113 übersetzt in S. F. Pal'guev, Electrochemistry of Molten and Solid Electrolytes, Bd. 9, New York-London 1972, S. 73/88, 78; C. A. **74** [1971] Nr. 147103). — [2] A. G. Kotlyar, A. D. Neuimin, S. F. Pal'guev, V. N. Strekalovskii, Z. N. Lakeeva, F. A. Rozhdestvenskii (Tr. Inst. Elektrokhim. Akad. Nauk SSSR Ural'sk. Filial Nr. 16 [1970] 128/34; C. A. **76** [1972] Nr. 159446).

2.11.8.2.6 Manganhaltige Titanat-Zirkonat-Phasen

Titanate-Zirconate Phases Containing Manganese

Ausgehend von sinterkeramischen Produkten der Zusammensetzung $PbZr_xTi_{1-x}O_3$ mit $0.52 \leqq x \leqq 0.58$ werden durch MnO-Zusatz piezoelektrische Phasen erhalten, die als elektromechanische Resonatoren Verwendung finden. Zur Herstellung werden PbO, ZrO_2, TiO_2 und $MnCO_3$ in gewünschten Verhältnissen gemischt, 10 h in Luft bei 800°C gesintert, das pulverförmige Vorprodukt in die gewünschte Form gepreßt und 1 h in O_2-Atmosphäre bei 1300°C (unter besonderen Bedingungen zur Vermeidung von PbO-Verdampfung) geglüht. Zu den Eigenschaften dieser Substanzen in Abhängigkeit vom MnO-Zusatz s. [1].

Zusätze von etwa 2 Mol-% $M^{II}MnO_3$ (M^{II} = Erdalkalimetalle, Zn, Cd, Cu, Co, Ni) oder auch $Zn(M^{III},Mn)O_3$ bzw. $Cd(M^{III},Mn)O_3$ mit M^{III} = Al, Bi, Sb, Cr, Co erniedrigen die Sintertemperatur von $Pb(Zr,Ti)O_3$-Keramikprodukten von 1220 auf 1100 bis 1000°C, so daß beispielsweise eine PbO-Atmosphäre bei der Herstellung überflüssig wird. Die $MMnO_3$-Zusätze ergeben Produkte von höherer mechanischer Qualität als reiner MnO_2-Zusatz. Die meisten Zusätze von 2 bis 4 Mol-% (mit Ausnahme derer mit M = Be, Zn, Cd) vermindern die hauptsächlichen piezoelektrischen Eigenschaften wie den elektromechanischen Kopplungsfaktor und den piezoelektrischen Modul. Produkte mit hoher mechanischer Qualität zeigen aber auch eine große Stabilität des dielektrischen Verlusttangens in starken elektrischen Feldern. Einzelheiten wie Porosität und dielektrische Parameter für die verschiedenen Zusammensetzungen s. Original [2].

In Mischkristallen der Komponenten $LaMn_{0.5}Ti_{0.5}O_3$-$LaMn_{0.5}Zr_{0.5}O_3$-$PbTiO_3$-$PbZrO_3$ können La und Pb bis zu 25 Atom-% durch Ca, Sr oder Ba (einzeln oder kombiniert) ersetzt werden. Beispielsweise werden Pulvergemische aus La_2O_3, PbO, $SrCO_3$, $MnCO_3$, TiO_2 und ZrO_2 im berechneten Verhältnis bei 900°C gesintert, zerkleinert, angefeuchtet, unter 700 kg/cm² zu Scheiben von 20 mm Durchmesser gepreßt und 1 h in PbO-haltiger Atmosphäre bei 1230°C geglüht. Solche Produkte haben ebenfalls eine hohe Stabilität und gute piezoelektrische Eigenschaften, s. hierzu [3].

Außer mit La (s. oben) können piezoelektrische Sinterkeramikprodukte (in Form fester Lösungen) in ähnlicher Weise mit Bi, Ce, Nd und Sm hergestellt werden. Einzelheiten zur Zusammensetzung und den Eigenschaften solcher Phasen s. [4].

Auf der Grundlage der Mischkristallbildung zwischen $CeMn_{0.5}Zr_{0.5}O_3$ und $PbTiO_3$, bei der bis zu 20 Atom-% Pb durch Ca, Sr oder Ba ersetzt werden können, wird eine Phase der Zusammensetzung $[Ce_{0.05}(Pb_{0.99}Ca_{0.01})_{0.95}][Mn_{0.025}(Ti_{0.45}Zr_{0.55})_{0.975}]O_3$ durch 1stündiges Vorsintern bei 900°C und 1stündiges Tempern des in die gewünschte Form gepreßten Vorprodukts in PbO-haltiger Atmosphäre bei 1230 bis 1300°C hergestellt. Zu den mechanischen und piezoelektrischen Eigenschaften dieses Produkts s. [5].

Zur Herstellung Th-haltiger ferroelektrischer Phasen mit 0.2 bis 15 Mol-% ThO_2 und 0.1 bis 5 Mol-% MnO_2 als Zusätze werden berechnete Mischungen aus PbO, TiO_2, ThO_2 und MnO_2 2 h bei 800°C vorgesintert, zerkleinert, zu Scheibchen gepreßt und danach 10 h bei 1220°C geglüht. Vergleich der Produkteigenschaften in Abhängigkeit vom ThO_2- und MnO_2-Gehalt s. [6].

Literatur:

[1] N. V. Philips' Gloeilampenfabrieken (Nd. P. 69-15115 [1969/71]; C. A. **75** [1971] Nr. 145319). — [2] G. E. Savenkova, O. S. Didkovskaya, V. V. Klimov, V. G. Seryi, Yu. N. Venevtsev (Izv. Akad. Nauk SSSR Neorgan. Materialy **10** [1974] 291/6; Inorg. Materials [USSR] **10** [1974]

249/53). — [3] H. Tsubouchi, M. Takahashi, T. Ohno, M. Akashi (Japan. P. 7322275 [1970/73] nach C. A. **81** [1974] Nr. 143279; D. P. 1796164 [1968/71]; C. A. **74** [1971] Nr. 90699). — [4] N. Tsubouchi, M. Takahashi, T. Ohno, T. Akashi (D. P. 1796164 [1968/71]; C. A. **74** [1971] Nr. 90699). — [5] H. Tsubouchi, M. Takahashi, R. Ohno, M. Akashi (Japan. P. 74 22639 [1970/74] nach C. A. **82** [1975] Nr. 10536).

[6] S. Maeda, M. Sakai, M. Kato (Japan. Kokai 74 10205 [1972/74] nach C. A. **81** [1974] Nr. 143289).

Compounds of Manganese with Oxygen and Metals of Main Group 5

2.11.9 Verbindungen des Mangans mit Sauerstoff und Metallen der 5. Hauptgruppe

Übersicht

Die wenigen, zum Teil schon lange bekannten Verbindungen des Mangans mit Sauerstoff und Antimon haben bislang kein spezielles Interesse in der Wissenschaft oder Technik gefunden und wurden daher nicht systematisch untersucht. Von den Bi-haltigen Verbindungen sind $BiMnO_3$ und $Bi_2Mn_4O_{10}$, besonders aber die Mischkristallsysteme von $BiMnO_3$ mit Manganaten der Erdalkalimetalle, des La und Pb genauer erforscht. Die Kristallstruktur der meisten Mischkristalle läßt sich vom Perowskit-Typ ableiten. Viele von ihnen sind ferromagnetisch oder antiferromagnetisch bzw. ferroelektrisch oder antiferroelektrisch. Aus der umfangreichen Patentliteratur geht hervor, daß Zusätze von Oxomanganaten mit Elementen der 5. Hauptgruppe zu piezoelektrischen $PbTiO_3$-$PbZrO_3$-Mischkristallen technisch von Interesse sind.

Review

The few oxides containing Mn and Sb, though some of them are known for a long time, have not been investigated systematically until now, because they were not of particular interest for science or technology. Among the Bi containing oxides the compounds $BiMnO_3$ and $Bi_2Mn_4O_{10}$ are well investigated, especially the solid solutions of $BiMnO_3$ with manganates of alkaline-earth metals, La, and Pb. The crystal structures of the solid solutions belong to the perovskite family. Many of them are ferromagnetic or antiferromagnetic, ferroelectric or antiferroelectric, respectively. From the large number of patents it follows that piezoelectric solid solutions of $PbTiO_3$-$PbZrO_3$ with admixtures of those oxides containing Sb or Bi besides Mn are technically interesting.

Compounds of Manganese with Oxygen and Antimony

2.11.9.1 Verbindungen des Mangans mit Sauerstoff und Antimon

2.11.9.1.1 $MnSb_2O_4$

Die Verbindung läßt sich durch Erhitzen entsprechender Mengen MnO und Sb_2O_3 oder Mn und Sb_2O_4 [1] sowie von $MnCO_3$ und Sb_2O_3 im Vakuum oder in Stickstoffatmosphäre auf 580°C darstellen [2]. — Sie kristallisiert tetragonal mit den Gitterkonstanten a = 8.702, c = 5.992 Å [1] bzw. a = 8.72, c = 6.00 Å [2], Z = 4, Raumgruppe $P4_2/mbc$ (Nr. 135), im Pb_3O_4-Typ, s. „Blei" C, S. 129 [1]. Tabelle der d-Werte s. Original [2]. Röntgendichte 5.31 g/cm³ [3]. — Das Reflexionsvermögen fällt von 70% bei 700 nm auf ein Minimum von 56% bei 660 nm, geht dann durch ein Maximum von 67% bei 570 nm, fällt bis 400 nm auf 5% und bleibt bis 300 nm konstant [2]. — Die Oxidation an der Luft unter Bildung von Antimonat beginnt bei etwa 450°C [2] und ist bei etwa 600°C deutlich fortgeschritten [1]. In Stickstoffatmosphäre beginnt die thermische Zersetzung bei 750°C [2].

Literatur:

[1] S. Ståhl (Arkiv Kemi Mineral. Geol. B **17** Nr. 5 [1943] 1/7). — [2] W. L. Wanmaker, A. H. Hoekstra, J. G. Verriet (Rec. Trav. Chim. **86** [1967] 537/44). — [3] J. M. Bijvoet (Structure Reports **9** [1942/44] 174).

2.11.9.1.2 $Mn_3Sb_2O_6$

Die Verbindung bildet sich beim Erhitzen von $MnCO_3$ und Sb_2O_3 in Stickstoffatmosphäre auf 580°C. Als Nebenprodukt wird auch bei stöchiometrischen Ausgangsmengen MnO gefunden. Die Verbindung ist röntgenographisch nachgewiesen. Tabelle der d-Werte s. Original. Beim Erhitzen an der Luft setzt zwischen 200 und 300°C die Oxidation ein; in Stickstoffatmosphäre beginnt die thermische Zersetzung bei 750°C, W. L. Wanmaker, A. H. Hoekstra, J. G. Verriet (Rec. Trav. Chim. **86** [1967] 537/44).

2.11.9.1.3 $MnSb_2O_6 \cdot nH_2O$ (n = 0, 2, 5, 6 und 7)

Bei der Fällung von Kaliumantimonatlösung mit einem löslichen Mangan(II)-Salz entsteht ein weißer Niederschlag [1], der lufttrocken die Zusammensetzung $MnSb_2O_6 \cdot 7H_2O$ besitzt [2]. Aus einer wäßrigen Lösung von Antimon(V)-oxidhydrat fällt mit $Mn(CH_3COO)_2$ das Hexahydrat [3] und aus kochender Natriumantimonatlösung mit $MnSO_4$ das Pentahydrat [4]. Aus dem Hexahydrat entsteht über konzentrierter Schwefelsäure das Dihydrat [3]. Während der lufttrockene Niederschlag in Säuren löslich ist, nimmt die Löslichkeit nach dem Erhitzen auf höhere Temperaturen ab. Nach 2 h bei 500°C ist die Substanz noch löslich, nach 2 h bei 600°C sind bereits 93.2% unlöslich, nach 2 h bei 900°C 99.7% [5, 6].

Wasserfreies $MnSb_2O_6$ entsteht entweder durch thermisches Entwässern des aus Lösung gefällten Niederschlags bei 800 [7] bis 900°C [6] oder durch Erhitzen von Mn und Sb_2O_3 an der Luft auf 1000°C innerhalb eines Tages. Die Verbindung kristallisiert rhombisch, a = 14.21, b = 5.746, c = 5.116 Å, im Columbit-Typ ($(Fe,Mn)Nb_2O_6$) wie die entsprechende Niobverbindung $MnNb_2O_6$ (s. S. 168) [8], mit der Mischkristalle gebildet werden können [9]. Röntgendichte 6.27 g/cm³ [10].

Literatur:

[1] J. J. Berzelius (Schweiggers J. Chem. Physik **6** [1812] 119/76, 163). — [2] F. F. Beilstein, O. v. Bläse (Bull. Acad. Sci. St. Petersbourg [4] **1** [1889] 97/117; Ber. Deut. Chem. Ges. C **22** [1889] 530/1). — [3] J. B. Senderens (Bull. Soc. Chim. France [3] **21** [1899] 47/58, 56). — [4] F. Ebel (Ber. Deut. Chem. Ges. B **22** [1889] 3044/5). — [5] I. K. Taimni, I. S. Ahuja (Anal. Chim. Acta **22** [1960] 128/9).

[6] I. K. Taimni, I. S. Ahuja (Anal. Chim. Acta **20** [1959] 119/21). — [7] A. Byström, B. Hök, B. Mason (Arkiv Kemi Mineral. Geol. B **15** Nr. 4 [1941] 1/8, 6). — [8] K. Brandt (Arkiv Kemi Mineral. Geol. A **17** Nr. 15 [1943] 1/8, 6). — [9] C. Rocchiccioli-Deltcheff, T. Dupuis, C. Wadier (Compt. Rend. B **273** [1971] 1020/3). — [10] J. M. Bijvoet (Structure Reports **9** [1942/44] 179).

2.11.9.1.4 $MnSbO_4$ (?)

Vermutlich bildet sich $MnSbO_4$ beim thermischen Entwässern von $MnSb_2O_6 \cdot 7H_2O$, s. oben [1]. Die Verbindung entsteht möglicherweise als Nebenprodukt bei der Darstellung von $MnSb_2O_6$ aus Mn und Sb_2O_3, s. oben [2]. Sie kristallisiert tetragonal, a = 4.68, c = 3.13 Å, Z = 1, im Rutil-Typ [1, 3].

Literatur:

[1] A. Byström, B. Hök, B. Mason (Arkiv Kemi Mineral. Geol. B **15** Nr. 4 [1941] 1/8, 6). — [2] K. Brandt (Arkiv Kemi Mineral. Geol. A **17** Nr. 15 [1943] 1/8, 6). — [3] J. M. Bijvoet (Structure Reports **8** [1940/41] 152).

2.11.9.1.5 Verbindungen des Mn mit O, Sb und weiteren Metallen

Compounds of Mn with O, Sb, and Other Metals

$K_2Mn_5Sb_3O_{16}$. Die Verbindung läßt sich aus KNO_3 und den entsprechenden Oxiden in einer Feststoffreaktion bei 950°C innerhalb 20 h darstellen. Es können auch Phasen mit anderen Metall-Ionen-Verhältnissen gemäß $A_x(B_yC_{8-y})O_{16}$ dargestellt werden. Die Phase $K_2Mn_5Sb_3O_{16}$ kristallisiert tetragonal mit a = 10.24, c = 3.11 Å. K befindet sich in Strukturkanälen entlang der c-Richtung, während Mn und Sb Oktaederplätze im Sauerstoffgerüst besetzen. K kann auch durch Rb ersetzt werden [1].

$SrMn_{0.5}Sb_{0.5}O_3$ und $BaMn_{0.5}Sb_{0.5}O_3$. Zur Darstellung werden entsprechende Mengen der Oxide oder Carbonate in Sauerstoffatmosphäre oder an der Luft mehrere Stunden auf 1000 bis 1300°C erhitzt [2, 3]. $SrMn_{0.5}Sb_{0.5}O_3$ kristallisiert tetragonal, a = 7.86, c = 8.08 Å, im verzerrten Perowskit-Typ ($CaTiO_3$, s. „Titan" S. 427) [2]. Überstrukturreflexe, die auf eine geordnete Verteilung von Mn und Sb hinweisen könnten, fehlen [2, 4]. Bei tiefen Temperaturen ist die Verbindung antiferromagnetisch, Néel-Temperatur $T_N \approx 10$ K. Die Temperaturabhängigkeit der reziproken magnetischen Suszeptibilität zeigt nur einen schwach ausgeprägten Knick; die asymptotische Curie-Temperatur ergibt sich zu 70 K, die Curie-Konstante zu $C = 3.15\ K \cdot cm^3 \cdot mol^{-1}$ [4].

$BaMn_{0.5}Sb_{0.5}O_3$ wird auf analoge Weise wie $SrMn_{0.5}Sb_{0.5}O_3$ hergestellt. Es kristallisiert, wie das Pulverdiagramm zeigt, nicht im Perowskit-Typ [2].

$InMn_2SbO_6$. Die Verbindung läßt sich aus den stöchiometrischen Mengen der Oxide über Feststoffreaktion bei 950 bis 1100°C darstellen. Sie kristallisiert rhomboedrisch mit a = 6.27 Å, α = 90°48' (hexagonale Achsen: a = 8.93_4, c = 10.71_3 Å) und soll mit Mg_3TeO_6 isotyp sein [5].

$LaMn_{0.67}Sb_{0.33}O_3$. Diese Verbindung wird in Mengen bis 10 bzw. 20 Mol-% zu $PbZrO_3$ bzw. $PbTiO_3$-$PbZrO_3$-Mischkristallen zugesetzt, um piezoelektrische keramische Stoffe herzustellen. Zur Darstellung von $(LaMn_{0.67}Sb_{0.33}O_3)_{0.05}(PbTiO_3)_{0.45}(PbZrO_3)_{0.50}$ werden entsprechende Mengen La_2O_3, $MnCO_3$, Sb_2O_5, PbO, TiO_2 und ZrO_2 naß vermahlen, zunächst auf 900°C und nach erneutem Vermahlen und Verpressen 1 h auf 1260°C erhitzt. Bei dieser Zusammensetzung beträgt der elektromechanische Kopplungskoeffizient 53%, der mechanische Gütefaktor 2630 und die Dielektrizitätskonstante 1180 [6].

Literatur:

[1] G. Bayer, W. Hoffmann (Naturwissenschaften **53** [1966] 381). —[2] G. Blasse (J. Inorg. Nucl. Chem. **27** [1965] 993/1003, 995). — [3] G. Blasse (Proc. Koninkl. Ned. Akad. Wetenschap. B **67** [1964] 312/3). — [4] G. Blasse (Philips Res. Rept. **20** [1965] 327/36, 328, 334). — [5] G. Bayer (Naturwissenschaften **55** [1968] 33).

[6] H. Tsubouchi, M. Takahashi, M. Akashi, Nippon Electric Co. Ltd. (Japan. P. 7321239 [1969/73] nach C. A. **81** [1974] Nr. 143284).

Compounds of Manganese with Oxygen and Bismuth

2.11.9.2 Verbindungen des Mangans mit Sauerstoff und Wismut

2.11.9.2.1 $Bi_2O_3 \cdot nMnO$ (n = 1, 2, 3)

Die Phasen, die der Formulierung Bi_2MnO_4, $Bi_2Mn_2O_5$ und $Bi_2Mn_3O_6$ entsprechen, entstehen durch einstündiges Erhitzen der Komponenten auf 720 (n = 1), 740 (n = 2) bzw. 840°C (n = 3). Sie werden als Mischkristalle bezeichnet. Die Temperaturabhängigkeit der Dielektrizitätskonstanten und des Verlustfaktors ist in **Fig. 79** wiedergegeben. Beim Sintern der Phase $Bi_2O_3 \cdot MnO$ mit $SrTiO_3$ sollen Mischkristalle mit 1 bis 10 Mol-% Bi_2O_3 entstehen. Über Temperaturabhängigkeit von Dielektrizitätskonstanten und Verlustfaktor dieser Phasen s. Original, E. V. Sinyakov, A. M. Solok (Izv. Akad. Nauk SSSR Ser. Fiz. **24** [1960] 132/5; Bull. Acad. Sci. USSR Phys. Ser. **24** [1960] 125/9).

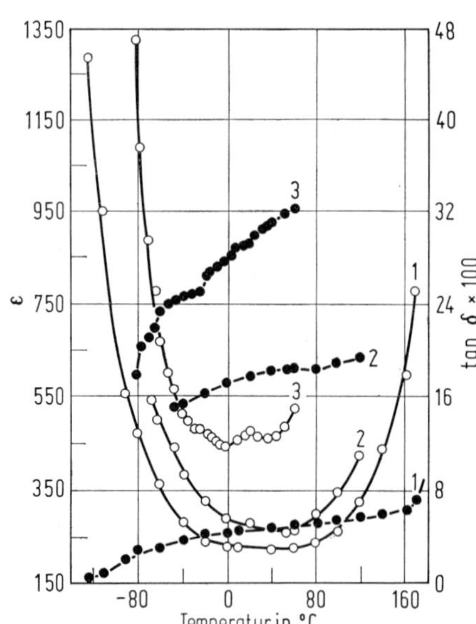

Fig. 79

Temperaturabhängigkeit der Dielektrizitätskonstanten ε (ausgefüllte Kreise) und des Verlustfaktors tan δ (offene Kreise) von Bi_2MnO_4 (1) $Bi_2Mn_2O_5$ (2) und $Bi_2Mn_3O_6$ (3).

2.11.9.2.2 $BiMnO_3$

$BiMnO_3$ Preparation

Darstellung. In einer Schmelze aus 80 Mol-% Bi_2O_3 und 20 Mol-% Mn_2O_3 bildet sich neben dem Hauptprodukt $Bi_2Mn_4O_{10}$ (s. S. 138) in geringer Menge $BiMnO_3$ in Form feiner Dendriten [1]. — Als Hauptprodukt entsteht $BiMnO_3$ aus den Metalloxiden bei 33 bis 55 kbar (Tetraederpresse) und 600 bis 900°C. Nach einer Reaktionszeit von 30 bis 60 Minuten wird abgeschreckt und dann entspannt [2, 3, 4]. Ein besonders geeignetes Ausgangsmaterial erhält man, wenn eine salpetersaure äquimolare Lösung von Bi und Mn eingedampft, an der Luft auf 800°C erhitzt und mit überschüssigem α-Bi_2O_3 versetzt wird [4]. Höhere Oxidationsstufen als Mn^{III} stören nicht, da in der Graphitkapsel, die als Heizelement dient, eine reduzierende Atmosphäre herrscht [2, 4]. Unterhalb 500°C findet keine Umsetzung statt [4], auch dann nicht, wenn der Druck, ohne zu heizen, bis auf 220 kbar gesteigert wird; bei 600 bis 900°C nimmt die Ausbeute oberhalb 55 kbar ab. Bei der als feinkörniges graues Pulver anfallenden Verbindung ist durch längere Reaktionsdauer keine Kornvergrößerung zu erreichen [3], s. auch [4].

Crystallographic Properties

Kristallographische Eigenschaften. Die Struktur kann bei Normalbedingungen auf den Perowskit-Typ ($CaTiO_3$, s. „Titan" S. 427) bezogen werden und besitzt dann pseudotrikline Symmetrie. Die wahre Symmetrie ist monoklin [1, 2, 5]. Bei 210°C findet ein Übergang in eine neue pseudotrikline Phase statt [3, 4]. Der Übergang ist von 1. [4] oder 2. Ordnung [6]. Eine aus verschiedenen Mischkristallreihen extrapolierte kubische Modifikation wird nicht erreicht, da sich die Verbindung schon vorher thermisch zersetzt [3, 7, 8].

Die Perowskit-Subzelle der Hochdruckpräparate hat bei 300 K die Abmessungen a = c = 3.935, b = 3.989 Å, $\alpha = \gamma$ = 91°28', β = 90°58' [2, 4] bzw. a = c = 3.950, b = 3.980 Å, $\alpha = \gamma$ = 91°17', β = 90°52'; Z = 1 [3]. Bei den aus der Schmelze erhaltenen Präparaten machen Überstrukturlinien eine Verdoppelung der pseudotriklinen Gitterkonstanten nötig: a = c = 7.865, b = 7.978 Å, $\alpha = \gamma$ = 91°40', β = 90°58' [1, 8]; dies gilt teilweise auch für Hochdruckpräparate [3]. Die wahre monokline Zelle hat die Gitterkonstanten a = 10.93, b = 11.31, c = 7.98 Å, β = 92°24'[1]. Die Gitterkonstanten der pseudotriklinen Zelle steigen von 100 K bis zur Umwandlungstemperatur T_u leicht an, a = c von etwa 3.931 auf 3.938 Å, b von etwa 3.982 auf 3.992 Å, dagegen bleiben die Winkel in diesem Temperaturbereich praktisch konstant [4]; zum Verlauf zwischen 273 K und T_u s. auch Figur in [3]. — Die Hochtemperaturmodifikation hat in der Nähe von T_u die ungefähren Gitterkonstanten a = c = 3.935, b = 3.982 Å, $\alpha = \gamma$ = 91°, β = 90°10' [3]. Sugawara u. a. [4] erhalten bei 540 K a = c = 3.969, b = 3.923 Å, $\alpha = \gamma$ = 90°42', β = 89°39' (die Zuordnung von a und c bzw. b ist entgegengesetzt zu der von Tomashpol'skii u. a. [3]). Bis 600°C fällt a = c auf 3.929 und b auf 3.965 Å, während die Winkel in diesem Temperaturbereich praktisch konstant bleiben [3].

Magnetic and Electrical Properties

Magnetische und elektrische Eigenschaften. $BiMnO_3$ ist bei tiefen Temperaturen ferromagnetisch. Aus der Temperaturabhängigkeit der Sättigungsmagnetisierung folgt, daß die ferromagnetische Curie-Temperatur T_C = 103 K beträgt; als paramagnetische Curie-Temperatur ergibt sich Θ_p = 130 K, s. **Fig. 80** [2, 4]. Bokov u. a. [1] erhalten sowohl aus Magnetisierungs- als auch aus Suszeptibilitätsmessungen den Wert $T_C = \Theta_p$ = 110 K. Beim Phasenübergang (483 K, s. oben) zeigt $1/\chi$ keine Anomalie [4]. Im ferromagnetischen Zustand nimmt die Magnetisierung in Abhängigkeit vom Magnetfeld den in **Fig. 81**, S. 138, wiedergegebenen Verlauf, während im paramagnetischen Bereich ein effektives magnetisches Moment von 5.0 μ_B gefunden wird [2]. Der theoretische Wert für Mn^{3+} ist 4 μ_B [4].

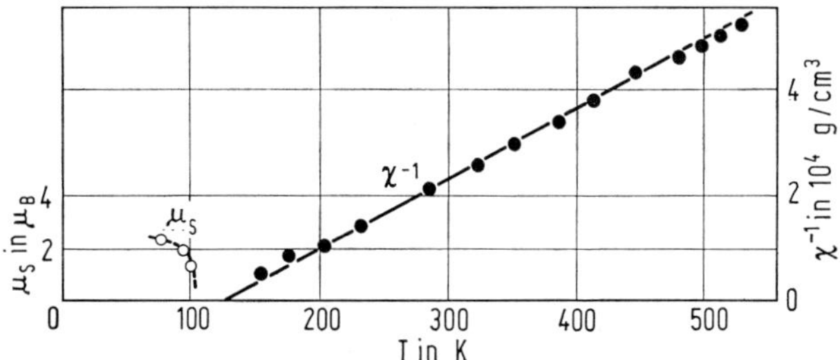

Fig. 80

Temperaturabhängigkeit der reziproken magnetischen Suszeptibilität χ^{-1} und des Sättigungsmoments μ_s von $BiMnO_3$.

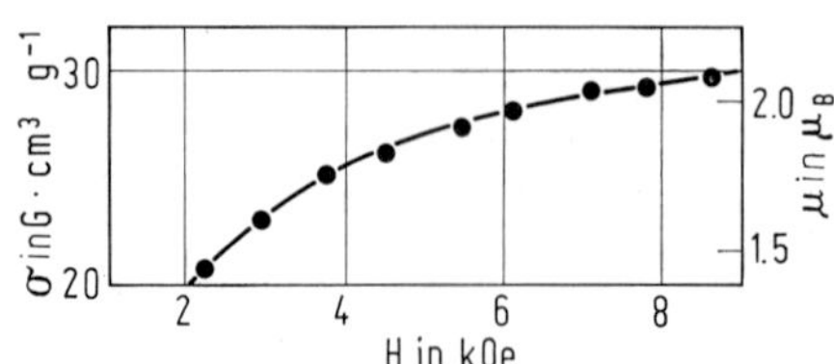

Fig. 81

Spezifische Magnetisierung von $BiMnO_3$ und Moment je Mn-Ion in Abhängigkeit von der Feldstärke H bei 77 K.

$BiMnO_3$ ist antiferroelektrisch. Aus Mischkristallen mit $SrMnO_3$ wird eine Übergangstemperatur von etwa 500°C oder höher extrapoliert [9, 10]. Offensichtlich zersetzt sich die Verbindung bereits thermisch, bevor sie in den paraelektrischen Zustand übergeht [3].

$BiMnO_3$ Chemical Reactions

Chemisches Verhalten. Bei Normaldruck beginnt die thermische Zersetzung bei 600°C. Bei 650°C ist keine Phase vom Perowskit-Typ mehr zu erkennen [3], im Vakuum schon bei 300°C [4].

Literatur:

[1] V. A. Bokov, I. E. Myl'nikova, S. A. Kizhaev, M. F. Bryzhina, N. A. Grigoryan (Fiz. Tverd. Tela **7** [1965] 3695/8; Soviet Phys.-Solid State **7** [1965] 2993/4). — [2] F. Sugawara, S. Iida, Y. Syono, S. Akimoto (J. Phys. Soc. Japan **20** [1965] 1529). — [3] Yu. Ya. Tomashpol'skii, E. V. Zubova, K. P. Burdina, Yu. N. Venevtsev (Izv. Akad. Nauk SSSR Neorgan. Materialy **3** [1967] 2132/4; Inorg. Materials [USSR] **3** [1967] 1861/3). — [4] F. Sugawara, S. Iida, Y. Syono, S. Akimoto (J. Phys. Soc. Japan **25** [1968] 1553/8). — [5] Yu. Ya. Tomashpol'skii, Yu. N. Venevtsev (Kristallografiya **16** [1972] 1037/41; Soviet Phys.-Cryst. **16** [1972] 905/8).

[6] B. Halperin, R. Englman (Phys. Rev. [3] B **3** [1971] 1698/708, 1705). — [7] V. A. Bokov, N. A. Grigoryan, M. F. Bryzhina (Fiz. Tverd. Tela **9** [1967] 347/9; Soviet Phys.-Solid State **9** [1967] 262/3). — [8] V. A. Bokov, N. A. Grigoryan, M. F. Bryzhina (Phys. Status Solidi **20** [1967] 745/54, 746). — [9] Yu. E. Roginskaya, L. I. Shvorneva, V. N. Lyubimov, A. S. Viskov, V. V. Ivanova, V. M. Petrov, Yu. N. Venevtsev, G. S. Zhdanov (Proc. Intern. Meeting Ferroelec., Prague 1966, Bd. 1, S. 250/7; C. A. **67** [1967] Nr. 6727). — [10] V. V. Ivanova, Yu. N. Venevtsev (Izv. Akad. Nauk SSSR Ser. Fiz. **31** [1967] 1803/6; Bull. Acad. Sci. USSR Phys. Ser. **31** [1967] 1846/9).

$Bi_2Mn_4O_{10}$ Preparation and Properties

2.11.9.2.3 $Bi_2Mn_4O_{10}$

Bi_2O_3 und Mn_2O_3 reagieren bei einem Molverhältnis von 1 : 2 miteinander [1], wobei zunächst die Phase $Bi_2Mn_4O_9$ entsteht, die jedoch leicht zu $Bi_2Mn_4O_{9.8}$ [2] bis $Bi_2Mn_4O_{10}$ oxidiert wird [3, 4]. Möglicherweise entsteht bei hohen Drücken aus Bi_2O_3 und Mn_2O_3 eine Verbindung der Zusammensetzung $Bi_2Mn_4O_9$ (neben $BiMnO_3$) [5].

Zur Darstellung kann man Bi_2O_3 mit Mn_2O_3 bis über den Schmelzpunkt erhitzen [2, 4] oder Bi_2O_3 mit $MnCO_3$ in einer Feststoffreaktion umsetzen [1]. — Zur Gewinnung von Einkristallen wird Mn_2O_3 mit überschüssigem Bi_2O_3 12 h auf 900°C erhitzt und langsam abgekühlt. Die Kristalle werden mit heißer Salpetersäure aus dem Schmelzkuchen herausgelöst [4], s. auch [2]. Als Schmelzlösung eignet sich auch B_2O_3, wobei ein Sauerstoffdruck von 15 kg/cm² angewandt wird [6].

Die schwarzen, metallisch glänzenden Kristalle, die aus Schmelzen gewonnen werden, besitzen rhombische Symmetrie und sind prismatisch ausgebildet [4, 6]. Die zuerst von Tutov u. a. [2] gemessenen Gitterkonstanten a = 7.47, b = 8.52, c = 5.75 Å, Z = 2 ($Bi_2Mn_4O_{10}$) werden später von Niizeki und Wachi [4] bestätigt: a = 7.540, b = 8.534, c = 5.766 Å (alle Werte ± 0.005), s. auch [3, 7]. Raumgruppe Pbam (Nr. 55) [2, 4].

In der bis zu R = 11% verfeinerten Struktur besetzen die Atome folgende Punktlagen:

Atom	Punktlage	x	y	z
Bi	4g	0.1597 ± 0.0003	0.1643 ± 0.0003	0
Mn(1)	4f	0	0.5	0.262 ± 0.003
Mn(2)	4h	0.407 ± 0.001	0.354 ± 0.001	0.5
O(1)	4e	0	0	0.281 ± 0.010
O(2)	8i	0.386 ± 0.004	0.176 ± 0.004	0.250 ± 0.008
O(3)	4h	0.147 ± 0.006	0.418 ± 0.005	0.5
O(4)	4g	0.147 ± 0.006	0.425 ± 0.005	0

Mn(1) ist von Sauerstoff oktaedrisch umgeben mit Abständen zwischen 1.83 und 1.98 Å sowie O-Mn-O-Winkeln von 80.5° bis 96.1°. Mn(2) befindet sich etwa 0.03 Å oberhalb der Basisfläche einer vierseitigen Pyramide aus O-Atomen mit Mn-O-Abständen zwischen 1.91 und 2.10 Å sowie O-Mn-O-Winkeln zwischen 82.9° und 92.6° in der Basisfläche und 97.0° bis 100.4° zur Pyramidenspitze. Ein sechstes Sauerstoffatom befindet sich im Abstand von 2.94 Å von Mn(2). Bi bildet mit den 3 nächsten O-Atomen eine dreiseitige Pyramide mit Bi-O-Abständen von 2.07 und 2.15 Å (2 mal) sowie O-Bi-O-Winkeln von 85.3° und 89.2°. Bei Berücksichtigung der zweit- und drittnächsten Nachbarn ist Bi von 8 Sauerstoffatomen umgeben. Die BiO_3-Gruppen sind in Richtung c mit $Mn(2)O_5$-Polyedern, in Richtung a und b mit $Mn(1)O_6$-Oktaedern verknüpft, s. **Fig. 82**. Die Struktur ähnelt der von $HoMn_2O_5$ (s. S. 62) [4].

Fig. 82

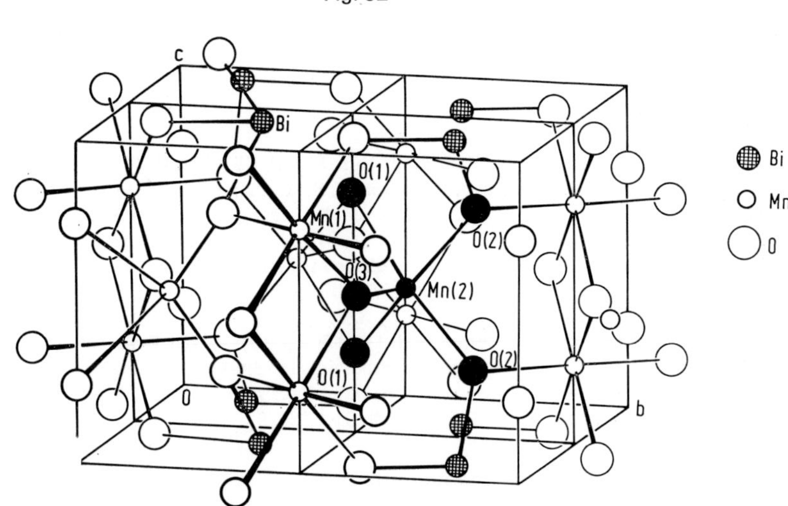

Kristallstruktur von $Bi_2Mn_4O_{10}$. Die pyramidale Koordination von Mn (2) ist durch ausgefüllte O-Atome gekennzeichnet.

Unter Berücksichtigung der Wertigkeiten ergibt sich folgende Formel: $Bi_2^{III}Mn_2^{III}Mn_2^{IV}O_{10}$ [4] oder in der Oxidschreibweise $Bi_2O_3 \cdot Mn_2O_3 \cdot 2\,MnO_2$ [7].

Die pyknometrische Dichte beträgt 7.133 ± 0.005 [4] bzw. 7.33 g/cm³ [2], die Röntgendichte 6.979 (bezogen auf $Bi_2Mn_4O_9$) [4], 7.32 (bezogen auf $Bi_2Mn_4O_{9.8}$) [2] bzw. 7.121 g/cm³ (bezogen auf $Bi_2Mn_4O_{10}$) [4].

Neutronenbeugungsuntersuchungen an Pulverpräparaten bei 4.2 K ergeben eine magnetische Elementarzelle, die in Richtung a und c doppelt so groß ist wie die chemische. Eine eindeutige Aussage über die Spinorientierung ist aus Pulverdaten allein nicht möglich. Die reziproke magnetische Suszeptibilität nimmt bei tiefen Temperaturen den in **Fig. 23**, S. 140, wiedergegebenen Verlauf. Bei 42 K tritt ein Minimum und bei 52 K ein Knick in der Kurve auf. Oberhalb 350 bis 1200 K gilt das Curie-Weiss-Gesetz mit $C = 5.24\ K \cdot cm^3 \cdot mol^{-1}$ (theoretisch errechnet sich aus den Spins von Mn^{3+} und Mn^{4+} $C = 4.875\ K \cdot cm^3 \cdot mol^{-1}$) und der paramagnetischen Curie-Temperatur $\Theta_p = -236$ K. Messungen an Einkristallen in den drei kristallographischen Richtungen zwischen 20 und 70 K ergeben, daß χ_a bis 40 K anwächst, durch eine Stufe geht und bei 52 K ein Maximum erreicht. χ_b ist bis 52 K unabhängig von der Temperatur. χ_c fällt mit steigender Temperatur, erreicht bei 40 K den gleichen Wert wie χ_a und χ_b und geht bei 52 K durch ein Maximum. Oberhalb 52 K ist $\chi_a = \chi_b = \chi_c$ [7], s. auch [8, 9, 10].

$Bi_2Mn_4O_{10}$ (bzw. $Bi_2Mn_4O_9$) bildet mit $Bi_2Fe_4O_9$ Mischkristalle $Bi_2(Mn_{1-x}Fe_x)_4O_9$ innerhalb der Grenzen $0.78 < x < 1.0$ und $x < 0.1$ [3].

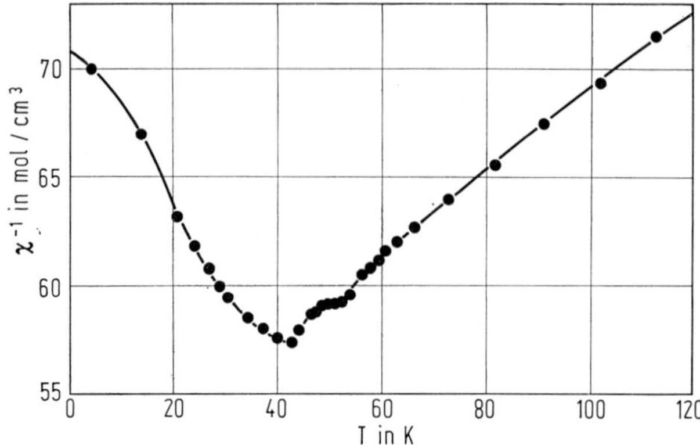

Fig. 83

Temperaturabhängigkeit der reziproken magnetischen Suszeptibilität von pulverförmigem $Bi_2Mn_4O_{10}$.

Literatur:

[1] E. M. Levin, R. S. Roth (J. Res. Natl. Bur. Std. A **68** [1964] 197/206, 200). — [2] A. G. Tutov, I. E. Myl'nikova, N. N. Parfenova, V. A. Bokov, S. A. Kizhaev (Fiz. Tverd. Tela **6** [1964] 1240/2; Soviet Phys.-Solid State **6** [1964] 963/4). — [3] K. Masuno (Nippon Kagaku Zasshi **88** [1967] 726/30, A 44; C. A. **68** [1968] Nr. 24814). — [4] N. Niizeki, M. Wachi (Z. Krist. **127** [1968] 173/87). — [5] Yu. Ya. Tomashpol'skii, E. V. Zubova, K. P. Burdina, Yu. N. Venevtsev (Izv. Akad. Nauk SSSR Neorgan. Materialy **3** [1967] 2132/4; Inorg. Materials [USSR] **3** [1967] 1861/3).

[6] H. Makram (J. Cryst. Growth **1** [1967] 325/6). — [7] E. F. Bertaut, G. Buisson, S. Quezel-Ambrunaz, G. Quezel (Solid State Commun. **5** [1967] 25/30). — [8] E. F. Bertaut (Acta Cryst. A **24** [1968] 217/31, 227). — [9] S. Goshen, D. Mukamel, H. Shaked, S. Shtrikman (J. Appl. Phys. **40** [1969] 1590/2). — [10] A. G. Tutov, V. N. Markin (Izv. Akad. Nauk SSSR Neorgan. Materialy **6** [1970] 2014/7; Inorg. Materials [USSR] **6** [1970] 1767/9).

Basic Bismuth Permanganates

2.11.9.2.4 Basische Wismutpermanganate

Beim Zusammengießen von $BiOClO_4$- und $KMnO_4$-Lösungen färbt sich die Lösung kirschrot, bevor ein Niederschlag (s. unten) ausfällt [1, 2]. Bei BiO^+/MnO_4^--Verhältnissen unterhalb von 1.5 entsteht kein Niederschlag. Der gebildete leicht lösliche Komplex wird als $[Bi_6(OH)_{12}](OH)_2(MnO_4)_4$ oder $[Bi_6O_6](OH)_2(MnO_4)_4 \cdot 6H_2O$ formuliert. Die Lösung gehorcht dem Lambert-Beer-Gesetz. Das Absorptionsspektrum ähnelt dem von MnO_4^-, zeigt jedoch einige charakteristische Maxima, deren größtes bei 400 nm liegt. Der Komplex ist bei pH > 3 in Gegenwart von überschüssigem MnO_4^- stabil, wird jedoch bei pH < 3 zerstört [2].

Bei BiO^+/MnO_4^--Verhältnissen zwischen 2 und 3 wird das Wismut in verdünnter perchlorsaurer Lösung quantitativ in Form eines permanganatfarbigen Niederschlags gefällt [1, 2], der aus mikroskopisch kleinen sechseckigen Kristallplättchen besteht [1]. Die Verbindung wird von Hein, Holzapfel [1] entsprechend der Zusammensetzung als $[Bi_2O_2(OH)]MnO_4 \cdot 1.5H_2O$, später von Drăgulescu u. a. [2] in Analogie zum löslichen Komplex (s. oben) als $[Bi_6O_6](OH)_3(MnO_4)_3 \cdot 4.5H_2O$ formuliert. Beim Trocknen über P_2O_5 sinkt der Wassergehalt von 1.5 auf 0.33 H_2O [1]. Messungen der magnetischen Suszeptibilität zwischen 90 und 294 K zeigen, daß es sich bei beiden Hydraten um echte Permanganate des dreiwertigen Wismuts handelt, die sich jedoch bei längerem Lagern allmählich zersetzen [3]. Die Verbindung gibt beim Erhitzen H_2O ab, gleichzeitig aber auch O_2. Sie ist in Perchlorsäure löslich, in Aceton unlöslich [1].

Läßt man den Niederschlag von $[Bi_2O_2(OH)]MnO_4 \cdot 1.5H_2O$ mehrere Tage unter der Mutterlauge stehen, so gehen die Kristallplättchen in schwarze kugelige Aggregate von $[Bi_3O_3(OH)_2]MnO_4$ [1] bzw. $[Bi_6O_6](OH)_4(MnO_4)_2$ über [2]. Schneller verläuft die Reaktion auf dem Wasserbad [1], wobei nach etwa 7 h auch größere Kriställchen entstehen [4]. Magnetische Messungen liefern das gleiche Ergebnis wie bei $[Bi_2O_2(OH)]MnO_4 \cdot 1.5H_2O$ (s. oben) [3]. In Säuren ist die Verbindung nur wenig löslich, dagegen färben sich alkalische Lösungen unter Bildung von Manganat(VI) grün [1].

Literatur:

[1] F. Hein, H. Holzapfel (Z. Anorg. Allgem. Chem. **248** [1941] 77/83). — [2] C. Drăgulescu, I. Julean, A. Nimară (Rev. Roumaine Chim. **14** [1969] 189/95 [englisch]; C. A. **71** [1969] Nr. 42873). — [3] W. Klemm, J. Oryschkewitsch (Ber. Deut. Chem. Ges. B **75** [1942] 1600/2). — [4] F. Hein, D. Arvay (Angew. Chem. A **60** [1948] 157/8).

2.11.9.2.5 Mischkristalle des $BiMnO_3$ mit weiteren Oxoverbindungen

Solid Solutions of $BiMnO_3$ with Other Oxocompounds

$BiMnO_3$-$CaMnO_3$

Aus röntgenographischen und magnetischen Untersuchungen ergibt sich für die Mischkristalle $Bi_{1-x}Ca_xMnO_3$ das in **Fig. 84** wiedergegebene Phasendiagramm [1].

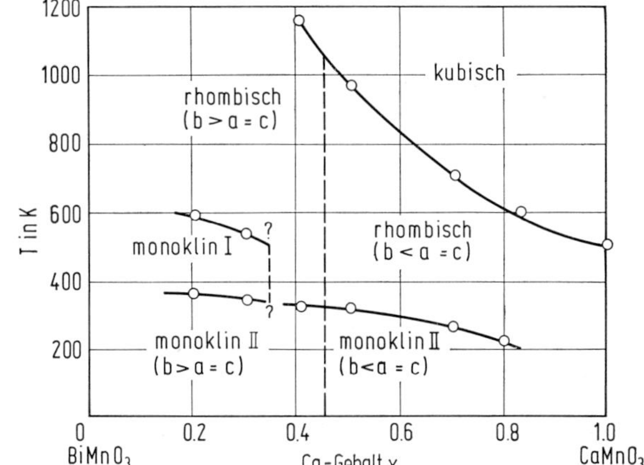

Fig. 84

Phasendiagramm der Mischkristalle $Bi_{1-x}Ca_xMnO_3$.

Zur Darstellung werden entsprechende Mengen Bi_2O_3, $CaCO_3$ und Mn_2O_3 (bei x = 0.2) bzw. MnO_2 (bei x > 0.2) in 2 Stufen umgesetzt. Bei x = 0.2 wird in Stickstoffatmosphäre auf 850 und 875°C erhitzt, bei x = 0.3 in Luft auf 900°C, bei x = 0.4 auf 1000 und 1050°C und bei $0.5 \leqq x \leqq 1$ in Sauerstoffatmosphäre auf 1000 und 1250°C [1 bis 4]. Bei x = 0.2 und 0.3 sind die Mischkristalle mit nicht umgesetztem Bi_2O_3 verunreinigt [1, 2].

Die Struktur der Mischkristalle läßt sich bei $0.2 \leqq x \leqq 1$ vom Perowskit-Typ ableiten. Eine Übersicht über die verschiedenen Modifikationen gibt Fig. 84. Die Gitterkonstanten der einfachen, auf den Perowskit-Typ bezogenen Zelle müssen wegen auftretender Überstrukturreflexe verdoppelt werden. Die Symmetrie dieser Zelle ist niedriger als die tatsächliche; so werden die monoklinen Modifikationen mit triklinen und die rhombische Modifikation mit einer monoklinen Zelle beschrieben. Die Temperaturabhängigkeit der Gitterkonstanten und des Zellvolumens an den Stellen x = 0.3 und 0.7 ist in **Fig. 25**, S. 142, wiedergegeben; Diagramme für x = 0.4 und 0.5 s. Original. Bei x = 0.45 tritt eine sogenannte morphotrope Grenze auf. Bei 120 K fällt bei der monoklinen Phase II a = c mit steigendem x bis auf 7.580 Å an der Grenze, springt dann diskontinuierlich auf 7.739 Å und fällt wieder mit steigendem x. Die Gitterkonstante b steigt dagegen zunächst bis 7.795 Å, fällt sprunghaft auf 7.514 Å und dann weiter linear mit x. Ganz ähnliche Sprünge treten in der rhombischen Phase bei 600 K auf, nur daß alle Werte mit steigendem x abnehmen: a = c springt an der Grenze von 7.668 auf 7.704 Å und b fällt von 7.718 auf 7.669 Å. Der Verlauf der Winkel zeigt in beiden Fällen nur leichte Knicke [1].

Die Wärmekapazität C_p (in $cal \cdot mol^{-1} \cdot K^{-1}$; gemessen mit Hilfe eines adiabatischen Kalorimeters) steigt bei x = 0.5 von 10 bei etwa 95 K auf ein Maximum von etwa 32 beim Phasenübergang und erreicht etwa 28 bei 420 K. Der Verlauf bei x = 0.4 und 0.7 ist ähnlich mit Maxima bei den Umwandlungstemperaturen. Der Wärmewiderstand fällt bei x = 0.4 im Bereich von 100 bis 400 K von 800 auf etwa 450 $cm \cdot s \cdot K \cdot cal^{-1}$ und zeigt ebenfalls bei der Übergangstemperatur von 300 K ein Maximum [5].

Solid Solutions of $BiMnO_3$ with $CaMnO_3$

Fig. 85

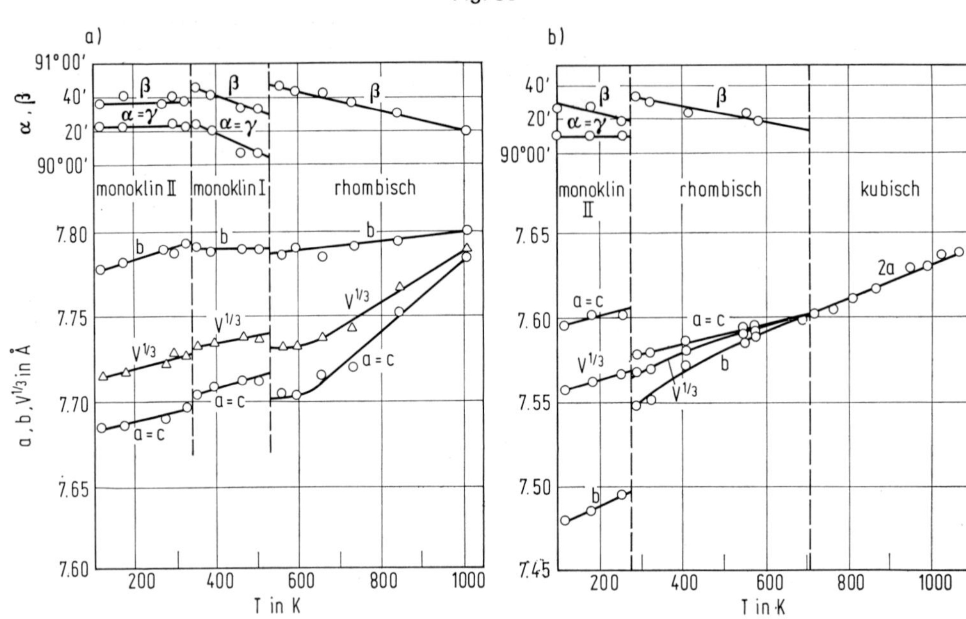

Temperaturabhängigkeit der Gitterkonstanten von Mischkristallen $Bi_{1-x}Ca_xMnO_3$ bei x = 0.3 (a) und x = 0.7 (b).

Die Mischkristalle sind im Bereich $0.2 \leqq x \leqq 0.35$ ferromagnetisch und bei $0.35 \leqq x \leqq 0.85$ antiferromagnetisch [1, 4, 5]. Das Verhalten von Präparaten mit x = 0.8 bis 0.95 in starken pulsierenden Magnetfeldern wird mit ferrimagnetischen Clustern, die willkürlich in einer antiferromagnetischen Matrix verteilt sind, erklärt [3, 6].

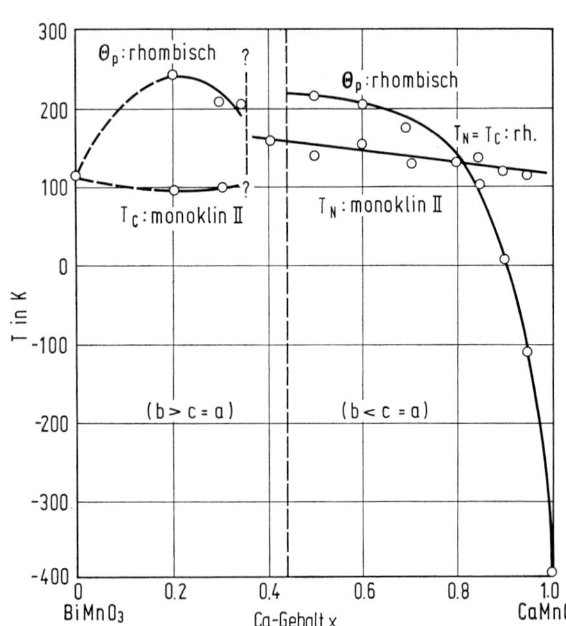

Fig. 86

Abhängigkeit der Néel-Temperatur T_N und der Curie-Temperaturen T_C und Θ_p vom Calcium-Gehalt x bei den Mischkristallen $Bi_{1-x}Ca_xMnO_3$.

Solid Solutions of $BiMnO_3$ with $CaMnO_3$

Die Abhängigkeit der paramagnetischen Curie-Temperatur Θ_p und der Néel-Temperatur T_N (erhalten aus der Temperaturabhängigkeit der reziproken magnetischen Suszeptibilität) von der Zusammensetzung ist in **Fig. 86** wiedergegeben [7] nach [1], s. auch [2]. Aus der Magnetisierung in starken pulsierenden Magnetfeldern (bis 230 kOe) ergibt sich T_N = 126 K bei x = 0.85 und T_N = 114 K bei x = 0.9 [6]. — Unterhalb Θ_p wird in einem Magnetfeld im Bereich $0.2 \leqq x < 0.35$ eine spontane Magnetisierung σ_s gefunden, die beispielsweise bei x = 0.3 bis auf etwa 0.45 G · cm³ · g⁻¹ bei 77 K ansteigt [1]. — Neutronenbeugungsuntersuchungen an $Bi_{0.15}Ca_{0.85}MnO_3$ bei 77 K zeigen Überstrukturreflexe, die auf eine antiferromagnetische Anordnung der Mn-Ionen hinweisen. Bei statistischer Verteilung von Mn^{III} und Mn^{IV} wird auf eine Spinkonfiguration vom Typ C mit einem Anteil von 20% des Typs G geschlossen [4], s. auch [7, 8]. Starovoitov u. a. [6] nehmen jedoch an, daß Mn^{III} nicht statistisch verteilt ist und die magnetischen Momente nicht kollinear sind [6]. Im Bereich x > 0.8 ist σ wesentlich größer als bei kleinen Werten von x (s. oben); bei 77 K wird der maximale Wert σ_s = 6 G · $cm^3 \cdot g^{-1}$ bei x = 0.9 erreicht [1]. In starken pulsierenden Magnetfeldern bis zu 230 kOe (zur Sättigung genügt ein Feld von 40 kOe) steigt σ_s, gemessen an einer Probe mit x = 0.9, von 40.2 bei 77 K auf 44.8 G · $cm^3 \cdot g^{-1}$ bei 4.2 K. Wären die Momente aller Mn-Ionen ferromagnetisch geordnet, so müßte bei T → 0 K σ_0 = 107 G · $cm^3 \cdot g^{-1}$ sein. Über das Verhalten weiterer Mischkristalle s. **Fig. 87** [6]. Frühere Untersuchungen [3] wurden bei höheren Temperaturen (90 bis 140 K) und in nicht so starken Feldern (bis zu 160 kOe) ausgeführt.

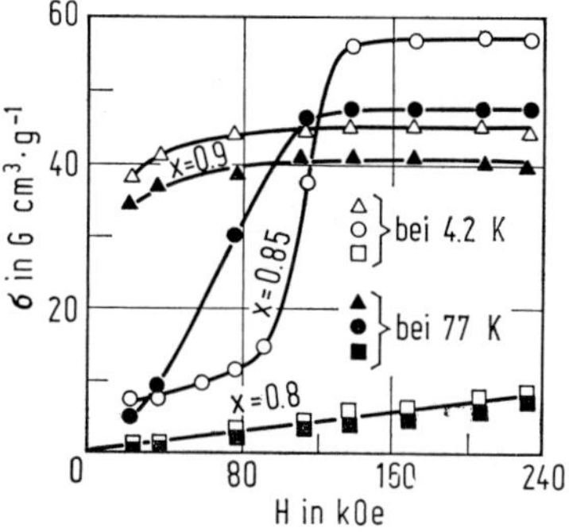

Fig. 87

Abhängigkeit der spezifischen Magnetisierung σ von der magnetischen Feldstärke H bei den Mischkristallen $Bi_{1-x}Ca_xMnO_3$.

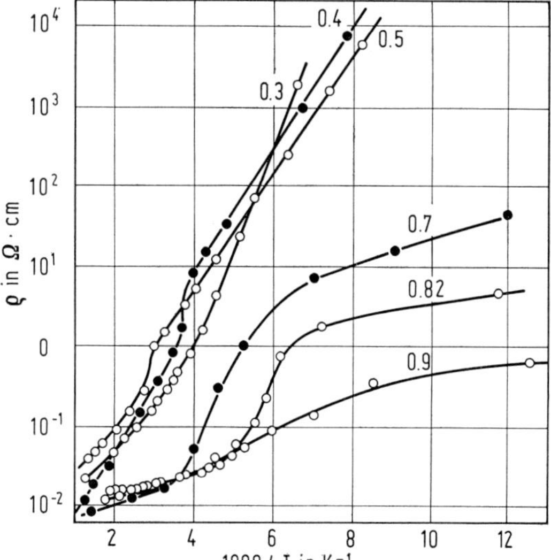

Fig. 88

Temperaturabhängigkeit des spezifischen elektrischen Widerstands ρ von $Bi_{1-x}Ca_xMnO_3$-Mischkristallen bei x = 0.3 bis 0.9.

Solid Solutions of $BiMnO_3$ with $CaMnO_3$

Die Temperaturabhängigkeit der reziproken magnetischen Suszeptibilität χ gemessen zwischen 77 und 900 K bei maximal 9 kOe, zeigt zwischen x = 0.3 und 0.7 scharfe Knicke bei den Phasenübergängen rhombisch-monoklin I, rhombisch-monoklin II und monoklin I-monoklin II, während im Bereich von x = 0.85 bis 0.95 keine Anomalien beim Phasenübergang kubisch-rhombisch auftreten. Im Bereich $0.35 \leqq x \leqq 0.85$ durchlaufen die Kurven bei T_N Minima oder Knicke. Oberhalb der Übergangstemperatur ist die Temperaturabhängigkeit von χ^{-1} linear [1]. Die differentielle Suszeptibilität (in 10^{-6} cm^3/g) fällt bei x = 0.9 von 58 bei 100 bis 120 kOe und 90 K [3] auf 1.5 bei 230 kOe und 4.2 bis 77 K [6]. Angaben für andere Werte von x s. Originale [3, 6].

Der Verlauf des spezifischen elektrischen Widerstands zwischen 77 und 900 K ist für Mischkristalle mit x = 0.3 bis 0.9 in **Fig. 88**, S. 143, wiedergegeben. An den Übergängen zwischen monoklinen und rhombischen Phasen treten in den Kurven deutliche Knicke auf [1].

Literatur:

[1] V. A. Bokov, N. A. Grigoryan, M. F. Bryzhina (Phys. Status Solidi **20** [1967] 745/54). — [2] V. A. Bokov, I. E. Myl'nikova, S. A. Kizhaev, M. F. Bryzhina, N. A. Grigoryan (Fiz. Tverd. Tela **7** [1965] 3695/8; Soviet Phys.-Solid State **7** [1965] 2993/4). — [3] A. T. Starovoitov (Fiz. Tverd. Tela **9** [1967] 3136/40; Soviet Phys.-Solid State **9** [1967] 2472/5). — [4] E. I. Turkevich, V. P. Plakhtii (Fiz. Tverd. Tela **10** [1968] 951/3; Soviet Phys.-Solid State **10** [1968] 754/5). — [5] V. A. Bokov, N. A. Grigoryan, M. F. Bryzhina, V. V. Tikhonov (Phys. Status Solidi **28** [1968] 835/47, 841).

[6] A. T. Starovoitov, V. I. Ozhogin, V. A. Bokov (Fiz. Tverd. Tela **11** [1969] 2153/8; Soviet Phys.-Solid State **11** [1969] 1740/4). — [7] J. B. Goodenough, J. M. Longo (in: Landolt-Börnstein, Neue Serie, Bd. 4, Tl. a, 1970, S. 126/314, 207, 223). — [8] E. O. Wollan, W. C. Koehler (Phys. Rev. [2] **100** [1955] 545/63, 560).

Solid Solutions of $BiMnO_3$ with Ca_2MnO_4

$BiMnO_3$-Ca_2MnO_4

Mischkristalle dieses Systems lassen sich in Bi_2O_3 als Schmelzlösung, dem entsprechende Mengen an $CaCO_3$ und Mn_2O_3 zugesetzt werden, darstellen. Kristalle der Zusammensetzung $Bi_{0.3}Ca_{1.7}MnO_4$ entstehen bei 1350°C. Sie kristallisieren tetragonal mit a = 3.685, c = 12.08 Å, Z = 2, im K_2NiF_4-Typ, s. „Nickel" B, S. 1032. Aus der Temperaturabhängigkeit der reziproken magnetischen Suszeptibilität ergibt sich eine paramagnetische Curie-Temperatur $\Theta_p \approx -7$ K; die Magnetisierung verschwindet bei der Néel-Temperatur T_N = 115 K. Bei Verwendung polarisierter Neutronen ergibt sich das magnetische Moment der Elementarzelle zu 0.5 μ_B. Die magnetische Struktur hängt entscheidend von der Verteilung und dem Ladungszustand der Mn-Ionen ab; beide Parameter werden durch die Art der Herstellung und das Verhältnis Ca : Mn bestimmt, G. Ollivier, G. Buisson (J. Phys. Chem. Solids **32** [1971] 1189/94).

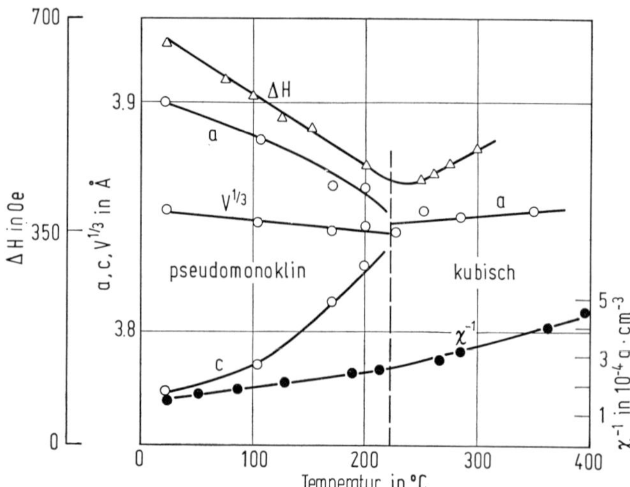

Fig. 89

Temperaturabhängigkeit der Gitterkonstanten, der Halbwertsbreite der ESR-Linie ΔH und der reziproken magnetischen Suszeptibilität χ bei $Bi_{0.5}Sr_{0.5}MnO_3$.

$BiMnO_3$-$SrMnO_3$

Die Mischkristalle $Bi_{1-x}Sr_xMnO_3$ entstehen durch Zusammensintern von Bi_2O_3, $SrCO_3$ und Mn_2O_3 bei 850 bis 1200°C. Die Ausgangssubstanzen werden bei 100 bis 200 grd tieferen Temperaturen vorgesintert. Im Bereich von x = 0.4 bis 0.6 sind die Mischkristalle tetragonal mit einer monoklinen Subzelle vom Perowskit-Typ. Bei höheren Temperaturen gehen sie in eine kubische Modifikation über, und zwar fällt die Umwandlungstemperatur t_u linear von etwa 280°C bei x = 0.4 auf etwa 165°C bei x = 0.6. Zur Temperaturabhängigkeit der Gitterkonstanten bei x = 0.5 zwischen Raumtemperatur und 350°C s. **Fig. 89**. Bei t_u findet gleichzeitig ein Übergang vom antiferroelektrischen in den paraelektrischen Zustand statt; bei dieser Temperatur hat die Halbwertsbreite der Elektronenspinresonanzlinie ein Minimum, s. Fig. 89. Auf Grund der Temperaturabhängigkeit der reziproken magnetischen Suszeptibilität, s. Fig. 89, sind die pseudomonoklinen Mischkristalle bei x = 0.5 antiferromagnetisch, die kubischen ferromagnetisch [1], s. auch [2].

Literatur:

[1] V. V. Ivanova, Yu. N. Venevtsev (Izv. Akad. Nauk SSSR Ser. Fiz. **31** [1967] 1803/6; Bull. Acad. Sci. USSR Phys. Ser. **31** [1967] 1846/9). — [2] Yu. E. Roginskaya, L. I. Shvorneva, V. N. Lyubimov, A. S. Viskov, V. V. Ivanova, V. M. Petrov, Yu. N. Venevtsev, G. S. Zhdanov (Proc. Intern. Meeting Ferroelec., Prague, 1966, Bd. 1, S. 250/7; C. A. **67** [1967] Nr. 6727).

$BiMnO_3$-$CaMnO_3$-$SrMnO_3$ und **$BiMnO_3$-$CaMnO_3$-$BaMnO_3$**

Bei den Mischkristallen $Bi_{0.5}(Ca_{1-x}Sr_x)_{0.5}MnO_3$ mit x = 0.5, 0.7 und 0.85 ist die Umwandlungstemperatur zwischen dem monoklinen (mit $c/\sqrt{2} < a < b$) und dem rhombischen Phasenbereich gegenüber den Sr-freien Phasen (s. S. 141) erhöht. Mit steigendem Ca-Gehalt verschiebt sich die Anomalie in der χ^{-1}-T-Kurve zu höheren Werten, und die Néel-Temperatur fällt. — Die Substitution des Ca durch Ba in $Bi_{0.5}(Ca_{1-x}Ba_x)_{0.5}MnO_3$ führt zu einer Abnahme der Gitterverzerrung. Substitution von Ca durch 5% Ba bewirkt, daß der Knick in der χ^{-1}-T-Kurve unter 77 K sinkt. Der Verlauf läßt sich dann unterhalb 500 K nicht mehr durch das Curie-Weiss-Gesetz beschreiben. Eine magnetische Ordnung wird nicht beobachtet, V. A. Bokov, N. A. Grigoryan, M. F. Bryzhina, V. V. Tikhonov (Phys. Status Solidi **28** [1968] 835/47, 837, 842).

$BiMnO_3$-$YMnO_3$

Bei der Züchtung von $YMnO_3$-Einkristallen aus einer Bi_2O_3-Schmelze (s. S. 47) bilden sich Mischkristalle $Bi_xY_{1-x}MnO_3$, die auch direkt über die Nitrate dargestellt werden können (s. S. 47). Bei x = 0.1 steigt die Gitterkonstante a der hexagonalen Struktur zwischen 0 und 1500°C stärker mit der Temperatur als bei der reinen Verbindung (x = 0), während c zunächst schwächer fällt, aber bei etwa 900°C die Temperaturkurve von $YMnO_3$ schneidet. Die ferroelektrische Curie-Temperatur fällt von 1000°C bei x = 0 auf 550°C bei x = 0.1. Eine zweite bei 1100°C beobachtete Umwandlungstemperatur, die sich ebenfalls als Knick im Temperaturverlauf der Gitterkonstante c zu erkennen gibt, ist von x unabhängig, F. C. Lissalde, J. C. Peuzin (Ferroelectrics **8** [1974] 497/500; C. A. **82** [1975] Nr. 50459; Ferroelectrics **4** [1972] 159/68; C. A. **78** [1973] Nr. 35277).

$BiMnO_3$-$CaMnO_3$-$LaMnO_3$ und **$BiMnO_3$-$SrMnO_3$-$LaMnO_3$**

Der Verlauf der Gitterkonstanten im System $BiMnO_3$-$CaMnO_3$-$LaMnO_3$ für $(Bi_{1-x}La_x)_{0.5}Ca_{0.5}MnO_3$ in Abhängigkeit von x bei etwa 80 K ist in **Fig. 90**, S. 146, wiedergegeben. Über die Mischkristalle bei x = 1 s. S. 26. Mit steigendem La-Gehalt wird die Übergangstemperatur T_u von der monoklinen Phase zur rhombischen deutlich gesenkt, s. **Fig. 91**, S. 146. Die Wärmekapazität C_p (in $cal \cdot mol^{-1} \cdot K^{-1}$) steigt bei x = 0.1 und 0.2 von etwa 9 bei 80 K auf etwa 22 bei 200 K, bei T_u treten Maxima von etwa 28 (T_u = 290 K) bzw. 27 (T_u = 275 K) auf; zwischen etwa 300 und 390 K ist C_p praktisch konstant 27 für beide Zusammensetzungen. — Der Verlauf der paramagnetischen Curie-Temperatur Θ_p (gewonnen aus der Temperaturabhängigkeit der reziproken magnetischen Suszeptibilität) und der spontanen Magnetisierung σ_s bei 77 K in Abhängigkeit von x sind in Fig. 91, S. 146, wiedergegeben [1]. — Zur Verwendung von $Bi_{0.3}Ca_{0.3}La_{0.4}MnO_3$ als Katalysator bei der oxidativen Dehydrierung von Kohlenwasserstoffen s. Manning [2].

Solid Solutions of $BiMnO_3$ with Other Oxo-compounds

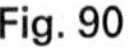
Fig. 90

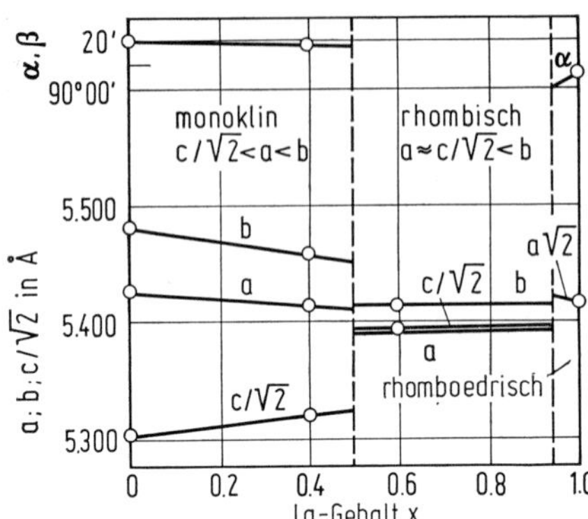

Abhängigkeit der Gitterkonstanten bei $(Bi_{1-x}La_x)_{0.5}Ca_{0.5}MnO_3$ vom Lanthan-Gehalt bei etwa 80 K.

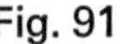
Fig. 91

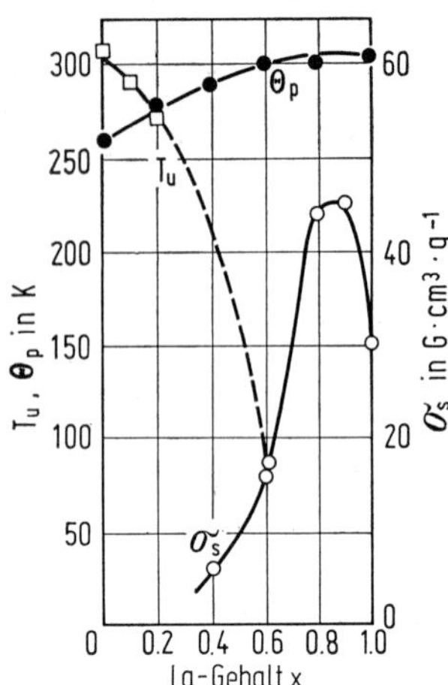

Umwandlungstemperatur T_u zwischen monoklinen und rhombischen Phasen, paramagnetische Curie-Temperatur Θ_p und spontane spezifische Magnetisierung σ_s von $(Bi_{1-x}La_x)_{0.5}Ca_{0.5}MnO_3$-Mischkristallen in Abhängigkeit vom Lanthan-Gehalt x bei 77 K.

Mischkristalle der Zusammensetzung $Bi_xLa_{0.6-x}Sr_{0.4}MnO_3$ werden durch Sintern entsprechender Mengen Bi_2O_3, La_2O_3, $SrCO_3$ und Mn_2O_3 bei 850 bis 1300°C gewonnen. Die Ausgangssubstanzen werden 100 bis 200 grd unterhalb dieser Temperaturen vorgesintert. Die Kristallstruktur der Mischkristalle läßt sich vom Perowskit-Typ ableiten. Zwischen x = 0 und etwa 0.15 besitzen sie rhomboedrische Symmetrie: a fällt von 3.866 auf 3.861 Å, α von 90°15′ auf 90°12′. Zwischen $x \approx 0.15$ und 0.6 sind sie tetragonal wie die La-freien Mischkristalle, s. S. 145. a steigt von 3.873 auf 3.913 Å, während c von 3.852 auf 3.809 Å in diesem Bereich fällt. Die Perowskit-Subzelle der tetragonalen Phasen ist monoklin. Diese pseudomonoklinen Phasen wandeln sich bei erhöhter Temperatur in kubische um; t_u steigt von etwa 55 auf 290°C im Bereich von x = 0.2 bis 0.6. Bei $Bi_{0.3}La_{0.3}Sr_{0.4}MnO_3$ beträgt t_u = 175°C, s. **Fig. 92**. Aus der Temperaturabhängigkeit der reziproken magnetischen Sus-

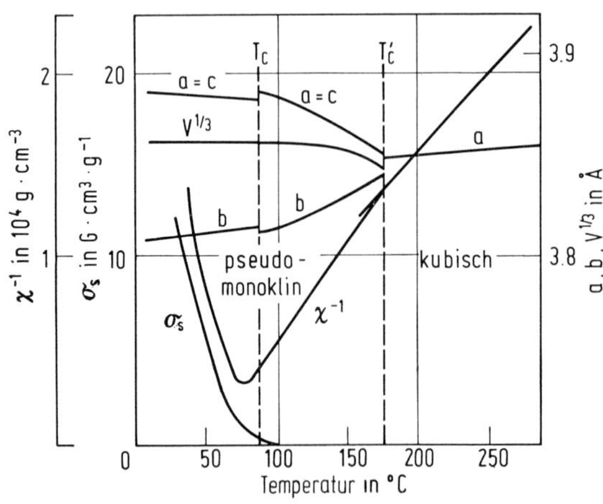

Fig. 92

Temperaturabhängigkeit der Gitterkonstanten, der reziproken magnetischen Suszeptibilität χ^{-1} und der spezifischen Sättigungsmagnetisierung σ_s bei $Bi_{0.3}La_{0.3}Sr_{0.4}MnO_3$.

zeptibilität und der spezifischen Sättigungsmagnetisierung folgt, daß die Mischkristalle ferromagnetisch sind. Die ferromagnetische Curie-Tempetatur T_C fällt im Bereich von x = 0.2 bis 0.5 von 100 auf 65°C; sie beträgt $T_C \approx 85°C$ bei x = 0.3. An der Stelle von T_C zeigen auch die Gitterkonstanten eine Diskontinuität, s. Fig. 92. Außerdem sind die Mischkristalle antiferroelektrisch; die elektrische Curie-Temperatur T_c' fällt mit t_u der Umwandlung in die kubischen Phasen zusammen, s. Fig. 92. — Die spezifische elektrische Leitfähigkeit liegt bei Raumtemperatur in der Größenordnung von $10^{-2}\ \Omega^{-1} \cdot cm^{-1}$ [3, 4].

Literatur:

[1] V. A. Bokov, N. A. Grigoryan, M. F. Bryzhina, V. V. Tikhonov (Phys. Status Solidi **28** [1968] 835/47, 837, 841). — [2] H. E. Manning, Petro-Tex Chemical Corp. (U. S. P. 3780126 [1968/73] 1/6; C. A. **80** [1974] Nr. 70273). — [3] V. V. Ivanova, Yu. N. Venevtsev (Izv. Akad. Nauk SSSR Ser. Fiz. **31** [1967] 1803/6; Bull. Acad. Sci. USSR Phys. Ser. **31** [1967] 1846/9). — [4] Yu. E. Roginskaya, L. I. Shvorneva, V. N. Lyubimov, A. S. Viskov, V. V. Ivanova, V. M. Petrov, Yu. N. Venevtsev, G. S. Zhdanov (Proc. Intern. Meeting Ferroelec., Prague 1966, Bd. 1, S. 250/7; C. A. **67** [1967] Nr. 6727).

$BiMnO_3$-$CaMnO_3$-$PbMnO_3$

Die Struktur der Mischkristalle $Bi_{0.5}(Ca_{1-x}Pb_x)_{0.5}MnO_3$ ist weniger stark verzerrt als die der bleifreien Mischkristalle, s. S. 141. Der Knick in der χ^{-1}-T-Kurve wird zu niedrigeren Temperaturen verschoben. Die Néel-Temperatur liegt wahrscheinlich unterhalb 77 K, V. A. Bokov, N. A. Grigoryan, M. F. Bryzhina, V. V. Tikhonov (Phys. Status Solidi **28** [1968] 835/47, 837, 843).

$BiMnO_3$-$PbTiO_3$

Mischkristalle der Zusammensetzung $(1 - x)BiMnO_3 \cdot xPbTiO_3$ existieren im Bereich $0.2 \leqq x \leqq 1$. Bei x < 0.2 werden 2 Phasen nebeneinander gefunden. Zwischen x = 0.2 und 0.35 sind die Mischkristalle rhombisch, von x = 0.35 bis 0.55 kubisch bis hinunter zu 120 K und von x = 0.55 bis 1 tetragonal. Die genauen Phasengrenzen sind bei tiefen Temperaturen nicht bekannt, s. **Fig. 93** [1, 2].

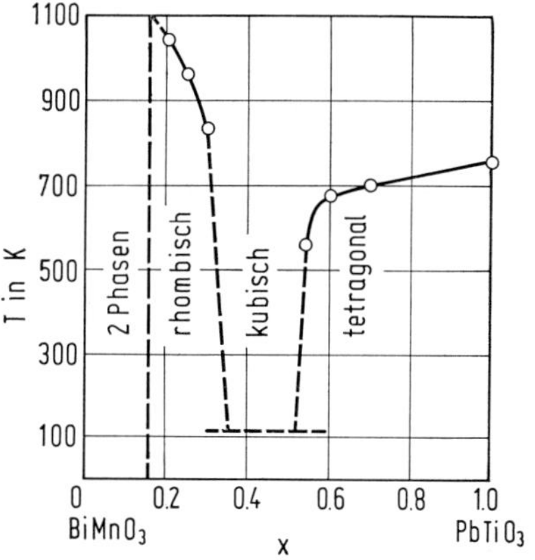

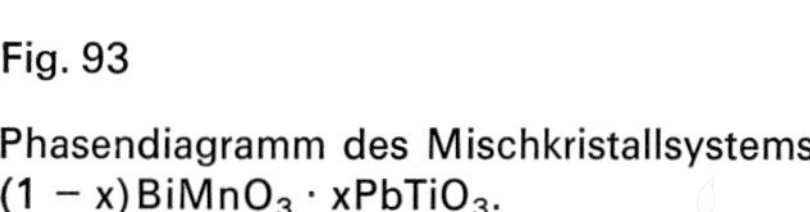
Fig. 93

Phasendiagramm des Mischkristallsystems $(1 - x)BiMnO_3 \cdot xPbTiO_3$.

Bei der Darstellung werden die Metalloxide in entsprechenden Mengen in Stickstoffatmosphäre bei 800 bis 1300°C umgesetzt. Alle Mischkristalle gehören zur Perowskit-Familie [1, 2]. Bei Raumtemperatur steigt die kubische Gitterkonstante von 3.950 Å für x = 0.3 auf 3.970 Å für x = 0.5; die Gitterkonstanten der tetragonalen Phase betragen für x = 0.55, a = 3.921, c = 4.102 Å. Mit wachsendem x nimmt a ab und c zu; bereits bei etwa x = 0.7 haben die Gitterkonstanten praktisch die Werte von reinem $PbTiO_3$, s. „Blei" C, S. 1384. Bei x = 0.7 nimmt a mit steigender Temperatur linear zu, c nimmt dagegen linear ab. Bei der Umwandlungstemperatur $T_u \approx 700$ K ist a = 3.942, c = 3.985 Å. Bei der kubischen Phase nimmt a von 3.939 Å bei T_u auf 3.947 Å bei 855 K zu [2].

Solid Solutions of $BiMnO_3$ with Other Oxo-compounds

Die thermische Ausdehnung zwischen 77 und 900 K zeigt bei x = 0.55 und 0.7 beim Phasenübergang eine ähnliche Anomalie wie $PbTiO_3$ (s. „Blei“ C, S. 1385), wogegen bei x = 0.5 und 0.3 keinerlei Anomalien zu erkennen sind [1].

Alle Mischkristalle sind ferromagnetisch. Aus der Temperaturabhängigkeit der reziproken magnetischen Suszeptibilität χ ergeben sich für die paramagnetische Curie-Temperatur Θ_p Werte zwischen 60 und 100 K. χ^{-1} folgt oberhalb 420 bis 470 K dem Curie-Weiss-Gesetz, weicht darunter aber zu höheren Werten ab [2]. Die tetragonalen Mischkristalle sind ferroelektrisch, die kubischen paraelektrisch [1, 2]. Die Dielektrizitätskonstante steigt zwischen Raumtemperatur und 800 K bei x = 0.55, 0.6 und 0.7 von $\varepsilon \approx 100$ bis 300 auf $\varepsilon \approx 4500$ bis 5500 beim Phasenübergang und fällt bis 800 K auf $\varepsilon \approx 2300$ bis 2800. Bei x = 0.5 steigt ε monoton mit der Temperatur ohne Anomalie. Bei kleineren Werten von x läßt sich ε wegen zu hoher elektrischer Leitfähigkeit nicht genau messen [2].

Literatur:

[1] V. A. Bokov, N. A. Grigoryan, M. F. Bryzhina (Fiz. Tverd. Tela **9** [1967] 347/9; Soviet Phys.-Solid State **9** [1967] 262/3). — [2] V. A. Bokov, N. A. Grigoryan, M. F. Bryzhina, V. S. Kazaryan (Izv. Akad. Nauk SSSR Ser. Fiz. **33** [1969] 1164/7; Bull. Acad. Sci. USSR Phys. Ser. **33** [1969] 1082/4).

Other Solid Solution Systems

Weitere Mischkristallsysteme

Zur Darstellung der Mischkristalle $K_{0.5}Bi_{0.5}TiO_3$-$Sr_{0.3}La_{0.7}MnO_3$ werden K_2CO_3, Bi_2O_3, TiO_2, $SrCO_3$, La_2O_3 und MnO_2 1 bis 3.5 h bei 850 bis 1350°C an der Luft erhitzt. Bis zu 32 Mol-% $K_{0.5}Bi_{0.5}TiO_3$ sind die Mischkristalle rhomboedrisch, darüber hinaus bis etwa 97 Mol-% kubisch und in der Nähe von $K_{0.5}Bi_{0.5}TiO_3$ tetragonal wie die reine Verbindung. Die Struktur der Mischkristalle läßt sich vom Perowskit-Typ ableiten. Bei 65 Mol-% $K_{0.5}Bi_{0.5}TiO_3$ tritt eine Anomalie auf, die auch in der elektrischen Leitfähigkeit an dieser Stelle beobachtet wird. Messungen der magnetischen Suszeptibilität χ ergeben, daß die Mischkristalle von 0 bis 97 Mol-% $K_{0.5}Bi_{0.5}TiO_3$ ferromagnetisch und von 60 bis 100 Mol-% $K_{0.5}Bi_{0.5}TiO_3$ ferroelektrisch sind. Im Bereich von 60 bis 97 Mol-% $K_{0.5}Bi_{0.5}TiO_3$ werden beide Eigenschaften beobachtet und zwischen 90 und 97 Mol-% $K_{0.5}Bi_{0.5}TiO_3$ tritt Ferrimagnetismus auf, s. **Fig. 94**. Die Temperaturabhängigkeit von $1/\chi$ folgt oberhalb der Curie-Temperatur dem Curie-Weiss-Gesetz. In der Temperaturabhängigkeit der Dielektrizitätskonstanten ε tritt nur bei 95 Mol-% $K_{0.5}Bi_{0.5}TiO_3$ ein deutliches Maximum bei der Curie-Temperatur auf, während bei niedrigeren Gehalten an $K_{0.5}Bi_{0.5}TiO_3$ breite verwaschene Maxima zu beobachten sind. Bei 95 Mol-% $K_{0.5}Bi_{0.5}TiO_3$ steigt ε von 170 bei −170°C auf 235 bei Raumtemperatur und weiter auf 450 bei 185°C [1].

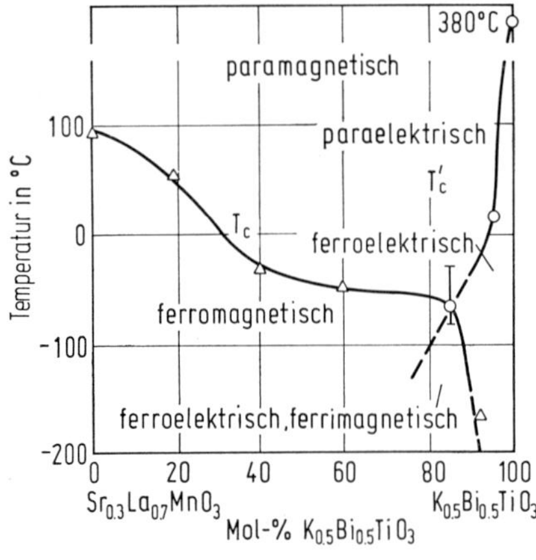

Fig. 94

Phasendiagramm des Mischkristallsystems $K_{0.5}Bi_{0.5}TiO_3$-$Sr_{0.3}La_{0.7}MnO_3$ (T_C = magnetische Curie-Temperatur, T_C' = elektrische Curie-Temperatur).

Eine Reihe von Phasen der allgemeinen Zusammensetzung $A_xBi_yMn_zO_3$ bilden in Mengen von 2 bis 5 Mol-% mit $Pb(Zr,Ti)O_3$ Mischkristalle. Bei diesen sind vor allem die piezoelektrischen Eigenschaften von Interesse. Untersucht werden die Systeme mit $PbBi_{0.67}Mn_{0.33}O_3$ [2, 3], $BiTi_{0.5}Mn_{0.5}O_3$

[4] und $BiZr_{0.5}Mn_{0.5}O_3$ [5, 6], wobei ein Teil des Pb durch Ca, Sr, Ba oder Seltenerdelemente substituiert wird [3, 4, 6], s. auch „Blei" C, S. 1440, 1454. Zusätze von 2 Mol-% $BiSr_{0.5}Mn_{0.5}O_3$, $BiZn_{0.5}Mn_{0.5}O_3$, $Bi_{0.67}ZnMn_{0.5}O_3$, $BiCd_{0.5}Mn_{0.5}O_3$ und $Bi_{0.67}CdMn_{0.5}O_3$ zu $Pb(Zr_{0.53}Ti_{0.47})O_3$ setzen die Sintertemperatur herab, erniedrigen die Dielektrizitätskonstante und den Verlustfaktor tan δ, erhöhen aber den radialen Kopplungskoeffizienten k_r und den mechanischen Gütefaktor. Der piezoelektrische Koeffizient d_{31} wird von $BiSr_{0.5}Mn_{0.5}O_3$ erhöht, von $BiCd_{0.5}Mn_{0.5}O_3$ dagegen erniedrigt und bleibt bei den anderen Zusätzen nahezu unverändert [7].

Literatur:

[1] Yu. Ya. Tomashpol'skii, Yu. N Venevtsev (Kristallografiya **11** [1966] 731/5; Soviet Phys.-Cryst.**11** [1966] 626/9). — [2] Japan Electric Co. Ltd. (F. P. 1580831 [1967/69]; C. A. **73** [1970] Nr. 48278). — [3] H. Tsubouchi, M. Takahashi, T. Ohno, M. Akashi, Nippon Electric Co. Ltd (Japan. P. 7322278 [1970/73]; C. A. **81** [1974] Nr. 143287). — [4] N. Tsubouchi, M. Takahashi, T. Ohno, T. Akashi, Japan Electric Co. Ltd. (D. P. 1796164 [1968/71]; C. A. **74** [1971] Nr. 90699; Brit. P. 1184626 [1968/70]; C. A. **72** [1970] Nr. 137781). — [5] Japan Electric Co. Ltd. (F. P. 1603825 [1968/71]; C. A. **76** [1972] Nr. 117117).

[6] H. Tsubouchi, M. Takahashi, T. Ohno, M. Akashi, Nippon Electric Co. Ltd. (Japan. P. 7322279 [1970/73]; C. A. **81** [1974] Nr. 143283). — [7] G. E. Savenkova, O. S. Didkovskaya, V. V. Klimov, Yu. N. Venevtsev (Izv. Akad. Nauk SSSR Neorgan. Materialy **7** [1971] 996/1000; Inorg. Materials [USSR] **7** [1971] 881/4).

2.11.10 Verbindungen des Mangans mit Sauerstoff und Metallen der 5. Nebengruppe

Compounds of Manganese with Oxygen and Metals of Subgroup 5

Übersicht

Die Verbindungen des Mangans mit Sauerstoff und Vanadium sind abweichend von denen mit Niob und Tantal nach steigenden Oxidationsstufen von Mn und V angeordnet, da beide Elemente in verschiedenen Oxidationsstufen zwischen 2 und 5 auftreten. Die Verbindungen mit Niob und Tantal weichen deutlich von denen mit Vanadium ab, sind jedoch untereinander teilweise kaum zu unterscheiden, so daß die Verbindungen mit Ta in der Literatur manchmal nicht gesondert beschrieben werden.

Von den zahlreichen Verbindungen und Phasen ist die ferrimagnetische Verbindung MnV_2O_4 mit Spinell-Struktur näher untersucht. Entsprechende Spinelle MnM_2O_4 mit M = Nb, Ta sind nicht bekannt. MnV_2O_6 hat bisher noch wenig Interesse gefunden, wogegen die antiferromagnetischen, im Columbit-Typ kristallisierenden Verbindungen $MnNb_2O_6$ und $MnTa_2O_6$ ausführlich untersucht sind. Die antiferromagnetischen Verbindungen $Mn_4M_2O_9$ existieren nur mit M = Nb und Ta. Von den zahlreichen Phasen mit Nb bzw. Ta und weiteren Elementen, die meist Perowskit-Struktur besitzen, werden die Pb-haltigen wie bei den Verbindungen mit Sb und Bi (s. S.136, 148) als Zusätze für piezoelektrische $PbTiO_3$-$PbZrO_3$-Mischkristalle verwendet. Neben den seit langem bekannten Manganisopolyvanadaten gibt es Heteropoly-4-, 11- und 13-vanadomanganate(IV), mit Nb dagegen nur den Typus der Heteropoly-12-niobomanganate(IV). Ta bildet nur mit Nb gemischte Heteropolymanganate(IV).

Review

The oxides containing Mn and V are arranged, contrary to those with Nb and Ta, with increasing oxidation states of the metal atoms, because both elements appear with oxidation states between 2 and 5. The oxides containing Mn and Nb or Ta obviously deviate from those with V, but are mutually almost indistinguishable, the Ta containig compounds therefore are sometimes not particularly cited in the literature.

Among the lot of compounds and phases the ferrimagnetic MnV_2O_4 with spinel structure is well investigated. Corresponding spinels MnM_2O_4 with M = Nb, Ta are not known. MnV_2O_6 is scarcely considered until now, but the antiferromagnetic compounds $MnNb_2O_6$ and $MnTa_2O_6$ with columbite structure are investigated in detail. The antiferromagnetic compounds $Mn_4M_2O_9$ exist only with M = Nb and Ta. There are many phases, most of them belonging to the perovskite family, with Nb or Ta and other elements. The Pb containing thereof are used as admixtures to the piezoelectric solid solutions of $PbTiO_3$-$PbZrO_3$ like similar compounds with Sb or Bi, see p. 136, 148. Besides the long known isopolyvanadates of manganese there exist heteropoly-4-, 11-, and 13-vanadomanganates-(IV), but with Nb only the one type of heteropoly-12-niobomanganates (IV). Of Ta only heteropolymanganates(IV) mixed with Nb are known.

Compounds of Manganese with Oxygen and Vanadium

2.11.10.1 Verbindungen des Mangans mit Sauerstoff und Vanadium

The MnO-VO-O System

2.11.10.1.1 Das System MnO-VO-O

Das in **Fig. 95** wiedergegebene Zustandsdiagramm enthält die Mangan-Vanadium-Sauerstoff-Verbindungen, die aus den trockenen Oxiden ohne Anwendung höherer Drücke erhalten werden [1]. MnO und VO bilden miteinander Mischkristalle bis zu $Mn_{0.56}V_{0.42}O$ bzw. $Mn_{0.05}V_{0.95}O$ (durch Schraffierung angedeutet) [2]. MnV_2O_4 bildet mit Mn_2VO_4 (bzw. Mn_3O_4) Mischkristalle bis zur Grenzzusammensetzung $Mn_{1.68}V_{1.32}O_4$. Die Zusammensetzung Mn_2VO_4 kann wahrscheinlich nicht erreicht werden [3], s. auch S. 158. Außerdem existieren Mischkristalle von MnV_2O_4 mit VO_2 bis zur Zusammensetzung $Mn_{0.74}V_2O_4$ (in Fig. 95 nicht eingezeichnet) [4]. Die eutektische Mischung von MnV_2O_6 und V_2O_5 schmilzt bei 610 bis 632°C [5]. Im Zustandsdiagramm sind die aus wäßrigen Lösungen erhältlichen Mangan(II)-Isopolyvanadate (s. S. 162) und das bei höheren Drücken synthetisierbare $MnVO_3$ (s. S. 159) nicht eingezeichnet.

Fig. 95

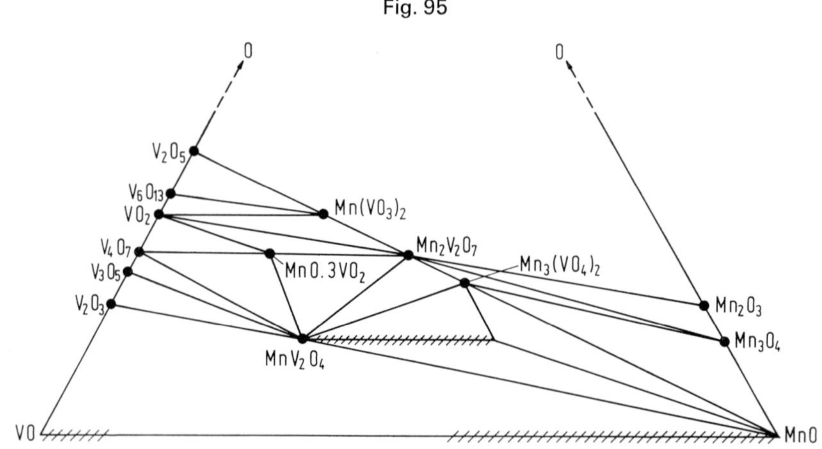

Zustandsdiagramm des Systems MnO-VO-O (Mischkristallbereiche schraffiert).

Literatur:

[1] C. Brisi (Ann. Chim. [Rome] **48** [1958] 270/5). — [2] M. I. Aivazov, S. V. Gurov, A. G. Sarkisyan (Izv. Akad. Nauk SSSR Neorgan. Materialy **8** [1972] 1799/802; Inorg. Materials [USSR] **8** [1972] 1581/3). — [3] B. Reuter, E. Riedel (Ber. Bunsenges. Physik. Chem. **71** [1967] 189/95, 190/2). — [4] G. Tourné, J. Schaffner, B. Cros (Compt. Rend. C **272** [1971] 1219/21). — [5] S. A. Amirova, V. V. Pechkovskii, V. G. Prokhorova, T. V. Zhebeleva, A. A. Lezhneva (Zh. Fiz. Khim. **38** [1964] 108/14; Russ. J. Phys. Chem. **38** [1964] 56/60).

Compounds with Mn^{II} and V^{II}

2.11.10.1.2 Verbindungen mit Mn^{II} und V^{II}

Solid Solutions of (Mn,V)O

(Mn,V)O-Mischkristalle

MnO und VO bilden Mischkristalle, auf der Mn-reichen Seite bis zur Zusammensetzung $Mn_{0.56}V_{0.42}O$ und auf der V-reichen Seite bis $Mn_{0.05}V_{0.96}O$. Zur Darstellung der Mischkristalle werden $MnCO_3$ und VO verrieben, verpreßt und zunächst bei laufender Pumpe im Vakuum bei 700°C umgesetzt, danach in Quarzampullen bei 1000°C getempert. Die Substanzen kristallisieren im NaCl-Typ mit Defekten im Sauerstoffuntergitter. Im Bereich von $Mn_{0.95}V_{0.05}O$ bis $Mn_{0.56}V_{0.42}O$ liegt die Gitterkonstante zwischen 4.43 und 4.45 Å, zeigt jedoch keine Abhängigkeit vom Kationenverhältnis.

Bei $Mn_{0.05}V_{0.96}O$ ist a = 4.08 Å. Die Konzentration der Defekte im Anionenuntergitter steigt von 1.9% bei $Mn_{0.95}V_{0.05}O$ auf 3.5% bei $Mn_{0.56}V_{0.42}O$ und beträgt 22% bei $Mn_{0.05}V_{0.96}O$. Entsprechend fällt die Zahl der ungepaarten Elektronen je Kation von 4.06 auf 3.11 und ist bei $Mn_{0.05}V_{0.96}O$ ebenfalls 3.11. Das Verhältnis von pyknometrischer Dichte zur Röntgendichte fällt in diesem Bereich von 0.981 auf 0.965 und beträgt 0.776 bei $Mn_{0.05}V_{0.96}O$. — Die charakteristische Temperatur Θ_D steigt von 358 K bei $Mn_{0.95}V_{0.05}O$ bis zu einem Maximum von 412 K bei $Mn_{0.79}V_{0.23}O$ und fällt dann auf 326 K bei $Mn_{0.56}V_{0.42}O$. Bei $Mn_{0.05}V_{0.96}O$ ist Θ_D = 1020 K.

Die Feldabhängigkeit der magnetischen Suszeptibilität χ ergibt bei Raumtemperatur keine Anzeichen für das Auftreten von Ferromagnetismus. Beim Abkühlen werden die Mn-reichen Mischkristalle antiferromagnetisch. Die Néel-Temperatur T_N steigt von 155 K bei $Mn_{0.95}V_{0.05}O$ auf ein Maximum von 175 K bei der Zusammensetzung $Mn_{0.79}V_{0.23}O$, wo auch die Defektdichte im O-Untergitter ein Maximum zeigt, und beträgt bei $Mn_{0.66}V_{0.31}O$ T_N = 170 K. Bei hohen Mn-Gehalten tritt bei weiterem Abkühlen eine zweite Übergangstemperatur auf, unterhalb derer χ ansteigt und eine ferromagnetische Wechselwirkung auftritt. Diese Übergangstemperatur beträgt bei $Mn_{0.95}V_{0.05}O$ 135 K, steigt mit wachsendem V-Gehalt und fällt bei $Mn_{0.79}V_{0.23}O$ mit T_N zusammen. Bei Raumtemperatur fällt χ (Werte in 10^{-6} cm^3/g) linear von 67 bei $Mn_{0.95}V_{0.05}O$ auf 44 bei $Mn_{0.56}V_{0.42}O$ und beträgt 22 bei $Mn_{0.05}V_{0.96}O$. Im Bereich von etwa 200 bis 1000 K läßt sich die Temperaturabhängigkeit durch $\chi = \chi_0 + C/(T + \Theta)$ wiedergeben, s. **Fig. 96**. Die Konstante C fällt von 4.36×10^{-3} bei $Mn_{0.95}V_{0.05}O$ auf 2.84×10^{-3} bei $Mn_{0.56}V_{0.42}O$, während χ_0 konstant 0.25×10^{-6} bis 0.26×10^{-6} beträgt. Bei $Mn_{0.05}V_{0.96}O$ ist C = 2.95×10^{-3} und $\chi_0 = 0.31 \times 10^{-6}$, M. I. Aivazov, S. V. Gurov, A. G. Sarkisyan (Izv. Akad. Nauk SSSR Neorgan. Materialy **8** [1972] 1799/802; Inorg. Materials [USSR] **8** [1972] 1581/3).

Fig. 96

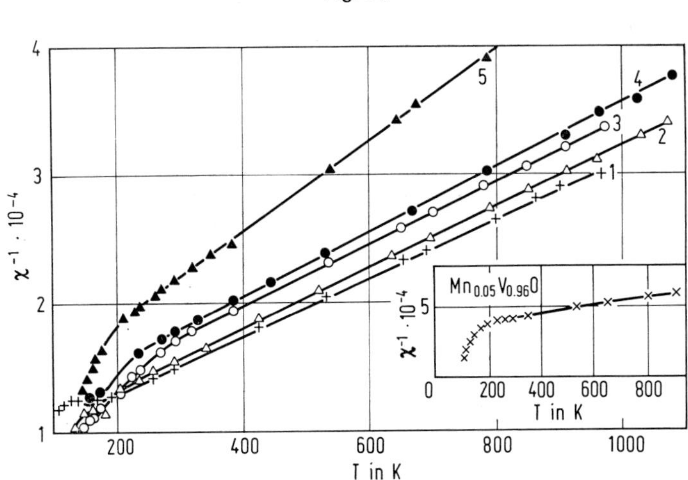

Temperaturabhängigkeit der reziproken magnetischen Suszeptibilität $1/\chi$ bei (Mn,V)O-Mischkristallen: 1) $Mn_{0.95}V_{0.05}O$, 2) $Mn_{0.87}V_{0.12}O$, 3) $Mn_{0.79}V_{0.23}O$, 4) $Mn_{0.66}V_{0.31}O$ und 5) $Mn_{0.56}V_{0.42}O$.

(Mn,V)Al_2O_4-Mischkristalle

Solid Solutions of (Mn,V)-Al_2O_4

Zwischen den Spinellen $MnAl_2O_4$ und VAl_2O_4 besteht eine lückenlose Mischkristallreihe (Mn,V)Al_2O_4. Zur Darstellung werden MnO, V_2O_3 und Al_2O_3 in einer Stickstoff-Wasserstoff-Atmosphäre ($N_2 : H_2$ = 3 : 1 bei 28°C) erhitzt. Die Gitterkonstante ändert sich linear mit der Zusammensetzung und beträgt 8.296 Å bei einem Molverhältnis Mn : V = 87 : 13 und 8.277 Å bei einem Verhältnis 1 : 1. Die Temperaturabhängigkeit der Gitterkonstante zwischen 1300 und 1500°C bei verschiedenen Zusammensetzungen ist in **Fig. 97**, S. 152, wiedergegeben, V. G. Avetikov, V. I. Fadeeva, É. B. Frenkel (Izv. Akad. Nauk SSSR Neorgan. Materialy **5** [1969] 54/7; Inorg. Materials [USSR] **5** [1969] 44/6).

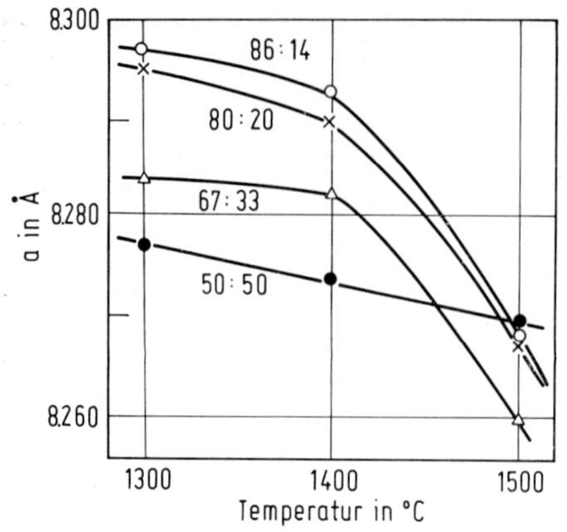

Fig. 97

Temperaturabhängigkeit der Gitterkonstanten a von $(Mn,V)Al_2O_4$-Mischkristallen bei verschiedenen Atomverhältnissen Mn : V (= Zahlen an den Kurven).

Compounds with Mn^{II} and V^{III}

2.11.10.1.3 Verbindungen mit Mn^{II} und V^{III}

The MnO-V_2O_3 System

Das System MnO-V_2O_3

Zur Untersuchung des Systems werden Mn und V_2O_5 verpreßt und in feuchter Stickstoff-Wasserstoff-Atmosphäre (im Verhältnis 3 : 1) getempert. Dabei entstehen primär MnO und V_2O_3. Bei 800°C erfolgt keine weitere Reaktion und selbst bei 1200°C ist die Umsetzung zum Spinell MnV_2O_4 nicht vollständig. Die Verteilung der Phasen zwischen 1200 und 1400°C zeigt **Fig. 98**, A. M. Reshetnikov, É. B. Frenkel, V. S. Kuskova (Elektron. Tekhn. Nauchn. Tekhn. Sb. Mater. **1971** Nr. 4, S. 102/6; C. A. **79** [1973] Nr. 73100).

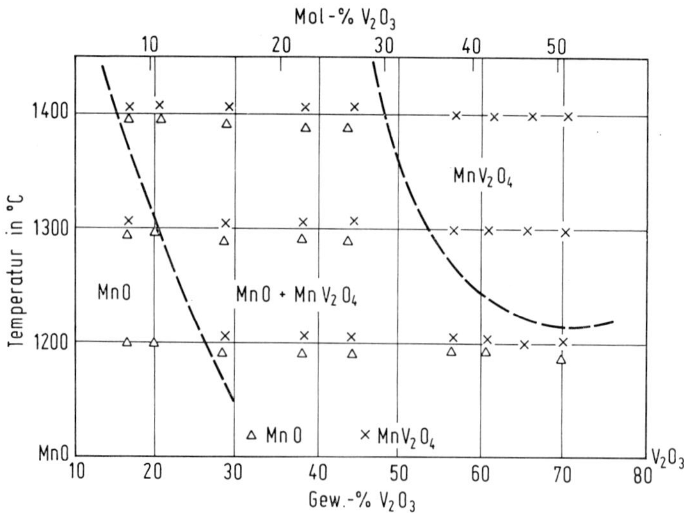

Fig. 98

Zustandsdiagramm des Systems MnO-V_2O_3.

MnV_2O_4 Preparation

MnV_2O_4

Darstellung. Am häufigsten wird die zuerst von Lovell [1, S. 318/20] beschriebene Methode angewendet, bei der $MnCO_3$ oder MnO und V_2O_3 in stöchiometrischen Mengen in Stickstoffatmosphäre auf etwa 1100°C erhitzt werden, s. auch [2, S. 377]. Statt in N_2 kann man das Oxidgemisch auch in Ar [3], H_2 (auf 900°C) [4] oder in evakuierten Quarzampullen erhitzen [5, 6]. Zur Homogenisierung empfiehlt es sich, die Präparate öfter unter N_2 zu mahlen und anschließend weiter zu tempern [7]. Die Reduktion von MnV_2O_6 im Wasserstoffstrom bei 350 [8] bis 1000°C [5, 7] führt innerhalb 24 h zu MnV_2O_4. Die Reaktion verläuft über Zwischenstufen [9], s. auch S. 161. V_2O_5 reagiert bei etwa 1000°C im Stickstoffstrom oder im Vakuum mit MnS [10] und bei 1200 bis 1400°C in feuchter Stickstoff-Wasserstoff-Atmosphäre mit Mn unter Bildung von MnV_2O_4 [11]. Geeignet ist auch die Umsetzung nach $4\,Mn + 2\,V_2O_5 + 2\,V_2O_3 \rightarrow 4\,MnV_2O_4$. Anschließend wird 10 h bei 500, 900 und 1100°C in Ar getempert [12]. Die erste Darstellung von MnV_2O_4 gelang Andrieux, Bozon [13] durch Elektrolyse von V_2O_5 und Mn_2O_3 in NaF-haltiger Boraxschmelze bei 800 bis 860°C, einer mittleren Spannung von 2.6 und 5 V sowie 6 bzw. 15 A.

MnV_2O_4 ist von tief dunkelbrauner [1, S. 321] bis schwarzer Farbe [14].

MnV_2O_4

Crystallographic Properties

Kristallographische Eigenschaften. MnV_2O_4 kristallisiert bei Raumtemperatur im kubischen Spinell-Typ [13]. Bei der Curie-Temperatur von 56 K findet ein Übergang erster Ordnung in eine tetragonal verzerrte Phase statt [15, 16]. — Die meisten Werte der bei Raumtemperatur gemessenen Gitterkonstante der kubischen Modifikation liegen bei 8.518 [17, 18] bis 8.522 ± 0.002 Å [3, 7, 10, 19]. Der Wert von Reshetnikov u. a. [11], s. auch [1, 13], mit a = 8.47 Å, sowie der von Villers, Lecerf [12] mit a = 8.537 Å weichen stärker ab, s. auch [9]. Aus Neutronenbeugungsaufnahmen folgt a = 8.52 Å [20]. Auf Grund von Röntgen- [5, 6] und Neutronenbeugungsuntersuchungen [20, 21] hat MnV_2O_4 eine normale Spinell-Struktur, bei der Mn^{II} Tetraederplätze (A) und V^{III} Oktaederplätze (B) besetzt. Die Struktur bleibt bis 4.2 K unverändert [20]. Der Sauerstoffparameter ergibt sich auf Grund der Neutronenbeugung bei Raumtemperatur zu u = 0.3883 ± 0.0002 [20] und 0.390 ± 0.001 [21]. — Die tetragonale Verzerrung der Tieftemperaturphase gegenüber der kubischen Symmetrie beträgt nach Röntgenuntersuchungen bei 30 K -8×10^{-3}, auf Grund von Berechnungen der freien Energie etwa -3×10^{-3} [15].

Mechanical, Thermal, and Magnetic Properties

Mechanische und thermische Eigenschaften. Die Dichte ergibt sich aus a = 8.49 Å zu D = 4.76 g/cm³ [13], aus a = 8.52 Å zu D = 4.74 g/cm³. Pyknometrisch wird D = 4.70 [13], 4.76 [1] und 4.83 g/cm³ [3] erhalten.

Der Schmelzpunkt liegt in der Nähe von 1350°C [1].

Magnetische Eigenschaften. MnV_2O_4 ist unterhalb 56 K [33, 34, 22] ferrimagnetisch. Unterhalb 53 K ist die Struktur vom Yafet-Kittel-Typ, zwischen 53 und 56 K wahrscheinlich vom Néel-Typ [15]. Neutronenbeugungsuntersuchungen ergeben, daß die Mn^{2+}-Ionen das Moment $\mu_{Mn} = 2.2\ \mu_B$, die V^{3+}-Ionen das Moment $\mu_V = 0.6\ \mu_B$ haben. Alle Momente liegen in (001)-Ebenen; die V^{3+}-Momente schließen den Winkel $2\varphi = 87°50'$ ein. Das resultierende Moment 2.67 μ_B ist nach [100] oder [110] gerichtet; [111] ist die Richtung der schweren Magnetisierbarkeit [20]. Der Winkel φ, der zwischen 40 und 53 K von 43°55' auf 0° abnimmt, ergibt sich aus den Momenten und den Austauschparametern J_{AB} und J_{BB} gemäß $\cos\varphi = (3/4) \cdot (\mu_{Mn}/\mu_V) \cdot (J_{AB}/J_{BB})$; danach ist $J_{BB}/J_{AB} \approx 3.88$. Hieraus und aus der Curie-Temperatur $T_C = 56$ K ergibt sich $J_{AB} \approx 2.57$, $J_{BB} = 9.96\ cm^{-1}$ [15]. Messungen mit pulsierenden Feldern ergeben nur $J_{BB} \approx 3.1\ cm^{-1}$ [23]. Die Yafet-Kittel-Struktur wird auch von Dwight u. a. [24] abgeleitet.

Zum Erreichen der Sättigung ist bei 4.2 K ein Feld von 24 kOe noch zu schwach [25]. Daher ist das bei 11 kOe gemessene Moment 2.22 μ_B [22] kleiner als das Sättigungsmoment [20].

Die Bewegung der Blochwände setzt bei MnV_2O_4, vermutlich infolge der tetragonalen Verzerrung des Gitters, erst bei höheren Feldstärken ein als sonst bei ferro- oder ferrimagnetischen Substanzen; bei 4.2 K z. B. erst bei 14.5 kOe. Gegenüber abnehmender Feldstärke und Umpolung tritt Hysterese auf [16].

Die spezifische Suszeptibilität wird bei Raumtemperatur zu $\chi = 45 \times 10^{-6}\ cm^3/g$ bestimmt [9].

Electrical Properties

Elektrische Eigenschaften. Keramische Sinterkörper besitzen Halbleitereigenschaften [7]. Der spezifische elektrische Widerstand ρ fällt von 4×10^7 bei 145 K auf $10^3\ \Omega \cdot cm$ bei 333 K [26] bzw. von $\lg \rho = 8$ bei 200 K auf $\lg \rho = 2$ bei 500 K [27] und kann durch $\rho = \rho_0 \exp(E/kt)$ wiedergegeben werden [7]. Die Aktivierungsenergie E beträgt 0.23 eV [26] bzw. 0.37 ± 0.01 eV und ist für ein stöchiometrisches Oxid anomal niedrig [7, 27, 28]. — Mit wachsendem Druck fällt ρ nahezu linear von etwa $3 \times 10^4\ \Omega \cdot cm$ bei 40 kbar auf etwa $3 \times 10^3\ \Omega \cdot cm$ bei 200 kbar [26]. Goodenough [7, 27, 28] hält für die theoretische Deutung einen kritischen Abstand R_c der Kationen mit 3d-Elektronen für entscheidend. Da der Abstand V^{3+}-V^{3+} in MnV_2O_4 mit 3.013 Å größer als R_c ist, müssen die Elektronen lokalisiert sein. Zur Kritik an diesen Vorstellungen s. Sawaoka u. a. [26].

MnV_2O_4 Chemical Reactions

Chemisches Verhalten. In inerter Atmosphäre (z. B. in Ar) ist MnV_2O_4 bis 1000°C stabil [3]. Mit Wasserstoff reagiert MnV_2O_4 bis 750°C nicht [9]. Mit Sauerstoff wird die Verbindung bei höheren Temperaturen über Zwischenverbindungen zu MnV_2O_6 oxidiert [8, 29, 30]. Eine genauere Untersuchung des Oxidationsprozesses zeigt, daß MnV_2O_4 bei 380°C Sauerstoff aufnimmt, ohne daß eine Phasenänderung eintritt. Bis zu einem Oxidationsgrad von 23.20% (bezogen auf die vollständige Oxidation zu MnV_2O_6 als 100%) nimmt dabei die Gitterkonstante auf 8.516 ± 0.004 Å und die pyknometrische Dichte auf 4.29 g/cm³ ab. Bis etwa 480°C ist die Oxidation vollständig, wobei primär nur $Mn_2V_2O_7$ und V_2O_5 gebildet werden. MnV_2O_6 entsteht erst sekundär aus diesen beiden Komponenten (s. S. 161) gemäß $2\,MnV_2O_4 + 2\,O_2 \rightarrow Mn_2V_2O_7 + V_2O_5 \rightarrow 2\,MnV_2O_6$. Bei einem Zusatz von 0.5% KCl beginnt die Sauerstoffaufnahme von MnV_2O_4 schon bei etwa 100°C und die anderen Reaktionen werden beschleunigt [3]. In Gegenwart von NaCl bleiben die Oxidationsreaktionen bis 480°C unverändert, darüber reagiert NaCl mit den Oxidationsprodukten, s. S. 160 und 161, [31]. Die Untersuchungen von Volkova u. a. [30] zwischen 400 und 900°C in Luft bestätigen nicht die Absorption von Sauerstoff sowie die Änderung der Gitterkonstante und der Dichte. Innerhalb 30 min wird bei 400°C ein Oxidationsgrad von 11.5%, bei 500°C von 46.7% und bei 900°C von 89% erreicht. Durch den Temperaturanstieg von 400 auf 900°C wird die Reaktionsgeschwindigkeit auf das Fünffache gesteigert. Im Bereich von 600 bis 900°C verläuft die Oxidation nach 2 Mechanismen. Anfangs ist sie kinetisch kontrolliert mit einer Aktivierungsenergie von E_1 = 62.79 kJ/mol, oberhalb eines Oxidationsgrades von 62.9 bis 69.8% ist sie diffusionskontrolliert mit E_2 = 41.65 kJ/mol. In einem N_2-O_2-Gemisch mit 5 Vol.-% O_2 verläuft die Oxidation bei 700°C linear mit der Zeit und erreicht nach 2 h einen Oxidationsgrad von etwa 70%. In reinem O_2 ist der Verlauf bei 700°C ähnlich wie in Luft, nur ist die Reaktionsgeschwindigkeit größer. Aus der Abhängigkeit der Reaktionsgeschwindigkeit von der O_2-Konzentration ergibt sich bei 700°C für die Summengleichung $MnV_2O_4 + O_2 \rightarrow MnV_2O_6$ eine Reaktionsordnung von etwa 0.87. Ein Zusatz von 0.5 Gew.-% KCl erhöht bei 400 bis 500°C den Oxidationsgrad in Luft, setzt ihn jedoch bei 700 bis 900°C herab. Eine ähnliche Wirkung zeigt CsCl, bei dem jedoch höhere Oxidationsgrade erreicht werden [30]. — Mit NH_3 bildet sich bei 800°C VN und MnO [8]. Von Salpetersäure und Überchlorsäure wird MnV_2O_4 leicht aufgelöst, nicht dagegen von verdünnter Schwefelsäure und alkalischen Lösungen. In geschmolzenen Peroxiden und Nitraten tritt schnelle Zersetzung ein [13]. Zur Mischkristallbildung mit (wahrscheinlich hypothetischem) Mn_2VO_4 und VO_2 s. S. 155 und 156. Mit FeO setzt sich MnV_2O_4 in Stickstoffatmosphäre bei 1000°C teilweise zu FeV_2O_4 und MnO um. Oberhalb 1200°C bildet sich dagegen eine einheitliche Mischkristallphase mit Spinell-Struktur [2, S. 379]. In Stickstoffatmoshäre reagiert MnV_2O_4 bei 700 bis 1300°C unter Mischkristallbildung (Spinell-Struktur) mit $MgAl_2O_4$, $FeAl_2O_4$ [1, S. 323/4], [2, S. 385], LiV_2O_4 [4], MgV_2O_4, ZnV_2O_4, FeV_2O_4 [1, S. 325/6], $MgCr_2O_4$, $FeCr_2O_4$ [1, S. 323/4], [2, S. 380/5], $MgFe_2O_4$ [1, S. 323/4], $MnFe_2O_4$ [5, 6] und Fe_3O_4 [1, S. 323/4], [2, S. 380]. Über Mischkristalle der Zusammensetzung $MnNi_xV_{2-x}O_4$ s. [32]; s. auch S. 155. In inerter Atmosphäre (z. B. Ar) reagiert MnV_2O_4 bis 1000°C nicht mit NaCl [31].

Literatur:

[1] G. H. Lovell (Trans. Brit. Ceram. Soc. **50** [1951] 315/27). — [2] H. M. Richardson, F. Ball, G. R. Rigby (Trans. Brit. Ceram. Soc. **53** [1954] 376/87). — [3] S. A. Amirova, V. V. Pechkovskii, V. G. Prokhorova, T. V. Zhebeleva, A. A. Lezhneva (Zh. Fiz. Khim. **38** [1964] 108/14; Russ. J. Phys. Chem. **38** [1964] 56/60). — [4] D. Arndt, K. Müller, B. Reuter, E. Riedel (J. Solid State Chem. **10** [1974] 270/3). — [5] M. Lensen, A. Michel (16ᵉ Congr. Intern. Chim. Pure Appl., Paris 1957 [1958], S. 101/8, 101/3).

[6] M. Lensen (Ann. Chim. [Paris] [13] **4** [1959] 891/947, 911/3). — [7] D. B. Rogers, R. J. Arnott, A. Wold, J. B. Goodenough (J. Phys. Chem. Solids **24** [1963] 347/60, 350/3). — [8] K. Beeker (Diss. Bonn 1952, S. 1/155, 15, 60/5, 72/3; Jahrb. Diss. Bonn Math. Nat. Fak. **2** [1952] 64). — [9] C. Brisi (Ann. Chim. [Rome] **48** [1958] 270/5). — [10] G. Tourné, J. Schaffner (Compt. Rend. C **262** [1966] 1787/9).

[11] A. M. Reshetnikov, É. B. Frenkel, V. S. Kuskova (Elektron. Tekhn. Nauchn. Tekhn. Sb. Mater. **1971** Nr. 4, S. 102/6 nach C. A. **79** [1973] Nr. 73100). — [12] G. Villers, A. Lecerf (Compt. Rend. B **263** [1966] 427/30). — [13] J.-L. Andrieux, H. Bozon (Compt. Rend. **228** [1949] 565/6). — [14] W. Rüdorff, G. Walter, H. Becker (Z. Anorg. Allgem. Chem. **285** [1956] 287/96, 293/4). —

[15] R. Plumier (Proc. Intern. Conf. Magnetism, Nottingham 1964 [1965], S. 295/8; N. S. A. **19** [1965] Nr. 38061).

[16] R. Plumier (Compt. Rend. B **267** [1968] 1057/60). — [17] B. Reuter, E. Riedel (Ber. Bunsenges. Physik. Chem. **71** [1967] 189/95, 190). — [18] B. Reuter (Bull. Soc. Chim. France **1965** 1053/6). — [19] G. Tourné, J. Schaffner, B. Cros (Compt. Rend. C **272** [1971] 1219/21). — [20] R. Plumier (Compt. Rend. **255** [1962] 2244/6).

[21] Yu. S. Kuz'minov (Kristallografiya **12** [1967] 935/6; Soviet Phys.-Cryst. **12** [1967] 811/2). — [22] N. Menyuk, A. Wold, D. Rogers, K. Dwight (J. Appl. Phys. Suppl. **33** [1962] 1144/5). — [23] Y. Allain laut R. Plumier [15]. — [24] K. Dwight, N. Menyuk, D. B. Rogers, A. Wold (AD 614319 [1964] 1/4 nach C. A. **63** [1965] 10832). — [25] Y. Allain laut R. Plumier [20].

[26] A. Sawaoka, S. Miyahara, H. Nagasaki, S. Minomura (Solid State Commun. **3** [1965] 155/8). — [27] J. B. Goodenough (Transition Metal Compounds Transp. Magn. Prop., Informal Proc. 1st Buhl Intern. Conf., Pittsburgh 1963 [1964], S. 65/91, 84/5). — [28] J. B. Goodenough (Mol. Design. Mater. Devices **1965** 42/53, 51; C. A. **65** [1966] 14563). — [29] W. Fritsche (Diss. Bonn 1954, S. 1/112; Jahresverzeichnis Deut. Hochschulschr. **1954** 98). — [30] P. I. Volkova, N. A. Vatolin, A. A. Ryzhov (Tr. Inst. Met. Akad. Nauk SSSR Ural'sk. Nauchn. Tsentr Nr. 25, Tl. 3 [1971] 124/33; C. A. **77** [1972] Nr. 169274).

[31] S. A. Amirova, V. V. Pechkovskii, L. A. Demidova, L. T. Bobrova (Izv. Vysshikh Uchebn. Zavedenii Khim. i Khim. Tekhnol. **8** [1965] 275/8; C. A. **63** [1965] 10993). — [32] B. Reuter (in: Landolt-Börnstein, Neue Serie, Gruppe III, Bd. 4, Tl. b, 1970, S. 434). — [33] J. B. Goodenough laut R. Plumier [20]. — [34] P. Hagenmuller, C. Guillard, A. Lecerf, M. Rault, G. Villers (Bull. Soc. Chim. France **1966** 2589/96, 2594).

Mischkristalle des MnV_2O_4 mit anderen Oxoverbindungen

Solid Solutions of MnV_2O_4 with Other Oxo-compounds

$Mn_{1+x}V_{2-x}O_4$. Diese Phasen können aufgefaßt werden als Mischkristalle von MnV_2O_4 (x = 0) mit Mn_2VO_4 (x = 1) [1] oder Mn_3O_4 (x = 2) [2]. Nach anfänglichen Zweifeln an der Existenz der Phase Mn_2VO_4, s. S. 158, [2, 3] lassen sich auf Grund systematischer Untersuchungen bei 1000°C homogene Spinell-Phasen nur bis zu einer Grenzzusammensetzung mit x = 0.68 herstellen [4].

Zur Darstellung werden entsprechende Mengen von MnO, V_2O_3 und VO_2 verpreßt und 60 h im Vakuum bei 800 bis 1200°C getempert [4, 5]. Man kann auch von V_2O_5 und Mn oder V_2O_5, MnO und Mn oder V_2O_5, V_2O_3 und Mn ausgehen und die Produkte anschließend 10 h in Ar bei 500, 900 und 1100°C tempern [1].

Kristallographische Eigenschaften. Die Gitterkonstante wächst mit x linear bis 8.570 Å bei der Grenzzusammensetzung [4, 5] in Übereinstimmung mit früheren Angaben [2, 3]. Bei Villers, Lecerf [1] weichen die Werte vom linearen Verlauf etwas ab, bei x = 0.5 ist a = 8.554 Å. Aus den Intensitäten der Röntgenreflexe folgt, daß Mn mit steigendem x Oktaederplätze besetzt, d. h. daß ein kontinuierlicher Übergang von der normalen Spinell-Struktur $Mn^{2+}(V_2^{3+})O_4$ zur inversen $Mn^{2+}(Mn_x^{2+}V_{2-2x}^{3+}V_x^{4+})O_4$ stattfindet (hier und in den folgenden Kapiteln stehen jeweils die Ionen auf Tetraederplätzen vor und die auf Oktaederplätzen in der Klammer). Bei der Grenzzusammensetzung $Mn^{2+}(Mn_{0.68}^{2+}V_{0.64}^{3+}V_{0.68}^{4+})O_4$ ist der Sauerstoffparameter u = 0.391 [4]. Die Kationenverteilung stimmt mit der aus magnetischen Messungen gefolgerten überein [1]. Der V-V-Abstand wächst von 3.013 Å bei x = 0.025 über 3.016 Å bei x = 0.19 auf 3.025 Å bei x = 0.5 [4].

Magnetische und elektrische Eigenschaften. Die Curie-Temperatur ist zwischen x = 0 und 0.5 praktisch konstant T_C = 56 K und nimmt bei höheren Werten leicht ab. Bei x-Werten bis etwa 0.4 wird die magnetische Sättigung bei 20.4 und 4.2 K erst in einem Magnetfeld von 20 kOe erreicht. Das Sättigungsmoment nimmt mit steigendem x regelmäßig ab und beträgt 1.4 μ_B bei x = 0.3 [1]. — Die Konzentration der Defektelektronen p ist bei x > 0.2 identisch mit der Konzentration der V^{4+}-Ionen. Aus dem Verlauf der Thermokraft ergibt sich eine Zustandsdichte in der Größenordnung von 10^{22} cm^{-3}. Dieser Wert ist nicht identisch mit der V^{4+}-Konzentration, sondern mit der Konzentration aller Ionen auf den Oktaederplätzen. Außerdem deutet der Verlauf der Thermokraft darauf hin, daß bei x < 0.18 die Akzeptorpaare $Mn^{2+}V^{4+}$ nicht vollständig dissoziiert sind. Die mit der Annahme p = x berechneten Werte der Beweglichkeit und Sprungfrequenz (s. unten) gelten daher im Bereich x < 0.18 nur mit Einschränkungen. Die Beweglichkeit der Ladungsträger steigt von 5.6×10^{-5} bei x = 0.025 auf ein Maximum von 1.7×10^{-4} bei x = 0.19 und fällt dann bis zur Phasengrenze auf etwa 1.5×10^{-7} $cm^2 \cdot V^{-1} \cdot s^{-1}$. Die Sprungfrequenz fällt für $T \to \infty$ von 4×10^{13}

Solid Solutions of MnV_2O_4 with Other Oxo-compounds

bei x = 0.025 auf 9 × 10^{11} s^{-1} an der Phasengrenze und liegt damit in der typischen Größenordnung für Sprunghalbleiter [4]. Der spezifische Widerstand ρ, gemessen an Sinterkörpern im Vakuum, nimmt bei Raumtemperatur den in **Fig. 99** wiedergegebenen Verlauf. Am Minimum bei x = 0.19 ist ρ = 12 Ω · cm [4, 5]. Im Temperaturbereich von 20 bis 500°C läßt sich lg(ρ/T) für $0 \leqq x \leqq 0.2$ als lineare Funktion von 1/T darstellen, während bei x > 0.2 zwei lineare Bereiche mit einem reversiblen Knick bei etwa 170°C auftreten. Die Neigung der Geraden wächst mit zunehmendem x. Die Aktivierungsenergie der Leitfähigkeit nimmt von 0.26 eV bei x = 0.025 bis zum Minimum von 0.19 eV bei x = 0.19 ab und steigt dann bis auf etwa 0.33 eV an der Phasengrenze. Diese Erhöhung der Aktivierungsenergie bei x > 0.2 wird als Ursache für den wachsenden Widerstand mit wachsendem x trotz zunehmender Ladungsträgerkonzentration angesehen. Die Thermokraft α nimmt im Bereich von 40 bis 80°C mit wachsendem x ab: α ≈ 660 bei x = 0.025, α = 204 bei x = 0.20 und α = 99 μV/K bei x = 0.60. Im Bereich x > 0.18 können die Werte durch α = 0.92 (k/e) ln [(2 − x)/x] + 0.36 k/e wiedergegeben werden (k = Boltzmann-Konstante). Für x < 0.18 sind die Meßwerte höher als die nach dieser Gleichung berechneten. In diesem Bereich nimmt α mit steigender Temperatur ab, während bei x > 0.18 die Werte zwischen 20 und 120°C von der Temperatur unabhängig sind [4].

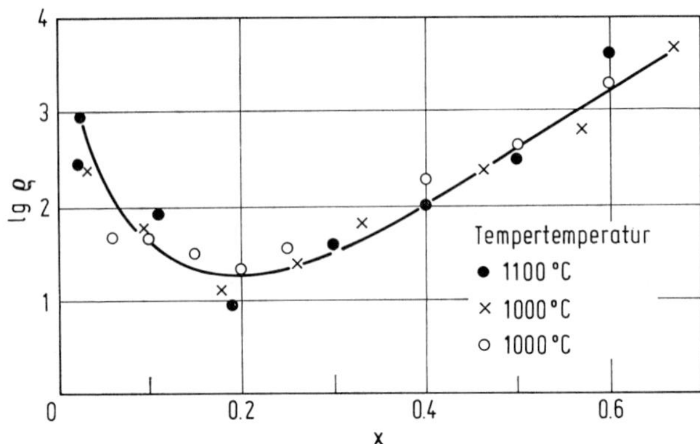

Fig. 99

Spezifischer Widerstand ρ von $Mn_{1+x}V_{2-x}O_4$ als Funktion der Zusammensetzung x bei Raumtemperatur.

Zur theoretischen Berechnung der Aktivitäten der beiden Spinell-Komponenten in den Mischkristallen s. [6]. Die Aktivitäten hängen außer von der Konzentration wesentlich von der Verteilung der Mn-Kationen in der Struktur ab.

Literatur:

[1] G. Villers, A. Lecerf (Compt. Rend. B **263** [1966] 427/30). — [2] C. Brisi (Ann. Chim. [Rome] **48** [1958] 270/5). — [3] W. Rüdorff, G. Walter, H. Becker (Z. Anorg. Allgem. Chem. **285** [1956] 287/96, 293/4). — [4] B. Reuter, E. Riedel (Ber. Bunsenges. Physik. Chem. **71** [1967] 189/95). — [5] B. Reuter (Bull. Soc. Chim. France **1965** 1053/6).

[6] A. N. Men, Yu. N. Kurushin, M. G. Zhuravleva, G. I. Chufarov (Dokl. Akad. Nauk SSSR **176** [1967] 594/7; Dokl. Chem. Proc. Acad. Sci. USSR **175/177** [1967] 839/42).

$Mn_{1-x}V_2O_4$ (x = 0 bis 0.26). Zur Darstellung werden MnV_2O_4 und VO_2 verpreßt, in geschlossener Quarzampulle erhitzt und in H_2O abgeschreckt. Bei 200°C entstehen homogene Phasen bis x = 0.2, bei 900°C bis x = 0.260. Oberhalb 950°C zerfallen die Mischkristalle wieder in die Oxide. Die Gitterkonstante beträgt 8.518 Å bei x = 0.260. Aus Dichte und Röntgenreflexintensitäten wird folgende Verteilung der Kationen und Lücken □ abgeleitet: $Mn^{2+}_{1-x}V^{3+}_x(V^{3+}_{2-2x}V^{4+}_x\square_x)O_4$ [1]. Die Besetzung der Tetraederplätze mit V ist jedoch für V-Spinelle ungewöhnlich [2].

Literatur:

[1] G. Tourné, J. Schaffner, B. Cros (Compt. Rend. C **272** [1971] 1219/21). — [2] B. Reuter, E. Riedel (Ber. Bunsenges. Physik. Chem. **71** [1967] 189/95, 192).

$Mn_{1-x}Li_xV_2O_4$. Durch Tempern entsprechender Mengen LiV_2O_4 und MnV_2O_4 bei 700 bis 750°C im Vakuum entsteht eine lückenlose Mischkristallreihe. Ihre Gitterkonstante erfüllt die Regel von Vegard. Daraus wird gefolgert, daß die Mn-Ionen auf den Tetraederplätzen der Spinell-Struktur mit steigendem x kontinuierlich durch Li^+ ersetzt werden.

Solid Solutions of MnV_2O_4 with Other Oxo-compounds

Auf Grund theoretischer Vorstellungen [1] sollte bei Unterschreitung des kritischen V-V-Abstands von 2.95 Å der Halbleitercharakter des MnV_2O_4 in metallische Leitfähigkeit übergehen. Dies ist in der Mischkristallreihe ab $x \approx 0.75$ (a = 8.32 Å) der Fall. Die Thermokraft α fällt von 250 μV/K bei x = 0.05 auf etwa Null bei x = 0.6 und bleibt bei steigendem x unverändert. α kann wie bei $Li_xMg_{1-x}V_2O_4$ (s. „Vanadium" B, S. 509) durch $\alpha = 198 \lg [1 + (1-x)^5/x]$ wiedergegeben werden.

Von den gruppentheoretisch zu erwartenden 4 IR-Absorptionsbanden treten zwischen 200 und 1200 cm^{-1} drei bei 350, 450 und 610 cm^{-1} auf. Ihre Intensität nimmt mit steigendem x ab und ist ab etwa x = 0.6, d. h. unterhalb des kritischen V-V-Abstandes, gleich Null. Die 4. Bande liegt außerhalb des Meßbereichs bei kleineren Wellenzahlen [2].

Literatur:

[1] J. B. Goodenough (J. Appl. Phys. **37** [1966] 1415/22). — [2] D. Arndt, K. Müller, B. Reuter, E. Riedel (J. Solid State Chem. **10** [1974] 270/3).

$Mn_{1-x}Zn_xV_2O_4$. Diese Mischkristalle entstehen aus MnS, ZnS und V_2O_5 bei etwa 1000°C im Stickstoffstrom oder im Vakuum. Man kann auch die Sulfide von Mn und Zn gemeinsam fällen und mit V_2O_5 umsetzen. Die Gitterkonstanten dieser Spinell-Phasen sind a = 8.502 ± 0.002 Å bei $Mn_{0.8}Zn_{0.2}V_2O_4$ und a = 8.460 ± 0.002 Å bei $Mn_{0.5}Zn_{0.5}V_2O_4$, G. Tourné, J. Schaffner (Compt. Rend. C **262** [1966] 1787/9).

$Mn_{1+x}V_{2-2x}Ti_xO_4$. Darstellung aus $MnCO_3$, V_2O_5 und TiO_2 bei 500 bis 1000°C in bei Raumtemperatur mit H_2O gesättigter Wasserstoffatmosphäre oder bei 1200°C in Stickstoffatmosphäre. Beim Abschrecken oder langsamen Abkühlen entstehen gleiche Produkte. Die Gitterkonstanten liegen nur wenig unterhalb den nach der Regel von Vegard erwarteten Werten. Bei x = 0.5 ist a = 8.594 Å. Mit wachsendem x erfolgt ein allmählicher Übergang vom normalen Spinell MnV_2O_4 (x = 0) zum inversen Mn_2TiO_4 (x = 1): $Mn^{2+}(Mn^{2+}_xV^{3+}_{2-2x}Ti^{4+}_x)O_x$, s. auch S. 201. — Die Curie-Temperatur wächst linear mit x auf T_C = 72 K bei x = 0.5. Das magnetische Moment im Bereich von x = 0 bis 0.9 bei 20.4 K und magnetischen Feldstärken bis 20 kOe ist in **Fig. 100** wiedergegeben. Bei 0 K

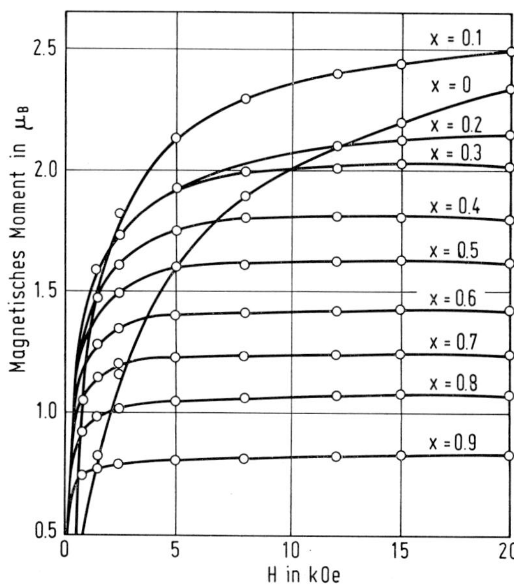

Fig. 100

Bei 20.4 K gemessenes magnetisches Moment von $Mn_{1+x}V_{2-2x}Ti_xO_4$ in Abhängigkeit von der Feldstärke H und dem Ti-Gehalt x.

fällt das Sättigungsmoment von 2.0 μ_B bei x = 0.3 nahezu linear auf 0.5 μ_B bei x = 1, P. Hagenmuller, C. Guillard, A. Lecerf, M. Rault, G. Villers (Bull. Soc. Chim. France **1966** 2589/96), G. Villers, A. Lecerf, M. Rault (Compt. Rend. **260** [1965] 3017/20; Proc. Intern. Conf. Magnetism, Nottingham 1964 [1965], S. 639/41).

$Mn_{1-x}V_{2-2x}Ti_{2x}O_4$. MnV_2O_4 reagiert mit TiO_2 bei 900°C zu $Mn_{1-x}V_{2-2x}Ti_{2x}O_4$ bis zur Grenzzusammensetzung x = 0.285. Bei Raumtemperatur reichen die homogenen Phasen nur bis x = 0.13. Die Gitterkonstante beträgt 8.532 Å bei x = 0.285. Aus Dichte und Intensität der Röntgenreflexe wird auf folgende Verteilung der Ionen und Lücken □ geschlossen: $Mn^{2+}_{1-x}Ti^{4+}_x(V^{3+}_{2-2x}Ti^{4+}_x\square_x)O_4$, G. Tourné, J. Schaffner, B. Cros (Compt. Rend. C **272** [1971] 1219/21).

Mn_3V_2-Ge_3O_{12}

$Mn_3V_2Ge_3O_{12}$

Die Verbindung läßt sich hydrothermal bei 550°C und etwa 1300 atm innerhalb 2.5 bis 3.5 d aus MnO, V_2O_4, GeO_2 und $MnCl_2$-Lösung darstellen. Die Ausbeute wird durch überschüssiges MnO verbessert. Aus Impfkristallen wachsen bei wiederholten Ansätzen bis zu 1.4 mm große Kristalle [1]. Die Synthese gelingt auch bei Verwendung einer 10%igen alkalischen Boraxlösung anstelle der $MnCl_2$-Lösung unter sonst gleichen Bedingungen [2].

Die Kristalle fallen in Form von Rhombendodekaedern {110} an mit den zusätzlichen Flächen {211}. Gitterkonstante a = 12.125 Å. Die Kationenverteilung der im Granat-Typ kristallisierenden Verbindung ist $\{Mn^{II}_3\}[V^{III}_2](Ge^{IV}_3)O_{12}$, d. h., daß Mn dodekaedrisch, V oktaedrisch und Ge tetraedrisch von Sauerstoffatomen umgeben ist. Allgemeine Angaben über Verbindungen mit Granatstruktur s. S. 78. Die pyknometrische Dichte beträgt 5.05 ± 0.015, die Röntgendichte 5.04 g/cm³ [1]. Die Mikrohärte der Rhombendodekaederflächen wird bei einer Belastung von 50 g zu 1040 kg/mm² gemessen. Die Härte nach Mohs ist 6.7 und errechnet sich nach Povarennykh zu 7.0 [3]. — Die dunkelgrünen Kristalle haben einen Brechungsindex von $n_D = 1.99_5 \pm 0.01$ [1].

Über halbleitende Mn- und V-haltige GeO_2-Mischkristalle s. [4].

Literatur:

[1] B. V. Mill (Dokl. Akad. Nauk SSSR **156** [1964] 814/6; Soviet Phys.-Dokl. **9** [1964] 414/6). — [2] B. V. Mill (Zh. Neorgan. Khim. **13** [1968] 1562/5; Russ. J. Inorg. Chem. **13** [1968] 819/21). — [3] V. N. Vertoprakhov (Izv. Sibirsk. Otd. Akad. Nauk SSSR Ser. Khim. Nauk **1966** Nr. 2, S. 74/8; C. A. **66** [1967] Nr. 32573). — [4] F. Hund, Farbenfabriken Bayer A. G. (D. P. 1 246 686 [1962/67]; C. A. **68** [1968] Nr. 109 214).

Compounds with Mn^{II} and V^{IV}

2.11.10.1.4 Verbindungen mit Mn^{II} und V^{IV}

Mn_2VO_4 (?)

Diese Verbindung soll sich aus MnO und VO_2 in N_2-Atmosphäre oder im Vakuum bei 800°C [1] oder aus V_2O_5, MnO und Mn und anschließendem Tempern in Ar bilden [2]. Frühere Versuche einer Synthese von Mn_2VO_4 waren jedoch ohne Erfolg [3, 4] und erneute Versuche nach den Angaben von Bernier u. a. [1] liefern statt Mn_2VO_4 ein Gemisch von MnO, der Grenzphase der Mischkristalle $Mn_{1+x}V_{2-x}O_4$ mit x = 0.68 (s. S. 155) und unbekannten Phasen [5]. Die angegebenen Gitterkonstanten von 8.575 [1, 6] bis 8.579 [1, 2, 7] entsprechen Mischkristallen mit x = 0.75 bzw. 0.80. Die Extrapolation der Werte der Mischkristallreihe würde jedoch für Mn_2VO_4 (x = 1) den Wert 8.594 Å ergeben [5]. Der Sauerstoffparameter der Spinell-Struktur wird mit u = 0.382 ± 0.004 und die Ionenverteilung mit $Mn_{0.80}V_{0.20}(Mn_{1.20}V_{0.80})O_4$ angegeben [1, 6]; doch ist eine Besetzung der Tetraederplätze mit V bei V-Spinellen ungewöhnlich [5], s. auch [7]. — Mn_2VO_4 soll ferrimagnetisch sein, T_C = 45 K [2] bzw. 62 ± 3 K [6, 8]. Sättigungsmoment: 0.7 μ_B [2, 7]. Die molare magnetische Suszeptibilität fällt von 15.065×10^{-6} bei 300 K auf 6.635×10^{-6} cm³/mol bei 1021 K [8], s. auch [6]. — Zur Bildung von Mischkristallen der Zusammensetzung $Mn_{2-2x}Ni_{2x}VO_4$ s. [9].

Literatur:

[1] J.-C. Bernier, P. Poix, A. Michel (Bull. Soc. Chim. France **1963** 1724/8). — [2] G. Villers, A. Lecerf (Compt. Rend. B **263** [1966] 427/30). — [3] W. Rüdorff, G. Walter, H. Becker (Z. Anorg.

Allgem. Chem. **285** [1956] 287/96, 293/4). — [4] C. Brisi (Ann. Chim. [Rome] **48** [1958] 270/5). — [5] B. Reuter, E. Riedel (Ber. Bunsenges. Physik. Chem. **71** [1967] 189/95, 191/2).

[6] J.-C. Bernier, P. Poix, A. Michel (Compt. Rend. **256** [1963] 5583/5). — [7] D. G. Wickham, J. B. Goodenough (Phys. Rev. [2] **115** [1959] 1156/8). — [8] J.-C. Bernier, P. Poix, A. Michel (Bull. Soc. Chim. France **1963** 2219/24). — [9] J.-C. Bernier, P. Poix, A. Michel (Compt. Rend. **261** [1965] 3822/5).

$MnVO_3$

Die Verbindung entsteht aus stöchiometrischen Mengen MnO und VO_2 bei 900 bis 1200°C und 80 kbar innerhalb 30 bis 60 min. Die Präparate werden vor dem Entspannen auf Zimmertemperatur abgeschreckt.

Unterhalb 45 kbar bildet sich vorzugsweise dunkelbraunes $MnVO_3I$, das aber nicht rein erhalten werden kann. Es kristallisiert im Ilmenit-Typ ($FeTiO_3$) und kann wie die isotypen Phasen $CoVO_3I$ und $CuVO_3I$ triklin indiziert werden: a = 5.072 ± 0.005, b = 5.550 ± 0.005, c = 5.023 ± 0.004 Å, α = 90°0' ± 6', β = 118°38' ± 4', γ = 63°4' ± 4'; Z = 2. In Analogie zu den isotypen Co- und Cu-Verbindungen werden alternierende Schichten von Mn^{2+} und V^{4+} in der Kristallstruktur angenommen. Der bei tiefen Temperaturen auftretende Ferromagnetismus (Curie-Temperatur T_C = 70 K) ist wahrscheinlich auf Verunreinigungen zurückzuführen. Dagegen dürften die Mn-Momente innerhalb der Mn-Schichten (ähnlich wie in Cr_2O_3) antiferromagnetisch gekoppelt sein. Die paramagnetische Curie-Temperatur beträgt Θ_p = −430 K, das effektive magnetische Moment 8.0 μ_B. Die Magnetisierung bei 8350 Oe und die reziproke spezifische Suszeptibilität χ im Bereich von 0 bis 300 K sind in **Fig. 101** wiedergegeben; oberhalb 100 K gilt das Curie-Weiss-Gesetz. Der spezifische elektrische Widerstand fällt von 2.4 × 10^7 bei 77 K auf 1.0 × 10^4 Ω · cm bei 300 K.

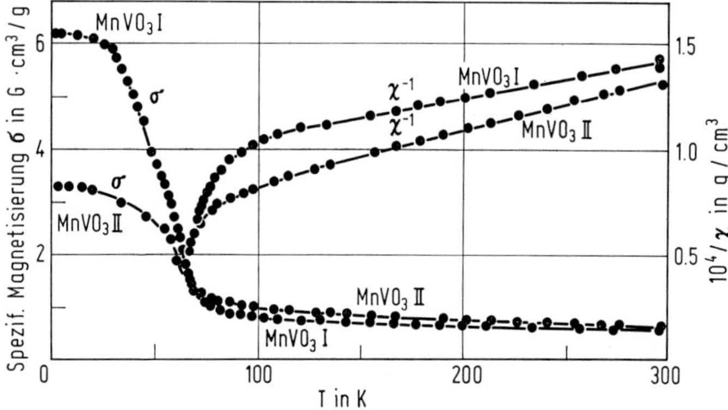

Fig. 101

Temperaturabhängigkeit der spezifischen Magnetisierung σ bei einer Feldstärke von 8350 Oe und der reziproken Suszeptibilität $1/\chi$ von $MnVO_3I$ und $MnVO_3II$.

Bei Drücken oberhalb 45 kbar entsteht bei der Darstellung schwarzes $MnVO_3II$, von dem reine Einkristalle erhalten werden können. Die rhombische Elementarzelle hat die Abmessungen a = 5.106 ± 0.001, b = 5.265 ± 0.001, c = 7.387 ± 0.001 Å; Z = 4. Mögliche Raumgruppen sind Pnma (Nr. 62) und $Pna2_1$ (Nr. 33). Die Kristallstruktur ist vom Perowskit-Typ, der durch das kleine Mn^{2+}-Kation (r = 0.80 Å) auf der A-Lage rhombisch verzerrt ist. $MnVO_3II$ ist um 6.6% dichter als $MnVO_3I$. Bei tiefen Temperaturen ist $MnVO_3II$ ferromagnetisch, T_C = 65 K. Die paramagnetische Curie-Temperatur beträgt Θ_p = −250 K, das effektive magnetische Moment 7.0 μ_B. Die Magnetisierung bei 8350 Oe und die reziproke spezifische Suszeptibilität im Bereich von 0 bis 300 K sind in Fig. 101 dargestellt. Oberhalb 100 K folgt die Suszeptibilität dem Curie-Weiss-Gesetz. Der spezifische elektrische Widerstand ist nur wenig von der Temperatur abhängig und fällt von 52 bei 77 K auf 17 Ω · cm bei 300 K, Y. Syono, S.-I. Akimoto, Y. Endoh (J. Phys. Chem. Solids **32** [1971] 243/9).

MnV_3O_7 (?)

Untersuchungen im System MnO-VO-O (s. S. 150) geben einen Hinweis auf eine Verbindung der Zusammensetzung MnV_3O_7, C. Brisi (Ann. Chim. [Rome] **48** [1958] 270/5).

Compounds with Mn^{II} and V^{V}

2.11.10.1.5 Verbindungen mit Mn^{II} und V^{V}

$Mn_3(VO_4)_2$

Die Verbindung entsteht aus stöchiometrischen Mengen MnO und V_2O_5 bei 800°C innerhalb 80 h in Stickstoffatmosphäre. Bei der Reaktion von $Mn_2V_2O_7$ mit Mn_2O_3 im Vakuum bei 700 bis 800°C bildet sich $Mn_3(VO_4)_2$ neben Mn_3O_4. — Die spezifische magnetische Suszeptibilität beträgt bei 20°C 68×10^{-6} cm^3/g. — Bei höheren Temperaturen oxidiert sich die Verbindung an der Luft zu $Mn_2V_2O_7$ und Mn_2O_3, C. Brisi (Ann. Chim. [Rome] **48** [1958] 270/5).

$LiMnVO_4$ und **$NaMnVO_4$**

Beide Verbindungen scheinen nicht in reiner Form, sondern nur als N_2-haltige Mischphasen mit Mg_2SiO_4 als Wirtsgitter zu existieren. Die im Olivin-Typ kristallisierenden braungelben bzw. graustichig olivfarbenen Phasen entstehen aus den Oxiden Li_2O bzw. Na_2O, MnO, V_2O_5, MgO und SiO_2 bei 1100°C, F. Hund (Ber. Deut. Keram. Ges. **47** [1970] 60/3).

$Mn_2V_2O_7$

Zur Darstellung von $Mn_2V_2O_7$ werden stöchiometrische Mengen von MnO und V_2O_5 in Stickstoffatmosphäre 80 h auf 600 bis 800°C [1, 2] oder von $MnCO_3$ und V_2O_5 25 h auf 400°C erhitzt [3]. Auch Mn_2O_3 reagiert mit V_2O_5 bei 600°C unter Sauerstoffabgabe zu schwarzem kristallinem $Mn_2V_2O_7$ [1, 4]. In Form großer brauner Kristallnadeln entsteht die Verbindung, wenn man V_2O_5 mit einer Schmelze aus gleichen Teilen $MnBr_2$ und NaBr reagieren läßt [5, 6]. $Mn_2V_2O_7$ bildet sich neben Mn_2O_3 bei der Oxidation von $Mn_3(VO_4)_2$ bei höheren Temperaturen an der Luft [1] sowie neben V_2O_5 bei der Oxidation von MnV_2O_4 mit Luft (s. oben und S. 154) [2] und neben $NaVO_3$ und Cl_2 bei der Luftoxidation von MnV_2O_6 in Gegenwart von NaCl (s. S. 161) [7]. Bei der Reduktion eines Gemisches von MnV_2O_6 und V_2O_5 mit Wasserstoff bei 750°C entsteht $Mn_2V_2O_7$ neben VO_2 [1].

$Mn_2V_2O_7$ kristallisiert im Thortveitit-Typ ($Sc_2Si_2O_7$, s. [8]) und besitzt monokline Symmetrie: $a = 6.710 \pm 0.002$, $b = 8.726 \pm 0.002$, $c = 4.970 \pm 0.002$ Å, $\beta = 103.57° \pm 0.01°$; Z = 2. Die Strukturverfeinerung liefert mit den Raumgruppen C2/m (Nr. 12) und C2 (Nr. 5) gleich gute Ergebnisse. Bei C2/m besetzt Mn die Lage 4h (0, y, 1/2 usw.) mit $y = 0.3114 \pm 0.0006$, V die Lage 4i (x, 0, z usw.) mit $x = 0.2354 \pm 0.0009$, $z = 0.902 \pm 0.002$, O_1 die Lage 2a (0, 0, 0; 1/2, 1/2, 0), O_2 die allgemeine Lage 8j mit $x = 0.232 \pm 0.003$, $y = 0.160 \pm 0.002$, $z = 0.713 \pm 0.005$ und O_3 die Lage 4i (x, 0, z usw.) mit $x = 0.409 \pm 0.004$, $z = 0.213 \pm 0.007$. Die V-O-Abstände liegen zwischen 1.68 und 1.76 Å, die Mn-O-Abstände zwischen 2.13 und 2.30 Å. Der Winkel V-O-V am Brückensauerstoff beträgt 180°. Der R-Faktor ergibt sich zu 10.6% [4].

Die pyknometrische Dichte wird zu 3.79, die Röntgendichte zu 3.80 g/cm^3 gemessen [4]. $Mn_2V_2O_7$ schmilzt bei 1023°C ohne Zersetzung [2], s. auch [1].

Die spezifische magnetische Suszeptibilität wird bei 20°C zu 73×10^{-6} cm^3/g gefunden [1]. Das effektive magnetische Moment (5.56 μ_B) liegt nahe bei dem „Nurspin"-Wert von Mn^{2+} (5.92 μ_B) [3].

Das IR-Spektrum zwischen 300 und 4000 cm^{-1} zeigt nur breite, wenig ausgeprägte Banden, deren Gestalt sich auch durch längeres Mahlen der Verbindung nicht verbessern läßt. Die Banden bei 290, 320 und 313 cm^{-1} rühren vermutlich von Deformationsschwingungen der VO_3-Gruppe her; die Bande bei 705 cm^{-1} kann nicht zugeordnet werden. Die Bande bei 820 cm^{-1} und die Schulter bei 850 cm^{-1} werden der antisymmetrischen, die Schulter bei 882 cm^{-1} der symmetrischen V-O-Valenzschwingung zugeordnet [3].

$Mn_2V_2O_7$ wird von Wasserstoff bei 750°C in Gegenwart von VO_2 zu MnV_2O_4 reduziert [1] und von Sauerstoff bei 600°C in Gegenwart von NaCl nach $Mn_2V_2O_7 + 2\,NaCl + 0.5\,O_2 \rightarrow 2\,NaVO_3 + 2\,MnO + Cl_2$ oxidiert (das primär entstehende MnO wird leicht zu höheren Oxiden des Mangans weiter oxidiert, s. „Mangan" C1, S. 61/3) [7]. In Wasser ist $Mn_2V_2O_7$ praktisch unlöslich [2], in kalter verdünnter Salpetersäure nur schwer löslich, leicht dagegen in warmer Salpetersäure (unter Abscheidung von MnO_2) [5, 6] und warmem 10%igem H_2SO_4 [2]. Mit Mn_2O_3 bildet sich im Vakuum bei 700 bis 800°C $Mn_3(VO_4)_2$ und Mn_3O_4 [1]. $Mn_2V_2O_7$ reagiert mit V_2O_5 an der Luft [7] oder in Argon zwischen 200 und 520°C exotherm zu MnV_2O_6 [2].

Literatur:

[1] C. Brisi (Ann. Chim. [Rome] **48** [1958] 270/5). — [2] S. A. Amirova, V. V. Pechkovskii, V. G. Prokhorova, T. V. Zhebeleva, A. A. Lezhneva (Zh. Fiz. Khim. **38** [1964] 108/14; Russ. J. Phys. Chem. **38** [1964] 56/60). — [3] J. C. Pedregosa, E. J. Baran, P. J. Aymonino (Z. Anorg. Allgem. Chem. **404** [1974] 308/20, 315, 318). — [4] E. Dorm, B.-O. Marinder (Acta Chem. Scand. **21** [1967] 590/1). — [5] A. Ditte (Compt. Rend. **96** [1883] 1048/51).

[6] A. Ditte (Ann. Chim. Phys. [6] **13** [1888] 190/271, 231). — [7] S. A. Amirova, V. V. Pechkovskii, L. A. Demidova, L. T. Bobrova (Izv. Vysshikh Uchebn. Zavedenii Khim. i Khim. Tekhnol. **8** [1965] 275/8; C. A. **63** [1965] 10993). — [8] D. W. J. Cruickshank, H. Lynton, G. A. Barclay (Acta Cryst. **15** [1962] 491/8).

Compounds with Mn^{II} und V^{V}

$(MnOH)_3VO_4 \cdot 3H_2O$ und $(MnOH)_4V_2O_7 \cdot 4H_2O$

In einer verdünnten wäßrigen Lösung von $NaVO_3$ und $Mn(ClO_4)_2$ bildet sich bei pH-Werten oberhalb 10 bei Raumtemperatur ein Niederschlag mit einem Verhältnis V : Mn < 0.33, das für die Verbindung $(MnOH)_3VO_4 \cdot 3H_2O$ charakteristisch ist. Das Gleichgewicht der Umsetzung ist nach 7 Tagen erreicht.

Beim Vereinigen verdünnter Lösungen von $NaVO_3$ (0.0386 g-Atom V/l) und $Mn(ClO_4)_2$ (0.0181 g-Atom Mn/l) fällt bei Raumtemperatur in natronalkalischem Milieu bei pH = 7 bis 10 ein Niederschlag der Zusammensetzung $(MnOH)_4V_2O_7 \cdot 4H_2O$ aus. Mit überschüssiger Natronlauge reagiert der Niederschlag bei pH = 10 bis 12 zu $(MnOH)_3VO_4 \cdot 3H_2O$, V. L. Zolotavin, V. N. Bulygina, I. Ya. Bezrukov (Zh. Neorgan. Khim. **15** [1970] 429/34; Russ. J. Inorg. Chem. **15** [1970] 222/5). Zur Fällung in ammoniakalischer Lösung s. H. Guiter (Ann. Chim. [Paris] [11] **15** [1941] 5/32, 24/6).

MnV_2O_6

Bei Fällung einer Metavanadatlösung mit einer Mn^{II}-Salzlösung entsteht ein wasserhaltiges Produkt (s. S. 162), das beim Erwärmen auf 200°C in reines, grauschwarzes MnV_2O_6 übergeht [1, 2]. Zur Darstellung eignet sich auch die direkte Umsetzung stöchiometrischer Mengen MnO [3, 4] oder $MnCO_3$ [5] mit V_2O_5 in Stickstoff- oder Argon-Atmosphäre bei 600 bis 800°C innerhalb 4 bis 17 Tagen. Mn_2O_3 und V_2O_5 reagieren bei 600°C unter Sauerstoffabgabe zu MnV_2O_6 [3]. Die Verbindung entsteht ferner durch Oxidation von MnV_2O_4 mit Luftsauerstoff bei 480 bis 900°C [6, 7] bzw. aus $Mn_2V_2O_7$ und V_2O_5 in Luft (s. oben und S. 154) [6] oder in Ar-Atmosphäre bei 200 bis 520°C in exothermer Reaktion [4]. Die Bildungsenthalpie der festen Verbindung aus den Elementen beträgt auf Grund kalorimetrischer Messungen $\Delta H_{298} = -477.9 \pm 0.5$ kcal/mol, die freie Bildungsenthalpie $\Delta G_{298} = -15.8 \pm 0.5$ kcal/mol; die Entropie wird auf $S^\circ_{298} = 47.5$ cal · mol^{-1} · K^{-1} abgeschätzt [5].

Die unter Normalbedingungen stabile Modifikation MnV_2O_6I kristallisiert im Brannerit-Typ ($ThTi_2O_6$, s. [8]) [9]. Zwischen 520 und 550°C tritt beim Erwärmen ein endothermer und beim Abkühlen ein exothermer Effekt auf, was auf eine Phasenumwandlung hindeutet, doch kann die Hochtemperaturphase nicht auf Raumtemperatur abgeschreckt werden [4]. — Bei 65 kbar und 800°C geht MnV_2O_6I innerhalb 1 h vollständig in die Hochdruckphase MnV_2O_6II über. (Die Synthese der Hochdruckphase aus MnO und V_2O_5 gelingt nicht im Bereich von 50 bis 80 kbar und 800 bis 1000°C.) Die Umwandlung ist mit einer Volumenabnahme von 6.2% verbunden. Die Hochdruckphase ist rhombisch, a = 4.583 ± 0.003, b = 5.597 ± 0.005, c = 4.874 ± 0.003 Å, und besitzt eine ungeordnete Struktur vom α-PbO_2-Typ (s. „Blei" C, S. 155) [9].

Der Schmelzpunkt von MnV_2O_6I liegt bei 805°C [4], wobei teilweise Zersetzung zu $Mn_2V_2O_7$ stattfindet. Die spezifische magnetische Suszeptibilität beträgt bei 20°C $\chi = 50 \times 10^{-6}$ cm³/g [3].

Während bei 200°C im H_2-Strom keine Reaktion stattfindet, wird MnV_2O_6 zwischen 350 und 800°C vollständig zu MnV_2O_4 reduziert [2], s. auch [10]. In Gegenwart von V_2O_5 wird MnV_2O_6 in H_2-Atmosphäre bei 750°C zu VO_2 und $Mn_2V_2O_7$ umgesetzt [3]. Mit O_2 erfolgt oberhalb 480°C in Gegenwart von NaCl Reaktion nach $2MnV_2O_6 + 2NaCl + 0.5\,O_2 \rightarrow 2NaVO_3 + Mn_2V_2O_7 + Cl_2$

Compounds with Mn^{II} und V^{V}

[6]. Von NH_3 wird MnV_2O_6 bei 625°C zu MnV_2O_4 reduziert [2]. In kaltem Wasser ist MnV_2O_6 kaum [1, 4] und in heißem nur wenig löslich [1]. In verdünnter Salzsäure wird es leicht gelöst: $MnV_2O_6 + 4H^+ + 2H_2O \rightarrow Mn^{2+} + 2V(OH)_4^+$, $\Delta H_{303} = -18.35 \pm 0.9$ kcal/Formelumsatz [5], ebenso in heißer 10%iger Schwefelsäure [4].

Literatur:

[1] C. Radau (Liebigs Ann. Chem. **251** [1889] 114/57, 125/8). — [2] K. Beeker (Diss. Bonn 1952, S. 1/155, 9/15, 72/3, 98/103; Jahrb. Diss. Bonn Math. Nat. Fak. **2** [1952] 64). — [3] C. Brisi (Ann. Chim. [Rome] **48** [1958] 270/5). — [4] S. A. Amirova, V. V. Pechkovskii, V. G. Prokhorova, T. V. Zhebeleva, A. A. Lezhneva (Zh. Fiz. Khim. **38** [1964] 108/14; Russ. J. Phys. Chem. **38** [1964] 56/60). — [5] K. K. Kelley, L. H. Adami, E. G. King (U. S. Bur. Mines Rept. Invest. Nr. 6197 [1963] 1/9).

[6] S. A. Amirova, V. V. Pechkovskii, L. A. Demidova, L. T. Bobrova (Izv. Vysshikh Uchebn. Zavedenii Khim. i Khim. Tekhnol. **8** [1965] 275/8; C. A. **63** [1965] 10993). — [7] P. I. Volkova, N. A. Vatolin, A. A. Ryzhov (Tr. Inst. Met. Akad. Nauk SSSR Ural'sk. Nauchn. Tsentr Nr. 25, Tl. 3 [1971] 124/33; C. A. **77** [1972] Nr. 169274). — [8] R. Ruh, A. D. Wadsley (Acta Cryst. **21** [1966] 974/8). — [9] M. Gondrand, A. Collomb, J. C. Joubert, R. D. Shannon (J. Solid State Chem. **11** [1974] 1/9, 2, 4). — [10] W. Fritsche (Diss. Bonn 1954, S. 1/112; Jahresverzeichnis Deut. Hochschulschr. **1954** 98).

$MnV_2O_6 \cdot 4H_2O$

Die Mangan(II)-metavanadat(V)-hydrate werden durch Fällung einer Lösung von MVO_3 (M = Na, K, NH_4) mit einer Mangan(II)-Salzlösung (z. B. $MnCl_2$, $Mn(ClO_4)_2$, $Mn(NO_3)_2$, $MnSO_4$) dargestellt, s. beispielsweise [1, 2]. Bei Verwendung verdünnter Lösungen von $NaVO_3$ (0.0386 g-Atom V/l) und $Mn(ClO_4)_2$ (0.0181 g-Atom Mn/l) fällt bei Raumtemperatur bei pH = 5 bis 6 das Tetrahydrat $MnV_2O_6 \cdot 4H_2O$ in Form dunkelbrauner Kristalle mit rötlicher Färbung aus. Bei V-Konzentrationen unterhalb 0.01 g-Atom V/l fällt kein Manganmetavanadat aus. Natrium wird selbst bei Anwesenheit von $NaClO_4$ nur in Spuren in den Niederschlag eingebaut [3], s. auch [4, 5]. Dagegen kann in $MnV_2O_6 \cdot 4H_2O$ das Mn^{2+} teilweise durch K^+ ersetzt werden. Aus kalten verdünnten KVO_3-$MnSO_4$-Lösungen fällt ein voluminöser ockerbrauner Niederschlag der Zusammensetzung $K_{0.25}Mn_{0.875}V_2O_6 \cdot 3H_2O$. Beim Umkristallisieren in H_2O bilden sich dunkelrotbraune, kugelig aggregierte Kristallnadeln der Zusammensetzung $K_{0.166}Mn_{0.917}V_2O_6 \cdot 4H_2O$. Nach der Fällung von $MnV_2O_6 \cdot 4H_2O$ läßt sich aus der Mutterlauge ein Produkt mit noch höherem K-Gehalt (K:Mn = 2:3) gewinnen [1]. — $MnV_2O_6 \cdot 4H_2O$ entsteht auch beim Kochen reiner Lösungen von KVO_3 und $MnSO_4$ in Form von nadligen Kristallen [1] oder in essigsaurer Lösung bei pH = 6 [6]. Bei der Vereinigung verdünnter $NaVO_3$- und $Mn(ClO_4)_2$-Lösungen in der oben angegebenen Konzentration fällt im pH-Bereich zwischen 6 und 7 bei Raumtemperatur ein amorpher Niederschlag der Zusammensetzung $Mn(OH)VO_3 \cdot 2H_2O$ aus. Er reagiert mit überschüssiger Natronlauge bei pH = 7 bis 10 unter Bildung von $(MnOH)_4V_2O_7 \cdot 4H_2O$ (s. S. 161) [3].

Literatur:

[1] C. Radau (Liebigs Ann. Chem. **251** [1889] 114/57, 125/8). — [2] J. Berzelius (Ann. Physik Chem. [2] **22** [1831] 1/67, 58/9). — [3] V. L. Zolotavin, V. N. Bulygina, I. Ya. Bezrukov (Zh. Neorgan. Khim. **15** [1970] 429/34; Russ. J. Inorg. Chem. **15** [1970] 222/5). — [4] V. L. Zolotavin (Zh. Analit. Khim. **2** [1947] 364/72, 364/6; C_1. **1948** II 1389). — [5] V. N. Bulygina, I. Ya. Bezrukov, V. L. Zolotavin (Zh. Neorgan. Khim. **15** [1970] 435/8; Russ. J. Inorg. Chem. **15** [1970] 225/7).

[6] C. M. Flynn, M. T. Pope (J. Am. Chem. Soc. **92** [1970] 85/90).

Isopolyvanadates(V)

Isopolyvanadate(V)

Von Berzelius [1] wird aus einer wäßrigen Lösung von NH_4VO_3 und $MnCl_2$ mit Alkohol ein rotes Produkt gefällt, das nach Radau [2, S. 124] die Zusammensetzung MnV_4O_{11} hat. Nach Bulygina u. a. [3] soll es sich jedoch um ein Dekavanadat handeln, s. unten. — $Mn_5V_4O_{15}$ fällt nach Guiter [4] aus einer Alkalivanadat-Lösung bei Zugabe einer Mn^{II}-Salzlösung im pH-Bereich von 7.3 bis 7.9, allerdings nur in ammoniakalischem Medium. — $Mn_2V_6O_{17}$ entsteht durch Umsetzung einer Lösung von $Ba_2V_6O_{17}$ mit $MnSO_4$, wobei die Temperatur unterhalb 50°C gehalten wird. Nach dem Abfiltrieren des $BaSO_4$-Niederschlags fällt $Mn_2V_6O_{17} \cdot 11\,H_2O$ auf Zusatz von Alkohol in Form eines Öls aus, das nach längerem Rühren zu sechsseitigen Plättchen kristallisiert. Bei 220°C läßt sich die Verbindung vollständig entwässern. Die wasserfreie Verbindung ist in Wasser löslich und kann innerhalb von 5d etwa 12 mol NH_3 je Formelgewicht aus der Gasphase aufnehmen [5].

Dekavanadate. $Mn_3V_{10}O_{28} \cdot 15\,H_2O$ läßt sich aus einer wäßrigen Lösung von $NaVO_3$ und $Mn(ClO_4)_2$ bei pH-Werten unterhalb 3.5 mit Alkohol ausfällen. Die Verbindung kann auch aus einer $LiVO_3$-$Mn(ClO_4)_2$-Lösung bei pH < 5.5 gewonnen werden. Der Niederschlag enthält praktisch keine Alkalimetalle [3].

$Na_2Mn_2V_{10}O_{28} \cdot 19\,H_2O$ fällt aus einer $NaVO_3$-$Mn(ClO_4)_2$-Lösung bei fortgesetztem Zusatz von Alkohol anschließend an die Verbindung $Mn_3V_{10}O_{28} \cdot 15\,H_2O$ (s. oben) [3].

$Na_4MnV_{10}O_{28} \cdot 25\,H_2O$ fällt in Form großer, orange glitzernder Kristalle aus einer $NaVO_3$-$Mn(ClO_4)_2$-Lösung bei einem Molverhältnis $H^+ : V \approx 0.4$ und einer Ionenstärke von 1.0 (Einstellung mit $NaClO_4$). Die Verbindung kann auch aus der Lösung bei pH < 3.5 mit Alkohol gefällt werden [3].

$K_2Mn_2V_{10}O_{28} \cdot n\,H_2O$ entsteht, wenn gleiche Mengen wäßriger Lösungen von KVO_3 und $MnSO_4$ in der Siedehitze vermischt werden, der gebildete Niederschlag durch Zugabe von Essigsäure in der Hitze gelöst wird und die Lösung erkaltet. Dabei kristallisiert die Verbindung nach Tagen in Form rotglänzender Kristalle der Zusammensetzung $K_2Mn_2V_{10}O_{28} \cdot 16\,H_2O$ aus [2, S. 129], [6]. Flynn, Pope [7] erhalten aus essigsaurer CH_3COOK-Lösung goldgelbe Stäbchen oder Nadeln der Zusammensetzung $K_2Mn_2V_{10}O_{28} \cdot 12\,H_2O$. Die von Bulygina u. a. [3] bei K : Mn-Verhältnissen von 2 bis 6 und pH = 4 erhaltenen Kristalle enthalten nur 11 mol H_2O. — Aus der äußeren Form wird für die Kristalle trikline Symmetrie gefolgert [2, S. 130], [6]. — Beim Glühen verliert die Verbindung zunächst das Wasser und geht dann in eine glänzende, blauschwarze Masse über. In 100 g H_2O von 18°C lösen sich 1.7 g der Verbindung. Sie ist in Säuren leicht löslich [2, S. 129/30]. — Eine kaliumärmere Phase entsteht, wenn man eine stark verdünnte essigsaure KVO_3-$MnSO_4$-Lösung [6] oder $K_{0.25}Mn_{0.875}(VO_3)_2$-Lösung [2, S. 131] etwa 6 Monate bei Raumtemperatur verdunsten läßt. Von den Autoren wird die Zusammensetzung mit $K_2Mn_4V_{18}O_{50} \cdot 28\,H_2O$ angegeben. Da die Kristalle jedoch genau die gleiche Metrik wie die von $K_2Mn_2V_{10}O_{28} \cdot 16\,H_2O$ besitzen, dürfte die Zusammensetzung bei etwa $K_{1.2}Mn_{2.4}V_{10}O_{28} \cdot 16\,H_2O$ liegen [2, S. 131], [6]. Durch geeignete Wahl der Darstellungsbedingungen scheint es möglich zu sein, Dekavanadate mit einem beliebigen K : Mn-Verhältnis zwischen 1 : 2.5 und 2 : 2 zu synthetisieren [2, S. 133].

$K_4MnV_{10}O_{28} \cdot 10\,H_2O$ entsteht als orangefarbene Verbindung analog wie $K_2Mn_2V_{10}O_{28} \cdot n\,H_2O$ bei pH = 3 und K : Mn-Verhältnissen zwischen 10 und 19 (s. oben) [3, 7].

Literatur:

[1] J. Berzelius (Ann. Physik Chem. [2] **22** [1831] 1/67, 58/9). — [2] C. Radau (Liebigs Ann. Chem. **251** [1889] 114/57). — [3] V. N. Bulygina, I. Ya. Bezrukov, V. L. Zolotavin (Zh. Neorgan. Khim. **15** [1970] 435/8; Russ. J. Inorg. Chem. **15** [1970] 225/7). — [4] H. Guiter (Ann. Chim. [Paris] [11] **15** [1941] 5/32, 24/6). — [5] F. Ephraim, G. Beck (Helv. Chim. Acta **9** [1926] 38/51, 45, 49/50).

[6] A. Fock (Z. Krist. **17** [1889/90] 1/18, 9/11). — [7] C. M. Flynn, M. T. Pope (J. Am. Chem. Soc. **92** [1970] 85/90).

Weitere Verbindungen mit Mn^{II} und V^{V} (Granat-Typ)

Other Oxocompounds with Mn^{II} and V^{V} (Garnet Type)

$NaCa_2Mn_2V_3O_{12}$. Zur Darstellung werden die Carbonate von Na, Ca und Mn mit NH_4VO_3 oder V_2O_5 in stöchiometrischen Mengen vermischt und als Preßkörper 8 bis 12 h auf 950 bis 1000°C an der Luft erhitzt [1, 2].

Die braune Verbindung kristallisiert im Granat-Typ mit a = 12.558 ± 0.003 [1] bzw. 12.565 ± 0.004 Å [2] und der Kationenverteilung $\{NaCa_2\}[Mn_2^{II}](V_3^{V})O_{12}$. Die Röntgendichte beträgt 3.736 g/cm³ [1].

Magnetische Messungen unterhalb 150 K zeigen, daß bis 55 K das Curie-Weiss-Gesetz mit C = 8.8, Θ_p = 48.5 K gilt; daraus ergibt sich das effektive Moment $\mu_{eff} = 5.93\,\mu_B$, das dem theoretischen Moment von Mn^{2+} (5.92 μ_B) fast genau entspricht. Zwischen 30 und 5 K ist χ von der

Temperatur unabhängig. Die Néel-Temperatur ergibt sich durch Messung des Elastizitätsmoduls zu $T_N = 24.5$ K. Aus Θ_p und T_N werden die Austauschparameter J_1 (mit nächsten Nachbarn) und J_2 (mit zweitnächsten Nachbarn) zu 0.78 bzw. 0.34 K berechnet. Die magnetische Struktur besteht aus zwei ferromagnetischen Teilgittern mit den Ionen auf 0, 0, 0- bzw. $^1/_4$, $^1/_4$, $^1/_4$-Plätzen, die antiferromagnetisch gekoppelt sind [2].

$Na_2BiMn_2V_3O_{12}$. Die Darstellung erfolgt analog der des $NaCa_2Mn_2V_3O_{12}$ (s. oben). Anstelle von $CaCO_3$ werden entsprechende Mengen an Bi_2O_3 eingesetzt. Das Gemisch wird im Vakuum auf 650°C erhitzt. Die braune Verbindung kristallisiert ebenfalls im Granat-Typ mit a = 12.648 ± 0.003 Å und der Kationenverteilung $\{Na_2Bi\}[Mn_2^{II}](V_3^{V})O_{12}$; Röntgendichte 4.658 g/cm³ [1].

Literatur:

[1] G. Ronniger, B. V. Mill' (Kristallografiya **16** [1971] 1035/6; Soviet Phys.-Cryst. **16** [1971] 902/4). — [2] I. V. Golosovsky, V. P. Plakhty, B. V. Mill, V. I. Sokolov, O. P. Shevaleevsky (Solid State Commun. **14** [1974] 309/11).

Compounds with Mn^{IV} and V^{V}

2.11.10.1.6 Verbindungen mit Mn^{IV} und V^{V}

Darstellung und gegenseitige Beziehungen der in diesem Abschnitt beschriebenen Heteropolyvanadomanganate(IV) lassen sich nach C. M. Flynn, M. T. Pope (Inorg. Chem. **9** [1970] 2009/14) schematisch durch folgendes Bild wiedergeben:

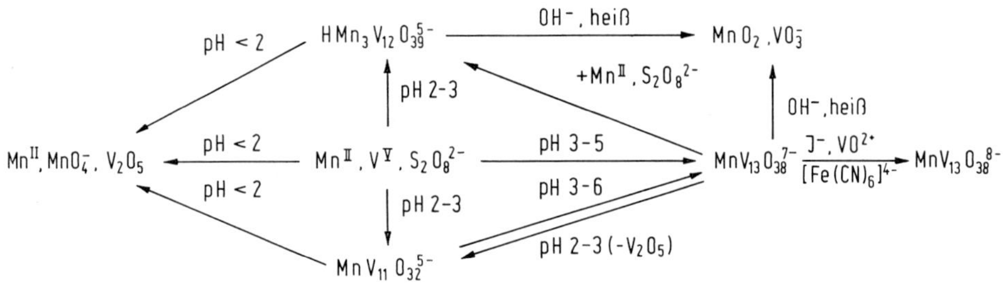

Tetravanadomanganates(IV)

Tetravanadomanganate(IV)

$K_2MnV_4O_{13} \cdot 4H_2O$. Die Verbindung entsteht beim Umkristallisieren von $K_5HMn_3V_{12}O_{39} \cdot 10H_2O$ in essigsaurer CH_3COOK-Lösung bei pH = 4 bis 6 in Form dunkelbraunroter Platten oder Stäbe, C. M. Flynn, M. T. Pope (Inorg. Chem. **9** [1970] 2009/14).

$K_5HMn_3V_{12}O_{39} \cdot nH_2O$ (n = 10 und 4). Zur Darstellung des Dekahydrats werden 40 mmo KVO_3, 100 mmol CH_3COOH, 10 mmol $MnSO_4$ und 20 mmol $K_2S_2O_8$ in 80 ml H_2O gelöst, bei 70 bis 90°C auf 30 bis 50 ml eingeengt, filtriert und anschließend in 2 d auf 20 ml eingeengt. Die entstandenen schwarzen Kristalle werden aus einer 0.4 molaren K_2SO_4- und 0.1 molaren $KHSO_4$-Lösung umkristallisiert. Die Ausbeute beträgt nur 15 bis 20%. In etwa gleicher Ausbeute entsteht die Verbindung bei der Umsetzung von $K_5MnV_{11}O_{32} \cdot (10$ bis $12)H_2O$ (s. S. 165) mit $MnSO_4$ und $K_2S_2O_8$. Das $K_5HMn_3V_{12}O_{39} \cdot 10H_2O$ entsteht auch als Nebenprodukt bei der Synthese von $K_5MnV_{11}O_{32} \cdot (10$ bis $12)H_2O$. — Die Kristallstruktur besitzt trikline Symmetrie mit a = 11.82 ± 0.02, b = 16.56 ± 0.02, c = 11.26 ± 0.02 Å, $\alpha = 103.0° \pm 0.2°$, $\beta = 109.4° \pm 0.2°$, $\gamma = 87.0° \pm 0.2°$; Z = 2. Die durch Flotation ermittelte Dichte beträgt 2.85 ± 0.01, die Röntgendichte 2.91 g/cm³. — Das Spektrum verdünnter Lösungen zeigt ein schwaches Maximum um 560 nm. Unterhalb 520 nm steigt die Absorption stark an. Bei Konzentrationen von 10^{-3} bis 10^{-2} mol/l in essigsauren CH_3COOK-Lösungen von pH = 5 wird das Beersche Gesetz erfüllt, nicht jedoch (wegen der raschen Zersetzung) in K_2SO_4-$KHSO_4$-Lösung von pH = 2. — Die Verbindung ist lufttrocken unter Normalbedingungen stabil. Bei 120°C verliert sie 6 mol H_2O. Das Tetrahydrat löst sich leicht in H_2O. In schwach saurer Lösung (pH ≈ 5) wird $K_5HMn_3V_{12}O_{39} \cdot 10H_2O$ innerhalb einiger Tage zersetzt, bei pH ≈ 2 jedoch schon innerhalb einiger Stunden unter Bildung von V_2O_5-Hydrat, Mn^{2+} und MnO_4^- (etwa 1% des gesamten Mn). In heißen Laugen erfolgt Zersetzung zu MnO_2 und VO_3^-. Von Reduktionsmitteln wie J^-, $[Fe(CN)_6]^{4-}$ oder VO^{2+} wird die Verbindung ohne Bildung von Heteropolyverbindungen niederer Oxidationsstufen zersetzt. In Lösungen von 80 bis 100°C führt die Reaktion mit KVO_3 und HNO_3 je nach Mengenverhältnis zu KV_3O_8 oder V_2O_5-Hydrat. Beim Einengen der Lösung fallen orangefarbene Oktaeder einer $MnV_{13}O_{38}^{7-}$-Phase (s. S. 166) aus, sowie eine Phase ähnlicher Zusammensetzung wie $K_2MnV_4O_{13} \cdot 4H_2O$, s. oben. Daneben enthält die Lösung auch unveränderte Ausgangssubstanz, C. M. Flynn, M. T. Pope (Inorg. Chem. **9** [1970] 2009/14).

$(NH_4)_5HMn_3V_{12}O_{39} \cdot nH_2O$. Die Verbindung mit 14 bis 15 mol H_2O entsteht in Form schwarzer Rhombendodekaeder als Nebenprodukt bei der Darstellung von $(NH_4)_{4.5}H_{0.5}MnV_{11}O_{32} \cdot 12H_2O$, s. unten. Sie läßt sich aus einer 0.8 molaren $(NH_4)_2SO_4$- und 0.2 molaren NH_4HSO_4-Lösung umkristallisieren. Bei einem Wassergehalt von 15 mol kristallisiert die Verbindung kubisch mit a = 13.52 ± 0.01 Å; Z = 2. Die durch Flotation ermittelte Dichte beträgt 2.29 ± 0.01, die Röntgendichte 2.37 g/cm³. Die chemischen Eigenschaften entsprechen weitgehend der analogen K-Verbindung (s. oben), C. M. Flynn, M. T. Pope (Inorg. Chem. **9** [1970] 2009/14).

11-Vanadomanganate(IV)

11-Vanadomanganates(IV)

$K_5MnV_{11}O_{32} \cdot nH_2O$. Zur Darstellung der Verbindung mit 10 bis 12 mol H_2O wird eine heiße Lösung von 55 mmol KVO_3 mit 1 molarer HNO_3-Lösung angesäuert und mit $MnSO_4$- sowie $K_2S_2O_8$-Lösung versetzt. Aus der eingeengten Lösung kristallisiert nach einem Tag die dunkelrote Verbindung aus; Ausbeute etwa 50%. Die Kristalle lassen sich aus einer 0.3 molaren K_2SO_4- und 0.2 molaren $KHSO_4$-Lösung umkristallisieren. Als Nebenprodukt entsteht $K_5HMn_3V_{12}O_{39} \cdot 10H_2O$, s. S. 164. Bis zu 3 mm große Kristalle bilden sich, wenn man $K_7MnV_{13}O_{38} \cdot 18H_2O$ (s. S. 166) in saurer K_2SO_4-$KHSO_4$-Lösung unter Erwärmen löst und einige Tage stehen läßt, entsprechend der Reaktion $MnV_{13}O_{38}^{7-} + 2H^+ \rightarrow MnV_{11}O_{32}^{5-} + V_2O_5 + H_2O$. Die Ausbeute beträgt, bezogen auf Mn, bis zu 76%.

$K_5MnV_{11}O_{32} \cdot 11H_2O$ kristallisiert triklin mit a = 15.75 ± 0.02, b = 12.75 ± 0.02, c = 10.19 ± 0.02 Å, α = 113.0° ± 0.2°, β = 92.8° ± 0.2°, γ = 100.5° ± 0.2°; Z = 2. Die durch Flotation bestimmte Dichte beträgt 2.68 ± 0.01, die Röntgendichte 2.75 g/cm³. — Die gefrorene Lösung zeigt bei 77 K kein ESR-Signal. 10^{-3} bis 10^{-5} molare Lösungen von pH = 2 absorbieren intensiv im sichtbaren und UV-Bereich, sie erfüllen jedoch nicht das Beersche Gesetz.

Beim Erhitzen auf 120°C entsteht das Dihydrat, das sich leicht in H_2O löst. Bei der Rekristallisation aus gepufferter Lösung von pH = 2 entsteht wieder das Ausgangsmaterial. Bei längerem Erwärmen in Lösungen von pH = 2 bis 3 bildet sich in zunehmendem Maße (bis zu 74% bezogen auf Mn) $K_7MnV_{13}O_{38} \cdot 18H_2O$. In sauren Lösungen mit pH < 2 wird die Verbindung zu V_2O_5-Hydrat, Mn^{2+} und MnO_4^- (etwa 1% des gesamten Mn) zersetzt, von heißen Laugen zu MnO_2 und VO_3^-. Durch J^-, $[Fe(CN)_6]^{4-}$ und VO^{2+} wird sie reduktiv zersetzt, ohne daß eine reduzierte Heteropolyverbindung auftritt, C. M. Flynn, M. T. Pope (Inorg. Chem. **9** [1970] 2009/14).

$(NH_4)_{4.5}H_{0.5}MnV_{11}O_{32} \cdot 12H_2O$. Die dunkelroten prismatischen Kristalle werden auf die gleiche Weise wie $K_5MnV_{11}O_{32} \cdot$ (10 bis 12) H_2O (s. oben) dargestellt, nur daß anstelle der K-Salze die entsprechenden NH_4-Salze eingesetzt werden. Bei zu starkem Einengen der Lösungen entsteht als Nebenprodukt $(NH_4)_5HMn_3V_{12}O_{39} \cdot$ (14 bis 15) H_2O, s. oben. — Um ein Verwittern zu vermeiden, werden die Kristalle über $Na_2SO_4 \cdot 10H_2O$ aufbewahrt; trotzdem zerfallen sie allmählich innerhalb von Monaten, möglicherweise durch Lichteinwirkung. In Berührung mit Alkohol zerrieseln die Kristalle; das Waschwasser darf daher höchstens 50% Alkohol enthalten. In seinen sonstigen Eigenschaften entspricht das NH_4-Salz weitgehend dem K-Salz (s. oben), C. M. Flynn, M. T. Pope (Inorg. Chem. **9** [1970] 2009/14).

$Cs_{4.5}H_{0.5}MnV_{11}O_{32} \cdot 7H_2O$. Diese Verbindung entsteht durch Fällung einer Lösung von $K_5MnV_{11}O_{32}$ (s. oben) in K_2SO_4-$KHSO_4$-Lösung mit CsCl in 50%igem Überschuß. Beim Umkristallisieren aus CsCl-haltiger K_2SO_4-$KHSO_4$-Lösung von pH = 2 bis 3 bilden sich orangefarbene längliche Plättchen. Bei 120°C wird die Verbindung bis zum Monohydrat entwässert. In seinen physikalisch-chemischen Eigenschaften entspricht das Cs-Salz weitgehend dem K-Salz, s. oben.

Versuche, auf ähnlichem Wege eine Na-Verbindung darzustellen, sind bisher nicht gelungen, C. M. Flynn, M. T. Pope (Inorg. Chem. **9** [1970] 2009/14).

13-Vanado-manganates(IV)

13-Vanadomanganate(IV)

Zur Darstellung der leicht löslichen Verbindungen des Na, K und NH_4 wird eine heiße Lösung des entsprechenden Metavanadats MVO_3 nacheinander mit Salpetersäure, $MnSO_4$- und der entsprechenden Peroxidisulfat-Lösung $M_2S_2O_8$ versetzt und bei 80°C unter Rühren eingeengt. Nach Zusatz des entsprechenden Acetats wird die Lösung einige Tage zur Kristallisation stehengelassen. Die Kristalle können aus einer essigsauren Lösung des entsprechenden Acetats umkristallisiert werden. Die Na-Verbindung läßt sich auch unter Verwendung von $Na_4V_2O_7 \cdot 18\,H_2O$ und $H_2S_2O_8$ synthetisieren. Die Ausbeuten betragen bis zu 70%. Die am leichtesten lösliche Li-Verbindung ließ sich bisher nicht rein isolieren, auch nicht durch Ionenaustausch der K-Verbindung. Die schwer löslichen Verbindungen von Cs, Ba und Ag werden zweckmäßig aus einer Lösung der K-Verbindung gefällt. — Aus der Analogie zu den entsprechenden 13-Vanadonickelaten(IV) wird gefolgert, daß sich kantenverknüpfte VO_6-Oktaeder um ein zentrales MnO_6-Oktaeder gruppieren, das jede Kante mit einem VO_6-Oktaeder gemeinsam hat. Zusammen mit 1 mol Konstitutionswasser ergibt sich das Vanadomanganat-Ion zu $[MnV_{13}O_{39}]^{9-}$.

Die Verbindungen zeigen bei Raumtemperatur im festen Zustand oder in Lösung kein ESR-Signal, dagegen bei 77 K ein breites asymmetrisches mit $g \approx 4.0$. Im Absorptionsspektrum im sichtbaren und UV-Bereich treten keine Maxima auf. Die Absorption wächst kontinuierlich mit abnehmender Wellenlänge.

Bei 400 bis 450°C werden die Verbindungen meist unter Schmelzen zersetzt. Sie sind in Lösung bei pH = 3 bis 6 stabil. Bei pH ≈ 2 bilden sich 11-Vanadomanganate(IV) (s. S. 165), bei pH > 6 tritt Zersetzung zu Isopolyvanadaten und MnO_2 ein. Die Verbindungen werden von J^-, $[Fe(CN)_6]^{4-}$ und VO^{2+} zu 13-Vanado(IV,V)-manganaten(IV) (s. unten) reduziert und von alkalischer H_2O_2-Lösung zu VO_3^- und MnO_2 zersetzt [1 bis 3].

$Na_7MnV_{13}O_{38} \cdot 29\,H_2O$. Die leuchtend orangeroten Kristalle verwittern leicht an der Luft und müssen über $Na_2SO_4 \cdot 10\,H_2O$ aufbewahrt werden. Im Sonnenlicht färben sie sich dunkel. Beim Erhitzen auf 140°C entsteht das Dihydrat. Beim Waschen mit 95%igem Alkohol zerfallen die Kristalle zu Pulver. Die kryoskopische Untersuchung von $Na_7MnV_{13}O_{38} \cdot 24\,H_2O$ in wäßriger Na_2SO_4-Lösung ergibt ein Molekulargewicht von 2000 ± 200, d. h., daß ein Vanadomanganat-Anion je Mol der Verbindung entsteht [1, 2].

$K_7MnV_{13}O_{38} \cdot 18\,H_2O$. Die leuchtend orangeroten Kristalle von oktaedrischem Habitus kristallisieren tetragonal mit a = 11.38 ± 0.01, c = 19.65 ± 0.02 Å; Z = 2. Die gemessene Dichte beträgt 2.37, die Röntgendichte 2.51 g/cm³. Die magnetische Suszeptibilität ergibt sich bei Raumtemperatur zu $(3.31 \pm 0.03) \cdot 10^{-6}$ cm³/g. — Bei 140°C entsteht das Dihydrat. — Bei der Reduktion in essigsaurer CH_3COOK-Lösung entsteht mit $K_4[Fe(CN)_6]$ olivgrünes $K_{7.5}H_{0.5}MnV_{13}O_{38} \cdot 17\,H_2O$ (s. unten) und mit $VOSO_4$ eine Verbindung, die etwa der Zusammensetzung $K_{7.5}H_{0.5}MnV_{13.5}O_{39} \cdot 16\,H_2O$ (s. unten) entspricht. Im Sonnenlicht wird $K_7MnV_{13}O_{38} \cdot 18\,H_2O$ zu ähnlich aussehenden Produkten wie bei der Reduktion umgewandelt [1, 2].

$(NH_4)_7MnV_{13}O_{38} \cdot 18\,H_2O$. Die leuchtend orangeroten, rhombisch-pyramidalen Kristalle verwittern leicht an der Luft und werden zweckmäßig im verschlossenem Gefäß im Kühlschrank aufbewahrt. Bei 140°C entsteht das Dihydrat. Die wasserärmere Form $(NH_4)_7MnV_{13}O_{38} \cdot 5\,H_2O$ gibt bei dieser Temperatur das Wasser vollständig ab und gleichzeitig auch NH_3. Beim Waschen mit wäßrigen Alkohollösungen von über 50% zerrieseln die Kristalle. — Bei der Reduktion in essigsaurer CH_3COONH_4-Lösung von 5°C mit $VOSO_4$ entsteht braungrünes $(NH_4)_{7.5}H_{0.5}MnV_{13}O_{38} \cdot 7\,H_2O$, s. S. 167. Diese Verbindung bildet sich auch bei der Reduktion mit $(NH_4)_4[Fe(CN)_6]$, aber nicht in reiner Form [1].

$Cs_6NaMnV_{13}O_{38} \cdot 8\,H_2O$. Die Verbindung entsteht durch Fällung von $Na_7MnV_{13}O_{38} \cdot 29\,H_2O$ in essigsaurer CH_3COONa-Lösung durch CsCl. Nach dem Umkristallisieren in CsCl-haltiger, essigsaurer CH_3COONa-Lösung erhält man sie in Form mikroskopisch kleiner orangefarbener Plättchen. Bei 120°C bildet sich das Dihydrat [2].

$K_{7.5}H_{0.5}MnV_{13}O_{38} \cdot 17\,H_2O$ und $K_{7.5}H_{0.5}MnV_{13.5}O_{39} \cdot 16\,H_2O$. Diese Verbindungen entstehen bei der Reduktion der entsprechenden 13-Vanado(V)-manganate(IV), s. oben. Optische und ESR-Untersuchungen zeigen, daß sie kein Mn^{III} enthalten. Ihnen wird daher in Analogie zu den blauen Heteropolyverbindungen von Mo und W die Konstitution $[Mn^{IV}V^{IV}V^{V}_{12}O_{38}]^{8-}$ zugeschrieben. In H_2O lösen sie sich mit gelbgrüner Farbe. Im pH-Bereich von 5.0 bis 5.5 sind die Lösungen stabil. Die glänzend gelbgrünen bis olivgrünen Verbindungen erhält man, je nachdem ob man $K_7MnV_{13}O_{38} \cdot 18H_2O$ mit $K_4[Fe(CN)_6]$ oder mit $VOSO_4$ reduziert. Die Pulverdiagramme beider Verbindungen sowie der Ausgangsverbindung sind gleich. Auch das Spektrum beider Verbindungen ist im Bereich von 500 bis 1200 nm gleich; es zeigt ein Maximum bei 685 ± 5 nm und eine Schulter bei etwa 1000 nm. Das gleiche gilt für die Elektronenspinresonanz, wo ein breites Signal mit g = 1.98 auftritt. Die gefrorenen Lösungen zeigen bei 77 K eine Hyperfeinstruktur. Beide Verbindungen sind bei Raumtemperatur in essigsaurer CH_3COOK-Lösung fast unlöslich. Beim Erwärmen entsteht eine rote Lösung, aus der sich beim Einengen neben anderen Verbindungen (wahrscheinlich $K_2Mn_2V_{10}O_{28} \cdot 12H_2O$ und $K_4MnV_{10}O_{28} \cdot 10H_2O$) auch wieder $K_7MnV_{13}O_{38} \cdot 18H_2O$ abscheidet [1, 3].

$\mathbf{(NH_4)_{7.5}H_{0.5}MnV_{13}O_{38} \cdot 7H_2O}$ entsteht in reiner Form als dunkles, braungrünes Pulver durch Reduktion von $(NH_4)_7MnV_{13}O_{38} \cdot 18H_2O$ mit $VOSO_4$ (s. S. 166) [1].

Literatur:

[1] C. M. Flynn, M. T. Pope (J. Am. Chem. Soc. **92** [1970] 85/90). — [2] C. M. Flynn, M. T. Pope (Inorg. Chem. **9** [1970] 2009/14). — [3] G. B. Kauffman, R. Fuller, J. Felser, C. M. Flynn, M. T. Pope, L. C. W. Baker (Inorg. Syn. **15** [1974] 103/10).

2.11.10.1.7 Verbindungen mit Mn^V und V^V

Compounds with Mn^V and V^V

Mischkristallsysteme $\mathbf{Ba_3(MnO_4)_2\text{-}Ba_3(VO_4)_2}$ und $\mathbf{Ba_5(MnO_4)_3OH\text{-}Ba_5(VO_4)_3OH}$. $Ba_3(MnO_4)_2$ und $Ba_3(VO_4)_2$ bilden eine lückenlose Mischkristallreihe. Die Gitterkonstante a der hexagonalen Kristalle weicht zu niedrigeren Werten von der Vegardschen Regel ab, während sie von c erfüllt wird, s. „Mangan" C2, Fig. 56, S. 259. Das Reflexionsmaximum ist gegenüber dem linearen Verlauf zu kleineren Werten verschoben und liegt bei äquimolarer Zusammensetzung bei 510 nm.

Systems of Solid Solutions

Die im Apatit-Typ kristallisierenden Verbindungen $Ba_5(MnO_4)_3OH$ (s. „Mangan" C2, S. 260) und $Ba_5(VO_4)_3OH$ bilden ebenfalls eine vollständige Mischkristallreihe. Das Reflexionsmaximum weicht vom linearen Verlauf zu höheren Werten ab und liegt bei 50 Mol-% bei etwa 508 nm, W. Klemm, J. Krause (Forschungsber. Wirtsch. Verkehrsministeriums Nordrhein-Westfalen Nr. 160 [1955] 1/38, 7/8, 10, 13/4); s. auch R. Scholder, W. Klemm (Angew. Chem. **66** [1954] 461/74, 469) und „Vanadium" B2, S. 526.

2.11.10.2 Verbindungen des Mangans mit Sauerstoff und Niob

Compounds of Manganese with Oxygen and Niobium

2.11.10.2.1 $MnNb_2O_{3.67}$

Die Verbindung entsteht durch Sintern von Preßkörpern aus MnO, NbO und NbO_2 im evakuierten Quarzrohr bei 1000 bis 1400°C innerhalb 15 bis 24 h. Die Kristallstruktur ist rhombisch mit den Gitterkonstanten (nach Pulverdiagrammen): a = 5.254, b = 7.628, c = 3.035 Å, F. Abbattista, P. Rolando (Ann. Chim. [Rome] **61** [1971] 196/205, 201/2).

2.11.10.2.2 $Mn_3Nb_{10}O_{28}$

Wird eine 0.05 molare Mn^{II}-Salzlösung mit $KNbO_3$-Lösung gefällt, so beginnt die Fällung bei pH = 5.6 und ist bei pH = 6.8 vollständig (Leitfähigkeitsminimum). Der Niederschlag hat ein Mn : Nb-Verhältnis von 0.25 : 1 und liegt damit nahe bei der oben angegebenen Zusammensetzung mit 0.3 : 1. Bei weiterem Zusatz an $KNbO_3$ löst sich der Niederschlag ab pH = 7.5 wieder auf und ist bei pH = 9.7 vollständig aufgelöst [1]. Wird der Niederschlag in Borsäure geschmolzen, so entsteht $Mn_3Nb_{10}O_{28}$ in Form eines schmutziggelben kristallinen Pulvers. Pyknometrische Dichte bei 14 bis 18°C: 4.97g/cm³. Die Verbindung ist in kalten und heißen verdünnten Säuren unlöslich, wird von HF-enthaltender verdünnter Schwefelsäure auf dem Wasserbad nur unvollständig zersetzt, jedoch vollständig von heißer konzentrierter Schwefelsäure. Sie wird von $KHSO_4$-Schmelze kaum angegriffen [2].

Literatur:

[1] A. V. Lapitskii, V. I. Bezrukov, L. G. Vlasov (Izv. Vysshikh Uchebn. Zavedenii Khim. i Khim. Tekhnol. **7** [1964] 175/9; C. A. **61** [1964] 9151). — [2] A. Larsson (Z. Anorg. Allgem. Chem. **12** [1896] 188/207, 194/5, 201/2).

MnNb$_2$O$_6$ Preparation

2.11.10.2.3 MnNb$_2$O$_6$

Darstellung. Als Ausgangsmaterial dient in den meisten Fällen Nb_2O_5, das mit Mn (6 h bei 1200°C) [1], MnO [2] oder $MnCO_3$ [3, 4] in Luft oder Sauerstoffatmosphäre mehrere Stunden auf 1250 bis 1460°C erhitzt wird. Es ist zweckmäßig, die feinvermahlenen und verpreßten Ausgangssubstanzen kurz vorzutempern (z. B. 2 h bei 1320°C), erneut unter Aceton zu vermahlen, zu pressen und dann bei höherer Temperatur länger zu tempern (z. B. 24 h bei 1350°C) [5]. Statt durch Feststoffreaktion entsteht $MnNb_2O_6$ auch über die Schmelze und kann daraus in Form von Einkristallen gezogen werden [4]. Nb_2O_5 setzt sich mit Mn_2O_3 in einer KCl-Schmelze bei 800 bis 1000°C zu $MnNb_2O_6$ um [6]. Es entsteht auch aus Nb_2O_5 und MnO oder Mn_2O_3 (in stöchiometrischer Menge oder im Überschuß) mittels Transportreaktion in geschlossenen, mit Cl_2 oder HCl gefüllten Quarzröhren im Temperaturgefälle 1010 → 970°C. Dies Verfahren ist zur Züchtung größerer Einkristalle geeignet [7, 8]. — Bei der Reaktion von Nb_2O_5 mit einer MnF_2-Schmelze entstehen große, gut ausgebildete Kristalle [9], während sich aus $KNbO_3$ und $MnCl_2$ (oder $MnSO_4$) in einer KCl-Schmelze von 1000°C nur sehr kleine Kristalle bilden [10, 11].

Aus wäßriger $NaNbO_3$-Lösung läßt sich $MnNb_2O_6$ mit einer $MnCl_2$-Lösung ausfällen. Der frische Niederschlag enthält eine nicht näher bestimmte Menge H_2O [12, 13]. Unter Hydrothermalbedingungen entsteht aus Nb_2O_5 und einem löslichen Mangan(II)-Salz $MnNb_2O_6$ in Form von bis zu 3 mm langen Kristallen [14].

Structure

Kristallographische Eigenschaften. Die in Form von Plättchen [7] oder Prismen [7, 9] anfallenden Kristalle sind parallel (100) spaltbar [15]. Sie kristallisieren im rhombischen Columbit-Typ ((Fe,Mn)(Nb,Ta)$_2$O$_6$) [1]. Die in der neueren Literatur gebräuchliche Achsenwahl, die mit der in den Strukturberichten [16] und der Strukturdiskussion von Laves u. a. [17] übereinstimmt, wird auch im folgenden beibehalten. Die zuerst von Brandt [1] bestimmten Gitterkonstanten a = 14.42, b = 5.776, c = 5.091 Å (nach [18]) werden später wiederholt bestätigt, z. B. a = 14.41 ± 0.02, b = 5.752 ± 0.002, c = 5.075 ± 0.002 Å [14], a = 14.4204, b = 5.7566, c = 5.0784 Å [11]; Z = 4 [19]. Die von Schröcke [6] gefundene Verdoppelung der c-Achse (10.172 Å) kann später nicht bestätigt werden [11, 14, 20]. Raumgruppe Pbcn (Nr. 60) [16].

Die Verfeinerung der Struktur auf Grund von Neutronenbeugungsdaten bei Raumtemperatur ergibt folgende Atomlagen:

Atom	Punktlage	x	y	z
Mn	4c	0	0.1903	0.25
Nb	8d	0.1602	0.3158	0.7480
O(1)	8d	0.0975	0.3975	0.4241
O(2)	8d	0.0875	0.1229	0.8916
O(3)	8d	0.2464	0.1203	0.5973

Der R-Faktor beträgt 3.8%. Damit wird die Struktur vom Columbit-Typ für $MnNb_2O_6$ bestätigt, bei der in der hexagonal dichtesten Sauerstoffpackung die Metallatome die Hälfte der Oktaederlücken in der Weise besetzen, daß Zickzack-Ketten entstehen, die sich in der b-c-Ebene entlang der c-Richtung erstrecken [21, 22]. Nähere Einzelheiten des Strukturtyps s. bei [17, 19]. Bei allen bisher erhaltenen Präparaten sind die Metallatome streng geordnet [14, 23]. Eine statistische Verteilung tritt möglicherweise kurz vor dem Schmelzpunkt auf [7], wurde bisher aber nicht beobachtet [14].

Physical Properties

Mechanische und thermische Eigenschaften. Neuere pyknometrische Bestimmungen der Dichte ergeben die Werte 5.08 [6], 5.2 [4] und 5.26 g/cm³ [2]. Die Röntgendichte auf Grund der Gitterkonstanten von Brandt [1] beträgt 5.27 [18]; Moreau, Tramasure [14] erhalten 5.316 g/cm³. Die älteren pyknometrischen Werte (4.94 [9], 4.95 [5]) sind vermutlich zu niedrig.

Der Schmelzpunkt wird zu 1540°C bestimmt [4].

Magnetische und elektrische Eigenschaften. $MnNb_2O_6$ ist bei Raumtemperatur paramagnetisch. Auf Grund von magnetoelektrischen Messungen an Einkristallen ist es unterhalb T_N = 4.40 ± 0.05 K antiferromagnetisch. Aus Suszeptibilitätsmessungen ergibt sich T_N = 4.30 ± 0.05 K [15], s. auch [21].

Neutronenbeugungsaufnahmen bei 2 K ergeben eine magnetische Elementarzelle von gleicher Größe wie die chemische; magnetische Raumgruppe Pb'cn [15, 21, 22] (abweichend davon wird auch die monokline Raumgruppe P2'/c diskutiert [15]). Magnetoelektrische Messungen [15] und Neutronenbeugung [22] ergeben übereinstimmend, daß die Momente der Mn-Ionen gemäß der G_x-Anordnung (s. dazu [24]) parallel zur kristallographischen a-Achse mit alternierender Orientierung gerichtet sind, s. **Fig. 102** [22], vgl. dazu neuere Untersuchungen an $Mn(Nb_{0.5}Ta_{0.5})_2O_6$ [28]. Die antiferromagnetische Kopplung der Momente der mit 1 und 2 bzw. mit 3 und 4 bezeichneten Mn-Ionen ist für die Erhaltung der chemischen Elementarzelle verantwortlich [22].

Fig. 102

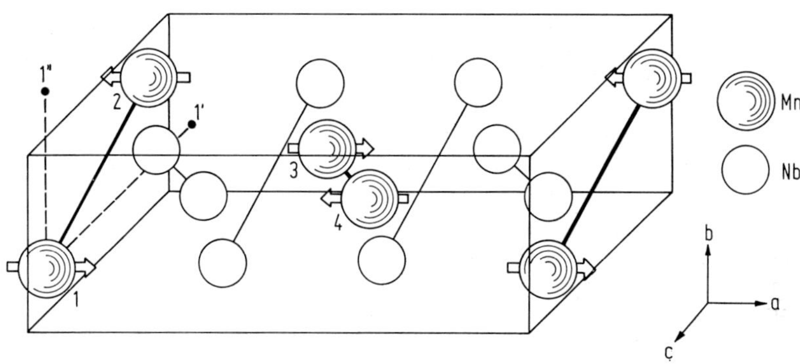

Magnetische Struktur von antiferromagnetischem $MnNb_2O_6$.

Die magnetische Suszeptibilität in Richtung der drei kristallographischen Achsen nimmt zwischen 1.4 und 300 K den in **Fig. 103** wiedergegebenen Verlauf. Der starke Abfall von χ_a bei tiefen Temperaturen ist eine Folge der antiferromagnetischen Anordnung der Momente parallel zur a-Achse. Die Werte in Richtung der b- und der c-Achse sind praktisch gleich. Oberhalb 50 K kann der Mittelwert

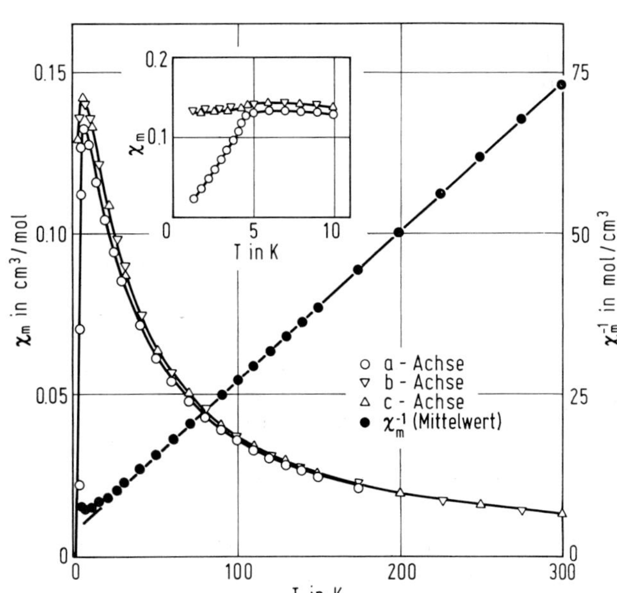

Fig. 103

Temperaturabhängigkeit der molaren magnetischen Suszeptibilität χ_m von $MnNb_2O_6$ in den drei kristallographischen Richtungen und des reziproken Mittelwerts.

χ_m angenähert durch das Curie-Weiss-Gesetz mit $\Theta_p = -18 \pm 2$ K wiedergegeben werden [15]. Bei Preßkörpern wird zwischen 90 und 298 K die Curie-Konstante C = 4.38 K · cm³ · mol⁻¹ und $\Theta_p = -8$ K erhalten; bei 298 K ist $\chi_m = 14.350 \times 10^{-3}$ cm³/mol [2].

An Einkristallen werden bei Raumtemperatur und niedrigen Frequenzen in den drei kristallographischen Richtungen folgende Dielektrizitätskonstanten gemessen: $\varepsilon_a = 17.4 \pm 2$, $\varepsilon_b = 16.1 \pm 0.5$, $\varepsilon_c = 30.7 \pm 1.0$. Somit ist der Kristall am stärksten in Richtung der Nb_2O_6-Ketten polarisierbar [25]. Bei Preßkörpern ist $\varepsilon = 38$ [5]. — Bei Einkristallen ist der Verlustfaktor in allen Richtungen $\tan \delta < 0.001$ [25], bei Preßkörpern wird $\tan \delta = 0.02$ gefunden [5].

Der spezifische elektrische Widerstand ρ von Sinterkörpern fällt von 1.4×10^9 bei 20°C auf etwa 800 Ω · cm bei 650°C [26]. Die Temperaturabhängigkeit der elektrischen Leitfähigkeit läßt sich durch $\varkappa = \varkappa_0 \exp(-E/2\,kT)$ mit E = 1.08 eV wiedergeben [27].

Optische Eigenschaften. Aus der Schmelze gezogene Kristalle sind rosa [9] bis tiefrot gefärbt [4]; auch aus Lösungen gefällte Niederschläge sind leicht rosa [12]. Dagegen sind die durch Sintern der Oxide oder in Schmelzlösung erhaltene Präparate braun bis sandfarben [2, 5, 10].

Das IR-Absorptionsspektrum zeigt zwischen 50 und 900 cm⁻¹ zahlreiche Banden, deren stärkste bei etwa 320, 400 und 600 cm⁻¹ liegen. Aus der Intensitätsänderung bei Substitution eines Teils des Nb durch Sb geht hervor, daß die Banden im Bereich von 600 bis 750 cm⁻¹ den Schwingungen der Nb_2O_6-Zickzack-Ketten zuzuordnen sind [23].

Der Brechungsindex der tiefroten Einkristalle beträgt 2.4 [4].

$MnNb_2O_6$ Chemical Reactions

Chemisches Verhalten. $MnNb_2O_6$ wird selbst bei 1100 bis 1200°C von H_2 oder CO nicht reduziert [20]. Gefällte Präparate lösen sich schon in der Kälte leicht in 10- bis 30%igem H_2O_2 [12]. Gesinterte Präparate lassen sich durch $(NH_4)_2SO_4$-haltige konzentrierte Schwefelsäure [2] oder durch wasserfreie KF-Schmelze sowie durch KOH- oder K_2CO_3-Na_2CO_3-Schmelze zersetzen [7]. $MnNb_2O_6$ bildet mit $MnTa_2O_6$ oberhalb 900°C eine lückenlose Mischkristallreihe [11, 14], mit $YTiNbO_6$ oberhalb 1100°C und mit $FeNb_2O_6$ bereits bei 400°C [11], s. auch [14]; ebenso ist es mit $FeWO_4$ unbeschränkt mischbar [6]. Dagegen sind die Mischkristallreihen mit $FeNbO_4$ und $YTiTaO_6$ von einer Mischungslücke unterbrochen [11]. Mischkristalle werden auch mit $MnSb_2O_6$ (s. S. 135) gebildet [23]. Über die Mischkristalle mit $BaTiO_3$ s. S. 176.

Literatur:

[1] K. Brandt (Arkiv Kemi Mineral. Geol. A **17** Nr. 15 [1943/44] 1/8). — [2] G. V. Bazuev, E. I. Krylov (Izv. Akad. Nauk SSSR Neorgan. Materialy **4** [1968] 1817/8; Inorg. Materials [USSR] **4** [1968] 1587/8). — [3] E. V. Sinyakov, E. V. Stafiichuk (Fiz. Tverd. Tela **2** [1960] 73/9; Soviet Phys.-Solid State **2** [1960] 66/71). — [4] A. A. Ballman (J. Am. Ceram. Soc. **48** [1965] 112/3). — [5] R. V. Coates, H. F. Kay (Phil. Mag. [8] **3** [1958] 1449/59, 1452).

[6] H. Schröcke (Beitr. Mineral. Petrog. **8** [1961/62] 92/110, 93, 95, 101). — [7] F. Emmenegger, A. Petermann (J. Cryst. Growth **2** [1968] 33/9). — [8] F. Emmenegger (J. Cryst. Growth **3/4** [1968] 135/40). — [9] A. Joly (Compt. Rend. **81** [1875] 267/9). — [10] H. Schröcke (Beitr. Mineral. Petrog. **7** [1959/60] 166/206, 180).

[11] H. Schröcke (Neues Jahrb. Mineral. Abhandl. **106** [1966/67] 1/54, 15, 27, 32, 39). — [12] P. Süe (Ann. Chim. [Paris] [11] **7** [1937] 493/592, 556). — [13] P. Süe (Compt. Rend. **202** [1936] 486/8). — [14] J. Moreau, G. Tramasure (Ann. Soc. Geol. Belg. Bull. **88** [1965] B 301/B 390, B 373, B 379). — [15] L. M. Holmes, A. A. Ballman, R. R. Hecker (Solid State Commun. **11** [1972] 409/13).

[16] C. Hermann, O. Lohrmann (Strukturbericht, Bd. 2, 1928/32 [1937], S. 337/8). — [17] F. Laves, G. Bayer, A. Panagos (Schweiz. Mineral. Petrog. Mitt. **43** [1963] 217/34, 219). — [18] J. M. Bijvoet (Structure Reports, Bd. 9, 1942/44, S. 179). — [19] J. H. Sturdivant (Z. Krist. **75** [1930] 88/108). — [20] F. Abbattista, P. Rolando (Ann. Chim. [Rome] **61** [1971] 196/205, 199).

[21] H. Weitzel (Z. Anorg. Allgem. Chem. **380** [1971] 119/27, 124). — [22] H. Weitzel, S. Klein (Solid State Commun. **12** [1973] 113/6). — [23] C. Rocchiccioli-Deltcheff, T. Dupuis, C. Wadier (Compt. Rend. B **273** [1971] 1020/3). — [24] E. O. Wollan, W. C. Koehler (Phys. Rev. [2] **100** [1955] 545/63, 560). — [25] F. P. Emmenegger, H. Roetschi (J. Phys. Chem. Solids **32** [1971] 787/90).

[26] G. V. Bazuev, E. I. Krylov (Izv. Akad. Nauk SSSR Neorgan. Materialy **5** [1969] 972/4, **7** [1971] 1209/12; Inorg. Materials [USSR] **5** [1969] 827/9, **7** [1971] 1072/4). — [27] E. A. Stafiichuk, E. V. Sinyakov (Izv. Akad. Nauk SSSR Ser. Fiz. **24** [1960] 1380/3; Bull. Acad. Sci. USSR Phys. Ser. **24** [1960] 1376/9). — [28] S. Klein, H. Weitzel (Acta Cryst., im Druck).

2.11.10.2.4 $Mn_7Nb_{12}O_{37} \cdot n\,H_2O$

$Mn_7Nb_{12}O_{37} \cdot n\,H_2O$

Die Verbindung entsteht, wenn in eine Lösung von $Na_{14}Nb_{12}O_{37} \cdot n\,H_2O$ (s. „Niob" B 4, S. 124) oder von $NaNbO_3$ und NaOH im Molverhältnis 12 : 2 eine entsprechende Menge von $MnCl_2$-Lösung in einem Guß hinzugefügt wird. Bei langsamer Fällung besteht der Niederschlag aus $MnNb_2O_6$ und Hydroxiden des Mangans. Der flockige, anfangs weiße Niederschlag ist nach dem Waschen und Trocknen leicht rosa gefärbt. Er löst sich exotherm in 10- bis 30%igem H_2O_2, P. Süe (Ann. Chim. [Paris] [11] **7** [1937] 493/592, 563/4; Compt. Rend. **202** [1936] 486/8).

2.11.10.2.5 $Mn_4Nb_2O_9$

$Mn_4Nb_2O_9$

Preparation and Structure

Bei der Darstellung werden MnO und Nb_2O_5 in stöchiometrischem Verhältnis in H_2- oder Ar-Atmosphäre 10 bis 16 h auf 1250°C erhitzt, anschließend gemahlen und nochmals getempert [1, 2].

$Mn_4Nb_2O_9$ kristallisiert trigonal mit den Gitterkonstanten a = 5.335, c = 14.320 Å; Z = 2; Raumgruppe P$\bar{3}$c1 (Nr. 165) [1, 3]. Diese Angaben werden von [2, 4] bestätigt. Auf Grund von Röntgen- und Neutronenbeugungsuntersuchungen besetzen die Atome bei 298 K folgende Lagen [1, 3]:

Atom	Punktlage	x	y	z
Mn(1)	4d	$^1/_3$	$^2/_3$	0.0181
Mn(2)	4d	$^1/_3$	$^2/_3$	0.297
Nb	4c	0	0	0.3575
O(1)	6f	0.300	0	$^1/_4$
O(2)	12g	0.334	0.295	0.0884

Der R-Faktor ergibt sich zu etwa 7%. In der Struktur sind die Mn-Atome oktaedrisch von Sauerstoff umgeben, wobei die Mn(1)-O-Abstände nur geringfügig vom üblichen Mn-O-Abstand von 2.23 Å abweichen, während die Mn(2)-O-Abstände stärker abweichen; der Abstand Mn(2)-O(1) ist mit 1.99 Å anomal kurz. Je zwei MnO_6-Oktaeder sind untereinander über eine gemeinsame Fläche verbunden. Die verzerrt oktaedrisch von O umgebenen Nb-Atome sind infolge der gegenseitigen Abstoßung aus der Mitte der Oktaeder verschoben; Abstände Nb-O(1) = 2.22, Nb-O(2) = 1.85 Å. Je zwei benachbarte NbO_6-Oktaeder sind ebenfalls über eine gemeinsame Fläche verknüpft. Weitere Abstände und Winkel s. Original [1] und [4]. Insgesamt besteht die Struktur aus Sauerstoffschichten parallel (001), durch die in Richtung der c-Achse Oktaederketten verlaufen, die zu $^2/_3$ mit Mn bzw. Nb besetzt sind [1, 3], s. **Fig. 104**, S. 172 [5]. (Die Elementarzelle ist in der Figur wie bei Osmond [4] um $^1/_4$ in Richtung der c-Achse gegenüber den Parametern von Bertaut u. a. [1, 3] verschoben.) Über die Beziehung dieser Struktur zum Korund-Typ (α-Al_2O_3) s. [1, 4].

Röntgendichte 5.19 g/cm³ [1, 3].

Magnetic Properties

$Mn_4Nb_2O_9$ ist bei Raumtemperatur paramagnetisch und wird, wie sich aus dem Verlauf der Suszeptibilität ergibt, bei T_N = 125 K antiferromagnetisch [1, 6]. Magnetoelektrische Messungen ergeben T_N = 110 ± 1 K [2]. Auf Grund von Neutronenbeugungsuntersuchungen bei 77 und 4 K hat die magnetische Zelle dieselben Abmessungen wie die chemische (Raumgruppe P$\bar{3}$'c'1). Im antiferromagnetischen Zustand sind die Momente der Mn-Ionen der beiden Ketten entlang $^1/_3$, $^2/_3$, z und $^2/_3$, $^1/_3$, z parallel zur c-Richtung angeordnet; die Anordnung der Ketten untereinander ist jedoch antiparallel, s. Fig. 104, S. 172. Die Wechselwirkungen innerhalb der Ketten und zwischen ihnen sind negativ [1, 3] in Übereinstimmung mit der Theorie [7]. Zur Untersuchung der Wechselwirkungen im Zusammenhang mit Orbital-Überlappungen s. Osmond [4]. — Die Isothermen der Magnetisierung bis 20 kOe sind selbst bei tiefen Temperaturen linear [1, 6]. — Aus Pulverdaten wird für den Einkristall eine axiale magnetoelektrische Suszeptibilität a_{33} von maximal 1.7×10^{-6} cm³/g bei 89 K berechnet. a_{33} geht bei $T \rightarrow 0$ ebenfalls gegen Null [2]. — Oberhalb T_N läßt sich die Suszeptibilität χ durch das Curie-Weiss-Gesetz wiedergeben mit $\Theta_p = -250$ K, C = 17.24 K · cm³ · mol⁻¹. Bis etwa 425 K ist χ unabhängig von der Magnetfeldstärke (gemessen bis 20 kOe) [1, 6].

Fig. 104

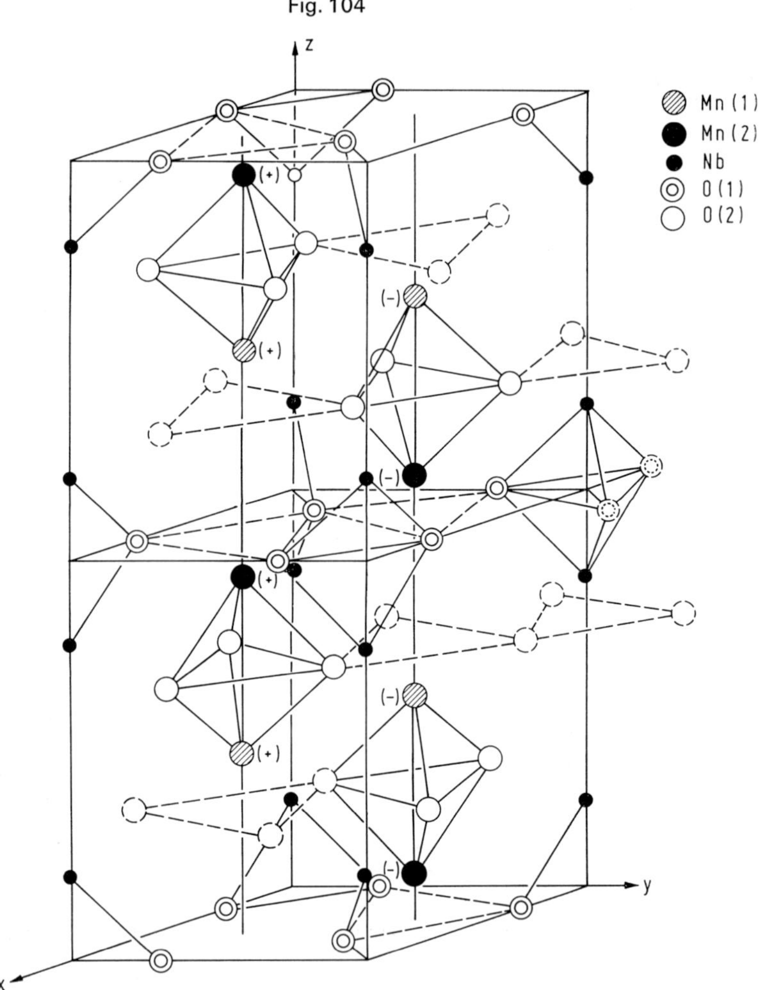

Kristallographische und magnetische Struktur von $Mn_4Nb_2O_9$ (unterbrochen gezeichnete Atome liegen außerhalb der Elementarzelle).

Literatur:

[1] E. F. Bertaut, L. Corliss, F. Forrat, R. Aléonard, R. Pauthenet (Phys. Chem. Solids **21** [1961] 234/51). — [2] E. Fischer, G. Gorodetsky, R. M. Hornreich (Solid State Commun. **10** [1972] 1127/32). — [3] F. Bertaut, L. Corliss, F. Forrat (Compt. Rend. **251** [1960] 1733/5). — [4] W. P. Osmond (Proc. Phys. Soc. [London] **83** [1964] 85/92). — [5] M. M. Schieber (Experimental Magnetochemistry, Nonmetallic Magnetic Materials, North Holland Publishing Co., Amsterdam 1967, S. 274).

[6] R. Aléonard, R. Pauthenet (Compt. Rend. **251** [1960] 1730/2). — [7] J. B. Goodenough (Phys. Rev. [2] **117** [1960] 1442/51).

2.11.10.2.6 $MnNbO_4$ (?)

Die Bildung aus Mn_2O_3 und Nb_2O_5 in einer NaCl-Schmelze bei 900°C nach [1] kann nicht bestätigt werden. Statt $MnNbO_4$ entsteht $MnNb_2O_6$ [2, 3]. Auch mittels Feststoffreaktion bei 750 bis 1150°C [3] oder Transportreaktion in Chloratmosphäre gelingt die Darstellung nicht [4]. Im

Gegensatz dazu wird eine Synthese aus γ-Mn_2O_3 und Nb_2O_5 im Vakuum bei 1200°C innerhalb 40 h angegeben. Die dunkel rauchfarbige Verbindung soll Rutil-Struktur (TiO_2) mit statistischer Verteilung von Mn und Nb auf den Ti-Plätzen besitzen [5], während von Schröcke [1] der Wolframit-Typ ($FeWO_4$) erwartet wurde. — Pyknometrische Dichte bei 20°C 5.02 g/cm³. Molare Suszeptibilität bei 295 K : χ_m = 8050 × 10^{-6} cm³/mol. Zwischen 78 und 295 K folgt χ_m dem Curie-Weiss-Gesetz mit Θ_p = − 60 K und C = 2.85 K · cm³ · mol⁻¹; das hieraus abgeleitete effektive magnetische Moment von 4.78 μ_B weist auf das Vorliegen von Mn^{3+}-Ionen (theoretischer Wert 4.90 μ_B) [5].

Literatur:

[1] H. Schröcke (Beitr. Mineral. Petrog. **7** [1959/60] 166/206, 181). — [2] H. Schröcke (Beitr. Mineral. Petrog. **8** [1961/62] 92/110, 96, 109). — [3] C. Keller (Z. Anorg. Allgem. Chem. **318** [1962] 89/106, 97/100). — [4] F. Emmenegger, A. Petermann (J. Cryst. Growth **2** [1968] 33/9, 36). — [5] V. N. Sanatina, V. N. Strekalovskii, E. I. Krylov (Zh. Neorgan. Khim. **10** [1965] 2384/6; Russ. J. Inorg. Chem. **10** [1965] 1296/7).

2.11.10.2.7 $MnNb_{12}O_{38}^{12-}$

Das Heteropolyanion bildet sich in Lösung aus Hexaniobat $M_7HNb_6O_{19}$ (M = Na, K) und einem löslichen Mn^{II}-Salz in Gegenwart eines Oxidationsmittels (z. B. H_2O_2 oder $K_2S_2O_8$). Die Lösungen sind orangerot gefärbt [1, 2, 3]. Zur Struktur im festen Zustand s. bei $Na_{12}MnNb_{12}O_{38}\cdot nH_2O$, S. 174. Auf chemischem Wege läßt sich die Oxidationsstufe des zentralen Mn-Ions nicht bestimmen, da das Heteropolyanion gegen Reduktionsmittel extrem stabil ist [2]. Messungen der magnetischen Suszeptibilität an $K_{10}H_2MnNb_{12}O_{38}\cdot 21\,H_2O$ ergeben jedoch bei 77 und 300 K ein effektives magnetisches Moment von 3.87 bzw. 3.86 μ_B in Übereinstimmung mit dem theoretisch erwarteten Wert für Mn^{IV} [3]. Elektronenspinresonanz-Untersuchungen an gefrorenen Lösungen des K-Salzes zeigen ein breites asymmetrisches Signal mit g = 3.8 [2, 3]. Die Lösungen gehorchen in einem weiten Konzentrationsbereich dem Lambert-Beer-Gesetz [3]. — Das Absorptionsspektrum zeigt bei pH = 7 eine Schulter bei 20800 cm⁻¹ ($\varepsilon \approx 390$) [2, 3], die jedoch von Flynn, Stucky [1] nicht beobachtet wird. Ein Absorptionsmaximum tritt bei 22000 cm⁻¹ ($\varepsilon \approx 400$) [2, 3] bzw. 22100 cm⁻¹ (lg ε = 2.61) auf [1]. Durch charge-transfer-Absorption ist das breite Maximum bei 33300 cm⁻¹ ($\varepsilon \approx 12600$) [3] oder 34100 cm⁻¹ (lg ε = 4.20) [1] bedingt, ferner eine Schulter bei 42000 cm⁻¹ (ε = 27000) [3]. Im diffusen Reflexionsspektrum des K-Salzes ist ein schwaches Maximum um 15000 cm⁻¹ zu erkennen [3]. Das Spektrum ähnelt im sichtbaren Bereich dem von $MnMo_9O_{32}^{6-}$ (s. S. 210) [2,3].

In Lösung ist das Heteropolyanion zwischen pH = 6.5 und 11 stabil [2, 3], s. auch [1]. Durch Säuren, die nicht Komplexe bilden, werden gelatinöse Niederschläge ausgefällt. Von starken Säuren wird es in Gegenwart von Reduktionsmitteln unter Bildung von Niob(V)-oxidhydrat zersetzt. Im Gegensatz zu den Angaben von Dale, Pope [2], wonach das Ion gegen Reduktionsmittel äußerst beständig ist (s. oben), wird es von Sn^{II}-Verbindungen, SO_3^{2-}, NH_2OH oder überschüssigem H_2O_2 zersetzt. Beim Erhitzen der Lösungen tritt ebenfalls Zersetzung unter Abscheidung eines braunen Niederschlags ein [1].

Literatur:

[1] C. M. Flynn, G. D. Stucky (Inorg. Chem. **8** [1969] 332/4). — [2] B. W. Dale, M. T. Pope (Chem. Commun. **1967** 792). — [3] B. W. Dale, J. M. Buckley, M. T. Pope (J. Chem. Soc. A **1969** 301/4).

2.11.10.2.8 Verbindungen des Mn mit O, Nb und weiteren Metallen

Compounds of Mn with O, Nb, and Other Metals

Allgemeine Literatur:

F. S. Galasso, Structure, Properties, and Preparation of Perovskite-Type Compounds, Pergamon Press, Oxford 1969.

$Li_2Mn_{0.5}Nb_{0.5}O_x$ (mit x = 2.75 bis 3.0)

Zur Darstellung werden Li_2O, MnO und Nb_2O_5 in Ar erhitzt. Der schwankende Sauerstoffgehalt rührt daher, daß das Mangan auch in höheren Oxidationsstufen als 2 vorliegen kann. Die Verbindung ist kubisch mit a = 4.211 Å; sie ist ein Halbleiter vom p-Typ mit einem spezifischen elektrischen Widerstand > 7×10⁸ Ω · cm; Dielektrizitätskonstante 16.5, L. H. Brixner (J. Inorg. Nucl. Chem. **16** [1960/61] 162/3).

Heteropoly-12-niobomanganates(IV)

Heteropoly-12-niobomanganate(IV)

$Na_{12}MnNb_{12}O_{38} \cdot nH_2O$ (n = 9, 44, 48 bis 50). Bei der Darstellung wird eine Lösung von $Mn(CH_3COO)_2$ (5 mmol), Dinatrium-äthylendiamintetraacetat (5 mmol) und NaOH (10 mmol) in eine kochende Lösung von $Na_7HNb_6O_{19} \cdot 15H_2O$ gegossen. Die kochende Lösung wird so lange portionsweise mit 3%igem H_2O_2 versetzt, bis keine Vertiefung der orangeroten Farbe mehr stattfindet. Der beim Abkühlen auf 0°C ausfallende Niederschlag wird aus verdünnter CH_3COONa-Lösung umkristallisiert; Ausbeute bis zu 60%. Bei den orangefarbenen, säulenförmigen Kristallen, die leicht an der Luft verwittern, ist n = 48 H_2O. Sie sind nur über $Na_2SO_4 \cdot 10\,H_2O$ bei 0 bis 5°C stabil. Die röntgenographische Untersuchung unter wäßrigem Äthanol (Volumenverhältnis Äthanol : H_2O = 1:3) ergibt n = 50 H_2O. Bei schneller Umkristallisation aus CH_3COONa-Lösung entstehen Plättchen mit 44 mol H_2O. Über $CaCl_2$ stellt sich nach 3 bis 4 Monaten der konstante Wert von n = 9 H_2O ein [1]. — Das Natriumsalz läßt sich auch aus einer verdünnten Lösung des Kaliumsalzes (s. S. 175) mit $NaNO_3$-Lösung in Form von Nadeln ausfällen [2].

Röntgenaufnahmen der monoklinen, senkrecht zur Längsachse (= b) leicht spaltbaren, säulenförmigen Kristalle ergeben unter Wasser-Äthanol-Mischung bei 25°C die Gitterkonstanten a = 24.18 ± 0.03, b = 12.69 ± 0.02, c = 14.14 ± 0.02 Å, β = 92.1° ± 0.2°; Z = 2; Raumgruppe $P2_1/n$ (Alternativaufstellung von $P2_1/c$, Nr. 14). Die Mn-Atome befinden sich in 0,0,0 und 1/2, 1/2, 1/2, alle anderen in allgemeiner Punktlage.

Structure of $MnNb_{12}O_{38}^{12-}$

Das Anion $MnNb_{12}O_{38}^{12-}$ besteht aus einem Mn^{IV}-Atom, das von zwei Nb_6O_{19}-Gruppen umgeben ist, s. **Fig. 105**. Sechs O-Atome bilden um Mn ein Oktaeder, das infolge der elektrostatischen Abstoßung in Richtung der Nb_6O_{19}-Gruppen etwas gestreckt ist; mittlerer Mn-O-Abstand 1.87 Å, mittlerer O-Mn-O-Winkel zu den gegenüberliegenden Gruppen 96.7°. Die Nb_6O_{19}-Gruppen sind ähnlich aufgebaut wie in der Ausgangsverbindung $Na_7HNb_6O_{19} \cdot 15\,H_2O$ [3], s. auch „Niob" B 4, S. 124. Alle Nb-Atome sind oktaedrisch von Sauerstoff umgeben. Die terminalen Nb-O-Abstände liegen zwischen 1.75 und 1.79 Å, die zu Brücken-Sauerstoffatomen zwischen 1.88 und 2.05 Å, während der Abstand zum zentralen O(3)-Atom im Mittel 2.4 Å beträgt. Das Anion hat annähernd D_{3d}-Symmetrie. Die pseudodreizählige Achse ist gegenüber der a-Achse um 19.4° ± 0.2°, gegenüber der b-Achse um 70.6° ± 0.2° und gegenüber der Normalen auf die a-b-Ebene um 1.7° ± 0.2° verkantet. Die Gruppe um Mn in 0,0,0 hat die entgegengesetzte Neigung zu der um Mn in 1/2, 1/2, 1/2. Die Anionen sind in Richtung der dreizähligen Achse etwa 14 Å lang und untereinander nicht verbunden. Drei Na-Atome sind annähernd oktaedrisch von H_2O-Molekülen umgeben (Abstand Na-O 2.3 bis 2.8 Å) und über gemeinsame Kanten oder Flächen verknüpft. Ein weiteres Na-Atom ist von 5 H_2O in Form einer verzerrten vierseitigen Pyramide umgeben, ein sechstes, entfernteres Molekül ergänzt die Koordination zu einem verzerrten Oktaeder. Außerdem ist ein Na-Atom unregelmäßig koordiniert und eines ist statistisch auf Zwischengitterplätzen in der instabilen H_2O-Matrix verteilt. Weitere Abstände und Winkel sowie Vergleiche mit den Werten bei ähnlichen Verbindungen s. Original [4].

Fig. 105

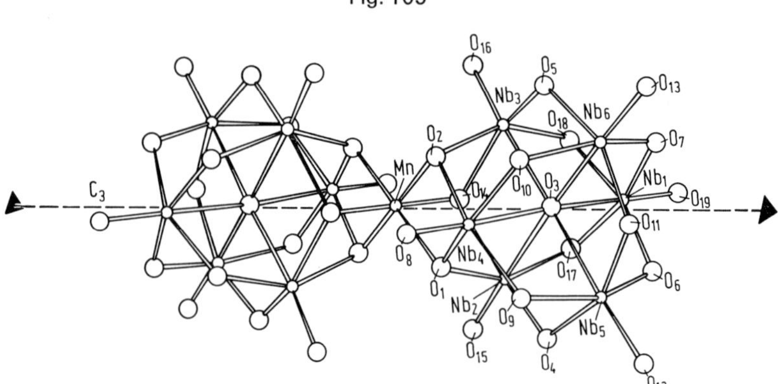

Struktur des Anions $MnNb_{12}O_{38}^{12-}$ in $Na_{12}MnNb_{12}O_{38} \cdot 50\,H_2O$ (C_3 bezeichnet die pseudodreizählige Achse).

Dichte bei 24°C, durch Flotation bestimmt 2.31 ± 0.02; die Röntgendichte ist wegen des leichten Verlustes von Kristallwasser kleiner: 2.26 g/cm³ [4]. — In polarisiertem Licht erscheinen die Kristalle leuchtend orange, wenn die a-Achse senkrecht zur Polarisationsebene liegt, dagegen gelb in den anderen beiden Hauptrichtungen [4], s. auch [1].

Heteropoly-12-niobomanganates(IV)

Die unter Normalbedingungen leicht verwitternde Verbindung gibt bis 200°C das Wasser vollständig ab und bleibt dann bis 400°C unverändert [1]. Über die Eigenschaften des Anions s. S. 173.

$Na_{12-x}Li_xMnNb_{12}O_{38} \cdot 44\,H_2O$ (mit x = 7 und 10). Beim Umkristallisieren von $Na_{12}MnNb_{12}O_{38} \cdot n\ H_2O$ (s. oben) aus CH_3COOLi enthaltenden CH_3COONa-Lösungen mit Li : Na = (6 bis 7) : 1 entstehen gedrungene, an der Luft leicht verwitternde Kristalle der Zusammensetzung $Na_5Li_7MnNb_{12}O_{38} \cdot 44\,H_2O$. Bei höheren Li-Konzentrationen bilden sich gelborange gefärbte Blättchen der Zusammensetzung $Na_2Li_{10}MnNb_{12}O_{38} \cdot 44\,H_2O$ [1]. Da sich die Kristalle leicht zersetzen, werden sie bei Röntgenuntersuchungen unter einem Äthanol-H_2O-Gemisch (1:2) bei 0 bis 4°C gehalten. Sie sind trigonal, Gitterkonstanten a = 12.03 ± 0.03, c = 44.3 ± 0.1 Å (= 3×14.76 Å); Z = 3; möglich sind die enantiomorphen Raumgruppen $P3_112$ (Nr. 151) und $P3_212$ (Nr. 153). Dichte durch Flotation bei 27°C 2.40 ± 0.02, Röntgendichte 2.41 g/cm³ [4].

Zu den Eigenschaften des Anions s. S. 173.

$K_{10}H_2MnNb_{12}O_{38} \cdot 21\,H_2O$. Zur Darstellung werden in eine 80 bis 90°C heiße Lösung von $K_7HNb_6O_{19} \cdot 13\ H_2O$ Lösungen von $MnSO_4$ und $K_2S_2O_8$ unter Rühren zugetropft. Aus der heiß filtrierten Lösung fällt die Verbindung beim Abkühlen in Form von leuchtend orangeroten, oktaedrischen Kristallen; Ausbeute etwa 7%. Sie lassen sich aus Wasser umkristallisieren. Die verdünnte wäßrige Lösung hat einen pH-Wert von 9 bis 10 [2, 5]. Über weitere Eigenschaften des Anions s. S. 173.

$K_8Na_4MnNb_{12}O_{38} \cdot 21\,H_2O$. Die Verbindung läßt sich durch Fällen einer wäßrigen Lösung von $Na_{12}MnNb_{12}O_{38} \cdot n\ H_2O$ (s. S. 174) mit CH_3COOK-Lösung oder durch Umkristallisieren aus einer CH_3COOK-CH_3COONa-Lösung darstellen. Die leuchtend orangeroten, oktaedrischen Kristalle sind meist verzwillingt; sie verwittern nicht an der Luft [1]. Das IR-Spektrum ähnelt im Bereich von 500 bis 1000 cm^{-1} dem von $Na_7HNb_6O_{19} \cdot 15\ H_2O$, s. „Niob" B 4, S. 125 [4]. — Die Verbindung ist in kaltem H_2O nur wenig löslich und kann durch Umkristallisation aus CH_3COONa-Lösung wieder in das reine Na-Salz überführt werden [1]. Zu den Eigenschaften des Anions s. S. 173.

Literatur:

[1] C. M. Flynn, G. D. Stucky (Inorg. Chem. **8** [1969] 332/4). — [2] B. W. Dale, J. M. Buckley, M. T. Pope (J. Chem. Soc. A **1969** 301/4). — [3] I. Lindqvist (Arkiv Kemi **5** [1953] 247/50; Structure Reports, Bd. 17, 1953, S. 505/6). — [4] C. M. Flynn, G. D. Stucky (Inorg. Chem. **8** [1969] 335/44). — [5] B. W. Dale, M. T. Pope (Chem. Commun. **1967** 792).

$MMn_xNb_{1-x}O_3$ (M = Ca, Sr, Ba)

Die nach der Keramiktechnik hergestellte und von 1200°C abgeschreckte Substanz $CaMn_{0.5}Nb_{0.5}O_3$ hat bei 25°C eine rhombisch verzerrte Perowskit-Struktur ($CaTiO_3$, s. „Titan" S. 427) mit einer monoklinen Subzelle von a = c = 3.885, b = 3.87 Å, β = 91.2°. Aus dem Temperaturverlauf der magnetischen Suszeptibilität zwischen 300 und 800 K ergibt sich die paramagnetische Curie-Temperatur Θ_p = 40 K [1].

Zur Darstellung von $SrMn_{0.5}Nb_{0.5}O_3$ werden entsprechende Mengen $SrCO_3$, MnO_2 und Nb_2O_5 10 bis 20 h auf 1000 bis 1200°C und weitere 2 bis 4 h auf 1400°C erhitzt [2, 3]. Die Verbindung kristallisiert im Perowskit-Typ; sie besitzt rhomboedrische Symmetrie mit a = 3.974 Å, α = 90.0° und wandelt sich bei 200°C in eine kubische Modifikation um [1]. Nach anderen Autoren ist sie bereits bei Raumtemperatur kubisch mit a = 3.975 Å [2]. — Aus der Temperaturabhängigkeit der magnetischen Suszeptibilität zwischen 300 und 800 K ergibt sich Θ_p = 90 K [1]. — Neben $SrMn_{0.5}Nb_{0.5}O_3$ läßt sich auch die Nb-reichere Phase $SrMn_{0.33}Nb_{0.67}O_3$ darstellen, die ebenfalls im Perowskit-Typ kristallisiert [4].

$BaMn_{0.5}Nb_{0.5}O_3$ wird wie die anderen Homologen aus $BaCO_3$ und den Metalloxiden dargestellt, indem die Preßlinge 12 bis 20 h bei 900 bis 1200°C vorgetempert und dann 3 h bei 1300 bis 1400°C getempert werden [3,5]. Die im Perowskit-Typ kristallisierende Verbindung ist kubisch, a = 4.083(1) [5] bzw. a = 4.090 Å [1]. Röntgendichte nach [5] 6.323 g/cm³ [4]. — Aus dem Temperaturverlauf der magnetischen Suszeptibilität folgt Θ_p = 30 K [1]. — Die Phase der Zusammensetzung $BaMn_{0.33}Nb_{0.67}O_3$ kristallisiert ebenfalls im Perowskit-Typ [4].

Literatur:

[1] E. E. Havinga (Philips Res. Rept. **21** [1966] 432/45, 436). — [2] M. F. Kupriyanov, V. S. Filip'ev (Kristallografiya **8** [1963] 356/62; Soviet Phys.-Cryst. **8** [1963] 278/83). — [3] E. G. Fesenko, V. S. Filip'ev, M. F. Kupriyanov (Izv. Akad. Nauk SSSR Ser. Fiz. **28** [1964] 669/74; Bull. Acad. Sci. USSR Phys. Ser. **28** [1964] 576/82). — [4] F. S. Galasso (Structure, Properties, and Preparation of Perovskite-Type Compounds, Pergamon Press, Oxford-London-Edinburgh-New York-Toronto-Sydney-Paris-Braunschweig 1969, S. 25, 151). — [5] V. S. Filip'ev, E. G. Fesenko (Kristallografiya **6** [1961] 770/2; Soviet Phys.-Cryst. **6** [1961] 616/8).

The MnO-Nb_2O_5-$BaTiO_3$ System

Das System MnO-Nb_2O_5-$BaTiO_3$

Zur Darstellung von Mischkristallen des Systems werden entsprechende Mengen $MnCO_3$, Nb_2O_5, $BaCO_3$ und TiO_2 bei 1340 bis 1460°C bis zu etwa 1 h getempert [1]. Die im folgenden beschriebenen Mischkristalle besitzen eine Defektstruktur, die sich vom Perowskit-Typ (wie beim reinen $BaTiO_3$, s. „Titan" S. 436) herleitet [1,2].

Bei Zusatz von 1 Mol-% $MnNb_2O_6$ wird die Curie-Temperatur, die für reines $BaTiO_3$ (s. „Titan" S. 445) T_C = 129 K beträgt, auf 93 K gesenkt [1]. Mischkristalle mit höheren $MnNb_2O_6$-Gehalten sind nicht ferroelektrisch [1, 3]. In der Mischkristallreihe (100 − x) $BaTiO_3$-x $MnNb_2O_6$ fällt der spezifische elektrische Widerstand ρ der p-leitenden Mischkristalle bei 80°C mit steigendem x von 2.1×10^{13} bei x = 0.5 auf 5.6×10^{11} Ω · cm bei x = 3 und bei 161°C entsprechend von 7.5×10^{12} auf 2.9×10^{10} Ω · cm. Die Aktivierungsenergie fällt von 2.0 auf 1.04 eV. Bei höherem x tritt im Temperaturverlauf von ρ zwischen 50 und 200°C ein Knick bei 145°C (x = 5) bzw. 140°C (x = 7) auf, woraus zwei Aktivierungsenergien E_1 = 1.04, E_2 = 0.96 eV bzw. E_1 = 1.12, E_2 = 1.04 eV folgen [3]. Zum Einfluß kleinster Mengen von $MnNb_2O_6$ auf den Temperaturkoeffizienten des elektrischen Widerstands von $BaTiO_3$ s. [5].

Mischkristalle, deren Zusammensetzung mit x(2 MnO · Nb_2O_5) · (100−x) $BaTiO_3$ angegeben wird, sind tetragonal verzerrt. Bei x = 1 ist c/a = 1.007_4 [2]. — Die thermische Leitfähigkeit λ fällt bei 30°C von 3.4×10^{-3} bei x = 0 auf 1.9×10^{-3} cal · cm^{-1} · s^{-1} · K^{-1} bei x = 7. In diesem Konzentrationsbereich nimmt λ zwischen 25 und 150°C mit steigender Temperatur ab [4]. — Die Mischkristalle sind nur bei x < 5 ferroelektrisch. Die Curie-Temperatur fällt in diesem Bereich auf −115 K bei x = 5 [1, 2]. Zwischen x = 1 und 3 wird eine maximale Dielektrizitätskonstante von 16000 bei 3.3 kV/cm und x = 2 gefunden [2], s. auch [1]. — Der spezifische elektrische Widerstand ρ fällt bei 80°C von 4.1×10^{12} bei x = 0.5 auf 1.2×10^9 Ω · cm bei x = 7 und entsprechend bei 161°C von 3.8×10^{10} auf 6×10^7 Ω · cm. Zwischen 50 und 200°C treten Knicke in der Temperaturabhängigkeit von ρ auf, z. B. bei 130°C an der Stelle x = 3 mit den Aktivierungsenergien E_1 = 1.04 und E_2 = 0.88 eV [3].

Literatur:

[1] E. V. Sinyakov, E. A. Stafiichuk (Fiz. Tverd. Tela **2** [1960] 73/9; Soviet Phys.-Solid State **2** [1960] 66/71). — [2] E. V. Sinyakov, E. A. Stafiichuk (Izv. Akad. Nauk SSSR Ser. Fiz. **24** [1960] 1384/6; Bull. Acad. Sci. USSR Phys. Ser. **24** [1960] 1380/2). — [3] E. A. Stafiichuk, E. V. Sinyakov (Izv. Akad. Nauk SSSR Ser. Fiz. **24** [1960] 1380/3; Bull. Acad. Sci. USSR Phys. Ser. **24** [1960] 1376/9). — [4] F. F. Kodzhespirov (Fiz. Tverd. Tela **3** [1961] 781/5; Soviet Phys.-Solid State **3** [1961] 567/70). — [5] T. Matsuoka, Y. Matsuo, H. Sasaki, S. Hayakawa (J. Am. Ceram. Soc. **55** [1972] 108).

The $MnNb_2O_6$-$YTiNbO_6$ System

Das System $MnNb_2O_6$-$YTiNbO_6$

Das System ist durch eine Mischungslücke gekennzeichnet, die z. B. bei 900°C von 11 bis 92 Mol-% $MnNb_2O_6$ reicht. Oberhalb des kritischen Punktes bei 1105°C und etwa 43 Mol-% $MnNb_2O_6$ tritt vollständige Mischbarkeit auf. Diese ist aber nur über fehlgeordnete Strukturen vom Columbit-Typ (s. S. 168) bzw. Euxenit-Typ (s. „Niob" B 3, S. 206) möglich. Zum Verlauf des Volumens der Elementarzelle in Abhängigkeit von der Zusammensetzung s. **Fig. 106**, H. Schröcke (Neues Jahrb. Mineral. Abhandl. **106** [1966/67] 1/54, 27).

Fig. 106

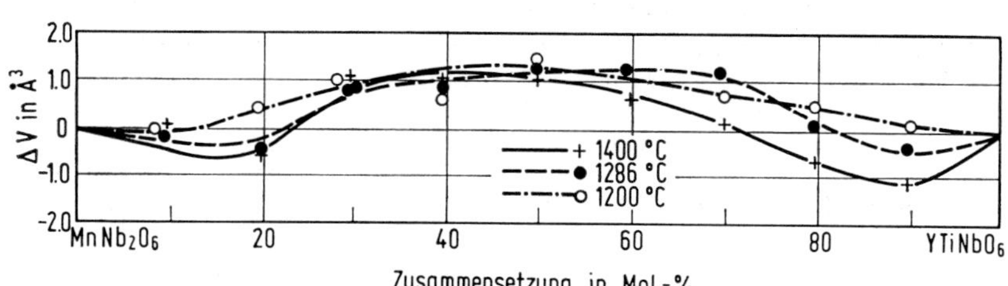

Abhängigkeit der Volumendifferenz ΔV der Elementarzelle von Zusammensetzung und Temperatur bei $MnNb_2O_6$-$YTiNbO_6$-Mischkristallen.

Compounds of Mn with O, Nb, and Other Metals

$PbMn_{0.33}Nb_{0.67}O_3$

Bei der Darstellung werden entsprechende Mengen PbO, MnO und Nb_2O_5 zunächst 1 h bei 800°C und dann 1 h bei 1100°C gesintert. Da jedoch selbst in PbO-Dampf-Atmosphäre viel PbO entweicht, wird die Darstellung zweckmäßiger in einer PbO-Schmelze durchgeführt, aus der auch Einkristalle gezogen werden können. Beim Sinterverfahren entstehen nebeneinander Phasen mit Perowskit- und Pyrochlor-Struktur ($CaTiO_3$, s. „Titan" S. 427 bzw. $NaCaNb_2O_6F$, s. „Niob" B 3, S. 104 und B 4, S. 226). Bei 20°C beträgt die Dielektrizitätskonstante 500 und der Verlustfaktor ist tan $\delta > 1$ [1].

Zur Gewinnung piezoelektrischer keramischer Stoffe wird $PbMn_{0.33}Nb_{0.67}O_3$ verschiedenen Mischkristallen aus $PbTiO_3$ und $PbZrO_3$ zugesetzt [2 bis 6], wobei das Pb teilweise durch Erdalkalimetalle substituiert sein kann [7], s. dazu „Blei" C, S. 1452.

Literatur:

[1] A. I. Agranovskaya (Izv. Akad. Nauk SSSR Ser. Fiz. **24** [1960] 1275/81; Bull. Acad. Sci. USSR Phys. Ser. **24** [1960] 1271/7). — [2] Japan Electric Co. Ltd. (F. P. 1 580 831 [1967/69]; C. A. **73** [1970] Nr. 48 278). — [3] M. Nishida, H. Ouchi, Matsushita Electric Industrial Co. Ltd. (Deut. Offenlegungsschrift 2 206 045 [1972]; C. A. **77** [1972] Nr. 170 371; B. P. 1 141 858 [1967/69]; C. A. **70** [1969] Nr. 82 229). — [4] M. Tamura, M. Yonezawa (Proc. IEEE **62** [1974] 416 nach C. A. **80** [1974] Nr. 138206). — [5] M. Yonezawa, R. Ohno, H. Tsubouchi, Nippon Electric Co. Ltd. (Japan. P. 74 01 764 [1969/74], 74 01 765 [1969/74]; C. A. **81** [1974] Nr. 95 687, 95 688).

[6] R. Ohno, S. Maeda, H. Tsubouchi, Nippon Electric Co. Ltd. (Japan. P. 74 12 960 [1969/74]; C. A. **81** [1974] Nr. 143288). — [7] M. Yonezawa, H. Tsubouchi, M. Takahashi, Nippon Electric Co. Ltd. (Japan. P. 73 21 878 [1973]; C. A. **80** [1974] Nr. 64952).

$PbMn_{0.5}Nb_{0.5}O_3$

Zur Darstellung einheitlicher Präparate werden entsprechende Mengen PbO, Mn_2O_3 und Nb_2O_5 in Stickstoffatmosphäre erst bei 780 und dann bei 830°C gesintert [1, 2]. Bei der Reaktion in Sauerstoff entstehen nebeneinander Phasen mit Perowskit- und Pyrochlor-Struktur [3, 4]. Anstelle von PbO kann auch $PbCO_3$ eingesetzt werden, wobei 20 h bei 700°C und 1 h bei 870°C getempert wird [5]. Zur Züchtung von Einkristallen eignen sich Schmelzlösungen aus PbO und PbF_2 (1:1), PbO und $PbCl_2$ (1:1) oder $PbCl_2$. Das feingepulverte Sinterprodukt wird in einem 3- bis 5fachen Überschuß an Schmelzlösung etwa 4 h bei 1200 bis 1220°C gehalten, dann 7 h bei 1020°C und schließlich stufenweise auf 940 und 660°C abgekühlt. Es entstehen schwarze würfelförmige Kristalle mit bis zu 1.25 mm Kantenlänge [6, 7].

Nach Einkristallaufnahmen ist die Phase mit Perowskit-Struktur bei Raumtemperatur monoklin, doch weicht die Symmetrie nur wenig von der idealen kubischen ab: $a \approx b \approx c = 4.006$ Å, $\beta = 90°5'$ [6]. Aus Pulveraufnahmen werden pseudokubische Gitterkonstanten zwischen 4.004 [2] und 4.060 Å [8] erhalten, s. auch [5]. Bei 77 K werden Überstrukturreflexe sichtbar, die eine Verdoppelung der Gitterkonstanten zur Folge haben [6]. Da bei Raumtemperatur keine Überstrukturlinien zu beobachten sind, wird angenommen, daß sich die Kationen von Mn und Nb statistisch über die Oktaederplätze verteilen [1, 2, 7, 8]. Einzelheiten zum Strukturtyp s. „Titan" S. 427. — Die bei der Darstellung in O_2-

Atmosphäre auftretende Phase mit Pyrochlor-Struktur, deren genaue Zusammensetzung nicht angegeben wird, hat eine Gitterkonstante von 10.56 Å, ist aber möglicherweise nur pseudokubisch [3].

Die Temperaturabhängigkeit der reziproken magnetischen Suszeptibilität χ^{-1} zeigt zwischen 1.5 und 300 K drei Knicke, und zwar bei 11, 73 und 135 K, s. **Fig. 107** [6, 7]. In einer älteren Arbeit wird ein Knick bei 165 K gefunden [2]. Unterhalb 11 K ist die Verbindung antiferromagnetisch, besitzt jedoch daneben unkompensierten Ferromagnetismus; zugleich ist sie antiferroelektrisch. Die Natur der Übergänge bei 73 und 135 K ist noch unklar [6, 7]. Ein weiterer Übergang wird bei 293 K beobachtet [2], bei dem die ferroelektrische [9] oder paraelektrische Phase antiferroelektrisch wird [6].

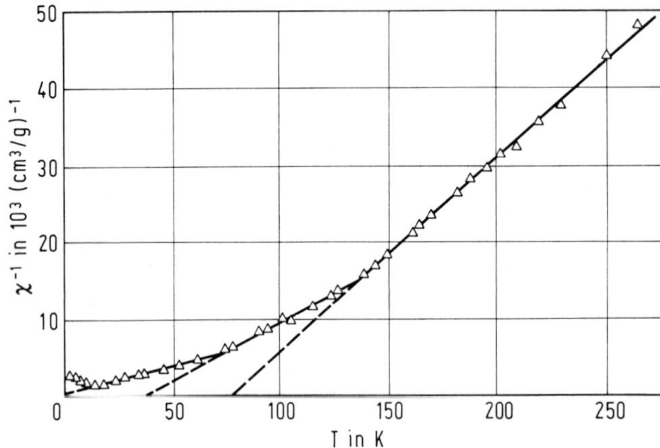

Fig. 107

Temperaturabhängigkeit der reziproken magnetischen Suszeptibilität χ^{-1} von $PbMn_{0.5}Nb_{0.5}O_3$.

Die magnetische Suszeptibilität folgt in jedem der drei Bereiche oberhalb 11 K dem Curie-Weiss-Gesetz mit $\Theta_p \approx 0,38$ bzw. 77.5 K [6, 7]. Andere Autoren finden $\Theta_p = 40 \pm 15$ K [8] und 65 K [2]. Bei tiefen Temperaturen wird ein schwaches magnetisches Moment beobachtet, das oberhalb 11 K nicht verschwindet, sondern allmählich mit der Annäherung an die paramagnetische Phase gegen Null geht. Im Gegensatz zu χ wird das magnetische Moment von äußeren magnetischen und elektrischen Feldern stark beeinflußt [7, 10], s. **Fig. 108** [7].

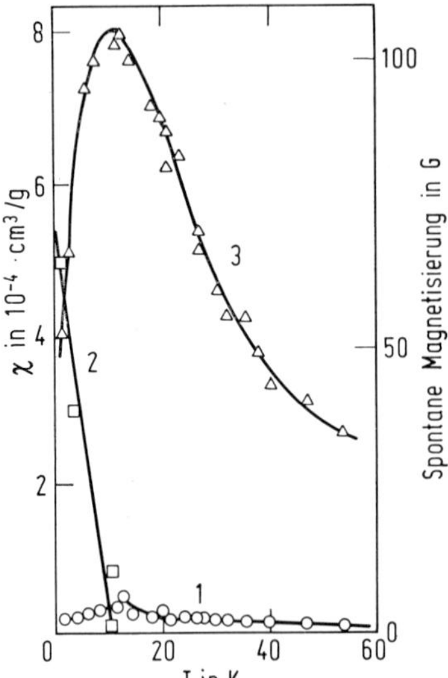

Fig. 108

Temperaturabhängigkeit der spontanen Magnetisierung ohne äußeres Feld (1), in Gegenwart eines elektrischen und magnetischen Feldes (2) sowie der magnetischen Suszeptibilität χ (3) von $PbMn_{0.5}Nb_{0.5}O_3$.

Die Dielektrizitätskonstante beträgt bei Raumtemperatur 800 [7]. Sie steigt von etwa 230 bei 100 K [2] auf 510 bei 113 K [11], geht durch ein flaches Maximum bei 165 K und erreicht etwa 930 bei 350 K. Bei 293 K ist keine Anomalie zu beobachten [2]. Bei etwa 420 K tritt ein weiteres Maximum auf, dessen Lage durch Substitution von Pb durch Sr bis zu 10 Mol-% praktisch nicht beeinflußt wird [12]. — Die spezifische elektrische Leitfähigkeit bei 293 K beträgt $\varkappa = 8\times10^{-7}\Omega^{-1}\cdot cm^{-1}$ [2].

Wie $PbMn_{0.33}Nb_{0.67}O_3$ (s. S. 177) wird auch $PbMn_{0.5}Nb_{0.5}O_3$ in Mengen von 1 bis 30 Mol-% $PbTiO_3$-$PbZrO_3$-Mischkristallen zur Gewinnung piezoelektrischer keramischer Stoffe zugesetzt, wobei bis zu 20 Atom-% Pb durch Ca, Sr oder Ba ersetzt werden können [13].

Literatur:

[1] Yu. N. Venevtsev, Yu. E. Roginskaya, A. S. Viskov, V. V. Ivanova, Yu. Ya. Tomashpol'skii L. I. Shvorneva, A. G. Kapyshev, A. Yu. Teverovskii, G. S. Zhdanov (Dokl. Akad. Nauk SSSR **158** [1964] 86/8; Soviet Phys.- Dokl. **9** [1964] 751/2). — [2] Yu. E. Roginskaya, Yu. N. Venevtsev, G. S. Zhdanov (Zh. Eksperim. i Teor. Fiz. **48** [1965] 1224/32; Soviet Phys.-JETP **21** [1965] 817/22). — [3] V. S. Filip'ev, M. F. Kupriyanov, E. G. Fesenko (Kristallografiya **8** [1963] 790/1; Soviet Phys.-Cryst. **8** [1963] 630/1). — [4] E. G. Fesenko, V. S. Filip'ev, M. F. Kupriyanov (Izv. Akad. Nauk SSSR Ser. Fiz. **28** [1964] 669/74; Bull. Acad. Sci. USSR Phys. Ser. **28** [1964] 576/82). — [5] M. F. Kupriyanov, E. G. Fesenko (Izv. Akad. Nauk SSSR Ser. Fiz. **29** [1965] 925/8; Bull Acad. Sci. USSR Phys. Ser. **29** [1965] 930/4).

[6] L. A. Drobyshev, B. I. Al'shin, Yu. Ya. Tomashpol'skii, Yu. N. Venevtsev (Kristallografiya **14** [1969] 736/7; Soviet Phys.-Cryst. **14** [1969] 634/5). — [7] D. N. Astrov, B. I. Al'shin, R. V. Zorin, L. A. Drobyshev (Zh. Eksperim. i Teor. Fiz. **55** [1968] 2122/7; Soviet Phys.-JETP **28** [1968] 1123/5; Proc. 11th Intern. Conf. Low Temp. Phys., St. Andrews, Scot., 1968 [1969], Bd. 2, S. 1368/72; C. A. **74** [1971] Nr. 17319). — [8] E. E. Havinga (Philips Res. Rept. **21** [1966] 432/45). — [9] M. F. Kupriyanov, E. G. Fesenko (Izv. Akad. Nauk SSSR Ser. Fiz. **31** [1967] 1078/81; Bull. Acad. Sci. USSR Phys. Ser. **31** [1967] 1096/9). — [10] R. V. Zorin, B. I. Al'shin, D. N. Astrov (Fiz. Tverd. Tela **13** [1971] 3406/8; Soviet Phys.-Solid State **13** [1971] 2862/3).

[11] E. G. Fesenko, A. Ya. Dantsiger, V. G. Gavrilyachenko, A. N. Klevtsov, A. D. Feronov, T. V. Rogach (Izv. Akad. Nauk SSSR Ser. Fiz. **33** [1969] 1203/5; Bull. Acad. Sci. USSR Phys. Ser. **33** [1969] 1121/2). — [12] E. E. Havinga (Philips Res. Rept. **21** [1966] 49/62, 51, 53, 55). — [13] H. Tsubouchi, M. Takahashi, R. Ohno, M. Akashi, Nippon Electric Co. Ltd. (Japan. P. 74 22637 [1970/74]; C. A. **82** [1975] Nr. 25079).

$PbM_xMn_yNb_{0.5}O_3$ (M = Li, Mg, Zn, Cd)

Compounds of Manganese with O, Nb, and Other Metals

$PbLi_{0.167}Mn_{0.33}Nb_{0.5}O_3$ entsteht beim Sintern entsprechender Mengen der Oxide und kristallisiert im Perowskit-Typ wie $PbMn_{0.5}Nb_{0.5}O_3$, s. oben. Fehlende Überstrukturreflexe deuten auf eine ungeordnete Verteilung von Li, Mn und Nb auf den Oktaederplätzen [1].

$PbMg_{0.25}Mn_{0.25}Nb_{0.5}O_3$. Zur Darstellung werden entsprechende Mengen $PbCO_3$, $MgCO_3$, MnO_2 und Nb_2O_5 2 h in Sauerstoffatmosphäre bei 800°C getempert, erneut vermahlen und verpreßt und nochmals 1 h bei 800°C getempert. Die Verbindung kristallisiert kubisch im Perowskit-Typ wie $PbMn_{0.5}Nb_{0.5}O_3$ (s. S. 177) mit a = 4.018 ± 0.001 Å. Aus fehlenden Überstrukturreflexen wird auf eine ungeordnete Verteilung von Mg, Mn und Nb auf den Oktaederplätzen geschlossen [1, 2]. — Die Dielektrizitätskonstante ε steigt von etwa 680 bei 73 K auf etwa 1200 bei 273 K, und dann schwächer bis auf etwa 1490 bei 473 K. Oberhalb 273 K ist die Verbindung paraelektrisch. Die spezifische elektrische Leitfähigkeit bei 293 K beträgt $\varkappa = 10^{-5}\,\Omega^{-1}\cdot cm^{-1}$ [2].

$PbZn_{0.25}Mn_{0.25}Nb_{0.5}O_3$ entsteht, wenn entsprechende Mengen $PbCO_3$, ZnO, MnO_2 und Nb_2O_5 in Sauerstoffatmosphäre zunächst 2 h bei 700°C und nach erneutem Vermahlen und Verpressen 1 h bei 750°C getempert werden. Die Verbindung kristallisiert kubisch im Perowskit-Typ mit a = 4.028 ± 0.001 Å. Die Kationen auf den Oktaederplätzen sind wie bei den homologen, oben genannten Verbindungen ungeordnet [1, 2]. — Die Dielektrizitätskonstante beträgt bei 293 K $\varepsilon = 260$; sie steigt von etwa 50 bei 163 K bis zu einem deutlichen Maximum bei 303 K und dann weiter auf etwa 450 bei 373 K. Oberhalb 303 K ist die Verbindung paraelektrisch. Die spezifische elektrische Leitfähigkeit bei 293 K beträgt $\varkappa = 1.8\times10^{-5}\,\Omega^{-1}\cdot cm^{-1}$ [2].

$PbCd_{0.25}Mn_{0.25}Nb_{0.5}O_3$ läßt sich durch Tempern entsprechender Mengen PbO, $CdCO_3$, MnO_2 und Nb_2O_5 in Sauerstoffatmosphäre bei 730, danach bei 780°C darstellen [1,3]. Die Subzelle vom Perowskit-Typ hat die Gitterkonstante a = 4.060 Å [3,4]. Überstrukturlinien weisen auf eine geordnete Verteilung von Cd, Mn und Nb auf den Oktaederplätzen hin [4], s. auch [3]. — Wie das Maximum im Temperaturverlauf des Verlustfaktors von tan $\delta \approx 1.65$ zeigt, ist die Verbindung unterhalb der Curie-Temperatur von 36 K antiferroelektrisch. Die Dielektrizitätskonstante ε steigt von etwa 200 bei 4.2 K zu einem Maximum von 205 bei 50 K und fällt dann bis 265 K auf etwa 140 [5]. Bei 293 K weist die Kurve einen kleinen Knick auf [3, 4]. Spezifische elektrische Leitfähigkeit bei 293 K: $\varkappa = 1.2 \times 10^{-6}\ \Omega^{-1} \cdot cm^{-1}$ [3].

Literatur:

[1] Yu. N. Venevtsev, Yu. E. Roginskaya, A. S. Viskov, V. V. Ivanova, Yu. Ya. Tomashpol'skii, L. I. Shvorneva, A. G. Kapyshev, A. Yu. Teverovskii, G. S. Zhdanov (Dokl. Akad. Nauk SSSR **158** [1964] 86/8; Soviet Phys.-Dokl. **9** [1964] 751/2). — [2] A. S. Viskov, Yu. N. Venevtsev, G. S. Zhdanov, L. D. Onikienko (Kristallografiya **10** [1965] 862/8; Soviet Phys.-Cryst. **10** [1965] 720/4). — [3] Yu. E. Roginskaya, Yu. N. Venevtsev, G. S. Zhdanov (Zh. Eksperim. i Teor. Fiz. **48** [1965] 1224/32; Soviet Phys.-JETP **21** [1965] 817/22). — [4] Yu. N. Venevtsev, A. G. Kapyshev, A. S. Viskov, L. I. Shvorneva, V. M. Lebedev, V. M. Petrov, G. S. Zhdanov (Izv. Akad. Nauk SSSR Ser. Fiz. **31** [1967] 1068/73; Bull. Acad. Sci. USSR Phys. Ser. **31** [1967] 1086/91). — [5] D. G. Demurov, L. G. Nikiforov, A. S. Viskov, Yu. N. Venevtsev (Fiz. Tverd. Tela **11** [1969] 3674/6; Soviet Phys.-Solid State **11** [1969] 3089/90).

The System of $PbMn_{0.5}Nb_{0.5}O_3$, with $PbTiO_3$

Das System $PbMn_{0.5}Nb_{0.5}O_3$-$PbTiO_3$

Zur Darstellung von Mischkristallen werden entsprechende Mengen an Carbonaten und Oxiden der Metalle unter Alkohol gemahlen, verpreßt und 14 h bei 850°C vorgesintert. Anschließend werden die Reaktionsprodukte erneut unter Alkohol gemahlen, verpreßt, in Pt-Folie gewickelt und in CO_2-Atmosphäre 14 h bei 1100 bis 1250°C getempert. Die Mischkristalle der Zusamensetzung $2x\,PbMn_{0.5}Nb_{0.5}O_3 \cdot (1-2x)PbTiO_3$ sind im Bereich 0.5 > x > 0.37 wie $PbMn_{0.5}Nb_{0.5}O_3$ (s. S. 177) pseudokubisch. Die Gitterkonstante fällt mit abnehmendem x von a = 4.059 bei x = 0.5 auf a = 4.021 Å bei x = 0.37. Im Bereich 0.37 > x > 0 sind die Mischkristalle tetragonal wie $PbTiO_3$ (s. „Blei" C, S. 1384). Mit fallendem x nimmt a ab, während c ansteigt, z. B. a = 3.953, c = 4.115 Å bei x = 0.2, s. **Fig. 109**.

Fig. 109

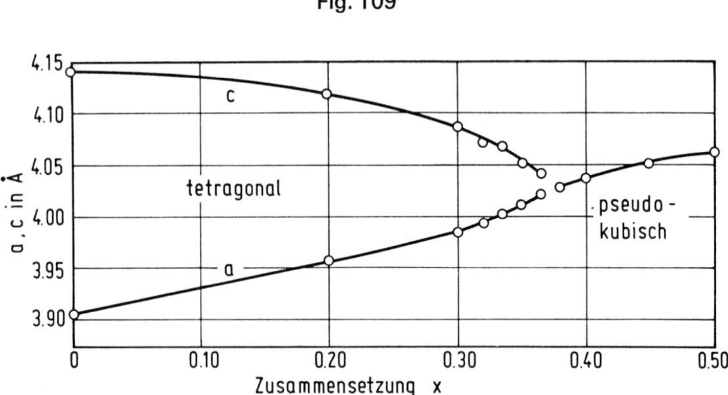

Abhängigkeit der Gitterkonstanten a und c von der Zusammensetzung x bei den Mischkristallen $2x\,PbMn_{0.5}Nb_{0.5}O_3 \cdot (1-2x)PbTiO_3$.

Aus der Temperaturabhängigkeit der magnetischen Suszeptibilität zwischen 300 und 800 K ergibt sich die paramagnetische Curie-Temperatur $\Theta_p \approx 24$ K bei x = 0.3. Die pseudokubischen Mischkristalle (x > 0.37) sind nicht ferroelektrisch, zeigen jedoch ein Maximum in der Temperaturabhängigkeit der Dielektrizitätskonstanten. Dieses verschiebt sich von etwa 420 K bei x = 0.5 auf etwa 466 K bei x = 0.37. Das Fehlen eines ferroelektrischen Übergangs wird auch durch Zusätze von Sr bewiesen. Die tetragonalen Phasen (x < 0.37) sind unterhalb des DK-Maximums (= Curie-Temperatur T_C) ferroelektrisch. T_C steigt mit fallendem x und beträgt z. B. 527 K bei x = 0.3 (bei x = 0 ist $T_C \approx 740$ K, s. auch „Blei" C, S. 1389). Die spontane Polarisation liegt in der Größenordnung von 1 μC/cm³, E. E. Havinga (Philips Res. Rept. **21** [1966] 49/62, 52/7).

$Pb_{1-x}La_xMnNb_{0.5-x}Ti_xO_3$ (x = 0.125, 0.25, 0.375)

Bei den von 1200°C abgeschreckten Proben wird wegen fehlender Überstrukturlinien eine völlig statistische Kationenverteilung von Pb und La bzw. Mn, Nb und Ti angenommen. Die pseudokubischen Zellen vom Perowskit-Typ haben bei 25°C die Gitterkonstanten a = 4.024 (x = 0.125) und 3.995 Å (x = 0.25). Die Phase mit x = 0.375 ist bei 25°C rhomboedrisch mit a = 3.962 Å, α = 90.0° und geht bei 200°C in eine kubische Modifikation über. Aus der Temperaturabhängigkeit der magnetischen Suszeptibilität folgt, daß die paramagnetische Curie-Temperatur der drei Mischoxide bei 55, 70 bzw. 105 K liegt, E. E. Havinga (Philips Res. Rept. **21** [1966] 432/45, 436).

2.11.10.3 Verbindungen des Mangans mit Sauerstoff und Tantal

Compounds of Mn with O and Ta

2.11.10.3.1 Das System Mn-Ta-O

The Mn-Ta-O System

Im System Mn-Ta-O werden die Phasen Mn_3Ta_3O und Mn_2TaO_3 beobachtet [1]. Ausgehend von $MnC_2O_4 \cdot 2\,H_2O$ und Ta_2O_5 sind bei 1200°C und $f_{O_2} = 10^{-17}$ atm folgende Verbindungen beständig: $MnTa_2O_6$, $Mn_{1.4}TaO_{3.9}$, $Mn_4Ta_2O_9$ und $Mn_6Ta_2O_{11}$; bei p_{O_2} = 1 atm nur $MnTa_2O_6$ und $Mn_{1.4}TaO_{4.2}$, s. **Fig. 110** [2]. In diesem Diagramm sollte auch die Verbindung $MnTaO_4$ auftreten, die aber noch nicht hinreichend gesichert ist, s. S. 184. Weitere, noch nicht näher untersuchte Phasen entstehen aus Mn und Ta im Verhältnis 1:1 bei 1050°C an der Luft („Phase M") und aus $^2/_3\,Mn_3O_4$ und Ta_2O_5 (im Verhältnis 0.67 : 1) bei 1050°C in Stickstoff („Phase H") [3].

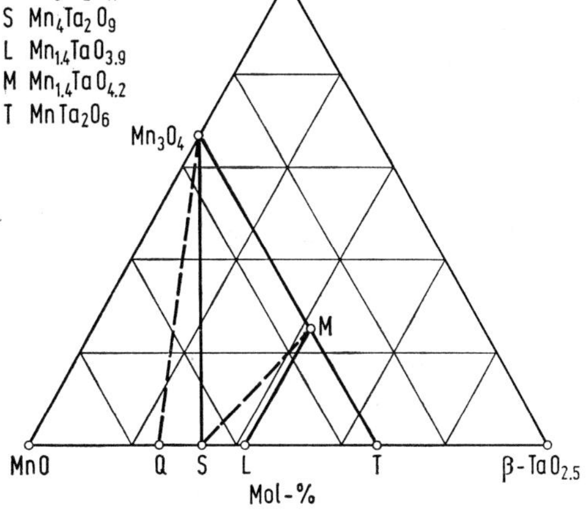

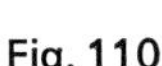
Fig. 110

Teilprojektion des Systems Mn-Ta-O mit den bei 1200°C und Sauerstoffdrucken von 10^{-17} bis 1 atm stabilen Verbindungen.

Literatur:

[1] N. Schönberg (Acta Met. **3** [1955] 14/6). — [2] A. C. Turnock (J. Am. Ceram. Soc. **49** [1966] 382/4). — [3] J. Moreau, G. Tramasure (Ann. Soc. Geol. Belg. Bull. **88** [1965] B 301/B 390, B357/B 358).

2.11.10.3.2 Mn_3Ta_3O

Beim Erhitzen von gepulvertem Mn und Ta mit MnO_2 im Hochfrequenzofen auf 1400 bis 1800°C oder in einem evakuierten Quarzrohr auf 1000°C oder einer gepulverten Mn-Ta-Legierung mit H_2O-Dampf in Gegenwart von überschüssigem H_2 auf etwa 700°C entsteht eine Verbindung der ungefähren Zusammensetzung Mn_3Ta_3O neben Mn_2Ta, TaO_2 und Ta_2O_5. Die besten Ergebnisse werden mit den beiden erstgenannten Verfahren erhalten. Die Gitterkonstante der kubischen Verbindung schwankt zwischen 11.15 und 11.18 Å; die Verbindung kristallisiert wie das isostrukturelle Mn_3Ti_3O (s. S. 100) im η-Carbid-Typ (Fe_3W_3C). Der Sauerstoff befindet sich in der Mitte von leicht verzerrten Ta-Oktaedern mit einem mittleren Ta-O-Abstand von 2.08 Å, N. Schönberg (Acta Met. **3** [1955] 14/6).

2.11.10.3.3 Mn_2TaO_3

Bei der Oxidation von Mn_3Ta_3O (s. oben) oder Mn_2Ta entsteht eine Verbindung der ungefähren Zusammensetzung Mn_2TaO_3 neben nicht umgesetztem Mn_3Ta_3O, Mn_2Ta und Ta_2O_5. Die schwarze Verbindung kristallisiert hexagonal mit den Gitterkonstanten: a = 5.321, c = 3.578 Å; Z = 1, Raumgruppe P6/mmm (Nr. 191) (nach Pulveraufnahmen). Ta besetzt die Lage 1a (0,0,0), Mn 2d (1/3, 2/3, 1/2; 2/3, 1/3, 1/2) und O 3f (1/2, 0, 0; 0, 1/2, 0; 1/2, 1/2, 0). Ta ist planar von 6 O-Atomen im Abstand von 2.66 Å umgeben, Mn prismatisch im Abstand von 2.36 Å, s. **Fig. 111** (nach [1]). Diese Abstände sind länger, als bei metallischer oder ionischer Bindung zu erwarten wäre. Der kürzeste Mn-Ta-Abstand beträgt 3.56 Å. Die Struktur ist mit dem TaN(B35)-Typ verwandt. – Experimentelle Dichte 6.30, Röntgendichte 6.41 g/cm³ [2].

Fig. 111

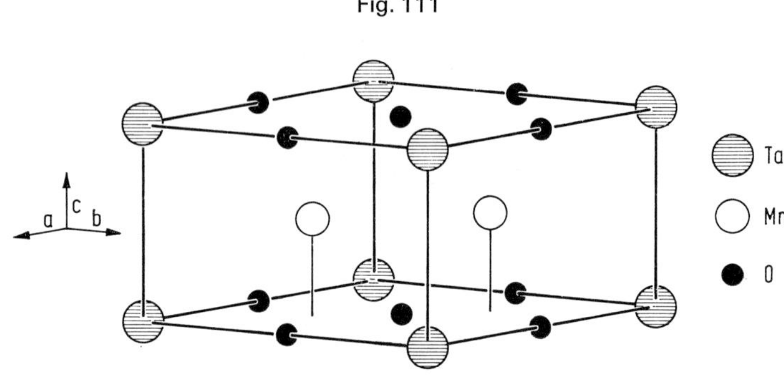

Kristallstruktur von Mn_2TaO_3.

Literatur:

[1] J. M. Bijvoet (Structure Reports, Bd. 19, 1955, S. 379/81). — [2] N. Schönberg (Acta Met. **3** [1955] 14/6).

$MnTa_2O_6$

2.11.10.3.4 $MnTa_2O_6$

Preparation.

Darstellung. Die Verbindung entsteht beim Erhitzen von Mn und Ta im Molverhältnis 1:2 an der Luft auf 1050 bis 1070°C [1,2]. Wie bei $MnNb_2O_6$ (s. S. 168) wird zur Darstellung meist Ta_2O_5 mit MnO [3,4,5] (oder $MnCO_3$ [6]), Mn_2O_3 [2,7] oder Mn_3O_4 [2] an der Luft zwischen 800 und 1350°C in einer Feststoffreaktion umgesetzt. Zur Homogenisierung werden die Präparate nach dem Brennen bei tieferer Temperatur vermahlen und anschließend bei höherer Temperatur getempert [5,6]. Statt mit den Oxiden kann man Ta_2O_5 auch mit $MnC_2O_4 \cdot 2\ H_2O$ in Sauerstoffatmosphäre bei 1200°C umsetzen [8,9]. Bei der Darstellung aus den Oxiden lassen sich in geschlossenen, mit Cl_2 oder HCl gefüllten Quarzröhren über Transportreaktionen größere Kristalle im Temperaturgefälle 1010 → 950°C gewinnen [10]. Die Umsetzung von Ta_2O_5 mit geschmolzenem MnF_2 liefert ebenfalls größere Kristalle, wobei überschüssiges MnF_2 als Schmelzlösung dient [11]. Analog reagieren $KTaO_3$ und $MnCl_2$ in geschmolzenem KCl bei 1000°C zu $MnTa_2O_6$ [2,12]. — Die über Feststoffreaktion erhaltenen Sinterkörper sind graubraun [6], während die aus $MnC_2O_4 \cdot 2\ H_2O$ erhaltenen Präparate rosa gefärbt sind [9].

Crystallographic Properties

Kristallographische Eigenschaften. Die üblicherweise nach der Keramiktechnik dargestellten Präparate kristallisieren im rhombischen Columbit-Typ wie $MnNb_2O_6$, s. S. 168. Daneben wird gelegentlich eine tetragonal kristallisierende Modifikation gefunden [1], die im Trirutil-Typ kristallisiert [2]. Bei der Darstellung über Transportreaktionen in Chloratmosphäre entsteht im Temperaturgefälle 1010 → 950°C die Modifikation im Columbit-Typ und im Gefälle 1060 → 980°C die im Trirutil-Typ [10]. Aus Mn und Ta entsteht bei etwa 750°C eine Phase im Columbit-Typ, bei der die Metallatome statistisch verteilt sind; sie wird auch in einer Schmelzlösung aus $KTaO_3$ und $MnCl_2$ erhalten [2].

Die im Columbit-Typ kristallisierende Modifikation des $MnTa_2O_6$ ist der entsprechenden $MnNb_2O_6$-Phase sehr ähnlich. Die zuerst von Brandt [1] röntgenographisch bestimmten Gitterkonstanten a = 14.44, b = 5.760, c = 5.102 Å (nach [13]) werden später bestätigt: a = 14.46 ± 0.01, b ± 5.770± 0.002, c = 5.095 ± 0.002 Å [2]; a = 14.454, b = 5.768, c = 5.097 Å [8]; a = 14.4356, b = 5.7590, c = 5.0845 Å [12]. Aus Neutronenbeugungsaufnahmen ergeben sich die verfeinerten Gitterkonstanten a = 14.421, b = 5.752, c = 5.082 Å. Für den y-Parameter des Mn-Atoms liefert die Neutronenbeugung den Wert 0.1759 [14].

Die Gitterkonstanten der Modifikation im tetragonalen Trirutil-Typ werden zu a = 4.773 ± 0.002, c = 9.31 ± 0.01 Å, die der Modifikation im Columbit-Typ mit statistisch verteilten Metallatomen zu a = 4.75 ± 0.01, b = 5.74 ± 0.01, c = 5.51 ± 0.01 Å bestimmt [2].

$MnTa_2O_6$ Physical Properties

Mechanische Eigenschaften. Die pyknometrisch bestimmte Dichte von Preßkörpern beträgt 7.35 [6] bis 7.88 g/cm^3 (Porosität 2.9%) [4]. Die Röntgendichte errechnet sich aus den Gitterkonstanten von Brandt [1] zu 8.02 g/cm^3 [13].

Magnetische und elektrische Eigenschaften. $MnTa_2O_6$ ist wie $MnNb_2O_6$ unter Normalbedingungen paramagnetisch und wird bei tiefen Temperaturen antiferromagnetisch. Die Néel-Temperatur liegt oberhalb 4.2 K. Die magnetische Struktur ist mit der von $MnNb_2O_6$, s. Fig. 102, S. 169, identisch [14].

Die Molsuszeptibilität von Sinterkörpern beträgt bei 300 K $\chi_m = 13464 \times 10^{-6}$ cm^3/mol. Zwischen 90 und 300 K kann der Verlauf von χ_m durch das Curie-Weiss-Gesetz mit C = 4.27 $K \cdot cm^3 \cdot mol^{-1}$ und $\Theta_p = -22$ K wiedergegeben werden [3].

Bei polykristallinen Proben erscheint bei Raumtemperatur und 9320 MHz eine symmetrische paramagnetische Resonanzabsorptionslinie, deren verhältnismäßig große Linienbreite (ΔH = 861 Oe) wahrscheinlich auf Dipol-Dipol-Wechselwirkungen zwischen benachbarten paramagnetischen Ionen beruht. g-Faktor (1.996 ± 0.005) und effektives magnetisches Moment entsprechen annähernd den Werten des reinen Spin-Zustands [3].

Die Dielektrizitätskonstante von Sinterkörpern beträgt bei −183°C $\varepsilon = 48$. Bei Raumtemperatur kann ε nicht genau bestimmt werden [6]. Die angegebenen Werte liegen bei 4.1 [4] und 750 [6]. Mit steigender Temperatur nehmen die Werte von ε nicht linear zu [4, 6].

Der spezifische elektrische Widerstand ρ fällt bei Sinterkörpern von 5.0×10^{12} bei 20°C auf 4.8×10^9 $\Omega \cdot cm$ bei 220°C [4, 15]. Bei 149°C wird $\rho = 1.03 \times 10^{11}$ $\Omega \cdot cm$ gefunden. Die Leitfähigkeit läßt sich durch $\varkappa = \varkappa_0 \exp(-E/kT)$ mit E = 1.84 eV wiedergeben [16].

Chemical Reactions

Chemisches Verhalten. Mit $MnNb_2O_6$ bildet $MnTa_2O_6$ oberhalb 900°C eine lückenlose Mischkristallreihe [2, 12], während die Reihen mit $YTiNbO_6$, $YTiTaO_6$, $FeNbO_4$ und $FeTa_2O_6$ von Lücken unterbrochen sind [12]. Mit $CuTa_2O_6$ entsteht bei 1000°C $Cu_{0.5}Mn_{0.5}Ta_2O_6$ [17].

Literatur:

[1] K. Brandt (Arkiv Kemi Mineral. Geol. A **17** Nr. 15 [1943] 1/8). — [2] J. Moreau, G. Tramasure (Ann. Soc. Geol. Belg. Bull. **88** [1965] B 301/B 390, B 350, B 380). — [3] E. I. Krylov, G. V. Bazuev, V. P. Khan (Izv. Akad. Nauk SSSR Neorgan. Materialy **5** [1969] 2029/30; Inorg. Materials [USSR] **5** [1969] 1730/1). — [4] G. V. Bazuev, E. I. Krylov (Tr. Ural'sk. Nauchn. Issled. Proekt. Inst. Mednoi Prom. Nr. 12 [1969] 239/44 nach C. A. **72** [1970] Nr. 139075). — [5] D. A. Braganza, K. M. Phadke, A. M. Waditwar, S. P. Kedar, K. Rama Rao (Current Sci. [India] **40** [1971] 34/5).

[6] R. V. Coates, H. F. Kay (Phil. Mag. [8] **3** [1958] 1449/59, 1452). — [7] J. Moreau, G. Tramasure (Compt. Rend. **258** [1964] 2599/601). — [8] A. C. Turnock (Can. Mineralogist **8** [1964/66] 461/70, 462, 465). — [9] A. C. Turnock (J. Am. Ceram. Soc. **49** [1966] 382/4). — [10] F. Emmenegger (J. Cryst. Growth **3/4** [1968] 135/40).

[11] A. Joly (Compt. Rend. **81** [1875] 267/9). — [12] H. Schröcke (Neues Jahrb. Mineral. Abhandl. **106** [1966/67] 1/54, 15, 27, 32, 40). — [13] J. M. Bijvoet (Structure Reports, Bd. 9, 1942/44, S. 179). — [14] H. Weitzel, S. Klein (Solid State Commun. **12** [1973] 113/6). — [15] G. V.

Bazuev, E. I. Krylov (Izv. Akad. Nauk SSSR Neorgan. Materialy **7** [1971] 1209/12; Inorg. Materials [USSR] **7** [1971] 1072/4).

[16] E. A. Stafiichuk, E. V. Sinyakov (Izv. Akad. Nauk SSSR Ser. Fiz. **24** [1960] 1380/3; Bull. Acad. Sci. USSR Phys. Ser. **24** [1960] 1376/9). — [17] G. V. Bazuev (Zh. Neorgan. Khim. **18** [1973] 2489/92; Russ. J. Inorg. Chem. **18** [1973] 1318/20).

2.11.10.3.5 $Mn_{1.4}TaO_{3.9}$

Die blaßbraune Verbindung läßt sich aus $MnC_2O_4 \cdot 2\,H_2O$ und Ta_2O_5 bei einem Mn:Ta-Verhältnis von 3:2 oder 4:3 bei $f_{O_2} = 10^{-17}$ atm und 1200°C innerhalb 12 bis 40 h darstellen. Sie ist röntgenographisch nachgewiesen. Tabelle der d-Werte s. Original. Unterhalb 1160 ± 15°C ist die Verbindung instabil. Sie wird von Sauerstoff zu $Mn_{1.4}TaO_{4.2}$ (s. unten) oxidiert, A. C. Turnock (J. Am. Ceram. Soc. **49** [1966] 382/4).

2.11.10.3.6 $Mn_4Ta_2O_9$

Die blaßrosafarbene Verbindung entsteht aus äquivalenten Mengen $MnC_2O_4 \cdot 2\,H_2O$ und Ta_2O_5 bei 1200°C und $f_{O_2} = 10^{-17}$ atm innerhalb 12 bis 40 h [1]. Sie läßt sich auch wie $Mn_4Nb_2O_9$ (s. S. 171) aus MnO und Ta_2O_5 darstellen [2]. — $Mn_4Ta_2O_9$ ist mit der entsprechenden hexagonalen Nb-Verbindung isotyp, Gitterkonstanten: a = 5.337, c = 14.333 Å; Röntgendichte 6.81 g/cm³ [2,3]. — Aus magnetoelektrischen Messungen ergibt sich die Néel-Temperatur zu 103 ± 1 K und die axiale Suszeptibilität zu maximal $a_{33} = 8.5 \times 10^{-6}$ bei 81 K [4].

Literatur:

[1] A. C. Turnock (J. Am. Ceram. Soc. **49** [1966] 382/4; Can. Mineralogist **8** [1964/66] 461/70, 462). — [2] E. F. Bertaut, L. Corliss, F. Forrat, R. Aléonard, R. Pauthenet (Phys. Chem. Solids **21** [1961] 234/51, 235/6). — [3] F. Bertaut, L. Corliss, F. Forrat (Compt. Rend. **251** [1960] 1733/5). — [4] E. Fischer, G. Gorodetsky, R. M. Hornreich (Solid State Commun. **10** [1972] 1127/32).

2.11.10.3.7 $Mn_6Ta_2O_{11}$

Die blaßbraune Verbindung läßt sich aus entsprechenden Mengen $MnC_2O_4 \cdot 2\,H_2O$ und Ta_2O_5 bei 1200°C und $f_{O_2} = 10^{-17}$ atm innerhalb 12 bis 40 h darstellen. Die obere Stabilitätsgrenze bei 1200°C liegt bei $\lg f_{O_2} = -5.4 \pm 1.6$. Die Verbindung ist röntgenographisch nachgewiesen; Tabelle der d-Werte s. Original, A. C. Turnock (J. Am. Ceram. Soc. **49** [1966] 382/4; Can. Mineralogist **8** [1964/66] 461/70, 462).

2.11.10.3.8 $Mn_{1.4}TaO_{4.2}$

Die schwarze Verbindung entsteht durch Oxidation von $Mn_{1.4}TaO_{3.9}$ (s. oben) mit Sauerstoff. Das Pulverdiagramm ähnelt dem der Ausgangsverbindung, A. C. Turnock (J. Am. Ceram. Soc. **49** [1966] 382/4).

2.11.10.3.9 $MnTaO_4$ (?)

Die Existenz dieser Verbindung ist nicht gesichert, s. z. B. [1,2]. Sie soll sich aus $MnC_2O_4 \cdot 2\,H_2O$ und Ta_2O_5 unterhalb 1000°C in O_2-Atmosphäre (1 atm) darstellen lassen [3]. Aus Mn_2O_3 und Ta_2O_5 entsteht bei 1050°C an der Luft innerhalb 95 h eine monokline Phase mit den Gitterkonstanten a = 9.45, b = 11.40, c = 5.09 Å, β = 91°14′, die dem Wodginit $(Ta, Nb, Sn, Mn, Fe)_2O_4$ ähnelt und bei 1100°C in inerter Atmosphäre innerhalb 45 h in eine braune, rhombische Phase übergeht mit a = 11.48, b = 9.59, c = 10.16 Å; diese Gitterkonstanten sind doppelt so groß wie von $MnTa_2O_6$ mit statistischer Kationenverteilung, s. S. 183. Experimentelle Dichte 6.99 g/cm³ [4].

Literatur:

[1] K. Brandt (Arkiv Kemi Mineral. Geol. A **17** Nr. 15 [1943] 1/8, 6). — [2] J. Moreau, G. Tramasure (Compt. Rend. **258** [1964] 2599/601). — [3] A. C. Turnock (J. Am. Ceram. Soc. **49** [1966] 382/4). — [4] J. Moreau, G. Tramasure (Ann. Soc. Geol. Belg. Bull. **88** [1965] B 301/B 390, B 354)

2.11.10.3.10 Verbindungen des Mn mit O, Ta und weiteren Metallen

Compounds of Mn with O, Ta, and Other Metals

Allgemeine Literatur s. S. 173.

$Li_2Mn_{0.5}Ta_{0.5}O_x$ (mit x = 2.75 bis 3.0)

Darstellung und Phasenbreite entsprechen der analogen Verbindung $Li_2Mn_{0.5}Nb_{0.5}O_x$ (s. S. 173). Die kubisch kristallisierende Verbindung hat die Gitterkonstante a = 4.212 Å. Dielektrizitätskonstante $\varepsilon = 12.5$. Der spezifische elektrische Widerstand der p-leitenden Verbindung ist > $5\times10^8\ \Omega\cdot cm$, L. H. Brixner (J. Inorg. Nucl. Chem. **16** [1960/61] 162/3).

$MMn_xTa_{1-x}O_3$ (M = Ca, Sr, Ba)

Zur Darstellung von $CaMn_{0.5}Ta_{0.5}O_3$ werden Preßlinge aus $CaCO_3$, Mn_2O_3 und Ta_2O_5 zunächst 20 h bei 1100°C und dann 1 h bei 1400°C getempert. Die Verbindung kristallisiert rhombisch mit $a = 5.46_2$, $b = 5.57_1$, $c = 3.87_3$ Å. Die rhombische Elementarzelle setzt sich aus 2 monoklinen Subzellen vom Perowskit-Typ ($CaTiO_3$, s. „Titan" S. 427) zusammen ($a = c = 3.90_1$, $b = 3.87_3$ Å, β = 91°9') [1]. Die Röntgendichte ergibt sich zu 5.811 g/cm³ [2].

Die Verbindung $SrMn_{0.5}Ta_{0.5}O_3$ wird analog zur entsprechenden Verbindung $SrMn_{0.5}Nb_{0.5}O_3$ (s. S. 175) dargestellt [3,4]. Sie kristallisiert kubisch im Perowskit-Typ mit a = 3.994 Å [3]. Eine Verbindung der Zusammensetzung $SrMn_{0.33}Ta_{0.67}O_3$ besitzt ebenfalls Perowskit-Struktur [2].

Bei der Darstellung von $BaMn_{0.5}Ta_{0.5}O_3$ werden entsprechende Mengen $BaCO_3$, Mn_2O_3 und Ta_2O_5 zunächst 12 bis 20 h auf 900 bis 1200°C und dann 3 h auf 1300 bis 1400°C erhitzt [4, 5]. Die Verbindung kristallisiert kubisch im Perowskit-Typ mit a = 4.076(1) Å [5]; Röntgendichte 6.258 g/cm³ [2]. — $BaMn_{0.33}Ta_{0.67}O_3$ entsteht aus stöchiometrischen Mengen $BaCO_3$, MnO und Ta_2O_5 bei 1400°C innerhalb von 24 h. Die Verbindung kristallisiert hexagonal mit a = 5.819, c = 7.127 Å; Z = 3. Die Struktur läßt sich vom Perowskit-Typ ableiten, wobei die hexagonale c-Achse mit der Diagonale [111] der pseudokubischen Perowskit-Zelle (a' = 4.115 Å [2]) zusammenfällt. Die Mn- und Ta-Ionen sind geordnet auf den Oktaederplätzen verteilt. Die Verbindung ist isotyp mit $BaSr_{0.33}Ta_{0.67}O_3$, s. „Tantal" B 2, S. 193. Bei 1000°C werden die scharfen Überstrukturlinien, die auf die Ordnung der Kationen hinweisen, diffus und schwach [6]. Röntgendichte 7.737 g/cm³ [2].

Literatur:

[1] V. S. Filip'ev, E. G. Fesenko (Kristallografiya **10** [1965] 297/302; Soviet Phys.-Cryst. **10** [1965] 243/7). — [2] F. S. Galasso (Structure and Properties of Perovskite-Type Compounds, Pergamon Press, Oxford-London-Edinburgh-New York-Toronto-Sydney-Paris-Braunschweig 1969, S. 25/9, 149/53). — [3] M. F. Kupriyanov, V. S. Filip'ev (Kristallografiya **8** [1963] 356/62; Soviet. Phys.-Cryst. **8** [1963] 278/83). — [4] E. G. Fesenko, V. S. Filip'ev, M. F. Kupriyanov (Izv. Akad. Nauk SSSR Ser. Fiz. **28** [1964] 669/74; Bull. Acad. Sci. USSR Phys. Ser. **28** [1964] 576/82). — [5] V. S. Filip'ev, E. G. Fesenko (Kristallografiya **6** [1961] 770/2; Soviet Phys.-Cryst. **6** [1961] 616/8).

[6] F. Galasso, J. Pyle (Inorg. Chem. **2** [1963] 482/4).

Phasen im System MnO-Ta_2O_5-$BaTiO_3$

Phases n the MnO-Ta_2O_5-$BaTiO_3$ System

Über Darstellung und Strukturen gilt das bereits bei den Phasen des Systems MnO-Nb_2O_5-$BaTiO_3$ auf S. 176 Gesagte.

Bei den p-leitenden Mischkristallen der Zusammensetzung x $MnTa_2O_6\cdot(100-x)$ $BaTiO_3$ fällt der spezifische elektrische Widerstand ρ bei 70°C von 6.1×10^{11} bei x = 1 auf $2.5\times10^{10}\ \Omega\cdot cm$ bei x = 7 und entsprechend bei 150°C von 1.3×10^{11} auf $9.7\times10^8\ \Omega\cdot cm$. Die Aktivierungsenergie fällt von 1.12 auf 1.04 eV. Bei x = 2 zeigt der Temperaturverlauf von ρ zwischen 50 und 200°C einen Knick bei 113°C; die zugehörigen Aktivierungsenergien der beiden Bereiche betragen $E_1 = 1.05$ und E_2 = 0.84 eV. Die Mischkristalle sind bei x > 1 nicht ferroelektrisch [1].

Mischkristalle, deren Zusammensetzung mit $x(2\,MnO\cdot Ta_2O_5)\cdot(100-x)\,BaTiO_3$ angegeben wird, sind tetragonal verzerrt; bei x = 1 ist $c/a = 1.006_4$ [2]. Sie sind ferroelektrisch. Die Curie-Temperatur fällt von 129 K bei x = 0 (s. „Titan" S. 445) auf −170 K bei x = 5 [3]. Bei x = 2 und 2.98 kV/cm beträgt die maximale Dielektrizitätskonstante 11 000 [2], s. auch [3]. Der spezifische elektrische Widerstand ρ fällt bei 70°C von 6×10^{11} bei x = 0.5 auf $2.6\times10^8\ \Omega\cdot cm$ bei x = 5, entsprechend bei 150°C von 1×10^{11} auf $1.5\times10^7\ \Omega\cdot cm$. Die Aktivierungsenergie fällt von 1.5 auf 0.92 eV. In der Temperaturabhängigkeit von ρ tritt bei $x = 1$ zwischen 50 und 200°C ein Knick bei 132°C auf. Die Aktivierungsenergie in den beiden Teilbereichen beträgt 1.04 bzw. 0.82 eV [1]. Die Thermokraft α (in $\mu V/K$) steigt bei $x = 0.5$ von etwa 30 bei 70°C auf etwa 600 bei 150°C, bei $x = 1$ fällt α dagegen von etwa 600 bei 40°C auf etwa 50 bei 130°C. Bei $x = 3$ und 5 ist α praktisch unabhängig von der Temperatur und beträgt etwa 20 bzw. 50 [1].

Literatur:

[1] E. A. Stafiichuk, E. V. Sinyakov (Izv. Akad. Nauk SSSR Ser. Fiz. **24** [1960] 1380/3; Bull. Akad. Sci. USSR Phys. Ser. **24** [1960] 1376/9). — [2] E. V. Sinyakov, E. A. Stafiichuk (Izv. Akad. Nauk SSSR Ser. Fiz. **24** [1960] 1384/6; Bull. Acad. Sci. USSR Phys. Ser. **24** [1960] 1380/2). — [3] E. V. Sinyakov, E. A. Stafiichuk (Fiz. Tverd. Tela **2** [1960] 73/9; Soviet Phys.-Solid State **2** [1960] 66/71).

The $MnTa_2O_6$-$YTiTaO_6$ System

Das System $MnTa_2O_6$-$YTiTaO_6$

Die Untersuchung des Systems bei 1100°C ergibt, daß die Komponenten im Vergleich zu den Nb-haltigen Phasen (s. S. 176) reaktionsträger sind. Die Systeme sind im wesentlichen gleich, nur ist die Mischungslücke im vorliegenden Fall größer als bei den Nb-Verbindungen, H. Schröcke (Neues Jahrb. Mineral. Abhandl. **106** [1966/67] 1/54, 36).

$PbMn_{0.5}Ta_{0.5}O_3$

Zur Darstellung werden entsprechende Mengen $PbCO_3$, Mn_2O_3 und Ta_2O_5 zwischen 600 und 920°C stufenweise bei steigender Temperatur getempert [1,2,3]. Die Verbindung kristallisiert pseudokubisch entweder im Pyrochlor-Typ (s. „Niob" B 3, S. 104, B 4, S. 226) mit a = 10.73 Å [1] oder im Perowskit-Typ mit a = 4.01 Å [3]. — Sie wird wie $PbMn_{0.5}Nb_{0.5}O_3$ (s. S. 177) in Mengen von 1 bis 20 Mol-% $PbTiO_3$-$PbZrO_3$-Mischkristallen zur Gewinnung piezoelektrischer keramischer Stoffe zugesetzt, wobei bis zu 15 Atom-% Pb durch Ca, Sr oder Ba ersetzt sein können [4].

Literatur:

[1] V. S. Filip'ev, M. F. Kupriyanov, E. G. Fesenko (Kristallografiya **8** [1963] 790/1; Soviet Phys.-Cryst. **8** [1963] 630/1). — [2] E. G. Fesenko, V. S. Filip'ev, M. F. Kupriyanov (Izv. Akad. Nauk SSSR Ser. Fiz. **28** [1964] 669/74; Bull. Acad. Sci. USSR Phys. Ser. **28** [1964] 576/82). — [3] M. F. Kupriyanov, E. G. Fesenko (Izv. Akad. Nauk SSSR Ser. Fiz. **29** [1965] 925/8; Bull. Acad. Sci. USSR Phys. Ser. **29** [1965] 930/4). — [4] H. Tsubouchi, M. Takahashi, R. Ohno, Nippon Electric Co. Ltd. (Japan. P. 7422635 [1970/74]; C. A. **82** [1974] Nr. 25076).

$PbM_xMn_yTa_{0.5}O_3$ (M = Li, Mg, Ca, Sr, Zn, Cd, Ti)

Zur Darstellung von $PbLi_{0.167}Mn_{0.33}Ta_{0.5}O_3$ wird ein Gemisch der entsprechenden Oxide oder Carbonate unter Alkohol vermahlen, verpreßt und je 1 h bei 820 und 1100°C an der Luft getempert. Die Verbindung kristallisiert kubisch mit a = 10.60 ± 0.01 Å. Die Struktur leitet sich vom Pyrochlor-Typ ab (s. „Niob" B 3, S. 104 und B 4, S. 226), hat diesem gegenüber aber ein Anionendefizit. Die Kationen scheinen nur teilweise geordnet zu sein [1].

$PbLi_{0.5}Mn_{0.25}Ta_{0.5}O_3$[1]) wird auf ähnlichem Wege dargestellt. Die Temperaturabhängigkeit ihrer Dielektrizitätskonstanten zeigt zwischen 4 und 300 K keine Anomalien, die auf antiferromagnetische Eigenschaften hindeuten [2].

$PbMg_{0.25}Mn_{0.25}Ta_{0.5}O_3$. Bei der Darstellung werden entsprechende Mengen $PbCO_3$, $MgCO_3$, MnO_2 und Ta_2O_5 zunächst 3 h in Sauerstoffatmosphäre auf 750°C erhitzt und nach erneutem Vermahlen und Verpressen noch 1 h bei 950°C gehalten. Die Verbindung kristallisiert kubisch im Perowskit-Typ mit a = 4.015 ± 0.001 Å. Überstrukturreflexe, die auf eine geordnete Verteilung der Kationen hinweisen könnten, werden nicht beobachtet [3,4]. — Aus der Temperaturabhängigkeit der Dielektrizitätskonstanten ε folgt eine Curie-Temperatur von 138 K. ε beträgt bei 93 K etwa 730, durchläuft mit steigender Temperatur ein Maximum bei 138 K, erreicht bei 293 K den Wert 600 und steigt dann bis 493 K auf etwa 740. Die spezifische elektrische Leitfähigkeit bei 293 K beträgt 1.1×10^{-5} $\Omega^{-1} \cdot cm^{-1}$ [3].

[1]) Die Formel wird in Soviet Phys.-Solid State [2] irrtümlich mit $PbLi_{0.25}Mn_{0.25}Ta_{0.5}O_3$ angegeben.

$PbCa_{0.25}Mn_{0.25}Ta_{0.5}O_3$. Die Verbindung wird aus $PbCO_3$, $CaCO_3$, MnO_2 und Ta_2O_5 hergestellt, die unter Alkohol verrieben, verpreßt und in 2 Stufen bei 650 und 750°C [1] oder bei 800 und 950°C je 1 h an der Luft getempert werden [5]. Sie kristallisiert pseudokubisch mit a = 10.503 ± 0.008 [5] bzw. 10.62 ± 0.01 Å [1]. Die Struktur ist wie bei $PbLi_{0.167}Mn_{0.33}Ta_{0.5}O_3$ (s. S. 186) vom Pyrochlor-Typ mit Anionendefizit [1]. Die genaue Symmetrie kann wegen der geringen Abweichung von der kubischen aus dem Pulverdiagramm nicht bestimmt werden. Überstrukturlinien deuten auf eine geordnete Kationenverteilung hin. Beim Erhitzen auf 950°C wird das Auftreten einer neuen Phase beobachtet. Die Dielektrizitätskonstante ε steigt bei einem schwachen Feld von 200 kHz von 24 bei 77 K auf ein Maximum von etwa 1600 bei 598 K und fällt dann auf 600 bei 653 K. Bei 300 MHz steigt ε linear von 80 bei Raumtemperatur auf etwa 170 bei 623 K ohne Anzeichen eines Maximums [5]. — $PbCa_{0.25}Mn_{0.25}Ta_{0.5}O_3$ wird $PbTiO_3$-$PbZrO_3$-Mischkristallen (s. „Blei" C, S. 1451) zwecks Gewinnung von piezoelektrischen keramischen Materialien zugesetzt. Das gleiche gilt für Sr- und Ba-haltige Phasen [6].

$Pb_{0.95}Sr_{0.05}Mn_{0.5}Ta_{0.5}O_3$. Zur Darstellung werden entsprechende Mengen von $PbCO_3$, $SrCO_3$, Mn_2O_3 und Ta_2O_5 1.5 h bei 800°C, danach 1 h bei 850°C getempert. Die Kristallstruktur ist vom Perowskit-Typ. Die Symmetrie weicht nur geringfügig von der kubischen ab; a = 4.011 Å. — Der Verlauf der magnetischen Suszeptibilität läßt sich oberhalb 200 K durch das Curie-Weiss-Gesetz wiedergeben. Danach liegt die magnetische Curie-Temperatur unterhalb 103 K; darunter ist die Verbindung ferromagnetisch. Die Dielektrizitätskonstante (gemessen im schwachen Feld, 200 kHz) beträgt zwischen 140 und 230 K $\varepsilon \approx 80$, steigt dann mit der Temperatur steil an bis auf etwa 1000 bei 313 K, wo die Kurve einen Knick aufweist, und dann weiter bis auf etwa 1500 bei 350 K. Unterhalb des Knicks ist die Verbindung ferroelektrisch. Die spezifische elektrische Leitfähigkeit beträgt bei 293 K $1 \times 10^{-4}\ \Omega^{-1} \cdot cm^{-1}$ [7]. Zur Verwendung als Zusatz bei piezoelektrischen keramischen Materialien s. oben bei $PbCa_{0.25}Mn_{0.25}Ta_{0.5}O_3$ [6].

$PbZn_{0.25}Mn_{0.25}Ta_{0.5}O_3$. Die Verbindung wird durch Tempern der entsprechenden Carbonate und Oxide der Metalle bei 800 und 950°C analog $PbLi_{0.167}Mn_{0.33}Ta_{0.5}O_3$ (s. oben) dargestellt. Sie kristallisiert wie dieses im Pyrochlor-Typ mit einem Anionendefizit, ist aber pseudokubisch mit a = 10.58 ± 0.01 Å [1].

$PbCd_{0.25}Mn_{0.25}Ta_{0.5}O_3$. Zur Darstellung werden entsprechende Mengen $PbCO_3$, $CdCO_3$, MnO_2 und Ta_2O_5 unter Alkohol vermahlen, verpreßt und je 1 h bei 650 und 750°C [1] oder 800 und 950°C an der Luft getempert [5]. Die pseudokubische Verbindung mit der Gitterkonstante a = 10.531 ± 0.007 [5] bzw. 10.55 ± 0.01 Å [1] kristallisiert wie $PbLi_{0.167}Mn_{0.33}Ta_{0.5}O_3$ (s. S. 186) im Pyrochlor-Typ mit Anionendefizit [1]. — Bei 200 kHz steigt die Dielektrizitätskonstante ε von 220 bei Raumtemperatur auf ein Maximum von 1350 bei 650 K und fällt dann auf 200 bei 773 K. Bei 300 MHz ist ε in diesem Temperaturbereich praktisch konstant etwa 180 [5], s. auch [2].

$PbTi_{0.25}Mn_{0.25}Ta_{0.5}O_3$. Die Verbindung wird analog $PbLi_{0.167}Mn_{0.33}Ta_{0.5}O_3$ (s. S. 186) dargestellt. Die Dielektrizitätskonstante ist zwischen 4 und 200 K praktisch konstant etwa 90 [2].

Literatur:

[1] L. G. Nikiforov, V. V. Ivanova, Yu. N. Venevtsev, G. S. Zhdanov (Izv. Akad. Nauk SSSR Neorgan. Materialy **4** [1968] 381/8; Inorg. Materials [USSR] **4** [1968] 319/25, 320). — [2] D. G. Demurov, L. G. Nikiforov, A. S. Viskov, Yu. N. Venevtsev (Fiz. Tverd. Tela **11** [1969] 3674/6; Soviet Phys.-Solid State **11** [1969] 3089/90). — [3] A. S. Viskov, Yu. N. Venevtsev, G. S. Zhdanov, L. D. Onikienko (Kristallografiya **10** [1965] 862/8; Soviet Phys.-Cryst. **10** [1965] 720/4). — [4] Yu. N. Venevtsev, Yu. E. Roginskaya, A. S. Viskov, V. V. Ivanova, Yu. Ya. Tomashpol'skii, L. I. Shvorneva, A. G. Kapyshev, A. Yu. Teverovskii, G. S. Zhdanov (Dokl. Akad. Nauk SSSR **158** [1964] 86/8; Soviet Phys.-Dokl. **9** [1964] 751/2). — [5] L. G. Nikiforov, V. M. Petrov, Yu. N. Venevtsev (Izv. Akad. Nauk SSSR Ser. Fiz. **31** [1967] 1074/7; Bull. Acad. Sci. USSR Phys. Ser. **31** [1967] 1092/5).

[6] H. Tsubouchi, M. Takahashi, R. Ohno, M. Akashi, Nippon Electric Co. Ltd. (Japan. P. 7322273 [1973] 1/5; C. A. **80** [1974] Nr. 53746). — [7] L. Shvorneva, Yu. N. Venevtsev (Zh. Eksperim. i Teor. Fiz. **49** [1965] 1038/41; Soviet Phys.-JETP **22** [1965] 722/4).

$Na_{12}Mn(Nb, Ta)_{12}O_{38} \cdot 50\ H_2O$

Versuche, analog wie die 12-Niobomanganate(IV) (s. S. 174) auch entsprechende 12-Tantalomanganate(IV) herzustellen, blieben bisher ohne Erfolg. Es lassen sich lediglich gemischte Verbindungen mit einem Nb : Ta-Verhältnis von 1.36 : 1 gewinnen. Zur Darstellung der Verbindung

$Na_{12}Mn(Nb,Ta)_{12}O_{38} \cdot 50\,H_2O$ geht man ähnlich wie bei $K_{10}H_2MnNb_{12}O_{38} \cdot 21\,H_2O$ (s. S. 175) vor, nur muß anstelle von $K_7HNb_6O_{19}$ ein gemischtes Hexaniobat-Tantalat eingesetzt werden, das man durch Zusammenschmelzen von Nb_2O_5, Ta_2O_5 (Molverhältnis 1:1) und KOH erhält. Das primär entstehende K-Salz wird durch Zugabe von $NaNO_3$-Lösung und Umkristallisation in verdünnter CH_3COONa-Lösung in das Na-Salz übergeführt, das in Form gelber Nadeln anfällt, Ausbeute etwa 45%. Das Absorptionsspektrum der Lösung ist das gleiche wie beim 12-Niobomanganat(IV) (s. S. 173), nur sind die Banden weniger scharf: Schultern bei 21000 cm^{-1} ($\varepsilon \approx 400$) und 22200 cm^{-1} ($\varepsilon \approx 440$), Maximum bei 33300 cm^{-1} ($\varepsilon \approx 14600$) und Schulter bei 43500 cm^{-1} ($\varepsilon = 29900$), B. W. Dale, J. M. Buckley, M. T. Pope (J. Chem. Soc. A **1969** 301/4).

$MnNb_2O_6$-$YTiTaO_6$ and $MnTa_2O_6$-$YTiNbO_6$ Systems

Die Systeme $MnNb_2O_6$-$YTiTaO_6$ und $MnTa_2O_6$-$YTiNbO_6$

Das System $MnNb_2O_6$-$YTiTaO_6$ ähnelt bei 1100°C weitgehend dem System $MnNb_2O_6$-$YTiNbO_6$ (s. S. 176), nur ist die Mischungslücke größer. Im System $MnTa_2O_6$-$YTiNbO_6$ reicht sie bei 1100°C von 5 bis 80 und bei 1200°C von 25 bis 70 Mol-% $MnTa_2O_6$. Die Mischkristalle kristallisieren im Columbit-Typ (s. S. 182) bzw. Euxenit-Typ (s. „Niob" B 3, S. 206), H. Schröcke (Neues Jahrb. Mineral. Abhandl. **106** [1966/67] 1/54, 27, 36).

Compounds of Manganese with Oxygen and Metals of Subgroup 6

2.11.11 Verbindungen des Mangans mit Sauerstoff und Metallen der 6. Nebengruppe

Übersicht

Mangan, Chrom und Sauerstoff bilden eine Vielfalt von Verbindungen und Phasen infolge der verschiedenen Oxidationsstufen beider Metalle. Im folgenden werden zunächst die Verbindungen beschrieben, die nur Mn, Cr und O enthalten, anschließend diejenigen mit weiteren Metallen der 1. bis 4. Gruppe des Periodensystems. Ein großer Teil der Verbindungen kristallisiert im Spinell-Typ, darunter auch das am meisten untersuchte $MnCr_2O_4$. Diese Verbindung ist ein Vertreter der Mischkristalle $Mn_{1+x}Cr_{2-x}O_4$, die auch weitere Metalle enthalten können. — Genauer untersucht sind auch die Doppelchromate mit Alkalimetallen und die Perowskite mit Elementen der 3. Nebengruppe.

Bei den Verbindungen des Mangans mit Mo, W und U ist eine nicht so große Vielfalt an Verbindungen und Phasen anzutreffen. Die Anordnung entspricht weitgehend der bei den Cr-haltigen Verbindungen. Die wichtigsten und am meisten untersuchten Vertreter sind $MnMO_4$ mit M = Mo, W, U sowie MnU_3O_{10}. Bei den Verbindungen mit Mo und W kennt man Pb-haltige Mischkristallphasen, die hinsichtlich ihrer magnetischen und elektrischen Eigenschaften von Interesse sind, ferner eine Reihe von Heteropolyverbindungen. Unter den U-haltigen Verbindungen sind Perowskite mit Sr und Ba eingehender untersucht.

Review

Manganese, chromium, and oxygen form a large variety of compounds and phases due to the diverse oxidation states of the metals. The compounds which contain only Mn, Cr, and O are described first, followed by those with other metals of the 1st through 4th groups of the periodic system. A large part of the compounds crystallize in the spinel type, among them the most studied $MnCr_2O_4$. This compound is a representative of the solid solutions $Mn_{1-x}Cr_{2-x}O_4$ which may contain also other metals. — Closely studied are also the double chromates with alkali metals and the perovskites with elements of subgroup 3.

Among the compounds of manganese with Mo, W, and U, the variety of compounds and phases is smaller. The classification of these compounds corresponds largely with that of the compounds containing Cr. The most important and most often studied representatives are $MnMO_4$, with M = Mo, W, and U, and also MnU_3O_{10}. Among the compounds with Mo and W, solid solution phases containing Pb are known, which are of interest with regard to their magnetic and electrical properties, as well as a number of heteropoly compounds. Of the compounds containing U, perovskites with Sr and Ba have been extensively studied.

2.11.11.1 Verbindungen des Mangans mit Sauerstoff und Chrom

Compounds of the Manganese with Oxygen and Chromium

2.11.11.1.1 Das System Mn-Cr-O

The Mn-Cr-O System

Beim Erhitzen von Mn_3O_4 mit Cr_2O_3 in H_2-Atmosphäre entsteht MnO, das bei 1000°C maximal 0.27, bei 1200°C 0.59 und bei 1430°C 2.4 Atom-% Chrom in Form von Cr^{3+} enthält (aus Messungen der Gitterkonstante und der elektrischen Leitfähigkeit). Bei höheren Cr-Konzentrationen entsteht $MnCr_2O_4$ als 2. Phase [1].

Ausgehend von den Nitratlösungen von Mn und Cr oder von MnO_2 und Cr_2O_3 ergibt die Abschrecktechnik für das System Mn_2O_3/Mn_3O_4-Cr_2O_3 an der Luft die in **Fig. 112** wiedergegebene Phasenverteilung [2]. Feststoffreaktionen ergeben abweichend hiervon Mischkristalle $(Mn_{1-x}Cr_x)_2O_3$ mit maximal $x = 0.13$ (≙ 8.6 Gew.-%) [3]. Von der Spinell-Phase sind auch Vertreter mit Mn^{II} bekannt: $Mn_{1+x}Cr_{2-x}O_4$, $MnCr_2O_4$, Mn_2CrO_4 (s. S. 190 und 194). Die Verbindung $MnCrO_3$ entsteht offensichtlich nur bei hohen Drücken (s. S. 195).

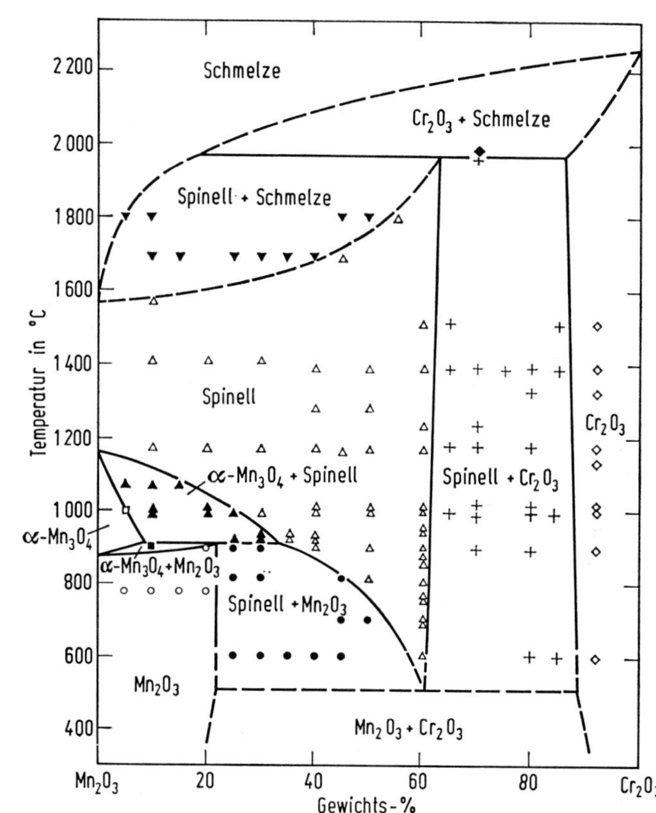

Fig. 112

Zustandsdiagramm des Systems Mn_2O_3/Mn_3O_4-Cr_2O_3 in Gegenwart von Luft.

Im Teilsystem MnO_2-CrO_2 existieren homogene Phasen $Mn_xCr_{1-x}O_2$ im Bereich $0 \leqq x \leqq 0.75$ Sie kristallisieren tetragonal im Rutil-Typ, sind jedoch in der Umgebung von $x = 0.5$ rhombisch verzerrt; Einzelheiten s. S. 195.

Die Existenz von Mangan(II)-Chromaten(VI) ist nicht gesichert, s. S. 196.

Literatur:

[1] M. O'Keeffe, M. Valigi (J. Phys. Chem. Solids **31** [1970] 947/62, 951). — [2] D. H. Speidel, A. Muan (J. Am. Ceram. Soc. **46** [1963] 577/8). — [3] S. Geller, G. P. Espinosa (Phys. Rev. [3] B **1** [1970] 3763/9, 3765).

2.11.11.1.2 $Mn_{1+x}Cr_{2-x}O_4$

Innerhalb dieser Mischkristallreihe ist besonders der Spinell $MnCr_2O_4$ (x = 0) gut untersucht. Die Struktur von Mn_2CrO_4 (x = 1) läßt sich bei Normaltemperatur ebenfalls vom Spinell-Typ ableiten (Hausmannit-Typ). In der Nähe des Endglieds der Reihe, Mn_3O_4 (x = 2), bilden sich bei hohen Temperaturen auch Mischkristalle vom Spinell-Typ, s. S. 189. Im Bereich $0 < x < 1$ sind nur einzelne, zufällig erhaltene Phasen bekannt. Zur Darstellung von $Mn_{1.215}Cr_{1.785}O_4$ werden 27.0 Mol-% $MnO_{1.51}$ und 13 Mol-% Cr_2O_3 in einer Schmelzlösung aus 48.6 Mol-% Bi_2O_3 und 11.4 Mol-% B_2O_3 48 h auf 1250°C erhitzt, dann mit 1 K/h auf 850°C und schließlich schnell auf Raumtemperatur abgekühlt. Auf diese Weise entstehen bis zu 2 mm große oktaedrische Kristalle. Ganz ähnlich wird in einer Schmelzlösung aus 35.0 Mol-% PbO und 30.0 Mol-% PbF_2 bei 1220°C $Mn_{1.55}Cr_{1.45}O_4$ hergestellt [1]. $Mn_{1.5}Cr_{1.5}O_4$ bildet sich in irreversibler, endothermer Reaktion aus $Mn_{0.5}Cr_{0.5}O_2$ (s. S. 195) in Ar-Atmosphäre bei 650°C [2]. — Alle Phasen kristallisieren im kubischen Spinell-Typ [1, 2]. Bei x = 0.5 ist a = 8.4551 ± 0.0004 Å; vermutliche Ladungsverteilung: $Mn^{2+}(Cr^{3+}_{1.5}Mn^{3+}_{0.5})O_4$ [2].

In $MnCr_2O_4$ läßt sich Cr^{III} vollständig durch Al^{III} substituieren (s. S. 201), in Mn_2CrO_4 das Mn^{II} durch Mg^{II} (s. S. 199) oder Zn^{II} (s. S. 200).

Literatur:

[1] M. Nevřiva (Krist. Tech. **6** [1971] 517/9). — [2] B. L. Chamberland, W. H. Cloud, C. G. Frederick (J. Solid State Chem. **8** [1973] 238/41).

Mn Cr_2O_4
Formation.
Preparation

2.11.11.1.2.1 $MnCr_2O_4$

Bildung und Darstellung

Die Verbindung entsteht über Feststoffreaktion aus entsprechenden Mengen MnO und Cr_2O_3 bei 1000 bis 1500°C an der Luft [1, 2, 3] oder aus $MnCO_3$ und Cr_2O_3 in Heliumatmosphäre bei 1400°C [4]. Im Überschuß eingesetztes MnO wird mit konzentrierter Salz- oder Salpetersäure herausgelöst [2]. Bei Verwendung von Mn_2O_3 anstelle von MnO wird das Oxidgemisch 2 h bei 1000°C in reduzierender Atmosphäre gehalten [5]. Die Umsetzung von Cr_2O_3 mit überschüssigem Mn_3O_4 ergibt bei 1000°C innerhalb 1 h nur schlecht kristallisiertes $MnCr_2O_4$. Mn_3O_4 reagiert mit Cr_2O_3 oder CrF_3 in geschmolzenem NaF (1000°C), NaCl (800°C), KF (880°C) oder KCl (776°C) nur unvollständig zu $MnCr_2O_4$, außerdem entstehen zum Teil MnO und Cr_2O_3 (bei den Ansätzen mit CrF_3) als Nebenprodukte [6], s. auch [5]. Die Umsetzung von MnO_2 mit CrF_3 verläuft in geschmolzenem NaF ähnlich wie die von Mn_3O_4 [6]. Über weitere Schmelzlösungen zur Züchtung von Einkristallen s. unten.

$MnCr_2S_4$ wird im Luftstrom bei 800°C innerhalb 50 h zu $MnCr_2O_4$ oxidiert [7]. Die schon von Gerber [8] verwendete Reaktion $K_2Cr_2O_7 + MnCl_2 \rightarrow MnCr_2O_4 + 2KCl + 1.5\ O_2$ setzt bei etwa 580°C ein und erreicht bei 1000 bis 1050°C eine Ausbeute von 78% [9], s. auch [6]. Homogene Präparate entstehen beim Erhitzen der eingedampften Nitratlösungen von Mn und Cr in reduzierender Atmosphäre auf 1100°C [5]. Präparate mit einer spezifischen Oberfläche von 25 bis 40 m^2/g erhält man durch Fällung der Nitratlösung mit NH_3-Lösung bei 80°C. Der gewaschene und getrocknete Niederschlag wird 6 h bei 700°C im H_2-Strom gehalten [10]. $MnCr_2O_4$ entsteht auch durch thermische Zersetzung von $MnCr_2O_7 \cdot 4\,C_5H_5N$ bei 1100°C und anschließende Reduktion in H_2-N_2-Atmosphäre (1 : 3) bei der gleichen Temperatur [11].

Hydrothermal bildet sich $MnCr_2O_4$ innerhalb von 10 d bei 300°C aus stöchiometrischen Mengen $Cr(OH)_3$ und $MnCl_2 \cdot 4\,H_2O$ in NaOH-Lösung [12].

Beim Erhitzen von Mn-haltigen Chromstählen und anderen Chromlegierungen an der Luft oder in Sauerstoff wird die Bildung von $MnCr_2O_4$ neben anderen Metalloxiden beobachtet [13 bis 20].

Zur Züchtung von Einkristallen in Form eisengrauer Oktaeder ist die bereits von Ebelmen [21] verwendete Umsetzung von MnO mit Cr_2O_3 in B_2O_3 als Schmelzlösung geeignet [22]. Bei Verwendung von äquimolaren Mengen Na_2WO_4 und $Na_2W_2O_7$ als Schmelzlösung werden stöchiometrische Mengen $MnCO_3$ und Cr_2O_3 eingesetzt und in einer feuchten Ar-H_2-Atmosphäre von 1250°C mit einer Geschwindigkeit von 5 K/h abgekühlt [23]. Aus gepulvertem $MnCr_2O_4$ lassen sich in geschmolzenem BiF_3 (1100°C) bei einer Abkühlungsgeschwindigkeit von 5 K/h oktaedrische Einkristalle mit Kantenlängen bis zu 8 mm gewinnen [24]. Durch Transportreaktion entstehen aus stöchiometrischen Mengen MnO und Cr_2O_3 in Chloratmosphäre im Temperaturgefälle 980 → 860°C Kristalle bis zu 1.2 mm Kantenlänge [25].

Literatur:

[1] R. Rieke, W. Paetsch (Ber. Deut Keram. Ges. **3** [1922] 147/56, 149). — [2] K. Fischbeck, E. Einecke (Z. Anorg. Allgem. Chem. **167** [1927] 21/39, 32). — [3] H. Nagasawa, T. Tsushima (Phys. Letters **15** [1965] 205/6). — [4] P. L. Edwards (Phys. Rev. [2] **116** [1959] 294/300, 295). — [5] O. Krause, W. Thiel (Ber. Deut. Keram. Ges. **15** [1934] 111/27).

[6] P. Mergault, C. Bétrencourt-Stirnemann (Compt. Rend. **258** [1964] 4502/5). — [7] H. D. Lutz, M. Fehér (Spectrochim. Acta A **27** [1971] 357/65, 364). — [8] M. Gerber (Bull. Soc. Chim. France [2] **27** [1877] 435/8). — [9] C. Duval (Mikrochim. Acta **1962** 1006/16, 1011; Trav. 3° Reunion Intern. Reactividad Solidos, Madrid 1956 [1957], S. 283/7 nach C. A. **1958** 1863), C. Duval, C. Wadier (10ᵉ Congr. Group. Avan. Methodes Anal. Spectrog. Prod. Met., Paris 1957, S. 101/4; C. A. **1960** 1069). — [10] T. M. Yur'eva, G. K. Boreskov, V. I. Zharkov, L. G. Karakchiev, V. V. Popovskii, V. A. Chigrina (Kinetika i Kataliz **9** [1968] 1291/5; Kinetics Catalysis [USSR] **9** [1968] 1063/7).

[11] E. Whipple, A. Wold (J. Inorg. Nucl. Chem. **24** [1962] 23/7). — [12] T. W. Swaddle, J. H. Lipton, G. Guastalla, P. Bayliss (Can. J. Chem. **49** [1971] 2433/41, 2437). — [13] R. E. Keith, C. A. Siebert, M. J. Sinnott (Am Soc. Testing Mater. Spec. Tech. Publ. Nr. 171 [1955] 49/64 nach C. A. **1956** 10633). — [14] Yu. A. Klyachko, L. M. Uryupina (Sb. Tr. Mosk. Vech. Met. Inst. **1957** 257/73 nach C. A. **1960** 22264). — [15] H. J. Yearian, E. C. Randell, T. A. Longo (Corrosion **12** [1956] 515t/525t), H. J. Yearian, H. E. Boren, R. E. Warr (Corrosion **12** [1956] 561t/568t), H. J. Yearian (NP-5442 [1954] 1/98; N. S. A. **9** [1955] Nr. 949).

[16] D. Caplan, P. E. Beaubien, M. Cohen (Trans. AIME **233** [1965] 766/70). — [17] I. Pfeiffer (Z. Metallk. **51** [1960] 322/6). — [18] E. A. Gulbransen, W. R. McMillan (Ind. Eng. Chem. **45** [1953] 1734/44). — [19] I. F. Radavich (Am. Soc. Testing Mater. Spec. Tech. Publ. Nr. 171 [1955] 89/114 nach Structure Reports, Bd. 19, 1955 [1963], S. 485/6). — [20] I. D. Sharp, W. Johnson, K. W. Andrews (J. Iron Steel Inst. [London] **195** [1960] 83/94).

[21] J. J. Ebelmen (Ann. Chim. Phys. [3] **33** [1851] 34/74, 44). — [22] S. Horiuchi, S. Miyahara (J. Phys. Soc. Japan **28** [1970] 529). — [23] W. Kunnmann, A. Ferretti, R. J. Arnott, D. B. Rogers (J. Phys. Chem. Solids **26** [1965] 311/4). — [24] T. Tsushima, Y. Kino, S. Funahashi (J. Appl. Phys. **39** [1968] 626/8). — [25] F. Emmenegger (J. Cryst. Growth **3/4** [1968] 135/40).

Kristallographische Eigenschaften

$MnCr_2O_4$ Crystallographic Properties

Die meist in Form von Oktaedern anfallenden Kristalle (s. S. 190) kristallisieren kubisch im Spinell-Typ [1]. Von den zahlreichen in der Literatur zu findenden Werten der Gitterkonstanten wird im folgenden eine Auswahl genauerer Messungen gegeben (alle Werte in Å): 8.432 [2], 8.436 [3, 4], 8.437 ± 0.002 [5, 6, 7]. Lediglich die erste Bestimmung von Holgersson [1] mit a = 8.487 ± 0.006 Å und die Angabe von Sharp u. a. [8] mit a = 8.418 Å weichen von den sonst gut übereinstimmenden Werten ab. Bei hydrothermal hergestellten Präparaten wird a = 8.42 ± 0.02 Å gefunden [9] und bei dünnen Schichten auf Stählen liegt a zwischen 8.436 und 8.448 Å je nach den Bildungsbedingungen [10]. Tabelle der d-Werte s. [3]. — $MnCr_2O_4$ ist ein normaler Spinell, Raumgruppe Fd3m (Nr. 227); Z = 8 [2, 5, 11]. Der Sauerstoffparameter beträgt bei Raumtemperatur auf Grund röntgenographischer Messungen 0.387 [2] bzw. 0.3890 [7] in guter Übereinstimmung mit Neutronenbeugungsmessungen: 0.3892 ± 0.0005 [5, 7]. (Der in der Literatur mit u bezeichnete Parameter ist eigentlich der Parameter x, der sich aus $^3/_8$ + u mit u ≈ 0.012 bis 0.014 zusammensetzt, s. dazu [12].) Der Abstand Mn-O beträgt 2.03 Å, der von Cr-O 2.00 Å [13].

Beim Abkühlen bleibt die Symmetrie bis −183°C erhalten [14].

Literatur:

[1] S. Holgersson (Lunds Univ. Arsskr. Afd. [2] **23** Nr. 9 [1927] nach Strukturbericht, Bd. 1, 1913/28 [1931], S. 417). — [2] P. L. Edwards (Phys. Rev. [2] **116** [1959] 294/300, 296; Bull. Am. Phys. Soc. [2] **3** [1958] 43). — [3] G. L. Clark, A. Ally, A. E. Badger (Am. J. Sci. [5] **22** [1931] 539/46). — [4] P. Mergault, C. Bétrencourt-Stirnemann (Compt. Rend. **258** [1964] 4502/5). — [5] J. M. Hastings, L. M. Corliss (Phys. Rev. [2] **126** [1962] 556/65).

[6] E. Whipple, A. Wold (J. Inorg. Nucl. Chem. **24** [1962] 23/7). — [7] P. M. Raccah, R. J. Bouchard, A. Wold (J. Appl. Phys. **37** [1966] 1436/7). — [8] J. D. Sharp, W. Johnson, K. W. Andrews (J. Iron Steel Inst. [London] **195** [1960] 83/94, 94). — [9] T. W. Swaddle, J. H. Lipton, G. Guastalla, P. Bayliss (Can. J. Chem. **49** [1971] 2433/41). — [10] J. F. Radavich (Am. Soc. Testing Mater. Spec. Tech. Publ. Nr. 171 [1955] 89/113 nach Structure Reports, Bd. 19, 1955 [1963], S. 485/6).

[11] E. W. Gorter (Philips Res. Rept. **9** [1954] 295/320, 315). — [12] H. D. Megaw (Crystal Structures, Saunders, Philadelphia–London–Toronto 1973, S. 221). — [13] H. D. Lutz, M. Fehér (Spectrochim. Acta A **27** [1971] 357/65, 363). — [14] M. H. Francombe (16e Congr. Intern. Chim. Pure Appl., Paris 1957 [1958], Mem. Sect. Chim. Minerale, S. 129/37, 132).

$MnCr_2O_4$ Mechanical and Thermal Properties

Mechanische und thermische Eigenschaften

Die pyknometrische Dichte beträgt D = 4.87 g/cm³, Ebelmen [1]. Aus den Gitterkonstanten werden die Werte D = 4.85 [2] und 4.90 g/cm³ [3] berechnet. Eine Überprüfung der Literaturdaten führt zu D = 4.952 g/cm³, Bijvoet [4].

Für die Wärmekapazität übernimmt Kelley [5] von Parmelee u. a. [6] die auf Schätzungen beruhende Gleichung $C_p = 25.2 + 17.8 \times 10^{-3}$ T, die zwischen 298 und 1298 K gelten soll und für T = 298 K $C_p = 30.4$ cal · mol⁻¹ · K⁻¹ ergibt. Nach zwei empirischen Gleichungen berechnet Landiya [7] $C_p = 30.7$ bzw. 29.6 cal · mol⁻¹ · K⁻¹.

Literatur:

[1] J. J. Ebelmen (Ann. Chim. Phys. [3] **33** [1851] 34/74, 44). — [2] S. Holgersson (Lunds Univ. Arsskr. Afd. [2] **23** Nr. 9 [1927] nach Strukturbericht, Bd. 1, 1913/28 [1931], S. 417). — [3] G. L. Clark, A. Ally, A. E. Badger (Am. J. Sci. [5] **22** [1931] 539/46, 544). — [4] J. M. Bijvoet (Structure Reports, Bd. 18, 1954 [1961], S. 453). — [5] K. K. Kelley (U. S. Bur. Mines Bull. Nr. 476 [1949] 209).

[6] C. W. Parmelee, A. E. Badger, G. A. Ballam (Univ. Illinois Bull. Eng. Expt. Sta. Bull. Nr. 248 [1932]). — [7] N. A. Landiya (Zh. Fiz. Khim. **27** [1953] 495/501).

Magnetic Properties

Magnetische Eigenschaften

Die Spinorientierung und die magnetischen Eigenschaften werden dadurch bestimmt, daß die Cr-Cr-Austauschwechselwirkung (J_{BB}) und die Cr-Mn-Austauschwechselwirkung (J_{AB}) von vergleichbarer Größe sind, gegenüber der die Austauschwechselwirkung zwischen den Mn-Ionen (J_{AA}) vernachlässigt werden kann. Die Versuche, die Beträge von J_{BB} und J_{AB} zu ermitteln [1, 2], gehen von Angaben über die magnetische Struktur aus, die nicht durchweg als gesichert anzusehen sind. Wahrscheinlich sind, wie schon von Lotgering [3] erkannt wurde, die magnetischen Momente nicht (wie z. B. in $MnFe_2O_4$) kollinear orientiert, sondern bilden konische Spiralen, d. h. sie sind gegen die Kegelachse (wahrscheinlich [110]) um den Winkel φ geneigt. Die Spiralstruktur wird von Edwards [4] bestätigt. Qualitative Bemerkungen dazu s. bei Bondarev [5].

Die Curie-Temperatur liegt bei 43 K [6] oder 42 K [7] und nicht bei 53 K [4] oder 55 K [3]. Das resultierende Moment unterhalb T_C ergibt sich zu 1.25 μ_B [3] oder 1.16 μ_B [4]. Der Mittelwert 1.2 μ_B [6] wird von Menyuk u. a. [8, 9] direkt bestätigt. Der zuerst mitgeteilte Wert 1.5 μ_B [10] liegt zu hoch.

Wie theoretische Überlegungen von Lyons u. a. [9] zeigen, wird die magnetische Struktur von dem Parameter $u = 4 J_{BB} S_B / 3 J_{AB} S_A$ bestimmt, wobei S_A und S_B die Spins der Ionen auf A- bzw. B-Plätzen (hier: Mn^{2+} bzw. Cr^{3+}) sind. Dieses Modell eignet sich sehr gut zur Deutung der an $CoCr_2O_4$ erhaltenen Meßergebnisse, während die Neutronenbeugungsdiagramme von $MnCr_2O_4$ [6] einige ungeklärte Linien enthalten [11]. Außerdem ergibt sich bei solchen Messungen [6] für φ ein anderer Wert als aus den ersten Angaben [12] über die kernmagnetische Resonanzabsorption von ^{55}Mn. Daher versuchten Dwight u. a. [13] die Diskrepanz durch Anwendung beider Methoden auf dieselbe Probe zu beseitigen; jedoch blieb die Differenz − φ = 33° aus der Neutronenbeugung, φ = 61° aus der Kernresonanz — unvermindert bestehen. Weitere kernmagnetische Messungen zeigen, daß die Frequenz der Absorptionsfrequenz proportional zu T^3 ansteigt, und ergeben φ = 63.5° [14]. Durch Erhöhung der Feldstärke auf 60 kOe wird der Kegelwinkel auf 42° ± 2° verringert [15]. —

Die kernmagnetische Resonanzabsorption von ^{53}Cr, nur unterhalb 19.6 K nachweisbar, besteht aus einem Dublett mit den Frequenzen (auf $T \to 0$ extrapoliert) 65.0 und 66.8 MHZ [16]. $MnCr_2O_4$ Magnetic Properties

Für die Proben, die nach dem Verfahren von Whipple und Wold [17] hergestellt sind (s. S. 190), kann also das magnetische Verhalten nicht nach dem einfachen Spiralenmodell [9] erklärt werden, auch wenn statt des theoretischen Moments der Mn^{2+}-Ionen (5.0 μ_B) der — eventuell durch Mitwirkung von Anregungstermen bedingte — korrigierte Wert 4.3 μ_B eingesetzt wird [13].

Auf keramischem Wege hergestellte Proben scheinen sich magnetisch abweichend zu verhalten. Die an dem eingehend untersuchten $CoCr_2O_4$ explizit ermittelte magnetische Struktur soll danach ebenso auch in $MnCr_2O_4$ vorliegen; dabei ergibt sich u = 1.343, und die resultierenden Spins im A- und im B-Teilgitter betragen 1.537 bzw. 1.48 [18].

Die Anisotropiekonstanten ergeben sich bei T = 20 K zu $K_1 = -4.1 \times 10^4$, $K_2 = -3 \times 10^4$ erg/cm³ [19, 20]. Die Stärke des Anisotropiefeldes wird an Einkristallen zu etwa 2 kOe bestimmt; die leichte Richtung ist [110], während in [100]-Richtung die Magnetisierung am kleinsten ist [21].

Die Beobachtung der ferrimagnetischen Resonanz [6, 7] ermöglicht keine Rückschlüsse auf Struktur und magnetische Wechselwirkungen. Die Ergebnisse weiterer Messungen [22] werden von den Autoren später [23] als unzureichend erkannt.

Literatur:

[1] D. G. Wickham, J. B. Goodenough (Phys. Rev. [2] **115** [1959] 1156/8). — [2] H. E. Stanley (Phys. Rev. [2] **158** [1967] 537/45). — [3] F. K. Lotgering (Philips Res. Rept. **11** [1956] 190/249, 225). — [4] P. L. Edwards (Phys. Rev. [2] **116** [1959] 294/300). — [5] D. E. Bondarev (Izv. Akad. Nauk SSSR Neorgan. Materialy **7** [1971] 1571/3; Inorg. Materials [USSR] **7** [1971] 1392/4).

[6] J. M. Hastings, L. M. Corliss (Phys. Rev. [2] **126** [1962] 556/65). — [7] J. J. Stickler, H. J. Zeiger (J. Appl. Phys. **39** [1968] 1021/3). — [8] N. Menyuk, A. Wold, D. Rogers, K. Dwight (J. Appl. Phys. **33** [1962] 1144/5). — [9] D. H. Lyons, T. A. Kaplan, K. Dwight, N. Menyuk (Phys. Rev. [2] **126** [1962] 540/55). — [10] W. H. Schindler, T. R. McGuire, L. N. Howard, J. S. Smart (Phys. Rev. [2] **86** [1952] 599).

[11] N. Menyuk, K. Dwight, A. Wold (J. Phys. [Paris] **25** [1964] 528/36). — [12] A. J. Heeger, T. W. Houston (Proc. Intern. Conf. Magnetism, Nottingham 1964 [1965], S. 395). — [13] K. Dwight, N. Menyuk, J. Feinleib, A. Wold (J. Appl. Phys. **37** [1966] 962/3). — [14] T. W. Houston, A. J. Heeger (J. Phys. Chem. Solids **29** [1968] 1085/92). — [15] T. Tsuda, A. Hirai, T. Tsushima (Solid State Commun. **9** [1971] 2207/9).

[16] H. H. Nagasawa, T. Tsushima (Phys. Letters **15** [1965] 205/6). — [17] E. Whipple, A. Wold (J. Inorg. Nucl. Chem. **24** [1962] 23/7). — [18] R. Plumier (Compt. Rend. B **265** [1967] 726/9; J. Appl. Phys. **39** [1968] 635/6). — [19] S. Miyahara, T. Miyadai, S. Horiuti (J. Phys. [Paris] **32** [1971] Suppl. C1-57/C1-58). — [20] S. Horiuchi, S. Miyahara (J. Phys. Soc. Japan **28** [1970] 529).

[21] T. Tsushima, Y. Kino, S. Funahashi (J. Appl. Phys. **39** [1968] 626/8). — [22] K. Siratori, H. Kohn (J. Phys. Soc. Japan **19** [1964] 1565/72). — [23] K. Siratori, H. Kohn (J. Phys. Soc. Japan **24** [1968] 425).

Optische Eigenschaften

Optical Properties

Die im fernen IR bei 1.5 K beobachteten Absorptionsmaxima bei 24.5 ± 0.2 und 33.5 ± 0.3 cm⁻¹ könnten magnetischen Ursprungs sein und mit der spiralenförmigen Anordnung der Mn-Momente zusammenhängen [1].

Im IR-Spektrum sind von den 14 Schwingungen des Spinell-Gitters nur diejenigen vom F_{1u}-Typ als Maxima beobachtbar; ν_8 und ν_{10} sind Wellenzahlen der Schwingungen der Kationen auf Oktaederplätzen, ν_9 und ν_{11} gehören zu Schwingungen, an denen alle Ionen beteiligt sind. Die Wellenzahlen werden von Lutz und Fehér [2] zu $\nu_8 = 490$, $\nu_9 = 610$, $\nu_{10} = 372$, $\nu_{11} = 193$ cm⁻¹ ermittelt, während Preudhomme und Tarte [3] $\nu_8 = 512$, $\nu_9 = 620$, $\nu_{10} = 380$, $\nu_{11} = 194$ cm⁻¹ finden. Die beiden Maxima unterhalb 400 cm⁻¹ werden schon von Siratori und Aiyama [4] registriert. An Pulvern untersuchen Siratori u. a. [5] die Verschiebung aller 4 Banden zwischen 100 und 400 K. Die in diesem Bereich stattfindende Verzerrung wird an einigen anderen Verbindungen mit Spinell-Gitter eingehender von Siratori [6] untersucht, wobei die Daten für $MnCr_2O_4$ (nochmals) zum Vergleich herangezogen werden. Das vollständige Spektrum der M^{II}-Cr-Spinelle (M^{II} = Mg, Zn, Fe, Co, Ni, Cu) tritt erst nach Glühen der Ausgangsoxide $M^{II}O$ und Cr_2O_3 bei 600 bis 900°C auf, während Glühen bei 250 oder 360°C nur zur partiellen Bildung der Spinelle führt, Yur'eva u. a. [7].

Die Färbung der meisten M^{II}-Cr-Spinelle (M^{II} = Be, Ca, Sr, Ba, Cd, Pb) wird durch das Cr^{3+}-Ion bestimmt, so daß diese Mischoxide grün sind. Die zusätzliche Absorption durch das Mn^{2+}-Ion bewirkt eine grünlich-graue Färbung [7]; in älteren Arbeiten wird $MnCr_2O_4$ auch als grau [8] oder — ebenso wie $FeCr_2O_4$ — als schwarzbraun [9] bezeichnet.

Literatur:

[1] K. Nagata, Y. Tomono (J. Phys. Soc. Japan **24** [1968] 1397). — [2] H. D. Lutz, M. Fehér (Spectrochim. Acta A **27** [1971] 357/65); vgl. hierzu A. D. Lutz (Z. Naturforsch. **24a** [1969] 1417/9). — [3] J. Preudhomme, H. Tarte (Spectrochim. Acta A **27** [1971] 1817/35, 1820). — [4] K. Siratori, Y. Aiyama (J. Phys. Soc. Japan **20** [1965] 1962/3). — [5] K. Siratori, A. Tsushida, Y. Tomono (J. Appl. Phys. **36** [1965] 1050/1).

[6] K. Siratori (J. Phys. Soc. Japan **23** [1967] 948/65). — [7] T. M. Yur'eva, G. K. Boreskov, V. I. Zharkov, L. G. Karakchiev, V. V. Popovskii, V. A. Chigrina (Kinetika i Kataliz **9** [1968] 1291/5; Kinetics Catalysis [USSR] **9** [1968] 1063/7). — [8] J. J. Ebelmen (Ann. Chim. Phys. [3] **33** [1851] 34/74, 44). — [9] C. Duval, C. Wadier (Congr. Group. Avan. Methodes Anal. Spectrog. Prod. Met. **10** [1957] 101/4).

2.11.11.1.2.2 Mn_2CrO_4

Zur Darstellung werden stöchiometrische Mengen $Mn_2O_{2.73}$ und Cr_2O_3 vermahlen, verpreßt und an der Luft erhitzt. Die Reaktion beginnt bei 800°C und ist bei 1000°C beendet. Beim Abschrecken und langsamem Abkühlen entstehen praktisch gleiche Präparate. Die Verbindung ist zwischen Raumtemperatur und 1250°C stabil [1].

Mn_2CrO_4 kristallisiert tetragonal, Raumgruppe $I4_1/amd$ (Nr. 141), wie Mn_3O_4 (s. „Mangan" C1, S. 82) und wird ebenfalls mit der größeren flächenzentrierten Elementarzelle (Z = 8, in „Mangan" C1, S. 82, ist irrtümlich Z = 4 angegeben) beschrieben, um die nahe Verwandtschaft zum Spinell-Typ deutlich zu machen. Bei von 1250°C abgeschreckten Proben betragen die Gitterkonstanten a = 8.355, c = 8.752 Å, bei langsam abgekühlten a = 8.343, c = 8.760 Å. Aus Neutronenbeugungsuntersuchungen ergeben sich die Parameter des Sauerstoffs zu x = 0.314 und z = 0.387. Die Kationenverteilung entspricht der eines inversen Spinells: $Mn^{II}(Cr^{III}Mn^{III})O_4$ [1].

Aus Messungen der magnetischen Suszeptibilität folgt, daß die Verbindung unterhalb 65 K ferrimagnetisch ist [1, 2]. Die paramagnetische Curie-Temperatur von $\Theta_p = -300$ K weist auf antiferromagnetische Wechselwirkungen hin [2]. Die Curie-Konstante ist mit C = 7.16 K · cm^3/mol [1, 2] kleiner als theoretisch erwartet (9.24). Neutronenbeugungsuntersuchungen bei 4.2 K ergeben die gleiche Symmetrie wie bei Raumtemperatur. Die magnetische Struktur ist vom Yafet-Kittel-Typ mit [110] als Symmetrieachse (= Richtung der leichten Magnetisierbarkeit). Die magnetischen Momente der Ionen auf den Tetraeder- und Oktaederplätzen sind mit 4.1 bzw. 1.68 μ_B deutlich kleiner als theoretisch erwartet, vermutlich infolge von Fluktuationen um die Richtung [110]. Die spontane Magnetisierung bei $H_a = 0$ und T = 4.2 K entspricht dem resultierenden Moment 1.08 μ_B. Zwischen 45 und 65 K ist die Struktur vom Néel-Typ [2].

Literatur:

[1] R. Buhl (J. Phys. Chem. Solids **30** [1969] 805/12, 810). — [2] B. Boucher, R. Buhl, M. Perrin (J. Phys. Chem. Solids **32** [1971] 1471/88).

2.11.11.1.3 Mn_2O_3-Cr_2O_3-Mischkristalle

Solid Solutions of Mn_2O_3 with Cr_2O_3

Durch Feststoffreaktion lassen sich aus Mn_2O_3 und Cr_2O_3 Mischkristalle mit maximal x = 0.13 darstellen [1], während bei Einkristallen, die aus einer Schmelzlösung von 69.56 Mol-% PbF_2 und 13.88 Mol-% $PbCl_2$ bei 815°C erhalten werden, x maximal 0.01 beträgt [2].

Die Gitterkonstante der kubischen Hochtemperaturmodifikation der Mischkristalle fällt bei Raumtemperatur linear von a = 9.412 Å bei x = 0.01 auf a = 9.390 Å bei x = 0.13. Die Temperatur der Umwandlung in die rhombische Tieftemperaturmodifikation fällt von 293 K bei x = 0.01 auf 150 K bei x = 0.075. Mischkristalle oberhalb x etwa 0.11 sind bis 0 K kubisch. Bei x = 0.05 hat die

Tieftemperaturmodifikation bei 183 K die Gitterkonstanten a = 9.397, b = 9.415, c = 9.378 Å. Die Kristallstrukturen der Mischkristalle entsprechen den Modifikationen des reinen Mn_2O_3, s. „Mangan" C1, S. 104.

Ähnlich wie bei reinem Mn_2O_3 (s. „Mangan" C1, S. 110) zeigt die Temperaturabhängigkeit der magnetischen Suszeptibilität bei den Mischkristallen zwei Maxima bei T_{N1} und T_{N2}. Unterhalb T_{N1} sind die Mischkristalle antiferromagnetisch. Zur Konzentrationsabhängigkeit von T_{N1} und T_{N2} s. **Fig. 113** [2].

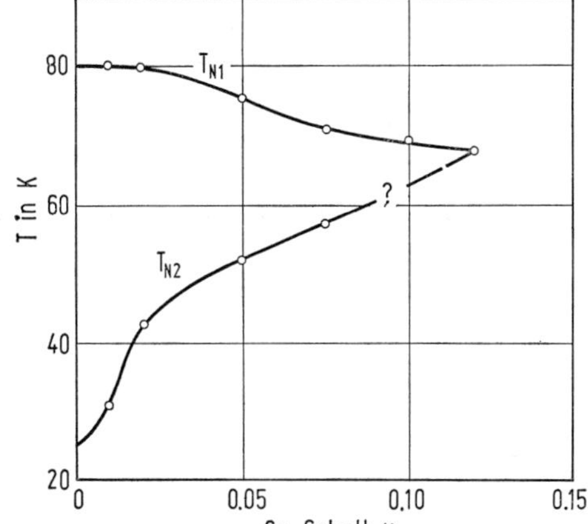

Fig. 113

Abhängigkeit der Néel-Temperaturen T_{N1} und T_{N2} bei $(Mn_{1-x}Cr_x)_2O_3$ vom Cr-Gehalt x.

$MnCrO_3$ entsteht aus MnO und CrO_2 bei 1200°C und Drücken oberhalb 50 kbar (Tetraederpresse). Es kristallisiert wie $MnVO_3I$ (s. S. 159) in einem triklin verzerrten Ilmenit-Typ mit den Gitterkonstanten a = 5.113 ± 0.009, b = 5.385 ± 0.007, c = 4.991 ± 0.007 Å, α = 89°57′ ± 9′, β = 118°12′ ± 7′, γ = 62°33′ ± 6′; d-Werte s. im Original. — Auf Grund der Temperaturabhängigkeit der reziproken magnetischen Suszeptibilität $1/\chi$ ist $MnCrO_3$ unterhalb 130 K vermutlich ferrimagnetisch. Oberhalb dieser Temperatur folgt $1/\chi$ dem Curie-Weiss-Gesetz mit der Curie-Temperatur $\Theta_p = -380 \pm 20$ K. Aus dem effektiven magnetischen Moment 4.00 ± 0.15 μ_B wird auf eine Ladungsverteilung $Mn^{III}Cr^{III}O_3$ geschlossen. — Die Verbindung zersetzt sich an der Luft bei 500°C innerhalb 48 h zu Mn_2O_3 und Cr_2O_3 [3].

Literatur:

[1] G. P. Espinosa (J. Cryst. Growth **10** [1971] 323/6). — [2] S. Geller, G. P. Espinosa (Phys. Rev. [3] B **1** [1970] 3763/9). — [3] H. Sawamoto (Mater. Res. Bull. **8** [1973] 767/76).

2.11.11.1.4 MnO_2-CrO_2-Mischkristalle

Solid Solutions of MnO_2 with CrO_2

Die Untersuchungen an diesen Mischkristallen galten der Frage, wie die Eigenschaften von CrO_2 durch Einbau von Mn^{IV} verändert werden, d. h. wie sie vom Mn-Gehalt x abhängen. Allerdings trifft die Voraussetzung, daß die Mn-Ionen in diesen Mischoxiden vierfach geladen seien [2, 3, 4], wahrscheinlich nicht zu. Vielmehr sind sie mindestens im Bereich x ≦ 0.5 fünffach geladen, und ein entsprechender Anteil von Cr^{IV} geht in Cr^{III} über, so daß für x = 0.5 die Formel $Cr^{III}Mn^{V}O_4$ gilt [1]. Die Existenz von Mn^V wurde schon früher [3] vermutet.

Zur Darstellung werden entsprechende Mengen von verriebenem und verpreßtem MnO_2 und CrO_2 in einem Platinzylinder 2 h bei 1000°C und 65 kbar (Tetraederpresse) gehalten. Anschließend wird auf Raumtemperatur abgeschreckt und entspannt. Unter hydrothermalen Bedingungen entstehen innerhalb von 19 h bei 400°C und 300 atm keine einheitlichen Phasen; meist enthalten sie noch CrO_2 [1]. Eine weitere Methode besteht darin, eine wäßrige Lösung von CrO_3 und $Mn(NO_3)_2$ bei 150°C einzudampfen und den Rückstand bei einem Sauerstoffdruck von 100 kg/cm² [2] bzw. 800 bis 900 atm [3] auf 400 bis 550°C zu erhitzen [2]. Druilhe u. a. [4 bis 7] arbeiten mit einem

Solid Solutions of MnO_2 with CrO_2

Sauerstoffdruck von 130 kg/cm^2, doch sollen bei so niedrigen Drücken nur heterogene Präparate entstehen, die noch CrO_2 enthalten, was sich besonders bei den magnetischen Messungen bemerkbar macht [1].

Im Bereich $0 \leqq x \leqq 0.75$ sind die Reaktionsprodukte einphasig, während bei höheren Werten von x zwei Phasen beobachtet werden [1, 2]. Bei $0.005 \leqq x \leqq 0.333$ kristallisieren sie tetragonal im Rutil-Typ wie CrO_2 (s. „Chrom" B, S. 91) [1, 9]. Mit steigendem x verbreitern sich die Röntgenreflexe, und bei x = 0.5 wird eine rhombisch verzerrte Struktur vom Rutil-Typ beobachtet, ähnlich wie bei $CaCl_2$ (s. „Calcium" B, S. 434): a = 4.399 ± 0.003, b = 4.441 ± 0.003, c = 2.8883 ± 0.0007Å. Zur Abhängigkeit der Gitterkonstanten bei Raumtemperatur von x s. **Fig. 114** [1], s. auch [2]. — Bei Präparaten mit $0.05 \leqq x \leqq 0.2$ steigt a zwischen −200 und 500°C mit der Temperatur an, doch ist der lineare Verlauf bei 0 und 200°C von einem Knick unterbrochen. Bei c wird ein negativer Temperaturkoeffizient zwischen 0 und 200°C beobachtet [3]. Trotzdem nimmt das Volumen der Elementarzelle zwischen −200 und 200°C nahezu linear zu [8]. Neutronenbeugungsuntersuchungen bei 4.2 K zeigen, daß die chemische Elementrazelle bis zu dieser Temperatur erhalten bleibt [7].

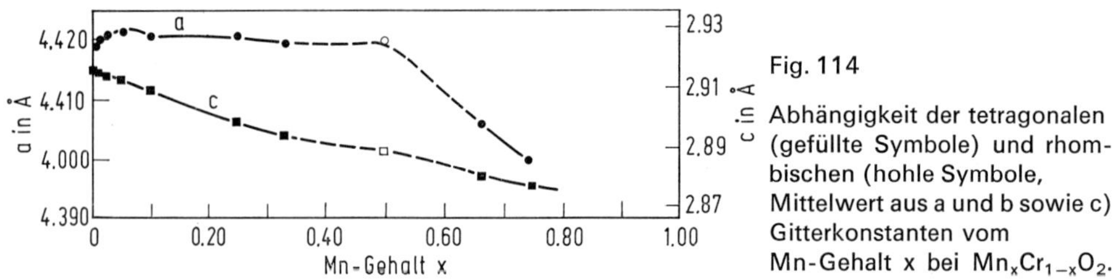

Fig. 114

Abhängigkeit der tetragonalen (gefüllte Symbole) und rhombischen (hohle Symbole, Mittelwert aus a und b sowie c) Gitterkonstanten vom Mn-Gehalt x bei $Mn_xCr_{1-x}O_2$.

Die magnetischen Momente der Cr^{IV}-Ionen bleiben in $Mn_xCr_{1-x}O_2$ unterhalb der Curie-Temperatur parallel gerichtet wie in CrO_2 (s. „Chrom" B, S. 92); T_C fällt von 400 K bei x = 0.005 auf 117 K bei x = 0.667. Zugleich geht das Sättigungsmoment (2.07 μ_B für CrO_2) von 1.92 μ_B bei x = 0.01 auf 0.32 μ_B bei x = 0.50 zurück, dann langsamer auf 0 bei $x \approx 0.75$ [1]. Die Momente der Mn-Ionen sind antiferromagnetisch an die der Cr-Ionen gekoppelt, jedoch nicht antiparallel ausgerichtet, weil auch die Mn-Ionen unter sich antiferromagnetisch gekoppelt sind [2, 3]. Die Verkantung der Momente in $Mn_{0.5}Cr_{0.5}O_2$ wird bei 4.2 K durch Neutronenbeugung nachgewiesen [7]. Der abweichende irreführende Befund, wonach T_C von x fast unabhängig — $T_C \approx 130°C$ [2], $T_C \approx 390$ K [7] — sein soll, beruht auf der Gegenwart von CrO_2 in den untersuchten Proben [1]. Somit können die Sättigungsmomente [4] nicht den einphasigen Mischoxiden zugeschrieben werden [1]. Entsprechendes gilt für die Proben, an denen die Temperaturabhängigkeit der spezifischen Leitfähigkeit (78 bis 500 K) und die Absorption zwischen 20 und 1 µm gemessen wurde [5, 6].

Bei 650°C reagiert $Mn_{0.5}Cr_{0.5}O_2$ in Ar-Atmosphäre irreversibel zu $Mn_{1.5}Cr_{1.5}O_4$, s. S. 190 [1].

Literatur:

[1] B. L. Chamberland, W. H. Cloud, C. G. Frederick (J. Solid State Chem. **8** [1973] 238/41). — [2] K. Siratori, S. Iida (J. Phys. Soc. Japan **15** [1960] 210/1). — [3] K. Siratori, S. Iida (J. Phys. Soc. Japan **17** Suppl. B I [1962] 208/11). — [4] G. Villers, R. Druilhe (Compt. Rend. B **264** [1967] 843/6). — [5] R. Druilhe (Compt. Rend. B **263** [1966] 653/5).

[6] R. Druilhe, J. P. Suchet (Czech. J. Phys. B **17** [1967] 337/46, 342 [englisch]). — [7] G. Villers, P. Gibart, R. Druilhe, P. Burlet (J. Appl. Phys. **39** [1968] 590/1). — [8] K. Siratori, S. Iida (J. Phys. Soc. Japan **15** [1960] 2362/3). — [9] H.-P. Walter, E. Scheve, D. Mehandjiev (Z. Anorg. Allgem. Chem. **405** [1974] 329/36).

Manganese Chromates

2.11.11.1.7 Manganchromate

$MnCrO_4$ (?), $MnCr_2O_7$ (?)

Ein Mangan(II)-Chromat(VI) der Zusammensetzung $MnCrO_4$ läßt sich aus einer Alkalichromatlösung und einem Mangan(II)-Salz trotz zahlreicher Versuche nicht darstellen, s. beispielsweise die Zusammenstellung älterer Arbeiten bei Mellor [1]. Bei diesem Verfahren entstehen statt dessen Alkalimangandoppelchromate (s. S. 197), die auch durch thermische Zersetzung kein $MnCrO_4$

liefern [2]. Eine Phase der Zusammensetzung $MnCrO_4$ ist innerhalb der Mischkristallreihe $Mn_xCr_{1-x}O_2$ bei x = 0.5 bekannt, s. S. 195. Über Fällungsprodukte auf Filterpapier und Gelatine, die aber nicht analytisch untersucht sind, s. [3, 4] bzw. [5].

Die Existenz von $MnCr_2O_7$ ist nicht gesichert. Zusammenfassung älterer Versuche zur Darstellung s. [1]. Nach Wunschendorff, Valier [6] soll $MnCr_2O_7$ entstehen, wenn man eine gesättigte K_2CrO_4-Lösung tropfenweise zu einer gesättigten $MnCl_2$-Lösung zugibt, den ausfallenden dunklen amorphen Niederschlag abtrennt und das Filtrat erst auf dem Wasserbad, anschließend im Vakuum einengt. Die ausfallenden prismenförmigen, rubinroten Kristalle von $MnCr_2O_7$ lassen sich aus H_2O umkristallisieren. Die Verbindung ist in Äthanol unlöslich. Die wäßrige Lösung zersetzt sich an der Luft unter Niederschlagsbildung [6]. Für die endotherme Bildung nach $5\,Cs_2Cr_2O_7 + 8\,Mn \rightarrow 4\,MnCr_2O_7 + Cr_2O_3 + 4\,MnO + 10\,Cs$ zwischen 600 und 900°C wird eine Aktivierungsenergie von 31.6 kcal/mol angegeben [7].

Literatur:

[1] W. Mellor (A Comprehensive Treatise on Inorganic and Theoretical Chemistry, Bd. 11, London–New York–Toronto 1931, Nachdruck 1959, S. 308/9, 343). — [2] P. P. Cord, P. Courtine, G. Pannetier (Bull. Soc. Chim. France **1971** 811/4). — [3] E. Deiss (Kolloid-Z. **89** [1939] 146/61, 154/8). — [4] F. N. Kulaev (Zh. Analit. Khim. **14** [1959] 278/82; J. Anal. Chem. USSR **14** [1959] 293/7). — [5] S. Veil (Compt. Rend. **226** [1948] 336/7).

[6] H. Wunschendorff, P. Valier (Bull. Soc. Chim. France [4] **53** [1933] 1504/7). — [7] G. N. Zviadadze, R. S. Razmadze, O. V. Shengeliya (Metalloterm. Protsessy Khim. Met. Mater. Konf., Novosibirsk 1971, S. 85/92 nach C. A. **80** [1974] Nr. 64429).

2.11.11.1.6 Verbindungen des Mn mit O, Cr und weiteren Metallen

Compounds of Mn with O, Cr, and Other Metals

Mangandoppelchromate mit Alkalimetallen und Ammonium

Manganese Double Chromates with Alkali Metals and Ammonium

Mangandoppelchromate des K, NH_4 und Cs sind bekannt. Ein Produkt mit Rb ist bislang nicht genauer untersucht worden. Eine Na-Verbindung bildet sich unter den üblichen Bedingungen nicht [1].

$K_2Mn(CrO_4)_2 \cdot 2\,H_2O$. Zur Darstellung der schon seit langem bekannten Verbindung [2] wird in eine K_2CrO_4-Lösung die stöchiometrische Menge einer $MnCl_2$- [3] oder $Mn(CH_3COO)_2$-Lösung [4] getropft. Zur besseren Kristallisation wird der entstehende Niederschlag eine Woche in der Mutterlauge bei Raumtemperatur gerührt [4]. Es entstehen durchsichtige rotbraune, prismatische Kristalle [3]. Sie besitzen in Analogie zum entsprechenden Magnesiumsalz trikline Symmetrie; Gitterkonstanten: a = 6.509 ± 0.005, b = 7.536 ± 0.005, c = 5.744 ± 0.005 Å, α = 94.65° ± 0.05°, β = 110.38° ± 0.05°, γ = 109.92° ± 0.05°; Z = 1. Die pyknometrische Dichte beträgt 2.77 ± 0.02, die Röntgendichte 2.754 ± 0.008 g/cm³ [4]. — Die Verbindung wird von H_2O unter Abscheidung brauner Niederschläge zersetzt, bildet dagegen mit verdünnter Schwefelsäure eine orangerote klare Lösung [3].

$K_2Mn_2(CrO_4)_3 \cdot 4\,H_4O$ (?). Nach älteren Angaben von Hensgen [5] soll die Verbindung auskristallisieren, wenn der aus K_2CrO_4- und $MnSO_4$-Lösung erhaltene Niederschlag (s. oben) nach dem Waschen mit gesättigter K_2CrO_4-Lösung, Alkohol und Salzsäure in konzentrierter warmer Chromsäurelösung gelöst, und die Lösung im Vakuum über H_2SO_4 eingeengt wird. Geeigneter soll die Umsetzung mit der Chromsäure im geschlossenen Rohr bei 180 bis 200°C sein. Die jodähnlichen blauschwarzen, stark doppelbrechenden Kristalle fallen beim Abkühlen aus. Beim Erhitzen auf 170 bis 180°C werden 2 mol H_2O abgegeben. Das restliche Wasser entweicht erst bei höheren Temperaturen unter gleichzeitiger Abgabe von Sauerstoff [5]. Bei späteren Versuchen kann die Verbindung nicht bestätigt werden [3].

$KMn_2(CrO_4)_2OH \cdot H_2O$. Die Verbindung wird aus verdünnten wäßrigen Lösungen von K_2CrO_4 und $Mn(NO_3)_2$ im Verhältnis Mn : Cr = 1 : 1 bei Raumtemperatur im pH-Bereich 6 bis 7.5 dargestellt [1, 6]. Sie ist mit dem monoklinen Natroncalcit $NaCu_2(SO_4)_2OH \cdot H_2O$ [7] isotyp. Gitterkonstanten: a = 9.35, b = 6.56, c = 7.77 Å, β = 114°59′; Z = 2, Raumgruppe C2/m (Nr. 12).

Die Schichten der Struktur werden von MnO_6-Oktaeder-Ketten gebildet, die durch CrO_4-Tetraeder verbunden sind. Die K-Ionen befinden sich zwischen den Schichten. Die Lage der H-Atome an den freien Ecken der MnO_6-Oktaeder wird durch das IR-Spektrum bestätigt [6].

Pyknometrische Dichte 3.09, Röntgendichte 3.20 g/cm³.

Das IR-Spektrum der normalen und der deuterierten (in schwerem Wasser hergestellt) Verbindung zeigt folgende Banden (in cm^{-1}) mit den entsprechenden Zuordnungen:

	$\nu^{as}_{O-H(D)}$	$\nu^{s}_{O-H(D)}$	$\delta_{H(D)-O-H(D)}$	ν_{Mn-O}	δ_{Mn-O}
Banden der H-Verbindung. . .	3400	3250	1625	770	725
Banden der D-Verbindung. . .	2560	2400	1200	560	520

Daraus folgt, daß alle O-H-Bindungen gleich sind, d. h. daß sich die Gruppierung $OH-H_2O$ nicht unterscheidbar wie H_2O verhält. Außerdem wird die Zugehörigkeit zur Koordinationssphäre des Mn bestätigt. Im Bereich der Valenzschwingungen des CrO_4^{2-}-Ions werden Banden bei 950, 880, 855 und 790 cm^{-1} sowie im Bereich der Deformationsschwingungen solche bei 410, 400, 377, 365, 355, 343, 340 und 330 cm^{-1} beobachtet.

Die thermische Zersetzung beginnt bei 50°C und verläuft mit steigender Temperatur über mehrere Zwischenstufen komplexer Art. Bei 550°C entsteht in Sauerstoff Mn_2O_3 und Cr_2O_3, die bei 900 bis 1100°C zu Mischkristallen von $MnCr_2O_4$ und Mn_3O_4 reagieren. Daneben liegt K_2CrO_4 vor. — Die Verbindung löst sich in 4molarer HCl-Lösung [6].

$Cs_2Mn_2(CrO_4)_3$. Die Verbindung läßt sich in gut kristallisierter Form aus stöchiometrischen Mengen Cs_2CrO_4 und $Mn(NO_3)_2$ in verdünnter wäßriger Lösung im pH-Bereich von 6 bis 7.5 darstellen. — Sie kristallisiert wie die analoge Ammoniumverbindung (s. unten) im kubischen Langbeinit-Typ, a = 10.669 ± 0.001 Å; d-Werte s. Original. — Im IR-Spektrum treten im Bereich der Valenzschwingungen des CrO_4^{2-}-Ions Schultern bei 940, 925 und 895 cm^{-1} sowie Banden bei 882, 870, 865 und 850 cm^{-1} auf. Die Banden der Deformationsschwingungen ähneln denen von $KMn_2(CrO_4)_2OH \cdot H_2O$ und $NH_4Mn_2(CrO_4)_2OH \cdot H_2O$. Sie liegen bei 405, 375, 370, 362, 355, 338, 330, 325, 318 und 305 cm^{-1} [1].

$(NH_4)_2Mn_2(CrO_4)_3$. Die Verbindung entsteht in gut kristallisierter Form aus stöchiometrischen Mengen $Mn(NO_3)_2$ und $(NH_4)_2CrO_4$ in verdünnter Lösung im pH-Bereich 6 bis 6.5 [1]. Eine fast schwarze wasserhaltige Verbindung $(NH_4)_2Mn_2(CrO_4)_3 \cdot 4H_2O$ soll sich auf gleiche Weise wie die entsprechende Kaliumverbindung (s. S. 197) aus $(NH_4)_2CrO_4$ und $MnSO_4$ bilden [5]. — Die wasserfreie Verbindung ist kubisch, a = 10.547 ± 0.001 Å; Z = 4, Raumgruppe $P2_13$ (Nr. 198). Sie kristallisiert im Langbeinit-Typ, $K_2Mg_2(SO_4)_3$, s. [8]; d-Werte s. Original [1]. — Pyknometrische Dichte bei 25°C: D = 2.81, Röntgendichte: 2.80 g/cm³. — Die wasserfreie Verbindung ist in normaler Schwefelsäure löslich [1]. Die wasserhaltige zersetzt sich bei 200°C, in der Flamme explodiert sie [5].

$NH_4Mn_2(CrO_4)_2OH \cdot H_2O$. Die Verbindung wird aus $(NH_4)_2CrO_4$ und $Mn(NO_3)$ im Verhältnis Mn : Cr = 1 : 1 in verdünnter wäßriger Lösung bei pH = 6.5 bis 7.5 dargestellt [1, 6], s. auch [3]. — Sie kristallisiert wie die entsprechende Kaliumverbindung (s. S. 197) im monoklinen Natroncalcit-Typ mit a = 9.40, b = 6.62, c = 7.79 Å, β = 114°22′. — Pyknometrische Dichte 2.90, Röntgendichte 2.97 g/cm³. — Das IR-Spektrum ähnelt weitgehend der analogen Kaliumverbindung. Im Bereich der Valenzschwingungen des CrO_4^{2-}-Ions werden Banden bei 945, 880, 857 und 800 cm^{-1} sowie im Bereich der Deformationsschwingungen solche bei 415, 395, 370, 367, 355, 348 und 337 cm^{-1} beobachtet.

Die in 4molarer Salzsäure leicht lösliche Verbindung zersetzt sich thermisch oberhalb 50°C unter Abgabe von NH_3. Bei 250°C sind 15% zersetzt. Der Verlauf der Reaktion bei weiterer Temperatursteigerung hängt von der umgebenden Atmosphäre ab. In H_2 hat die Zersetzungsgeschwindigkeit bei 250°C ein Maximum. Bei 450°C ist die Reaktion zu MnO und einer Spinell-Phase beendet. In O_2 wird bei der thermogravimetrischen Analyse zwischen 250 und 330°C ein röntgenamorphes Produkt der Zusammensetzung $MnCrO_4$ gebildet, dessen Natur aber bisher unklar ist. Die Reaktion ist bis 850°C unter Bildung von Mischkristallen zwischen $MnCr_2O_4$ und Mn_3O_4 beendet. In N_2 verläuft die Reaktion analog wie in O_2 [6].

Die in O_2 [9], N_2 [10] oder H_2 [11, 12] erhaltenen röntgenamorphen [13] Zersetzungsprodukte finden als Katalysatoren bei Redoxreaktionen Verwendung. Als Zusammensetzung der graubraunen bis graugrünen Phasen [11, 12] wird ein Molverhältnis $MnO : Cr_2O_3$ von etwa 2 : 1 [11, 14] oder auch $MnO_{1.5} + Cr_2O_3$ angegeben [9]. Über Untersuchungen der Adsorption von H_2 an diesen Phasen s. [11, 12, 14], von O_2,CO und CO_2 s. [9] sowie der katalytischen Aktivität bei organischen Reaktionen s. [15, 16].

Literatur:

[1] P. P. Cord, P. Courtine, G. Pannetier (Bull. Soc. Chim. France **1971** 2461/5). — [2] F. Breinl, J. Klaudy (Mitt. Technol. Gewerbemuseum Wien **1887** 55). — [3] M. Gröger (Z. Anorg. Allgem. Chem. **44** [1905] 453/68, 459, 464). — [4] G.-P. Guillem, L. Cot, C. Avinens, A. Norbert (Compt. Rend. C **270** [1970] 1870/2). — [5] C. Hensgen (Rec. Trav. Chim. **4** [1885] 212/20, 213, 215).

[6] P. P. Cord, P. Courtine, G. Pannetier (Bull. Soc. Chim. France **1971** 811/4). — [7] I. M. Rumanova, G. F. Volodina (Dokl. Akad. Nauk SSSR **123** [1958] 78/81; Soviet Phys.-Dokl. **3** [1958] 1093/6). — [8] A. Zemann, J. Zemann (Acta Cryst. **10** [1957] 409/13). — [9] T. Ward (J. Chem. Soc. **1947** 1244/6). — [10] M. Delassus, R. Boucher, Houilières du Bassin du Nord et du Pas-de-Calais (F. P. 1004588 [1949/52]; C. **1954** 3331).

[11] H. S. Taylor, A. T. Williamson (J. Am. Chem. Soc. **53** [1931] 2168/80, 2170). — [12] H. S. Taylor, S.-C. Liang (J. Am. Chem. Soc. **69** [1947] 2989/91). — [13] J. A. Campbell (Spectrochim. Acta **21** [1965] 1333/43, 1340). — [14] H. A. Taylor, N. Thon (J. Am. Chem. Soc. **74** [1952] 4169/73). — [15] W. A. Lazier, E. I. DuPont de Nemours & Co. (U. S. P. 1746788 [1928/30]).

[16] M. E. Kinsey, H. Adkins (Ind. Eng. Chem. **24** [1932] 314/7).

Verbindungen und Mischkristalle vom Spinell-Typ

Compounds and Solid Solutions of Spinel Type

$LiMnCrO_4$. Zur Darstellung werden die entsprechenden Oxide oder Carbonate der Metalle verrieben und wiederholt bei 800, 900 und 950°C in O_2-Atmosphäre [1] oder einem O_2-CO_2-Gemisch (80 : 20) [2] einige Stunden getempert. — Die Verbindung kristallisiert kubisch, a = 8.19 Å, im Spinell-Typ mit der Atomverteilung $Li(Mn^{IV}Cr^{III})O_4$ [2]. — Die reziproke magnetische Suszeptibilität verläuft zwischen 78 und 600 K (bis auf eine geringfügige Abweichung zu höheren Werten zwischen 160 und 250 K) linear und gehorcht bei höheren Temperaturen dem Curie-Weiss-Gesetz mit C = 2.500 K · cm³/mol und $\Theta_p = -50$ K [1]. $LiMnCrO_4$ bildet lückenlos Mischkristalle mit $LiZn_{0.5}Mn_{1.5}O_4$ und $ZnCr_2O_4$ [1], s. S. 200.

Literatur:

[1] S. Suseela, A. P. B. Sinha (Indian J. Pure Appl. Phys. **11** [1973] 116/20). — [2] G. Blasse (J. Inorg. Nucl. Chem. **25** [1963] 743/4).

Mn_3O_4-$MgCr_2O_4$. Aus 59.33 Gew.-% $MgCr_2O_4$ und 40.67 Gew.-% Mn_3O_4 (eingesetzt als Mn_2O_3) bilden sich oberhalb 1200°C Mischkristalle vom Spinell-Typ. Bei 1200°C entstehen auch Mischkristalle vom Hausmannit-Typ (α-Mn_3O_4, s. „Mangan" C1, S. 82), außerdem scheidet sich $MgMn_2O_4$ als separate Phase ab, Ya. V. Klyucharov, Yu. D.Kuznetsov (Izv. Akad. Nauk SSSR Neorgan. Materialy **7** [1971] 656/8; Inorg. Materials [USSR] **7** [1971] 570/2).

$MgMn_2O_4$-$MgCr_2O_4$. Die Mischkristalle werden durch Feststoffreaktion der Metalloxide bei hohen Temperaturen dargestellt. Nach dem Abschrecken auf Raumtemperatur werden sie stufenweise zwischen 300 und 1250°C getempert. Auf Grund von Hochtemperaturröntgenaufnahmen und DTA ergibt sich das in **Fig. 115**, S. 200, wiedergegebene Phasendiagramm. Im Bereich $0 \leqq x < 1.25$ kristallisieren die Mischkristalle $MgMn_xCr_{2-x}O_4$ kubisch im Spinell-Typ wie $MgCr_2O_4$ (x = 0, s. „Chrom" B, S. 779). Die Größe der Elementarzelle nimmt mit wachsendem x zu. Im Bereich $1.25 \leqq x \leqq 1.57$ [1] (der Wert 1.62 [2] anstelle von 1.57 ist überholt) zerfallen die Spinell-Phasen beim Abkühlen in kubische Spinelle und tetragonale Mischkristalle vom Hausmannit-Typ (α-Mn_3O_4, s. „Mangan" C1, S. 82) mit c/a in der Größenordnung von 1.13. Hochtemperaturröntgenaufnahmen zeigen, daß die Mischkristalle im Bereich $1.57 < x \leqq 2$ oberhalb 850°C kubisch sind. Beim Abschrecken entstehen jedoch tetragonale Phasen vom Hausmannit-Typ mit c/a etwa 1.02. $MgMn_2O_4$ (x = 2) verhält sich ebenso, s. „Mangan" C2, S. 218.

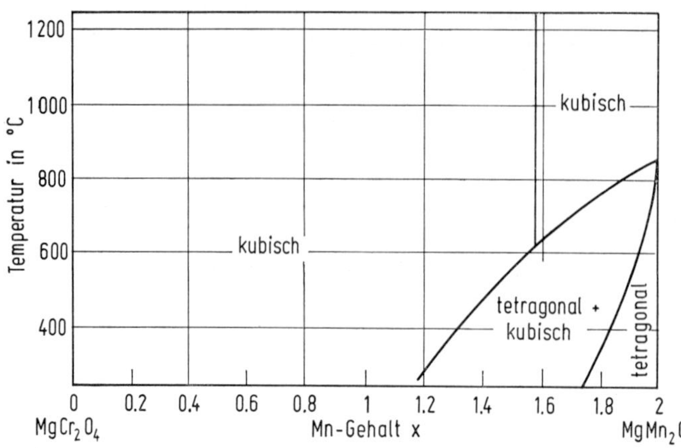

Fig. 115

Zustandsdiagramm des Mischkristallsystems $MgMn_xCr_{2-x}O_4$.

Röntgen- und Neutronenbeugungsuntersuchungen an Präparaten, die von 1000°C abgeschreckt wurden, ergeben folgende Atomverteilung: $Mg_{6.25}Mn_{1.75}(Mg_{1.75}Mn_{6.25}Cr_8)O_{32}$ bei x = 1 und $Mg_{5.6}Mn_{2.4}(Mg_{2.4}Mn_{10.1}Cr_{3.5})O_{32}$ bei x = 1.57, wobei der Sauerstoffparameter immer 0.261 beträgt (die Angaben beziehen sich auf den gesamten Inhalt der Elementarzelle mit Z = 8) [1]. Ältere leicht abweichende Angaben in [2]. Bei Präparaten, die bei 650 und 300°C getempert wurden, wird praktisch die gleiche Atomverteilung gefunden [1, 2].

Literatur:

[1] M. Grenot, M. Huber (J. Phys. Chem. Solids **28** [1967] 2441/7). — [2] M. Grenot (Bull. Soc. Chim. France **1967** 2043/50).

$ZnMnCrO_4$. Die Verbindung wird durch wiederholtes, mehrstündiges Sintern von Oxid- bzw. Oxalatmischungen im gewünschten Mengenverhältnis bei Temperaturen von etwa 1000 bis 1200°C und langsames Abkühlen hergestellt [1, 2]. Die Struktur ist vom tetragonalen Hausmannit-Typ (α-Mn_3O_4, s. „Mangan" C1, S. 82); Gitterkonstanten a = 8.25, c = 8.63 Å [1] bzw. a = 8.25, c = 8.62 Å [2]. Es wird die Atomverteilung $Zn(Mn^{III}Cr^{III})O_4$ angenommen [3].

Literatur:

[1] M. O'Keeffe (Phys. Chem. Solids **21** [1961] 172/8, 174). — [2] P. F. Bongers (Diss. Univ. Leyden 1957, S. 1/58, 26 [holländisch]; N. S. A. **12** [1958] Nr. 11345). — [3] J. B. Goodenough (J. Phys. Radium [8] **20** [1959] 155/9).

$LiZn_{0.5}Mn_{1.5}O_4$ - $LiMnCrO_4$ - $ZnCr_2O_4$. Diese drei kubischen Spinelle bilden miteinander ein lückenloses Mischkristallsystem. Zur Darstellung werden entsprechende Mengen Oxide oder Carbonate der Metalle verrieben und je 24 h in O_2-Atmosphäre bei 800, 900, 950°C, die chromreichen Phasen auch bei 975°C getempert. — Röntgenographische Untersuchungen ergeben eine direkte Abhängigkeit zwischen der Besetzung der Ionen der Tetraederplätze und dem Sauerstoffparameter x, beispielsweise $Li_{0.4}Zn_{0.6}(Mn_{0.4}Cr_{1.6})O_4$ mit a = 8.334 Å und x = 0.382 oder $Li_{0.1}Zn_{0.9}(Mn_{0.3}Cr_{1.6}Li_{0.1})O_4$ mit a = 8.316 Å und x = 0.395. Lediglich $Li_{0.5}Zn_{0.5}(Mn_{0.7}Cr_{1.2}Li_{0.1})O_4$ weicht mit a = 8.2805 Å und x = 0.396 etwas ab. Eine analoge Atomverteilung wird für die (insgesamt 18) anderen hergestellten Mischkristalle angenommen. — Die reziproke magnetische Suszeptibilität χ^{-1} folgt im untersuchten Bereich von 78 bis 600 K etwa oberhalb 300 K dem Curie-Weiss-Gesetz. Θ_p zeigt einen regelmäßigen Verlauf mit der Konzentration der magnetischen Ionen, z. B. fällt Θ_p innerhalb der Mischkristallreihe $LiZn_{0.5}Mn_{1.5}O_4$-$LiMnCrO_4$ von +44 K bei $Li_{0.6}Zn_{0.4}(Mn_{1.4}Cr_{0.2}Li_{0.4})O_4$ auf −9 K bei $Li_{0.9}Zn_{0.1}(Mn_{1.1}Cr_{0.8}Li_{0.1})O_4$; die Curie-Konstante beträgt bei diesen Phasen C = 2.162 bzw. 2.973 K · cm³/mol. Weitere Werte der 18 Mischkristalle s. Original. Während aus dem linearen Verlauf von χ^{-1} bei $LiZn_{0.5}Mn_{1.5}O_4$ auf eine ferromagnetische Anordnung der magnetischen Momente geschlossen wird, nimmt mit wachsender Konzentration von Cr auf den Oktaederplätzen die antiferromagnetische Anordnung zu. Zwischen den Mangan-Ionen besteht eine positive, zwischen den Chrom-Ionen eine negative und im Vergleich zu den Mangan-Ionen stärkere Wechselwirkung, S. Suseela, A. P. B. Sinha (Indian J. Pure Appl. Phys. **11** [1973] 116/20).

$MnCr_2O_4$-$MnAl_2O_4$. Die kubischen Spinelle $MnCr_2O_4$ (s. S. 190) und $MnAl_2O_4$ (s. S. 2) bilden eine lückenlose Mischkristallreihe $MnCr_{2-x}Al_xO_4$ [1].

Zur Darstellung werden entsprechende Mengen $MnCO_3$, Cr_2O_3 und Al_2O_3 in Alkohol vermahlen, getrocknet und 6 h in He-Atmosphäre auf 1400°C erhitzt [1]. Statt $MnCO_3$ eignet sich auch $MnSO_4 \cdot 4H_2O$. Mit etwa 2 Gew.-% B_2O_3 als Mineralisator werden die Ausgangssubstanzen in inerter Atmosphäre auf 1300°C erhitzt [2]. Die Abkühlungsgeschwindigkeit hat keinen erkennbaren Einfluß auf die Eigenschaften der Mischkristalle [1].

Die Gitterkonstanten der Mischkristalle sind linear von x abhängig und gehorchen damit der Regel von Vegard. Sie sind nahezu normale Spinelle mit der folgenden Atomverteilung: $Mn_{1-\gamma x}Al_{\gamma x}$-$(Mn_{\gamma x}Al_{x(1-\gamma)}Cr_{2-x})O_4$, wobei $\gamma \approx 0.05$ beträgt [1].

Die Mischkristalle sind bei tiefen Temperaturen ferrimagnetisch. Die Curie-Temperatur (erhalten aus der Temperaturabhängigkeit der reziproken magnetischen Suszeptibilität) fällt fast linear von 53 K bei x = 0.2 auf 29 K bei x = 1.4. Das Sättigungsmoment steigt bei 0 K von 1.16 μ_B bei x = 0 ($MnCr_2O_4$) auf ein Maximum von 1.37 μ_B bei x = 0.8, fällt auf 1.25 μ_B bei x = 1.0, und nähert sich mit wachsendem x offensichtlich dem Wert Null bei x = 2.0. Die Temperaturabhängigkeit der Magnetisierung bei 6.6 kOe ist zwischen 0 und 60 K ähnlich wie bei $MnCr_2O_4$ (s. S. 192). Diese magnetischen Eigenschaften lassen sich qualitativ mit dem Modell von Yafet und Kittel erklären, nicht jedoch mit dem von Néel [1].

Das Reflexionsvermögen des braunen Mischkristalls $MnCrAlO_4$ (x = 1) fällt von R ≈ 65% bei 740 nm über zwei Schultern bei etwa 660 und 640 nm auf ein Minimum von etwa 17% bei 590 nm. Nach einem flachen Maximum von 18% bei etwa 540 nm wird bei 400 nm der Wert von 10% erreicht [2].

Mit zunehmendem Gehalt an Cr wächst die chemische Beständigkeit gegenüber Säuren und Laugen. Die chromreichen Mischkristalle eignen sich als Farbpigmente für Glasuren [2].

Literatur:

[1] P. L. Edwards (Phys. Rev. [2] **116** [1959] 294/300). — [2] S. G. Tumanov, V. P. Pyrkov, A. S. Bystrikov (Izv. Akad. Nauk SSSR Neorgan. Materialy **6** [1970] 1499/502; Inorg. Materials [USSR] **6** [1970] 1321/3).

Mn_3O_4-$MgAlCrO_4$. Für diese Mischkristalle gilt das gleiche wie für diejenigen aus Mn_3O_4 und $MgCr_2O_4$, s. S. 199.

$MnCr_2O_4$-Mn_2TiO_4. Im Bereich 0.5 < x < 1 existiert eine lückenlose Mischkristallreihe kubischer Spinelle $Mn_{1+x}Cr_{2(1-x)}Ti_xO_4$ [1, 2]. Die Mischkristalle im Bereich 0 < x < 0.5 enthalten 5 bis 10% des Mangans in Form von Mn^{III}, außerdem wird die gleichzeitige Bildung einer zweiten, schlecht kristallisierten unbekannten Phase beobachtet [3].

Zur Darstellung werden die Hydroxide gemeinsam gefällt, wobei das Mangan im großen Überschuß eingesetzt wird. Der getrocknete Niederschlag wird zunächst 10 h in einem bei 25°C mit H_2O gesättigten H_2-Strom auf 1000°C erhitzt und nach erneutem Mahlen 20 h in Ar wieder auf 1000°C. Nach dem Herauswaschen des überschüssigen Mangans mit verdünnter Salzsäure werden die Mischkristalle 2 h in Ar auf 1100°C [1] oder in N_2 auf 1200°C erhitzt [3]. Die Eigenschaften der Präparate sind von der Abkühlungsgeschwindigkeit unabhängig [3].

Der Verlauf der Gitterkonstante in Abhängigkeit von x weicht nur geringfügig von der Vegard-Regel zu kleineren Werten ab. Mit steigendem x geht die Struktur ohne Diskontinuität vom normalen Spinell $Mn(Cr_2)O_4$ (x = 0) in den inversen Spinell $Mn(MnTi)O_4$ (x = 1) über [3].

Die Mischkristalle sind bei tiefen Temperaturen ferrimagnetisch. Die Curie-Temperaturen weichen vom linearen Verlauf leicht zu höheren Werten ab [3]. Das resultierende magnetische Moment bei Sättigung fällt bei 4.2 K von etwa 1.06 μ_B bei x = 0.5 über etwa 0.88 μ_B bei x = 0.8 auf 0.5 μ_B bei x = 1 (Mn_2TiO_4, s. S. 105) [1, 2, 3].

Literatur:

[1] M. Rault, A. Lecerf, G. Villers (Compt. Rend. **258** [1964] 4553/5). — [2] A. Lecerf, M. Rault, J. Portier, G. Villers (Bull. Soc. Chim. France **1965** 1208/12). — [3] P. Hagenmuller, C. Guillaud, A. Lecerf, M. Rault, G. Villers (Bull. Soc. Chim. France **1966** 2589/96, 2594).

Other Solid Solutions

Weitere Mischkristalle

$YMnO_3$-$YCrO_3$. Die Umsetzung der Oxide nach der Keramiktechnik bei 900 bis 1000°C und nach erneutem Mahlen bei 1200 bis 1400°C (je 1 h) ergibt, daß sich hexagonale Mischkristalle $YMn_{1-x}Cr_xO_3$ im Bereich von $0 < x < 0.05$ bilden, die isotyp mit $YMnO_3$ (s. S. 48) sind. Bei $x > 0.45$ existieren rhombische Mischkristalle, deren Struktur wie bei $YCrO_3$ einen verzerrten Perowskit-Typ darstellt. Im dazwischen liegenden Gebiet treten die hexagonalen und rhombischen Mischkristalle nebeneinander auf, I. H. Ismailzade, G. A. Smolenskii, V. I. Nesterenko, F. A. Agaev (Phys. Status Solidi A **5** [1971] 83/9, 87).

$LaMnO_3$-$LaCrO_3$. Zur Darstellung nach der Keramiktechnik werden entsprechende Mengen La_2O_3, $MnCO_3$ und Cr_2O_3 in einem CO_2-H_2(5%)-Gemisch [1] oder in N_2-Atmosphäre [2, 3] etwa 16 h auf 1300 [3] bis 1400°C erhitzt [2].

Die Struktur der Mischkristalle $LaMn_{1-x}Cr_xO_3$ läßt sich vom Perowskit-Typ ableiten. Im Bereich von x = 0 bis etwa 0.33 wird monokline Symmetrie gefunden [1, 2]; Gitterkonstanten bei x = 0.05: a = c = 7.958, b = 7.723 Å, β = 91°30′ [2]. Abweichend hiervon wird auch rhomboedrische Symmetrie angegeben [4]. Mit wachsendem x nimmt die monokline Verzerrung ab. Im Bereich $0.33 < x \leqq 1$ weicht die Symmetrie von der früher als kubisch angenommenen [1] nur wenig ab. Zur Beschreibung der Struktur wird eine rhombische [3, 4] oder auch eine monokline Zelle benutzt [2]. Die Struktur ist mit dem rhombischen $GdFeO_3$ [5] isotyp. Die Gitterkonstante der dem Perowskit-Typ entsprechenden Subzelle fällt von a = 3.905 Å bei x = 0.33 auf a = 3.888 Å bei x = 0.8 [3].

Die Sättigungsmagnetisierung der Mischkristalle, gemessen bei 20.4 K, weist bei $x \approx 0.25$ ein Maximum auf: $\sigma \approx 49$ G · cm³/g [1]. Das Maximum bei $x \approx 0.2$ wird auch von Bents [2] beobachtet, der außerdem die verschiedenen magnetischen Strukturen der antiferromagnetischen, Cr-armen ($x \leqq 0.15$, A-Typ) und der Cr-reichen ($x > 0.4$, G-Typ) Mischkristalle durch Neutronenbeugung unterhalb und oberhalb der kritischen Temperatur bestimmt. Im dazwischenliegenden Bereich wird ferromagnetisches Verhalten beobachtet [2]. Bei höheren Temperaturen besteht die $1/\chi$-T-Kurve aus 2 Geraden, aus denen sich verschiedene Θ_p-Werte extrapolieren lassen; das effektive Moment fällt nicht linear mit steigendem Cr-Gehalt [1].

Literatur:

[1] G. H. Jonker (Physica **22** [1956] 707/22, 713). — [2] U. H. Bents (Phys. Rev. [2] **106** [1957] 225/30). — [3] M. A. Gilleo (Acta Cryst. **10** [1957] 161/6). — [4] F. Bertaut, F. Forrat (J. Phys. Radium [8] **17** [1956] 129/31). — [5] S. Geller (J. Chem. Phys. **24** [1956] 1236/9).

$HoMnO_3$-$HoCrO_3$. Zur Darstellung werden die wäßrigen Lösungen der Metallnitrate eingedampft und anschließend in Ar auf 1450°C erhitzt.

Unter Druck entstehen wie beim reinen $HoMnO_3$ (s. S. 49) rhombische Hochdruckphasen $HoMn_{1-x}Cr_xO_3$ mit folgenden Gitterkonstanten (in Å):

x	0.2	0.3	0.4	0.5	0.6	0.7	0.8	0.9
a	5.26	5.26	5.26	5.26	5.29	5.26	5.26	5.25
b	5.78	5.74	5.67	5.64	5.61	5.58	5.56	5.55
c	7.42	7.44	7.45	7.46	7.48	7.51	7.52	7.53

Auf der Mn-reichen Seite gilt $c/\sqrt{2} < a < b$, auf der Cr-reichen $a < c/\sqrt{2} < b$; der Übergang ($a = c/\sqrt{2}$) liegt bei x = 0.4. Die Struktur läßt sich vom Perowskit-Typ ableiten und ist im Bereich $0.2 < x < 1$ isotyp mit $GdFeO_3$ [1].

In der Reihe $HoMn_{1-x}Cr_xO_3$ verschwindet die Orientierung der Mn-Momente bei einer anderen Temperatur als diejenige der Ho-Momente, s. S. 52. Für die beiden Néel-Temperaturen und die beiden paramagnetischen Curie-Temperaturen sowie für das Sättigungsmoment μ bei 4.2 K ergeben sich folgende Werte:

x	0.2	0.3	0.4	0.5	0.6
T_{N1}, T_{N2}	95,13	102,10	103,10	111,10	117,10
Θ_{p1}, Θ_{p2}	−20, −9	−23, −8	−20, −10	−20, −11	−22, −4
μ in μ_B	4.30	3.92	3.58	3.35	3.22

x	0.7	0.8	0.9
T_{N1}, T_{N2}	126,10	130,11	151,13
Θ_{p1}, Θ_{p2}	−27, −6	−28, −12	−30, −9
μ in μ_B	3.72	3.60	2.70

Apostolov, Pataud [2].

Literatur:

[1] S. Geller (J. Chem. Phys. **24** [1956] 1236/9). — [2] A. Apostolov, P. Pataud (Compt. Rend. B **268** [1969] 297/300).

$YbMnO_3$-$YbCrO_3$. Bei 1200 bis 1300°C bildet $YbMnO_3$ mit maximal 5 Mol-% $YbCrO_3$ hexagonale Mischkristalle mit den Gitterkonstanten a = 6.05, c = 11.34 Å bei der Grenzzusammensetzung. $YbCrO_3$ bildet mit maximal 25 Mol-% $YbMnO_3$ rhombische Mischkristalle mit a = 5.19, b = 5.55 und c = 7.46 Å bei der Grenzzusammensetzung. Durch Erhöhung des Drucks auf 40 kbar wird der Mischkristallbereich leicht vergrößert. Aus der zwischen 4.2 und 300 K gemessenen Suszeptibilität ergibt sich für $YbMn_{0.95}Cr_{0.05}O_3$ die Curie-Temperatur $\Theta_p = -166$ K und das effektive Moment 6.31 μ_B. $YbMn_{0.25}Cr_{0.75}$ ist unterhalb $T_C = 111$ K ferromagnetisch, und für den Suszeptibilitätsverlauf bei höheren Temperaturen gilt $\Theta_p = -83$ K, $\mu_{eff} = 5.99$ μ_B, A, E. Austin, J. F. Miller, V. E. Wood (Proc. 9th Rare Earth Res. Conf., Blacksburg, Va., 1971, Bd. 2, S. 786/94; C. A. **77** [1972] Nr. 10637).

$Mn_3Cr_2Ge_3O_{12}$, $Mn_3Al_xCr_{2-x}Ge_3O_{12}$, $Mn_3Ga_xCr_{2-x}Ge_3O_{12}$ mit x = 1.5, 1, 0.5 (Granat-Typ)

Zur Darstellung werden Mn_3O_4 [1, 2, 3], MnO [1] oder $MnCO_3$ [4, 10] mit Cr_2O_3 (und Al_2O_3 oder Ga_2O_3 [10]) und GeO_2 verrieben, verpreßt und an der Luft 2 bis 25 h lang auf 1200 [1, 2, 3, 10] bis 1350°C erhitzt [4]. Bei 900°C ist die Reaktion innerhalb 5 h noch unvollständig [3]. Geller u. a. [5] erhalten auf diesem Wege keine reinen Präparate. Anstelle der Oxide bzw. Carbonate von Mn und Cr können deren eingedampfte Nitratlösungen oder gemeinsam gefällten Hydroxide mit GeO_2 auf 1050 bis 1250°C erhitzt werden [1]. — Unter hydrothermalen Bedingungen läßt sich $Mn_3Cr_2Ge_3O_{12}$ bei 550°C und 1300 atm innerhalb von 2.5 bis 3.5 d aus stöchiometrischen Mengen MnO, MnO_2 oder $MnCO_3$ sowie Cr_2O_3 und GeO_2 in $MnCl_2$-Lösung in Form kleiner Kriställchen herstellen [6]. Die Hydrothermalsynthese in Boraxlösung gelingt unter diesen Bedingungen nicht [7].

Die Gitterkonstante a = 12.027 ± 0.003 Å [1, 2, 3] von $Mn_3Cr_2Ge_3O_{12}$ wird genau bestätigt [5], s. auch [4]. Außerdem wird a = 12.049 ± 0.005 Å gefunden [10]. Raumgruppe Ia3d (Nr. 230); Z = 8 [1], Atomverteilung $\{Mn_3\}[Cr_2](Ge_3)O_{12}$ [5]. Bei $Mn_3AlCrGe_3O_{12}$ ist a = 11.973 Å, bei $Mn_3GaCrGe_3O_{12}$ a = 12.051 Å [10]; weitere Mn-Germanat-Granate s. S. 78. — Die Röntgendichte von $Mn_3Cr_2Ge_3O_{12}$ beträgt 5.197 g/cm³ [4]. Der Schmelzpunkt liegt oberhalb 1650°C [3].

Magnetisierungsmessungen zeigen, daß $Mn_3Cr_2Ge_3O_{12}$ bis 90 K paramagnetisch bleibt; bei tieferen Temperaturen dürfte magnetische Ordnung einsetzen [1, 2]. Die Wechselwirkung zwischen Mn^{2+} und Cr^{3+} ist so schwach, daß der Curie-Punkt bei 3.68 ± 0.03 K liegt. Die Mn- und die Cr-Momente sind antiparallel ausgerichtet; das resultierende Moment läßt sich auf 10.2 μ_B bei T = 0 extrapolieren. Bei 1.65 K reicht ein Feld von 60 kOe zur Sättigung nicht aus [9].

Das Triplet ν_3 der Valenzschwingungen des GeO_4-Tetraeders in $Mn_3Cr_2Ge_3O_{12}$ wird bei 770, 730 und 695 cm^{-1} beobachtet. Es verschiebt sich mit wachsendem x zu höheren Wellenzahlen; bei Al-Substitution von 775, 736 und 699 cm^{-1} bei x = 0.5 nach 805, 755 und 720 cm^{-1}, bei Ga-Substitution von 772, 730 und 698 cm^{-1} bei x = 0.5 nach 785, 735 und 702 cm^{-1} bei x = 1.5 [10]. Weitere Angaben zum IR-Spektrum s. bei Tarte [8]. Die Absorption im sichtbaren Bereich bewirkt eine hellgrüne Färbung der Kristalle [2].

Literatur:

[1] A. Tauber, E. Banks, H. Kedesdy (Acta Cryst. **11** [1958] 893/4). — [2] A. Tauber, E. Banks, H. H. Kedesdy (J. Appl. Phys. **29** [1958] 385/7). — [3] A. Tauber, C. G. Whinfrey, E. Banks (Phys.

Chem. Solids **21** [1961] 25/32). — [4] H. Strunz, H. Freigang, B. Contag (Neues Jahrb. Mineral. Monatsh. **1960** 47/8). — [5] S. Geller, C. E. Miller, R. G. Treuting (Acta Cryst. **13** [1960] 179/86). [6] B. V. Mill (Zh. Neorgan. Khim. **11** [1966] 1533/8; Russ. J. Inorg. Chem. **11** [1966] 819/22). — [7] B. V. Mill (Zh. Neorgan. Khim. **13** [1968] 1562/5; Russ. J. Inorg. Chem. **13** [1968] 819/21). — [8] P. Tarte (Acad. Roy. Belg. Classe Sci. Mem. [Collection 8] [2] **35** Nr. 1 [1965] 1/260; C. A. **64** [1966] 9083). — [9] K. P. Belov, L. G. Mamsurova, B. V. Mill, V. I. Sokolov (Pis'ma Zh. Eksperim. i Teor. Fiz. **16** [1972] 173/6; JETP Letters **16** [1972] 120/2). — [10] R. Hřichova (Kristallografiya **18** [1973] 847/8; Soviet Phys.-Cryst. **18** [1973] 534/5).

Compounds of Manganese with Oxygen and Molybdenum

2.11.11.2 Verbindungen des Mangans mit Sauerstoff und Molybdän

2.11.11.2.1 Mn_3Mo_3O

Diese Phase wird beim Oxidieren eines gepreßten und bei 1600°C im Vakuum gesinterten Mn-Mo-Pulvergemischs mit H_2O-Dampf im geschlossenen SiO_2-Rohr bei 600 bis 800°C erhalten. Dem H_2O-Dampf wird überschüssiges H_2 zugesetzt. Da als Nebenprodukt MnO entsteht, wird die Phase nicht rein erhalten. — Sie kristallisiert kubisch; die Gitterkonstante liegt bei a = 11.07 bis 11.11 Å. Die Struktur ist wie beim isostrukturellen Mn_3Ti_3O (s. S. 100) vom η-Carbid-Typ (Fe_3W_3C). (In Structure Reports, Bd. 19, 1955, S. 378/9 werden diese Phasen fälschlich als $M'_3M''O_3$ bezeichnet), N. Schönberg (Acta Chem. Scand. **8** [1954] 932/6).

2.11.11.2.2 $Mn_2Mo_3O_8$

Zur Darstellung werden stöchiometrische Mengen von MnO und MoO_2 oder MnO, Mo und MoO_3 im evakuierten Quarzrohr 48 h auf 1050 bis 1150°C erhitzt. In kompakter Form sind die Präparate schwarz, in feinverteilter braun [1]. Für feinverteiltes $Mn_2Mo_3O_8$, das sich als Katalysator eignet, wird Ammoniummolybdat im H_2-Strom auf etwa 550°C erhitzt und dadurch in feinverteiltes MoO_2 (spezifische Oberfläche 10 bis 15 m^2/g) übergeführt. Das MoO_2 wird mit Mangan(II)-acetatlösung imprägniert und nach dem Trocknen 4 bis 5 h auf 700°C erhitzt. Überschüssiges MoO_2 wird mit verdünnter Salpetersäure herausgelöst. Das erhaltene Produkt hat eine spezifische Oberfläche von 10 bis 30 m^2/g [2].

$Mn_2Mo_3O_8$ kristallisiert hexagonal, Gitterkonstanten a = 5.797 ± 0.001, c = 10.264 ± 0.003 Å [3] bzw. a = 5.795 ± 0.005, c = 10.267 ± 0.010 Å; Z = 2 [1]; Raumgruppe $P6_3mc$ (Nr. 186). Die Struktur ist isotyp mit $Zn_2Mo_3O_8$, s. „Molybdän" Erg.-Bd. 2 [1].

Dichte 5.75 g/cm^3, pyknometrisch gemessen; 5.85 g/cm^3, aus Gitterkonstanten berechnet [1]. Elektrische Leitfähigkeit $1.0 \times 10^{-7}\ \Omega^{-1} \cdot cm^{-1}$ bei gewöhnlicher Temperatur [3]. Die elektrische Leitfähigkeit wird an zwei verschiedenen Präparaten bei gewöhnlicher Temperatur zu 4.3×10^{-7} und 2.7×10^{-5} gemessen. Die Messungen erfolgen an Pulvern unter Druck von etwa 35000 $kg \cdot cm^{-2}$. Magnetische Suszeptibilität $\chi_m = 10300 \times 10^{-6} cm^3/mol$, magnetisches Moment $\mu = 4.93\ \mu_B$ [1]. Das magnetische Moment spricht mehr für das Vorliegen von Mn^{III} als von Mn^{II}, wenn vorausgesetzt wird, daß in dieser Verbindung das Curie-Gesetz erfüllt ist und nur der Spin berücksichtigt werden muß [4].

$Mn_2Mo_3O_8$ ist resistent gegen verdünnte wäßrige HCl-Lösung, wird aber von kalter konzentrierter Salpetersäure angegriffen [1].

Literatur:

[1] W. H. McCarroll, L. Katz, R. Ward (J. Am. Chem. Soc. **79** [1957] 5410/4). — [2] S. J. Tauster, Esso Research and Engeneering Co. (Deut. Offenlegungsschrift 2042216 [1969/71]; C. A. **74** [1971] Nr. 116488). — [3] G. Tourne, H. Czeskleba (Compt. Rend. C **271** [1970] 136/8). — [4] W. H. McCarroll (Diss. Univ. of Connecticut 1957, S. 1/104, 38, 75; Diss. Abstr. **17** [1957] 2150).

The MnO-MoO_3 System

2.11.11.2.3 Das System MnO-MoO_3

Im System MnO-MoO_3 tritt als einzige Verbindung $MnMoO_4$ auf [1]. Mit MoO_3 bildet $MnMoO_4$ ein binäres System mit einem Eutektikum bei 33 Gew.-% $MnMoO_4$ (entspricht einem Atomverhältnis Mo/Mn = 4) und 655°C. Die Schmelzwärme dieses Gemisches beträgt 9.20 ± 0.04 kcal/mol MoO_3, wie sich aus mikrogravimetrischer und thermischer Analyse ergibt [2].

Literatur:

[1] R. C. Carlston (Norelco Reptr. **10** Nr. 1 [1963] 8/10). — [2] J. Ziolkowski, P. Courtine (Ann. Chim. [Paris] [14] **8** [1973] 303/7).

2.11.11.2.4 $MnMoO_4$

$MnMoO_4$ Formation, Preparation

Bildung und Darstellung. Die zur Herstellung von $MnMoO_4$ allgemein angewandte Reaktion ist das Erhitzen von MnO oder anderen Oxiden des Mangans mit MoO_3. Bei der Verwendung von Mn_2O_3 oder MnO_2 entsteht gleichzeitig O_2, s. dazu [1]. Auch $MnCO_3$ wird als Ausgangsmaterial verwendet [2]. Die Reaktion von MoO_3 mit verschiedenen Mn-Oxiden (MnO, Mn_2O_3, Mn_3O_4 oder MnO_2) und mit $MnCO_3$ wird in Luft und N_2 mittels DTA, TGA und Röntgenbeugung untersucht, um die Bedingungen festzustellen, unter denen sich $MnMoO_4$ bildet. MnO, Mn_2O_3 und MnO_2 reagieren bei etwa 520°C mit MoO_3 sowohl in Luft als auch in N_2 unter Bildung von $MnMoO_4$. Mn_3O_4 reagiert dagegen weder in Luft noch in N_2 mit MoO_3 im Bereich zwischen 480 und 600°C. Auch ein äquivalentes Gemisch von $MnCO_3$ und MoO_3 reagiert in Luft zu $MnMoO_4$; in N_2 dagegen bildet sich aus $MnCO_3$ und MoO_3 als Endprodukt ein Gemisch aus Mn_3O_4 und MoO_3, da sich bei der Zersetzung von $MnCO_3$ unter Luftausschluß primär Mn_3O_4 bildet. Die Reaktionen verlaufen verhältnismäßig rasch; beispielsweise wird bei 520°C innerhalb von 5 min das Gemisch von $MnCO_3$ und MoO_3 fast vollständig umgesetzt, das Gemisch aus MnO_2 und MoO_3 etwa zu 75%. Markierungen mit Golddraht zeigen, daß die Manganionen die hauptsächlich diffundierende Spezies sind [3]. — Zur präparativen Darstellung wird nach Barany [4] ein stöchiometrisches Gemisch von $MnCO_3$ und MoO_3 10mal insgesamt 25 Tage auf 460 bis 730°C erhitzt, wobei bei jeder Unterbrechung neu durchmischt wird.

Die Bildung von $MnMoO_4$ aus Mn_2O_3 und MoO_3 beginnt bei 450°C und verläuft bei 550°C schnell. Die Reaktionsenthalpie beträgt 2.30 ± 0.04 kcal/mol [5]. Die Reaktion verläuft bei 480 bis 690°C über 2 Stufen. Die 1. Stufe ist die Oberflächendiffusion von MoO_3 an Mn_2O_3, die 2. Stufe ist die Reaktion zwischen den Oxiden. Es besteht parabolische Zeitabhängigkeit. Die Aktivierungsenergie der 1. Stufe beträgt 27 kcal/mol, die der 2. Stufe 33.5 kcal/mol, die Geschwindigkeitskonstante bei 560°C beträgt etwa $1.8 \times 10^{-5}\ s^{-1}$ [6]. — Die Reaktion zwischen MoO_3 und MnO_2 verläuft rasch zwischen 415 und 790°C [7].

Über die Herstellung von $MnMoO_4$ aus einem Gemisch von MoO_3, MnO_2 und Mn durch 1- bis 2tägiges Erhitzen auf 1000°C im geschlossenen evakuierten Quarzrohr oder Pt-Rohr s. [8]. Bei der Fällung aus einer wäßrigen Lösung von $MnCl_2$ durch Na_2MoO_4 bei 100°C wird der Niederschlag bei 400°C im Vakuum (etwa 10^{-3} Torr) getrocknet [8], s. auch S. 208.

$MnMoO_4$ wird auch durch Umsetzung von Natriummolybdat und $MnCl_2$ in NaCl-Schmelze erhalten [9].

Einkristalle von mindestens 1.3 cm Länge können nach der Czochralski-Methode bei 1100°C in guter Qualität erhalten werden, jedoch treten bei dieser Temperatur Verdampfungsverluste auf [2].

Die Hochdruckmodifikation $MnMoO_4II$ wird durch Festkörperreaktion von MnO oder entsprechend MnO_2 und Mn mit MoO_3 oder aus der Normaldruck-Modifikation α-$MnMoO_4$ selbst bei 60 bis 65 kbar und 900°C hergestellt [8, 10]. Sie wird auch durch Hydrothermalsynthese bei 700°C und 3000 atm erhalten [8].

Thermodynamic Data of Formation

Thermodynamische Daten der Bildung. Bildungsenthalpie $\Delta H^\circ_{298.15} = -284.8 \pm 0.2$ kcal/mol, ermittelt aus der Enthalpie bei der Auflösung in wäßriger HCl-HF-Lösung. Aus kalorimetrischen Daten anderer Verbindungen berechnen Zharkova, Gerasimov [12] mit Hilfe der Karapet'yants-Gleichung $\Delta H^\circ_{298} = -290.7$, $\Delta G^\circ_{298} = -267.5$ kcal/mol. Die freie Enthalpie der Bildung wird von Zordan, Hepler [11] aus $\Delta H = -290.7$ kcal/mol unter Annahme des geschätzten Entropiewertes $S^\circ_{298} = 32\ cal \cdot mol^{-1} \cdot K^{-1}$ zu $\Delta G^\circ_{298} = -261$ kcal/mol berechnet.

Crystallographic Properties

Kristallographische Eigenschaften. $MnMoO_4$ tritt in einer bei normalen Temperatur- und Druckbedingungen stabilen, als α-$MnMoO_4$ bezeichneten und einer Hochdruck-Modifikation $MnMoO_4II$ auf [8]. Möglicherweise existiert auch eine Hochtemperaturmodifikation [5].

α-**MnMoO$_4$**. Kristallform: Monokline Prismen [13]; ausgezeichnete Spaltbarkeit nach (110) und (1$\bar{1}$0) [14].

Gitterkonstanten a = 10.498, b = 9.532, c = 7.156 Å, β = 106.17° [8], a = 10.469 ± 0.005, b = 9.516 ± 0.005, c = 7.143 ± 0.005 Å, β = 106°17′ ± 6′; Z = 8; Raumgruppe C2/m (Nr. 12). Die Atome besetzen folgende Lagen:

Atom	Punkt-lage	x	y	z	Atom	Punkt-lage	x	y	z
Mn(1)	4 h	0	0.18299	0.5	O(1A)	4 i	0.3587	0.5	0.4635
Mn(2)	4 i	0.79532	0	0.13870	O(1B)	4 i	0.2029	0	0.1534
Mo(1)	4 g	0	0.25160	0	O(2)	8 j	0.1369	0.3548	0.1083
Mo(2)	4 i	0.27069	0	0.40499	O(3)	8 j	0.4584	0.3455	0.1904
					O(4)	8 j	0.3645	0.1504	0.4698

R = 5.7%. Die Mn-Atome sind von stark verzerrten O-Oktaedern mit Abständen zwischen 2.091 und 2.252 Å, die Mo-Atome von nur leicht verzerrten O-Tetraedern mit Abständen zwischen 1.724 und 1.851 Å umgeben, s. **Fig. 116** [14].

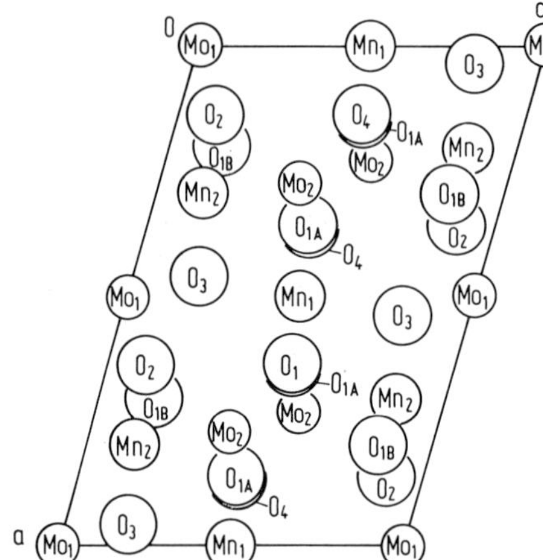

Fig. 116

Projektion der Kristallstruktur von α-MnMoO$_4$ entlang [010].

Die Hochdruckmodifikation **MnMoO$_4$II** wandelt sich bei 500°C innerhalb 24 h teilweise, bei 600°C vollständig in α-MnMoO$_4$ um [10]. Die DTA ergibt eine Umwandlungstemperatur von 630 ± 20°C [8].

Gitterkonstanten der auf Normalbedingungen abgeschreckten monoklinen Präparate: a = 4.822, b = 5.753, c = 4.963 Å, β = 90.85° [8]; a = 4.82, b = 5.75, c = 4.96 Å, β = 89°16′ [10]. Die Struktur ist mit der von NiWO$_4$ (s. „Nickel" B, S. 1227) verwandt [8].

MnMoO$_4$ Mechanical and Thermal Properties

Mechanische und thermische Eigenschaften. Die Dichte (in g/cm^3) wird pyknometrisch bei 24°C zu 4.05 gemessen, während sich aus Gitterkonstanten 4.178 ergibt [14]. Die Standardentropie schätzen Zordan, Hepler [11] auf S°_{298} = 32 cal · mol^{-1} · K^{-1}. Der Schmelzpunkt liegt bei etwa 1130°C [15].

Magnetic and Electrical Properties

Magnetische und elektrische Eigenschaften. Nach Messungen an einem Einkristall wird MnMoO$_4$ bei T_N = 13 K antiferromagnetisch; oberhalb 30 K gilt das Curie-Weiss-Gesetz mit Θ_p = −31 K. Das effektive magnetische Moment 5.3 μ_B ist deutlich kleiner als der theoretische Wert für das freie Mn^{2+}-Ion (5.916 μ_B, s. „Mangan" B, S. 100). Bei 300 K ist $1/\chi \approx 2.1 \times 10^4$ g/cm^3 [16]. Weitere Messungen ergeben bei 20°C $\chi = 58.1 \times 10^{-6}$ cm^3/g, also $1/\chi = 1.72 \times 10^4$ g/cm^3, und das effektive Moment 5.42 μ_B [1].

Der spezifische Widerstand bei Raumtemperatur soll ρ = 110 MΩ · cm betragen [7].

Optische Eigenschaften. Das IR-Spektrum in dem zwischen 162 und 970 cm^{-1} zehn Banden auftreten, hat Ähnlichkeit mit denen von $FeMoO_4$, $CoMoO_4$ und $NiMoO_4$ [17], obwohl in diesen Molybdaten MoO_6-Oktaeder, in $MnMoO_4$ dagegen verzerrte MoO_4-Tetraeder (s. oben) vorliegen. Mit den IR-Spektren der Molybdate, die im Scheelit-Typ kristallisieren und MoO_4-Tetraeder enthalten, besteht dagegen keine Ähnlichkeit [17].

$MnMoO_4$ Optical Properties

Im sichtbaren Bereich und im nahen UV sind drei Reflexionsbanden zu beobachten, die den Übergängen des Mn^{2+}-Ions zu den Termen $^4T_{1g}(G)$ (17700 cm^{-1}, 565 nm), $^4E_g + {}^4T_{2g}(G)$ (23500 cm^{-1}, 425.5 nm) und $^4T_{2g}(D)$ (29900 cm^{-1}, 334 nm) zugeordnet werden können (vgl. „Mangan" B, S. 180) [1]. Dünne Schichten sind daher im durchfallenden Licht gelb [2]. — Die Doppelbrechung ist stark, der Brechungsindex beträgt im Mittel n = 2.11 [7].

Chemisches Verhalten. Für die wäßrige Lösung von $MnMoO_4$ wird aus thermodynamischen Daten ein Löslichkeitsprodukt von $K = 10^{-3}$ berechnet [11].

Chemical Reactions

Verhalten als Katalysator. $MnMoO_4$ wirkt als Katalysator bei der Oxidation von 1-Buten zu Maleinsäureanhydrid [18, 19], von Acrolein zu Acrylsäure in der Dampfphase [20] und von Methanol zu Formaldehyd [21]. Bei der Dampfphasenzersetzung von Isopropanol bei 375 bis 440°C bei Atmosphärendruck im Fließreaktor in Gegenwart von $MnMoO_4$ als Katalysator wird sowohl Dehydrogenisation als auch Dehydratation beobachtet. Beide Reaktionen finden unabhängig voneinander an verschiedenen Lagen der $MnMoO_4$-Oberfläche statt. Die beiden Reaktionen können selektiv durch Zusatz von Aceton bzw. Wasser inhibiert werden [22]. Zur Oxidation von Propen zu CO_2 s. [23].

Behavior as Catalyst

Katalyse der oxidativen Ammonolyse von Propen an $MnMoO_4$ s. [24, 25]. Diskussion der Möglichkeit der Verwendung von $MnMoO_4$ in der Brennstoffzelle s. [26].

Bei den Untersuchungen der Festkörperreaktionen zwischen den verschiedenen Manganoxiden und MoO_3 zeigt sich, daß in Gegenwart von $MnMoO_4$ die bei höherer Temperatur (950°C) stattfindende Zersetzung von Mn_2O_3 in Mn_3O_4 und O_2 katalysiert wird und umgekehrt die bei tieferer Temperatur (900°C) erfolgende Oxidation von Mn_3O_4 zu Mn_2O_3 bereits bei 530°C, rascher gegen 600°C verläuft. Dies ist entweder auf eine Erhöhung der Oberflächendiffusion an $MnMoO_4$ oder auf die Ausbildung eines Eutektikums zwischen $MnMoO_4$ und MoO_3 zurückzuführen [27].

Literatur:

[1] W. P. Doyle, G. McGuire, G. M. Clark (J. Inorg. Nucl. Chem. **28** [1966] 1185/90). — [2] L. G. van Uitert, J. J. Rubin, W. A. Bonner (J. Am. Ceram. Soc. **46** [1963] 512). — [3] P. Rajaram, B. Viswanathan, G. Aravamudan, V. Srinivasan, M. V. C. Sastri (Thermochimica Acta **7** [1973] 123/9). — [4] R. Barany (U. S. Bur. Mines Rept. Invest. Nr. 6618 [1965] 1/10, 2, 8). — [5] J. Ziolkowski, P. Courtine (Ann. Chim. [Paris] [14] **8** [1973] 303/7).

[6] T. Bak, J. Ziolkowski (Bull. Acad. Polon. Sci. Ser. Sci. Chim. **20** [1972] 821/8; C. A. **77** [1972] Nr. 169227). — [7] P. S. Mamykin, N. A. Batrakov (Tr. Ural'sk. Politekhn. Inst. Nr. 150 [1966] 101/11; C. A. **67** [1967] Nr. 39657). — [8] A. W. Sleight, B. L. Chamberland (Inorg. Chem. **7** [1968] 1672/5). — [9] H. Schultze (Liebigs Ann. Chem. **126** [1863] 49/57, 54). — [10] A. P. Young, C. W. Schwartz (Science [2] **141** [1963] 348/9).

[11] T. A. Zordan, L. G. Hepler (Chem. Rev. **68** [1968] 737/45, 743/4). — [12] L. A. Zharkova, Ya. I. Gerasimov (Zh. Fiz. Khim. **35** [1961] 2291/6; Russ. J. Phys. Chem. **35** [1961] 1131/3). — [13] P. Groth (Chemische Krystallographie, 2. Tl., Leipzig 1908, S. 383). — [14] S. C. Abrahams, J. M. Reddy (J. Chem. Phys. **43** [1965] 2533/43). — [15] L. L. Y. Chang (Mineral Mag. **36** [1967/68] 992/6).

[16] L. G. van Uitert, R. C. Sherwood, H. J. Williams, J. J. Rubin, W. A. Bonner (J. Phys. Chem. Solids **25** [1964] 1447/51). — [17] R. G. Brown, J. Denning, A. Hallett, S. D. Ross (Spectrochim. Acta A **26** [1970] 963/70). — [18] F. Trifirò, C. Banfi, G. Caputo, P. Forzatti, I. Pasquon (J. Catalysis **30** [1973] 393/402). — [19] M. W. J. Wolfs, P. A. Batist (J. Catalysis **32** [1974] 25/36). — [20] H. Inoue, K. Mizufani, H. Ito (Kogyo Kagaku Zasshi **74** [1971] 58/60; C. A. **74** [1971] Nr. 124534).

[21] P. Jiru, F. Trifirò, D. Klisurski, I. Pasquon (Corsi Semin. Chim. Nr. 5 [1967] 313/6; C. A. **71** [1969] Nr. 16243). — [22] P. Rajaram, M. V. C. Sastri, B. Viswanathan, V. Srinivasan (Z. Physik.

Chem. [Frankfurt] **89** [1974] 154/71). — [23] B. Viswanathan, V. Ramalingam, M. V. C. Sastri (Indian J. Chem. **12** [1974] 205/6). — [24] F. Trifirò, P. Centola, I. Pasquon, P. Jiru (Osn. Predvideniya Katal. Deistviya Tr. 4th Mezhdunar. Kongr. Katal., Moscow 1968 [1970], Bd. 1, S. 218/25 nach C. A. **75** [1971] Nr. 133413). — [25] F. Trifirò, I. Pasquon (Chim. Ind. [Milan] **53** [1971] 377/83).

[26] R. Thacker (Energy Convers. **8** [1968] 53/6). — [27] J. Ziolkowski, P. Courtine (Ann. Chim. [Paris] [14] **9** [1974] 133/9).

Water-containing Manganese Molybdates

2.11.11.2.5 Wasserhaltige Manganmolybdate

$MnMoO_4 \cdot H_2O$. Ein hellgelbes Produkt der genauen Zusammensetzung $MnO \cdot MoO_3 \cdot 0.9\,H_2O$ wird gemeinsam mit $1.01\,MnO \cdot MoO_3 \cdot 0.9\,H_2O$ aus einer siedenden Mn^{II}-Salzlösung mit einer Lösung von MoO_3 in wäßriger NH_3-Lösung ausgefällt. Bei höherem pH-Wert als 6 wird nur die Verbindung $1.01\,MnO \cdot MoO_3 \cdot 0.9\,H_2O$ erhalten. Beim thermischen Abbau wird oberhalb 320°C keine Änderung mehr beobachtet. Tabelle der Netzebenenabstände s. Original [1]. — Nach älteren Angaben wird $MnMoO_4 \cdot H_2O$ in Form mikroskopisch kleiner prismatischer Tafeln durch Behandeln von $MnCO_3$ mit $K_2Mo_3O_{10}$- oder $Na_2Mo_3O_{10}$-Lösung hergestellt [2] sowie durch Umsetzung von Ammoniumparamolybdat und $Mn(NO_3)_2$ in wäßriger Lösung [3]. Es verliert erst oberhalb 100 bis 150°C das Wasser [2, 3]. Es ist in siedendem Wasser schwer löslich [2].

$MnMoO_4 \cdot 10\,H_2O$, $MnMoO_4 \cdot {}^5/_3\,H_2O$. Das Dekahydrat wird durch Zugabe der äquivalenten Menge Na_2MoO_4 aus wäßriger Lösung von $MnSO_4$ als weißer käsiger Niederschlag ausgefällt. Es ist in Wasser schwer löslich. Beim längeren Stehen an der Luft entsteht $MnMoO_4 \cdot {}^5/_3\,H_2O$ in Form fast weißer kristalliner Täfelchen [4].

An einem Präparat der Zusammensetzung $MnMoO_4 \cdot 1.3$ bis $1.5\,H_2O$ (Darstellung nicht angegeben) ist die Linienbreite und Linienform des EPR-Spektrums von der Temperatur (untersucht zwischen 77 und 400 K) und vom Wassergehalt abhängig. Beim Ansteigen des Wassergehalts um 10% verringert sich die Linienbreite um etwa 30%. Mit steigendem Abstand Mn-Mn verringert sich die Linienbreite. Sie wird durch Dipol-, Austausch-Hyperfein-Wechselwirkung sowie die Anisotropie des g-Faktors bestimmt [5].

Literatur:

[1] F. Corbet, C. Eyraud (Bull. Soc. Chim. France **1961** 571/4). — [2] H. Struve (Bull. Acad. St. Petersburg [2] **12** [1854] 142/57, 154; C. **1854** 241/9, 248). — [3] A. Coloriano (Bull. Soc. Chim. France [2] **50** [1888] 451/5). — [4] E. Marckwald (Diss. Basel 1895, S. 62/3). — [5] L. V. Luk'yanenko, M. V. Mokhosoev, V. G. Pitsyuga, V. N. Pitsyuga (Izv. Vysshikh Uchebn. Zavedenii Fiz. **16** Nr. 7 [1973] 147/8; C. A. **79** [1973] Nr. 110043).

Sr_2MnMoO_6

2.11.11.2.6 Sr_2MnMoO_6

Zur Darstellung der Verbindung werden entsprechende Mengen SrO, Mn_2O_3, MoO_3 und Mo im evakuierten Quarzrohr auf 900 bis 1000°C erhitzt. Obwohl bei diesem Verfahren $Sr_2Mn^{III}Mo^{V}O_6$ entstehen sollte, deutet die röntgenographische Untersuchung darauf hin, daß es sich um $Sr_2Mn^{II}Mo^{VI}O_6$ handelt [1]. Die kubische Verbindung, a = 7.98 Å, kristallisiert in dem mit dem Perowskit-Typ verwandten $(NH_4)_3FeF_6$-Typ [1, 2], Z = 4 [2]. (Die dem Perowskit-Typ entsprechende Zelle hat nur eine Gitterkonstante von 3.99 Å [2]). Röntgendichte D = 5.516 g/cm^3 [2]. Eine magnetische Umwandlung wird bis herab zur Temperatur des flüssigen N_2 (77 K) nicht beobachtet [1].

Literatur:

[1] F. K. Patterson, C. W. Moeller, R. Ward (Inorg. Chem. **2** [1963] 196/8). — [2] F. S. Galasso (Structure, Properties, and Preparation of Perovskite-Type Compounds, Pergamon Press, Oxford–London 1969, S. 33, 154).

The $MnMoO_4$-$ZnMoO_4$ System

2.11.11.2.7 Das System $MnMoO_4$-$ZnMoO_4$

Untersuchungen mit der Abschreckmethode ergeben die in **Fig. 117** gezeigte Bildung von monoklinen $MnMoO_4$-reichen und triklinen $ZnMoO_4$-reichen Mischkristallen zwischen 625 und 1000°C, L. L. Y. Chang (Mineral. Mag. **36** [1967/68] 992/6).

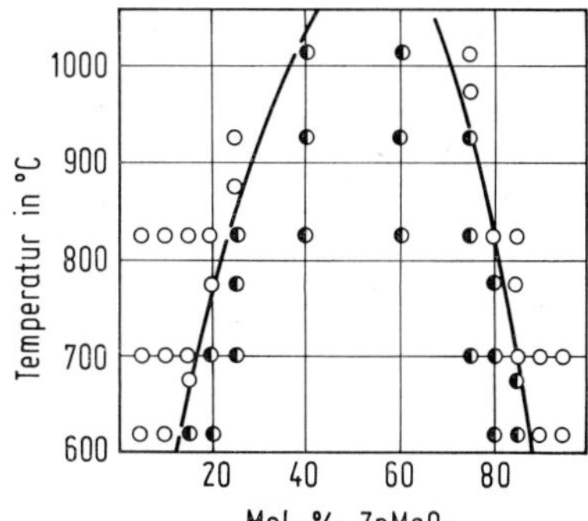

Fig. 117

Zustandsdiagramm des Systems $MnMoO_4$-$ZnMoO_4$.

2.11.11.2.8 Heteropoly-Molybdomangansäuren und deren Salze

Heteropoly-Molybdomanganese Acids and Their Salts

In der neueren Literatur werden folgende Molybdomangansäuren oder deren Salze beschrieben: $H_{10}Mn^{II}Mo_6O_{24}$, $H_6Mn^{IV}Mo_9O_{32}$ und $H_4Mn^{IV}Mo_{12}O_{40}$. Die zahlreichen in der älteren Literatur beschriebenen Molybdomanganate, die in der neueren Literatur nicht mehr genannt werden, haben oft unsichere Zusammensetzung. Sie konnten auf Grund der damaligen Methoden, besonders infolge des Fehlens der Röntgenographie, nicht eindeutig identifiziert werden. Vermutlich liegen häufig Gemische vor. Über diese Verbindungen s. die Zusammenfassungen von R. Schaal, P. Souchay (Anal. Chim. Acta **3** [1949] 1/14), R. D. Hall (J. Am. Chem. Soc. **29** [1907] 692/711), C. Friedheim, O. Allemann (Mitt. Naturforsch. Ges. Bern **1904** 23/54), C. Friedheim, M. Samelson (Z. Anorg. Allgem. Chem. **24** [1900] 65/107), A. Rosenheim, H. Itzig (Z. Anorg. Allgem. Chem. **16** [1898] 76/82), Gmelin-Handbuch, 7. Aufl., Bd. III, Tl. 2, 1908, S. 399/408.

6-Molybdomanganate(II)

6-Molybdomanganates(II)

Von der 6-Molybdomangansäure(II) ist das Salz $(NH_4)_4H_6Mn^{II}Mo_6O_{24} \cdot 3H_2O$ [1] bzw. $(NH_4)_3H_7MnMo_6O_{24}$ mit 3 [2] bis 5.5 H_2O [3] bekannt. $(NH_4)_4H_6MnMo_6O_{24} \cdot 3H_2O$ wird hergestellt durch Zusammengießen einer wäßrigen Lösung von Ammoniumparamolybdat mit einer Lösung von $MnSO_4$ und anschließender Zugabe von NH_4Cl bis die Lösung pH = 5.1 erreicht. Beide Lösungen werden vor dem Zusammengießen mittels Durchleiten von N_2 in der Siedehitze O_2-frei gemacht und abgekühlt. Zur Auskristallisation wird die Lösung über Nacht in den Kühlschrank gestellt. Der ockerfarbene Niederschlag wird im N_2-Strom filtriert [1]. — Aus einer sauren Lösung von $MnCl_2$ werden mit einer gesättigten Lösung von Ammoniumparamolybdat feine rote seidige Kristalle der Zusammensetzung $(NH_4)_3H_7MnMo_6O_{24} \cdot 5.5H_2O$ gefällt, die nach einigen Tagen gelb werden [3]. $(NH_4)_3H_7MnMo_6O_{24} \cdot 3H_2O$ wird zum mikrochemischen Nachweis von Mn durch Zusammengießen von Mn^{II}-Salz- und NH_4-Molybdatlösung in Form orangefarbener Latten erhalten. Es treten schwalbenschwanzförmige Gebilde, aber keine Zwillinge auf. Unter dem Polarisationsmikroskop zeigen die Kristalle gerade Auslöschung und Pleochroismus. Die Kristalle sind farblos in der Richtung der schwächeren Brechung und gelb bis rötlichorange in der Richtung der stärkeren Brechung [2]. Tabelle der d-Werte von $(NH_4)_4H_6MnMo_6O_{24} \cdot 3H_2O$ und IR-Spektren s. [1]. Magnetische Suszeptibilität bei 25°C $\chi = 17.36 \times 10^{-6}$ cm³/g, $\chi_m = 20398 \times 10^{-6}$ cm³/mol [3]; magnetisches Moment 7.0 μ_B [3], 5.55 μ_B [1]. — Beim Erhitzen auf 50 bis 100°C werden 3 mol H_2O abgegeben (ΔH = 25.8 kcal/mol); bei 110 bis 180°C weitere 3 mol H_2O (ΔH = 27.1 kcal/mol, Aktivierungsenergie 26 kcal/mol) unter Bildung von $(NH_4)_4MnMo_6O_{21}$; bei 190 bis 270°C erfolgt Abgabe von NH_3 und H_2O (ΔH = 22 kcal/mol) [1].

Literatur:

[1] A. La Ginestra, F. Gianetta, P. Fiorucci (Gazz. Chim. Ital. **98** [1968] 1197/212; C. A. **70** [1969] Nr. 43450). — [2] L. W. Staples (Am. Mineralogist **21** [1936] 613/34, 629). — [3] P. Ray, A. Bhaduri, B. Sarma (J. Indian Chem. Soc. **25** [1948] 51/6).

9-Molybdomanganates(IV)

9-Molybdomanganate(IV)

Die Salze dieser Molybdomangansäure werden bereits von Friedheim, Samelson [1], Friedheim, Allemann [2] und Hall [3] beschrieben. Die freie Säure $H_6MnMo_9O_{32}$ wird in wäßriger Lösung erhalten, indem man das Ammoniumsalz durch einen Ionenaustauscher der H-Form fließen läßt. Auf analoge Weise wird das Natriumsalz hergestellt [4]. Kalium-molybdomanganat(IV) kristallisiert beim Abkühlen aus einer Lösung, die durch Oxidation einer siedenden Lösung von Kaliummolybdat, Molybdäntrioxid und Mangansulfat mit Bromwasser erhalten wird [7].

$(NH_4)_6MnMo_9O_{32} \cdot nH_2O$ wird in guter Ausbeute erhalten durch Zugabe einer $MnSO_4$-Lösung, die H_2O_2 oder $(NH_4)_2S_2O_8$ als Oxidationsmittel enthält, zu einer 10%igen wäßrigen Lösung von Ammoniumparamolybdat (kleiner Überschuß) bei 95°C. Das Gemisch wird unter Rühren 5 min gekocht und dann schnell abfiltriert und abgekühlt. Die orangeroten Kristalle werden 3mal in heißem Wasser bei 70°C umkristallisiert [4]. Bei einem anderen Herstellungsverfahren wird reines $KMnO_4$ in einem Liter einer Ammoniumparamolybdatlösung aufgelöst. Während leicht erwärmt wird, werden kleine Portionen $MnSO_4$ dazugegeben. Die Lösung nimmt zunächst eine bleibende weinrote Farbe an, die plötzlich in gelborange umschlägt [5]. Die Verbindung kristallisiert mit 6 [3, 5] bzw. 8 H_2O [6].

Das Ammoniumsalz bildet rote rhomboedrische Kristalle. Beobachtet werden die Formen {100} (vorherrschend), $\{10\bar{1}\}$ und {110} [8]. Friedheim, Allemann [2] berichten von prachtvoll glänzenden Rhomboedern. Die Strukturbestimmung von $(NH_4)_6MnMo_9O_{32} \cdot 8H_2O$ ergibt rhomboedrische Symmetrie; Gitterkonstanten der rhomboedrischen Zelle $a_{rh} = 10.08 \pm 0.01$ Å, $\alpha = 104°24' \pm 3'$; Z = 1; der hexagonalen Zelle $a_h = 15.94 \pm 0.01$ Å, $c_h = 12.38 \pm 0.01$ Å; Z = 3 [6]; bzw. $a_{rh} = 10.015 \pm 0.015$ Å, $\alpha = 104°24'$ und $a_h = 15.82$, $c_h = 12.3$ Å [9]. Raumgruppe R32 (Nr. 155). (Aus Pulveraufnahmen wird auf die Raumgruppe $R\bar{3}m$ (Nr. 166) geschlossen [9].) Die Atome besetzen in der hexagonalen Zelle folgende Lagen:

Atom	Punktlage	x	y	z
Mn	3a	0	0	0
Mo(1)	9d	0.209	0	0
Mo(2)	18f	0.150	0.093	z_1
O(1)	6c	0	0	z_3''
O(2)	18f	0.113	0.043	z_2
O(3)	18f	0.254	0.114	z_2'
O(4)	18f	0.294	0.041	z_2''
O(5)	18f	0.209	0.000	z_3
O(6)	18f	−0.193	0.000	z_3'

Für die nicht bestimmten z-Parameter gilt annähernd $z_2 = z_2' = z_2'' = {}^1/_2 z_1$ und $z_3 = z_3' = z_3'' = {}^3/_2 z_1$.

Das Ion $MnMo_9O_{32}^{6-}$ liegt auf einer 3zähligen Achse. Die Struktur besteht aus einem zentralen MnO_6-Oktaeder, um das 9 MoO_6-Oktaeder in der in **Fig. 118** wiedergegebenen Anordnung gruppiert sind [6]. Diskussion der Bindungsverhältnisse s. Linnett [10].

Die Dichte wird zu 3.027 bis 3.030 g/cm³ angegeben [8]; Röntgendichte 3.076 g/cm³ [6].

Das Absorptionsspektrum von $MnMo_9O_{32}^{6-}$ hat im UV eine breite starke Absorptionsbande bei $\nu = 45000\ cm^{-1}$ [11]. Diskussion von Anregungs- und Emissionsspektrum s. Paulusz, Burrus [12]. Das Ammoniumsalz ist optisch einachsig positiv und zeigt starken Pleochroismus hellgelb-orange; Brechungsindex: $n_\omega = 1.757 \pm 0.001$, $n_\varepsilon = 1.819 \pm 0.001$ [8].

Das Mn liegt in 4wertigem Zustand vor, hat also drei d-Elektronen, und befindet sich in Umgebung mit 3D-Symmetrie. Aus dem ESR-Spektrum ergeben sich die Komponenten des g-Faktors. $g_{\parallel} = 1.9922 \pm 0.0024$, $g_{\perp} = 1.9880 \pm 0.0004$, sowie der Aufspaltungsparameter $|D| = 0.861 \pm 0.001\ cm^{-1}$ und die HF-Kopplungskonstanten $|A_{\parallel}| = 0.00760 \pm 0.00004\ cm^{-1}$, $|A_{\perp}| = 0.00684 \pm 0.00004$, Byfleet u. a. [13].

Bei der Titration mit Basen erfolgt Zersetzung nach der Bruttogleichung $7\,MnMo_9O_{32}^{6-} + 6\,H_2O \rightleftharpoons 7\,MnO_2 + 9\,Mo_7O_{24}^{6-} + 12\,H^+$. Die Reaktion ist reversibel. Oberhalb pH = 5 findet vollständige Zersetzung zu MoO_4^{2-} und MnO_2 statt [4].

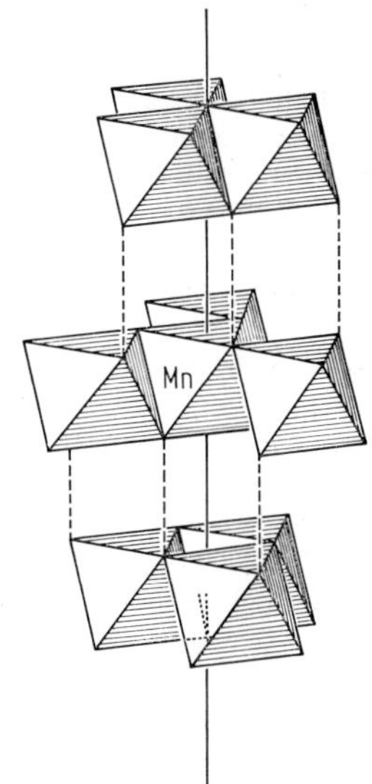

Fig. 118

Struktur des $MnMo_9O_{32}^{6-}$-Ions. Zur Verdeutlichung sind die Oktaederschichten entlang den gestrichelten Linien auseinandergezogen.

Rötliches $Rb_6MnMo_9O_{32} \cdot 7H_2O$ läßt sich aus der Lösung des Ammoniumsalzes mit RbCl fällen [5].

Orangefarbenes [5] bis hellbraunes [7] $Ba_3MnMo_9O_{32} \cdot 12H_2O$ fällt auf Zusatz von $BaCl_2$ zu einer Ammonium- [5] oder Kalium-Salzlösung [7]. Die magnetische Suszeptibilität bei 28°C ist $\chi = 2.93 \times 10^{-6}$, $\chi_m = 6036 \times 10^{-6}$, das magnetische Moment 3.88 μ_B [7].

Literatur:

[1] C. Friedheim, M. Samelson (Z. Anorg. Allgem. Chem. **24** [1900] 65/107). — [2] C. Friedheim, O. Allemann (Mitt. Naturforsch. Ges. Bern **1904** 23/54). — [3] R. D. Hall (J. Am. Chem. Soc. **29** [1907] 692/711). — [4] L. C. W. Baker, T. J. R. Weakley (J. Inorg. Nucl. Chem. **28** [1966] 447/54). — [5] R. Schaal, P. Souchay (Anal. Chim. Acta **3** [1949] 1/14, 3).

[6] J. L. T. Waugh, D. P. Shoemaker, L. Pauling (Acta Cryst. **7** [1954] 438/41). — [7] P. Ray, A. Bhaduri, B. Sarma (J. Indian Chem. Soc. **25** [1948] 51/6). — [8] F. Zambonini, V. Caglioti (Rend. Accad. Sci. Fiz. Mat. Soc. Nazl. Sci. Napoli [3] A **34** [1927] 1/23 nach C. **1927** II 1682). — [9] V. Caglioti, A. M. Liquori (Atti Accad. Nazl. Lincei Rend. Classe Sci. Fiz. Mat. Nat. [8] **8** [1950] 443/8; Structure Reports **13** [1950] 269). — [10] J. W. Linnett (J. Chem. Soc. **1961** 3796/803, 3802).

[11] Y. Shimura, H. Ito, R. Tsuchida (J. Chem. Soc. Japan Pure Chem. Sect. **75** [1954] 560/2 nach C. A. **1954** 13422). — [12] A. G. Paulusz, H. L. Burrus (Chem. Phys. Letters **17** [1972] 527/30). — [13] C. R. Byfleet, W. C. Lin, C. A. McDowell (Mol. Phys. **18** [1970] 363/70), C. R. Byfleet (Diss. Univ. of British Columbia 1969 nach Diss. Abstr. Intern. B **30** [1969/70] 4078).

12-Molybdomanganate(IV)

12-Molybdomanganates(IV)

Versuche, die freie Säure $H_4MnMo_{12}O_{40}$ herzustellen, blieben bisher erfolglos. Das Ammoniumsalz wird durch Auflösen von Natriummolybdat und $NaMnO_4$ in Wasser und einstündiges Kochen mit HCl-Lösung gewonnen. Die Lösung färbt sich tiefgelb. Aus der filtrierten Lösung fällt mit überschüssigem NH_4Cl in der Hitze $(NH_4)_3HMnMo_{12}O_{40}$ als blaßgelber Niederschlag aus. In Gegenwart von Cs_2SO_4 bildet sich ein entsprechendes blaßgelbes Caesiumsalz, J. W. Illingworth, J. F. Keggin (J. Chem. Soc. **1935** 575/80). Das IR-Spektrum des Ammoniumsalzes wird von N. E. Sharpless, J. S. Munday (Anal. Chem. **29** [1957] 1619/22) zwischen 699 und 977 cm^{-1} untersucht.

$GeMn^{II}Mo_{11}O_{40}^{8-}$

Dieses Anion wird analog den entsprechenden Wolframverbindungen (s. S. 225) aus $GeMo_{11}O_{39}^{8-}$ und Mn^{2+} in wäßriger Lösung hergestellt und ist relativ instabil. Das dargestellte Tetramethylammoniumsalz kann nicht ganz rein erhalten werden und wird durch Säuren und Basen viel schneller zersetzt als die entsprechenden Wolframverbindungen, C. M. Tourné, G. F. Tourné, S. A. Malik, T. J. R. Weakley (J. Inorg. Nucl. Chem. **32** [1970] 3875/90, 3878, 3882).

Compounds of Manganese with Oxygen and Tungsten

2.11.11.3 Verbindungen des Mangans mit Sauerstoff und Wolfram

The Mn-W-O System

2.11.11.3.1 Das System Mn-W-O

In diesem System existiert neben Mn_3W_3O nur die Verbindung $MnWO_4$, wie bei Reaktionen in den Gemischen von WO_3 mit MnO, Mn_3O_4 und Mn_2O_3 bei 1000°C festgestellt wird. $MnWO_4$ hat, wie Oxidations- und Reduktionsversuche bei O_2-Drücken zwischen $10^{-23.5}$ und 1 atm ergeben, keine erkennbare Phasenbreite hinsichtlich Sauerstoff, dagegen eine große auf der Verbindungslinie MnO-WO_3, s. **Fig. 119**, H. Schröcke (Neues Jahrb. Mineral. Abhandl. **110** [1968/69] 115/27, 121, 126), s. auch H. Schröcke, A. Trumm (Neues Jahrb. Mineral. Abhandl. **109** [1968] 1/24, 13).

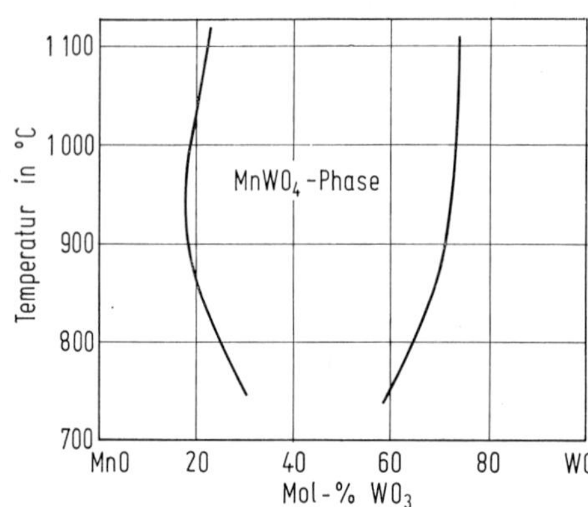

Fig. 119

Phasenbreite von $MnWO_4$ in Abhängigkeit von der Temperatur.

Mn_3W_3O

2.11.11.3.2 Mn_3W_3O

Zur Herstellung werden pulverisiertes Mn und Mo im ZrO_2-Tiegel im Vakuum-Hochfrequenzofen auf 1600°C erhitzt. Danach wird die Legierung mit H_2O-Dampf in Gegenwart von H_2 bei 600 bis 800°C oxidiert. Die Verbindung ist kubisch, Gitterkonstante a = 11.10 bis 11.13 Å, und kristallisiert wie das isostrukturelle Mn_3Ti_3O (s. S. 100) im η-Carbid-Typ (Fe_3W_3C), N. Schönberg (Acta Chem. Scand. **8** [1954] 932/6).

Solid Solutions of $Mn_2Mo_3O_8$ with $Mn_2W_3O_8$

2.11.11.3.3 $Mn_2Mo_3O_8$-$Mn_2W_3O_8$-Mischkristalle

In $Mn_2Mo_3O_8$ (s. S. 204) kann Mo durch W unter Beibehaltung der Struktur bis zu $Mn_2Mo_{2.70}W_{0.30}O_8$ ersetzt werden. Zur Herstellung dieser Mischkristalle werden Pulvergemische in Mengen von $(2-x)MnMoO_4$ mit $xMnWO_4$ und $(1-y)Mo$ und yW in evakuierten Röhren auf 1000 bis 1100°C erhitzt. Die hexagonalen Gitterkonstanten a und c (in Å), die praktisch alle innerhalb der Fehlergrenze liegen, die elektrische Leitfähigkeit $\varkappa$ (in $\Omega^{-1} \cdot cm^{-1}$), die molare Suszeptibilität χ_m (in cm^3/mol), das magnetische Moment μ (in μ_B je mol Mo) sind in folgender Tabelle wiedergegeben:

	a	c	$\varkappa$	χ_m	μ
$Mn_2Mo_{2.78}W_{0.22}O_8$	5.798 ± 0.002	10.272 ± 0.004	2.1×10^{-7}	104.1×10^{-4}	4.99
$Mn_2Mo_{2.75}W_{0.25}O_8$	5.798 ± 0.004	10.269 ± 0.004	3.2×10^{-7}	112.3×10^{-4}	5.16
$Mn_2Mo_{2.70}W_{0.30}O_8$	5.779 ± 0.002	10.278 ± 0.005	—	122.4×10^{-4}	5.39

Die Werte für χ_m sind auf den Diamagnetismus der Einzelionen korrigiert, G. Tourné, H. Czeskleba (Compt. Rend. C **271** [1970] 136/8).

2.11.11.3.4 $MnWO_4$

$MnWO_4$

Bildung und Darstellung

Formation. Preparation

Die gelbe bis braune Verbindung entsteht durch doppelte Umsetzung von $MnCl_2$ mit Na_2WO_4 in wäßriger Lösung. Der Niederschlag wird gewaschen, getrocknet und 10 min auf 1000°C erhitzt [1]. Nach Yakovleva, Rezukhina [2] wird der durch Fällung aus $MnSO_4$-Lösung mit K_2WO_4-Lösung erhaltene Niederschlag nach Waschen und Trocknen im Vakuum geglüht. Durch Zusammenschmelzen von $MnCl_2 \cdot 6H_2O$ mit $Na_2WO_4 \cdot 2H_2O$ entsteht die Verbindung bei 800°C innerhalb einiger Minuten [3]; ebenso aus $Na_2WO_4 \cdot 2H_2O$, $MnSO_4 \cdot 4H_2O$ und NaCl (Gewichtsverhältnis 1 : 2 : 2) im bedeckten Porzellantiegel innerhalb 1 h bei 1000°C [4]; durch Zusammenschmelzen von 1 Teil $Na_2WO_4 \cdot 2H_2O$, 2 Teilen $MnCl_2$ und 2 Teilen NaCl [5] s. auch [6] oder von $MnCO_3$ mit WO_3 in stöchiometrischen Mengen mit NaCl [7].

Einkristalle werden in guter Qualität von einer Länge von mindestens 1 cm nach der Czochralski-Methode bei 1200°C gezogen (Ausgangsmaterial $MnCO_3$ und WO_3), wobei jedoch Verluste durch Verdampfen beobachtet werden [8]. Bei der Darstellung von Einkristallen in Schmelzlösungen wird gefälltes $MnWO_4 \cdot nH_2O$ in einer Schmelze von Na_2SO_4 oder $Na_2W_2O_7$ (1 mol $MnWO_4$ auf 3 bis 5 mol Schmelzmittel) mehrere Stunden auf 1000°C erhitzt und dann langsam abgekühlt [9]. Es eignet sich auch eine Schmelze aus Na_2WO_4 und 20 Gew.-% NaCl von 720 bis 880°C. Beim Abkühlen auf 680°C bilden sich große dunkle prismatische Kristalle, bei 635°C lange gelbbraune Nadeln von $MnWO_4$ [6].

Die Festkörperreaktion $Mn_2O_3 + 2WO_3 \rightarrow 2MnWO_4 + {}^1/_2\,O_2$ wird bei 660 bis 740°C kinetisch untersucht. Auf Grund der Ergebnisse wird der gleiche Mechanismus wie bei der Bildung von $MnMoO_4$ angenommen: die primäre Diffusion des WO_3 über die Oberfläche des Mn_2O_3, die sekundäre Diffusion in die Mn_2O_3-Körner (vgl. S. 205). Die Aktivierungsenergien für die beiden Teilreaktionen betragen 44 ± 3 bzw. 12.5 ± 2 kcal/mol. Die Geschwindigkeitskonstanten betragen bei 700°C $k_1 = 9.7 \times 10^{-5}\,s^{-1}$ bzw. $k_2 = 3.5 \times 10^{-5}\,s^{-1}$; Reproduzierbarkeit der k-Werte ±10 bis 15% [10]. — Die Bildungsreaktion aus MnO_2 und WO_3 verläuft bei 600 bis 980°C [12]; zur tribochemischen Umsetzung von MnO und WO_3 beim Mahlen zu $MnWO_4$ s. Albrecht, Moebius [11].

Thermodynamische Daten der Bildung. Bildungsenthalpie bei 298 K: $\Delta H° = -312.5 \pm 1.0$ kcal/mol aus der kalorimetrisch bestimmten Verbrennungswärme der Elemente [13]. Unter Verwendung thermochemischer Literaturdaten wird aus den Gleichgewichtsmessungen der Reduktion von $MnWO_4$ mit Wassertoff $\Delta H° = -315.520$, $\Delta G° = -290.570$ kcal/mol berechnet [14] sowie $\Delta H° = -311.9$ kcal/mol [15]. Bei 1000°C beträgt $\Delta H° = -315.94$ kcal/mol, $\Delta G° = 213.27$ kcal/mol und $\Delta S° = -80.63\ cal \cdot mol^{-1} \cdot K^{-1}$; für die Bildung aus den monoatomaren Gasen ergibt sich bei dieser Temperatur $\Delta H° = -809.85$ kcal/mol und $\Delta S° = -197.1\ cal \cdot mol^{-1} \cdot K^{-1}$ [16].

Literatur:

[1] H. E. Swanson, M. C. Morris, R. P. Stinchfield, E. H. Evans (Natl. Bur. Std. [U. S.] Monograph Nr. 25, Tl. 2 [1963] 1/46, 24). — [2] R. A. Yakovleva, T. N. Rezukhina (Zh. Fiz. Khim. **34** [1960] 819/23; Russ. J. Phys. Chem. **34** [1960] 390/2). — [3] A. Sasaki (Mineral. J. [Tokyo] **2** [1956/59] 375/96, 371; Structure Reports, Bd. 23, 1959, S. 464/5). — [4] H. Schröcke (Beitr. Mineral. Petrog. **7** [1959/60] 166/206, 179). — [5] A. Geuther, E. Forsberg (Liebigs Ann. Chem. **120** [1861] 270/9, 273).

[6] I. P. Kislyakov, I. N. Smirnova, B. I. Buinov, T. V. Khomutova, O. I. Tokunov (Tr. 2-go Vses. Soveshch. po Fiz. Khim. Razplavlen Solei, Kiev 1963 [1965], S. 116/20; C. A. **65** [1966] 8081). — [7] A. Karl (Compt. Rend. **196** [1933] 1403/4). — [8] L. G. van Uitert, J. J. Rubin, W. A. Bonner (J. Am. Ceram. Soc. **46** [1963] 512). — [9] D. Schultze, K. T. Wilke, C. Waligora (Z. Anorg. Allgem. Chem. **352** [1967] 184/91). — [10] T. Bak, J. Ziolkowski (Bull. Acad. Polon. Sci. Ser. Sci. Chim. **22** [1974] 333/40; C. A. **81** [1974] Nr. 96755).

[11] R. Albrecht, R. Moebius (Z. Anorg. Allgem. Chem. **392** [1972] 62/8). — [12] P. S. Mamykin, N. A. Batrakov (Tr. Ural'sk. Politekhn. Inst. Nr. 150 [1966] 101/11, 105; C. A. **67** [1967] Nr. 39657). — [13] Z. V. Proshina, T. N. Rezukhina (Zh. Neorgan. Khim. **5** [1960] 1011/21; Russ. J. Inorg. Chem. **5** [1960] 488/91). — [14] T. N. Rezukhina, Ya. I. Gerasimov, V. A. Morozova (Zh. Fiz. Khim. **25** [1951] 93/9; C. A. **1951** 5005). — [15] D. D. Wagman, W. H. Evans, V. B. Parker, I. Halow, S. M. Bailey, R. H. Schumm (Natl. Bur. Std. [U. S.] Tech. Note 270-4 [1969] 137).

[16] Ya. I. Gerasimov (16e Congr. Intern. Chim. Pure Appl., Paris 1957 [1958], Mem. Sect. Chim. Minerale, S. 227/35, 232).

$MnWO_4$ Crystallographic Properties

Kristallographische Eigenschaften

Kristallform. $MnWO_4$ tritt im allgemeinen in langgestreckten monoklinen Prismen auf. Beispielsweise bilden sich beim Zusammenschmelzen von $Na_2WO_4 \cdot 2H_2O$, $MnSO_4 \cdot 4H_2O$ und NaCl nach der c-Achse gestreckte prismatische Kristalle (Länge bis zu 0.75 cm), bei Anwendung von $MnCl_2$ anstelle von $MnSO_4$ dagegen kleine filzige Kristalle [1]. Durch Umkristallisation in einer Schmelze von Na_2SO_4 oder $Na_2W_2O_7$ werden langgestreckte Prismen erhalten [2]. Beobachtete Formen {110}, {100}, {010}; Zwillingsbildung nach {100}; vollkommene Spaltbarkeit nach {010} [3].

Gitterkonstanten (aus Pulveraufnahmen): a = 4.829, b = 5.759, c = 4.998 Å, β = 91.16° bei bei 25°C [4], a = 4.834 ± 0.004, b = 5.758 ± 0.003, c = 4.999 ± 0.004 Å, β = 91°11′ [5], a = 4.823, b = 5.757, c = 4.985 kX (unter Verwendung des Literaturwertes [7] β = 89°7′) [6]. Die erste Bestimmung (1929) ergab a = 4.85, b = 5.77, c = 4.98 Å, β = 90.88° [7] (auf Å umgerechnet von Swanson u. a. [4]). Weitere Angaben s. [8]. — Netzebenenabstände s. [4]; Z = 2, Raumgruppe P2/c (Nr. 13) [7].

Aus Neutronenbeugungsuntersuchungen ergeben sich folgende Parameter für die Atome:

Atom	Punktlage	x	y	z
Mn	2f	0.5	0.6804 ± 0.003	0.25
W	2e	0	0.1815 ± 0.002	0.25
O(1)	4g	0.2100 ± 0.0010	0.0987 ± 0.0012	0.5568 ± 0.0014
O(2)	4g	0.2528 ± 0.0013	0.3776 ± 0.0011	0.1080 ± 0.0013

R = 5.7%. $MnWO_4$ kristallisiert im $NiWO_4$-Typ s. „Nickel" B3, S. 1227. Die Mn-Atome sind oktaedrisch von O-Atomen im Abstand von 2.120, 2.176 und 2.227 Å (je 2mal) umgeben. Die W-Atome sind ebenfalls in Oktaederlücken, doch bilden 4 nähere O-Atome im Abstand von 1.800 und 1.901 Å (je 2mal) annähernd ein Tetraeder, während die 2 übrigen O-Atome weiter entfernt sind (2.133 Å). Die Struktur läßt sich daher auch als über Mn zu Ketten verknüpfte WO_4-Tetraeder auffassen [10].

Die Schwingungen in den WO_4-Tetraedern sowie die Kettenschwingungen, insbesondere die Dehnungsschwingungen der Mn-O(2)-Bindungen, werden von Lesne und Caillet [10] analysiert. Insgesamt handelt es sich um 8 A_g- und 10 B_g-Schwingungen, die im Ramanspektrum auftreten müssen, sowie um 7 A_u- und 8 B_u-Schwingungen, die infrarotaktiv sind. Aus den beobachteten Wellenzahlen lassen sich zehn Kraftkonstanten ableiten, darunter für die W-O(1)-, W-O(2)- und Mn-O(2)-Bindung f = 6.02, 3.51 bzw. 1.82 mdyn/Å. Über Kraftkonstanten in den WO_4-Tetraedern s. auch Müller und Krebs [11].

Literatur:

[1] H. Schröcke (Beitr. Mineral. Petrog. **7** [1959/60] 166/206, 179). — [2] D. Schultze, K. T. Wilke, C. Waligora (Z. Anorg. Allgem. Chem. **352** [1967] 184/91). — [3] P. Groth (Chemische Krystallographie, 2. Tl., Leipzig 1908, S. 396). — [4] H. E. Swanson, M. C. Morris, R. P. Stinchfield, E. H. Evans (Natl. Bur. Std. [U. S.] Monograph Nr. 25, Tl. 2 [1963] 1/41, 24/5). — [5] A. Sasaki (Mineral. J. [Tokyo] **2** [1956/59] 375/96; Structure Reports **23** [1959] 464/5).

[6] Yu. P. Simanov, R. D. Kurshakova (Zh. Fiz. Khim. **31** [1957] 820/4; C. A. **1958** 67). — [7] E. K. Broch (Skrifter Norske Videnskaps. Akad. Oslo I Mat. Naturv. Kl. **1929** Nr. 8, S. 1/26; Strukturbericht, Bd. 2, 1928/32 [1937], S. 85, 450). — [8] K. Takano (Ganseki Kobutsu Kosho Gakkashi **41** [1957] 32/9 [S. 32/3 englischer Auszug]; C. A. **1958** 9874). — [9] H. Dachs, E. Stoll, H. Weitzel (Z. Krist. **125** [1967] 120/9). — [10] J. P. Lesne, P. Caillet (Can. J. Spectrosc. **18** [1973] 69/76).

[11] A. Müller, B. Krebs (J. Mol. Spectry. **24** [1967] 180/97).

Mechanische und thermische Eigenschaften

MnWO$_4$ Mechanical and Thermal Properties

Aus selbst bestimmten Gitterkonstanten (s. oben) leiten Swanson u. a. [1] die Dichte D = 7.234 g/cm^3 für t = 25°C ab. Die in CCl_4 bei 25°C pyknometrisch gemessene Dichte steigt von einem Anfangswert (7.135 g/cm^3) nach längerem Glühen bei 1000°C allmählich bis nahe an die Röntgendichte, die aus älteren Gitterkonstanten (4.85, 5.77, 4.98 Å; 89° 7′) zu 7.261 g/cm^3 berechnet wird [2]. — Als thermischen Ausdehnungskoeffizienten geben Mamykin und Batrakov [3] $\alpha = 7.7 \times 10^{-6}\ K^{-1}$ an. — Die molare Wärmekapazität nimmt von C_p = 29.40 cal · mol^{-1} · K^{-1} bei 294 K im Bereich bis 1073 K linear mit der Temperatur gemäß $C_p = 26.00 + 11.59 \times 10^{-3}$ T zu [4].

Literatur:

[1] H. E. Swanson, M. C. Morris, R. P. Stinchfield, F. H. Evans (Natl. Bur. Std. [U. S.] Monograph Nr. 25, Tl. 2 [1963] 1/46, 24). — [2] R. D. Shapovalova, N. P. Mikhailova, Ya. I. Gerasimov (Zh. Fiz. Khim. **34** [1960] 2060/2; Russ. J. Phys. Chem. **34** [1960] 978/9). — [3] P. S. Mamykin, N. A. Batrakov (Tr. Ural'sk. Politekhn. Inst. Nr. 150 [1966] 101/11, 106; C. A. **67** [1967] Nr. 39657). — [4] R. A. Yakovleva, T. N. Rezukhina (Zh. Fiz. Khim. **34** [1960] 819/23; Russ. J. Phys. Chem. **34** [1960] 390/2).

Magnetische und elektrische Eigenschaften

Magnetic and Electrical Properties

Die bei tiefen Temperaturen bestehende antiferromagnetische Ordnung der Mn^{2+}-Momente verschwindet, wie Suszeptibilitätsmessungen ergeben, bei T_N = 16 K [1, 2], nach anderen Autoren schon bei 14.4 K [3] oder 10 K [4]. Die magnetische Elementarzelle umfaßt, wie die Untersuchung der Neutronenbeugung bei 4.2 K ergibt, 16 kristallographische Elementarzellen; sie hat die Kantenlängen 4a, 2b, 2c. Die magnetischen Momente liegen in den (010)-Ebenen und sind etwa parallel [10$\bar{1}$] ausgerichtet; sie können auch eine kleine Komponente in [010]-Richtung haben. Die relative Orientierung innerhalb der (010)-Ebenen zeigt **Fig. 120**; die [010]-Komponenten müßten dann so, wie in Fig. 120 angedeutet, gegeneinander orientiert sein [5]. Zusätzliche Bemerkungen zu dieser Strukturanalyse s. bei Sivardière [6]. Das Moment der Mn-Ionen wird zu 4.42 μ_B angegeben [2]. Auf Grund der Temperaturabhängigkeit der antiferromagnetischen Resonanzabsorption, deren Intensität bei 6.5 K ein Maximum erreicht, halten Moiseev und Zvyagin [4] auch eine spiralförmige Anordnung der Mn-Momente für möglich, die mit den Beugungsdiagrammen [5] vereinbar wäre; auch eine Struktur mit vier Untergittern wäre möglich [4].

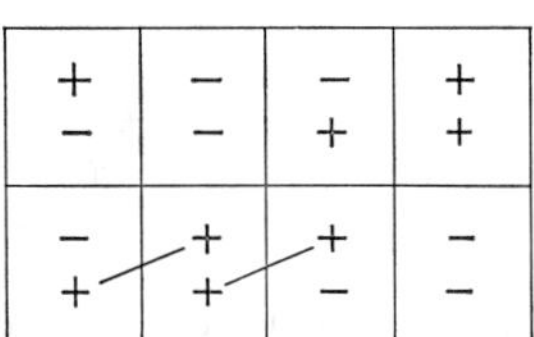

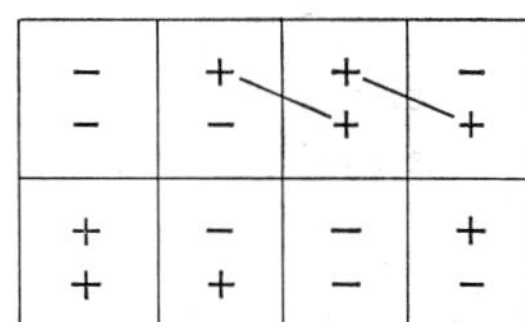

Fig. 120

Orientierung der magnetischen Momente der in (010)-Ebenen befindlichen Mn^{2+}-Ionen bei $MnWO_4$.

Im paramagnetischen Bereich gilt das Curie-Weiss-Gesetz mit Θ_p = −72 K [1], −71.5 K [5] oder −71.3 K [3]. Ältere Messungen zwischen 292 und 554 K ergaben Θ_p = −53.6 K [7]. Aus der Curie-Konstanten werden für das effektive Moment μ_{eff} (theoretisch 5.92 μ_B) die Werte 6.1 μ_B [1], 5.87 μ_B [7] und 5.83 μ_B [3] berechnet; dementsprechend liegt auch die Spinquantenzahl S = 2.46 [2] etwas unterhalb des theoretischen Wertes $^5/_2$. Einzelwert für die Suszeptibilität bei 20°C: $\chi = 38.2 \times 10^{-6}$ cm^3/g [8].

Die Mn^{2+}-Ionen, die sich in (Mn,Zn)WO_4 [9] ebenso wie in (Mn,Zn)MoO_4 (s. S. 208) in einem Kristallfeld von rhombischer Symmetrie befinden, zeigen in $MnWO_4$ ein ESR-Spektrum, das sich ebenfalls mit der Annahme, daß das Kristallfeld rhombische Symmetrie besitzt, deuten läßt. Die Kristallfeldparameter sind D = −0.2, E = 0.04 cm^{-1} [10]. Zur Anisotropie der Breite der Resonanzlinie von $MnWO_4$ zwischen 1.5 und 300 K s. Zvyagin u. a. [11]. Die Temperaturabhängigkeit der Linienbreite wird zwischen 70 und 400 K von Luk'yanenko u. a. [12] an $MnWO_4$ und einigen seiner Hydrate gemessen.

Die Anisotropie der Dielektrizitätskonstanten ε und des Verlustfaktors tan δ ist sehr ausgeprägt; in den Richtungen der Kristallachsen a, b und c ergibt sich $\varepsilon = 19.1 \pm 1.3$, 14.3 ± 0.5

MnWO$_4$

Electrical Properties

bzw. 16.5 ± 1.1, tan $\delta \approx 0.02$, 0.001 bzw. 0.05 [13]. An einer polykristallinen Probe wird bei 25°C $\varepsilon = 19.7$ gefunden; daraus wird die Gesamtpolarisation P = 36.5 berechnet [14]. An natürlichem MnWO$_4$ (Hübnerit) wird bei 20°C $\varepsilon = 6.89$ gemessen [15].

Die elektrische Leitfähigkeit $\varkappa$ von MnWO$_4$ ist elektronischer Natur; lg $\varkappa$ erweist sich als proportional zu 1/T; ausgewählte Meßwerte (in $\Omega^{-1} \cdot cm^{-1}$) [16]:

t in °C	597	630	660	720	781	826	838
$10^6 \varkappa$	526	640	780	1100	1500	1710	1840

Bei gewöhnlicher Temperatur beträgt der spezifische Widerstand $\rho = 2.8 \times 10^7\ \Omega \cdot cm$ [17].

Literatur:

[1] L. G. van Uitert, R. C. Sherwood, H. J. Williams, J. J. Rubin, W. A. Bonner (J. Phys. Chem. Solids **25** [1964] 1447/51). — [2] H. Weitzel (Z. Krist. **131** [1970] 289/313, 312); vgl. auch H. Dachs (Solid State Commun. **7** [1969] 1015/7). — [3] H. Weitzel (Neues Jahrb. Mineral. Abhandl. **113** [1970] 13/28, 21). — [4] V. A. Moiseev, A. I. Zvyagin (Fiz. Tverd. Tela **12** [1970] 1832/4; Soviet Phys.-Solid State **12** [1970] 1454/5). — [5] H. Dachs, E. Stoll, H. Weitzel (Z. Krist. **125** [1967] 120/9), H. Dachs, H. Weitzel, E. Stoll (Solid State Commun. **4** [1966] 473/4).

[6] J. Sivardière (Acta Cryst. A **26** [1970] 101/5). — [7] R. D. Shapovalova, V. I. Belova, A. V. Zalesskii, Ya. I. Gerasimov (Zh. Fiz. Khim. **35** [1961] 2713/5; Russ. J. Phys. Chem. **35** [1961] 1340/2); vgl. ferner Ya. I. Gerasimov (16e Congr. Intern. Chim. Pure Appl., Paris 1957 [1958], Mem. Sect. Chim. Minerale, S. 227/35, 234). — [8] W. P. Doyle, G. McGuire, G. M. Clark (J. Inorg. Nucl. Chem. **28** [1966] 1185/90). — [9] A. A. Galkin, G. N. Neilo, G. A. Tsintsadze (Fiz. Tverd. Tela **9** [1967] 359/60; Soviet Phys.-Solid State **9** [1967] 275). — [10] V. A. Moiseev, A. I. Zvyagin, N. M. Nestorenko (Fiz. Tverd. Tela **12** [1970] 1551/2; Soviet Phys.-Solid State **12** [1970] 1222/3).

[11] A. J. Zvyagin, V. A. Moiseev, A. M. Pshisukha (Fiz. Tverd. Tela **9** [1967] 2739/41, **10** [1968] 2597/9; Soviet Phys.-Solid State **9** [1967] 2152/3, **10** [1968] 2046/8). — [12] L. V. Luk'yanenko, M. V. Mokhosoev, V. G. Pitsyuga, V. N. Pitsyuga (Izv. Vysshikh Uchebn. Zavedenii Fiz. **16** Nr. 7 [1973] 147/8). — [13] F. P. Emmenegger, H. Roetschi (J. Phys. Chem. Solids **32** [1971] 787/90). — [14] A. V. Komandin, R. D. Shapovalova, N. P. Mikhailov (Zh. Fiz. Khim. **34** [1960] 2063/4; Russ. J. Phys. Chem. **34** [1960] 979/80). — [15] J. L. Rosenholtz, D. T. Smith (Am. Mineralogist **21** [1936] 115/20).

[16] W. Jander (Z. Anorg. Allgem. Chem. **192** [1930] 295/316, 300). — [17] P. S. Mamykin, N. A. Batrakov (Tr. Ural'sk. Politekhn. Inst. Nr. 150 [1966] 101/11, 105; C. A. **67** [1967] Nr. 39657).

Optical Properties

Optische Eigenschaften

Die Farbe variiert stark. Kanariengelb sind die durch Zusammenschmelzen von $MnCl_2 \cdot 6H_2O$ und $Na_2WO_4 \cdot 2H_2O$ bei 800°C erhaltenen Produkte [1]. Die aus NaCl-Schmelze bei 1000°C kristallisierten MnWO$_4$-Nadeln sind goldgelb durchsichtig. Nach mehrstündigem Glühen in Luft wird die Farbe dunkler [2]. MnWO$_4$-Einkristalle sind im durchfallenden Licht blutrot, in sehr dünner Schicht gelb [3]. Größere Einkristalle sind im auffallenden Licht hell- bis dunkelbraun [4]. Gefälltes MnWO$_4$ ist gelbbraun [5].

Im Reflexionsspektrum werden zwischen 1000 und 225 nm zwei breite Banden mit Maxima bei 17900 und 25900 cm^{-1} beobachtet, die den Übergängen des Mn^{2+} zu den Termen $^4T_{1g}$ (G) bzw. ^4E_g (G) (vgl. „Mangan" B, S. 180) entsprechen [6].

Die Brechungsindizes werden von Bailly [7] bei 852.1, 670.8 und 460 nm zu n_α = 2.150, 2.17, 2.268, n_β = 2.195, 2.32, —, n_γ = 2.283, 2.32, 2.430 bestimmt; der Achsenwinkel beträgt 2 V = 75°. Auf älteren Angaben beruhen die Mittelwerte n = 2.22 [8] und n = 2.24 bei 589 nm [9]; aus n = 2.24 wird die Molrefraktion R = 24.1 und die Gesamtpolarisation P = 36.5 berechnet [10]. Mit fallender Temperatur steigt $n_\gamma - n_\beta$ zunächst an, fällt aber beim Einsetzen der magnetischen Ordnung um 2% des bei 300 K gemessenen Wertes [11].

Den symmetrischen und antisymmetrischen Dehnungsschwingungen der verschieden langen W-O-Bindungen (ν_1, ν_2, ν_3, ν_4) und den Dehnungsschwingungen der Mn-O-Bindungen (ν_5, ν_6) entsprechen IR-Banden und Ramanlinien mit folgenden Wellenzahlen (in cm^{-1}):

ν_1	ν_2	ν_3	ν_4	ν_5	ν_6
870, 885	817, 778	702, 702	620, 676	516, 546	459, 518

Außerdem sind innerhalb der WO_4-Gruppe 6 Schwingungen mit den Wellenzahlen 423, 334, 328,254, 210 und 191 cm^{-1} (IR-Spektrum) bzw. 400, 332, 300, 265, 211 und 186 cm^{-1} (Raman-Spektrum) identifizierbar; weitere IR-Banden (361, 146, 138 cm^{-1}) und Raman-Linien (365, 172, 133, 91) sind Torsions- und Kettenschwingungen zuzuordnen [12]. Eine vorläufige Zuordnung von 9 Raman-Linien und 3 IR-Banden versucht Griffith [13]. Zuvor wurden 4 IR-Banden zwischen 330 und 840 cm^{-1} registriert [14]. $MnWO_4$

Literatur:

[1] A. Sasaki (Mineral. J. [Tokyo] **2** [1956/59] 375/96; C. A. **59** [1963] 9679). — [2] H. Schröcke (Beitr. Mineral. Petrog. **7** [1959/60] 166/206, 179). — [3] L. G. van Uitert, J. J. Rubin, W. A. Bonner (J. Am. Ceram. Soc. **46** [1963] 512). — [4] D. Schultze, K. T. Wilke, C. Waligora (Z. Anorg. Allgem. Chem. **352** [1967] 184/91). — [5] H. E. Swanson, W. C. Morris, R. P. Stinchfield, E. H. Evans (Natl. Bur. Std. [U. S.] Monograph Nr. 25, Tl. 2 [1953] 1/41, 24).

[6] W. P. Doyle, G. McGuire, G. M. Clark (J. Inorg. Nucl. Chem. **28** [1966] 1185/90). — [7] R. Bailly (Ann. Soc. Geol. Belg. B **65** [1942] 133/9; Bull. Soc. Franc. Mineral. **70** [1947] 49/152, 118/34; Am. Mineralogist **33** [1948] 519/31). — [8] P. S. Mamykin, N. A. Batrakov (Tr. Ural'sk. Politekhn. Inst. Nr. 150 [1966] 101/11, 106; C. A. **67** [1967] Nr. 39657). — [9] K. E. Folinsbee (Econ. Geol. **44** [1949] 425/36, 427, 433). — [10] A. V. Komandin, R. D. Shapovalova, N. P. Mikhailov (Zh. Fiz. Khim. **34** [1960] 2063/4; Russ. J. Phys. Chem. **34** [1960] 979/80).

[11] I. R. Jahn, H. Dachs (Z. Krist. **136** [1972] 172/82). — [12] J. P. Lesne, P. Caillet (Can. J. Spectrosc. **18** [1973] 69/76). — [13] W. P. Griffith (J. Chem. Soc. A **1970** 286/91). — [14] G. M. Clark, W. P. Doyle (Spectrochim. Acta **22** [1966] 1441/7).

Chemisches Verhalten

Chemical Reactions

$MnWO_4$ wird durch H_2 zu MnO und W reduziert. Für die Reaktion $^1/_3 MnWO_4 + H_2 \rightleftharpoons {}^1/_3 MnO + {}^1/_3 W + H_2O$ ergibt sich die Gleichgewichtskonstante $K = p(H_2O)/p(H_2)$ mit einem Fehler von ±1%:

t in °C . . .	965	970	1018	1070	1113
−lg K	1.009	0.996	0.911	0.833	0.766

Aus diesen Werten wird die Interpolationsformel $\lg K = -12945/4.576\,T + 1.2590$ abgeleitet. Die Produkte MnO und W werden röntgenographisch identifiziert [1, 2]. Das Verhältnis $p(H_2O)/p(H_2)$ bleibt bei jeder Temperatur während der Reaktion konstant [3]. Bei der Reaktion von $MnWO_4$ durch H_2 zeigen die Isothermen bei 800 und 900°C eine Induktionszeit, die auf eine Keimbildungsreaktion schließen läßt [4].

Beim Überleiten von O_2 zeigt $MnWO_4$ bei 1273 K keine Gewichtsveränderung. Es zersetzt sich bei $\lg p(O_2) \leqq -23.5$ (p in atm) [5]. — In einer siedenden Lösung von Citronensäure wird $MnWO_4$ bei Zusatz von $NaNO_3$ zersetzt [6]. — Beim Erhitzen von $MnWO_4$ mit $(NH_4)_2SO_4$ bildet sich WO_3 und $MnSO_4$. Die Untersuchung der Reaktionskinetik mittels DTA und Röntgenographie ergibt, daß sich primär das $(NH_4)_2SO_4$ bei 340°C zu NH_3 und NH_4HSO_4 zersetzt. Die Zersetzungsprodukte bilden bei 472°C mit $MnWO_4$ den Alaun $(NH_4)_2Mn_2(SO_4)_3$, der sich bei 508°C in $MnSO_4$, WO_3, NH_3 und SO_3 zersetzt [7, 8].

Bei der Untersuchung der Festkörperreaktion mit $NiWO_4$ ergibt sich die Diffusionskonstante D (in cm^2/d) bei 1000°C für die Diffusion von Ni in $MnWO_4$ zu $D = 5 \times 10^{-6}$, für die Diffusion von Mn in $NiWO_4$ zu $D = 8 \times 10^{-6}$. Die entsprechenden Werte bei 970°C sind $D = 4.5 \times 10^{-6}$ bzw. $D = 8 \times 10^{-6}$ [9].

Literatur:

[1] T. N. Rezukhina, Ya. I. Gerasimov, V. A. Morozova (Zh. Fiz. Khim. **25** [1951] 93/9; C. A. **1951** 5005). — [2] Ya. I. Gerasimov (Dokl. 13th Mezhdunar. Kongr. Teor. i Prikl. Khim., Stockholm 1953, S. 77/104 [russisch], 104/31 [französisch]; C. A. **1954** 4941). — [3] Ya. I. Gerasimov (16ᵉ Congr. Intern. Chim. Pure Appl., Paris 1957 [1958], Mem. Sect. Chim. Minerale, S. 227/35, 231). — [4] L. Meunier, H. Vanderpoorten (Compt. Rend. 27ᵉ Congr. Intern. Chim. Ind., Brussels 1954, Bd. 1, S. 500/4). — [5] H. Schröcke, A. Trumm (Neues Jahrb. Mineral. Abhandl. **109** [1968] 1/24, 13).

[6] H. C. Bolton (Ann. N. Y. Acad. Sci. **2** [1882] 1/20, 17). — [7] A. P. Nadol'skii, L. A. Anfilogova, E. G. Safonova, G. M. Zhiteneva (Izv. Vysshikh Uchebn. Zavedenii Tsvetn. Met. **15** Nr. 5 [1972] 63/6; C. A. **78** [1973] Nr. 126383). — [8] A. P. Nadol'skii, A. A. Lapan, L. A. Anfilogova (Izv. Vysshikh Uchebn. Zavedenii Tsvetn. Met. **1973** Nr. 1, S. 82/5; C. A. **79** [1973] Nr. 70599). — [9] W. Jander (Z. Anorg. Allgem. Chem. **191** [1930] 171/80).

Manganese Tungstates Containing Water

2.11.11.3.5 Wasserhaltige Manganwolframate

Bei der Reaktion von WO_4^{2-}-Ionen mit Mn^{2+}-Ionen in wäßriger Lösung im stöchiometrischen Verhältnis bildet sich bei pH = 8 bis 9 neutrales $MnWO_4 \cdot 1.2H_2O$ [1]. Im pH-Bereich 5 bis 3.6 entstehen Phasen der Zusammensetzung $MnO \cdot 1.8WO_3 \cdot 6.3H_2O$ und $MnO \cdot 2.2WO_3 \cdot 6.5H_2O$. Das Parawolframat $5MnO \cdot 12WO_3 \cdot 35H_2O$ (zur älteren Nomenklatur s. „Wolfram" S. 141) entsteht in einer Lösung von pH = 3.3. Es fällt aus, wenn die Lösung auf pH = 4.75 bis 3.60 gebracht wird. Beim pH-Wert von 4.9 bis 5.0 fällt das Mangantetrawolframat $MnO \cdot 4WO_3 \cdot 12.6H_2O$ aus [1]. Mangantetrawolframat, dem in älteren Arbeiten die Zusammensetzung $MnO \cdot 4WO_3 \cdot 10H_2O$ zugeschrieben wird, bildet sich auch bei doppelter Umsetzung von Bariummetawolframat und $MnSO_4$ [3]. Ältere Angaben zur Herstellung von Manganwolframaten in wäßriger Lösung s. [5, 6, 7]. Ein aus Mn^{2+} und Natriumtriwolframat erhaltenes Triwolframat $MnO \cdot 3WO_3 \cdot 5H_2O$ beschreibt Lefort [8].

Die frisch hergestellten, lufttrockenen Präparate sind röntgenamorph. Das Wasser liegt, wie DTA, NMR- und IR-Spektren ergeben, teils als H_2O-Molekel, teils als OH^- vor. Untersuchung der EPR-Spektren an $MnWO_4 \cdot 1.5H_2O$ (Darstellung nicht angegeben) im Temperaturbereich von 77 bis 400 K s. [2], vgl. S. 208.

$MnWO_4 \cdot 1.2H_2O$ gibt bei 230°C das Wasser vollständig ab und wird bei 360°C kristallin. Die anderen Polywolframate zersetzen sich bei 500°C zu $MnWO_4$, WO_3 und teilweise zu einer weiteren unbekannten Phase [1]. — Das Tetrawolframat ist sehr gut in Wasser löslich, kristallisiert tetragonal mit oktaederähnlichem Habitus. Im reflektierten Licht ist es rosa, im durchfallenden bernsteingelb; optisch einachsig positiv mit ziemlich starker Doppelbrechung [4].

Literatur:

[1] V. N. Pitsyuga, M. V. Mokhosoev, M. N. Zayats, T. E. Frantsuzova (Zh. Neorgan. Khim. **18** [1973] 1166/71; Russ. J. Inorg. Chem. **18** [1973] 615/8). — [2] L. V. Luk'yanenko, M. V. Mokhosoev, V. G. Pitsyuga, V. N. Pitsyuga (Izv. Vysshikh Uchebn. Zavedenii Fiz. **16** Nr. 7 [1973] 147/8; C. A. **79** [1973] Nr. 110043). — [3] C. Scheibler (J. Prakt. Chem. **83** [1861] 273/332, 316). — [4] G. Wyrouboff (Bull. Soc. Franc. Mineral. **15** [1892] 63/96, 83/4). — [5] W. Lotz (Liebigs Ann. Chem. **91** [1854] 49/75, 64).

[6] E. F. Anthon (J. Prakt. Chem. **9** [1836] 337/47, 339). — [7] C. Gonzales (J. Prakt. Chem. [2] **36** [1887] 44/56, 48). — [8] J. Lefort (Ann. Chim. Phys. [5] **17** [1879] 470/93, 480).

The $MnWO_4$-Na_2WO_4 System

2.11.11.3.6 Das System $MnWO_4$-Na_2WO_4

In diesem System liegt bei etwa 640°C und 8 Gew.-% $MnWO_4$ ein Eutektikum, I. P. Kislyakov, I. N. Smirnova, B. I. Buinov, T. V. Khomatova, O. I. Tokunov (Tr. 2-go Vses. Soveshch. po Fiz. Khim. Razplavlen. Solei, Kiev 1963 [1965], S. 116/20; C. A. **65** [1966] 8081).

Mg_xMn_{1-x}-WO_4

2.11.11.3.7 $Mg_xMn_{1-x}WO_4$

Für diese Mischkristalle, die bei 1000°C hergestellt werden, ergeben sich aus Suszeptibilitätsmessungen zwischen 1.7 und 300 K für die Néel-Temperatur T_N, die paramagnetische Curie-Temperatur Θ_p und das effektive Moment μ_{eff} folgende Werte:

x	0	0.10	0.20	0.30	0.40
T_N in K	14.4	12.8	10.5	2.4	1.8
Θ_p in K	−71.3	−64.0	−58.0	−51.6	−43.5
μ_{eff} in μ_B	5.83	5.86	5.96	5.95	5.92

H. A. Obermayer, H. Dachs, H. Schröcke (Solid State Commun. **12** [1973] 779/84).

2.11.11.3.8 Sr_2MnWO_6

Sr_2MnWO_6

Die Verbindung wird hergestellt durch Erhitzen des Oxidgemisches während einiger Stunden auf 1000 bis 1300°C in N_2-Atmosphäre [1]. Sie kristalliert kubisch, Gitterkonstante a = 8.01 Å [1]. Hieraus berechnet sich die Dichte zu D = 6.590 g · cm^{-1} und die Zahl der Atome in der Elementarzelle zu Z = 4. Die Struktur ist vom perowskitähnlichen $(NH_4)_3FeF_6$-Typ. Die perowskitanaloge Zelle hat nur die Gitterkonstante a/2 [2]. — Die Néel-Temperatur liegt bei 10 K. Die Curie-Temperatur wird zu Θ_p −30 K extrapoliert. Die Curie-Konstante je paramagnetisches g-Atom beträgt 4.15; die theoretische Berechnung ergibt bei der Annahme von $Sr_2Mn^{II}W^{VI}O_6$ 4.38, von $Sr_2Mn^{III}W^{V}O_6$ 3.37, wobei nur der Spin berücksichtigt wird [3].

Literatur:

[1] G. Blasse (J. Inorg. Nucl. Chem. **27** [1965] 993/1003, 994/5). — [2] F. S. Galasso (Structure, Properties, and Preparation of Perovskite-type Compounds, Pergamon Press, Oxford-London 1959, S. 37, 156). — [3] G. Blasse (Philips Res. Rept. **20** [1965] 327/36).

2.11.11.3.9 $LaSrMnWO_6$

$LaSrMnWO_6$

Zur Herstellung wird ein stöchiometrisches Gemisch von La_2O_3, $SrCO_3$, WO_3 und MnO_2 bei 1300°C 14 h gebrannt und nach dem Abkühlen neu gemahlen. Ein zweiter 14stündiger Brand erfolgt bei 1400°C in feuchtem H_2-Strom (der O_2-Partialdruck wird in dieser Atmosphäre zu 10^{-14} atm gemessen). Das Produkt ist dunkelbraun. Die Röntgenbeugungsaufnahmen ergeben die Gitterkonstante 8.034 Å der pseudokubischen Elementarzelle. Die Strukturbestimmung führt zu einer geordneten Perowskit-Struktur (LaSr)[MnW]O_6 mit alternierenden Mn- und W-Atomen in den B-Lagen. Aus der Röntgenfluoreszenzanalyse und magnetischen Messungen wird auf die Verteilung der Oxidationsstufen $LaSrMn^{II}W^{V}O_6$ geschlossen. $LaSrMnWO_6$ ist bei 80 bis 1200 K paramagnetisch. Das Curie-Weiss-Gesetz ist erst oberhalb 400°C gültig; die Curie-Konstante beträgt 4.13 K · cm^3/mol; die Curie-Temperatur wird zu −130 K extrapoliert. Die mit Gleichstrom und mit Wechselstrom (1539 Hz) gemessenen Werte der elektrischen Leitfähigkeit weichen unterhalb 250 K mit tiefer werdender Temperatur immer weiter voneinander ab, s. **Fig. 121.** Bei 125 K beträgt lg $\varkappa$ = −8.5

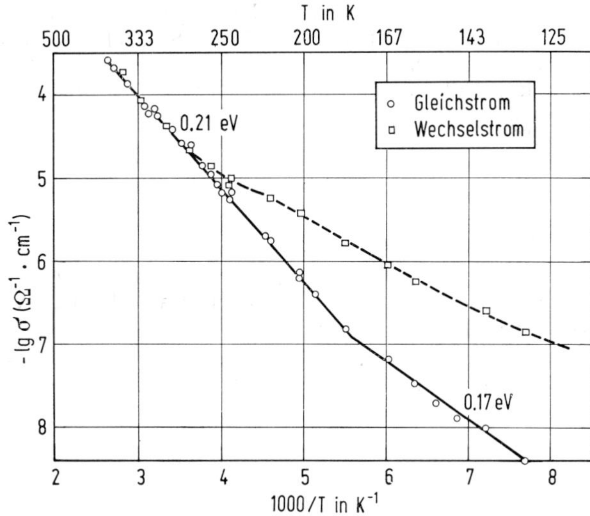

Fig. 121

Temperaturabhängigkeit der elektrischen Leitfähigkeit von $LaSrMnWO_6$, mit Gleichstrom und Wechselstrom gemessen.

bzw. −7 ($\varkappa$ in Ω^{-1} · cm). Die geringe Leitfähigkeit deutet darauf hin, daß die 3d-Elektronen des Mn^{2+} meist lokalisiert sind und daher nur sehr wenig zur Leitung beitragen, M. Yoshimura, K. Kamata, T. Nakamura (Chem. Letters [Tokyo] **1972** 737/40; C. A. **77** [1972] Nr. 120020).

2.11.11.3.10 $PbM_xMn_yW_zO_3$

Die Verbindungen $PbMn_{0.5}W_{0.5}O_3$ und $PbMn_{0.67}W_{0.33}O_3$ sowie die Verbindungen, in denen das Mn teilweise durch andere Metalle M (im folgenden durch Li, Mg, Cd, Sc, Ti, Zr, Cr) substituiert ist, werden besonders hinsichtlich der elektrischen und magnetischen Eigenschaften untersucht.

$PbMn_{0.5}W_{0.5}O_3$. Bei der Herstellung von $PbMn_{0.5}W_{0.5}O_3$ können durch eine entsprechende Wahl der Ausgangsstoffe die Oxidationsstufen von Mn und W beeinflußt werden. Durch Glühen von PbO, $MnCO_3$ und WO_3 wird $PbMn^{II}_{0.5}W^{VI}_{0.5}O_3$ erhalten, aus PbO, Mn_2O_3, WO_3 und W entsteht dagegen $PbMn^{III}_{0.5}W^{V}_{0.5}O_3$ [1]. — Eine Hochdruckphase wird durch 1stündiges Erhitzen eines Gemisches aus PbO, Mn_2O_3 und WO_3 im Molverhältnis 3 : 1 : 1 bei 850°C unter einem Druck von 35 kbar gewonnen; anscheinend wird durch die Graphit-Heizelemente Mn^{III} zu Mn^{II} reduziert [2]. Die Hochdruckphase ist bei Normaldruck bis 500°C stabil [2].

Die Phasen $PbMn^{II}_{0.5}W^{VI}_{0.5}O_3$ und $PbMn^{III}_{0.5}W^{V}_{0.5}O_3$ sind monoklin und haben die röntgenographisch bestimmten Gitterkonstanten a = c = 4.063, b = 4.033 Å, β = 90°12′ bzw. a = c = 4.070, b = 4.019 Å, β = 90°18′ [1, 3], s. auch [4]. Die bei 573 K erhaltenen Neutronenbeugungsdiagramme machen eine Verdoppelung der Gitterkonstanten in allen 3 Richtungen nötig. Bei 4.2 K werden noch weitere zusätzliche Reflexe beobachtet. Die erhaltenen Ergebnisse lassen den Schluß zu, daß eine geordnete Verteilung von Mn^{II} und W^{VI} vorliegt [4].

Die Hochdruckform kristallisiert im verzerrten Perowskit-Typ. Sie ist tetragonal und bei Zimmertemperatur wahrscheinlich niedriger symmetrisch. Gitterkonstanten a = 8.22_2, c = 7.91_0 Å [2].

Beide bei gewöhnlichem Druck stabilen Phasen sind antiferroelektrisch und antiferromagnetisch. Die Néel-Temperatur liegt bei 203 K [3], die Curie-Temperatur liegt im Falle des $PbMn^{II}_{0.5}W^{VI}_{0.5}O_3$ bei 150°C, im Falle des $PbMn^{III}_{0.5}W^{V}_{0.5}O_3$ bei 165°C [1, 3]. In [4] wird die Curie-Temperatur zu 473 K angegeben (es wird aber kein Unterschied gemacht zwischen den Verteilungen der Oxidationsstufe). — Dielektrizitätskonstante von $PbMn^{II}_{0.5}W^{VI}_{0.5}O_3$ bei −200 bis +500°C s. [5].

$PbLi_{0.167}Mn^{IV}_{0.33}W^{V}_{0.5}O_3$ läßt sich aus den Oxiden bei erhöhter Temperatur darstellen. Es kristallisiert im Perowskit-Typ [5]. Verbindungen vom Typ **$PbM^{II}_{0.25}Mn^{IV}_{0.25}W^{V}_{0.5}O_3$** mit M = Mg, Cd werden durch Erhitzen der zu Tabletten gepreßten Pulvergemische von MnO_2, WO_3, W und den Carbonaten der übrigen Metalle in N_2-Atmosphäre hergestellt. Die Reaktion wird in 2 Bränden durchgeführt; dazwischen wird neu durchmischt und wieder gepreßt. Das W^{VI} wird nur unvollständig in W^{V} überführt. Die Temperaturen und Reaktionszeiten werden für M = Mg zu 2 h bei 700°C und 1 h bei 780°C, für M = Cd zu 2 h bei 700°C und 2 h bei 800°C angegeben. Die pseudotetragonalen Gitterkonstanten a, b in Å und β der monoklin verzerrten, auf den Perowskit-Typ bezogenen Subzellen, die elektrische Luftfähigkeit ϰ bei 20°C in $\Omega^{-1} \cdot cm^{-1}$, die Dielektrizitätskonstante ε bei 20°C und die Curie-Temperatur t_C in °C gibt folgende Tabelle wieder [6]:

M	a	b	β	ϰ	ε	t_C
Mg	4.101	4.052	90°	1.3×10^{-9}	300	>200
Cd	4.127	4.056	90°42′	5.6×10^{-9}	450	>250

$PbMn_{0.67}W_{0.33}O_3$. Zur Herstellung wird das Oxidgemisch der Metalle zuerst auf 700 und dann auf 750°C unter N_2-Atmosphäre erhitzt; zwischen beiden Bränden wird neu durchmischt [1]. Eine Hochdruckform entsteht neben unbekannten Produkten beim Erhitzen eines Gemisches von PbO, Mn_2O_3 und WO_3 im entsprechenden Verhältnis bei 30 kbar während 2 h auf 850°C [2]. Die Gitterkonstanten der dem Perowskit-Typ entsprechenden Subzelle betragen bei der Normaldruckphase a = c = 4.098, b = 4.014 Å, β = 90°23′ [1]. Die Gitterkonstante der im Perowskit-Typ kristallierenden Hochdruckform wird zu a = 8.08_3 Å gemessen [2]. Die elektrische Leitfähigkeit wird bei 20°C zu $2 \times 10^{-9}\ \Omega^{-1} \cdot cm^{-1}$ bestimmt. Die antiferromagnetische Umwandlungstemperatur wird zu −70°C, die antiferroelektrische zu 200°C bestimmt [1]. Dielektrizitätskonstante zwischen 0 und 250° C s. Fig. 123, S. 222.

$PbCd_{0.33}M^{IV}_{0.33}W_{0.33}O_3$ wird durch Erhitzen des Oxidgemisches in 2 Bränden bei 700 und 750°C in O_2-Atmosphäre hergestellt; zwischen den beiden Bränden wird gemahlen und neu durchmischt. Gitterkonstanten der dem Perowskit-Typ entsprechenden Subzelle a = c = 4.137, b = 4.069 Å,

$\beta = 90°56'$. Die monokline Modifikation wandelt sich bei 300°C in eine kubische um. Die Verbindung kann als Mischkristall zwischen $PbMnO_3$ und $PbCd_{0.5}W_{0.5}O_3$ aufgefaßt werden. Curie-Temperatur 300°C. Elektrische Leitfähigkeit bei 20°C $2 \times 10^{-5}\ \Omega^{-1} \cdot cm^{-1}$; antiferroelektrisch, paramagnetisch [1].

$PbSc^{III}_{0.33}Mn^{III}_{0.33}W^{VI}_{0.33}O_3$ und **$PbCr^{III}_{0.33}Mn^{III}_{0.33}W^{VI}_{0.33}O_3$** lassen sich aus den Oxiden bei erhöhter Temperatur darstellen. Sie kristallisieren im Perowskit-Typ. $PbCr_{0.33}Mn_{0.33}W_{0.33}O_3$ ist antiferromagnetisch [5].

Solid Solutions of $PbMn_{0.67}$-$W_{0.33}O_3$ with $PbTiO_3$ and $PbZrO_3$

$PbMn_{0.67}W_{0.33}O_3$-$PbTiO_3$-Mischkristalle. Die Herstellung erfolgt durch Festkörperreaktion unter Stickstoff, um die Oxidation des Mangans zu vermeiden. Dabei werden nacheinander zwei Brände durchgeführt, der erste 1.5 h bei 650 bis 700°C, der zweite 1 h bei 800 bis 900°C Wie die Bestimmung der Gitterkonstanten mittels Röntgenbeugung ergibt, treten Mischkristalle zwischen 0 und 47 Mol-% $PbMn_{0.67}W_{0.33}O_3$ in tetragonal verzerrtem Perowskit-Typ wie bei $PbTiO_3$ auf. Die Mischkristalle im Bereich von 48 bis 85 Mol-% $PbMn_{0.67}W_{0.33}O_3$ kristallisieren in rhomboedrisch verzerrtem und von 87 bis 100 Mol-% $PbMn_{0.67}W_{0.33}O_3$ in monoklin verzerrtem Perowskit-Typ (die Symmetrie ist angenähert kubisch). Die Abhängigkeit der Gitterkonstanten von der Zusammensetzung ist in **Fig. 122** wiedergegeben. Der Knick innerhalb des tetragonalen Bereichs bei 23 Mol-% $PbMn_{0.67}W_{0.33}O_3$ wird als Umwandlung zwischen zwei tetragonalen Modifikationen (T_1 und T_2), die sich beide vom Perowskit-Typ herleiten, angesehen.

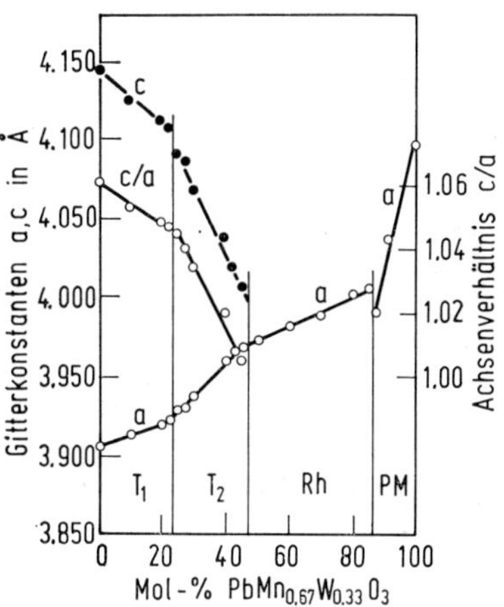

Fig. 122

Gitterkonstanten a und c sowie Achsenverhältnis c/a von Mischkristallen $PbMn_{0.67}W_{0.33}O_3$-$PbTiO_3$; T_1, T_2 tetragonal, Rh rhomboedrisch, PM pseudokubisch monoklin.

Die **Fig. 123**, S. 222, zeigt die Abhängigkeit der Dielektrizitätskonstanten der einzelnen Zusammensetzungen von der Temperatur. Die Maxima entsprechen den Curie-Temperaturen. Einige Anomalien sind zu beobachten. Die Kurve der Zusammensetzung von 50 Mol-% hat zwei Maxima. Die Zusammensetzung von 60 Mol-% $PbMn_{0.67}W_{0.33}O_3$ hat außer dem Maximum bei 280°C einen kleinen Knick bei 130°C. Bei 90 Mol-% $PbMn_{0.67}W_{0.33}O_3$ tritt außer dem Maximum bei 170°C ein Knick bei 100°C auf. Dieser Knick wird für die gleiche Umwandlung gehalten, die im reinen $PbMn_{0.67}W_{0.33}O_3$ bei −70°C auftritt, vgl. S. 220. Innerhalb der in Fig. 122 angegebenen Modifikationsbereiche sind die Curie-Temperaturen linear von der Zusammensetzung abhängig. Beim Vergleich mit anderen Systemen zeigt diese Linearität, daß Ti, Mn und W nicht statistisch, sondern geordnet verteilt sind (im Gegensatz zum System $PbTiO_3$-$PbZrO_3$, s. „Blei" C4, S. 1440). — Die tetragonalen Phasen und die rhomboedrische Phase sind ferroelektrisch, während die monokline Phase antiferromagnetisch ist [7].

$PbMn_{0.67}W_{0.33}O_3$-$PbTiO_3$-$PbZrO_3$-Mischkristalle. Proben der Zusammensetzungen $x\,PbMn_{0.67}W_{0.33}O_3 \cdot y\,PbTiO_3 \cdot z\,PbZrO_3$ in den Bereichen $x = 0.01$ bis 0.20, $y = 0.05$ bis 0.59, $z = 0.40$ bis 0.90 werden auf ihre elektrischen Eigenschaften für die mögliche Eignung als piezoelektrische Materialien untersucht. Die Proben werden durch Festkörperreaktion hergestellt. Gemische aus $MnCO_3$, PbO, TiO_2, ZrO_2 und WO_3 werden bei 900°C 1 h vorgesintert, dann unter 700 kg/cm²

Solid Solutions of $PbMn_{0.67}$-$W_{0.33}O_3$ with $PbTiO_3$ and $PbZrO_3$

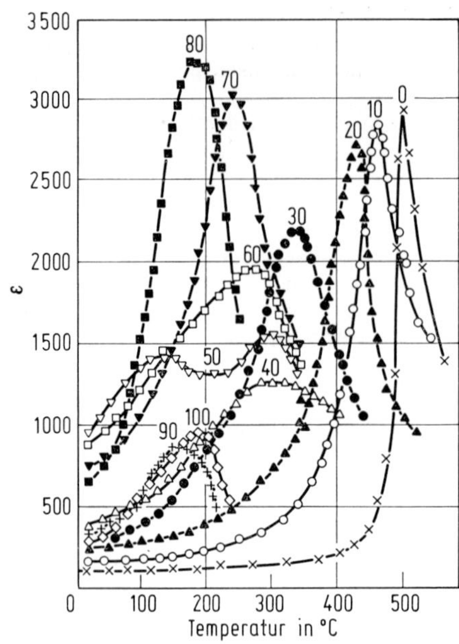

Fig. 123

Temperaturabhängigkeit der Dielektrizitätskonstante ε von $PbMn_{0.67}W_{0.33}O_3$-$PbTiO_3$-Mischkristallen; die Zahlen an den Kurven geben $PbMn_{0.67}W_{0.33}O_3$-Gehalte in Mol-% an.

zu Tabletten gepreßt und diese 1 h bei 1300°C gebrannt, Proben mit $x < 0.10$ bei 1260°C. Der elektromechanische Kopplungsfaktor hat den maximalen Wert $k_r = 57\%$ bei der Zusammensetzung $x = 0.05$, $y = 0.48$, $z = 0.47$. Der maximale mechanische Qualitätsfaktor $Q_m = 4.350$ liegt bei $x = 0.05$, $y = 0.20$, $z = 0.75$. Bei gleichbleibendem $x = 0.05$ steigt Q_m mit z bis zu dem genannten Maximum und fällt dann wieder. Die höchste Dielektrizitätskonstante $\varepsilon = 1260$ liegt bei $x = 0.05$, $y = 0.48$, $z = 0.47$. Das Maximum des dielektrischen Verlustfaktors liegt mit $\tan \delta = 9.2$ bei $x = 0.20$, $y = 0.20$, $z = 0.60$ [8].

Literatur:

[1] Yu. E. Roginskaya, Yu. N. Venevtsev, G. S. Zhdanov (Zh. Eksperim. i Teor. Fiz. **48** [1965] 1224/32: Soviet Phys.-JETP **21** [1965] 817/22). — [2] T. Fujita, O. Fukunaga, T. Nakagowa, S. Nomura (Mater. Res. Bull. **5** [1970] 859/63 [1])). — [3] Yu. N. Venevtsev, A. G. Kapyshev, A. S. Viskov, L. I. Shvorneva, V. M. Lebedev, V. M. Petrov, G. S. Zhdanov (Izv. Akad. Nauk SSSR Ser. Fiz. **31** [1967] 1068/75; Bull. Acad. Sci. USSR Phys. Ser. **31** [1967] 1086/91). — [4] S. V. Kiselev, R. P. Ozerov (Fiz. Tverd. Tela **11** [1969] 1396/8; Soviet Phys.-Solid State **11** [1969] 1133/5). — [5] Yu. N. Venevtsev, Yu. E. Roginskaya, A. S. Viskov, V. V. Ivanova, Yu. Ya. Tomashpol'skii, L. I. Shvorneva, A. G. Kapyshev, A. Yu. Teverovskii, G. S. Zhdanov (Dokl. Akad. Nauk SSSR **158** [1964] 86/8; Soviet Phys.-Dokl. **9** [1964] 751/2).

[6] A. S. Viskov, Yu. N. Venevtsev, G. S. Zhdanov, L. D. Onikienko (Kristallografiya **10** [1965] 862/8; Soviet Phys.-Cryst. **10** [1965] 720/4). — [7] O. S. Didkovskaya, V. V. Klimov, Yu. N. Venevtsev (Kristallografiya **13** [1968] 529/31; Soviet Phys.-Cryst. **13** [1968] 433/5). — [8] N. N. Tsubouchi, M. Takahashi, T. Ohno, T. Akashi, Nippon Electric Co. Ltd. (U. S. P. 3544470 [1968/70]; C. A. **74** [1971] Nr. 45217).

The $MnWO_4$-NbO_2 System

2.11.11.3.11 Das System $MnWO_4$-NbO_2

Im Bereich von 0 bis 50 Mol-% NbO_2 erfolgt eine kontinuierliche Aufweitung des Gitters von $MnWO_4$. Bei höheren NbO_2-Gehalten treten neue Phasen auf, H. Schröcke (Neues Jahrb. Mineral. Monatsh. **1959** 234/6).

[1]) Im Original sind irrtümlich die Seitenzalen 759/763 gedruckt.

2.11.11.3.12 Das System $MnWO_4$-$MnMoO_4$-$ZnWO_4$-$ZnMoO_4$

The $MnWO_4$-$MnMoO_4$-$ZnWO_4$-$ZnMoO_4$ System

Die Subsolidus-Phasengrenzen dieses Systems bei 900°C sind in **Fig. 124** wiedergegeben (Abschreckmethode). Die Mischkristallphasen sind mit A (monoklin), B (triklin) und C (monoklin) bezeichnet. In der Mitte des Feldes sind alle 3 Mischkristallphasen miteinander im Gleichgewicht.

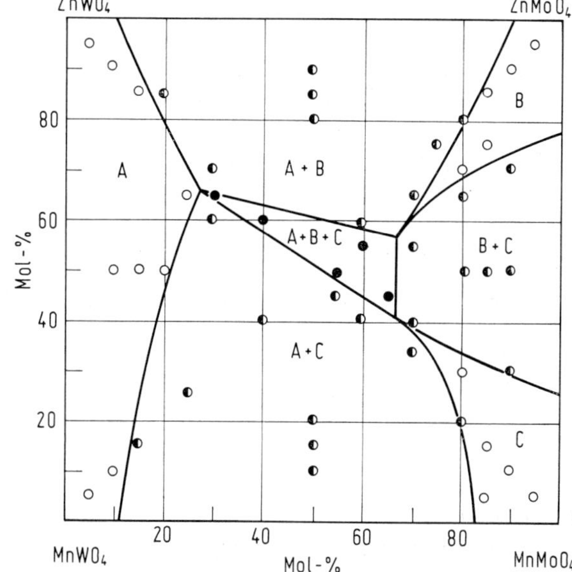

Fig. 124

Zustandsdiagramm des Systems $MnWO_4$-$MnMoO_4$-$ZnWO_4$-$ZnMnO_4$ bei 900°C; leere Kreise: einphasig, halbgefüllte Kreise: zweiphasig, volle Kreise: dreiphasig.

Dieses Feld wird begrenzt durch die Punkte: 41 Mol-% $ZnMoO_4$, 26 Mol-% $MnMoO_4$, 33 Mol-% $MnWO_4$; 57 Mol-% $ZnMoO_4$, 10 Mol-% $MnMoO_4$, 35 Mol-% $MnWO_4$ und 27 Mol-% $ZnMoO_4$, 34 Mol-% $MnWO_4$, 39 Mol-% $ZnWO_4$. Zwischen $ZnWO_4$ und $MnWO_4$ besteht oberhalb 840°C vollständige Mischbarkeit der isostrukturellen Komponenten (Feld A). Die übrigen Komponenten haben nur beschränkte Mischbarkeit. Die Grenzen liegen bei:

620°C	1000°C
4.0 Mol-% $ZnMoO_4$ in $ZnWO_4$	15.0 Mol-% $ZnMoO_4$ in $MnMoO_4$
4.0 Mol-% $ZnWO_4$ in $ZnMoO_4$	15.0 Mol-% $ZnWO_4$ in $ZnMoO_4$
13.0 Mol-% $ZnMoO_4$ in $MnMoO_4$	36.0 Mol-% $ZnMoO_4$ in $MnMoO_4$
12.0 Mol-% $MnMoO_4$ in $ZnMoO_4$	29.0 Mol-% $MnMoO_4$ in $ZnMoO_4$
9.0 Mol-% $MnMoO_4$ in $MnWO_4$	15.0 Mol-% $MnMoO_4$ in $MnWO_4$
6.0 Mol-% $MnWO_4$ in $MnMoO_4$	27.0 Mol-% $MnWO_4$ in $MnMoO_4$

L. L. Y. Chang (Mineral. Mag. **36** [1967/68] 992/6).

2.11.11.3.13 Heteropolywolframomangansäuren und deren Salze

Heteropolytungstomanganese Acids and Their Salts

11-Wolframomanganate(III)

11-Tungstomanganates(III)

Zur Herstellung wird ein Gemisch von $MnSO_4 \cdot 4H_2O$ mit $K_2S_2O_8$ allmählich in kleinen Portionen zu einer siedenden Lösung von Parawolframat gegeben. Weitere Methoden zur Herstellung sind das Eintragen von frisch gefälltem $Mn(OH)_3$ in siedende Parawolframatlösung oder das Eintragen von $K_3Mn(CN)_6$ in Parawolframatlösung unter gleichzeitiger Zugabe von HNO_3. Aus der so erhaltenen Lösung der Säure $H_5MnW_{11}O_{37}$ werden verschiedene Salze hergestellt: das Kalium- und das

Ammoniumsalz durch Zusatz der entsprechenden Nitrate, das Bariumsalz durch Neutralisation mit $BaCO_3$, das Guanidiniumsalz durch Zusatz von Guanidiniumchlorid. Die gut löslichen Salze kristallisieren sehr langsam aus der Mutterlauge, in einigen Fällen erst nach einigen Wochen bei 6°C.

Die Kristalle sind meist durchscheinend tiefrot bis rötlichbraun. Weitere Eigenschaften:

Salz	Kristallform	Dichte	Brechungsindex	pH-Wert in 0.002 m Lösung	Bemerkungen
K-Salz mit $Mn_2O_3 : WO_3 \approx 1 : 22$	Oktaeder	5.094	>1.7	4.47	wäßrige Lösung hydrolysiert beim Sieden
$(NH_4)_4HMnW_{11}O_{37} \cdot 24\,H_2O$	Oktaeder	3.844	—	5.02	gut wasserlöslich, verwittert an der Luft
$(CH_6N_3)_5MnW_{11}O_{37} \cdot 8.5\,H_2O$	rechteckige Prismen	4.322	$\alpha = 1.728$ $\gamma = 1.762$	4.49	wenig löslich in H_2O
$Ba_5Mn_2W_{22}O_{74} \cdot 20\,H_2O$	Oktaeder	4.178	>1.7	4.28	an der Luft stabil

Bei der Dehydratation des Ammoniumsalzes über P_2O_5 werden isotrope Kristalle mit n = 1.798 erhalten; es gibt auch ein höheres, wahrscheinlich tetragonales Hydrat mit kleinerem Brechungsindex [1]. Aus Untersuchungen mit der Ultrazentrifuge wird gefolgert, daß in Lösungen das Molekulargewicht nur die Hälfte des ursprünglich angenommenen Formelgewichts $[Mn_2W_{22}O_{74}]^{10-}$ beträgt [2].

Literatur:

[1] J. A. Mair, J. L. T. Waugh (J. Chem. Soc. **1950** 2372/6). — [2] S. J. Singer, J. L. T. Waugh (Proc. Natl. Acad. Sci. U. S. **38** [1952] 1027/30).

Penta-tungsto-manga-nates(IV)

Pentawolframomanganate(IV)

$Na_6MnW_5O_{20} \cdot 18\,H_2O$. Eine wäßrige Na_2WO_4-Lösung wird bei Siedetemperatur mit wäßriger $MnSO_4$-Lösung versetzt, wobei $MnWO_4$ ausfällt. Nach Zusatz von $Na_2S_2O_8$-Lösung färbt sich die Flüssigkeit rot. Sie wird $^1/_4$ h unter Ersatz des verdampfenden Wassers am Sieden gehalten und dann mit dem gleichen Volumen H_2O versetzt. Von dem sich dabei bildenden Niederschlag (MnO_2) wird abgesaugt. Beim langsamen Abkühlen kristallisiert das Salz in Form nadeliger tiefroter Kristalle aus [1, 2], es läßt sich aus einer Na_2WO_4-Lösung [1] oder heißem H_2O [2] umkristallisieren.

Absorptionsspektren von orangerotem $Na_6MnW_5O_{20} \cdot 18\,H_2O$ im Sichtbaren und UV s. [3]. Diskussion der Lumineszenzspektren des Anions $[Mn^{IV}W_5O_{20}]^{6-}$ s. [4]. — Magnetische Suszeptibilität bei 31.5°C: $\chi = 2.96 \times 10^{-6}$ cm³/g, $\chi_m = 5205 \times 10^{-6}$ cm³/mol; magnetisches Moment: 3.58 μ_B [2].

In heißem Wasser ist die Verbindung ziemlich gut löslich; in kochendem Wasser wird sie unter MnO_2-Abscheidung zersetzt, ebenso beim längeren Stehen in der Kälte. Aus der Lösung fällt bei Zusatz von K^+-Lösungen das rote Kaliumsalz aus [1].

Das Mn^{IV} wird durch Zn und andere Reduktionsmittel nicht ohne Zersetzung reduziert, dagegen durch Oxalsäure. Unter der Einwirkung von $Na_2S_2O_4$ wird die Verbindung zuerst infolge der Reduktion des Mn^{IV} entfärbt, dann durch Reduktion des W^{VI} blau gefärbt [5].

Literatur:

[1] A. Just (Ber. Deut. Chem. Ges. **36** [1903] 3619/22). — [2] P. Ray, A. Bhaduri, B. Sarma (J. Indian Chem. Soc. **25** [1948] 51/6). — [3] V. Shimura, R. Tsuchida (Bull. Chem. Soc. Japan **30** [1957] 502/5). — [4] A. G. Paulusz, H. L. Burrus (Chem. Phys. Letters **17** [1972] 527/30). — [5] Ya. D. Fridman (Zh. Obshch. Khim. **18** [1948] 1027/33; C. A. **1949** 925).

12-Wolframomanganate(IV)

12-Tungstatomanganates(IV)

Zur Herstellung der Säure wird $MnSO_4$ und $K_2S_2O_8$ langsam zu einer kochenden Lösung von Manganparawolframat gegeben und die Lösung einige Stunden gekocht. Die Lösung wird mit 12 normaler H_2SO_4-Lösung angesäuert und mit Äther versetzt. Der Äther wird nach Verdünnung mit H_2O mittels durchgeblasener Luft verdampft. Zur Herstellung des Kaliumsalzes und des Ammoniumsalzes wird die Lösung mit KCl bzw. NH_4Cl gesättigt. Es scheiden sich $K_4MnW_{12}O_{40} \cdot 20\,H_2O$ bzw. $(NH_4)_4MnW_{12}O_{40} \cdot 25\,H_2O$ ab. Das Caesiumsalz ist kubisch, a = 11.80 Å; seine Struktur ist ähnlich wie beim entsprechenden 12-Wolframoferrat(III).

Die wäßrige Lösung der freien Säure hat eine starke Absorption im Sichtbaren bei 38400 cm^{-1} und einen schwachen breiten Peak bei 7000 cm^{-1}.

Die Säure ist in Wasser sehr gut löslich. Die wäßrige Lösung wird von starken Säuren langsam, von starken Basen schnell zersetzt. Die Thermoanalyse der freien Säure zeigt bei 150°C einen Gewichtsverlust; Aktivierungsenergie dieser Reaktion 15 kcal/mol. Es ist nicht möglich, eine 12-Wolframomangan(II)-säure herzustellen. Die 12-Wolframomangan(IV)-säure ist weniger stabil als die Heterowolframosäuren mit anderen Übergangsmetallen der 1. Reihe, D. H. Brown (J. Chem. Soc. **1962** 4408/10).

Heteropolyverbindungen vom Typ $MMn^{II}W_{11}O_{40}^{x-}$ (M = Zn, Ga, Ge)

Heteropoly Compounds of the $MMn^{II}W_{11}$-O_{40}^{x-}Type

Diese Verbindungen bilden sich spontan mit hoher Geschwindigkeit aus $XW_{11}O_{39}^{y-}$ und Mn^{2+} in wäßriger Lösung selbst bei 0°C [1, 2, 3]. Die Salze enthalten große Mengen Wasser, das zum Teil stark gebunden ist und erst bei 520°C völlig abgegeben wird. Das als „Konstitutionswasser" bezeichnete H_2O zeigt, wie aus den Titrationskurven hervorgeht, schwach saure Reaktion. Die Diskussion der Bandenspektren ermöglicht keine vollständige Zuordnung. Die bei 24000 bis 26000 cm^{-1} beobachtete Bande wird einem „charge-transfer" unter Beteiligung des Mangans zugeordnet [1]. Allgemeine Übersicht über die bei Heteropolywolframomanganaten auftretenden Kristallstrukturen s. [4].

$ZnMnW_{11}O_{40}^{10-}$. Zur Herstellung werden $Zn(CH_3COO)_2$ und $Mn(CH_3COO)_2$ zu einer Wolframatlösung von 80°C gegeben. Bei Zugabe von KCl oder NH_4Cl werden schlecht kristallisierte Produkte erhalten, die sich bei der Umkristallisation oft zersetzen. Beim Eindampfen des Reaktionsgemisches bei Zimmertemperatur fällt nadelförmiges $K_5Na_3H_2ZnMnW_{11}O_{40} \cdot 23\,H_2O$ aus [1]. Die Salze kristallisieren kubisch. $(NH_4)_6H_4ZnMnW_{11}O_{40} \cdot 12\,H_2O$ hat die Gitterkonstante a = 22.18 Å; Z = 8 [4].

$GaMnW_{11}O_{40}^{9-}$. Von diesem Anion werden ein gemischtes Ammonium-Natrium-Salz und ein reines Natriumsalz hergestellt. Zur Herstellung von $(NH_4)_{6.5}NaH_{1.5}GaMnW_{11}O_{40} \cdot 15\,H_2O$ wird in eine wäßrige Lösung von Na_2WO_4 bei Zimmertemperatur eine Lösung von Galliumnitrat zugegeben. Der pH-Wert wird mit 6 molarer Salpetersäure auf pH = 6.5 gebracht. Unter Rühren wird so lange gekocht, bis sich alles $Ga(OH)_3$ gelöst hat. Nach dem Abkühlen wird $Mn(NO_3)_2$-Lösung tropfenweise zugegeben. Die Lösung wird wieder erhitzt und in der Hitze mit NH_4NO_3 das Salz ausgefällt. Das Präparat wird aus Wasser umkristallisiert. Es kristallisiert rhombisch, Gitterkonstanten a = 20.64, b = 10.93, c = 10.85 Å, Z = 2; Raumgruppe $Pmn2_1$ (Nr. 31). Pyknometrische Dichte 4.08_9 g/cm^3.

Die Herstellung von $Na_{6.8}H_{2.2}GaMnW_{11}O_{40} \cdot 18\,H_2O$ erfolgt analog, jedoch wird nach der Mn^{II}-Salzzugabe die Lösung langsam abgekühlt, wobei eine geringe Menge der Verbindung ausfällt. Der Hauptanteil wird mit Aceton extrahiert. Die kryoskopische Untersuchung in $Na_2SO_4 \cdot 10\,H_2O$-Schmelze bestätigt die angegebene Formel [5]. Die Struktur des Anions ist vom Keggin-Typ.

$GeMnW_{11}O_{40}^{8-}$. Die Herstellung erfolgt in guter Ausbeute aus $MnSO_4$ und $K_8GeW_{11}O_{39}$ in wäßriger Lösung von 60°C. Beim Abkühlen fallen braune Oktaeder von $K_6H_2GeMnW_{11}O_{40} \cdot 25\,H_2O$ und $K_6H_2GeMnW_{11}O_{40} \cdot 18\,H_2O$ aus [1]. Das Anion ist in 0.8 molarer NaCl-Lösung bei einer Konzentration von 0.0072 mol/l zwischen pH = 3.5 und 6.5 stabil [1, 3]. Das Kalium-Salz hat die Curie-Konstante 4.26 K · cm^3/mol, die Curie-Temperatur beträgt +2 K; magnetisches Moment 5.82 μ_B bei 293 K [1]. Reflexionsspektrum zwischen 10000 und 30000 cm^{-1} s. [1].

Literatur:

[1] C. M. Tourné, G. F. Tourné, S. A. Malik, T. J. R. Weakley (J. Inorg. Nucl. Chem. **32** [1970] 3875/90). — [2] C. Tourné (Compt. Rend. C **266** [1968] 702/4). — [3] C. Tourné, G. Tourné (Bull. Soc. Chim. France **1969** 1124/36, 1128, 1135). — [4] C. M. Tourné, G. Tourné (Compt. Rend. C **266** [1968] 1363/5). — [5] C. R. Skolds (U. S. Clearinghouse Fed. Sci. Tech. Inform. AD 711 290 [1970] 1/73, 12, 59; C. A. **74** [1971] Nr. 150488).

Heteropoly Compounds of the MMn^{III}-$W_{11}O_{40}^{x-}$ Type

Heteropolyverbindungen vom Typ $MMn^{III}W_{11}O_{40}^{x-}$ (M = Zn, Ge)

Diese Salze entstehen allgemein durch Oxidation der Salze vom Typ $MMn^{II}W_{11}O_{40}^{x-}$. Die freien Säuren lassen sich durch Ionenaustausch darstellen [1].

$ZnMnW_{11}O_{40}^{9-}$. Die Herstellung erfolgt durch Oxidation von $ZnMn^{II}W_{11}O_{40}^{10-}$ mit 5%igem H_2O_2 bei 70°C. Die heiße Lösung wird mit gesättigter KCl-Lösung versetzt. Die tiefroten kubischen, mäßig löslichen Kristalle von $K_6NaH_2ZnMnW_{11}O_{40} \cdot 17\,H_2O$ scheiden sich beim Abkühlen aus. Die Darstellung gelingt auch aus Wolframat, Mangan- und Zinkacetat in Lösung, wobei das Mangan mit salpetersaurer $KMnO_4$-Lösung oxidiert wird. Die freie Säure ist sehr instabil und zersetzt sich größtenteils bereits bei der Herstellung im Austauscherharz. Die Farbe der frisch hergestellten Lösung ändert sich rasch von violettrot nach gelbbraun [1]. $(NH_4)_7H_2ZnMnW_{11}O_{40} \cdot 13\,H_2O$ kristallisiert kubisch, Gitterkonstante 22.18 Å; Z = 8 [2]. Absorptionsspektrum des Kaliumsalzes in wäßriger Lösung zwischen 10000 und 30000 cm^{-1} s. [1].

$GeMnW_{11}O_{40}^{7-}$. Zur Darstellung werden entsprechende Verbindungen von $GeMn^{II}W_{11}O_{40}^{8-}$ (s. S. 225) anodisch, mit $S_2O_8^{2-}$ bei 80°C, H_2O_2 oder MnO_4^- oxidiert. Auf diese Weise werden $K_5H_2GeMnW_{11}O_{40} \cdot 28\,H_2O$ und das Guanidiniumsalz $(CH_6N_3)_5H_2GeMnW_{11}O_{40} \cdot 6\,H_2O$ erhalten. Die freie Säure ist in saurer Lösung stabil, kann jedoch nicht isoliert werden. $K_5H_2GeMnW_{11}O_{40} \cdot 28\,H_2O$ kristallisiert tetragonal mit den Gitterkonstanten a = 14.20, c = 12.45 Å. Das Guanidiniumsalz hat eine Curie-Konstante von C = 2.98 K · cm^3/mol, Curie-Temperatur Θ_p = 3 K und ein effektives Moment von 4.86 μ_B bei 293 K [1]. Absorptionsspektrum des Guanidiniumsalzes in wäßriger Lösung sowie diffuses Reflexionsspektrum bei 80 K von 10000 bis 30000 cm^{-1} s. [1].

Literatur:

[1] C. M. Tourné, G. F. Tourné, S. A. Malik, T. J. R. Weakley (J. Inorg. Nucl. Chem. **32** [1970] 3875/90). — [2] C. M. Tourné, G. Tourné (Compt. Rend. C **266** [1968] 1363/5; Bull. Soc. Chim. France **1969** 1124/36).

Compounds of Manganese with Oxygen and Uranium

2.11.11.4 Verbindungen des Mangans mit Sauerstoff und Uran

The MnO_2-UO_2 System

2.11.11.4.1 Das System MnO_2-UO_2

Ein Gemisch von UO_2 und MnO_2 im Molverhältnis 1 : 1 schmilzt an der Luft bei 1650 ± 30°C, wie sich durch Beobachtung eines aus dem Oxidgemisch hergestellten Kegels ergibt, S. G. Tresvjatskij, V. I. Kušakovskij (Kernenergie **3** [1960] 1088/9).

MnU_2O_6 and Other Fluorite Phases

2.11.11.4.2 MnU_2O_6 und andere Fluoritphasen

Analog zu den entsprechenden Phasen mit Mg, Ca, Zn und Cd (s. „Uran" Erg.-Bd. C3, S. 79, 89, 190 bzw. 192) existieren ähnliche manganhaltige Phasen, die alle im kubischen Fluorit-Typ kristallisieren.

MnU_2O_6 entsteht durch Umsetzung von $MnUO_4$ (s. S. 227) mit UO_2 oder von MnO mit UO_2 und UO_3 unter Luftabschluß. Es ist schwarz und hat die Gitterkonstante a = 5.30₄ Å. Die Kationen sind im Gitter statistisch verteilt: $(Mn^{II}_{0.33}U^{V}_{0.67})O_2$. Die Dichte wird zu 9.08 g/cm^3 gemessen und zu 9.30_5 g/cm^3 aus der Gitterkonstante berechnet [1, 2].

$MnU_3O_{8.5}$ bildet sich beim Erhitzen von MnU_3O_{10} (s. S. 228) auf etwa 1250°C neben U_3O_8 [3, 4] und hat eine Gitterkonstante von a = 5.308 Å [3].

$Mn_3U_5O_{15.8}$ entsteht in 5 h bei 1250°C aus MnU_3O_{10} und $MnUO_4$; Gitterkonstante a = 5.288 Å [3].

Literatur:

[1] S. Kemmler (Z. Naturforsch. **20b** [1965] 599). — [2] S. Kemmler-Sack, W. Rüdorff (Z. Anorg. Allgem. Chem. **354** [1967] 255/72, 270). — [3] C. Brisi (Ann. Chim. [Rome] **53** [1963] 325/32, 331). — [4] H. R. Hoekstra, R. H. Marshall (Advan. Chem. Ser. Nr. 71 [1967] 211/27, 221).

2.11.11.4.3 $MnUO_{3.84}$ und $MnUO_{3.70}$

$MnUO_{3.84}$ and $MnUO_{3.70}$

Beim Erhitzen von $MnUO_4$ an der Luft auf 1240°C entsteht kubisches $MnUO_{3.84}$ mit a = 5.265 Å, während im Vakuum bei 1040°C innerhalb 2 h kubisches $MnUO_{3.70}$ mit a = 5.296 Å gebildet wird, C. Brisi (Atti Accad. Sci. Torino Classe Sci. Fis. Mat. Nat. **95** [1960/61] 534/9; Structure Reports, Bd. 26, 1961, S. 406).

2.11.11.4.4 $MnUO_4$

$MnUO_4$

Darstellung

Preparation

Die Reaktion von MnO mit UO_3 zu $MnUO_4$ beginnt bereits bei 450°C [1], s. auch „Mangan" C1, S. 68. Zur präparativen Darstellung werden die Oxide im evakuierten Rohr oder unter Ar auf 900°C erhitzt [2]. Bei der Herstellung durch 80stündiges Erhitzen eines gepreßten Gemisches von U_3O_8 mit $MnCO_3$ oder MnO (Molverhältnis Mn : U = 1 : 1) in Luft bei 1060°C wird ein schwarzes, durch 50stündiges Erhitzen in O_2 ein braunschwarzes Produkt erhalten. Röntgenaufnahmen bestätigen, daß in beiden Fällen $MnUO_4$ vorliegt [3, 4]. Als Ausgangsmaterial eignen sich auch Mn_3O_4 und U_3O_8 die auf 900°C erhitzt werden [5]. $MnUO_4$ entsteht außerdem durch Erhitzen von Mn_2O_3 mit UO_2 in Luft auf 1000°C [6]. Die Synthese aus U_3O_8 und MnO_2 muß bei 1000 bis 1200°C (Dauer 24 h) erfolgen, da sich $MnUO_4$ leicht thermisch in Mn_2O_3 und MnU_3O_{10} zersetzt (s. unten). Auch bei 30 kbar und 1000°C wird $MnUO_4$ aus den Oxiden erhalten [7].

Physikalische Eigenschaften

Physical Properties

$MnUO_4$ kristallisiert rhombisch; Raumgruppe: Imma (Nr. 74); Z = 4. Die Gitterkonstanten a = 6.645, b = 6.983, c = 6.749 Å [2] werden von Hoekstra und Marshall [7] genau bestätigt, bei späteren Messungen jedoch geringfügig zu a = 6.64_7, b = 6.98_4, c = 6.75_0 Å korrigiert [6]. Ältere, weniger genaue Werte (6.66, 6.76 bzw. 6.99 Å) s. bei Brisi [5]. Tabelle der d-Werte s. [6]. Die Verbindung ist isotyp mit $MgUO_4$, s. „Uran" Erg.-Bd. C3, S. 83. Neutronenbeugungsuntersuchungen ergeben bei Raumtemperatur folgende Atomparameter:

Atom	Punktlage	x	y	z
Mn	4b	0	0	0.5
U	4e	0	0.25	0.020
O(1)	8i	0.293	0.25	0.022
O(2)	8h	0	−0.014	0.195

R = 1.5%. Daraus berechnen sich als kürzeste Atomabstände (in Å): U-U = 3.50, Mn-Mn = 3.49, U-Mn = 3.68, U-O(1) = 1.95, U-O(2) = 2.19, Mn-O(1) = 2.23, Mn-O(2) = 2.06, O-O = 2.75 Å [6].

Die experimentell bestimmte Dichte D = 7.38 g/cm³ [5] ist um etwa 2% kleiner als die Röntgendichte D = 7.54 [5] oder 7.57 g/cm³ [2].

Die Messung der Wärmekapazität C_p zwischen 495.3 und 977.4 K ergibt, daß in diesem Bereich die Enthalpie gemäß $H-H_{293} = -8718.82 + 27.826\,T + 5.7978 \times 10^{-3}\,T^2$ von 6473.3 auf 23999.3 cal/mol, die Wärmekapazität somit gemäß $C_p = 27.826 + 11.5956 \times 10^{-3}\,T$ von 33.57 auf 39.16 cal · $mol^{-1} \cdot K^{-1}$ zunimmt [4].

Unterhalb T_N = 12 K ist $MnUO_4$ antiferromagnetisch; die magnetischen Momente sind innerhalb jeder (100)-Ebene parallel längs der b-Achse ausgerichtet und stehen in benachbarten (100)-Ebenen antiparallel zueinander. Die Austauschwechselwirkung ist durch 5 Konstanten zu beschreiben. Der Spin der Mn-Ionen ist bei 4.2 K mit S = 2.44 etwas kleiner als der theoretische Wert des Mn^{2+} ($^5/_2$) [6]. Aus der Temperaturabhängigkeit der Suszeptibilität ergibt sich die Curie-Temperatur $\Theta_p = -8$ K und die Curie-Konstante C = 4.38 K · cm³/mol; theoretisch wird C = 4.39 K · cm³/mol erwartet [2].

Im IR-Spektrum sind außer einer starken Bande bei 525 cm^{-1} zwei mittelstarke bei 448 und 655 sowie vier schwache bei 223, 250, 292 und 350 cm^{-1} zu beobachten [7, S. 224]. Von Jakeš u. a. [3] werden nur die drei Banden bei 440, 500 und 680 cm^{-1} gefunden.

$MnUO_4$ Chemical Reactions

Chemisches Verhalten

$MnUO_4$ ist im Bereich von 1000 bis 1100°C stabil. Bei etwa 800°C zersetzt es sich zu Mn_2O_3 und MnU_3O_{10}, bei 1110°C dagegen zu Mn_3O_4 und einer nicht näher untersuchten kubischen Phase [7, S. 213, 221]. Beim Erhitzen auf 1240°C an der Luft wird O_2 abgegeben unter Bildung von $MnUO_{3.84}$, beim Erhitzen im Vakuum (0.5 Torr) auf 1040°C bildet sich in 2 h $MnUO_{3.70}$ (s. S. 227) [5].

Literatur:

[1] G. Tammann, W. Rosenthal (Z. Anorg. Allgem. Chem. **156** [1926] 20/6). — [2] E. F. Bertaut, A. Delapalme, F. Forrat, R. Pauthenet (J. Phys. Radium [8] **23** [1962] 477/85). — [3] D. Jakeš, L. N. Sedláková, J. Moravec, J. Germanič (J. Inorg. Nucl. Chem. **30** [1968] 525/33, 526). — [4] D. Jakeš, V. Schauer (Proc. Brit. Ceram. Soc. Nr. 8 [1967] 123/5). — [5] C. Brisi (Atti Accad. Sci. Torino Classe Sci. Fiz. Mat. Nat. **95** [1960/61] 534/9; Structure Reports, Bd. 26, 1961, S. 406).

[6] M. Bacmann, E. F. Bertaut (J. Phys. [Paris] **27** [1966] 726/34). — [7] H. R. Hoekstra, R. H. Marshall (Advan. Chem. Ser. Nr. 71 [1967] 211/27).

MnU_3O_{10}

2.11.11.4.5 MnU_3O_{10}

Formation. Preparation

Bildung und Darstellung

Durch 120stündiges Erhitzen eines im Molverhältnis Mn : U = 1 : 3 gepreßten Gemisches von U_3O_8 und $MnCO_3$ auf 800°C in Luft wird es als schwarzes Produkt, bei 80stündigem Erhitzen in O_2 als hellbraunes Produkt erhalten. Beim Erhitzen eines aus U_3O_8 und $MnCO_3$ (Mn : U = 1 : 3) mit konzentrierter Salpetersäure erhaltenen Eindampfrückstandes auf 800°C in Luft entsteht in 40 h MnU_3O_{10} als braunes Pulver [1]. Die Herstellung durch Erhitzen des Gemenges von U_3O_8 mit Mn_2O_3 im gegebenen Verhältnis auf 700 bis 800°C benötigt O_2 aus der Luft und verläuft so langsam, daß nach 80 h bei 700°C erst etwa 70% der theoretischen Menge des O_2 aufgenommen sind [2], s. auch [3]. Viel günstiger ist es, eine eingedampfte Lösung von Uranylnitrat und Mangannitrat zu erhitzen. Die Reaktion ist nach wenigen Stunden vollständig. Bei 900°C ist in Gegenwart von Luft MnU_3O_{10} mit U_3O_8 und $MnUO_4$ im Gleichgewicht [2]. Bei der Herstellung von MnU_3O_{10} aus den Oxiden werden oft Produkte mit O-Defizit erhalten. Nach 3tägigem Erhitzen auf 900°C wird $MnU_3O_{9.57}$ gebildet [3].

Zur Hydrothermalsynthese wird Mn_3O_4 mit γ-UO_3 in 0.06 molarer H_2SO_4-Lösung 5 Tage auf 350°C erhitzt. Es wird das Molverhältnis Mn : U = 1 : 4 angewandt. Durch den U-Überschuß wird eine vollständige Umsetzung des Mn-Oxids erreicht [3].

Bei der Disproportionierung von $MnUO_4$ bei etwa 800°C entsteht MnU_3O_{10} neben Mn_2O_3 [3].

Physical Properties

Physikalische Eigenschaften

MnU_3O_{10} kristallisiert pseudohexagonal, Gitterkonstanten a = 3.79, c = 4.14 Å; einige Reflexe können jedoch nicht zugeordnet werden [2]. Die Gitterkonstanten sind abhängig von der Herstellungsmethode; auf trockenem Wege erhaltenes MnU_3O_{10} hat a = 3.80, c = 4.14 Å, hydrothermal hergestelltes a = 3.75, c = 4.12 Å [3]. d-Werte s. [1, 2]. Die Struktur läßt sich von α-UO_3 ableiten und ist isotyp mit ZnU_3O_{10} [3], s. „Uran" Erg.-Bd. C3, S. 191.

Wie die Gitterkonstanten weisen auch die IR-Spektren der in Luft und der hydrothermal hergestellten Proben deutliche Unterschiede auf; an den ersten sind vier starke Banden bei 531, 628, 701 und 849 cm^{-1} sowie 13 andere Banden zwischen 240 und 794 cm^{-1} zu beobachten, an den anderen fünf starken Banden bei 510, 630, 652, 684 und 868 cm^{-1}, aber nur noch acht schwächere zwischen 243 und 801 cm^{-1} [3]. Nach Jakeš u. a. [1] sind sogar drei verschiedene Spektren zu unterscheiden, die jedoch alle ein starkes Maximum bei 850, 852 oder 864 cm^{-1} und im Bereich zwischen 400 und 900 cm^{-1} gewisse ähnliche Merkmale enthalten.

Chemical Reactions

Chemisches Verhalten

Im Gegensatz zu $MnUO_4$ ist MnU_3O_{10} nur unterhalb 1000°C stabil. Beim Erhitzen auf 1000°C in Luft wird ein Gemenge von U_3O_8 und $MnUO_4$ erhalten. Bei etwa 900°C erfolgt in Luft die Gegenreaktion unter Bildung von MnU_3O_{10} [2]. Hydrothermal gebildetes MnU_3O_{10} (mit einem Manganüberschuß 1.02 Mn : 3.00 U) verliert beim Erhitzen auf 900°C etwa 0.6 mol Sauerstoff und ähnelt dann mehr dem durch trockenes Erhitzen erhaltenen MnU_3O_{10}. Beim weiteren Erhitzen auf 1015°C erfolgt bei beiden Produkten Zersetzung in $MnUO_4$ und $UO_{2.6}$ [3]. Bei 1250°C bildet sich im Lauf von 5 h eine Phase der Zusammensetzung $MnU_3O_{8.5}$ (s. S. 226) neben einer kleinen Menge U_3O_8 [2, 3]. Beim Erhitzen eines Gemisches von MnU_3O_{10} und $MnUO_4$ (U : Mn = 5 : 3) auf 1250°C wird in 5 h eine Phase der Zusammensetzung $Mn_3U_5O_{15.8}$ (s. S. 226) [2] gebildet.

Literatur:

[1] D. Jakeš, L. N. Sedláková, J. Moravec, J. Germanič (J. Inorg. Nucl. Chem. **30** [1968] 525/33). — [2] C. Brisi (Ann. Chim. [Rome] **53** [1963] 325/32). — [3] H. R. Hoekstra, R. H. Marshall (Advan. Chem. Ser. Nr. 71 [1967] 211/27).

2.11.11.4.6 Perowskit-Typ-Phasen $MMn_xU_{1-x}O_3$ (M = Sr, Ba)

Perovskite-Type Phases

Von diesen Phasen sind Vertreter mit x = 0.33 ($BaMn_{0.33}U_{0.67}O_3 = Ba_3MnU_2O_9$), x = 0.5 ($SrMn_{0.5}U_{0.5}O_3 = Sr_2MnUO_6$ und $BaMn_{0.5}U_{0.5}O_3 = Ba_2MnUO_6$) und x = 0.67 ($BaMn_{0.67}U_{0.33}O_3 = Ba_3Mn_2UO_9$) bekannt, die meist kubische Symmetrie besitzen und deren Struktur vom Perowskit-Typ abgeleitet werden kann.

Sr_2MnUO_6 wird durch 20stündiges Erhitzen von SrO mit Mn_2O_3, UO_2 und UO_3 im evakuierten Quarzrohr auf 1000°C hergestellt. Es kristallisiert in einem leicht verzerrten Perowskit-Typ mit der Gitterkonstanten a = 8.28 Å; Z = 4 [1]; daraus berechnete Dichte 6.600 g/cm³ [2].

$Ba_3MnU_2O_9$. Die dunkelrotbraune Verbindung wird aus Ba_3UO_6, UO_2 und MnO (oder UO_3 und Mn) durch 360 h langes Erhitzen auf 1000 bis 1100°C in evakuierten Quarzampullen mit Einsätzen aus Sinterkorund dargestellt. Sie kristallisiert kubisch; Raumgruppe Fm3m (Nr. 225); Gitterkonstante a = 8.56_0 Å. Möglicherweise ist die Struktur nur pseudokubisch. Tabelle der d-Werte s. Original. Sie läßt sich als eine Überstruktur des Perowskit-Typs auffassen mit einer Anordnung der Kationen in den Oktaederlücken gemäß $Ba_2(Mn_{0.67}U_{0.33})UO_6$. Die Titration mit Cer(IV)-sulfat ergibt für das Uran die Oxidationsstufe 5. — Die Dichte errechnet sich aus der Gitterkonstante zu 7.67_4 g/cm³; pyknometrisch wird D = 7.32 g/cm³ bestimmt. Die Molsuszeptibilität χ_m (in 10^{-6} cm³/mol) nimmt zwischen 88 und 453 K folgendermaßen ab:

T in K.	88	108	148	188	248	298	348	408	453
χ_m	150277	64404	36794	25815	18423	15163	12771	11031	9944

Das Curie-Weiss-Gesetz gilt in diesem Bereich nicht. Im Reflexionsspektrum sind elektronische Übergänge im U^{5+}-Ion zu beobachten: $\Gamma_7 \rightarrow \Gamma_8$ bei 4460, 4830 und 6410 cm⁻¹, $\Gamma_7 \rightarrow \Gamma_7^*$ bei 7410 cm⁻¹ mit angedeuteter Schwingungsstruktur, $\Gamma_7 \rightarrow \Gamma_8$ bei 12660 cm⁻¹ [3].

Ba_2MnUO_6 wird als dunkelbraunes [4, S. 221] Produkt durch 20stündiges Erhitzen eines Gemisches von BaO, Mn_2O_3, UO_2 und UO_3 im evakuierten Quarzrohr auf 1000°C erhalten [1]. Durch 24stündiges Erhitzen der Gemische von UO_3, MnO und BaO_2 oder UO_2, MnO_2 und BaO_2, beide im Molverhältnis 1 : 1 : 2, im Pt-Tiegel auf 1000 bis 1300°C, kann die Verbindung wahlweise in der Oxidationsstufenverteilung $Ba_2Mn^{II}U^{VI}O_6$ bzw. $Ba_2Mn^{IV}U^{IV}O_6$ hergestellt werden [5]. Auch durch mehrtägiges Erhitzen eines stöchiometrischen Gemisches aus Ba_3UO_6, $BaUO_4$ und MnO (oder statt MnO mit entsprechenden Gemischen aus Mn und Mn_2O_3 oder Mn_3O_4) auf 850°C und anschließendes mehrstündiges Erhitzen auf 1200°C im evakuierten Quarzröhrchen kann Ba_2MnUO_6 erhalten werden [6], s. auch [4].

Ba_2MnUO_6 kristallisiert kubisch in dem mit dem Perowskit-Typ verwandten $(NH_4)_3FeF_6$-Typ [1, 2]. Die Gitterkonstante wird zu a = 8.46_5 [4], 8.469 ± 0.003 [6] bzw. 8.52 Å gemessen [1]. Theoretisch wird für $Ba_2Mn^{II}U^{VI}O_6$ die Gitterkonstante a = 8.47 ± 0.01 Å abgeleitet, was als Bestätigung für diese Ladungsverteilung angesehen werden kann. Für $Ba_2Mn^{III}U^{V}O_6$ ergibt sich theoretisch a = 8.38 ± 0.01 und für $Ba_2Mn^{IV}U^{IV}O_6$ a = 8.31 ± 0.01 Å [6]. Awasthi u. a. [5] ordnen im Gegensatz dazu den Meßwert a = 8.36 Å der Verbindung $Ba_2Mn^{II}U^{VI}O_6$ und den von a = 8.47 Å der Verbindung $Ba_2Mn^{IV}U^{IV}O_6$ zu. — Tabelle der d-Werte s. [6]. Raumgruppe Fm3m (Nr. 225); Z = 4. Ba besetzt die Punktlage 8c (1/4, 1/4, 1/4), Mn 4b (1/2, 1/2, 1/2), U 4a (0, 0, 0) und O 24e (x, 0, 0) mit x = 0.250 ± 0.002. Durch diesen Wert des Sauerstoffparameters werden die Oktaederplätze 4a und 4b identisch. Es liegt also eine geordnete Struktur der Form $Ba_8[(Mn_4^{II})(U_4^{VI})]O_{24}$ vor [6]. Aus magnetischen und spektroskopischen Untersuchungen wird jedoch auf eine Ladungsverteilung $Ba_2Mn_{0.6}^{II}Mn_{0.4}^{III}U_{0.4}^{V}U_{0.6}^{VI}O_6$ geschlossen [4]. — Für die magnetische Suszeptibilität gilt zwischen 77 und 1200 K das Curie-Weiss-Gesetz mit C = 4.28 K · cm³/mol, $\Theta_p = -5$ K; mit den Spins von Mn^{4+} und U^{4+} ergibt sich C = 2.87 K · cm³/mol [6].

$Ba_3Mn_2UO_9$. Die Verbindung läßt sich aus Ba_3UO_6, MnO und MnO_2 unter Luftausschluß bei 1080°C darstellen. Sie ist kubisch und hat eine Gitterkonstante von a = 8.26_1 Å [3].

Literatur:

[1] A. W. Sleight, R. Ward (Inorg. Chem. **1** [1962] 790/3). — [2] F. S. Galasso (Structure, Properties, and Preparation of Perovskite-Type Compounds, Pergamon Press, Oxford–London 1969, S. 35, 37, 155, 156). — [3] S. Kemmler-Sack (Z. Naturforsch. **24b** [1969] 1398/401). — [4] S. Kemmler-Sack (Z. Anorg. Allgem. Chem. **369** [1969] 217/37, 219/21). — [5] S. K. Awasthi, D. M. Chackraburtty, V. K. Tondon (J. Inorg. Nucl. Chem. **29** [1967] 1225/8).

[6] J.-C. Grenet, P. Poix, A. Michel (Ann. Chim. [Paris] [14] **7** [1972] 231/4).

2.11.11.4.7 $Ba_2Mn_{1-x}In_xUO_6$

Analog wie Ba_2MnUO_6 (s. S. 229) hergestellte Mischoxide mit x = 0.33, 0.67 (beide rotbraun) sowie 0.89 (hellbraun) kristallisieren im kubischen Perowskit-Typ und haben die Gitterkonstanten a = 8.50_9, 8.53_2 bzw. 8.55_4, aus denen sich die Dichten D = 7.37, 7.52 bzw. 7.60 g/cm³ ergeben. Pyknometrisch wird D = 7.02, 7.32 bzw. 7.17 ermittelt. Die magnetischen Eigenschaften werden durch die Mn-Ionen bestimmt, da U^{6+} kein und U^{5+} nur ein kleines magnetisches Moment hat. Für die zwischen 83 und 453 K gemessene Suszeptibilität gilt das Curie-Weiss-Gesetz nicht. Der Verlauf von χ kann mit der Annahme gedeutet werden, daß in diesen Mischoxiden U^{5+} und U^{6+} nebeneinander vorliegen, bei x = 0.33 und 0.67 außerdem auch Mn^{3+} neben Mn^{2+}. Das Reflexionsspektrum weist fünf Banden auf, die den Übergängen $\Gamma_7 \rightarrow \Gamma_8$ (5440, 6280 cm⁻¹), $\Gamma_7 \rightarrow \Gamma_7^*$ (7500 cm⁻¹), $\Gamma_7 \rightarrow \Gamma_8^*$ (13000 cm⁻¹) und $\Gamma_7 \rightarrow \Gamma_6$ (15600 cm⁻¹) des U^{5+} zuzuordnen sind. Das Mn^{2+}-Spektrum besteht aus sehr schwachen Banden, die von den U^{5+}-Banden überdeckt werden, und das Mn^{3+}-Spektrum setzt erst bei 16000 cm⁻¹ ein, S. Kemmler-Sack (Z. Anorg. Allgem. Chem. **369** [1969] 217/37).

2.11.11.4.8 $Mn(UO_2)_2(VO_4)_2 \cdot nH_2O$ mit n = 0, 1, 2, 4, 5.5

Das orangefarbene Tetrahydrat wird durch Erhitzen von Uranylnitrat, Mangannitrat und V_2O_5 (oder Natriummetavanadat) im geschlossenen Rohr auf 180°C hergestellt. Die Kristalle fallen in Form abgeplatteter Rhomben {110} mit perfekter Spaltbarkeit nach (001) an. Sie sind rhombisch, Gitterkonstanten a = 10.59, b = 8.25, c = 15.54 Å; Z = 4. Netzebenenabstände s. Original; Raumgruppe Pnam (Nr. 62).

Die Verbindung steht bei 20°C mit 6 Torr Wasserdampf im Gleichgewicht; bei 17.4 Torr beträgt der H_2O-Gehalt n = 5.5. Beim Erhitzen auf 181, 243 und 342°C erfolgt H_2O-Abgabe unter Bildung von $Mn(UO_2)_2(VO_4)_2 \cdot 2H_2O$, $Mn(UO_2)_2(VO_4)_2 \cdot H_2O$ bzw. wasserfreiem $Mn(UO_2)_2(VO_4)_2$. Bei 785 wird O_2 abgegeben und bei 850°C schmilzt die Restsubstanz unzersetzt. Der Übergang der Verbindung mit 5.5 H_2O in die mit 4 H_2O liegt bei 74°C (DTA), F. Cesbron (Bull. Soc. Franc. Mineral. Cryst. **93** [1970] 320/7).

Compounds of Manganese with Oxygen and Metals of Subgroup 7 and 8

2.11.12 Verbindungen des Mangans mit Sauerstoff und Metallen der 7. und 8. Nebengruppe

Unter Berücksichtigung des Gmelin-Prinzips der letzten Stelle sind diese Verbindungen und Phasen des Mangans bereits in anderen Gmelin-Bänden beschrieben s. „Nickel" B 3, S. 1237/9, „Kobalt" A Erg.-Bd., S. 878/9, „Eisen" B, S. 1150, „Kupfer" B 3, S. 1242, „Silber" B 4, S. 359/78, „Ruthenium" Erg.-Bd., S. 259/60, „Rhenium", S. 149.

3 Mangan und Stickstoff

Manganese and Nitrogen

3.1 Das System Mn-N

The Mn-N System

Preliminary Remark

Vorbemerkung. Die Diskussion über die im System Mn-N auftretenden Phasen und ihre Homogenitätsbereiche ist noch nicht abgeschlossen. Unter Berücksichtigung der bisher vorliegenden Veröffentlichungen über die Löslichkeit von Stickstoff in Mangan, über den Charakter der Mn-Modifikationen, sowie über röntgenographische und magnetische Untersuchungen an Mn-N-Legierungen werden von Juza [1] und von Mamporiya [2] Zustandsdiagramme des Systems aufgestellt, die die unterschiedlichen Auffassungen widerspiegeln. Sie sind in **Fig. 125a** und **125b**, S. 232, nebeneinandergestellt. Danach bestehen hinsichtlich der Existenz der Phasen*) ~Mn_4N(ε-Phase), ~Mn_2N bzw. ~Mn_5N_2 (ζ-Phase), ~Mn_3N_2 (η-Phase) und ~Mn_6N_5 (ϑ-Phase) keine Zweifel. Das Auftreten einer besonderen δ-Phase im Bereich geringer N-Konzentrationen sowie die Erweiterung des Hochtemperaturbereichs der ε-Phase sind dagegen umstritten.

Introductory Remarks. The various phases existing in the Mn-N system and their ranges of homogeneity have not yet been explored exhaustively. Available data on the solubility of nitrogen in manganese, on the various modifications of manganese, and X-ray as well as magnetic studies on Mn-N alloys were utilized to construct phase diagrams for the Mn-N system: however, the conclusions reached by Juza [1] and those of Mamporiya [2] are not in complete agreement; they are compared in **Fig. 125a** and **125b**, p. 232. An evaluation of these data clearly demonstrates the existence of the following phases (the sign ~ indicates non-daltonide composition): ~Mn_4N (ε Phase), ~Mn_2N and ~Mn_5N_2, respectively (ζ Phase), ~Mn_3N_2 (η Phase) and ~Mn_6N_5 (ϑ Phase). The existence of a special δ phase in the region of low nitrogen concentration and the extended range of the high temperature ε phase are in question.

Literatur:

[1] R. Juza (Advan. Inorg. Chem. Radiochem. **9** [1966] 81/131, 88). — [2] G. Sh. Mamporiya (Soobshch. Akad. Nauk Gruz. SSR **45** [1967] 663/7; C. A. **67** [1967] Nr. 85416).

3.1.1 Beobachtete Phasen und feste Lösungen

Observed Phases and Solid Solutions

0 to 20 Atom-% N Range

Bereich 0 bis 20 Atom-% N. Die Stickstoffaufnahme von α- und β-Mn (s. „Mangan" B, S. 199) unter Bildung fester Lösungen ist außerordentlich gering und nur anhand geringer Gitteraufweitung nachweisbar [1]. Nach röntgenographischen Untersuchungen an Mn-N-Präparaten, die von 500 bzw. 820°C abgeschreckt werden, führt der N-Einbau in α-Mn zu einer Erhöhung der Gitterkonstanten a von 8.893 kX auf 8.901 kX (8.919 Å) an der Grenze zum (α_{Mn} + ε)-Bereich, in β-Mn von a = 6.298 kX auf 6.308 kX (6.321 Å) an der Grenze zum (β_{Mn} + γ_{Mn})- bzw. (β_{Mn} + δ)-Bereich [2]. Im Mn gelöster Stickstoff senkt die Umwandlungstemperatur β-Mn ⇔ γ-Mn auf etwa 650°C. Dort tritt eutektoider Zerfall in α-Mn und einen N-reichen γ-Mischkristall ein, s. Fig. 125b. Über den Einfluß von Stickstoff auf die Umwandlung γ-Mn ⇔ δ-Mn ist noch nichts bekannt, das gleiche gilt für die Löslichkeit des N_2 in δ-Mn [3, 4]. Nach röntgenographischen Untersuchungen an bei hohen Temperaturen getemperten und danach abgeschreckten Proben tritt im Bereich von etwa 4 bis 10 Atom-% N oberhalb 600°C eine duktile δ-Phase von tetragonal flächenzentrierter Struktur auf [1]. Bei 800°C erstreckt sich der Homogenitätsbereich der δ-Phase von 5.3 bis 9.1 Atom-% N, bei 1000°C von 3.8 bis 9.8 Atom-% N. Mit steigender N-Aufnahme ändert sich das Gitter in Richtung auf kubische Struktur, s. S. 238. Wahrscheinlich geht der tetragonal flächenzentrierte Elementarkörper der δ-Phase bei 1000°C und 9.8 Atom-% N ohne Einschaltung eines Zweiphasengebietes in den kubisch flächenzentrierten der ε-Phase über. Bei Temperaturen unterhalb 800°C schiebt sich jedoch ein Zweiphasengebiet δ + ε ein, s. hierzu Fig. 125a. Wie die röntgenographischen Untersuchungen zeigen, bestehen hinsichtlich der Gitterstruktur enge Beziehungen

*) Zur Kennzeichnung von Phasen nichtdaltonider Zusammensetzung wird das Zeichen ~ verwendet, entsprechend Richtsätze für die Nomenklatur der Anorganischen Chemie, Weinheim/Bergstraße 1959, S. 4, 19.

Fig. 125a

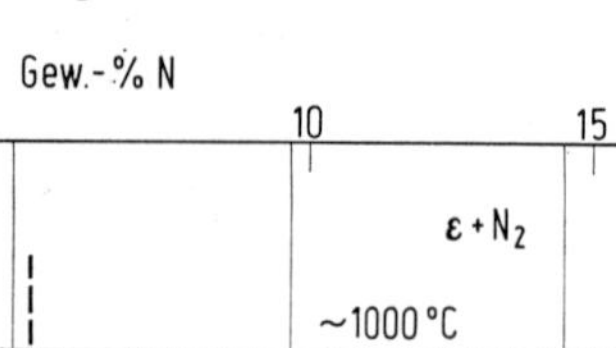

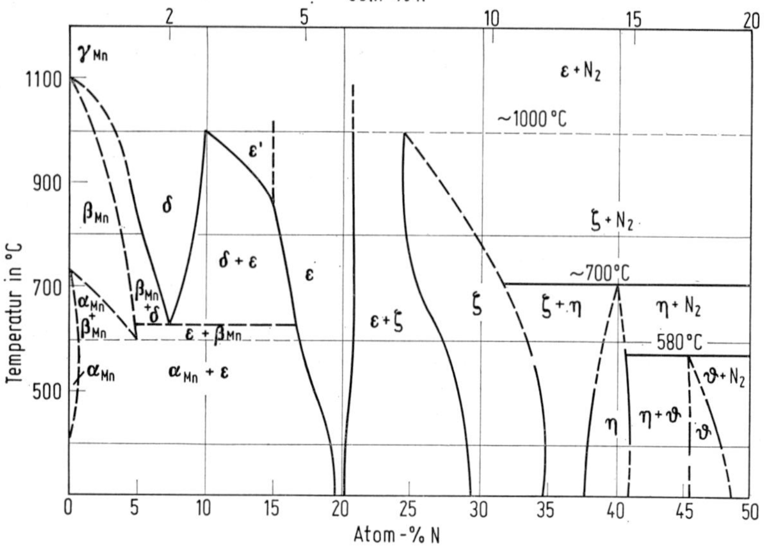

Fig. 125b

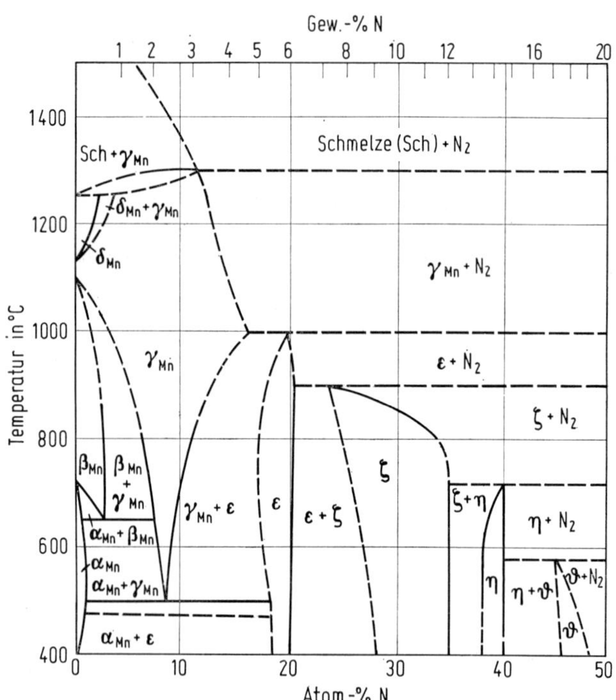

Zustandsdiagramm des Systems Mn-N
a) nach Juza [1]; b) nach Mamporiya [2].

zwischen der δ-Phase und dem tetragonal flächenzentrierten γ-Mn einerseits sowie zwischen der ε-Phase und der kubischen Hochtemperaturform des γ-Mn andererseits, s. S. 240. So kann die δ-Phase auch als eine durch Stickstoff stabilisierte tetragonal flächenzentrierte γ-Mn-Phase, die ε-Phase als eine durch Stickstoff stabilisierte kubisch flächenzentrierte γ-Mn-Phase angesehen werden [5, 6]. Diese Auffassung, die vor allem von Zwicker [3], Brisi [2] und Ochsenfeld [7] vertreten wird, führt zu dem in Fig. 125 b dargestellten Zustandsdiagramm. Es zeigt einen weiten Homogenitätsbereich der festen Lösungen von N in γ-Mn, der sowohl die δ-Phase als auch die Hochtemperaturerweiterung des ε-Phasenbereichs (s. Fig. 125 a) umfaßt [4]. Bei 820°C liegen die Grenzkonzentrationen bei 1.8 und 2.40 Gew.-% N. Die Mn-reiche Grenze verschiebt sich mit fallender Temperatur nach höheren N-Gehalten [2]. Die feste Lösung zersetzt sich eutektoid bei etwa 500°C in α-Mn und ε-Phase [4].

The Mn-N System ε-Phase

ε-Phase. Die kubisch flächenzentrierte ε-Phase hat im Bereich tiefer Temperaturen die Zusammensetzung Mn_4N (s. S. 238) mit einem sehr schmalen Homogenitätsbereich. Er liegt bei 400°C zwischen 19 und 20.7 Atom-% N und verschiebt sich bei Temperaturanstieg auf 700 bis 900°C etwas nach kleineren N-Gehalten [4]. Von 820°C abgeschreckte Proben sind homogen zwischen 4.80 und 6.15 Gew.-% N [2]. Nach Hägg [1] sowie Juza u. a. [5, 6] erweitert sich der Phasenbereich oberhalb 800°C nach der N-armen Seite. Die Grenzen werden für 400°C zu 19.5 und 20.0 Atom-% N, für 600°C zu 16.7 und 20.7 Atom-% N, für 800°C zu 15.6 und 20.7 Atom-% N und für 1000°C zu 9.8 bis 20.7 Atom-% N bestimmt. Im Teilgebiet ε' (bei 1000°C zwischen 9.8 und 15.0 Atom-% N) unterscheiden sich die Präparate nur durch abweichende magnetische Eigenschaften von der ε-Phase: im Gegensatz zur ferrimagnetischen ε-Phase ist die ε'-Phase paramagnetisch [5]. Magnetische Messungen von Guillaud, Wyart [8] ergeben, daß die ε-Phase unterhalb 800°C zwischen 20 und 21 Atom-% N stabil ist und daß sich zwischen 800 und 1200°C ein homogenes Phasenfeld zwischen 11.50 und 21.25 Atom-% N erstreckt. Angaben über den Homogenitätsbereich aufgrund tensimetrischer Untersuchungen s. Schenck, Kortengräber [9]. Von Brisi [2], Zwicker [3], Mamporiya [4] wird die Hochtemperaturerweiterung der ε-Phase dem weiten Homogenitätsgebiet der festen Lösungen des Stickstoffs in γ-Mn zugerechnet, s. Fig. 125 b. Vergleiche hierzu die Angaben über den Bereich von 0 bis 20 Atom-% N.

ζ-Phase

ζ-Phase. Die Grenzen dieser Phase mit hexagonal dichtestgepackter Gitterstruktur sind nur im unteren Temperaturbereich gesichert. Nach röntgenographischen und magnetischen Untersuchungen von Juza u. a. [5] an bei hohen Temperaturen getemperten und danach abgeschreckten Proben liegen sie bei 400°C bei 28.4 und 34.7 Atom-% N, bei 600°C bei 27.5 und 34.7 Atom-% N; für 800 und 1000°C ist nur die untere Grenze mit jeweils 24.4 Atom-% N bestimmbar. — Mamporiya [4] findet 28.4 und 34.6 Atom-% N bei 400°C, 24.5 und 30.5 Atom-% N bei 800°C für die Phasengrenzen und 900°C für die Zerfallstemperatur. Röntgenographische Messungen mit CrKα-Strahlung ergeben 28.3 und 34.7 Atom-% N bei 400°C, 28.1 und 34.7 Atom-% N bei 500°C. Der bei 600°C für die obere Grenze zu 30.9 Atom-% N ermittelte Wert ist wegen der geringen Schärfe der Röntgeninterferenzen unsicher, die Phase kann aber noch bis über 700°C nachgewiesen werden, s. Lihl u. a. [10]. Die bei Temperaturerhöhung beobachtete Verschiebung der manganreichen Grenze nach geringeren N-Gehalten interpretieren Schenck, Kortengräber [9] als Kennzeichen eines kontinuierlichen Übergangs der hexagonal dichtestgepackten ζ- in die kubisch flächenzentrierte ε-Phase. Nach Hansen, Anderko [11] ist eine kontinuierliche Gitterumwandlung jedoch unwahrscheinlich und ein Zweiphasengebiet zwischen ε- und ζ-Phase anzunehmen.

Der Homogenitätsbereich der ζ-Phase umfaßt sowohl Präparate der Zusammensetzung Mn_5N_2 als auch Mn_2N; beide Formeln werden zu ihrer Kennzeichnung verwendet. Für die bereits von Prelinger [12] gewählte Formel Mn_5N_2 spricht, daß die manganreiche Grenze und auch die Konzentration des peritektoiden Punktes weitaus näher der Zusammensetzung Mn_5N_2 als der des Mn_2N liegen und außerdem das Achsenverhältnis an der manganreichen Grenze dem für hexagonal dichteste Kugelpackung gültigen Idealwert sehr nahe kommt, Lihl u. a. [10]. Dagegen handelt es sich nach Brisi [2], Pearson, Ende [13], Vol [14] bei der ζ-Phase um das Existenzgebiet des Mn_2N, dessen untere Grenze der Zusammensetzung Mn_5N_2 entspricht.

η-Phase

η-Phase. Das Existenzgebiet der tetragonal flächenzentrierten Phase, die dem Nitrid Mn_3N_2 entspricht, reicht bei 400°C von 38.2 bis 41.0 Atom-% N, bei 500°C von 38.5 bis 40.8 Atom-% N.

Bei 580°C liegt die stickstoffreiche Grenze bei 40.5 Atom-% N. Die Temperatur des peritektoiden Zerfalls wird knapp über 700°C vermutet, Lihl u. a. [10]. Diese Annahme wird durch Versuche von Agladze, Mamporiya [15] gestützt. Einen etwas breiteren Existenzbereich bei 400°C finden Juza u. a. [5].

The Mn-N System

ϑ-Phase

ϑ-Phase. Diese stickstoffreichste Phase des Systems hat ein tetragonal flächenzentriertes Gitter, das sich mit steigendem Stickstoffgehalt mehr und mehr der kubischen Struktur nähert. Nach röntgenographischen Untersuchungen der durch Reaktion von Mn-Amalgam mit NH_3 gewonnenen Präparate erstreckt sich der Homogenitätsbereich bei 400°C von 45.7 bis 47.9 Atom-% N. Mit steigender Temperatur verschiebt er sich unter Abnahme seiner Breite nach niedrigeren N-Gehalten. Bei 500°C liegt die stickstoffreiche Grenze bei 46.5 Atom-% N. Bei 580°C ist die Phase noch nachweisbar, dagegen nicht mehr bei 600°C. Die Zusammensetzung bei 580°C (45.4 Atom-% N) entspricht dem Nitrid Mn_6N_5 [10]. Zwischen η- und ϑ-Phase liegt ein Zweiphasengebiet $\eta + \vartheta$, in dem sich das Achsenverhältnis c/a in den beiden Phasen mit der Stickstoffkonzentration in unterschiedlicher Weise ändert, Juza [6], Lihl u. a. [10].

MnN

MnN. Ein Nitrid dieser Zusammensetzung existiert nicht. Bei dem von Nishiyama, Iwanaga [16] durch 3stündiges Erhitzen von pulverförmigem Elektrolyt-Mangan in NH_3-Atmosphäre gewonnenen Produkt, das eine kubisch flächenzentrierte Nitridphase mit 21 Gew.-% (51 Atom-%) N-Gehalt enthalten soll, handelt es sich um Mn_3N_2, dem kleine Mengen MnO beigemischt sind. Bei Verwendung von sehr reinem NH_3 entsteht die kubische Phase nicht, Brisi [2], Mamporiya, Agladze [17].

Literatur:

[1] G. Hägg (Z. Physik. Chem. B **4** [1929] 346/70, 354, 355). — [2] C. Brisi (Met. Ital. **47** [1955] 405/8; Structure Reports, Bd. 19, 1955, S. 219/20). — [3] U. Zwicker (Z. Metallk. **42** [1951] 274/6). — [4] G. Sh. Mamporiya (Soobshch. Akad. Nauk Gruz. SSR **45** [1967] 663/7; C. A. **67** [1967] Nr. 85416). — [5] R. Juza, H. Puff, F. Wagenknecht (Z. Elektrochem. **61** [1957] 804/9).

[6] R. Juza (Advan. Inorg. Chem. Radiochem. **9** [1966] 81/131, 89/91). — [7] R. Ochsenfeld (Ann. Physik [5] **12** [1932] 353/84, 369, 384). — [8] C. Guillaud, J. Wyart (Rev. Met. [Paris] **45** [1948] 271/6, 275; Compt. Rend. **222** [1946] 71/3, **219** [1944] 203/5). — [9] R. Schenck, A. Kortengräber (Z. Anorg. Allgem. Chem. **210** [1933] 273/85, 280, 282). — [10] F. Lihl, P. Ettmayer, A. Kutzelnigg (Z. Metallk. **53** [1962] 715/9, 718, 719).

[11] M. Hansen, K. Anderko (Constitution of Binary Alloys, 2. Aufl., New York-Toronto-London 1958, S. 936). — [12] O. Prelinger (Monatsh. Chem. **15** [1894] 391/401, 393). — [13] J. Pearson, U. J. C. Ende (J. Iron Steel Inst. [London] **175** [1953] 52/8, 57). — [14] A. E. Vol (Stroeniya i Svoistva Dvoinykh Metallicheskikh Sistem, Bd. 1, 1962) nach G. Sh. Mamporiya (Soobshch. Akad. Nauk Gruz. SSR **45** [1967] 665). — [15] R. I. Agladze, G. Sh. Mamporiya (Zh. Prikl. Khim. **34** [1961] 345/50; J. Appl. Chem. USSR **34** [1961] 332/6).

[16] Z. Nishiyama, R. Iwanaga (Mem. Inst. Sci. Ind. Res. Osaka Univ. **9** [1952] 74/5). — [17] G. Sh. Mamporiya, R. I. Agladze (Zh. Neorgan. Khim. **12** [1967] 2541/5; Russ. J. Inorg. Chem. **12** [1967] 1342/4).

Melt

3.1.2 Schmelze

Die Schmelzpunktskurve des Mn wird durch N_2-Aufnahme auf etwa 1300°C erhöht [1]. Bei der Wechselwirkung zwischen flüssigem Mn und gasförmigem N_2 entsteht wahrscheinlich die flächenzentrierte γ-Phase, die sich im Überschuß von flüssigem Mn auflöst; röntgenographische Untersuchungen zeigen nämlich, daß abgeschreckte Mn-N-Schmelzen mit 1.28 und 2.17% N die Struktur des γ-Mn besitzen, die ε-Phase aber fehlt, s. Baratashvili u. a. [2].

Die Löslichkeitswerte im Temperaturbereich von 1273°C (2.8% N) bis 1510°C (1.54% N), die an 99.9%igem Elektrolyt-Mangan bei 1 atm N_2-Druck gemessen und hinsichtlich der Mn-Verdampfungsverluste korrigiert sind, lassen sich nach Gokcen [3] wiedergeben durch $\lg\%\,N = (3090/T) - 1.55$ (T in K). In befriedigender Übereinstimmung hiermit sind Meßwerte von Baratashvili u. a. [4] zwischen 1380°C (2.2% N) und 1800°C (1% N), die der Beziehung $\lg\%\,N = (3010/T) - 1.457$ folgen. — Nach Löslichkeitsbestimmungen von Beer [5] mit Elektrolyt-Mangan bei 1400°C im Druckbereich von 0.04 bis 1 atm fällt die Stickstoffaufnahme der Schmelze linear mit

$\sqrt{p_{N_2}}$ von 1.95% bei p_{N_2} = 1 atm auf 0.22% bei p_{N_2} = 0.04 atm. — Druckerhöhung bewirkt Zunahme der Löslichkeit, jedoch nur bis zu 7 atm. Das ergeben Versuche im Druckbereich von 1 bis 9 atm N_2 bei 1380 ± 10°C. Dabei lösen sich maximal 2.95% N, s. Berezhiani u. a. [6].

Zusätze legierender Elemente zum Mn beeinflussen die N_2-Aufnahme der Schmelze beträchtlich: C, Si, P, Fe, besonders ausgeprägt aber Ni, Co und Cu, setzen die Löslichkeit herab; Ti, V und Cr erhöhen sie [7]. Der Einfluß des Fe wird mit dessen geringerer Affinität zum Stickstoff erklärt. Si wirkt vermutlich durch Stabilisierung des β-Mn, das weniger Stickstoff als γ-Mn löst [2, 8]. Durch Schmelzen von Mn-N-Präparaten mit 7.0% N, 1.44% Fe, 0.72% Si, 0.13% C, 0.03% P und 0.017% S und anschließendes Erhitzen auf verschiedene Temperaturen zwischen 1300 und 1500°C wird die Löslichkeit von Stickstoff in silicothermisch gewonnenem Mn bei 1 atm wie folgt bestimmt:

Temperatur in °C	1300	1350	1400	1450	1500
Stickstofflöslichkeit (Gew.-% N)	2.51	2.22	2.05	1.83	1.60

Durch Steigerung des N_2-Druckes auf 7 atm wird bei 1300 bis 1400°C die N-Aufnahme gegenüber Atmosphärendruck verdoppelt. Druckerhöhung über 8 bis 9 atm bringt offenbar keine weitere Löslichkeitssteigerung. Maximal löst die Schmelze 5 Gew.-% N. Linearer Zusammenhang zwischen Löslichkeit und $\sqrt{p_{N_2}}$ wird oberhalb 1 atm nicht beobachtet [9].

Besprechung älterer Löslichkeitsangaben und Diskussion der durch die Meßmethodik bedingten Ungenauigkeiten s. [3, 10].

Literatur:

[1] U. Zwicker (Z. Metallk. **42** [1951] 274/6). — [2] I. B. Baratashvili, V. P. Fedotov, A. M. Samarin, V. M. Berezhiani (Fiz. Khim. Osnovy Proizv. Stali Akad. Nauk SSSR Inst. Met. Tr. 6-oi Konf., Moscow 1961 [1964], S. 294/301, 299; C. A. **61** [1964] 4026). — [3] N. A. Gokcen (Trans. AIME **221** [1961] 200/1). — [4] I. B. Baratashvili, V. P. Fedotov, A. M. Samarin, V. M. Berezhiani (Dokl. Akad. Nauk SSSR **139** [1961] 1354/5; Proc. Acad. Sci. USSR Chem. Sect. **136/141** [1961] 836/7). — [5] S. Z. Beer (Trans. AIME **221** [1961] 2/8, 5).

[6] V. M. Berezhiani, I. B. Baratashvili, B. M. Mirianashvili (Fiz. Khim. Osnovy Proizv. Stali **1968** 281/7, 287). — [7] B. P. Burylev (Izv. Vysshikh Uchebn. Zavedenii Chernaya Met. **10** [1967] 5/11, 6/8). — [8] I. B. Baratashvili, V. P. Fedotov, A. M. Samarin, V. M. Berezhiani (Dokl. Akad. Nauk SSSR **140** [1961] 423/5; Proc. Acad. Sci. USSR Chem. Technol. Sect. **136/141** [1961] 131/2). — [9] V. P. Perepelkin (Izv. Vysshikh Uchebn. Zavedenii Chernaya Met. **9** [1966] 88/93; C. A. **64** [1966] 19104). — [10] R. A. Dodd, N. A. Gokcen (Trans. AIME **221** [1961] 233/6).

3.2 Mangannitride

Manganese Nitrides

Allgemeine Literatur:

R. Juza, Nitrides of Metals of the First Transition Series, Advan. Inorg. Chem. Radiochem. **9** [1966] 81/131.

3.2.1 Allgemeine Darstellungsmethoden

General Preparation Methods

Vorschriften zur Darstellung homogener Nitride von stöchiometrischer Zusammensetzung s. S. 238, 245, 248, 250.

Die Darstellung erfolgt am besten durch Azotierung von Mn oder Mn-Amalgam in N_2 oder NH_3 bei erhöhter Temperatur, gegebenenfalls auch unter erhöhtem Druck, wie bereits von Prelinger [1] sowie von Haber, van Oordt [2] vorgeschlagen wird. Bildungsgeschwindigkeit und Stickstoffgehalt der Reaktionsprodukte werden bestimmt von Temperatur, Druck und Reaktionsdauer sowie von der Beschaffenheit der Ausgangsprodukte. Angaben hierzu s. auch beim chemischen Verhalten des Mn gegen N_2 und gegen NH_3 in „Mangan" B, S. 345 bzw. 350.

From the Elements

Aus den Elementen. Unter normalem Druck liefert die Umsetzung von pulverisiertem Elektrolyt-Mangan mit N_2 Produkte mit maximal 6.2 Gew.-% N-Gehalt. Nach Versuchen im Temperaturbereich von 500 bis 1100°C ist die Stickstoffaufnahme des Metalls bei 950°C am größten. Der Endwert wird innerhalb weniger Minuten erreicht [3], s. auch [4]. Mit Elektrolyt-Mangan von 0.3 bis

Manganese Nitrides General Preparation Methods

0.5 mm Korngröße werden Produkte mit maximalem N-Gehalt bei 900°C erhalten, bei 3 h Reaktionsdauer beispielsweise mit 6.15 Gew.-% N. Bei höheren Temperaturen verläuft die Azotierung schneller, ergibt jedoch stickstoffärmere Präparate [5]. Untersuchungen über den N-Gehalt der Reaktionsprodukte in Abhängigkeit von der Azotierungstemperatur s. auch [6]. Durch Druckerhöhung auf 60 atm kann der N-Gehalt des Reaktionsprodukts gesteigert werden; dabei ist die Steigerung zwischen 1 und 10 atm nur gering [7, 8]. Bei Anwendung von Drücken bis zu 200 atm und etwa 10 h Reaktionszeit lassen sich durch entsprechende Variation von Temperatur und Druck wahlweise Produkte mit N-Gehalten zwischen 1.20 und 32 Atom-% N herstellen [9]. Azotierung von Mn-Schmelzen mit N_2 unter 7 bis 9 atm Druck bewirkt Bildung von Mn-N-Legierungen mit etwa doppelt so hohem N-Gehalt wie Azotierung bei Normaldruck. Beschreibung einer Apparatur zur N_2-Behandlung von Metallschmelzen unter Druck s. Original [10].

From Manganese and NH_3

Aus Mangan und NH_3. Bei Verwendung von NH_3 zur Azotierung erfolgt die maximale N-Aufnahme durch Mn bei tieferen Temperaturen als mit N_2 und ergibt Produkte mit höherem N-Gehalt. Aus Mn-Pulver, das einige Stunden der Einwirkung eines feuchten NH_3-Stromes ausgesetzt wird, entstehen in Abhängigkeit von der Reaktionstemperatur folgende Produkte:

Reaktionstemperatur in °C	550 bis 700	800	900	1000 bis 1100
Gew.-% N im Reaktionsprodukt	12.7 bis 14	12	7	4.5 bis 5.9
nachgewiesene Mn-N-Phasen	η	ζ	$\zeta+\varepsilon$	$\delta+\varepsilon$

Bei 500 bis 750°C bildet sich außerdem etwas Mn-Oxid infolge Oxidation von Nitrid durch H_2O-Dampf [3, 11]. Nach Maunaye u. a. [12] tritt beim Erhitzen von Mn-Pulver in NH_3 auf Temperaturen oberhalb 750°C das Nitrid Mn_6N_5 (ϑ-Phase) als Reaktionsprodukt auf. — Zur Darstellung von Präparaten mit 6 bis 12.5 Gew.-% N (20 bis 36 Atom-% N) wird Mn-Pulver (1 bis 2 g) im Korundschiffchen in ein Quarzrohr eingeführt, das nach Verdrängen der Luft durch NH_3 mittels eines vorgeheizten Ofens erhitzt wird. Die Nitride entstehen bei 2- bis 4stündiger Einwirkung eines NH_3-Stroms bei 900, 800 oder 750°C. Sie dienen als „Rohnitride" zur Herstellung von Präparaten mit stöchiometrischer Zusammensetzung; dazu werden die berechneten Mengen Rohnitrid und Mn (beides mit Korngröße 0.06 mm) gemischt, im Quarzröhrchen eingeschmolzen, 3 bis 500 h bei 400 bis 1000°C getempert und danach durch Einwerfen in Wasser abgeschreckt [13].

Durch Druckerhöhung (z. B. auf 9 atm bei 1000°C) läßt sich auch bei der Behandlung von Mn mit NH_3 die Darstellungszeit verkürzen und der N-Gehalt der Produkte erhöhen [26].

Sowohl bei Verwendung von N_2 als auch von NH_3 liefert die Azotierung von Mn-Pulver inhomogene Produkte. Zur Homogenisierung werden Präparate mit maximal 12 Gew.-% N im evakuierten Rohr 135 h bei 600°C getempert, solche mit 12 bis 13.5 Gew.-% N 180 h bei 400°C; unter diesen Bedingungen vermindert sich ihr N-Gehalt nicht [14].

From Mn Amalgam and N_2 or NH_3

Aus Mn-Amalgam und N_2 oder NH_3. Die Verwendung von Mn-Amalgam zur Herstellung der Nitride hat den Vorteil, daß das beim Erhitzen entstehende pyrophore Mn-Pulver rascher und vollständiger mit N_2 oder NH_3 reagiert als gewöhnliches Mn-Pulver. Die Umsetzung wird in einem verschlossenen Quarzgefäß vorgenommen, das in einem elektrischen Ofen aufgeheizt wird. Während der Reaktion wird N_2 oder NH_3 zugeleitet, das anfallende Abgas, das zugleich Hg enthält, abgeführt. Nach dieser Methode lassen sich Präparate mit maximal 48 Atom-% N gewinnen. Zur Darstellung von Nitriden mit geringerem N-Gehalt wird der Partialdruck des N_2 bzw. NH_3 durch H_2-Zusatz vermindert. Bei Reaktionstemperaturen oberhalb 600°C erfolgt auch bei Verwendung von NH_3 infolge thermischer Dissoziation die Azotierung durch Stickstoff und ergibt Produkte mit geringerem N-Gehalt [15]. Preßlinge von Mn-Amalgam werden im Quarzrohr nach Verdrängen der Luft im trocknen, O_2-freien Stickstoffstrom unter normalem Druck bis zu 3 h bei 500 bis 800°C azotiert. Die Endprodukte enthalten etwa 6 Gew.-% N; Abhängigkeit des N-Gehaltes von Reaktionstemperatur (500 bis 800°C) und -dauer (0 bis 3 h) s. graphische Darstellung im Original [16].

Industrial Preparation

Technische Darstellung. Die technische Darstellung von Mn-N-Legierungen, die als Zusatzstoffe bei der Stahlerzeugung Verwendung finden, erfolgt vorzugsweise aus den Elementen, gegebenenfalls auch mit NH_3. Produkte mit 0.3 bis 10 Gew.-% N werden durch Überleiten oder Durchleiten eines N_2- oder NH_3-Stromes über feinzerteiltes technisches Mangan (93 bis 99% Mn) bei 600 bis 900°C gewonnen [17]. Nach dem Verfahren von Banerjee u. a. [18] wird feinteiliges Mn in einem Drahtbehälter im Ofen nach Verdrängen der Luft durch Inertgas mit strömendem O_2-freiem N_2 bei 1000 bis 1100°C behandelt und nach beendeter Azotierung unter vermindertem N_2-Druck auf Zimmertemperatur abgekühlt. Der N-Gehalt des Reaktionsproduktes beträgt maximal 6.2 Gew.-% N. — Für die Herstellung von Produkten mit mindestens 6% N-Gehalt, die in 100 kg-Chargen mit Elektrolyt-Mangan und O_2-freiem Stickstoff bei 950°C und mindestens 5 h Reaktionsdauer vorgenommen wird, ist mit einem N_2-Verbrauch von 100 m^3 je t Mn und einem Energiebedarf von 2000 kWh je t Mn zu rechnen. Vorteilhafter erscheint die Herstellung unter erhöhtem Druck, wodurch die Reaktionszeit beträchtlich verkürzt wird [19]. Über den Einfluß des Druckes s. auch [20, 26]. Zur Verkürzung der Azotierungsdauer führen Perepelkin u. a. [21] die N_2-Behandlung in 2 Stufen durch: zunächst 0.5 bis 1.5 h bei 700 bis 850°C, danach 0.5 bis 1.5 h bei 800 bis 950°C. Die Teilchengröße des Metalls soll 2 mm nicht überschreiten.

Die kontinuierliche Produktion von Mn-N-Legierungen mit 4 bis 6 Gew.-% N-Gehalt wird in einem leicht geneigten, gasdichten Drehrohrofen vorgenommen, an dessen oberem Ende Elektrolyt-Mangan eingetragen, am unteren Ende N_2 eingeleitet wird. Das Drehrohr wird im oberen Teil elektrisch erhitzt, im unteren mit Wasser gekühlt. Bei Reaktionstemperaturen zwischen 982 und 1010°C (1800 bis 1850°F) erhält man nach 1 bis 2 h ein stabiles Produkt mit 4 bis 5 Gew.-% N, nach 2 bis 4 h mit 5 bis 6 Gew.-% N. Unter den angegebenen Bedingungen sintert das Mangan nicht [22]. — Den Einfluß von Zeit, Temperatur und Granulierung auf die technische Azotierung des Mn untersuchen Žak und Kuliński [23].

Ein Verfahren, bei dem flüssiges Mn unter 8 bis 12 atm N_2-Druck bei 1350 bis 1400°C azotiert wird, dient zur Gewinnung von besonders stickstoffreichen Produkten [24]. Gewinnung von Mn-N-Legierungen in Pulverform durch Zerstäuben von geschmolzenem Mn im N_2- oder NH_3-Strom und Abkühlung der Partikel im Gasstrom oder in H_2O s. [25].

Literatur:

[1] O. Prelinger (Monatsh. Chem. **15** [1894] 391/401, 393, 396). — [2] F. Haber, G. van Oordt (Z. Anorg. Allgem. Chem. **44** [1905] 341/78, 371). — [3] R. I. Agladze, G. Sh. Mamporiya (Zh. Prikl. Khim. **34** [1961] 345/50; J. Appl. Chem. USSR **34** [1961] 332/6). — [4] V. P. Perepelkin (Sb. Tr. Tsentr. Nauchn. Issled. Inst. Chernoi Met. Nr. 57 [1967] 56/62). — [5] I. B. Baratashvili, V. M. Berezhiani (Soobshch. Akad. Nauk Gruz. SSR **27** [1961] 169/72; C. A. **56** [1962] 5735).

[6] N. Tschischewski (J. Iron Steel Inst. [London] **92** [1915] 47/105, 62/65). — [7] L. Duparc, P. Wenger, C. Cimerman (Helv. Chim. Acta **12** [1929] 806/17, 812/15; Arch. Sci. Phys. Nat. [5] **11** [1929] 91/7). — [8] L. Duparc, P. Wenger, C. Urfer (Helv. Chim. Acta **13** [1930] 650/66, 655). — [9] C. Guillaud, J. Wyart (Compt. Rend. **222** [1946] 71/3). — [10] V. P. Perepelkin (Sb. Tr. Tsentr. Nauchn. Issled. Inst. Chernoi Met. Nr. 57 [1967] 115/9; C. A. **69** [1968] Nr. 29691).

[11] G. Sh. Mamporiya, R. I. Agladze (Zh. Neorgan. Khim. **12** [1967] 2541/5; Russ. J. Inorg. Chem. **12** [1967] 1342/4). — [12] M. Maunaye, J. Guyader, R. Marchand, J. Lang (Rev. Chim. Minerale **10** [1973] 555/63, 556). — [13] R. Juza, H. Puff, F. Wagenknecht (Z. Elektrochem. **61** [1957] 804/9). — [14] G. Hägg (Z. Physik. Chem. B **4** [1929] 346/70, 348/9). — [15] F. Lihl, P. Ettmayer, A. Kutzelnigg (Z. Metallk. **53** [1962] 715/9).

[16] R. I. Agladze, M. G. Batsikadze (Soobshch. Akad. Nauk Gruz. SSR **30** [1963] 739/42; C. A. **60** [1964] 5045). — [17] Gesellschaft für Elektrometallurgie m. b. H. Düsseldorf, E. Müller, H. Winterhager (D. P. 938486 [1941/56]). — [18] Council of Scientific and Industrial Research, New Delhi, T. Banerjee, P. P. Bhatnagar, M. K. Gupta (Ind. P. 62338 [1957/58]; C. A. **1959** 4099). — [19] V. M. Berezhiani, G. Ya. Sioridze, I. B. Baratashvili, Sh. M. Kvetenadze (Tr. Inst. Met. Akad. Nauk Gruz. SSR **13** [1962] 169/79, 178; C. A. **62** [1965] 12839). — [20] V. M. Berezhiani, I. B. Baratashvili (Tr. Inst. Met. Akad. Nauk Gruz. SSR **12** [1962] 93/101 nach C. A. **58** [1963] 8439).

[21] V. P. Perepelkin, L. I. Boitsov, N. K. Matyushenko u. a. (UdSSR P. 369148 [1971/73]; C. A. **79** Nr. 69625). — [22] Foote Mineral Co. Philadelphia, E. M. Wanamaker, D. D. Forbes (U. S. P. 2860080 [1958]; C. A. **1959** 3017). — [23] H. Žak, Z. Kuliński (Prace Inst. Hutniczych **11** [1959] 83/91, 85; C. A. **1959** 19758; Hutnik [Stalinograd] **26** [1959] 342/51, 344/7). — [24] V. P. Perepelkin, V. A. Bogolyubov (UdSSR P. 157495 [1962/63]; C. A. **60** [1964] 8983). — [25] W. P. Perepelkin, W. A. Bogoljubow, Ju. A. Gratzianow, B. N. Putimzew (UdSSR P. 138639 [1960] nach C. **1964** Nr. 44-2048).

[26] V. M. Berezhiani, I. B. Baratashvili (Fiz. Khim. Osnovy Proizv. Stali Akad. Nauk SSSR Inst. Met. Tr. 5-oi Konf., Moscow 1959 [1961], S. 184/8 nach C. A. **56** [1962] 3191).

Manganese Nitrides

Solid Solutions (δ-Phase)

3.2.2 Feste Lösungen (δ-Phase, s. System S. 231)

Darstellung. Feste Lösungen von definierter Zusammensetzung werden aus stickstoffreicheren Nitriden und Mn durch mehrstündiges Tempern der feinpulverisierten stöchiometrischen Gemische gewonnen. Zur Darstellung homogener Präparate im Bereich der δ-Phase (s. Fig. 125a, S. 232) wird bei 800°C (72 bis 200 h) oder bei 1000°C (5 bis 15 h) homogenisiert, Juza u. a. [1].

Kristallographische Eigenschaften. Einbau von N in das Mn-Gitter bewirkt, daß die Gittersymmetrie von γ-Mn, dessen kubisches Gitter durch Abschrecken auf Raumtemperatur tetragonal verzerrt wird (s. „Mangan" B, S. 204), erhalten bleibt. Nach ersten Messungen von Zwicker [2] finden Juza u. a. [1] an Proben, die bei 1000°C getempert waren, folgende Abhängigkeit der Gitterkonstanten vom N-Gehalt C_N:

C_N in Atom-% . . .	4.07	5.96	7.20	8.49
a in Å	3.776	3.774	3.776	3.772
c in Å	3.620	3.662	3.686	3.736

Die Zunahme von c ist proportional C_N und führt zu einer Annäherung an die kubische Struktur, da a über den gesamten Homogenitätsbereich konstant ist [1]. An abgeschreckten Proben mit C_N = 1.8 bzw. 2.2 Gew.-% werden die Gitterkonstanten a = 3.774, c = 3.689 Å [3] bzw. a = 3.765, c = 3.684 Å [4] erhalten, vgl. auch [5].

Magnetische Eigenschaften. An einer Probe mit C_N = 2.1 Gew.-% ergibt sich die spezifische Suszeptibilität bei Raumtemperatur zu etwa 18.5×10^{-6} cm^3/g [3]. Proben mit C_N = 1.5 oder 3.0 Gew.-% sind nicht nur bei Raumtemperatur, sondern auch bei −196°C paramagnetisch [6]. Die Proben, an denen früher [7, 8] ferromagnetisches Verhalten beobachtet wurde, enthielten vermutlich soviel N, daß die ε-Phase (Mn_4N, s. unten) entstehen konnte; daher wurden Curie-Temperaturen zwischen 200 und 500°C gefunden [8].

Literatur:

[1] R. Juza, H. Puff, F. Wagenknecht (Z. Elektrochem. **61** [1957] 804/9, 806; Structure Reports, Bd. 21, 1957, S. 150/3). — [2] U. Zwicker (Z. Metallk. **42** [1951] 274/6). — [3] C. Brisi (Met. Ital. **47** [1955] 405/8; Structure Reports, Bd. 19, 1955, S. 219/20). — [4] G. Hägg (Z. Physik. Chem. B **4** [1929] 346/70, 355). — [5] L. K. Frevel, H. W. Rinn, H. C. Anderson (Ind. Eng. Chem. Anal. Ed. Engl. **18** [1946] 83/93, 91).

[6] H. W. Cooper, A. S. Arrott, H. W. Paxton (J. Appl. Phys. **32** [1961] 2506/12, 2511). — [7] R. Ochsenfeld (Ann. Physik [5] **12** [1932] 353/84, 363, 369). — [8] L. F. Bates, R. E. Gibbs, D. V. R. Pantulu (Proc. Phys. Soc. [London] **48** [1936] 665/71, 669).

Mn_4N (ε-Phase)

3.2.3 Mn_4N (ε-Phase, s. System S. 233)

Preparation

3.2.3.1 Darstellung

Durch Azotierung von Mn-Pulver im gereinigten N_2-Strom bei 650°C (100 bis 200 h) und anschließendes Homogenisieren bei 650°C (100 h) wird zunächst ein Rohnitrid mit maximal 9.5 Gew.-% N dargestellt. Zur Gewinnung der Produkte $Mn_4N_{0.79}$ bis $Mn_4N_{1.0}$ erhitzt man stöchiometrische Gemische von Rohnitrid und Mn in feinzerteilter Form im Vakuum 100 h auf 850°C [1]. Wird Mn-Pulver (99.99%ig) bei 800°C 10 h unter 550 Torr N_2-Druck erhitzt, so entsteht Mn_4N mit auf 0.2% genauer Zusammensetzung [2]. Ein Nitrid der Zusammensetzung $Mn_4N_{0.952}$ wird durch Erhitzen von Elektrolyt-Mn (99.9%ig) in einem reinen N_2-Strom bei 900 bis 920°C (30 h) dargestellt. Die Abkühlung erfolgt in reinem Ar [3]. Ähnliche Vorschrift s. [4]. Mn_4N entsteht auch beim Erhitzen von Mn_2B mit N_2 bei 700°C [5].

Literatur:

[1] J.-P. Bouchaud (Ann. Chim. [Paris] [14] **3** [1968] 81/105, 84). — [2] M. Mekata, J. Haruna, H. Takaki (J. Phys. Soc. Japan **21** [1966] 2267/73, 2267). — [3] C. Brisi, F. Abbattista (Ric. Sci. **29** [1959] 1402/5). — [4] A. D. Mah (J. Am. Chem. Soc. **80** [1958] 2954/5). — [5] L. Y. Markovskii, E. T. Bezruk (Zh. Prikl. Khim. **38** [1965] 1677/82; J. Appl. Chem. [USSR] **38** [1965] 1643/7, 1646).

3.2.3.1.1 Thermodynamische Daten der Bildung

Mn_4N (ε-Phase) Thermodynamic Data of Formation

Bildungsenthalpie ΔH° und freie Bildungsenthalpie ΔG° in kcal/mol für die Bildung entsprechend der Reaktion 4 Mn (fest) + $^1/_2$ N_2 (gasförmig) → Mn_4N (fest), ermittelt von Mah [1, 2] durch Messungen der Verbrennungswärme von Mn_4N zu Mn_3O_4 und aus Literaturdaten für die Bildungsenthalpie des Oxids, in Abhängigkeit von der Temperatur (ausgewählte Werte):

T in K	298.15	400	500	700	900	1000 *)	1000
ΔH°	−30.3	−30.2	−30.15	−29.95	−29.75	−29.7	−31.8
ΔG°	−23.65	−21.4	−19.2	−14.9	−10.65	− 8.5	− 8.5

T in K	1200	1374 *)	1374	1410 *)	1410	1500
ΔH°	−31.35	−30.55	−32.75	−32.75	−34.5	−34.6
ΔG°	− 3.90	+ 0.15	0.15	0.95	0.95	3.2

*) Umwandlungspunkt des Mn.

Berechnungen von Wicks und Block [3], denen ebenfalls der aus der Verbrennungswärme ermittelte Wert $\Delta H^\circ_{298} = -30.3$ kcal/mol zugrunde liegt, weichen hiervon mit steigender Temperatur zunehmend bis zu ΔH° = −27.950 kcal/mol bei 800 K ab. Neuere Berechnungen von Wagman u. a. [4] ergeben für $\Delta H^\circ_{298.16} = -30.75$ kcal/mol. — Die aus der Verbrennungswärme eines Präparates der Zusammensetzung $Mn_{4.74}N$ (s. S. 244) von Neumann u. a. [5] ermittelte Wärmetönung Q = −62.4 kcal je mol an Mn gebundenes N_2 ist in guter Übereinstimmung mit dem Wert −62.4 ± 3.1 kcal, ermittelt aus der Lösungsenthalpie von Mn_4N in 2.4 normaler HCl-Lösung (s. S. 244) und den Bildungsenthalpien von NH_3 und NH_4Cl. Die Bildungsenthalpie verkleinert sich mit Erhöhung des N-Gehaltes im Nitrid. Die auftretenden Differenzen liegen jedoch noch im Bereich der Fehlergrenzen [6].

Literatur:

[1] A. D. Mah (U. S. Bur. Mines Rept. Invest. Nr. 5600 [1960] 6/7). — [2] A. D. Mah (J. Am. Chem. Soc. **80** [1958] 2954/5). — [3] C. E. Wicks, F. E. Block (U. S. Bur. Mines Bull. Nr. 605 [1963] 75/6). — [4] D. D. Wagman, W. H. Evans, V. B. Parker, I. Halow, S. M. Bailey, R. H. Schumm (Natl. Bur. Std. [U. S.] Tech. Note 270-4 [1969] 110). — [5] B. Neumann, C. Kröger, H. Haebler (Z. Anorg. Allgem. Chem. **196** [1931] 65/78, 73).

[6] C. Brisi, F. Abbattista (Ric. Sci. **29** [1959] 1402/5).

3.2.3.2 Physikalische Eigenschaften

Physical Properties

3.2.3.2.1 Kristallstruktur

Crystal Structure

Mn_4N bildet ein kubisch flächenzentriertes Gitter (Perowskittyp), in welchem die Mn-Atome die Würfelecken (Mn_I) und die Flächenzentren (Mn_{II}), das N-Atom das Zentrum der kubischen Elementarzelle besetzen, s. **Fig. 126**. Röntgendiagramme von Präparaten, die der Zusammensetzung Mn_4N nahekommen, zeigen Überstrukturlinien der (100)- und (110)-Indizes, die auf die kubische Anordnung der N-Atome innerhalb des Mn-Gitters zurückzuführen sind [1, 2].

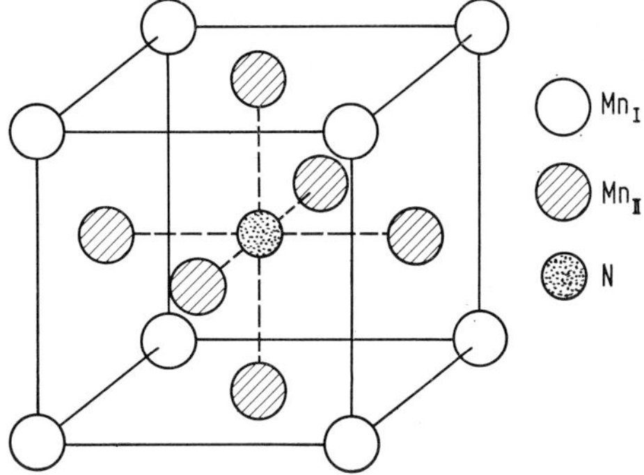

Fig. 126

Kristallstruktur von Mn_4N

Die Gitterkonstante a steigt mit dem N-Gehalt C_N der Präparate linear an. Oberhalb 800°C gilt dieser Zusammenhang über die Grenzen der eigentlichen ε-Phase hinaus bis C_N = 9.51 Atom-% (ε'-Phase, s. S. 233). Extrapolation auf C_N = 0 ergibt die Gitterkonstante des kubischen γ-Mn [3, 4]. Das Nitrid Mn_4N_y kann somit als Einlagerungsverbindung betrachtet werden, entstanden aus kubischem γ-Mn (a = 3.768 Å) durch Einlagerung von y = 0.7 bis 1.2 N-Atomen in die Gitterlücken. Bei y > 1 besetzt N die anderen verfügbaren oktaedrischen Lücken im Gitter ($^1/_2$, 0, 0) [5].

Gitterkonstante a für Mn_4N_y, ermittelt aus Röntgenbeugungsaufnahmen bei 293 K [5] sowie aus Debye-Scherrer-Aufnahmen mit Fe-Strahlung [3, 4] (Werte in Auswahl):

y	0.7181	0.7734	0.79	0.85	0.9148	0.95	1.00	Lit.
a in Å	3.818	3.828	—	3.842	3.852	—	3.868	[3, 4]
a in Å	—	—	3.844	3.851	—	3.864	3.872	[5]

Im Hochtemperaturbereich setzt sich mit sinkendem N-Gehalt die Abnahme von a kontinuierlich bis 3.771 Å bei C_N = 9.81 Atom-% fort [3, 4]. Für Nitride mit 12.90 bis 21.25 Atom-% N werden aus Pulveraufnahmen mit FeKα-Strahlung Werte zwischen 3.826 und 3.857 Å bestimmt [1]; für Nitride mit C_N = 4.80 bis 6.15 Gew.-% liegt a zwischen 3.834 und 3.876 Å [6]. Weitere Angaben für die Gitterkonstante: a = 3.836, 3.855 und 3.865 Å für $Mn_4N_{0.8}$, $Mn_4N_{0.92}$ bzw. Mn_4N [7]; a = 3.846 Å für $MnN_{0.952}$ [8]; a = 3.863 Å bei C_N = 20.9 Atom-% (Debye-Scherrer-Aufnahmen mit CrK-Strahlung) [9]; s. ferner [10].

Literatur:

[1] C. Guillaud, J. Wyart (Compt. Rend. **219** [1944] 203/5). — [2] U. Zwicker (Z. Metallk. **42** [1951] 274/6). — [3] R. Juza, H. Puff (Z. Elektrochem. **61** [1957] 810/9, 813). — [4] R. Juza, H. Puff, F. Wagenknecht (Z. Elektrochem. **61** [1957] 804/9). — [5] J.-P. Bouchaud (Ann. Chim. [Paris] [14] **3** [1968] 81/105, 84).

[6] C. Brisi (Met. Ital. **47** [1955] 405/8). — [7] W. J. Takei, R. R. Heikes, G. Shirane (Phys. Rev. [2] **125** [1962] 1893/7). — [8] C. Brisi, F. Abbattista (Ric. Sci. **29** [1959] 1402/5). — [9] F. Lihl, P. Ettmayer, A. Kutzelnigg (Z. Metallk. **53** [1962] 715/9). — [10] E. R. Morgan (J. Metals **6** [1954] Trans. **200** 983/8, 986; Structure Reports, Bd. 18, 1954, S. 86).

Mn_4N (ε-Phase) Bonding

3.2.3.2.2 Bindung

Zwischen den N-Atomen und den Mn-Atomen auf den Flächen der Elementarzelle (Mn_{II}) besteht kovalente Bindung [1, 2]. Somit müssen die N-Atome in erster Näherung neutral sein. Der atomare Streufaktor ist auch mit der Annahme, daß die N-Atome einfach negativ geladen seien, vereinbar [3]; vgl. hierzu Juza [4]. Diese Messungen widerlegen die ältere Vorstellung [5, 6], nach der die N-Atome dreifach positiv geladen sind, die auch zur Deutung der kernmagnetischen Resonanz [7] nicht geeignet ist. Die gelegentlich geäußerte Vermutung, in den Mn-Atomen an den Ecken der Elementarzelle (Mn_I) müßten die Elektronenschalen ebenso besetzt sein wie in metallischem Mn, also z. B. $3d^{6.4}4s^{0.6}$ [8], muß angesichts der neueren Überlegungen über die Elektronenbänder (s. S. 241) als überholt gelten, zumal wegen der noch lückenhaften Informationen über die Elektronenkonfiguration der Mn-Atome in den verschiedenen Modifikationen (vgl. „Mangan" B, S. 204/5, 232/3).

Aus der Verschiebung der K-Kante und der $K\beta_5$-Linie in den Röntgenspektren von Mn und N versuchen Motilins'ka u. a. [9] Rückschlüsse auf die Art der Bindung in Mn-Nitriden, darunter Mn_4N, zu ziehen.

Literatur:

[1] W. J. Takei, G. Shirane, B. C. Frazer (Phys. Rev. [2] **119** [1960] 122/6). — [2] J. B. Goodenough (Magnetism and the Chemical Bond, New York-London 1963, S. 343). — [3] M. Kuriyama, S. Hosoya, T. Suzuki (Phys. Rev. [2] **130** [1963] 898/9). — [4] R. Juza (Advan. Inorg. Chem. Radiochem. **9** [1966] 81/131, 114/6). — [5] R. Juza, H. Puff (Naturwissenschaften **43** [1956] 225).

[6] J. P. Bouchaud, R. Fruchart (Bull. Soc. Chim. France **1964** 1579/83). — [7] H. Abe, M. Matsuura, A. Hirai, J. Haruna, M. Mekata (J. Phys. Soc. Japan **22** [1967] 558/72, 571). — [8] R. M. Bozorth (Ferromagnetism, New York-Toronto-London 1951, S. 436). — [9] M. M. Motilins'ka,

E. O. Zhurakovs'kii, B. I. Kotlyar (Dopovidi Akad. Nauk Ukr. RSR A **33** [1971] 1043/6; C. A. **76** [1972] Nr. 52383).

3.2.3.2.3 Thermodynamische Funktionen

Mn_4N (ε-Phase)

Thermodynamic Functions

Enthalpie H in cal/mol, Wärmekapazität C_p, Entropie S in $cal \cdot mol^{-1} \cdot K^{-1}$. — Kalorimetrische Messungen zeigen, daß die Wärmekapazität linear vom N-Gehalt abhängt. Für 20.0 Atom-% N (Mn_4N) wird für die spezifische Wärmekapazität (in $cal \cdot g^{-1} \cdot K^{-1}$) zwischen 0 und 500°C die Beziehung $c_p = 0.1280 + 1.106 \times 10^{-4} t^2 + 3.651 \times 10^{-8} t^2$ erhalten [1]. Kelley [2] hält den quadratischen Term für entbehrlich und berechnet daraus $C_p = 21.15 + 30.5 \times 10^{-3} T\ cal \cdot mol^{-1} \cdot K^{-1}$. Die Zunahme von C_p ist jedoch mindestens in der Nähe der Curie-Temperatur ($T_C = 748$ K, s. S. 244) nicht linear, wie das Diagramm mit den Meßdaten von Mekata u. a. [3] für den Bereich von 500 bis 860 K erkennen läßt; dicht oberhalb T_C fällt C_p steil ab, und bei 800 K ist C_p um 7.4 $cal \cdot mol^{-1} \cdot K^{-1}$ kleiner als am Curie-Punkt. — Enthalpiemessungen im Bereich bis 1500 K ergeben folgende Werte (in Auswahl):

T in K	400	600	800	1000	1300	1500
$H°-H°_{298.15}$	3200	9810	17100	25000	37970	47390
$S°-S°_{298.15}$	9.22	22.58	33.01	41.84	53.15	59.89

Die Standardentropie läßt sich zu 31.0 abschätzen [4]. Nach einer empirischen Formel wird $S°_{298.15} \approx 40$ berechnet [5].

Literatur:

[1] S. Satoh (Sci. Papers Inst. Phys. Chem. Res. **35** [1938/39] 24/31, 28/31). — [2] K. K. Kelley (U. S. Bur. Mines Bull. Nr. 584 [1960] 120). — [3] M. Mekata, J. Haruna, H. Takaki (J. Phys. Soc. Japan **21** [1966] 2267/73). — [4] A. D. Mah (U. S. Bur. Mines Rept. Invest. Nr. 5600 [1960] 6/7). — [5] V. K. Yatsimirskii, M. V. Tovbin, A. P. Markova (Teor. i Eksperim. Khim. **7** [1971] 102/4).

3.2.3.2.4 Elektronenbänder, magnetische Struktur

Electron Bands. Magnetic Structure

Der geringe Wert des effektiven Moments, seine Temperaturabhängigkeit und das magnetische Verhalten im paramagnetischen Bereich wurden schon von Guillaud [1] als Anzeichen dafür angesehen, daß die Momente der Mn-Atome in Mn_4N antiparallel ausgerichtet sind, ohne sich ganz zu kompensieren, d. h. Mn_4N ist ferrimagnetisch. Aus Neutronenbeugungsdiagrammen ergibt sich, daß die Mn-Atome in (0, 0, 0) das Moment 3.9 μ_B (Untergitter I) und die übrigen das entgegengesetzt gerichtete Moment 0.9 μ_B (Untergitter II) haben [2]. Nach einer verbesserten Meßmethode werden folgende Momente μ_I und μ_{II} in den beiden Untergittern erhalten:

	μ_I bei 77 K	μ_{II} bei 77 K	μ_I bei 300 K	μ_{II} bei 300 K
$Mn_4N_{1.00}$	3.85	−0.90	3.53	−0.89
$Mn_4N_{0.92}$	3.79	−0.99	3.54	−0.96
$Mn_4N_{0.80}$	3.30	−0.95	2.93	−0.86

Takei u. a. [3]; kurze theoretische Bemerkungen hierzu s. bei Bouchaud [4]. Die Abnahme von μ_I und μ_{II} bei steigender Temperatur wird von Mekata u. a. [5] im Bereich bis 805 K gemessen und in Form von Diagrammen dargestellt.

Schon beim ersten Versuch, die Magnetisierung der beiden Teilgitter aus der Elektronenverteilung abzuleiten, wurde die Aufspaltung des 3d-Bandes in drei Teilbänder (t_{2g}, e_g, t_{2u}) berücksichtigt [6], deren Besetzung Goodenough [7] erstmals roh abschätzte. Das Modell wurde zwar durch weitere magnetische Messungen ergänzt [8], blieb aber auch bei näherer Betrachtung des Verlaufs der Bänder in Γ-X-Richtung [9] im wesentlichen qualitativ; z. B. muß für jedes der beiden Untergitter ein besonderes Bänderschema aufgestellt werden, und die 3d-Elektronen erweisen sich überwiegend als lokalisiert. Somit beschränken sich Goodenough und Longo [10] noch 1970 darauf, für Verbindungen mit Perowskitgitter und metallischer und/oder kovalenter Bindung, darunter explizit für Mn_4N, die Besetzung der verschiedenen Orbitale so abzuschätzen, daß die Momente der Teilgitter daraus in befriedigender Übereinstimmung mit den Meßdaten abgeleitet werden können. Hierbei wurden auch Daten für Doppelnitride (s. S. 251/62), deren Bedeutung für die Ermittlung der Elektronenzustände schon früh [6] erkannt wurde, herangezogen [10].

Literatur:

[1] C. Guillaud (Compt. Rend. **235** [1952] 468/70). — [2] W. J. Takei, G. Shirane, B. C. Frazer (Phys. Rev. [2] **119** [1960] 122/6). — [3] W. J. Takei, R. R. Heikes, G. Shirane (Phys. Rev. [2] **125** [1962] 1893/7). — [4] J.-P. Bouchaud (Ann. Chim. [Paris] [14] **3** [1968] 81/105, 85/6). — [5] M. Mekata, J. Haruna, H. Takaki (J. Phys. Soc. Japan **21** [1966] 2267/73, 2268/70).

[6] M. Mekata (J. Phys. Soc. Japan **17** [1962] 796/803). — [7] J. B. Goodenough (Magnetism and the Chemical Bond, New York-London 1963, S. 343/4). — [8] M. Matsuura (J. Phys. Soc. Japan **21** [1966] 886/95), M. Mekata, J. Haruna, H. Takaki (J. Phys. Soc. Japan **21** [1966] 2267/73). — [9] H. Abe, M. Matsuura, A. Hirai, J. Haruna, M. Mekata (J. Phys. Soc. Japan **22** [1967] 558/72). — [10] J. B. Goodenough, J. M. Longo (in: Landolt-Börnstein, Neue Serie, Gruppe III, Bd. 4, Tl. a, 1970, S. 126/314, 263/5).

Mn_4N (ε-Phase)

Nuclear Magnetic Resonance

3.2.3.2.5 Kernmagnetische Resonanz

^{55}Mn-Atome in Mn_I-Position (vgl. Fig. 126, S. 239) und ^{14}N-Atome geben schmale, starke Resonanzlinien, die mit Hilfe der stationären Methode nachgewiesen werden können. Die sehr breite Resonanzlinie des ^{55}Mn in Mn_{II}-Position wird nur bei Anwendung der Impulsmethode beobachtet. Das komplexe Mn_{II}-Frequenzspektrum kann als Pulverdiagramm von Quadrupolsplitlinien, modifiziert durch eine anisotrope Hyperfeinwechselwirkung, betrachtet werden und ist nicht — wie früher vermutet [1] — durch die Zusammensetzung der Proben (N-Defizit) bedingt [2]. Nebenlinien im NMR-Signal des Mn_I, die bei N-Defizit auftreten — s. hierzu [2, S. 562] — und hinsichtlich Anzahl und Intensität starke Abhängigkeit vom N-Gehalt des Nitrids zeigen, sind wahrscheinlich dadurch bedingt, daß die Plätze der übernächsten N-Nachbaratome der Mn_I-Atome nicht vollständig besetzt sind. Die Aufspaltung wird durch Schwankungen des Hyperfeinfelds hervorgerufen, die möglicherweise auf der Polarisation der Leitungselektronen in der Nähe von N-Leerstellen beruhen [3]. — Resonanzfrequenz und Hyperfeinfeld für die verschiedenen Kerne bei 70 und 300 K, wobei für Mn_{II} die charakteristischen Peaks des Frequenzspektrums zugrunde gelegt sind:

Kernposition	Resonanzfrequenz in MHz		Hyperfeinfeld in kOe	
	bei 70 K	bei 300 K	bei 70 K	bei 300 K
^{55}Mn in Mn_I	133.1	117.0	−126.1	−110.7
^{55}Mn in Mn_{II}	25.6	34.0	+ 24.3	+ 32.3
^{14}N	12.6	12.0	+ 40.9	+ 39.1

Das Hyperfeinfeld des Mn_I ist antiparallel, das des Mn_{II} und das des N parallel zur makroskopischen Magnetisierung ausgerichtet. Die Resonanzfrequenzen von Mn_I und N nehmen mit steigender Temperatur ab, dagegen tritt beim Mn_{II} bis etwa 500 K ein Anstieg mit der Temperatur ein; darüber folgt bis 600 K ein steiler Abfall. Aus dieser Temperaturabhängigkeit und der bekannten Untergittermagnetisierung (aus Neutronenbeugungsmessungen, s. S. 241) werden sechs isotrope Hyperfeinkopplungskonstanten bestimmt [2]. Ältere NMR-Messungen des ^{55}Mn in einer Probe der Zusammensetzung $Mn_4N_{1.01}$ ergeben für das Hyperfeinfeld des Mn_I 125.4 kOe, für das des Mn_{II} 18 bis 49 kOe [1]. Weitere Angaben über die Resonanzlinien des ^{55}Mn in Mn_I- und Mn_{II}-Position s. [5]. Die von Hihara u. a. [6] registrierte Resonanzlinie ist dem Mn_I und nicht dem Mn_{II} zuzuordnen [1].

Für die Spin-Gitter-Relaxationszeit T_1 der $^{55}Mn_I$-Kerne gilt $T_1T = 1.4\ s \cdot K$ zwischen 1.8 und 77 K; bei weiter steigender Temperatur nimmt T_1 stärker ab. Die Spin-Gitter-Relaxation bei tiefen Temperaturen beruht vermutlich auf Fermi-Kontakt-Wechselwirkung mit den Leitungselektronen, bei höheren Temperaturen dürften dagegen 2-Magnonen-Prozesse ausschlaggebend sein. Die Zustandsdichte der 3d-Elektronen an der Fermi-Fläche ist viel kleiner als bei Übergangsmetallen, z. B. Fe, Co oder Ni. Die Spin-Spin-Relaxationszeit T_2 der Mn_I-Kerne ist unterhalb 77 K ziemlich konstant, oberhalb 77 K ändert sich T_2 wie T_1; somit dürfte bei hohen Temperaturen die Spin-Spin-Relaxation auf dem gleichen Mechanismus beruhen wie die Spin-Gitter-Relaxation. Für die Mn_{II}-Kerne hat T_2 unterhalb 20 K den gleichen Wert wie für Mn_I [4].

Literatur:

[1] K. Amaya, Y. Ajiro, H. Yasuoka, H. Abe, M. Matsuura, A. Hirai (J. Phys. Soc. Japan **19** [1964] 413). — [2] H. Abe, M. Matsuura, A. Hirai, J. Haruna, M. Mekata (J. Phys. Soc. Japan **22** [1967]

558/72). — [3] J. Englich, B. Sedlák (Magn. Resonance Relat. Phenomena Proc. 16th Congr. AMPERE, Bucharest 1970 [1971], S. 493/5; C. A. **78** [1973] Nr. 50196). — [4] M. Matsuura (J. Phys. Soc. Japan **21** [1966] 886/95). — [5] J. Englich, B. Sedlák (Czech. J. Phys. **16** [1966] 540/1).

[6] T. Hihara, Y. Kôi, A. Tsujimura (J. Phys. Soc. Japan **18** [1963] 454).

3.2.3.2.6 Sättigungsmagnetisierung

Mn_4N (ε-Phase) Saturation Magnetization

Aus den durch Neutronenbeugung bei 77 K ermittelten Momenten der Mn_I- und der Mn_{II}-Atome (3.85 bzw. 0.90 μ_B) ergibt sich das resultierende Moment $\bar{\mu}$ = 1.15 μ_B je Formeleinheit, während direkte magnetische Messungen zu $\bar{\mu}$ = 1.14 μ_B führen [1]. Aus der zwischen 77 und 300 K gemessenen, nahezu linearen Abnahme der spezifischen Sättigungsmagnetisierung σ_s ergibt sich, daß σ_s bei T = 0 um etwa 2% größer, bei 300 K um etwa 33% kleiner als bei 77 K ist [2]. Hiernach wäre bei 298 K $\bar{\mu} \approx 0.78$ μ_B. Neuere Messungen ergeben zwischen 77 und 298 K eine Abnahme von 1.17 auf 0.85 μ_B also um etwa 29% [3]. Die lineare Abnahme von σ_s setzt sich bis etwa 700 K fort; darüber fällt σ_s steil bis zum Curie-Punkt ab, s. **Fig. 127** [4, 5]. Das auf T = 0 extrapolierte Moment $\bar{\mu} \approx 1.15$ μ_B [4] liegt ebenfalls deutlich unter dem älteren Wert 1.20 μ_B [6].

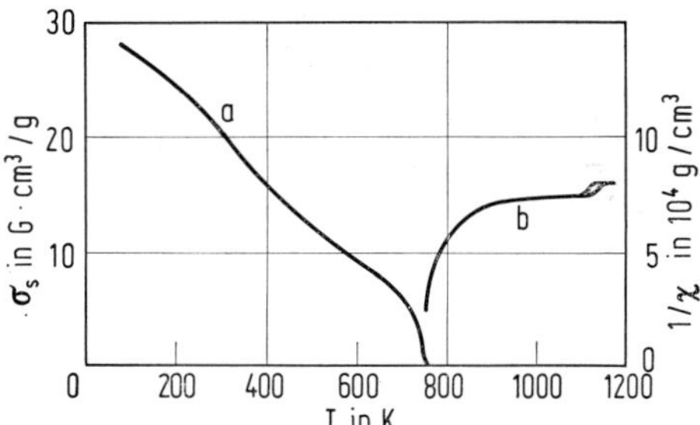

Fig. 127

Thermomagnetische Kurve von Mn_4N
Kurve a: Sättigungsmagnetisierung σ (H = 11 kOe);
Kurve b: reziproke magnetische Suszeptibilität 1/χ.

Da bei abnehmendem N-Gehalt die Momente der Mn_{II}-Atome größer werden (s. S. 241), nimmt $\bar{\mu}$ ab. Diese erstmals von Guillaud [2] beobachtete Verringerung von $\bar{\mu}$ wird von Juza und Puff [6] bestätigt, die für $Mn_4N_{0.7181}$ $\bar{\mu}$ = 0.101 μ_B und σ_s = 2.45 G · cm³/g finden; Extrapolation ergibt $\bar{\mu}$ = 0 für $Mn_4N_{0.67}$. Bei 77 K wird an $Mn_4N_{0.8}$ zunächst [1] ein um 60% kleineres Moment als an Mn_4N gefunden. Nach neueren Messungen ist die Abnahme von σ_s in diesem Bereich nur 53%; bei 77 und 291 K gemessene und auf T = 0 K extrapolierte Werte für die Sättigungsmagnetisierung (in G · cm³/g) von Mn_4N_{1-x}:

x		0.00	0.05	0.07	0.11	0.15	0.19
σ_s bei	0 K	28.16	25.32	22.91	21.00	17.44	13.16
	77 K	27.61	24.27	22.50	20.62	17.03	12.91
	291 K	20.03	18.20	16.88	15.61	13.20	9.70

Auch nach dieser Meßreihe ergibt sich $\bar{\mu}$ = 0 für $Mn_4N_{0.67}$, Bouchaud [7]. Ältere Angaben über das Verschwinden des resultierenden Moments (als Übergang zu paramagnetischem Verhalten angesehen) s. bei Juza u. a. [8].

Literatur:

[1] W. J. Takei, R. R. Heikes, G. Shirane (Phys. Rev. [2] **125** [1962] 1893/7, 1895). — [2] C. Guillaud, J. Wyart (Compt. Rend. **219** [1944] 203/5, **222** [1946] 71/3; Rev. Met. [Paris] **45** [1948] 271/6, 275), C. Guillaud (Compt. Rend. **223** [1946] 1110/2). — [3] W. J. Takei, G. Shirane, B. C. Frazer (Phys. Rev. [2] **119** [1960] 122/6, 122). — [4] M. Mekata (J. Phys. Soc. Japan **17** [1962] 796/803). — [5] M. Mekata, J. Haruna, H. Takaki (J. Phys. Soc. Japan **21** [1966] 2267/73, 2268).

[6] R. Juza, H. Puff (Naturwissenschaften **43** [1956] 225; Z. Elektrochem. **61** [1957] 810/9, 813). — [7] J.-P. Bouchaud (Ann. Chim. [Paris] [14] **3** [1968] 81/105, 85/6), Werte für x = 0

s. schon bei J. P. Bouchaud, R. Fruchart (Bull. Soc. Chim. France **1964** 1579/83, 1581). — [8] R. Juza, H. Puff, F. Wagenknecht (Z. Elektrochem. **61** [1957] 804/9).

Mn_4N (ε-Phase) Curie Temperature

3.2.3.2.7 Curie-Temperatur T_C

Daß im Bereich der ε-Phase T_C mit abnehmendem N-Gehalt ansteigt, ist seit den ersten Untersuchungen von Guillaud und Wyart [1] bekannt. Aus späteren Meßdaten [2, 3] leiten Goodenough und Longo [4] für Mn_4N_{1-x} die Interpolationsformel $T_C \approx 750 + 200x$ K ab. Danach wäre die von Mekata u. a. [5] untersuchte Probe (T_C = 748 K) fast genau stöchiometrisch gewesen ($x \approx 0.01$). Neuere Messungen ergeben jedoch einen Anstieg von T_C = 742 K für x = 0 auf 774 K für x = 0.21, also $T_C \approx 742 + 150x$ K [6].

Literatur:

[1] C. Guillaud, J. Wyart (Compt. Rend. **219** [1944] 203/5, **222** [1946] 71/3; Rev. Met. [Paris] **45** [1948] 271/6, 275). — [2] R. Juza, H. Puff (Z. Elektrochem. **61** [1957] 810/9, 813). — [3] W. J. Takei, R. R. Heikes, G. Shirane (Phys. Rev. [2] **125** [1962] 1893/7, 1894). — [4] J. B. Goodenough, J. M. Longo (in: Landolt-Börnstein, Neue Serie, Gruppe III, Bd. 4, Tl. a, 1970, S. 126/314, 269). — [5] M. Mekata, J. Haruna, H. Takaki (J. Phys. Soc. Japan **21** [1966] 2267/73, 2268).

[6] J.-P. Bouchaud (Ann. Chim. [Paris] [14] **3** [1968] 81/105, 84).

Magnetic Susceptibility

3.2.3.2.8 Magnetische Suszeptibilität

Auch für homogenes Mn_4N gilt das Curie-Weiss-Gesetz oberhalb der Curie-Temperatur nicht, s. Fig. 127, S. 243; vielmehr nähert sich die Molsuszeptibilität bei hohen Temperaturen gemäß $10^6\chi_m = 59000/(T - 748) + 2950$ einem konstanten Wert, M. Mekata (J. Phys. Soc. Japan **17** [1962] 796/803, 799), M. Mekata, J. Haruna, H. Takaki (J. Phys. Soc. Japan **21** [1966] 2267/73, 2268).

Chemical Reactions

3.2.3.3 Chemisches Verhalten

Über Kinetik und Gleichgewicht des thermischen Zerfalls s. beim „Verhalten von Mn gegen Stickstoff" in „Mangan" B 3, S. 345.

Gegen H_2 ist Mn_4N sehr beständig. Erst oberhalb 800°C setzt sehr langsame Entwicklung kleiner Mengen NH_3 ein, die möglicherweise durch Verunreinigungen im Nitrid verursacht wird [10]. — Im trocknen O_2-Strom läuft Mn_4N beim Erhitzen auf 180 bis 320°C (etwa 70 h) je nach Temperatur bläulich, dunkelblau, blaugrün bis dunkelgrau an und nimmt infolge Oxidbildung an Gewicht zu. Oxonitride entstehen dabei nicht [1]. Für die Umsetzung von reinem Mn_4N mit O_2 zu Mn_3O_4 wird die Reaktionsenthalpie durch kalorimetrische Verbrennung eines Mn-Nitrids mit 94.02 Gew.-% Mn- und 5.98 Gew.-% N-Gehalt in O_2 von 30 atm Druck zu $\Delta H^\circ_{298.15} = -411.44 \pm 0.20$ kcal/mol bestimmt [2]. Ältere Angaben zur Verbrennungswärme s. [3].

Wird Zn- oder Cu-Pulver im Gemisch mit Mn_4N erhitzt (Zn bei 400°C, 24 h; Cu bei 800°C, 90 bis 500 h), so wird das Metall in das Mn_4N-Gitter eingebaut [4]. Analoges Verhalten zeigen In und Sn beim Erhitzen mit Mn_4N im evakuierten Rohr auf 800°C (421 h), dagegen nicht Te, Sb, Zn und Cd [5]. Nähere Angaben hierzu s. S. 253, 254. — Mangancarbid gibt mit Mn_4N beim Erhitzen auf 850°C (100 h) im Vakuum stabile Carbonitride der Zusammensetzung $Mn_4N_{1-x}C_x$, wobei x bis zu 0.67 betragen kann [6, 7, S. 86]. Mit Mn_3GaN entstehen bei 800°C feste Lösungen vom Typ $Mn_{4-x}Ga_xN$ [7, S. 100]. Vgl. hierzu auch Angaben auf S. 256.

Gegen H_2O, neutrale (KCl) und alkalische wäßrige Lösungen (NH_3, KOH) ist Mn_4N ebenso beständig wie metallisches Mn [8]. In 2.4 molarer HCl-Lösung erfolgt schnelle Auflösung. Die Lösungswärme von $Mn_4N_{0.952}$ wird kalorimetrisch zu 913 cal/g bestimmt [9]. Auf Mn-Oberflächen gebildetes Mn_4N gibt beim Ätzen mit Säuren (z. B. HNO_3, H_2SO_4, H_3PO_4, Citronensäure) innerhalb weniger Sekunden charakteristische Färbungen [11].

Literatur:

[1] H. Puff (Diss. Kiel 1956, S. 1/147, 102; Jahresverzeichnis Deut. Hochschulschr. **1956** 410). — [2] A. D. Mah (J. Am. Chem. Soc. **80** [1958] 2954/5). — [3] B. Neumann, C. Kröger, H. Haebler (Z. Anorg. Allgem. Chem. **196** [1931] 65/78, 72). — [4] R. Juza, H. Puff (Z. Elektrochem. **61** [1957] 810/9, 812). — [5] M. Mekata (J. Phys. Soc. Japan **17** [1962] 796/803, 797).

[6] J. P. Bouchaud, R. Fruchart (Bull. Soc. Chim. France **1964** 1579/83, 1581). — [7] J.-P. Bouchaud (Ann. Chim. [Paris] [14] **3** [1968] 81/105). — [8] R. I. Agladze, G. Sh. Mamporiya, L. I. Topchiashvili (Soobshch. Akad. Nauk Gruz. SSR **35** [1964] 593/600; C. A. **62** [1965] 231). — [9] C. Brisi, F. Abbattista (Ric. Sci. **29** [1959] 1402/5; C. A. **1960** 3027). — [10] L. Duparc, P. Wenger, C. Cimerman (Helv. Chim. Acta **13** [1930] 675/8).

[11] N. Rashkov, M. Gancheva (God. Vissh. Khimikotekhnol. Inst. Sofia **15** [1968/72] 459/69; C. A. **79** [1973] Nr. 22806).

3.2.4 Mn_5N_2 bzw. Mn_2N (ζ-Phase, s. System S. 233)

Mn_5N_2 or Mn_2N (ζ-Phase) Preparation

3.2.4.1 Darstellung

Nach Prelinger [1], der das Nitrid erstmalig als schiefergraues Pulver mit matt metallischem Glanz beschreibt, gelingt die Darstellung durch Erhitzen von pyrophorem Mn (aus Mn-Amalgam) auf Rotglut im N_2-Strom sowie von Mn-Amalgam mit N_2 unter vermindertem Druck (160 Torr). — Durch Umsetzung von pyrophorem Mn mit reinem N_2 unter Druck in der Kalorimeterbombe wird das homogene Nitrid bei 500 bis 600°C und 16 bis 25 atm N_2-Druck in 1 min 15 s, bei 900 bis 1000°C und 10 atm N_2-Druck in 1 min 45 s von Neumann u. a. [2] hergestellt, desgleichen bei 825 bzw. 860°C und 10 atm in 2 min von Jantsch [3] und Koch [4]. Nach Brisi, Abbattista [5] erfolgt die Darstellung aus pulverförmigem Elektrolyt-Mn im reinen N_2-Strom bei 850°C (24 h), anschließend wird 48 h bei 650°C getempert. Das Reaktionsprodukt hat die Zusammensetzung $Mn_5N_{2.005}$ [5]. Eine hiervon nur wenig abweichende Vorschrift gibt Mah [6]. Die Darstellung von Präparaten bestimmter Zusammensetzung im Bereich der ζ-Phase erfolgt aus Mn-N-Legierungen mit höherem N-Gehalt, die aus Mn und NH_3 gewonnen werden. Man mischt sie mit der zur Erreichung der stöchiometrischen Zusammensetzung erforderlichen Menge Mn-Pulver und homogenisiert durch Erhitzen auf 600°C (1 Woche). Präparate der exakten Zusammensetzung Mn_2N sind immer mit etwas Mn_4N verunreinigt, s. Mekata u. a. [7].

Literatur:

[1] O. Prelinger (Monatsh. Chem. **15** [1894] 391/401, 393). — [2] B. Neumann, C. Kröger, H. Haebler (Z. Anorg. Allgem. Chem. **196** [1931] 65/78, 71). — [3] Jantsch laut Y. L. Yousef, R. K. Girgis, H. Mikhail (J. Chem. Phys. **23** [1955] 959/63, 959). — [4] O. G. Koch (Monatsh. Chem. **86** [1955] 868/74). — [5] C. Brisi, F. Abbattista (Ric. Sci. **29** [1959] 1402/5).

[6] A. D. Mah (J. Am. Chem. Soc. **80** [1958] 2954/5). — [7] M. Mekata, J. Haruna, H. Takaki (J. Phys. Soc. Japan **25** [1968] 234/8, 234).

3.2.4.1.1 Thermodynamische Daten der Bildung

Thermodynamic Data of Formation

Bildungsenthalpie ΔH° und freie Enthalpie ΔG° in kcal/mol für die Bildung entsprechend der Reaktion 5 Mn (fest) + N_2 (gasförmig) → Mn_5N_2 (fest) in Abhängigkeit von der Temperatur:

T in K	298	400	500	600	700	800
−ΔH°	48.20	47.90	47.30	46.90	45.50	44.10
−ΔG°	37.35	33.70	30.20	27.25	23.65	20.60

Die Temperaturabhängigkeit wird durch die Gleichungen $\Delta H^\circ_T = -56800 - 4.61\,T + 10.24 \times 10^{-3}T^2 - 1.85 \times 10^5T^{-1}$ und $\Delta G^\circ_T = -56800 - 4.61\,T \ln T - 10.24 \times 10^{-3}T^2 - 0.92 \times 10^5T^{-1} + 10.67\,T$ ausgedrückt [2].

Diesen Berechnungen liegt die Bildungsenthalpie $\Delta H^\circ_{298.15} = -48.2 \pm 0.6$ kcal/mol zugrunde, die von Mah [1] aus eigenen Messungen der Verbrennungswärme von Mn_5N_2 zu Mn_3O_4 (s. S. 248) und Literaturwerten für die Bildungswärme des Oxids ermittelt wurde [2]. Neuere Berechnungen von Wagman u. a. [3] ergeben $\Delta H^\circ_{298.16} = -48.8$ kcal/mol. $\Delta H^\circ_{298.15} = -46.1 \pm 2.5$ kcal/mol folgt aus der experimentell bestimmten Lösungswärme des Nitrids in 2.4 molarer HCl-Lösung (s. S. 248) und den Bildungsenthalpien von NH_3 und NH_4Cl. Die je mol gebundenes N_2 berechnete Bildungswärme verkleinert sich mit Erhöhung des N-Gehaltes im Nitrid, die Abweichungen bleiben jedoch innerhalb der Fehlergrenzen [4]. Die starke Abweichung der von Neumann u. a. [5] aus der Lösungswärme in H_2SO_4-Lösung zu −56.82 kcal/mol ermittelten Bildungsenthalpie wird darauf zurückgeführt, daß es sich bei dem untersuchten Präparat um ein Gemisch von $Mn_4N + Mn_5N_2$ und nicht um $Mn_5N_2 + Mn$

handelt [4]. Die direkte kalorimetrische Bestimmung der bei der Reaktion von Mn mit N_2 auftretenden Wärmetönung liefert $\Delta H = -57.180 \pm 0.400$ kcal/mol [6]. $\Delta H = -57.0$ kcal/mol bestimmt Satoh [7] aus den Dissoziationsdrücken unter Verwendung eigener Meßwerte für c_p (s. S. 247). Der Wert ist wegen der Ungenauigkeit der Dissoziationsdruckmessungen fehlerhaft [4].

Vergleichende Betrachtung über die Bildungsenthalpien von Metallnitriden s. [8].

Literatur:

[1] A. D. Mah (J. Am. Chem. Soc. **80** [1958] 2954/5). — [2] C. E. Wicks, F. E. Block (U. S. Bur. Mines Bull. Nr. 605 [1963] 76). — [3] D. D. Wagman, W. H. Evans, V. B. Parker, I. Halow, S. M. Bailey, R. H. Schumm (Natl. Bur. Std. [U. S.] Tech. Note 270–4 [1969] 110). — [4] C. Brisi, F. Abbattista (Ric. Sci. **29** [1959] 1402/5). — [5] B. Neumann, C. Kröger, H. Kunz (Z. Anorg. Allgem. Chem. **207** [1932] 133/44, 135).

[6] B. Neumann, C. Kröger, H. Haebler (Z. Anorg. Allgem. Chem. **196** [1931] 65/78, 71). — [7] S. Satoh (Sci. Papers Inst. Phys. Chem. Res. [Tokyo] **35** [1939] 158/69, 166/8). — [8] L. H. Long (Quart. Rev. [London] **7** [1953] 134/74, 158).

Mn_5N_2 or Mn_2N (ζ-Phase)

Structure and Bonding

3.2.4.2 Struktur und Bindung

Röntgenographischen Untersuchungen zufolge bilden die Mn-Atome des Nitrids ein hexagonal dichtest gepacktes Gitter [1 bis 3]. Die Anordnung der N-Atome läßt sich aus den Röntgendiagrammen nicht bestimmen. Neutronenbeugungsversuche an Präparaten der Zusammensetzung $Mn_2N_{0.98}$ bei 290 K ergeben eine rhombische Verteilung des N in den oktaedrischen Lücken des Mn-Gitters, s. **Fig. 128**. Die Kristallstruktur des Nitrids entspricht somit dem ζ-Fe_2N-Typ; Raumgruppe Pbna-D_{2h}^{14}. Die Verbindung ist isostrukturell mit Mo_2C. Die rhombische Einheitszelle enthält 8 Mn-Atome in 0, 0, 0; 1/2, 0, 0; 1/4, 1/2, 0; 3/4, 1/2, 0; 0, 1/3, 1/2; 1/2, 1/3, 1/2; 1/4, 5/6, 1/2 und 3/4, 5/6, 1/2 und 4 N-Atome in 0, 2/3, 1/4; 1/4, 1/6, 1/4; 1/2, 2/3, 3/4 und 3/4, 1/6, 3/4. Gitterkonstanten in Å: a = 5.668, b = 4.909, c = 4.537 [4]. Mit steigendem N-Gehalt C_N tritt eine kontinuierliche Aufweitung des Mn-Gitters ein; beispielsweise steigt a, wenn C_N von 27.32 auf 31.56 Atom-% erhöht wird, von 2.786 auf 2.815 Å, c dagegen nur von 4.531 auf 4.533 Å [2]. Neuere röntgenographische Messungen mit CrK-Strahlung ergeben folgende Gitterkonstanten:

C_N in Atom-% . .	25.2	25.8	30.7	31.0	32.6	36.4	36.9	37.6
a in Å	2.778_0	2.775_7	2.798_8	2.802_1	2.816_0	2.817_9	2.834_0	2.834_3
c in Å	4.529_0	4.528_4	4.532_0	4.532_4	4.534_4	4.534_6	4.536_8	4.537_6
c/a	1.630_3	1.631_5	1.619_3	1.617_6	1.610_1	1.609_2	1.600_8	1.600_9

Lihl u. a. [3]. Ältere Werte für den Bereich von 9.2 bis 11.9 Gew.-% N s. bei Hägg [1]. Weitere Werte für a und c ohne Angaben für C_N s. bei Brisi [5].

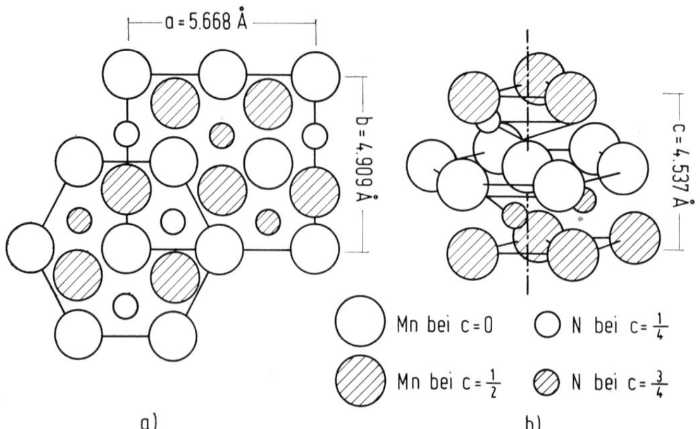

Fig. 128

Projektion der Kristallstruktur a) und Koordination des Mn-Atoms b) von Mn_2N.

Aus der Größe des magnetischen Moments schließen Yousef u. a. [6], daß in Mn_5N_2 überwiegend kovalente Bindung vorliegt. Der Vergleich des Röntgenspektrums (K-Kante, Kβ-Linie) von Mn_2N mit den Spektren von anderen Nitriden und metallischem Mn zeigt dagegen, daß die Bindung stark metallischen Charakter hat [7].

Literatur:

[1] G. Hägg (Z. Physik. Chem. B **4** [1929] 346/70, 362/4, 369). — [2] R. Juza, H. Puff, F. Wagenknecht (Z. Elektrochem. **61** [1957] 804/9; Structure Reports, Bd. 21, 1957, S. 150/3). — [3] F. Lihl, P. Ettmayer, A. Kutzelnigg (Z. Metallk. **53** [1962] 715/9). — [4] M. Mekata, J. Haruna, H. Takaki (J. Phys. Soc. Japan **25** [1968] 234/8, 235). — [5] C. Brisi (Met. Ital. **47** [1955] 405/8; Structure Reports, Bd. 19, 1955, S. 219/20).

[6] Y. L. Yousef, R. K. Girgis, H. Mikhail (J. Chem. Phys. **23** [1955] 959/63). — [7] T. B. Shashkina, B. I. Kotlyar, E. A. Zhurakovskii, M. M. Motylinskaya, R. M. Ovrutskaya (Elektron. Strukt. Perekhodn. Metal. Splavov **1970** Nr. 1, S. 121/8; C. A. **76** [1972] Nr. 147022), M. M. Motylinskaya, E. A. Zhurakovskii, V. I. Kotlyar (Dopovidi Akad. Nauk Ukr. RSR A **33** [1971] 1043/6; C. A. **76** [1972] Nr. 52383).

3.2.4.3 Mechanische und thermische Eigenschaften

Mn_5N_2 or Mn_2N (ζ-Phase)

Mechanical and Thermal Properties

Dichte, Molvolumen. $D_4^{18} = 6.58$ bzw. 6.68 für Proben mit 9.32 bzw. 9.1 Gew.-% N, pyknometrisch bestimmt, s. [1]. Für Mn_2N wird das Molvolumen zu 19.0 cm^3/mol ermittelt [2].

Thermodynamische Funktionen. Enthalpie H in cal/mol, Wärmekapazität C_p und Entropie S in $cal \cdot mol^{-1} \cdot K^{-1}$.

Aus Messungen an Präparaten mit verschiedenen N-Gehalten zwischen 0 und 500°C werden für die spezifische Wärmekapazität c_p von Mn_5N_2 Werte (in $cal \cdot g^{-1} \cdot K^{-1}$) interpoliert, die sich mit der Formel $c_p = 0.1382 + 1.112 \times 10^{-4}\, t + 1.630 \times 10^{-8}\, t^2$ zusammenfassen lassen [3]. Wie bei Mn_4N (s. S. 241) hält Kelley [4] eine lineare Gleichung für ausreichend: $C_p = 30.55\, T + 19.20 \times 10^{-3}\, T$, und schließt aus den Messungen von Satoh [3], daß zwischen 400 und 800 K $H°-H°_{298.15}$ von 4480 auf 25840, $S°-S°_{298.15}$ von 12.90 auf 49.35 steigen müßte. — Die von Wicks und Block [5] angegebene Standardentropie $S°_{298.15} = 47.3$ beruht auf älteren thermochemischen Daten, die Brewer u. a. [6] von Kelley [7] übernommen hatten.

Literatur:

[1] O. Prelinger (Monatsh. Chem. **15** [1894] 391/401, 397). — [2] R. Juza (Chemie [Berlin] **58** [1945] 25/30, 29). — [3] S. Satoh (Sci. Papers Inst. Phys. Chem. Res. [Tokyo] **35** [1938] 24/31, 28/31). — [4] K. K. Kelley (U. S. Bur. Mines Bull. Nr. 476 [1949] 113). — [5] C. E. Wicks, F. E. Block (U. S. Bur. Mines Bull. Nr. 605 [1963] 76).

[6] L. Brewer, L. A. Bromley, P. W. Gilles, N. L. Lofgren (Natl. Nucl. Energy Ser. Div. IV B **19** [1950] 40/59). — [7] K. K. Kelley (U. S. Bur. Mines Bull. Nr. 407 [1937]).

3.2.4.4 Magnetische Eigenschaften

Magnetic Properties

Bei Raumtemperatur ist die ζ-Phase nicht ferromagnetisch [1]. Das früher beobachtete ferromagnetische Verhalten [2, 3] beruht auf Verunreinigung durch Mn_4N, das unterhalb 750 K ferrimagnetisch ist (s. S. 241) [4]. Sie ist auch nicht bis −180°C hinunter paramagnetisch, wie Suszeptibilitätsmessungen an einer Probe mit 9.47 Gew.-% N ($Mn_5N_{2.05}$) [4] zu ergeben scheinen, sondern wird je nach N-Gehalt bei 300 bis 360 K (Maximum auf der χ-T-Kurve) antiferromagnetisch [5]. Die Ableitung der magnetischen Struktur aus Neutronenbeugungsdaten ist jedoch schwierig. Das von Mekata u. a. [5, 6] erhaltene Ergebnis ist, wie eine gruppentheoretische Überprüfung [7] ergibt, nicht mit der Beobachtung vereinbar, daß die ζ-Phase unterhalb 43 bis 45 K ferromagnetisch ist. Die auf T = 0 extrapolierte spezifische Magnetisierung steigt von etwa 0.06 emE für $Mn_2N_{0.98}$ auf etwa 0.41 emE für $Mn_2N_{0.8}$ [6]. Entweder waren die von Mekata u. a. [5, 6] untersuchten Proben durch Mn_3O_4 verunreinigt, das bei etwa 43 K ferrimagnetisch wird (s. „Mangan" C 1, S. 86), oder die magnetische Elementarzelle hat eine geringere Symmetrie als die kristallographische [7].

Einzelwert für die Suszeptibilität bei Raumtemperatur: $\chi_m = 949 \times 10^{-6}\ cm^3/mol$ für $Mn_2N_{0.96}$ [8, 9].

Literatur:

[1] C. Guillaud, J. Wyart (Compt. Rend. **222** [1946] 71/3). — [2] E. Wedekind, T. Veit (Ber. Deut. Chem. Ges. **41** [1908] 3769/73). — [3] T. Ishiwara (Sci. Rept. Tohoku Imp. Univ. I **5** [1916] 53/61, 56). — [4] Y. L. Yousef, R. K. Girgis, H. Mikhail (J. Chem. Phys. **23** [1955] 959/63). — [5] M. Mekata, J. Haruna, H. Takaki (J. Phys. Soc. Japan **25** [1968] 234/8).

[6] M. Mekata, H. Yoshimura, H. Takaki (J. Phys. Soc. Japan **33** [1972] 62/9). — [7] M. Nasr Eddine, E. F. Bertaut (J. Phys. Letters **35** [1974] L 57/L 58). — [8] C. Brisi (Metallurgia Ital. **47** [1955] 405/8). — [9] R. Juza (Advan. Inorg. Chem. Radiochem. **9** [1966] 81/113, 104).

Mn_5N_2 or Mn_2N (ζ-Phase)

Chemical Reactions

3.2.4.5 Chemisches Verhalten

Beim Erhitzen im Vakuum beginnt merkliche N_2-Abspaltung bei 500°C, oberhalb 1000°C zersetzt sich das Nitrid (11.8 Gew.-% N) vollständig. Im H_2-Strom wird dagegen selbst bei hoher Temperatur (1200°C) keine vollständige Zersetzung erreicht. Gewichtsabnahme des Nitrids in % des Gesamt-Stickstoffgehalts bei einstündigem Erhitzen im H_2-Strom in Abhängigkeit von der Temperatur [1]:

Temperatur in °C .	400	500	600	700	800	900	1000	1100	1200
N-Verlust in % . . .	0	6.87	4.49	15.00	37.12	55.42	73.98	91.10	93.22

Die Zersetzung im H_2-Strom führt zur Bildung von NH_3 [2, 3]. — Beim Verbrennen in O_2 entsteht neben Mn_3O_4 etwas MnO [4]. Die Reaktionsenthalpie für die Umsetzung von reinem Mn_5N_2 mit O_2 zu Mn_3O_4 wird durch kalorimetrische Verbrennung eines Nitrids mit 90.76 Gew.-% Mn- und 9.14 Gew.-% N-Gehalt in O_2 von 30 atm Druck zu $\Delta H^{\circ}_{298.15} = -503.99 \pm 0.40$ kcal/mol bestimmt [5].

Mit H_2S entsteht in der Hitze $(NH_4)_2S$. Beim Schmelzen mit KOH erfolgt NH_3-Entwicklung. H_2O und Hydroxidlösungen greifen das Nitrid in der Kälte langsam, schneller beim Erwärmen unter NH_3-Bildung an [2]. Untersuchung der Reaktion mit H_2O und Laugen an einer auf massivem Mn aufgebrachten Mn_5N_2-Schicht s. [6]. — Durch verdünnte Säuren wird das Nitrid bereits in der Kälte schnell zersetzt. Die Reaktion mit konzentrierter Salpetersäure ist mit NO-Entwicklung verbunden. Konzentrierte Schwefelsäure wirkt in der Kälte nur langsam, beim Erhitzen rasch unter SO_2-Entwicklung ein [2]. Beim Ätzen mit verdünnten Säuren (z. B. HNO_3, HCl, H_2SO_4, H_3PO_4, Citronensäure) gibt das auf Mn-Oberflächen gebildete Nitrid innerhalb weniger Sekunden charakteristische Färbungen [9]. Die Lösungswärme für $Mn_5N_{2.005}$ in 2.4 n HCl-Lösung wird kalorimetrisch zu 934 cal/g bestimmt [7]; ältere kalorimetrische Bestimmung der Lösungswärme in H_2SO_4-Lösung s. [8].

Literatur:

[1] H. Fucke, M. Möhrle (Tech. Mitt. Krupp Forschungsber. **6** [1943] 75/85, 80). — [2] O. Prelinger (Monatsh. Chem. **15** [1894] 391/401, 397, 398). — [3] F. Haber, G. van Oordt (Z. Anorg. Allgem. Chem. **44** [1905] 341/78, 374). — [4] B. Neumann, C. Kröger, H. Haebler (Z. Anorg. Allgem. Chem. **196** [1931] 65/78, 72). — [5] A. D. Mah (J. Am. Chem. Soc. **80** [1958] 2954/5).

[6] R. I. Agladze, G. Sh. Mamporiya, L. I. Topchiashvili (Soobshch. Akad. Nauk Gruz. SSR **35** [1964] 593/600, 595, 597). — [7] C. Brisi, F. Abbattista (Ric. Sci. **29** [1959] 1402/5). — [8] B. Neumann, C. Kröger, H. Kunz (Z. Anorg. Allgem. Chem. **207** [1932] 133/44, 135). — [9] N. Rashkov, M. Gancheva (God. Vissh. Khimikotekhnol. Inst. Sofia **15** [1968/72] 459/69; C. A. **79** [1973] Nr. 22806).

Mn_3N_2 (η-Phase)

Preparation

3.2.5 Mn_3N_2 (η-Phase, s. System S. 233)

3.2.5.1 Darstellung

Die Darstellung des dunkelgrauen, metallisch glänzenden Pulvers erfolgt zweckmäßigerweise aus Mn und NH_3, wie bereits von Prelinger [1] vorgeschlagen wird. Feinzerteiltes Elektrolyt-Mangan (99.9%) wird bei 600°C 5 h einem NH_3-Strom (frei von O_2 und H_2O) ausgesetzt und anschließend in NH_3-Atmosphäre auf Zimmertemperatur abgekühlt. Die Zusammensetzung der Reaktionsprodukte liegt zwischen $Mn_3N_{2.04}$ und $Mn_3N_{2.39}$ [2]. Durch 2- bis 3stündiges Erhitzen von Mn-Pulver im NH_3-Strom bei 760 bis 850°C lassen sich Präparate mit 13.5 bis 14.5 Gew.-% N darstellen [3, 4]. Bei Verwendung von feuchtem NH_3 enthält bei 550 bis 700°C aus Mn-Pulver gewonnenes Mn_3N_2

etwas MnO [5]. — Mn_3N_2 bildet sich auch bei einstündigem Erhitzen in NH_3 aus Mn_2B bei 500 bis 1300°C, aus MnB bei 1100 bis 1300°C [6]. — Auf Mn-Plättchen (99.9%ig) entsteht eine 10 bis 20 μm starke Mn_3N_2-Schicht, wenn das Metall bei 800°C 5 h in N_2 erhitzt wird [7].

Literatur:

[1] O. Prelinger (Monatsh. Chem. **15** [1894] 391/401, 396). — [2] E. Anschütz (Diss. Kiel 1959, S. 5). — [3] H. Hardtung (Diss. Erlangen 1912, S. 13). — [4] G. G. Henderson, J. C. Galletly (J. Soc. Chem. Ind. [London] **27** [1908] 387/9). — [5] G. Sh. Mamporiya, R. I. Agladze (Zh. Neorgan. Khim. **12** [1967] 2541/5; Russ. J. Inorg. Chem. **12** [1967] 1342/4).

[6] L. Y. Markovskii, E. T. Bezruk (Zh. Prikl. Khim. **38** [1965] 1677/82; J. Appl. Chem. USSR **38** [1965] 1643/7, 1646). — [7] Y. Imai, T. Masumoto (Sci. Rept. Res. Inst. Tohoku Univ. A **16** [1964] 31/41, 32/4).

3.2.5.1.1 Thermodynamische Daten der Bildung

Mn_3N_2- (η-Phase)

Thermodynamic Data of Formation

Bildungsenthalpie ΔH° und freie Enthalpie ΔG° in cal/mol für die Bildung aus den Elementen entsprechend der Reaktion 3 Mn(fest) + N_2 (gasförmig) → Mn_3N_2 (fest) in Abhängigkeit von der Temperatur:

T in K	298	400	500	600	700	800
−ΔH°	45800	45500	45050	44800	43900	43200
−ΔG°	35150	31500	28050	24950	21500	18300

Die Werte stützen sich auf Angaben von L. Brewer, L. A. Bromley, P. W. Gilles, N. L. Lofgren (Natl. Nucl. Energy Ser. IV B **19** [1950] 40/59). Für die Temperaturabhängigkeit gelten die Gleichungen

$$\Delta H = -45500 + 1.44\,T + 5.62 \times 10^{-3}\,T^2 - 1.11 \times 10^5\,T^{-1}$$
$$\Delta G = -45500 + 1.44\,T \ln T - 5.62 \times 10^{-3}\,T^2 - 0.55 \times 10^5\,T^{-1} + 28.86\,T$$

C. E. Wicks, F. E. Block (U. S. Bur. Mines Bull. Nr. 605 [1963] 76).

3.2.5.2 Physikalische Eigenschaften

Physical Properties

Struktur und Bindung. Die Mn-Atome bilden ein tetragonal flächenzentriertes Gitter, in das die N-Atome geordnet eingebaut sind. Die Gitterparameter vergrößern sich mit steigendem N-Gehalt von $a = 4.203_5$, $c = 4.039_2$ Å, $c/a = 0.960_9$ bei 37.6 Atom-% N auf $a = 4.208_4$, $c = 4.048_6$ Å, $c/a = 0.962_0$ bei 43.6 Atom-% N (aus Debye-Scherrer-Aufnahmen mit CrK-Strahlung) [1]. Anstieg von a = 4.194, c = 4.031 Å, c/a = 0.9611 bei 13.5 Gew.-% N auf a = 4.207, c = 4.129 Å, c/a = 0.9815 bei 14 Gew.-% N ermittelt Hägg [2], von a = 4.199, c = 4.038 Å, c/a = 0.962 an der unteren Phasengrenze auf a = 4.221, c = 4.140 Å, c/a = 0.981 an der oberen Phasengrenze, Brisi [3].

Untersuchung der elektronischen Struktur anhand des Röntgenabsorptions- und -emissionsspektrums von Mn in Mn_3N_2 s. „Mangan" B 3, S. 153 sowie [4].

Dichte D = 6.21, pyknometrisch bestimmt [5].

Thermodynamische Funktionen. Enthalpie H in cal/mol, Wärmekapazität C_p und Entropie S in cal · mol^{-1} · K^{-1}. Zwischen 0 und 500°C wird analog wie für Mn_5N_2 (s. S. 247) für das stöchiometrische Nitrid Mn_3N_2 die Temperaturabhängigkeit der spezifischen Wärmekapazität (in cal · g^{-1} · K^{-1}) $c_p = 0.1468 + 1.168 \times 10^{-4}\,t + 4.992 \times 10^{-9}\,t^2$ [6] gemessen. Die molare Wärmekapazität steigt danach von 28.87 bei 25°C auf 39.82 bei 500°C [7]. Die Umrechnung (einschließlich Vernachlässigung des quadratischen Terms) und Auswertung dieser Meßdaten [6] führt zu der Interpolationsformel $C_p = 22.32 + 22.40 \times 10^{-3}\,T$ sowie zu Enthalpie- und Entropiewerten, die zwischen 400 und 800 K von 3070 auf 17350 bzw. von 8.85 auf 33.24 zunehmen [8]. — Der Schätzwert für die Standardentropie ($S^\circ_{298.15} = 32.7$) [9] ist ebenso ermittelt wie für Mn_5N_2 (s. S. 247).

Magnetische Eigenschaften. Mn_3N_2 ist paramagnetisch, Ishiwara [10]. Die von Brisi [3] bei Raumtemperatur gemessene Suszeptibilität wird von Juza [11] auf $\chi_m = 784 \times 10^{-6}$ cm^3/mol für $MnN_{0.65}$ umgerechnet.

Elektrochemisches Verhalten. Untersuchung der Polarisationscharakteristika von Mn_3N_2 (als Schicht auf Mn-Plättchen aufgebracht) in sauren und neutralen Lösungen im Hinblick auf die elektrolytische Nitridextraktion aus Stahl s. Imai, Masumoto [12].

Literatur:

[1] F. Lihl, P. Ettmayer, A. Kutzelnigg (Z. Metallk. **53** [1962] 715/9). — [2] G. Hägg (Z. Physik. Chem. B **4** [1929] 346/70, 365/6, 369). — [3] C. Brisi (Met. Ital. **47** [1955] 405/8; Structure Reports, Bd. 19, 1955, S. 219/20). — [4] M. M. Motylinskaya, E. A. Zhurakovskii, V. I. Kotlyar (Dopovidi Akad. Nauk Ukr. RSR A **33** [1971] 1043/6; C. A. **76** [1972] Nr. 52383). — [5] O. Prelinger (Monatsh. Chem. **15** [1894] 391/401, 398).

[6] S. Satoh (Sci. Papers Inst. Phys. Chem. Res. [Tokyo] **35** [1938] 24/31, 28/31). — [7] S. Satoh (Sci. Papers Inst. Phys. Chem. Res. [Tokyo] **35** [1939] 385/98). — [8] K. K. Kelley (U. S. Bur. Mines Bull. Nr. 476 [1949] 113). — [9] C. E. Wicks, F. E. Block (U. S. Bur. Mines Bull. Nr. 605 [1963] 76). — [10] T. Ishiwara (Sci. Rept. Tohoku Imp. Univ. I **5** [1916] 53/61, 58).

[11] R. Juza (Advan. Inorg. Chem. Radiochem. **9** [1966] 81/131, 104). — [12] Yu. Imai, T. Masumoto (Sci. Rept. Res. Inst. Tohoku Univ. A **16** [1964] 31/41, 32, 34, 37).

Chemical Reactions

3.2.5.3 Chemisches Verhalten

Beim Erhitzen im H_2-Strom zersetzt sich Mn_3N_2 oberhalb 500°C unter NH_3-Bildung [1 bis 3]. Gewichtsverlust in % Gesamtstickstoff von Nitrid mit 14.4 Gew.-% N-Gehalt nach einstündiger H_2-Behandlung in Abhängigkeit von der Temperatur:

t in °C	500	600	700	800	900	1000	1100	1200
N-Verlust in % .	3.98	5.83	26.81	58.06	69.79	83.61	92.57	96.25

Bei 1000°C ist die Zersetzung nach 6 h vollständig [4]. — In N_2 (1 atm) beginnt bei 550°C N_2-Abspaltung [5]. Sie führt bis zum Mn_5N_2. Mit H_2S gibt Mn_3N_2 in der Hitze $(NH_4)_2S$ [1]. — Erhitzen mit CO oder CO_2 (bis 940°C) bewirkt N_2-Abspaltung, aber keine Cyanidbildung [3]. Die Reaktion mit CO bei 800°C führt zur Bildung von MnO und C neben N_2. Mit Methan reagiert Mn_3N_2 bei 750°C unter Bildung dichtgepackter hexagonaler Carbonitridstrukturen [6]. — Beim Schmelzen mit KOH entweicht NH_3 [1]. — Beim Erhitzen des Nitrids mit Ge-Pulver und NH_3, mit GeO_2 und NH_3 oder mit Ge_3N_4 auf etwa 850°C entsteht $MnGeN_2$ (s. S. 258) [9].

H_2O greift nur sehr langsam unter NH_3-Entwicklung an [2, 3]. Mit Lauge wird in der Kälte langsame, beim Erwärmen schnellere NH_3-Bildung beobachtet [1, 7]. Untersuchungen über das Verhalten einer auf Mn aufgebrachten Mn_3N_2-Schicht gegen H_2O und Laugen s. [8]. — Verdünnte und konzentrierte Salpeter- und Schwefelsäure sind in der Kälte ohne Wirkung, greifen aber beim Erwärmen an. Königswasser löst das Nitrid langsam, Salzsäure nur in Kontakt mit Pt. Essigsäure ist auch in der Wärme unwirksam [1, 7]. Beim Lösen mit Salz- oder Schwefelsäure in der Hitze wird der Stickstoff des Nitrids quantitativ in das Ammoniumsalz der Säure überführt [2].

Literatur:

[1] O. Prelinger (Monatsh. Chem. **15** [1894] 391/401, 397, 398, 400). — [2] G. G. Henderson, J. C. Galletly (J. Soc. Chem. Ind. [London] **27** [1908] 387/9). — [3] H. Hardtung (Diss. Erlangen 1912, S. 21, 32, 33, 36). — [4] H. Fucke, M. Möhrle (Tech. Mitt. Krupp Forschungsber. **6** [1943] 75/85, 78, 80). — [5] H. Herzer (Diss. T. H. Hannover 1927, S. 31/33).

[6] K. H. Jack (Proc. Roy. Soc. [London] A **195** [1948/49] 41/55, 54). — [7] E. Wedekind, T. Veit (Ber. Deut. Chem. Ges. **41** [1908] 3769/73). — [8] R. I. Agladze, G. Sh. Mamporiya, L. I. Topchiashvili (Soobshch. Akad. Nauk Gruz. SSR **35** [1964] 593/600). — [9] J. Guyader, M. Maunaye, J. Lang (Compt. Rend. C **272** [1971] 311/3).

Mn_6N_5 (ϑ-Phase)

3.2.6 Mn_6N_5 (ϑ-Phase, s. System S. 234)

Die Darstellung gelingt durch 3stündige Behandlung von Mn-Amalgam mit reinem NH_3 bei 400°C. Das Amalgam befindet sich in einem durch einen Gummistopfen verschlossenen Quarzgefäß, das mittels eines elektrischen Ofens beheizt wird. Durch den Stopfen erfolgt die NH_3-Zufuhr und die Abführung des Hg-haltigen Abgases. Der N-Gehalt des Reaktionsproduktes beträgt 18.9 Gew.-% (47.9 Atom-%). Die röntgenographische Untersuchung mit CrK-Strahlung ergibt ein tetragonal flächenzentriertes Gitter mit vermutlich statistischer Atomverteilung. Gitterkonstanten der ϑ-Phase in Abhängigkeit vom N-Gehalt C_N:

C_N in Atom-%	41.0	41.6	43.6	45.8	45.8	46.5	47.3	47.9
a in Å	4.223_4	4.221_9	4.221_8	4.221_8	4.221_4	4.219_3	4.216_6	4.214_5
c in Å	4.108_6	4.113_1	4.112_6	4.115_5	4.113_6	4.126_1	4.137_2	4.148_6
c/a	0.972_8	0.974_3	0.974_2	0.974_8	0.974_5	0.977_9	0.981_2	0.984_4

Abbildung des Debye-Scherrer-Diagramms im Original, F. Lihl, P. Ettmayer, A. Kutzelnigg (Z. Metallk. **53** [1962] 715/9).

3.3 Mangandoppelnitride

Manganese Double Nitrides

3.3.1 Vorbemerkung

Preliminary Remarks

In diesem Kapitel werden nur diejenigen Doppelnitride ausführlich beschrieben, die nach dem Prinzip der letzten Stelle zur Systemnummer 56 gehören. Über weitere Verbindungen, beispielsweise Doppelnitride mit Cu, Ag, Au oder Metallen der 8. Gruppe des Periodensystems finden sich zusammenfassende Angaben und Hinweise auf die entsprechenden Gmelin-Bände, in denen diese Verbindungen bereits beschrieben wurden (s. S. 253 bzw. 261).

Die Anordnung ist ähnlich wie bei den Oxomanganverbindungen, d. h. entsprechend der Stellung des Metalls M im Periodensystem. Es werden also zunächst Verbindungen mit Metallen der I. Haupt- und I. Nebengruppe beschrieben, danach die Doppelnitride von Metallen der folgenden Haupt- und Nebengruppen. Zusammenstellung der kristallographischen und magnetischen Eigenschaften aller Doppelnitride s. bei Goodenough [1].

Bei den Verbindungen handelt es sich vorwiegend um Doppelnitride mit Perowskit-Gitter oder verwandten Strukturen, die sich vom Mn_4N herleiten. Die Darstellung dieser Nitride (allgemeine Formel $Mn_{4-x}M_xN$ mit $x \leqq 1$) gelingt durch mehrstündiges Erhitzen stöchiometrischer Pulvergemische von Mangannitrid mit dem Metall M auf 750 bis 800°C [2, 3, 4] oder durch Azotieren der pulverförmigen Metall-Gemische oder -Legierungen mit N_2 [4] oder NH_3 (M = In, Sn, Hg) [5]. Beim Erhitzen von Mn_4N mit Metallpulver (z. B. Zn, Cr, Ni, Cu) entstehen Leerstellenverbindungen vom Typ $Mn_{4-x}M_xN_{1-x/4}\square_{x/4}$ [6, 7].

Der Einbau von Fremdmetall in das Perowskit-Gitter des Mn_4N (s. hierzu S. 239) erfolgt geordnet, und zwar bevorzugt an Stelle der Mn-Atome auf Gittereckplätzen, während die Mn-Atome auf Flächenmittenplätzen in der Regel nicht ersetzt werden. In den Verbindungen $Mn_{4-x}M_xN$ beträgt x daher maximal 1 [4, 8, 9]. Bisweilen wird die Perowskit-Struktur verzerrt, z. B. in den Verbindungen mit M = As, Sb, Ge, Sn, Cu, Au, vermutlich infolge von Kristallfeldeffekten s. beispielsweise [11, 12]. Die relativ große Entfernung zwischen N und Metall in 000-Position läßt die Ausbildung von M-N-Bindungen nicht zu [8]. Nach Messungen des Atomformfaktors für N in $Mn_{4-x}Ga_xN$ entspricht die elektronische Struktur des N in diesen Verbindungen etwa $N^{\pm 0}$ [13]. Das Metall M beeinflußt jedoch die auf den Flächenmitten befindlichen Mn-Atome. Dabei ist die Zahl der Valenzelektronen von M von Bedeutung, wie ein Vergleich der magnetischen Momente des Mn in Doppelnitriden mit verschiedenen Metallen zeigt [9]; vgl. hierzu auch [12].

Nitride mit geringem Fremdmetallgehalt ($x < 1$) sind wie Mn_4N ferrimagnetisch. Die magnetischen Eigenschaften ändern sich mit dem Substitutionsgrad systematisch, wie aus dem Verlauf der magnetischen Momente je Einheitszelle in Abhängigkeit von x (s. **Fig. 129**, S. 252) ersichtlich ist [8]. Bei einigen Nitriden der Zusammensetzung Mn_3MN sind die magnetischen Übergänge (teils in den paramagnetischen Zustand, teils zwischen 2 geordneten Zuständen) von 1. Ordnung [10].

Introductory Remarks

The following chapter contains an extensive discussion of those double nitrides that—according to the Gmelin principle of the last position—belong to the system number 56. Additional compounds such as double nitrides with Cu, Ag, Au, or metals of the 8th group of the periodic table are briefly summarized including references to other Gmelin volumes (p. 253 and 261).

The arrangement of the chapter is analogous to that dealing with oxomanganese compounds, i.e., in accordance with the position of the metal M in the periodic table. Consequently, the discussion begins with those species containing metals of the first main and transition group followed, in the same order, by the double nitrides of the other metals. For a compilation of crystallographic and magnetic properties of double nitrides, see Goodenough [1].

Fig. 129

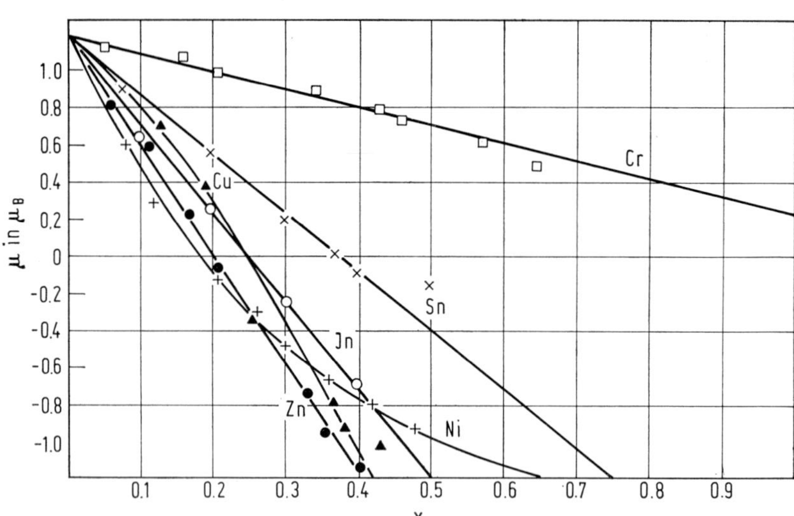

Magnetische Momente μ von Mischkristallen $Mn_{4-x}M_xN$ (M = In, Sn) und $Mn_{4-x}M_xN_{1-x/4}\square_{x/4}$ (M = Cr, Cu, Zn, Ni) in Abhängigkeit von x.

The double nitrides are predominantly of the perovskite type or of similar structures related to Mn_4N. The preparation of these compounds (general composition $Mn_{4-x}M_xN$ with $n \leqq 1$) involves heating to 750 to 800°C of stoichiometric powder mixtures of manganese nitride and the metal M for several hours [2 to 4]. Alternatively, they are prepared by azotization of mixtures of the powdered metals or alloys with N_2 [4] or NH_3 (M = In, Sn, Hg) [5]. On heating Mn_4N with metal powders (e.g., Zn, Cr, Ni, Cu) compounds of the $Mn_{4-x}M_xN_{1-x/4}\square_{x/4}$ type are obtained [6, 7].

The incorporation of the metal M into the perovskite lattice of Mn_4N (compare p. 139) is orderly and occurs preferentially by displacement of Mn atoms at corner sites; hence, as a rule, x in $Mn_{4-x}M_xN$ is maximal = 1 [4, 8, 9]. Occasionally, a distortion of the perovskite structure is observed, e.g., in the case of M = As, Sb, Ge, Sn, Cu, or Au; this event may be due to crystal field effects [11, 12]. The relatively large distance between nitrogen and the metal in 000 position does not permit the formation of M-N bonds [8]. Based on measurements of the atomic scattering factor for N in $Mn_{4-x}Ga_xN$, the electronic structure of N in these compounds is about $N^{\pm 0}$ [13]. However, the metal M influences the Mn atoms in the face centers in dependence on the number of valence electrons of M. This fact is illustrated by comparing the magnetic moments of double nitrides of different metals [9]; see also [12].

Nitrides of low concentration of M (x < 1) are ferrimagnetic. The magnetic properties change systematically in relation to the contents of M, as is evidenced by the dependence of the magnetic moment per unit cell versus x (see Fig. 129) [8]. A few nitrides of the composition Mn_3MN show magnetic transitions of first order, either into the paramagnetic state or between two ordered states [10].

Literatur:

[1] J. B. Goodenough, J. M. Lange (in: Landolt-Börnstein, Neue Serie, Gruppe III, Bd. 4, Tl. a, 1970, S. 266/70). — [2] C. Samson, J.-P. Bouchaud, R. Fruchart (Compt. Rend. **259** [1964] 392/3). — [3] R. Madar, L. Gilles, A. Rouault, J.-P. Bouchaud, E. Fruchart, G. Lorthioir, R. Fruchart (Compt. Rend. C **264** [1967] 308/11). — [4] M. Mekata (J. Phys. Soc. Japan **17** [1962] 796/803, 797). — [5] P. Ettmayer (Monatsh. Chem. **98** [1967] 1881/3).

[6] R. Juza, H. Puff (Z. Elektrochem. **61** [1957] 810/9, 812). — [7] R. Juza, K. Deneke, H. Puff (Z. Elektrochem. **63** [1959] 551/7, 551). — [8] R. Juza (Advan. Inorg. Chem. Radiochem. **9** [1966] 81/131, 118/9). — [9] R. Fruchart, J. P. Bouchaud, E. Fruchart, G. Lorthioir, R. Madar, A. Rouault

(Mater. Res. Bull. **2** [1967] 1009/20). — [10] R. Fruchart, R. Madar, M. Barberon, E. Fruchart, M. G. Lorthioir (J. Phys. [Paris] **32** [1971] Suppl. Nr. 2/3, Bd. 1, S. C1-982/C1-984).

[11] M. Barberon, E. Fruchart, R. Fruchart, G. Lorthioir, R. Madar, M. Nardin (Mater. Res. Bull. **7** [1972] 109/18, 109, 111). — [12] M. Nardin, G. Lorthioir, R. Fruchart (Bull. Soc. Chim. France **1973** 2959/61). — [13] M. Barberon, R. Madar, E. Fruchart, G. Lorthioir, R. Fruchart (Mater. Res. Bull. **5** [1970] 903/12, 906).

3.3.2 Doppelnitride mit Metallen der 1. Haupt- und Nebengruppe

Double Nitrides with Metals of Main and Subgroup 1

3.3.2.1 Lithiummangannitride

Lithium Manganese Nitrides

LiMnN. Darstellung im Tensimeter durch Erhitzen (750 bis 800°C) eines zu Pillen gepreßten, feinzerteilten Gemisches aus äquivalenten Anteilen von Li_3N und Mn_3N_2 oder von Li_3N und Mn in Gegenwart von N_2. Dunkelgraue Substanz von tetragonaler Kristallstruktur a = 5.01_7, c = 6.625 Å, c/a = 1.32_1. Zersetzungstemperatur 910 bis 925°C. Hydrolysiert an feuchter Luft langsam unter NH_3-Entwicklung. In 2 normaler HCl-Lösung in der Wärme vollständig löslich [1, S. 45, 49, 51].

Li_3MnN_2. Die Darstellung erfolgt aus Li- und Mn-Nitridgemischen (Verhältnis 3 Li : 1 Mn), die fein zerkleinert und zu Pillen gepreßt im Tensimeter bei 775°C mit N_2 unter vermindertem Druck oder im Hochtemperaturautoklaven bei 870°C mit N_2 unter etwa 200 atm behandelt werden. Beide Methoden liefern kein reines Li_3MnN_2. Das in der Tensimeterapparatur hergestellte kubisch kristallisierende Li_3MnN_2 tritt in einer Überstruktur auf (Gitterkonstante a = 9.65_3 Å). Durch Tempern und Abschrecken der Verbindung wird die CaF_2-Struktur erhalten. Die Darstellung im Hochtemperaturautoklaven führt zu einer anderen Modifikation des Li_3MnN_2. Dichte D = 3.07, röntgenographisch bestimmt; D_4^{25} = 3.00, pyknometrisch in Toluol gemessen. Dunkelgrau bis schwarz gefärbte Substanz, die an feuchter Luft hydrolysiert und dabei tief schwarz wird. Löst sich in der Wärme in 2 normaler Salzsäure; in 2 normaler Schwefelsäure fällt etwas Mangan(IV)-oxidhydrat aus. Li_3MnN_2 bildet Mischkristalle mit Li_2O [1, S. 33, 38, 42/4, 56].

Li_7MnN_4. Die Verbindung mit der Oxidationsstufe Mn^V wird dargestellt aus den Einzelnitriden (Verhältnis Li : Mn = 7 : 1) in der Tensimeterapparatur oder im Hochtemperaturautoklaven unter den beim Li_3MnN_2 (s. oben) angegebenen Bedingungen [1]. Li_7MnN_4 kristallisiert nach Röntgenuntersuchungen mit CuKα- und CrKα-Strahlung in einer Überstruktur des Flußspatgitters, Raumgruppe $P\bar{4}3n$-T_d^4, Gitterkonstante a = 9.57_1 Å; Z = 8; Dichte 2.42 (röntgenographisch) bzw. 2.35 (pyknometrisch). Atomlagen: 2 Mn in 000; $^1/_2\,^1/_2\,^1/_2$, 6 Mn in $^1/_4\,^1/_2$ 0; 0 $^1/_4\,^1/_2$; $^1/_2$ 0 $^1/_4$; $^3/_4\,^1/_2$ 0; 0 $^3/_4\,^1/_2$; $^1/_2$ 0 $^3/_4$, 8 N in x, x, x mit x = 0.115, 24 N in x, y, z mit x = $^3/_8$, y = $^3/_8$, z = $^1/_8$, je 6 Li in 0 $^1/_2\,^1/_2$ bzw. $^1/_4$ 0 $^1/_2$, 8 Li in x, x, x mit x = $^1/_4$, 12 Li in x 00 mit x = $^1/_4$, 24 Li in x, y, z mit x = $^1/_4$, y = $^1/_4$, z = 0; isostrukturell mit Li_7VN_4 [2]. — Die thermische Zersetzung der schwarzen Substanz beginnt bei 830°C und ist bei 860°C vollständig. An feuchter Luft erfolgt Hydrolyse unter NH_3-Entwicklung, mit verdünnten und konzentrierten Säuren tritt heftige Reaktion ein; in sirupöser Phosphorsäure Auflösung mit violetter Farbe [1, S. 20, 23].

Literatur:

[1] E. Anschütz (Diss. Kiel 1959). — [2] R. Juza, E. Anschütz, H. Puff (Angew. Chem. **71** [1959] 161).

3.3.2.2 Doppelnitride mit Cu, Ag, Au

Double Nitrides with Cu, Ag, Au

Im Mn_4N-Gitter (s. S. 239) können die Mn-Atome an den Ecken der Elementarzelle durch Cu-, Ag- oder Au-Atome ersetzt werden. Zur Darstellung von Mn_3CuN und Mn_3AgN s. Samson u. a. [1] bzw. „Silber" B 4, S. 378, von Mn_3AuN s. Madar u. a. [2]. Bei Raumtemperatur haben Mn_3CuN, Mn_3AgN und Mn_3AuN die Gitterkonstanten a = 3.906, 4.019 bzw. 4.0235 Å. Die Curie-Temperatur T_C und das Sättigungsmoment μ_s fallen in der Reihe $Mn_{4-x}Cu_xN_{1-x/4}$ gemäß T_C = 750 − 460 xK bzw. μ_s = 1.2 − 5.1 xμ_B [3]. — Strukturdaten und Angaben über magnetische Eigenschaften von $Mn_3Cu_{1-x}Zn_xN$-Mischkristallen s. bei Madar u. a. [4].

Literatur:

[1] C. Samson, J.-P. Bouchaud, R. Fruchart (Compt. Rend. **259** [1964] 392/3). — [2] R. Madar, L. Gilles, A. Rouault, J.-P. Bouchaud, E. Fruchart, G. Lorthioir, R. Fruchart (Compt. Rend. C **264** [1967] 308/11). — [3] J. B. Goodenough, J. M. Longo (in: Landolt-Börnstein, Neue Serie, Gruppe III, Bd. 4, Tl. a, 1970, S. 266/70). — [4] R. Madar, M. Barberon, G. Lorthioir, E. Fruchart, R. Fruchart (Compt. Rend. C **267** [1968] 1404/6).

Double Nitrides with Metals of Main and Subgroup 2

3.3.3 Doppelnitride mit Metallen der 2. Haupt- und Nebengruppe

With Magnesium

3.3.3.1 Mit Magnesium

Eine ternäre Verbindung von Mg, Mn und N ist nicht bekannt. Durch Azotieren von pulverisierter Mn-Mg-Legierung mit strömendem NH_3-H_2-Gemisch bei 500°C (20 h) erhält man nicht homogene Präparate der Zusammensetzung $Mn_{73.3}Mg_{24.4}N_{2.3}$ und $Mn_{74.2}Mg_{24.7}N_{1.1}$, die vorwiegend α-Mn und Mg, wahrscheinlich auch Mn_4N enthalten, H. H. Stadelmaier, S. Y. Tong (Z. Metallk. **52** [1961] 477/80), H. H. Stadelmaier (Z. Metallk. **52** [1961] 758/62).

With Zinc

3.3.3.2 Mit Zink

Mn_3ZnN. In Mn_4N (s. S. 239) werden Zn-Atome an den Ecken der Elementarzelle (in 000) eingebaut. Bei 293 K ist die Gitterkonstante von Mn_3ZnN a = 3.902 Å, am Néel-Punkt (T_N = 183 K) nimmt sie sprungartig um 0.17% zu, zwischen 140 und 120 K wiederum sprungartig ab, s. **Fig. 130**. In diesem Bereich erfolgt eine Änderung der magnetischen Struktur (s. unten) [1, 2]. Die Temperaturabhängigkeit der Suszeptibilität ist ebenfalls in Fig. 130 dargestellt [1, 2]. Aus Neutronenbeugungsuntersuchungen bei 4.2 K ergibt sich, daß die magnetische Elementarzelle tetragonale Symmetrie hat und zwei antiferromagnetische Mn-Untergitter aufweist, in denen die Mn-Atome die magnetischen Momente 0.61 bzw. 1.03 μ_B haben. Bei 159 K ist die magnetische Struktur dieselbe wie bei Mn_3GaN, s. S. 256; diese bleibt bis zu tiefen Temperaturen stabil, wenn der N-Gehalt hinreichend verringert wird [3].

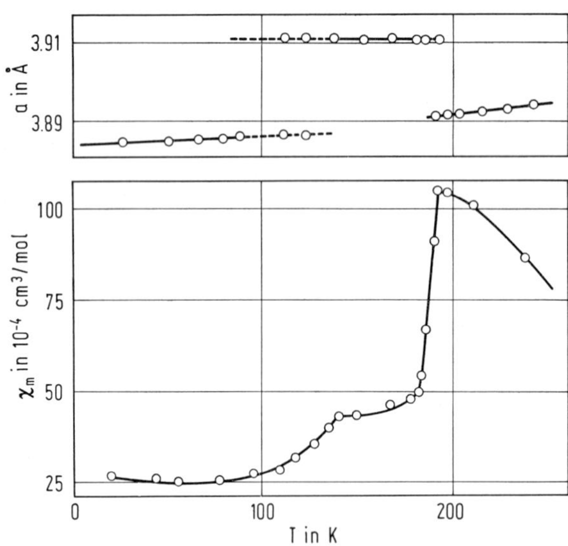

Fig. 130

Gitterkonstante a und magnetische Suszeptibilität χ_m für Mn_3ZnN in Abhängigkeit von der Temperatur.

Mn_3ZnN bildet mit Mn_4N eine lückenlose Reihe von Verbindungen $Mn_{4-x}Zn_xN$ mit x < 1. Mit wachsendem x fällt die bei 26 kOe gemessene Magnetisierung linear ab; Extrapolation auf x = 1 ergibt für die Mn-Atome auf den Flächenmitten das magnetische Moment 1.1 μ_B. Die Curie-Temperatur fällt auf 0°C bei x ≈ 0.7 und auf etwa −110°C bei x = 0.8. Bei höherem Zn-Gehalt sind die Nitride antiferromagnetisch, und T_N steigt langsam auf −90°C bei x = 1 [4]. — Über das Auftreten einer Zn enthaltenden Mn_4N-Phase beim Azotieren von Mn-Zn-Legierungen mit NH_3-H_2-Gemisch bei 500°C s. Stadelmaier, Tong [5].

$Mn_{4-x}Zn_xN_{1-x/4}\square_{x/4}$. Aus Mn_4N-Zn-Gemischen entsprechender Zusammensetzung entstehen beim Erhitzen auf 400°C im Vakuum (24 h) und anschließendem Tempern bei 600 bis 900°C (100 bis 450 h) Präparate, die bis x = 0.596 homogen sind; bei höherem Zn-Gehalt tritt eine Mn-Zn-Phase auf. Wie in den Nitriden ohne Gitterlücken erfolgt der Einbau des Zn geordnet in 000-Position des Perowskit-Gitters. Die Gitterkonstante steigt mit Zunahme des Zn-Gehaltes von x = 0.056 auf 0.596 von a = 3.862 auf 3.870 kX an. Die Mischkristalle sind, wie Mn_4N, ferrimagnetisch. Die Curie-Temperatur fällt mit steigendem x im angegebenen Bereich von 460 auf 45°C, die auf T→0 extrapolierte Sättigungsmagnetisierung nimmt mit wachsendem x linear ab, wechselt bei x ≈ 0.2 das Vorzeichen und ändert sich weiterhin linear. Magnetisches Moment in Abhängigkeit von x s. Fig. 129, S. 252 [6].

Literatur:

[1] R. Fruchart, R. Madar, M. Barberon, E. Fruchart, M. G. Lorthioir (J. Phys. [Paris] **32** [1971] Suppl. Nr. 2/3, Bd. 1, S. C 1-982/C 1-984). — [2] R. Madar, L. Gilles, A. Rouault, J.-P. Bouchaud, E. Fruchart, G. Lorthioir, R. Fruchart (Compt. Rend. C **264** [1967] 308/11). — [3] D. Fruchart, E. F. Bertaut, R. Madar, R. Fruchart (J. Phys. [Paris] **32** [1971] Suppl. Nr. 2/3, Bd. 1, S. C 1-876/C 1-877). — [4] R. Fruchart, J.-P. Bouchaud, E. Fruchart, G. Lorthioir, R. Madar, A. Rouault (Mater. Res. Bull. **2** [1967] 1009/20). — [5] H. H. Stadelmaier, S. Y. Tong (Z. Metallk. **52** [1961] 477/80), H. H. Stadelmaier (Z. Metallk. **52** [1961] 758/62).

[6] R. Juza, H. Puff (Z. Elektrochem. **61** [1957] 810/9, 814).

3.3.3.3 Mit Quecksilber

With Mercury

Das stöchiometrische Nitrid Mn_3HgN mit Perowskit-Struktur läßt sich nach der Methode von Samson u. a. [1] durch Erhitzen eines Mn-Nitridgemisches (Verhältnis Mn : N = 3 : 1) mit Hg darstellen; a = 4.072_0 Å [2]. — Mn-Amalgam gibt bei der Umsetzung mit NH_3 oder NH_3-H_2-Gemisch mit mindestens 10 Vol.-% NH_3-Gehalt bei 300°C homogenes $Mn_{4-x}Hg_xN$ mit einem je nach Darstellungsbedingungen zwischen 0.7 und 0.9 wechselnden Wert für x. Die Hg-Atome nehmen die Eckplätze des Perowskit-Gitters ein. a = 4.069 Å für x = 0.9, a = 4.078 Å für x = 0.75 bis 0.70 [3], s. auch [4].

Literatur:

[1] C. Samson, J.-P. Bouchaud, R. Fruchart (Compt. Rend. **259** [1964] 392/3). — [2] R. Madar, L. Gilles, A. Rouault, J.-P. Bouchaud, E. Fruchart, G. Lorthioir, R. Fruchart (Compt. Rend. C **264** [1967] 308/11). — [3] P. Ettmayer (Monatsh. Chem. **98** [1967] 1881/3). — [4] P. Ettmayer, G. Jangg (Monatsh. Chem. **104** [1973] 1120/30, 1124).

3.3.4 Doppelnitride mit Metallen der 3. Hauptgruppe

Double Nitrides with Metals of Main Group 3

3.3.4.1 Mit Aluminium

With Aluminum

Durch Azotieren pulverförmiger Mn-Al-Legierung mit NH_3-H_2-Gemisch bei 600°C werden Präparate der Zusammensetzung $Mn_{88.4}Al_{9.8}N_{1.8}$ und $Mn_{75.9}Al_{8.3}N_{15.8}$ gewonnen, die keine homogenen Nitride darstellen. Der röntgenographischen Analyse zufolge enthält das erste Produkt β-Mn, das zweite α- und β-Mn mit durch Al aufgeweitetem Gitter, H. H. Stadelmaier, S. Y. Tong (Z. Metallk. **52** [1961] 477/80), H. H. Stadelmaier (Z. Metallk. **52** [1961] 758/62).

3.3.4.2 Mit Gallium

With Gallium

Mn_3GaN, ein mikrokristallines metallisch graues Pulver, das sich beim Erhitzen unter N_2-Entwicklung zersetzt [1, S. 95], wird durch mehrmaliges Erhitzen eines stöchiometrischen Pulvergemisches von Ga und Mn-Nitrid (Atomverhältnis Mn : N = 3 : 1) auf etwa 800°C oder aus GaN und Mn (Molverhältnis 1 : 3) durch Tempern im Vakuum bei 800°C dargestellt [2]. — Die Verbindung kristallisiert wie Mn_4N im Perowskit-Gitter (Raumgruppe Pm3m) mit Ga in 000; Gitterkonstante a = 3.903 Å bei 293 K [1, S. 102], [3]. Mit steigender Temperatur tritt bei Θ_T = 298 K eine starke Kontraktion des Gitters ein, das jedoch kubisch bleibt und keine Umordnung der Metall-

Double Nitrides with Metals of Main Group 3

With Gallium

und N-Atome erfährt. Aus der dilatometrischen Kurve ergibt sich die Kontraktion bei Θ_T zu 0.0150 Å bzw. Δ a/a = −0.34% [3], [4, S. 1012]; der mittlere Ausdehnungskoeffizient beträgt unterhalb des Umwandlungspunktes $\alpha_1 = 0.45 \times 10^{-5}$ K^{-1}, oberhalb $\alpha_2 = 1.75 \times 10^{-5}$ K^{-1}. Die Gitterkontraktion verläuft endotherm und ist mit abrupten Änderungen der magnetischen und elektrischen Eigenschaften verbunden [1, S. 96]. Nach Messungen zwischen 100 und 1200 K steigt die magnetische Suszeptibilität χ_m am Übergangspunkt von 45×10^{-4} auf 60×10^{-4} cm^3/mol. Die Diskontinuität erstreckt sich über 5 K und zeigt eine thermische Hysterese von etwa 15 K für eine Erhitzungs- bzw. Abkühlungsgeschwindigkeit von 100 K/h. Korrektur der Molsuszeptibilität für Diamagnetismus: $\chi_D = 50 \times 10^{-6}$ cm^3/mol. Der elektrische Widerstand steigt bei Θ_T auf den dreifachen Wert an [1, S. 95], [3]. Die Analyse der bei 4.2 und 360 K aufgenommenen Neutronenbeugungsdiagramme zeigt, daß bei Θ_T eine magnetische Umwandlung 1. Ordnung antiferromagnetisch ⇔ paramagnetisch erfolgt. Unterhalb dieser Temperatur bilden die Momente der Mn-Atome 3 Untergitter (s. **Fig. 131**) S_1 in 0 $^1/_2$ $^1/_2$ in Richtung [01$\bar{1}$], S_2 in $^1/_2$ 0 $^1/_2$ in Richtung [$\bar{1}$01] und S_3 in $^1/_2$ $^1/_2$ 0 in Richtung [1$\bar{1}$0]; sie sind auf allen Plätzen gleich groß: 1.17 μ_B [5, 6].

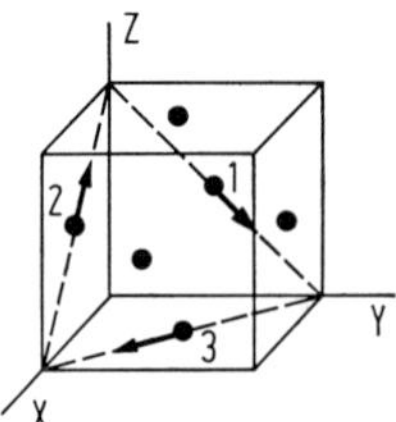

Fig. 131

Spinanordnug der Mn-Atome in antiferromagnetischem Mn_3GaN.

$Mn_{4-x}Ga_xN$. Die Nitride Mn_3GaN und Mn_4N sind unbegrenzt mischbar. Zur Darstellung homogener Präparate werden im Quarzrohr Gemische beider Komponenten in gewünschter Zusammensetzung auf 800°C erhitzt [1, S. 100], [4] oder Gemische von Mangannitrid $Mn_{2+x}N$, Mangan und Gallium (sehr rein) im Vakuum mehrmals bei 500 bis 800°C behandelt [7]. Der Ersatz des Mn durch Ga im Perowskit-Gitter des Mn_4N verläuft geordnet in 000-Position, wobei die Gitterkonstante von a = 3.871 Å bei x = 0 auf a = 3.903 Å bei x = 1 (bei 293 K) ansteigt. Die Néel-Temperatur fällt mit abnehmendem x auf Zimmertemperatur bei x = 0.95 [1, S. 100], [4].

Aus Messungen des Atomformfaktors für N nach einer Null-Methode, wobei die Intensitäten der Überstrukturreflexionen in Abhängigkeit von x aufgenommen werden, wird geschlossen, daß die N-Atome in den festen Lösungen praktisch neutral sind [7].

Magnetische Untersuchungen ergeben eine spontane Magnetisierung bis x = 0.95. Der Curie-Punkt fällt mit zunehmender Substitution des Mn durch Ga. Bei x = 0.85 schneiden sich die Kurven für T_C und Θ_T, s. **Fig. 132**. Im Bereich 0.73 ≦ x ≦ 0.85 äußert sich die magnetische Umwandlung in einer abrupten Änderung der Magnetisierung. Für die festen Lösungen existieren somit je nach Zusammensetzung und Temperatur 3 Bereiche unterschiedlicher magnetischer Eigenschaften (s. Fig. 132): Im Bereich I ist die ferrimagnetische Struktur des Mn_4N, im Bereich II eine durch

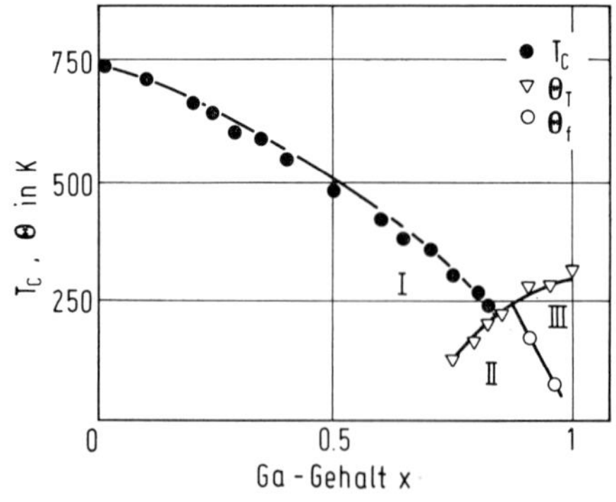

Fig. 132

Curie-Punkt T_C und Umwandlungspunkte Θ_T und Θ_f von $Mn_{4-x}Ga_xN$ in Abhängigkeit vom Ga-Gehalt x.

schwache Magnetisierung unterhalb Θ_T charakterisierte Struktur, im Bereich III eine „kompensierte" magnetische Struktur vom Typ des Mn_3GaN stabil. Effektive Sättigungsmomente μ_0 bei 0 K in Abhängigkeit von x:

Double Nitrides with Metals of Main Group 3

Ga-Gehalt x	0.10	0.25	0.35	0.40	0.50	0.60	0.70
μ_0 in μ_B. .	0.830	0.295	0.057	0.285	0.717	1.030	1.360

Ga-Gehalt x	0.75	0.75	0.80	0.80	0.90	0.95
μ_0 in μ_B . .	1.050 (II)	1.460 (I)	0.975 (II)	1.260 (I)	0.655	0.340

Weitere Werte für 20 K sowie für Temperaturen zwischen 49 und 190 K im Original [1, S. 100/1], [4].

$Mn_3GaN_{1-x}\square_x$. Leerstellenverbindungen sind homogen bis x = 0.6. Bei geringerem N-Gehalt tritt neben dem Nitrid eine hexagonale Phase Mn_3Ga auf. Mit zunehmender Leerstellenkonzentration steigt die Néel-Temperatur an. Gitterkonstante a, Néel-Temperatur T_N und relative Längenänderung am Umwandlungspunkt $(\Delta l/l)_N$ für verschiedene Werte von x (Tabelle im Auszug) [1, S. 96/7], [3]:

Leerstellenkonzentration x	0.020	0.048	0.100	0.180	0.340	0.500	0.600
a in Å (293 K)	3.903	3.903	3.902	3.897	3.883	3.864	3.854
T_N in K (Erwärmung).	305	322	326	422	514	544	553
T_N in K (Abkühlung)	293	308	313	416	494	524	531
$(\Delta l/l)_N$ in %	0.340	—	0.315	0.300	0.205	0.065	0.015

$Mn_3Ga_{1-x}Zn_xN$. Die Nitride Mn_3GaN und Mn_3ZnN sind vollständig mischbar und geben eine kontinuierliche Reihe von Verbindungen der oben genannten Zusammensetzung. Die Néel-Temperatur fällt linear mit x von 298 auf 183 K [8].

Literatur:

[1] J.-P. Bouchaud (Ann. Chim. [Paris] [14] **3** [1968] 81/105). — [2] C. Samson, J.-P. Bouchaud, R. Fruchart (Compt. Rend. **259** [1964] 392/3). — [3] J.-P. Bouchaud, E. Fruchart, G. Lorthioir, R. Fruchart (Compt. Rend. C **262** [1966] 640/3). — [4] R. Fruchart, J.-P. Bouchaud, E. Fruchart, G. Lorthioir, R. Madar, A. Rouault (Mater. Res. Bull. **2** [1967] 1009/20). — [5] E. F. Bertaut, D. Fruchart, J.-P. Bouchaud, R. Fruchart (Solid State Commun. **6** [1968] 251/6).

[6] D. Fruchart, E. F. Bertaut, R. Madar, R. Fruchart (J. Phys. [Paris] **32** [1971] Suppl. Nr. 2/3, Bd. 1, S. C 1-876/C 1-877). — [7] M. Barberon, R. Madar, E. Fruchart, G. Lorthioir, R. Fruchart (Mater. Res. Bull. **5** [1970] 903/12, 906, 911). — [8] R. Madar, L. Gilles, A. Rouault, J.-P. Bouchaud, E. Fruchart, G. Lorthioir, R. Fruchart (Compt. Rend. C **264** [1967] 308/11).

3.3.4.3 Mit Indium

With Indium

$Mn_{4-x}In_xN$. Darstellung erfolgt durch Behandlung von pulverförmigem Mn-In-Gemisch oder von Mn-In-Legierung mit reinem N_2 bei 800°C (44 h) oder durch Erhitzen eines Pulvergemisches von $Mn_{4-x}N$ und entsprechenden Mengen In im evakuierten Rohr auf 800°C (421 h). Wie Ga wird auch In im Perowskit-Gitter an Gittereckplätzen eingebaut. Mit zunehmendem In-Gehalt steigt die Gitterkonstante a nahezu linear von 3.87 Å bei x = 0 auf 3.97 Å bei x = 0.4. Die Temperaturabhängigkeit der Sättigungsmomente wird mit steigendem x sehr kompliziert. Mit zunehmendem In-Gehalt fällt die Curie-Temperatur linear ab. Die magnetischen Suszeptibilitäten sind für alle Präparate weit oberhalb des Curie-Punktes nahezu temperaturunabhängig. Fig. 129, S. 252, zeigt die durch Extrapolation der Sättigungsmagnetisierung auf 0 K erhaltenen magnetischen Momente je Formeleinheit in Abhängigkeit von x; daraus ist die Kompensation der Magnetisierung des Mn_I-Atome enthaltenden Untergitters im Mn_4N (s. S. 241) durch die Magnetisierung des anderen Untergitters bei steigendem In-Gehalt ersichtlich, M. Mekata (J. Phys. Soc. Japan **17** [1962] 796/803, 797, 799).

Double Nitrides with Metals of Subgroup 3

3.3.5 Doppelnitride mit Metallen der 3. Nebengruppe

Doppelnitride von Mn mit den Elementen La bis Lu sind noch nicht dargestellt worden.

With Actinides

3.3.5.1 Mit Aktiniden

Zur Darstellung von Th_2MnN_3 und U_2MnN_3 werden gepreßte Pulvergemische von ThN bzw. UN und Mn in Gegenwart von N_2 bei 1300 bzw. 1200°C geglüht. Beide Verbindungen kristallisieren rhombisch; Raumgruppe Immm-D_{h}^{25}; Z = 2.

Atomlagen: 4Th in 0,0, u; 0,0, −u; 1/2, 1/2, 1/2 + u; 1/2, 1/2, 1/2 −u mit u ≈ 0.356; 2Mn in 0, 0, 0; 1/2, 1/2, 1/2; 2N_I in 1/2, 0, 0; 0, 1/2, 1/2; 4N_{II} in 0, 0, v; 0, 0, −v; 1/2, 1/2, 1/2 + v; 1/2, 1/2, 1/2 −v mit v ≈ 0.151.

Gitterkonstanten: a = 3.7919 ± 0.0003, b = 3.5482 ± 0.0002, c = 12.8321 ± 0.0004 Å für Th_2MnN_3, a = 3.7216 ± 0.0006, b = 3.3274 ± 0.0002, c = 12.2137 ± 0.0008 Å für U_2MnN_3. Atomabstände (in Å) in M_2MnN_3:

	M-M	M-Mn	M-N_I	M-N_{II}	M-Nn_I	Mn-N_{II}
M = Th	3.5482	3.19	2.56	2.63, 2.60	1.8960	1.94
M = U	3.3274	3.05	2.42	2.50	1.8608	1.84

Aus den Gitterkonstanten ergibt sich die Dichte zu 10.796 ± 0.002 bzw. 12.587 ± 0.004 g/cm³, R. Benz, W. H. Zachariasen (J. Nucl. Mater. **37** [1970] 109/13).

Double Nitrides with Metals of Main Group 4

3.3.6 Doppelnitride mit Metallen der 4. Hauptgruppe

With Germanium

3.3.6.1 Mit Germanium

$Mn_{3+x}Ge_{1-x}N_y$. Bekannt sind Nitride mit 0 ≦ x ≦ 1 und 0.84 ≦ y ≦ 1 [1] sowie eine Phase mit y = 0.75 [2], deren Strukturen sich vom Perowskit-Typ herleiten. Mn_3GeN wird durch Erhitzen eines pulverförmigen Gemisches von Mn und Ge (Atomverhältnis 3 : 1) bei 840°C (2 h) im NH_3-Strom und Abkühlen unter NH_3 dargestellt [1]. $Mn_3GeN_{0.75}$ entsteht beim Sintern der Elemente im entsprechenden Verhältnis bei 600°C [2], ferner beim Erhitzen von $MnGeN_2$ im Vakuum (10^{-5} Torr) bei 550 bis 750°C [3].

Mn_3GeN kristallisiert im tetragonalen System [1] ebenso wie $Mn_3GeN_{0.75}$, das isotyp zu Cr_3AsN (Raumgruppe I4/mcm-D_{2h}^{18}) ist. Gitterparameter für $Mn_3GeN_{0.75}$: a = 5.424, c = 8.070 Å, c/a = 1.488 [2]. Für Mn_3GeN beträgt c/a = 1.500. Für $Mn_3GeN_{0.84}$ wird c/2 = a $\sqrt{2}$ mit c/a = 1.414 festgestellt. Graphische Darstellung der Gitterparameter in Abhängigkeit von y s. im Original bei Guyader u. a. [1]. Die $Mn_{3+x}Ge_{1-x}N_y$-Phase ist Vertreter eines Nitridtyps, der als aufgefüllte U_3Si-Struktur beschrieben werden kann: Das Metalloid tritt in die Übergangsmetalloktaederlücken des binären Wirtsgitters ein. Dieser Strukturtyp ist eng mit dem Perowskit-Typ verwandt und entsteht aus diesem durch Verdrehung der [Mn_6N]-Oktaeder entlang der c-Achse [2]; vgl. hierzu auch [1, 4]. Die thermische Mikroanalyse zeigt für Mn_3GeN eine allotrope Umwandlung bei 515 K an [1], die radiokristallographischen Untersuchungen von Barberon [5] zufolge einer Umwandlung tetragonal ↔ kubisch entspricht und den Temperaturbereich 510 bis 529 K umfaßt. Ein Übergang tetragonal ↔ kubisch wird auch bei Änderung des Mn : Ge-Verhältnisses in $Mn_{3+x}Ge_{1-x}N_y$ (y > 1) beobachtet, wenn x = 0.2 wird, vergleiche hierzu die graphische Darstellung der Gitterkonstanten a in Abhängigkeit von x im Original bei Guyader u. a. [1].

Beim Erhitzen im Vakuum auf Temperaturen zwischen 840 und 940°C spalten alle Nitride Stickstoff ab [1].

$MnGeN_2$. Entsteht durch Einwirkung von NH_3 bei 850°C auf ein pulverisiertes Gemisch beider Metalle oder verschiedener binärer Verbindungen (z. B. 3 Mn + Ge_3N_4, Mn + GeO_2, Mn_3N_2 + 3 Ge, Mn_3N_2 + Ge_3N_4, Mn_3N_2 + 3 GeO_2) oder auf Mangangermanate, ferner beim Erhitzen eines Gemisches von Mn_6N_5 und Ge_3N_4 im Molverhältnis 1 : 2. Zur Darstellung ist die Umsetzung $MnGeO_3$ +2 NH_3 → $MnGeN_2$ + 3 H_2O am geeignetsten [3, S. 556], [6].

Kristallisiert im rhombischen System (isotyp mit $MgGeN_2$). Raumgruppe $Pna2_1$-C_{2v}^9; Gitterparameter: a = 5.486, b = 6.675, c = 5.426 Å; Z = 4 [6]. Die N-Atome bilden eine schwach verzerrt hexagonale, kompakte Anordnung, in der alle oktaedrischen Plätze frei und die tetraedrischen regelmäßig zu $^1/_4$ von Mn-Atomen und zu $^1/_4$ von Ge-Atomen besetzt sind. Jedes N-Atom befindet sich im Zentrum eines verzerrten Tetraeders, der von 2 Mn-Atomen und 2 Ge-Atomen gebildet wird. Tabellarische Zusammenstellung der Atomkoordinaten und -abstände im Original [7]. Neuberechnung dieser Werte anhand von Neutronenbeugungsdaten s. [8]. Das Verhältnis Mn/Ge kann in relativ weiten Grenzen variieren, ohne daß eine Gitteränderung auftritt [6]. Dichte D = 5.15, experimentell bestimmt nach der hydrostatischen Verdrängungsmethode in CCl_4; D = 5.388, berechneter Wert [7].

$MnGeN_2$ ist antiferromagnetisch; das magnetische Moment jedes Mn-Atoms ist antiparallel zu demjenigen der 4 nächstbenachbarten Atome [3, S. 558/9], [8]; Néel-Temperatur $T_N \approx 175°C$. Nach verschiedenen Verfahren dargestellte Produkte können stark voneinander abweichende Kurven für die Temperaturabhängigkeit der Magnetisierung geben [3]. Bei gewöhnlicher Temperatur beträgt das magnetische Moment je Mn-Atom $3.5 \pm 0.3\ \mu_B$, bei 4.2 K $4.8 \pm 0.3\ \mu_B$ [8], im paramagnetischen Bereich $6.4\ \mu_B$ [3, S. 558/9].

Die Verbindung ist an der Luft beständig. Beim Erhitzen im Vakuum (10^{-5} Torr) beginnt bei 550°C Zersetzung nach $6\ MnGeN_2 \rightarrow 4\ Ge + 2\ Mn_3GeN_{0.75} + 5.25\ N_2$, die bei 750°C zum Stillstand kommt. In trocknem N_2 erfolgt thermische Zersetzung zwischen 700 und 850°C unter Bildung eines schwarzen Pulvers, das neben Mn_5Ge_3 und Mn_3Ge_2 viel Ge enthält. Im O_2-Strom beginnt bei 250°C Gewichtszunahme infolge Bildung von $MnGeO_2$. Die Reaktion läuft über ein Zwischenprodukt der ungefähren Zusammensetzung $MnGe_{2.9}N_{0.18}$ und ist bei 950°C beendet [3, S. 560]. $MnGeN_2$, in H_2O suspendiert, hydrolysiert vollständig innerhalb von 24 h, ebenso in verdünnten Säuren, wobei MnO_2 ausfällt [6].

$Mn_{72.9}Ge_{24.3}N_{2.8}$. Eine hexagonale Phase dieser Zusammensetzung erhält man beim Azotieren von Mn_3Ge; Gitterparameter: a = 5.60, c = 4.52 Å, c/a = 0.806. Wahrscheinlich löst die als binäre Verbindung bekannte Phase $Mn_{3.25}Ge$ Stickstoff und erfährt dadurch eine Gitteraufweitung um etwa 5% [9].

$Mn_{1+x}GeN_2O_x$. Eine Phase der Zusammensetzung $Mn_{1+x}GeN_2O_x$ mit $0 < x \leqq 0.14$ wird dargestellt durch Erhitzen eines Gemisches von $MnGeN_2$ und MnO auf 850°C (14 h) im NH_3-Strom [10]. Es entsteht auch bei der Reaktion eines Gemisches von Mn und Ge mit NH_3 unter den Bedingungen der $MnGeN_2$-Synthese (s. S. 258) in Gegenwart geringer Mengen H_2O-Dampf im Reaktionsgas [1]. Kristallisiert rhombisch und ist isotyp zu $MnGeN_2$. Raumgruppe $Pna2_1$-C_{2v}^9; Gitterkonstanten: a = 5.486, b = 6.675 und c = 5.246 Å [10]. Ein weiteres Oxidnitrid mit x = 0.5 (entsprechend der summarischen Formel $Mn_3Ge_2N_4O$) soll entstehen, wenn Mn_3GeN in strömendem NH_3, das Spuren H_2O-Dampf enthält, auf 500°C (48 h) erhitzt wird [10, 1]. Darstellung durch Erhitzen von $MnGeN_2$-MnO-Gemisch gelingt dagegen nicht. Auf die Anwesenheit von Sauerstoff in der Verbindung wird geschlossen, da MnO (neben Mn_3GeN und $Mn_{1.14}GeN_2O_{0.14}$) beim Erhitzen des Oxidnitrids mit Mn_6N_5 bei 850°C unter NH_3 auftritt. $Mn_3Ge_2N_4O$ kristallisiert hexagonal im Wurtzit-Typ. Raumgruppe $P6_3mc$-C_{6v}^4; Gitterparameter: a = 3.275, c = 5.279 Å [10].

Literatur:

[1] J. Guyader, M. Maunaye, Y. Laurent (Rev. Chim. Minerale **11** [1974] 449/52). — [2] H. Boller (Monatsh. Chem. **99** [1968] 2444/9, 2445, 2448). — [3] M. Maunaye, J. Guyader, R. Marchand, J. Lang (Rev. Chim. Minerale **10** [1973] 555/63, 560). — [4] M. Nardin, G. Lorthioir, R. Fruchart (Bull. Soc. Chim. France **1973** 2959/61). — [5] M. Barberon (Diss. Paris 1973 nach [1]).

[6] J. Guyader, M. Maunaye, J. Lang (Compt. Rend. C **272** [1971] 311/3). — [7] M. Maunaye, R. Marchand, J. Guyader, Y. Laurent, J. Lang (Bull. Soc. Franc. Mineral. Crist. **94** [1971] 561/4). — [8] M. Wintenberger, J. Guyader, M. Maunaye (Solid State Commun. **11** [1972] 1485/8). — [9] H. H. Stadelmaier, A. C. Fraker (Z. Metallk. **53** [1962] 48/51). — [10] M. Maunaye, J. Guyader, Y. Laurent, J. Lang (Rev. Chim. Minerale **11** [1974] 92/6).

Double Nitrides with Metals of Main Group 4

With Tin

3.3.6.2 Mit Zinn

Mn_3SnN. Darstellung nach der Methode von Samson u. a. [1] durch mehrstündiges Erhitzen eines pulverförmigen Nitridgemisches (Verhältnis Mn : N = 3 : 1) mit Sn bei etwa 800°C. Nitrid vom Perowskit-Typ; Gitterkonstante a = 4.058_5 Å [2].

Nach röntgenographischen, magnetischen und Mössbauer-Untersuchungen zeigt Mn_3SnN komplizierte thermische Entwicklung der kristallographischen und magnetischen Eigenschaften mit mehreren Phasenumwandlungen. Bei tiefen Temperaturen ist das Perowskit-Gitter des Nitrids tetragonal verzerrt mit $c/a > 1$, und es wird eine spontane Magnetisierung beobachtet. Im Verlauf einer 1. Umwandlung (bei etwa 175 K) nimmt das Verhältnis der Gitterparameter c/a ab, desgleichen die Magnetisierung. Der 2. Übergang (bei etwa 230 K) ist durch eine Gitterumwandlung tetragonal $\leftrightarrow$ kubisch charakterisiert, die Verbindung wird antiferromagnetisch (Néel-Temperatur 475 K). Bei 350 K erfolgt eine Gitterumwandlung kubisch $\leftrightarrow$ tetragonal, wobei sich das Perowskit-Gitter nach $c/a < 1$ ändert. Gleichzeitig tritt eine Anomalie in der magnetischen Suszeptibilität auf, und die Mössbauer-Resonanz des ^{119}Sn-Kerns zeigt eine abrupte Änderung des Hyperfeinfeldes an [3, 4]. Oberhalb 580 K wird nahezu konstanter Paramagnetismus festgestellt. Graphische Darstellung von Gitterkonstanten, Magnetisierung und Suszeptibilität als Funktion der Temperatur s. im Original [3].

Die magnetische Struktur von Mn_3SnN ist für die verschiedenen Phasen im Detail nicht bekannt. Das Auftreten von mindestens 2 Hyperfeinfeldern unterhalb 175 K zeigt, daß bei tiefen Temperaturen die magnetische Einheitszelle nicht mit der chemischen übereinstimmt [4]. Neutronenbeugungsuntersuchungen bei 20 bis 300 K deuten auf eine langperiodische Struktur unterhalb 230 K, während oberhalb 230 K Übereinstimmung zwischen chemischer und magnetischer Einheitszelle angenommen wird [5]. Diskussion der möglichen magnetischen Strukturen für die zwischen 350 und 475 K auftretende Phase anhand eigener magnetischer und röntgenographischer Meßwerte unter Berücksichtigung der Landauschen Theorie der Phasenumwandlung führt zu einer collinearen Struktur mit tetragonaler magnetischer Symmetrie [6].

$Mn_{4-x}Sn_xN$. Zur Darstellung sind die für $Mn_{4-x}In_xN$ angeführten Methoden (s. S. 257) geeignet. Beim Einbau in das Perowskit-Gitter des Mn_4N ersetzt Sn die Mn-Atome auf Gittereckplätzen, was zu ähnlichen Veränderungen der kristallographischen und magnetischen Eigenschaften führt, wie sie bei $Mn_{4-x}In_xN$ (s. S. 257) beobachtet werden. Die Gitterkonstante a steigt von 3.87 Å bei x = 0 auf 3.95 Å bei x = 0.5. Der Abfall der Curie-Temperatur mit zunehmendem x ist geringer als bei der In-Verbindung. Das auf 0 K extrapolierte magnetische Moment ist in Abhängigkeit vom Sn-Gehalt x in Fig. 129, S. 252, dargestellt [7].

Literatur:

[1] C. Samson, J.-P. Bouchaud, R. Fruchart (Compt. Rend. **259** [1964] 392/3). — [2] R. Madar, L. Gilles, A. Rouault, J.-P. Bouchaud, E. Fruchart, G. Lorthioir, R. Fruchart (Compt. Rend. C **264** [1967] 308/11). — [3] R. Fruchart, R. Madar, M. Barberon, E. Fruchart, M. G. Lorthioir (J. Phys. [Paris] **32** [1971] Suppl. Nr. 23, Bd. 1, S. C 1-982/C 1-984). — [4] D. L. Nagy, J. P. Sénateur, G. J. Zimmer, T. Lohner, I. Bibicu (KFKI [Kozp. Fiz. Kut. Int.] Rept. **1973**, KFKI-73-42, S. 1/7; C. A. **80** [1974] Nr. 8453). — [5] D. Fruchart laut [6].

[6] D. L. Nagy, G. J. Zimmer, M. Barberon, J. P. Sénateur (KFKI [Kozp. Fiz. Kut. Int.] Rept. **1973**, KFKI-73-43, S. 1/5; C. A. **80** [1974] Nr. 8454). — [7] M. Mekata (J. Phys. Soc. Japan **17** [1962] 796/803, 797, 799).

Double Nitrides with Metals of Main and Subgroup 5

With Antimony

3.3.7 Doppelnitride mit Metallen der 5. Haupt- und Nebengruppe

3.3.7.1 Mit Antimon

Mn_3SbN. Die Verbindung hat eine tetragonal verzerrte Perowskit-Struktur; Gitterparameter: a = 4.181, c = 4.280 Å, c/a = 1.023 [1]. Diese Verzerrung ist nicht auf den Einfluß der Elektronen des Sb zurückzuführen, wie zunächst [1] angenommen, sondern läßt sich durch Kristallfeldeffekte erklären [2]. Mn_3SbN bildet feste Lösungen mit Mn_3AsN, wobei eine Kombination der beiden verschiedenen Perowskit-Deformationstypen von Mn_3AsN und Mn_3SbN erfolgt [2].

Literatur:

[1] M. Barberon, R. Madar, E. Fruchart, G. Lorthioir, R. Fruchart (Mater. Res. Bull. **5** [1970] 1/8, 2). — [2] M. Barberon, E. Fruchart, R. Fruchart, G. Lorthioir, R. Madar, M. Nardin (Mater. Res. Bull. **7** [1972] 109/18, 109, 111); vgl. auch M. Nardin, G. Lorthioir, R. Fruchart (Bull. Soc. Chim. France **1973** 2959/61).

3.3.7.2 Mit Tantal

With Tantalum

$Ta_{0.90}Mn_{0.10}N_{0.84}$ entsteht bei partiellem Ersatz von Ta durch Mn im hexagonalen $TaN_{0.85}$ (im Original als δ-Phase bezeichnet, s. hierzu „Tantal" B 1, S. 69). Der Mn-Einbau ist mit Expansion des $TaN_{0.85}$-Gitters (s. „Tantal" B 1, S. 74) entlang der a-Achse und Kontraktion der c-Achse verbunden. Gitterkonstanten: a = 3.057, c = 2.819 Å, c/a = 0.922. Das durch Behandlung von Ta_3Mn mit NH_3 bei 900°C (50 h) dargestellte Nitrid Ta_3MnN_4 zeigt immer ein geringes N-Defizit. Nach Pulveraufnahmen (CuKα- und CrKα-Strahlung) ist eine Probe der Zusammensetzung $Ta_3MnN_{3.85}$ hexagonal (γ'-MoC-Typ); Raumgruppe $P6_3/mmc\text{-}D^4_{6h}$. Gitterkonstanten: a = 3.023, c = 10.49 Å, c/a = 3.470; Z = 1. Die Metallatome befinden sich in dichtest gepackter Anordnung (Atomlagen und interatomare Abstände s. Original). Dichte 12.4. Im Ta_3MnN_4 kann Ta zu 10% durch Ti ersetzt werden, ohne daß eine Strukturänderung eintritt. Gitterkonstanten für $(Ta_{0.9}Ti_{0.1})_3MnN_4$: a = 3.027, c = 10.57 Å, c/a = 3.492, N. Schönberg (Acta Chem. Scand. **8** [1954] 213/20, 214/7).

3.3.8 Doppelnitride mit Chrom

Double Nitrides with Chromium

Eine weiße Nitridphase, die möglicherweise der Formel $(Mn,Cr)_3N$ entspricht, erhält man beim Erhitzen von MnCr-Legierungen (20 bis 65 Gew.-% Mn) im Vakuum in Gegenwart geringer Mengen Stickstoff bei Temperaturen oberhalb 1000°C (350 h) [1, 2]. Nach Debye-Scherrer-Aufnahmen enthält ein Produkt der Zusammensetzung $Cr_{56.1}Mn_{18.3}N_{25.6}$ weder Cr_2N, CrN, $(Cr,Mn)_2N$, (Cr,Mn)N noch Oxide des Cr oder Mn. Kristallsystem- und Strukturbestimmung liegen nicht vor. Die Verbindung scheint aber nicht kubisch zu kristallisieren. Tabellarische Zusammenstellung von Bragg-Winkeln und Intensitäten aus Debye-Scherrer-Aufnahmen mit Cr-Strahlung s. [1].

Beim Erhitzen eines Pulvergemisches von Mn_4N und Elektrolytchrom im evakuierten Quarzrohr bei 750°C (100 h) entstehen homogene Präparate der Zusammensetzung $Mn_{4-x}Cr_xN_{1-x/4}\square_{x/4}$ mit $x \leqq 0.65$; chromreichere Präparate enthalten Cr als 2. Phase. Die röntgenographische Untersuchung zeigt, daß die Cr-Atome geordnet in das Perowskit-Gitter des Mn_4N eingebaut werden, und zwar, wie aus der Abhängigkeit der Sättigungsmagnetisierung vom Substitutionsgrad x zu schließen ist, auf Flächenmittenplätzen. Gitterkonstante a, Curie-Punkt T_C, Sättigungsmagnetisierung σ_0 und magnetisches Moment je Formeleinheit μ für verschiedene Werte von x (in Auswahl) [3]:

x	0	0.050	0.160	0.340	0.465	0.571	0.648
a in Å	3.868	3.864	3.863	3.857	3.852	3.849	3.843
T_C in °C	483	483	488	493	501	503	503
σ_0 in G · cm³/g	28.7	26.8	25.5	21.7	17.3	14.7	12.0
μ in μ_B	1.20	1.12	1.06	0.90	0.72	0.61	0.49

Diese Meßdaten lassen sich mit den Formeln $T_C = 750 + 30x$ K und $\mu = 1.2 - x\ \mu_B$ zusammenfassen [4].

Literatur:

[1] S. J. Carlile, W. Hume-Rothery (J. Inst. Metals **76** [1949] 195/200). — [2] V. P. Perepelkin, V. A. Bogolyubov (Sb. Tr. Klyuchevsk. Zavoda Ferrosplavov [Metallotermiya] **1967** Nr. 3, S. 125/7). — [3] R. Juza, K. Deneke, H. Puff (Z. Elektrochem. **63** [1959] 551/7). — [4] J. B. Goodenough, J. M. Longo (in: Landolt-Börnstein, Neue Serie, Gruppe III, Bd. 4a, 1970, S. 126/314, 270).

3.3.9 Doppelnitride mit Metallen der 8. Gruppe

Double Nitrides with Metals of Group 8

Im Gitter von Mn_4N können die Mn-Atome an den Ecken der Elementarzelle auch durch Fe, Ni, Rh, Pd oder Pt ersetzt werden. Die kristallographischen und die magnetischen Eigenschaften der so gebildeten Doppelnitride werden von J. B. Goodenough, J. M. Longo (in: Landolt-Börnstein, Neue Serie, Gruppe III, Bd. 4a, 1970, S. 126/314, 266/70) zusammengestellt.

Die Verbindungen lassen sich ähnlich wie beispielsweise Mn_3CuN, Mn_3AgN oder Mn_3GaN aus Mn-Nitridgemischen (Verhältnis Mn : N = 3 : 1) und den entsprechenden Metallen durch Erhitzen auf 750°C herstellen [1]. Über Eigenschaften von Nitridphasen Mn_3RhN_x (mit x = 0.5 bis 0.95) s. [2], von $MnRhN_{0.20}$ und $MnRhN_{0.25}$ s. [3]. Struktur und magnetisches Verhalten von Mn_3NiN s. [4]. Eine quantitative Erfassung und Beschreibung von Doppelnitriden des Mangans mit Metallen der 8. Gruppe erfolgt in später erscheinenden Ergänzungsbänden der entsprechenden Elemente.

Literatur:

[1] R. Madar, L. Gilles, A. Rouault, J.-P. Bouchaud, E. Fruchart, G. Lorthioir, R. Fruchart (Compt. Rend. C **264** [1967] 308/11). — [2] M. Barberon, E. Fruchart, R. Fruchart, G. Lorthioir, R. Madar (F. Demande 2096995 [1970/72]; C. A. **77** [1972] Nr. 158005). — [3] E. Kren, G. Kadar, M. Barberon, R. Fruchart (Intern. J. Magn. **1** [1971] 341/4). — [4] D. Fruchart, E. F. Bertaut, R. Madar, G. Lorthioir, R. Fruchart (Solid State Commun. **9** [1971] 1793/7).

Manganese Azides

3.4 Manganazide

3.4.1 $Mn(N_3)_2$

Aus amorphem MnN_3OH (s. unten) und einer ätherischen Lösung von HN_3 fällt beim Schütteln bereits nach kurzer Zeit wasserhaltiges $Mn(N_3)_2$ als weißes sandiges Produkt aus. Nach mehrtägigem Trocknen im Vakuum neben P_2O_5 ist das Präparat wasserfrei [1]. In Acetonitril, Propandiol-1,2-carbonat und Trimethylphosphat entsteht $Mn(N_3)_2$, wenn stark verdünnte Lösungen (etwa 10^{-3} mol/l) von wasserfreiem $Mn(ClO_4)_2$ und $Mn(BF_4)_2$ mit Tetraäthylammoniumazid versetzt werden bei einem Verhältnis N_3^- : Mn = 2:1. Das folgt aus spektralphotometrischen, potentiometrischen und konduktometrischen Titrationen [2, 3].

Für die Bildung der kristallisierten Verbindung aus den Elementen unter Standardbedingungen bei 298 K wird die Bildungsenthalpie zu $\Delta H^\circ_{298} = +92.2$ kcal · mol^{-1} berechnet [4].

Die Empfindlichkeit gegen Schlag und Temperatur ist größer als beim $Zn(N_3)_2$, jedoch geringer als bei den sehr explosiven Aziden von Co und Ni [1]. Die Schlagempfindlichkeit ist abhängig von der untersuchten Menge und der Schichthöhe. Beim Erhitzen von mikrokristallinem, zu Pillen gepreßtem $Mn(N_3)_2$ (maximal 0.015 g) tritt unterhalb 203°C auch nach mehreren Minuten keine Verpuffung ein. Der Entzündungspunkt steigt mit Abnahme der Substanzmenge; z. B. verpuffen 0.005 g $Mn(N_3)_2$ unter gleichen Bedingungen erst oberhalb 226.5°C [5]. Die Detonationswärme (im Vakuum gemessene Wärmetönung der Reaktion $Mn(N_3)_2$(fest) → Mn(fest) + 3 N_2) beträgt 676 cal/g entsprechend 94.0 kcal/mol [6, 7]. $Mn(N_3)_2$ ist hygroskopisch. An feuchter Luft hydrolysiert es unter Bildung von schwarzbraunem Dioxidhydrat, besonders schnell beim Erhitzen (100°C) [1].

Literatur:

[1] L. Wöhler, F. Martin (Ber. Deut. Chem. Ges. **50** [1917] 586/96, 594). — [2] V. Gutmann (Coord. Chem. Rev. **2** [1967] 239/56, 246). — [3] V. Gutmann, W. K. Lux (J. Inorg. Nucl. Chem. **29** [1967] 2391/9, 2392, 2393, 2396). — [4] D. D. Wagman, W. H. Evans, V. B. Parker, I. Halow, S. M. Bailey, R. H. Schumm (Natl. Bur. Std. [U. S.] Tech. Note 270-4 [1969] 110). — [5] L. Wöhler, F. Martin (Z. Angew. Chem. **30** [1917] 33/9, 35, 36, 37).

[6] L. Wöhler, F. Martin (Z. Ges. Schieß-Sprengstoffwesen **12** [1917] 1/3, 18/21, 39/42, 54/7, 74/6, 2). — [7] Landolt-Börnstein, 5. Aufl., 1. Erg.-Bd., 1927, S. 831.

3.4.2 MnN_3OH

Das Azidhydroxid entsteht bei der Hydrolyse von $Mn(N_3)_2$, bei unvollständiger Fällung von $Mn(N_3)_2$-Lösung mit Natronlauge sowie bei Umsetzung von $Mn(OH)_2$ oder MnO mit einer zur Bildung des normalen Azids ungenügenden Menge HN_3 [1]. Zur Darstellung wird eine Lösung von $MnCO_3$ in 17%igem wäßrigem HN_3 auf dem Wasserbad eingedampft. Reinigung durch Umkristallisieren aus H_2O ist nicht möglich. Die Verbindung entsteht auch, wenn Mn-Pulver in wäßrige HN_3-Lösung eingetragen und die Lösung eingedampft wird. MnN_3OH ist unempfindlich gegen Schlag, detoniert jedoch beim Erhitzen auf einer Metallplatte [2]. Weißes Salz, das nach dem Trocknen meist schwach anoxidiert und dann beige wird. Kristallisiert rhomboedrisch im C19-Typ ($CdCl_2$-Typ). Hexagonale Zelle mit a = 3.37, c = 21.30 Å; Z = 3, D_m = 2.60. Der Schichtenabstand ist wesentlich größer als bei den isotypen Halogenidhydroxiden. Es ist noch nicht entschieden, ob die N_3-Ionen statistisch oder regelmäßig verteilt sind [1, 3].

Literatur:

[1] W. Feitknecht, H. Zschaler (16e Congr. Intern. Chim. Pure Appl., Paris 1957 [1958], Mem. Sect. Chim. Minerale, S. 237/42). — [2] T. Curtius, J. Rissom (J. Prakt. Chem. [2] **58** [1898] 261/309, 293). — [3] H. Zschaler (Diss. Bern 1958; Structure Reports **22** [1958] 281).

3.5 Azidomanganate

Azido Manganates

3.5.1 Tetraazidomanganate(II)

Tetraazido Manganates(II)

In Acetonitril sowie in Propandiol-1,2-carbonat entsteht $[Mn(N_3)_4]^{2-}$ neben $Mn(N_3)_2$, wenn stark verdünnte Lösungen (etwa 10^{-3} mol/l) von wasserfreiem $Mn(ClO_4)_2$ und $Mn(BF_4)_2$ mit Tetraäthylammoniumazid versetzt werden. Das folgt aus den Ergebnissen spektrophotometrischer, potentiometrischer und konduktometrischer Titrationen [1, 2]. — Das diffuse Reflexionsspektrum des n-Cetyltrimethylammoniumsalzes zeigt ein Maximum bei 41600 cm^{-1}, hervorgerufen durch charge-transfer-Übergänge im $[Mn(N_3)_4]^{2-}$-Anion. Das Ligandenfeldspektrum ist nur schwach aufgelöst, die Zuordnung der bei 25000, 23300, 22000 und 20500 cm^{-1} beobachteten Maxima zur Berechnung von Parametern nicht zuverlässig genug [3]. Nach IR-spektrometrischen Untersuchungen ist $[Mn(N_3)_4]^{2-}$ tetraedrisch. Die an Nujol-Suspensionen des Tetraäthylammoniumsalzes gemessenen IR-Banden (in cm^{-1}) werden den Schwingungen des Anions wie folgt zugeordnet: 2046 (sehr stark), asymmetrische N_3-Valenzschwingung (ν_3); 1344 (mittel), 1287 (schwach), symmetrische N_3-Valenzschwingungen (ν_1); 651 (schwach), 632 (schwach), N_3-Deformationsschwingungen (ν_2); 315 (stark), 272 (Schulter), Metall-N-Valenzschwingungen. An der Lösung des Salzes in Aceton wird die asymmetrische N_3-Valenzschwingung bei 2062, die N_3-Deformationsschwingung bei 619 cm^{-1} gefunden [4]. Vgl. hierzu auch entsprechende Messungen am n-Cetyltrimethylammoniumsalz von Schmidtke, Garthoff [3].

In Übereinstimmung mit dem tetraedrischen Bau des $Mn(N_3)_4$-Ions ist das magnetische Moment von 6.1 ± 0.2 μ_B (in Aceton), entsprechend den fünf 3d-Elektronen des Mn [4, 5].

$[(C_2H_5)_4N]_2[Mn(N_3)_4]$. Zur Darstellung wird eine Suspension von $[(C_2H_5)_4N]_2[MnBr_4]$ in wasserfreiem Aceton mit AgN_3 versetzt, 12 h geschüttelt und danach zur Abtrennung von AgBr und restlichem AgN_3 filtriert. Das farblose Filtrat engt man im Vakuum ein und versetzt mit wasserfreiem Äther, wobei die Verbindung zunächst als hellgraues Produkt ausfällt, das nochmals aus Aceton/Äther umgefällt wird. Die farblose Substanz ist lichtempfindlich (Braunfärbung), unempfindlich gegen Schlag, verpufft in der Flamme und löst sich in H_2O mit gelblicher Farbe. Der Salzcharakter der Verbindung wird durch die hohe elektrische Leitfähigkeit in Aceton (209 $\Omega^{-1} \cdot cm^2 \cdot mol^{-1}$) für eine Verdünnung von 939 l/mol, bestätigt [4, 5].

$[C_{16}H_{33}(CH_3)_3N]_2[Mn(N_3)_4]$. Das n-Cetyltrimethylammoniumsalz läßt sich aus der wäßrigen Lösung des Tetraäthylammoniumsalzes durch Ausfällen als farbloses Produkt mit guten Analysenwerten gewinnen [3].

Literatur:

[1] V. Gutmann, W. K. Lux (J. Inorg. Nucl. Chem. **29** [1967] 2391/9, 2392, 2393, 2396). — [2] V. Gutmann (Coord. Chem. Rev. **2** [1967] 239/56, 246). — [3] H.-H. Schmidtke, D. Garthoff (Z. Naturforsch. **24a** [1969] 126/33, 127, 129, 131, 133). — [4] W. Beck, W. P. Fehlhammer, P. Pöllmann, E. Schuierer, K. Feldl (Chem. Ber. **100** [1967] 2335/61, 2338, 2343, 2344, 2360). — [5] W. Beck, K. Feldl, E. Schuierer (Angew. Chem. **77** [1965] 458).

3.5.2 Monoazidomanganat(III)

Monoazido Manganate(III)

Beim Zusammengeben wäßriger Lösungen von Mangan(III)-perchlorat und HN_3 bei 25°C tritt eine Rosafärbung auf, die auf die intermediäre Bildung eines Monoazidokomplexes von Mn^{III} zurückgeführt wird. Die Bildungskonstante $K = [MnN_3^{2+}][H^+]/[Mn^{3+}][HN_3]$ wird aus der spektrophotometrisch ermittelten Anfangsabsorption zu K = 89 ± 18, aus kinetischen Messungen zu $K \approx 70$ bestimmt, wobei der 1. Wert durch Beiträge höherer Komplexe verfälscht sein kann. Das Spektrum des MnN_3^{2+} ist dem anderer komplexer Mn^{III}-Verbindungen ähnlich. Bei 450 nm wird ein Absorptionsminimum, bei 520 nm ein Absorptionsmaximum beobachtet. Das Monoazidomanganat(III) zerfällt unter Bildung von Mn^{2+} und N_2. Nähere Angaben über Kinetik und Mechanismus des Bildungs- und Zerfallsprozesses s. im Original bei G. Davies, L. J. Kirschenbaum, K. Kustin (Inorg. Chem. **8** [1969] 663/9, 664, 667).

Imido Manganates(II)

3.6 Imidomanganate(II)

Intermediäre Bildung von Alkaliimidomanganaten und -amidoimidomanganaten wird bei der thermischen Zersetzung von Alkaliamidomanganaten beobachtet, s. hierzu S. 265.

Manganese Amide

3.7 Manganamid $Mn(NH_2)_2$

Man erhält das Amid durch Zugabe von KNH_2 zu einer Lösung von $Mn(SCN)_2$ in NH_3 im stöchiometrischen Verhältnis bei −40°C oder bei Zimmertemperatur im geschlossenen Gefäß. Das anfallende Produkt ist meist mit etwas $K_2Mn(NH_2)_4$ verunreinigt [1]. Die Bildungswärme wird nach einer halbempirischen Gleichung zu $-\Delta H^\circ_{298} = 36 \pm 15$ kcal · mol^{-1} berechnet [2].

Die hellgelbe Verbindung ist zwischen −40°C und Zimmertemperatur beständig. Beim Erhitzen im Vakuum erfolgt Zersetzung oberhalb 120°C unter Schwarzfärbung und NH_3-Abspaltung zu Imid und Nitrid von wechselnder Zusammensetzung. N_2- oder H_2-Entwicklung wird dabei nicht beobachtet. An der Luft erfolgt Oxidation zu Mn_3O_4. Mit H_2O reagiert $Mn(NH_2)_2$ unter Wärmeentwicklung und Bildung von Manganhydroxid sowie NH_3, bisweilen auch etwas N_2 und H_2 [1].

Literatur:

[1] F. W. Bergstrom (J. Am. Chem. Soc. **46** [1924] 1545/58, 1555/7). — [2] D. E. Wilcox (UCRL-10397 [1962] 1/120, 86; N. S. A. **16** [1962] Nr. 31586).

Tetraamido Manganates(II)

3.8 Tetraamidomanganate(II) $M_2[Mn(NH_2)_4]$ (M = Na, K, Rb, Cs)

Die Kaliumverbindung wird erstmalig von Bergstrom [1] beschrieben, der zur Darstellung einmal die Reaktion von Mangan mit einer Lösung von Kalium in flüssigem NH_3, zum anderen die Reaktion von $Mn(SCN)_2$ (Überschuß) mit Kalium in flüssigem NH_3 benutzt. Nach Rouxel, Chevalier [2] (s. auch [3]) lassen sich nach der ersten Reaktion alle Alkalitetraamidomanganate (mit Ausnahme des Li-Salzes) gewinnen. Zur Darstellung wird zweckmäßigerweise ein mehrschenkliges Pyrexgefäß verwendet. In einem der Schenkel wird die Umsetzung bei Zimmertemperatur vorgenommen, danach die Lösung des Amidomanganats in einen anderen Schenkel des Gefäßes überführt. Durch unterschiedliche Temperaturen in den verschiedenen Gefäßarmen wird erreicht, daß die Lösung langsam eindampft und sich NH_3 im ursprünglichen Schenkel kondensiert. Amidomanganat bleibt in Form schöner gelber Kristalle in einem anderen Schenkel zurück und wird durch Abschmelzen desselben isoliert und vor Feuchtigkeit geschützt. — Das Na-Salz entsteht auch bei der Reduktion von MnJ_2 durch Natrium in flüssigem NH_3 infolge Reaktion von primär gebildetem Mangan mit $NaNH_2$. Diskussion des Reaktionsmechanismus s. im Original bei [4].

Das IR-Spektrum der Alkaliamidomanganate enthält nur normale Schwingungen der NH_2-Gruppe mit C_{2v}-Symmetrie, was die Formulierung der Verbindungen als $M_2[Mn(NH_2)_4]$ (M = Na, K, Rb oder Cs) und nicht $Mn(MNH)_2 \cdot 2NH_3$ — wie von Bergstrom [1] vorgeschlagen — rechtfertigt. Die antisymmetrische Valenzschwingung ν_a wird für die verschiedenen Alkalisalze zwischen 3260 und 3270 cm^{-1}, die symmetrische Valenzschwingung ν_s zwischen 3207 und 3225 cm^{-1} beobachtet. Das Mn ist tetraedrisch von 4 NH_2-Gruppen umgeben, wobei die $[Mn(NH_2)_4^{2-}]$-Tetraeder keiner bemerkenswerten Deformation unterliegen. Die Deformationsschwingung δNH_2 erscheint zwischen 1500 und 1552 cm^{-1} [2], s. auch [3].

$Na_2[Mn(NH_2)_4]$ kristallisiert in Form kleiner Plättchen von monokliner Symmetrie, $K_2[Mn(NH_2)_4]$ in Form rhombischer Nadeln. $Rb_2[Mn(NH_2)_4]$ und $Cs_2[Mn(NH_2)_4]$ bilden dicke monokline Täfelchen. In der folgenden Tabelle sind die aus Laue-Aufnahmen und Präzessionsaufnahmen nach Weissenberg und Buerger ermittelten kristallographischen Daten sowie berechnete und gemessene Dichtewerte (D_r und D_m) für die Verbindungen $M_2[Mn(NH_2)_4]$ zusammengestellt [2, 3]:

M	Gitterparameter		Raumgruppe	Z	D_r	D_m
Na	a = 6.25 ± 0.01 Å	c = 7.17 ± 0.01 Å	$P2_1/c$			
	b = 14.52 ± 0.02 Å	β = 116°31′ ± 15′		4	1.89	1.86
K	a = 7.02 ± 0.01 Å	c = 26.15 ± 0.02 Å	Pnma			
	b = 7.45 ± 0.01 Å		$Pna2_1$	8	1.91	1.93
Rb	a = 7.01 ± 0.01 Å	c = 27.17 ± 0.02 Å	C 2/c			
	b = 7.40 ± 0.01 Å	β = 92°40′ ± 15′	C c	8	2.55	2.50
Cs	a = 7.08 ± 0.01 Å	c = 12.35 ± 0.02 Å	$P\,2_1$			
	b = 9.30 ± 0.01 Å	β = 95° ± 15′	$P\,2_1/m$	4	3.11	3.02

Beim Erhitzen im Vakuum geben alle Amidomanganate stufenweise NH_3 ab und gehen über Imidomanganate in Nitride über. Das K- und das Cs-Salz spalten bei 60 bis 80°C bzw. bei 40 bis 60°C 1 NH_3 ab und bilden $K_2Mn(NH_2)_2(NH)$ bzw. $Cs_2Mn(NH_2)_2(NH)$. Abspaltung einer weiteren Molekel NH_3 unter Bildung von $K_2Mn(NH)_2$ bzw. $Cs_2Mn(NH)_2$ erfolgt zwischen 105 und 115°C bzw. zwischen 140 und 160°C [2], s. auch [1]. Beim K-Salz wird oberhalb 250°C das Auftreten von Mangannitrid beobachtet [3]. Die Zersetzung des Rb-Salzes führt über $Rb_4Mn_2(NH_2)_6(NH)$ (bei 60 bis 80°C), $Rb_4Mn_2(NH_2)_2(NH)_3$ (bei 140 bis 165°C) und $Rb_2Mn(NH)_2$ (bei 200 bis 220°C) zum Nitrid (oberhalb 220°C) [2]. An der Luft absorbiert $K_2[Mn(NH_2)_4]$ sowohl im festen Zustand als auch gelöst in NH_3 rasch Sauerstoff und färbt sich dabei braunschwarz. Im trockenen Zustand ist die Verbindung pyrophor. In Gegenwart von H_2O tritt heftige Zersetzung zu Manganhydroxid, NH_3 und KOH ein [1].

Literatur:

[1] F. W. Bergstrom (J. Am. Chem. Soc. **46** [1924] 1545/58, 1552/5). — [2] J. Rouxel, P. Chevalier (Bull. Soc. Chim. France **1972** 111/4). — [3] P. Chevalier, J. Rouxel (Compt. Rend. C **270** [1970] 1294/6). — [4] W. M. Burgess, E. H. Smoker (Chem. Rev. **8** [1931] 265/72, 270).

3.9 Mangannitrit $Mn(NO_2)_2$

Manganese Nitrite

Die Verbindung bildet sich in Methanol oder Äthanol aus $MnBr_2$ und $AgNO_2$ (im Überschuß) [1]. Zur Darstellung der wasserfreien kristallinen Verbindung dient die doppelte Umsetzung von $MnSO_4$ mit $NaNO_2$ in absolutem Alkohol, die mit stöchiometrischen Mengen der sorgfältig entwässerten Salze erfolgt. Aus der vom Na_2SO_4-Niederschlag abgetrennten Lösung kristallisiert $Mn(NO_2)_2$ bei raschem Eindampfen in schönen Prismen mit Doppelbrechung aus [2, S. 578]. — Bildungsenthalpie $\Delta H^\circ_{298} = -104 \pm 4$ kcal/mol, freie Bildungsenthalpie $\Delta G^\circ_{298} = -88 \pm 4$ kcal/mol, Standardentropie $S^\circ_{298} = 34 \pm 2$ cal · mol^{-1} · K^{-1}, ermittelt nach einer graphischen Methode durch Vergleich mit den thermodynamischen Funktionen entsprechender Nitrate und Chloride [3]. $\Delta H^\circ_{298} = -99 \pm 15$ kcal/mol, berechnet nach einer halbempirischen Gleichung von Wilcox [4]. — Kristallisiertes $Mn(NO_2)_2$ ist bei gewöhnlicher Temperatur an der Luft relativ beständig; bei 40°C tritt Braunfärbung ein [2, S. 578].

Wäßrige $Mn(NO_2)_2$-Lösungen erhält man durch Mischen äquivalenter Lösungen von $MnSO_4$ und $Ba(NO_2)_2$ und Abfiltrieren des $BaSO_4$-Niederschlags. Zur Vermeidung von Oxidationsprozessen wird mit entlüfteten Lösungen in CO_2-Atmosphäre gearbeitet. Für Versuche, bei denen Fremdionen nicht stören, kann auch ein Gemisch äquivalenter Lösungen von $MnSO_4$ und $NaNO_2$ verwendet werden [2, S. 577].

Die UV- und IR-Spektren von Lösungen, die $MnSO_4$ und $NaNO_2$ in verschiedenen Molverhältnissen enthalten, deuten darauf hin, daß Mn^{2+} und NO_2^- komplexe Ionen $[Mn(NO_2)_n]^{2-n}$ (s. S. 266) bilden, in denen n je nach Molverhältnis 1 bis 4 beträgt [5].

Bei Zugabe von $NaNO_2$ zu $MnSO_4$-Lösung tritt, unabhängig von der Konzentration an Mn^{2+} und NO_2^-, ein Absorptionsmaximum bei 23000 cm^{-1} auf, so daß Gelbfärbung zu beobachten ist. Diese Bande beruht nicht auf einem d-d-Übergang im Mn^{2+}-Ion, sondern auf einem Eigenübergang des an Mn gebundenen NO_2^-. Wird dagegen zu 2.4 molarer $NaNO_2$-Lösung $MnSO_4$ in Konzentrationen bis zu 0.5 mol/l zugegeben, so verschiebt sich die Bande I (Übergang $^1B_1 \leftarrow {}^1A_1$) des freien NO_2^- mit steigender Mn^{2+}-Konzentration zum UV hin und nimmt dabei an Intensität zu. Bei 28000 und 25200 cm^{-1} ist die Absorption ε/NO_2^- unabhängig von der $MnSO_4$-Konzentration. Aus diesen

Beobachtungen folgt, daß für die Absorption in wäßriger Lösung nur freie und an Mn^{2+} gebundene NO_2^--Ionen maßgebend sind. In Übereinstimmung hiermit zeigt das IR-Spektrum wäßriger Lösungen von $NaNO_2$ und $MnSO_4$ 2 Absorptionsmaxima bei 820 und 850 cm^{-1}, die der Deformationsschwingung des freien NO_2^--Ions bzw. des an Mn^{2+} gebundenen NO_2^--Ions entsprechen. Im Bereich um 1400 cm^{-1} stimmt das IR-Spektrum mit dem des freien NO_2^- überein [5].

Wäßrige $Mn(NO_2)_2$-Lösungen verändern sich sehr rasch infolge starker Hydrolyse, die sich in Braunfärbung der Lösung und Ausfallen eines flockigen Mangandioxidhydrat-Niederschlags schon nach wenigen Stunden zeigt [6, S. 11], [2, S. 577]. Nach Versuchen mit 0.316 bis 1.036 molaren $Mn(NO_2)_2$-Lösungen bei Temperaturen oberhalb 85°C zersetzen sich verdünnte Lösungen in der Hitze fast vollständig nach $2\,Mn(NO_2)_2 \rightarrow Mn_2O_3 + 3\,NO + NO_2$. Zu Beginn der Zersetzung wird Bildung von $Mn(NO_3)_2$ beobachtet. Bei langer Versuchsdauer und hohen Konzentrationen beeinflussen in zunehmendem Maße Sekundärreaktionen den Zersetzungsablauf [2, S. 580, 582]. — Beim Zusammengeben äquimolarer Lösungen (0.3 m) von $Mn(NO_2)_2$ und $M(NO_2)_2$ (M = Cd, Hg, Pb, Cu) bilden sich wahrscheinlich Komplexe der Form $Mn[M(NO_2)_4]$, die stark in die Einzelsalze dissoziieren. Das wird aus kryoskopischen Messungen an Lösungsgemischen mit verschiedenen Molverhältnissen der Nitrite abgeleitet [6, S. 28, 30, 32, 50], [7].

Literatur:

[1] D. M. L. Goodgame, M. A. Hichman (J. Chem. Soc. A **1967** 612/5; Inorg. Chem. **6** [1967] 813/6). — [2] C. Montemartini, E. Vernazza (Ind. Chim. [Rome] **7** [1932] 577/82). — [3] V. F. Plekhotkin (Zh. Prikl. Khim. **40** [1967] 2583/6; J. Appl. Chem. USSR **40** [1967] 2470/2). — [4] D. E. Wilcox (UCRL-10397 [1962] 1/120, 85; N. S. A. **16** [1962] Nr. 31586). — [5] A. Garnier (J. Chim. Phys. **67** [1970] 1440/50, 1448).

[6] P. Hagenmuller (Ann. Chim. [Paris] [12] **6** [1951] 5/52). — [7] C. Chretien, P. Hagenmuller (Compt. Rend. **230** [1950] 2296/8).

Nitrito Manganates(II)

3.10 Nitritomanganate (II)

$[Mn(NO_2)_n]^{2-n}$. Bekannt sind $[Mn(NO_2)_n]^{2-n}$-Ionen mit $1 \leqq n \leqq 5$.

Auf die Existenz komplexer Ionen $[Mn(NO_2)_n]^{2-n}$ mit n = 1 bis 4 in wäßrigen Lösungen wird aus den UV- und IR-Spektren von $NaNO_2$ und $MnSO_4$ enthaltenden Lösungen geschlossen (s. S. 265), die große Ähnlichkeit mit denjenigen kristallisierter Tetranitritomanganate(II) (s. unten) zeigen [1]. Kristallisierte Verbindungen sind als Caesium-, Tetramethylammonium- und o-Xylylen-bis(triphenylphosphonium)-Salze isoliert worden [2].

UV- und IR-Spektren deuten darauf hin, daß sowohl bei den in wäßriger Lösung auftretenden Nitritomanganat-Ionen als auch bei kristallisierten Tetranitritomanganaten das NO_2^- durch Chelatbindung über die O-Atome mit dem Mn^{2+} verbunden ist, wobei die Metall-O-Bindung stark ionisch ist. In den kristallisierten Verbindungen ist tetraedrische Verteilung der NO_2^--Ionen um das Mn^{2+} anzunehmen [1, 2]. Im UV ist an den festen Salzen $Cs_2[Mn(NO_2)_4]$, $[(CH_3)_4N]_2[Mn(NO_2)_4]$ und $M[Mn(NO_2)_4]$ (M = o-Xylylen-bis(triphenylphosphonium)-Ion) ein Bandenmaximum bei 23000 cm^{-1} zu beobachten, das für das Tetramethylammonium-Salz (auch in Methylcyanid) gut aufgelöst, bei den beiden anderen Verbindungen nur als Schulter erkennbar ist. Die Bande ist recht intensiv ($\varepsilon_{mol} \approx 7$), was für das Vorliegen eines nichtcentrosymmetrischen Ligandenfeldes spricht [2]. In dem zwischen 20000 und 40000 cm^{-1} aufgenommenen diffusen Reflexionsspektrum von festem und in Methanol gelöstem $Cs_2[Mn(NO_2)_4]$ wird außer der Schulter bei 23000 cm^{-1} ein Maximum bei 28500 bzw. 29000 cm^{-1} beobachtet [1].

IR-Spektren von $[Mn(NO_2)_4]^{2-}$, gemessen an verschiedenen Salzen im kristallinen und gelösten Zustand:

Substanz	Zustand	ν_s(N-O)	ν_{as}(N-O)	$\delta(NO_2)$	Lit.
$Cs_2[Mn(NO_2)_4]$	kristallisiert	1302	1225	841	[2]
	kristallisiert		1225	840	[1]
	Lösung	(1340)	1235	850	[1]
$[(CH_3)_4N]_2[Mn(NO_2)_4]$	kristallisiert	*)	1211	837	[2]
	Lösung	*)	1208	837	[2]
$M[Mn(NO_2)_4]$	kristallisiert	*)	1238	*)	[2]

*) Bereich durch Kationen- oder Lösungsmittelabsorption verdunkelt.

Das Raman-Spektrum von $Cs_2[Mn(NO_2)_4]$-Lösung zeigt entsprechende Banden bei 1335, (1240), 850 und 820 [1]. Im Bereich niederer Frequenzen (400 bis 200 cm^{-1}) werden an kristallisiertem $Cs_2[Mn(NO_2)_4]$ IR-Banden bei ≈260(Sch) und 315 cm^{-1}(m) [2], bzw. bei 250 (st, breit) und 320 cm^{-1} (m) [1] beobachtet, an kristallisiertem $[(CH_3)_4N]_2[Mn(NO_2)_4]$ bei ≈255(Sch) und 301 cm^{-1}(st). Die starken Banden bei 300 ± 50 cm^{-1} werden Mn-O-Valenzschwingungen zugeordnet [2].

Pentanitritomanganat ist nur in Form des Cs-Salzes bekannt und hat von den übrigen Nitritomanganaten abweichende Struktur. Der Pentanitritokomplex des Mn^{2+} enthält wahrscheinlich sowohl N- als auch O-gebundene NO_2^--Gruppen. Das wird aus der Ähnlichkeit des IR-Spektrums mit dem des entsprechenden Nickelkomplexes geschlossen. IR-Bande (in cm^{-1}), gemessen an kristallisiertem $Cs_3[Mn(NO_2)_5]$:

ν(N-O)	δ(NO_2)
1353(s), 1333(ss, Sch), 1287(st), 1215(sst)	846(ss), 837(m), 811(m)

Das Reflexionsspektrum des $Cs_3[Mn(NO_2)_5]$ zeigt nur eine breite, relativ intensive Bande bei 21700 cm^{-1}, die nicht auf d-d-Übergang des Mn beruht [3].

$Cs_2[Mn(NO_2)_4]$. Beim Mischen methanolischer Lösungen von $CsNO_2$ und $Mn(NO_2)_2$ in stöchiometrischen Mengen fällt die Verbindung als cremefarbener Niederschlag aus. Durch Umkristallisieren in Methanol erhält man sie in Form gelber Kristalle (Ausbeute: 15%). $Cs_2[Mn(NO_2)_4]$ ist leicht photosensitiv. Bei 0°C in der Mutterlauge aufbewahrt, ist es mehrere Monate unzersetzt haltbar [2].

$[(CH_3)_4N]_2[Mn(NO_2)_4]$. Bei Darstellung analog dem o-Xylylen-bis(triphenylphosphonium)-Salz wird die Verbindung in Form gelber Kristalle gewonnen [2].

$M[Mn(NO_2)_4]$. (M = o-Xylylen-bis(triphenylphosphonium)-Ion $C_6H_4[CH_2 \cdot P(C_6H_5)_3]_2^{2+}$.)

Die Verbindung fällt beim Zusammengeben von $Mn(NO_2)_2$ (0.001 mol) und dem entsprechenden Phosphoniumnitrit (0.0015 mol), beide gelöst in Äthanol, in gelben Kristallen aus [2].

$Cs_3[Mn(NO_2)_5]$. Werden methanolische Lösungen von $Mn(NO_2)_2$ und $CsNO_2$ im Molverhältnis 1 : 5 gemischt und bei etwa 0°C aufbewahrt, so fällt ein cremefarbener Niederschlag aus, der beim Umkristallisieren aus Methanol hellgelbe Kristalle der Zusammensetzung $Cs_3[Mn(NO_2)_5]$ gibt. Die isolierte Verbindung zersetzt sich langsam, bleibt bei Lagerung in der Mutterlauge im Kühlschrank dagegen mehrere Monate unverändert [3].

Literatur:

[1] A. Garnier (J. Chim. Phys. **67** [1970] 1440/50, 1444/5, 1447, 1448). — [2] D. M. L. Goodgame, M. A. Hitchman (J. Chem. Soc. A **1967** 612/5). — [3] D. M. L. Goodgame, M. A. Hitchman (Inorg. Chem. **6** [1967] 813/6).

3.11 Mangannitrate

Manganese Nitrates

Allgemeine Literatur:

B. O. Field, C. J. Hardy, Inorganic Nitrates and Nitrato-Compounds, Quart. Rev. [London] **18** [1964] 361/88.

Übersicht

Im Rahmen dieses Kapitels werden zunächst das wasserfreie $Mn(NO_3)_2$ und seine Hydrate behandelt. Nach den Abschnitten über wäßrige und nichtwäßrige Lösungen sowie das System $Mn(NO_3)_2$-HNO_3-H_2O finden sich Angaben über Mn^{II}-Hydroxidnitrate und Tetranitratomanganate(II). Daran schließen sich an Systeme des $Mn(NO_3)_2$ mit anderen Metallnitraten sowie Doppelnitrate. Den Abschluß des Kapitels bilden die Mn^{III}-Verbindungen $Mn(NO_3)_3$, $MnONO_3$ und $[NO_2][Mn(NO_3)_4]$.

Review.

Within the scope of this chapter, anhydrous $Mn(NO_3)_2$ and its hydrates are treated first. Following the sections on aqueous and nonaqueous solutions and also the $Mn(NO_3)_2$-HNO_3-H_2O system, data are given on Mn^{II} hydroxide nitrates and tetranitratomanganates(II). Systems of $Mn(NO_3)_2$ with other metal nitrates as well as double nitrates follow. The compounds $Mn(NO_3)_3$, $MnONO_3$ and $[NO_2][Mn(NO_3)_4]$, with the Mn^{III} oxidation state, conclude the chapter.

Manganese-(II) Nitrate

3.11.1 Mangan(II)-nitrat

3.11.1.1 $Mn(NO_3)_2$

Allgemeine Literatur:

C. C. Addison, N. Logan, Anhydrous Metal Nitrates, Advan. Inorg. Chem. Radiochem. **6** [1964] 71/142.

Allgemeine Eigenschaften. Mangan(II)-nitrat bildet farblose bis schwach rosafarbene Kristalle, s. z. B. [1, 2]; die wasserfreie Verbindung ist hygroskopisch [3]. Das Salz wird als Hydrat gehandelt, in der Regel mit etwa 4 mol Hydratwasser [4]. Es dient zur Herstellung von Porzellanfarben [5], s. auch [6]. Die thermische Zersetzung zu MnO_2 hat erhebliche Bedeutung für die technische Gewinnung von MnO_2 (s. hierzu „Mangan" C1, S. 142/3), desgleichen zur Aufbringung der MnO_2-Schicht bei der Herstellung von Kondensatoren, s. z. B. [7] sowie bei der thermischen Zersetzung der wäßrigen Lösung auf S. 290 angegebene Literatur.

General Properties. Manganese(II)nitrate forms colorless to pale red colored crystals, see for example [1, 2]; the anhydrous compound is hygroscopic [3]. The salt is as hydrate on the market, usually with about 4 moles of water [4]. It is used for preparation of porcelain colorants [5], see also [6]. The thermal decomposition to MnO_2 has considerable importance for the industrial production of MnO_2 (see also "Manganese" C1, pp. 142/3), likewise for the deposition of MnO_2 layers in the production of capacitors, see for example [7] and also the literature cited on p. 290 for the thermal decomposition of the aqueous solution.

Literatur:

[1] A. Guntz, F. Martin (Bull. Soc. Chim. France [4] **5** [1909] 1004/11, 1006). — [2] W. W. Ewing, C. F. Glick (J. Am. Chem. Soc. **62** [1940] 2174/6). — [3] K. Dehnicke, J. Straehle (Chem. Ber. **97** [1964] 1502/10, 1506). — [4] A. J. Hegedüs (Acta Chim. Acad. Sci. Hung. **46** [1965] 311/24, 311). — [5] E. Preisler (in: K. Winnacker, L. Küchler, Chemische Technologie, Bd. 2, Anorganische Technologie II, 3. Aufl., München 1970, S. 128).

[6] Siemens AG, Berlin-München, W. Bauer, E. Singer, D. Schiller (Deut. Offenlegungsschrift 2012304 [1970/71]; C. A. **75** [1971] Nr. 143569). — [7] H. Keller, M. Mühlhäuser, W. Post (U.S.P. 3345208 [1963/67]; C. A. **69** [1968] Nr. 39708).

Preparation

3.11.1.1.1 Bildung und Darstellung

$Mn(NO_3)_2$ entsteht bei der Absorption von NO_2 an MnO_2, s. beispielsweise [1], sowie bei der Reaktion von MnO_2 mit NH_4NO_3 bei 182 bis 204°C unter N_2-Entwicklung [2]. — Die Darstellung des wasserfreien Nitrats erfolgt meist über die Hydrate, die bei allen in Gegenwart von H_2O verlaufenden Bildungsprozessen primär entstehen (s. S. 274). Aus $Mn(NO_3)_2 \cdot xH_2O$ ($x \geqq 4$) wird wasserfreies Nitrat durch langsames Erhitzen im Vakuum über P_2O_5 auf 50 bis 70°C, nach einiger Zeit auf 95°C, gewonnen [3]. Nach Ewing, Glick [4] soll schon längeres Trocknen des H_2O-haltigen Nitrats (z. B. 20% H_2O) im Vakuum über P_2O_5 bei Zimmertemperatur zur Darstellung der wasserfreien Verbindung genügen. Ausgehend vom Monohydrat gewinnen Weigel u. a. [5] ein Produkt mit 0.05 bis 0.25 mol H_2O je mol $Mn(NO_3)_2$ durch mehrstündiges Erhitzen bei 70°C im Vakuum (10^{-4} bis 10^{-5} Torr). — Nach Untersuchungen von Trendafelov u. a. [6] zum System $Mn(NO_3)_2$-HNO_3-H_2O ist es möglich, wasserfreies $Mn(NO_3)_2$ aus H_2O-Salz-Systemen mit Hilfe von 100%igem HNO_3, das N_2O_5 gelöst enthält („Nitroleum"), darzustellen, s. hierzu auch frühere Untersuchungen von Guntz, Martin [7]. — Aus der Additionsverbindung $Mn(NO_3)_2 \cdot N_2O_4$ läßt sich $Mn(NO_3)_2$ durch vorsichtige thermische Zersetzung gewinnen, die am besten im Vakuum (0.0001 Torr) durch langsames (4 bis 6 h) Erhitzen auf 90°C und 2 h Verweilen bei dieser Temperatur erfolgt [8, 9].

Literatur:

[1] G. Kainz, J. Mayer (Mikrochim. Acta **1962** 241/8). — [2] J. W. Gatehouse (Chem. News **35** [1877] 118). — [3] H. Keller, M. Mühlhäuser, W. Post (U. S. P. 3345208 [1963/67]; C. A. **69** [1968] Nr. 39708). — [4] W. W. Ewing, C. F. Glick (J. Am. Chem. Soc. **62** [1940] 2174/6). — [5] D. Weigel, B. Imelik, M. Prettre (Bull. Soc. Chim. France **1964** 2600/2).

[6] D. Trendafelov, K. Balarev, I. Zlateva, L. Kristanova, M. Gerganova (Izv. Otd. Khim. Nauki Bulg. Akad. Nauk. **3** [1970] 167/75; C. A. **74** [1971] Nr. 25630). — [7] A. Guntz, F. Martin (Bull. Soc. Chim. France [4] **5** [1909] 1004/11, 1006). — [8] K. Dehnicke, J. Straehle (Chem. Ber. **97** [1964] 1502/10, 1506, 1509). — [9] C. C. Addison, B. J. Hathaway laut B. J. Hathaway, A. E. Underhill (J. Chem. Soc. **1960** 648/54, 653).

3.11.1.1.2 Thermodynamische Daten der Bildung

$Mn(NO_3)_2$

Thermodynamic Data of Formation

Die Neuberechnung der Bildungsenthalpie $\Delta H°$ für die Bildung der festen Verbindung aus den Elementen unter Standardbedingungen bei 298.16 K ergibt $\Delta H° = -137.73$ kcal/mol [1] gegenüber dem älteren Wert $\Delta H° = -166.32$ kcal/mol, der von Rossini u. a. [2] berechnet und von Zordan Hepler [3] trotz seiner Unsicherheit übernommen wird. $\Delta H° = -138.7$ kcal/mol ist nach Yatsimirskii [4] am besten mit den aus vergleichenden Untersuchungen für Metalle der 4. Periode abgeleiteten Gesetzmäßigkeiten in Einklang zu bringen. $\Delta H^\circ_{298} = -140 \pm 15$ kcal/mol, freie Bildungsenthalpie $\Delta G^\circ_{298} = -92$ kcal/mol, berechnet nach einer halbempirischen Gleichung [5]. Zur angenäherten Berechnung von ΔG nach einer linearen Gleichung aus ΔH s. [6].

Literatur:

[1] D. D. Wagman, W. H. Evans, V. B. Parker, I. Halow, S. M. Bailey, R. H. Schumm (Natl. Bur. Std. [U. S.] Tech. Note 270-4 [1969] 110). — [2] F. D. Rossini, D. D. Wagman, W. H. Evans, S. Levine, I. Jaffe (Natl. Bur. Std. [U. S.] Circ. Nr. 500 [1952] 278). — [3] T. A. Zordan, L. G. Hepler (Chem. Rev. **68** [1968] 737/45, 742). — [4] K. B. Yatsimirskii (Zh. Neorgan. Khim. **3** [1958] 2244/52; Russ. J. Inorg. Chem. **3** Nr. 10 [1958] 26/36, 30, 33). — [5] D. E. Wilcox (Thesis Univ. of California 1962; UCRL-10397 [1962] 1/120, 85, 107; N. S. A. **16** [1962] Nr. 31586).

[6] M. Kh. Karapet'yants (Zh. Fiz. Khim. **28** [1954] 353/8; C. A. **1955** 5953).

3.11.1.1.3 Physikalische Eigenschaften

Physical Properties

Kristallstruktur. Nach Debye-Aufnahmen hat $Mn(NO_3)_2$ ein rhombisches Gitter; Gitterkonstanten a = 11.96 ± 0.03, b = 5.02 ± 0.02, c = 9.05 ± 0.03 Å [1].

Gitterenergie. Die Differenz zwischen den Bildungswärmen der gasförmigen Ionen und des festen Salzes beträgt 585 kcal/mol [2]; die Voraussetzung, daß $Mn(NO_3)_2$ als Ionenverbindung angesehen werden kann, trifft jedoch vermutlich nicht zu.

Bindungsart. Das aus 5 Banden bestehende IR-Spektrum kann sowohl dem NO_3^--Ion (4 Grundschwingungen und 1 Oberschwingung) als auch der kovalent (wahrscheinlich über ein O-Atom) gebundenen ONO_2-Gruppe zugeordnet werden. Diese Deutung dürfte eher zutreffen, da die Banden nicht die für das NO_3^--Ion charakteristischen Wellenzahlen (1050, 830, 1390, 720 cm^{-1} [3]) haben. Im Rahmen eines zusammenfassenden Berichts rechnen Addison und Logan [4] sowie Field und Hardy [5] $Mn(NO_3)_2$ auf Grund der spektroskopischen Daten [6] zu den Nitraten mit kovalenter Bindung.

Infrarotspektrum. Untersuchungen an $Mn(NO_3)_2$ in Nujol [6, 7], Hostaflonöl [7] und Hexachlorbutadien [6] ergeben vier einfache und eine doppelte Bande mit folgenden Wellenzahlen (in cm^{-1}):

759	799, 805	1019	1294	1553	[6]
752	800, 834	1030	1365	1600	[7]

Von Dehnicke und Strähle [7] wird die bei 1600 cm^{-1} liegende Bande, die bei $Co(NO_3)_2$ bei 1605 cm^{-1} zu beobachten ist, der Oberschwingung 2 ν_2 zugeordnet. Dagegen finden Addison und Gatehouse [6] das NO_3^--Spektrum nur an $Co(NO_3)_2$ (sowie an den wasserfreien Nitraten von Cd, Pb und Ag^I), nicht dagegen an $Mn(NO_3)_2$, dessen Spektrum ähnliche Banden aufweist wie die Spektren von $Cu(NO_3)_2$, $Zn(NO_3)_2$ und $Hg(NO_3)_2$. Die ν_5-Bande, die bei einzähnig gebundenen ONO_2-Gruppen (Symmetrie C_{2v}) zwischen 543 und 578 cm^{-1} liegt [4], wurde allerdings nicht gefunden [6].

Molsuszeptibilität χ_m. Nach der Gouy-Methode ergibt sich bei +21, −78 und −183°C $10^2\ \chi_m$ = 1.209, 1.755 bzw. 3.501, und aus dieser Temperaturabhängigkeit folgt μ = 5.48 μ_B, also etwas weniger als das theoretische Moment von Mn^{2+} mit fünf 3d-Elektronen (5.92 μ_B) [7].

Literatur:

[1] D. Weigel, B. Imelik, M. Prettre (Bull. Soc. Chim. France **1964** 2600/2). — [2] K. B. Yatsimirskii (Zh. Neorgan. Khim. **3** [1958] 2244/52; Russ. J. Inorg. Chem. **3** Nr. 10 [1958] 26/36, 29). — [3] H. Siebert (Anwendungen der Schwingungsspektroskopie in der anorganischen Chemie, Berlin 1966, S. 53). — [4] C. C. Addison, N. Logan (Advan. Inorg. Chem. Radiochem. **6** [1964] 71/142, 132). — [5] B. O. Field, C. J. Hardy (Quart. Rev. [London] **18** [1964] 361/88, 367).

[6] C. C. Addison, B. M. Gatehouse (J. Chem. Soc. **1960** 613/6). — [7] K. Dehnicke, J. Strähle (Chem. Ber. **97** [1964] 1502/10, 1506).

$Mn(NO_3)_2$

Chemical Reactions

3.11.1.1.4 Chemisches Verhalten

Zum Verhalten gegen H_2O s. auch Angaben beim System $Mn(NO_3)_2$-H_2O (Kapitel 3.11.1.2, S. 271) und bei der wäßrigen Lösung (Kapitel 3.11.1.4, S. 281), gegen anorganische und organische Verbindungen das Kapitel 3.11.1.5 (nichtwäßrige Lösung). Reaktionen mit anderen Metallnitraten sind ausführlich in Kapitel 3.11.1.9 (Systeme, Lösungen und Doppelverbindungen von $Mn(NO_3)_2$ mit anderen Metallnitraten) S. 297 behandelt.

Beim Erhitzen zersetzt sich $Mn(NO_3)_2$ unter Abspaltung nitroser Gase zu MnO_2 vermutlich über $MnONO_3$ als Zwischenstufe, das jedoch nicht isoliert werden kann. Aus kinetischen Untersuchungen des isothermen Gewichtsverlustes bei 163, 178, 186 und 196°C folgt, daß für die Zersetzung des $Mn(NO_3)_2$ zu $MnONO_3$ die Erofeev-Gleichung $kt = [-\ln(1-\alpha)]^{1/n}$ mit n = 4 gilt, α ist der Bruchteil an umgesetztem Material. Die Aktivierungsenergie hierfür beträgt 20 bis 25 kcal/mol und wird von der umgebenden Atmosphäre (N_2, O_2, H_2O-Dampf) nur wenig beeinflußt [1]. Zur Zersetzungsgeschwindigkeit des $MnONO_3$ s. unten. — **Fig. 133** zeigt die Zersetzungsgeschwindigkeit in Abhängigkeit von der Temperatur nach thermogravimetrischen Messungen in N_2-Atmosphäre bei

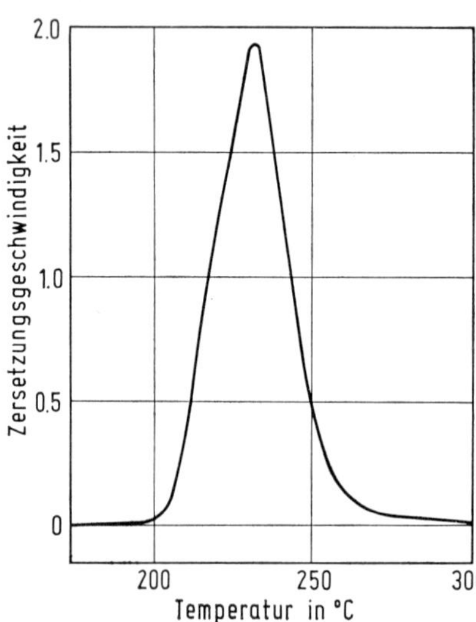

Fig. 133

Thermische Zersetzung von $Mn(NO_3)_2$.

0.7 K/min Erhitzungsgeschwindigkeit. Die Zersetzungsgeschwindigkeit ist hierbei angegeben als Gewichtsverlust (in Molgewichtseinheiten) je min für 1 mol $Mn(NO_3)_2$ Ausgangsmenge [2]. Nach Guntz, Martin [3] beginnt die Zersetzung bereits bei 160°C und ist bei 200°C beendet. — Bei 0.0001 Torr wird Zersetzungsbeginn bei 170°C beobachtet. Längeres Erhitzen bei 180°C unter gewöhnlichem Druck ergibt ein röntgenamorphes Oxid der Zusammensetzung $MnO_{1.655}$ [4]. Überführung von $Mn(NO_3)_2$ in MnO_2 durch thermische Zersetzung — beispielsweise zur Aufbringung einer MnO_2-Schicht bei der Kondensatorherstellung — gelingt durch 10 min Erhitzen bei 400°C [5]. Über Beziehungen zwischen innermolekularer Polarisation und thermischer Stabilität von Nitraten s. [6].

$Mn(NO_3)_2$ ist leichtlöslich in H_2O, flüssigem NH_3 [3], Dioxan, Tetrahydrofuran und Acetonitril [4], löslich in Äthanol, Isopropylalkohol und Aceton [5], wenig löslich in $POCl_3$ und Nitromethan [4]. Im Gegensatz zum Hexahydrat ist wasserfreies $Mn(NO_3)_2$ in wasserfreiem Äther unlöslich [7].

Mit wasserfreiem $HClO_4$ reagiert $Mn(NO_3)_2$ teilweise unter Bildung von $Mn(ClO_4)_2$, NO_2ClO_4 und $H_2O \cdot ClO_4$. Ein Gemisch der beiden Reaktionspartner läßt bei −80°C bis Zimmertemperatur keine sichtbare Reaktion erkennen. Nach 24 h Erhitzen im Vakuum bei 110°C erhält man ein weißes, an der Luft rauchendes Pulver, das als Mn-Nitratperchlorat identifiziert wird. Längeres Erhitzen im Vakuum ergibt ein schwarzes basisches Salz, das vorwiegend aus $Mn(ClO_4)_2$ besteht [8]. — Zahlreiche Anionen (z. B. Halogenid-Ionen, S^{2-}, SO_3^{2-}, $S_2O_3^{2-}$, AsO_3^{3-}, $[Fe(CN)_6]^{4-}$, NO_2^-, NO_3^-, ClO_3^-, ClO_4^-, $C_2O_4^{2-}$, $C_2H_3O_2^-$) werden beim Glühen ihrer Alkalisalze im Gemisch mit $Mn(NO_3)_2$ bei 250 bis 300°C oxidiert, teilweise unter Aufflammen oder Verpuffen. Oxidationsmittel ist dabei das durch thermische Zersetzung des Nitrats gebildete MnO_2. Die bessere Oxidationswirkung von $Mn(NO_3)_2$ gegenüber MnO_2 beruht allein darauf, daß bei der thermischen Zersetzung des Nitrats das Dioxid in besonders aktiver Form anfällt [9]. In $LiNO_3/KNO_3$-Schmelze löst sich $Mn(NO_3)_2$ bei 200°C vollständig, bei 250 bis 300°C beginnt Zersetzung unter MnO_2-Bildung. Quantitative Abscheidung des Mn als MnO_2 wird durch Zugabe von feingepulvertem $NaJO_4$ während des Abkühlens der Schmelze erreicht. Über Auswertung der Reaktion für analytische Zwecke s. das Original [10]. Untersuchung der Reaktion zwischen $Mn(NO_3)_2$ und $Zn(NO_3)_2$ bei 250 bis 1500°C im Hinblick auf die Bildung von Zn-Mn-Spinell s. [11].

Literatur:

[1] P. K. Gallagher, D. W. Johnson (Thermochimica Acta **2** [1971] 413/22, 417, 418, 421, 422). — [2] C. C. Addison, M. Kilner laut C. C. Addison, N. Logan (Advan. Inorg. Chem. Radiochem. **6** [1964] 71/142, 122, 123). — [3] A. Guntz, F. Martin (Bull. Soc. Chim. France [4] **5** [1909] 1004/11, 1006/7). — [4] K. Dehnicke, J. Strähle (Chem. Ber. **97** [1964] 1502/10, 1506, 1509). — [5] H. Keller, M. Mühlhäusser, W. Post (U. S. P. 3345208 [1963/67]; C. A. **69** [1968] Nr. 39708).

[6] L. A. Alekseenko (Sb. Nauchn. Rabot. Akad. Nauk Beloruss. SSR Inst. Khim. **1956** Nr. 5, S. 36/50, 42/3; C. A. **1958** 8703). — [7] G. Monnier (Ann. Chim. [Paris] [13] **2** [1957] 14/57, 50, 51). — [8] B. J. Hathaway, A. E. Underhill (J. Chem. Soc. **1960** 648/54, 651). — [9] M. J. Preising, O. F. Slonek, J. H. Reedy (Ind. Eng. Chem. Anal. Ed. **14** [1942] 875/7). — [10] F. Weigel, K. Poetzl (Chem. Ber. **96** [1963] 188/203, 201).

[11] A. J. Hegedüs, G. Gyarmathy, M. Szekelyne-Szabo u. a. (Magy. Kem. Folyoirat **77** [1971] 452/70; C. A. **76** [1972] Nr. 7434).

3.11.1.2 Das System $Mn(NO_3)_2$-H_2O

The $Mn(NO_3)_2$-H_2O System

Review

Übersicht. Im System treten die Hydrate $Mn(NO_3)_2 \cdot 6H_2O$, $Mn(NO_3)_2 \cdot 4H_2O$, $Mn(NO_3)_2 \cdot 2H_2O$ und $Mn(NO_3)_2 \cdot H_2O$ auf. Aus der Löslichkeitskurve (s. Fig. 134, S. 272) geht die Abscheidung von Hexa-, Tetra- und Dihydrat als Bodenkörper direkt hervor. Das Auftreten des Monohydrats bei hohen $Mn(NO_3)_2$-Konzentrationen wird durch die Analyse abgetrennter Kristalle bestätigt [1]. Aus der bei gewöhnlicher Temperatur und bei 68°C im Vakuum ermittelten Entwässerungskurve des Hexahydrats kann auf die Bildung von Hydraten mit 2 und 1 mol Hydratwasser geschlossen werden. Das Tetrahydrat läßt sich röntgenographisch nachweisen. Die Existenz eines von Funk [2] beschriebenen Trihydrats wird angezweifelt [3]. Die thermische Analyse des Systems bei tiefen Temperaturen sowie röntgenographische Untersuchungen des Nitrats bei Temperaturen unterhalb des kryohydratischen Punktes zeigen, daß $Mn(NO_3)_2$ — im Gegensatz zu anderen Nitraten — kein höheres Hydrat als das Hexahydrat bildet, s. [4] bzw. [5].

In Fig. 134 ist das nach Löslichkeitsbestimmungen von Funk [2] sowie Ewing u. a. [1, 6] aufgestellte Zustandsdiagramm wiedergegeben. In K, dem Endpunkt der Eiskurve, scheidet sich das Kryohydrat Eis + $Mn(NO_3)_2 \cdot 6H_2O$ ab. Die kryohydratische Temperatur wird mit −36°C [2] bzw. −38 ± 1°C [4] angegeben. — $Mn(NO_3)_2 \cdot 6H_2O$ und $Mn(NO_3)_2 \cdot 4H_2O$, die zwischen K und A bzw. A und B abgeschieden werden, sind an ihrem Schmelzpunkt (25.3 bzw. 37.1°C) beständig. Die zwischen Hexa- und Tetrahydrat und zwischen Tetra- und Dihydrat auftretenden eutektischen Punkte liegen bei 24.7°C, 64.0 Gew.-% $Mn(NO_3)_2$ (A) und bei ≈26.5°C, 77.2 Gew.-% $Mn(NO_3)_2$ (B). Der Übergang von Dihydrat zu Monohydrat (C) erfolgt bei 36.0°C, 80.3 Gew.-% $Mn(NO_3)_2$ (Konzentrationsangabe der Kurve entnommen) [1].

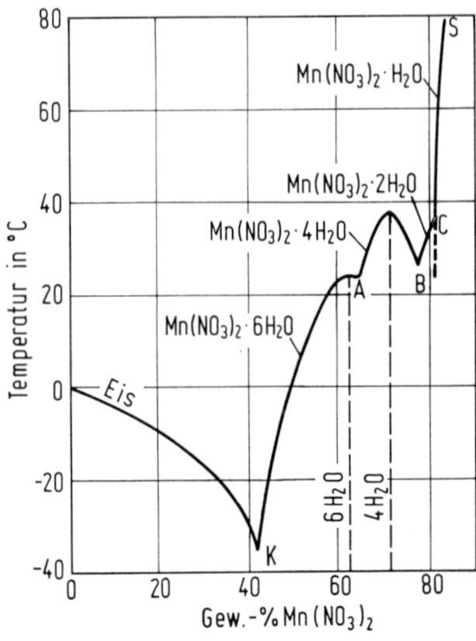

Fig. 134

System $Mn(NO_3)_2$-H_2O.

Im metastabilen Bereich unterkühlter Lösungen kann bei Konzentrationen zwischen 4.5 und 9 Mol-% $Mn(NO_3)_2$ sowie 18 und 21 Mol-% $Mn(NO_3)_2$ die Unterkühlung bis zum Erreichen des glasartigen Zustands fortgesetzt werden. Die Umwandlung vom flüssigen in den glasartigen Zustand erfolgt, wenn die Viskosität der Lösung etwa 10^{13}P erreicht hat (Abkühlungsgeschwindigkeit 1 bis 10 K/min) bei der Temperatur T_g. Die aus EMK-Messungen für T_g ermittelten Werte steigen im Konzentrationsbereich 4.5 bis 21 Mol-% $Mn(NO_3)_2$ mit zunehmendem Salzgehalt von etwa −118 auf etwa −62°C gleichmäßig an [7].

The $Mn(NO_3)_2$-H_2O System Ice Curve

Eiskurve. $Mn(NO_3)_2$-Konzentration in Abhängigkeit von der Temperatur (ausgewählte Werte):

t in °C	−0.46	−3.07	−11.80	−15.5	−20	−27	−30	−38
Gew.-% $Mn(NO_3)_2$	—	—	—	29.30	32.98	—	41.70	—
mol $Mn(NO_3)_2$ je l	0.09	0.54	1.59	—	—	2.61	—	3.105
Literatur	[8]	[8]	[8]	[2]	[2]	[8]	[2]	[8]

Die in [9] angegebenen Werte sind überholt [8].

Solubility

Löslichkeit. Löslichkeitswerte (in Auswahl) für verschiedene Temperaturen t in °C, teilweise umgerechnet (vgl. Fig. 134, Kurve KABCS):

Bodenkörper $Mn(NO_3)_2 \cdot 6H_2O$

t in °C	−29	−26	−21	−16	−5	0	10	10.3
Gew.-% $Mn(NO_3)_2$ . . .	42.29	43.15	44.30	45.52	48.88	50.49	54.2	52.9
Literatur	[2]	[2]	[2]	[2]	[2]	[2]	[13]	[1]
t in °C	15.5	18	18	18.1	20	20	24.0	25.2
Gew.-% $Mn(NO_3)_2$ . . .	54.8	57.26	57.33	56.0	56.81	58.5	59.8	62.1
Literatur	[1]	[10]	[2]	[1]	[11]	[13]	[1]	[1]

t in °C	25.3	25.3	25.3	25.8	24.9	24.7		
Gew.-% $Mn(NO_3)_2$	62.4	62.5	62.7	62.37	63.8	64.0		
Literatur	[1]	[1]	[1]	[2]	[1]	[1]		
Bodenkörper $Mn(NO_3)_2 \cdot 4H_2O$								
t in °C	27	27.3	30	30	34.5	37.1	37.0	36.6
Gew.-% $Mn(NO_3)_2$	65.66	64.9	67.38	67.4	68.4	71.3	71.5	72.2
Literatur	[2]	[1]	[2]	[13]	[1]	[1]	[1]	[1]
t in °C	34.2	31.3	29.7	28.4	26.5			
Gew.-% $Mn(NO_3)_2$	73.9	75.4	76.1	76.9	77.2			
Literatur	[1]	[1]	[1]	[1]	[1]			

The $Mn(NO_3)_2$-H_2O System

Die Löslichkeitsangaben von Funk [2] sind — zumindest im Bereich höherer Konzentrationen — fehlerhaft; das Auftreten des Tetrahydrats als Bodenkörper wird nicht erkannt, statt dessen ein Trihydrat angenommen [1]. Auch [13] gibt $Mn(NO_3)_2 \cdot 3H_2O$ als Bodenkörper an.

Bodenkörper $Mn(NO_3)_2 \cdot 2H_2O$ [1]

t in °C	28.0	30.0	32.2	34.3	35.2
Gew.-% $Mn(NO_3)_2$	77.9	78.5	79.2	79.8	80.3

Bodenkörper $Mn(NO_3)_2 \cdot H_2O$ [1]

t in °C	37.0	40.1	45.0	50.0	59.9	68.1	75.0
Gew.-% $Mn(NO_3)_2$	80.9	81.0	81.2	81.6	82.1	82.8	83.3

Vapor Pressure

Dampfdruck p in Torr der gesättigten $Mn(NO_3)_2$-Lösungen bei verschiedenen Temperaturen t in °C (m = metastabil); Werte in Auswahl:

Bodenkörper $Mn(NO_3)_2 \cdot 6H_2O$

t	4.01	9.90	15.00	20.04	21.98	23.32	24.86
p	3.12	4.16	5.36	6.45	6.88	7.01	6.64
t	24.87	24.00	21.96	15.00			
p	5.68	4.83 m	3.61 m	1.56 m			

Bodenkörper $Mn(NO_3)_2 \cdot 4H_2O$

t	0.00	9.91	19.94	24.91	24.91	30.87	32.88	34.89
p	2.00 m	2.92 m	4.60 m	5.67 m	5.60	6.43	6.67	6.90
t	35.89	36.90	35.89	32.88	30.87	28.88	24.90	22.91
p	6.70	6.04	4.57	3.00	2.16	1.71	1.10	0.95 m

Bodenkörper $Mn(NO_3)_2 \cdot 2H_2O$

t	26.89	28.88	30.87	32.88	34.89
p	1.20	1.23	1.39	1.48	1.66

Ewing u. a. [6]. p = 5.8 bzw. 6.6 Torr für gesättigte $Mn(NO_3)_2$-Lösung bei 20 bzw. 25°C, bestimmt nach der statischen Methode [12].

Literatur:

[1] W. W. Ewing, H. E. Rasmussen (J. Am. Chem. Soc. **64** [1942] 1443/5). — [2] R. Funk (Abhandl. Physik. Tech. Reichsanstalt **3** [1900] 435/43, 438). — [3] D. Weigel, B. Imelik, M. Prettre (Bull. Soc. Chim. France **1964** 836/43, 837, 842). — [4] A. M. Martre, P. Pouillen (Compt. Rend. C **263** [1966] 337/9). — [5] D. Louer, D. Weigel (Bull. Soc. Chim. France **1967** 3857/64, 3858).

[6] W. W. Ewing, C. F. Glick, H. E. Rasmussen (J. Am. Chem. Soc. **64** [1942] 1445/9). — [7] C. A. Angell, E. J. Sare (J. Chem. Phys. **52** [1970] 1058/68, 1060). — [8] H. C. Jones, H. P. Bassett (Am. Chem. J. **33** [1905] 534/86, 565). — [9] H. C. Jones, F. H. Getman (Am Chem. J. **31** [1904] 303/59, 313). — [10] R. P. Schuman (NAS-NS-3018 (Rev.) [1971] 1/65, 18; N. S. A. **25** [1971] Nr. 51543).

[11] C. di Capua (Gazz. Chim. Ital. **59** [1929] 164/9, 165). — [12] M. Diesnis (Bull. Soc. Chim. France [5] **2** [1935] 1901/7, 1906). — [13] V. A. Shchurov, K. I. Mochalov, A. A. Volkov (Uch. Zap. Permsk. Gos. Univ. **1966** Nr. 141, S. 18/26, 23/4; C. A. **69** [1968] Nr. 39153).

$Mn(NO_3)_2 \cdot xH_2O$
Preliminary Remark

3.11.1.3 $Mn(NO_3)_2 \cdot xH_2O$

Vorbemerkung

Aus Untersuchungen des Systems $Mn(NO_3)_2$-H_2O, s. S. 271, ergibt sich die Existenz von Hydraten $Mn(NO_3)_2 \cdot xH_2O$ mit x = 6, 4, 2 und 1; dagegen wird die Existenz eines Trihydrates bezweifelt. Untersuchungen des Systems $Mn(NO_3)_2$-H_2O-HNO_3, s. S. 292, machen außerdem die Existenz weiterer Hydrate mit 0.5 und 1.5 H_2O wahrscheinlich.

Literaturangaben über Darstellung und Eigenschaften von Hydraten beziehen sich vielfach nicht auf bestimmte Hydrate, bisweilen fehlen Angaben über den Hydratwassergehalt überhaupt. Im folgenden sind daher unter $Mn(NO_3)_2 \cdot xH_2O$ Herstellungs- und Reinigungsmethoden, die zu Hydraten mit nicht genau definiertem H_2O-Gehalt führen, sowie die thermische Zersetzung und das chemische Verhalten von $Mn(NO_3)_2 \cdot xH_2O$, abgehandelt; bei den definierten Hydraten werden nur die ihnen eigenen Darstellungsmethoden und Eigenschaften beschrieben.

Preliminary Remark

Studies of the $Mn(NO_3)_2$-H_2O system, see p. 271, have shown the existence of $Mn(NO_3)_2 \cdot xH_2O$ hydrates with x = 6, 4, 2, and 1; however, the existence of a trihydrate is doubtful. Studies of the $Mn(NO_3)_2$-H_2O-HNO_3 system, see p. 292, revealed that the existence of further hydrates with 0.5 and 1.5 H_2O is probable.

Literature data on preparation and properties of hydrates frequently do not refer to spezific hydrates; occasionally there are no data at all about the water of hydration content. Therefore, in the following under $Mn(NO_3)_2 \cdot xH_2O$ production and purification methods are treated which lead to hydrates with insufficiently defined H_2O-content, as well as the thermal decomposition and chemical reactions of $Mn(NO_3)_2 \cdot xH_2O$; for the clearly defined hydrates only the preparation methods and properties specifically pertaining to them are described.

Preparation General

Darstellung

Allgemeines. In Gegenwart von H_2O führt die Darstellung von Mangannitrat immer zu Hydraten. Sofern dabei keine Vorkehrungen getroffen werden, den Hydratwassergehalt besonders niedrig zu halten (s. beispielsweise die unter Kapitel 3.11.1.3.4 angegebenen Verfahren), bildet sich bei gewöhnlicher Temperatur primär das Hexahydrat, das jedoch schon bei Lagerung über Trockenmitteln leicht H_2O abspaltet, s. beispielsweise [1, 2]. Käufliches Mn^{II}-Nitrat hat in der Regel ungefähr die Zusammensetzung $Mn(NO_3)_2 \cdot 4H_2O$, zeigt bei langer Lagerung in dicken Schichten jedoch eine Verarmung der oberen Schichten an Kristallwasser zugunsten der unteren [3].

From $MnCO_3$

Darstellung aus Mn^{II}-Carbonat. Gewöhnlich wird $Mn(NO_3)_2 \cdot xH_2O$ durch Umsetzung von $MnCO_3$ mit HNO_3 gewonnen. In 200 ml Salpetersäure (D = 1.2) werden langsam 100 g $MnCO_3$ eingebracht; ein Teil des Carbonats muß ungelöst bleiben. Die von $Fe(OH)_3$ und überschüssigem $MnCO_3$ abgetrennte Lösung wird mit HNO_3 leicht angesäuert und bei 60 bis 70°C soweit eingedampft, bis beim Abkühlen Kristallisation einsetzt. Man läßt im Kalten über Nacht auskristallisieren und saugt die Kristalle ab. Ausbeute etwa 70% [4]. Ähnliche Vorschriften s. [2, 5].

From Manganese or Mn-Alloys

Darstellung aus Mn oder Mn-Legierungen. Zur Darstellung aus Manganmetall und Salpetersäure wird Elektrolyt-Mn (99.9% Mn) langsam in HNO_3 gelöst, wobei man Mn in geringem Überschuß zugibt. Die filtrierte Lösung wird durch wenig H_2O_2-Lösung von leichter Verfärbung befreit und im Vakuum über einem Gemisch aus KOH und $CaCl_2$ gelagert. Das Reaktionsprodukt hat etwa die Zusammensetzung $Mn(NO_3)_2 \cdot 4.13H_2O$ [6]. Ausführliche Angaben zur Herstellung aus Ferromangan (76% Mn) s. Peshkova [7].

Industrial Preparation

Technische Darstellung. Bei technischen Verfahren wird von $MnCO_3$ [8], vielfach auch von oxidischen Mn-Verbindungen ausgegangen, die mit HNO_3 oder in Gegenwart von H_2O mit Stickoxiden behandelt werden. — Aus kalziniertem Pyrolusit (β-MnO_2) wird nach Auslaugen mit heißem Wasser (zur Entfernung von Ca^{2+}, Na^+, Ba^{2+} und Cl^-) Mangan mit 30%iger Salpetersäure herausgelöst, die eingedampfte Lösung zum Auskristallisieren des Salzes über eine Verdampfertrommel geleitet. Dieser Prozeß ist wesentlich einfacher als die Auslaugung von Pyrolusit mit H_2SO_4, an die sich Reinigung der Sulfatlösung von Ca-Verunreinigungen, Ausfällen des Mn als $MnCO_3$ und schließlich Auflösen des Carbonats in HNO_3, Eindampfen und Auskristallisieren anschließen [9]. Ein Verfahren, bei dem feingemahlene oxidische Mn-Verbindungen mit stickoxidhaltigen Gasen in Gegenwart von H_2O behandelt werden, gestattet den Einsatz von anderweitig nicht verwertbaren Abgasen der Salpetersäuregewinnung mit bis zu 5 Vol.-% Stickoxidgehalt. Als Manganverbindungen werden wäßrige Aufschlämmungen natürlich vorkommender Silikate oder Mn-haltiger silikatischer Schlacken eingesetzt [10]. Darstellung von $Mn(NO_3)_2 \cdot xH_2O$ durch Stickoxidabsorption an kalziniertem $MnCO_3$-haltigem Erz und Einfluß verschiedener Faktoren auf den Absorptionsprozeß s. [11]. Gewinnung aus Mn-armen Erzen oder Abfällen der Erzaufbereitung durch Behandlung mit HNO_3 und Oxalsäure s. [12].

Zur Abscheidung von kristallinem $Mn(NO_3)_2 \cdot xH_2O$ mit $x \approx 4$ aus wäßriger $Mn(NO_3)_2$-Lösung wird die nach bekannten Verfahren gewonnene Lösung zunächst unter Zusatz von H_2O_2 und HNO_3 bei 80°C bis auf D = 1.72 (entsprechend 68.5% $Mn(NO_3)_2$-Gehalt) eingedampft, anschließend über einen rotierenden Trommelkristallisator geleitet, dessen Oberfläche auf 21°C abgekühlt wird [13]. Beschreibung einer kontinuierlichen Kristallisationsanlage, die zum Auskristallieren von $Mn(NO_3)_2 \cdot xH_2O$ im technischen Maßstab geeignet ist, s. [14]. — Zur technischen Darstellung von $Mn(NO_3)_2 \cdot xH_2O$ ($x \approx 3$) in Form loser Kristalle wird in eine Schmelze von $Mn(NO_3)_2 \cdot xH_2O$ unter Rühren festes zerkleinertes CO_2 eingetragen. Die hierdurch bewirkte Abkühlung bringt das Nitrat zum Erstarren, wobei das entweichende CO_2-Gas das Zusammenbacken der Kristalle verhindert. Das Produkt hat die Konsistenz von leichtem, trockenem Schnee und ist im Gegensatz zu dem als Block erstarrten Nitrat, das man beim Abkühlen des Reaktionsgefäßes von außen erhält, gut zu handhaben und leicht auflösbar [8]. Die Nachteile, die sich bei der Handhabung von $Mn(NO_3)_2 \cdot xH_2O$ (x = 6 oder 3) daraus ergeben, daß das Salz infolge seines niedrigen Schmelzpunktes leicht zerfließt, lassen sich durch Herstellung von Harnstoffadditions-Verbindungen umgehen. Produkte, die sich beim Erhitzen von Harnstoff-$Mn(NO_3)_2 \cdot xH_2O$-Gemischen (Molverhältnis 1.5 : 1 oder 2 : 1) auf 75°C bilden, sind nicht zerfließlich und können wegen der Unschädlichkeit des Harnstoffs für viele Zwecke technischer Art anstelle des unhandlichen $Mn(NO_3)_2 \cdot xH_2O$ eingesetzt werden [15].

$Mn(NO_3)_2 \cdot xH_2O$ Purification

Reinigung. $Mn(NO_3)_2 \cdot xH_2O$, das mit Sulfaten verunreinigt ist, läßt sich durch Überführen in das Carbonat und erneutes Auflösen in Salpetersäure reinigen. Die Carbonatfällung erfolgt mit $(NH_4)_2CO_3$. Ein Teil des $MnCO_3$ wird in H_2O mit reiner Salpetersäure bis zu pH = 2 versetzt, danach fügt man langsam das restliche Carbonat zu, bis pH = 5.1 erreicht ist, erhitzt in 2 h auf 90 bis 95°C und filtriert im Vakuum (400 Torr). Das Filtrat wird angesäuert, bis zu D = 1.65 eingedampft und auf 2 bis 3°C abgekühlt. Das auskristallisierte $Mn(NO_3)_2 \cdot 6H_2O$ genügt den Anforderungen für chemisch reine Substanzen [14].

Literatur:

[1] R. Funk (Z. Anorg. Allgem. Chem. **20** [1899] 393/418, 402). — [2] D. Weigel, B. Imelik, M. Prettre (Bull. Soc. Chim. France **1964** 836/43, 836). — [3] A. J. Hegedüs (Acta Chim. Acad. Sci. Hung. **46** [1965] 311/24, 311). — [4] Yu. V. Karyakin, I. I. Angelov (Chistye Khimicheskie Reaktivy, Moskva 1955, S. 331). — [5] E. H. Riesenfeld, C. Milchsack (Z. Anorg. Allgem. Chem. **85** [1914] 401/29, 422).

[6] C. H. Shomate, F. E. Young (J. Am. Chem. Soc. **66** [1944] 771/3). — [7] V. M. Peshkova (Izv. Inst. Chist. Khim. Reaktivov **9** [1930] 91) nach [4, S. 332]. — [8] H. S. McQuaid, Grasselli Chemical Co., Cleveland, Ohio (U. S. P. 2017980 [1933/35]; C. **1936** I 2605). — [9] I. S. Safonov, M. V. Dylyaeva, G. E. Zhelnina, D. M. Korf, I. I. Kodryanskii (UdSSR P. 317620 [1969/71]; C. A. **76** [1972] Nr. 87976). — [10] G. Schaufler, VEB Elektrochemisches Kombinat Bitterfeld (D. P. [DDR] 3622 [1940/54]; C. **1950/54** 2052 S).

[11] V. M. Kakabadze, I. L. Kakabadze (Tr. Gruz. Politekhn. Inst. **1957** Nr. 6, S. 66/75, 66; Ref. Zh. Khim. **1959** Nr. 1849). — [12] L. Pesty, G. Simon (Ung. P. 147845 [1960] nach C. A. **58** [1963] 2184). — [13] G. E. Zhelnina, D. M. Korf, M. V. Dylyaeva, B. I. Zhelnin (UdSSR P. 251560 [1968/69]; C. A. **72** [1970] Nr. 33840). — [14] Kh. G. Purtseladze, E. N. Bogoyavlenskii, M. A. Danielashvili, I. P. Chachanidze (Pererab. Margantsevykh Polimetal. Rud Gruz. **1970** 72/9; C. A. **74** [1971]

Nr. 101181). — [15] E. R. Boller, Grasselli Chemical Co., Cleveland, Ohio (U. S. P. 1986495 [1933/35]; C. A. **1935** 1218).

$Mn(NO_3)_2 \cdot xH_2O$

Thermal Decomposition

Thermische Zersetzung

Beim Erhitzen zersetzen sich Hydrate von $Mn(NO_3)_2$ in einem komplexen Prozeß, der Dehydratisierung, Abspaltung von NO_2 unter Bildung von MnO_2 und schließlich Zersetzung von MnO_2 umfaßt. Inwieweit sich diese Vorgänge überlagern und welche Endprodukte auftreten, hängt von den Versuchsbedingungen ab, insbesondere von Temperatur, Erhitzungsgeschwindigkeit, Druck und Hydratwassergehalt der Ausgangssubstanz.

Mangannitrat mit hohem Hydratwassergehalt (6 mol H_2O) neigt schon bei gewöhnlicher Temperatur und normalem Druck zur Zersetzung unter H_2O-Abspaltung (s. S. 278); bei 45°C wird bereits Entwicklung von nitrosen Gasen beobachtet [1]. An einem handelsüblichen p. a.-Präparat mit 3.87 mol H_2O wird Zersetzungsbeginn der geschmolzenen Verbindung unter H_2O- und NO_2-Abspaltung bei 70°C festgestellt [2] s. auch [3]. Nach Kainz, Mayer [4] wird bis 110°C von $Mn(NO_3)_2 \cdot xH_2O$ solange H_2O abgegeben bis der Hydratwassergehalt dem des Monohydrats entspricht. Erst oberhalb 110°C, besonders intensiv zwischen 130 und 140°C, erfolgt die Zersetzung zu MnO_2, NO_2 und H_2O. — Guntz, Martin [5] beobachten beginnende NO_2-Abgabe an $Mn(NO_3)_2 \cdot H_2O$ bei 140°C. — Lumme, Raivio [6] schließen aus der Zersetzung von handelsüblichem Mangannitrat (mit $\approx$4 mol H_2O), daß in ruhender Luft zwischen 50 und 184°C nur H_2O-Abgabe bis zur Zusammensetzung $Mn(NO_3)_2 \cdot 2H_2O$, erst oberhalb 184°C weitere Zersetzung nach $Mn(NO_3)_2 \cdot 2H_2O \rightarrow MnO_2 + 2H_2O + 2NO_2$ stattfindet. Aus den Thermogrammen werden Reaktionsordnung und Aktivierungsenergie für den ersten Vorgang zu 0.9 bzw. 9.3 ± 0.3 kcal/mol, für den zweiten zu 0.57 bzw. 23.7 ± 0.5 kcal/mol ermittelt. — Im Vakuum (10^{-4} bis 10^{-5} Torr) läßt sich bei sehr langsamem Erhitzen bis auf maximal 68 bis 70°C und mehrstündigem Verweilen bei dieser Temperatur vollständige Dehydratisierung von $Mn(NO_3)_2 \cdot xH_2O$ erzielen. Im Falle des Hexahydrats verläuft die Dehydratisierung über die Stufen von Dihydrat und Monohydrat, wie die thermogravimetrische Analyse zeigt [7]. Ausgehend vom Monohydrat erhält man bei mehrstündigem Erhitzen bei 70°C und 10^{-4} bis 10^{-5} Torr Mangannitrat mit 0.05 bis 0.25 mol H_2O [8].

Die röntgenographische Untersuchung der festen Zersetzungsprodukte ergibt, daß bei 55, 80 und 105°C kein einheitliches Produkt entsteht, sondern ein Gemisch von Pyrolusit (β-MnO_2, s. „Mangan" C1, S. 126/7) mit einem Oxid, in dem Mn vermutlich in verschiedenen Wertigkeitsstufen auftritt. Oberhalb 150°C ergibt die Zersetzung einheitliches MnO_2 [9], das je nach Versuchstemperatur und -dauer in verschiedenen Modifikationen entsteht, s. „Mangan" C1, S. 142/3. Oberhalb $\approx$450°C zersetzt sich das primär gebildete MnO_2, so daß schließlich Mn_2O_3 als Endprodukt der Zersetzung auftritt [2, 3]; vgl. hierzu Angaben über die thermische Zersetzung von MnO_2 in „Mangan" C1, S. 286/95. — In den gasförmigen Zersetzungsprodukten, die beim Erhitzen von $Mn(NO_3)_2 \cdot 6H_2O$ mit 5 grd/min Erhitzungsgeschwindigkeit auftreten, ist oberhalb 145°C HNO_3 spektrophotometrisch nachweisbar. Maximale HNO_3-Konzentration von 1.16% im Reaktionsabgas wird bei 215°C beobachtet [10].

Die thermische Zersetzung im H_2O-Dampf enthaltenden N_2-Strom ergibt bei 130 und 150°C ε-MnO_2 und α-Mn_2O_3, wobei γ-MnOOH (Manganit) nach $MnO_2 + Mn^{2+} + 2H_2O \rightarrow 2MnOOH + 2H^+$ als Zwischenstufe bei 130°C gebildet wird. Bei 170°C sind β-MnO_2 und α-Mn_2O_3 Endprodukte der Reaktion. Die Bildung von Mn_2O_3 wird als Dehydratisierung des MnOOH angesehen; ε-MnO_2 ist vermutlich Zwischenstufe für die Bildung von β-MnO_2 [11]. Besonders bei hohen Zersetzungstemperaturen (200 bis 500°C) bewirkt H_2O-Dampf in der umgebenden Atmosphäre eine Erhöhung des Mn_2O_3-Anteils im Reaktionsprodukt [13]. — In Gegenwart von NO (z. B. aus den bei der Zersetzung entstehenden gasförmigen Reaktionsprodukten) tritt neben β-MnO_2 je nach NO-Konzentration α-Mn_2O_3 in mehr oder weniger starker Konzentration auf. Im NO-Strom ist Mn_2O_3 bei 150°C einziges Reaktionsprodukt. Seine Bildung erklärt sich aus der Reduktionswirkung des NO auf primär gebildetes β-MnO_2 [11]. Wird $Mn(NO_3)_2 \cdot 6H_2O$ in größeren Mengen (1 kg) bei 350°C 20 h der thermischen Zersetzung unterworfen, wobei die entstehenden festen Zersetzungsprodukte praktisch immer in Berührung mit den Zersetzungsgasen bleiben, so fällt ein inhomogenes Reaktionsprodukt an, dessen Zusammensetzung sich vom Zentrum der Probe zur Peripherie hin von $MnO_{1.990}$ nach $MnO_{1.674}$ verschiebt. Nach röntgenographischen Untersuchungen erklärt sich diese Nichtstöchiometrie mit einer Zunahme von α-Mn_2O_3 neben β-MnO_2 zur Peripherie hin und nicht mit dem Auftreten von O-Fehlstellen im Gitter des β-MnO_2 [12].

Wird $Mn(NO_3)_2 \cdot xH_2O$ bei Temperaturen zwischen 150 und 200°C im Gemisch mit anderen Metallnitraten zersetzt, so entsteht MnO_2 in verschiedenen Modifikationen, die vom zugesetzten Nitrat bestimmt werden, s. hierzu „Mangan" C 1, S. 143.

Literatur:

[1] R. Funk (Z. Anorg. Allgem. Chem. **20** [1899] 393/418, 396). — [2] A. J. Hegedüs (Acta Chim. Acad. Sci. Hung. **46** [1965] 311/24, 312, 313, 320). — [3] A. J. Hegedüs, K. Horkay, M. Székely, W. Stefániay (Mikrochim. Acta **1966** 853/64, 853/4, 860). — [4] G. Kainz, J. Mayer (Mikrochim. Acta **1962** 241/8, 245, 246). — [5] A. Guntz, F. Martin (Bull. Soc. Chim. France [4] **5** [1909] 1004/11).

[6] P. Lumme, M.-T. Raivio (Suomen Kemistilehti **41** [1968] 194/202, 195, 196). — [7] D. Weigel, B. Imelik, M. Prettre (Bull. Soc. Chim. France **1964** 836/43, 836). — [8] D. Weigel, B. Imelik, M. Prettre (Bull. Soc. Chim. France **1964** 2600/2). — [9] J. Brenet, N. Busquère (Compt. Rend. **230** [1950] 1767/9). — [10] M. M. Karavaev, I. P. Kirillov (Izv. Vysshikh Uchebn. Zavedenii Khim. i Khim. Tekhnol. **2** [1959] 231/7, 235).

[11] L. Pons, J. Brenet (Compt. Rend. **259** [1964] 2825/6). — [12] G. Hahn, W. Dusdorf (Acta Chim. Acad. Sci. Hung. **56** [1968] 99/108, 100, 102). — [13] V. I. Tikhomirov, E. I. Korytkova, V. I. D'yachkov, V. I. Bocharova, R. P. Evseeva (Vestn. Leningr. Univ. Fiz. Khim. **1974** 137/40; C. A. **81** [1974] Nr. 32722).

Verhalten gegen Elemente und Verbindungen

$Mn(NO_3)_2 \cdot xH_2O$

Reactions with Elements and Compounds

Ein Gemisch von $Mn(NO_3)_2 \cdot 6H_2O$ mit Zinkstaub entwickelt oberhalb 93°C NO_2; Entwicklung von H_2 infolge Reaktion von Zn mit Hydratwasser, die bei anderen Kristallhydraten auftritt, kann nicht nachgewiesen werden [1]. — Mit $SOCl_2$ reagiert $Mn(NO_3)_2 \cdot 3H_2O$ bei Siedetemperatur (5 h) nur teilweise unter Bildung von $MnCl_2$ [2]. — Erhitzt man $Mn(NO_3)_2 \cdot 6H_2O$ mit H_3PO_4 im Molverhältnis 1 : 10 auf 120°C, so werden in 60 Minuten bei Verwendung 20%iger Säure 60 bis 75%, bei Verwendung 50%iger Säure 85 bis 95% der im Nitrat gebundenen Salpetersäure ausgetrieben. Die Zersetzung des Nitrats nimmt mit steigendem H_3PO_4/NO_3^--Verhältnis, steigender Reaktionstemperatur und -dauer zu [8]. Beim vorsichtigen Erhitzen von $Mn(NO_3)_2 \cdot 6H_2O$ mit Essigsäureanhydrid entsteht eine tiefbraune Flüssigkeit, aus der sich Kristalle von Mn^{II}- später auch Mn^{III}-Azetat ausscheiden [3]. Verläuft die Reaktion langsam (Kühlung) und in Gegenwart von Luft, so bildet sich bevorzugt Mn^{III}-Nitrat [4]. — Mit Acetylchlorid setzt sich $Mn(NO_3)_2 \cdot xH_2O$ quantitativ zu $MnCl_2$ um, wobei gleichzeitig nitrose Gase und Essigsäure bzw. Essigsäureanhydrid entstehen [5]. Die Reaktion verläuft bei gewöhnlicher Temperatur anfangs unter langsamer dann immer stärker werdender Gas- und Wärmeentwicklung. Bei Zusatz von $TiCl_4$, wobei zur vollständigen Vertreibung der gasförmigen Reaktionsprodukte in der letzten Stunde erhitzt wird (Gesamtversuchsdauer 135 min), entsteht ein Produkt der Zusammensetzung $Mn_{1.00}Ti_{4.36}Cl_{4.72}$ [6]. — Wird $Mn(NO_3)_2 \cdot xH_2O$ mit Harnstoff im Molverhältnis 1 : 1.5 bis 2 gemischt und auf 75°C erhitzt, so bildet sich eine gut kristallisierte Additionsverbindung, die erst oberhalb 40°C schmilzt [7], s. hierzu S. 275.

Zur Löslichkeit in organischen Lösungsmitteln s. S. 293.

Literatur:

[1] V. I. Semishin (Zh. Obshch. Khim. **10** [1940] 328/34, 331). — [2] D. Khristov, S. Karaivanov, V. Kolushki (Godishnik Sofiiskiya Univ. Khim. Fak. **55** [1960/61] 49/66, 63; C. A. **61** [1964] 9061). — [3] E. Späht (Monatsh. Chem. **33** [1912] 235/51, 244). — [4] K. W. Weber (Diss. Bonn 1952, S. 44). — [5] D. Khristov (Compt. Rend. Acad. Bulgare Sci. **16** [1963] 713/6; C. A. **61** [1964] 5172).

[6] V. R. Gonzales (Rev. Fac. Cienc. Univ. Oviedo **7** [1966] 83/176, 103, 141, 169). — [7] E. R. Boller, Grasselli Chemical Co., Cleveland, Ohio (U. S. P. 1986495 [1933/35]; C. A. **1935** 1218). — [8] Z. Kh. Dzhalilov, R. A. Mannanova, F. M. Mirzaev, M. N. Nabiev (Izv. Vysshikh Uchebn. Zavedenii Khim. i Khim. Tekhnol. **15** [1972] 1700/4; C. A. **78** [1973] Nr. 66324).

$Mn(NO_3)_2 \cdot 6H_2O$

3.11.1.3.1 $Mn(NO_3)_2 \cdot 6H_2O$

Formation. Preparation

Bildung und Darstellung

$Mn(NO_3)_2 \cdot 6H_2O$ tritt als Bodenkörper im System $Mn(NO_3)_2$-H_2O, s. S. 271, im System $Mn(NO_3)_2$-H_2O-HNO_3, s. S. 292, sowie in verschiedenen $Mn(NO_3)_2$-Metallnitrat-H_2O-Systemen auf. Zur Darstellung des Hexahydrats werden $Mn(NO_3)_2 \cdot xH_2O$-Präparate (Darstellung s. S. 274), die in der Regel weniger H_2O enthalten, unter Zugabe des zur Zusammensetzung $Mn(NO_3)_2 \cdot 6H_2O$ erforderlichen Wassers geschmolzen [1]. Beim Aufbewahren über konzentrierter Schwefelsäure gibt die Verbindung Hydratwasser ab, in 8 Tagen bis zu 12.5% [2]. Über konzentriertem H_2SO_4, später über P_2O_5 wird im Verlauf von mehreren Tagen bei Zimmertemperatur kontinuierliche Wasserabspaltung bis zur Zusammensetzung $Mn(NO_3)_2 \cdot 2H_2O$ beobachtet [3].

Die Bildungsenthalpie ΔH bei Bildung aus den Elementen unter Standardbedingungen wird aus der experimentell bestimmten Lösungswärme in H_2SO_4 zu $\Delta H^\circ_{298} = -557.070 \pm 0.310$ kcal · mol^{-1} für die geschmolzene Verbindung und $\Delta H^\circ_{298} = -566.680 \pm 0.310$ kcal · mol^{-1} für festes $Mn(NO_3)_2 \cdot 6H_2O$ berechnet [1].

Die Neuberechnung aus den gleichen Meßwerten unter Verwendung neuerer Werte für alle zusätzlichen Größen ergibt −557.2 und −566.9 kcal · mol^{-1} für die flüssige bzw. feste Verbindung [4]. Zu den gleichen Werten gelangen Zordan, Hepler [5].

Literatur:

[1] C. H. Shomate, F. E. Young (J. Am. Chem. Soc. **66** [1944] 771/3). — [2] R. Funk (Z. Anorg. Allgem. Chem. **20** [1899] 393/418, 403). — [3] D. Weigel, B. Imelik, M. Prettre (Bull. Soc. Chim. France **1964** 836/43, 836). — [4] D. D. Wagman, W. H. Evans, V. B. Parker, I. Halow, S. M. Bailey, R. H. Schumm (Natl. Bur. Std. [U. S.] Tech. Note 270-4 [1969] 111). — [5] T. A. Zordan, L. G. Hepler (Chem. Rev. **68** [1968] 737/45, 742, 744).

Crystallographic Properties

Kristallographische Eigenschaften

Das auf −180°C abgekühlte Salz zeigt beim Erwärmen bei −37 ± 1°C eine thermische und dilatometrische Diskontinuität, die auf polymorphe Umwandlung schließen läßt. Bei −5 ± 1°C wird außerdem eine schwache thermische Anomalie beobachtet, die einer Umwandlung 2. Ordnung entsprechen könnte [1].

Das Gitter von $Mn(NO_3)_2 \cdot 6H_2O$ ist rhombisch, Raumgruppe Pnma-D_{2h}^{16} mit a = 12.61 ± 0.03, b = 13.01 ± 0.03, c = 6.32 ± 0.02 Å und Z = 4 [2]. Aus Debye-Scherrer-Aufnahmen wird geschlossen, daß im $Mn(NO_3)_2 \cdot 6H_2O$, wie in anderen Nitrathexahydraten, die Kohäsion innerhalb einer Ebene sehr stark ist und daß der Abstand dieser Ebenen etwa 11 Å beträgt [3]. — Die Gitterenergie ergibt sich aus der Bildungswärme des komplexen Kations $[Mn(H_2O)_6]^{2+}$ mit Hilfe des Born-Haberschen Kreisprozesses zu U_{kr} = 358 kcal/mol, nach der Formel von Kapustinskii [4] unter Verwendung von Ionenradien zu U_{kr} = 362 kcal/mol [5].

Literatur:

[1] P. Pouillen (Compt. Rend. **250** [1960] 3318/9). — [2] B. Ribár, B. Prelesnik, S. Carič (Z. Krist. **137** [1973] 318/9). — [3] D. Weigel, B. Imelik, M. Prettre (Bull. Soc. Chim. France **1964** 836/43, 837, 842). — [4] A. F. Kapustinskii (Zh. Obshch. Khim. **13** [1943] 497/502, 499). — [5] K. B. Yatsimirskii (Zh. Obshch. Khim. **17** [1947] 2019/23).

Mechanical and Thermal Properties

Mechanische und thermische Eigenschaften

Dichte D in g/cm^3. Für die kristallisierte Verbindung wird D = 1.81 nach der Flotationsmethode gemessen; aus den Gitterkonstanten ergibt sich D = 1.85 nach Ribár u. a. [1], D = 1.82 nach Karyakin, Angelov [2]. D = 1.8 für die feste, D = 1.7 für die flüssige Verbindung ermitteln Shomate, Young [3]. An der Schmelze wird bei 30°C D = 1.72 experimentell von Akatsu, Aratono [4] bestimmt.

Thermische Ausdehnung. Beim Erwärmen der auf −180°C abgekühlten Verbindung wird bei −37 ± 1°C eine relative Volumenkontraktion um 0.08% festgestellt, Pouillen [5].

Schmelzpunkt t_f. Der erstmals von Ordway [6] gemessene Wert $t_f = 25.8°C$ wird durch spätere Messungen (s. beispielsweise [7 bis 10]) bestätigt und von Rossini u. a. [11] übernommen. Neuere Meßwerte liegen etwas tiefer: $t_f = 25.3°C$ [12]; $t_f = 24.9°C$, gemessen an einem Präparat, das aus Mn-Nitrat mit geringerem Hydratwassergehalt durch Zusammenschmelzen mit H_2O gewonnen wird. Nach zweimaliger fraktionierter Kristallisation beträgt $t_f = 25.0°C$ [3].

Schmelzenthalpie ΔH_f in kcal/mol, Schmelzentropie ΔS_f in cal · mol^{-1} · K^{-1}. Aus der Differenz der Lösungswärmen von festem und flüssigem $Mn(NO_3)_2 \cdot 6H_2O$ in Schwefelsäure wird $\Delta H_f = 9.61 \pm 0.01$ ermittelt [3]. Der Wert wird übernommen von Rossini u. a. [11]. Neue Berechnungen der Bildungsenthalpie (s. S. 278) führen zu $\Delta H_f = 9.7$ [13]. — $\Delta S_f = 32.14$, Rossini u. a. [11]; $\Delta S_f = 32.2$, Kelley [14]. — Messung der spezifischen Wärmekapazität im Schmelzbereich (1 bis 48°C) und Berechnung der Schmelzenthalpie sowie weiterer thermodynamischer Daten vermutlich für das Hexahydrat s. [15]. — Experimentelle Untersuchung der Wärmeaustauschvorgänge beim Schmelzen von $Mn(NO_3)_2 \cdot 6H_2O$ in einem Container und Ableitung eines mathematischen Modells für diesen Prozeß s. [10].

Thermodynamische Funktionen. Aus eigenen älteren Meßwerten, wonach die spezifische Wärme der flüssigen Verbindung bei 298.2 K $c_p = 0.5113$ cal · g^{-1} · K^{-1} und die mittlere spezifische Wärme zwischen 298.2 und 370.45 K $\bar{c}_p = 0.530$ cal · g^{-1} · K^{-1} beträgt, berechnet Kelley [14] die molare Wärmekapazität C_p (in cal · mol^{-1} · K^{-1}) von flüssigem $Mn(NO_3)_2 \cdot 6H_2O$ zu $C_p = 102.59 + 148.10 \times 10^{-3}\,T$. Die kalorimetrische Bestimmung der spezifischen Wärme des flüssigen Salzes zwischen 57.75 und 12.66°C ergibt $\bar{c}_p = 0.4146$ cal · g^{-1} · K^{-1}; für die feste Verbindung wird $\bar{c}_p = 0.345$ cal · g^{-1} · K^{-1} berechnet [8, S. 423]. Die unter der Annahme von Ionenbindung theoretisch berechnete molare Wärmekapazität der flüssigen Verbindung weicht mit $C_p = 94.5$ cal · mol^{-1} · K^{-1} (bei 300 K) beträchtlich vom experimentell ermittelten Wert ab [16]. Aus dem für die wasserfreie Verbindung abgeschätzten Entropiewert (49.0 cal · mol^{-1} · K^{-1}) wird durch Addition von 64.8 für 6 mol Kristallwasser gemäß [17] und 32.2 für die Schmelzentropie die Standardentropie zu $S^\circ_{298.2} = 146.0$ cal · mol^{-1} · K^{-1} bestimmt [14].

Zur Lösungswärme von $Mn(NO_3)_2 \cdot 6H_2O$ in 1 normaler H_2SO_4-Lösung s. S. 282.

Literatur:

[1] B. Ribár, B. Prelesnik, S. Carič (Z. Krist. **137** [1973] 318/9). — [2] Yu. V. Karyakin, I. I. Angelov (Chistye Khimicheskie Reaktivy, Moskva 1955, S. 330). — [3] C. H. Shomate, F. E. Young (J. Am. Chem. Soc. **66** [1944] 771/3). — [4] E. Akatsu, Y. Aratono (Anal. Chim. Acta **62** [1972] 325/35, 326). — [5] P. Pouillen (Compt. Rend. **250** [1960] 3318/9).

[6] J. M. Ordway (Am. J. Sci. [2] **27** [1859] 14/9, 16). — [7] R. Funk (Z. Anorg. Allgem. Chem. **20** [1899] 393/418, 394; Abhandl. Physik. Tech. Reichsanstalt **3** [1900] 435/43, 436). — [8] E. H. Riesenfeld, C. Milchsack (Z. Anorg. Allgem. Chem. **85** [1914] 401/29, 407, 422). — [9] D. Weigel, B. Imelik, M. Prettre (Bull. Soc. Chim. France **1964** 836/43). — [10] N. K. Korneichuk, A. G. Shukaev (Izv. Vysshikh Uchebn. Zavedenii Mashinostr. **1971** Nr. 7, S. 95/8; C. A. **75** [1971] Nr. 119529).

[11] F. D. Rossini, D. D. Wagman, W. H. Evans, S. Levine, I. Jaffe (Natl. Bur. Std. [U. S.] Circ. Nr. 500 [1952] 703). — [12] W. W. Ewing, H. E. Rasmussen (J. Am. Chem. Soc. **64** [1942] 1443/5). — [13] D. D. Wagman, W. H. Evans, V. B. Parker, I. Halow, S. M. Bailey, R. H. Schumm (Natl. Bur. Std. [U. S.] Tech. Note 270-4 [1969] 111). — [14] K. K. Kelley (U. S. Bur. Mines Rept. Invest. Nr. 3776 [1944] 1/33, 2/5). — [15] A. T. Ulubekov, A. G. Chukaev, M. Sh. Yagfarov (Izv. Vysshikh Uchebn. Zavedenii Mashinostr. **1973** Nr. 1, S. 91/5; C. A. **78** [1973] Nr. 115964).

[16] R. L. Myuller (Zh. Fiz. Khim. **28** [1954] 1193/209, 1201). — [17] K. K. Kelley, G. E. Moore (J. Am. Chem. Soc. **65** [1943] 2340/2).

3.11.1.3.2 $Mn(NO_3)_2 \cdot 4H_2O$

$Mn(NO_3)_2 \cdot 4H_2O$ Preparation

Das Tetrahydrat tritt als Bodenkörper in den Systemen $Mn(NO_3)_2$-H_2O(-HNO_3), s. S. 271 und 292 auf, ferner in Nitratsalzsystemen, beispielsweise im System $Mn(NO_3)_2$-$Ca(NO_3)_2$-H_2O, s. S. 299. Die Darstellung gelingt durch Entwässerung des Hexahydrats über Trockenmitteln (konzentriertes H_2SO_4, eventuell P_2O_5) unter gewöhnlichem oder vermindertem Druck (10^{-4} bis 10^{-5} Torr) bei Temperaturen unterhalb 25.8°C (Schmelzpunkt des Hexahydrats). Dieser Prozeß, der kontinuierlich bis zum Dihydrat verläuft, wird bei der Zusammensetzung $Mn(NO_3)_2 \cdot 4H_2O$ abgebrochen [1]. Nach Zdanovskii u. a. [2] läßt sich das Tetrahydrat durch Eindampfen wäßriger HNO_3-haltiger $Mn(NO_3)_2$-

$Mn(NO_3)_2 \cdot 4H_2O$

Lösung bei Temperaturen bis zu 80°C gewinnen, wobei weder Zersetzungs- noch Hydrolyseprozesse auftreten und HNO_3 vollständig entfernt wird.

Properties

$Mn(NO_3)_2 \cdot 4H_2O$ bildet transparente, rosafarbene, hygroskopische Kristalle. Die Untersuchung der Kristallstruktur anhand von 1001 dreidimensionalen Weissenberg-Aufnahmen (R-Faktor 13.8%) ergibt Raumgruppe $P2_1/n - C_{2h}^5$ mit a = 5.378 ± 0.01, b = 27.41 ± 0.1, c = 5.80 ± 0.03 Å, β = 113.5 ± 0.4° und Z = 4. Die Mn-Atome sind von 4 O-Atomen des H_2O und 2 Nitrat-Sauerstoffatomen verzerrt oktaedrisch umgeben. Die Mn-O-Abstände betragen 2.13 bis 2.21 Å, die O-O-Abstände 2.88 bis 3.34 Å. $Mn(NO_3)_2 \cdot 4H_2O$ hat eine Schichtstruktur: zwischen 2 Oktaederschichten liegen jeweils 2 Schichten von Nitrat-Ionen. Die Oktaeder sind sowohl innerhalb der Schicht als auch von Schicht zu Schicht durch Wasserstoffbrücken verbunden (Bindungslänge in der Schicht 2.78 bis 2.94 Å, zwischen den Schichten 2.74 bis 2.81 Å). Die Verbindung ist isomorph mit $Zn(NO_3)_2 \cdot 4H_2O$ und $Ni(NO_3)_2 \cdot 4H_2O$. Dichte (vermutlich bei Zimmertemperatur) D = 2.129 g/cm³, pyknometrisch in $CHCl_3$ bestimmt; D = 2.115 g/cm³, berechneter Wert [3]. Schmelzpunkt 37.1°C [4]; der Wert wird von Rossini u. a. [5] übernommen. — Der Gleichgewichtsdampfdruck des Tetrahydrats bei 25°C liegt über 10^{-5} Torr [1].

Literatur:

[1] D. Weigel, B. Imelik, M. Prettre (Bull. Soc. Chim. France **1964** 836/43, 836/7). — [2] A. B. Zdanovskii, G. E. Zhelnina (Zh. Prikl. Khim. **46** [1973] 2091/3; J. Appl. Chem. USSR **46** [1973] 2218/9). — [3] D. Popov, R. Herak, B. Prelesnik, B. Ribar (Z. Krist. **137** [1973] 280/9). — [4] W. W. Ewing, H. E. Rasmussen (J. Am. Chem. Soc. **64** [1942] 1443/5). — [5] F. D. Rossini, D. D. Wagman, W. H. Evans, S. Levine, I. Jaffe (Natl. Bur. Std. [U. S.] Circ. Nr. 500 [1952] 703).

$Mn(NO_3)_2 \cdot 3H_2O$?

3.11.1.3.3 $Mn(NO_3)_2 \cdot 3H_2O$ (?)

Nach Funk [1] soll das Trihydrat im System $Mn(NO_3)_2$-H_2O als Bodenkörper auftreten und durch Erhitzen von geschmolzenem $Mn(NO_3)_2 \cdot 6H_2O$ und anschließendem Trocknen über konzentriertem H_2SO_4 in Form rötlicher Nadeln (Schmelzpunkt 35.5°C) darstellbar sein. Durch neuere Untersuchungen des Systems kann jedoch die Existenz eines Trihydrats nicht bestätigt werden, s. hierzu S. 271.

Rossini u. a. [2] berechnen für $Mn(NO_3)_2 \cdot 3H_2O$ die Bildungsenthalpie bei 298 K zu $\Delta H° = -355.1$ kcal/mol, die Schmelzenthalpie unter Verwendung älterer Meßwerte [3] bei 35.5°C zu $\Delta H_f = 6.5$ kcal/mol und die Entropieänderung beim Schmelzen zu $\Delta S_f = 21.0$ cal · mol^{-1} · K^{-1}.

Literatur:

[1] R. Funk (Z. Anorg. Allgem. Chem. **20** [1899] 393/418, 396; Abhandl. Physik. Tech. Reichsanstalt **3** [1900] 435/43, 438). — [2] F. D. Rossini, D. D. Wagman, W. H. Evans, S. Levine, I. Jaffe (Natl. Bur. Std. [U. S.] Circ. Nr. 500 [1952] 279, 703). — [3] J. Livingston, R. Morgan, P. T. Owen (Z. Anorg. Allgem. Chem. **56** [1908] 168/72; J. Am. Chem. Soc. **29** [1907] 1439/42).

$Mn(NO_3)_2 \cdot 2H_2O$

3.11.1.3.4 $Mn(NO_3)_2 \cdot 2H_2O$

Über das Auftreten des Dihydrats als Bodenkörper in den Systemen $Mn(NO_3)_2$-H_2O(-HNO_3) s. S. 271 und 292. Zur Darstellung wird trocknes $MnCl_2$ bei 0°C mit wasserfreiem HNO_3 (im Überschuß) versetzt, langsam auf Zimmertemperatur erhitzt und über Nacht stehen gelassen. Danach kühlt man das Reaktionsgemisch auf −80°C ab und entfernt überschüssiges HNO_3 im Vakuum, wobei die Temperatur wieder langsam auf Zimmertemperatur gebracht wird. $Mn(NO_3)_2 \cdot 2H_2O$ scheidet sich als kristallines Pulver von hellrosa Farbe ab [1]. Wird $Mn(NO_3)_2 \cdot 6H_2O$ unter gewöhnlichem oder auf 10^{-4} bis 10^{-5} Torr vermindertem Druck über P_2O_5 bei Temperaturen unterhalb seines Schmelzpunktes getrocknet, so erfolgt gleichmäßige Gewichtsabnahme bis zur Zusammensetzung $Mn(NO_3)_2 \cdot 2H_2O$ [2, S. 836]. Das IR-Spektrum des Dihydrats zeigt ebenso wie das des wasserfreien Salzes (s. S. 269/70) nicht die charakteristischen Absorptionsfrequenzen des Nitrat-Ions; anscheinend sind auch hier die NO_3-Gruppen mit C_{2v}-Symmetrie kovalent an das Mn-Atom gebunden. In Nujol gemessene Wellenzahlen der Absorptionsbanden (in cm^{-1}):

ν_4	ν_1	ν_2	ν_6	ν_3 oder ν_5
1555	1310	1027	804	760 / 665

Hathaway u. a. [3].

Handelsübliches $Mn(NO_3)_2 \cdot xH_2O$, an dem bei Messungen in KCl und in Nujol das IR-Spektrum des Nitrat-Ions zu beobachten ist [4], enthält vermutlich mehr Kristallwasser als das Dihydrat. — Das magnetische Moment für $Mn(NO_3)_2 \cdot 2H_2O$ bei Zimmertemperatur ($\mu = 6.00\ \mu_B$) ist in Übereinstimmung mit oktaedrischer Umgebung des Metall-Ions [3].

Das Dihydrat spaltet nicht so leicht wie das Tetrahydrat Wasser ab. Der Gleichgewichtsdampfdruck bei 25°C beträgt 10^{-4} bis 10^{-5} Torr [2, S. 843].

Literatur:

[1] B. J. Hathaway, A. E. Underhill (J. Chem. Soc. **1960** 648/54, 649). — [2] D. Weigel, B. Imelik, M. Prettre (Bull. Soc. Chim. France **1964** 836/43). — [3] B. J. Hathaway, D. G. Holah, M. Hudson (J. Chem. Soc. **1963** 4586/9, 4589). — [4] F. Vratny (Appl. Spectry. **13** [1959] 59/70, 60, 61, 65).

3.11.1.3.5 $Mn(NO_3)_2 \cdot 1.5H_2O$

$Mn(NO_3)_2 \cdot 1.5\ H_2O$

Über das Auftreten der Verbindung als Bodenkörper im System $Mn(NO_3)_2$-H_2O-HNO_3 s. S. 292.

3.11.1.3.6 $Mn(NO_3)_2 \cdot H_2O$

$Mn(NO_3)_2 \cdot H_2O$

Das Monohydrat tritt als Bodenkörper im System $Mn(NO_3)_2$-H_2O, s. S. 271, und im System $Mn(NO_3)_2$-HNO_3-H_2O auf, s. S. 292. Zur Darstellung wird $Mn(NO_3)_2 \cdot 6H_2O$ in einem Porzellantiegel in seinem Kristallwasser geschmolzen und unter tropfenweisem Zusatz von konzentriertem HNO_3 vorsichtig zu einer durchsichtigen sirupartigen Masse eingedampft. Wird diese langsam unter ständigem Rühren in HNO_3 eingetragen, so fällt ein feinkristalliner, schwach rosafarbener Niederschlag aus, der durch Dekantieren abgetrennt und über P_2O_5 im Vakuum getrocknet wird. Die Zusammensetzung des trocknen Salzes entspricht der Formel $Mn(NO_3)_2 \cdot H_2O$ [1]. Das Monohydrat entsteht auch aus dem Dihydrat durch Erhitzen bei 68°C und 10^{-4} bis 10^{-5} Torr [2, S. 837].

Aus der Ähnlichkeit der Röntgenbeugungsdiagramme — besonders der 3 ersten und der stärksten Linie — wird auf isomorphe Struktur von $Mn(NO_3)_2 \cdot H_2O$ und $Co(NO_3)_2 \cdot H_2O$ geschlossen [2, S. 843].

Literatur:

[1] A. Guntz, F. Martin (Bull. Soc. Chim. France [4] **5** [1909] 1004/11, 1005/6). — [2] D. Weigel, B. Imelik, M. Prettre (Bull. Soc. Chim. France **1964** 836/43).

3.11.1.3.7 $Mn(NO_3)_2 \cdot 0.5H_2O$

$Mn(NO_3)_2 \cdot 0.5\ H_2O$

Das Hemihydrat soll im System $Mn(NO_3)_2$-H_2O-HNO_3 als Bodenkörper auftreten, s. hierzu S. 292.

3.11.1.4 Wäßrige Lösung von Mangan(II)-nitrat

Aqueous Solution of $Mn(NO_3)_2$

Lösungen in Gemischen von H_2O mit organischen Lösungsmitteln s. bei „Nichtwäßrige Lösungen" S. 293.

3.11.1.4.1 Bildungsdaten

Formation Data

Bildungsenthalpie ΔH in kcal/mol von $Mn(NO_3)_2$ in x mol H_2O bei 25°C, aus älteren Literaturdaten neu berechnet (ausgewählte Werte), Wagman u. a. [1]:

x	2.5	10	50	100	400	1000	5000
$-\Delta H^\circ_{298}$ . .	142.93	149.08	151.46	151.80	152.01	152.06	152.10

Von Rossini u. a. [2] werden für Lösungen mit x = 2.5 bis 1000 mol H_2O um 0.35 bis 0.42 kcal/mol niedrigere Werte für $-\Delta H^\circ_{298}$ angegeben. — Für die Bildung der undissoziierten Verbindung in hypothetisch idealer 1 molarer Lösung wird die Bildungsenthalpie zu $-\Delta H^\circ_{298} = 151.9$ kcal/mol, die freie Bildungsenthalpie zu $-\Delta G^\circ_{298} = 107.8$ kcal/mol ermittelt [1]. Die additive Berechnung der Bildungsenthalpie in stark verdünnter Lösung aus der Bildungsenthalpie der festen Verbindung und der Lösungswärme ergibt $-\Delta H^\circ_{291} = 149.2$ kcal/mol in guter Übereinstimmung mit dem experimentell zu 149.1 kcal/mol bestimmten Wert [3].

Literatur:

[1] D. D. Wagman, W. H. Evans, V. B. Parker, I. Halow, S. M. Bailey, R. H. Schumm (Natl. Bur. Std. [U. S.] Tech. Note 270-4 [1969] 111). — [2] F. D. Rossini, D. D. Wagman, W. H. Evans, S. Levine, I. Jaffe (Natl. Bur. Std. [U. S.] Circ. Nr. 500 [1952] 278/9). — [3] R. Lautié (Bull. Soc. Chim. France [5] **6** [1939] 178/83, 181).

Aqueous Solution of $Mn(NO_3)_2$

Heats of Solution and Dilution

3.11.1.4.2 Lösungswärmen. Verdünnungswärmen

Definition s. in „Kalium" S. 294.

Die integrale Lösungswärme L_i beim Lösen von 3.0796 bis 6.5458 g-Proben des wasserfreien Nitrats in 1 l H_2O bei 25°C zu Lösungen mit molalen Konzentrationen zwischen 0.01728 und 0.03673 beträgt nach kalorimetrischen Messungen im Mittel $-L_i$ = 60050 J/mol bzw. 14.35 kcal/mol (7 Messungen). Unter Verwendung dieses Wertes und der kalorimetrisch bestimmten intermediären Verdünnungswärme Q_m in kcal/mol $Mn(NO_3)_2$ beim Verdünnen von Lösungen der Molalität m_1 auf die molale Konzentration m_2 durch Zugabe von 1 l H_2O werden die integralen Lösungswärmen L_i in kcal/mol $Mn(NO_3)_2$ beim Lösen von 1 mol $Mn(NO_3)_2$ zur molalen Konzentration m_1 (bei 25°C) wie folgt berechnet (Angaben im Original in J/mol):

m_1 . . .	0.815	3.006	5.500	10.14	11.10	14.84	17.63	21.20	24.62
m_2 . . .	0.0139	0.0371	0.0493	0.1015	0.1194	0.1301	0.1329	0.1034	0.1033
$-Q_m$ . .	0.46	1.63	2.84	5.00	5.43	6.88	7.86	8.89	9.68
$-L_i$ . . .	13.89	12.72	11.52	9.36	8.93	7.47	6.49	5.46	4.68

Aus diesen Werten sowie aus Dampfdruckdaten berechnete partielle molale Lösungswärmen s. im Original, Ewing u. a. [1]. Von Guntz, Martin [2] wird $L_i = -12.39$ kcal/mol $Mn(NO_3)_2$ beim Lösen von 1 mol $Mn(NO_3)_2$ in 280 mol H_2O bei 14°C ermittelt. Ältere Angaben für Q_m beim Verdünnen von Lösungen mit 1 mol $Mn(NO_3)_2$ in 10 mol H_2O durch Zugabe von 5 bis 390 mol H_2O bei 18°C s. Thomsen [3]. — Die Lösungswärme für $Mn(NO_3)_2 \cdot 6H_2O$ in 1 normaler H_2SO_4-Lösung wird als Mittelwert aus mehreren Messungen unter Berücksichtigung der durch das Hydratwasser bedingten Verdünnungswärme für die feste Verbindung bei 21°C zu $+4510 \pm 11$ cal · mol^{-1}, für die flüssige Verbindung bei 25.5°C zu -5096 ± 6 cal · mol^{-1} bestimmt [4].

Literatur:

[1] W. W. Ewing, C. F. Glick, H. E. Rasmussen (J. Am. Chem. Soc. **64** [1942] 1445/9). — [2] A. Guntz, F. Martin (Bull. Soc. Chim. France [4] **5** [1909] 1004/11, 1007). — [3] J. Thomsen (Thermochemische Untersuchungen, Bd. 3, Leipzig 1883, S. 37; Landolt-Börnstein, 5. Aufl., Bd. 2, 1923, S. 1561). — [4] C. H. Shomate, F. E. Young (J. Am. Chem. Soc. **66** [1944] 771/3).

Nature of Solution

3.11.1.4.3 Konstitution der Lösung

Für die Konstitution wäßriger $Mn(NO_3)_2$-Lösungen sind vor allem Dissoziation und Hydratation des Kations, bei höheren Temperaturen auch Hydrolyseprozesse von Bedeutung. Ionenpaarbildung wird angenommen.

Structure

Struktur. In verdünnter $Mn(NO_3)_2$-Lösung bildet jedes Mn^{2+}-Ion eine strukturelle Einheit mit 6 H_2O-Molekeln in der primären Solvatationshülle, die von einer zweiten, lose assoziierten Solvatationshülle mit etwa 18 H_2O-Molekeln umgeben ist [1, 2], vgl. hierzu auch Angaben über die Hydratation des Mn^{2+}-Ions in „Mangan" B, S. 127. Wie das ESR-Spektrum zeigt, ist die Hydrathülle des Mn^{2+} unabhängig vom NO_3^--Ion [3], das selbst nicht hydratisiert ist [4]. Für konzentrierte Lösungen kann die Vorstellung von einer wäßrigen Lösung als Ansammlung von Ionen, die in einem kontinuierlichen Medium gleichmäßig verteilt sind und sich bewegen, nicht aufrecht erhalten werden: Das zur Verfügung stehende H_2O wird primär zur Sättigung der ersten Hydrathülle des Mn^{2+} verwendet. Noch „freie" H_2O-Molekeln und NO_3^--Ionen sind statistisch zwischen den dicht gepackten $[Mn(H_2O)_6]^{2+}$-Komplexen verteilt. In 6.4 molarer $Mn(NO_3)_2$-Lösung wird das gesamte H_2O zur Sättigung der Mn^{2+}-Hydrathülle benötigt [1]. Aus Messungen der Spin-Spin- und der Spin-Gitter-Relaxationszeiten in Abhängigkeit von Konzentration, Viskosität und Temperatur der Lösung wird geschlossen, daß in konzentrierten Lösungen die Struktur der festen Verbindung $Mn(NO_3)_2 \cdot 6H_2O$ mit paramagnetischen $[Mn(H_2O)_6]^{2+}$-Komplexen erhalten bleibt. In mittleren Konzentrationsbereichen sind diese Komplexe inhomogen, in verdünnten Lösungen gleichmäßig in der Struktur des Wassers eingeschlossen [5]. — Die kontinuierlich verlaufenden Veränderungen des EPR-Signalprofils, die beim Verdünnen hochkonzentrierter $Mn(NO_3)_2$-Lösungen auf etwa 3 mol/l beobachtet werden, deuten auf allmählich abnehmende Austauschwechselwirkung mit sinkender Konzentration hin; unterhalb etwa 4 mol/l überwiegt vermutlich der Einfluß von Dipolwechselwirkung [6], s. hierzu auch [5].

Aqueous Solution of $Mn(NO_3)_2$

Assoziation. Die relative Assoziation, berechnet aus der Ultraschallgeschwindigkeit in $Mn(NO_3)_2$-Lösungen, steigt linear mit der Konzentration an, wobei der Anstieg bei Konzentrationen unterhalb 1.5 mol/l steiler als bei höheren Konzentrationen ist [12]. Bildung molekularer Assoziate in konzentrierten $Mn(NO_3)_2$-Lösungen (z. B. 4 molar) als mögliche Ursache für verzögerte Zunahme der ESR-Linienbreite bei Einwirkung von Druck diskutieren Filippov u. a. [13].

Association

Untersuchungen des Anioneneinflusses auf die ESR-Linienbreite in wäßrigen Mn^{2+}-Lösungen deuten auf Bildung von Ionenpaaren mit langer Lebensdauer in $Mn(NO_3)_2$-Lösungen schon bei relativ niedrigen Konzentrationen (0 bis 1.5 mol/l) hin [14]. Auf Ionenpaarbildung in konzentrierter Lösung (5.5 mol/l) wird aus Untersuchungen der kernmagnetischen Resonanz von ^{14}N in Nitratlösungen geschlossen, die für $Mn(NO_3)_2$ eine starke negative Verschiebung ergeben [15].

Wasserstoffionenkonzentration. Nach Messungen mit Hilfe von Pufferlösungen und Farbindikatoren beträgt der pH-Wert von 1, 0.1 und 0.01 molaren $Mn(NO_3)_2$-Lösung 4, 5 bzw. 6, s. [7].

Hydrogen Ion Concentration

Hydrolyse. In Mn^{2+}-Lösungen, deren pH-Wert unter 7 liegt — was für Lösungen des Nitrats zutrifft (s. oben) — ist die Hydrolyse sehr gering. Vgl. hierzu Angaben beim Mn^{2+}-Ion in „Mangan" B, S. 368/70. Untersuchung der thermischen Zersetzung verdünnter $Mn(NO_3)_2$-Lösung zeigt, daß bei 200 bis 300°C Hydrolyse nach $[Mn(H_2O)_6]^{2+} \rightleftharpoons [Mn(H_2O)_5OH]^+ + H^+$ und $[Mn(H_2O)_5OH]^+ \rightleftharpoons Mn(OH)_2 + H^+ + 4H_2O$ von Bedeutung ist [8].

Hydrolysis

Dissoziation. Das Nitrat ist in verdünnter wäßriger Lösung weitgehend dissoziiert, in 0.5 normaler Lösung offenbar stärker als das Chlorid, wie die angenäherte Berechnung des Dissoziationsgrades aus Leitfähigkeitswerten ergibt [9]. Ältere Angaben für den Dissoziationsgrad bei 35, 50 und 65°C, berechnet aus der elektrischen Leitfähigkeit s. [10].

Dissociation

Aktivitätskoeffizient. f_a für Konzentrationen m in mol/kg H_2O, aus Messungen der Gefrierpunktserniedrigung von Kashcheeva, Tseft [11], (ausgewählte Werte):

Activity Coefficient

m . . .	0.9130	0.6749	0.4580	0.2280	0.0818	0.0407	0.0102	0.0025	0.0012	0.0003
f_a . . .	0.6663	0.6692	0.6451	0.6213	0.6958	0.7195	0.8103	0.8837	0.9442	0.9720

Literatur:

[1] E. F. Strother (Diss. Univ. of South Carolina 1971, S. 1/135, 87; Diss. Abstr. Intern. B **32** [1972] 6007). — [2] E. F. Strother, H. A. Farach, C. P. Poole (Phys. Rev. A [3] **4** [1971] 2078/87). — [3] M. Tinkham, R. Weinstein, A. F. Kip (Phys. Rev. [2] **84** [1951] 848/9). — [4] B. H. van Ruyven (Chem. Weekblad **52** [1956] 833/8, 834). — [5] F. M. Gumerov, B. M. Kozyrev, G. P. Vishnevskaja (Mol. Phys. **29** [1975] 937/59), s. auch P. G. Tishkov, G. P. Vishnevskaya (Zh. Eksperim. i Teor. Fiz. **38** [1960] 335/40; Soviet Phys.-JETP **11** [1960] 243/6).

[6] R. Servant (Compt. Rend. B **278** [1974] 43/4). — [7] N. A. Tananaev, S. Ya. Shnaiderman (Zh. Prikl. Khim. **10** [1937] 924/31, 928). — [8] Pi-Chang Kong, T. W. Swaddle, P. Bayliss (Can. J. Chem. **49** [1971] 2442/6, 2445). — [9] W. H. Banks, E. C. Righellato, C. W. Davis (Trans. Faraday Soc. **27** [1931] 621/7, 623). — [10] E. J. Shaeffer, H. C. Jones (Am. Chem. J. **49** [1913] 207/53, 232).

[11] T. V. Kashcheeva, A. L. Tseft (Tr. Vost. Sibirsk. Filiala Akad. Nauk SSSR **1960** Nr. 25, S. 43/51, 46; C. A. **1961** 11053). — [12] M. Satyanarayanamurty, B. Krishnamurty (Indian J. Pure Appl. Phys. **1** [1963] 332/4). — [13] A. I. Filippov, I. S. Donskaya, B. M. Kozyrev (Dokl. Akad. Nauk SSSR **205** [1972] 138/41; Dokl. Phys. Chem. Proc. Acad. Sci. USSR **202/207** [1972] 573/6). — [14] P. Nehmitz, M. Stockhausen (Z. Naturforsch. **24a** [1969] 573/7). — [15] M. Bose, N. Chatterjee, N. Das (Proc. Nucl. Phys. Solid State Phys. Symp., Calcutta 1965, Tl. A, S. 162/70, 164; C. A. **65** [1966] 11575).

Aqueous Solution of $Mn(NO_3)_2$

Mechanical and Thermal Properties

Density

3.11.1.4.4 Mechanische und thermische Eigenschaften

Dichte D, gemessen an Lösungen der Konzentration c bei 15°C [1]:

c in val/l	0.011474	0.022940	0.057372	0.114744	0.229395	0.344231	0.573718
D^{15}_{15}	1.00085	1.00160	1.00367	1.00742	1.01493	1.02226	1.03685

D bei 18°C, berechnet für Konzentrationen w aus Meßwerten von Heydweiller [2] unter Berücksichtigung älterer Dichteangaben (ausgewählte Werte) [3]:

w in Gew.-%	1	6	10	16	20	26
D^{18}_{4}	1.0063	1.0459	1.0794	1.1333	1.1717	1.2338
w in Gew.-%	30	35	45	55		
D^{18}_{4}	1.2781	1.3367	1.4662	1.6146		

Bei 20°C wird für die gesättigte Lösung (56.9 Gew.-%) D = 1.6482 [4] bzw. D = 1.6393 [5] bestimmt. Ältere Dichtewerte für 12, 16, 20 und 26°C werden für 6 verschiedene Konzentrationen (1.884 bis 48.09%) in Interpolationsformeln zusammengefaßt [6]. Bei 25 und 100°C beträgt die Dichte für eine Lösung mit w = 43.34% D^{25} = 1.481, D^{100} = 1.426, mit w = 56.9% D^{25} = 1.701, D^{100} = 1.634 [7].

Berechnung von Valsonschem Modul für Mn und Elektrostriktion aus Dichte und Brechungsindex wäßriger $Mn(NO_3)_2$-Lösungen s. [1].

Viscosity

Viskosität. Aus Meßwerten von Wagner [8] und Herz [9] für Lösungen verschiedener Konzentration c bei 25°C berechnen Bates u. a. [10] folgende Werte für die relative Viskosität η/η_{H_2O}:

c in val/l	0.1	0.25	0.5	1	2	3
η/η_{H_2O}	1.033	1.085	1.176	1.370	1.84	2.49

Für die gesättigte Lösung bei 20°C wird η = 12.7391 cP [4] bzw. 15.2593 cP [5] bestimmt.

Die Abnahme von η bei steigender Temperatur ist für Lösungen mit c = 5.78 bis 8.25 mol/l in **Fig. 135** dargestellt [11].

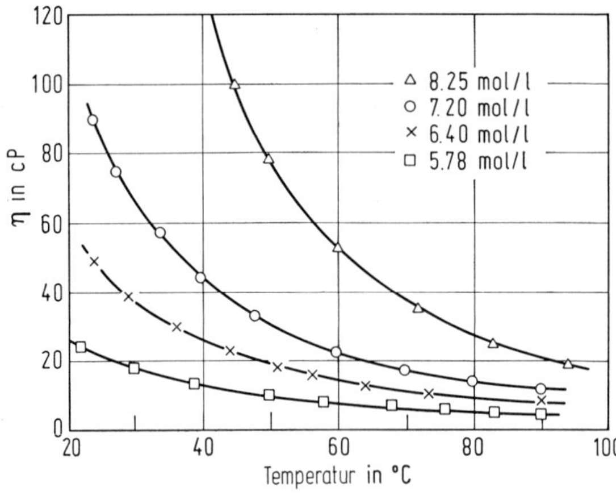

Fig. 135

Viskosität von $Mn(NO_3)_2$-Lösungen verschiedener Konzentration in Abhängigkeit von der Temperatur.

Velocity of Ultrasound. Compressibility

Ultraschallgeschwindigkeit u. **Kompressibilität.** Nach einer optischen Methode wird an Lösungen mit w = 10 bis 67.4 Gew.-% $Mn(NO_3)_2$ zwischen −35 und +80°C die in **Fig. 136** dargestellte Temperaturabhängigkeit von u gefunden. Veränderungen in der Zusammensetzung der Kristallhydrate, die sich auf der Löslichkeitskurve durch Auftreten eines Maximums anzeigen, rufen keine Anomalien in der Konzentrationsabhängigkeit von u in der Lösung hervor. Das ergeben sowohl Messungen unter isothermen Bedingungen als auch entlang der Liquiduskurve. Nach u-Bestim-

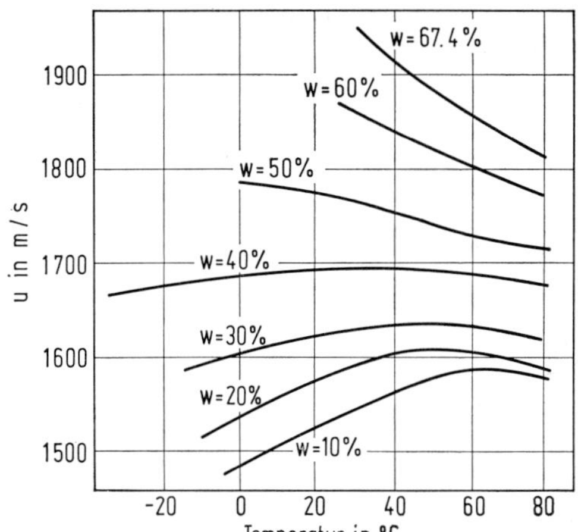

Fig. 136

Ultraschallgeschwindigkeit u in Abhängigkeit von der Temperatur für $Mn(NO_3)_2$-Lösungen verschiedener Konzentration w in Gew.-%.

mungen an gesättigten Lösungen kann die Abhängigkeit des Temperaturkoeffizienten der Schallgeschwindigkeit von der Konzentration durch 2 Geraden dargestellt werden, die sich am eutektischen Punkt schneiden [12]. Messungen an 0 bis 3 molaren $Mn(NO_3)_2$-Lösungen bei 28°C ergeben bis 0.1 mol/l langsamen, bei höheren Konzentrationen schnellen gleichförmigen Anstieg von u, in guter Übereinstimmung mit der Debye-Hückel-Theorie [13]. Der akustische Scheinwiderstand $Z = D \cdot u$ steigt mit zunehmender Konzentration (0.1 bis 3 mol/l) linear von etwa 1.6 auf etwa 2.2 $g \cdot cm^{-2} \cdot s^{-1}$ [14]. Aqueous Solution of $Mn(NO_3)_2$

Bei 15 MHz und gewöhnlicher Temperatur bestimmt Teeter [15] die Schallabsorption in 50%iger $Mn(NO_3)_2$-Lösung zu 345 dB/m.

Die adiabatische Kompressibilität $\varkappa$, bestimmt aus der Ultraschallgeschwindigkeit in 0 bis 3 molarer Lösung, nimmt mit steigender Konzentration zunächst langsam, oberhalb 0.1 m schnell ab. Die scheinbare molare Kompressibilität K steigt mit der Quadratwurzel aus der molaren Konzentration c an; für $\sqrt{c} > 1$ besteht lineare Abhängigkeit für K von $\sqrt{c}$, wobei der Gradient 6.25 beträgt. K ist für kleine Konzentrationen negativ, für $\sqrt{c} > 1.25$ positiv [13].

Diffusion. Für Lösungen der Konzentration c ergeben sich aus Messungen bei 13 bis 24°C folgende Werte für den Diffusionskoeffizienten D bei 20°C: Diffusion

c in val/l . . .	0.1	0.25	0.5	1	2	3
D in cm^2/d . .	0.800	0.774	0.772	0.767	0.761	0.771

Extrapolation auf unendliche Verdünnung ergibt $D = 1.59\ cm^2/d$ [16]. Ältere Angaben zur Diffusion s. [17].

Dampfdruck p. Angaben für gesättigte Lösungen s. S. 273. Bei 20, 25, 30 und 40°C werden von Ewing u. a. [18] an Lösungen mit m = 1.14 bis 22.81 mol $Mn(NO_3)_2$ je 1000 g H_2O folgende Werte gemessen bzw. (für 25°C bei m ≧ 12.03) aus kalorimetrischen Daten berechnet: Vapor Pressure

	m	1.14	2.53	3.31	4.34	5.96	7.38	8.36	9.74	10.94
p bei	20°C	16.66	14.90	13.07	11.51	8.68	6.83	5.61	—	3.39
	25°C	22.43	19.96	17.75	15.51	11.71	9.24	7.71	5.96	4.70
	30°C	30.00	26.47	23.92	20.65	15.85	12.61	10.59	8.09	6.47
	40°C	52.03	45.94	41.49	36.28	28.04	22.38	18.87	14.60	12.42

	m	12.03	15.93	16.94	19.28	21.37	22.81
p bei	25°C	3.69	1.92	1.61	0.98	0.81	0.68
	40°C	9.39	5.10	4.32	2.69	2.26	1.90

Aqueous Solution of $Mn(NO_3)_2$

Heat Capacity. Entropy

Wärmekapazität, Entropie. Spezifische Wärmekapazität c_p in $cal \cdot g^{-1} \cdot K^{-1}$ und scheinbare Molwärme C_p'' in $cal \cdot mol^{-1} \cdot K^{-1}$ für Lösungen der Konzentration m in mol $Mn(NO_3)_2$ je 1000 g H_2O bei 25°C, kalorimetrisch bestimmt (Mittelwerte aus jeweils 2 Messungen):

m . . .	0.250	0.360	0.640	1.100	1.960	2.890	3.999
c_p . . .	0.94885	0.9328	0.8900	0.83945	0.7614	0.7173	0.6895
C_p'' . . .	−25.5	−14.4	−10.1	+6.5	15.8	31.2	46.0

m . . .	4.840	5.154	5.616
c_p . . .	0.6692	0.66135	0.6406
C_p'' . . .	52.1	53.1	50.9

Im Konzentrationsbereich von 0.25 bis 4.5 mol/1000 g H_2O ändert sich C_p'' gemäß $C_p'' = -47.6 + 46.3\ m^{1/2}$; bei höheren Konzentrationen treten beachtliche Abweichungen auf; für 5.3 molale Lösung (entsprechend 10.7 mol H_2O je mol $Mn(NO_3)_2$) erreicht C_p'' einen Maximalwert [19]. Für eine Lösung mit 10.309 mol H_2O je mol $Mn(NO_3)_2$ bei 25°C wird $c_p = 0.51\ cal \cdot g^{-1} \cdot K^{-1}$ bestimmt [20]. Ältere Mittelwerte für den Bereich von 19 bis 51°C s. bei Marignac [21].

Für eine hypothetische ideale 1 molare $Mn(NO_3)_2$-Lösung bei 25°C und 1 atm Druck wird die Molwärme zu $C^\circ_{p\,298} = -29\ cal \cdot mol^{-1} \cdot K^{-1}$ angegeben, die Standardentropie zu $S^\circ_{298} = 52\ cal \cdot mol^{-1} \cdot K^{-1}$ [22].

Literatur:

[1] A. N. Campbell (J. Chem. Soc. **1928** 653/8, 655). — [2] A. Heydweiller (Z. Anorg. Allgem. Chem. **116** [1921] 42/4). — [3] J. A. Beattle (Intern. Critical Tables, Bd. 3, 1928, S. 68). — [4] N. N. Runov (Uch. Zap. Yaroslavsk. Gos. Ped. Inst. Nr. 59 [1966] 113/8, 114; C. A. **69** [1968] Nr. 39134). — [5] N. B. Videnov, L. N. Khristova, D. I. Dimitrov, R. A. Ivanova (Khim. Ind. [Sofia] **43** [1971] 387/8; C. A. **76** [1972] Nr. 117937).

[6] B. Cabrera, E. Moles, M. Marquina (J. Chim. Phys. **16** [1918] 11/27, 21, 22). — [7] A. Bose (Proc. Indian Acad. Sci. A **1** [1935] 605/15, 612). — [8] J. Wagner (Z. Physik. Chem. **5** [1890] 31/52, 39); vgl. auch J. Wagner (Ann. Physik Chem. [3] **18** [1883] 259/89, 271, 272). — [9] W. Herz (Z. Anorg. Allgem. Chem. **89** [1914] 393/6). — [10] S. J. Bates, W. P. Baxter (Intern. Critical Tables, Bd. 5, 1929, S. 14).

[11] E. F. Strother, H. A. Farach, C. P. Poole (Phys. Rev. A [3] **4** [1971] 2079/87, 2082). — [12] R. F. Kanatova, B. B. Kudryavtsev (Primenenie Ul'traakustiki k Issled. Veshchestva Nr. 11 [1960] 181/90; C. A. **56** [1962] 2902). — [13] M. Satyanarayanamurty, B. Krishnamurty (Indian J. Pure Appl. Phys. **1** [1963] 234/5). — [14] M. Satyanarayanamurty, B. Krishnamurty (Indian J. Pure Appl. Phys. **1** [1963] 332/4). — [15] C. E. Teeter (J. Acoust. Soc. Am. **18** [1946] 488/95, 492).

[16] L. W. Öholm (Finska Kemistsamfundets Medd. **44** [1935] 71/9, 77; C. **1936** I 4692). — [17] J. C. Graham (Z. Physik. Chem. **59** [1907] 691/6, 691). — [18] W. W. Ewing, C. F. Glick, H. E. Rasmussen (J. Am. Chem. Soc. **64** [1942] 1445/9, 1446). — [19] S. I. Drakin, L. V. Lantukhova, M. Kh. Karapet'yants (Zh. Fiz. Khim. **41** [1967] 98/103; Russ. J. Phys. Chem. **41** [1967] 50/3). — [20] W. D. Good, D. M. Fairbrother, G. Waddington (J. Phys. Chem. **62** [1958] 853/6).

[21] M. C. Marignac (Ann. Chim. Phys. [5] **8** [1876] 410/30, 417). — [22] D. D. Wagman, W. H. Evans, V. B. Parker, I. Halow, S. M. Bailey, R. H. Schumm (Natl. Bur. Std. [U. S.] Tech. Note 270-4 [1969] 110).

Magnetic and Electrical Properties

Magnetic Susceptibility

3.11.1.4.5 Magnetische und elektrische Eigenschaften

Magnetische Suszeptibilität. Die spezifische magnetische Suszeptibilität von $Mn(NO_3)_2$-Lösungen mit 185.6 bis 783.3 g/l wird bei 18°C nach der Methode von Heydweiller [1] unabhängig von der Konzentration zu $\chi = 78.1 \times 10^{-6}$, die Molsuszeptibilität zu $\chi_m = 139.7 \times 10^{-4}$ bestimmt [3]. Die hiervon abweichenden Meßergebnisse von Philipp [2] sind überholt [3]. Aus zahlreichen Messungen, ausgeführt bei 7 verschiedenen Konzentrationen und 18°C nach der Methode von Quincke sowie einer abgeänderten, für höhere Konzentrationen geeigneten Methode, ergibt sich $\chi_m = 147.3 \times 10^{-4}$ [4]. Die Volumensuszeptibilität ergibt sich für Lösungen mit w = 43.34 und 56.90 Gew.-% bei 298 K zu $\varkappa \cdot 10^6 = 51.77$ bzw. 78.27, bei 373 K zu $\varkappa \cdot 10^6 = 39.78$ bzw. 59.84 (Gouy-Methode). Die hieraus berechnete Ionensuszeptibilität des Mn^{2+} ($\chi_{Ion} \cdot 10^4 = 146.5$ bzw. 146.2 bei 298 K und 117.3 bzw. 116.6 bei 373.0 K) folgt dem Curie-Gesetz, wobei die Curie-Konstante einem magnetischen Moment des Mn^{2+} von 29.3 bis 29.4 Weißschen Magnetonen entspricht in Übereinstimmung mit dem theoretisch für den $^6S_{5/2}$-Zustand berechneten Wert 5.916 μ_B (s. „Mangan" B, S. 100) [5].

Aqueous Solution of $Mn(NO_3)_2$

Dielektrizitätskonstante ε. Mit steigender Konzentration nimmt die statische Dielektrizitätskonstante ε folgendermaßen ab:

Dielectric Constant

c in mol/l . . .	0.25	0.50	0.75	1.0	2.0
ε	68.5	65.5	60.0	57.5	54.0

Die Abnahme von ε mit steigender Konzentration verläuft — im Gegensatz zu den Halogenidlösungen — auch bei sehr kleinen Konzentrationen nicht linear, was auf die höhere Ionenladung und den größeren Radius des NO_3^--Ions zurückgeführt wird [6].

Literatur:

[1] A. Heydweiller (Boltzmann-Festschrift, Leipzig 1904, S. 4/12). — [2] P. Philipp (Diss. Rostock 1914). — [3] G. Falckenberg (Z. Physik **5** [1921] 70/6, 73, 74). — [4] B. Cabrera, E. Moles, M. Marquina (J. Chim. Phys. **16** [1918] 11/27, 11, 25, 26). — [5] A. Bose (Proc. Indian Acad. Sci. A **1** [1935] 605/15, 612, 614).

[6] P. S. Sastry, D. Premaswarup (Indian J. Pure Appl. Phys. **8** [1970] 675/6).

3.11.1.4.6 Optische Eigenschaften

Optical Properties

Brechungsindex n. Bei den Wellenlängen der Wasserstofflinien H_α (λ = 6563 Å), H_β (λ = 4861 Å) und H_γ (λ = 4340 Å) sowie bei 5893 Å und 18°C werden bei verschiedenen Konzentrationen c folgende Werte gemessen (aus den im Original angegebenen Differenzen $n - n_{H_2O}$ umgerechnet):

Refractive Index

c	n_α	n_D	n_β	n_γ
0.5	1.33773	1.33963	1.34397	1.34736
1	1.34394	1.34592	1.35045	1.35400
2	1.35596	1.35810	1.36292	1.36695
4	1.37921	1.36996	1.38713	1.39175

Hieraus als Mittelwert für die Na_D-Linie berechnete Molrefraktion (Lorentz-Lorenz) R_D = 23.29 cm^3. Die Molrefraktion ist nur in geringem Maße konzentrationsabhängig [1]. R_m = 23.26 für Na_D-Licht und 18°C, Mittelwert für die Konzentrationen 0.5 bis 4 val/l. Auf unendliche Verdünnung und unendliche Wellenlänge extrapoliert: R_m° = 22.36 [2]. Für die H_α- und die H_β-Linie wird die Molrefraktion bei 20°C aus jeweils 3 Messungen im Konzentrationsbereich 0.229395 bis 0.573718 val/l im Mittel zu 24.6 bzw. 25.6 bestimmt [3].

Ältere Angaben für n_D s. [4].

Absorption im UV. In wäßriger Lösung von Nitraten treten bei vollständiger Dissoziation im UV-Spektrum 2 Absorptionsmaxima auf, die den Übergängen $\pi^* \leftarrow n$ (bei 300 ± 15 nm) und $\pi^* \leftarrow \pi$ (bei etwa 200 nm) entsprechen. (Vgl. hierzu z. B. „Natrium" Erg.-Bd., S. 1000/1.) Der Extinktionskoeffizient bei 302.5 nm wird für $Mn(NO_3)_2$-Lösung zu ε = 7.0 bestimmt und ist in guter Übereinstimmung mit dem für das Nitrat-Ion zu 7.1 ermittelten Wert [5]. Wegen der Eigenabsorption des Mn^{2+}-Ions wird die Nitratbande etwas abgeschwächt [6].

Absorption in UV

Faraday-Effekt. Das spezifische magnetische Drehungsvermögen, gemessen an einer Lösung mit 50.5 Gew.-% $Mn(NO_3)_2$ für grünes Hg-Licht bei 15°C beträgt [ω] = +0.00291′ je cm und Gauß. Im Temperaturbereich von 0 bis 75°C steigt [ω] nur sehr wenig mit der Temperatur an [7].

Faraday Effect

Literatur:

[1] G. Limann (Z. Physik **8** [1922] 13/9, 14). — [2] A. Heydweiller (Physik. Z. **26** [1925] 526/56, 533, 546). — [3] A. N. Campbell (J. Chem. Soc. **1928** 653/8). — [4] J. Timmermans (Physico-Chemical Constants of Binary Systems in Concentrated Solutions, Bd. 3, New York 1960, S. 926). — [5] C. C. Addison, D. Sutton (J. Chem. Soc. A **1966** 1524/8, 1525).

Aqueous Solution of $Mn(NO_3)_2$

[6] K. Schaefer (Z. Wiss. Phot. Photophysik Photochem. **8** [1910] 212/34, 257/87, 278). — [7] H. Ollivier (Compt. Rend. **204** [1937] 1326/8; Ann. Phys. [Paris] [11] **11** [1939] 461/503, 496).

Electrochemical Behavior

3.11.1.4.7 Elektrochemisches Verhalten

Electrical Conductivity

Elektrische Leitfähigkeit

Die spezifische Leitfähigkeit $\varkappa$ in $\Omega^{-1} \cdot cm^{-1}$ für die mit 56.91 bzw. 56.99 Gew.-% $Mn(NO_3)_2$ gesättigte Lösung bei 20°C wird zu 0.02788 [1] bzw. 0.02357 [2] bestimmt.

Äquivalentleitfähigkeit Λ in $\Omega^{-1} \cdot cm^2 \cdot val^{-1}$ bei 18°C für Lösungen der Konzentration c_{val} in val/l [3]:

c_{val}	0.5	1	2	3	4	5	6	10
Λ	66.8	58.9	47.46	37.92	30.30	23.54	17.66	4.66

Der Grenzwert der Äquivalentleitfähigkeit für unendliche Verdünnung bei 18°C wird zu $\Lambda_\infty = 106$ berechnet [4].

Molare Leitfähigkeit Λ, aus den in Siemens-Einheiten angegebenen Originalwerten auf $\Omega^{-1} \cdot cm^2 \cdot mol^{-1}$ umgerechnet (Faktor 1.066), für Lösungen der Verdünnung V_{mol} in l/mol bei 0, 10.2, 25, 35, 50 und 65°C:

V_{mol}	2	8	16	32	128	512	1024	2048	Lit.
Λ_0	70.5	88.6	91.1	96.5	104.8	111.7	112.4	—	[5]
$\Lambda_{10.2}$	91.0	111.0	119.0	126.6	138.3	147.5	148.5	—	[5]
Λ_{25}	124.0	153.8	164.7	175.9	194.0	207.4	208.7	—	[5]
Λ_{35}	148.8	195.9	—	231.1	258.0	273.4	282.2	286.0	[6]
Λ_{50}	182.8	247.0	—	295.3	331.0	357.1	363.8	369.2	[6]
Λ_{65}	218.5	298.4	—	361.2	408.1	440.8	453.5	460.0	[6]

Weitere Λ-Werte für 35°C sowie Temperaturkoeffizienten für die Leitfähigkeit in den Bereichen 0 bis 10.2°C, 10.2 bis 25°C und 25 bis 35°C s. [5]. Temperaturkoeffizienten für 35 bis 50°C und 50 bis 65°C s. [6].

Einfluß oberflächenaktiver Stoffe auf die Leitfähigkeit 10^{-3} molarer $Mn(NO_3)_2$-Lösung bei 50°C s. [7].

Über eine empirische Beziehung zwischen Leitfähigkeit und Lichtbrechung s. [8].

Literatur:

[1] N. N. Runov (Uch. Zap. Yaroslavsk. Gos. Ped. Inst. Nr. 59 [1966] 113/8, 115). — [2] N. N. Runov (Uch. Zap. Yaroslavsk. Gos. Ped. Inst. Nr. 79 [1970] 146/50, 147). — [3] A. Heydweiller (Z. Anorg. Allgem. Chem. **116** [1921] 42/4). — [4] A. Heydweiller (Z. Physik. Chem. **89** [1915] 281/6, 284). — [5] H. C. Jones (Carnegie Inst. Wash. Publ. Nr. 170 [1912] 50).

[6] E. J. Shaeffer, H. C. Jones (Am. Chem. J. **49** [1913] 207/53, 232). — [7] M. Miura, A. Hasegawa, Y. Michihara (Bull. Chem. Soc. Japan **41** [1968] 534). — [8] G. Limann (Z. Physik **8** [1922] 13/9, 17, 18).

Electrolysis

Elektrolyse

Bei der Elektrolyse wäßriger $Mn(NO_3)_2$-Lösungen erfolgt an festen Metallkathoden Abscheidung von Wasserstoff und Reduktion des Anions, die in Abhängigkeit von Elektrodenmaterial und Versuchsbedingungen NO_2, NO, Hydroxylamin oder NH_3 ergibt. An der Anode scheidet sich MnO_2 ab [1]. Ausführliche Angaben über die anodische Abscheidung von MnO_2 s. „Mangan" C1, S. 158/60. Mn^{3+}-Bildung tritt nicht auf [2].

Nach Untersuchungen des Kathodenprozesses bei verschiedenen pH-Werten (NH_4NO_3-Zusatz) läßt sich das Fehlen einer Metallabscheidung durch folgende Annahmen erklären: Die Reduktion von NO_3^- erfolgt bei Potentialen, die nur wenig positiver als das Potential der Mn-Abscheidung sind; und die Korrosionsauflösung von Mn nimmt mit der Depolarisation durch Reduktion des NO_3^- zu

[3]. — Bei der Elektrolyse einer mit HNO_3 angesäuerten $Mn(NO_3)_2$-Lösung werden nitrose Gase entwickelt, die absorbiert werden [4]. Auch in rauchender Salpetersäure wird keine Bildung von Mn^{3+} beobachtet, s. [5, 6 und 7].

Aqueous Solution of Manganese(II) Nitrate

Zersetzungsspannung. Aus den für 0.15- bis 2%ige Lösungen von $Mn(NO_3)_2 \cdot 6H_2O$ mit Pt-Elektroden bei verschiedenen Kathodenstromdichten aufgenommenen Stromstärke-Spannung-Kurven ergeben sich Zersetzungspotentiale von 1.75 und 2.5 V, die der Abscheidung von Wasserstoff bzw. der Abscheidung von kompaktem Mn bei gleichzeitiger Wasserstoffentwicklung zugeschrieben werden. An verdünnter Lösung (0.15%) tritt außerdem bei höheren Stromdichten eine Stufe bei 3.0 V auf, die der Abscheidung von porösem Mn entsprechen soll. Mit zunehmender $Mn(NO_3)_2 \cdot 6H_2O$ Konzentration erniedrigt sich dieses Zersetzungspotential und fällt bei 1.5%iger Lösung mit dem Potential der Abscheidung von kompaktem Mn zusammen [8].

Literatur:

[1] T. A. Berezovskaya, R. I. Agladze (Elektrokhim. Margantsa Akad. Nauk Gruz. SSR **3** [1967] 115/21; C. A. **68** [1968] Nr. 26303). — [2] E. Frei (Diss. Gießen 1901, S. 23/6). — [3] T. A. Berezovskaya (Elektrokhim. Margantsa Akad. Nauk Gruz. SSR **2** [1963] 291/8; C. A. **62** [1965] 7379). — [4] J. B. Martinez, B. R. Rios (Anales Real Soc. Espan. Fis. Quim. [Madrid] B **45** [1949] 519/32, 531). — [5] M. Sem (Z. Elektrochem. **21** [1915] 426/37, 432).

[6] M. Sem (Z. Elektrochem. **23** [1916] 98). — [7] J. Meyer (Z. Elektrochem. **22** [1916] 201/2). — [8] O. Kudra, E. Gitman (Zh. Prikl. Khim. **20** [1947] 605/12, 609, 610; C. A. **1948** 1824).

3.11.1.4.8 Chemisches Verhalten

Chemical Reactions

Bei Bestrahlung

On Irradiation

Einwirkung von Sonnenlicht (7 d) auf wäßrige $Mn(NO_3)_2$-Lösung (5 bis 10 g $Mn(NO_3)_2 \cdot 4H_2O$ in 100 ml H_2O) bewirkt teilweise Zersetzung der Lösung unter Bildung von δ- und ε-Braunstein neben nicht definierbaren Produkten. Gleiche Wirkung hat Licht einer Hg-Lampe (23000 lm, 248 bis 436 nm) in ≈60 h. Mit Röntgenstrahlung (CuKα + β-Strahlung, 36 KV_s, 24 mA, 50 h) tritt nur ein Anflug von Braunstein an der Gefäßwand auf, der jedoch nicht isolierbar ist und auch durch längere Bestrahlung nicht verstärkt wird [1]. Zersetzung bei Einwirkung von Sonnenlicht beobachtet auch [2].

Wäßrige Lösungen von 1.5 mol $Mn(NO_3)_2 \cdot 4H_2O$ in 3 mol H_2O, die 1 mol $Mn(CH_3COO)_2 \cdot 4H_2O$ enthalten, färben sich im Sonnenlicht bereits bei −10°C in wenigen Minuten tiefbraun. In diffusem Tageslicht bei Zimmertemperatur tritt langsame Verfärbung ein [3].

Literatur:

[1] G. Gattow, O. Glemser (Z. Anorg. Allgem. Chem. **309** [1961] 121/50, 124). — [2] Fazal-Ud-Din (Indian J. Agr. Sci. **6** [1936] 844/54, 846). — [3] G. Lochmann, H. Winter, R. Schmitt, Siemens A.-G. (U. S. P. 3531383 [1966/70]; C. A. **74** [1971] Nr. 26182).

Verhalten beim Erhitzen

Chemical Reactions on Heating

Vgl. auch Darstellung von MnO_2 durch thermische Zersetzung von $Mn(NO_3)_2 \cdot xH_2O$ in „Mangan" C1, S. 142/3.

Wäßrige Lösungen von $Mn(NO_3)_2$ neigen bei erhöhter Temperatur und besonders bei hoher Konzentration zur Zersetzung. Hochkonzentrierte Lösungen, die durch Zusammenschmelzen von entsprechenden Hydraten dargestellt werden, zersetzen sich teilweise schon bei der Darstellung unter Bildung dunkel gefärbter Partikel und Gasentwicklung [1].

Untersuchung der thermischen Zersetzung durch Thermogravimetrie sowie Analyse der freigesetzten Gase und der festen Zwischen- und Endprodukte ergibt, daß wäßrige $Mn(NO_3)_2$-Lösungen ab ≈100 bis ≈200°C schnell H_2O abgeben bis eine glasartige Phase der ungefähren Zusammensetzung $Mn(NO_3)_2 \cdot 2H_2O$ vorliegt. Zwischen 200 und 300°C verliert dieses Produkt in dichter Aufeinanderfolge das restliche H_2O und 1 mol NO_2 je mol $Mn(NO_3)_2$. Vermutlich tritt $MnONO_3$ als Zwischenprodukt auf, das aber nicht isoliert werden kann und auch im IR-Spektrum nicht nachweisbar st. Nitrit ist mit Sicherheit kein Zwischenprodukt bei der thermischen Zersetzung, wie das IR-Spek-

Aqueous Solution of Manganese(II) Nitrate

Chemical Reactions on Heating

trum zeigt. Durch Abspaltung eines weiteren mols NO_2 entsteht aus $MnONO_3$ zunächst δ-MnO_2 (s. „Mangan" C1, S. 126/7), das bis 500°C noch Spuren von NO_3^- enthält. Bei 500°C unterliegt es einer Strukturumwandlung zum Pyrolusit (β-MnO_2) und spaltet bei weiterer Temperaturerhöhung Sauerstoff ab unter Bildung von Mn_2O_3. In Gegenwart von Feuchtigkeit sowie im Hochvakuum erfolgt die NO_2-Abspaltung in einem engeren Temperaturbereich und läßt stufenweisen Verlauf (über $MnONO_3$) kaum erkennen [2]. Aus Messungen der isothermen Gewichtsänderung bei den verschiedenen Zersetzungsstufen ergibt sich, daß die H_2O-Abgabe nach einem Geschwindigkeitsgesetz erster Ordnung verläuft, wobei die Aktivierungsenergie je nach der umgebenden Atmosphäre (trocknes oder feuchtes O_2, N_2 oder Luft) zwischen 6 und 10 kcal/mol liegt [3]. Zur Zersetzungsgeschwindigkeit des wasserfreien Nitrats und des $MnONO_3$ s. S. 270 bzw. 307. Wird wäßrige $Mn(NO_3)_2$-Lösung auf poröses Ta aufgebracht und dort der thermischen Zersetzung unterworfen (wie bei der Herstellung von Ta-Kondensatoren), so verlaufen die verschiedenen Zersetzungsstufen nach anderen kinetischen Gesetzmäßigkeiten, jedoch werden etwa die gleichen Aktivierungsenergien ermittelt [4]. Für die Geschwindigkeit des Lösungsmittelverlustes kugelförmiger Tropfen gilt eine etwas abgewandelte Geschwindigkeitsgleichung 1. Ordnung. Der Einfluß der Konzentration auf die Verdampfung ist größer als der der Oberflächenveränderung. Die Aktivierungsenergie beträgt 13.8 kcal/mol [17]. Untersuchung der Lösungsmittelverdampfung von HNO_3-haltiger wäßriger $Mn(NO_3)_2$-Lösung bei 80°C bis zur Zusammensetzung $Mn(NO_3)_2 \cdot 4H_2O$ s. [18].

Zusatz von HNO_3 und H_2O_2 oder von NH_4NO_3 vor Beginn der thermischen Zersetzung verhindert die Bildung von Mn_2O_3 neben MnO_2, die bei reiner wäßriger $Mn(NO_3)_2$-Lösung beobachtet wird [5, 6]. Beim Erhitzen konzentrierter $Mn(NO_3)_2$-Lösung im Pt-Tiegel an der Luft entsteht bei 150°C in 0.5 bis 5 h ein Gemisch von Pyrolusit und α-Mn_2O_3, in dem sich der Pyrolusitanteil mit zunehmender Erhitzungsdauer erhöht [7]. — In Gegenwart von Oxalsäure, Ascorbinsäure oder NH_3 tritt Bildung von Mn_2O_3 bevorzugt auf und kann unter Umständen die Bildung von MnO_2 völlig verhindern [8].

Beim Erhitzen im verschlossenen Gefäß auf 150°C scheidet sich aus konzentrierter $Mn(NO_3)_2$-Lösung im pH-Bereich von 1.5 bis 4 nach 2 bis 5 h etwas ε-MnO_2 ab, wobei das Material des Reaktionsgefäßes ohne Einfluß auf das Reaktionsprodukt ist [7]. Bei pH $\geqq$ 5 entsteht unter sonst gleichen Versuchsbedingungen in 12 h γ-MnOOH, bei höherer Temperatur und längerer Versuchsdauer β-MnO_2. In Gegenwart von KNO_3 führt die thermische Zersetzung zu α-MnO_2, in Gegenwart von $Be(NO_3)_2$ zu einem Gemisch von δ-MnO_2 und stark fehlgeordnetem ε-MnO_2 [9]. Wird 0.2 molare $Mn(NO_3)_2$-Lösung im verschlossenen Gefäß aus nichtrostendem Stahl unter N_2 auf 250°C erhitzt (24 h), so treten β-MnOOH und γ-MnOOH sowie etwas MnO_2 als Zersetzungsprodukte auf; bei 300°C (24 h) im Ti-Gefäß zersetzt sich das Nitrat zu gut kristallisiertem β-MnO_2. Die Zersetzungsprozesse lassen sich mit Hydrolysereaktionen des hydratisierten Mn^{2+}-Ions und mit Oxidation durch HNO_3 oder seine Zersetzungsprodukte erklären [10].

Verfahren zur Aufbringung einer MnO_2-Schicht bei der Herstellung von Elektrolytkondensatoren durch thermische Zersetzung wäßriger $Mn(NO_3)_2$-Lösung s. [11 bis 16]. Untersuchung der dabei an Ta-Kondensatoren auftretenden Zersetzungsvorgänge s. [4], der Zersetzungskinetik an porösem Nb unter verschiedenen Versuchsbedingungen s. [19].

Literatur:

[1] W. W. Ewing, C. F. Glick, H. E. Rasmussen (J. Am. Chem. Soc. **64** [1942] 1445/9, 1446). — [2] P. K. Gallagher, F. Schrey, B. Prescott (Thermochimica Acta **2** [1971] 405/12). — [3] P. K. Gallagher, D. W. Johnson (Thermochimica Acta **2** [1971] 413/22, 415, 416, 418). — [4] P. K. Gallagher, D. W. Johnson (J. Electrochem. Soc. **118** [1971] 1530/4). — [5] A. J. Hegedüs (Acta Chim. Acad. Sci. Hung. **46** [1965] 311/24, 320, 321).

[6] A. J. Hegedüs, K. Horkay, M. Székely, W. Stefániay (Mikrochim. Acta **1966** 853/64, 860). — [7] O. Glemser, H. Meisiek (J. Prakt. Chem. [4] **5** [1958] 219/23). — [8] A. J. Hegedus (Magy. Kem. Folyoirat **72** [1966] 79/84). — [9] G. Gattow, O. Glemser (Z. Anorg. Allgem. Chem. **309** [1961] 121/50, 123). — [10] Pi-Chang Kong, T. W. Swaddle, P. Bayliss (Can. J. Chem. **49** [1971] 2442/6, 2443, 2445).

[11] D. A. McLean, F. S. Power (Proc. Inst. Radio Engrs. Waves Electrones **44** [1956] 872/8, 873). — [12] H. Shiratori, H. Moriya (Denki Kagaku **29** [1961] 287/90 nach C. A. **62** [1965] 1158). — [13] G. Lochmann, H. Winter, R. Schmitt, Siemens A.-G. (U. S. P. 3531383 [1966/70]; C. A. **74** [1971] Nr. 26182). — [14] J. Silgailis, P. R. Mallory and Co. Inc. (U. S. P. 3467895

[1967/69]; C. A. **71** [1969] Nr. 117760). — [15] T. Namikata, K. Hirata, Y. Ichikawa, Fujitsu Ltd. (U. S. P. 3607385 [1968/71]; C. A. **75** [1971] Nr. 134889).

[16] H. Bub, K. Leykauf, K. Gottschaemmer, H. Spiess, Licentia Patent-Verwaltungs-G. m. b. H. (Deut. Offenlegungsschrift 1935002 [1969/71]; C. A. **75** [1971] Nr. 114084). — [17] P. K. Gallagher, D. W. Johnson (Thermochimica Acta **3** [1972] 303/9). — [18] A. B. Zdanovskii, G. E. Zhelina (Zh. Prikl. Khim. **46** [1973] 2091/3; J. Appl. Chem. USSR **46** [1973] 2218/9). — [19] V. I. D'yachkov, V. I. Bocharova, R. P. Eseeva, V. I. Tikhomirov (Vestn. Leningr. Univ. Fiz. Khim. **4** [1974] 123/8 nach C. A. **81** [1974] Nr. 128308).

Verhalten gegen Elemente und Verbindungen

Aqueous Solution of Manganese(II) Nitrate

Reactions with Elements and Compounds

Vgl. hierzu auch Angaben über das chemische Verhalten des Mn^{2+}-Ions in „Mangan" B, S. 380/9.— Reaktion von 10- bis 20%iger $Mn(NO_3)_2$-Lösung mit Wasserstoff im geschlossenen Gefäß (Anfangsdruck 50 bis 80 atm) bei Temperaturen zwischen 190 und 300°C führt zur Bildung von kristallinem Mn_3O_4. Gestalt, Größe, Farbe und H_2O-Gehalt der Kristalle werden von der Reaktionstemperatur und vom Gefäßmaterial (Quarz oder Gold) beeinflußt [1], s. auch [2]. — Beim Durchleiten von Sauerstoff durch eine siedende Lösung von 100 g $Mn(NO_3)_2 \cdot 4H_2O$ in 50 ml H_2O bilden sich β-MnO_2-Einkristalle [3]. Aus einer mit O_2 gesättigten 0.1 molaren $Mn(NO_3)_2$-Lösung, die mit NaOH versetzt und danach wieder mit O_2 behandelt wird, scheiden sich je nach Versuchsführung Manganoxide bzw. Oxidhydrate ab. Der Oxidationsgrad des Reaktionsprodukts wird von der Geschwindigkeit der O_2-Zufuhr, weniger von der Alkalität der Lösung bestimmt [4]. Bei der Reaktion mit Ozon wird je nach Mn^{2+}- und HNO_3-Konzentration MnO_2 und/oder MnO_4^- gebildet, wobei Mn^{3+} als Zwischenstufe auftreten kann [5, 6]. Nähere Angaben über Mechanismus und Geschwindigkeit der Reaktion s. „Mangan" B, S. 387. — Oxidation von $Mn(NO_3)_2$-Lösung mit Chlor oder Brom in Gegenwart von CH_3COONa ergibt bei 20°C γ-MnO_2 [7]. Durch Einwirkung eines mit Br_2 beladenen Stickstoffstroms auf eine Lösung von 10 g $Mn(NO_3)_2 \cdot 4H_2O$ + 5 g CH_3COONa in 100 ml H_2O bei 80°C entsteht ε_2-MnO_2 [3].

Durch Zugabe von Natronlauge wird basisches Mn-Nitrat ausgefällt. Nach Messungen an Lösungen mit 0.02 bis 280.49 g Mn^{2+} je l/Lösung, bei denen das Auftreten des Tyndall-Effekts zur Kennzeichnung des Fällungsbeginns dient, erniedrigt sich mit steigender $Mn(NO_3)_2$-Konzentration der pH-Wert, bei dem die Fällung beginnt, von 9.58 auf 3.52 und die Basizität des Niederschlags nimmt ab. Die Abhängigkeit Konzentration-Fällungs-pH hat einen Knickpunkt bei pH = 7.38 entsprechend 8.94 g-Mn^{2+}/l. Die Zusammensetzung des Niederschlags wird für Lösungen mit 0.02 bis 8.94 g-Mn^{2+}/l mit 1.4 $Mn(NO_3)_2 \cdot Mn(OH)_2$, für konzentrierte Lösungen mit $4Mn(NO_3)_2 \cdot Mn(OH)_2$ angegeben [8]. — Die pH-Änderung beim Titrieren von $Mn(NO_3)_2$-Lösung mit wäßriger Ammoniaklösung, die nicht linear und langsamer als zu erwarten erfolgt, spricht für die Bildung von basischem Salz. Durch geringen NH_3-Zusatz wird $Mn(NO_3)_2 \cdot Mn(OH)_2$, durch größere Zugaben $Mn(OH)_2$ gefällt. Bei NH_3-Überschuß wird kein $Mn(OH)_2$ ausgefällt, bzw. ein schon vorhandener Niederschlag teilweise wieder aufgelöst, wahrscheinlich infolge Komplexbildung [9]. — Mit NaBrO reagiert $Mn(NO_3)_2$ in wäßriger Lösung von pH 6.5 bis 7 unter Bildung von schwarzem, hydratwasserhaltigem δ'-MnO_2. Wahrscheinlich entsteht primär MnO_4^-, das mit noch nicht umgesetztem Mn^{2+} reagiert [10].

Aus wäßrigen Lösungen, die Harnstoff und $Mn(NO_3)_2$ enthalten, scheiden sich bei 20°C in Abhängigkeit von der Harnstoffkonzentration Komplexe der Zusammensetzung $Mn(NO_3)_2 \cdot 4CO(NH_2)_2 \cdot 2H_2O$ und $Mn(NO_3)_2 \cdot 2CO(NH_2)_2 \cdot 4H_2O$ als feste Phasen ab [11]. Bei 50°C tritt $Mn(NO_3)_2 \cdot 3CO(NH_2)_2 \cdot 3H_2O$ als Bodenkörper auf [12]. — Hexamethylentetramin bildet in konzentrierter wäßriger Lösung mit $Mn(NO_3)_2$ eine kristalline Verbindung der Zusammensetzung $Mn(NO_3)_2 \cdot 2C_6N_4H_{12} \cdot 10H_2O$ [13]. Ausführliche Angaben hierzu s. in einer späteren Lieferung über Komplexverbindungen des Mangans.

Literatur:

[1] W. Ipatiew, B. Muromtzew (Ber. Deut. Chem. Ges. **63** [1930] 160/6, 163). — [2] W. Ipatiew (Ber. Deut. Chem. Ges. **59** [1926] 1412/26, 1419, 1420). — [3] G. Gattow, O. Glemser (Z. Anorg. Allgem. Chem. **309** [1961] 121/50, 129). — [4] W. Feitknecht, W. Marti (Helv. Chim. Acta **28** [1945] 129/48, 131). — [5] J. Marcy, F. Matthes (Chem. Tech. [Leipzig] **19** [1967] 430/4).

[6] A. A. Grinberg, E. A. Shashukov, N. N. Popova, V. E. Vyatkin (Kinetics Catalysis [USSR] **12** [1971] 426/30). — [7] G. Gattow, O. Glemser (Z. Anorg. Allgem. Chem. **309** [1961] 20/36, 23). — [8] T. V. Kashcheeva, A. L. Tseft (Tr. Vost. Sibirsk. Filiala Akad. Nauk SSSR **1960** Nr. 25, S. 43/51, 47, 49). — [9] E. N. Bogoyavlenskii, B. A. Dzhanashvili (Soobshch. Akad. Nauk Gruz. SSR **39** [1965] 321, 324; C. A. **64** [1966] 1595). — [10] O. Glemser, G. Gattow, H. Meisiek (Z. Anorg. Allgem. Chem. **309** [1961] 1/19, 13).

[11] N. N. Runov (Uch. Zap. Yaroslavsk. Gos. Ped. Inst. Nr. 79 [1970] 146/50, 147; C. A. **76** [1972] Nr. 50784). — [12] A. V. Novikov, N. N. Runov (Uch. Zap. Yaroslavsk. Gos. Ped. Inst. Nr. 120 [1973] 107/12 nach C. A. **82** [1975] Nr. 48151). — [13] G. A. Barbieri, F. Calzolari (Atti Accad. Reale Lincei Rend. Classe Sci. Fis. Mat. Nat. [5] **20** I [1911] 119/25, 121, 124).

The $Mn(NO_3)_2$-HNO_3-H_2O System

3.11.1.5 Das System $Mn(NO_3)_2$-HNO_3-H_2O

Angaben über Elektrolyse und chemische Reaktionen in salpetersaurer $Mn(NO_3)_2$-Lösung s. S. 289 bzw. S. 291.

Bei 20°C treten im System nach Ewing, Glick [1] Hydrate mit 6, 4, 2, 1.5, 1 und 0.5 mol H_2O als Bodenkörper auf. Von Weigel u. a. [2] wird die Existenz der Hydrate $Mn(NO_3)_2 \cdot 1.5H_2O$ und $Mn(NO_3)_2 \cdot 0.5H_2O$ in Frage gestellt, da die untersuchte Kristallmasse noch relativ viel HNO_3 enthält und die Extrapolation auf den Hydratwassergehalt dadurch ungenau ist. — Untersuchungen des Systems mit Hilfe physikochemischer Analysenmethoden bei 8, 40 und 60°C bestätigen das Auftreten von Hexa-, Tetra-, Di- und Monohydrat bei 8°C im Bereich hoher HNO_3-Konzentration. Im Gleichgewicht mit HNO_3, das N_2O_5 gelöst enthält („Nitrooleum"), tritt bei 8°C auch wasserfreies $Mn(NO_3)_2$ als Bodenkörper auf. Bei 40 und 60°C werden $Mn(NO_3)_2 \cdot 0.5H_2O$ und $Mn(NO_3)_2$ als Gleichgewichtsphasen nachgewiesen. Das Kristallisationsfeld der wasserfreien Verbindung erweitert sich mit steigender Temperatur beträchtlich [3].

Solubility

Löslichkeit. Konzentrationen $w_{Mn(NO_3)_2}$ und w_{HNO_3} in Gew.-%; unter „feste Phase" ist der Hydratwassergehalt der Bodenkörper in mol H_2O je mol $Mn(NO_3)_2$ angegeben. Werte in Auswahl.

Bei 8°C [3]:

w_{HNO_3} . . .	4.5	9.5	19.2	28.0	28.6	34.6	50.4	55.1	53.7	46.6
$w_{Mn(NO_3)_2}$ . .	47.3	42.6	36.2	32.1	34.5	28.9	17.5	19.7	25.9	32.8
feste Phase . .	6	6	6	6	4	4	4	4	4	4

w_{HNO_3} . . .	48.0	55.8	56.2	68.7	73.5	86.9	90.2	94.0	97.2
$w_{Mn(NO_3)_2}$ . .	35.2	29.9	29.6	22.1	19.1	6.0	4.3	2.1	1.0
feste Phase . .	2	2	1	1	1	0	0	0	0

Bei 20°C [1]:

w_{HNO_3} . . .	2.5	6.5	7.7	11.4	26.9	31.9	19.4	9.5	5.9	10.5
$w_{Mn(NO_3)_2}$ . .	55.5	56.6	55.7	52.8	41.8	40.8	57.0	68.0	72.4	69.0
feste Phase . .	6	6	4	4	4	4	4	4	2	2

w_{HNO_3} . . .	18.6	19.9	24.4	47.0	61.5	69.0	78.0	84.1	88.6	96.3	99.3
$w_{Mn(NO_3)_2}$ . .	63.7	62.7	58.3	37.8	24.8	18.5	11.7	7.4	4.7	1.1	0.5
feste Phase . .	2	2-1.5	1.5	1.5-1	1	1	1	1-0.5	0.5	0.5	0.5

Bei 40°C [3]:

w_{HNO_3} . . .	3.0	19.9	28.4	43.6	72.6	73.7	79.9	94.9	95.3
$w_{Mn(NO_3)_2}$ . .	64.9	52.1	46.5	37.0	17.1	16.2	10.1	0.99	1.3
feste Phase . .	0.5	0.5	0.5	0.5	0.5	0	0	0	0

Bei 60°C [3]:

w_{HNO_3} . . .	6.1	15.5	17.2	36.5	54.2	77.4
$w_{Mn(NO_3)_2}$ . .	62.2	57.3	52.3	44.1	29.7	12.9
feste Phase . .	0.5	0.5	0.5	0	0	0

Dampfdruck. Experimentelle Untersuchungen der Gleichgewichte zwischen Flüssigkeit und Dampf in ternären Systemen H_2O-HNO_3-Nitrat (z. B. $Mn(NO_3)_2$) bei Atmosphärendruck ergeben befriedigende Übereinstimmung mit der thermodynamisch abgeleiteten Beziehung $\lg(\alpha_s/\alpha) = k \cdot c_s$, in der α_s und α die Koeffizienten der relativen Flüchtigkeit von HNO_3 und H_2O in ternären bzw. binären (HNO_3-H_2O)-Systemen bei gleichen relativen Konzentrationen der flüchtigen Komponenten in der flüssigen Phase jedes Systems bedeuten. c_s ist die molare Konzentration des Nitrats im ternären System [4]. Die Beziehung gilt auch unter vermindertem Druck (20 Torr). Der Wert für die Winkeltangente der Geraden $\lg(\alpha_s/\alpha)$ bei Auftragung über c_s, der ein Maß für die Hydratationswirkung des Nitrats ist, beträgt für $Mn(NO_3)_2$ bei 760 Torr 1.14, bei 20 Torr 1.23 [5]. Aus Untersuchungen der Lösung-Dampf-Gleichgewichte bei 20 und 200 Torr folgt, daß das Dehydratisierungsvermögen des $Mn(NO_3)_2$ mit abnehmendem Druck, insbesondere im Bereich hoher Säurekonzentrationen, ansteigt [6]. Vapor Pressure

Literatur:

[1] W. W. Ewing, C. F. Glick (J. Am. Chem. Soc. **62** [1940] 2174/6). — [2] D. Weigel, B. Imelik, M. Prettre (Bull. Soc. Chim. France **1964** 836/43, 836). — [3] D. Trendafelov, K. Balarev, I. Zlateva, L. Kristanova, M. Gerganova (Izv. Otd. Khim. Nauki Bulg. Akad. Nauk. **3** [1970] 167/73; C. A. **74** [1971] Nr. 25630). — [4] A. V. Baranov, V. G. Karev (Zh. Fiz. Khim. **41** [1967] 1310/1; Russ. J. Phys. Chem. **41** [1967] 696/7). — [5] A. V. Baranov, A. S. Khvorostovskii, G. T. Polovnikova, V. Ya. Glukhen'kaya (Zh. Vses. Khim. Obshchestva **15** [1970] 463/4; C. A. **74** [1971] Nr. 46118).

[6] A. S. Khvorostovskii, L. Ya. Tereshchenko (Tr. Sev.-Zap. Zaoch. Politekh. Inst. **1972** Nr. 21, S. 6/7; C. A. **80** [1974] Nr. 41392).

3.11.1.6 Nichtwäßrige Lösungen von $Mn(NO_3)_2$

Nonaqueous Solutions of $Mn(NO_3)_2$

Dieser Abschnitt enthält Angaben über Löslichkeit von $Mn(NO_3)_2$ in organischen Lösungsmitteln sowie über Eigenschaften dieser Lösungen. Reaktionen, die zur Bildung von Komplexen mit neutralen und innerkomplexbildenden Liganden führen, werden in einer späteren Lieferung über Komplexverbindungen des Mangans ausführlich behandelt.

Äthanol. Aus Untersuchungen der Protonenresonanz an Lösungen von $Mn(NO_3)_2 \cdot 6H_2O$ in wasserfreiem Äthanol wird geschlossen, daß das Mn^{2+} beim Auflösen einen beträchtlichen Teil des Hydratwassers zurückhält und somit von einer für die Protonen des Lösungsmittels undurchdringlichen Solvathülle umgeben ist [1]. Im UV-Spektrum einer Lösung von wasserfreiem $Mn(NO_3)_2$ in Äthanol tritt die dem Übergang $\pi^* \leftarrow n$ des Nitrat-Ions zugeordnete Absorptionsbande bei kleineren Wellenzahlen als in H_2O auf. Das Maximum liegt bei 290 nm, der Extinktionskoeffizient je NO_3-Gruppe beträgt $\varepsilon = 10.1$. Aus der Verschiebung des Bandenmaximums wird auf Metall-Nitrat-Wechselwirkung mit kovalentem Charakter in Äthanol geschlossen [2]. Aus Meßwerten der Dielektrizitätskonstante und des Verlustfaktors für Lösungen der Konzentration c in mol/l wird die statische Dielektrizitätskonstante ε_s wie folgt berechnet:

c . . .	0.25	0.5	0.75	1
ε_s . . .	20.185	17.99	13.282	10.174

Die Erniedrigung von ε_s gegenüber dem Wert für das reine Lösungsmittel nimmt mit steigender $Mn(NO_3)_2$-Konzentration nicht linear zu [3]. — Bei der Reaktion von $Mn(NO_3)_2 \cdot 6H_2O$, gelöst in 85%igem Äthanol, mit feinzerteiltem $Na_2[Pb(OH)_6]$ soll sich $[Mn(H_2O)_2][Pb(OH)_6]$ bilden [4].

Diäthyläther. In 200 ml Äther lösen sich bei Siedetemperatur 7.4 mg des wasserfreien Salzes. Siedender Äther mit 2% H_2O-Gehalt löst $Mn(NO_3)_2 \cdot 6H_2O$ so wenig, daß es polarographisch nicht nachweisbar ist [5]. Die Löslichkeit wird merklich erhöht, wenn Äther mit H_2O und HNO_3 gesättigt ist; in einem Gemisch von 80 ml Äther und 20 ml Salpetersäure (D = 1.385) lösen sich bei 15°C 0.45 g $Mn(NO_3)_2$ je l. Der Verteilungskoeffizient zwischen Äther und H_2O wird zu 0.0009 bestimmt [6]. Kaufmann [5] ermittelt bei Verwendung von 0.01 bis 0.001 molaren $Mn(NO_3)_2$-Lösungen als Verteilungskoeffizient 0.00032. — Aus einer wäßrigen Lösung, die NH_4NO_3 (52%) und HNO_3 (6.0%) enthält, wird $Mn(NO_3)_2$ (1%) durch Äther kaum extrahiert. Der Verteilungskoeffizient bei 15°C liegt unter 0.0001 [7].

Aceton. Aus dem IR-Spektrum einer Lösung von $Mn(NO_3)_2 \cdot xH_2O$ in Aceton kann auf einen beachtlichen Anteil an kovalent gebundenem Nitrat in der Lösung geschlossen werden. Wellen-

Nonaqueous Solutions of $Mn(NO_3)_2$

zahlen in cm^{-1} mit Intensitäten: 818 (s), 1017 (s), 1305 (st), ≈1465 (st; Schulter) [8]. Untersuchung der Solvatation durch Protonenresonanzmessungen von $Mn(NO_3)_2 \cdot 6H_2O$ in wasserfreiem Aceton führen zu einem ähnlichen Ergebnis wie bei Äthanol (s. S. 293) [1].

Weitere organische Lösungsmittel. In einem Gemisch von Propylencarbonat und Methanol (15:1) verhält sich $Mn(NO_3)_2$ als Säure. Über Möglichkeiten der analytischen Anwendung s. [9]. — Viskositätsmessungen an wäßrigen 0.005 molaren $Mn(NO_3)_2$-Lösungen, die 2 bis 12 mol Glycerin je l enthalten, s. [10]. — Papierchromatographische Untersuchungen von $Mn(NO_3)_2$ in Methylisobutylketon-HNO_3-Gemischen ergaben $R_f = 0$ für 9 verschiedene Lösungsmittelzusammensetzungen [11]. — In Acetonitril ist $Mn(NO_3)_2$ nur wenig löslich. Durch Elektrolyse einer verdünnten Lösung von $AgNO_3$ bei −10°C unter Verwendung von Mn-Anoden gelingt die Darstellung einer Lösung von $Mn(NO_3)_2$ in Acetonitril. Sie ist bei −20°C ≈ 2 h ohne Zersetzung beständig; bei Zimmertemperatur scheidet sich sofort MnO_2 ab [12]. Das UV-Spektrum einer Lösung von wasserfreiem $Mn(NO_3)_2$ in Acetonitril oder Äthylacetat, zeigt die gleiche Verschiebung der dem $\pi^* \leftarrow n$-Übergang zugeordneten Absorptionsbande des Nitrat-Ions, die in äthanolischer Lösung auftritt (s. S. 293) und läßt somit auf kovalente Metall-Nitrat-Wechselwirkung auch in diesen Lösungsmitteln schließen: Der Extinktionskoeffizient je NO_3^--Gruppe bei $\lambda_{max} = 290$ nm beträgt in Äthylacetat $\varepsilon = 7.3$ in Acetonitril $\varepsilon = 8.1$. In Dimethylsulfoxid ist die $\pi^* \leftarrow n$-Bande des Nitrats nach $\lambda_{max} = 312.5$ nm ($\varepsilon = 5.5$) verschoben [2]. Der Verteilungskoeffizient zwischen Phosphoralkylverbindungen vom Tributyltyp und H_2O ist nur im Falle von Tributylphosphinoxid > 1. Die EPR-Spektren von $Mn(NO_3)_2$ in wasserfreien organischen P-Verbindungen bei −196°C sind identisch mit denen der low-spin-Form von Mn^{II}-Komplexen mit Organophosphor-Liganden. In Gegenwart von H_2O entspricht das EPR-Spektrum dagegen den high-spin Oktaederkomplexen des Mn^{II} mit H_2O [13]. Die Geschwindigkeit des Ligandenaustauschs in Lösungen von $Mn(NO_3)_2$ in Tributylphosphat (TBP) wird mit Hilfe der Spin-Spin-Relaxation von ^{31}P bei 293 K zu $4.5 \times 10^6\ s^{-1}$ bestimmt. Sie nimmt in Gegenwart von H_2O ab, da die H_2O-Molekeln anstelle von TBP-Molekeln in die Solvathülle eintreten, wodurch sich die Wahrscheinlichkeit des Eintritts von ^{31}P-Kernen in die Solvathülle vermindert [14].

Literatur:

[1] A. I. Rivkind (Dokl. Akad. Nauk SSSR **117** [1957] 448/51). — [2] C. C. Addison, D. Sutton (J. Chem. Soc. A **1966** 1524/8). — [3] P. S. Sastry, D. Premaswarup (Current Sci. [India] **39** [1970] 253). — [4] G. Spacu, S. Lupan (Acad. Rep. Populare Romine Bul. Stiint. Sect. Stiinte Tehnice Chim. **4** [1952] 117/28, 122, 124; C. A. **1956** 14428). — [5] M. Kaufmann (Diss. Zürich T. H. 1952, S. 58f, 59, 73).

[6] M. Bachelet, E. Cheylan, Le Bris (J. Chim. Phys. **47** [1950] 62/4). — [7] B. A. Nikitin, V. M. Vdovenko, M. A. Golutvina (Tr. Radievogo Inst. Akad. Nauk SSSR **8** [1958] 3/7; C. A. **1959** 9788). — [8] G. Norwitz, D. E. Chasan (J. Inorg. Nucl. Chem. **31** [1969] 2267/70). — [9] N. A. Baranov, N. A. Vlasov, L. P. Potekhina, O. F. Shepot'ko (Zh. Analit. Khim. **26** [1971] 1259/61; J. Anal. Chem. USSR **26** [1971] 1120/2). — [10] G. P. Vishnevskaya, B. M. Kozyrev, A. F. Karimova (Zh. Strukt. Khim. **12** [1971] 231/6; J. Struct. Chem. [USSR] **12** [1971] 211/5).

[11] A. S. Kertes (J. Chromatog. **1** [1958] 62/6). — [12] H. Schmidt (Z. Anorg. Allgem. Chem. **271** [1953] 305/20, 314). — [13] A. A. Vashman, T. Ya. Vereshchagina, I. S. Pronin (Zh. Strukt. Khim. **11** [1970] 433/6; J. Struct. Chem. [USSR] **11** [1970] 397/400). — [14] A. A. Vashman, I. S. Pronin, T. Ya. Vereshchagina (Zh. Neorgan. Khim. **15** [1970] 3124/7; Russ. J. Inorg. Chem. **15** [1970] 1627/9).

Aqueous Urea Solutions

Wäßrige Harnstofflösungen

Der Dampfdruck wäßriger $Mn(NO_3)_2$-Lösungen wird durch Harnstoffzusatz bei bestimmten Nitratkonzentrationen (z. B. 55%) erhöht [1]. Messungen an 37.5%iger Lösung bei 25°C mit verschiedenen Harnstoffzusätzen zeigen, daß der Dampfdruck einen Maximalwert beim Molverhältnis $Mn(NO_3)_2 : CO(NH_2)_2 = 1:4$ erreicht, was auf Bildung der Verbindung $Mn(NO_3)_2 \cdot 4CO(NH_2)_2 \cdot 2H_2O$ zurückgeführt wird [2]. Nach Untersuchungen des Systems $Mn(NO_3)_2$-$CO(NH_2)_2$-H_2O bei 20°C besteht die Löslichkeitsisotherme aus 4 Kristallisationszweigen, die der Abscheidung der festen Phasen $CO(NH_2)_2$, $Mn(NO_3)_2 \cdot 4CO(NH_2)_2 \cdot 2H_2O$, $Mn(NO_3)_2 \cdot 2CO(NH_2)_2 \cdot 4H_2O$ sowie

$Mn(NO_3)_2 \cdot 6H_2O$ entsprechen. Die elektrische Leitfähigkeit der Lösungen zeigt 3 Maxima, die mit Viskositätsminima zusammenfallen. Zusammensetzung, spezifische Viskosität und elektrische Leitfähigkeit der gesättigten Lösungen und Zusammensetzung der festen Phasen bei 20°C s. [3].

Literatur:

[1] M. Sarnowski, J. Zygadlo (Przemysl Chem. **33** [1954] 587/9). — [2] M. Sarnowski, I. Scienska, J. Zygadlo (Roczniki Chem. **31** [1957] 949/57, 953; C. A. **1958** 19373). — [3] N. N. Runov (Uch. Zap. Yaroslavsk. Gos. Ped. Inst. Nr. 79 [1970] 146/50, 147).

3.11.1.7 Mangan(II)-hydroxidnitrate

Manganese(II) Hydroxide Nitrates

Basische Nitrate bilden sich bei Zusatz von Natronlauge zu wäßriger $Mn(NO_3)_2$-Lösung. Die Basizität der ausfallenden Salze nimmt mit abnehmender $Mn(NO_3)_2$-Konzentration der Ausgangslösung zu. Die im Konzentrationsbereich von 0.02 bis 8.94 g Mn je l Lösung ausfallenden Niederschläge haben die ungefähre Zusammensetzung $1.4\,Mn(NO_3)_2 \cdot Mn(OH)_2$. Lösungen mit 8.94 bis 280.49 g Mn je l geben Fällungsprodukte der Zusammensetzung $4\,Mn(NO_3)_2 \cdot Mn(OH)_2$. Die pH-Werte, bei denen die Ausfällung der basischen Salze beginnt, fallen im untersuchten Konzentrationsbereich mit steigendem Mn-Gehalt von 9.58 auf 5.80 [1]. Auf Bildung von basischem Mangan(II)-nitrat, vermutlich $Mn(NO_3)_2 \cdot Mn(OH)_2$, bei Zugabe kleiner Mengen wäßriger NH_3-Lösung zu $Mn(NO_3)_2$-Lösungen wird aus der Änderung des pH-Wertes bei der Titration geschlossen [2].

Literatur:

[1] T. V. Kashcheeva, A. L. Tseft (Tr. Vost. Sibirsk. Filiala Akad. Nauk SSSR **1960** Nr. 25, S. 43/51, 49; C. A. **1961** 11053). — [2] E. N. Bogoyavlenskii, B. A. Dzhanashvili (Soobshch. Akad. Nauk Gruz. SSR **39** [1965] 321/8, 323; C. A. **64** [1966] 1595).

3.11.1.8 Nitratomanganate(II)

Nitratomanganates(II)

Für $[Mn(NO_3)_n]^{2-n}$ mit n = 1 und 2 werden die Stabilitätskonstanten bei 25°C aus der Löslichkeit von $Mn_3[Fe(CN)_6]_2$ in wäßriger Lösung von $LiClO_4$ und $LiNO_3$ (Ionenstärke 0.5 bis 4 molar) zu $K_1 = 1.60 \pm 0.10$ bzw. $\beta_2 = 4.0 \pm 0.9$ bestimmt [1]. In 90% Isopropanol bei 23°C ergibt sich $K_1 = 2.9$, $\beta_2 = 2.3$ nach der Kationenaustauschmethode [2].

Tetranitratomanganate(II) sind als Na-, K-, Methyltriphenylarsonium- und Tetraphenylarsoniumsalz bekannt (s. unten). Auf das Auftreten von $[Mn(NO_3)_4]^{2-}$-Ionen in $MnCl_2$-NH_4NO_3-Schmelzen bei 175°C deuten spektroskopische Befunde hin [3].

IR- und Ramanspektren bestätigen das Vorliegen koordinativ gebundener NO_3^--Gruppen im $[Mn(NO_3)_4]^{2-}$-Ion. Die Tabelle auf S. 296 gibt die an den Alkalisalzen [4] und am Methyltriphenylarsoniumsalz [5] für das $[Mn(NO_3)_4]^{2-}$-Ion gemessenen IR- und Ramanfrequenzen (in cm^{-1}) wieder, wobei die Zuordnung nach [5] unter Annahme lokaler C_{2v}-Symmetrie der zweizähnigen NO_3^--Gruppen erfolgt.

$Na_2[Mn(NO_3)_4]$. Zur Darstellung wird $NaMnO_4$ (6.4 mmol) mit N_2O_4 (0.31 mmol) in Nitromethan oder Acetonitril (20 ml) unter ständigem Rühren zur Reaktion gebracht. Nach 2 h hat sich die Verbindung als hellgelber Niederschlag abgeschieden. Die Molsuszeptibilität wird zu $\chi_m^{corr} = 15400 \times 10^{-6}$, das magnetische Moment zu $\mu_{eff} = 6.0 \pm 0.1\ \mu_B$ bestimmt, wie für high spin d^5-Spezies zu erwarten ist. Die Verbindung löst sich in H_2O, dagegen nicht in den meisten organischen Lösungsmitteln. In den wenigen Fällen, in denen Auflösung erfolgt, dissoziiert $[Mn(NO_3)_4]^{2-}$ teilweise zu $Mn(NO_3)_2$ und $2\,NO_3^-$, was Ausfällung von etwas $NaNO_3$ zur Folge hat [4].

$K_2[Mn(NO_3)_4]$. Die Darstellung der gelben Verbindung erfolgt wie beim Na-Salz unter Verwendung von $KMnO_4$. Magnetische Messungen und Löslichkeitsbestimmungen führen zu den gleichen Ergebnissen wie beim $Na_2[Mn(NO_3)_4]$ [4].

$[CH_3(C_6H_5)_3As]_2[Mn(NO_3)_4]$. Die Verbindung wird durch Umsetzung von wasserfreiem $MnCl_2$ mit $CH_3(C_6H_5)_3AsJ$ und $AgNO_3$ in Acetonitril dargestellt, die nach $MnCl_2 + 2CH_3(C_6H_5)_3AsJ + 4\,AgNO_3 \rightarrow [CH_3(C_6H_5)_3As]_2[Mn(NO_3)_4] + 2\,AgCl + 2\,AgJ$ verläuft. Nach Abtrennung der gefällten Silberhalogenide durch Zentrifugieren wird die farblose Lösung im Vakuum

$Na_2[Mn(NO_3)_4]$		$K_2[Mn(NO_3)_4]$		$[CH_3(C_6H_5)_3As]_2[Mn(NO_3)_4]$	
IR	Raman	IR	Raman	IR	Zuordnung
			1630(s)		$2 \times \nu_6$
1490(st)	1505(s)	1480(st, br)	1485(st)	1463	ν_1; $A_1[\nu(NO^*)]$
1280(st, br)	1335(s)	1290(st, br)	1290(st)	1283	ν_4; $B_1[\nu(NO_2)]$
	1290(s)		1225(s)		
1041(Sch)	1052(sst)	1048(scharf)	1046(sst)	1028	ν_2; $A_1[\nu(NO_2)]$
1036(scharf)	1043(m, Sch)	1044(scharf)			
820(m)		831(m)		813	ν_6; $B_2[\pi O_2NO^*]$
812(m)		813(m)			
807(m)					
765(Sch)	744(m)	755(m)	750(m)		ν_3; A_1 [Ringdef.]
750(st, scharf)		748(Sch)			
	719(m)	710(s)	708(m)		ν_5; $B_1[\delta ONO^*]$

* kennzeichnet unkoordiniertes O-Atom

eingedampft, bis sich das Salz in Form farbloser Kristalle abscheidet. Nach Trocknen im Vakuum bei Zimmertemperatur wird in Acetonitril umkristallisiert, dann einmal mit Acetonitril und dreimal mit Äther gewaschen, danach im Vakuum getrocknet. Farblose zerfließliche Kristalle. Im Reflexionsspektrum treten Maxima bei 410, 450 (Schulter) und 530 nm (Schulter) auf. Magnetische Messungen bei 30°C (Gouy-Methode) ergeben nach Korrektur für diamagnetische Beiträge die Molsuszeptibilität $\chi_m = 13595 \times 10^{-6}$ und das magnetische Moment $\mu_{eff} = 5.76 \pm 0.04\ \mu_B$ [5].

Nitratomanganates(II)

$[(C_6H_5)_4As]_2[Mn(NO_3)_4]$. Die Darstellung gelingt nach der von Straub u. a. [5] für das Methyltriphenylarsoniumsalz entwickelten Methode durch Umsetzung stöchiometrischer Mengen von wasserfreiem $MnCl_2$, $(C_6H_5)_4AsCl$ und $AgNO_3$ in trocknem Methylcyanid. Die Verbindung ist an der Luft monatelang stabil. Sie bildet monokline Kristalle, Raumgruppe $C2/c\text{-}C_{2h}^6$ mit a = 23.35, b = 11.37, c = 18.36 Å, β = 107.0° und ist mit dem entsprechenden Co-Komplex isomorph und nahezu isostrukturell. Das $[Mn(NO_3)_4]^{2-}$-Anion, in dem Mn 8fach koordiniert ist, hat angenäherte $\bar{4}2m\text{-}D_{2d}$ (dodekaedrische)-Symmetrie, wobei die Atomabstände Mn-O(1), Mn-O(2) in dem gestreckten Bisphenoid durchschnittlich 2.27, die Abstände Mn-O(4), Mn-O(5) in dem abgeflachten Bisphenoid durchschnittlich 2.34 Å betragen (s. hierzu **Fig. 137**). Atomabstände): N(1)-O(1,2): ≈1.21, N(1)-O(3): 1.17, N(2)-O(4,5): ≈1.18 und N(2)-O(6): 1.27 Å. Bindungswinkel s. im Original. Dichte D = 1.50, gemessener Wert (durch Flotation), bzw. D = 1.52, berechneter Wert [6].

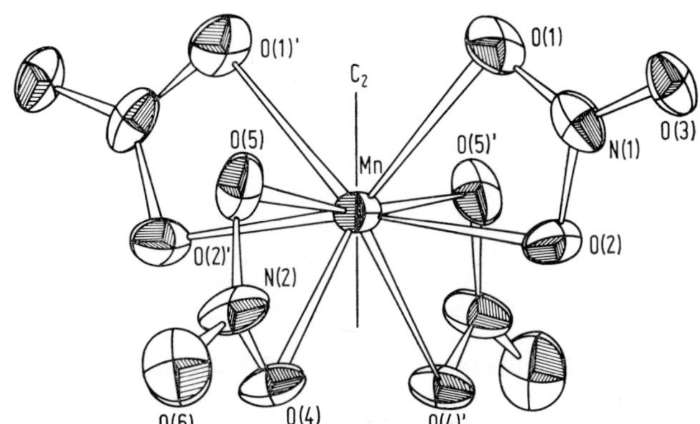

Fig. 137

Perspektivische Darstellung des $[Mn(NO_3)_4]^{2-}$-Ions im $[(C_6H_5)_4As]_2[Mn(NO_3)_4]$.

Literatur:

[1] V. A. Fedorov, A. M. Robov, I. I. Shmyd'ko, V. V. Zdanovskii, V. E. Mironov (Zh. Neorgan. Khim. **19** [1974] 1523/6; C. A. **81** [1974] Nr. 69218). — [2] J. S. Fritz, R. Greene laut H. Waki, J. S. Fritz (J. Inorg. Nucl. Chem. **28** [1966] 577/89, 583, 584) s. auch L. G. Sillén, A. E. Martell (Stability Constants of Metal-Ion Complexes, Suppl. Nr. 1, London 1971, S. 99). — [3] S. V. Volkov, V. I. Shapoval, N. Kh. Tumanova, N. I. Buryak (Ukr. Khim. Zh. **39** [1973] 1223/29, 1227; C. A. **80** [1974] Nr. 89149). — [4] D. W. Johnson, D. Sutton (Can. J. Chem. **50** [1972] 3326/31, 3327, 3329). — [5] D. K. Straub, R. S. Drago, J. T. Donoghue (Inorg. Chem. **1** [1962] 848/52).
[6] J. Drummond, J. S. Wood (J. Chem. Soc. A **1970** 226/32).

3.11.1.9 Systeme, Lösungen und Doppelverbindungen von $Mn(NO_3)_2$ mit anderen Metallnitraten

Systems, Solutions, and Double Compounds of $Mn(NO_3)_2$

Über die Systeme $Mn(NO_3)_2 \cdot 6H_2O\text{-}Ni(NO_3)_2 \cdot 6H_2O$ und $Co(NO_3)_2\text{-}Mn(NO_3)_2\text{-}H_2O$ s. „Nickel" B, S. 1239 bzw. „Kobalt" A Erg.Bd., S. 879 und „Kobalt" A, S. 487.

3.11.1.9.1 Das System $Mn(NO_3)_2\text{-}KNO_3\text{-}H_2O$

The $Mn(NO_3)_2$-KNO_3-H_2O System

Nach Untersuchungen des Systems bei 20°C bildet $Mn(NO_3)_2$ mit KNO_3 in wäßriger Lösung keine neue Phase. Die Löslichkeitsisotherme (s. Figur im Original sowie die Löslichkeitswerte in der für die wäßrige Lösung angeführten Tabelle) hat 2 Kristallisationszweige, die der Abscheidung von KNO_3 bzw. $Mn(NO_3)_2 \cdot 6H_2O$ entsprechen. Das Eutektikum liegt bei 15.41 Gew.-% KNO_3, 51.42 Gew.-% $Mn(NO_3)_2$. Zusatz von $Mn(NO_3)_2$ zu gesättigter KNO_3-Lösung bewirkt zunächst Abnahme der KNO_3-Löslichkeit bis zur Zusammensetzung 38.25 Gew.-% $Mn(NO_3)_2$, 10.32 Gew.-%

KNO_3, danach jedoch Löslichkeitsanstieg bis zum eutektischen Punkt. Im Bereich des 2. Kristallisationszweiges üben beide Nitrate einen Einsalzeffekt aufeinander aus, N. N. Runov (Uch. Zap. Yaroslavsk. Gos. Ped. Inst. Nr. 59 [1966] 113/8, 114/6; C. A. **69** [1968] Nr. 39134).

Aqueous $Mn(NO_3)_2$-KNO_3 Solutions

3.11.1.9.2 Wäßrige $Mn(NO_3)_2$-KNO_3-Lösungen

Dichte D_{20}^{20}, Viskosität η (in cP) und spezifische Leitfähigkeit $\varkappa$ (in $\Omega^{-1} \cdot cm^{-1}$) von gesättigten wäßrigen Lösungen bei verschiedenen $Mn(NO_3)_2$- und KNO_3-Konzentrationen w (in Gew.-%) bei 20°C (ausgewählte Werte):

$w_{Mn(NO_3)_2}$	w_{KNO_3}	D_{20}^{20}	η	$\varkappa$
56.81	1.65	1.6608	13.8918	0.02891
56.45	4.08	1.6893	14.7338	0.02829
55.89	7.63	1.7035	16.4931	0.02791
53.55	12.44	1.7234	18.3415	0.02674
51.42	15.41	1.7262	19.4932	0.02325
51.35	15.27	1.7254	19.4911	0.02384
28.71	10.64	1.3721	7.5531	0.1621
21.79	13.85	1.2287	1.2734	0.9725
12.17	18.25	1.2051	1.1835	1.0652
4.25	22.05	1.1784	1.0895	1.1543

Für alle untersuchten Eigenschaften werden Extremwerte für Lösungen mit der dem eutektischen Punkt entsprechenden Zusammensetzung gemessen, N. N. Runov (Uch. Zap. Yaroslavsk. Gos. Ped. Inst. Nr. 59 [1966] 113/8, 114/5; C. A. **69** [1968] Nr. 39134).

$Mn(NO_3)_2$-$LiNO_3$-KNO_3 Melt

3.11.1.9.3 $Mn(NO_3)_2$-$LiNO_3$-KNO_3-Schmelze

$Mn(NO_3)_2$ löst sich in eutektischer $LiNO_3$-KNO_3-Schmelze (Molverhältnis 35 : 65) bei 200°C. Beim Erhitzen der ternären Schmelze beginnt zwischen 250 und 300°C Zersetzung des gelösten $Mn(NO_3)_2$ zu MnO_2. Über Auswertung der Reaktion für analytische Zwecke s. das Original, F. Weigel, K. Poetzl (Chem. Ber. **96** [1963] 188/203, 193, 194).

The $Mn(NO_3)_2 \cdot 6H_2O$-$Mg(NO_3)_2 \cdot 6H_2O$ System

3.11.1.9.4 Das System $Mn(NO_3)_2 \cdot 6H_2O$-$Mg(NO_3)_2 \cdot 6H_2O$

Im System (s. **Fig. 138**) bildet sich die Verbindung $Mg(NO_3)_2 \cdot Mn(NO_3)_2 \cdot 12H_2O$, die bei 36°C eine polymorphe Umwandlung durchläuft und bei 63°C kongruent schmilzt. Auf der Seite des $Mg(NO_3)_2 \cdot 6H_2O$ wird Bildung von Mischkristallen α beobachtet. Die Eutektika E_1 und E_2 liegen bei 2 Mol-% $Mg(NO_3)_2 \cdot 6H_2O$ und 24°C bzw. bei 65 Mol-% $Mg(NO_3)_2 \cdot 6H_2O$ und 41°C, M. V. Mokhosoev, T. T. Got'manova (Mater. Vses. Soveshch. Metod. Poluch. Osobo Chist. Veshchestv, Moscow 1965 [1967], S. 145/62, 155/6).

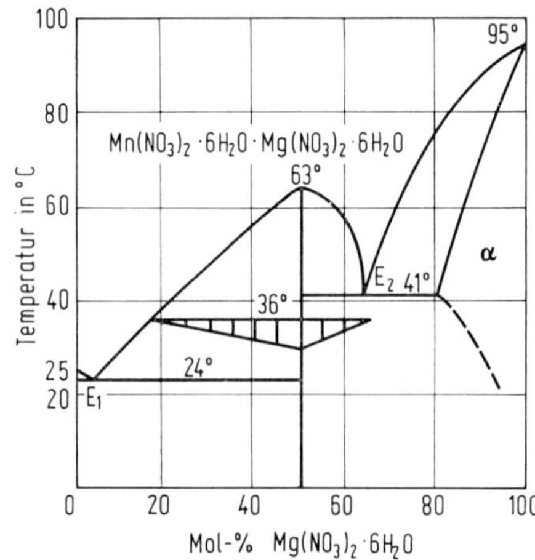

Fig. 138

Zustandsdiagramm des Systems $Mn(NO_3)_2 \cdot 6H_2O$-$Mg(NO_3)_2 \cdot 6H_2O$.

3.11.1.9.5 $Mn(NO_3)_2 \cdot Mg(NO_3)_2 \cdot 12 H_2O$

Zur Existenz der Verbindung s. vorstehendes System.

3.11.1.9.6 Das System $Mn(NO_3)_2$-$Mg(NO_3)_2$-H_2O(-HNO_3)

The $Mn(NO_3)_2$-$Mg(NO_3)_2$-H_2O-(-HNO_3) System

Bei 20°C treten in weiten Konzentrationsbereichen Mischkristalle sowohl auf der Basis von $Mn(NO_3)_2 \cdot 6 H_2O$ als auch von $Mg(NO_3)_2 \cdot 6 H_2O$ auf. Zusammensetzung der gesättigten Lösungen bei 20°C (ausgewählte Werte) [1]:

Gew.-% $Mn(NO_3)_2$ . . .	9.35	13.20	16.40	27.30	30.39	34.05	41.60
Gew.-% $Mg(NO_3)_2$ . . .	35.02	33.00	29.88	20.61	17.64	16.25	11.10
Bodenkörper	Mischkristalle auf der Basis von $Mg(NO_3)_2 \cdot 6 H_2O$						

Gew.-% $Mn(NO_3)_2$ . . .	46.51	49.41	51.44	52.62	52.98	55.54	55.92	56.07
Gew.-% $Mg(NO_3)_2$ . . .	7.83	5.47	4.52	3.45	2.65	0.76	0.62	0.30
Bodenkörper	Mischkristalle auf Basis $Mg(NO_3)_2 \cdot 6 H_2O$		Mischkristalle auf Basis $Mn(NO_3)_2 \cdot 6 H_2O$					

Löslichkeitsuntersuchungen bei 20°C und 5% HNO_3-Gehalt s. [2].

Literatur:

[1] A. V. Zdanovskii, G. E. Zhelina (Zh. Neorgan. Khim. **19** [1974] 2871/4; C. A. **82** [1975] Nr. 22351). — [2] N. Videnov, R. Ivanova, L. Khristova, D. Dimitrov (God. Nauchnoizsled. Inst. Khim. Prom. **10** [1972] 17/25 nach C. A. **79** [1973] Nr. 84002).

3.11.1.9.7 Das System $Mn(NO_3)_2$-$Ca(NO_3)_2$-H_2O

The $Mn(NO_3)_2$-$Ca(NO_3)_2$-H_2O System

Untersuchungen des Systems bei 20°C bestätigen das Auftreten der Hydrate $Mn(NO_3)_2 \cdot 4 H_2O$, $Mn(NO_3)_2 \cdot 6 H_2O$ und $Ca(NO_3)_2 \cdot 4 H_2O$ als Bodenkörper sowie die Bildung von Mischkristallen der Zusammensetzung $m Mn(NO_3)_2 \cdot n Ca(NO_3)_2 \cdot x H_2O$. Die Bildung von $Mn(NO_3)_2 \cdot 4 H_2O$ wird auf die stark dehydratisierende Wirkung konzentrierter $Ca(NO_3)_2$-Lösungen zurückgeführt. Zusammensetzung der gesättigten Lösungen in Gew.-% bei 20°C:

Gew.-% $Mn(NO_3)_2$ . . .	56.5	47.9	47.9	51.2	48.3	49.8	50.0
Gew.-% $Ca(NO_3)_2$	—	11.2	12.5	10.6	13.5	14	14
Bodenkörper		$Mn(NO_3)_2 \cdot 6 H_2O$			$Mn(NO_3)_2 \cdot 4 H_2O$		

Gew.-% $Mn(NO_3)_2$	49.8	49.5	44.6	43.3	43.2	43.3	40.5	37.5
Gew.-% $Ca(NO_3)_2$	14	14.6	18.8	20.6	20.8	20.4	23.7	26.6
Bodenkörper . .	$Mn(NO_3)_2 \cdot 4 H_2O$ + Mischkristalle			Mischkristalle				$Ca(NO_3)_2 \cdot 4 H_2O$ + Mischkristalle

Gew.-% $Mn(NO_3)_2$ . . .	35.6	30.0	24.4	16.8	11.3	6.8	3.6	—
Gew.-% $Ca(NO_3)_2$	27.3	30.5	34.1	40.5	45.2	49.9	53.8	55.8
Bodenkörper				$Ca(NO_3)_2 \cdot 4 H_2O$				

M. V. Dylyaeva, D. M. Korf, G. E. Zhelina (Zh. Prikl. Khim. **42** [1969] 430/1; J. Appl. Chem. USSR **42** [1969] 390/1).

Im System $Mn(NO_3)_2 \cdot 6 H_2O$-$Ca(NO_3)_2 \cdot 4 H_2O$ (s. **Fig. 139**) treten feste Lösungen (α) von $Ca(NO_3)_2 \cdot 4 H_2O$ in $Mn(NO_3)_2 \cdot 6 H_2O$ bis zur Grenzkonzentration 10 Mol-% $Ca(NO_3)_2 \cdot 4 H_2O$ und solche (β) von $Mn(NO_3)_2 \cdot 6 H_2O$ in $Ca(NO_3)_2 \cdot 4 H_2O$ (Grenzkonzentration 15 Mol-% $Mn(NO_3)_2 \cdot 6 H_2O$) auf. Das Eutektikum E liegt bei 65 Mol-% $Mn(NO_3)_2 \cdot 6 H_2O$ und 14°C, M. V. Mokhosoev, T. T. Got'manova (Mater. Vses. Soveshch. Metod. Poluch. Osobo Chist. Veshchestv, Moscow 1965 [1967], S. 145/62, 149, 150).

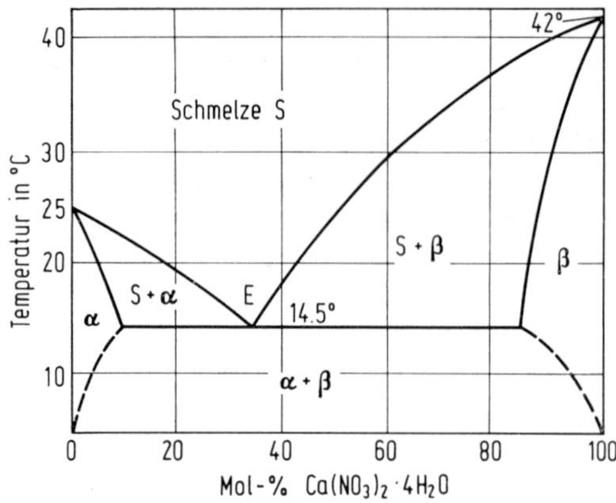

Fig. 139

Zustandsdiagramm des Systems $Mn(NO_3)_2 \cdot 6H_2O$-$Ca(NO_3)_2 \cdot 4H_2O$.

The $Mn(NO_3)_2$-$Ba(NO_3)_2$-H_2O System

3.11.1.9.8 Das System $Mn(NO_3)_2$-$Ba(NO_3)_2$-H_2O

Nach Löslichkeitsuntersuchungen bei 20°C treten nur $Ba(NO_3)_2$ und $Mn(NO_3)_2 \cdot 6H_2O$ als Bodenkörper auf. $Mn(NO_3)_2$ zeigt einen starken Aussalzeffekt auf $Ba(NO_3)_2$, dagegen wird die Löslichkeit des $Mn(NO_3)_2$ in H_2O durch $Ba(NO_3)_2$ nicht wesentlich beeinflußt. Über Zusammensetzung der gesättigten Lösungen bei 20°C vgl. die bei der wäßrigen Lösung wiedergegebene Tabelle, N. B. Videnov, L. N. Khristova, D. I. Dimitrov, R. A. Ivanova (Khim. Ind. [Sofia] **43** [1971] 387/8; C. A. **76** [1972] Nr. 117937).

Aqueous $Mn(NO_3)_2$-$Ba(NO_3)_2$ Solutions

3.11.1.9.9 Wäßrige $Mn(NO_3)_2$-$Ba(NO_3)_2$-Lösungen

Dichte D^{20} und Viskosität η (in cP) für gesättigte wäßrige Lösungen mit verschiedenen $Mn(NO_3)_2$- und $Ba(NO_3)_2$-Konzentrationen w (in Gew.-%) (Bodenkörper I = $Mn(NO_3)_2 \cdot 6H_2O$, II = $Ba(NO_3)_2$):

$w_{Mn(NO_3)_2}$	$w_{Ba(NO_3)_2}$	Bodenkörper	D^{20}	η
56.53	0.18	I + II	1.6399	15.4361
56.20	0.18	II	1.6157	13.0779
50.13	0.19	II	1.5442	7.7026
41.82	0.26	II	1.4926	5.8993
34.60	0.27	II	1.3927	3.5188
27.02	0.49	II	1.2792	2.2240
22.00	0.56	II	1.2394	1.8774
15.96	0.67	II	1.1739	1.5290
11.62	0.85	II	1.1293	1.3130
8.88	2.57	II	1.0811	1.1675
4.50	4.62	II	1.0783	1.1293
—	8.11	II	1.0716	1.1141

N. B. Videnov, L. N. Khristova, D. I. Dimitrov, R. A. Ivanova (Khim. Ind. [Sofia] **43** [1971] 387/8; C. A. **76** [1972] Nr. 117937).

Systems of $Mn(NO_3)_2 \cdot 6H_2O$-$Zn(NO_3)_2 \cdot 6H_2O$ and of $Mn(NO_3)_2 \cdot 6H_2O$-$Cd(NO_3)_2 \cdot 4H_2O$

3.11.1.9.10 Das System $Mn(NO_3)_2 \cdot 6H_2O$-$Zn(NO_3)_2 \cdot 6H_2O$

Untersuchungen des Systems nach der Auftau-Schmelz-Methode in geschlossenen Röhrchen ergeben Mischkristallbildung mit Mischungslücke. Die Lage des Peritektikums im Schmelzdiagramm macht das Vorliegen einer zersetzlichen 1 : 1-Verbindung wahrscheinlich, s. hierzu A. Benrath, P. Hartung, M. Wilden (J. Prakt. Chem. [2] **143** [1935] 298/304, 298/300).

3.11.1.9.11 Das System $Mn(NO_3)_2 \cdot 6H_2O$-$Cd(NO_3)_2 \cdot 4H_2O$

Die Komponenten bilden eine kontinuierliche Mischkristallreihe. Die Soliduslinie hat ein Minimum bei 19°C und 70 Mol-% $Mn(NO_3)_2 \cdot 6H_2O$, M. V. Mokhosoev, T. T. Got'manova, V. I. Krivobok (Zh. Prikl. Khim. **41** [1968] 469/75; C. A. **69** [1968] Nr. 11723).

3.11.1.9.12 Das System $Mn(NO_3)_2$-$Al(NO_3)_3$-H_2O(-HNO_3)

The $Mn(NO_3)_2$·$Al(NO_3)_3$-H_2O (-HNO_3) System

Zusammensetzung der gesättigten Lösungen und koexistierende feste Phasen für das System $Mn(NO_3)_2$-$Al(NO_3)_3$-H_2O bei 20°C:

Gew.-% $Mn(NO_3)_2$	55.99	55.01	54.36	49.99	44.78	38.85	32.39
Gew.-% $Al(NO_3)_3$	2.27	5.04	7.89	9.02	11.21	13.53	16.49
Bodenkörper . . .	$Mn(NO_3)_2 \cdot 6H_2O$		$Mn(NO_3)_2 \cdot 6H_2O$ + $Al(NO_3)_3 \cdot 9H_2O$		$Al(NO_3)_3 \cdot 9H_2O$		

Gew.-% $Mn(NO_3)_2$	26.47	20.12	15.68	11.23	5.31
Gew.-% $Al(NO_3)_3$	19.88	23.12	26.07	29.24	34.25
Bodenkörper . . .			$Al(NO_3)_3 \cdot 9H_2O$		

N. Videnov, L. Khristova, D. Dimitrov, R. Ivanova (Khim. Ind. [Sofia] **45** [1973] 17/8; C. A. **79** [1973] Nr. 58213).

Löslichkeitsuntersuchungen für das System mit 5, 8, 10 und 15% HNO_3-Gehalt bei 20°C s. N. Videnov, R. Ivanova, L. Khristova, D. Dimitrov (God. Nauchnoizsled. Inst. Khim. Prom. **10** [1972] 17/25 nach C. A. **79** [1973] Nr. 84002).

3.11.1.9.13 Das System $Mn(NO_3)_2$-$Ba(NO_3)_2$-$Al(NO_3)_3$-H_2O

The $Mn(NO_3)_2$-$Ba(NO_3)_2$-$Al(NO_3)_3$-H_2O System

Untersuchungen des Systems bei 20°C ergeben, daß $Mn(NO_3)_2$ die stärkste, $Ba(NO_3)_2$ die geringste Aussalzwirkung hat. Neue Verbindungen oder Mischkristalle treten nicht auf, L. Khristova, R. Ivanova, D. Dimitrov (God. Nauchnoizsled. Inst. Khim. Prom. **11** [1973] 211/4 nach C. A. **79** [1973] Nr. 83997).

3.11.1.9.14 Das System $Mn(NO_3)_2$-$Ce(NO_3)_3$-H_2O

The $Mn(NO_3)_2$-$Ce(NO_3)_3$-H_2O System

Nach Löslichkeitsuntersuchungen bei 10, 20 und 30°C tritt ein Doppelnitrat $3Mn(NO_3)_2$-$2Ce(NO_3)_3 \cdot 24H_2O$ auf, das in einem sehr breiten Konzentrationsbereich der Komponenten kristallisiert. Zusammensetzung der gesättigten Lösungen in Gew.-% und koexistierende feste Phasen bei verschiedenen Temperaturen:

10°C

Gew.-% $Mn(NO_3)_2$	43.9	30.8	22.9	16.9	8.1	3.9	3.0
Gew.-% $Ce(NO_3)_3$	3.9	17.5	27.9	35.7	48.9	55.5	56.6
Bodenkörper . . .	I ($3Mn(NO_3)_2 \cdot 2Ce(NO_3)_3 \cdot 24H_2O$)					I + II	II ($Ce(NO_3)_3 \cdot 6H_2O$)

20°C

Gew.-% $Mn(NO_3)_2$	43.2	31.0	23.7	18.2	8.7	4.3	2.6
Gew.-% $Ce(NO_3)_3$	6.1	19.5	28.9	36.1	49.9	57.3	58.9
Bodenkörper . . .	I	I	I	I	I	I + II	II

30°C

Gew.-% $Mn(NO_3)_2$	50.6	42.4	31.2	24.5	19.8	9.5	4.6	2.2
Gew.-% $Ce(NO_3)_3$	3.6	9.1	21.6	29.9	36.5	51.4	59.3	61.2
Bodenkörper . . .	I	I	I	I	I	I	I + II	II

V. A. Shchurov, K. I. Mochalov, A. A. Volkov (Uch. Zap. Permsk. Gos. Univ. Nr. 141 [1966] 18/26, 19/20, 23/4; C. A. **69** [1968] Nr. 39153).

3.11.1.9.15 Wäßrige $Mn(NO_3)_2$-$Ce(NO_3)_3$-Lösungen

Aqueous $Mn(NO_3)_2$-$Ce(NO_3)_3$ Solutions

Dichte D^{20}, Viskosität η und spezifische Leitfähigkeit $\varkappa$ bei 20°C, gemessen an wäßrigen $Mn(NO_3)_2$-$Ce(NO_3)_3$-Lösungen bei konstanter Gesamtkonzentration von 3 mol/l mit verschiedenen $Mn(NO_3)_2$- und $Ce(NO_3)_3$-Anteilen s. **Fig. 140.** Die gemessenen Leitfähigkeitswerte sind größer als die Berechnung ergibt, wenn angenommen wird, daß keine Wechselwirkung in der Lösung er-

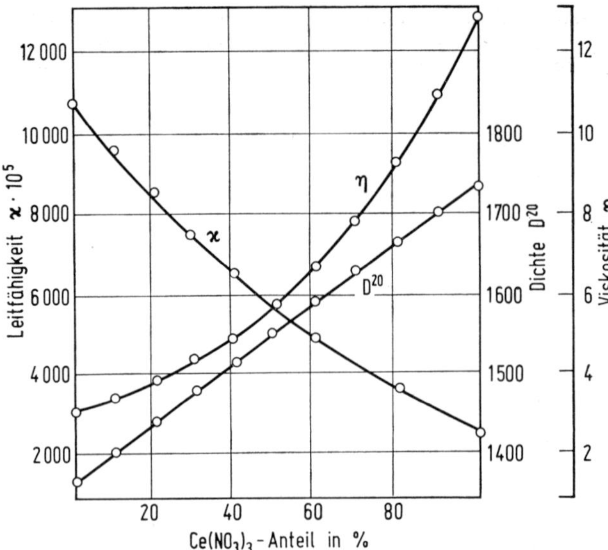

Fig. 140

Dichte D^{20}, Viskosität η und spezifische elektrische Leitfähigkeit $\varkappa$ wäßriger $Mn(NO_3)_2$-$Ce(NO_3)_3$-Lösungen.

folgt. Maximale Abweichung gemessener und berechneter Werte wird bei der Zusammensetzung $3\,Mn(NO_3)_2 + 2\,Ce(NO_3)_3$ gefunden und auf Bildung von $[Ce(NO_3)_6]^{3-}$-Komplexen zurückgeführt [1].

Die an wäßriger Lösung der Verbindung $3\,Mn(NO_3)_2 \cdot 2\,Ce(NO_3)_3 \cdot 24\,H_2O$ gemessene magnetische Drehung für 5460 Å setzt sich additiv aus den Anteilen der beiden Nitrate zusammen und läßt Verbindungsbildung in der Lösung nicht erkennen [2].

Literatur:

[1] V. A. Shchurov, A. D. Sheveleva (Uch. Zap. Permsk. Gos. Univ. Nr. 178 [1968] 64/75, 68, 69, 71, 72; C. A. **73** [1970] Nr. 92238). — [2] M.-C. Ollivier (Compt. Rend. **230** [1950] 2172/4).

Double Nitrates with Rare Earth Metals

3.11.1.9.16 Doppelnitrate mit Seltenerdmetallen $3\,Mn(NO_3)_2 \cdot 2\,M(NO_3)_3 \cdot 24\,H_2O$

(M = La, Ce, Pr, Nd, Sm)

Doppelnitrate der oben genannten Zusammensetzung zeichnen sich durch hohes Kristallisationsvermögen aus und bilden eine isomorphe Reihe, zu der außer den Mn-Salzen auch die entsprechenden Doppelnitrate des Mg, Zn, Ni und Co gehören [1].

Die Darstellung erfolgt aus wäßriger Lösung, die die Einzelnitrate in entsprechenden Konzentrationen enthält [1 bis 3]. Beim Eindampfen werden die Lösungen mit kleinen Kristallen des isomorphen Mg-Bi-Nitrats geimpft, da die Doppelnitrate leicht übersättigte Lösungen bilden. Zur Darstellung kann auch vom Oxid des betreffenden Seltenerdmetalls ausgegangen werden, das in wenig H_2O angeteigt, unter Erwärmen in überschüssiger verdünnter Salpetersäure gelöst und danach mit der stöchiometrischen Menge $Mn(NO_3)_2$ versetzt wird. Wegen der leichten Oxidierbarkeit des Mn^{2+} in salpetersaurer Lösung wird beim Eindampfen der Lösung von Zeit zu Zeit etwas H_2O_2 zugesetzt, das Mn in höheren Oxidationsstufen reduziert. Die Doppelnitrate werden zur Reinigung aus H_2O umkristallisiert, wobei mit Kristallen der jeweiligen Verbindung geimpft wird. Die Darstellung einer entsprechenden Verbindung mit Mn und Gd gelingt wegen dessen zu großer Löslichkeit in H_2O nicht [1].

Nach Jantsch [1] bilden die Doppelnitrate tafelförmige Kristalle der ditrigonalskalenoedrischen Klasse. Nach der von Zalkin u. a. [4] am Mg-Ce-Nitrat ausgeführten Strukturuntersuchung kristallisieren die Verbindungen $3\,M^{II}(NO_3)_2 \cdot 2\,M^{III}(NO_3)_3 \cdot 24\,H_2O$ (M^{II} = Mg, Zn, Mn, Co, Ni; M^{III} = La, Ce, Pr, Nd, Gd) jedoch rhomboedrisch, Raumgruppe $R\bar{3}$-C_{3i}^2; Z = 3. Die M^{III}-Atome sind jeweils von 12 O-Atomen umgeben, die zu 6 NO_3-Gruppen gehören und die Ecken eines irregulären Ikosaeders besetzen. Jedes M^{II}-Atom ist oktaedrisch von 6 H_2O-Molekeln umgeben. In der rhomboedrischen Elementarzelle besetzen die M^{II}-Atome 2 kristallographisch verschiedene Punktlagen: 1 M^{II} in (0, 0, 0) (y-Plätze) und 2 M^{II} in ± (x, x, x) (x-Plätze). Der Abstand zwischen den benachbarten Ionen auf x-Plätzen beträgt 5.0 Å. Alle anderen Abstände zwischen magnetischen Ionen überschreiten 7.14 Å. Vgl. hierzu auch [5].

Die Absorptionsspektren zeigen charakteristische Effekte von M^{II} auf die Position der H_2O-Valenzschwingungsbande, auf die Werte der Stark-Aufspaltung der Energieniveaus der Seltenerd-Ionen und auf die Energie der O-H- und der M^{II}-O-Bindungen. In den IR-Spektren der wäßrigen Lösungen ist die Frequenz der Deformationsschwingungen in der homologen Reihe ziemlich konstant, während die Streckschwingungen von der Art des M^{II} beeinflußt werden [3].

Dichte D_4^0 und Molvolumen V_{mol}^0 bei 0°C, pyknometrisch bestimmt in o-Chlortoluol, Schmelzpunkt t_f in °C und Löslichkeit in Salpetersäure (D_4^{16} = 1.325) L_{HNO_3} in mol/l bei 16°C für Verbindungen $3Mn(NO_3)_2 \cdot 2M(NO_3)_3 \cdot 24H_2O$:

M	La	Ce	Pr	Nd	Sm
D_4^0	2.08	2.102	2.109	2.114	2.188
V_{mol}^0	778.6	771.6	769.3	771.0	750.3
t_f	87.2	83.7	81.0	77.0	70.2
L_{HNO_3}	0.1192	0.1103	0.1442	0.1816	0.3047

Die Schmelzpunkte werden als Umwandlungspunkte in wasserärmere Verbindungen angesehen [1]. Die unterschiedliche Löslichkeit in Salpetersäure ermöglicht die Trennung der Seltenerdmetalle durch fraktionierte Kristallisation der Doppelnitrate [6].

$3Mn(NO_3)_2 \cdot 2La(NO_3)_3 \cdot 24H_2O$. Wärmekapazitätsmessungen im Temperaturbereich von 0.08 bis 0.7 K ergeben eine Anomalie bei 0.230 K, die auf magnetische Ordnungsprozesse zurückzuführen ist. Nach Suszeptibilitätsmessungen bei 4.2 und 20 K beträgt Θ_p im Curie-Weiss-Gesetz $\chi = C/(T-\Theta_p)$ bei parallel zur z-Achse angelegtem magnetischem Feld $\Theta_{p\parallel} = -0.47$ K, bei senkrecht angelegtem Feld $\Theta_{p\perp} = -0.42$ K [5, 7]. $\Theta_{p\parallel} = -0.306$ K, $\Theta_{p\perp} = -0.486$ K finden Sapp, Nelson [11]. Flokstra u. a. [12] bestimmen aus Magnetisierungsmessungen bei 1.206 bis 4.203 K (Faradaysche Waage) $\Theta_p = -0.46$ K und C = 1.69 × 10^{-4} K · m^3/mol. — Unterhalb 2 K werden Abweichungen festgestellt, wie sie bei antiferromagnetischen Substanzen in ähnlicher Form auftreten. Die im Bereich der Umwandlungstemperatur (zwischen 0.3 und 0.23 K) gemessenen Suszeptibilitätswerte deuten allerdings darauf hin, daß kein reiner Antiferromagnetismus vorliegt, sondern sowohl ferromagnetische als auch antiferromagnetische Wechselwirkungen stattfinden. Auf Grund der am Mn-La-Nitrat sowie an anderen isomorphen Verbindungen ausgeführten Untersuchungen wird unter Zugrundelegung der bekannten Kristallstruktur (s. S. 302), ein Modell vorgeschlagen, wonach die Mn-Ionen auf kristallographischen x-Plätzen antiferromagnetisch gekoppelte Paare bilden, während die Mn-Ionen auf kristallographischen y-Plätzen weniger stark ferromagnetisch mit den nächsten und übernächsten Nachbarn gekoppelt sind. Untersuchungen der Kernorientierung an ^{54}Mn in Mn-La-Nitrat unter verschiedenen Bedingungen hinsichtlich Magnetfeld und Temperatur ergeben eine kurze Kernspin-Gitter-Relaxationszeit, im Gegensatz zu den an anderen ferromagnetischen oder paramagnetischen Mn^{II}-Verbindungen erhaltenen Ergebnissen [5, 7]. Untersuchungen der paramagnetischen Sättigung von $3Mn(NO_3)_2 \cdot 2La(NO_3)_3 \cdot 24H_2O$ ergeben, daß sich die aus statischen und dynamischen Messungen bei 1.2 bis 4.2 K gewonnenen Ergebnisse befriedigend durch die Molekularfeldtheorie beschreiben lassen [12].

$3(Mg, Mn)(NO_3)_2 \cdot 2La(NO_3)_3 \cdot 24H_2O$. Untersuchung der Hyperfeinwechselwirkung zwischen Mn^{2+} und den Protonen im Komplex $[Mn(H_2O)_6]^{2+}$ in $3Mg(NO_3)_2 \cdot 2La(NO_3)_3 \cdot 24H_2O$ als Wirtsgitter mit Hilfe von ESR-, NMR- und Elektronen-Kern-Doppelresonanz (ENDOR)-Messungen s. [8 bis 10].

$3Mn(NO_3)_2 \cdot 2Ce(NO_3)_3 \cdot 24H_2O$. Über das Auftreten der Verbindung im System $Mn(NO_3)_2$-$Ce(NO_3)_3$-H_2O s. S. 301.

3(Mn, Zn)$(NO_3)_2$ · 2Pr$(NO_3)_3$ · 24H_2O. Wird in Mn-Pr-Nitrat Mn teilweise (1 bis 20%) durch Zn ersetzt, so treten im Spektrum Satelliten bei einigen Pr-Übergängen auf, was auf Kristallfeldstörungen (verursacht durch lokal verschiedene Nachbarschaft von Mn^{2+} und Zn^{2+}) zurückgeführt wird [13, 14].

Literatur:

[1] G. Jantsch (Z. Anorg. Allgem. Chem. **76** [1912] 303/23, 305/8, 311, 314/6, 319/23). — [2] M.-C. Ollivier (Compt. Rend. **230** [1950] 2172/4). — [3] A. L. Stolov, Zh. S. Yakovleva (Opt. i Spektroskopiya **32** [1972] 560/3; Opt. Spectry. [USSR] **32** [1972] 295/7). — [4] A. Zalkin, J. D. Forrester, D. H. Templeton (J. Chem. Phys. **39** [1963] 2881/91). — [5] K. W. Mess, E. Lagendijk, N. J. Zimmerman u. a. (Physica **43** [1969] 165/208, 166/7, 193/200).

[6] H. Lacombe (Bull. Soc. Chim. France [3] **31** [1904] 570/3). — [7] K. W. Mess, E. Lagendijk, W. J. Huiskamp (Phys. Letters A **25** [1967] 329/31). — [8] D. van Ormondt (Diss. Delft T. H. 1968, S. 1/184; C. A. **72** [1970] Nr. 84337). — [9] D. van Ormondt, R. de Beer, M. Brouha, F. de Groot (Z. Naturforsch. **24a** [1969] 1746/51). — [10] R. de Beer, W. de Boer, C. A. van't Hof, D. van Ormondt (Acta Cryst. B **29** [1973] 1473/80).

[11] R. C. Sapp, D. A. Nelson (Bull. Am. Phys. Soc. [2] **11** [1966] 911/2). — [12] J. Flokstra, H. C. Meijer, G. I. J. Bots, W. A. Verheij, L. C. van der Marel (Physica **63** [1973] 288/96). — [13] W. Buxmeyer, I. N. Douglas, E. Eren, H. Heischmann, K. H. Hellwege, S. Leutloff (Phys. Status Solidi B **47** [1971] K 33/K 36). — [14] I. N. Douglas (Phys. Status Solidi B **48** [1971] 327/37, 330/3).

$[Mn(H_2O)_6]$-$[Th(NO_3)_6]$·$2H_2O$

3.11.1.9.17 $[Mn(H_2O)_6][Th(NO_3)_6] \cdot 2H_2O$

In Form besonders gut ausgebildeter Kristalle läßt sich die Verbindung aus äquimolaren Lösungen von Th^{IV}- und Mn^{II}-Nitrat in verdünnter Salpetersäure (1 : 1) gewinnen. Die Eindampfung der Lösung erfolgt über konzentriertem H_2SO_4 und festem KOH und muß (durch Entfernen des KOH) verlangsamt werden, sobald die Kristallisation beginnt. Die Verbindung bildet große prismatische rosafarbene Kristalle und ist außerordentlich hygroskopisch [1, 2].

Nach röntgenographischen [1] und IR-spektroskopischen Untersuchungen liegt die Verbindung im kristallinen Zustand als Komplex $[Mn(H_2O)_6][Th(NO_3)_6] \cdot 2H_2O$ vor. Die NO_3-Gruppen sind zweizähnig koordinativ an Th gebunden. Das folgt aus dem Auftreten einer IR-Bande bei 1030 bis 1050 cm^{-1}, die das NO_3^--Ion nicht gibt und als $\nu_2(A_1)$-Bande einer zweizähnigen NO_3-Gruppe interpretiert werden kann, ferner aus dem Auftreten von IR-Banden im Bereich von ≈1300 und 1500 cm^{-1}, die aus der Aufspaltung der doppelt entarteten ν_3-Schwingung des NO_3^--Ions resultieren, wenn seine Symmetrie infolge Bildung einer Koordinationsbindung (zu C_{2v} oder C_s) reduziert ist. 6 H_2O-Molekeln sind koordinativ an Mn^{2+} gebunden, 2 H_2O-Molekeln liegen als Kristallwasser vor. Die Bindung zwischen den Koordinationspolyedern sowie zwischen Polyedern und verbleibenden isolierten H_2O-Molekeln wird durch Wasserstoffbindungen hergestellt. In der folgenden Tabelle ist das an einer polykristallinen Suspension der Verbindung in flüssigem Paraffin aufgenommene IR-Spektrum wiedergegeben. Die Zuordnung der NO_3-Frequenzen erfolgt unter Annahme von C_{2v}-Symmetrie für die einzelnen NO_3-Gruppen [3]:

cm^{-1}	Zuordnung	cm^{-1}	Zuordnung
585(s)	ρHO	818(m)	ν_5
630(s, breit)		1033(st)	ν_2
723(m)	ν_6	≈1300(sst)	ν_4
733(m)	ν_3	≈1525(sst)	ν_1

$[Mn(H_2O)_6][Th(NO_3)_6] \cdot 2H_2O$ ist monoklin holoedrisch und isomorph mit den entsprechenden Verbindungen des Mg, Zn, Co und Ni. Raumgruppe $P2_1/c - C_{2h}^5$. Die Einheitszelle mit a = 9.08, b = 8.75, c = 13.61 Å und β = 97° enthält 2 Formeleinheiten. Es treten 2 Typen von Polyedern auf, in deren Zentren die Th- bzw. Mn-Atome liegen. Jedes Th-Atom ist mit 12 O-Atomen verbunden, die zu 6 NO_3-Gruppen gehören und die Ecken eines irregulären Ikosaeders besetzen; Mn ist oktaedrisch von 6 H_2O-Molekeln umgeben. Dichte D = 2.50, gemessen nach der hydrostatischen Methode in Dekalin; D = 2.48, berechneter Wert [1].

Die Verbindung löst sich in H_2O, konzentrierter Salpetersäure und Äthanol. Beim Erhitzen schmilzt sie zunächst in ihrem Kristallwasser, bei 120 bis 220°C erfolgt Abspaltung von 4 H_2O-Molekeln, bei 220 bis 600°C Zersetzung zu MnO_2 und ThO_2. Stabile Zwischenprodukte treten nicht auf [2]. — Aus Leitfähigkeitsmessungen an wäßrigen Lösungen von Thorium-nitratoverbindungen (beispielsweise $[Mn(H_2O)_6][Th(NO_3)_6] \cdot 2H_2O$) ergibt sich, daß in wäßriger Lösung die Nitratogruppen aus der inneren Sphäre des Th durch H_2O verdrängt werden [2].

Literatur:

[1] S. Šćavničar, B. Prodić (Acta Cryst. **18** [1965] 698/702). — [2] A. K. Molodkin, Z. V. Belyakova, O. M. Ivanova (Zh. Neorgan. Khim. **16** [1971] 1582/9; Russ. J. Inorg. Chem. **16** [1971] 835/9). — [3] K. I. Petrov, A. K. Molodkin, O. D. Saralidze, Z. V. Belyakova (Zh. Neorgan. Khim. **12** [1967] 2974/82; Russ. J. Inorg. Chem. **12** [1967] 1573/8, 1575/7).

3.11.1.9.18 Das System $Mn(NO_3)_2$-$Pb(NO_3)_2$-H_2O(-HNO_3)

Systems of $Mn(NO_3)_2$ with $Pb(NO_3)_2$ or $Bi(NO_3)_3$ and H_2O

Messungen der Löslichkeitsisothermen bei 20°C für 0 und 5% HNO_3-Gehalt s. N. Videnov, R. Ivanova, L. Khristova, D. Dimitrov (God. Nauchnoizsled. Inst. Khim. Prom. **10** [1972] 27/30 nach C. A. **79** [1973] Nr. 84001).

3.11.1.9.19 $3Mn(NO_3)_2 \cdot 2Bi(NO_3)_3 \cdot 24H_2O$

Kristallisiert aus einer Lösung von $Mn(NO_3)_2 \cdot 6H_2O$ und $Bi(NO_3)_3 \cdot 5H_2O$ in Salpetersäure (Dichte 1.3) aus und wird zur Reindarstellung mit Salpetersäure gewaschen und bei 40°C 24 h getrocknet. Die Verbindung ist isomorph mit anderen Doppelnitraten der Zusammensetzung $3M(NO_3)_2 \cdot 2Bi(NO_3)_3 \cdot 24H_2O$ (M = Mg, Zn, Co, Ni) und wie diese zerfließlich; Schmelzpunkt 44°C [1]. Die Löslichkeit in Salpetersäure (D_4^{16} = 1.325) beträgt 0.3742 mol/l bei 16°C [2]. Nach thermogravimetrischen Untersuchungen im N_2-Strom (Erhitzungsgeschwindigkeit 5 K/min) beginnt zwischen 40 und 60°C Abspaltung von H_2O und $4NO_3^-$ (wahrscheinlich als HNO_3), die sehr schnell verläuft und bei 160 bis 170°C abgeschlossen ist. Als Zersetzungsprodukt entsteht $3Mn(NO_3)_2 \cdot 2BiONO_3$ [1].

Literatur:

[1] F. Lazarini, B. S. Brčić (Monatsh. Chem. **100** [1969] 1260/5). — [2] G. Jantsch (Z. Anorg. Allgem. Chem. **76** [1912] 303/23, 308).

3.11.1.9.20 $3Mn(NO_3)_2 \cdot 2BiONO_3$

Zur Bildung s. oben. Die Substanz ist bis 190°C beständig, bei höheren Temperaturen zersetzt sie sich zu MnO_2 und Bi_2O_3, wobei die Reaktionsgeschwindigkeit bei 200°C einen Maximalwert erreicht, F. Lazarini, B. S. Brčić (Monatsh. Chem. **100** [1969] 1260/5).

3.11.2 Mangan(III)-nitrat $Mn(NO_3)_3$

Manganese(III) Nitrate

Formation. Preparation

Bildung und Darstellung. Eine Methode zur Darstellung der bei gewöhnlicher Temperatur unbeständigen Verbindung ist erst seit kurzem bekannt. Sie bedient sich der Umsetzung von MnF_3 mit N_2O_5, die vorzugsweise in N_2O_4 als Lösungsmittel vorgenommen wird. N_2O_5 wird in großem Überschuß (20 g) auf wasserfreies rotes MnF_3 (1 g) bei −78°C aufkondensiert. Man mischt die festen Substanzen und erhitzt auf Zimmertemperatur, wobei sich N_2O_5 verflüssigt. Danach wird N_2O_4 (20 ml) zugesetzt und das Gemisch unter Ausschluß von Feuchtigkeit bei 5°C 3d gerührt. Von dem dunkelbraunen öligen Reaktionsprodukt wird nicht umgesetztes MnF_3 abfiltriert, danach im Vakuum bei Zimmertemperatur N_2O_4 vorsichtig entfernt. Das Abpumpen wird abgebrochen, sobald im IR-Spektrum des verbleibenden Produktes keine Stickstoffoxide, NO^+ oder NO_2^+ mehr nachweisbar sind. Alle Arbeitsgänge sind schnell unter Verwendung gekühlter Gefäße im Trockenraum auszuführen. Zusammensetzung des Endprodukts: 22.5% Mn, 17.4% N (theoretische Werte für $Mn(NO_3)_3$: 22.8% Mn, 17.4% N). Die Darstellung gelingt auch mit N_2O_5 allein. Bei Verwendung von N_2O_4 als Lösungsmittel verläuft die Reaktion jedoch mit höherer Geschwindigkeit, und die Verdampfung von N_2O_5 wird gerabgesetzt. $Mn(NO_3)_3$ wird im zugeschmolzenen Glasrohr bei −14°C aufbewahrt [1, 2].

Bildung von $Mn(NO_3)_3$ bei der Elektrooxidation von $Mn(NO_3)_2 \cdot 4H_2O$ in rauchender Salpetersäure wird von Sem [3, 4] vermutet, jedoch von Meyer [5] angezweifelt. Marcy, Matthews [6] schließen aus der Farbänderung, die eine salpetersaure Mn^{II}-Salzlösung bei Oxidation mit Ozon zeigt, auf die Bildung höherwertiger Mn-Nitrate, die jedoch nicht isoliert werden können.

$Mn(NO_3)_3$ Properties

Eigenschaften. $Mn(NO_3)_3$ ist in trockner Atmosphäre bei Temperaturen unterhalb −14°C unbegrenzt beständig, entwickelt bei Zimmertemperatur jedoch schnell N_2O_4 und raucht in Kontakt mit feuchter Luft. Im trocknen Ar-Strom zersetzt es sich unter Bildung von $MnONO_3$. $Mn(NO_3)_3$ hat somit die geringste thermische Stabilität von allen bekannten Trinitraten der Übergangsmetalle der 1. Periode. Aus den Eigenschaften der Verbindung folgt, daß die NO_3^--Gruppen stark koordiniert sind und daß eine polymere Verbindung vorliegt, in der alle oder einige Nitratgruppen Brücken bilden.

IR-Spektrum und Zuordnung der Nitratbanden unter Annahme lokaler C_{2v}-Symmetrie bei Brückenbindung der Nitratgruppen im $Mn(NO_3)_3$: * kennzeichnet nicht koordiniertes O-Atom

cm^{-1}	Zuordnung	cm^{-1}	Zuordnung
1540(st; br)	ν_1; $A_1[\nu(NO^*)]$	794(m, scharf)	ν_3; A_1 [Ringdef.] und ν_6; $B_2[\pi O_2NO^*]$
1270(st)	ν_4; $B_1[\nu(NO_2)]$	768(m)	
1255(st)		743(Schulter)	
977(st)	ν_2; $A_1[\nu(NO_2)]$		

Molsuszeptibilität, bestimmt nach der Faraday-Methode bei 0°C: $\chi_m^{corr} = 8150 \times 10^{-6}$, $\mu_{eff} = 4.4 \pm 0.1\ \mu_B$.

$Mn(NO_3)_3$ ist ein außerordentlich starkes Oxidationsmittel. In H_2O löst es sich unter Sauerstoffentwicklung zu einer gelbbraunen Lösung, aus der sich gleichzeitig ein brauner Niederschlag abscheidet, wohl als Folge der Disproportionierung zu Mn^{2+} und Mn^{4+}. Flüssiges N_2O_4 reduziert das Trinitrat langsam zu $Mn(NO_3)_2 \cdot N_2O_4$. Wäßrige KJ-Lösung wird quantitativ oxidiert, wenn eine mit $Mn(NO_3)_3$ gefüllte Ampulle in der Lösung zerbrochen wird.

Mit Kohlenwasserstoff (z. B. Nujol) und mit Diäthyläther gibt $Mn(NO_3)_3$ eine heftige Reaktion, die für Verbindungen mit zweizähnig gebundenen NO_3^--Gruppen, verbunden mit starkem Oxidationsgrad des Metalls, typisch ist. $Mn(NO_3)_3$ löst sich etwas in Nitromethan, zersetzt sich in Aceton, Acetonitril und anderen polaren Lösungsmitteln und ist unlöslich in Chloroform, Tetrachlorkohlenstoff und Benzol. Bei Zugabe von Dipyridyl-(2,2') zu einer Lösung von $Mn(NO_3)_3$ in Nitromethan bei 5°C im Molverhältnis 1:1 scheiden sich dunkelrote Kristalle von $Mn(NO_3)_3 \cdot C_{10}H_8N_2$ aus. Eine analoge Reaktion erfolgt mit 1,10-Phenanthrolin und ergibt ziegelrote Kristalle der Zusammensetzung $Mn(NO_3)_3 \cdot C_{12}H_8N_2$. Mit Triphenylphosphinoxid und Acetonitril entstehen ebenfalls Komplexverbindungen, deren Struktur bzw. Zusammensetzung jedoch noch nicht eindeutig geklärt ist, s. hierzu spätere Lieferung über Komplexverbindungen des Mangans [1, 2].

Literatur:

[1] D. W. Johnson, D. Sutton (Can. J. Chem. **50** [1972] 3326/31). — [2] D. W. Johnson (Diss. Simon Fraser Univ., Canada 1972 nach Diss. Abstr. Intern. B **33** [1973] 120). — [3] M. Sem (Z. Elektrochem. **21** [1915] 426/37, 432). — [4] M. Sem (Z. Elektrochem. **23** [1917] 98). — [5] J. Meyer (Z. Elektrochem. **22** [1916] 201/2).

[6] J. Marcy, F. Matthews (Chem. Tech. [Leipzig] **19** [1967] 430/4).

Nitronium Tetranitratomanganate(III)

3.11.3 Nitroniumtetranitratomanganat(III) $[NO_2][Mn(NO_3)_4]$

Zur Darstellung wird MnF_3 mit N_2O_5 in N_2O_4 wie bei der Herstellung von $Mn(NO_3)_3$ (s. S. 305) behandelt und nach Abtrennen von restlichem MnF_3 das Filtrat in flüssigem Stickstoff gekühlt und evakuiert. Danach entfernt man das Stickstoffbad, so daß die flüchtigen Bestandteile im Vakuum sublimieren. Der verbleibende braune Rückstand entspricht der Zusammensetzung $[NO_2][Mn(NO_3)_4]$. Die Formulierung der Verbindung als Nitroniumsalz (und nicht als Nitrosoniumsalz oder als N_2O_4- bzw. N_2O_5-Additionsprodukt) basiert darauf, daß im IR-Spektrum Banden bei 2380 und 2358 cm^{-1} ($\nu_3[NO_2]^+$) und bei 560 cm^{-1} ($\nu_2[NO_2]^+$) neben weiteren, für koordinativ gebundene NO_3^--Gruppen charakteristischen Banden auftreten, jedoch keine dem N_2O_4, N_2O_5, NO^+ oder NO_3^- zuzuordnende Banden.

Die Molsuszeptibilität (Faraday-Methode) beträgt bei 22°C $\chi_m^{corr} = 9960 \times 10^{-6}$, entsprechend $\mu_{eff} = 4.9 \pm 0.1\ \mu_B$. Dieser Wert ist identisch mit dem für Mn^{3+} mit vier 3d-Elektronen berechneten Wert.

Die Verbindung ist hygroskopisch und thermisch stabiler als $Mn(NO_3)_3$. Bei Zimmertemperatur tritt keine merkliche Abspaltung von Stickoxiden auf (Versuchsdauer 1 Woche); bei 60°C beginnt Zersetzung. Die thermogravimetrische Kurve zeigt bei 600°C eine starke Abnahme der Zersetzungsgeschwindigkeit an, wobei der feste Rückstand etwa die Zusammensetzung $MnNO_6$ hat und vermutlich eine polymere Nitratverbindung, nicht aber MnO_3NO_3 ist. $[NO_2][Mn(NO_3)_4]$ löst sich in Nitromethan zu einer grünen Lösung, in Äthylazetat und Acetonitril zu braunen Lösungen. In H_2O und in Aceton zersetzt es sich. In Tetrachlorkohlenstoff und in Benzol ist die Verbindung nicht löslich.

Die molare Leitfähigkeit der gesättigten (2×10^{-4} molaren) Lösung in Nitromethan ist mit 16.9 $\Omega^{-1} \cdot cm^{-1}$ extrem niedrig, D. W. Johnson, S. Sutton (Can. J. Chem. **50** [1972] 3326/31) vgl. auch D. W. Johnson (Diss. Simon Fraser Univ., Canada 1972 nach Diss. Abstr. Intern. B **33** [1973] 120).

3.11.4 Mangan(III)-oxidnitrat $MnONO_3$

Manganese(III) Oxide Nitrate

Mangan(III)-oxidnitrat entsteht durch Zersetzung von $Mn(NO_3)_3$ im Ar-Strom. Die beigefarbene Verbindung ist bei Zimmertemperatur beständig. Molsuszeptibilität bei 22°C: $\chi_m^{corr} = 8670 \times 10^{-6}$; $\mu_{eff} = 4.52 \pm 0.1\ \mu_B$ [1]. Nach Gallagher u. a. [2 bis 4] tritt $MnONO_3$ als instabiles Zwischenprodukt bei der thermischen Zersetzung wäßriger $Mn(NO_3)_2$-Lösung zu MnO_2 zwischen 150 und 270°C auf, s. hierzu auch S. 289. Die Zersetzungsgeschwindigkeit des $MnONO_3$ zu MnO_2, bestimmt aus der isothermen Gewichtsabnahme bei 163, 178, 186 und 196°C, läßt sich am besten durch $kt = 1 - (1 - \alpha)^{1/2}$ beschreiben (α ist der Bruchteil an umgesetztem $MnONO_3$); sie ist stark vom Feuchtigkeitsgehalt der Atmosphäre abhängig. Die Aktivierungsenergie liegt in trocknem N_2 bzw. O_2 bei 32.8 bzw. 29.0 kcal/mol, in Gegenwart von Feuchtigkeit jeweils um ≈12 kcal/mol niedriger [2, S. 417, 418, 421].

Literatur:

[1] D. W. Johnson, D. Sutton (Can. J. Chem. **50** [1972] 3326/31, 3327). — [2] P. K. Gallagher, D. W. Johnson (Thermochimica Acta **2** [1971] 413/22, 415/8). — [3] P. K. Gallagher, F. Schrey, B. Prescott (Thermochimica Acta **2** [1971] 405/12). — [4] P. K. Gallagher, D. W. Johnson (J. Electrochem. Soc. **118** [1971] 1530/4).

3.11.5 MnO_3NO_3(?)

MnO_3NO_3(?)

Versuche von Chapman [1] zur Darstellung der Verbindung durch Reaktion von $KMnO_4$ oder Mn_2O_7 mit N_2O_5 ergeben ein außerordentlich instabiles Präparat. — Das beim Erhitzen von $[NO_2][Mn(NO_3)_4]$ bei 600°C auftretende Produkt der Zusammensetzung $MnNO_6$ ist mit Sicherheit kein Mn^{VII}-Oxidnitrat [2].

Literatur:

[1] D. J. Chapman (Diss. Univ. of Nottingham 1965 nach [2]). — [2] D. W. Johnson, D. Sutton (Can. J. Chem. **50** [1972] 3326/31).

3.11.6 Kaliummangan(III)-nitrat

Potassium Manganese(III) Nitrate

Die Darstellung eines Doppelnitrats der Oxidationsstufe Mn^{III} durch Reaktion von Mn^{III}-Acetat mit wasserfreiem HNO_3 in Gegenwart von KNH_2 und anschließendem Abdampfen im Hochvakuum gelingt nicht, K. W. Weber (Diss. Bonn 1952, S. 1/114, 6, 48).